JN443084

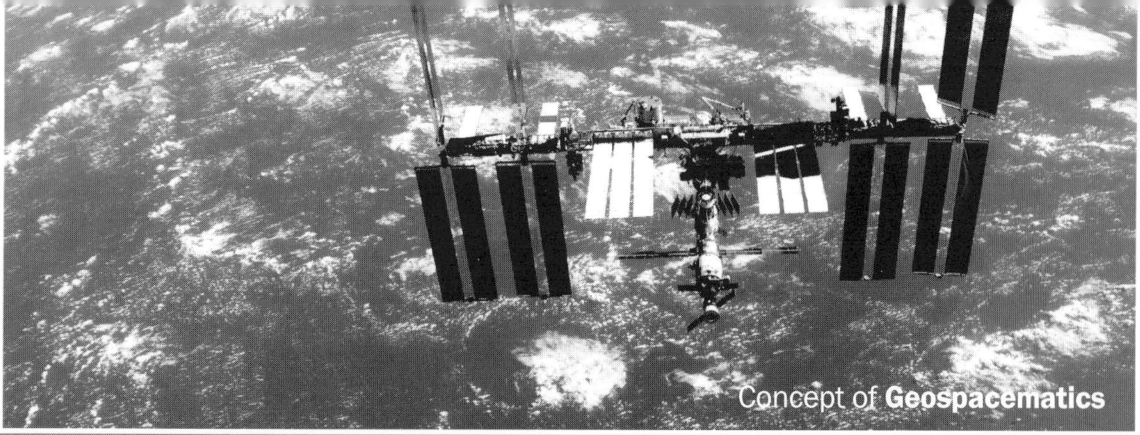

Concept of **Geospacematics**

지공탐측학 개관

地空探測學概觀

유복모
유 연
공저

박영사

출간사

지구에 존재하는 모든 생명체들은 지·공[地(Geo): 삶을 영위하는 터전에 존재하는 형상들의 영역·空(Space): 시간과 위치에 관련되어 변화되는 현상들의 영역]이 제공하는 환경에 의존하면서 삶을 이어가고 있다. 그러나 인간은 다른 생명체들과 달리 조화된 예지(叡智: 지혜+꿈)와 창조적 열정으로 탐측[探測(Matics): 탐(살펴서 찾음, exploration), 측(헤아려 알아냄, search)]하여 인간의 참된 몫을 새롭게 향상시켜 가며 삶을 실현해 가고 있는 것이다.

이에 우리의 삶의 터전인 지구와 우주공간에서 발생하고 있는 제반현상과 형상에 관한 기본개념을 숙지할 수 있도록 I 편에서는 주어진 환경에 대하여 올바른 이해와 개선을 하기 위해서 ① 우주와 우주개발[우주영역(우주형성, 은하 및 태양계)과 천체 및 위성을 이용한 위치자료생성, 우주개발(우주탐사 및 해석, 국내·외의 우주개발 현황)], ② 지구특성과 대기권환경[지구특성(측지학 — 지구의 내부구조, 열, 운동, 조석, 지각변화, 중력, 지자기, 해저지질, 지하수), 대기권환경(대기권역, 대기질 관측, 기후체계)]에 관한 기본개념을, 또한 변화되는 환경에 대하여 올바른 잠재력을 극대화시키고 날로 새로우며 보다 차원 높은 가치창출을 이루어내기 위해서 ③ 에너지자원과 재난대책[에너지자원(에너지자원의 종별 및 수요전망, 에너지자원개발의 동향, 국내에너지자원산업현황 및 관련정책, 신재생에너지자원의 현황 및 향후대책 — 태양광, 태양열, 바이오, 풍력, 수력, 연료전지, 석탄(중질잔사유)가스화 및 액화, 해양, 폐기물, 지열, 수소에너지 등), 재난대책(풍·수·산림, 지진)], ④ 글로벌 국토계획 및 건설관리와 지형공간정보체계[국토, 도시계획 및 기초자료(영상, 지형과 지도), 건설관리, 지형공간정보체계(GIS — 정보체계의 특성, 현황 및 활용)], ⑤ 주거환경개선과 위생관리[주거환경개선(친인간·친환경을 고려한 지형공간〈갖추어야 할 고려사항, 수변, 도시공원, 보행로, 문화형 도시재생,

다가구 · 다세대주택, 친환경을 고려한 건물공간, 범죄예방환경설계, 경관, 조형미, 정원, 풍수지리〉), 위생관리(정음식 및 치아건강관리에 의한 체질강화, 정의식과 명상관리 및 명상의학, 정청각 및 음악치료관리법, 정시각 및 시력관리법 등을 활용한 심 · 신의 위생관리)] 등에 관한 기본개념을 도입하였다. Ⅱ편에서는 지공탐측의 기본개념과 관련되는 관측값 해석의 부분으로 ⑥ 특수영상(레이저, 레이더 및 수치사진기)에 의한 대상물 처리, ⑦ 지구형상관측 및 지구좌표계, ⑧ 천문관측, ⑨ 건설관리의 체계분석, ⑩ 국외 인공위성 현황과 전망 등을 다루었다. Ⅰ편(①~⑤)과 Ⅱ편(⑥~⑩)의 개념을 도입하여 새로운 학문체계인 지공탐측학개관(地空探測學概觀, Concept of Geospacematics)을 출간하게 되었다. 여기서 위생관리에 대한 사항은 Harvard의대, MIT대학병원 및 전 세계적으로 대학이나 학술단체들이 활발히 실행하면서 연구 중에 있는 위생관리현황을 참고하였다. 본서의 Ⅰ편(①~⑤)의 기본개념은 미래지향적인 지성인이 갖추어야 할 기본소양, 즉 우주, 대기, 천문, 지구, 자원, 재난, 국토관리(토목, 건축, 도시 및 농 · 어촌, 측량 및 측지, 교통, 환경, 지질), 산림, 주거환경설계 및 디자인, 위생관리(심 · 신의 개선 및 체질강화), 안전 및 건설관리, 예 · 체능, 조경, 경관 및 유형문화재, 지형공간정보체계 활용분야 등에 관한 사항들이다. 이에 Ⅰ편의 내용들은 학문에 정진하는 **학도나 교육자**인 경우 관심분야에 대하여 다양한 추구로 성취가능한 영역에 관한 학문 간의 연계, 융 · 복합 등에 의한 가치창출의 계기 마련으로 잠재력 실현의 극대화, 미래지향적인 **국가지도자나 전문경영인**인 경우 복잡다양하게 급변하는 주변환경을 잘 이해하고 날로 차원 높은 복지사회구현에 선도적 역할의 충실화 및 참된 삶의 기반조성에 도움이 될 수 있도록 구성하였다. Ⅱ편(⑥~⑩)의 관측값 해석은 관련전공학도나 연구분야에 종사하는 분들이 활용할 수 있도록 편성한 내용들이다. 새롭게 제시된 지공탐측학개관이 각자의 소임실현에 많은 기여가 되어 가치창출의 극대화가 이루어지기를 기대한다.

또한 영상의 취득, 처리, 해석 및 활용에 관한 내용, 지형공간정보체계에 관한 자료의 구조, 생성, 해석 및 활용에 관한 내용, 사회기반시설 마련과 유지관리계획에 필요한 자료취득, 측지학 및 지도제작에 관한 내용에 대하여 자세한 설명은 "영상탐측학개관"(동명사 간), "지형공간정보학개관 2판"(동명사 간), "측량학개관 및 측량학원론(Ⅰ), (Ⅱ)"(박영사 간)을 참고하면 도움이 될 것이다.

본서 집필에 관하여 많은 도움을 주신 조희구 명예교수님(연세대 대기과학과), 전세일 원장님(CHA 의과대학교 통합의학대학원), 최규홍 명예교수님(연세대 우주학과), 나인용 명예교수님(연세대 음대작곡과), 이돈구 청장님(산림청), 관련전공 자료의 마련에 협조하여 주신 분들(한양대 건설환경공학과 박재우 교수, 연세대 실내건축학과 하미경 교수, 연세대 지구시스템과학과 원중선 교수, 강원대 토목공학과 양인태 교수), 이외에도 참고문헌에 협조하여 주신 모든 분들과 본서 집필에 계기를 마련하여준 내자 최연순, 홍재민 이사(석곡관측과학기술연구원)에게도 깊은 감사의 마음을 전합니다. 또한 본서 출판에 협력하여 주신 박영사 임직원(안종만 회장님을 비롯한 안상준 상무, 김중용 부장, 심성보 편집위원 및 관계자 여러분)에게도 감사드립니다.

2013년 1월 17일
碩谷觀測科學技術硏究院에서
著者 씀

CONTENTS

지·공·탐·측·학·개·관

PART I 기본개념

I 우주와 우주개발

제 1 장 우주영역과 위치자료 생성

제 2 장 우주개발에 관한 국내 · 외 현황

Ⅱ 지구특성과 대기권 환경

제 3 장 지구특성(측지학)

III 에너지 자원과 재난대책

제 5 장 에너지자원

제 6 장 재난대책

IV 글로벌 국토계획 및 건설관리와 지형공간정보체계

제 7 장 국토 · 도시계획 및 계획의 기초자료

제 8 장 건설관리

제 9 장 지형공간정보체계

V

주거환경 개선과 위생관리

제10장 주거환경개선

제11장 위생관리

PART Ⅱ
지공탐측의 기본개념과 관련되는
관측값 해석

제12장 특수영상(레이저, 레이다, 수치사진기 영상)에 의한 대상물해석

제13장 지구의 형상관측 및 지구좌표체계

제14장 천문관측

제15장 건설관리의 체계분석

제16장 국외 위성현황과 전망

PART Ⅲ
부 록

제17장 국제단위계(SI 단위계) 및 그리스문자

서 론

모든 생태계는 생활영역 내에 존재하고 있는 무수한 자원들의 형상과 현상에 의존하면서 변화되어 가고 있다. 그러나 인류는 다른 생태계와 다르게 자원들이 베푸는 혜택에만 의존하지 않고 식물들의 씨앗을 이용한 대량식량재배, 천연자원활용, 주거환경개선 및 각종 재난의 극복 등을 위하여 지구 및 우주영역 내의 대상들을 이용하고 개발해가면서 향상된 삶을 영위해가고 있다.

인류는 지구의 특성 및 주어진 자원들을 잘 활용하여 삶의 질을 향상시키기 위해 많은 연구와 시행착오를 거듭하면서 오늘에 이르고 있다. 옛부터 우리 삶의 터전인 지구의 특성을 알기 위해 지구과학분야의 측지학자인 호메로스(Homeros: BC 900~800)는 지구가 凸면의 형으로 바다에 둘러싸여 있다고 주장하였고, 피타고라스(Pythagoras: BC 532)는 지구가 둥글다고 주장하였다.

최근 측지학의 적용범위가 증대됨에 따라 캐나다의 국립과학연구소(NRC: National Research Center)는 다음과 같이 측지학을 정의하였다. "측지학은 시간에 따라 변화하는 3차원 공간에서 지구의 관측과 묘사를 다루는 분야이다"라고 하였다. 이제는 인류의 생활영역이 지구뿐만 아니라 우주영역에까지 관련시켜 가면서 이루어져 가고 있음으로써 지구 및 우주영역 내에 존재하는 잠재력 개발 및 생활개선에 필요한 각종 사항에 대한 연구가 활발히 진행되고 있다. 여기서 Geo(地)는 삶을 영위하는 터전에 존재하는 형상(形象, appearance)들의 영역을 다루고, Space(空)는 시(時, time)와 위(位, position)에 관련되어 변화되는 현상(現象, phenomenon)들의 영역을 다루며, Matics[1](探測學)는 대상에 대한 exploration(살펴서 찾음: 探)과 search(헤아려서 알아냄: 測)에 관한 영역을 다루

1) Matics: 그리스어의 mateo(mateou 또는 mateyo로 영어의 search, explore에 해당)의 형용사화된 것이 matic이고 다시 명사화된 것이 Matics(search, exploration)이다.

는 학문용어로 설정된 것이다.

최근 삶에 대한 형태 및 연구경향이 다양하게 이루어짐을 감안하여 학문 간의 상호연계 및 융·복합의 가능성을 추구하여 가치창출을 극대화시킬 수 있도록 지구특성을 연구하는 측지학, 대기권환경, 우주개발, 에너지자원과 재난대책, 주거환경개선과 위생관리, 글로벌 국토계획 및 건설관리와 지형공간정보체계 등을 도입한 지공탐측학(地空探測學: Geospacematics)을 새로운 학문체계로 제안하게 되었다. 지공탐측학의 Ⅰ편에서는 오랜 기간 인간생활영역의 개선에 많은 기여를 한 측지학(지구내부의 구조, 열, 운동, 조석, 지각변화, 중력, 지자기, 해저지질, 지하수 등)뿐만 아니라 대기권 환경(대기권역, 대기질 관측, 기후체계), 우주개발(우주영역 — 우주형성, 은하계 및 태양계, 천체 및 위성을 이용한 위치자료 생성, 우주개발 — 우주탐사 및 해석, 우주개발의 현황), 에너지자원과 재난대책[에너지자원(에너지원의 종별 및 수요전망, 에너지자원개발의 동향, 국내에너지자원 산업현황 및 관련 정책, 신재생에너지자원의 현황 및 향후대책〈태양광, 태양열, 바이오, 풍력, 수력, 해양, 폐기물, 지열, 연료전지, 석탄가스화 및 액화, 수소에너지 등〉), 재난(풍·수, 산림, 지진)대책 및 방재능력 강화], 주거환경개선과 위생관리[쾌적한 주거환경조성을 위한 친인간·친환경 지형공간마련(갖추어야 할 고려사항, 수변공간, 도시공원, 보행로공간, 문화형 도시재생공간, 다가구·다세대 주택공간, 친환경을 고려한 건물공간, 범죄예방 환경설계, 경관, 조형미, 정원, 고전적 입지선정 — 풍수지리), 위생관리(정음식 및 치아건강관리에 의한 체질강화, 정의식과 명상관리 및 명상의학, 정청각 및 음악치료관리법, 정시각 및 시력관리법 등을 활용한 심·신의 위생관리)], 글로벌 국토관리 기반구축을 위한 국토종합계획 및 건설관리와 지형공간정보체계(국토 및 도시계획, 계획에 필요한 기초자료로 영상, 지형 및 지도, 건설관리, 지형공간정보체계의 특성, 현황 및 활용) 등에 관하여 언급하였다. 여기서 다루는 위생관리는 건강관리팔정법 중에서 정청각 및 음악치료법, 정의식과 명상관리 및 명상의학, 정음식 및 치아건강관리법, 정시각 및 시력관리법만을 다루기로 하며 이들에 관련된 내용은 Harvard의대, MIT대학병원 및 전 세계적으로 대학이나 학술단체들이 실행과 동시에 연구 중에 있는 위생관리현황을 참고하였다. Ⅱ편에서는 지공탐측의 기본개념과 관련되는 관측값 해석으로 연구분야에서 다룰 수 있는 특수영상(레이저, 레이더 및 수치사진기)에 의한 대상물처리, 지구형상관측 및 지구좌표계, 천문관측, 건설관리의 체계분석, 국외위성의 현황과 전망 등의 내용을 다루었고, Ⅲ편은 부록으로 본서와 관련된 참고자료로 국제단위계와 그리스 문자표를 첨부하였다.

지 · 공 · 탐 · 측 · 학 · 개 · 관

PART I

기본개념
Basic Concept

P·A·K·Y·O·U·N·G·S·A

Ⅰ. 우주와 우주개발

Ⅱ. 지구특성(측지학)과 대기권환경

Ⅲ. 에너지자원과 재난대책

Ⅳ. 글로벌 국토계획 및 건설관리와 지형공간정보체계(GIS)

Ⅴ. 주거환경개선과 위생관리

I

P·A·K·Y·O·U·N·G·S·A

우주와 우주개발

(Universe and Space Development)

01

지/공/탐/측/학/개/관

우주영역과 위치자료 생성

Universe and Positioning

제1절 우주영역(Territory of Universe)

(1) 개 요

우주에 대한 근대적인 사고는 18세기경부터 시작되었으며 1785년 W. Herschel은 별을 관측하여 우주는 은하의 방향으로 길고, 그와 직각 방향으로 짧은 편평한 항성계로 이루어져 있다고 발표하였다. 또한 1898년 H. V. Seeliger는 별의 공간분포가 태양으로부터의 거리와 그 별의 은위(은하좌표계에서 위도의 개념)에 관계된다고 생각하여, 별의 분포는 균등한 것이 아니라, 태양을 중심으로 부근은 조밀하고, 주변부로 갈수록, 은위가 높을수록 희박하며, 그 모양은 은하면을 따라 편평하고, 크기는 직경 30,000광년, 두께가 6,000광년이 된다고 발표하였다.

1922년 J. C. Kapteyn은 우주는 은하면에 대하여 대칭이라고 가정하여 직경 55,000광년, 두께 11,000광년의 크기를 갖는 회전타원체 모양이라고 발표하였고 1925년 Hubble은 은하계 밖에 있는 안드로메다 대성운을 발견하기에 이르러 점차 은하계 우주로부터 은하계 밖의 성운을 포함하는 대우주의 형태를 형성하고 있다고 발표하였다.

1948년 팔로마산 천문대에 200인치 망원경이 완성되어 우주의 크기는 20억 광년까지 확대되기에 이르렀지만 이것도 대우주의 일부에 지나지 않는다고 하였다. 또한 거대한 우주 가운데 은하계 외성운이 떠 있는 상태는 마치 대양에 떠 있는 섬에 비유될 수 있으므로 은하계 외성운의 하나하나를 섬우주(island universe theory; Thomas Wright 1750, Immanuel Kant 1755)라고 하였다.

1929년 Hubble은 성운에서 오는 파장대(spectrum)를 이용하여 시선속도 v를 구하고, 거리 D와의 사이에 $v=HD$인 관계(H는 Hubble정수로 3,000km/s · 억 광년)가 있다는 것을 발견하였다. 또한 Hubble은 멀리 떨어진 성운이 더 빨리 움직이며 성운 상호간의 거리가 점점 멀어지면서 우주 전체가 차츰 확장하고 있다는 것을 제시하였다. 최근 우주(universe)의 영역은 태양계, 은하계, 은하계 밖의 섬우주의 집합체로 형성되어 있다는 것이 학자들 간의 공통된 견해이다.

(2) 은하계(galactic system)

항성체계는 Herschel, Kapteyn, 샤리에, 샤플레 등의 연구에 의하여 규모가 발표된 바 있다. 그들에 의하면 은하계는 우리들이 살고 있는 태양계가 속해 있는 항성의 대집단으로 그 내부에 산개성단, 은하성운, 항성들이 포함되어 있고 그 주위에는 구상성운이 흩어져 있다고 하였다. 항성이란 천구상에서 그 상호위치가 거의 변하지 않는 별로서 수많은 별자리를 이루고 있으며 육안으로 볼 수 있는 별들이다.

별의 색깔은 파장대형의 조사에 따라 〈표 1-1〉과 같으며 별의 표면온도는 M, R, N, S로 갈수록 점점 온도가 낮아지며 O, B형이 제일 온도가 높다. 온도가 높은 별은 조기형, 온도가 낮은 별은 만기형이라 한다. 별의 표면온도는 제일 높은 O형이 30,000℃이고, M, N, S형이 2,000℃ 정도로 추정하고 있으며 방사의 법칙에 따라 단위면적당 휘도를 알 수 있다. 별의 밝기는 시광도와 실광도로 나타낸다. 시광도는 지구상에서 관측할 수 있는 별

표 ❶-1 파장대(spectrum)형

형	P	Q	O	B	A	F	G	K	M	R	N	S
색	녹	청	청	청백	백	황백	황	등	적	홍	홍	진홍

의 겉보기 밝기로서 별의 방향과 수직한 1cm^2의 면적이 1초간 별로부터 받는 방사에너지량이다. 실광도는 별의 전 표면적이 1초간 방사하는 에너지량이다. 실광도와 휘도를 이용하여 별의 크기를 계산한 결과 제일 큰 별의 직경이 태양의 3,000배, 가장 작은 것은 태양의 1/100이라 하였다. 또 항성의 중심온도는 약 7,500만K,[1] 중심밀도는 86g/cm^3, 중심압력은 1,700억 기압 정도로 추정하고 있다.

은하계는 항성의 분포밀도가 중심부일수록 높은 핵항성계이며 바깥쪽으로 여러 개의 가지가 소용돌이 모양으로 뻗어나와 있다. 이러한 가지들을 따라서 항성이나 우주먼지, 우주가스 등이 퍼져 있어 700~1,000광년의 은하흡수층을 형성하고 있다. 이 소용돌이모양 가지들의 구조로부터 은하계 전체가 와권성운의 하나이며 은하계 자신도 자전하고 있으며 은하계의 질량도 태양의 약 2,000억 배로 추정하고 있다.

(3) 태양계(solar system)

① 태양계의 구성

태양계(solar system)는 은하계 중심에서 27,000광년 떨어져 있으며 태양을 중심으로 운동하는 8개의 행성인 수성, 금성, 지구, 화성, 목성, 토성, 천왕성, 해왕성(국제천문연맹(IAU)은 2006년 8월 24일 체코 프라하에서 기존 9개의 행성목록에서 명왕성을 제외시켰음), 34개의 위성, 그리고 수많은 소행성(주로 화성과 목성 사이에 밀집되어 소행성대를 이루고 있다), 혜성, 유성 등으로 구성되어 있다.

② 태양계의 성질

태양계의 행성은 다음과 같은 성질을 갖고 있다.

가) 모든 행성은 평균거리를 갖는 원에 가까운 타원궤도상을 공전하며 수성을 제외한 모든 행성의 공전궤도의 이심률은 1/10 이하이다.

나) 모든 행성의 공전궤도면은 황도면(태양의 적도면)에 가깝다. 즉, 모든 행성은 항상 폭 16° 내의 황도대(zodiac) 내에서 관측된다.

---

1) K: Kelvin(열역학적 온도)
1Kelvin: 물의 삼중점(三重點)에서 열역학적 온도의 1/273.16

다) 모든 행성의 공전운동방향은 태양의 자전과 같은 방향(황도북극에서 볼 때 반시계방향)으로 공전운동을 하는데 이를 순행(prograde motion)이라 한다.

라) 행성의 모든 질량을 합쳐도 태양의 1/1,000 정도이지만, 그 운동량은 태양계의 총 각운동량의 98%를 차지한다.

③ 태양계 행성들의 특성

가) 태 양

태양계의 중심인 태양은 직경이 약 1백 4십만km로 지구보다 109배나 되며 질량도 33만 배나 더 크다. 태양은 지구로부터 1억 5천만km 떨어진 곳에 있으며 태양의 빛이 지구로 오는데 약 8분 18초 정도가 걸린다. 태양은 지구 생명체에 필요한 빛과 에너지를 제공한다. 수소와 헬륨으로 이루어진 절대등급 4.8등급의 평범한 별인 태양은 태양내부가 수소에서 헬륨으로 변화하는 핵융합 반응으로 만들어졌다고 추정한다. 태양은 가스 압력과 태양 자체의 중력이 평형상태를 이루고 있다. 태양의 내부구조는 복사층의 핵과 대

그림 1-1 태양의 활동

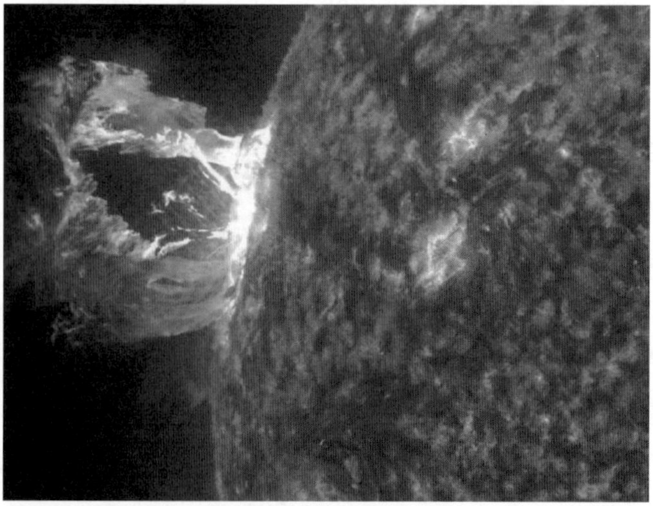

〈출처: www.nasa.gov〉

류층으로 이루어져 있으며 태양의 대기층은 광구(photosphere), 채층(chromosphere)으로 구분되며 이들 밖에 코로나(corona)가 멀리까지 확장되어 있다. 광구는 태양 대기의 가장 안쪽에 있으며 그 두께는 300~500km 정도이다. 또한 태양의 표면으로 흑점이 나타나며 주기는 약 11년으로 태양활동 극소기인 1995년과 1996년 사이에는 최소 흑점수를 나타내었다. 채층은 광구밖으로 두께가 500km, 온도가 4,500~6,000K인 대기층이다. 채층으로부터 수천km에 전이층(transition region)이 존재하는데 이는 채층으로부터 코로나로 이어지는 경계층이다. 태양에서는 플레어 현상과 홍염이 나타나는데 플레어는 수 초에서 수십 분에 걸쳐 태양 흑점 주변에 나타나는 폭발 현상으로 그 에너지는 핵폭탄의 400억 배 정도이다. 홍염은 태양내부로부터 온도가 높은 물질이 표면 밖으로 분출되어 불기둥을 이루어 밝게 보이는 현상을 말한다. 채층은 점진적으로 코로나로 이어지며 개기일식이 진행되는 동안만 관측된다. 또한 밀도가 극히 작으므로 고온임에도 불구하고 코로나 자신이 품고 있는 에너지는 얼마 되지 않는다.

나) 수성(Mercury)

태양과 같이 가까운 곳에 위치한 수성은 대부분 철로 구성되어 있고 지

그림 1-2 수성의 표면

〈출처: www.nasa.gov〉

구에 비해 1/100 정도로 약한 자기장을 갖고 있다. 수성에는 열을 유지하거나 전달할 수 있는 대기가 거의 없기 때문에 표면온도는 326℃에서 −210℃까지 변한다. 표면은 달의 표면과 같이 수천 개의 분화구가 보이는데 운석으로부터의 충돌에 의해 생긴 것으로 추측된다.

다) 금성(Venus)

지구와 가장 가까운 행성인 금성은 지구와 달 사이 거리의 약 100배 정도 떨어진 곳에 있으며 지구 크기의 약 0.95배이고 지구 질량의 약 0.81배 이다. 금성은 지구와 자전방향이 반대이며 자전주기가 243일이다. 금성의 특징은 공전주기가 225일로 자전주기가 공전주기보다 더 길다. 금성표면의 대기압은 지구 대기압의 90배 정도이며 97%가 유독성물질인 이산화탄소와 황산으로 구성된 두꺼운 대기를 가지고 있어 빛은 받아들이지만 방출하지 않아 표면온도가

그림 1-3 금성의 표면 형상

〈출처: www.wnc.edu〉

470℃까지 올라간다. 금성 주위에는 달과 같은 위성이 없으며 자기장도 발견되지 않고 있다. 금성은 태양과 달 다음으로 가장 밝게 보이는 천체로서 달을 제외하고 새벽과 초저녁에 하늘에서 보이는 가장 밝은 행성이다.

라) 화성(Mars)

화성의 자전주기는 지구의 자전과 비슷하며 지구시간으로 24시간 37분이고 자전축의 기울기는 지구의 23.5°와 비슷한 25°이다. 화성에도 뚜렷하게 사계절이 존재하고 이산화탄소와 같은 대기가 존재하여 화성에 생명체가 살았을 것이라는 추정을 하고 있다. 화성은 지구보다 작고 밀도가 작기 때문에 중력도 낮으며 대기권도 엷다. 화성의 온도는 화성의 적도 부근의 27℃에서 극지역의 −129℃까지의 다양한 온도분포를 이루고 있으며 화성의 여름은 서리로 특징되는 환경으로 겨울보다 훨씬 따뜻하다. 화성의 표면은 산, 모래언덕 및 골짜기와 같은 다양한 범위의 지리학적 특성으로 분화구 및 대형의 강이 흐르던 자취 등을 볼 수 있으며 대부분 산악이나 울퉁불퉁한 표면으로 되어 있다.

그림 1-4 화성의 표면

〈출처: www.nasa.gov〉

마) 목성(Jupiter)

태양계에서 가장 큰 행성인 목성은 지름이 지구의 11.2배이고 부피는

그림 1-5 목성의 거대한 붉은 점

〈출처: www.nasa.gov〉

1,316배에 이른다. 태양으로부터의 거리는 지구와 태양 사이의 거리에 5.2배 정도이고 태양을 한 바퀴 도는데 11.86년이 소요되며 자전주기는 약 10시간으로 빠르게 회전한다. 목성은 태양과 같은 거대한 가스덩어리로 대개 수소와 헬륨으로 구성되었으며 지구표면처럼 단단하지도 않고 대기도 존재하지 않는다. 목성의 큰 특징은 지구 크기의 거의 3배 정도만한 거대한 붉은 점을 가지고 있다

바) 토성(Saturn)

태양계 내에서 두 번째로 큰 행성인 토성은 아름다운 고리와 22개의 위성을 보유하고 있다. 적도 부근의 지름이 지구의 9.4배나 되지만 밀도가 낮아 질량은 지구의 95배 정도에 이른다. 목성과 마찬가지로 자전하는 데 걸리는 시간은 10.6시간 정도이지만 공전하는 데 걸리는 시간은 29.5년이 소요된다. 토성 고유의 아름다운 고리는 얼음입자와 유성들이 행성주위를 지나가면서 부서진 유성의 잔해들로 이루어져 있다.

사) 천왕성(Uranus)

태양으로부터 28억 8천만km 떨어진 곳에 위치한 푸른 행성인 천왕성은 태양과 토성 사이의 거리의 2배만큼 떨어져 있어 큰 망원경으로도 잘 보이지

그림 1-6 토성의 띠구조

〈출처: www.nasa.gov〉

그림 1-7 천왕성의 띠와 위성

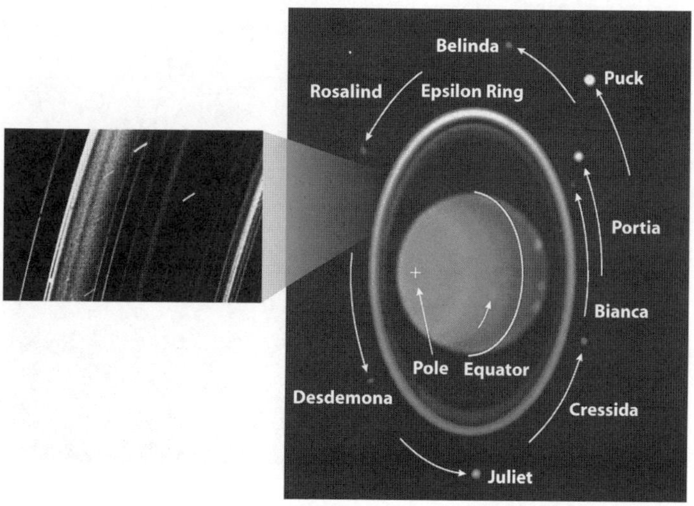

〈출처: www.astrobio.nau.edu〉

않지만 지름이 지구의 4배이고 14.5배나 더 무거운 행성으로 추정하고 있다. 자전축이 공전궤도면에 98° 기울어진 채로 돌고 있는 것이 특징이다. 자전축이 기울어져 있어 지구에서 보면 역자전하는 것처럼 보이고 자전주기도 다양하게 나타난다. 1986년 보이저 2호에 의해 자전주기가 17시간이라는 것이 밝혀졌고 푸른빛을 띠는 이유는 대기 중에 많은 양의 메탄이 존재하고 있기 때문이며 토성과 목성같이 대개 수소화 헬륨으로 구성되어 있고 천왕성은 11개의 고리와 15개의 위성을 가지고 있다.

아) 해왕성(Neptune)

태양으로부터 45억km 떨어진 곳에 있는 가스로 이루어진 차가운 행성이 해왕성이다. 지구의 3.8배 정도 큰 행성으로 표면이 하얀 메탄구름으로 뒤덮여 있고 두 개의 크고 작은 푸르스름한 흑점을 가지고 있으며 5개의 얇은 고리와 8개의 위성을 보유하고 있다. 천왕성과 같이 대기는 수소와 헬륨, 메탄으로 구성되어 있다.

그림 1-8 해왕성의 구름

〈출처: www.nasa.gov〉

자) 명왕성(Pluto)

명왕성은 태양계 행성 중 가장 바깥쪽 궤도에 있으며 태양 공전주기가 247.8년이며 지름은 2,300km로 지름이 1,200km인 샤론(Charon)이라는 위성을 가지고 있다. 1915년 미국의 천문학자인 로웰(Percival Lowell)에 의해 천왕성 바깥쪽에 "행성X"의 존재를 주장한 후 많은 연구를 한 결과 1930년에 로웰 천문대의 미국 천문학자인 톰바우(Clyde Tombauhg)에 의해 9번째 행성을 발견하게 되었으며 이 행성을 명왕성이라고 이름을 지었다. 명왕성의 위성인 샤론은 명왕성의 반 정도의 크기로 위성의 자전주기와 행성의 자전주기가 거의 같게 관측되었으므로 항상 두 물체가 서로 같은 면에 존재한다는 것을 알게 되었다. 그러나 명왕성은 국제천문연맹(IAU)이 2006년 8월 24일 체코 프라하에서 개최된 총회에서 기존 9개의 행성 목록에서 제외시켰다.

그림 1-9 명왕성의 모습

〈출처: www.nasa.gov〉

차) 달(Lunar)

지구의 단 하나뿐인 위성인 달은 지구로부터 384,400km 떨어져 있으며

그림 1-10 달 표면의 크레이터

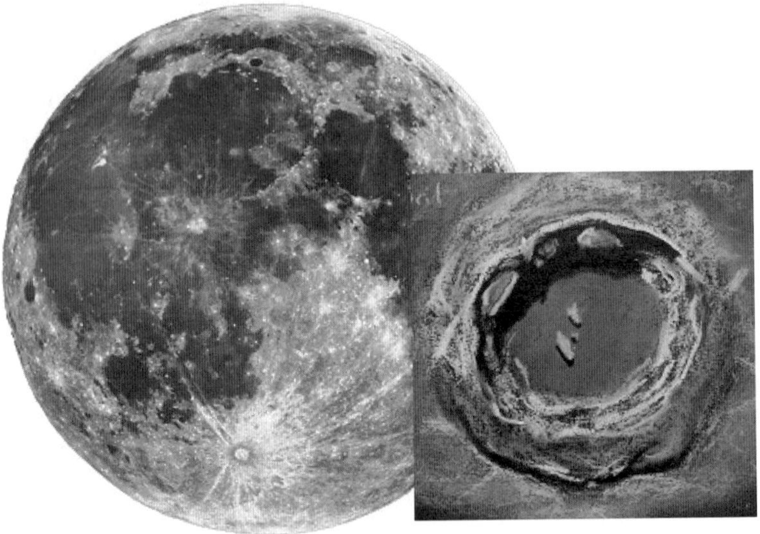

〈출처: www.nasa.gov〉

지름은 3,476km로 태양의 약 400분의 1정도이다. 태양에 비해서 크기는 작지만 거리가 가깝기 때문에 지구에서 볼 때 태양과 달의 겉보기 크기가 비슷해 보이는 현상이 나타나는데, 이를 개기일식이라 한다. 달 표면은 크레이터(crater)라고 불리는 수많은 분화구들로 이루어져 있으며 이 중 큰 것은 지름이 150km나 된다. 대기와 물이 없기 때문에 달의 일교차는 최저 −160℃에서 최고 120℃나 차이가 난다. 달은 자전속도와 공전속도가 같은 특징을 가지고 있어 지구에서는 항상 한쪽 면만을 보게 된다.

(참조: 장영근 · 최규홍, 인공위성과 우주, 2000)

카) 지구(Earth)의 위치

지구는 태양계의 행성 중에서 안쪽에서 세 번째 행성으로 자리 잡고 있다.

1772년 Bode는 태양으로부터 각 행성까지의 거리를 간단한 경험식으로 표시할 수 있음을 발표하였다. 지구와 태양의 평균거리 1억 4,959만 7,870km

를 1천문단위(AU: Astronomical Unit; 1AU=149,597,870,700m)로 하여 각 행성의 거리를 표시하면 다음과 같다.

제2절 위치자료 생성(positioning)

(1) 준성에 의한 위치자료 생성(positioning by Ouasar)

준성에 의한 위치자료 생성은 VLBI 관측으로 이루어진다.

초장기선 간섭계(VLBI : Very Long Baseline Interferometer)는 동일 전파원으로부터 방사된 전파를 멀리 떨어진 2점에서 동시에 수신하여, 2점에서 전파가 도착하는 시간차(지연시간)를 정확히 관측하여 2점 사이에 거리를 구하는 체계이므로 안정된 관측기준을 확보할 수 있다. 한편 GPS, SLR 관측은 인공위성을 기준으로 하고 있기 때문에 장기적으로는 위성궤도의 오차발생, 기술운용의 방법 등으로 안정성 있는 위치 확보에 한계가 있다. 안정된 천문기준좌표계에 의거한 VLBI 관측자료는 장기적으로 GPS 등 다른 우주기술의 관측자료에 관한 장기 안정성을 확보하는 데 좋은 지침이 될 수 있다. GPS 관측으로 얻어진 관측점은 GPS안테나의 위상중심(位相中心)에 위치하고 있기 때문에 외부의 전자기(電磁氣)환경에 의해 변위될 수 있으므로 측량에 적용 시 오차에 대한 처리기술이 필요하다. VLBI 기법은 전파를 발사하는 천체의 위치나 구조를 관측하는 기술로써 고안되었으나, 1960년대 말경부터 대규모 측량에 적용할 수 있도록 발전되고 있다. 전파망원경에서는 광선에 비해 방향의 분해능이 대단히 나쁘므로 안테나 지름을 크게 해야 하지만, 너무 크게 하기에는 경비나 기술적인 면에서 곤란하기 때문에 작은 지름의 안테나를 멀리 설치하여 큰 지름의 안테나와 같은 분해능을 갖도록 고안되고 있다. 초장기선 간섭계는 전파 분해능을 이용하여 전파원으로부터 109광년의 거리에

그림 1-11 VLBI의 원리

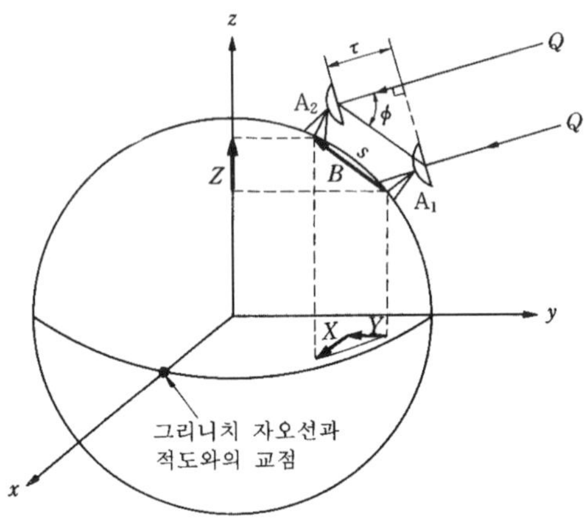

그림 1-12 시간차 τ의 관측

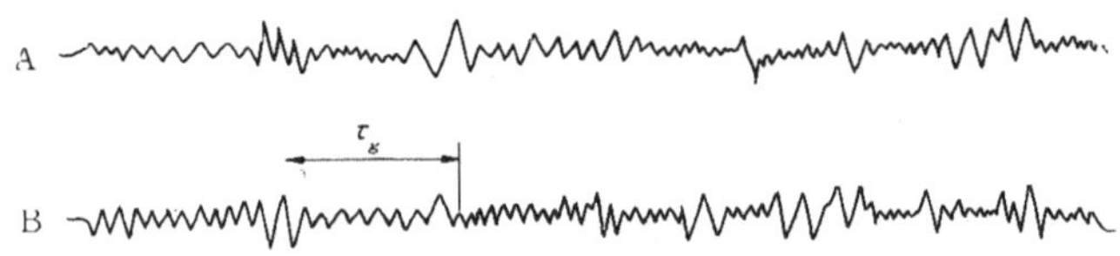

있는 준성(Quasar)에 백색에 가까운 1~100GHz 정도의 주파수를 발사하여 초장(超長 : 수천 km)기선관측으로 수 mm 정밀도로 위치 관측이 가능하다.

무한거리에 있다고 볼 수 있는 준성에서의 전파는 거리 s만큼 떨어진 2개의 안테나에 평행하게 입사하므로, 도착시간차는 기하학적 지연시간(遲延時間, geometrical delay time)인 τ_g이다. 지연시간의 관측은 준성으로부터의 전파를 정확한 시간과 함께 테이프 기록기에 기록하고 양안테나에서의 기록된 값으로부터 최대의 간섭이 얻어지는 시간차 τ를 결정한다. 측지 VLBI망은 전세계에 구축되어 있다. GPS는 단거리 관측에서는 VLBI에 필적하는 정확도를 확보할 수 있으나 지구규모의 초장기선 관측에서는 VLBI에 비해 정확도가 떨어지므로 측지VLBI를 사용해야 한다.

기선 벡터를 B, 준성의 방향단위 벡터를 Q, 광속을 c라 할 때 τ_g는

$$\tau_g = \frac{B \cdot Q}{c} \tag{1.1}$$

이다.

◆우주측지기술로서의 측지VLBI, GPS, SLR의 상관성

국제지구회전기준좌표계제공(IERS : International Earth Rotation and Reference Systems Service)에서 이용되고 있는 3가지 우주측지기술에 관한 표는 〈표 1-2〉와 같다.

VLBI는

가) 우주론적 원방(遠方)에 있는 은하계외(銀河系外) 전파원(電波源)에 기준을 두고(준거:準據) 있으며 순수기하학적인 측지원리를 이용하고 있다.

나) 천구기준좌표계(ICRF : International Celestial Reference Frame)를 구축하고 지구자세를 나타내는 모든 매개변수(Polar motion, UTI, Precession & Nutation)를 결정한다(UIT는 지구회전계의 세계시임).

다) 가장 높은 정확도를 확보할 수 있어 최첨단 기술로서 중요한 관측방법으로 역할을 할 수 있다.

표 ❶-2 우주측지기술에 있어서의 VLBI의 역할

observational techniques	reference frames		earth orientation parameters			polar motion accuracy
	ICRF	IRTF	Pol. Mot.	UTI	Prec. & Nut	
VLBI	○	○	○	○	○	≤0.2mas
GPS	×	○	○	△	×	0.2mas
SLR	×	○	○	△	×	0.3~0.4mas

(2) 인공위성에 의한 위치자료 생성(positioning by satellite)

인공위성에 의한 위치 생성에는 GPS, GLONASS, GALILEO, SLR 및 LLR 등이 많이 활용되고 있다.

① GPS(Global Positioning System)

한 위치를 알고 있는 위성에서 발사한 전파가 지상의 수신기까지 도달하는 소요시간을 관측함으로써 미지점의 위치를 구하는 인공위성의 범지구위치결정체계이다. GPS는 1978년 첫 발사된 이래 62기였으나 현재에는 31개(예비용 7기 포함)가 약 20,200km의 고도에서 6개의 궤도에 적도면과 55° 각도로 원에 가까운 궤도를 그리면서 11시간 58분 주기(약 1일 2회)로 지구를 공전한다. GPS 수신기는 31개의 인공위성 중 최소 4개, 최대 9개의 위성을 이용하여 지구상 어느 곳(육, 해, 공)에서 날씨(기상)에 관계없이 24시간 그 위치를 m 범위 안으로 정확하게 수평성분(x, y)과 수직성분(z or h)을 제공함으로써 3차원 정보를 얻을 수 있다. GPS에 대하여 보강 및 보정체계를 사용할 경우 mm~cm 단위 수준의 높은 위치정확도를 얻을 수 있다. GPS는 세계측지기준계(WGS84)를 사용하므로 이용자는 그 지역의 측지기준계로 환산하여 관측값을 사용하여야 한다.

가) GPS의 기본과 구성

GPS는 정확한 위치를 알고 있는 위성에서 발사한 전파가 지상의 수신기까지 도달하는 소요시간을 관측함으로써 미지점의 위치를 구하는 인공위성을 이용한 범지구 위치결정체계이다.

GPS는 위성체 연구, 좌표계와 GPS 신호, 위성궤도의 향상 및 수신기술 개발 등이 접목되어 다양한 응용분야로 급속히 확산되고 있다. 물론 GPS 이전의 항행 및 위치결정체계인 미해군의 도플러 방식에 의한 TRANSIT(NNSS)도 존재하였으나, 그 활용범위나 정확도면에서 GPS와 비교할 바가 아니다.

다른 위성항행체계와 마찬가지로 GPS도 그 역할과 기능에 따라서 세 분야로 구분되는데, 위성의 배치와 관련된 우주부문(space segment)과 이를 통제하고 시간을 조정하며 궤도를 추정하는 제어부문(control segment) 및 수신기와 관련된 사용자부문(user segment)이다.

(ㄱ) 우주부문

GPS의 우주부문은 실시간(real time) 군사비행을 목적으로 개발되어 지구상에서 언제 어디서나 관측이 가능하도록 설계되었다. 여러 번의 계획수정 후, 위성은 3.9km/s의 속도로 회전하며, 주기는 항성시를 기준으로 12시간으로 세계시보다 하루 4분 빠르며, 매일 반복된 위성형상을 이룬다. 각 위성은 매우 정확한 시간정보의 제공을 위해서 세슘(Cs)과 루비듐(Rb) 원자시계를 탑재하고 있다. 현재 총 31개의 GPS 위성(Block ⅡA 10기, Block ⅢR 12기, Block ⅡR-M 7기 및 Block ⅡF 2기)이 완전 작동 중에 있다. 향후 계획된 새로운 위성들은 레이저 거리관측기와 보다 정밀한 원자시계 등을 탑재하여 GPS에 의한 위치결정의 정확도를 한층 더 높여 줄 것으로 기대된다.

GPS 위성의 번호표기는 위성의 발사순서에 따른 SVN(Space Vehicle Number)과 궤도의 배열에 관련된 PRN(Pseudo Random Noise)으로 나눈다. Block Ⅰ 위성에서는 그 번호의 명명이 SVN과 PRN에서 같지 않으나 Block Ⅱ의 SVN 14부터는 번호표기가 일치하며, 일반적으로 수신기에는 PRN 번호가 나타난다.

(ㄴ) 제어부문

제어부문은 그 위치가 매우 정확한 Colorado Springs의 주제어국(master control station), 적도상에 균등 배치된 5개의 조정국(monitor station) 및 3개의 지상송신소(ground antenna)로 구성되어 있다. 정밀한 세슘(Cs) 시계를 장착한 5개 조정국에서는 모든 위성들로부터 신호를 수신하여 각 위성의 작동상태, 궤도 및 시간에 대한 정보를 주제어국으로 보낸다. 주제어국에서는 이 정보들을 이용하여 제도요소를 추정하고, 시간을 수정한 후 다른 필요한 위성정보와 함께 지상 안테나를 통하여 다시 각 위성으로 발송한다. 이러한 작업은 하루에도 몇 차례 반복되므로 이용자는 위성에 대한 생생한 정보를 얻을 수 있다.

(ㄷ) 사용자부문

사용자부문은 위성신호의 취득에 필요한 하드웨어 분야인 수신기와 자료처리를 위한 소프트웨어로 구성되며, 앞의 두 부문과는 달리 사용자 자신의 최소한의 선택권이 주어진다. GPS 수신은 기본적으로 수동, 즉 수신된 신호 수신기의 개발경향은 현재 매우 빠른 속도로 진행 중이고 전자동처리가 가능하며, 저가의 소형품, 특히 신호차단(AS: Anti Spoofing)에 대비한 새로운 수신기들이 등장하고 있다.

한편, GPS 이용자의 편의를 제공하고 신속한 정보를 제공하기 위한 민간 GPS 정보안내소(GPS information service)들이 전 세계적으로 건립되고 있는

데, 현재 IGS(International GPS Geodynamics Service), GIBS, CBB, GPSIC 등이 운영되고 있다.

나) 위치결정방법

GPS는 위성에서 발사한 전파가 지상의 수신기에 도달하는 데 소요되는 시간을 관측한 후 전파의 전달속도를 곱하여 거리를 환산하는 일방향 거리관측체계(one-way ranging system)이다. 그 관측값으로는 코드로부터 의사거리(pseudo-range)를 관측하는 방법과 반송파(carrier)의 위상차를 관측하는 방법이 주로 이용되고 있다.

(ㄱ) 의사거리위치관측기법(또는 코드상관기법)에 의한 위치결정

코드관측에서는 위성에서 발사한 코드와 수신기에서 미리 복사된 코드(replica)를 비교하여 두 코드가 완전히 일치할 때까지 걸리는 시간을 관측하는데, 이를 코드상관기법(code correlation)이라 한다. 그러나 관측 중 대기층의 영향과 수신기의 시계가 위성의 시계만큼 정확하지 않으므로, 약간의 오차가 생기기 때문에 이를 의사거리(pseudo-range)라 부른다. GPS 위성은 아주 정밀한 세슘시계를 탑재하고 있으며, 지상에서 전송되는 시간보정자료를

그림 1-13 코드관측에 의한 의사거리결정의 원리

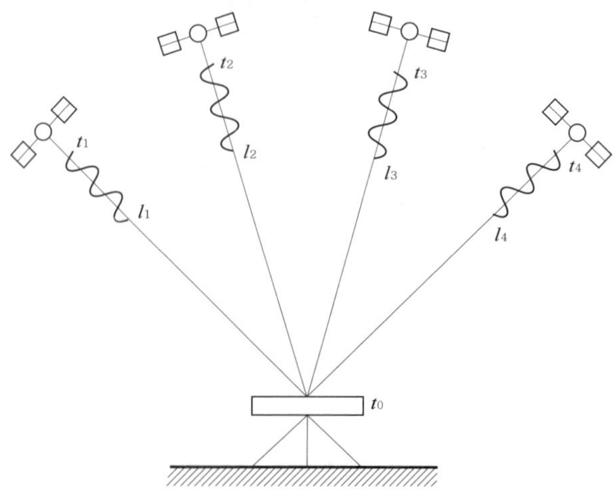

이용하여 시계를 계속 수정하게 된다. 반면에 수신기의 시계(석영)는 GPS 시계보다는 낮은 정확도로 인하여 수신기의 난수배열 생성시간은 일정한 시각오차를 포함하게 된다. 따라서 임의의 시점에서 단일 위성에 대한 코드관측에 의해 의사거리관측기법의 기본방정식은 식 (1.2)와 같이 표현된다.

$$\begin{aligned} PR &= c \cdot \Delta t = |X_S - X_R| + c \cdot \delta t \\ &= [(X_S - X_R)^2 + (Y_S - Y_R)^2 + (Z_S - Z_R)^2]^{1/2} + c \cdot \delta t \end{aligned} \tag{1.2}$$

여기서 PR: 위성(S)과 수신기(R) 사이의 거리
c: 신호의 전파속도
Δt: 위성과 수신기간 신호의 도달시간
X_S: 위성의 세 위치벡터(X_S, Y_S, Z_S)
X_R: 수신기의 세 위치벡터(X_R, Y_R, Z_R)
δt: GPS와 수신기 간의 시각동기오차

식 (1.2)에서 Δt는 관측 가능하므로 4개의 미지수 X_R, Y_R, Z_R, δt가 존재한다. 따라서 의사범위를 이용한 위치결정은 〈그림 1-13〉과 같이 4개의 위성을 관측하게 되면 원하는 수신기의 위치와 시간오차를 구할 수 있다. 또한 관측시 발생하는 각종 오차를 고려하여 코드관측에 의한 의사거리관측기법의 함수모형은 식 (1.2)로부터 식 (1.3)과 같이 표시된다.

$$PR_{CD}(t) = R(t) + c \cdot \delta t_{sym} + c \cdot \delta t_a + c \cdot \delta t_S + n_R \tag{1.3}$$

여기서 $R(t)$ 임의의 시점에서 위성과 수신기 간의 경사거리
δt_{sym}: 위성과 수신기 간의 시각동기오차
δt_a: 대기의 영향에 의한 오차(이온층 및 대류층)
δt_S: 위성시계의 오차
n_R: 관측의 잡음(noise)

(ㄴ) 반송파 위상위치관측기법에 의한 위치결정

비행이나 저정밀도 목적을 위한 코드를 관측, 전파의 도달시간을 계산하여 위치를 결정하는 의사거리관측기법(pseudo-ranging)과는 달리, 정밀위치결정을 위한 GPS의 이용은 반송파 관측에 의한 상대위치결정기법이 많이 이용되고 있다. 반송파 위상관측기법(carrier phase measurement)에서는 위성에서

그림 1-14 반송파 위상관측과 모호성(ambiguity)의 개념도

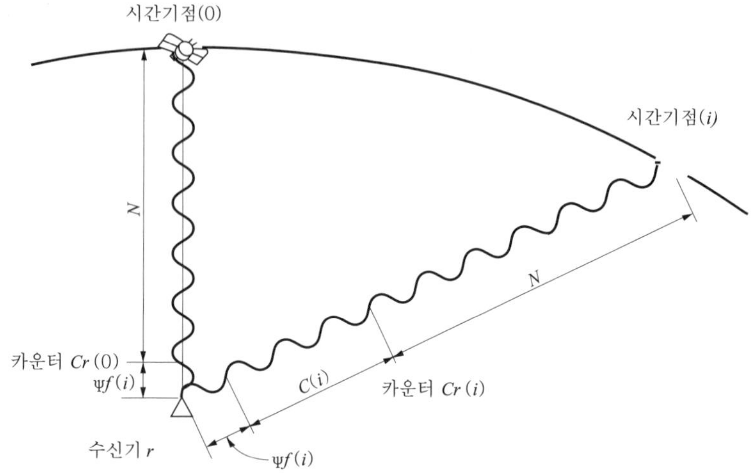

보낸 파장과 지상에서 수신된 파장의 위상차를 관측하므로, 의사거리관측기법에 반해 매우 높은 정확도의 유지가 가능하므로 현재 거의 모든 측지위치결정에 이용되고 있다. 이 방법에서는 단지 한 파장 내에서의 위상차만 관측하므로, 전체 파장의 숫자는 정확히 알려져 있지 않은데 이를 파장의 모호성(ambiguity)이라 한다. 반송파 위상관측기법의원리와 모호성의 개념은 〈그림 1-14〉와 같다.

〈그림 1-14〉에 나타낸 바와 같이 일정한 시간 기점[epoch(0)]에서 관측이 시작되면 수신기 r에서는 위상변이량 $\psi_f(0)$를 관측함과 동시에 내부의 파장의 수를 세는 카운터(counter)는 0의 상태가 된다. 다음 기점(i)에서는 이에 해당하는 위상변이량 $\psi_f(i)$와 기점(0)에 대한 파장의 증가값 $C(i)$만을 관측한다.

따라서 파장의 불명확상수인 전체 파장의 숫자 N은 미지수로 남게 된다. 위의 과정을 토대로 임의의 기점(t)에서의 반송파의 위상관측은 식 (1.4)로 표시된다.

$$\psi_f(t) = \frac{2\pi}{\lambda}(|X_S - X_r| - N \cdot \lambda + c \cdot \delta t) \tag{1.4}$$

여기서 $\psi_f(t)$: 시간기점 t에서 관측된 위상값
N: 파장의 불명확상수
λ : 파장

실제 관측에서는 대기의 영향에 의한 오차와 관측잡음(noise)을 고려하여 반송파 관측에 의한 기본방정식을 표시하면 식 (1.5)와 같다.

$$PR_{CR}(t) = R(t) + c \cdot \delta t_{sym} + c \cdot \delta t_{ta} + c \cdot \delta t_S + N \cdot \lambda + n_R \tag{1.5}$$

반송파 관측방정식은 의사거리관측기법(<그림 1-13>)의 방법과 비교하여 파장의 불명확상수 N이 하나 더 추가되었음을 알 수 있다. 전체 관측시간 동안 위성신호의 차단이 일어나지 않으면 최초에 발생한 모호상수를 한 번만 결정하면 되지만, 신호의 차단과 더불어 하드웨어 또는 소프트웨어 문제 등으로 주파수 단절(cycle slips)로 불리는 신호의 불연속이 종종 일어나는데, 이 때는 새로운 불명확상수를 해결해야만 한다. 이 불명확상수 문제는 GPS 활용에서 가장 큰 중심테마를 이루며, 이의 정확한 결정이 GPS의 정확도를 좌우한다.

GPS 항공영상탐측을 위한 이동식(kinematic) 위치결정에서의 불명확상수 문제는 지상에서보다 더 큰 어려움이 있는데 이는 빠른 비행속도에 기인한 공기동력학(aerodynamic)에 따른 안테나의 거동, 비행동체에 의한 다중경로, 비행시간 단축을 위한 곡선(curve)에서의 급선회 등이다. 현재 이의 해결을 위해 가장 많이 이용되는 방법은 비행과 동시에 짧은 순간에 불확실상수를 결정하는 on-the-fly 기법이다.

다) 위치관측기법

위치관측기법에는 절대관측(혹은 1점 위치관측)과 상대관측(혹은 정밀관측)으로 대별된다. 절대관측(absolute or point positioning)은 4개 이상의 위성에서 수신한 신호 가운데 C/A코드를 이용하여 실시간 처리로 수신기위치(관측하려는 지점)를 결정하는 것이다. 상대관측(relative or differential positioning)은 다음과 같이 5가지 관측방법으로 세분할 수 있다.

(ㄱ) 정지식 관측(static-GPS)

정확도가 높은 측지측량 등에 이용한다. 기선길이가 20km 이상인 경우 많은 시간을 요하는 관측으로 SA(미국방성에서 군사적 목적으로 개발된 GPS 신호를 적대국에서 사용하는 것을 제한하기 위해 C/A-Code에 인위적으로 궤도오차 및 시계오차를 첨가하였는데 이를 사용자의 선택적 가용성, 즉 SA: Selective Availability라 한다)나 멀티패스영향을 소거할 수 있으나 천공각을 충분히 확보하고 전파방해지역을 피해야 한다. GPS수신기 여러 대를 기지점과 미지점 간에 망을 구성하여 동시관측, 최초기선을 고정으로 하고 최소제곱법을 이용한 망조정을 통해 미지점의 좌표를 결정한다. 정확도가 수평±(5mm+1ppm), 수직±(10mm+2ppm)이므로 기준점측량, 지구물리분야 등 측지분야에 이용된다.

(ㄴ) 정밀 GPS(DGPS: Differential GPS)

정밀 GPS는 위치를 정확히(수 cm 이내) 알고 있는 곳에 정밀한 시계와 수신기를 갖춘 기준국을 두고, GPS 위성의 신호를 받아 수신기로 계산한 위치값과 미리 알고 있는 자신의 위치를 비교하여 위치의 오차에 대한 보정값을 계산한다. 의사거리 혹은 좌표로 표현된 보정값에 대한 정보를 기준국 주위에서 움직이는 사용자에게 실시간 혹은 후처리로 넘겨줌으로써 같은 위성의 신호를 수신하는 사용자가 이 값을 이용해서 보다 정확한 위치를 계산한다는 원리이다. 이 DGPS로 정확한 위치 계산이 가능한 이유는 기준국의 정확한 위치 계산뿐만 아니라 위성궤도오차, 위성시계오차, 전리층 시간지연, 대류층 시간지연, 그리고 C/A 코드 이용에 최대 난관인 SA 등을 수신기간의 공통오차로 간주하여 이를 제거할 수 있기 때문이다. 이에 GPS 이용에 회의적인 분야에서도 이 GPS에 대해 많은 관심을 갖고 있다. 그러나 실제의 경우 두 수신기 간의 거리, 두 수신기 간의 정보 전달속도, 계산에 쓰이는 알고리즘 및 하드웨어의 성능 요인들이 DPGS의 정확도에 커다란 영향을 미친다.

DGPS는 위성이나 라디오 비콘(radio beacon) 등과 같은 다양한 자료연결(data link)을 이용하기 때문에 자료신호(data message)의 표준화를 필요로 한다. 특히 실시간 응용에서 표준 자료형식(data format)의 필요성 때문에 미국 RTCM-SC 104(Radio Technical Commission for Maritime services Special Committee 104)는 실시간 DGPS에 이용되어질 수 있는 다양한 형태의 표준화된 자료형식(data format)을 제정했다.

특히 두 수신기 간의 거리가 문제시되는 것은 거리가 멀면 한 위성과 두 수신기 사이에 놓여 있는 전리층과 대류권의 성질이 다를 수 있으므로 이들에 의한 시간지연값이 두 수신기에 다르게 나타나기 때문이다. 그러므로 일반적으로 DGPS를 구성할 때 기준국과 사용자 간의 거리가 100km를 넘지 않도록 기준국을 배열해야 한다.

한편, 특정한 목적의 측량과 같은 분야에서는 절대위치 관측보다는 두 점간의 상대위치 정보가 필요할 수도 있다. 이런 경우는 주변의 임의의 위치에 한 수신기를 놓아 기준국으로 하고, 두 수신기 간의 상대적 위치를 매우 정확히 관측할 수 있다. 현재 미국 해안경비대(coast guard)와 연방항공국(FAA)을 비롯한 여러 단체를 중심으로 C/A 코드 위치 관측에 대한 정밀도를 높이기 위해 가장 활발하게 연구되고 있는 방법이 DGPS이다. 위성에서의 항법신호는 사용자의 수신기에 도달하면서 위성시계와 수신기 시계의 불일치, 전리층이나 대류권에서 전파의 지연으로 생기는 시간차, 주파수 단절(cycle slip) 등으로 인해 정확도가 떨어지게 된다. 현재 무상 제공되는 SPS(Standard Positioning Service)는 SA가 없는 상태에서는 30~50m, SA가 작동 중일 때에는 약 100m의 위치해석오차를 발생시킨다. 이러한 문제점을 해결하기 위해서 DGPS 기법이 개발되었다. 이러한 DGPS 기법을 사용하면 정확도는 고정점과 기선거리에 따라 다르나 일반적으로 0.1~0.3m 정도이다. DGPS를 위한 국내상시관측소의 현황은 국토지리정보원(수원)은 일본 국토지리원과 공동관측 및 VLBI관측(14개 운영), 국토해양부는 2012년 현재 72개의 GPS 상시관측소를 운용하고 있으며, 천문대(대전)는 일본 simosato SLR측점과 공동관측을 하며 지적공사는 창원에 상시 관측소를 설치하여 운영하고 있다. 또한 육군지형정보단(대전)은 DMA와 공동작업으로 절대위치결정을 수행하고 있다.

(ㄷ) 정지 · 이동식 GPS(SGK GPS: Stop & Go Kinematic GPS)

이 기법은 연속적인 미지점 관측시에 라디오모뎀을 통한 실시간 처리 및 후 처리를 선택할 수 있으나 초기 기지점 또는 다른 기지점에 연결하여 오차 점검을 해야한다. 정확도는 2cm+1ppm이므로 정확도가 낮은 기준점측량, 지형측량, 시공측량, 경계측량, 영상탐측에 필요한 기준점 측량 등에 사용된다.

(ㄹ) 연속이동식 GPS(CK GPS: Continuous Kinematic GPS)

이 기법은 도로나 수로의 중심선관측에 있어서 Stop & Go Kinematic GPS와 비슷한 정확도를 확보할 수 있으므로 완공된 도로선형의 수치지도갱신 및 동체의 궤적 등의 추적 등에 많이 사용된다.

라) 실시간 이동식 GPS(RTK GPS: Real-Time Kinematic GPS)

실시간 이동식 GPS인 경우 기준국의 보정값을 무선으로 이동국에 송신하여 의사거리를 보정한 후 위치를 계산한다. 후처리(post processing) 방식에서는 양국에서 수신한 자료를 컴퓨터에서 보정하여 위치를 해석한다. 〈그림 1-15〉는 정밀GPS(DGPS)를 이용한 위치해석 방법으로 현장에서 즉시 관측결과를 사용할 수 있어 차량 및 항공기의 실시간 항법용으로 이용, 지질학연구, 해양시추선에 활용, 댐의 변형연구 등에 수 cm 정도 이내의 정밀도를 요구하는 분야에 응용, 이동점의 위치좌표를 실시간으로 수신해야 하는 실시간현황측량, 절토 및 구조물결합의 확인 등 각종 측량에 편리하게 이용되고 있다. 정확도는 수평±(12mm+2.5ppm), 수직±(15mm+2.5ppm)이다.

그림 1-15 DGPS에 의한 위치해석

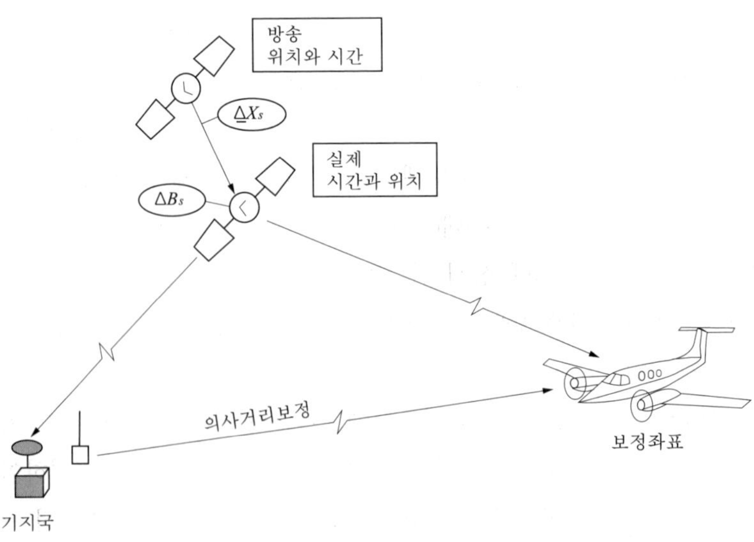

표 ①-3 SA 유무에 따른 각 측량 정확도의 변화

측량방법	형식	SA	일반오차범위		오차조정 후의 정확도	
			수평오차	수직오차	수평오차	수직오차
이동식 GPS	GPS	제거 전	100m	150m	50cm	1m
		제거 후	20m	30m	< 10cm	20cm
	DGPS	제거 전	< 10m	< 20m	5cm + 5ppm	8cm + 8ppm
		제거 후	오차조정 후 측량의 상대정확도는 2cm ± 1ppm			
정지식 GPS측량 (기선길이가 20km 이상)	GPS	제거전	10cm	15cm	20cm	50cm
		제거 후	2m	3m	< 10cm	20cm
	DGPS	제거 전	< 1m	< 3m	5mm + 0.5ppm	8mm + 0.8ppm
		제거 후	오차조정 후 측량의 상대정확도는 5mm ± 1ppm			

마) GPS 측량의 오차

GPS 관측에서 발생되는 오차들은 수학적인 모형이 실제적인 물리현상과 일치하지 않거나, 많은 부대조건들을 고려하지 않음으로써 발생하는 것이다. 즉 GPS 관측 자체가 Newton의 운동역학이 지배하는 절대공간과 절대시간상에서 이루어지지 않기 때문에 오차의 영향을 보정하기 위해서는 지구의 회전, 상대성 효과, 기상의 영향, 위성의 궤도오차 및 신호전파오차 등을 고려하여야 한다. 코드를 이용하여 의사거리를 관측하는 군사용 비행목적에서는 비교적 쉽게 오차를 분류할 수 있으나, 반송파 관측이 필수인 측지측량분야에서는 이용분야 및 목적, 수신기의 성능과 처리 프로그램에 크게 의존하게 된다.

〈표 1-4〉에는 GPS 측량에서 일어나는 중요한 오차들을 위성, 신호 및 수신기별로 대별하였다.

GPS 위치결정의 정확도는 크게 두 요인에 의해서 결정되는데, 그 하나는 표준편차 σ_r로 표시되는 각각의 거리관측 자체의 정확도와 또 다른 하나는 위성의 기하학적 분포에 의존한다. 따라서 GPS에 의해서 결정된 좌표의 정확도는 표준편차 σ_r와 일정한 정밀도 저하율 DOP(Dilution Of Precision)의 곱에 의해서 표시된다. 여러 가지 DOP값들이 있는데, 그 중 3차원위치는 PDOP (Positional DOP)에 의해서 정확도가 달라진다. PDOP는 4개의 관측위

표 ①-4 GPS 측량의 주오차요인들

오차의 원인	P-code	C/A-code
위성		
• 궤도	5m(10~40m)	5m(10~40m)
• 시계	1m(10~50m)	1m(10~50m)
신호전달		
• 이온층(2주파수)	cm~dm	cm~dm
• 이온층(model)	–	2~100m
• 전리층(model)	dm	dm
• multipath	1m	5m
수신기		
• 관측잡음(noise)	0.1~1m	1~10m
• hardware delays	dm~m	m
• 안테나의 위상중심	mm~cm	mm~cm

〈※ ( )는 SA 작동시, Gunter Seeber, Satellite Geodesy, 1993.〉

성들이 이루는 4면체의 체적에 반비례하므로 이 값이 작을수록 정확하다. 따라서 최적의 위성배치는 그 체적이 최대일 때이므로, 한 위성은 관측자의 머리 위에 다른 세 위성이 각각 120°를 이룰 때이다.

DOP는 위성의 기하학적 구성을 지시하는 것으로 비행계획 수립시 PDOP를 3~5 정도, HDOP(Horizontal DOP)는 2.5 이하로, 그 외에도 시간정확도를 나타내는 TDOP(Time DOP)를 고려하고 있다. GPS를 이용하여 위치결정을 할 때 발생하는 중요한 오차요인들은 위성에 관계된 편의, 전파전달에 의한 편의, 수신기에 관련된 편의, 측지학적고도의 개념차이 등으로 분류할 수 있다.

(ㄱ) 위성에 관련된 편의

i) 궤도 편의

궤도 편의는 위성에 작용하는 여러 힘들에 대한 부정확한 모형화의 선택적 가용성(SA)에 의하여 인위적인 위성정보방송 등이 정확도 저하에 영향을 준다. 위성궤도 오차는 SA에 의한 송신자료의 의도적인 정확도 저하와 위성에 작용하는 힘들에 의해 발생한다. 궤도 편의는 SA가 없을 때 5~25m, SA가 발생할 때는 100m까지 커진다.

ii) 위성시계의 편의

GPS 위성들은 시간유지와 신호동기(synchronizing)를 위해 고도의 정밀도를 가진 세슘 또는 루비듐 원자시계를 사용한다. 위성시계의 편의는 정확하게 교정될 수 있다.

(ㄴ) 신호전달과 관련된 편의

i) 전리층 편의

전리층(ionosphere)은 지표면으로부터 50~1,000km 사이의 지역이다. 이 영역을 통과하는 GPS가 신호전파 시 분산이 일어나고, 전파신호 전압의 변화가 일어난다. 이 코드의 전파신호는 실제보다 관측거리를 길게 만든다.

ii) 대류권 지연

대류권(troposphere) 지연은 신호가 전리층을 통과하고 나서 대류권을 통과하게 되는데 대류층은 지구의 기후형태에 의하여 영향을 받는다. 이 층에 구름과 같이 수증기가 있어 굴절오차의 원인이 되지만, 대부분의 대류권지연에 따른 오차는 표준보정식에 의하여 소거될 수 있다.

iii) 다중경로(multipath) 영향

다중경로 영향은 바다 표면이나 빌딩과 같은 곳으로부터 반사신호에 의한 직접신호의 간섭에 의하여 발생된다. 이 효과를 줄이는 효과적인 방법은 특별히 제작된 안테나와 적절한 위치선정을 해야 한다.

(ㄷ) 수신기에 관련된 편의

i) 수신기 시계의 편의

GPS 수신기에는 일반적으로 위성의 원자시계보다 저가의 시계가 사용되고 있다. 그 결과로 GPS 시간의 동기오차가 발생된다. 이를 해결하기 위하여 시계오차를 미지수로 다루는 3개의 의사거리 방정식을 사용하여 수신기 위치(X, Y, Z)와 시계오차(t)를 구할 수 있다.

ii) 주파수 오차(cycle error)

주파수 모호성(cyclic ambiguity)과 주파수 단절(cycle slip)에 의해 생기는 오차로서 위상관측(phase measurement) 때에만 발생한다.

(ㄹ) GPS 관측값의 측지학적 고도와 지오이드 고도차의 개념차이

GPS에서 관측의 높이(고도)값은 타원체의 수학적 표면을 기준으로 하였

그림 1-16 측지학적 고도와 지오이드 고도차

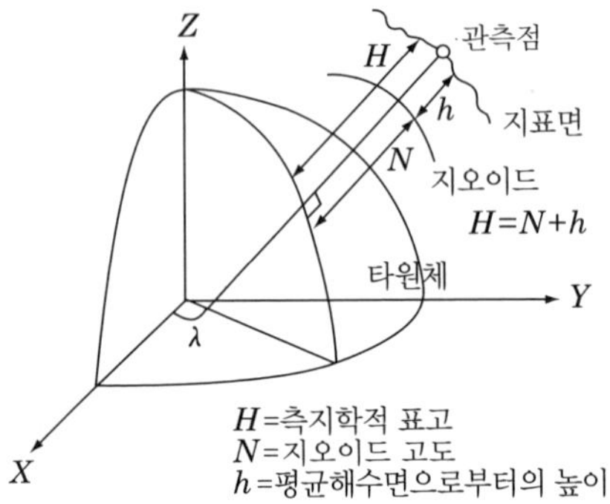

기 때문에 물리적인 지오이드 고도와 차이가 있다

$$H = h + N \tag{1.6}$$

H: 측지학적 고도(정표고: orthometic height)
h: 평균해수면으로부터의 고도
(일반적인 표고, 또는 타원체고: ellipsoidal height)
N: 지오이드 고도(geoidal height)

GPS의 수평위치의(*X*, *Y*)의 값은 정확도가 좋으나 수직위치(고도)의 값(*h*)의 정확도는 수평위치의 정확도에 비해 낮다(지상에서 수행하는 일반적인 level 측량성과보다 정확도가 낮다).

바) GPS의 활용분야

현재 GPS의 활용분야는 거의 제한이 없을 정도로 매우 광범위하며, GPS 측량기법의 우수성과 수신기의 가격하락으로 나날이 새로운 적용분야가 나타나고 있다. 위치결정과 관련된 GPS의 활용분야를 간단히 소개하면 다음과 같다.

(ㄱ) 측지측량기준망 설정

GPS 활용의 가장 대표적인 분야로서 GPS 측량기법은 날씨와 기선장에 무관하게 재래식 삼각 또는 삼변측량으로는 불가능하였던 3차원 위치를 높은 정확도로 결정할 수 있게 되었다. 따라서 1980년대 말부터 세계 전역을 하나의 동일좌표계에 의한 대륙간을 cm의 정확도로 연결하는 세계측지측량망인 ITRF(International Terrestrial Reference Frame)가 설정되었으며, 현재도 계속 갱신작업이 추진중이다. 이를 위하여 GPS는 지구상에 균등 배치된 VLBI, SLR 등을 이용하여 관측소에서 준성, 위성 등을 목표물로 장기간 관측한 자료들을 분석하여 현재 측지측량망의 정확도를 ±1cm로 유지하고 있다.

각 대륙은 이를 바탕으로 기선장 300~500km 내외의 대륙측량망을 구축하였으며, 대표적인 예로 유럽의 EUREF(EUropean REFerencing), 북미의 ACS(Active Control System) 등을 들 수 있다. 또한 각국은 이 대륙측량망을 기본으로 기선장 50~100km의 국가 GPS 기준망을 설정하여, 지역별로 20~50km의 밀도로 배치하여 고밀화 측지측량망으로 정확도 갱신 등에 활용하고 있다. 그러나 이러한 성공적인 GPS 활용을 위해서는 세계좌표계와 지역좌표계 간의 정확한 변환요소 결정과 지오이드기복고도에 대한 정밀모형이 우선적으로 해결되어야만 한다.

(ㄴ) 지구물리학적인 측면

GPS를 지구물리학적 측면에 활용할 경우 지각변동을 관측하는 작업이나 지질의 구조를 해석하는 일, 지오이드모형개발, 지구의 자전속도 및 극운동 변화량 검출, 지각변동, 항공 지구물리 등에 GPS를 응용하여 수행할 수 있다. GPS를 이용한 기상학, 해수면 감시, 시추공의 위치 확인 및 결정, 해상의 중력측량, 해상탐사 및 구조, 준설작업, 해저지도 작성, 해양자원탐사에 활용도 증가, 인공위성의 궤도 및 자세의 결정 등을 위한 관측 기술수단으로 큰 역할을 하고 있다.

(ㄷ) 국토개발

국토재정비 및 이용계획, 환경보존 등에 필요한 지형공간정보의 근간이 되는 기준점 설정을 GPS로 정확하게 처리할 수 있다. GPS 활용으로 해상구조물측설, 수심측량시 수평위치결정, 해양탐사, 천연자원(미네랄, 석유, 석탄 등) 탐사지역의 위치확인 및 영역설정, 습지, 숲, 목재 등의 천연자원관리를 저렴하고 정확한 처리, 야생동물을 관찰하는 동물학자, 생태학자, 해양생물학자 등이 행하는 야생동물보호, 동물들로부터 위협을 받는 자들이 자신을 지키기 위하여 위치확인 수단 등으로도 GPS가 이용되고 있다.

(ㄹ) 지적측량

GPS의 지적측량에의 활용에 있어서, 실시간이동식 관측기법(realtime kinematic)과 보정자료전송의 편리성 및 상시관측소의 설치 등으로 활용이 급증하고 있다. 위성에 대한 시계(視界)의 확보가 가능한 지역에서는 별 어려움 없이 현장에서 직접 도근점 설치, 지적경계선의 분할과 합병 등이 가능하며, 위성에 대한 시계가 불량한 지역이라 할지라도 광파종합관측기(total station) 등과 연계하여 상기의 목적을 매우 효율적으로 수행할 수 있다.

(ㅁ) 고저(수준) 측량

GPS는 3차원 정보를 제공하는 기술체계이므로 수평위치는 물론 높이의 결정도 가능하나, GPS 위치결정의 특성상 높이 좌표는 평면에 비해 항상 그 정확도가 떨어지는 단점도 있다. 또한 GPS에 의한 고도값은 기하학적으로 정의된 타원체고도이므로, 이를 실제에 활용하기 위해서는 중력이 기준이 되는 정표고로의 환산을 위한 지오이드고도가 필요하다. 지오이드고가 cm 정도인 선진국에서는 이미 GPS에 의한 고저측량망(수준망) 조정, 검조위 관측 등이 보편화되고 있다. 현재 정밀중력측량을 실시하고 있으며, 각종 위성관측으로부터 유도된 중력자료의 정확도가 현저히 증가하여, 머지않은 장래에 GPS 측량은 삼각고저(수준)측량이나 고저측량기법으로 대체될 것이다.

(ㅂ) 지형공간정보 및 시설물유지관리

3차원 지형공간정보자료취득 및 지도제작 과정을 GPS 측량으로 수행하고 있다. 지도를 제작하거나 주제도를 분류하여 제작하는 일, 수자원 관리, 삼림관리 등에도 유용하게 이용되고 있다. 정적 및 동적 관측대상에 대하여 GPS와 각종 센서(CCD나 video 등)를 결합하여, 각종 시설물(지상, 지하)에 대한 위치정보와 특성정보를 신속히 취득함으로써 지형공간정보의 자료기반(DB)을 구축한다. 예로서, 도로의 현황이나 전력선, 상수도관, 하수도관, 가스관 등, 광범위하게 분포된 시설물의 위치와 상태를 GPS와 PenMap 등으로 현장에서 직접 독취하여 저장한 후, 유지보수와 관련된 모든 정보를 자동으로 관리한다.

또한, 동적인 관측(이동하면서 관측하거나 움직이는 대상이나 화재현장조사 등)의 경우 비디오로 촬영한 자료에 위치를 표시하거나, 이동물체나 현장의 변화상태를 실시간으로 감시할 수 있는 원격제어체계를 구축하는 데도 이용되고 있다.

(ㅅ) 차량항법체계(CNS)와 이동식도로정보화체계(GPS Van) 및 군사적 응용

i) CNS

GPS를 이용한 차량항법체계(CNS: Car Navigation System)를 구축하여 차 내에 장착된 액정영상면을 통해 격자형 및 벡터형 자료로 구성된 수치자료로 차량의 현재위치를 파악하며, 미리 입력된 자료기반을 이용하여 목적지를 검색할 수 있다. 또한, 차량의 최적경로를 안내하며 지형(지모, 지물) 정보를 제공한다. 운송분야에서는 택시, 버스, 상업용 차량을 운영하는 회사들이 각 차량을 추적할 수 있으며, 특히 혼잡한 주차장이나 철도 선로 구역에서 효과적으로 차의 위치를 확인할 수 있고, 물류분야에서는 택배나 화물운반 회사에서 보다 나은 물자의 실시간추적과 관리가 가능하며, 해양수산분야에서는 어업 경계선의 침범, 경계구역의 문제들을 효과적으로 해결할 수 있다. 고속도로 및 수로의 조사와 유지관리에 필요한 자료 등을 GPS Van으로 처리한다.

ii) GPS Van

GPS Van은 일반차량에 GPS 수신기, 수치 사진기, 자이로스코프, 가속도계 및 휠탐측기 등을 탑재하여 주행과 동시에 도로와 관련된 각종 시설물 현황이나 기타 특성정보를 실시간으로 자동 취득하는 이동식 도면화체계로

그림 1-17 차량항법체계

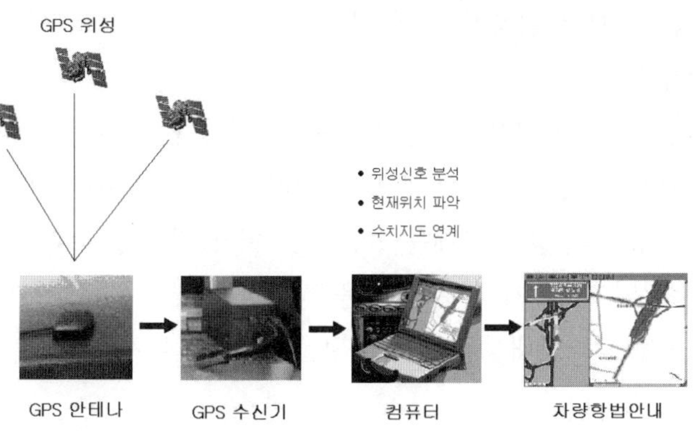

형성된 관측방법이다. GPS Van은 GPS 측량기술, 차량항법 및 수치영상 처리기술 등이 복합된 최신의 측량기법으로서, 도로와 관련된 효율적인 GIS 자료취득에 가장 큰 주목을 받고 있는 점에 있어서도, 유망한 GPS 영상탐측에 의한 분야이다. 지능형교통체계(ITS: Intelligent Transport System), 선박의 항법, 항공기 항법체계, 고속철도 등의 항법 및 교통 분야에서도 GPS의 정확도 향상으로 인하여 필요성이 확대되고 있다. 위성신호수신기와 무선통신을 통합시킴으로써 높은 정확도를 얻을 수 있으며, 위성신호 및 무선통신신호를 수신 즉시 수신기의 위치를 계산할 수 있다. 높은 정확도의 위치관측값을 얻으므로 선박, 항공기나 미사일의 공격목표선정 및 최대공격효과 예측 등 항법장치에 이용되며, 군사 작전에 필요한 각종 정보를 사전 또는 실시간으로 취득할 수 있다.

(ㅇ) 긴급구조 및 방재

소방대원, 경찰, 구급차를 급파하여 화재, 범죄현장, 사고피해자, 구급대원의 위치를 신속하고 정확하게 영상면(screen)으로 나타낼 수 있다. 또한 긴급구조 119 휴대전화에 GPS 위치결정기술을 장착하여 간단하고 경제적인 구조활동을 할 수 있다. GPS 활용으로 조난 구조팀이 바다, 산, 스키장, 사막, 황무지 등에서 조난자들을 조사하고 구조할 수 있다. GPS 수신기를 차량에 장착하면 차량이 고장이 났을 경우 자신의 위치를 정확히 전달시킬 수 있으며, 견인차가 신속하게 도착할 수 있다. 방재를 위한 GPS 활용으로 기상, 예보, 홍수피해지역, 제방, 배수로와 같은 대상을 확인하고 영역을 결정하여 지형공간정보를 활용하는 데 이용되고 있다.

(ㅈ) 여가선용

하이킹, 캠핑, 사냥을 할 경우 길을 잃었거나, 잃어버린 대상들을 찾는 데 GPS를 활용하면, 안전하고 손쉽게 원하는 몫을 마무리 지을 수 있다. 보트를 타거나 낚시의 경우 모래톱, 바위 및 여타 장애물 주위를 좀 더 안전하게 항해할 수 있고, 즐겨 찾는 지점을 정확하게 찾을 수 있으며, 낚시꾼들은 빠르고 효율적으로 안내할 수 있고 덫을 찾거나 설치하는 데 도움을 줄 수 있다.

(ㅊ) 우주개발

위성궤도 추적을 위하여 GPS 수신기를 이용하면 정확하게 궤도 위치를 결정할 수 있으며, 엘니뇨 기상지도를 신속하고 경제적으로 제작하려면 DGPS 기술을 이용한다. 우주정거장 개발을 위하여 랑데부 운영을 쉽게 할 수 있고, 궤도 수정을 하는 동안 상호 GPS 운영을 효율적으로 할 수 있다.

(ㅋ) 고응용체계

항공산업, 항구 내에서의 배의 운항, 정교한 기차의 운영을 수행하는 철로, 농업과 광업에서 요구하는 소요 정확도를 얻기 위해서 사용자는 DGPS에 의한 오차수정과정을 연구해야 할 것이다.

(ㅌ) VRS(가상기준점관측방식)

i) 의 의

VRS(Virtual Reference Station) 방식은 3점 이상의 기준국(GPS 상시관측소)을 이용하여, 이동국(관측점) 주변에 가상의 기준점을 설정하고 관측오차보정 요소(전리층, 대류권 및 위성궤도 오차, 다중경로 오차 등)를 제거한 자료를 이동국에 전송함으로써, 관측위치 정확도나 초기화 시간이 기준국(GPS 상시관측소)간 거리에 좌우되지 않는 RTK GPS 체계이다. 이때 만들어진 오차모형은 가상기준점망을 형성하는 모든 기준국에서 관측한 값으로 만들게 되므로 한 점을 기준으로 만드는 보정값보다 정밀하고 신뢰성이 높다.

VRS 관측방법은 이동국의 개략위치를 제어센터로 송신하고, 제어센터는 수신된 자료를 가지고 이에 맞는 위상보정값을 RTCM(Radio Technical Commission for Maritime Services) 형식으로 이동국에 송신한다. 이동국은 보정값을 수신하고 수신기 위치를 DGPS 방식으로 계산하여 이를 다시 제어센터로 송신한다. 제어센터는 다시 새로운 RTCM 보정값을 계산하여 전송하고 이때 보정값은 이동국 바로 옆에 위치한 가상의 기준국에 대한 값이다.

ii) VRS 위치관측의 장점

• 종래의 RTK 또는 DGPS 위치관측시의 문제점을 해결할 수 있다.
- 기지국 GPS 관측값이 필요 없음(경제적임)
- 위치보정자료 송수신을 위한 무선 변복조 장치(modem)가 필요 없음
- 휴대전화의 사용으로 통신거리에 제약이 없음
- 실시간 측량을 위한 장비의 초기화가 필요 없음

- 다양한 종류의 GPS 위치관측 서비스를 제공할 수 있다.
  - 정밀 위치관측: cm 단위의 RTK-VRS 서비스
  - 일반 위치관측: 미터 이하(Sub meter)의 값을 얻을 수 있는 DGPS-VRS 서비스
  - Static 위치관측: 후처리 방식의 정지식 측량 VRS 서비스
- Static VRS인 경우 기지점에 GPS 수신기를 설치할 필요 없이 상시관측소 간의 기선을 그대로 이용하므로 적은 GPS장비로 많은 양의 관측이 가능해진다.

iii) VRS 위치관측의 단점

- GPS 상시관측망에 근거한 VRS망 외부 지역에서는 위치관측 불가능
- 휴대전화 가청 범위로 위치관측 제한
- 휴대전화 요금의 문제
- 상시관측소 설치, VRS서비스 센터 구축, 휴대전화 기지국 망의 확충 및 통화 품질 등 전체적인 VRS 체계 구축에 막대한 비용 소요

iv) 해석방법

- VRS 방식의 원리
  - VRS 서비스센터에서 상시관측소의 GPS 관측자료를 24시간 수신하고 가상 기준점에 설치한 이동국 수신기의 GPS관측자료를 수신한다.
  - 상시관측소와 가상기준점의 관측자료를 이용, 정적간섭 위치관측 방식으로 순간 처리하여 가상기준점의 위치보정자료를 생성하고 이에 맞는 위상보정값을 RTCM 형식을 이용하여 이를 휴대전화 또는 무선 인터넷 모뎀으로 이동국 GPS 사용자에게 송신한다. 이동국은 보정값을 수신하여 수신기 위치를 DGPS 방식으로 계산하며 이동국 수신기는 다시 새로운 위치를 VRS 서비스센터로 보낸다.
  - 네트워크서버는 다시 새로운 RTCM 보정값을 계산하여 이동통신망을 이용하여 전송한다. 여기서 보정값은 이동국 옆에 위치한 가상의 기준국에 대한 것으로, 전리층과 대류권 지연효과를 전체 기준망의 관측값을 이용하여 모형화하므로 보다 정확한 값을 갖게 된다. 이 기법은 자료가 가시화되지도 않으며, 실제로 관측하지도 않은 가상의 기준점의 개념을 도입하였으므로 '가상기준점' 기법이라 한다.
- VRS 위치관측의 조건
  - 국가의 측지 기준점 체계 확보

그림 1-18 VRS 운영체계도

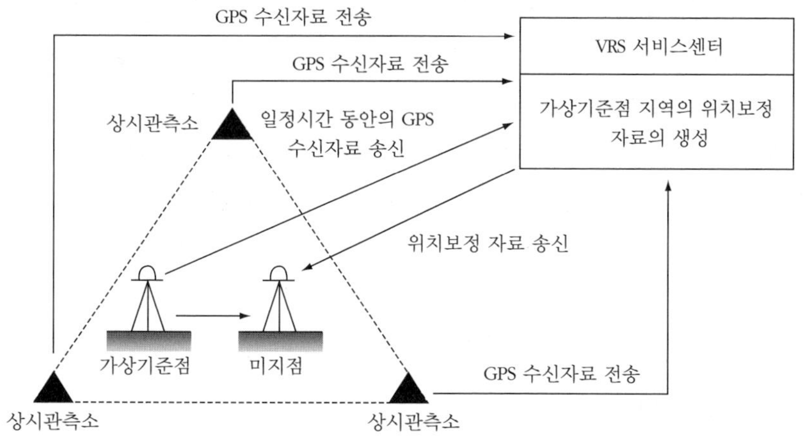

- 상시 관측소가 최소 30~50km 간격으로 균등하게 배치
- 위치보정자료를 순간 생성할 수 있는 GPS 기선 해석 및 망조정 기술 능력의 확보
- 제공되는 위치보정자료에 대하여 측지 성과로서의 공신력 확보
- 위치보정자료의 통신 매체인 휴대전화나 인터넷모뎀 등의 통신 품질의 확보
- 이동국 GPS 사용자의 GPS 측량에 대한 기초지식이 필요

v) 우리나라 VRS 이용 현황

국토지리정보원이 VRS 위치정보 신호서비스를 2007년 11월 21일부터 제공함에 따라 GPS 수신기 1대만 있으면 국내 어디서나 높은 정확도의 실시간(RTK)측량을 할 수 있게 되었다.

② GLONASS

러시아의 GLONASS 개발은 미·소 냉전시대인 1970년대부터 시작되었고 1982년에 첫 번째 위성의 발사가 이루어졌다. 초기에는 24기의 위성으로 이루어진 체계를 계획하고 있었으나 위성의 너무 짧은 수명과 구소련의 붕괴 이후 러시아의 재정적 어려움으로 인해 계획은 현실화되지 못하였다. 1991년 가동 중인 7기의 위성으로 1단계 GLONASS 체계가 완성되고 이후 93~94

년 사이에 발사된 Block Ⅱ(평균수명 3년)와 1995년부터 발사를 계획한 GLONASS-M(평균수명 7년)을 이용하여 3개의 궤도면에 24개 위성(각 궤도면에 8기)을 45° 간격으로 배치하고 이웃하는 궤도면의 위성과는 15° 간격을 가지는 2단계 GLONASS 체계를 완성할 계획이었으나 재정부족으로 2003년 말에 첫 GLONASS-M 위성이 발사되었다.

재정적 어려움으로 제 기능을 수행하지 못했지만 최근 주변국가의 재정 협조로 2004년 말에 3대의 위성을 발사하여 14대의 위성이 활동 중이며 7대의 GLONASS-M 위성을 생산 중에 있으나 차후 GLONASS-K 위성을 배치할 계획에 있다. K 위성은 제3의 민간신호가 첨가되므로 신뢰도와 정확도의 향상을 달성할 수 있고, 수명이 10년 이상 증가할 것으로 전망된다.

③ GALILEO

유럽연합과 유럽우주국의 Galileo 프로젝트는 유럽 독자의 GNSS(Global Naviagtion Satellite System) 계획으로 1990년대 말 GPS 유료화 움직임 및 미국의 독점적 위치에 대응하고자 시작되어진 프로젝트이다. Galileo 프로젝트는 완전한 민간체계로서 추진되고 있으며, 3개의 궤도 평면에 9개의 위성과 1개의 여유분을 가지도록 설계되어 총 30기의 위성으로 구성되어진다. 궤도평면 경사각은 GPS와 거의 동일하게 56°를 유지한다. Galileo 위성의 정확도는 현재 GPS 위치관측 정확도의 90% 이상 수준으로 향상될 것으로 예상된다. Galileo 프로젝트에 대한 내용은 〈표 1-5〉와 같다.

Galileo는 GPS나 GLONASS와는 달리 유료 서비스를 제공할 계획이므로 정확한 위치관측정보를 위해서는 일정수준의 사용료를 제공하여야 하나 중저급 정밀도의 위치관측정보는 GPS와 마찬가지로 무료로 제공할 계획이다.

현재 추진 중인 Galileo 프로젝트에는 공식협정을 맺은 중국을 비롯하여 우리나라, 러시아, 인도, 호주, 브라질, 아르헨티나, 모로코, 우크라이나 등의 국가들이 참가할 의사를 표명하였다.

이러한 위성위치관측 체계의 주체국들은 상호협력을 통하여 향상된 서비스를 제공하고자 2004년에 러시아와 미국은 IGS(International GNSS Service)와의 협의를 통해 위성을 공동으로 사용하고 있으며 최근에는 미국과 EU와

표 ①-5 갈릴레오 프로젝트의 내용

단 계	내 용
초기(1999. 10~2000. 12)	갈릴레오 체계 설계(장비 발전 model 등)
개발(2001. 01~2001. 12)	위성 설계 검증
준비(2002. 01~2004. 12)	3개의 위성제작 발사. 지상국 일부 개발장비와 위성의 개발 가능성 증명
발전(2005. 01~2007. 12)	궤도결정. 수정위성 제작발사. 지상국 완성. 위성배치 완성 및 체계시험 운영
공급(~2008)	유럽 및 각 국가에 공급 개시

의 협의를 통해서 GPS와 Galileo 위성간의 상호 호환이 가능하도록 시도하고 있다. 미국의 GPS 의존으로 인한 유럽주권의 종속우려로 2005년 12월 28일 30개의 위성을 24,000km 상공에 발사할 계획으로 초기위성 GIOV-A (Galileo In Orbit Validation Element) 위성을 발사하여 2006년 1월 12일부터 항법메시지가 방송되었다 사업비와 공동사업의 차질로 2010년~2013년으로 연기된 상태이다. GPS의 도심지장애물로 55%만 측량할 수 있으나 Galileo와 공동 활용한다면 95% 이상의 지역에 대한 위치값 취득이 가능할 것으로 추정하고 있다.

④ 레이저에 의한 위성 및 달관측

[SLR or LLR: Satellite (or Lunar) Laser Ranging]

위성 측량방법으로 영상에 의해 위성의 방향을 관측하는 광학적 방향관측법이 일찍부터 실시되었으나 대기의 영향에 의해 정확도면에서 만족할 만한 값을 얻지 못하였다, 따라서 지상측량에서 삼각측량이 삼변측량으로 대체되는 것과 같이 위성이나 달측량에 있어서도 방향관측에 대신하여 거리관측이 등장하게 되었다. 인공위성이나 달까지 거리를 관측하는 방법에는 전파를 사용하는 방법이 있으나 대출력의 레이저 펄스를 이용하는 방법이 정확도면에서 유리하므로 현재는 레이저 거리측량방식이 주류를 이루고 있다. 위성 또는 달 레이저 거리측량은 위성 또는 달을 향해 레이저 펄스를 발사하고 위성 또는 달로부터 반사되어 돌아오는 왕복시간으로부터 위성 또는 달까지의 거리를 관측하는 방법이다.

가) SLR(Satellite Laser Ranging)

SLR은 지상관측소와 인공위성 사이에 레이저파의 소요시간을 관측하여 두 점 간의 거리를 산정할 수 있는 체계이다. 이는 지상관측소에서 단파장(λ=10~150*ps*)의 레이저를 인공위성을 향해 발사하게 되면 정밀한 시간관측장치(TIC: Time Interval Counter)를 작동시킨 후 레이저파가 인공위성의 역발사체(retroreflector)에 의해 발사되어 지상의 관측소로 복귀하면서 시간관측장치를 중단시킨다. 이때 관측된 소요시간에 속도를 곱하여 얻은 거리를 이등분하면 지상관측소와 인공위성 사이의 거리를 산정할 수 있다. 현재 전 세계적으로 약 58개의 SLR 지상관측소가 운영되고 있다.

SLR의 활용분야와 기술현황은 ① 지구회전 및 지심변동량관측, ② 해수면과 빙하면을 관측, ③ 지형 및 평균해수면의 높이를 직접관측, ④ 지각변동연구 및 기초물리학의 연구자료제공, ⑤ 지구중력장에서 시간에 따른 변화량의 관측, 지구의 수직운동 등을 관측 및 감시(monitor)할 수 있어 SLR관측망을 통하여 지구중심의 움직임을 mm단위로 관리하는 데 이용, ⑥ 일반상대성이론을 실험할 수 있는 유일한 기술로 이용, ⑦ SLR 관측소는 VLBI, GPS 체계를 포함하여 국제적 우주측지관측망을 형성하는 데 중요한 역할을 한다. 이로써 SLR은 지상과 위성 간의 거리관측, 지구중심의 변동량모니터, 표면의 관측, 해수면의 관측, 일반상대성이론의 실험 등 지구물리학 분야에 중요한 관측방법으로 이용되고 있으며 국제지구기준좌표계(ITRF: International Terrestrial Reference Frame)의 유지에도 크게 기여하고 있다.

나) LLR(Lunar Laser Ranging)

LLR는 1969년 아폴로 II 호의 달 착륙이 성공되면서 이때 설치한 달 역반사체를 이용하여 달까지의 거리를 관측할 수 있다.

지 / 공 / 탐 / 측 / 학 / 개 / 관

02 우주개발에 관한 국내 · 외 현황

Present Situation of Foreign and Korea for Development of Space

제1절 우주탐측

(1) 개 요

지구는 태양계 우주에 속해 있다. 태양을 중심으로 다수의 행성(行星) 및 달로 구성된 태양계 우주에서 태양은 가장 큰 천체(天體)이다. 그러나 태양은 태양계 우주 이외에 많은 은하계(銀河系)를 포함한 우주 전체 중에서는 하나의 작은 별에 지나지 않는다. 태양은 인류 및 모든 생태계에서 중요한 역할을 하고 있다. 태양의 내부온도는 25,000,000°F(14,000,000℃) 가량 되지만 표면온도는 10,000°F(5,600℃) 수준이다. 태양은 지구에 대해서 약 27일의 주기(週期)로 자전(自轉)을 하면서 수백만 도(數百万度)나 되는 높은 온도의 물질을 우주공간에 방출하고 자장(磁場)을 형성할 뿐만 아니라 충전입자(充電粒子)와 자기(磁氣)를 태양계 천체를 향해서 계속 방출하고 있으므로 태양계의 환경변화에 큰 영향을 주고 있다. 이러한 태양의 영향은 같은 태양계 내에서도 수성(水星), 금성(金星), 지구, 화성(火星), 목성(木星), 천왕성(天王星), 해왕성(海王星)의 순서로 거리가 멀어짐에 따라 그 영향도 감소되고 있다.

바다에서부터 시작된 지구의 생명체는 육지로 이동하고 다시 그 활동영역을 과학기술의 매개체를 이용하여 우주로까지 확대하여 감에 따라 우주개발의 진전과 과학의 발전으로 인공위성이 등장하게 되었다.

우주에 있어서 Universe는 태양계는 물론 은하계, 은하계 밖의 섬우주의 집합체로 이루어진 우주공간이며, Space는 인간이 접하면서(지구상이나 인공위성 및 인공행성 등을 이용) 탐측할 수 있는 공학적인 공간이다. 우주개발(Space development)은 주로 태양계 내에서 이루어진다.

인공위성(artificial satellite)은 우주개발에 대한 목적을 갖고 물체주위를 궤도에 따라 선회하도록 개발하여 우주에 발사된 우주비행체(spacecraft)이다. 우주비행체는 인간이 탑승하는 유무에 따라 유인비행체와 무인비행체로 분류되며 지구궤도를 도는 인공위성과 태양계의 다른 행성을 탐측하기 위한 탐측위성은 무인비행체다.

세계 최초의 무인 인공위성은 1957년 10월 러시아에서 발사된 스푸트니크 1호(SPUTNIK-1, 동반자의 뜻, 83.6kg무게)로서 900㎞ 지구상공을 유영하면서 대기의 밀도와 온도를 관측하여 지구로 보내는 작업을 수행하였다. 우주공간에서의 통신은 1960년도부터 위성방송을 시작하였고 위성항법은 1970년대부터 본격적으로 실용화되기에 이르렀다.

우주과학 기술에 의한 각종 취득된 자료는 우리 인간의 일상생활의 개선에 중요한 부분이 되어가고 있다. 인공위성에 의하여 위성통신 및 방송, 위성위치관측체계(GPS: Global Positioning System)에 의한 배, 항공기 및 자동차의 항행을 위한 위치자료제공, 자원탐사, 환경조사 및 감시, 재해조사, 기상위성에 의한 날씨예보, 지구의 온난화 현상, 삼림 황폐화, 지형해석 및 지형도 작성, 해양 및 지표면에서 발생되는 각종 현상변화를 정확하게 감지 및 관찰할 수 있다. 위성기술은 여러 방면의 과학 및 기술을 조합하는 대단히 정교하고 고유한 기술로서 재료, 컴퓨터, 로봇산업, 건설사업, 전자공학, 통신, 정보화와 같은 각종 분야에 대한 과학기술을 진흥시켜 새로운 산업분야를 육성 발전시키는 동기부여에 기여하고 있다.

우주개발에 있어서 임무수행을 위한 인공위성, 우주개발에 이용되는 위성의 궤도, 위성의 발사에 관한 사항, 우주미세파편, 태양계행성의 탐측, 달의 탐측계획, 인공위성의 운영관리체계, 우리나라 인공위성의 현황 및 미래계획 등에 관하여 기술하기로 한다.

(2) 인공위성의 역할

① 임무수행

인공위성의 임무수행을 위하여 유인우주비행체, 일상생활 및 생활개선을 위한 생산활동에 필수적인 통신 및 방송위성, 기상위성, 항법위성, 지구 표면의 토지, 자원 및 환경분야의 관측을 위한 지구관측위성, 군사 및 정찰을 위한 군사 및 정찰위성, 행성탐측을 위한 행성탐측위성 등에 관한 연구가 활발히 이루어지고 있다.

가) 유인우주비행체

1957년 10월 SPUTNIK-1호가 발사된 후 1961년 4월 12일 유리 가가린을 태운 보스토그 1호(Vostok-1)가 우주비행에 성공한 후 1959년 미 항공우주국(NASA)에서는 유인우주비행체의 개발을 시작하여 여러 단계의 프로그램을 진행한 결과 1969년 7월 21일 아폴로 11호가 세 명의 우주비행사인 암스트롱, 콜린스, 엔드린을 달에 착륙시키는 데 성공함으로써 유인우주비행체에 의한 달탐측의 계기를 마련하게 되었다. 이에 달의 탐사를 위하여 달 표면에 국제우주정거장과 우주왕복선을 마련하여 달의 탐측뿐만 아니라 우주에서의 다른 행성탐측을 위한 영구유인기지를 설정하기 위한 개발계획을 추진하고 있다.

나) 통신 및 방송위성

위성 중에서 인간의 일상생활에 가장 밀접한 영향을 미치는 것은 통신위성이다. 통신위성의 임무는 한 지점에서 다른 지점으로 라디오, 전화, 텔레비전 및 각종 필요한 자료를 전달하는 것이다. 통신위성은 지구의 자전주기와 동일한 회전속도를 갖는 정지궤도(GEO: Geostationary Orbit)상에서 고정통신, 이동통신이 모두 가능하고, 저궤도(LEO: Low Earth Orbit)와 중궤도(MEO: Middle Earth Orbit)에서도 이동통신이 가능하다. 정지궤도 통신의 경우에 높은 고도에 따른 전파의 송수신간 시차가 저궤도와 중궤도보다 클 수 있다. 그러나 정지궤도위성에 대한 부가체계이용으로 정지궤도위성은 각종 분야 임무에 활용성이 증대되고 있다. 저궤도 및 중궤도 위성은 지상과의 거리가 짧아 송수신에 유리한 반면, 이에 따라 좁은 영역만을 커버할 수 있기 때문에 다수의 위성이 필요하다.

1999년 9월과 2006년 8월에 각각 발사하여 운영 중인 우리나라 무궁화 위성 3호 및 5호도 전형적인 통신 및 방송위성이다. 위성통신은 마이크로파를 이용한 고속대용량으로 지형이나 각종 재해에 대하여 지장을 받지 않고 고른 통신을 할 수 있다. 넓은 지역에 전송하는 국제전화중계망, 이동통신(개인휴대용 통신, 항공통신 등), 홍수예보 및 통제, 기상 및 환경현상관측, 원격정보감시와 활용이 가능하다.

방송위성은 적도 상공에 발사하여 운영하는 정지궤도위성으로 하나의 방송전파로 전국 어디서나 지상재해에 영향을 받지 않고 방송망확보가 가능하다. 2002년 3월부터 위성방송을 해온 한국디지털위성방송(스카이라이프)은 2003년 HD(High Definition) TV방송서비스를 시작함에 따라 완전히 디지털로 전환되는 2013년에는 모든 TV채널을 HD수준으로 볼 수 있게 되며 각 가정에서 영화전문 3D PPV(Pay Per View)로 개설할 체계도 마련하고 있다.

다) 기상위성

기상위성은 열대폭풍, 태풍, 허리케인, 홍수, 사이클론, 산불 등의 각종 현상과 재난이 언제 어디서 발생하는지 농부들에게 농작물을 심고 수확할 수 있는 적절한 시기가 언제인지를 예측하는 데 필수적인 역할을 하고 있다. 정지궤도 기상위성(예: 고스, GMS, 메티오샛, 인샛 등)은 저궤도 기상위성(예: 메티오, 노아위성)의 단점을 보충할 수 있고 높은 고도(정지궤도)에서의 관측은 한 번에 대략 지구의 1/3되는 영역 위의 구름, 습기 및 열적 특성을 관측할 수 있다. 이는 저궤도위성, 항공기 및 지상관측으로부터 얻어진 자료를 해석하는 데 많은 기여를 하고 있다.

기상위성에는 850㎞ 상공에서 지구를 남북방향으로 선행하면서 기상자료 이용국에게 정보를 제공하는 극궤도 기상위성(미국의 TIROS: Telecom Infrared Observation Satellite)과 36,000㎞ 상공에서 지구자전주기와 같이 선행하면서 항상 일정한 지역에 기상정보를 제공하는 정지기상위성(일본의 GMS-3: Geo stationary Meterological Satellite)이 있다. 언제나 지구의 같은 면을 볼 수 있는 정지기상위성을 위도별로 적절하게 배치하여 지구를 둘러싸고 극궤도기상위성[미국의 타이로스 N/NOAA 시리즈, 러시아의 메테오르(Meteor), 중국의 풍운 시리즈 등]을 추가로 배치하면 지구 전체의 기상관측이 가능하게 된다. 우리나라는 중국, 일본, 미국 등의 기상자료를 송신받아 이용하다가 2010년 6월 27일 발사된 최초의 통신해양기상위성(COMS: Communication, Ocean and Meteorological Satellite)으로 우리나라와 아시아지역의 여러 나라들에게 기상자료를 제공할 수 있게 되었다.

라) 지구관측위성

지구관측위성은 지구표면상의 토지, 자원 및 환경에 관하여 고성능이며 다양한 파장의 영상취득사진기 및 센서(Digital Camera, Multi Spectral Sensor, Hyperion 등)와 합성개구레이더(SAR: Synthetic Aperture Radar) 등을 이용한 관측으로 지구자원탐측, 토지 및 환경변화, 3차원 지형도 및 각종 지도제작, 농작물의 작황현황, 산림자원의 분포, 오존층의 상태, 지구의 온난화현상, 사막화의 현황, 지표면 및 해양에서의 변화감지, 각종 재해요인 추출 및 예방 등을 연구함으로써 인류생활을 향상시키는 데 공헌하고 있다. 각국의 지구관측 위성현황은 〈표 2-1〉과 같다.

표 ❷-1 각국의 지구관측 위성현황

소유국	위성명	센서유형	밴드	해상도 (m)	방사해상도 (bit)	발사연도	촬영폭 (㎞)
한국	KOMPSAT-2	MS	1 4	1 4	10	2006	15
	KOMPSAT-3			0.7 2.8		2012	15
미국	LANDSAT	Pan *ETM*$^+$	1 7	15 30, 60		1999	185
	IKONOS	MS	1 4	1 4	11	1999	11
	QuickBird	MS	1 4	0.61 2.44	11	2001.10	16.5
	OrbView	MS	1 4	1~2 4	11	2003.6	8
	GeoEye	MS	1 4	0.41 1.65	11	2008.9	15.2

러시아	KVR-1000	Film Camera	1	2	8	1980	40
	DK-1	Digital Camera	1	0.8	8	1978	40
	RESURS-DK	MS	1 3	1 2	10	2006	28.3
	RESURS-DK-R	MS Radar	1 4	1 2.5 1.5	10	2003	28.3
캐나다	Radarsat-2	Radar	1	<50		2004	<300
프랑스	SPOT-5	MS	3 1 1	10 10 2.5		2002.5	60
독일	RapidEye	MS	5	5	<12	2008.8	77
인도	IRS-1C/D	Pan	1	5	6	1995	70
	IRS-P5	Pan	1	2.5	10	2005.5	30
	IRS-P6	MS	3 4	5.8 23.5	7	2003.10	23.9
일본	ALOS	MS Radar	1 4 1	2.5 10	8	2005.7	70
이스라엘	EROS-B1	Pan	1	0.82		2002	

마) 항법위성

NAVSTAR-GPS라는 항법위성 프로그램에 의해 수행되고 있는 미국의 위성위치관측체계(GPS)는 1973년 미 국방성에서 군사적인 목적으로 개발되어 12시간의 원형궤도를 돌며 임무를 수행하는 항법유도장치이다. 현재 GPS는 측지측량망설정, 지구물리학, 국토개발, 각종 대상에 대한 위치정보제공, 지적, 시설물관리, 차량항법체계(CNS: Car Navigation System), 긴급재난구조, 지진감시, 각종 방재, 여가선용, 항공산업, 항행, 농작물관리, 우주개발분야 등에 기여하고 있다. 현재는 GPS가 유일한 위치정보 및 각종 정보제공에 서

그림 2-1 GNSS 위성

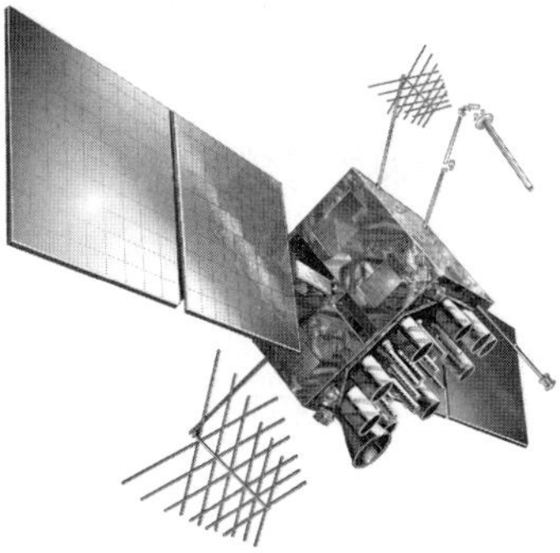

(a) GPS(Block IIR-M) 위성

(b) GALILEO(GIOVE-B) 위성

(c) GLONASS-M 위성

〈출처: GPS_www.GPS.gov, GALILEO_www.esa.int, GLONASS_www.nisglonass.ru〉

비스를 하고 있으나 러시아의 GLONASS, 유럽연합과 유럽우주국의 Galileo 프로젝트가 유럽 독자의 GNSS(Global Navigation Satellite System)계획으로 GPS와 유사한 항법체계를 구축하고 있다. 이러한 항법체계구축으로 인류의 이동, 편의성, 각종 산업의 개발 및 운영에 기여함으로써 생활개선이 가속화되어 가고 있다. 〈그림 2-1〉은 GNSS 위성의 형상이다.

바) 군사 및 정찰위성

군사위성은 군사용으로 사용되는 정찰, 조기경보, 도청통신, 항행, 군사기상 등을 해석하고 감시하는 데 이용되고 있다. 이는 적외선감지기, 레이더를 이용해 미사일발사발견[예: 미국의 DSP(Defense Support Program)의 위성,

Rhyolite 위성 등)], 항공기나 군함추적(예: 러시아의 Rorsat위성)과 핵폭발탐지위성인 미국의 베라(Vera), 가시광선 및 적외선에 의한 군사정보를 수집하는 러시아의 Cosmos, 프랑스의 SPOT, 미국의 Lacrosse위성 등이 있다. 〈그림 2-2〉는 키홀 11호(Key Hole-11)/Improved Crystal의 형상으로 해상도가 약 15㎝ 정도인 것으로 알려져 있다. 미국의 군사기상위성(DMSP: Defence Meterological Satellite Program)은 군사목적 이외 일기예보, 홍수대비, 지진예측, 농작물작황, 지도제작, 환경감시 등으로 활용범위를 확대시켜가고 있다. 군사위성은 정찰, 통신, 항행, 군사기상 이외 조기경보와 도청을 위한 첩보위성을 별도로 운영하고 있다.

조기경보위성인 미국의 DSP위성은 미사일이나 로켓의 핵폭탄발사를 적외선센서로 감지해 적의 공격에 대비한다.

도청위성은 적국의 통신이나 전파를 도청하는 것으로 미국의 볼텍스, 오리온, 점프시트 등을 국가정찰국(NRO: National Reconnaissance Office)에서 관리하고 있다. 군사통신위성은 소형의 지상터미널과 통신하는 것으로 일반적인 통신위성보다 높은 전력을 필요로 하고 있다. 러시아는 정지궤도의 라두가위성, 포토크위성, 타원궤도의 몰니야위성 등도 군사통신위성으로 사용되고 있다.

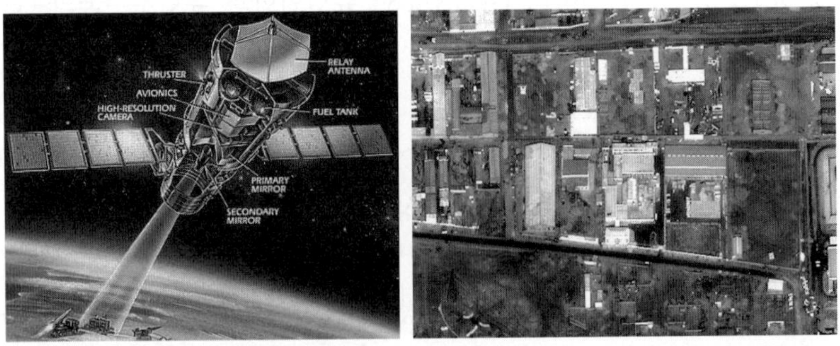

그림 2-2 KH-11 위성과 영상

〈출처: 좌측_www.veteranstoday.com, 우측_www.centennialofflight.gov〉

사) 행성탐측위성

행성탐측위성은 1930년 이후 미국과 러시아에 의해 주로 이루어졌으며 태양계행성의 탐측에서 설명하기로 한다. 인류가 앞으로 시도하고 얻을 수 있는 행성탐측성과는 2장 3절에서 기술하기로 한다.

아) 인공위성의 운영관리체계

(ㄱ) 관제국의 임무

인공위성의 운영관리를 위하여 위성이 임무를 수행하는 동안 위성관제 및 위성자료의 수신국 역할을 지상의 관제국에서 수행한다. 관제국은 임무에 관한 계획 및 운용시간표 작성, 원격관측자료 수신 및 해석 등을 통하여 정상업무 수행에 최선을 다한다.

관제국의 내부적인 역할은 4개의 체계 즉, 위성운용, 임무계획, 모의관측, 원격추적 및 명령체계로 이루어지고 있다. 위성운용체계는 위성에서 보낸 자료의 분석, 위성에 보낼 명령을 작성하여 안테나로 자료를 전송을 할 뿐만 아니라 지료분석과 전송자료는 모두 자료기반(data base)화하여 저장한다. 임무계획체계는 사용자가 필요로 하는 위성의 임무를 위성운용에 사용할 수 있는 언어로 변환, 임무운용을 위한 궤도결정, 위성자세조정, 연료량계산 등에 관한 임무계획표를 작성한다. 모의관측체계(simulate system)는 위성에 필요한 명령을 직접 보내기 전에 위성에 대한 자세제어계, 열제어계, 전력계, 관측 및 명령계 등을 모형화(modeling)하여 검증하고 운영자가 훈련, 위성의 이상상태 등도 분석하는 역할을 한다. 원격추적 및 명령체계는 지상의 관제국과 연속적으로 주고받을 수 있게(telemetry), 관제국에서 위성의 정상상태검사, 중계기(transponder)의 송수신전환 및 계기들 간의 변환 등이 잘 이루어지도록 점검(tracking)한다. 또한 위성의 감시, 보조부품(안테나, 변조 및 복조, 거리관측, 추적장비 등)의 운용현황, 자세정보 등을 부호화하여 전송하는 등 위성에 명령을 전송하고 위성에서 오는 원격자료를 송신하는 역할을 한다.

관제국의 외부적인 역할은 위성체와의 관계, 수신국과의 관계, 외부지상국과의 관계로 이루어지고 있다. 지상관제국의 주된 임무는 내부 및 외부적인 역할을 통하여 위성 탑재체의 정상적운용, 관측자료의 수신, 처리, 저장 등을 수행하며 사용자들에게 필요한 자료를 분배한다.

(ㄴ) 위성궤도 국제등록 및 할당

위성에 의한 통신 및 방송업무를 수행하기 위해서는 위성궤도와 주파수를 국제주파수등록원부(MIFR: Master International Frequency Register)에 등재되어야 이용할 수 있는 자원이 된다. 위성의 주파수 및 궤도 등 위성전파자원이 한정되어 국가 간 치열한 경쟁을 하고 있다. 우리나라는 위성망 및 지구국의 국제등록과 국가 간 위성망조정업무를 추진하여 위성 및 방송업무를 안정적으로 제공할 수 있는 주파수 자원확보에 큰 노력을 기울이고 있으며 2010년 통신해양기상위성이 잘 이루어지도록 위성망조정을 상대국과 협상을 하였다. 위성망 국제등록을 위해서 전파법에 의거하여 방송통신위원회에 전파규칙이 정한 서류와 위성사업계획서를 갖추어 등록을 신청하면 우선적으로 할당하여 지정한다. 명시된 규정과 절차에 의해 위성망 국제등록 및 조정을 통과하더라도 공표자료를 제출 뒤 7년 이내에 위성을 발사하지 못하면 위성망의 국제등록이 말소된다.

② 우주개발에 이용되는 위성의 궤도

인공위성이 움직이는 길을 인공위성궤도라고 한다. 인공위성은 고정된 평면 내(궤도평면)에서 지구의 중력과 위성의 원심력을 유지하면서 지구중심을 통과하는 일정한 궤도로 움직이고 있다. 인공위성의 궤도 및 고도는 위성의 임무실현에 대한 조건(전파의 송수신 및 신호처리, 위성의 가시영역 및 시간대, 지상안테나의 여건 등)에 따라 분류된다.

모든 인공위성은 지구 대기권 밖에서 정해진 궤도를 따라 저궤도(LEO: Low Earth Orbit), 중궤도(MEO: Medium Earth Orbit), 정지궤도(GEO: Geostationary Earth Orbit), 태양동기궤도(SSO: Sun Synchronous Orbit), 고타원궤도(HEO: Highly Elliptic Orbit) 등이 있다. 또한 특수궤도로서 러시아의 북극지역에서 좋은 시야를 제공하는 몰니야(Molniya)궤도가 있다

가) 저궤도

저궤도는 고도가 500㎞에서 1,500㎞ 사이에 있는 궤도이며 9분에서 20분 정도 짧은 주기로 하루에 수십 회의 회전을 하고 일정한 시간이 지나면 원래 출발했던 자리로 되돌아온다. 대부분의 지구관측위성과 위성이동통신체

계(GMPCS: Global Mobilized Personal Communications by Satellites)의 위성들이 이용하는 궤도이다. 랜드샛(LANDSAT)은 주기가 98.5분이기 때문에 하루에 15회 정도 지구를 회전한다. 저궤도위성은 전파손실과 전파지연이 적고, 고도가 낮기 때문에 발사비용이 적게 드는 장점이 있다. 저궤도위성으로는 기상과 지구관측용 위성 등이 많고, 우리나라는 우리별(궤도: 1호 1,300km, 2호 820km)과 아리랑(궤도: 1호 · 2호 · 3호 685km)위성들이 저궤도위성들이다.

나) 중궤도

중궤도는 고도가 약 5,000km에서 20,000km인 궤도이다. 중궤도는 밴앨런대의 영향을 고려해야 한다. 밴앨런대는 1,500km에서 5,000km 사이와 20,000km에서 30,000km 사이에 형성되어 있어서 중궤도는 이 사이의 궤도로 택한다. 밴앨런대는 고에너지 입자들이 모여 있는 지역으로서 전파통신(위성체표면의 페인트 및 보호유리의 손상으로 전자회로, 통신 및 재료 등에 피해를 줌)에 악영향을 미치기 때문에 위성체의 활동이 제약을 받을 수 있다.

중궤도의 궤도상의 열환경은 정지궤도 위성에서와 비슷한 열적 환경을 가지고 있으며 중궤도를 이용하는 대표적인 위성은 GNSS(GPS, GLONASS, Galileo)위성체계이다.

다) 정지궤도

정지궤도는 궤도 경사각이 0°인 적도면의 원형궤도로서 지상에서 35,786km

그림 2-3 원형, 극 및 타원궤도

(a) 원형궤도 (b) 극궤도 (c) 타원궤도

상공에서 공전 주기가 23시간 56분 4초로서 지구의 자전주기와 같다. 공전 방향도 지구의 자전방향과 같으므로 하늘의 공간에 고정된 것처럼 보이기 때문에 전파를 송수신하기 위해 안테나를 움직일 필요가 없으며 위성의 수명동안 고정된 지역에 계속적인 서비스를 제공받을 수 있다. 주로 통신/방송위성이나 기상위성의 궤도로 사용된다. 정지궤도위성은 달과 태양의 중력, 태양의 복사압, 지구의 비대칭성에 의해 계속 변화하는 적도면의 중력 때문에 궤도경사각이 바뀌므로 궤도경사각을 0°에 가깝게 하기 위해 인공위성의 자세는 계속해서 지상국으로부터 조종이나 통제를 받아야 한다. 우리나라의 천리안위성의 남북방향에 대한 위치유지조정을 1주일에 1회 수행하고 있다.

우리나라의 정지궤도위성은 천리안위성(통신해양기상위성)과 무궁화위성(통신방송위성)이 대표적이다.

라) 태양동기궤도

태양동기궤도의 주기는 지구의 궤도주기와 동일하기 때문에 위성궤도면과 태양은 항상 동일한 각도를 유지한다. 지구의 태양동기궤도 아래서 회전

그림 2-4 태양동기궤도

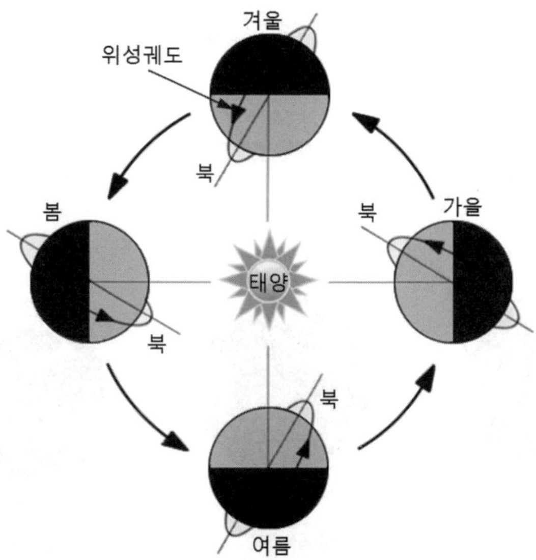

그림 2-5 위성의 궤도

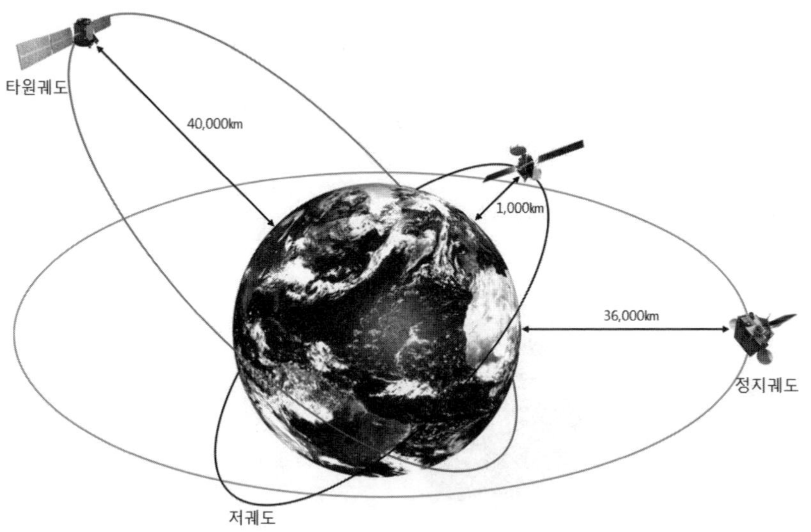

하기 때문에 하루 중에 전 지구를 커버할 수 있어 매 회전마다 다른 지표면을 볼 수 있다. 대부분의 지구관측위성(KOMPSAT, IKONOS, SPOT 등)이 태양동기궤도이다.

마) 고타원궤도

근래 들어 큰 쟁점이 되고 있는 궤도가 고타원궤도이다. 최근 정지위성궤도가 포화 상태에 이름에 따라 대안으로 등장한 것으로 단반경(근지점)이 약 500㎞와 장반경(원지점)이 약 50,000㎞ 내외 범위의 고위도 타원의 비정지위성궤도이다. 비정지궤도이지만 정지궤도처럼 위성의 추적 기능 없이 지구국 운용이 가능하며, 중위도와 고위도 지방에서 궤도의 경사각을 60° 이상으로 만들어 높은 앙각을 유지할 수 있도록 하여 원지점 근방을 통과할 때 오랜 시간 원하는 지역에 좋은 통신 환경을 제공할 수 있고, 특히 고층 건물이 많은 대도시에서의 서비스가 용이하다.

바) 몰니야궤도

러시아와 같이 고위도지역에서 관측 및 통신을 할 수 있도록 이심률이

그림 2-6 몰니야궤도

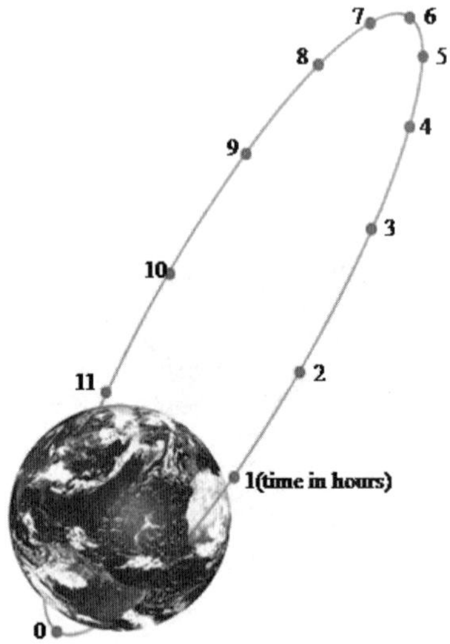

큰 원지점 약 40,000㎞와 근지점 약 600㎞를 택하고 경도 경사각이 63.4°인 고타원궤도가 몰니야(Molniya)궤도이다. 몰니야궤도는 12시간의 주기로 회전하므로 정지궤도에서 커버할 수 없는 고위도 지역을 보다 오랜 시간 동안 관측할 수 있다. 궤도가 원지점 주위에서 많은 시간을 유지하면서 러시아뿐만 아니라 북부유럽, 그린란드 및 캐나다 등의 북반구 지역을 관찰할 수 있다. 3기의 위성만 있으면 극지역을 비행하는 항공기와 계속적인 통신을 수행하고 북반구를 계속적으로 관측할 수 있다.

③ 위성의 발사환경

가) 발사환경조성

인공위성을 임무에 적합한 궤도에 진입시키는 로켓체계를 위성발사체라 한다. 발사환경조성은 위성설계발사장 여건 및 비용 등을 고려하여 다음과 같은 점을 점검하여 이루어진다. 발사장의 위성의 수, 중량, 임무궤도, 임무과정 및 비용, 위성체 추진계의 궤도와 무게, 진입로켓 및 부스터 부속품의 무게, 발사체의 형상 및 크기, 진동주파수 및 크기, 최대가속도, 궤도진입

정밀도, 발사장과 발사체와의 연결 관계, 특히 지형적인 조건(지반의 견고성, 주변의 지세, 방해요인의 유무) 및 인가(人家)와의 관계 등을 면밀히 분석하여 발사환경을 만들어야 한다.

나) 발사체

발사체는 인공위성이나 우주화물을 우주로 운반하기 위한 1회용 소모성(예: 정지궤도 및 저궤도용 위성) 발사체와 재사용(예: 우주왕복선) 발사체가 있으나 재사용발사체의 사용이 장려되는 추세이다.

다) 발사체 로켓

현재 일반적으로 실용화되고 있는 화학로켓으로 액체로켓(액체상태의 추진계를 이용하여 추진제탱크와 로켓엔진으로 이루어진 것으로 터빈, 가스배관장치, 추진제 주입기, 연소실 및 냉각장치펌프, 노즐 등으로 구성되어 추진력의 조절과 재시동이 용이한 로켓), 혼합로켓(고체로켓과 액체로켓을 혼합하여 대기권 내에서 산화제를 절약할 수 있는 로켓), 다단로켓(위성의 임무에 상응하는 높은 궤도에 위성이 진입하기 위해서 발사체의 속도를 증가시킬 수 있는 로켓) 등이 있다. 다단로켓은 다 쓴 연료 등을 분리하여 낙하시킴으로써 로켓의 속도성능을 증가시킬 수 있어 현재 대다수의 발사체가 다단로켓을 사용하고 있다.

라) 위성발사체와 미사일

(ㄱ) 위성발사체

위성발사체는 특수임무를 수행할 수 있는 탑재체를 갖추고 있으며 임무궤도나 주차궤도에서 비행체를 분리하며 그 궤도에서 선회할 수 있는 초기속도를 제공하여야 한다. 일정한 궤도 내에서 유지될 수 있어 지구대기권에 재진입시의 응력 · 공력으로부터 위성탑재체를 보호할 수 있는 발사체를 사용한다.

(ㄴ) 미사일

로켓발사체 내에 인명이나 시설을 파괴할 수 있는 화학무기나 원자핵이 탑재되어 있다. 지상이나 공중의 목표물을 향하여 발사함으로써 대상을 적중시키는 임무를 갖고 있다. 핵 · 화학 및 생물학적 탄두를 포함하는 살상용 탄도미사일은 대기권 재진입시에 작용하는 강력한 응력에 견디도록 설계되어야 한다. 지상의 목표물에 로켓 자체가 충돌하는 것이기 때문에 높은 속도를 요구하지 않는다.

(ㄷ) 위성발사체와 미사일의 공통점

위성발사체와 미사일의 공통요소는 추진력을 얻기 위한 추진체계, 로켓의 몸체를 구성하는 구조물, 로켓의 방향과 속도를 제어하는 유도 및 제어, 지상지원 및 발사장비, 로켓체계의 통합 등이다. 이러한 공통점을 고려할 때 위성발사체를 보유하고 있는 나라는 미사일을 개발할 수 있는 능력이 있는 것이다.

마) 발사체 궤도진입

발사로켓을 소요로 하는 높은 궤도까지 직접 위성체를 진입시키는 것은 불가능하다. 정지궤도위성인 경우 발사체의 1단과 2단 로켓을 이용하여 약 200~300㎞의 저고도 원주형궤도에 도달한다. 위성은 다시 근지점 엔진점화 준비를 위한 근지점까지 상승하는 데 30분 정도 소요된다. 3단 로켓인 근지점엔진을 사용하여 근지점에 도달하면 근지점 엔진을 점화하여 원형궤도에

그림 2-7 우주왕복선으로부터 분리되고 있는 마젤란

〈출처: www.nasa.gov〉

속도를 주어 근지점이 200㎞이고 원지점이 35,786㎞인 타원형의 천이궤도에 진입한다. 천이궤도는 정지궤도에 오르기 위한 중간단계의 궤도로써 궤도의 속도는 약 107㎞/sec이다. 천이궤도에 진입한 위성은 케플러법칙에 의하여 추가의 동력 없이 관성의 힘으로 지구주위를 선회하다가 위성이 원지점(35,786㎞)에 도달하면 위성에 탑재되어 있는 원지점엔진을 점화하여 원형의 정지궤도에 진입하게 된다. 이때 정지궤도(원형궤도)가 요구되는 속도는 3.07㎞/sec이다. 정지궤도에 진입한 위성은 태양전지판을 전개하여 필요한 전력을 공급받고 계기, 안테나 등을 이용하여 지구로 통신역할을 할 수 있게 한다(〈그림 2-7〉).

바) 인공위성의 발사장 입지선정

발사장은 위성의 임무와 궤도경사각, 안전성, 접근성, 기후 및 지형조건 등을 고려하여 선정한다.

(ㄱ) 위성의 임무와 궤도경사각

적도와 작은 경사각을 필요로 하는 정지궤도위성은 적도 근처가 유리하고 큰 경사각 또는 극궤도가 필요한 위성은 위도에서 남쪽(혹은 북쪽)을 향한 발사가 유리하다

(ㄴ) 안전성과 접근성

i) 안전성

발사체가 대기권을 벗어나 궤도에 진입하기 위하여 최소 3단계 이상의 분리가 이루어지므로 다른 나라(우리의 경우 중국, 일본, 대만 등)의 영토나 인구밀집 지역을 직접통과로 인한 문제가 생기지 않도록 한다. 이는 분리가 이루어질 때 로켓의 낙하지점이 발사체의 용량과 로켓추진제에 따라 다르기 때문이다.

ii) 접근성

발사체의 조립은 발사장에서 이루어지므로 각 단의 로켓을 부분적으로 발사장에 이동되어야 하기 때문에 기존의 도로망이나 교통시설의 접근성을 마련해야 한다.

iii) 기후와 지형조건

• 기후조건

발사장 또는 예정비행경로 18㎞ 이내에 낙뢰 및 뇌우가 없을 것, 발사 15분

전에 지상으로부터 9㎞ 상공의 전압계강도(낙뢰 시 구름과 지상 사이에 발생되는 전기)가 1㎸/m 이내일 것, 비행경로상에는 구름의 두께가 1.37㎞ 이상이면 안되며 가능하면 풍속이 12.35m/sec 이내이어야 발사대와의 충돌을 방지할 수 있다.

• 지형조건

발사장 부지의 지반이 약할 경우 위성체 정확도에 큰 영향을 미치므로 공사 시 암반상태를 철저히 조사하여야 한다. 또한 발사장에는 폭발사고(고체 및 액체로켓이 지상에서 폭발사고)를 대비하여 안전거리를 충분히 확보하여야 한다. 우리나라의 경우 발사가 해상을 향해 이루어지므로 발사 시 어업중단에 따른 보상 문제를 고려해야 된다.

사) 인공위성의 발사가능시간 및 발사방향

(ㄱ) 발사가능시간

태양동기 저궤도위성인 경우는 하루에 동일한 장소를 동일한 시간에 운행하기 때문에 특정한 발사장에서 특정한 발사시간대에 발사를 해야 한다. 우리나라의 아리랑위성은 10시 50분에 적도를 통과할 수 있도록 발사시간을 계산하여야 하며 하루에 발사할 수 있는 시간대는 약 10분 정도이다. 적도 정지궤도위성인 경우는 천이궤도에서 태양의 위치 및 원지점에서 원지점엔진을 점화할 수 있도록 명령을 지상국과의 통신에 의하여 정해지며 발사할 수 있는 시간대는 하루에 약 2시간 정도이다. 우주왕복선의 경우에 있어서 발사시간대는 정지궤도위성을 저궤도위치의 우주왕복선에서 발사할 때는 태양의 위치를 고려하고, 우주관측계기를 발사할 때에는 행성의 위치를 고려하여야 한다. 행성탐사인 경우에는 행성까지 도착하는 데 자체의 추진연료가 많이 요구되므로 태양과 행성이 가장 가까워져서 에너지 소요가 최소가 될 수 있도록 발사시간대를 계산(다른 행성의 중력을 이용하는 swing-by를 수행할 수 있도록 시간대를 계산)하여야 되기 때문에 경우에 따라 여러 개월을 기다려야 발사할 수 있다.

(ㄴ) 발사방향

인공위성은 지구자전방향과 같은 방향으로 발사하므로 에너지를 보전할 수 있도록 지구자전속도(적도 근처에서는 빠르고 극지역에서는 느리다. 북위 30° 인 경우 약 400m/sec이다)를 잘 이용하면 다른 방향보다 더 많은 탑재체 무게를 발사할 수 있다. 우리나라 무궁화위성은 미국 플로리다의 케이프커너베럴에서 동쪽을 향해 발사하였다. 지구관측위성이나 정찰위성인 경우 가능한 한 지구 전체를 관측할 수 있어야 하기 때문에 극지역을 통과해야만 하는 관계로 남쪽방향으로 발사한다. 주변여건이 여의치 않을 경우(이스라엘은 동쪽에 아랍국가들이 있고 서해안이 바다로 접해 있음) 서쪽을 향하여 발사를 한다.

(3) 인공위성에 의한 위성탐측

이 절에서는 태양계 행성탐측위성을 어떻게 탐사하고 해석하였는지를 기술한다.

태양계탐측은 수성, 금성, 달과 같은 내부 행성과 화성, 목성, 토성, 천왕성, 해왕성과 같은 외부행성 및 화성과 목성의 궤도 사이에 산재되어 있는 소행성 및 혜성 등에 관한 사항이다(행성의 탐측내용은 장영근 · 최규홍 저 "인공위성과 우주" 자료를 인용함).

① 수성(Mercury)의 탐측위성 – 마리너 10호(Mariner 10)

1973년 11월 3일, 수성과 금성을 관측하기 위해 발사된 마리너 10호(Mariner 10)는 수성의 영상을 찍은 첫 번째 탐측위성이었다. 탐측결과 지구의

그림 2-8 마리너 10호

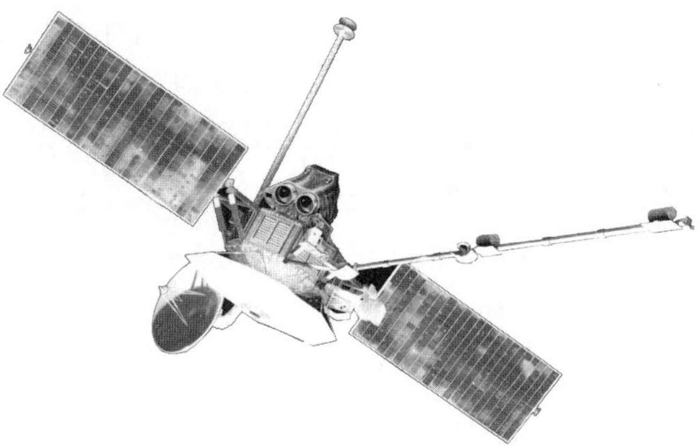

〈출처: www.astronomie.nl〉

백만조 분의 1 정도의 얇은 대기가 존재하며 지구의 6분의 1인 중력과 1%의 자기장을 가지고 있다는 사실을 밝혔으며, 수성내부에 지름이 약 1,600km 되는 거대한 철 핵이 존재한다는 것도 알게 되었다.

② 금성(Venus)의 탐측위성 - 마리너 2호(Mariner 2)

마리너 2호는 1962년 8월 27일 발사된 세계최초의 성공적인 행성탐측위성으로 금성의 표면으로부터 약 35,000km 근처를 지나면서 금성의 온도를 처음으로 관측하였다. 파이오니아 비너스(Pioneer Venus)와 베네라(Venera)는 금성의 대기의 97%가 이산화탄소이고, 1~3%가 질소, 0.1~0.4%가 수증기라는 것과 10,000km보다 높은 산들이 존재한다는 것도 발견하게 되었다. 또한 우주왕복선으로부터 발사된 첫 탐측위성인 NASA의 마젤란(Magellan)위성은 1990년부터 1994년까지 4년 동안 영상 레이더를 사용하여 금성의 표면을 관측한 성과로 98% 이상의 금성의 지도를 만들 수 있었다.

③ 화성(Mars)의 탐측위성 - 마리너 4호

1965년 7월 14일 최초로 화성궤도에 도착한 미국의 마리너 4호는 22장의 질이 낮은 화성표면의 영상취득으로 화성의 표면은 지구와는 달리 달과 같은 거대한 분화구로 구성되었고 화성의 대기압은 지구 대기압의 1%보다도 작다는 것을 알게 되었다. 생명체의 존재에 대해 연구를 시도한 계획이 바이킹(Viking) 프로그램이었다. 바이킹 1호는 1975년 8월 20일 발사해 11개월 만인 1976년 7월 20일 화성에 착륙하여 화성에서의 생명체 존재가능성을 조사하기 위해 광합성 실험, 신진대사 실험 및 가스교환 실험 등을 수행하였으나 화성생명체의 존재 가능성에 대해 확실한 결론을 얻을 수 없었다.

④ 목성(Jupiter)의 탐측위성 - 보이저 1호(Voyager 1)

보이저 1호는 1610년 갈릴레오에 의해 처음으로 관측되었던 목성의 4개의 위성[이오(Io), 유로파(Europa), 가니메데(Ganymedae), 칼리스토(Calisto)]에 관한 영상면판독결과 이오가 나트륨과 황으로 둘러싸인 거대한 화산이며 다른 세 개의 위성들은 모두 엷은 얼음으로 둘러싸여 있는 사실을 알게 되었다.

그림 2-9 보이저 1호

〈출처: jpl.nasa.gov〉

⑤ 토성(Saturn)의 탐측위성 – 카시니(Cassini)

미국과 유럽의 공동 토성 탐측선인 카시니(Cassini)는 1997년 10월에 플로리다의 케이프 케네베럴에서 타이탄 Ⅳ에 의해 발사되었으며 위성의 규모는 무게 6톤, 높이 7m로 미 항공우주국에서 제작한 행성탐사위성 중 가장

그림 2-10 토성탐사위성 카시니

〈출처: www.cassini3d.com〉

비싸고 거대한 위성이다. 카시니위성은 지구를 선회하는 동안 지구의 자기장 안에 갇혀있는 입자들을 분석하였고 달에 대한 영상을 지구로 보내왔다.

⑥ 천왕성(Uranus)의 탐측위성 – 보이저 2호(Vayager 2)

1986년 1월 24일에 천왕성에 도착하여 천왕성의 자기장이 행성의 회전축에 60°, 태양을 도는 행성의 궤도 평면에 97.9°가 기울어져 있는 것과 낮과 밤이 42년마다 한 번씩 돌아온다는 사실을 알게 되었다.

⑦ 해왕성(Neptune)의 탐측위성 – 보이저 2호(Vayager 2)

해왕성의 대기가 85%가 수소이고, 13%가 헬륨, 2%가 메탄이라는 사실과 자전주기가 18시간으로 오로라 현상이 일어나고 있음을 관찰하였다.

⑧ 태양의 탐측위성

가) 파이오니아(Pioneer)위성과 율리시스(Ulysses)위성

미국의 태양탐측위성인 파이오니아 5호가 1959년 3월 11일 최초로 태양궤도에 발사되었고, 미 항공우주국과 유럽우주기구가 공동으로 추진하여 1990년 10월에 최초의 태양극궤도 태양탐측위성인 율리시스를 발사하였다.

나) 소호(SOHO : SOlar and Heliospheric Observatory)

미 항공우주국과 유럽우주기구가 공동으로 참여하여 개발한 태양탐측위성인 소호는 1995년 12월 12일에 발사되었다. 소호위성은 정지위성(지구로부

그림 2-11 태양탐사위성 소호

〈출처: www.nasa.gov〉

터 150만km 거리에 있는 태양과 지구 사이에 위치함)으로 태양을 24시간 관측할 수 있어 태양의 내부구조와 태양으로부터 나오는 빛의 세기와 변화를 분석할 수 있었으며 코로나의 성질과 태양풍 등에 대해서도 탐측할 수 있었다.

⑨ 달의 탐측위성

가) 루나(Lunar) 시리즈

옛 소련의 달 탐측 계획으로 1959년 1월 2일 인류 역사상 최초로 옛 소련의 루나 1호가 달궤도 진입, 그해 9월 12일에는 루나 2호가 위성으로는 처음으로 달에 착륙, 10월에는 루나 3호가 달의 반대편을 탐측하여 지구에서는 볼 수 없었던 달의 뒷모습 영상을 취득할 수 있었다. 루나 10호는 1966년 4월 3일에 달 표면에 약 3시간 정도 머물면서 달 표면을 조사하였고, 루나 24호(1976)까지 달의 표면조사와 영상들을 전송해왔다.

나) 아폴로(Apollo) 시리즈

미국은 1966년 6월 1일 서베이어 1호를 달에 발사한 후 1968년 10월에는 유인우주선인 아폴로 7호를, 1969년 7월 20일에 아폴로 11호가 암스트롱, 콜린스, 엔드린을 태우고 달에 착륙하여 21시간 36분 20초 동안 달에서 월석 채취와 달 표면에 레이저 반사경을 장치하는 등 여러 가지 탐측장비를 설치한 후 7월 24일 날 지구로 귀환했다. 1972년 12월 아폴로 17호로 일단 아폴로 시리즈는 임무를 종료하였고 이로부터 25년 만에 루나 프로스펙터(Lunar

그림 2-12 아폴로 11호가 달에 착륙하여 내딛은 인류의 첫 발자국

〈출처: www.nasa.gov〉

Prospector)로 달을 탐측하였으나 명확한 달의 특성을 규명하지 못하고 있다.

⑩ 달의 탐측계획

달의 탐측은 1959년 1월 2일 러시아의 루나 시리즈에 의한 달궤도 진입, 1969년 7월 20일 아폴로 1호가 암스트롱, 크린스, 벨드린을 태우고 달에 도착, 1998년 1월 6일 아폴로 17호의 달 착륙 등을 통하여 많은 자료를 확보하고 해석하였으나 자원개발 가능성 이외 큰 성과를 거두지 못하고 있다. 현재로는 에너지로 활용할 수 있는 헬륨3($^{3}_{2}He$) 100만 톤 가량이 달 표면에 침전되어 있다는 것이다. 이를 지구로 옮기어 올 경우 전 세계인이 500년 정도 사용할 수 있는 에너지원이고 우주왕복선 1대의 운송량인 25톤의 헬륨이면 미국이 1년 동안 사용할 수 있는 에너지원이라 한다. $^{3}_{2}He$(양성자2+중성자1)은 일반적인 $^{4}_{2}He$(양성자2개+중성자2개)보다 중성자 하나가 적다. $^{3}_{2}He$에 중성자 1개를 핵융합시킬 경우 일반적인 헬륨 $^{4}_{2}He$(양성자2개+중성자2개)이 되면서 양자 1개가 남는다[$^{3}_{2}He$(양성자2개+중성자1개)에 (양성자1개+중성자1개)를 핵융합하면 일반 $^{4}_{2}He$(양성자2개+중성자2개)이 되면서 양성자 1개가 남는다]. 이 양성자 1개가 엄청난 에너지원으로 발생된다는 것이다.

지구에서 찾을 수 없는 $^{3}_{2}He$이기에 고갈되어 가는 지구의 자원확보에 큰 관심의 대상이 되고 있다. 일반적인 방사성은 수만 년에 걸쳐서 반감되므로

그림 2-13 $^{3}_{2}He$를 이용한 핵융합

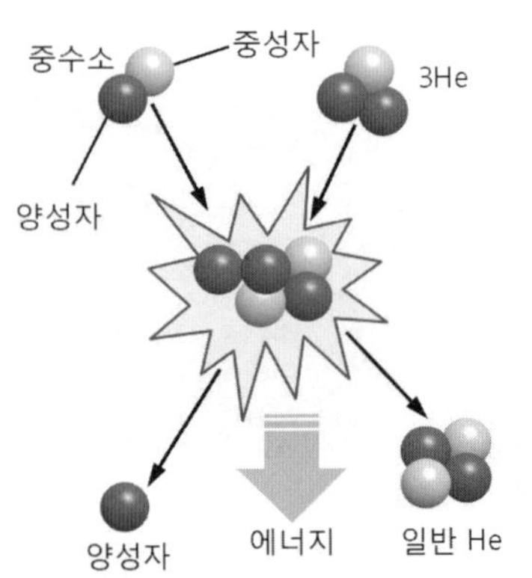

생태계에 치명상을 주고 있으나 핵분열을 이용하면 반감기가 12년 정도이므로 방사성 동위원소가 있는 폐기물이 거의 생기지 않는다. 달은 지구의 하나뿐인 위성이며 밀물, 썰물, 밤하늘의 밝은 빛, 지구에서 가장 가까운 외부천체, 미지의 자원보고라고 생각되는 대상이므로 많은 연구가 진행되고 있는 것이다. 이에 오래전부터 미국, 러시아에 이어 최근에는 일본의 셀레네, 중국의 창어 1호, 인도의 찬드라얀 1호가 달탐측에 임하고 있다. 최근에는 미국의 LRO(달 정찰위성)가 2009년 6월 달 탐측에 적극 참여할 것을 제의해 왔다. 미국항공우주국은 2008년 7월 국제 달 탐측 연결망(network)에 9개국(미국, 일본, 영국, 독일, 프랑스, 캐나다, 인도, 우리나라, 이탈리아)을 참여시켜 달 표면에 공동 탑재체(달 지진계, 열전도 관측기, 달 자력계, 레이저 거리관측기) 설정을 목표로 하고 있다. 우리나라도 달 탐측을 위해 2007년 11월에 2020년까지 달 탐측궤도선, 2025년까지 달 탐측체에 대한 자력발사 및 달의 자료원의 채취 및 귀환 등을 실현하고자 계획을 세우고 있다.

⑪ 우주의 미세파편

우주미세파편에는 미세운석과 우주파편이 있다. 지구 주위의 우주공간에는 유성, 혜성 등의 잔해인 미세운석이 널리 분포되어 있다. 2011년까지의

그림 2-14 우주파편의 분포도

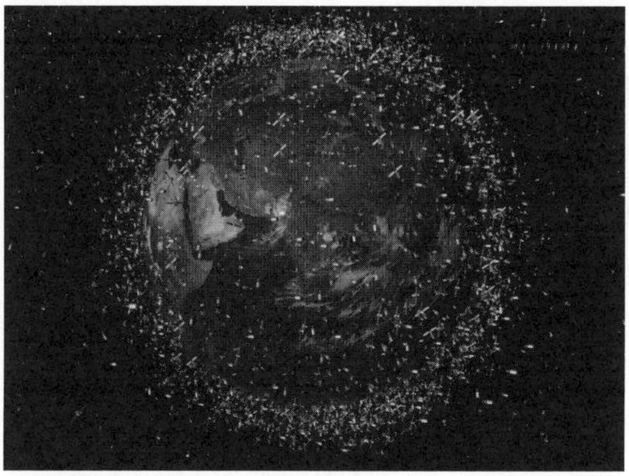

〈출처: www.dlr.de〉

발사된 인공위성 현황은 북아메리카 우주방위 NORAD에 의하면 9,800개의 위성이 발사되었고 현재 운행되는 인공위성은 1,086개라 한다.

1957년 "스푸트니크 1호" 발사 후 9,800(북아메리카 우주방위 NORAD의 집계)여 개의 인공위성 중 수명이 다 되어 떠돌아다니는 우주비행체, 로켓연료 입자, 각종 부품들이 미국우주감시망(SSN)에 의하면 2010년 2월 6일 현재 지름 10㎝ 이상인 잔해물이 15,000여 개이며 이보다 작은 잔해물까지 합치면 200,000개 이상이라고 한다. 2009년 2월 10일 이리듐 33호(500㎏)와 임무작동이 이미 멈춘 러시아 통신위성 코스모스 2251(900㎏)의 충돌로 10㎝ 이상의 위성파편이 1,000여 개가 발생하였다고 한다. 미세운석 1㎍ 정도의 입자는 0.5㎜의 알루미늄 강판을 뚫을 수 있다고 한다. 초속 8㎞ 이상의 속도로 지구궤도를 돌고 있는 1㎝ 이상의 우주파편이 우주선과 충돌할 경우 우주선은 치명상을 받을 수 있다. 우주파편에 대한 대책으로 미국은 우주환경을 모형화하여 위성궤도산출에 사용하였고 중국은 자국의 폐기된 기상위성 풍운 1C를 미사일로 파괴하는 실험도 하였다고 한다. 우주파편에 의한 위성체의 손상을 감소시키기 위한 권장사항으로는 궤도에 남아있는 모든 물체는 임무가 끝난 후에 폭발을 막기 위해 비활성화시키고 마지막 단의 분리 시 폭발할 때 남아있는 볼트와 크램프가 파편으로 남지 않도록 조치하고 있다. 또한 임무가 끝나는 정지궤도위성은 위성파편에 의한 손상에 대비하여 최소한 150㎞ 이상의 고도로 높여준다. 현재 인공위성이 우주파편과의 충돌가능성에 관한 정확한 예보는 할 수 없다고 한다.

⑫ 우주정거장과 우주왕복선

국제우주정거장(ISS: International Space Station)은 저궤도를 유지하는 반영구적인 시설로서 우주개발에 대한 실험대상을 오랜 기간(수개월 내지 수년간) 무중력하에서 연구할 수 있는 대표적인 국제우주프로그램으로 1972년 이후 미국, 러시아, 유럽우주기구 등이 적극적으로 참여하여 개발하고 있다. 국제우주정거장은 앞으로 탐사할 행성에 영구유인기지를 설정하는 데 크게 기여될 것이다.

우주왕복선(space shuttle)은 과학자들이 오랜 기간 무중력 시험을 할 수

그림 2-15 우주정거장

그림 2-16 우주왕복선

〈출처: www.nasa.gov〉

있는 환경제공, 기자재운송 등에 이용되는 저궤도 과학실험실 운송체계로 300~400km 범위의 원형궤도에 발사된다. 우주왕복선을 이루고 있는 고체로켓 부스터와 오비타(obiter)는 재사용이 가능하나 연료탱크는 발사 때마다 새것으로 교체해 사용하고 있다. 우주왕복선은 인공위성을 회수하거나 우주기지건설에 소요되는 대형기자재를 우주공간으로 운반하는 역할을 수행한다.

제2절 우리나라 우주개발의 현황

(1) 개 요

우리나라는 국제협력을 통하여 한국최초 우주인 배출과 위성제조 및 지상설비의 정착으로 우주과학 분야에서의 세계시장 진출이 확대될 것으로 전망하고 있다. 지구 관측분야에서는 다목적실용위성의 한국표준모형 개발로 상업화 조기 달성이 이루어짐으로써 지구관측위성의 독자개발에 의한 영상정보 취득의 자주화가 실현단계에 이르렀다. 위성 본체 및 지상국의 경우 국내주도 개발을 추진하고 또한 탑재체의 경우도 해양, 기상위성의 지속적 수요를 감안하여 국내 개발을 적극 추진하는 등 국내외 위성개발 환경을 고려하여 단계적 위성개발 기술을 확보할 계획이다. 핵심 위성부품의 국산화를 통해 위성체 플랫폼 제작 능력 배양에 대한 계획도 수립하고, 우주정보통신의 활성화를 통하여 국민생활 및 복지 향상에 기여하고, 통신해양기상위성 개발, 정지궤도위성 개발능력의 확보, 우리나라 독자 기술에 의한 통신방송용 위성개발 추진, 저궤도 발사체 체계종합 및 독자적 운용능력 확보, 2015년까지 1.5톤급 저궤도 실용위성 발사체 개발 및 발사와 실용위성 발사체의 신뢰도를 향상시켜 장기적으로 상용화 개발, 우주센터 건설 등을 통하여 국제 수준의 우주과학기술 능력을 확보할 계획이다.

다목적실용위성은 국가적 수요에 따른 지상, 해양, 환경 등의 관측 임무를 수행하며, 위성자료의 연속성을 통해 공공수요를 충족시킬 계획이다. 현재 운영중인 다목적실용위성 3호의 경우 한국표준 관측위성 지정도 검토, 동일 모형 복제로 제작비용을 줄이고 민간 생산의 적극적인 지원, 탑재체 등에 관해서 국내 산 · 학 · 연 협력체제에 의한 개발로 기술자립 및 국산화에 기여하고 있다. 과학기술위성은 실용위성 개발과 관련된 핵심기술의 선행연구 및 우주관측 실험을 추진하고, 통신해양기상위성에 관해서는 정지궤도위성의 국산화 개발능력을 확보하며, 통신 · 해양 · 기상 등의 위성 수요 충족에 관해서도 많은 구상을 하고 있다. 이제 한국은 위성체/탑재체 핵심기술, 탑재체 운

그림 2-17 우리나라의 인공위성 발사 일정계획

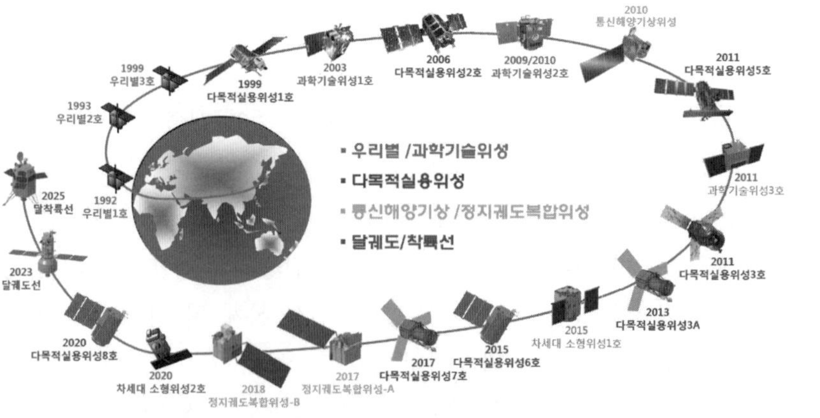

표 ❷-2 한국의 위성발사 현황

분류	구분		발사연도	궤도	중량	탑재체	임무
과학기술위성	우리별	1호	1992년 8월 11일	1,300km, 원궤도	50Kg	지상관측탑재체 우주방사선관측 통신탑재체	위성제작기술습득 위성전문인력양성 위성제작기술습득
		2호	1993년 9월 26일	800km, 태양동기궤도	50Kg	지상관측탑재체 저에너지입자검출기 적외선감지기 통신탑재체	위성부품국산화 소형위성기술획득
		3호	1999년 5월 26일	720km, 태양동기궤도	110Kg	지상관측탑재체 우주과학탑재체	지상관측 과학관측
	과학기술위성	1호	2003년 9월 27일	685km, 태양동기궤도	106Kg	원자외선분광기 방사능영향관측 고에너지입자검출기 정밀지구자기장관측기	우주환경관측
		2호	2009년 8월 25일	300~1,500km	99.2Kg	Radiometer 레이저반사경	선행기술시험 우주과학연구
		3호		저궤도	150Kg 내외	-	선행기술시험
다목적실용위성	1호		1999년 12월 21일	685km 태양동기궤도	470kg	EOC(PAN 6.6m), OSMI, SPS	지상관측 해양관측
	2호		2006년 7월 28일	685km 태양동기궤도	800kg	MSC(PAN 1m, MS 4m)	지상관측
	3호		2012년 5월 18일	685km 태양동기궤도	1ton	AEISS(PAN 0.7m, MS 2.8m)	지상관측
	3A호		2014년 예정	450~890km	1ton	EO/IR(0.55m)	적외선지구관측
	5호		2012년 예정	저궤도, 태양동기궤도	1.4ton	SAR(1m)	전천후 지상관측
정지궤도위성	통신해양기상위성		2010년 6월 27일	정지궤도	2.5ton	통신탑재체(Ka대역) 기상탑재체(5ch) 통신탑재체(8ch)	정지궤도우주인증 공공통신망구축 기상해양관측

그림 2-18 각 위성별 후속위성 발사 일정 계획

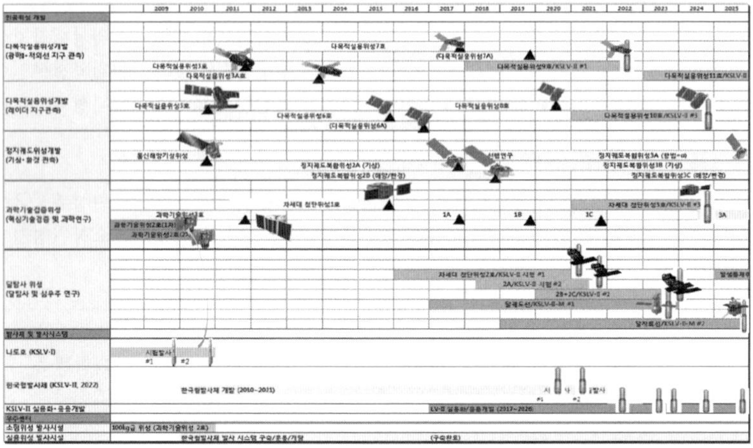

표 ❷-3 아리랑위성 1호 제원

제 원	내 용
개발기간	1995년 ~ 1999년
크 기	253(H)×134(D)×690(L)㎝
무 게	470kg
궤 도	고도(685㎞), 태양동기궤도, 궤도주기(98분), 재방문주기(28일)
탑 재 체	• EOC(전자광학 사진기): 1:25,000지도제작, 각종 국토조사, 재해조사(해상도 6.6m, 관측폭 17㎞), Panchromatic Band(0.51~0.73㎛) • LRC(저해상도 사진기): OSMI(해양지도 제작, 해상도 1㎞, 관측폭 800㎞, 0.4~0.9㎛대역중 6밴드 관측 • SPS(과학실험 탑재체):이온층 관측기(IMS), 고에너지 입자 검출기(HEPD)
임 무	• 한반도지도 제작(입체지도 포함) • 해양관측(해양오염 및 생태변화), 과학 실험
발사장소	1999년 12월 20일 발사(미서부 Vandenberg 발사장)
개발방식	• 미 TRW사와 공동개발 • 국내 7개 기업 국산화 참여 (현대, 삼성, 한라중공업, 대우중공업, 두원중공업)
예정수명	3년

용/관제체계 기술, 위성자료 처리/이용기술, 위치관측체계 기술개발 능력 확보 및 종합기반시설 구축에 관한 장 · 단기계획을 수립하고 실행하고 있다.

한국의 위성발사 현황은 〈표 2-2〉와 같다.

(2) 발사된 인공위성 현황

① 아리랑위성 1호(KOMPSAT-1)

한국 최초의 지구관측용 다목적 실용위성으로서 지도제작, 국토조사, 재해조사, 해양관측, 과학실험 등에 사용되었으며 현재는 임무수행이 완료되었다.

② 아리랑위성 2호(KOMPSAT-2)

아리랑위성 2호는 1999년부터 과학기술부, 산업자원부, 정보통신부 등의 지원을 받아 한국항공우주연구원이 개발한 저궤도 지구관측위성이며, 과학관측용 고해상도 사진기를 이용하여 대규모 자연재난 감시, 각종 자원의 이용 실태 조사, 지형공간정보체계, 지도제작 등과 같은 다양한 분야에서 활용될 수 있다, 아리랑위성 2호는 2006년 7월 28일 러시아 북극해 근방의 플

그림 2-19 아리랑위성 1호와 영상

〈출처: 한국항공우주연구원〉

레세츠크 발사장에서 발사되었다.

아리랑위성 2호의 지진복구 지원사례로써 자연 또는 인적재해를 입은 우주기반의 가용자원이 없는 국가들을 대상으로 인도적 차원에서의 지원해왔

표 ❷-4 아리랑위성 1, 2호 제원 비교

특성	아리랑-1	아리랑-2
발사일	1999년 12월 20일	2006년 7월 28일
발사체	Taurus	Rocket
발사장소	Vandenberg Air Force Base, USA	Plesetsk Cosmodrome, Russia
수 명	3 years	Minimum 5 years(Design Life: 3years)
궤도 고도	685km	685km
궤도 경사	98.13°, sun-synchronous	98.13, sun-synchronous
적도통과시간	10:50 AM(Ascending node)	10:50 AM(Ascending node)
궤도회전시간	98.46 minutes	93.5 minutes
재방문기간	less than 3 days	Revisit rate of 3 days with roll angle of 30°
관측폭	17×17km	15×15km

표 ❷-5 아리랑위성 1, 2호 센서 특성비교

특 성	아리랑-1		아리랑-2
	OSMI	EOC	
공간해상도	1km	6.6m	• 1m(pan.) • 4m(multi.)
분광해상도	6band(0.4~0.9㎛)	0.51~0.73㎛	• 0.5~0.9㎛(pan.) • 0.45~0.52㎛(blue) • 0.52~0.60㎛(green) • 0.63~0.69㎛(red) • 0.76~0.90㎛ (near-infrared)
방사해상도	11bit	8bit	10bit
관측폭	800km	17km	15km
재방문기간(궤도)	daily	28 days	28 days

다. 국제 우주기반의 재해관련 지원 및 협력을 위해 International Charter가 운영되고 있으며, 전지구 환경과 안보에 관한 관측 및 감시(GMES; Global Monitoring for Environment and Security) 프로그램을 통해 전 세계우주기반 정보를 활용한 재해분야뿐만 아니라 다양한 위성영상 활용분야에 대한 지원을 점차 확대하고 있는 추세이다. 한국항공우주연구원은 아리랑 2호(KOMPSAT-2; Korea Multi-Purpose Satellite-2) 영상자료를 재해발생 국가들에게 피해분석에 활

그림 2-20 아리랑위성 2호와 영상

〈출처: 한국항공우주연구원〉

그림 2-21 아이티 지진재해지역을 촬영한 아리랑위성 2호 영상

(April, 13 2009) (January, 13 2010) (January, 16 2010)

〈출처: 한국항공우주연구원〉

그림 2-22 아리랑위성 2호 영상을 이용한 아이티 재해지도

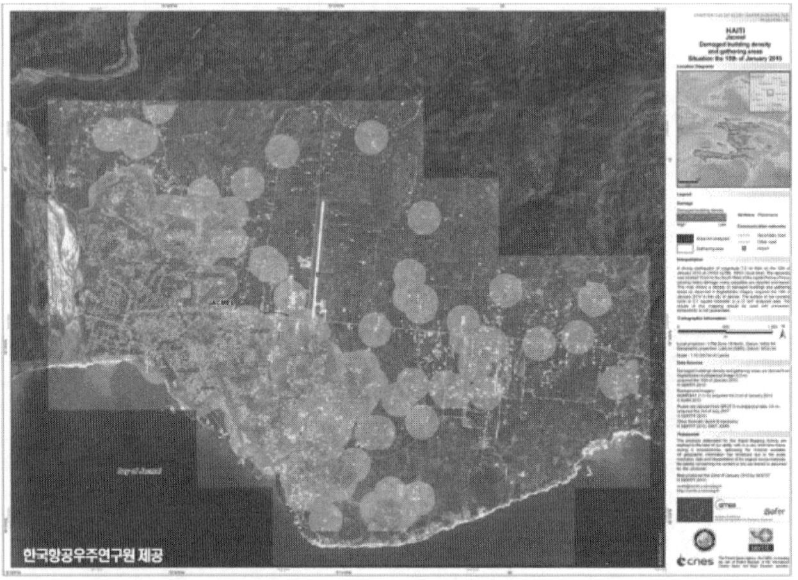

〈출처: 한국항공우주연구원〉

용할 수 있도록 제공하였다. 리히터 규모 7.0에 달하는 강력한 지진이 2010년 1월 12일 아이티의 수도 포르토프랭스에서 발생함에 따라 약 540만 명이 피해를 입게 되었다. 이에 대해 인도적인 차원에서 한국항공우주연구원은 아이티 지진발생지역을 촬영한 아리랑 2호 영상자료를 International Charter에 제공하여 아이티지진 피해복구 계획수립에 활용할 수 있도록 지원하였다. 〈그림 2-21〉과 〈그림 2-22〉를 통해 지진 전후 상태를 비교해 볼 수 있다. 또한 페루 수해지역을 촬영한 아리랑 2호 영상자료를 페루정부에 제공한 사례도 있다.

(참조: 국립방재연구원, 선제적 재난대응을 위한 위성영상정보 활용체계 구축)

③ 아리랑위성 3호(KOMPSAT-3)

아리랑위성 3호는 국가 우주개발 중장기 개발계획에 따라 아리랑위성 1호 및 아리랑위성 2호 개발을 통하여 확보한 위성개발 기술을 사용하여 개발하였고, 특히 국내 최초로 미터급 이하(submeter, 0.7m) 해상도를 갖는 초고해

그림 2-23 아리랑위성 3호와 영상

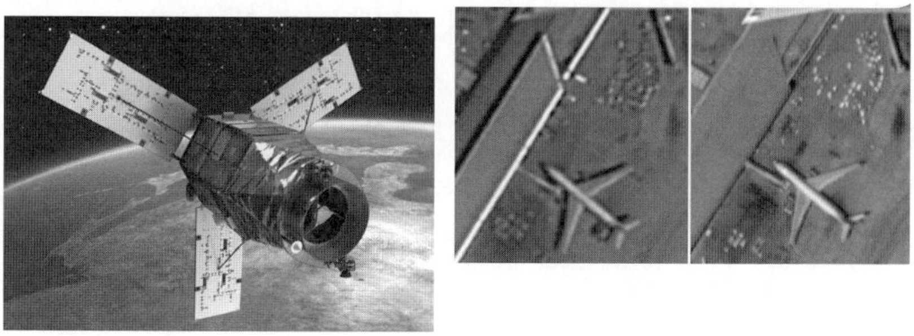

'미국 필라델피아 공항' 아리랑위성 2호(좌)와 아리랑 3호(우) 영상 비교

〈출처: 한국항공우주연구원〉

상도 광학탑재체의 설계/해석 및 조립/정렬/시험을 국내기술로 수행하였다. 아리랑위성 3호의 개발은 국가차원의 고해상도 위성영상 수요를 충족시키고, 한국 내의 우주기술 인프라를 발전시킴으로써 향후 세계 우주시장 진출 기반을 확보하는 것이다.

아리랑위성 3호는 다중지역 촬영방법[1] 이외에도 같은 비행경로 내에 동일 지역의 전방, 후방을 촬영하는 입체(stereo)영상 촬영 방법, 특정 지역을 집중적으로 촬영하는 광대역 촬영방법 등의 새로운 기능들을 갖추고 있다.

아리랑위성 3호는 서브미터(submeter: 미터급 이하)급의 해상도를 갖는 AEIS(Advanced Earth Imaging Sensor System)를 탑재하고, 고도 685km의 태양동기궤도에서 운영되고, 임무는 아리랑위성 1호와 2호에 이어 지속적으로 고해상도 지구관측 영상을 취득하여 국가수요 충족과 함께 지형공간정보체계, 환경, 농업, 해양관측 등의 활용분야에 초고해상도 광학영상을 제공하는 것이다.

아리랑위성 3호는 2012년 5월 18일 일본 다네가시마 우주센터 대형로켓 발사장에서 발사되었다.

---

1) 위성이 기동성을 가지고 현 위치에서 각도와 자세를 신속하게 변경하면 비행경로의 아래쪽 일정 범위 내의 원하는 특정 지역을 골라 촬영하는 다중지역 촬영이 가능하게 된다. 이와 같은 기능은 사용자의 요청으로 원하는 특정 지역만을 촬영하는 상업용 영상촬영의 경우 매우 유용하다.

④ 천리안위성(COMS : Communication Ocean and Meteorological Satellite)

가) 개 요

2010년 6월 27일에 발산된 통신해양기상위성인 천리안위성은 2003년부터 국가 우주개발 중장기 계획에 따라 기상청, 국토해양부, 교육과학기술부, 방송통신위원회공동사업으로 대한민국 최초의 기상관측, 해양관측, 통신서비스 임무를 수행할 수 있는 정지궤도 복합위성으로 미국, 중국, 일본, 유럽연합(EU), 인도, 러시아에 이어 세계에서 일곱 번째로 독자 기상위성보유국으로 자리잡게 되었다.

COMS 인공위성 구성 및 제원은 운용고도 및 기간(36,000km/7년), 운용궤도(적도, 동경 128.2도 위치), 발사중량[2,497kg(탑재체 포함)], 해상도(가시 1km, 적외 4km), 탑재체(기상영상관측센서, 해양관측센서, 통신중계기 및 안테나)로 구성되어 있다.

나) COMS의 기능 및 활용

(ㄱ) 기상관측

평상시 15분 간격으로 기상정보 취득이 가능하며, 비상시 특별관측으로 최소 8분 간격의 기상정보 제공이 가능하여 장기간의 해수면온도, 구름 자료를 통한 기후변화 분석을 할 수 있다.국내 최초의 24시간 연속관측이 가능한

그림 2-24 COMS 위성 기본사양

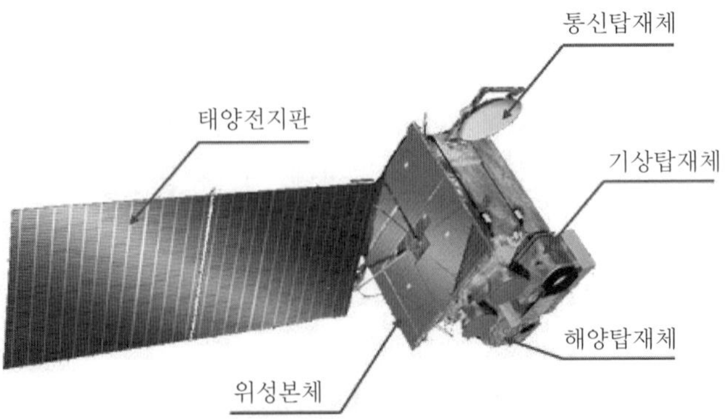

〈출처: 기상청〉

적외선 파장을 보유하여, 연속적인 산불감지와 산불관측 및 감시, 눈이 쌓인 지역 추정 및 식생지수 분석을 통한 가뭄 정도 파악, 태풍, 집중호우, 황사 등 위험기상 조기 탐지를 할 수 있다.

(ㄴ) 해양관측

정지궤도위성으로 한반도 주변 바다의 가로 · 세로 2,500㎞ 촬영이 가능하다. 한반도 주변해역 해양환경 및 해양생태 감시, 해양의 클로로필 생산량 추정 및 어장정보 취득, 적조의 발생 예측/이동 관측 및 감시(monitoring)를 통한 적조피해 저감 및 효율적인 양식장 관리를 할 수 있다. 또한 해양의 유류오염 피해 감지로 해양재해 피해 저감, IT(RFID/ USN, GPS 등)와 위성을 연계한 선박의 위치를 확인할 수 있다.

(ㄷ) 통신서비스

Ka-Band 방식 채택으로 광대역 위성 멀티미디어 서비스가 가능하여 30TV, UHDTV 등 차세대 위성 서비스 기반을 마련하였다.

(3) 우리나라 인공위성 발사장 및 정지궤도위성의 위치

① 우리나라 나로우주센터

우리나라의 각종 위성(아리랑, 무궁화, 우리별 등)들은 외국의 우주센터에서 발사되었다. 외국에서 발사할 경우 발사일정, 발사비용, 위성기술노출 등의 손실이 있다. 이에 1996년에 '우주개발중장기기본계획'을 수립하였고, 1999년 12월까지 우주센터후보지를 11개를 선정한 후 인접지역에 대한 안정성, 발사각도, 부지의 활용가능성, 발사장 접근성(도로, 항만, 전기, 용수 등의 기반조건 등), 각종 시설(발사대이동, 연료 및 발사관제설비, 발사지휘센터, 발사통세센터, 비행안전통제센터, 발사체의 정보 및 비행상태정보를 다루는 통신센터 등) 등을 감안하여 2001년 1월 전남 고흥군 봉래면 외나로도가 우주센터로 선정되었다. 우주센터는 부지 약 500만㎡, 시설부지 142,145㎡ 규모로 2009년 6월 11일 우주센터가 설정됨으로써 우리나라 나로우주센터가 세계 13번째 우주센터가 되었다. 이로서 우주과학기술실현에 필요한 사항(발사체 조립, 연료 및 산화제 등의 공급, 발사순간부터 3,000㎞까지 실시간정보를 취득할 수 있는 추적 레이더, 광학추적

장비, 기상레이더 등) 등이 나로우주센터 인근에 위치하고 있다.

② 우리나라의 정지궤도위성의 현황

우리나라의 천리안위성(COMS: 2010년 6월 27일 발사)은 정지궤도위성으로 지구의 자전주기와 같다. 정지궤도위성의 위치는 위성정보 전달에 중요하므로 정보수요국의 최적의 상공위치점유에 관한 치열한 경쟁을 하고 있다. 현재 한반도 상공(경도 113~134도)은 17개(중국 5개, 일본 4, 한국, 타이, 인도 각 2개, 베트남, 인도네시아 각각 1개)의 위성이 점유하고 있다. 한국 상공의 최적정지궤도 위치(경도 124~132도)에는 중국과 일본이 선점하고 있으며 한국의 위성은 하나도 없다. 정지궤도위성은 위치가 적도상공의 특정고도로 제한되고 다른 나라의 위성과의 전파혼선 문제가 있어 최적의 위치선점에 대한 경쟁이 심화되고 있다.

(참조: 장영근 · 최규홍, 인공위성과 우주; 오덕수 · 신민수 · 이병선 · 강군석 · 주인권 · 주인원, 훤히 보이는 위성세계)

연 / 습 / 문 / 제

| 제1장 | 우주영역과 위치자료 생성

다음 각 사항에 대하여 설명하시오.

1. 우주(Universe)에 관한 영역 및 Hubble의 학설
2. 은하계 및 태양계의 형성과 특성
3. 국제천문연맹(IAU)에 기록된 8개 태양계 행성들의 특성
4. 지구와 달의 거리 및 달의 특성
5. 태양계 행성들의 위치
6. VLBI
7. GPS, VRS, GPS Van
8. GALILEO, GLONASS
9. SLR, LLR

| 제2장 | 우주개발에 관한 국내 · 외 현황

다음 각 사항에 대하여 설명하시오.

1. Universe와 Space에 대한 공간의 차이
2. 임무수행을 위한 인공위성
3. 우주개발에 이용되는 위성의 궤도
4. 위성발사에 관하여 발사체, 발사환경, 궤도진입
5. 위성발사체와 미사일
6. 위성발사장 입지, 발사가능 시간 및 방향
7. 우주의 미세파편
8. 태양계 행성의 탐측현황
9. 달의 부존자원 및 탐측계획
10. 인공위성의 운영관리 체계
11. 우리나라 우주개발의 현황과 미래계획

II

P·A·K·Y·O·U·N·G·S·A

지구특성과 대기권환경

(Property of Earth(Geodesy) and Environment of the Atmosphere)

지/공/탐/측/학/개/관

03 지구특성(측지학)

Property of Earth(Geodesy)

제1절 개 요

지구의 특성은 측지학(geodesy)에서 주로 다루고 있다. 측지학은 물리학적 측지학과 기하학적 측지학으로 대별된다.

기하학적 측지학 분야와 관련되는 내용은 본서 제 1 장, 13장, 14장에서 부분적으로 다루고 있으므로 본 장에서는 물리학적 측지학인 지구내부의 구조, 지구의 열, 지구와 운동, 조석, 지각변화, 중력, 지자기, 해저지질, 지하수 등에 관하여 간단히 기술하기로 한다.

제2절 지구의 내부구조

(1) 개 요

지구내부의 구조를 파악하는 데에 중요한 역할을 하는 것은 자연지진의 주시곡선을 해석하는 것으로서, 사람의 손이 직접 미치지 못하는 지구내부의 구조는 19세기 말 근대적인 지진계가 발명되면서 비교적 자세하게 알려지게 되었다. 지구의 평균밀도가 지각의 평균밀도보다 약 2배 가량 높기 때문에 지구중심부에는 지각에 비해 훨씬 무거운 물질이 존재할 것이라는 추정이 지구의 내부구조에 대한 연구의 시작이라 할 수 있다.

1909년 유고슬라비아의 A. Mohorovičić는 지진파의 굴절에서 지하 35km 부근에 지진파 속도의 불연속면이 있음을 발견하였다. 이 면을 모호면(M면)이라 한다. 1914년 독일의 B. Gutenberg가 지하 약 2,900km에 존재하는 불연속면을 발견하였으며, 이후 이것은 여러 연구결과와 일치하여 지구의 핵을 이루는 경계면인 것으로 확인되었다.

현재까지 시추공에 의한 보오링으로 가장 깊이 내려간 것은 약 8km(끝직경 10cm) 정도로 지구반경의 약 1/800에 불과하다. 이보다 깊은 부분인 지구내부의 특성은 중력관측, 지자기관측 및 탄성파관측 등에 의해 추정하고 있지만, 이 중에서 탄성파(지진파)에 의한 방법이 가장 효과적인 것으로 알려져 있다.

(2) 지구의 층상구조

지진파에 의해 추정되는 지구내부의 층상구조는 지표에서 아주 얇은 지각이 있으며, 이 층상구조와 각 부분에 대한 지진파의 속도는 〈그림 3-1〉과 같다.

그림 3-1 지구의 내부

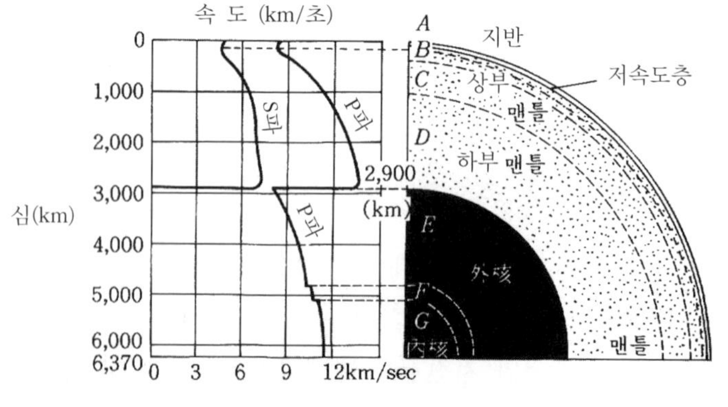

① 지 각

지각은 지구의 겉부분으로 모호불연속면의 상층으로 지구 전체체적의 1%, 질량의 0.5% 정도이다. 심도(또는 지심도)는 지역에 따라 커다란 차이를 나타내며, 대륙에서는 평균 35km, 해양에서는 해저면으로부터 약 5km 정도로 분포되고 있다.

지각구조에 대해서는 1950년대 이후 인공지진에 의한 연구로 활발해졌다. 인공발파를 이용한 인공지진은 진원의 위치와 발진시간을 정확히 알 수 있기 때문에 가까운 지진기록을 얻기 곤란한 해양지각이나 지진이 잘 발생되지 않는 대륙부분의 조사에 많이 이용되고 있다.

② 맨 틀

맨틀은 지각, 핵으로 나누어지는 세 부분 중 가장 큰 부분을 차지하며, 체적은 전 지구의 83%, 질량은 69%이다. 맨틀은 모호면 아래에서부터 2,886km 깊이의 구텐베르그 불연속면 사이에 있는 것으로 3개의 층으로 구분하기도 하지만, 일반적으로 상부맨틀(모호면에서 640km 깊이까지)과 하부맨틀로 구분한다.

맨틀은 해양저와 알프스 조산대에서는 뚜렷한 저속도층이 깊이 90~220km 사이에서 나타나지만, 안정된 대륙지역에서는 더 깊은 곳에서 뚜렷하지 않은 상태로 나타나고 있다.

하부맨틀의 지진파속도는 비교적 완만하게 증가하지만, 핵과 경계에 접하는 약 100km 구간에서는 속도가 약간 떨어지는 전이대(transition zone)가 있다. 전이대의 두께는 얼마되지 않지만 이 부분에서 지진파의 거동은 매우 복잡하며, 맨틀 전체를 통하여 천천히 일어나고 있는 암석의 대류에 대한 이론을 설명하거나, 지구 내부의 온도를 추정하는 데에 중요한 몫을 하고 있다.

③ 핵

핵은 지구 전체 체적의 16%, 질량의 31%를 차지하며, 맨틀로 둘러싸인 그 반경은 약 3,486km이다. 핵은 외핵과 내핵으로 나누어지며, 바깥쪽 2,270km 구간이 외핵으로 유체상태인 것으로 추정된다. 외핵은 자유진동의 관측결과를 해석하거나 지구자장의 성인을 설명하는 데 필수적인 몫이 되고 있다. 외핵에서 P파의 속도는 약 1,700km까지는 완만하게 변하며 진폭의 감쇠도 매우 적다.

내핵의 경계에서 P파의 속도는 10.2에서 10.9km/sec로 급속히 증가한다. 현재 내핵과 외핵의 주 구성물질은 Fe, Co, Ni로 서로 동일한 것으로 추정된다.

(3) 지구 내부의 밀도분포

Bullen(1953)은 지구 내부의 지진파의 속도분포로 지구 내부의 밀도분포를 연구하여 30~50km 깊이에서 밀도가 2.6~3.3g/cm^{3}이고, 깊이에 따라 밀도가 점차 커져서 깊이 2,900km에서 5.7g/cm^{3}가 되며, 거의 같은 깊이에서 급격히 증가하여 9.4g/cm^{3}가 됨을 알아냈다. 또한 5,000km 깊이에서는 11.5g/cm^{3}가 된다. 지구 전체의 밀도는 5.525g/cm^{3}이고 지각밀도(암석의 평균밀도)는 실측한 결과 2.6~3.3g/cm^{3}로 나타났다. 이러한 Bullen의 연구결과로 지구 내부는 대단히 밀도가 높을 것으로 추정된다.

(4) 지구 내부의 압력

그림 3-2 지구 내부의 중력, 압력, 밀도

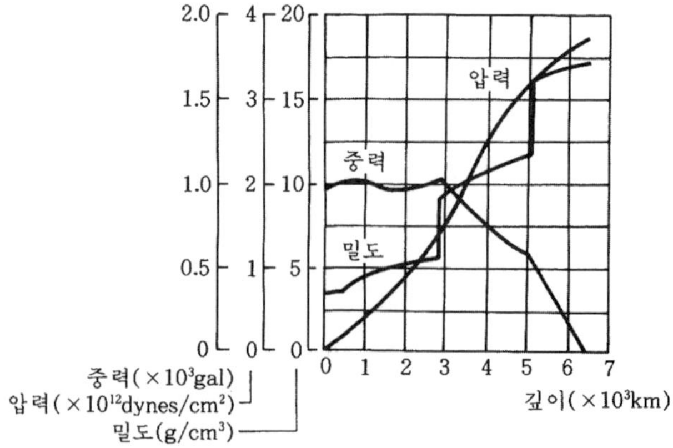

Bullen의 연구결과, 지구 내부의 압력은 중심으로 갈수록 증가하여 깊이 33km에서 0.009×10^{12}dyne/cm^2, 2,900km에서 1.37×10^{12}dyne/cm^2, 5,120km에서 3.27×10^{12}dyne/cm^2, 6,370km에서 3.64×10^{12}dyne/cm^{2}가 된다. 1기압은 약 10^6dyne/cm^{2}이므로 지구중심에 대한 기압은 300만 이상이 될 것으로 추정하고 있다.

(5) 지구 내부의 구성물질

지진파 관측값에 의해 계산된 밀도분포를 고려하면 맨틀이 3~6g/cm^3, 핵이 10~17g/cm^{3}이 된다. 또한 운석으로부터 지구의 내부물질을 분석하면 핵은 철질원석(평균 98%가 금속을 포함), 맨틀은 석질원석(평균 50%의 금속과 50%의 규산염류 포함)이 주성분인 것을 알 수 있다. 여러 종류의 암석이나 금속에 관하여 탄성파속도나 밀도를 실험실 안의 고온, 고압장치에서 관측하고 여기에 지구 구성 물질로 생각할 수 있는 물질을 비교하면 〈표 3-1〉과 같다. 지각은 화강암, 현무암으로 되어 있고 맨틀은 에클로자이트 암석과 감람석으로 되어 있으며, 핵은 철·니켈 합금에 얼마간의 규소가 녹아 있는 것으로 추정된다. 일반적으로 지구 내부의 주성분 원소는 Fe, O, Si, Mg 및 S로 되어 있다고 규정하고 있으나 다른 일부 학자들은 핵이 맨틀과 같은 화학성분을

표 ③-1 지구 내부 각 구조별 성분 및 용적, 질량

	주요 화학성분	중요한 물리성	두께(km)	부피 ($\times 10^{27}$cm^3)	평균밀도 (g/cm^3)	질량 ($\times 10^{27}$g)
지각	규산염 암석	고체	35	0.008	2.8	0.024
맨틀	규산염물질, 이는 주로 감람석과 메클로자이트로 되어 있거나 이들의 고압상	고체	286.5	0.899	4.5	4.016
핵	철-니켈합금	외핵: 액체	2200	0.175	11.0	1.936
		내핵: 고체	1270			
지구 전체			6370	1.083	5.52	5.976

지니고 큰 압력으로 인해 높은 밀도를 나타내는 용융 상태의 물질이라고 주장하고 있다.

제3절 지구의 열(지구 내부, 지표면, 해저)

(1) 지구 내부의 열

지온경사(地溫傾斜: 지하로 내려갈수록 일정한 비율로 온도가 상승하는 것)는 일반적으로 100m 깊이당 3℃씩 증가한다. 지온경사에 따라 온도가 상승한다면 지하 30km에서 900℃, 2,900km에서 87,000℃, 지구 중심에서는 200,000℃에 가까운 온도가 되어야 하지만 열전도율에 관한 연구결과 이 지온경사는 방사선 물질이 농축되어 있다고 판단되는 깊이 30km까지만 적용된다는 연구결과가 나타났다. 30km보다 깊은 곳에서는 온도상승이 급격히 감소하여 지구중심부에서는 최저 2,000~6,000℃ 사이가 되는 것으로 알려져 있다.

지하의 온도 분포는 지하수의 상태, 화산의 분포 등에 의해 많은 변화가 있기 때문에 장소에 따라서 평균값이 대개 틀리게 된다.

평균적인 지각열류량을 1.4×10^{-6}cal cm^{-2}sec^{-1}이라 하고, 평균적인 열전도율을 7×10^{-3}cal cm^{-1}sec(℃)$^{-1}$이라 하면 지표면에 있어서의 온도경사는 $0.2 \times 10^{-3} \times 6{,}370 \times 10^{-5} = 127{,}400$℃이다. 이 값은 지하물질의 상태(고체나 유체)와 비교해 볼 때 대단히 높은 값이다.

지하 30km의 온도를 구해 보면 600℃가 된다. 깊이에 따라 방사선 물질의 양이 다르다고 가정해도 500℃ 정도의 값으로 추정된다. 따라서 지하 30km 깊이에 있어서의 온도는 평균 500℃ 전후라 하는 것은 신뢰할 만한 값이다. 깊이가 30km 이상으로 깊어지면 맨틀보다 더 깊은 영역의 온도가 되지만, 이 깊이에 대해서는 여러 가지 설이 있어 확실한 값을 제시하는 데는 한계가 있다. 일부 학자들은 지진파의 연구에 의해 알려진 지구 내부의 형태와 고온 고압에 있어서 암석의 융점실험으로 온도를 추정하는 방법을 시도하고 있다.

맨틀은 깊이 2,900km까지 존재하고 있는 고체로서 Mg_2SiO_4 등과 같은 초염기성 물질로 구성되어 있다. 2,900km로부터 5,000km까지는 외핵(outer core)이라고 하며, 대부분 철질로 구성된 유체이고 5,000km부터 6,370km까지는 내핵(inner core)이라 부르는 고체이다. Mg_2SiO_4를 실험실에서 열을 가해 보면, 1,900℃에서 녹지만 20,000기압 정도의 고압을 가하면 그 융점은 올라간다. 맨틀과 외핵의 경계에서 용융상승률이 일정하게 되었을 때 15,000℃ 정도의 고온이 된다. 한편 물질의 용융상승률은 압력이 높아짐에 따라 감소하는 것이 이미 알려져 있기 때문에 맨틀 저부에서의 온도는 융점이 일정할 때의 온도 1,900℃와 용융상승률이 일정하게 되었을 때의 온도 15,000℃와의 중간에 있다고 추정된다.

캐나다의 Uten은 지구 내부 지진파 속도의 분포와 고체의 융해이론을 종합해서 맨틀 내의 용융분포를 고려하여 계산된 결과에 의하면 맨틀 저부에서의 융점은 약 5,000℃이라고 주장하고 있다. 그 외에 지구 창성기에 지구 구성 물질이 압축되어 처음 저온이 된 것을 단열적인 온도 상승으로 계산한 J. Verhoogen의 이론과 지진전도도와 온도를 관련시킨 이론 등이 대두되고 있다.

(2) 지각열류의 분포

현재까지 관측된 지각열류량의 평균값은 육지에서는 $1.41 \pm 0.56 \times 10^{-6}$ cal/cm²sec, 바다에서는 $1.42 \pm 0.78 \times 10^{-6}$cal/cm²sec이므로 바다와 육지 사이에는 큰 차이가 없다. 지구 내부의 열원의 분포, 깊이에 따른 열전도 방식의 질적인 변화, 온도분포의 문제 등이 관련되어 지각열류량에 대하여 해결되지 않은 많은 문제점들이 남아 있다.

지구열류량을 결정하는 열원을 비교적 지구 상부에 한정하였던 이유는, 지구 심부에서와 같은 고온 고압 경우의 물성(지구 중심에서의 압력은 350만 기압)이 알려져 있다. 그러나 현재까지 규명된 바에 의하여 지구 심부에 열원을 설정하면 그 부분이 고온이기 때문에 모순된 값을 추정하게 된다고 한다. 지각 및 맨틀 상부에 존재하리라고 생각되는 열원은 암석에 포함되어 있는 방사성동위체, 우라늄(U), 토륨(Tr), 칼륨(K) 등의 붕괴에 따라 발생하는 열, 혹은 암석의 변성작용에 의한 발열 또는 흡열, 맨틀의 유동에 의한 열수송 등에 의한 것으로 추정하고 있다. 지각열류량의 대부분은 지각에 포함된 방사성 물질의 발열이 원인이지만 해저에서의 열류량에 대해서는 여러 가지 설이 대두되고 있다. 해저를 형성하는 현무암에 포함된 방사성 물질은 화강암의 5분의 1에 상응하는 지각열류라고 추정하고 있다. 즉, 맨틀을 구성하고 있는 감람암은 방사성 물질을 함유한 양이 미소하므로, 실제 해저에서의 열류는 육상처럼 거의 변하지 않는다는 설이 있다.

맨틀 내에서 이루어지고 있는 온도경사에 의하여 해저에서 관측된 열류값이 나타나려면 맨틀의 운동이 맨틀대류에 의한 열수송(유속은 1cm/year)이 이루어지고 있는 것으로 추정한다. 해역에 있어서 열류의 관측을 계기로 하여 맨틀이 대류하고 있으리라는 설이 더욱더 유력해지고 있다. 대류의 실존성이 지구물리적 현상으로 추정하나, 문제가 되는 것은 대류가 일어나는 방향이다. 예를 들면 해저의 열류는 맨틀대류로 움직이고 있다고 가정하면 육지의 열류에 대한 추정이 쉽게 될 수도 있다. 열은 지구 현상의 에너지원으로서 열에 의한 화산현상, 화산의 변성작용, 조산작용, 지진 등 여러 가지 현상의 원인이 되고 있다.

(3) 지구표면의 온도

지구의 열에 가장 큰 영향을 미치는 것은 태양열이며 지표밑의 열에 대해서는 온천 혹은 화산 등의 특수한 지역에서만 나타난다. 그러나 지구의 생성 초기부터 지형을 만든 원동력은 지구내부의 열임에 틀림없다. 지구는 그 내부에 커다란 열원을 가지고 있으며 그 열을 방출하고 있다. 또 그 에너지는 2×10^{20}erg/sec로 지진에 의해 방출되는 에너지보다도 크다. 이와 같은 열은 지구 전반에 걸쳐 거의 같게 방출된다.

지구내부에서 나오는 열량을 관측하려면 육지에서는 지표 위에서 받는 영향을 피하기 위해서 땅굴과 같은 굴 속에서 관측하여야 하며 깊은 바다 밑의 경우, 지표로부터의 영향을 무시하고 해저열류량을 구하여야 한다.

지구의 단단한 부분을 취급하는 지구물리학자는 바다 밑의 열은 완전히 바닷물에 의해 소거된다는 가정하에 지각열류의 문제를 논하였고, 반대로 해양물리학자는 바다 밑에서의 열흐름에 관심을 가지고 해류의 흐름을 논하였다. 조산운동의 기본이 되는 지각에서부터 바닷속으로 흐르는 열이 해양의 흐름에 영향을 준다고 추정하고 있다.

이와 같은 관점에서 열의 흐름과 관련되는 해양의 문제를 동시에 다루어야 한다.

지구가 태양으로부터 받는 하루 태양열량은 3.67×10^{21}cal이다. 이는 1분간에 적재량이 3톤인 트럭 33,333,333대가 운반한 1억 톤의 석탄을 불태운 열에 해당되는 양이다. 태양과 지구가 평균 거리에 있을 때 태양을 벗어난 일사와 직교하는 1cm^{2}의 면적을 1분간에 통과하는 일사량을 태양상수(solar constant)라 하는데 일반적으로 1.94cal/cm^{2}min의 값을 사용한다. 이것을 1일로 환산하면 2.79×10^3cal/cm^{2}day가 되는데, 지구상에 있어서 한 점에서의 일사량을 생각하면 태양고도가 장소와 시간에 따라 변하므로, 1일 평균일사량은 1,000cal/cm^{2}day 이하로 된다. 그러나 일사는 두꺼운 대기, 수증기, 먼지 등을 통과하는 사이에 복사열이 흡수·산란되므로, 지상에 도달하는 열은 계산값보다 매우 작다. 입사된 일사량과 반사된 일사량의 비를 알베도(albedo)라 한다. 지구의 알베도를 A라 하면 일사량 (1－A)만큼이 대기나 지

표 ❸-2 표면의 알베도(list, 1951)

지면의 종류	알베도(%)	수면 태양천정각	알베도(%)
사막	24～28	0°	2.0
평야	3～25	20	2.1
삼림	3～10	40	2.5
초	14～37	50	3.4
나지	7～20	60	6.0
흑니	8～14	70	13.4
마른 모래	18	80	34.8
젖은 모래	9	85	57.4
눈 또는 얼음	46～86	90	100.0

표면에 흡수되어 여러 가지 에너지원으로 된다. 대기의 알베도는 수증기나 먼지의 알베도를 합하여 8~13%, 구름의 알베도는 매우 두꺼운 층적운이 78%, 층운이 74%, 고층운이 46% 정도로 추정하고 있다.

지표면의 알베도는 표면 상태에 따라 〈표 3-2〉와 같이 나타난다.

〈표 3-2〉에서 알 수 있듯이 대기 및 지표의 알베도는 대략 40% 정도이다. 즉, 태양복사의 60%가 대기와 지표에 일시적으로 흡수됨을 알 수 있다. 또한 대기에 의해 흡수되는 양을 제거시키면 지표면에 도달하는 빛은 대양복사의 43%를 넘지 않는다. 이것을 태양으로부터의 직접광에 의한 것과 2차적인 하늘의 산란광에 의한 것으로 나누면, 전자는 27%, 후자는 16%이다. 그러므로 대기가 없는 경우를 가정한다면, 이것은 0.21cal/cm^{2}min 혹은 3.5×10^{-3} cal/cm^{2}sec의 복사량으로 된다. 지구 전체의 온도가 연간 모두 일률적으로 높게 되는 것은 아니므로, 복사에너지를 받는 것과 동시에 한편으로는 같은 양 만큼의 열이 우주공간으로 방산되고 있는 것을 알 수 있다.

그러나 지구 외부로부터 지표로 공급되는 열의 복사, 흡수 외에 지표의 온도를 정하는 데 있어서 지표면과 대기와의 접촉에 의한 열교환을 무시할 수 없다. 지표의 열원으로서는 지구 내부로부터의 열류가 있는데, 이것은 내부의 상태를 아는 데 중요한 것이다. 이 열류량은 1×10^{-3}cal/cm^{2}sec 정도의 작은 양으로 사실상 지표에 대한 영향은 무시된 것이다.

이와 같이 열에 대한 여러 가지 상황을 종합해 볼 때, 대기는 단위체적당의 열용량 또는 복사의 흡수율 등은 작지만 대류에 의한 열수송에 의해 대류권(troposphere: 지상 12km까지 높이의 대기) 전체가 갖는 열용량이 지표에 영향을 주고 있다. 즉 대기는 지표의 온도 변화에 대하여 완충작용을 한다. 대기와 지표와의 경계면에서는 심한 대류가 일어나며, 등가적인 대기는 지표에 의해 열전달률이 매우 큰 물질로서 작용한다. 이상과 같은 이유로 지표면의 온도는 거의 대기의 온도와 같다고 생각한다.

(4) 해저의 온도

태양의 복사에 의한 에너지 공급은 지표와 해저에서도 다르지 않다. 단지 복사에너지의 흡수와 전달방법이 다를 뿐이다. 수면에서 빛의 흡수는 태양의 고도가 낮게 되면 물의 굴절률은 낮지만 평균할 경우 지표면에 비하여 흡수율은 크다. 수면이 평평할 경우, 수심이 매우 깊어도 90%에 가까운 흡수율을 나타낸다. 해면의 온도는 해수의 열용량, 파랑, 조석, 해류 등에 의한 수평 및 상하의 혼합이 이루어지므로 기온변동과 일치하지 않는다. 수온의 위도에 의한 변화는 기온과 마찬가지이고 중위도에서 경사가 급하지만 그 값은 기온의 변화보다도 훨씬 작다. 또 중위도에서의 연간 온도차는 30~40℃인 데 대하여 수온 변화는 10℃ 정도이다. 수온의 절대값에서 고려할 때 홍해 등의 고립에 가까운 바다를 제외하고는 연간 30℃의 온도차가 있는 장소는 드물며 또 −1℃ 이하로 되는 곳도 드물다. 해수의 표면온도 또한 지표와 지표에 가까운 대기의 온도에 비하여 시간적으로나 장소적으로 그 변동률이 작다.

적도일수록 온도의 일변화에 대한 최고, 최저차가 크며 수심 50m에서의 온도 변화는 수면의 5분의 1 정도이다. 〈그림 3-3〉은 대서양, 태평양, 인도

그림 3-3 깊이에 따른 해수의 온도 변화

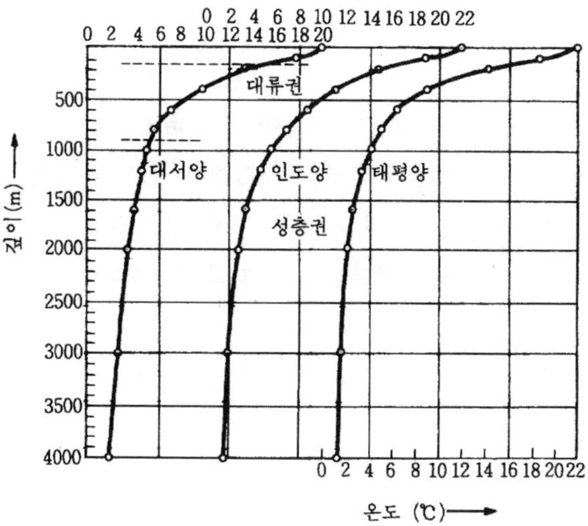

양에서의 깊이와 온도와의 관계를 나타낸 것인데, 수심 100m 이하에서는 해수의 혼합이 심하므로 온도경사는 작고, 100～200m 사이에서 온도경사가 최대인 thermocline이 나타나고 있다.

수심 100m를 넘으면 수온은 거의 변하지 않고 수심 4,000m에서 온도경사는 0.05℃/m이다. 이와 같은 상황을 고려하여 대기의 경우처럼 수심 100m까지를 대류권(troposphere), 1,000m 이하를 성층권(stratosphere)으로 부르기도 한다. 성층권에서 온도경사가 매우 작게 되는 것은 외부로부터의 열공급이 매우 완만한 것을 의미하는 것이므로 온도의 시간적 변화도 매우 적을 것이다. 이는 태양복사의 일변화, 연변화 등에 대응하는 변화의 영향이 적다는 것을 의미하는 것이다.

바다 밑의 수온 변화에 관해서는 아직 확실히 밝혀지지 않았다. 단주기 변동이 매우 작은 것은 확실하지만 1년 이상의 장주기변동에 관해서는 해역 전체의 대순환이 문제가 되므로 매우 복잡하다. 바다 밑 부근의 온도가 −1～+3℃ 사이의 값을 갖는 것도 명확히 설명하지 못하는 상태에 있으나, 현재까지 알려져 있는 것은 지구상에서 해수의 연직성분은 상향으로 흘러서 극한된 장소인 대서양 북부와 남극 부근에 모이고, 거기서 급격한 하향류로 되어 바다 밑으로 퍼지므로 극지방에서 냉각된 물이 저수를 이루게 된다.

심(또는 심해)층에 있어서 유속의 연직상향성분은 약 10^{-4}cm/s의 속도가 있는 것으로 알려져 있다. 이에 일정한 속도로 바다 밑에서 표면까지 해수가 상승할 때까지의 시간을 계산하면 수심이 5,000m인 곳에서는 200년이 걸린다. 이러한 현상을 해석하기 위해서는 지표에서의 기온 변동이 해수의 대순환에 의해 해수 전체에 들어가기 위해서 소요되는 긴 시간, 수면에서부터의 열전도에 의한 영향, 바다 밑에서부터의 지각열류량에 의한 영향 등을 고려하여야 한다.

해수온도의 영년 변화를 직접 관측한 예는 그 횟수가 매우 적으며, 1925～1927년에 실시한 메테올 조사와 1958～1959년의 국제지구관측년에 세계 각국에 의해 실시한 조사의 비교가 전부이다. 한편 간접적으로 바다 밑에서 채취한 주상퇴적물에 포함된 동위원소를 조사하여 고수온(palaeotemperature)을 재는 기술이 근년에 발달되었다. 해저퇴적물로 보여지는 유공충 사해의

그림 3-4 O^{16}, O^{18}비에서 구한 과거의 수온(에미리아니, 1957년)

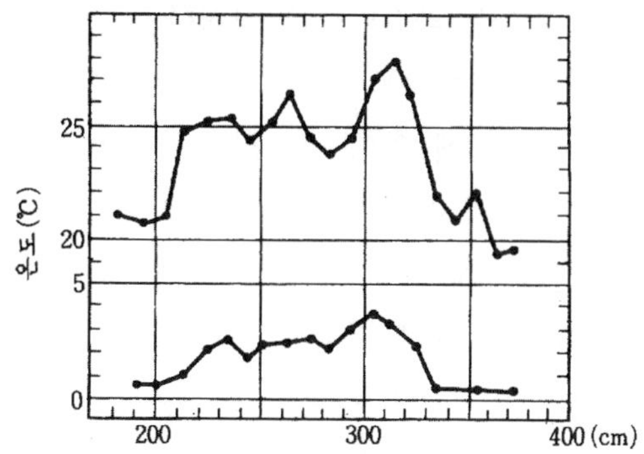

$CaCO_3$에 포함된 O^{16}과 O^{18}의 비는 이 퇴적물이 형성될 때의 수온에 의해 정해지므로, 바다의 표층에 생식하는 유공충을 사용하여 저층의 과거 수온을 알 수 있다. 또 퇴적물의 연대는 탄소, 우라늄, 칼륨, 아르곤 등의 동위원소에 의한 연대결정(isotopic palaeochronology)으로 과거 수십만 년 동안의 수온의 변화를 알 수가 있다. 다만 O^{16}/O^{18}의 존재비에 의한 온도 결정에는 두세 가지의 가정이 있으므로, 온도에 대해서는 1℃ 정도의 오차가 있고 퇴적물로부터의 연대 결정에는 퇴적물 중에서 수 cm 두께의 상하 혼합이 있으므로 2,000~3,000년의 오차가 포함된다. 〈그림 3-4〉는 대서양 적도해역, 깊이 3,600m의 장소에서의 표층과 저층수온의 변동을 나타낸 것이다. 횡축은 퇴적층의 깊이인데 1cm가 1000년에 상당할 때 과거 20만 년 전에서부터 40만 년 전 사이의 표면수온은 9℃ 변하며 해저수온은 4℃ 변하고 있다. 표층에서 수온 변화가 이 정도로 장주기인 경우에는, 대순환을 생각하지 않아도 해수의 와난류에 의한 연직방향의 열운반만으로도 추정이 가능해질 수 있다.

해저로부터 해수로 주어지는 열류량은 장소에 따라서 변화하는데 약 $1\sim2\times10^{-6}$cal/cm^{2}sec이다. 최근 지각열류량의 장소에 의한 변화를 조사하여 지각의 상태를 가정하는 방법이 실시되고 있지만, 지각 열류량과 해저온도 또는 해수운동과의 관계에 대해서 명확한 학설이 정립되지 않고 있다. 해수의 온도가 평균상태로서 정지한 해수의 열전도에 의해 지각에서부터 열이 전달되고 있다면, 심해에서의 온도는 깊을수록 높게 되며 그 경사는 1.5×10^{-3} ℃/cm로 될 것이다. 이 값은 실제 관측한 값과는 전혀 일치하지 않는다. 심해의 물을 와난류로 가정하면 와전도율은 정지하고 있는 경우의 1,000배 정도 크게 되므로 온도경사는 1/1,000이 되며 실제 관측한 값과 같을 수가 있다. 깊은 바다의 해수는 수압에 의해 압축되어 있으므로, 이것을 주위 열의 출입이 없는 상태에서 수면까지 들어 올리면 그 압력차와 해수의 압축률에 비례하여 온도가 저하한다. 해수는 온도가 오르면 밀도가 작아지고 만약 밀도가 큰 부분이 위에 있으면 그 물덩이는 불안정하지만 그 물덩이가 단열압축에 의해 온도가 상승하면 고온의 물덩이가 깊은 부분에 있어도 반드시 불안정하지는 않을 것이다. 온도 변화에서 물덩이의 불안정, 안정을 논할 경우, 단열압축에 의한 효과를 고려한 것이 퍼텐셜온도이다. 퍼텐셜온도가 깊이에 따라 낮게 되는 것은 물덩이가 안정하다는 것을 의미한다. 해구의 심부(심해부)에 퍼텐셜온도는 거의 일정한 값을 나타내고 있다. 이 상태를 중성의 평형이라 하며 약간의 교란에 의해 불안정하게 될 수도 있다. 이 때문에 해구심부에서의 물덩이는 대순환에 의해 다른 곳으로 운반되지 않고 해구 가운데에서의 대류에 의하여 온도 분포가 정해진다. 이 대류에는 와난류에 의해 운반되는 지각열류량이 크게 관계된다고 추정할 수 있다. 해구의 온도경사로부터 지각열류량을 운반하는 데 필요한 흐름의 연직성분을 나타내는 값은 10cm/sec로, 이는 해수의 외부(바람, 열)가 원인이 되는 흐름의 연직성분의 값과 같다. 따라서 지각열류량의 분포가 해수의 온도에 미치는 영향을 무시할 수 없다는 것을 알 수 있다.

최근 지구표면에 관한 측지측량에서 토지의 융기와 하강을 관측하고, 중력과 지자기를 관측하여 지각의 두께를 추산하거나 또는 탄성파(또는 지진파)의 관측에 의해 지각구조를 규명하고 있다. 또한 지구로부터 밖으로 유출되는 열량을 관측한 양들을 이용하여 지구의 내부구조를 해석하기도 한다.

제4절 지구의 운동

지구의 운동에는 지축둘레를 회전하는 자전운동과 태양둘레를 회전하는 공전운동, 지구의 자전축이 황도면의 수직선에 대하여 23.5°의 각거리를 두고 회전하는 세차운동 등이 있다.

(1) 지구의 자전

지구는 하루에 한번씩 지축을 중심으로 회전하고 있으며, 이에 따라 밤과 낮이 생기고, 천구의 일주운동이 생기게 된다. 또 지구의 자전 때문에 지구상 물체에 원심력이 생기고 그에 따라 지구상 각 점의 중력의 방향과 크기가 위도에 따라 변하게 된다. 그 밖에도 푸코진자(Foucault's pendulum)가 회전하고, 운동하는 물체에 전향력이 생기며, 자유낙체가 동편하고, 조석이 하루에 두 번씩 일어나며, 인공위성의 궤도가 서편하는 등의 현상도 지구자전이 원인이다.

지구가 한 번 자전하는 데 걸리는 시간은 기준을 잡는 데 따라 약간 차이가 난다. 태양을 기준으로 한번 자전하는 시간을 1태양일(solar day)이라 하며 24시간으로 정한다. 지구가 항성을 기준으로 한번 자전하는 시간을 1항성일(sidereal day)이라 하며 23시간 56분 4초이다. 이와 같이 차이가 나는 이유는 지구의 공전 때문이다.[1)]

낮과 밤이 생기는 현상과 천구의 일주운동은 지구가 고정되어 있고 천구가 움직인다고 가정하여 지구자전을 설명할 수 있으나 지구자전은 뉴턴역학에 바탕을 둔 방법인 코리올리효과(Coriolis' effect)와 푸코진자로 증명하고 있다.

로켓이나 인공위성의 시운동에서 알 수 있는 바와 같이 북반구에서 직선방향으로 적도를 향하여 발사된 물체는 지표에 대하여 오른쪽으로 편향되어

1) 1태양일 동안 지구는 태양을 기준방향으로 해서 정확히 1회전하고 공전궤도상에서 각거리 1°만큼 이동한다. 1항성일은 항성에 평행한 방향을 기준으로 1회전하는 것이므로 1태양일과 1° 차이가 나고 이것은 자전시간 4분의 차이에 해당한다.

날아간다. 이것은 지구자전으로 인하여 적도의 표적 자체가 동쪽으로 움직이기 때문인데(적도상에서 0.46km sec^{-1}), 이러한 효과를 코리올리효과라 하며, 지구가 자전하기 때문에 생기는 가상적인 힘을 전향력 또는 코리올리의 힘이라 한다.[2] 전향력은 물체의 운동방향에 대하여 북반구에서는 오른쪽으로, 남반구에서는 왼쪽으로 작용한다. 1835년 코리올리는 전향력을 일으키는 가상적인 가속도를 유도해냈다. 발사체의 속도를 v, 지구의 각속도벡터를 w라 하면 코리올리 가속도(Coriolis acceleration) a_c는 다음과 같이 나타낼 수 있다.

$$a_c = 2(v \times w)$$

v와 w의 외적은 이들 벡터의 수직성분의 곱으로 나타난다. 코리올리효과는 이 밖에도 대기의 순환과 해류의 방향에도 영향을 끼치는 것으로 알려져 있다. 편동무역풍, 온대편서풍과 극동풍의 풍향, 온대성 저기압 및 고기압에서 중심부에서 주변부로의 기류의 이동방향 등은 코리올리효과 때문이다.

1851년 푸코는 파리의 Pantheon 사원 천정에 길이 60m 정도 되는 무거운 진자를 매달고 진자의 진동면이 회전하는 사실로 지구자전현상을 증명하였다. 푸코진자의 진동면은 전향력을 받아서 일정한 주기(P)로 서쪽으로 회전하는 것처럼 보인다. 북극에서는 $P=24$시간이고, 위도 φ인 지방에서는 $P=24$시간$/\sin\varphi$(회전속도는 $15°\sin\varphi$/시), 적도에서는 $P=\infty$로 적도면 내를 진동하는 진자는 전혀 회전하지 않는다. 푸코진자의 주기를 정확히 관측함으로써 지구의 자전주기를 결정할 수 있다.

① 자전속도의 변동

지구는 1항성년에 366.2564번 자전하며 그 자전속도는 매우 일정한 것으로 생각하여 1930년대까지는 지구의 자전속도를 최상의 시간법(time-keeping system)의 기준으로 채택하였다. 이후에 관측방법과 시계의 정확도가 향상됨에 따라서 자전속도에 변동이 있음이 실증되었다. 지구의 자전속도는 세계시의 관측값과 원자시를 비교하여 간접적으로 유도할 수 있다. 관측으로

2) 전향력(Colioris' force)의 크기는 지구자전 각속도 w, 물체의 질량 m, 물체의 속도 v, 운동하고 있는 지점의 위도 φ에 비례한다. 즉 $f=2w\ mv\ sin\varphi$이다. 같은 조건하에서 전향력의 크기는 극에서 가장 크고 적도에서는 0이다.

직접 구해지는 세계시(UT)에는 극운동에 의한 경도 변화가 포함되며, 지구조석에 의한 관측 지점의 연직선 변화량도 포함되어 있으므로 경도변화의 보정과 연직선변화의 보정을 고려하여야 한다. 지구의 자전속도 변동은 영년감속, 주기적 변화 및 불규칙 변화의 세 가지로 대별할 수 있다.

② 영년감속

영년감속은 주로 조석마찰로 인하여 지구의 자전속도가 매년 꾸준히 줄어드는 현상으로, 하루의 길이를 1세기에 0.002초씩 길어지게 한다. 지구의 기조력을 받을 때 그 에너지는 마찰에 의하여 열의 형태로 소실된다. 이 에너지의 대부분은 얕은 바다 또는 해안선에서 소실되어 지구자전에너지를 감소시킨다. 한편, 고체지구와 대양은 달의 기조력에 대하여 즉각 반응하지 않고 조석의 융기부는 〈그림 3-5〉와 같이 지구와 달의 중심을 이은 선보다 약간 자전 방향인 동쪽으로 치우쳐 생기게 된다. 그런데 달에 가까운 융기부 A는 B보다 더 큰 인력을 받으므로, 이로 인한 비중심력은 지구자전과 반대 방향의 회전능률을 발생시켜 지구의 자전속도를 늦추게 하고, 달의 공전속도를 가속시킨다. 또 외부로부터 작용하는 회전 능률은 무시할 정도로 작으므로 지구-달계의 총 각운동량을 일정하게 유지하기 위하여 조석 마찰에 의하여 지구자전각운동량이 감소하는 만큼 지구-달 거리를 증가시켜(매년 3.3cm씩) 각운동량을 보충하려는 작용이 일어나는데, 이런 현상을 조석진화(tidal evolution)라고 한다.

그림 3-5 달에 의한 조석 현상

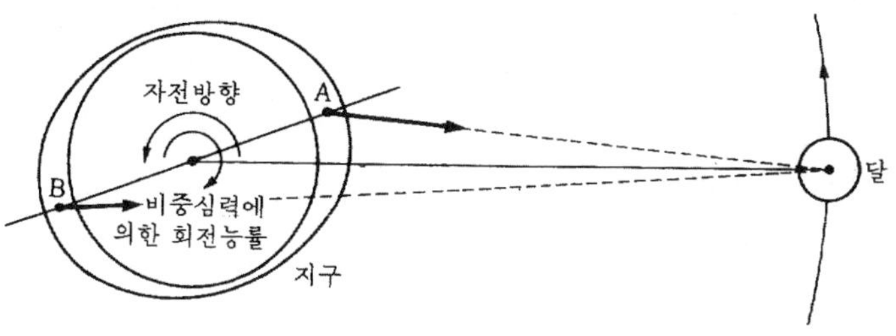

또한, 지구가 달에 미치는 기조력은 달이 지구에 미치는 기조력보다 약 20배 크므로 달의 조석에너지를 크게 감소시키는데, 이 결과 달의 자전 속도를 늦추어 달의 공전주기와 자전주기가 같은 동주기자전(synchronous rotation)을 일으켜서 현재와 같이 달의 한쪽 면만 보이게 만드는 원인이 되었다.

③ 주기적 변화

주기적 변화는 자전속도의 변동이 규칙적으로 반복되는 변화로서 반달, 1달, 반년, 1년, 준 2년 주기의 변화가 있다. 주기적 변화의 원인은 달 또는 태양의 인력에 의한 지구조석의 영향과 계절풍 등에 의한 상대각운동량의 변화라고 생각된다.

반년주변화는 주로 지구조석에 의한 지구의 변형에 의하여 생기는 것으로, 계절에 따라 태양과 달의 위치가 달라지는 영향을 반영한다. 태양과 달의 인력에 의한 지구조석은 지구의 변형을 일으킨다. 이 변형은 천체의 거리와 적위에 관계가 된다. 즉, 지구에 대한 달과 태양의 거리 및 적위의 변화가 조합되는 형태에 따라 지구의 극방향에 대한 관성 능률이 변화하여 여러 가지 주기의 자전속도 변동이 생기는데, 이 중 가장 뚜렷한 것이 반년주변화이다. 〈그림 3-6〉은 태양의 위치에 따라 지구조석에 의한 변형이 일어나는 양상을 나타낸 것으로 관성 능률의 변화가 하지와 동지에 최소, 춘분과 추분에 최대가 되어 자전속도의 변동이 반년 주기를 갖게 됨을 알 수 있다. 한편, 지구조석 이외에도 계절풍의 상대각운동량변화 중 반년 주기 성분도 반년주변화를 일으키는 원인 중의 하나라고 생각된다.

연주변화는 주로 편서풍의 강도변화에 따라 발생하는 상대각운동량 때문에 생기는 자전속도의 변동이다. 대기와 해양조류의 흐름은 지구본체에 대하여 상대각운동량을 가지며 또한 지구본체와의 마찰 때문에 각운동량을 받게 된다. 연주변화는 이런 원인 때문에 생기는 자전속도 변동 중에서 가장 뚜렷한 것이며, 주로 중위도대의 대류권에서 일어나는 편서풍의 강도변화에 기인하는 것으로 알려져 있다. 편서풍의 각운동량은 2월 초에 최대, 7월 하순에 최소가 되는데, 편서풍의 대지속도 변동은 지구본체의 각운동량을 가감하여 자전속도 변동을 일으키는 원인이 된다.

그림 3-6 계절별 태양의 위치(적위)와 지구의 변형

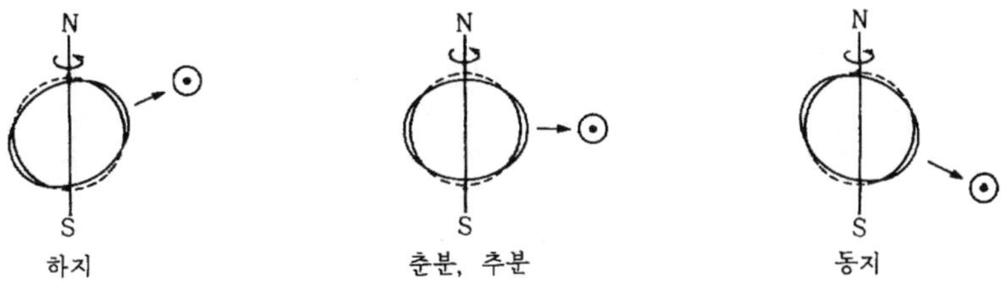

준 2년주변화는 약 26개월 주기의 변화로서 역시 바람의 상대각운동량에 기인하는 자전속도 변동 중 하나이다. 이 변화는 적도 성층권 하부의 고도에 생기는 동서풍의 속도 변화로 인한 것으로 해석되며, 동풍이 우세하면 자전속도가 빨라지고 서풍이 우세하면 느려지게 된다.

④ 불규칙변화

불규칙변화는 지구의 자전속도 변동 중 가장 관심의 대상이 되는 것으로서 자전속도가 갑자기 변동하는 현상이다. 이 변화는 지구의 자전속도 변동 중 가장 큰 진폭을 나타내는데 영년감속이 매년 0.02밀리초, 주기적 변화가 수 밀리초인 것에 비하여 수십 밀리초의 큰 변동을 보인다. 이렇게 큰 변동은 아직 명확하게 밝혀지지 않은 어떤 자전속도 변동여기(勵起)의 기구가 존재할 가능성을 암시해 주는 것으로서, 지구내부 구조 연구 등에 관심 대상이 되고 있다. 불규칙 변화는 대규모변동과 소규모변동으로 대별하여 고려하고 있다.

대규모변동은 지구내부 유체핵의 불규칙 변화가 주요인이라고 생각된다. 지자기의 등자력선 분포의 변동 상황으로써 지구내부 유체핵의 운동을 추정해 보면, 유체핵은 지축과 상당히 떨어져 있는 평균축을 중심으로 하여 외각부에 대하여 완만한 평균 각속도를 가지고 상대운동을 하는 것으로 생각된다. 내부 유체핵과 외각부는 그 경계면에 걸리는 마찰력에 의하여 이어지므로, 유체핵의 불규칙운동은 외각부에도 각운동량 변화를 초래하여 자전속도 변동을 일으키게 된다.

그림 3-7 자전속도 불규칙변동 중 소규모변동

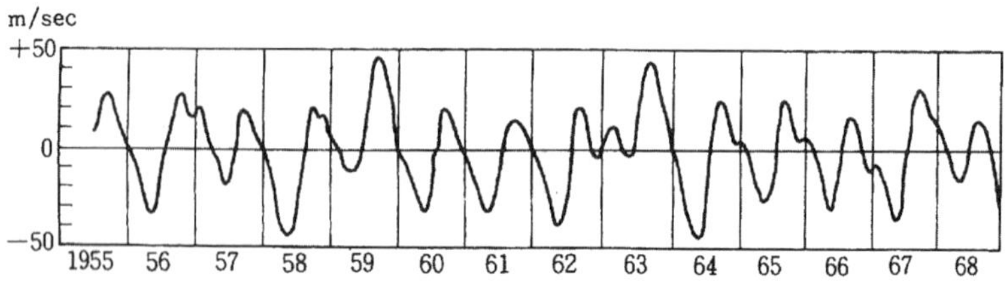

원자시계와 같은 고정밀도시계가 실용화됨에 따라서 실제 관측된 시각과 원자시를 비교함으로써 비교적 짧은 기간 내의 불규칙 변동 중 소규모변동을 검출할 수 있게 되었다. 소규모변동은 대기나 조류의 질량 분포나 속도 분포의 이상 변화가 주요인이라고 생각된다. 한편, 지진에 의한 질량 분포 변화나 태양풍의 영향도 소규모변동의 원인이 될 수 있다고도 생각되지만 아직 명확하게 실증되지는 않았다. 〈그림 3-7〉은 1955년부터 1968년까지(UT 1-AT)의 단주기성분을 나타낸 것이다. 1963년 초의 이상 변화는 그 당시 전 세계적으로 일어난 기상 변동의 영향과 관계가 있는 것으로 보인다.

(2) 지구의 공전

지구는 태양을 중심으로 지축이 궤도면에 대하여 기울어져서 회전운동을 하며, 그 결과 계절의 변화, 일조시간의 변화, 태양의 남중고도의 변화 등의 현상이 생긴다. 태양은 천구의 일조운동으로 그 고도가 변화하여 일출과 일몰 때 고도가 0이고 남중할 때(태양이 관측자의 자오선을 지날 때) 최대가 되며 이것은 하루 중 기온변화의 원인이 된다. 한편 태양은 적도에 대하여 기울어진 황도를 따라 1년을 주기로 이동하기 때문에 태양의 적위 δ는 $+23.5^\circ$(하지)에서 -23.5°(동지) 사이를 날마다 조금씩 변화한다. 위도 φ인 지점에서 태양의 최대고도, 즉 남중고도 h는 다음 식으로 주어진다.

$$h = 90^\circ - \varphi + \delta \qquad (3.1)$$

이 식에서 δ의 값은 하지에 $+23.5°$, 동지에 $-23.5°$, 춘분과 추분에 0° 이다. 지구의 공전운동은 이 밖에도 1항성일(恒星日)과 1태양일의 차이, 1항성월과 1삭망월의 차이, 계절에 따라 별자리가 바뀌는 현상 등의 원인이 된다.

태양이 천구상 한 점에서 출발하여 다시 그 지점에 돌아오는 데 걸리는 시간을 1항성년(sidereal year)이라 하며 365.2564일이다. 태양이 춘분점을 출발하여 다시 춘분점으로 돌아오는데 걸리는 시간을 회귀년(回歸年: tropical year)이라 하며 365.2422일이다. 1회귀년이 1항성년보다 짧은 까닭은 지구의 세차(歲差)운동으로 춘분점이 동에서 서로 약 50″ 이동하기 때문이다.

지구의 궤도운동으로 태양이 황도 위를 매일 약 1°씩 동쪽으로 움직여서 1년에 한 바퀴 도는 시운동을 하며 계절에 따라 같은 시각에 보이는 별자리가 달라진다. 그러나 이런 현상이 지구의 공전운동을 직접적으로 증명하는 것은 아니다. 공전운동은 항성의 연주시차, 별빛의 광행차, 별빛의 시선속도(視線速度)의 연주변화(Doppler 효과), 식련성(食連星)의 광행시간효과 등으로 증명된다.

지구는 태양의 둘레로 궤도를 따라 공전하기 때문에 항성은 천구상에서 1년을 주기로 하여 시차궤도(parallactic orbit)를 그린다. 이 궤도의 크기는 항성의 거리에 반비례한다. 황극 주위에 있는 별은 원궤도를 그리며, 황도상의 별은 왕복운동을, 그 밖의 별들은 타원궤도를 그리게 된다.

이 궤도의 직경은 지구공전궤도의 양 끝에서 항성에 그은 두 직선이 이루는 각과 같은데 이것을 그 항성의 연주시차(年周時差: annual parallax)라 한다. 운동하고 있는 관측자에게는 별이 있는 참된 방향보다 조금 기울어진 방향으로 별빛이 오는 것처럼 보인다. 연직으로 내리는 빗속을 빨리 걸으려면 우산을 앞으로 기울여야 하듯이 별빛이 망원경으로 들어올 때도 이와 비슷한 현상이 일어난다. 이러한 현상을 광행차(光行差: aberration)라 하며 지구의 공전운동 때문에 생긴다. 지구가 v의 속도로 공전하고 있다면 천정에 위치한 별을 보기 위해서는 망원경을 $\theta \simeq \tan\theta = \frac{v}{c}$만큼 기울여야 하며 c는 광속도이다($c \approx 3 \times 10^5$ km sec^{-1}). 1729년 Bradley는 극히 미소한 이 경사각을 $\theta = 20''.49$로 관측하는 데 성공했다. 그는 위의 식으로부터 지구의 공전속도를 $v = \theta c = (9.934 \times 10^{-5}\text{radians})(3.0 \times 10^5\text{km sec}^{-1}) = 29.80\text{km sec}^{-1}$로 구하였다. 지구의 공전에 따라 광행차의 방향은 계속 변하므로 별은 천구상에서 연주광행차궤도(annual aberration orbit)를 그리는데, 황극에 있는 별은 각반경 20″.49인 원을 그리며, 황도상에 있는 별은 20″.49의 각반거리(angular half length)의 왕복한다. 그 밖에 황위 β인 곳에서는 장반경 20″.49, 단반경 20″.49 sin β인 타원을 그린다.

전자기파복사의 파장은 관측되는 천체의 상대시선속도에 비례하여 변동한다. 어느 항성의 파장대(spectrum)를 조사해 보면 1년을 주기로 반년 동안은 붉은색쪽으로 반년 동안은 푸른색쪽으로 치우쳐 나타난다. 이것은 지구가 공전할 때 별에 대한 거리가 상대적으로 변화하기 때문이다. 파장 λ_e로 방출된 별의 선파장대가 파장 λ_0로 관측되었다면 Doppler 공식은

$$\frac{\Delta\lambda}{\lambda_e}=\frac{\lambda_0-\lambda_e}{\lambda_e}=\frac{v}{c} \tag{3.2}$$

와 같이 된다. c는 광속도, v는 관측자와 천체 사이의 상대 시선속도로 후퇴할 경우는 +, 접근할 경우에는 −값을 가진다. 이러한 Doppler효과는 황극에 있는 별에서는 일어나지 않으며(별의 공간운동에 의한 Doppler효과 제외), 황위 β에서 Doppler이동량은 1년을 주기로 sine함수로 나타난다. 황도 위에 있는 별은 그 진폭이 최대가 된다. Doppler이동량의 극대값을 관측하면 윗식을 이용하여 지구의 공전속도를 v=29.80km·sec^{-1}의 값으로 구할 수 있다.

(3) 세차와 장동

① 세 차

천구상 모든 별의 시운동은 좌표계의 원점이 되는 춘분점이 황도를 따라 1년에 50″씩 서쪽으로 이동한다고 간주한다. 황도는 변하지 않고 춘분점은 천구의 적도와 황도의 교점이므로 춘분점의 운동은 천구의 적도와 이에 수직한 천극의 운동으로 생각할 수 있다. 황극과 천극의 각거리는 황도경사각과 같으므로 천구의 북극은 황도의 북극을 중심으로 반각경 23.5°인 원을 그리며 360°÷50″/년=26,000년을 주기로 회전한다. 이것은 지구의 자전축이 황

도면의 수직방향 주위를 위와 같은 각반경과 주기를 가지고 회전하기 때문이며 이런 현상을 세차(Precession: 歲差)운동이라 한다.

뉴턴은 이 운동이 태양과 달의 인력 때문에 지구의 자전축이 도는 것이라고 설명했다. 돌고 있는 팽이의 축을 기울게 하려는 힘이 작용하면 축은 기울어지면서 축과 힘 사이의 각도가 일정한 원추운동을 한다. 마찬가지로 태양과 달의 인력이 타원체인 지구 적도 융기부분에 작용하면 차등중력 때문에 회전능률을 일으켜서 황도면에 대하여 기울어진 자전축을 수직으로 세우려는 작용을 해서 자전축은 힘의 방향, 즉 황도에 대하여 일정한 각도로 회전하게 된다.

이 운동의 결과, 천구의 북극은 현재 북극성에서 약 1° 떨어진 곳에 있으나 약 13,000년 후에는 직녀성 부근으로 이동하게 된다. 춘분점이 황도 위를 매년 50″씩 서행하는 결과 적도상에서는 $50'' \cos 23.5° \approx 46''$/년의 속도로 서쪽으로 이동한다. 이러한 춘분점의 시차는 여러 가지 중요한 효과를 일으킨다. 우선 1일과 1년의 길이도 정의에 따라 지구상의 시간법(time-keeping system)에 영향을 미친다. 즉 1회귀년(태양이 춘분점을 떠나서 다시 춘분점에 돌아오는 시간, 365일 5시 48분 46초)은 1항성년(지구의 공전주기, 즉 태양이 황도를 한번 도는 시간, 365일 6시 9분 9.5초)보다 조금 짧게 된다.

또 별자리의 위치를 크게 변화시키며 모든 천체의 적경(α)과 적위(δ)에도 영향을 끼친다. 따라서 천문측량에서 적도좌표로 나타낸 천체의 위치(α, δ)는 항상 세차방정식과 표를 사용하여 최신의 기점(epoch)에 맞도록 수정해 주어야 한다.

② 장 동

황도경사의 영향으로 태양과 달은 적도면의 위와 아래로 움직이므로 지구적도의 융기부에 작용하는 회전능률도 주기적으로 변한다. 이 변화는 지구의 형상축이 자전축 주위를 약 15m 거리를 두고 불규칙하게 도는 현상을 일으킨다. 이처럼 자전축이 흔들리는 현상을 장동이라 한다. 장동의 작은 성분은 한 달이나 1년을 주기로 하는 것이지만 가장 중요한 것은 진폭 9″, 주기 18.6년인 것으로 달궤도면과 황도면의 교점이 서쪽으로 이동하기 때문에 생기는 것이다. 지구의 장동(nutation: 章動) 가운데 13~14개월 주기를 가지는 챈들러진동(chandler wobble)은 가장 두드러진 현상인데, 이것은 큰 지진 등에 의하여 탄성이 큰 지구가 자전축과 일치했던 위치에서 떨어져 나갔기 때문에 생기는 것이라고 해석된다. 또, 계절에 따라 눈이나 공기, 물의 분포가 변하기 때문에 일어나는 연주섭동도 일어난다. 지구의 형상축의 운동은 지구자전주기에 매년 0.0025초의 변화를 초래하며 지표상 위도가 0.5″ 범위 내에서 변하게 한다.

(4) 극운동의 성분과 주기

지구의 중심을 지나는 임의의 축에 대한 관성모멘트가 최대인 주축을 형상축이라 하며, 형상축은 반드시 지구자전축과 일치하지는 않는다. 각 순간에 지구가 자전하여 이루는 축을 순간자전축이라 하며, 지구상 고정점에서 볼 때, 지구의 순간자전축이 형상축과 일치하지 않고 형상축 주위를 회전하는 것처럼 보이는 운동을 한다. 이 운동을 극운동(極運動: polar motion)이라 한다.

국제위도관측사업 등 장기간에 걸친 비교적 균질한 극운동의 관측 자료를 분석해 본 결과, 극운동은 애초에 예상했던 것보다 훨씬 복잡한 양상을 띠고 있으며 비교적 두드러지게 나타나는 성분도 여러 가지가 있다. 극운동은 감쇠(減衰)되는 조짐을 극운동의 여기력(勵起力)이 수시로 또는 일정한 역학구조를 가지며 존재한다고 추정한다. 극운동여기의 원인으로는 대기, 해양, 지각 또는 맨틀, 핵의 변동을 생각할 수 있는데, 현재 지각의 지진에 관련된 극운동여기의 가설만이 합리적인 것으로 인정된다. 극운동감쇠의 원인으로는 해양의 영향, 맨틀 탄성의 불완전성, 핵의 점성의 영향 등을 생각할 수 있지만, 어느 것도 뚜렷한 원인으로 입증되지 않았다. 또한, 극운동의 여기(勵起)와 감쇠(減衰)에 관련된 변수의 정량적인 추정도 현재로는 불확실한 실정이다.

극운동의 주요한 성분은 다음과 같이 분류할 수 있다.

① 평균극의 영년변화와 칭동

② 강제운동

가) 연주운동

나) 강제일주운동

③ 자유장동

가) 챈들러운동

나) 준일주자유장동

극운동의 일반적인 궤적은 반시계 방향의 원운동으로 보이는데, 그 회전 중심의 평균적 위치를 평균극이라 한다. 1899년부터의 극운동을 조사해 보면, 평균극의 위치가 대체로 어느 일정한 방향을 향하여 절선상(折線狀: 방향을 바꾸어 돌리는 상태)의 궤적을 그리며 이동하는 것으로 나타난다. 평균극의 이동량은 매년 약 0″.003 정도(지상 거리 약 10cm)이고 서경 60°의 그린란드 방향으로 진행하는데, 이와 같이 이동하는 현상을 평균극의 영년변화(secular variation)라 한다. 또한, 절선상의 변화는 서경 122°방향, 진폭 0″.22/년, 주기 24년의 운동으로 나타낼 수 있는데(Markowitz and Guinot, 1968), 이러한 절선상 변동을 평균극의 칭동(秤動)이라 한다.

극운동의 성분 중 가장 안정된 운동으로 1년 주기의 강제운동을 연주운동(seasonal variation with an annual period)이라 하며, 그 정량적 · 정성적 특성이 현재 가장 분명하게 알려진 극운동의 성분이다. 장기적으로 보면 연주운동의 진폭과 위상각에 6~10년 주기의 변동이 나타나지만 평균적으로 연주운동의 궤적은 타원형이며, 그 장축방향이 우연히도 그리니치를 향하고 있다. 연주운동의 진폭은 x방향으로 0″.095, y방향으로 0″.075 정도이다. 연주운동은 기온, 기압, 적설량 및 강수량의 계절적 분포와 밀접한 관련이 있다고 생각되는데, 이러한 계절의 영향을 받아 지표면의 질량 분포가 변함에 따라 관성극의 위치가 변화하여 강제운동을 유발한다는 학설과, 관측 지점마다의 계절 변동 상황의 차이로 인한 관측량에 의한 영향 때문이라는 학설이 있다. 한편, 극운동 연구의 초기에는 챈들러 운동의 주기가 1년에 가깝기 때문에 연주운동이 챈들러 운동의 영향을 받는 것으로도 생각하였지만, 현재까지 연구 결과로는 양자는 전혀 독립적인 극운동 성분인 것으로 밝혀졌다.

극운동 중에서 약 430일의 주기를 가지는 자유장동인 챈들러 운동

(Chandler's wobble)은 연주운동과 함께 극운동의 2대 주요 성분을 이루고 있다. 챈들러 운동의 성질에 대해서는 그 주기가 약 1.2년에 가까운 몇 가지 성분으로 이루어진다는 학설과 단 하나의 운동이라는 학설의 두 가지 견해가 있다. 지구물리학적 입장에서는 챈들러 주기가 단시간 내에 변한다고 생각하기 어려우므로 챈들러 운동이 하나라는 설에 기울어져 있지만 아직 확실하게 입증되지는 않았다. 챈들러 주기는 지구조석에서의 Love상수와 관계가 있고 챈들러 주기값은 지구내부구조론의 중요한 검증 자료가 된다. 또한, 지진 발생과 챈들러 운동의 관계를 규명하는 문제 등과 같이 챈들러 운동의 해석은 천문측량(또는 위치천문학)과 지구물리학의 경계문제로서 주목되는 중요한 연구 과제이다.

한편, 극운동 중에서 주기가 하루에 가까운 운동으로 강제일주운동과 준일주자유장동이 있다. 강제일주운동은 지구에 대한 달과 태양의 영향이 지구형상축에 강제운동을 일으킴으로 인한 극운동이며, 준일주자유장동(準日週自由章動)은 지구가 유체핵을 가진 특성을 반영하는 약 (1－1/300)일 주기의 자유장동이다. 이들 일주운동은 진폭이 작고, 주야간 연속 관측이 이루어지지 않으므로 인하여 관측값으로부터 분리하기는 곤란하지만 지구유체핵의 검증 자료 중 하나가 되므로 챈들러 운동이나 지구조석, 장동 등과 연관하여 연구할 필요가 있다.

제5절 조 석

조석은 지구의 각점에 조석(潮汐)을 일으키는 힘, 즉 기조력(起潮力: tidal force)에 의하여 이루어진다. 이 기조력은 주로 달과 태양이 지구에 미치는 인력이다. 정확한 조석의 해석을 위해서는 지구-달-태양계를 계통적으로 해석하여야 한다.

조석에는 지구조석(earth tide)과 해양조석(sea tide)으로 대별된다.

(1) 지구조석

2개의 구형물체 사이에 작용하는 만유인력은 이 물체를 질점으로 취급했을 때와 같다. 그러나 물체가 탄성체이거나 구형이 아닌 경우, 여러 개의 물체를 함께 생각해야 할 때는 차등중력(differential gravitational force)의 개념이 중요한 역할을 한다. 차등중력의 효과는 중력이 거리에 따라 다르기 때문에 생기는 것이므로 체적을 가진 물체의 각 부분은 서로 다른 중력가속도를 받게 된다. 지구와 달, 태양 사이에 작용하는 이러한 효과는 지구에 변형을 일으키며 해양조석과 지구조석을 일으키는 원인이 된다.

해수의 주기적 운동 가운데 수평방향의 운동인 조류와 수직방향의 운동인 조석은 밀접한 관계가 있다. 조석현상은 보통 하루에 두 번씩 일어나며 매일 약 1시간씩 늦게 일어난다. 달이 매일 약 53분씩 늦게 남중한다는 사실을 미루어 알 수 있듯이 기조력(tidal force)의 주원인은 달의 인력이다.

기조력의 크기(F)는 천체의 질량(M)에 비례하고 지구와 천체 간의 거리 d의 세제곱에 반비례한다. 즉

$$F = k \cdot \frac{M}{d^3} \tag{3.3}$$

단, k는 비례상수이다. 지구와 달은 지구-달계의 공통질량중심(지표로부터 지구반경의 1/4거리의 지구 내부에 있음) 주위를 1항성월(sidereal month: 27.32일)에 1회전하는 운동을 하고 이 원운동은 지구상 어느 곳에든 같은 원심력을 발생시킨다. 지표상에 있는 한 물체에는 이 원심력과 달의 질량에 의한 만유인력의 두 힘이 작용하게 되어 기조력은 두 힘의 합력으로 나타나며 계산결과 달을 향한 쪽과 그 반대쪽에서의 크기는 같음을 알 수 있다. 태양도 역시 지구에 기조력을 미친다. 태양과 달의 기조력의 크기의 비는 약 5/11이다. 달과 태양의 총기조력은 벡터의 합으로 결합되므로 그 결과는 달의 이각(elongation)과 관련된다. 즉 음력보름이나 합삭 때는 두 기조력이 합쳐져서 조차가 높은 사리(대조, spring tide)를 일으키고, 상현이나 하현 때는 두 기조력의 일부가 상쇄되어 조차가 적은 조금(小潮, neap tide)을 일으킨다.

지구에 생기는 조석에너지는 마찰에 의하여 열의 형태로 소실되며 에너지의 대부분은 얕은 바다나 해안선에서 소멸되면서 지표에 마찰효과를 일으킨다. 이 조석마찰은 지구 자전에너지를 감소시키며 자전주기를 100년에 약 0.002초 길게 한다. 또한 달의 동주기자전(synchronous rotation)[3]과 조석진화(tidal evolution)[4]의 원인이 된다.

1913년 Michelson은 긴 수평파이프에 들어오는 조수를 관측함으로써 지구조석(earth tide)현상을 처음으로 관측하였다. 이 경우 지구를 완전한 강체로 가정하고 Newton의 법칙을 기준으로 하여 관측한 해수의 조석값은 이론값의 69%에 불과하였다. 이 차이는 지구가 전혀 변형이 일어나지 않는 완전한 강체가 아니라 강철과 비슷한 강도를 갖고, 기조력에 따라 수 cm 높이로 지표면이 신축하기 때문이다. 이처럼 기조력에 따라 지구 전체가 신축되는 현상을 지구조석이라 한다. 조석은 중력의 변화, 연직선방향의 변화, 지표상 거리의 변화 등을 고려하여 정밀하게 지구조석을 관측함으로써 지구 내부구조에 관한 정확한 정보를 얻을 수 있다.

(2) 해양조석

① 개 요

해수면은 잠시도 정지하지 않고 끊임없이 변동을 거듭하며, 이 변동은 조류, 해류와 같이 규모가 크고 연중에 걸쳐 비교적 규칙적인 것으로부터 바람에 의한 풍랑, 놀, 쓰나미(진파), 항만 내 부진동 등과 같이 소규모 또는 그때그때 일어나는 다양한 원인에 의하여 이루어진다.

이러한 여러 가지 해수면변동 중에서 가장 뚜렷하고 규칙적인 것이 해양조석이며, 해양조석에 의한 수위변동 크기와 양상을 정확하게 관측하고 그

---

3) 지구는 달에 기조력을 일으키며, 크기는 달이 지구에 미치는 기조력보다 20배 크다. 따라서 달은 조석에 의하여 크게 에너지를 손실하여, 그 결과 자전속도가 느려져서 현재와 같이 달의 한 쪽면만 지구쪽을 보이게 된다. 즉 달의 항성자전주기와 항성공전주기가 같은 동주기자전을 하게 된다.

4) 지구가 조석을 받아 융기된 부분은 달의 인력에 대하여 즉각적인 반응을 나타내지는 않으며 두 천체의 중심선방향보다 약간 동쪽으로 치우친다. 또한 달쪽을 향하여 융기된 부분에 작용하는 기조력은 그 반대쪽으로 융기된 부분에 작용하는 기조력보다 크므로 지구의 자전속도는 느려지고, 달은 공전방향으로 가속된다.

성질을 규명하는 것은 연안수로의 안전항행에 필요한 조석예보, 수심측량, 항만, 해양시설물 등의 공사기준면설정과 같은 해양 이용면뿐만 아니라, 육상고저(또는 수준)측량의 정확한 기준면 결정, 지오이드 결정, 측지학 및 지구물리학적 연구에 있어서도 대단히 중요한 몫을 하고 있다.

해양조석은 주로 달과 태양의 만유인력에 의하여 해수면이 주기적으로 승강하는 현상이다. 조석은 해수면의 승강과 함께 조류(tidal current)를 일으키며, 그 파장과 주기는 일반적인 풍파나 놀에 비하여 훨씬 크다.

조석은 달-태양-지구의 천체역학의 기조력에 의한 강제파이므로 달-태양-지구의 위치관계에 따라 기조력의 크기를 비교적 정확하게 예측할 수 있다. 그러나 실제 해양은 복잡한 형태와 수심을 가지므로 이론적 해석만으로는 불가능하며, 해상 주요지점에서의 조석 및 조류를 실측하여, 그 자료와 이론적 해석을 결부시켜서 조석현상의 정확한 양상을 파악하고 예보할 수 있다.

해만이나 천해에서는 조석파의 비선형성 때문에 각 분조의 2배, 3배, …의 각속도(주기는 1/2, 1/3, …)를 갖는 분조가 나타나며, 이런 조석을 배조(over tide)라 한다. 또한 각속도가 다른 2파가 같은 장소에 전파될 때는 2분조의 각속도의 합 또는 차와 같은 각속도를 갖는 분조, 즉 복합조(compound tide)도 나타난다. 이러한 배조와 복합조를 총칭하여 천해조(shallow water tide)라 한다.

한편, 기상상태의 변화는 조석에 상당한 영향을 미치지만, 일반적으로 그 영향은 불규칙하여 여현곡선과 같은 간단한 식으로 표시할 수 없다. 그러나 기상요소 중에는 주기적인 변화를 하는 것도 있으므로, 이로 인해 해면의 주기적인 승강이 일어나는 것을 기상조(meteorological tide)라 한다. 이를 달, 태양 등 천체인력에 의한 조석인 천교조(astronomical tide)와 구분하고 있다. 기상조에는 1년 평균 태양일 주기의 분조인 기상일조석(S_1) 그리고 1년의 주기를 갖는 태양년조석(S_a) 등이 있다.

② 조석현상

가) 고조와 저조

해수면은 조석에 따라서 대략 하루 두 번씩 승강을 되풀이한다. 해수면이 가장 높을 때를 고조(HW: High Water tide), 또는 만조, 가장 낮을 때는 저조(LW: Low Water tide), 또는 간조라 하며, 고조와 저조의 높이차를 조차(tidal

그림 3-8 일조부등에 의한 고조와 저조

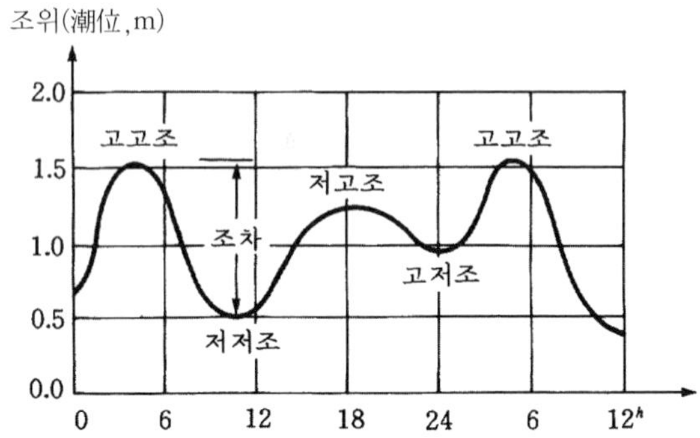

range)라 한다. 해면이 상승하는 동안 밀물(상조, 창조, flood-tide) 또는 들물, 하강하는 동안을 썰물(하조, 낙조, ebb-tide)이라 한다.

나) 일조부등의 현상

조석의 주기와 크기는 한 장소에서도 연중 계속 변화하지만, 가장 주요한 성분은 반일주기 및 1일주기의 조석이다. 반일주기의 조석을 반일주조(semi diurnal tide), 1일 주기조석을 일주조(diurnal tide)라 한다. 반일주조인 경우, 그 주기는 평균 12시 25분으로 매일 약 50분씩 늦어진다. 또한 〈그림 3-8〉과 같이, 하루 두 번의 고조와 저조의 높이는 약간씩 다르며, 이러한 현상을 일조부등(diurnal inequality) 현상이라 한다. 이때, 고조 중 높은 쪽은 고고조(HHW: Higher High Water) 낮은 쪽은 저고조(LHW: Lower High Water)라 하며, 저조중 높은 쪽은 고저조(HLW: Higher Low Water), 낮은 쪽을 저저조(LLW: Lower Low Water)라 한다.

다) 대조와 소조

조석의 크기는 지구-달-태양의 상대위치에 따라 달라진다. 따라서 조차는 삭(신월)으로부터의 날짜인 월령(lunar age)에 따라 변화한다. 〈그림 3-9〉와 같이, 삭(월령 0일) 및 망(만월: 월령 14일경)일 때는 세 천체가 거의 일직선상에 있어서 기조력이 가장 크므로 이론상 조차가 가장 크다. 또한, 상현(월령 7일경) 및 하현(월령 22일경)일 때는 기조력이 가장 작으므로 조차가 가장 적

그림 3-9 대조, 소조와 월령의 관계

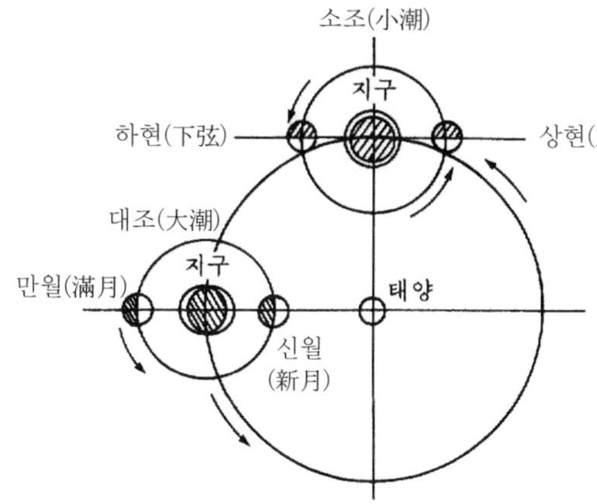

게 나타난다. 실제로는 해수의 관성이나 해저와의 마찰 때문에 1~3일 후에 최소 및 최대조차가 일어나게 된다. 이렇게 조차가 가장 클 때의 조석과 조차를 대조(또는 사리, spring tide)와 대조차(spring range)라 하고, 가장 작을 때의 조석과 조차를 소조(또는 조금, neap tide)와 소조차(neap range)라 한다.

1일 2회의 고조와 저조가 있는 경우, 조석은 그 높이와 시각이 날마다 조금씩 변해가며 약 반개월이 지난 후의 조석은 거의 같다.

라) 조석의 기본형

여러 지역에서 얻어진 조석관측곡선(조후곡선, macrograph, tide curve)을 보면 조시, 조차, 조형 등이 대부분 제각각임을 알 수 있다. 이러한 차이 중에서 그 지점의 조석의 가장 기본적인 특징을 나타내는 것이 조형이며, 일반적으로 세 가지로 구분된다.

(ㄱ) 1일 2회조형

대략 하루에 2번씩의 고조와 저조가 있으며, 두 고조 또는 두 저조 높이는 거의 같고 비교적 규칙적인 조석이다.

(ㄴ) 1일 1회조형

대략 하루에 1번의 고조와 저조가 있는 조석이다.

(ㄷ) 혼합조형

대략 하루에 2번씩의 고조와 저조가 있으나, 두 고조 또는 저조의 높이에 큰 차이를 보이는 조석이다.

이와 같은 조형은 조석의 성분인 일주조와 반일주조의 비율에 따라 정해지며, 일반적으로 다음과 같은 기준에 의하여 판별한다.

$$\frac{K_1+O_1}{M_2+S_2}<0.25: \qquad \text{1일 2회 조형}$$

$$0.25\leq\frac{K_1+O_1}{M_2+S_2}<1.50: \qquad \text{혼합조형}$$

$$1.50\leq\frac{K_1+O_1}{M_2+S_2}: \qquad \text{1일 1회 조형}$$

여기서 M_2, S_2, K_1, O_1은 각각 주태음반일주조, 주태양반일주조, 일월합성일주조, 주태음일주조의 진폭이다.

③ 월조간격

달의 기조력은 태양에 비하여 2.2배 크므로 조석현상은 주로 달의 운행에 지배된다. 따라서, 고조와 저조의 시각도 달이 그 지점의 조선상을 통과한 시각으로부터의 시간으로 헤아리는 경우가 많다. 즉 달의 자오선 통과시로부터 고조까지의 시간을 고조간격(high water interval), 저조까지를 저조간격

표 ③-3 한국 근해 주요지점의 조석

지 명	평균고조간격	대조차	소조차
청 진	2h 54m	0.2m	0.1m
묵 호	2 56	0.2	0.1
울 산	7 25	0.5	0.2
부 산	8 18	1.2	0.4
여 수	8 45	3.0	1.1
제 주	10 31	2.0	0.8
목 포	2 21	3.2	1.7
군 산	3 10	5.7	2.8
인 천	4 28	8.0	3.5
남 포	8 37	4.8	2.4
용 암 포	9 20	4.2	2.3

(low water interval), 두 가지를 통칭하여 월조간격(luni-tidal interval)이라 한다. 월조간격(月潮間隔)은 장소와 날짜에 따라 달라지며, 그 평균값을 평균고저간격(MHWI: Mean High Water Interval) 및 평균저조간격(MLWI)이라 한다. 특히, 신월 및 만월날의 고조간격의 장년에 걸친 평균을 조후시(潮候時) 또는 삭망고조(朔望高潮)라 한다.

(3) 천체위치와 조석

월령이 같아도 달의 거리에 따라서 조차가 다르다. 즉 달이 근지점에 있을 때 조차가 최대인 조석을 근지점조(perigean tide), 원지점에 있을 때 조차가 최소인 조석을 원지점조(apogean tide)라 한다. 그러나 달의 거리변화에 의한 조차의 변화는 월령에 의한 변화보다 작으므로, 조차의 변화는 주로 월령에 지배된다.

달의 궤도면은 지구궤도면과 약 5° 기울어져 있고, 천구상 적도에 대한 달의 위치 적위도 변화한다. 적위가 최대일 때의 조석을 회귀조(tropic tide)라 하며, 일조부등이 가장 현저하다. 이와 반대로, 적위가 최소일 때의 조석을 분점조(equinoctial tide)라 하며 일조부등이 작다. 적위가 최대일 때 삭·망이 일치하면 조차는 가장 크다. 조석은 매월 변해가지만 약 반년을 두고 월령이 같은 날의 거의 같은 조석을 보이나, 오전과 오후가 뒤바뀌고 있다.

제6절 지각변화

지각변화에서는 지각균형(isostasy), 대륙의 부동(또는 이동), 지각변동, 지진 등에 관한 사항 등을 기술한다.

(1) 지각균형

지구의 표면은 산과 강, 바다 등으로 굴곡을 이루고 있다. 지면이 볼록한 부분에서는 질량이 지각의 평균질량보다 많고, 오목한 부분에는 질량이 모자란다. 따라서 만유인력은 질량에 비례하므로 질량이 많은 볼록한 부분은 더 큰 중력을 받아서 가라앉고, 오목한 부분은 떠오르게 되어 지면은 모두 평평해져야만 할 것이다. 그러나 실제로 지표면에 요철이 존재하는 것은 지각이 이러한 지면의 굴곡에 관계없이 평형상태를 이루고 있다는 것을 암시하고 있다. 즉 지면이 볼록한 곳(질량이 많은 곳)의 저면에는 상대적으로 질량이 모자라고 오목한 곳(질량이 적은 곳)의 저면에는 질량이 많이 있어서 지각은 항상 지각저면에 대하여 일정한 압력을 주고 있다고 생각된다. 다시 말하면, "지각은 정수역학적인 평형을 이루고 있다"고 볼 수 있다. 이러한 이론을 지각균형(isostasy)이론이라고 한다.

지각균형설에는 에이리-하이스카넨(Airy-Heiskannen)의 지각균형설과 프랫-헤이포드(Pratt-Hayford)의 지각균형설이 있다. 에리히-하이스카넨 지각균형설은 지각의 모든 부분의 밀도는 대개 비슷하여 지표 위로 높은 부분은 그 밑부분도 높고, 낮은 부분은 그 밑부분도 낮게 되어 있다는 설이며 프랫-헤이포드 지각균형설은 지표의 높은 부분은 밀도가 작은 물질로 되었고, 낮은 부분은 밀도가 큰 물질로 되어서 지각 밑면은 거의 수평을 유지하고 있다는 설이다.

그 후 지진파를 이용하여 지각의 두께를 측량한 결과 에어리-하이스카넨의 지각균형설이 옳음이 인정되게 되었다.

이러한 경향은 빙하시대에 덮여 있던 빙하가 녹아내려 지각운동을 위해 융기하는 것으로 추정되고 있다.

(2) 대륙의 부동(또는 이동)

대륙의 부동은 지각균형과 함께 지구물리학상에 있어 매우 중요한 부분을 차지하고 있다. 과거부터 대륙이 물에 뜬 빙산과 같이 맨틀 상부에 떠 있다고 하는 가설이 있으며 대륙부동설, 해저확장설, 판구조론 등 세 가지가 있다. 그러나 대륙부동이 이 지구물리학자의 지지를 얻은 것은 비교적 최근의 일이다.

지각균형의 가정에는 중력이상, 연직선편차의 해석, 지진파동에 의한 지하구조의 결정, 토지의 높이변동 등 이것을 뒷받침하는 충분한 관측사실이 나타나 있다. 빙산과 같이 떠 있는 대륙이 옆으로 이동했다는 증거 또는 현재도 움직이고 있다는 관측사실과 결부된 증거 중의 하나는 캘리포니아만에 연한 해저단층이 수백 km 옆으로 이동한 것으로 해상에서 지자기의 국지이상을 측량하여 얻은 결과이다. 내륙에 있어서 지각이 수평방향으로 이동한 것은 정밀삼각측량의 결과로 밝혀질 수 있지만 국지적인 변동만을 확실히 해줄 뿐 대륙의 이동 여부를 밝혀 주지는 못한다. 그러나 인공위성에 의한 측지측량의 발달로 지금까지 불가능했던 대륙간의 정확한 거리측량이 가능해져 대륙 상호간의 관계위치의 변동을 파악하는 데 큰 공헌을 하기에 이르렀다.

(3) 지각변동

지표의 형태를 변모시키는 지각변동은 크게 조산운동과 조륙운동으로 나눌 수 있다. 조륙운동은 비교적 약하지만 장기간 넓은 지역에 걸친 변동으로 지표면의 흐트러짐 없이 융기나 침강이 되는 운동을 말하며, 조산운동은 지층의 강한 변동—대개는 수평방향으로 인하여 이루어진 지층의 전위에 의한 변동으로 대부분의 산악은 조산운동에 의해 형성된 것으로 생각된다. 조산운동과 조륙운동을 엄격히 구별하는 것은 힘들지만 이러한 지각변동은 수평분력뿐만 아니라 지표면을 강하게 상승시키는 수직분력이 존재한다.

조륙운동은 장기간에 걸친 침강과 퇴적에 의한 지향사와 이와 반대로 상승작용에 의한 배사 구조를 형성하게 된다. 조륙운동의 원인은 첫째, 오랜 세월에 걸쳐 풍화와 침식에 의해 산지에서 깎인 물질이 바다로 운반되어 쌓이면 지각의 균형이 파괴되고 이 깨어진 평형을 다시 유지하기 위하여 침식당한 육지부분은 융기하고 퇴적당한 해양부분은 침강한다. 둘째, 빙하가 녹음으로 해서 얼음이 덮여 있던 육지가 융기하여 조륙운동을 일으킨다. 이외에도 조산운동에 수반되어 일부지역이 변형되지 않고 상승하는 것으로 본다.

지향사 전체가 침강하면서 횡압을 받아 습곡을 이루고 곳에 따라서는 단층도 생겨 산이 형성되는 지대를 조산대라고 하며 환태평양조산대와 지중해-히말라야조산대로 나누어진다. 이 조산대는 대체로 화산대, 지진대와 일치하고 있으며, 화산이나 지진은 급격한 변형으로 새로운 지형을 형성시키기도 한다. 그러나 히말라야나 알프스 등 주요 조산대는 대륙과 대륙의 충돌에 의해 생성되는 경우도 있다. 화산활동에 수반되는 지각변동은 그 원인이 마그마의 상승관입으로 생각하며 지진과 같이 화산 주변의 미소지각변동의 측량으로 화산분화의 예측과 지표의 변형으로 화산 밑의 상태를 추론함으로써 화산의 지하구조를 연구하는 데 유효하다.

① 지각변동의 원인과 양상

가) 개 설

지표면은 강수 등의 기상변화나 풍화작용으로 인하여 끊임없이 변화하며, 또한 지구조석이나 해양조석의 영향으로 주기적으로 변화한다. 이 밖에 지각 자체가 장기간에 걸친 조산운동, 단층운동 등과 같은 완만한 변화를 받는가 하면 지진이나 화산활동에 의하여 급격한 변화가 생기기도 한다.

지각변동은 크게 보아서 자연적 원인과 인공적 원인 또는 지각외부의 재하효과에 의한 것과 지구내부원인에 의한 것으로 구분할 수 있다.

자연적 원인에 의한 지각변동 중 빙하의 흐름 또는 융해에 의한 지각상승, 거대하천이나 호수의 물 또는 퇴적토사의 질량에 의한 지반침하, 조차가 큰 해역에서의 조석작용에 의한 지각변동 등은 지각 외부의 재하효과에 의한 것이고, 맨틀대류에 의한 판운동, 지각균형(isostasy), 대륙의 부동, 지진, 화산활동 등은 지구내부원인에 의한 것으로 볼 수 있다.

인공적 원인에 의한 지각변동은 대도시건설, 거대한 인공저수지, 대규모 유정, 지하굴착, 과다한 지하수의 사용 등 주로 지반재하효과에 관련된 것이 많지만, 핵실험이나 대규모폭발 등에 의한 인공지진도 심각한 지각변동을 야기할 수 있다.

지각변동의 확인과 정량적 해석을 위한 관측에는 수평 또는 고저측량망의 재측, 검조 등과 같은 주기적 반복관측, 중력변화관측, 지표경사관측, 응력계에 의한 지반응력관측 등과 같은 관측방법들이 이용된다. 지각변동은 크게 보아서 수평변동과 수직변동으로 구분할 수 있는데, 장기적인 조산활동이나 판구조운동 등은 지질학 또는 지구물리학의 관심분야이지만, 비교적 단기간에 걸친 변동은 수평변동이나 수직변동 중 어느 쪽이든 같은 지역에 대한 재측(또는 재관측)이 실시되었을 때 측량계산상 오차의 원인이 되는 것으로 과거에는 그 원인을 정확히 알 수 없기 때문에 우연오차로 간주하여 일률적으로 소거시키려는 경향이 있었다. 그러나, (i) 그 변동량이 특히 크거나 일정한 경향을 보이는 경우, (ii) 고대 해안선의 흔적 등 지각변동의 증거가 뚜렷한 경우, (iii) 지진이나 화산 활동이 빈발하는 지역이나 그 조짐이 보이는 경우 등에는 지각변동에 의한 계통적 오차가 아닌지를 검토할 필요가 있으며, 그 존재를 확인할 수 있도록 측량자료를 엄밀히 분석하여 지각변동 양상을 추적할 필요가 있다. 앞에 든 여러 방법에 의한 정확한 해석은 과거의 지각변동상황을 밝혀낼 뿐만 아니라 그 변동추세로부터 앞으로의 변동 상황을 예측 가능하게 하며, 특히 지진이나 화산활동에 대한 예측, 댐이나 원자력 발전소 부군의 지각변동 등은 우리들 실생활에 심각한 피해를 줄 수 있는 문제로서 신중히 주의를 기울여 관측하고 연구할 분야이며 측량의 역할이 크게 요구되는 분야이다.

나) 자연적 원인에 의한 지각변동

현재까지의 지식으로 지각은 평균밀도 $2.67g/cm^3$인 상대적으로 가벼운 고형질판으로 구성되며, 평균밀도 $3.27g/cm^3$이고 부분적으로 용융상태에 있는 맨틀 위에 떠 있는 것으로 알려져 있다. 지각 외부에 어떤 하중이 작용하면 재하위치를 중심으로 일정한 범위까지는 맨틀 내로 지각이 침강하고 그 외측에서는 상대적으로 약간 상승하는 현상을 보인다. 지각의 탄성적 성질과 맨틀의 부력 때문에 하중이 제거된 상태에서는 지각을 원래의 위치로 회복하려는 경향을 보이며 이러한 작용이 대규모 지각변동의 주원인이라고 생각된다.

지각재하효과 중 가장 현저한 것 중 하나는 빙하이다. 현재 남극대륙을 덮고 있는 얼음의 총량은 약 $3\times10^7km^3$으로 무게로는 약 $2.7\times10^{19}kg$에 이르며 그린란드의 얼음도 $3\times10^{18}kg$에 달한다. 현재까지의 지표면운동을 고려해 볼 때 캐나다, 스칸디나비아반도 일대, 시베리아, 히말라야, 알프스 및 남미 남단의 대부분이 최근의 빙하기까지 얼음으로 덮여 있던 것으로 생각되며, 빙하기의 최성기에는 얼음 두께가 최대 수 km에 이르러 지각침하량이 약

500m에 달한 것으로 추정된다. 대규모 지각수직변동의 대표적 사례로 손꼽히는 스칸디나비아반도융기(Fennoscandinan uplift)의 경우 보스니아만을 중심으로 매년 1~2cm의 속도로 상승하는 것으로 밝혀졌으며, 따라서 빙하기 종료시기인 약 1만 년 전에는 약 1,000m의 빙상이 존재했던 것으로 생각된다. 빙하기가 끝나면서 비교적 빠른 속도로 빙상이 소실됨에 따라 얼음의 하중 때문에 침하되었던 지각이 지각균형회복(isostatic rebound)의 작용으로 융기하는 것이다. 빙하소실에 의한 지각균형회복의 또 다른 대표적인 예는 북미 허드슨만 부근의 로렌타이드융기(Laurentide uplift)에서도 볼 수 있다.

한편, 빙하의 소실은 지각을 상승시키는 작용 이외에도 해수면을 상승시키는 현상을 유발하며 이를 유스타틱해수면상승(eustatic uplift of sea level)이라 한다. 빙하기시대 얼음의 최대 중량을 7.3×10^{19}kg으로 추정하고 대양의 표면적을 $3.7 \times 10^{8}km^{2}$라 할 때 빙하기 최성기의 얼음이 모두 녹았을 경우 해수의 증가로 인한 해양저의 침하를 고려하지 않는다면 해수면은 197m 상승할 것이고, 현재 65m에 상당하는 빙하가 남아 있으므로 빙하기 이래 현재까지 132m의 해수면상승이 있을 것으로 추정하였다. 그러나 여러 관측자료를 분석하면 해수면상승량은 이보다 훨씬 작음을 알 수 있다. 이것은 해수증가에 따라 해양저지각이 침하하고 육지부분은 상승하는 지각균형작용 때문이라고

그림 3-10 주요한 지각수직변동

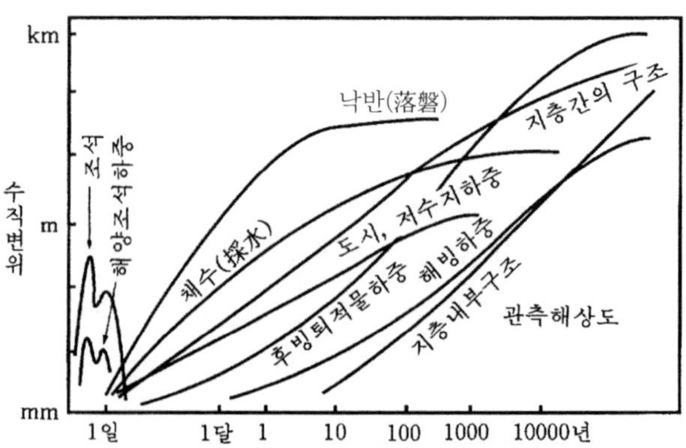

생각된다. 이러한 하중재분배는 또한 탄성지구를 변형시키고 점성완화현상을 일으키며 그 결과 중력장과 지오이드 형상과 변화, 지구편평률의 변화, 천해발달에 따른 조석 마찰증가와 자전속도의 감속 등과 같은 현상이 이루어지기 때문이다. 이러한 해수의 하중변화에 대응하는 해저지형의 변형을 해양지각균형(hydro isostasy)이라 한다.

한편, 조석에 의한 해수의 중량분포변화도 지각에 대한 재하효과를 일으키는 데 전형적인 반일주조의 경우 10^4km^{2}의 지역에 파고 5m의 조석이 있을 때 그 중량은 5×10^{13}kg이고 이로 인한 압력은 5×10^2g/cm^{2}가 된다. 이처럼 비교적 짧은 주기의 재하효과로 인한 지각변동은 M_2분조에 대응하는 탄성변형모형으로 정량화시킬 수 있으며, 현재까지 몇 안 되는 정확하게 예측가능한 지각변형 중 하나이다. 이러한 모형을 사용하여 캐나다 펀디만에 대하여 M_2분조에 대응하는 지각변동량분포도를 작성한 결과 10~24mm의 변동을 확인할 수 있었다.

대하천의 퇴적구역에서의 토사입자의 퇴적도 지각재하효과를 일으킨다. 미시시피강의 관측자료를 보면 매년 2×10^{11}kg의 토사가 퇴적되며, 대홍수시에는 8×10^{11}kg에 달한다. 최근 관측결과 하구에서 약 10cm의 지반침하가 있음이 알려졌다.

다) 인공적 원인에 의한 지각변동

인공적 원인에 의한 변동은 자연적 원인에 의한 변동에 비하여 지각 전체의 침하보다는 주로 지각상층부의 압축이나 함몰에 의한 것이 대부분이다.

거대한 저수지의 경우, 지각에 대하여 주목할 만한 재하효과를 준다. 세계 최대저수지 중 하나인 아프리카 잠베지강의 Kariba호의 경우, 만수시 6,650km^{2}의 담수면적이 1.5×10^{14}kg의 저수용량을 가진다. 그로 인한 압력은 대략 2×10^3g/cm^{2}에 이르며 담수 후에 최대 13cm의 지각변동이 관측된 바 있다. 물론, 이 중에는 토양압밀효과도 포함되어 있겠으나 이와 같은 대규모 구조물의 경우는 지반침하로 인하여 구조물 자체의 안정에도 중대한 변수가 될 수 있으므로 연약지반이나 지진의 우려가 있는 지역에서는 특히 이러한 영향을 검토할 필요가 있다.

대도시나 용수량이 큰 대규모 산업단지 부근에서는 구조물 자체에 의한 지각재하효과 이외에도 과도한 지하수의 사용에 따라 지하공동이 생김으로 인한 지반침하현상이 발생하며, 이러한 현상은 대규모 유정의 경우에도 발생할 수 있다. 1865년부터 1931년 사이의 런던시 일대의 관측기록으로 3~20cm 정도의 지반침하가 알려져 있고, 북미 캘리포니아 San Joquin 계곡에서는 15,000km^{2}에 달하는 지역에서 지하수의 과도한 사용이 주요 원인으로 보이는 대규모 지반침하가 관측된 바 있다. 이 지역의 1959년부터 1969년 사이의 관측자료로부터 최대 2.5m의 침하량이 보고되었다. 멕시코시 일대의 지반침하도 인공적 원인에 의한 지각변동의 대표적인 예로, 1952년부터 1957년 사이에 최대 1.5m의 침하량이 관측되었다. 또한 1891년 이래 최대 7.5m의 침하량이 있는 것으로 알려져 있는데, 이는 멕시코시 주위의 대호수의 수위저하와 함께 날로 급증하는 도시상수사용량을 지하수에 의존한 것이 중대요인으로 작용한 것으로 추정하고 있다.

대규모 유정에서 원유와 천연가스를 아무 대책없이 지나치게 추출할 경우에도 심각한 지반침하를 일으킨다. 로스앤젤레스 부근 Wilmington유정은 대표적인 예로서 1928년부터 1962년 사이의 관측자료에 의하면 수직변동뿐 아니라 수평변동도 크게 일어났음을 알 수 있는데, 유정주의 반경 3km에 걸쳐 최대수평변위는 약 3m 가깝게 나타났다. 최근에는 이런 침하를 방지하기 위하여 사용량만큼 강물 또는 바닷물을 주입하는 방식을 사용한다.

한편, 지반침하와 반대되는 현상으로 지반상승(ground swelling)이 생기기도 한다. 이는 주로 도시역이나 산업단지의 하수가 지하저층의 불투수층 사이로 유입됨으로 인한 것으로 생각되며 비교적 광범위한 지역에 걸쳐 현저한 지반상승을 초래할 수도 있다.

라) 판구조운동과 지각변동

현재까지 대규모 지각변동을 설명하는 데 있어서 거의 정설화된 판구조론(plate tectonics)에 따르면, 지구는 평균 두께 100km 정도의 지각과 암권(lithosphere)으로 둘러싸여 있고, 이것은 다수의 판(plate)으로 구분된다. 이들 판 아래에는 두께 200~400km 정도의 점성이 풍부한 연약권(asthenosphere)이 있으며, 맨틀의 대류는 이 부분에까지 도달하는 것으로 생각된다. 대륙의 부동과 같은 대규모 수평변동은 맨틀대류에 의한 구동력이 대륙판을 이동시킨 것으로 설명된다. 각개의 판은 상호운동방향과 운동량의 차이에 따라서 그 경계면에서 서로 수렴(convergence), 확산(divergence), 또는 수평변동(lateral slip)을 하는 현상을 일으키며, 이 때문에 이 부근에서 화산, 지진 등과 같은 현상이 빈발하고 커다란 해령이나 해구와 같은 지형이 형성된다.

판이 서로 확산되는 경계에서는 화산활동과 함께 맨틀이 분출하여 굳어져서 새로운 암권을 형성하는 데 대표적인 예가 대서양중앙해령이다.

판이 서로 수렴하는 경계에서는 두 개의 판이 서로 충돌하여 한 쪽 판이 상승하게 된다. 일반적으로 보다 저온이고 무거운 해양판이 대륙판의 밑으로 파고 들어가게 되는 현상, 즉 섭입(subduction)을 보이며, 그 경계에는 깊은 해구가 형성되고 대륙판 끝 부분에는 좌굴현상이 발생한다. 압축을 받는 대륙판의 끝 부분은 침강하거나 또는 부풀어오르는 좌굴을 보이는데, 일본해구는 전자의 경우로 7.5cm/년의 수평변위가 있음이 관측되었고, 후자의 경우에는 수평변위 수십 미터, 수직변위 수 미터에 이르고 있으며 알래스카의 판구조운동에 의한 변위가 대표적인 예이다.

판이 서로 미끄러지는 상대수평운동을 하는 경계에서는 마찰에 의한 응력이 누적되어 일시에 지진으로 해소하게 되며, 세계적으로 대부분의 천발지진은 이 경계 부근에서 발생한다. 응력의 누적은 지표면의 응력변화나 수직변위의 형태로 나타나게 되므로 이를 정밀히 측량함으로써 지진을 예측할 수 있다. 이 경계의 대표적인 예로 캘리포니아 연안의 San Andreas 단층을 들 수 있는데 3.2cm/년의 비율로 변위가 발생함이 관측된 바 있다.

한편 지각판이 횡방향 압축력을 받으면 향사 또는 배사의 지향사(geosynclines)를 만들고, 전단응력을 받게 되면 단층이 발생하게 된다. 특히, 판의 중간부부에서 생기는 지향사나 단층은 암권의 저면이 매끄럽지 못하고 돌출되어 맨틀대류의 작용이 부분적으로 집중되기 때문이라고 추정한다.

마) 지진 및 화산에 의한 지각변동

일반적으로, 지각변동이 지표에 나타나는 지진은 진원의 깊이가 비교적 얕고 30km 이내인 경우가 많다. 지진성 지각변동이 출현하는 범위는 지진의 강도가 클수록 넓고, 진앙은 지각변동구역 안에 위치하는 것이 일반적인 경우이다. 대지진의 진앙 부근에서는 일반적으로 1×10^{-4} 정도의 지각변형이 발생한다. 1×10^{-5} 이하의 변형이 발생하는 주변지역은 지진에 의한 변동에 대해서는 불변지역으로 간주한다.

어느 지역에 대하여 반복된 고저측량의 결과 이상적인 지각융기가 검출될 경우, 그 원인으로는 습곡과 같은 구조적 융기, 충적층압밀에 관련된 융기, 고저측량의 계통적 오차, 원인불명의 융기 등 지진 또는 화산활동과 무관한 경우와, 지진의 선행현상, 지진발생에 따른 융기 또는 지진 후의 융기 및 화산성 융기 등과 같이 지진 및 화산활동에 관련된 융기라는 것을 고려하여야 한다. 일반적으로, 이상융기의 원인은 지진 및 화산과 무관한 경우가 많지만, 지진 및 화산이 빈발하는 지역이나 그 우려가 있는 지역에서는 지각의 이상융기가 지진 및 화산의 선행현상 중 중요한 것으로서 지진예측과 화산활동예측에 중요한 자료가 되기 때문에, 이러한 지역에서는 특히 고저(수준)측량을 자주 반복한 관측값을 분석하여 지각변동을 관찰하여야 한다.

이제까지 단층은 지진의 부산물로 생각되어 왔으나 현대 지진학에서는 단층운동이 지진을 유발하는 원인이 된다고 생각하고 있다. 특히, 활성단층(active fault)이라 하는 지질학적으로 현재 활동중인 단층은 활동을 반복하는 성질을 가지므로 장래 발생할 지진의 진원이 되기 쉽다.

진원의 단층운동을 규정하는 진원변수에는 단층면의 길이 L, 폭 W, 주향, 경사각, 변위량 D, 변위의 방향, 변위속도의 일곱 가지가 있다. 지진모멘트 M_0와 지진발생에 따르는 응력변화 $\Delta\sigma$는 각각

$$M_0=\mu DLW$$
$$\Delta\sigma=\mu D/L \tag{3.4}$$

와 같다. 여기서 μ는 지각의 강성률이다.

화산활동에 따르는 지각변동은 대부분 화산주변에 국한되는 경우가 많지만, 경우에 따라서는 화산을 중심으로 반경 수십 내지 백여 km의 범위에까지 지각변동이 발생하는 예가 있다. 특히 지각변동이 동심원상의 침강을 보이는 현상이 있는데 이것은 용암분출에 의한 마그마의 압력감소에 의한 것으로 생각된다.

화산활동이 예상되는 지역에 대하여 측량망을 구성하여 고저측량과 중

력측량을 실시하고 화산활동 전후의 측량값을 비교하면 고저측량결과 대부분 뚜렷한 지반상하변동이 나타나고, 중력값도 크게 변화함을 알 수 있다. 대부분 중력감소는 지반융기에, 중력증가는 침강에 대응하므로 고저측량의 결과와 거의 비슷한 양상을 나타낸다. 따라서, 고저측량을 직접 실시하기 곤란한 산간지역이나 항공영상탐측량 등과 같은 별도수단이 없을 때 개략적으로 중력측량자료를 고저측량의 대용으로 하여 지각변동량을 추측할 수도 있다. 일례로서 중력변화량 -700μgal은 Free-air경사 -3.1μgal/cm을 고려하면, 국지적으로 약 2m 이상의 융기가 있는 것으로 생각할 수 있다. 중력측량의 정확도는 상하변동에 수 cm에 대응하고, 고저측량에 비하면 정확도가 훨씬 낮지만 단기간에 광범위한 지역을 조사할 수 있다. 또한 고저측량과 병용하여 지각 내 밀도변화를 검출함으로써 지진이나 화산활동의 상황을 추정할 수 있다.

(4) 지 진

① 개 설

지각의 일부에 외부로부터 힘이 가해지면 지각은 변형을 하게 되고 이 변형된 왜곡량이 약 10^{-4}(1m 막대의 끝이 0.1mm 휘는 정도)에 달하면 지각을 구성하고 있는 암석의 강도한계를 초과하여 파괴된다. 이 파괴는 단층을 형성하게 되고, 이 단층의 형성이 결국 지진을 발생시키는 원인이 된다. 지각의 탄성왜곡이 축적되고, 이 왜곡이 한계값을 초과할 때 단층이 반발적으로 운동하여 지진파를 발생한다는 지진의 탄성반발설은 미국의 Reid에 의해 처음으로 제창되었다. Reid의 지진의 탄성반발설은 1960년의 샌프란시스코 대지진에 대해서 지진 전의 삼각측량성과와 지진 직후에 실시한 삼각측량의 성과를 비교한 결과로 나온 것으로, 지진 전 50년간 단층의 상대변위는 약 3.2m 이었으나 지진시의 단층의 최대변위는 약 6.2m이므로 샌프란시스코 발생주기는 $(6.5m/3.2m)\times 50 \fallingdotseq 100$년이라고 예측하였다. 최근에 이 지역단층의 굴삭조사로는 대지진의 발생간격을 평균 200년으로 판정하였다.

지진에 의한 재해는 돌발적이면서 그 파괴력이 강하기 때문에 지진에 대한 예측은 방재 대책과 불가분의 관계를 갖게 된다. 지진의 예측이 그 파괴력을 저감시킬 수는 없지만, 파괴에 의해 발생하는 2차재해를 경감할 수 있다. 암석에 따라서 파괴형태가 다르기 때문에 확률적으로 예측하고, 지진의 위험도를 확률적으로 이해하여도 방재상에는 큰 도움이 될 수 있다. 따라서, 지진의 과정을 파악하고 주된 파괴 전의 전조현상을 관측함으로써 확실한 지진의 예측을 하는 것은 지진에 의한 재해를 경감시키는 데 중요한 요인이 된다.

② 지진의 진행과정

지진을 지면의 진동으로 관측하는 것은 지각의 파괴가 생긴 후반을 보는 것이기 때문에, 지각현상의 전체를 파악할 수가 없다. 지진현상을 파악하기 위해서는 지진에너지가 왜곡이 진행되게끔 축적되고, 결국 파괴에 이르는 과정을 모두 지진현상의 일부로 보아야 한다. 지진을 예측하는 측면에서 보면 파괴가 발생한 후의 현상보다 파괴전 단계가 더 중요하다.

지진이 파괴에 이르기 전까지의 과정은 일반적으로 크게 네 단계로 나누어진다. 첫째 일정한 왜곡의 진행, 둘째 한계점에 도달, 셋째 본 파괴의 시동, 넷째 본 파괴의 발생의 순서이다. 첫번째 단계는 지진에너지의 축적으로 아주 온건하게 진행한다. M8 등급의 환태평양지진대의 거대 지진은 100년 내지 200년 정도 걸리며, M7 정도의 내륙부는 아주 긴 세월이 걸린다. 두번째 단계는 탄성한계에 가까워져서 이미 정상상태가 아니어서 왜곡의 진행도 일정하지 않게 된다. 이 상태에서도 본 파괴에 이르는 기간은 많은 시간이 소요되며, 이 유예기간은 Dilatancy 이론에 의하여 본 파괴의 크기, 즉 지진의 크기에 따라 이루어지는 것이다. 세 번째 단계는 본 파괴의 전초부분으로 본 파괴는 돌연적으로 발생하는 것이 아니라 며칠 또는 몇 시간 전초현상을 수반하게 된다.

③ 지각의 한계왜곡

지진이 발생하게 되는 한계왜곡은 지진예측에서 중요한 변량이며, 한계왜곡의 크기와 현재의 왜곡상태를 알면 지진의 발생시기를 예측할 수 있다. 지각이 파괴되는 왜곡의 크기는 일정하지 않지만, 현재 일반적으로 1×10^{-4}

이 넓게 이용된다. 한계왜곡의 차이는 1×10^{-5} 정도이며, 이것은 왜곡의 진행속도를 $2\sim3\times10^{-7}/y$라 하면, 발생시기의 차이는 단순히 계산하여 30~50년이 되어서 장기적인 예측에서 발생시기는 큰 차이가 생기지 않는다.

한계왜곡을 사용하여 예측하는 경우에 생기는 문제점은 측량이 시작된 후, 또는 측량이 시작된 지 얼마 되지 않아서 지진이 발생한 경우 등은 왜곡의 축적량을 알 수 없는 것이다. 그리고 측량의 반복에 의해 얻어지는 왜곡량은 측량의 시작시에 왜곡을 알아야 하므로, 그 발생간격이 천 년 이상으로 생각되는 내륙의 지진에 대해서는 한계왜곡에 의해 장기적은 예측을 하는 것은 거의 불가능하다.

그러나 기준점측량이 이루어져 있는 지역에서 측량이 시작된 지 얼마되지 않아서 지진이 발생하는 지역에서 지진의 반복간격이 수백 년 정도로 비교적 짧은 지역에서는 측량에 의해 축적량을 구할 수 있으며, 이에 따라 대지진의 발생을 장기적으로 예측할 수 있다.

현재 정상적인 지각의 수평왜곡 진행속도는 $2\sim3\times10^{-7}/y$로서 큰 곳에서도 $5\times10^{-7}/y$ 정도인 것으로 알려져 있다. 이것은 지진의 장기전조로서 왜곡의 진행속도가 2배로 증가하여도 왜곡의 변화량은 10년간 5×10^{-6} 정도이므로 각관측기(T.S, 데오돌라이트, 트랜싯 등)를 사용한 종래의 삼각측량 성과의 정확도와 별로 차이가 없다. 종래의 삼각측량을 10년마다 반복하여도 전조로서의 수평왜곡의 이상을 검출하는 데는 한계가 있었으나 최근의 광파거리측량기는 2×10^{-6}의 정확도로 측량할 수 있으므로 수평왜곡의 이상이 3×10^{-6} 이상이면 검출할 수 있다.

④ 지진변동의 이상

지진의 발생 전에 일어나는 현상으로 토지의 이상융기를 볼 수 있는데, 지진과 이상융기의 인과관계가 명확하지는 않지만, 지진의 장기적 선행현상으로서 가장 주목되는 것의 하나가 토지의 이상융기현상이다.

토지의 이상융기를 지진의 선행현상으로 설명하는 것에는 다음의 두 모형(model)이 있다. 그 하나는 다일레이턴시(Dilatancy)모형으로서 지진발생 전에 지하암석 내에 미소한 분열이 발생하고 성장함으로써 지반의 융기와 지진

그림 3-11 지각변동의 이상

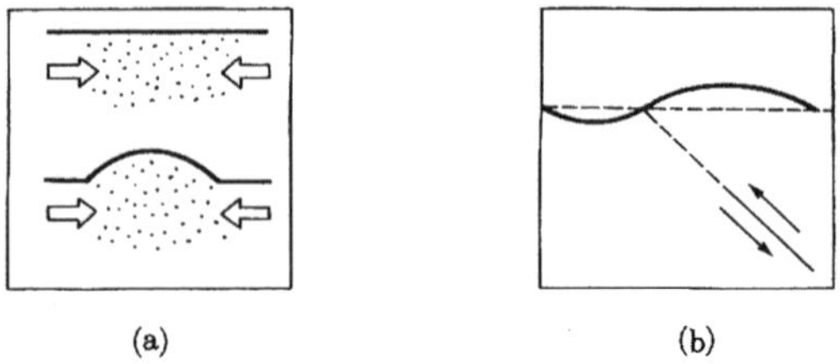

파속도가 변화하는 등의 전도현상을 나타낸다(〈그림 3-11(a)〉). 다른 하나는 지진에 앞서서 지각하부에서 천천히 비지진성의 활동이 진행하여, 이에 따라서 상부지각이 융기하고 변형이 되는 모형이다(〈그림 3-11(b)〉).

두 모형 모두 지각의 왜곡이 한계상태에 이르러, 지각이 높은 응력상태로 될 때, 지표의 변형이 생겨 이상융기가 발생할 가능성에 대한 경우이다.

고저(수준)노선에 대한 반복적인 고저측량으로 지반의 융기를 관측하는 데에는 측량의 오차의 누적에 의해 생기는 융기현상을 주의하여야 한다. 우연오차가 10~20km 정도의 파장을 갖고 변동하는 경우는 실제변동과 구별하기 힘들므로 측량을 반복하여 확실한 이상융기를 점검하여야 한다.

제7절 중 력

중력(gravity)은 만유인력법칙에 의해 지구표면으로 낙하하는 물체의 낙하속도의 증가율로서 중력가속도를 말하며, 이 중력이 미치는 범위를 중력장이라 한다.

중력의 관측은 오래전부터 정밀하게 관측하기 위하여 노력해온 분야로서 중력진자에 의한 관측으로 19세기 말에 1mgal의 정확도로 관측되었다. 중력의 단위는 gal(cm · sec^{-2})로 Galilei를 기념하기 위하여 그 이름의 첫 자를 딴 것이다. 1930년대에 지구를 완전한 타원체로 가정하고 위도에 따라 구할 수 있는 국제중력식이 제정된 이래 중력관측은 계속 발전되어 중력관측계로 10^{-8}gal, 낙하법에 의한 절대관측에서는 그 이상의 정확도를 갖게 되었다.

(1) 중력과 중력장

일반적으로, 적용되는 중력에 대한 인력이론은 정지되어 있거나 천천히 움직이는 물체를 대상으로 하기 때문에 아인슈타인의 이론보다는 뉴턴의 만유인력법칙에 따른다.

$$F = G\frac{M \cdot m}{r^2} \tag{3.5}$$

이 식에 만유인력상수 G는 $6.670 \times 10^{-11}\text{kg}^{-1}\text{m}^3\text{s}^{-2}$으로 정밀도 $0.005 \times 10^{-11}\text{kg}^{-1}\text{m}^3\text{s}^{-2}$이다. 이 식에 의한 만유인력은 빛의 속도로 직선적으로 전파되므로, 편의상 속도를 무한대로 간주하면 어떤 거리에 있는 물체에 대해서도 동시에 영향을 미친다.

이 만유인력의 식으로부터 질량 m인 물체의 중력가속도 g는

$$g = \frac{F}{m} = G\frac{M}{R^2} \tag{3.6}$$

가 된다. 여기서 M은 지구의 질량이며 R은 지구의 반경이다.

그러나, 실제로 지구상에서 정지하고 있는 물체는 이 만유인력에 의한 중력과 지구의 자전에 따라 생기는 원심력의 합력을 받게 된다. 지구자전각속도를 ω라 할 때 위도 φ인 지점에서 원심력은

$$f_c = R\omega^2 \cos\varphi \tag{3.7}$$

가 된다.

따라서, 〈그림 3-12〉에서처럼 합성된 중력은 다음 식으로 표시된다.

$$g = \sqrt{\left(\frac{GM}{R^2}\right)^2 + (R\omega^2\cos\varphi)^2 - 2\frac{GM\omega^2}{R}\cos^2\varphi} \tag{3.8}$$

그림 3-12 중력성분의 합성

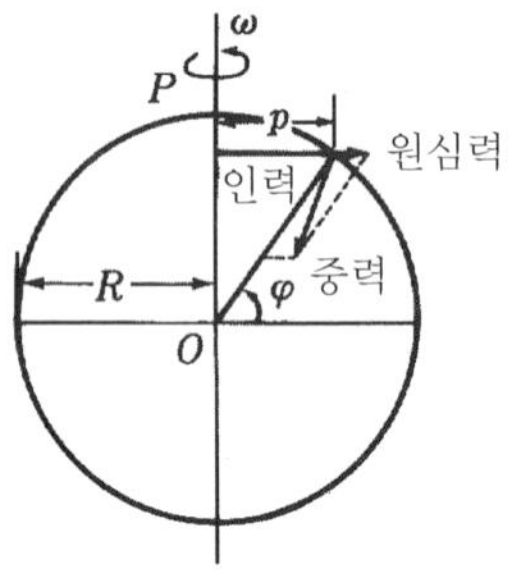

이 식에 의하여 적도에서 $g_e = GM/R^2 - R\omega^2$, 극에서 $g_p = GM/R^2$으로 표시되며 극지방이 적도보다 $R\omega^2$만큼 크다. 이 값은 지구를 완전한 구로 가정한 것으로 그 차이가 $R\omega^2 = 6371 \times 10^5 (2\pi/86164)^2 \fallingdotseq 3.4$gal이 되지만, 실제로 지구는 타원체에 가까우므로 극지방이 983.2177gal, 적도에서 978.0318gal로서, 약 5.2gal의 차이가 나며, 지구표면에서의 평균중력가속도는 약 980gal이다.

중력은 단위질량에 작용하는 힘이며, 지표상의 임의의 점에서의 중력가속도는 그 점에서의 중력장의 세기이다. 따라서, 중력장 내에서 같은 점에 위치하는 모든 질량체는 같은 중력을 갖게 된다.

(2) 중력의 경년변화

중력은 항상성이 높은 물리량의 하나이지만, 장기간에 걸쳐서 서서히 변화하고 있는데, 이를 중력의 경년변화라고 한다. 이러한 중력변화의 원인은 첫째, 만유인력상수의 변동, 둘째 지구의 형상과 질량의 변화, 셋째 지구 전체적인 질량분석의 일반적인 변동, 넷째 지표 부근의 질량분포상황의 변화로 대기의 대순환, 강수, 침식, 빙하의 해빙과 이동 등의 기상학적 변동과 지진, 화산활동, 퇴적작용, 압밀작용, 지각변동 등의 지질학적 변동이다.

중력의 광범위한 변동의 원인으로서 만유인력상수의 변동과 지구의 형상과 질량변화는 확실하게 규명되지 않고, 지구 전체적인 질량분포의 일반적인 변동이 중력변화의 명확한 원인으로서 연구되고 있다. 넷째의 원인은 비교적 단기간에 검출할 수 있지만, 그 특성이 국소적이고, 일정한 방향으로 변화하지 않기 때문에 중력경년변화의 큰 요인이 되지 않는다.

전 세계적인 규모의 변동으로서 가장 눈에 띄는 현상으로는 지자기의 영년변화를 들 수 있다. 이것은 지구의 핵에 있어서 전자류체의 역학적 현상이 그 원인이라는 것이 통설로 되어 있다. 따라서, 지구핵물질의 움직임이 중력의 경년변화에 대해서도 하나의 원인이 될 것으로 예측되며, 지자기의 영년변화와 중력의 경년변화의 관계가 연구되고 있다.

지각변동으로 인한 지면의 상하변동 또는 수평방향의 압축력이나 인장력이 암석에 작용하면 암석의 밀도 또는 함수량 등이 변하게 되어 중력에 미소한 변화를 끼치게 된다. 이러한 중력변화의 유무를 확인하기 위하여 등중력관측이라는 관측방법이 시도되고 있다.

중력변화가 예상되는 한 점과 거의 같은 중력값을 가진 관측점을 적당히 떨어진 또 한 곳에 선정한다. 두 지점은 지질구조가 서로 다른 지역에 있고, 장기간에 걸쳐서 위치와 높이가 정확하게 관측된 지점이어야 한다. 또, 관측환경을 될 수 있는 한 변화시키지 않고 단시간에 왕복할 수 있도록 고려해야 하며, 확실성을 높이기 위하여 각 관측점 가까이에는 몇 개의 보조점을 배치해 둔다. 관측은 1~2년마다 반복하며, 동시에 고저(또는 수준)측량을 병행하고 높이의 변화도 고려하는 것이 바람직하다. 또, 관측시간은 조석보정의 오차를 줄이기 위해서 조석량이 적은 시간에 국한하도록 한다.

외국에서는 광활한 지역을 짧은 기간 내에 등밀도중력관측을 실시하도록 하기 위하여 기준이 되는 관측선으로써 골격노선을 만들고 있다.

(3) 중력이상

중력이상(gravity anomaly)은 중력보정을 통하여 기준면에서의 중력값으로 보정된 중력값에서 표준중력값을 뺀 값이다. 중력이상의 주 원인은 지하의 지질밀도가 고르게 분포되어 있지 않기 때문이며, 일반적으로 질량이 모자라는 지역에서 음(−)값을 갖고, 질량이 남는 지역에서는 양(+)값을 가지며, 밀도가 큰 물질이 지표면 가까이 있을 때는 양(+)값, 반대의 경우는 음(−)값을 갖는다. 따라서, 중력이상은 지하구조나 지하광물체에 의한 중력효과이므로, 역으로 중력이상을 해석함으로써 이들을 탐사할 수 있다.

중력이상에는 어떤 보정을 실시하였느냐에 따라서 free-air이상, Bouguer이상 및 지각평형이상으로 나누어진다.

가) 프리-에어이상

프리-에어이상은 관측된 중력값으로부터 위도보정(Δg_L)과 프리-에어보정(Δg_F)을 실시한 중력값에서 기준점에서의 표준중력값 g_0를 뺀 값이다. 즉

$$\delta g_{FA} = g_F' - g_0 \tag{3.9}$$

이며, 여기서 $g_F' = g_{obs} + \Delta g_L + \Delta g_F$로서 프리-에어 중력이라 한다(단, 관측점이 지오이드보다 낮으면 Δg_F는 음(−)의 값, 즉 질량결손값이 된다).

프리-에어이상은 관측점과 지오이드 사이의 물질에 대한 영향을 고려하지 않았기 때문에 고도가 높은 점일수록 양(+)으로 증가한다. 즉, 질량과잉값이 된다.

나) 부게이상

부게이상은 중력관측점과 지오이드면 사이의 질량을 고려한 중력이상으로서 지형보정을 실시하느냐 하지 않느냐에 따라 두 가지로 나누어진다.

부게이상은 프리-에어 이상에 부게보정(Δg_s) 및 지형보정(Δg_r)을 더하여 얻은 중력이상으로 지형보정을 실시하지 않고, 부게보정만을 실시한 경우를 단순부게이상이라 한다. 즉

$$\delta g_{BA} = g_B' - g_0 \tag{3.10}$$

으로 여기서, $g_B' = g_{obs} + \Delta g_L + \Delta g_F - \Delta g_B$인 경우를 단순부게중력(simple bouguer gravity), $g' = g_{obs} + \Delta g_L + \Delta g_F - \Delta g_B + \Delta g_r$인 경우를 부게중력이라 한다(단, 관측점이 지오이드보다 낮으면 Δg_F와 Δg_B는 부호가 반대이다).

부게이상은 프리-에어이상과는 반대로 고도가 높을수록 (−)로 감소한다.

(4) 지각균형이상

지각균형이상은 지질광물의 분포상태에 따른 밀도차의 영향을 고려한

것으로 부게이상에 지각균형보정(Δg_I)을 실시하여 얻은

$$\delta g_{IA} = \delta g_{EA} - \Delta g_I \tag{3.11}$$

의 값이 된다.

(5) 중력이상과 지하구조

중력이상은 지하에 존재하는 물질의 분포에 따라서 여러 가지 형태로 나타나는데, 그 몇 가지 예가 〈그림 3-13〉에 표시되어 있다. 그림 (a)는 주변 퇴적암보다 밀도가 큰 화성암이 관입한 경우이며, (b)는 주위보다(지각의 평균밀도 약 $2.76 g/cm^3$) 밀도가 작은 암염(약 $2.22 g/cm^3$)의 관입에 의한 이상이다. 그리

그림 3-13 지하구조에 따른 중력이상

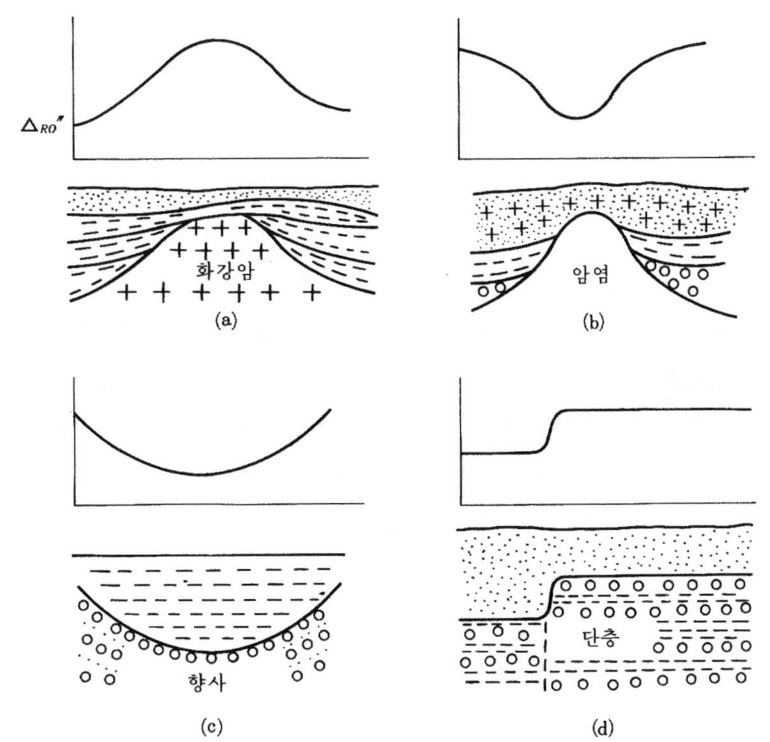

고 (c)는 향사구조이며, (d)는 단층에 의한 이상이다.

제8절 지자기

지자기관측(geomagnetic observation)은 중력관측과 함께 지하관측에 많이 이용되는 관측으로, 중력관측은 지하물질의 밀도차이가 원인이 되지만, 지자기관측은 지하물질의 자성의 차이가 원인이 된다. 밀도는 한 암석에서 거의 일정하지만 자성은 한 암석이 구성하는 작은 부분에 의해 크게 변화할 수 있기 때문에 한 암석에 대해서 쉽게 판단하기 어렵다. 이와 같이, 지하의 구조 및 광물체의 물리적 성질에 의한 이상을 발견하고, 퍼텐셜이론을 기본으로 하는 것은 지자기관측이 중력관측과 유사한 점이지만, 그 관측방법과 해석방법은 좀더 복잡하고 어렵다고 할 수 있다.

지구가 자성을 갖는 큰 자석과 같다는 생각은, 기원전 3세기경부터 시작되었으며, 나침판을 이용한 항해는 12세기 말경이었다. 지자기관측에 대한 체계적이고, 정량적인 실시는 1600년 William Gilbert가 지자기장에 관한 개념과 방향성에 대해 기술함으로써 가능하게 되었고, 1640년에 스웨덴에서 지자기장의 국지적 이상에 의한 철광상탐사가 실시되었다. 지자기관측과 해석이 1834년 Gauss에 의해 처음으로 정확하게 이루어져서 그 이후 지구자기학이 체계적으로 발전하게 되었다. 현재와 같은 지자기관측은 1870년 Thalen과 Tiberg가 자력탐사용기기를 개발하면서부터 발전되기 시작하였다.

지구자장에 대한 연구는 지하물질의 탐사 외에도 고지자기학으로 발전하여 지구자장의 반전, 극의 이동, 대륙의 부동 및 해양저확장설 등의 중요한 정량적 증거를 제시하게 되었다.

(1) 지자기의 요소

지구는 하나의 거대한 자석과 같다고 하였는데, 지표에서 지자기의 분포는 지구의 중심을 지나는 거대한 막대자석이 존재할 때의 상태와 비슷하다.

그림 3-14 지자기장의 요소

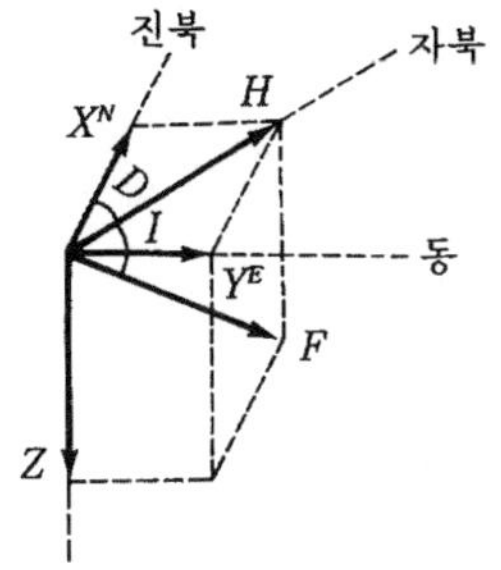

F: 전자장
H: 수평분력(X^N: 진북방향성분, Y^E: 동서방향성분)
Z: 연직분력
D: 편각
I: 복각

최근의 인공위성에 의한 관측결과도 지구표면에서부터 약 3만 km의 공간상에서의 자력선분포도 이 막대자석에 의한 자력선분포와 일치함을 보여 준다.

지구표면의 한 점 P에서의 지자기장의 각 요소를 그림으로 표시하면 〈그림 3-14〉와 같다.

전자장 F로부터 수평분력 H와 연직분력 Z로 나누어지며, 수평분력은 다시 진북방향성분 X^N과 동서방향성분 Y^E로 나눌 수 있다. 이때, 전자장 F와 수평분력 H가 이루는 각을 복각 I(inclination)라 하고, 수평분력 H가 진북과 이루는 각을 편각 D(declination)라 한다. 복각, 편각 및 수평분력을 지자기의 3요소라 한다.

지자기의 각 요소들 사이에는 다음의 관계식이 성립한다.

$$\left.\begin{aligned} & F^2 = H^2 + Z^2 = X^{N2} + Y^{E2} + Z^2 \\ & \cos I = H/F,\ \sin I = Z/F,\ \tan I = Z/H \\ & \cos D = X^N/H,\ \sin D = Y^E/H,\ \tan D = Y^E/X^N \end{aligned}\right\} \tag{3.12}$$

따라서, 지자기장의 크기와 방향은 이들 중 3개를 알면 결정될 수 있는데, 일반적으로 수평분력, 편각, 복각의 3요소로써 표시한다. 북반구에서 자침의 N극은 수평면의 아래 쪽을 향하여 복각 I는 양의 값이며, 남반구에서는 이와 반대가 되어 음의 값이다.

지자기장은 쌍극자장[쌍극자(雙極磁)에 의한 자기퍼텐셜]과 거의 일치하므로

수평분력 H와 연직분력 Z는 각각

$$H=\frac{M}{r^3}\sin\theta,\ Z=\frac{2M}{r^3}\cos\theta \tag{3.13}$$

으로 표시될 수 있다.

(2) 지자기의 이상

〈그림 3-15〉와 같이, 지구의 자장과 거의 일치하는 쌍극자를 지구중심에 위치시킬 때에 쌍극자의 연장선이 지표와 만나는 점을 지자기극(geomagnetic pole)이라 한다. 지자기극은 $\theta=0°$, 180° 인 점이며, $\theta=90°$ 되는 지점들을 지자기적도(geomagnetic equator)라 한다. 지자기의 극과 적도는 지리적인 극과 적도에 일치하지 않는데, 그것은 쌍극자의 축이 지구의 자전축과 11.5° 의 각을 이루고 있기 때문이다.

지자기극에서 수평분력 H는 영, 연직분력 Z는 최대로, 복각 I는 ±90° 가 되며, 지자기적도에서 수평분력 H는 최대, 연직분력 Z는 영이 된다. 그 위치는 지자기북극이 78.6° N, 69.8°W이며, 지자기남극이 78.6°S, 110.2°E 이다.

그림 3-15 지리적 극과 지자기극 및 자기극

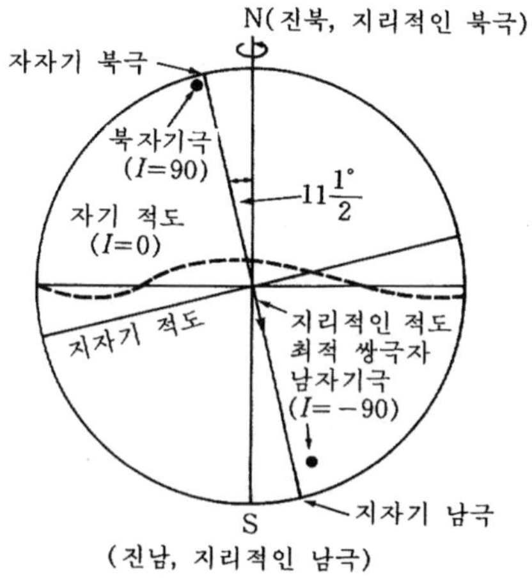

그러나, 실제 관측에서 $H=0$, $I=\pm 90°$가 되는 점을 찾아보면, 〈그림 3-15〉와 같이 지자기의 극과 일치하지 않는다. 이 점을 자기극(magnetic pole)이라 하며, 북자극은 75.5°N, 101.0°W이고, 남자극은 66.5°S, 140.3°E이다.

이와 같이, 지구의 자장과 거의 일치하는 쌍극자를 지구중심에 놓은 상태와 실측결과의 차이를 비쌍극자장 또는 지자기이상이라 한다. 현재 비쌍극자장의 원인은 정확하게 규명되지는 않았지만, 코어와 맨틀 경계부에서의 유체의 와동에 의한 것으로 생각하고 있다.

(3) 지자기의 변화

지자기는 쌍극자 자장과 비쌍극자 자장에 의한 지자기 이상 외에도 한 관측점에서의 지자기는 오랜 세월을 두고 관측한 결과, 일정하지 않고 시간에 따라 변화하고 있음을 알 수 있다. 지자기의 변화는 하루를 주기로 하는 일변화와 수십 년 내지 수백 년에 걸친 영년변화 및 갑작스럽고도 큰 변화인 자기풍으로 나눌 수 있다.

일변화는 주로 태양에 의한 자외선, X선, 전자 등의 플라스마(plasma)로 인하여 지구 상층부의 대기권이 이온화되고, 전류가 생성되어 전자장이 유도됨으로 인한 변화로써, 24시간 주기로 변화한다. 그 외, 달에 의한 영향 및 지구 내부의 원인에 의한 변화가 포함되지만, 그 크기는 태양의 영향에 비해 미소하다. 일반적으로, 일변화량은 10~30γ 정도이지만 최대 100γ가 될 때도 있다.

영년변화는 일변화에 비해 변화량이 크며, 수십 년 내지 수백 년에 걸쳐 변화한다. 영년변화의 원인은 맨틀이나 외핵의 운동에 의한 지구 내부의 자기장 변화에 있는 것으로 생각된다.

자기풍은 갑작스러운 자기장의 변화로 수 시간 내지 수 일간 지속되며, 최대 1,000γ 정도로 크게 나타난다. 자기풍은 주로 태양의 흑점의 변화에 의하여 발생하며, 주기가 약 27일이다. 자기풍은 극지방에서 발생하는 경우가 많으며, 적도지방에서 보다 강도가 크고, 이때에는 극광(aurora) 현상이 나타난다.

(4) 자기보정 및 자기이상

① 자기보정

자기보정은 지자기장의 위치변화에 따른 보정과 지자기장의 일변화 및 기계오차에 의한 시간적 변화에 따른 보정 및 기준점보정, 온도보정 등이 있다.

지자기장의 위치에 따른 보정은 위도보정으로서 이것의 수학적 표현은 매우 복잡하기 때문에, 전 세계적으로 관측된 지자기장의 표준값을 10γ 간격의 등자기선으로 표시한 자기분포도를 사용한다. 지구자장의 위도에 따른 변화는 1km에 대하여 연직분력이 약 7γ, 수평분력이 약 4γ이다.

관측시간에 따른 보정은 지자기장의 일변화가 약 $10\sim100\gamma$ 정도이므로, 이에 대한 보정을 하는 것으로서 관측장소 부근의 지자기장의 일변화곡선을 작성하여 보정한다. 한 대의 관측기를 사용하는 경우는 2~3시간 간격으로 반복 관측하므로 오차범위가 10γ 정도이며, 두 대의 관측기를 이용하는 경우는 한 대를 시작점에 고정시켜 놓고, 연속 또는 10~15분 간격으로 관측하여 일변화곡선을 작성하므로 정밀도가 높다. 〈그림 3-16〉은 지자기의 일변화곡선의 예를 보인 것이다.

기준점 보정은 관측장비에 충격을 가하든가 하면 자침의 평형위치는 쉽게 변하므로 관측구역 부근에 기준점을 설정하고 1일 수회 기준점에 돌아와

그림 3-16 지자기의 일변화곡선의 예

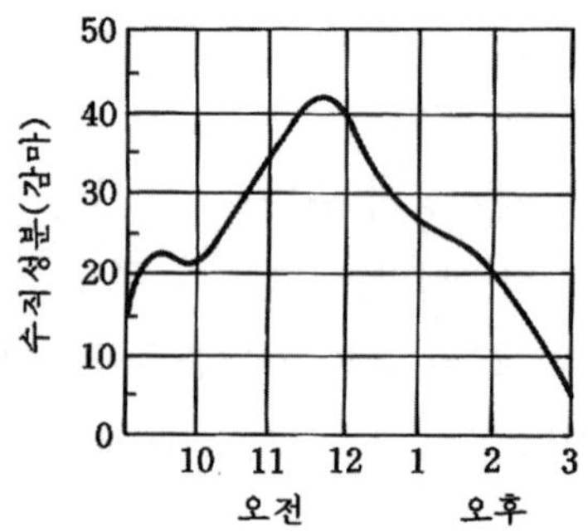

동일한 관측값을 얻는지 확인하여 이에 대한 보정을 하여야 한다.

자침의 자기능률과 중심의 위치는 온도에 따라서도 변하므로 기계에 부착된 온도계에 온도로부터 표준온도(20℃)의 값으로 보정하여야 하며, 기계오차는 반복하여 관측한 값들의 차이에 따라 보정하여야 한다.

② 자기이상

자기이상은 관측지역에 있는 자성의 차이가 큰 물질분포, 자기위도에 따른 지자기장의 방향, 물질의 자화방향 및 관측선방향 등에 의해 복합적으로 발생한다.

물질의 형태에 따른 자기이상을 알기 위해서는 암석의 대자율을 알아야 하며, 이에는 두 가지 방법이 있다. 첫째는, 야외에서 채취한 시료와 대자율을 이미 알고 있는 시료를 대비하여 관측하는 방법으로 대자율 k_s는 다음 식으로 구해진다.

$$k_s = k_t \cdot d_s / d_t \tag{3.14}$$

여기서, k_t는 알고 있는 시료의 대자율, d_s와 d_t는 시험시료와 알고 있는 시료의 변위이다. 둘째는, 솔레노이드 코일(solenoid coil) 내에 시료를 놓고, 나타나는 인덕턴스의 변화율을 이용하는 방법이다.

제9절 해저지질

(1) 개 요

육지에서의 지하자원탐사, 터널, 댐, 교량, 건물 등 각종 시설물의 건설에 지형뿐만 아니라 지질구조를 정확하게 파악하여야 하는 것과 마찬가지로 해양자원탐사 및 각종 해양시설물건설에 있어서도 해저지질 및 그 구조에 대한 정보가 중요하다. 또한 해저지질은 지구과학에 대한 기초정보로서도 중요하다.

(2) 해저퇴적물의 분포

해빈(간출역) 및 잔해의 해저퇴적물은 주로 모래, 자갈, 점토 등으로 이루어지고, 연안성해저퇴적물은 청니, 녹니 등과 같은 이질토로 구성된다. 또한, 외양성해저퇴적물은 규조연니 등과 같은 연니가 주종을 이룬다.

① 해빈 및 천해의 해저퇴적물

점토(mud), 침니(silt), 모래(sand), 자갈(gravel), 바위 등으로 구성된다.

해빈 부근의 육지를 구성하는 지질과 거의 동일한 종류가 대부분이며, 수심과 해안으로부터의 거리가 커질수록 그 입자가 세립화되는 경향을 보인다. 모래와 이토는 혼합되어 엄밀히 구분하기 힘들며 그 구성비에 따라 〈표 3-4〉와 같이 분류한다.

표 ❸-4 모래와 이토의 구분

모래의 함량	명칭		약자
1~2/3	사	Sand	S
2/3~1/2	사니	Muddy sand	MS
1/2~1/4	니사	Sandy mud	SM
1/4~0	니	Mud	M

② 연안성해저퇴적물

수심 200m 미만, 연안거리 수십 해리까지의 해저퇴적물로서 청니, 녹니 및 녹사, 적니, 화산질니 및 모래, 석회질니 및 모래 등으로 구성된다. 천해저퇴적물보다 일반적으로 세립이며 연안육지의 구성물을 함유하고 있다.

청니(blue mud)는 점착력이 큰 뻘로서 약간의 세립사 및 가는 자갈이 섞여 있는 경우가 있으며 회색 또는 암청색을 띤다. 연안 및 유입하천 상류부의 토질 및 광물을 상당량 포함하며, 석회질 유기물, 유공충, 규조류 등 생물유해질도 함유한다.

녹니 및 녹사(green mud and sand)는 청니와 비슷하나 다량의 해녹석립을 함유하여 녹색을 띠고 있다. 일반적으로, 하천운반 쇄편의 퇴적이 적은 지역에 분포한다.

적니(red mud)는 하천운반퇴적물에 의하여 다량의 철분을 포함한 적토와 점토질의 혼합물이다.

화산질니 및 모래(volcanic mud and sand)는 화산재, 화산유리, 경석 등과 같이 비교적 새로운 화산의 분출물을 주성분으로 하여 흑색조를 띠며, 일부 석회질 유기물, 방산충, 해면 등의 골편을 포함한다.

석회질니 및 모래(calcareous mud and sand)는 석회질 생물의 유해, 산호의 파편 등으로 배색 또는 옅은 황갈색을 띤다.

③ 외양성해저퇴적물

연안성해저퇴적물은 거의 포함되지 않으며 구형충연니, 익족류연니, 규조연니, 방산충연니, 적점토 등으로 구성된다.

구형충연니(Globigerina ooze)는 주로 구형충과 같은 외양성 유공충의 유해가 직접된 것으로 백색, 회색, 옅은 갈색조를 가지며 수심 2,000~4,000m의 열대 및 아열대의 해저에 분포한다.

익족류연니(Pteropoda ooze)는 구형충연니와 거의 같으나 익족류 껍질이 많이 섞여 있다. 옅은 갈색 및 백색이며 수심 2,500m 부근까지 분포한다.

규조연니(Diatom ooze)는 주로 규조로 되어 있으며, 광물 및 암석파편도 많이 포함되어 있다. 청백색을 띠고 고위도지역 특히 남위 45° 이상 지역에 많이 분포한다.

방산충연니(Radiolarian ooze)는 방산충의 유해가 다량 포함된 연니로서 옅은 차색 또는 짙은 차색을 띤다.

적점토(Red clay)는 점착성이 많고 매우 매끄러우며 암회석, 담갈색, 적차색 등이며 석회분이 거의 포함되지 않는다.

또한, 해저지질에 관한 자료는 수심과 함께 선박의 묘박(錨泊)의 적합 여부 판정에도 필요하므로 해도상에는 반드시 해저지질이 표시되어야 한다. 일반적으로, 해저지질은 해저를 구성하는 암반과 그 상층부의 모래, 자갈, 진흙 또는 부니 등 퇴적물로 구성된다. 소형선박을 위해서는 표층부 지질조사만 시행하여도 무방하지만, 대형선박을 위해서는 표층부 이하 상당한 깊이까지의 지질을 조사하여야 한다.

해저지질을 조사하는 방법은 투연, 예인(曳引)방식, 그랩(grab)방식, 주상채니법 등의 직접조사법과 음파, 중력, 지자기, 지전류 등에 의한 간접조사방법으로 대별할 수 있다.

해저유전탐사 등과 같은 광역탐사에는 중력, 지자기, 지전류 등의 거시적 방법이 주로 이용되며, 이들 거시적 방법에 의하여 해저자원의 부존가능성이 높은 지역에 대해서는 보다 정밀한 자료를 얻기 위하여 음파탐사 및 직접조사법이 동원된다.

해저질조사의 결과는 해저질채취지점도로 작성되며, 이 도면에는 해저질명, 수심, 채취번호 및 채취위치 등이 기재된다. 해저질채취지점도는 직접조사 자료와 함께 해도작성을 위한 측량원도상에 S(모래), R_k(바위), Cl(점토), S_1/R_k(표층 1m는 모래, 그 이하는 바위) 등과 같은 소정의 기호로써 기입된다.

제10절 지하수

(1) 개 요

물이 대기와 지구표면 사이를 순환하는 도중, 지하에 존재하고 있는 것이 지하수이다. 지하수(underground water)의 부존위치나 존재상태 및 흐름은 지질구조에 의해 결정된다. 지하수는 그 존재상태에 따라서, 토양수, 모관수, 중력수로 나누어지며, 일반적으로 지하수라 하면 중력수를 의미한다. 중력수는 토사나 암석 사이의 공극을 충만시키고, 중력의 작용에 의해 유동하며, 지하수를 통과시키는 지층을 대수층, 그렇지 못한 지층을 불투수층이라 한다. 대수층의 지하수는 자유롭게 이동하며, 그 수면은 여러 원인에 의하여 상승되거나 강하된다.

수면이 모래의 공극 등을 통하여 대기와 접촉하는 것을 자유면지하수라 하며, 지하수가 불투수층 사이로 흐르게 되어 압력을 갖는 경우를 피압지하수라 한다. 지하수측량은 주로 피압지하수를 관측하는 것으로서, 지하수는

그림 3-17 지하수의 종류

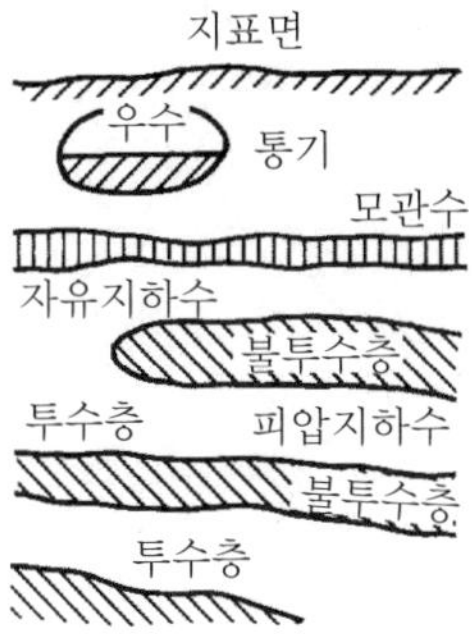

하천이나 저수지 및 호소를 이용하는 것에 비해 수원의 계절적 변화가 적고, 고지대의 급수 및 관개에 용이하다. 그러나 다량의 지하수를 집중적으로 채수할 경우, 부근 지반의 침하가 우려되기 때문에 적절한 개발이 필요하다.

(2) 지하수의 예비조사

지하수의 예비조사는 지형도 및 지질도를 이용한 도상조사와 기상수문자료와 식생상태 및 기타 문헌을 통하여 조사한 후 현지조사를 실시한다.

지형도에서는 지형의 종류, 규모 및 하천, 호소, 습지 등의 존재 여부와 촌락의 여부, 토지이용상태 등으로 개략적인 파악을 한다. 지질도로는 지역의 암석, 지질구조 등을 파악하고, 투수층과 불투수층의 분포, 경사, 단층의 존재 등을 조사하여 단면도를 작성한다.

또한, 토질이 투수성이면서 강수량이 어느 정도 있고, 하천이 발달되어 있지 않은 넓은 지역이나, 석회암 동굴을 흐르는 지하수는 비교적 수량이 풍부하다. 반면에, 토질이 투수성이면서 하천이 있는 곳은 불투수층이 얕은 곳에 존재한다.

기상수문자료로는 강수량, 증발량, 유량 등의 관측값으로부터 지하수 부존량을 어느 정도 추정할 수 있고, 유량곡선의 감쇠곡선으로부터 유역의 지하수부존량을 계산할 수 있다.

그리고, 지형도나 토지이용도에 기입되어 있는 식생분포로부터 지하수 상태를 파악할 수도 있으며, 습지성 식물의 식생에 의해 얕은 곳에 지하수가 존재할 가능성을 추정할 수 있다.

지/공/탐/측/학/개/관

04 대기권환경

Environment of the Atmosphere

제1절 개 요

지구상의 생활영역을 층상구조로 분류하면 외부구조인 대기권(atmosphere), 수권(hydrosphere), 지권(또는 암권 lithosphere)과 내부구조인 내권(interiosphere)으로 대별하나 대기학적으로는 대기권역, 수권, 지권, 생물권(biosphere), 설빙권(cryosphere)으로 분류하고 있다. 지구영역에서 내권은 지구내부구조에서 다루었으므로 여기서는 기술하지 않는다.

대기권역은 지구를 둘러싸고 있는 공기층을 대기권이라 한다. 대기의 전질량은 5×10^{21}g으로 지구 전체질량의 1/1,200,000밖에 되지 않으며 그 질량의 약 99%는 32km 높이 이내에, 50%는 고도 6km 이내에 몰려 있다. 오로라와 인공위성관측에 따라 고도 약 1,000km에도 공기가 있음을 알게 되어 대기권역의 범위는 연직방향으로 대략 고도 수십 km에서 2,000km이나 수평면으로는 수만 km에 걸쳐 있다. 대기권역은 수직적인 기온분포에 따라 대류권(對流圈, troposphere), 성층권(成層圈, stratosphere), 중간권(中間圈, mesosphere), 열권(熱圈, thermosphere), 전리권(電離圈, ionosphere), 외기권(外氣圈, outeriosphere) 등으로 다시 세분되며 대기학적 대기권은 수권, 지권, 생물권, 설빙권으로 세분된다.

제2절 대기권의 분류

(1) 대류권

대류권에서 기온은 높이가 높아짐에 따라 감소되며 기온감률(氣溫減率)은 1,000m에 대해서 약 6.5℃이다. 구름, 강수 등 일상적인 기상현상은 모두 대류권에서 일어난다. 대류권과 그 상부인 성층권과의 경계면을 대류권계면(對流圈界面, tropopause)이라 하는데 그 높이는 계절과 위도에 따라 다르지만 평균 약 12㎞(극지방에서 10㎞, 적도지방에서는 18㎞ 정도)가 된다. 대류권계면 부근에는 제트류(流)가 있다.

(2) 성층권

성층권에서는 대기가 안정되어 있어서 제트항공기의 좋은 항로가 된다. 성층권에서 온도는 대체로 높이에 따라 증가하는데 그 이유는 오존이 태양에서 오는 자외선을 흡수하여 가열되기 때문이다. 오존은 고도 약 15~40㎞에 많이 모여 있으며 성층권계면(成層圈界面)이라 하고 그 높이는 약 50㎞이다. 또한 뜨거운 공기가 위에 있으므로 열역학적으로 안정되고 난류가 발생하지 않아 항공기의 순항고도는 약 11㎞가 된다.

(3) 중간권

중간권에서 기온은 높이가 높아짐에 따라 감소하고 공기의 밀도가 크므로 대류가 일어난다. 중간권 상부는 대기권 중에서 가장 낮은 온도를 나타낸다. 중간권과 열권 사이의 경계면을 중간권계면(中間圈界面, mesopause)이라 하며 그 높이는 약 80~85㎞이다.

(4) 열 권

열권에서는 공기가 매우 희박하고 공기입자의 운동이 매우 활발하여 높이에 따라 온도가 상승하고 낮과 밤의 온도차가 크다. 열권은 고도 약 1,000㎞까지의 범위이며 태양으로부터 오는 자외선에 의해서 대기가 전리(電離)되므로 자유전자의 밀도가 크다. 이와 같은 대기의 부분을 전리층 또는 전리권(電離圈, ionosphere)이라 하며 전파를 흡수, 반사하는 작용을 한다.

(5) 전리권

전리권은 고도 약 80~400㎞에서 500~1,000㎞ 높이까지 전파를 반사하고 있다. 그 중에서도 전자밀도가 극댓값을 나타내는 몇 군데의 영역을 전리층으로 부르는데 전리층에는 D층, E층, F층이 있다. D층은 고도 약 80㎞ 부근에 있는 전리층으로 낮에만 존재하고 밤에는 없어진다. 방송파는 이에 의해서 흡수된다. E층은 고도 100~120㎞에 있으며 파장 100~400m의 전파를 반사한다. F층은 고도 170~500㎞에 있는데 파장 55~95m의 전파를 반사하며 장거리 무선통신에 이용된다. F층은 낮에는 F_1층과 F_2층으로 분리되는데 F_1층은 고도 약 170~230㎞, F_2층은 200~500㎞에 위치한다. 이러한 전리

그림 4-1 대기권 구조

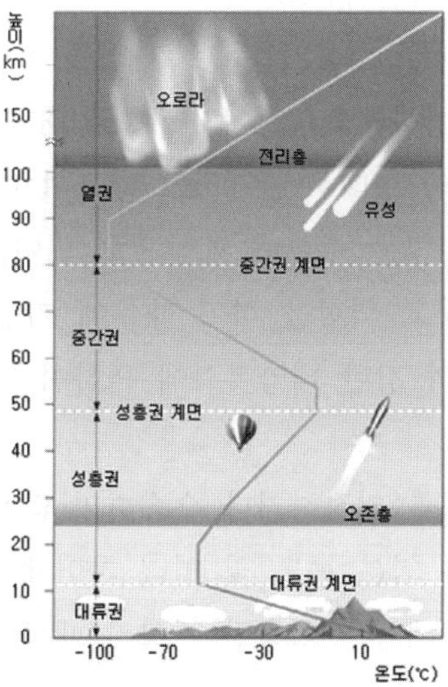

권에서는 자기폭풍으로 인한 전파교란, 오로라 등의 현상이 일어난다.

(6) 외기권

외기권은 고도 약 500~1,000㎞에서 10,000㎞까지의 범위로 우주공간과 대기가 만나는 최외각에 존재한다. 이곳은 수소와 헬륨이 있으나 수소와 헬륨기체가 우주공간에 흘러가기도 한다.

(7) 수 권

지구상에서 바다, 호수, 강, 지하수 등과 같이 물이 있는 구역을 수권이라고 하며 크게 해수와 육수로 구별한다. 수권의 대부분은 바다가 차지하는데 그 면적은 지구표면의 약 70.8%이며 그 평균깊이는 약 3.8㎞이다. 수권의 물은 증발과 육수(陸水)를 통하여 대기권, 암권, 수권 사이를 순환한다. 수권은 지표의 변화 또는 기후와 밀접한 관계가 있으며 생물환경에도 매우 중요하다. 물의 존재는 지구를 다른 행성과 구별되게 하는 가장 특징적인 것 중 하나이므로 지구는 '물의 행성(aqua-planet)'으로 불린다. 현재 지구상의 물은 암석의 결정수로부터 유래되었다고 한다. 화산에 의하여 분출되는 기체는 약 85%가 수증기, 10%가 이산화탄소, 질소, 황화합물로 구성되었다. 화산 활동을 통하여 배출된 막대한 수증기는 강수과정을 통해 지표에 다시 내려옴으로써 현재의 해양을 형성하게 된 것이다. 수권 내 대부분의 물은 바다에 그 다음 2.4%는 빙하나 눈의 형태로 존재하고 있으며 대기 중에는 0.001% 정도 함유되어 있다. 수권의 많은 부분이 해양으로 되어 있고 해양은 많은 열을 함유할 수 있는 열 저장고 역할을 하기 때문에 기후체계에 큰 영향을 미친다. 해류는 저위도에서의 강한 태양복사에 의하여 저장된 열을 고위도로 수송한다.

해양은 많은 에너지를 저장하거나 수송하며 많은 양의 이산화탄소를 녹여 저장한다. 바람 또는 염분 농도 및 열적 차이에 의한 해양순환은 대기순환에 비해 매우 느리나 해양은 열용량이 크기 때문에 급격한 온도변화를 완화시키고 지구 기후의 조정에 중요한 역할을 한다. 또한 해양은 지구 표면적의 약 70%에 걸쳐 있는 해수면을 통하여 대기와 열, 운동량, 수분을 교환하고 있다. 대기와 해양의 경계층으로 전달된 열을 바람과 해류에 의하여 고위도로 전달되며 아열대 해양에서 증발된 수증기는 대기 중에서 구름과 강수의 근원이 되어 강과 지하수의 공급원이 된다. 이런 물순환을 통하여 수권은 육지 생물체가 생존할 수 있는 환경을 마련한다. 물순환에 의한 구름은 광학적 특성, 구름의 종류, 구성입자 분포, 위치에 따른 변화, 태양의 복사에 의한 표면을 냉각시키는 동시에 지표로부터 복사되는 지구 장파를 흡수하여 지표로 되돌려 내는 등 기후변화에 다양한 역할을 한다. 구름의 반사효과는 쾌청한 여름철 낮에 태양광선을 차단함으로써 다소 시원해짐을 느끼게 한다. 또한 구름의 지구장파복사에 대한 온실효과로 겨울철 구름 낀 밤이 쾌청한 밤보다 덜 춥다.

(8) 지 권

지권(lithosphere)은 기후체계의 근본인 암석과 토양이다. 이 지권은 기후영역 중에서 가장 느리게 변화하는 영역이므로 기후체계연구에 있어서 불변인 영역으로 간주한다. 대륙은 대기 운동에, 해저 지형은 해수의 이동에, 지권은 대기와 열, 각운동량을 교환하며 대기와의 물순환에 영향을 준다. 토양속의 수분은 증발을 통하여 지표면을 냉각시키며 지역강수의 주요 공급원이 된다. 수분이 증발하기 위해서는 에너지를 필요로 하기 때문에 토양수분은 지표온도와 토양의 열전도율에도 영향을 준다. 지상에 바람이 불 경우 지형의 기복과 식생상태가 역학적으로 대기에 영향을 준다. 바람은 지면의 먼지를 대기로 불어 올려 대기 복사에 영향을 주기도 한다. 지권이 기후 체계에 주는 영향 가운데 가장 강력한 화산활동은 대류권 상부와 성층권까지도 많은 먼지를 뿜어 올리기도 한다. 이 먼지층은 태양복사를 외계로 반사시킴으로써 지표면을 냉각시키기도 한다.

(9) 생물권

생물권(biosphere)은 기후체계에서 지권, 대기권, 수권이 잘 조화된 조건하에서만 존재할 수 있다. 생물권이 기후체계의 한 부분이 된 것은 약 38억 년 전부터이다. 태초의 지구 대기에는 산소와 물이 존재하지 않았으나 끊임없는 지각활동을 통하여 많은 결정수가 대기 중으로 불출되어 이루어진 빗물은 지각의 낮은 곳으로 모여 바다를 형성하게 되었다. 태초에는 대기에 산소가 거의 없고 생명체에 치명적인 태양 자외선을 차단할 수 있는 성층권의 오존층이 존재할 수 없었기에 원시 생명체는 태양의 자외선으로부터 보호될 수 있는 바다 속에서부터 시작되었다. 원시생명체들은 광합성에 의해 배출된 대기의 주요 성분인 산소와 성층권의 오존층 형성으로 생존이 가능한 육지로 약 6억 년 전에 진출할 수 있었다.

생물권은 생체활동을 통하여 기후체계의 구조를 바꿀 수 있는 주요 부분이 되었다. 현재 대기는 생물체들의 작용으로 그 화학적 조성이 크게 달라졌다. 영국의 병리학자 러브락은 지구 자체가 하나의 거대한 생명체이며 이 지구 속에 포함되어 있는 동·식물을 비롯한 모든 물체는 지구라는 하나의 생명체의 구성원이라고 가정하였다(Lovelock and Magulis, 1974).

기후체계의 권역인 대기권, 수권, 설빙권, 지권은 생물권이 존재할 수 있는 여건마련, 광합성 및 증산작용을 통하여 토양 속의 수분을 대기 중으로 이동시키는 펌프 역할을 하고 있다.

해양과 지구의 생물체는 온실기체를 흡수하기도 하고 방출하기도 하며 광합성을 통해 해양과 지구 식물(특히 숲)은 많은 양의 탄소를 저장한다. 탄소순환의 중심적 역할을 하는 생물권은 메탄이나 산화질소 등의 양을 조절할 뿐만 아니라 대기화학과 에어로졸의 형성에 중요한 역할을 함으로써 기후에 영향을 준다. 생물권에 미치는 기후의 영향은 화석, 나이테 등에 담겨진 기록으로 추정할 수 있다.

(10) 설빙권

빙하와 눈으로 구성되어 지표 면적의 5%를 덮고 있는 설빙권(cryosphere)의 어원은 그리스어의 Cryo(cold or frost)로부터 유래되었다. 이 권역은 고온의 지구가 냉각된 20억 년 전에 형성되었다고 한다. 얼음은 물의 고체 상태이므로 수권의 한 부분으로 간주될 수 있다. 눈과 얼음의 반사도는 지표의 다른 부분에 비하여 매우 높으며 바로 내린 신선한 눈은 지표에 도달하는 태양광선의 거의 대부분을 외계로 반사한다. 먼지 등에 의해 더럽혀진 눈의 경우도 해양보다 3~4배 높은 반사도를 지니고 있어 태양에너지를 외계로 되돌려 보내는 역할을 하기 때문에 설빙권이 지표 면적의 어느 정도 이상을 차지하면 빙하기가 올 수 있다고 추정한다. 설빙권은 대기와 해양의 중간에 위치하여 에너지 및 물 교환을 차단함으로써 대기와 해양의 혼합층뿐만 아니라 대기와 해양의 대순환에도 큰 영향을 준다.

설빙권은 그린란드와 남극의 빙결지역, 대륙빙하 및 설권, 해빙과 영구동결지역 등을 포함하며 높은 태양복사 반사율, 낮은 열전도율, 높은 열적 내구성을 가지고 있으며, 특히 심해 해류 순환을 일으키는 등 기후체계에 중요한 역할을 한다. 설빙권은 많은 양의 물을 저장하고 있기 때문에 그 부피의 변동은 해수면 높이를 변화시킬 수 있는 잠재력을 지니고 있다.

(참조: 권원태, 한국의 기후, 2004)

(11) 대기권과 기후

대기권은 기후체계에서 가장 중요한 영역으로 대부분 기후변화는 대기권을 통하여 감지되며 지상 생태계에 가장 큰 영향을 미친다. 대기는 질소(N_2) 78%, 산소(O_2) 21%, 아르곤(Ar) 1%, 수증기(H_2O) ~0.04%, 이산화탄소(CO_2) 370ppm(parts per million) 그리고 기타 미량 기체들[네온(Ne), 헬륨(He), 크립톤(Kr), 수소(H), 오존(O_3) 등]로 구성되어 있다. 산소는 생명체에 큰 영향을 미치며 생물권에 의해 유지되고 있다. 대기 중의 수증기의 양은 매우 작지만 설빙권과 생물권을 유지시키며, 대기권에서 에너지 수송에 중요한 역할을 하고 있다. 수증기, 이산화탄소, 오존 등 온실기체들은 대기 전체의 질량에 비하여 매우 작은 양에 불과하지만 기후를 유지하고 변화시키는 데 매우 중요한 역할을 하고 있다.

대기권의 에너지원은 태양이다. 대기층을 통하여 내려오는 태양에너지는 구름, 오존, 수증기 등에 의하여 일부 대기층에서 흡수되나 대부분은 지표에서 흡수된다. 지표에서 외계로 방출되는 지구 복사는 대기의 온실기체들

[이산화탄소(CO_2), 메탄(CH_4), 이산화질소(N_2O), 프레온(CFC)]에 의하여 일부 흡수되어 지표로 되돌아오지만(온실효과) 대부분은 지표온도에 의해 장파복사로 외계로 빠져나간다. 지표면에서의 태양에너지 흡수 정도는 지표면 상태에 따라 반사도가 다르다. 일반적으로 저위도 지표면에서는 흡수되는 태양에너지량이 방출되는 지구 복사에너지량보다 많아 가열되며, 고위도에서는 그 반대의 현상으로 냉각된다.

저위도 지표면 또는 해수면에 흡수된 복사에너지는 열로 전환되어 대기의 난류과정을 통하여 대기권으로 전달되는데 이때 수증기와 운동량도 함께 대기상층부에 전달된다. 수증기는 응결고도에서 액체로 전환되면서 잠열을 방출하여 대류운동은 적도에서는 상승하고 아열대에서는 하강한다. 또한 대기권에서 고위도와 저위도 사이의 기온차는 중위도 상층에서 강한 편서풍(제트기류)을 유발시킴으로써 대기권에서의 공기, 물, 에너지의 이동, 계절, 대륙분포, 대기 구성성분 등(CO_2, O_2 먼지층 등)에 큰 영향을 미친다.

성층권에서는 태양자외선을 흡수하는 고밀도의 자연오존층이 성층권의 복사균형에 중요한 역할을 할 뿐만 아니라 해를 미칠 수도 있는 자외선을 여과시켜 준다.

대기는 복사와 상호작용을 하는 고체 및 액체입자(에어로졸), 구름 등을 포함하고 있다. 대기에서 가장 다양한 형태를 가진 성분은 수증기, 구름입자, 얼음 결정체 같은 형태로 존재하는 물이다. 수증기는 가장 강한 온실 기체일 뿐만 아니라 물의 형태 사이의 전이로 많은 에너지를 흡수하고 방출하기 때문에 기후변화에 매우 중요한 영향을 주고 있다.

제3절 대기질의 관측

(1) 개 설

경제의 고도성장에 따라 에너지소비량이 증대되고, 도시기능이 고도화되면서 대기상태는 광역에 걸쳐 질적으로 복잡하고 다양화되고 공해로 급속히 심화되었다. 이에 따라 오늘날 환경정화에 대한 관심이 높아져서 대기의 질적 상태는 서서히 정화되고 있지만 대기오염이 공해로서 차지하는 비율은 아직 대단히 높다.

생활환경면에서 대기질의 변화는 대기 자체 성질의 단순변화와 생활에 위협을 주는 대기오염의 두 가지로 크게 나눌 수 있다. 첫째, 대기질의 단순변화는 인간의 생활영역, 특히 도시지역에서의 기능이 고도화됨에 따라 소비하는 에너지가 증대되어 도시지역 전체의 대기질이 변화하는 경우이며, 둘째, 대기질의 오염은 가정난방, 공장매연, 항공기 및 자동차 등의 배기가스와 각종 오염물질에 의한 대기오염으로 현재 환경평가 등에서 사회문제가 되는 것은 대기오염이다.

인공적인 배출원도 고정배출원과 이동배출원의 두 가지로 나눌 수 있다. 고정배출원은 가정난방이나 공장의 매연과 같이 배출원이 고정되어 있는 것으로 도시규모로 생각할 때 문제가 되며, 이동배출원은 항공기나 자동차 등에 의한 것으로 국지적인 규모로 생각할 때 중요한 문제로 고려할 수 있다.

대기오염관측에 원격탐측을 적용한 예는 LANDSAT의 MSS영상으로 band 4, 5의 청록과 적색부분은 매연의 물리적 특성을 파악하여 매연의 범위를 관측하고 band 6, 7의 열적외(infrared) 영상은 매연을 투과하여 지형해석을 하였다. 원격탐측의 적용은 화력발전소 및 산업시설이 밀집해 있는 지역에서 굴뚝으로 배출하는 매연이 구름을 형상함으로써 이 구름의 MSS영상을 분석하는 것이다. 대기오염의 관측에 원격탐측을 적용시키는 연구가 계속 개발되고 있는 실정이다.

(2) 관측대상

대기관측에 필요한 대상으로는 대기질에 직접 영향을 미치는 오염물질과 오염물질의 확산에 영향을 미치는 기상조건 및 지형조건 그리고 대기의 장래예측을 할 경우에 필요한 대기오염농도현황의 파악이다.

오염물질의 종류는 일산화탄소(CO), 질소산화물(NO_x), 부유입자, 납화합물, 이산화황(SO_2), 광화학산화물, 탄화수소(HC) 등이 있으며 이외에도 필요에 따라 조사항목에 첨가할 수 있다. 각종 배출물질은 배출원으로부터 확산되어서 대기오염을 일으킨다. 확산은 기상조건에 따라서 시간적 · 계절적 변동뿐 아니라 지형조건에 따라서도 크게 변화한다.

대기질확산에 영향을 미치는 기상조건의 인자로는 풍향, 풍속, 일사량, 시간별 구름량, 기온, 습도 등이 있으며 지향조건은 분지, 산지 또는 건물이 밀집해 있는 도시지역인지의 대상지역의 전체적인 상황과 국지적인 지형의 기복이나 지표면의 상황, 즉 식물의 유무, 정지 등도 관측의 대상이 된다.

대기오염농도의 현황을 표시하는 요소로는 오염물질에 관한 현황의 배출원과 배출량, 풍향별 평균농도, 시간별 평균농도, 오염농도의 시간별 변동, 그리고 농도, 출원빈도 등이 있으며 이 지표들은 기상조건이나 지형조건에 따라 변화하는 것이므로 가능하면 장기간에 걸친 조사자료가 필요하다.

(3) 관측방법

각 조사대상에 대한 현황은 일반적으로 기존의 문헌 또는 자료 등에 의한 조사를 중심으로 하여 수집자료의 보충, 검증 등에 한하여 현지조사를 하나 기존의 문헌이나 자료는 보존되어 있는 기관으로부터 얻을 수 있다.

기상조건의 조사 중 풍향, 풍속은 주변의 건물이나 지형 등의 장해가 없는 곳에서 지상높이 10m의 위치에 설치한 풍향 · 풍속계로 관측한다. 기상관측의 일반적인 경우와 마찬가지로 관측시간 전 10분간의 평균값을 사용하지만 대기오염농도관측에 대해서는 1시간 평균값을 사용한다. 온도, 습도의 관측은 통풍이 좋고 지면으로부터 태양직사의 영향이 없는 장소를 선정하여 설치한 백엽상 내의 자기온도 · 습도계로 실시한다. 일사량은 일반적으로 전천일사량에 거의 비례하는 2조의 바이메탈의 온도차를 이용한 바이메탈식 전천일사량을 사용한다. 구름의 양은 매시간 하늘의 면적을 관측하는 것으로 기상관측법에 의해 전체하늘에 대한 10분수로 하여 일측한다. 일산화탄소 및 질소산화물의 관측, 분석은 먼저 펌프에 의해 어느 시간대에 평균화된 대기를 채취하여 일반적으로 비분산적외선흡수법을 이용한다. 이 방법은 일산화탄소가 4.7㎛의 적외선을 흡수하는 성질을 이용하는 것으로 채취한 대기의 적외선을 비추어 흡수된 빛의 변화량을 선택성의 검출기로 검출한다.

질소산화물의 관측법으로는 화학발광법, 적외광도법, 자외분광광도법 등이 있다. 탄화수소의 관측도 대기를 채취하여 분석하는 것으로 관측장치로는 전탄화수소분석계, 분리탄화수소 분석계, 메탄탄화수소분석계 등이 있다.

(4) 대기오염예측모형과 계산

가) 예측모형의 종류

대기오염예측모형은 크게 물리적 모형과 통계적 모형의 두 가지로 나눌 수 있다.

물리적 모형은 확산형상을 연기의 흐름으로 표시함으로써 오염농도의 공간분포를 구하는 데 적합한 plume모형[1]과 확산현상을 연기의 덩어리로 표시함으로써 정온미풍시에 오염농도의 공간분포를 구하는 데 적합한 puff모형[2]이 있다.

그 외에도 넓은 지역의 오염예측에 적합한 box모형, 확산방정식을 수치적으로 해석하여 모형실험에 적합한 원시모형 및 지형상황을 고려한 모형관측법 등이 있다.

통계적 모형은 회귀모형과 분류법에 의한 것이 있으며 회귀모형은 기록된 오염농도와 풍향·풍속의 값을 사용하는 예측값과 실측값으로부터 최소제곱법으로 구한다.

나) 예측계산의 전제조건과 순서

대기질의 예측계산을 할 때는 여러 가지 전제조건이 필요하게 된다. 이러한 전제조건을 충분히 고려한 다음에 예측계산을 위한 자료를 작성하여야 한다. 고려되어야 할 전제조건은 농도예측점의 높이, 예측계산에 의한 농도값, 배출원의 위치, 확산매개변수, 예측계산의 대상단면, 예측범위 등이다.

---

1) plume모형은 확산현상을 매연의 흐름으로 표현하는 것으로 오염농도의 공간분포를 구하는 데 적당하지만 지형조건을 고려할 수 없는 결점이 있다.

2) puff모형은 확산현상을 매연의 덩어리로 표현하는 것으로 정온미풍시에 오염농도의 공간분포를 구하는 데 적당하고 계산시간이 비교적 길다.

확산계산식에 의한 대기오염의 예측계산은 예측시간대의 설정, 기상조건의 설정, 도로구조조건의 설정, 교통조건의 설정, 배출강도의 산정의 순서로 실시한다.

제4절 대기권의 기후체계

(1) 기상관측

① 개 설

기상관측(meteorological obsevation)은 지상 및 수면에서의 관측뿐 아니라 지구표면에서부터 대기층의 높이에 따른 온도, 대기의 풍속, 수증기의 분포 등의 관측에 이르기까지 넓은 범위에 이용된다,

기상관측의 목적은 일정한 시각에 각지의 기상요소를 관측하여 서로 비교, 분석하고 국제기상통보식에 의한 국제식 자료교환에 따라 현재의 기상실황을 파악하는 동시에 각종 기상예보와 주의보, 정보자료로 이용하며 기후조사를 위한 통계자료나 기상학을 연구하는 데 필요한 자료를 얻기 위한 것이다.

1960년 최초의 기상위성 TIROS-1호를 NASA에서 발사한 이래 40개 이상의 기상, 환경위성이 발사되고, 최근에 TIROS-N, NOAA-C(1981년 12월)에 이르기까지 수많은 인공위성에 위해 기상의 예보와 기상조건관측이 활발해졌다. 인공위성에 의한 원격탐측기법의 활용도가 날로 증대되고 있다. 지상기상관측은 지상에서 시시각각으로 변화하는 기상요소와 기상현상에 관하여 관측하고 기록하는 것으로 여기서는 주로 지상관측에 대해 언급하기로 한다.

② 지상관측소의 위치와 관측설비

관측소는 평탄하고 바람의 유통이 잘 되며 시야가 넓은 곳으로 인가나 기타 장애물의 영향을 받지 않는 곳에 설치하여 관측된 기상요소는 부근의

일반적인 기상상태를 대표할 수 있어야 한다. 관측기기를 설치하는 노장은 중앙 부근을 기준으로 하여 해발 고도 1/10m, 위도, 경도를 표시하고 견고한 표석을 세워야 한다. 기상관측의 결과는 각지의 기상요소를 서로 비교할 수 있어야 하며 같은 지점의 관측값은 오랜 기간에 걸쳐서 비교할 수 있어야 한다. 따라서 기상관측법에 의거 중앙기상대의 검정을 거친 통일된 관측기를 사용해야 된다. 기상관측소에 설치하여야 할 관측기는 관측용 시계, 수은기압계, 건습계, 최고온도계, 최저온도계, 지면 및 지중온도계, 풍향계, 우량계, 적설판과 각종 자기기계 및 일조계 등이다. 이 밖에 필요한 곳에서는 일사계, 측풍경위의, 자동운고관측기, 기상레이다, 지진계 및 해변관측소에서는 파고계 등의 특수관측시설이 설치된다. 관측기를 설치하려면 백엽상, 측풍탑, 기압계실 및 기타 시설이 필요하다. 백엽상은 일정한 크기로 된 것을 사용하며 노장 내의 적당한 위치에 정면을 북향으로 하며 밑면의 높이가 지상 1m 정도 되도록 설치한다.

③ 지상기상관측의 횟수 및 시각

기상관측은 이용목적에 의하여 그 횟수에 증감이 생기고 관측시간이 결정된다. 한 지역의 기후조사와 여러 지방이나 국제적인 비교를 할 경우에는 같은 시각에 같은 방법으로 관측해야 한다. 통보관측시각은 국제적으로 통일되어 있다.

통보관측횟수는 1일 4회, 8회, 24회로 나누어지며 1일 4회의 경우 관측시각은 한국표준시각으로 3시, 9시, 15시, 21시이다. 1일 8회로 할 때는 3시, 6시, 9시, 12시, 15시, 18시이며 1일 24회시는 매시간 실시한다. 관측시각은 대상지역의 표준시에 따르지만 일조시간과 일사관측에는 대상지방의 진태양시를 쓴다. 진태양시의 정오에 상당하는 표준시는 역서에 의해 구할 수 있다. 역서에 기재되어 있는 일남중시각은 중앙기상대의 진태양시의 정오에 상당하는 표준시각을 표시하는 것이므로 대상지역의 진태양시의 정오에 상당하는 표준시를 구할 때는 중앙기상대와의 경도차를 시간으로 환산하여 역서에 기재된 일남중시각에서 가감하여야 한다. 한국의 경우 관측시각은 동경 135° 의 한국표준시에 따른다.

④ 기상관측인자

기상관측인자로는 구름, 기상현상, 시정, 기온, 습도, 바람, 강수량, 적설, 지면상태, 지면 및 지중온도, 일조시간, 일사량, 증발량, 파고, 계절 등이 있다.

가) 구 름

구름관측은 구름의 형(形), 형별(形別)의 량, 전체량, 높이, 진행방향, 속도 등으로 나누어서 하며 전제구름량을 관측한 후에 낮은 구름에서 높은 구름의 순서로, 같은 높이에서는 구름량이 많은 것부터 순서대로 관측한다. 구름의 형의 권운, 권적운, 권층운, 고적운, 난층운, 층적운, 층운, 적운, 적란운의 10가지로 기본구름형을 나누고 다시 형태와 내부구조에 의해 종으로 나누며, 또 구름조각의 투명도에 의하여 변종으로 세분한다.

구름의 양은 전 하늘을 10으로 하고 구름으로 덮여 있는 부분을 전 하늘에 대한 10분수로 표시하는 것으로 0에서 10 사이의 정수로 나타낸다. 하늘에 전혀 구름이 없거나 5% 미만일 때에 구름량은 0, 구름이 전부 덮여 있거나 95% 이상이면 구름량은 10이다.

구름높이는 관측장소의 지면으로부터 구름 밑면까지의 높이를 말하며 100m 단위로 표시한다.

구름의 진행방향은 구름이 진행하여 오는 방향을 말하며, 8방위로 나누어서 관측한다.

구름의 속도는 느림, 보통, 빠름의 3등급으로 나누어서 관측하며 구름방향과 속도는 각 구름의 형에 따라서 각각 따로 관측한다.

나) 기상현상과 시정

기상현상은 대기중의 물현상, 먼저현상, 빛현상, 전기현상의 네 가지로 나누어서 관측하며 현상의 시작지각, 현상의 종류, 끝난 시각의 네 가지 사항에 대해서 실시한다. 시정(visibillty)은 대기의 혼탁 정도를 표시하는 척도로 주간과 야간으로 구별하며 목표물을 확인할 수 있는 최대거리를 말한다.

다) 기압과 기온

세계기상기구(WMO)는 83년부터 국제도량형 협회(CGPM)가 1971년에 정한 국제단위계(SI unit)에서 기압의 기압단위인 pascal에 1백배를 붙여 만든

hecto pascal(hPa)을 mb 대신 사용할 것을 각국에 권고해 왔다. $1m^3$면적당 1 Newton($1kg \cdot m/see^2$)의 힘이 작용해 받는 압력을 1파스칼(Pa)이라 하며 1hPa는 종전의 1mb($1{,}000dyne/cm^2$)와 같은 값이다. 그러므로 기압의 단위는 종전에 사용하던 mb가 아닌 hPa로 사용해야 한다. 기압의 관측은 원칙적으로 Fortin형 수은기압계를 사용해야 한다. 수은기압계는 원래 각 부분의 온도가 동일한 조건일 때 정확한 기압을 관측할 수 있으므로 기압계실은 온도 변화가 적고 바람의 영향을 적게 받은 곳을 택해야 한다. 수은기압계로 기압을 관측하여 현지기압(관측소기압)을 산출하려면 기차보정, 온도보정 및 중력보정을 해야 한다. 그리고 기상도를 작성하기 위해서는 다시 기압을 해수면의 값으로 고치는 해수면보정을 하여야 한다.

기온은 지면 위 1.2~1.5m 정도의 높이에 설치된 백엽상에서의 온도를 관측하며 최고온도계, 최저온도계 및 연속적인 변화를 알기 위한 자기온도계 등을 이용한다.

라) 습도와 바람

습도관측은 대기중의 수중기량을 관측하는 것으로 관측기기로는 건습계, 통풍건습계, 모발습도계, 노점계, 자기습도계 등이 있다. 수증기는 온도 변화에 따라 응결 또는 승화하여 물방울이나 빙정이 되며 이때에 다량의 잠열을 발생하게 하여 복잡한 기상변화의 원인이 된다.

바람은 풍향과 풍속을 관측하는 것으로 풍향은 16방위로 구분하여 표시하며 관측시각 전 10분간의 평균값인 평균적인 풍향을 말한다. 풍속은 지상 10m에의 풍속을 표준으로 하고 풍향과 같이 관측시각 전 10분간의 평균풍속을 말한다. 관측기로는 복엽풍향계, 셀신형풍향계, 로빈슨풍속계 및 프로펠라식 풍향·풍속계 등이 있다.

마) 강수량

강수량은 일정한 시간 동안에 지상에 내림 강수가 지표면이 수평이라고 가정할 때에 고인 깊이를 말하며 mm 단위로 표시한다. 강수량에는 비, 이슬 등 액체성 강수 외에 눈, 싸락눈, 우박 등 고체성 강수와 이슬이나 서리도 양의 관측이 가능할 때에 포함된다. 우량계의 규격은 각국마다 다르다. 우리 나라의 경우 우량계는 수수기(受水器) 구경 20cm, 높이 20cm, 저수기의 길이는 40cm의 원통형이다. 우량계 설치시 주위의 빗방울이 튀어들지 않도록 해야 하며, 관측시각을 엄수해야 한다. 강수량의 관측기로는 자동기록우량계, 전도형자동기록우량계, 원통형설량계, 평형우설량계 등이 이용된다.

바) 적 운

적설은 고체강수(눈, 싸락눈, 싸락우박)가 지면에 내려 쌓여 있는 깊이를 말하는 것으로 눈이 내린 강수량을 말하는 강설량과는 의미가 다르다. 눈이 노장 또는 노장 주위의 지면에 반 이상 덮였을 때 적설이 있는 것으로 하고 단위는 cm로 하되 mm까지 관측한다. 적설의 관측에는 설척이나 적설판이 이용된다.

사) 지면상태 및 지중온도

지면상태의 관측은 WMO[3] code 0900에 의한 분류표에 의해 관측한다(〈표 4-1〉 참조). 얕은 층 지중온도는 지중 5cm, 10cm, 20cm, 30cm 깊이의 온도를 각각 이에 해당하는 곡관지중온도계를 사용하여 관측한다. 0.5m 이

표 4-1 WMO code 0900

0	지표면은 건조하고 먼지는 거의 일어나지 않는다.
1	지표면이 습하다.
2	지표면이 젖어 있고 대소의 웅덩이에는 물이 고여 있다.
3	지표면이 얼어 붙어 있고 노출된 흙 위에는 아무것도 없다.
4	지표면이 얼음 또는 우빙으로 덮여 있고 눈은 덮여 있지 않다.
5	지표면의 반 이하가 눈이나 얼음으로 덮여 있다.
6	지표면의 반 이상이 눈이나 얼음으로 덮여 있고 전체가 덮여 있는 것은 아니다.
7	지표면 전체가 눈이나 얼음으로 덮여 있다.
8	지표면의 반 이상이 다져지지 않은 건성눈으로 덮여 있지만 전체가 덮여 있는 것은 아님. 혹은 지표면이 건조하고 반 이상에서 먼지나 모래가 일고 있다.
9	지표면 전체가 다져지지 않은 건성눈으로 덮여 있다. 혹은 지표면이 건조하고 전체에서 먼지나 모래나 일고 있다.

주) 1) 숫자부호 5, 6, 7에서 눈은 내린 지 수일이 경과하여 일부가 녹고 다져져서 굳은 눈을 말한다.
2) 숫자부호 8, 9를 먼지나 모래가 일어나는 상태로 사용할 때는 Dust 또는 Sand를 부기한다.
3) 부호 2종류 이상이 동시에 해당된다고 생각될 때는 숫자가 큰 부호를 사용.

3) WMO : World Meteorological Organization.

상의 깊은 층 지중온도는 철관지중온도계를 사용하여 관측한다. 이 온도계는 고정된 길이의 철관을 지중에 박고 철관 속의 온도계가 지정된 위치에 있도록 쇠사슬로 조절한다.

아) 일조시간과 일사량

일조시간은 태양광선이 구름이나 안개 등에 차단되지 않고 지표면을 비친 시간을 말한다. 장애물이 없는 위치를 택하여 일조계를 설치한다. 일사량은 지구표면에서 받는 태양열량의 강도를 말한다. 이에는 태양에 대하여 수직인 면이 직접 태양으로부터 받는 직달일사와 복사에 의한 수평면일사가 있다. 전자는 은반일사계로 후자는 로빗치 자동기록일사계 또는 에프리일사계에 의해서 관측된다.

자) 증발량

기상관측에서 필요로 하는 증발량은 수면, 지면, 초지, 삼림 등 광범위한 지역에서의 증발량이다. 현재로는 자연상태의 증발량을 관측하기 적당한 방법이 없으므로 증발계를 이용하여 관측한다. 관측은 09시에 하며 우량과 같이 mm 단위로 관측한다. 증발계에는 대형증발계, 소형증발계가 있다.

차) 계절관측

계절관측의 목적은 각종 계절현상에 미치는 기상의 영향을 알 수 있을 뿐만 아니라, 그 관측결과에 의해 총괄적인 기상현상의 추이를 알고자 하는데 있다. 계절관측은 크게 기후계절, 생물계절로 구분되며, 기후계절은 눈 · 서리 · 얼음 등 기상현상에 대한 관측이므로 해당현상에 대한 관측에 준하여 관측한다. 생물계절의 관측은 다시 식물계절관측과 동물계절관측으로 나눈다.

카) 파 고

파고관측은 선박의 운항이나 해양시설물의 설계 등에 중요한 자료를 제공한다. 파고를 풍속이나 그 밖의 기상상황으로 예측할 수 있도록 하기 위해서는 기상상황과 함께 정확한 관측자료가 필요하다. 파고관측방법은 전자장비의 발달로 초음파관측기를 수심 50m 정도 되는 곳에 설치하여 관측한다. 그러나 경비와 시설문제 등으로 설치에 어려움이 있으며 간이방법으로 해안의 적당한 위치에 pole을 세워 관측하는 방법도 있다.

(2) 기후체계

지구의 대기권에서 발생하는 여러 가지 물리적, 화학적, 생물학적 상호작용들은 기후체계를 더욱 복잡하게 만든다. 대기와 해양은 증발을 통해서 열과 수증기를 상호 교환함으로써 구름형성, 강수 및 유출과 함께 대기에 에너지를 공급한다. 한편, 강수는 해양의 염도에 영향을 주어 염분의 분포와 열염분순환에도 영향을 준다. 대기와 해양은 이산화탄소와 그 밖의 기체들을 서로 교환함으로써 심해저층으로 가라앉는 극지역의 찬물에 이산화탄소를 용해시키고 적도 부근의 따뜻한 용승류를 통해 방출하여 기체들의 균형을 유지한다. 반면, 해빙은 대기와 해양 사이에 교환을 방해하고 생물권은 광합성과 호흡에 의해 대기 중에 이산화탄소 농도 및 기후변화에 영향을 미친다. 생물권은 증발산을 통해 대기 중에 수분을 공급하며 태양광을 반사시켜 대기 복사평형에 영향을 준다. 이 복잡하고 다양한 상호작용뿐만 아니라 인류문명의 발달과정에서 야기되는 기후체계 저해요인으로 기후변화에 영향을 줄 수 있다.

기후를 나타내는 기상요소는 기온, 강수, 바람, 기압, 습도, 하늘상태, 지면상태이다. 기온은 최고기온과 최저기온, 평균기온, 일교차, 연교차가 있으며 강수는 강수의 형태와 양, 강수일수 및 강수율 등이 있다. 바람은 풍속의 세기, 태풍, 평균풍속, 순간풍속, 초속풍속 등이 있다. 기압은 현지기압, 해면기압 및 기압변화율이 있으며 습도는 절대습도, 상대습도 및 혼합비로 나타낸다. 하늘 상태는 구름의 종류와 양, 안개, 황사 등으로 나타내며 지면상태는 지면 온도 및 습도, 적성 등을 들 수 있다.

(참조: 권원태, 한국의 기후, 2004)

(3) 한국의 대기환경

우리나라는 연평균 기온이 12.3℃, 강수량은 1,310㎜, 남쪽과 동쪽 연안지방이 다른 곳보다 기온이 높고, 내륙 산간지방은 기온이 낮으며 기온이 가장 높은 달은 8월, 가장 추운 달은 1월, 기온의 연교차는 25.9℃로 매우 특징적인 대륙성 기후를 보인다. 강수량은 7월과 8월이 가장 많고 1월이 가장 적은 몬순 기후의 특성을 나타내고 있으나 울릉도의 기후는 다른 지방과는 달리 겨울에는 강수량이 많은 해양성 기후의 특성을 나타내고 있다.

일 년에 비나 눈이 오는 날은 약 106일로 평균적으로 거의 3일에 한 번씩 강수현상이 발생하며, 따뜻한 계절에는 강수강도가 세고, 추운 계절에는 약하다, 주로 남해안 지방에서 강수강도가 크고, 울릉도, 고산, 목포는 강수강도가 약해서 국지성을 나타내며 눈일수와 안개일수 등은 지역적인 영향을 많이 받으며 안개는 내륙의 호수 부근에서 많이 발생한다.

연평균 해면기압은 1016.5hPa로 지구평균에 비하여 약간 높고, 상대습도는 약 70%고, 4월이 가장 낮고, 장마철인 7월이 가장 높다. 운량은 장마철인 7월이 가장 많으며, 12월이 가장 적은 특성을 나타나며, 증발량은 비교적 기온이 높고 건조한 5월에 가장 많고, 추운 계절인 12월과 1월에 가장 적다. 6월부터 9월은 강수량이 증발량보다 많으나 다른 기간은 증발량이 강수량보다 많고, 특히 5월과 10월은 그 차이가 가장 크다.

지구온난화의 원인물질인 CO_2의 농도는 지구평균과 비슷하며 증가추세도 유사하다. CO_2의 농도는 생물의 계절변화 및 대기 순환의 계절변화 때문에 4월이 가장 높고 8월이 가장 낮은 특성을 나타내고 있다. 최근 30년간 우리나라의 기후변화에서 지구온난화현상이 나타남으로써 기온이 상승하여 서리일 및 난방도일(暖房度日, heating degree days)이 감소하고, 열대야 및 냉방도일(冷房度日, cooling degree days)이 증가하고 있다.

① 한국의 대기 중 CO_2의 현황

가) 농도관측

우리나라의 대표적 배경대기(背景大氣, background air) 지역인 제주도 고산에서 1990년부터 CO_2농도를 플라스크 방법으로 관측하고 있으며 동아시아 지역의 배경대기를 감시하는 데 좋은 곳이다. 또한 이곳은 동중국해와 지리적으로 가깝고 한반도의 내륙으로부터 남쪽으로 약 100㎞ 떨어져 있으며 일본의 큐슈지역으로부터는 서쪽으로 약 250㎞ 떨어져 있다. 제주도 고산의 지상풍계는 여름철을 제외하고는 대체로 서풍 또는 북풍이 빈번하며, 여름철에는 북태평양 고기압의 주변부에 위치하여 남동풍이 많이 생긴다.

나) 월평균 CO_2농도의 시계열

CO_2는 지구 온난화를 일으키는 원인물질 중 가장 중요한 기체로 대기 중 농도변화를 지속적으로 감시하는 것은 기후감시 업무 중 매우 중요한 부분을 차지한다. 제주도 고산에서 관측한 월평균 CO_2농도의 시계열은 1990년 8월에 관측된 345.96ppmv(part per million volume)의 농도값을 나타낸 후 지속적으로 증가하는 추세이다. 연평균 CO_2농도는 1991년 357.80ppmv에서 2000년에는 373.63ppmv로 증가하였고, 1991년부터 2000까지 지난 10년간에 걸친 CO_2농도 증가율은 약 1.58ppmv/yr 정도이다. 이 값은 NOAA/CMDL에서 관측한 1979~1999년 사이의 평균 CO_2 증가율인 1.5ppmv/yr보다 약간 높은 값에 해당한다(NOAA/CMDL, 2001).

다) CO_2농도의 월변화

북반구의 중위도에 위치한 우리나라는 CO_2농도의 월평균 농도 변화는 4월의 CO_2 월평균 농도가 370.52ppm으로 가장 높으며, 8월의 CO_2 월평균 농도가 356.16ppm으로 가장 낮아 4월과 비교하여 14.36ppm의 차이를 나타내고 있다. 이와 같이 CO_2농도의 월변화가 크게 나타나는 원인은 동아시아 지역의 몬순체계에 의한 영향으로 4월의 경우 아시아 대륙에서 기원한 기단의 영향을 주로 받기 때문에 화석연료의 연소 등 인위적 요인에 의한 배출로 대기 중 CO_2의 농도가 높게 나타난 것으로 해석하고 있다. 그러나 8월의 경우에는 북태평양 상에서 기원한 해양성 기단의 영향을 주로 받음에 따라 인위적 배출원에 의한 직접적 영향이 없고 오히려 해양에 의해 CO_2가 흡수됨으로써 연중 가장 낮은 농도를 보인 것으로 나타났다. 그리고 7, 8, 9, 10월은 연평균 농도보다 낮은 농도값을 가지는 달로서 나타났다.

(참조: 권원태, 한국의 기후, 2004)

② 한국의 계절구분

지구상의 모든 생명체는 태양에너지를 흡수하거나 이를 직 · 간접적으로 이용하여 생명을 유지해 가고 있다. 지표면에 도달하는 태양에너지는 지구의 자전과 공전의 주기, 태양복사에너지의 세기와 내리쬐는 시간(일조 시간), 지구 표면에서 얼마나 많은 양이 태양복사에너지가 흡수되느냐에 따라 그 지역의 기후형태가 달라진다.

지구는 태양으로부터 149,000,000㎞ 정도 떨어져서 타원형태를 이루며 1년을 주기로 하여 태양을 돌고 있으며 지구의 공전도 타원모양을 하고 있기 때문에 1년 중 태양에 가까이 위치하여 태양에너지를 많이 받는 시기와 태양에 멀리 위치하여 태양에너지를 적게 받는 시기가 나타나게 된다.

지구는 공전궤도면에 대하여 자전축이 약 66.5° 정도 기울어져 있는데 이 자전축의 경사가 계절변화를 일으키는 중요한 요인으로 작용하여 춘분과 추분에는 태양이 적도 바로 위를 돌지만 하지에는 북위 23.5° 위를 동지에는 남위 23.5° 정도의 상공을 선회하기 때문에 위도 37°25′ 정도에 위치한 서울에서는 태양이 하지 정오에는 천장에서 13°55′, 동지 정오에는 60°55′ 정도의 위치에서 비추게 된다. 겨울에는 태양의 높이가 다른 계절보다 낮아서 햇빛이 대기를 비스듬하게 통과함에 따라 단위 면적당 받는 태양복사에너지의 양이 적어 온도가 낮다. 또한 태양의 높이가 낮아서 햇빛이 대기를 통과해야 하는 길이가 여름에 비해 약 1.9배나 길기 때문에 태양복사에너지의 많은 부분이 공기 중에 흡수되어서 지면에 도달하는 에너지양도 상대적으로 감소한다. 여름에는 길고 겨울에는 짧은 태양 빛이 내리쬐는 시간의 차도 계절 변화의 한 요인이 되고 있으며 지구의 운행이 바람과 해류의 방향에도 큰 영향을 주어 기상 현상을 복잡하게 이루어가고 있다. 일상생활에서는 계절을 기계적으로 봄을 3,4,5월, 여름을 6,7,8월, 가을을 9,10,11월 겨울을 12,1,2월로 3개월씩 나누고 있지만 이 절에서는 그 방법을 달리하여 천문학적 계절, 기상학적 계절, 농사계절, 동·식물계절로 구분하여 기술하기로 한다.

가) 천문학적 계절

태양이 천구상 어디에 위치해 있느냐에 따라 나누어진 계절을 천문학적 계절이라고 한다. 옛날 우리나라와 중국에서는 태양의 움직임을 24등분하여 사용해온 24절기는 태양의 운동에 근거한 것으로서 춘분점으로부터 태양이 움직이는 길인 황도를 따라 동쪽으로 15°간격으로 24등분하여 태양이 각 점을 지나는 시기를 표시한 것이다. 천구상에서 태양의 위치가 황도상에서 0°, 15°, …, 300°되는 지점을 통과하는 순간을 춘분, 청명, …, 대한으로 한다.

24절기를 〈표 4-2〉에 월별로 나타내었는데 이들은 중국 주(周)나라 때 화북지방의 기후를 나타내도록 정해졌기 때문에 우리나라의 기후와는 약간

표 ④-2 각 월에 속해 있는 24절기 이름

월	1	2	3	4	5	6	7	8	9	10	11	12
초기	소한	입춘	경칩	청명	입하	망종	소서	입추	백로	한로	입동	대설
중기	대한	우수	춘분	곡우	소만	하지	대서	처서	추분	상강	소설	동지

차이가 날 수 있다. 삼복은 여름의 더운 시기를 나타내는 때로 초복, 중복, 말복을 말한다. 초복, 중복은 각각 하지로부터 세 번째 경일, 네 번째 경일, 말복은 입추 후 첫 번째 경일인데 경일(庚日)은 일진을 정하는 60간지 중 경오, 경진, 경인 등 경자가 든 날을 말한다. 24절기의 뜻은 다음과 같이 해석한다.

입춘(立春) : 24절기의 첫째이며 양력 2월 4일경, 태양이 황경(黃經) 315°에 왔을 때이다. 음력으로는 정월의 절기로서 동양에서는 이 날부터 봄이라고는 하지만 추위는 아직도 강하다. 집안의 기둥이나 벽에 〈입춘대길〉이라는 글귀를 붙여 한 해 동안의 길운을 기원하기도 한다.

우수(雨水) : 날씨가 거의 풀리고 봄바람이 불기 시작하는 시기로서 새싹이 난다. 예로부터 우수, 경칩(驚蟄)에 대동강 물이 풀린다고 하였다.

경칩(驚蟄) : 계칩(啓蟄)이라고도 한다. 날씨가 따듯해져서 초목의 싹이 돋아나고, 동면하던 동물들이 땅속에서 잠을 깨어 꿈틀거리기 시작한다는 뜻에서 이러한 이름이 붙었다.

춘분(春分) : 태양이 천구의 적도 위를 남에서 북으로 끊고 지나가며 황경(黃經) 0°, 즉 황경(黃經)의 시발점에 있고 이 날은 밤낮의 길이가 같다.

청명(淸明) : 황하의 물이 연중 가장 맑은 무렵이며, 기온은 10℃를 넘어 벚꽃이 피어서 한층 봄기운을 느끼게 한다.

곡우(穀雨) : 봄비가 내려 백곡이 윤택해진다는 뜻이며 농가에서는 못자리를 마련하는 등 본격적인 농사철이 시작된다.

입하(立夏) : 여름에 들어섰다고 하여 입하라 한다. 녹음이 차츰 짙어지고 아카시아꽃과 오동꽃이 피며 농촌에서는 못자리판이 거의 끝난다.

소만(小滿) : 만물이 점차로 생장하여 가득 찬다는 뜻을 가졌다

망종(芒種) : 벼, 보리 등 까끄라기가 있는 곡식의 종자를 뿌려야 할 적당한 시기란 뜻이다.

하지(夏至) : 1년 중 태양의 적위가 가장 큰 때, 태양이 황도상에서 가장 북쪽 점에 있을 때이다. 하지 때는 일반적으로 태양의 고도가 높고 또 낮의 길이가 길므로 북반구의 지구 평면이 받는 열량은 1년 중에서 가장 많다. 이 열량에서 방사열을 감한 나머지가 쌓이고 쌓여서 하지 이후에도 기온이 상승하고 삼복 때에 가장 더워진다.

소서(小暑) : 장마전선이 한반도의 허리를 가로질러 오랫동안 정체되면서 습도가 높고 장마철을 이루는 경우가 많다.

대서(大暑) : 대개 중복과 겹치는 시기이며 더위가 심하다. 장마전선이 한반도에 동서로 걸쳐 큰 장마를 이루는 해가 자주 있다.

입추(立秋) : 동양의 역에서는 입추부터 입동 전까지를 가을로 한다. 여름의 토용(土用)막이도 입추 전날까지로서 아침저녁의 바람이 가을 소식을 알려준다.

처서(處暑) : 입추도 지나고 백로로 향하는 도중에 있는 서퇴(暑退)의 시기이다. 가을 채소의 씨앗을 파종하는 시기이다.

백로(白露) : 밤에 기온이 내려가고 대기 중의 수증기는 이슬이 되어 풀잎에 맺힌다.

추분(秋分) : 태양이 황경(黃經) 180°를 지나기 때문에 이날 천구의 적도 위를 남에서 북으로 끊고 지나가며 밤낮의 길이가 같다. 이 시기는 추수기이며 백곡이 풍성한 때이다.

한로(寒露) : 북서 계절풍이 불기 시작하면서 하늘이 높고 푸르러 전형적인 가을 날씨가 계속된다. 한로부터 15일간은 이슬이 찬 공기를 만나서 서리가 되려는 직전이다.

상강(霜降) : 쾌청한 날씨가 계속되며 밤에는 기온이 매우 낮아지므로 수증기가 지표에서 엉겨 첫서리가 내리며 첫얼음도 언다.

입동(立冬) : 이날부터 겨울이라는 뜻에서 입동이라 부르고, 동양에서는 입동 이후 3개월을 겨울이라고 한다.

소설(小雪) : 평균 기온은 5℃ 이하로 내려가고 첫 추위가 닥친다.

대설(大雪) : 이 시기에 눈이 많이 쌓인다는 뜻에서 이런 이름을 붙였는데 이 24절기는 원래 중국의 화북지방의 기상에서 이런 이름을 붙인 것이다.

동지(冬至) : 태양이 천구상으로는 황도의 가장 남쪽에 위치하고 하지점과는 정반대에 위치한다.

소한(小寒) : 대한은 1월 20일경부터인데 절후의 이름으로 보아 대한 때가 가장 추운 것으로 되어 있으나 실은 소한 때가 우리나라에서 1년 중 가장 춥다. 속담에 〈대한이 소한 집에 놀러갔다가 얼어 죽었다〉는 말은 이런 데서 나온 말이다.

대한(大寒) : 태양 황경(黃經)이 300° 되는 날로서 1월 20일 또는 21일이다. 대한은 겨울의 매듭을 짓는 절후이다.

나) 기상학적 계절

기상학적 계절을 기후학적 계절 또는 자연 계절이라고 하는데 일사, 기온, 강수, 바람, 기압, 기단, 전선 등 여러 가지 기상현상, 기압패턴 등에 관한 기상 및 기후 요소를 토대로 구분한다. 기후학적 측면에서 지역에 따라 기상현상이 다르므로 춘, 하, 추, 동 계절 외에 비, 바람의 양과 강도의 차이, 남반구로 가면 북반구의 여름 시기가 겨울이 되고 봄의 시기는 가을이 되는 등 변화가 다양하다. 이로 인하여 생활습관도 지역에 따라 변해간다.

또한, 기후학적 측면에서 눈, 서리, 얼음, 관설 및 강하천의 결빙과 해빙에 관한 기상상황의 변화를 알기 위하여 처음으로 발생한 날과 끝 날을 관측하여 첫눈, 첫서리, 마지막 눈, 마지막 서리, 첫얼음, 마지막 얼음을 명시하고 있다. 관측소부근의 주요 강, 하천에 얼음으로 인하여 수면을 볼 수 없는 상태를 결빙이라 하고 수면의 일부분이라도 녹아서 노출된 상태를 해빙이라고 한다. 어느 짧은 기간 동안의 기상이 급변(장마가 끝나자 기온이 급상승, 9월 초 기온이 급하강 등)하는 기상의 연 변화를 기준으로 해서 계절을 나누는 것을 자연계절이라고 한다.

다) 농사계절

농사계절은 같은 작물이라도 지역에 따라 발아, 출수, 개화, 성숙, 수확의 시기 등이 각각 다르다는 데에 근거하여 구분된 계절이다. 농업 생산성은 기상 및 기후의 변화에 직접적인 영향을 받으므로 우리나라에서는 오래전부터 계절변화를 잘 이해하기 위하여 국가 차원에서 역서를 만들었으며, 이를 농민들에게 널리 알려서 농작물 재배에 활용하도록 하였다. 역서는 일(day), 주(week), 월(month), 년(year)을 적절히 배합하여 만든 것이다. 해를 기준으로 하느냐, 월을 기준으로 하느냐에 따라 달라질 수 있으나 태음력, 태음태양력, 태양력으로 나누어 사용하고 있다.

우리나라에서 오래전부터 달의 삭과 망을 이용하여 1달을 정하여 사용해오던 태음력 방법이 농업에 잘 맞지 않아서 개량한 것이 태양태음력이다. 태양태음력은 1개월과 1년을 모두 고려하여 만든 무척 복잡한 역법이다. 1태음년은 1태양년보다 11일(365일-354일=11일)이나 짧기 때문에 3년이 지나면 1개월의 차이가 난다. 이를 보완하기 위하여 수년에 한 번씩 윤달을 넣었으나 태음력이 태양에 의한 계절과 한 달이나 차이가 날 때에는 농업에 활용하는 데에 어려움이 있었다. 이 점을 보완하기 위하여 태양의 위치에 따른 계절을 나타내기 위하여 황도를 24등분한 24절기를 이용하였다. 태양의 운행만으로 구성하여 달의 운행을 무시하고 1년을 12개월로 구성한 것이 태양력이다.

라) 생물(동 · 식물)계절

식물계절 관측의 종목은 벚꽃, 매화, 개나리, 진달래, 아카시아, 복숭아, 배나무, 은행나무, 단풍나무 등이며 관측현상은 발아, 개화, 만발, 단풍, 낙엽 등이고, 동물계절 관측의 종목은 제비, 종달새, 뻐꾹새, 뱀, 개구리, 배추흰나비, 밀잠자리, 참매미 등이고 처음 나타나는 시기, 번식이 왕성한 시기, 자취를 감추는 시기 등에 관한 것이다.

식물계절은 관측소구내에서 관측하는 것을 원칙으로 하나 현재 구내에 표준목이 없거나 관측적기 수령이 지나 관측이 부적당할 경우는 미리 표준목을 심어서 관측에 적당한 크기로 자랄 때까지는 관측소 부근에 있는 식물을 표준목으로 지정하여 관측을 하여야 한다. 동물계절 관측은 관측소 구내 혹은 부근에서 하여야 하나 어떤 동물은 매년 잘 나타나는 장소가 대략 정해져 있으므로 미리 장소를 조사해 놓았다가 그 장소에서 관측한다.

(참조: 허창회 · 엄양희, 한국의 기후, 2004)

(4) 한국의 계절에 따른 대기변화

① 봄철 기후

봄철에는 시베리아 고기압이 약해지면서 북서 계절풍도 약해진다. 시베리아 고기압에서 떨어져 나온 이동성고기압과 중국 연안에서 발생한 저기압이 자주 한반도와 그 주변 해양을 지나 동진 또는 동북진하므로 저기압과 관련된 날씨의 변화가 일어난다. 이 저기압은 대체로 3~4일이면 한반도 주변을 통과하고 비를 내린 후에는 날씨가 따뜻해지나 일시적으로 저기압 후면에 시베리아 고기압의 확장으로 북서 계절풍이 불고 꽃샘추위도 나타난다. 봄은 1년 중 날씨 변화가 가장 크게 일어나며 이동성 고기압과 저기압의 이동 속도가 빠르면 빠를수록 날씨 변화가 빨리 진행된다. 이동성 고기압 내에서는 맑고 화창한 날씨가 나타나며 야간 복사냉각으로 지면이 식어 서리가 내리는 경우도 있다. 늦봄이 되면 이동성 고기압의 발생이 줄고 이동속도도 느려 기온이 상승하며 건조하고 맑은 날씨가 오래 지속된다.

봄에는 이상건조, 황사, 늦서리 같은 현상이 나타난다. 이동성 고기압 내에는 수증기가 적게 포함되어 있기 때문에 낮에 기온이 올라가면 상대습도가 매우 낮게 되는데 이 현상을 이상건조라고 하며 상대습도가 30%가 되는 이상건조도 가끔 나타난다. 황사현상은 아시아 대륙의 중심부인 중국과 몽골의 사막지역, 황하 중류의 황토고원, 내몽골 고원의 황토지역에서 한랭 전선 후면에서 부는 강풍에 의해 만들어진 난류로 인하여 발생하는데 상층기류에 운반되어 우리나라, 일본을 지나 북태평양까지 운반되는데 멀리 북미까지 운반되는 경우도 있다. 우리나라에서 관측되는 흙먼지의 크기는 약 1~10(㎛)로서 모래보다 작다. 1998년 4월의 황사현상은 미국까지 수송된 것이 해양관측위성에서 확인되기도 하였다. 한반도에는 5월 중순부터 장마가 시작되기 전까지 건기가 있으며 출현시기 및 지속시간은 해마다 다르다. 건기에는 강수가 없을 뿐만 아니라 맑은 날이 일주일 이상 계속되는 기간이 있다. 건기는 경압파(傾壓波, baroclinic wave)와 동반된 상승류가 만주에 위치하고 장마전선과 관련된 상승류는 우리나라 남쪽에 위치해 두 상승류 사이의 하강류 지역에 위치하게 되고 편서풍대가 티베트를 경유하면서 그 상공에서 탈습되어 강수그늘의 효과로 나타나는 것으로 이해되고 있다. 이 장마 전의 건기가 오래 지속되면 가뭄으로 농사에 해로운 영향을 줄 수 있다.

(참조: 이동규, 한국의 기후, 2004)

② 여름철 기후

여름은 장마기와 한여름으로 크게 구분할 수 있고, 장마기는 장마전선에 따른 지속적 강우가 내리는 기간과 지속적인 비가 일시 멈추고 한여름이 오기까지 집중호우가 내리는 기간으로 다시 구분해 볼 수 있다. 여름에는 7, 8월에 태풍이 내습하여 장마성 비를 크게 내리게 하거나 집중호우로 이어지는 경향이 크다.

장마(Changma)는 대륙성 한대기단(아시아대륙 저기압)과 아열대기단(서북태평양 고기압) 사이에서 형성되는 한대성전선 또는 정체전선 상에서 지속적인 비를 내린다. 장마기는 이러한 장마전선이 북태평양 고기압과 오호츠크해 고기압 사이에 놓이면서 만주지방과 양자강 유역에 광범위한 저압부가 형성되는 때이다. 장마전선은 2~3일 주기로 양자강 저압부로부터 동진해오는 경우가 흔하며 6월 하순 우리나라 남해안으로 상륙하고 7월 상순에 중부지방까지 도달한다.

장마의 종료 무렵 7월 중순부터 8월 하순 사이에 서북태평양 아열대고기압의 북서 확장과 대륙의 저기압계가 한반도 근처에서 경압성을 강화할 때 중국의 중부와 한반도를 잇는 강우대 또는 장마전선 상에서 강한 국지성 대류가 발달하고 이 대류계에 의하여 국지적으로 많은 비가 내리는 것이 집중호우이다. 집중호우 기간은 아주 짧은 해도 있으나 1998년처럼 약 2주간에 걸쳐 매일 큰 비로 인하여 큰 재해를 일으키기도 한다. 집중호우의 중요한 기상 배경으로 태풍이 간접적으로 많은 수증기와 남서풍 또는 남동의 하층제트를 일으켜 수증기의 공급을 돕는 것과 대륙의 한대기단이 발달하여 경압성이 강화되며 하층 북서풍에 의한 찬공기의 이류를 들 수 있다. 집중호우는 7

그림 4-2 2011년 장마의 특성

〈출처: 기상청〉

월 중순, 8월 중순에 가장 많이 발생한다. 8월 하순부터 9월 상순에 걸친 기간에는 시베리아 고기압이 발달하여 한 여름의 기압배치가 사라지며 북상했던 장마전선이 남하하여 가을장마가 나타난다. 태풍은 8월에 한반도에 가장 영향을 많이 끼치는데 특히 8월 중에도 하순에 가장 많다.

(참조: 이동규, 한국의 기후, 2004)

③ 가을철 기후

8월 중순이 지나면 최성기에 있던 북태평양 고기압은 그 세력이 서서히 약해져 우리나라는 이 세력권에서 벗어나기 시작하고 아시아 대륙에는 냉각으로 인한 시베리아 고기압이 점차 형성되어 세력을 확장한다. 이에 따라 북서 기류의 유입이 잦아져 기온이 점차 내려가지만 9월에는 북태평양 고기압의 세력이 다시 강화되기도 하여 늦더위를 나타낼 때도 있다. 가을이 되면 남서계절풍에서 북서계절풍으로 변하는 계절로 대륙의 고기압에서 분리된 이동성 고기압이 우리나라를 자주 통과하여 습도가 75% 내외의 청명한 날씨가 지속되나 이동성 고기압이 지나가고 기압골이 통과하면서 9월 상순에 가을비(때론 장마)를 내리기도 한다. 겨울이 가까워지면 시베리아 고기압이 발달하여 때때로 서고동저형의 겨울철의 기압배치가 나타나 기온이 급감한다.

가) 태 풍

태풍은 수십만㎢의 면적을 갖는 거대한 공기의 소용돌이로서 지구상에서 가장 강력하고 파괴적인 자연현상 중의 하나로서 대부분의 태풍 중심에서는 시속 100㎞ 이상의 바람이 불며 태풍이 지나가는 곳마다 수백 ㎜ 이상의 엄청난 양의 비를 뿌린다. 강한 바람과 많은 비를 몰고 다니는 태풍의 에너지원은 열대 해양에서 증발되는 수증기이다. 이 때문에 태풍이 발생하는 지역은 수증기의 증발이 많은 26.5℃ 이상의 온난 해역이다. 태풍은 70% 이상이 6월부터 10월 사이에 집중적으로 발생하여 평균적으로 3 내지 4개 정도가 우리나라에 영향을 준다.

(ㄱ) 태풍의 발생과 진로

태풍은 구름 집단지역(cloud cluster)이나 중규모 대류 복합체(mesoscale convective complexes)로 알려진 초기 대류 요란(initial convective disturbances)으로부터 발생한다(Frank, 1987). 태풍 발생과 강화에 영향을 주는 요인들은 많은데 해수면 온도, 연직 바람시어(wind shear: 風的切變), 열역학 불안정, 대류권 중층의 습기 등을 들 수 있다(DeMaria et al., 2001). 이 중 높은 해수면 온도와 약한 연직 바람시어는 태풍의 발생과 강화에 좋은 조건으로 작용한다. 태풍의 발생은 엘니뇨/남방진동 현상과 밀접한 연관이 있다. 대부분 태풍의 진로는 북태평양 고기압 가장자리의 지향류(指向流, steering current)를 따라 움직이므로 북태평양 고기압의 세력은 태풍 진로를 결정하는 중요한 요소이다. 태풍진로의 기후적인 특성을 알기 위해 1951년부터 2002년까지 6~9월 사이에 발생한 850여 개의 태풍 중 지속시간이 태풍의 평균 일생(一生)인 5일보다 긴 400개 남짓의 태풍을 선정하여 퍼지 집단지역화 방법(fuzzy clustering method)을 이용하여 집단지역화(clustering)한 결과 집단지역 1은 140°~150°E의 열대 해역에서 발생하여 북서쪽으로 직진하여 중국 남부와 동남부에 상륙하는 태풍들을 포함한다. 이 유형의 태풍은 7, 8월에 많이 발생하지만 9월에 발생이 급격히 감소한다. 집단지역 2는 필리핀해와 동중국해 남쪽에서 발생한 후 30°N 부근에서 전향하여 우리나라 방향으로 이동하는 태풍들을 포함하는 유형으로 반 이상이 8월에 발생한 태풍이다. 집단지역 3은 필리핀해에서 발생한 후 서진(西進)하여 중국 남부와 동남부, 베트남에 상륙하여 직진하는 유형으로 가장 많은 태풍이 이 유형에 속한다. 계절 내내 항상 많이 발생하지만 6월부터 9월까지 점진적으로 증가하여 9월에 가장 많이 발생한다. 집단지역 4는 15°을 중심으로 150°~170°E 지역에서 발생하여 북서진 후 전향하는 유형, 북진하는 유형, 그리고 불규칙하게 움직이는 유형들을 포함하는데 집단지역 내의 태풍의 지리적 분포가 매우 분산적인 특징이 있다. 이 유형의 태풍은 거의 대부분 육지에 상륙하지 않으며 중위도 북태평양에서 소멸한다. 80% 이상이 8월과 9월에 발생한 태풍이다. 집단지역 8은 평균적 발생위치가 집단지역 4보다 약간 저위도이고 진로는 길게 북서진 후 중위도에서 전향하는 유형으로 7~9월 동안 내내 많이 발생한다. 마지막으로 집단지역 9는 남중국해에서 발생하여 북동진하는 태풍과 필리핀해에서 발생하여 동중국해를 지나 우리나라로 진행하는 태풍들을 포함한다. 후자의 경우 집단지역 2의 태풍 진로와의 차이는 소멸하는 시점으로 40°N 이남에서 소멸되어 집단지역 2보다 빨리 약화된다. 6월에도 많이 발생하고 7월에 가장 많이 발생하였다. 8, 9월에는 다른 유형에 비해 상대적으로 그 발생 빈도가 적다.

(ㄴ) 태풍에 의한 재해

최근 50년 동안 우리나라에 가장 큰 피해를 준 태풍은 1959년 9월 15일~18일에 영향을 준 "사라(SARAH)"와 2002년 8월 30일~9월 1일에 영향을 준 "루사(RUSA)"이다. "사라"는 849명의 사망 · 실종사를 내 인명 피해가 가장 컸으며, "루사"는 5조원 이상의 막대한 재산 피해를 냈다. 특히 "루사"는 강릉 지방에 하루에 870.5㎜의 기록적인 폭우를 내려 역대 1일 최다 강수량 기록도 갱신하였다.

(참조: 허창회, 한국의 기후, 2004)

④ 겨울철 기후

우리나라의 겨울철 기후는 시베리아에 중심을 둔 고기압성 순환과 북태평양에 중심을 둔 저기압성 순환과 밀접한 관계가 있다(김맹기 등, 2000).

겨울에는 남북방향의 해들리순환(Hadley circulation)이 강해져 한반도 주변의 하강기류가 강해지며, 대류권 상층의 찬 공기의 퇴적으로 인한 중층 대류권 냉각이 한반도 주변 상공의 상층 기압골을 발달시킨다. 겨울철의 기온은 제트의 위치와 세기에 많은 영향을 받는 것으로 북태평양 중위도 지역에 중심을 둔 상층 제트가 평년에 비해 강화되고 동쪽으로 팽창한 한랭 겨울에는 제트축 북쪽의 동서류가 뚜렷하게 약해져 강한 저기압성 수평시어가 제트축 북쪽에서 형성된다.

가) 기 온

남한의 겨울철 평균기온을 혹한일의 발생빈도에 따라 결정된다.

혹한일은 1년 중 기온이 가장 낮은 1월 하순 부근에서 가장 자주 발생하지만 겨울철 어떤 시기에도 발생한다. 혹한일의 발생빈도가 높을수록 계절 평균기온이 낮은 한랭 겨울이 되고, 빈도가 낮을수록 기온이 높은 온난 겨울이 된다. 이런 선형 관계는 한랭 겨울일수록 강해진다. 1980년 중반 이후 지속된 온난 겨울은 혹한일 발생 감소와 연관이 있다.

나) 강 수

우리나라 겨울철 강수량 변동은 시베리아 지역과 북태평양 사이의 해면 기압의 변동과 밀접한 관계가 있다(김맹기 등, 2000).

대설발생 빈도가 가장 많은 영동 지역의 강설은 시베리아 고기압이 발달하여 연해주 방향으로 확장하고 한반도 남쪽의 저기압이 동해쪽으로 이동하면서 우리나라 부근의 기압 경도력이 커질 때 상대적으로 따뜻한 해수면으로부터 열과 수분을 공급받는 복동풍 계열의 하층 기류가 태백산맥의 지형적 영향을 받아 발생한다(이훈 · 이태영 · 전종갑 등, 1994, 정광영 등, 1999).

다) 바 람

우리나라 겨울철 바람의 주요 특성은 지상의 북서계절풍과 상층의 동아시아 제트 기류이다. 그러나 각 지방의 지상풍 방향은 지형과 기압계의 배치에 의해 결정된다. 시베리아 고기압의 영향을 주로 받는 서쪽 지역에서는 북서계열의 바람이 잦고, 태백산맥의 동쪽에 위치한 강릉에서는 남서계열의 바람이 강해진다(김광식 등, 1973).

라) 한 파

겨울철 동아시아 지역의 급격한 기온 강하로 한파와 더불어 폭설이 동반되어 나타난다(Boyle and Chen, 1987). 겨울철 동아시아 지역의 날씨는 겨울철 동안 유라시아 대륙에서 정체되어 있는 시베리아 고기압의 변화와 밀접한 관계가 있지만 한파는 시베리아 고기압의 팽창이나 세기의 시간적 변화에 의해 이루어지는 것이 아니라 시베리아 고기압에서 분리되어 동진(東進) 혹은 남동진하는 이동성 고기압(Chang and Lau, 1980)과 연관된 독립적인 역학체(Zhang et al., 1997)에 의해 이루어진다. 한파 발생일의 기준은 아주 다양하나 일반적으로 급격한 기온 하강을 주요 기준으로 사용하고 있다.

(참조: 류상범, 한국의 기후, 2004)

(5) 기후변화의 전망

19세기 이래로 지구온난화로 인하여 세계적으로 지표기온이 0.4~0.6℃ 상승했다, 특히 북반구에서 남반구보다 상승 폭이 크고 동아시아 지역의 상승 폭은 지구 평균보다 크다(Hulme et al., 1994). 아시아의 동단에 위치한 우리나라에서도 지구온난화로 인해서 지역 기후변화가 나타나게 될 것이라는 것을 쉽게 예측할 수 있다.

한편, 평균기온이 상승하는 반면에 최고기온과 최저기온의 차이로 정의되는 일교차는 최저기온의 현저한 상승으로 인해서 감소되고 있다. 호우나 가뭄과 같은 극한 기상을 일으키는 강수량에 대한 기후변화의 영향도 많은 연구가 이루어지고 있는데 호우의 빈도나 강도가 통계적으로 유의한 수준에서 증가한 것으로 나타났다.

약 20,000년 전부터 현재까지 전 지구의 온도는 최대 약 5~7℃의 범위 내에서 변했으며 약 11,000~10,000년 전인 영어 드라이아스 한랭기, 약 6,000년 전인 홀로세 중기 기후 최적기, 약 500~1,000년 전인 중세 온난시기, 약 100~500년 전인 소빙하기 등은 전 지구적으로 일어난 기후변화이다. 홀로세 중기 기후 최적기, 중세 온난시기, 소빙하기 등에 대한 기후변화의 메커니즘은 태양복사열의 차이로 일부 설명하고 있지만 현재 잘 알려지지 않은 상황이다.

이산화탄소의 대기 중 농도 또한 1900년 이전에는 300ppm, 메탄의 대기 중의 농도는 700ppb를 초과한 적이 없다. 하지만 현재 대기 중의 이산화탄소 농도는 약 375ppm, 메탄의 농도는 약 1,700ppb를 넘어서고 있다.

한반도 과거의 기록 자료에 의하면 1551~1650년, 1701~1750년,

1801~1900년이 다른 기간에 비해 한랭(소빙하기)기후가 나타나는데 이는 연륜자료에 의한 한랭시기인 1700~1730년과 1830~1850년과 잘 일치한다. 한반도는 과거 1,000년간 가뭄과 습윤 형태를 반복했으며 매우 높은 강수량을 기록한 이상기후의 형태도 여러 번 나타났다.

해양의 고기후 자료에 의하면 약 11,000~10,000년 전에 매우 급격한 기후변화가 있었다. 동해의 해양퇴적물 자료의 결과에서도 과거 20,000년간 한랭과 온난현상이 여러 번 되풀이 되었다(최영은 · 신임철, 한국의 기후, 2004).

또한, UN산하기관인 「기후에 관한 정보간위원회」 IPCC(International Panel on Climate Change) 2007 보고서에 의하면 과거 150년 동안에 지구의 평균온도는 0.7℃ 상승하였고, 지구의 평균해수면 상승은 15cm 상승하였으며, 북반구의 적설량과 지구상의 빙하들의 많은 양이 녹아서 줄어들고 있다. 앞으로 21C 후반에는 지구온도변화는 최고 6.4℃까지 상승할 수 있고 해수면 상승도 최대 59㎝까지 상승하며, 집중호우나, 태풍강도도 더 심해지고 북반구의 적설량은 완전히 소멸될 가능성이 있다고 경고하고 있다. 한국도 예외는 아니어서 지난 100년간에 산림과학원에 의하면 평균기온이 1.5℃ 상승하였으며, 향후 100년 후에는 4℃ 더 오를 것으로 예측하고 있다.

연 / 습 / 문 / 제

| 제3장 | 지구특성(측지학)

다음 각 사항에 대하여 설명하시오.

1. 지구의 층상구조
2. 지구의 내부 및 평균밀도
3. 지구 내부의 구성물질
4. 지구의 내부, 지표면 및 해저의 열
5. 지구의 자전 및 공전
6. 세차와 장동
7. 극운동의 성분과 주기
8. 지구조석과 해양조석
9. 지각변동의 원인과 양상
10. 지진의 의의, 진행 및 지각변동
11. 중력에 관한 의의과 중력이상
12. 지자기에 관한 의의 및 지자기이상
13. 해저지질의 위치별 특성
14. 지하수의 종별 및 예비조사

| 제4장 | 대기권환경

다음 각 사항에 대하여 설명하시오.

1. 대기권역과 대기학적 대기권
2. 대기질의 관측 대상, 방법
3. 대기오염의 예측모형 및 계산
4. 기상관측에 관한 위치, 횟수, 시간, 인자
5. 한국의 대기 중 CO_2의 현황
6. 한국의 계절구분
7. 한국의 계절에 따른 대기변화
8. 기후변화의 전망

III

P·A·K·Y·O·U·N·G·S·A

에너지자원과 재난대책

Energy Resources and Disaster Mitigation

지 / 공 / 탐 / 측 / 학 / 개 / 관

05 에너지자원

Energy Resources

제1절 개 요

우리나라는 세계 10위 에너지자원 소비국[연간 226백만 TOE(Ton of Oil Equivalent, 석유환산톤)으로서 전 세계 에너지 소비의 2.1% 소비]이나 에너지자원의 97%를 해외에서 수입하고 있다. 에너지자원 소비의 80%를 화석연료에 의존하고 있는 우리나라에게는 기후변화에 대응하는 온실가스(CO_2), 배출량 감소, 신재생에너지 활용, 녹색 청정에너지, 원자력에너지에 대한 역할정립에 대한 수요창출과 연구개발이 국가를 지탱할 수 있는 핵심과제이자 추진되어야 할 전략과제이기도 하다.

우리는 해외 석유, 가스, 각종 광물자원 등에 관한 개발은 물론 국내의 태양에너지, 풍력에너지, 지열에너지, 바이오에너지, 조력에너지 등의 적극적인 개발 및 보존으로 2030년 국가 에너지비전 4대 전략(탈화석에너지화, 그린에너지산업 성장동력화, 에너지 저소비 및 저탄소 사회구현, 에너지 자립 및 에너지 복지실현)을 차질 없이 완수함으로써 국력에 상응하는 책임을 다하면서 국제적 사회조직(regime) 형성에 참여해야 할 것이다. 본 장의 제 2 절에서는 에너지자원의 종별 및 수요전망, 제 3 절에서는 에너지 자원개발의 동향, 제 4 절에서는 신재생에너지자원의 현황 및 향후계획을 기술하기로 한다. (에너지자원 내용은 지식경제부의 “자원개발정책 편람, 2010”과 외교통상부의 “에너지 · 자원 개발의 이해, 2008" 자료를 인용하였고, 신재생에너지자원은 지식경제부의 "신 · 재생에너지 백서 2010" 자료를 인용)

제2절 에너지자원의 종별 및 수요전망

(1) 에너지자원의 의의와 종별

① 에너지자원의 의의

에너지(energy)는 일을 할 수 있는 능력을 뜻하며 열(열에너지)과 일(역학적 에너지)의 형태로 주로 나타난다. 그 밖의 에너지의 종류로는 화학에너지, 전력에너지, 복사에너지, 원자력에너지 등이 있다.

에너지원(energy source)은 열이나 힘을 공급하기 위해 소비/전환될 수 있는 물질이나 자연현상을 뜻한다. 현재 인류가 활용할 수 있는 에너지원으로는 석유, 석탄, 가스, 원자력, 태양광, 태양열, 바이오매스, 풍력, 수력, 연료전지, 해양, 폐기물, 지열, 수소에너지 등이 있다. 에너지는 재생에너지, 비재생에너지, 1차에너지, 2차에너지, 최종에너지로 분류한다.

② 에너지자원의 종별

가) 재생에너지(renewable energy)

단기간 내 재생이 가능한 에너지원으로, 수력, 태양, 풍력, 지열, 바이오매스를 5대 재생에너지로 구분하고, 수력, 풍력은 주로 발전용으로, 태양, 지열은 열과 발전용으로 이용하고 있다. 바이오매스(biomass)는 나무, 농작물, 동물 폐기물 등 에너지원으로 이용될 수 있는 유기물이다.

나) 비재생에너지(non-renewable energy)

화석연료, 천연가스, 우라늄 등 단기간 내 재생 불가능한 에너지원을 말한다. 화석연료(fossil fuel)는 수억 년 동안 죽은 동식물의 잔재(화석)가 열과 압력작용을 받아 형성된 연료로 석유, 가스, 석탄이 있으며 연소 시 이산화탄소를 배출, 온실효과에 따른 기후변화의 주요인이 된다. 천연가스 중 최근 에너지 자원의 큰 관심대상으로 등장한 셰일가스(shale gas)는 비(非)전통가스로 진흙이 쌓여 만들어져서 혈암(頁岩: shale)에 존재하고 있다. 혈암층에 존재하는 비전통가스에는 셰일가스, 사암층과 석탄층에 갇혀 있는 치밀가스(tight gas), 석탄층가스가 있는데 이 중 셰일가스의 비중이 70%에 이르고 있다.

다) 1차에너지(primary energy)

열이나 힘을 공급하기 위해 소비/전환될 수 있는 물질이나 자연현상으로 석유, 석탄, 가스, 핵, 바이오매스, 전기, 풍력, 태양광, 태양열, 지열, 수력, 수소 등이 있다.

라) 2차에너지(secondary energy)

1차에너지의 변환으로 생산되는 에너지로 전력, 석유제품, 열에너지 등이 있다.

마) 최종에너지(final energy)

수송, 송배전 등을 거쳐 소비처에서 사용될 수 있는 에너지이다.

바) 에너지전환

에너지전환은 1차에너지를 이용상 편의를 위해 변환하는 과정으로, 정제공정(원유와 석유제품), 발전 및 지역난방(화석연료와 전기 및 열에너지), 석탄전환(코크스) 등을 말하며, 전환손실은 에너지전환 과정에서 발생하는 에너지 손실분이다.

(2) 에너지자원의 수요전망

총에너지수요는 연평균 1.6% 증가하여 2030년에 342.8백만 TOE에 이를 전망이고, 일인당 에너지수요는 ′06년 4.83 TOE에서 ′10년 5.29 TOE, ′20년 6.32 TOE, ′30년에는 7.05 TOE로 전망(연평균 1.6%)하고 있다.

에너지원단위는 ′06년 0.347(TOE/천 달러)에서 ‘30년 0.211 수준으로 하락하여 연평균 2.1%의 개선율이 있을 것으로 예상되고, 에너지원 단위의 하락은 에너지이용기기(자동차 등)의 보급속도 둔화, 에너지이용효율 개선, 산업구조의 변화 등에 기인할 것으로 사료된다.

표 ⑤-1 에너지수요 관련 주요 지표 전망

	2006	2010	2015	2020	2025	2030	연평균 증가율(%)			
							06~10	10~20	20~30	06~30
총에너지수요 (백만 TOE)	233.4	258.7	286.6	311.6	334.3	342.8	2.6	1.9	1.0	1.6
1인당 에너지소비 (TOE)	4.83	5.29	5.82	6.32	6.81	7.05	2.3	1.8	1.1	1.6
에너지원 단위 (TOE/백만원)	0.307	0.282	0.251	0.223	0.205	0.187	−2.1	−2.3	−1.8	−2.1
에너지원 단위 (TOE/천$)	0.307	0.319	0.284	0.252	0.231	0.211	−2.1	−2.3	−1.8	−2.1

〈출처: 에너지경제연구원〉

① 1차에너지 수요전망

가) 1차에너지 수요전망의 주요 특징

천연가스, 신재생에너지, 원자력 등의 수요 점유율이 지속적으로 증가하고 있다. 천연가스는 청정연료에 대한 선호 증가, 네트워크 중심의 소비양식(pattern) 확대, 전력수요 증가에 따른 발전용 수요증가 등에 의하여 점진적인 증가 추세에 있다. 신재생에너지는 정부의 지속적인 보급 확대 정책으로 수요가 빠르게 증가할 전망이며, 원자력은 주요 발전원으로서 일정 수준 이상의 역할을 지속하는 반면 석유 의존도는 고유가로 인한 연료대체, 정보통신기술(ICT: Information & Communication Technology) 산업 중심의 산업구조 변화 등으로 8.0% 감소할 전망이다.

나) 에너지원별 1차에너지 수요전망

(ㄱ) 석 유

석유는 수송용 · 산업용 수요가 꾸준히 증가하여 연평균 0.6%의 증가율을 보여 여전히 주 에너지로서의 역할을 담당하고 있으며, 석유의존도는 2006년 43.6%에서 2030년에는 34.2%로 하락

(ㄴ) 천연가스

천연가스는 연평균 2.2% 증가 추세이며, 수요비중은 2006년 13.7%에서

그림 5-1 1차에너지원별 수요전망

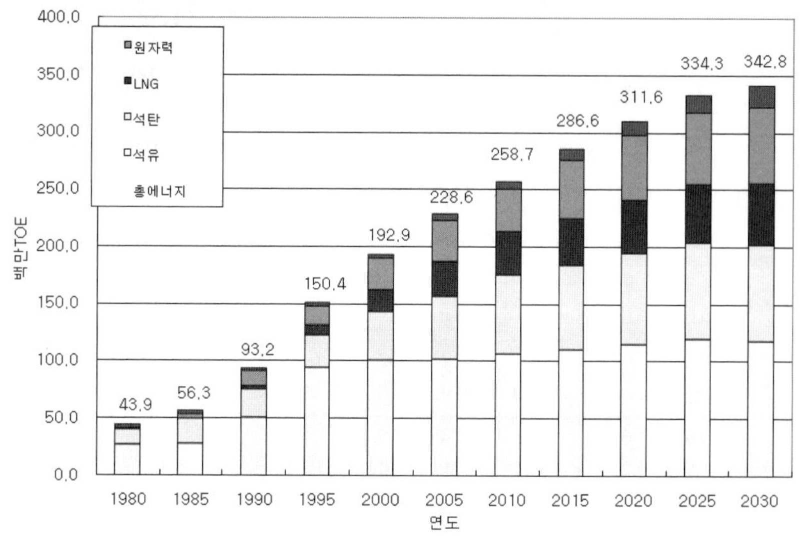

〈출처: 국가에너지기본계획〉

2030년에는 15.8%로 증가

(ㄷ) 석 탄

석탄은 산업용 석탄수요는 둔화될 전망이나 발전용 유연탄 수요의 꾸준한 증가에 힘입어 연평균 1.7%의 증가율을 유지할 것이고, 석탄의 수요비중은 2010년 이후 점진적으로 하락

(ㄹ) 원자력

원자력은 2030년까지 연평균 2.5% 증가하여, 수요비중이 2006년 15.9%에서 2030년 19.5%로 증가

(ㅁ) 신재생에너지

신재생에너지(수력 제외)는 연평균 6.2%의 증가율로 수요 점유율이 2030년에는 5.4%로 확대될 전망

표 ⑤-2 1차에너지원별 수요전망(기준안) (단위: 백만 TOE)

	2006	2010	2015	2020	2025	2030	연평균 증가율(%)			
							06~10	10~20	20~30	06~30
석탄	56.7 (24.3)	68.9 (26.6)	73.9 (25.8)	79.5 (25.5)	83.8 (25.1)	84.6 (24.7)	5.0	1.4	0.6	1.7
석유	101.8 (43.6)	106.6 (41.2)	109.8 (38.3)	115.1 (36.9)	119.7 (35.8)	117.2 (34.2)	1.2	0.8	0.2	0.6
LNG	32.0 (13.7)	38.3 (14.8)	41.4 (14.4)	46.1 (14.8)	51.5 (15.4)	54.0 (15.8)	4.6	1.9	1.6	2.2
수력	1.3 (0.6)	1.3 (0.5)	1.3 (0.5)	1.3 (0.4)	1.5 (0.4)	1.6 (0.5)	−0.4	0.3	1.6	0.7
원자력	37.2 (15.9)	37.1 (14.3)	50.8 (17.7)	57.2 (18.4)	62.5 (18.7)	66.8 (19.5)	−0.1	4.4	1.6	2.5
신재생	4.4 (1.9)	6.5 (2.5)	9.4 (3.3)	12.3 (3.9)	15.4 (4.6)	18.6 (5.4)	10.6	6.6	4.2	6.2
계	233.4 (100.0)	258.7 (100.0)	286.6 (100.0)	311.6 (100.0)	334.3 (100.0)	342.8 (100.0)	2.6	1.9	1.0	1.6

〈출처: 국가에너지기본계획〉

그림 5-2 1차에너지원별 비중 전망

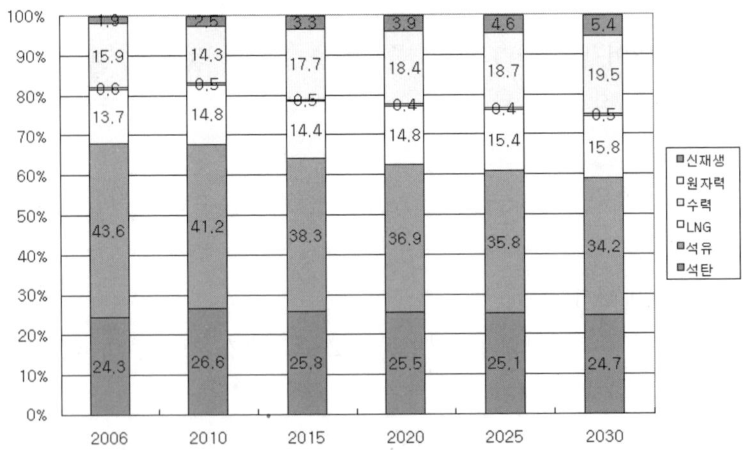

〈출처: 국가에너지기본계획〉

② 최종에너지 수요전망

가) 에너지원별 최종에너지 수요전망

최종에너지 수요는 2006년~2030년 기간 동안 연평균 1.4% 증가하고, 석탄 및 석유의 비중은 감소하는 반면, 연결망(network) 에너지(전력, 도시가스, 열에너지)의 비중은 지속적으로 증가될 전망이다.

(ㄱ) 석 유

석유는 원료 · 수송용 수요 증가에도 불구하고, 연료유가 도시가스 등으로 지속 대체될 것으로 예상되어 연평균 0.7% 증가

(ㄴ) 석 탄

석탄 수요는 철강 및 시멘트 생산량 증가세 둔화로 연평균 0.8% 증가

(ㄷ) 전 력

전력은 상업용을 중심으로 꾸준한 수요가 증가될 예상(연평균 2.2% 증가)

표 ⑤-3 최종에너지원별 수요전망 (단위: 백만 TOE)

	2006	2010	2015	2020	2025	2030	연평균 증가율(%)			
							06~10	10~20	20~30	06~30
석탄	22.7 (13.1)	24.3 (12.8)	25.7 (12.4)	27.2 (12.1)	28.3 (11.8)	27.6 (11.3)	1.7	1.2	0.1	0.8
석유	97.0 (55.9)	101.9 (53.6)	107.0 (51.4)	112.4 (49.8)	117.0 (48.6)	114.7 (46.8)	1.2	1.0	0.2	0.7
도시가스	18.4 (10.6)	21.4 (11.3	25.5 (12.2)	29.2 (13.0)	32.2 (3.4)	33.9 (13.8)	3.9	3.2	1.5	2.6
전력	30.0 (17.3)	34.8 (18.3)	39.7 (19.1)	43.9 (19.5)	47.9 (19.9)	50.3 (20.5)	3.8	2.4	1.4	2.2
열에너지	1.4 (0.8)	1.9 (1.0)	2.4 (1.2)	2.9 (1.3)	3.4 (1.4)	3.9 (1.6)	8.1	4.0	3.0	4.3
신재생	4.1 (2.4)	5.9 (3.1)	7.8 (3.7)	9.8 (4.4)	12.2 (5.0)	14.6 (6.0)	9.5	5.3	4.1	5.4
계	173.6 (100.0)	190.2 (100.0)	208.1 (100.0)	225.4 (100.0)	241.0 (100.0)	245.1 (100.0)	2.3	1.7	0.8	1.4

〈출처: 국가에너지기본계획〉

(ㄹ) 도시가스

도시가스는 이용의 편리성 등으로 수요가 증가(연평균 2.6%)

(ㅁ) 신재생에너지와 열에너지

신재생에너지와 열에너지는 각각 연평균 5.4%, 4.3%의 증가율이 나타나므로 수요비중이 지속적으로 상승

나) 부문별 최종에너지 수요전망

최종에너지 수요는 2006년~30년 기간 동안 연평균 1.4% 증가할 전망이다.

(ㄱ) 산업부문

산업부문은 전망기간 중 연평균 1.3% 증가하여 동 부문의 부가가치 성장(연평균 3.5%)에 비해서는 낮은 수요 증가가 예상되고, 저에너지소비형 고부가가치산업인 첨단기술 및 정보통신산업이 제조업 전체 성장을 주도하여 산업부문 에너지원단위는 뚜렷이 개선됨

(ㄴ) 수송부문

수송부문은 2000년대 초반까지 에너지소비 증가를 주도하였으나, 높은 연료가격 지속과 자동차 보급이 포화수준에 근접하여 수요 증가세가 둔화됨(연평균 1.0%)

표 ❺-4 최종에너지 부문별 수요전망 (단위: 백만 TOE)

	2006	2010	2015	2020	2025	2030	연평균 증가율(%)			
							06~10	10~20	20~30	06~30
산업	97.2 (56.0)	105.8 (55.6)	115.5 (55.7)	125.3 (55.6)	134.2 (55.7)	134.0 (54.7)	2.1	1.7	0.7	1.3
수송	36.5 (21.0)	38.9 (20.5)	41.5 (19.9)	44.1 (19.5)	45.8 (19.0)	45.9 (18.7)	1.6	1.2	0.4	1.0
가정/상업	36.0 (20.7)	40.9 (21.5)	45.8 (22.0)	50.7 (22.5)	55.4 (23.0)	59.1 (24.1)	4.2	2.2	1.5	2.1
공공/기타	3.8 (2.2)	4.5 (2.4)	4.9 (2.4)	5.3 (2.4)	5.7 (2.4)	6.0 (2.4)	4.2	1.7	1.1	1.9
계	173.6 (100.0)	190.2 (100.0)	208.1 (100.0)	225.4 (100.0)	241.0 (100.0)	245.1 (100.0)	2.3	1.7	0.8	1.4

〈출처: 국가에너지기본계획〉

(ㄷ) 가정/상업부문

가정/상업부문은 서비스업의 상대적인 높은 성장으로 가장 빠른 수요 증가가 예상(연평균 2.1%)되며, 인구는 연평균 0.03%, 가구 수는 연평균 0.6% 증가하고, 에너지이용 효율화 등으로 에너지원단위는 감소할 것임

제3절 에너지 자원개발의 동향

(1) 국제자원시장에 대한 국내 · 외 동향

① 국외 동향

가) 국제자원가격 불안 지속

(ㄱ) 국제유가

2002년 초 배럴당 20달러 미만을 기록하던 국제유가는 서서히 상승하기 시작하여 2004년 초 30달러, 2005년에는 40달러와 50달러를 돌파하였다. 2006년 중반 배럴당 60달러를 넘어서던 유가는 다소 진정국면이 나타나다가 2007년부터 다시 급격하게 상승하였다. 국제유가의 상승세는 2008년 들어 더욱 빨라져 4월 이후에는 100달러를 돌파하였고 급기야 7월에는 배럴당 147달러[WTI(West Texas Intermediate, 서부텍사스유) 선물가격 기준]까지 상승하였다. 당시 Goldman Sachs는 200달러까지 유가가 상승할 것이라는 전망을 발표하기도 하였으나 국제유가는 급락세를 보여 2008년 말과 2009년 초에는 40달러 선까지 낮아졌다가 경기회복에 대한 기대감 등으로 다시 완만한 오름세를 나타내고 있다(〈그림 5-3〉 참고).

2007년 이후 국제유가의 급등은 세계 석유수요가 지속적으로 증가할 것이란 기대감, 2007년 세계 석유재고 감소에 따른 재고 확보를 위한 수요 증가, 미국 서브프라임 모기지(Sub-prime Mortgage) 부실로 인한 글로벌 금융시장 불안과 미국 달러화 가치 하락으로 국제유동성의 석유상품시장 대거 유입, 나이지리아 무장반군의 석유시설 공격 지속 및 이란 핵개발 강행에 따른 지

그림 5-3 월별 국제원유가 추이(1999년 3월~2009년 4월) (단위: 달러/배럴)

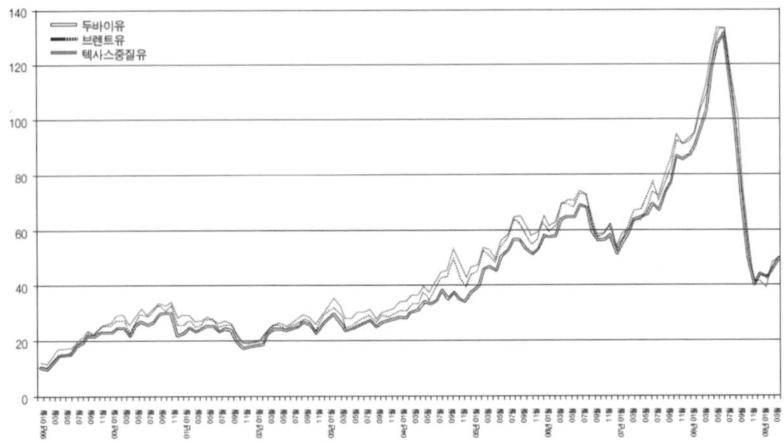

〈자료: 한국석유공사 석유정보망〉

정학적 불안 지속 등이 원인으로 분석된다.[1] 특히 세계 경기침체에 대한 우려에도 불구하고 세계 석유수요 증가세를 이끌어온 중국을 포함한 BRICs[2]의 급속한 경제성장에 따른 석유소비 증가세가 여전하리라는 믿음과 석유시장이 달러화 약세기조 속에서도 환위험 회피와 기존 금융 및 자산시장의 대체투자 시장으로 각광받을 것이라는 믿음이 유가상승을 주도한 것으로 사료된다. 또한 2008년 들어 공급과잉상태였음에도 불구하고 미국 달러화 지속, 재고 확보를 위한 수요 증가, 유가상승에 대한 기대감 등으로 유가는 꾸준히 상승하였다. 반면 2008년 7월 피크 이후 국제유가가 급락한 것은 고유가로 인한 미국 및 유럽 등 석유소비 감소추세 지속, 미국발 글로벌 금융위기로 인한 경기침체가 전 세계로 확산되면서 세계 석유소비 감소세가 확대될 것이라는 우려, 석유상품시장에서 투기자본의 급격한 이탈 등에 기인한 것으로 사료된다.

국제유가 변동에 영향을 미치는 요인은 다양하면서도 복잡하다. 세계 석유의 수요와 공급이라는 기본적인 요인에다가 원유 및 제품의 공급을 결정하

1) 에너지경제연구원(2008).
2) 브릭스(BRICs)는 골드만삭스가 방대한 인구와 자원을 배경으로 고속 성장을 하고 있는 브라질(Brazil), 러시아(Russia), 인도(India), 중국(China)의 영문 첫 글자를 따서 만든 신조어다.

그림 5-4 국제유가의 주요 변동요인

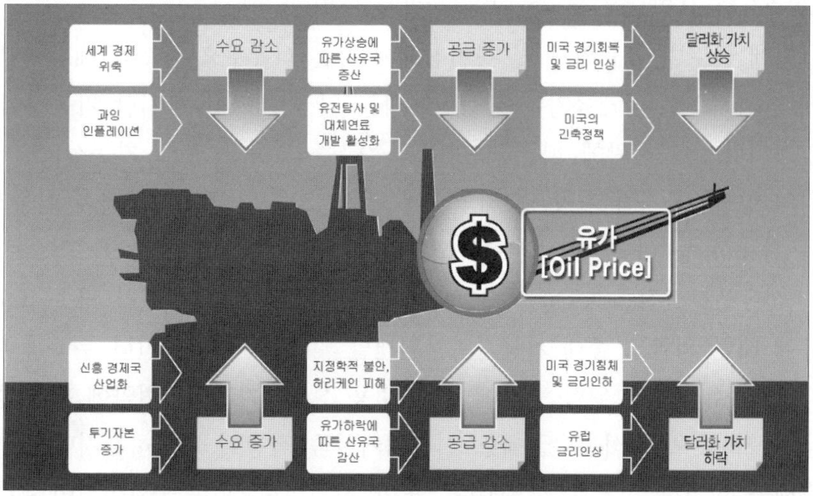

〈자료: 에너지경제연구원(2008)〉

표 ⑤-5 중장기 국제유가 전망(2010~30년) (단위: 2007년 달러/배럴)

예측기관(시나리오)	2010년	2015년	2020년	2025년	2030년
AEO 2008(기준 시나리오)	75.97	61.41	61.26	66.17	72.29
AEO 2008(고유가 시나리오)	81.08	92.77	104.74	112.10	121.75
AEO 2009(기준 시나리오)	80.16	110.49	115.45	121.94	130.43
Deutsche Bank AG	47.43	72.20	66.09	68.27	70.31
IHS Global Insight	101.99	97.60	75.18	71.33	68.14
IEA(기준 시나리오)	100.00	100.00	110.00	116.00	122.00
IER	65.24	67.03	70.21	72.37	74.61
EVA	57.09	74.61	95.33	105.25	116.21
SEER	54.82	98.40	89.88	82.10	75.00

주: IER: Institute of Energy Economics and the Rational Use of Energy
EVA: Energy Ventures Analysis, Inc.
SEER: Strategic Energy and Economic Research, Inc.

〈출처: Energy Information Administration(2009. 3)〉

는 지정학적 불안, OPEC의 증산과 감산 여부, 시장의 투기수요 변화 등이 유가를 결정하는 주요 변수이다. 또한 세계경제의 사이클과 달러화 가치 변동도 중요한 요인으로 들 수 있다(〈그림 5-4〉 참고).

이에 글로벌 금융위기 및 경기침체에 따른 석유수요 감소가 예상되기 때문에 단기적으로 국제유가는 급등락보다는 안정 기조를 유지할 가능성이 높다. 그러나 유가하락에 따른 OPEC 산유국들의 공급 축소 가능성, 달러화 가치의 향방, 국지적 기상 및 지역정세 악화, 2009년 하반기부터의 실물경제 회복 가능성 등 불확실한 변수도 고려할 사항들이다. 또한 중장기적으로 보면, '석유생산정점(peak oil)' 등으로 전통석유 고갈에 대한 우려 지속, OPEC 석유에 대한 의존도 증대 가능성, 자원개발 및 엔지니어링 인력 부족과 비용 상승, 신규유전개발 위험 증가에 따른 비용 상승, 기후변화협약에 따른 환경비용 증가 등으로 석유수급에도 시장메커니즘 작용이 가능하겠지만 유가는 상승세를 이어갈 것으로 사료된다. 또한 시기별로 많은 불확실성이 존재할 수도 있다.

(ㄴ) 6대 전략광물

6대 전략광물 가격도 유가와 비슷한 양상과 메커니즘을 보이나, 보다 중요한 변수는 광종별로 높은 시장점유율을 차지하고 있는 주요기업들(majors)의 역할이다. 광종별 주요기업들의 투자 확대와 기업 간 기업의 인수합병(M&A: Mergers and Acquisitions) 증가로 주요 광종의 10대 주요기업들은 50% 이상의 시장점유율을 기록하여 막대한 영향력을 행사하고 있기 때문이다.[3]

유연탄의 경우 기준가격인 호주 일본의 장기계약가(FOB: Free On Board, 선측인도가격)는 2003년 하반기부터 2005년까지 상승세 지속, 2006~07년 동안 안정세, 2008년 이후 급상승 등을 보여 왔다. 글로벌 금융위기 및 경기침체로 2008년 하반기부터 수요가 감소함에 따라 유연탄 가격이 하향세를 보이고 있으나, 실물경제가 회복되는 2010년부터는 다시 상승할 것으로 전망된다.[4]

---

3) 예를 들면 2007년 기준으로 우라늄의 경우 캐나다의 Cameco와 호주의 Rio Tinto 등 5개 주요기업이 세계 생산량의 70.7%를 차지하고 있으며, 니켈의 경우 러시아의 Norilsk Nickel과 브라질의 Vale Inco 등 5대 주요기업이 역시 세계 생산량의 56.1%를 차지하고 있다. 장문환(2009) 참고.

4) 유연탄을 비롯한 6대 전략광물의 가격 전망은 주로 장문환(2009)을 참고하여 작성하였다.

우라늄 가격은 미국 Ux 정광(U3O8) 현물가격 기준으로 청정에너지원으로서 원자력에 대한 관심 증대, 2차 우라늄 공급원 비축분의 고갈 우려 및 공급부족 등으로 지속적인 상승세를 보여 왔다. 그러나 최근에는 캐나다, 카자흐스탄 등의 증산 및 신규개발과 글로벌 경제위기로 인한 수요 감소 우려로 우라늄 가격은 2007년 6월 이후 하향세를 나타내고 있다. 그러나 2009년 하반기부터는 중국의 수요증가 등으로 완만한 상승세를 이어갈 것으로 전망된다.

한편 철광은 철광석 주요기업(Vale, Rio Tinto, BHP Billiton)의 협상력 우위와 중국의 폭발적인 수요증가로 2004년부터 호주, 일본 분광의 장기계약가(FOB)가 상승세를 지속하고 있다. 철광석 가격은 글로벌 경제위기로 인한 철강산업 침체로 하락하고 있으나, 경기회복에 대한 기대감과 중국의 수입증가 등으로 2009년 2/4분기를 저점으로 다시 상승할 것으로 예상된다.

런던금속거래소(LME: London Metal Exchange)를 통한 동의 현물가격은 그동안 잦은 생산차질로 인한 공급불안, 투기수요 가세에 따른 시장불안 지속 등으로 2003년부터 상승세를 이어왔으나 글로벌 금융위기 및 경제침체로 인한 수요감소와 중국의 수요증가세 둔화로 2007년 정점 이후 가격이 하락하였다. 또한 2009년 들어 최대 소비국인 중국과 미국의 경기부양책 실시에 따른 수요증가 기대로 다시 상승하는 추세가 향후에도 지속될 것으로 예상된다. 아연의 현물기준(LME) 가격도 투기펀드 유입, 정광 공급감소, 높은 수요증가, LME 재고감소 등이 배경으로 작용하면서 2003년부터 상승하기 시작하였으나, 2006년을 정점으로 다시 하락하고 있다. 글로벌 경제위기로 인한 수요감소와 신규사업과제 증가에 의한 공급 과잉으로 아연 가격은 2008년 하반기까지 꾸준히 하락세를 보였지만, 2008년 말을 기점으로 다시 상승하고 있으므로 이러한 추세는 당분간 이어질 것으로 전망된다.

니켈 가격(LME 현물가격 기준)은 2003년까지는 비교적 안정적이었으나, 투기자금 유입과 공급불안 등으로 2004년 이후 지속적인 상승세를 유지하다가 2007년 5월에는 톤당 5만 2,000달러까지 상승한 적도 있다. 그러나 2008년부터 신규광산개발로 인한 공급증가 전망과 스테인리스강 수요감소 등 글로벌 경제악화로 인하여 수요감소 우려가 나타나자 다시 하락세를 이어왔다. 향후 니켈 가격은 세계경기 조기회복에 대한 기대감과 주요 생산업체의 감산 등으로 다시 상승세를 이어갈 것으로 예상된다.

나) 석유생산정점(peak oil) 논란 등 석유위기 발생의 위험 증대

석유가 완전히 고갈되는 시점보다 세계 석유 생산이 수요를 충족시키지 못하는 시기가 위기의 시점이다. 이때부터 석유 부족은 일시적인 현상이 아니라 구조적 현상으로 심화될 것으로 예상되며, 연료보다 납사(naphtha) 등 산업용 원료로의 역할이 증대될 전망이다. 석유 생산량 절정(peak) 시기는 매장량 확인 및 기술개발 속도 등을 감안하여 많은 논란이 진행 중에 있다. 미국의 DOE/EIA에서는 석유 매장량 6조 배럴을 기준으로, 현재의 기술수준 및 속도를 감안할 때 석유 생산량절정시기를 2037년경으로 예상(06.6)하고 있다.

그러나, 캠브리지에너지연구소(CERA: Cambridge Energy Research Associates)는 2050년에도 오일샌드, 오일세일 등 신규 에너지원의 개발로 급격한 수급 불균형은 없을 것이라는 낙관적인 전망(06.11)을 하고 있다.

다) 지역별 불안 지속

세계 최대 원유매장지역인 중동의 지정학적 위험부담(risk)이 지속적으로

그림 5-5 EIA의 석유 생산량 장기 전망

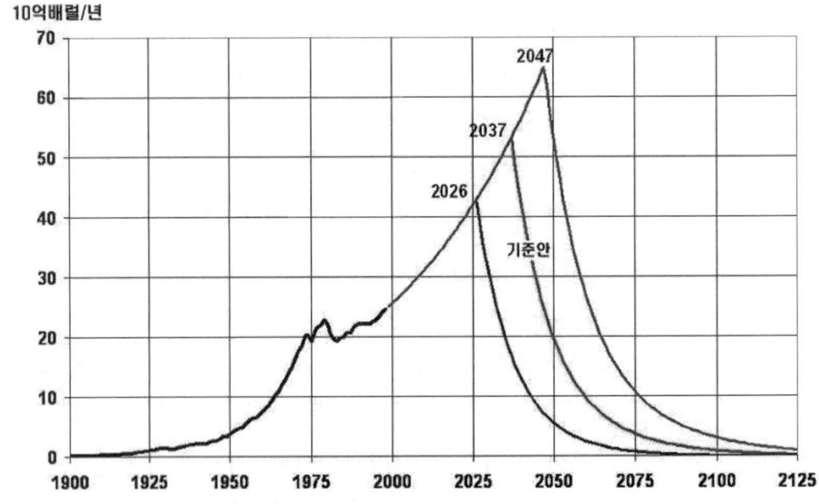

〈출처: EIA, Long-Term World Oil Supply Scenarios〉

확산되고 있다. 매장량이 풍부한 사우디아라비아, 이란, 이라크 등 걸프만 지역의 개발 필요성이 증가하고는 있으나 중동 지역 내 국가 및 종파 간 대립, 이란 핵개발을 둘러싼 국제사회, 특히 미국과의 긴장 지속, 이스라엘 주변국 및 지역과의 전쟁, 이라크의 정정불안 등이 주요 요인으로 되고 있기 때문이다. 중동의 전 세계 석유 공급비중이 2007년 23.7%에서 2030년 37.9%로 확대될 것으로 예상한다면, 중동 정세의 불안이 국제유가에 미치는 영향은 절대적이라 할 수 있다. 이러한 위험부담은 중동뿐만 아니라 나이지리아, 파키스탄 등 여타 지역에서도 나타나고 있다. 이러한 상황을 고려할 때 석유나 천연가스 등 자원을 많이 보유한 국가들의 정정불안에 대해 국제자원 시세는 민감한 반응을 나타낼 것이다.

특히 최근 국제유가가 지정학적 위험부담에 민감하게 반응하는 이유로는 미국과 북해 등 정세가 안정된 지역의 유전이나 가스전이 감산기에 들어갔다는 점, 세계에너지자원이 중동, 아프리카, 러시아 중앙아시아 등에 편중되어 있다는 점 등을 들 수 있다. 또한 자원보유국에서는 국제자원가격 상승에 수반한 자원민족주의 발생, 자원수입 확대의 수혜 여부에 따르는 빈부격차 확대, 확대된 재정을 통한 군비증강 추진, 외국기업의 이권 추구 등 복잡한 문제점으로 불안정한 정국조성이 이루어지고 있는 것에 큰 영향을 받고 있다.

그림 5-6 석유 및 가스 매장량에 대한 접근성

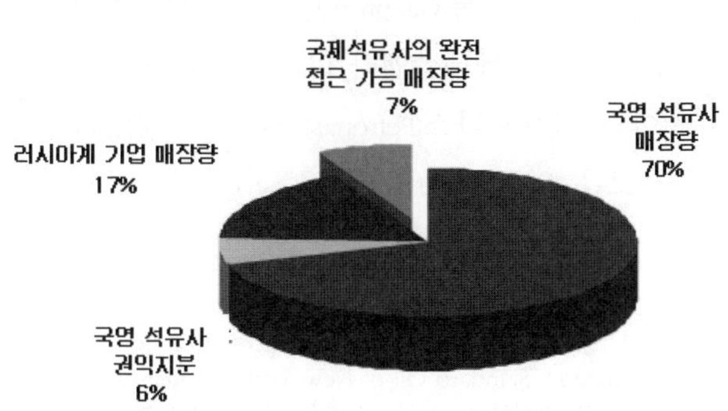

〈출처: 일본에너지경제연구원(IEEJ: The Institute of Energy Economics, Japan)〉

라) 자원민족주의 확산으로 인한 에너지자원 국유화 경향

세계 각국의 자원 민족주의 및 국유화 경향으로 국제석유사가 접근할 수 있는 매장량은 7% 수준에 불과하다. 세계 각국 정부는 에너지기업의 인수·합병에 적극 개입하는 등 "에너지 안보"를 정부 정책 결정의 최우선 고려사항으로 인식하고 있다.

마) 새로운 자원 주요기업의 등장

2000년대 이후 에너지자원을 중심으로 나타난 국제석유시장의 큰 변화 중 하나는 그동안 국제유가를 좌지우지하는 강력한 파워를 발휘하던 미국과 영국 기업 중심의 석유 주요기업들이 쇠퇴하고 산유국 국유석유기업(NOC: National Oil Company)을 중심으로 한 새로운 주요기업이 탄생했다는 점이다. 1970년대 석유시장점유율 50%를 자랑하던 기존 '일곱 자매(Seven Sisters)'[5]는 그 후 산유국의 에너지산업 국유화와 OPEC에 의한 유가 통제 등으로 크게 위축되어 최근에는 석유와 천연가스 생산량이 세계 전체의 10%, 매장량은 3%에 머물고 있다. 또한 참여기업수도 기업 간의 기업의 인수합병(M&A)을 거쳐 현재 4개, 즉 엑손모빌(ExxonMobil), 쉐브론(Chevron), BP, 로열더치셸(Royal Dutch Shell)로 축소되었다.

한편 21세기 들어 러시아와 중앙아시아, 남미, 아프리카 등지의 유전개발사업에서 주요 산유국들이 유전개발권을 자국 국영석유회사에 우선 부여하는 방향으로 정책이 변경되면서 일곱 자매를 중심으로 한 서방 메이저들의 파워는 급격하게 위축되었다. 새롭게 등장한 이 기업들은 사우디아라비아의 아람코(Aramco), 러시아의 가즈프롬(Gazprom), 중국 석유천연가스집단공사(CNPC), 이란 국영석유사(NIOC), 베네수엘라 PDVSA, 브라질의 페트로브라스(Petrobras)와 말레이시아의 페트로나스(Petronas) 등 7개 국영기업으로, 이를 *Financial Times*는 '새로운 일곱자매(NSS: New Seven Sisters)'로 명명하였다.

---

5) 'Seven Sisters'라는 용어는 이탈리아 국영 에너지회사 ENI의 초대 총재인 엔리코 마테이(1906~62)가 2차대전 이후 미국과 영국의 7대 석유메이저(Standard Oil of New Jersey, Royal Dutch Shell, Anglo Persian Oil Company, Standard Oil of New York, Standard Oil of California, Gulf Oil, Texaco)가 세계 석유시장을 과점하고 있다는 상황을 빗대어 사용한 용어로, 이후 50여 년 동안 국제유가를 좌지우지하는 강력한 힘을 발휘한 파워집단을 일컫는 용어로 사용되어 왔다. *Financial Times*(2007) 참고.

이들은 전 세계 석유 및 천연가스 생산량과 매장량의 1/3 이상을 차지할 정도로 막강해졌다. 이제 석유 생산의 지배권은 개도국 산유국의 국유에너지기업에 넘어갔으며, 이에 따라 새로운 국제석유질서가 자리잡게 되었다. 이는 현재 에너지 부문 세계 상위 20개 기업 중 14개가 국영석유회사라는 점만 보아도 확연히 알 수 있다.[6]

또한 NSS는 서로 다른 산유국의 국영석유회사들이 영향력을 보다 확대하기 위해 상호 연대와 협력을 강화하여 새로운 석유와 천연가스 매장 추정지역에서 탐사와 개발 주도권을 확보하고 있으며 이들은 풍부한 자금력을 활용한 상호간 기술협력과 공동투자 등 전략적 제휴를 통해 국제적인 영향력을 확대하고 있다. 이에 따라 앞으로는 NSS를 포함한 개도국 국유에너지기업들이 국제시장에서 새로운 규칙을 만들어가고 다른 기업들은 이러한 규칙들을 받아들이는 시기가 올 것이라 예측에 따라 국유에너지기업의 대두는 자원민족주의의 한 형태로도 나타날 것으로 예상하고 있다. 향후 석유를 비롯한 에너지자원의 안정적인 공급을 위해서는 유전개발투자(상류투자)가 필수적이나 국유에너지기업의 대두로 일반 석유기업들의 투자나 참여 가능한 지역이 제한될 것이라는 우려가 크다.

새로운 자원 주요기업들의 등장은 에너지 분야에만 국한된 것이 아니다. 최근에는 6대 전략광물뿐만 아니라 각종 비철금속에까지 급속성장과 M&A를 통해 주요기업들이 갈수록 많이 등장하고 있다. 이는 주요 광종별로 과점현상이 심화되고 있음을 입증하고 있는 것이다. 많은 비철금속 광종에서 상위 5대 기업의 생산점유율이 이미 50%를 넘어섰으며, 1995년에 비해 2006년에는 더욱 심화되고 있음을 나타내고 있다.

특히 광물자원분야에서도 M&A 확산을 통해 여러 광종과 지역을 통합하는 주요 기업들뿐만 아니라, 초대형 기업의 출현도 예상되고 있다. 2000년대 초반까지 자원분야의 M&A는 주로 특정지역 내 또는 중소기업 간에 수익성을 개선하려는 목적으로 추진되었고 또 연간 거래규모가 200억~ 300억 달러

6) 라이스대학(Rice University) 공공정책연구소(Institute of Public Policy)의 제임스(James A. Baker III)는 “지난 30년간 새로운 원유 생산량의 40%를 서방 에너지기업이 통제했지만, 앞으로 40년간 새로운 원유 공급원의 90%는 개발도상국에서 나올 것”으로 전망하고 있다. *Financial Times*(2007) 참고.

정도에 머물렀으나, 2000년대 중반 이후부터는 업종다각화를 목적으로 이루어지고 있고 거래규모도 연간 1,000억 달러를 넘어서고 있다. 거대 M&A의 확산이나 초대형 자원기업의 등장은 독과점 심화, 시장지배력 확대, 신규참여 진입장벽 강화 등을 초래할 수 있어 자원의 안정적인 공급 측면에서는 추가적인 장애요인으로 나타나고 있다.

바) 자원확보 경쟁 가속

글로벌화의 진전과 신흥개도국의 경제성장이 본격화되면서 국제자원에 대한 수요가 지속적으로 증가하고 있다. 이 중 고도성장을 추구하고 있는 중국과 인도 등의 신흥개도국은 '세계 자원의 블랙홀' 역할을 수행하고 있다. 또한 부존자원의 일부 국가 편중과 자원고갈에 대한 우려 등으로 자원안보의 중요성이 더욱 높아지고 있으므로 에너지자원과 전략광물자원의 수급이 불안해지면서 자원소비국뿐만 아니라 자원보유국까지도 자원확보 경쟁에 가세하고 있는 상황이다. 특히 중국과 인도 등 거대 자원소비국이 자원확보를 위해 중동과 중남미는 물론 중앙아시아와 아프리카까지 진출을 강화하고 있고, 이에 위기의식을 느낀 미국, 유럽, 일본 등 전통적인 자원소비국들이 자원확보 경쟁에 본격 가세하는 양상을 나타내고 있다.

이러한 추세는 자원을 둘러싸고 주요 국가 또는 지역과의 협력 강화와 분쟁 등으로 나타나고 있다. 러시아, 중국, 인도의 에너지동맹, 동남아시아 천연가스 파이프라인 건설, 서남아시아 천연가스 파이프라인 건설, 중남미 연대 강화, 시베리아 송유관 건설 등이 그 예이다. 카스피해 연안이 석유자원의 보고로 부상하는 가운데 북극해, 영국 북해, 동중국해, 남사군도(Spratly Islands), 아프리카 등에서 자원 확보를 위한 경쟁 또는 영유권 분쟁도 격화되고 있다.

사) 심해 및 비전통 에너지자원 개발

(ㄱ) 심해 개발

자원 개발 사업이 축소되는 상황에서도 심해 개발 사업은 활발하다. 대형 국제석유회사(IOC: International Oil Company, 민간기업)들은 장기적 관점에서 미국 멕시코만, 브라질, 서아프리카에 이어 말레이시아, 호주 등 아 · 태지역으로 심해 개발지역을 확대하여 가고 있다.

그러나 2010년 4월 발생한 미국 멕시코만 심해에서의 원유 유출 사고에 따라 심해 사업의 전개 양상이 달라지고 있다. 미국에 이어 캐나다, 나이지리아 등에서의 심해 시추 규제를 강화하고 있고, 미국은 멕시코만 사업을 철회하고 브라질, 서아프리카로 사업을 이동 중에 있다. 또한 심해 시추 비용 및 보험료가 상승하고, 시추회사의 사업성 악화 및 이로 인한 합병의 움직임이 활발해지고 있다.

(ㄴ) 비전통 에너지자원(오일샌드, 셰일가스 등)

유가하락으로 가장 타격을 받을 것으로 예상되었던 캐나다 오일샌드도 유가가 상향 안정화되면서 2009년 하반기 이후 다시 관심이 증가하고 있다.

셰일가스도 미국을 중심으로 활발히 개발되고 있으며, 최근에는 Shell, BP, ExxonMobil 등 주요 기업들까지 투자를 확대하여 셰일가스 생산량은 급증하고 있다. 미국 이외에도 캐나다, 유럽, 중국, 인도 등에 대규모로 부존되어 있는 것으로 추정되지만 현재 개발은 미미한 실정이나 이제부터는 이들 국가에서도 비전통 가스자원 개발이 활발해질 전망이다.

한편, 미국의 셰일가스 생산량이 급격히 증가함에 따라 미국의 가스 현물가격은 낮은 수준을 유지하고 있다.

② 국내 동향

가) 높은 해외 의존도로 자주공급역량 취약

에너지원별 수입국이 특정지역에 편재되어 있으므로 안정적인 에너지 확보가 취약하고, 자원개발의 역량이 매우 미흡하여, 해외의존도가 높은 프랑스, 일본 등과 같은 국가들에 비해 자주개발률이 저조하다.

나) 산업구조의 제한적 변동

최근 제조업의 높은 성장세가 지속되고 있고, 향후에도 제조업의 비중은

표 ⑤-6 주요 국가의 자주개발률(석유 · 가스) (2006)

구분	프랑스	이탈리아	스페인	일본	한국(2007)
해외의존도(%)	95	86	56	98	97
자주개발률(%)	97	48	62	19	4.2

* 자주개발률: 에너지 수입물량 중 우리 기업이 개발하여 확보한 자원의 물량비율

그림 5-7 국내 에너지 balance flow(2006년 기준)

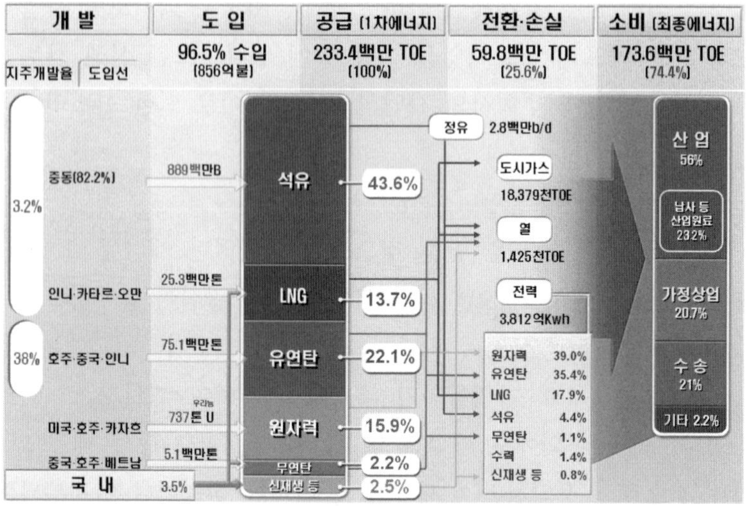

〈출처: 에너지 · 자원개발의 이해, 에너지경제연구원, 2008〉

현재와 비슷한 수준으로 유지될 전망이다.

다) 에너지 안보에 대한 국민적 관심 증대

자원소비국의 자원확보 경쟁이 치열해지고, 자원보유국의 자원민족주의가 심화되면서 에너지 안보에 대한 국민적 관심이 증대되고 있는 점을 감안하여 우리는 해외자원개발을 적극적으로 추진하고 있으나, 재원확보, 역량확충 등에 관하여 보다 더 적극적으로 지속적인 노력을 기울여야 할 것이다.

또한 원자력 에너지에 대한 역할 정립, 신재생에너지 보급 확대, 에너지 기술개발 등을 통해 에너지 안보를 확충할 필요가 있다.

라) 기후변화협상에 대한 적극적 대응 필요

포스트 교토협상으로 인하여 선진국(Annex I 국가)으로 분류됨에 따라, 어떤 형태로든 감축참여가 불가피할 전망이고, 특히 기후변화에 대한 위기전환뿐만 아니라 새로운 기회를 마련하기 위해 저탄소형 에너지 체계를 구축하고, 에너지효율 제고 및 청정에너지에 대한 수요 및 투자에 대한 증대를 통해 새로운 성장동력을 창출할 시점에 와있다.

마) 에너지 공급시설의 기피 및 고급에너지에 대한 수요증가

경제발전 및 국민의 삶의 질 향상에 따른 쾌적한 환경에 대한 국민의 욕구가 증대되고 있고, 전기, LNG 등 고급에너지에 대한 선호가 증대됨에 따라 에너지 공급 시설의 입지난이 날로 심화되고 있다.

바) 에너지산업의 구조 변화 예상

에너지산업 시장효율화의 방향 설정이 필요하고, 세계화의 가속화 및 다양한 국가와의 FTA로 인한 개방 압력이 날이 갈수록 증대될 전망이다.

사) 경제 성숙 및 저출산 등에 따라 에너지 수요증가도 성숙단계로 진입

경제가 성숙되고, 저출산 · 고령화 등이 진행됨에 따라 성장률이 둔화되고, 에너지 수요증가도 성숙단계로 접어들 가능성이 높을 것으로 예상된다. 그 결과 양적 증가보다는 전력, 가스 등 고품질 에너지에 대한 질적 증가가 중요한 몫으로 형성될 전망이다.

(2) 해외자원개발의 현황 및 문제점

① 해외자원개발의 의의

가) 해외자원개발의 영역

우리나라 기업이 해외 자원보유국에 진출하여 유용 광물 자원을 직접 탐사, 개발, 생산, 가공, 유통하는 기업 활동을 총칭한다.

나) 해외자원개발의 필요성

(ㄱ) 에너지안보 측면에서의 우리나라의 현실

에너지 · 자원은 "전략적 상품"[이해관계자(stakeholder)가 전략적 목적으로 공급과 가격을 조절]으로써 자원무기화 경향을 보이는 특징이 있다.

국내 총에너지수입은 2009년 912억 달러로 전체 수입액의 28.7%를 차지

표 ⑤-7 국내 에너지의 해외의존도

구분	'80	'90	'05	'06	'07	'08	'09
에너지 해외의존도(%)	73.5	87.9	96.8	96.5	96.6	96.7	96.2(잠정)
총수입 중 에너지비중(%)	29.6	15.6	25.5	27.7	26.6	32.4	28.7

*6대 전략광종인 유연탄, 우라늄, 철, 동, 아연, 니켈은 거의 전량 수입에 의존

한다.

특히, 주요 국가에 비해 특정지역(중동)에 대한 에너지 의존도가 높아 에너지 안보에 큰 위협으로 작용하고 있다.

에너지·광물 자원의 공급위기 발생 가능성이 상존하는 상황에서 자원의 안정 공급으로 국가경제의 안정적 발전을 도모해야 한다.

(ㄴ) 자원가격 변동에 따른 충격 완화

안정적인 에너지·자원 공급을 위해 단기적 대책(비축)과 함께 중장기적 대책(해외자원개발)의 병행이 필요하다. 해외자원개발은 에너지 자원 가격상승의 충격을 완화하고 국제적 규모의 기업 육성, 연관 산업 발전으로 경제적 편익 증진 및 새로운 성장동력을 창출해야 한다. 또한 저렴한 가격에 자원을 확보함으로써 외환수지 개선에 기여할 수도 있고, 해외자원개발 투자에 따른 공급력 확보로 유통시장에서의 영향력을 늘려 가격 불안을 줄일 수 있는 가격결정력을 가질 수 있어야 한다.

(ㄷ) 연관 산업 발전을 통한 국익 증진

해외자원 개발사업은 국내의 기계, 건설, 수송, 금융 부분에 많은 파급효과를 유발시키고, 자원보유국과의 자원 공동개발을 통한 교역시장 확대, 국내기업 진출 등을 기대할 수 있는 것이다. 자원개발과 연계되어 토목, 건설 등 사회간접자본(SOC: Social Overhead Capital) 분야에 대한 우리나라 기업의 동반진출이나 기술 협력 강화, 경제발전 경험 공유 등을 모색할 수 있어야 한다.

그리고 자원개발부문에 진출한 국내기업이 높은 수익을 보장할 수 있는 기틀도 마련하여야 한다.

② 해외자원개발 현황 및 문제점

가) 자원개발 현황

글로벌 경제위기에도 불구하고 자원외교 강화, 자원개발 투자확대로 2009년부터 국제적 유동성 위기를 기회로 활용하여 생산광구 매입, 국제 석유기업 M&A를 확대하고 단순 지분투자에서 기술·경험을 보유할 수 있는 운영권을 확보한 사업이 증가함으로써 질적으로 크게 향상되고 있다.

나) 문제점

자원개발 지역의 편중 및 진출여건이 열악한 유망 자원부존지역에서의 과감한 사업발굴 노력이 부족하다. 자원개발 동반진출사업의 전략적 효용성에도 불구하고 높은 사업위험부담(risk)과 사업자간 상이한 이해관계로 실적이 부진하다. 또한 자주개발률은 크게 상승했으나 기술, 전문인력 등을 기반으로 하는 자원개발 산업기반은 매우 빈약한 실정이다.

자원개발 금융상품이 조성되었으나 아직은 민간의 풍부한 유동성이 자원개발 부문으로 원활히 유입되지 못하는 상황이고 탐사광구의 대형화 및 광권확보 비용은 높아가는 반면 성공불(成功拂) 융자재원이 작아 효과적인 탐사지원이 어려운 실정이다.

(3) 국내 에너지 자원산업현황 및 관련 정책

① 해외자원개발산업 현황

가) 현 황

2007년 말 현재 53개국에서 286개 사업과제가 진행 중이며 진행 중인 사업과제에 대한 투자액은 석유 · 가스에 89억 달러, 광물에 25억 달러 수준이며, 진출 건수와 투자액 모두 외환위기 이후 정체되어 있었으나 2005년 이후 꾸준한 증가세를 나타내고 있다.

나) 지역별 진출 현황(2007년 말)

(ㄱ) 석유 · 가스

액수 기준으로는 동남아가 27.7억 달러로 가장 높고 건수 기준으로는 북미지역이 53건으로 가장 많다.

(ㄴ) 일반광물

액수 기준으로는 기타 지역이 15.3억 달러로 가장 높으며 건수 기준으로는 중앙아시아 지역(중국, 몽골 포함)이 48개 사업으로 가장 높으며 기타 지역의 경우 대양주 지역이 대부분을 차지한다.

② 우리나라의 해외자원개발 지원

가) 개 요

우리나라는 “해외자원개발사업법 제4조” 규정에 따라 정부에서 매 3년마다 10년 단위의 해외자원개발기본 계획을 수립하여 시행하는 등 해외자원

개발사업을 적극 추진하고 있다. 2007년 8월 "제3차 해외자원개발 기본계획(2007~2016)"을 수립하였다.

자원개발사업의 대상은 국내에서 광석상태로 이용하거나 처리시설이 있는 광종, 수입규모가 1억 달러 이상인 광종, 수급불안 시 국가 산업 전반에 미치는 중요도 등에 따라 선정되었다. 정부가 선정한 해외자원개발 대상 광종은 석유, 천연가스, 유연탄, 우라늄, 철, 동, 아연, 니켈의 8개 자원으로 대상 기준 및 대상 광종 모두 전략광종과 일치한다. 이들에 대해 정부가 장기적으로 자주공급목표를 설정하여 체계적 지원책을 수립하고 있다.

나) 절차별 관련 기관 및 제도

(ㄱ) 정보지원

i) 석유공사, 가스공사, 광업진흥공사 등은 국내외 자원관련 자료 및 최신 동향 등의 정보를 제공한다.

ii) 수출입은행은 해외투자 상담 및 투자진출 대상국 관련 제반정보 수집, 발간, 배포한다.

iii) 대한무역투자진흥공사(KOTRA: Korea Trade-Investment Promotion Agency)는 투자진출 상대국에 관한 자료 제공 및 상담, 국내 합작선 신용조사 등을 한다.

iv) 수출보험공사는 해외투자 상담 및 정보를 제공한다.

v) 대한상공회의소, 무역협회, 중소기업진흥공단, 산업연구원 등 유관기관에서도 해외 투자정보 제공 및 상담을 지원한다.

(ㄴ) 자금지원

i) 석유공사, 가스공사, 광업진흥공사 등은 해외자원개발 자금을 융자한다.

ii) 수출입은행은 해외자원개발사업 관련 대출을 최대 100% 한도, 최장 25년 조건으로 제공하며 이율은 변동 LIBOR[7]+ 가산율 또는 고정 swap+ 가산율을 적용한다.

- 해외투자자금: 자원확보를 위해 해외투자하는 국내기업을 대상으로 국외 현지법인에 대한 출자 및 대부자금 지원
- 해외사업자금: 국내기업이 직접 국외에서 수행하는 자원개발사업에 대한 시설자금 및 운영자금 지원

---

7) 런던 은행간 거래 금리(LIBOR: London Inter-Bank Offered Rates): 국제금융시장의 중심지인 영국 런던에서 우량은행끼리 단기자금을 거래할 때 적용하는 금리

- 외국법인에 대한 사업자금: 국내기업이 자원개발을 위해 출자한 현지법인의 설비자금 및 운영자금 지원
- 주요 자원 개발자금대출: 국내기업의 해외자원개발사업을 위한 사전준비, 조사, 광업권 취득 등의 소요자금을 지원

iii) 산업은행은 해외직접투자 자금을 대출한다.

(ㄷ) 세제 지원

i) 외국납부세액 공제제도(법인세법 제57조)는 투자자가 외국 정부에 법인세를 납부한 경우 국내에서는 동 세액을 공제하여 줌으로써 이중과세를 방지한다.

ii) 해외자원개발투자 배당소득에 대한 법인세의 면제제도(조세특례제한법 제22조)는 해외자원개발사업에 투자함으로써 지급받은 배당소득에 대해 자원보유국에서 조세를 면제받은 경우, 국내에서 법인세를 면제한다.

iii) 해외자원개발투자에 대한 과세특례제도(조세특례제한법 제104조의 15)는 해외자원개발사업자가 광물자원을 개발하기 위하여 투자나 출자를 하는 경우에는 해당 투자금액 또는 출자금액의 100분의 3에 상당하는 금액을 법인세 또는 소득세에서 공제한다.

iv) 해외자원개발설비투자 세액공제(조세특례제한법 제25조)는 내국인이 해외자원개발 설비시설에 투자하는 경우, 당해 투자금액의 100분의 3에 상당하는 금액을 소득세 또는 법인세에서 공제한다.

v) 자원개발펀드 배당소득세 감면(조세특례제한법 제91조의6)은 해외자원개발펀드 투자금 3억원 이하인 개인투자자의 배당소득에 대해 비과세, 3억원 초과 투자자에 대해서는 14% 분리과세 적용(2008년까지)한다.

- 2009~2011년: 3억원 이하 5%, 3억원 초과분 14% 분리과세

vi) 간접외국납부세액에 대한 과세특례(조세특례제한법 제104조의6)는 간접외국납부세액에 대한 조세조약을 체결하지 않은 국가의 외국자회사에서 수입배당금을 받은 경우, 동 수입배당금에 해당하는 외국자회사의 법인세상당액의 50%를 세액공제를 한다.

- 일반법에 대한 특례: 법인세법에서는 조세조약의 내용에 따라 간접외국납부세액을 인정하고 있는 반면, 조세특례제한법에서는 조세조약 내용과 관계없이 간접외국납부세액을 인정
- 일반법인에 대한 특례: 일반법인의 경우에는 외국자회사에 대한 내국법인의 지분이 25% 이상이어야 특례를 적용받을 수 있으나, 해외자원개발사업자의 경우에는 내국법인의 지분이 5% 이상이면 특례적용이 가능

표 ⑤-8 수출보험공사 해외투자보험(자원개발) 세부종목

세부종목	부보대상
주식	외국법인의 주식 또는 지분 취득
대출금	외국인에 대한 채권을 취득
보증채무	외국인의 2년을 초과하는 장기차입금 또는 회사채 발행에 대한 보증
부동산에 대한 권리	부동산권리, 광업권, 공업소유권 등의 취득
투자금융	금융기관의 내국인에 대한 해외투자에 필요한 대출금

(ㄹ) 보험지원: 한국수출보험공사(해외투자보험)

- 해외투자로 인한 위험으로부터 발생하는 기업의 손실을 보상한다.

i) 수용위험: 외국 정부 등에 의해 권리를 박탈당하는 경우

ii) 전쟁위험: 전쟁, 혁명 등으로 권리를 사용할 수 없게 된 경우

iii) 송금위험: 환거래제한 또는 금지 등으로 국내로 송금할 수 없게 된 경우

iv) 불가항력적 위험: 불가항력적(태풍, 홍수 등)으로 권리를 사용할 수 없게 된 경우

v) 약정불이행위험: 외국정부의 계약의무불이행 등으로 손실을 본 경우

(ㅁ) 자원개발펀드

시중의 풍부한 민간자금을 해외자원개발사업에 적극 활용할 수 있도록 간접 투자수단으로 도입한다.

i) 유형: 자원개발투자회사(뮤추얼펀드: 주식회사 형태), 자원개발투자전문회사(private equity fund: 합자회사 형태)

ii) 조성 절차: 해외자원개발 사업계획 신고(지식경제부) → 펀드 등록(금융위원회)

iii) 정부 지원: 펀드 배당소득세 감면, 투자위험보증

- 펀드 배당소득세 감면: 자원개발펀드의 세후 수익률 증가(펀드 수익률 8% 가정 시, 실제 세후 수익률이 약 1.1%p 상승)
- 투자위험보증: 수출보험공사가 사업위험, 국가위험 등으로 인한 자원개발펀드의 원금 손실을 일정 부분 보상하며(생산 · 개발사업 50% 이상, 탐사사업 50% 미만) 펀드의 위험을 완화하여 민간투자자의 적극적인 펀드 참여 유도

iv) 출시 현황: 유전개발펀드(베트남 15-1광구, 2,000억원 규모), 니켈개발펀드(마다가스카르 암바토비광산, 1,300억원 규모)가 출시되었으며 볼레오 동광산

표 ⑤-9 일반펀드와 자원개발펀드의 비교

구분	일반펀드	자원개발펀드
투자회사 (뮤추얼펀드)	• 분산투자 유도를 위해 동일회사 주식에 대한 투자를 엄격히 제한(10% rule: 펀드자산의 10% 이내에서만 동일회사 주식에 투자 가능)	• 유전개발사업에 50% 이상(탐사사업의 경우 30% 이상) 투자 의무
투자전문회사 (PEF)	• M&A 목적으로만 투자	• 해외자원개발 투자 • 해외자원개발기업의 M&A
	• M&A를 통한 수익 확보가 주목적이므로 일정 기간 내 매각의무	• 매각의무 없음
자산운용사 요건	• 자본금 100억원	• 자본금 30억원 이상 • 3인 이상의 해외자원개발 전문인력 확보(2011년부터 적용)

〈출처: 자원개발정책편람(2008)〉

펀드 등 해외자원개발 사업계획 신고가 수리된 펀드가 있음

v) 향후 추진계획: 정부재원(3천억원)을 종자돈으로 활용하는 민관합동 펀드 조성
- 정부재원을 자원개발 공기업에 출자(석유공사 2,500억원, 광업진흥공사 500억원)하고, 자원개발 공기업이 동 자금을 활용하여 펀드를 조성
- 투자대상을 미리 확정하지 않는 'capital call' 방식으로 운영(blind fund)

(ㅂ) 기타 지원(정부간 협정)은 이중과세방지협정, 투자보장협정을 맺는다.

다) 사업형태별 지원내용

(ㄱ) 해외자원개발 융자사업

i) 일반(자원개발)융자는 해외자원개발에 관련된 조사(탐사), 개발, 생산, 기술용역 제공, 개발자금 융자사업에 대하여 최대 60~80%까지 지원한다.

ii) 성공불융자는 사업 실패 시 융자원리금을 감면하되, 사업 성공 시에는 융자원리금 및 일정 비율의 특별부담금을 부담하는 제도로 조사(탐사)사업, 투자위험보증사업이 지원대상이다.
- 융자원리금 감면 조건: 조사(탐사)사업이 상업적 생산에 이르지 못하거나 이르렀더라도 사업 경영상의 귀책사유가 아닌 사유로 인하여 상환이 불가능한 경우, 투자위험보증사업이 투자위험보증지급금 등으로 인해 원리금 상환이 불가능한 경우
- 특별부담금: 수익금에서 제반비용을 제외한 순이익의 일정비율을 부과

표 ⑤-10 일반융자 및 성공불융자 지원 실적 (단위: 백만원)

구분		2005	2006	2007	2008
유전개발사업	전체	187,099	218,500	357,557	357,600
	성공불융자	187,099	218,500	317,213	357,600
광물개발사업	전체	64,100	63,200	74,300	68,000
	성공불융자	600	3,800	6,500	12,000
계	전체	251,199	281,700	431,857	425,600
	성공불융자	187,999	222,300	323,713	369,600

〈출처: 자원개발정책편람(2008)〉

표 ⑤-11 일반융자와 성공불융자 비교

	일반융자	성공불융자
지원 대상	국내외 자원개발사업(탐사 · 개발 · 생산)	사업 실패 위험이 큰 탐사사업
지원 조건	변동금리 (국고채 3년물 금리: 1.25~2.25%)	사업 실패 시 원리금 감면, 사업 성공 시 원리금 외에 특별부담금 징수
지원 한도	(해외)투자금액의 80% 이내, (국내)투자금액의 100% 이내	–
시행 기관	석유공사(유전개발), 광업진흥공사(광물개발)	
지원 절차	사업공고(지식경제부) → 융자신청(사업자) → 융자심의(지식경제부, 석유공사, 한국광물자원공사)* → 자금집행	

*융자심의위원회 개최(연 8회, 공기업 · 학계 등 전문가 14명 참여)
〈출처: 자원개발정책편람(2008)〉

(유전 15%, 광물 4%)

iii) 사업과제 금융(P/F)은 해외광물자원개발 총사업비 이내에서 타 금융기관과 공동으로 이루어진다.

(ㄴ) 해외자원개발에 관한 조사사업과 기반구축사업

i) 조사사업은 투자여건조사, 기초탐사, 지분인수타당성 조사에 대하여 사업비 보조가 가능하다.

ii) 기반구축사업은 자원정보 수집 · 제공, 자원정보망 운영, 자원정보조사, 해외사무소 및 통신원 운영, 국제교류 · 협력 등에 대하여 지원한다.

라) 자원개발사업 단계별 업무(원유 · 가스 중심으로)

(ㄱ) 정보수집단계

지사, 인터넷, 산유국 정부, 정보지 등을 통해 신규광구 분양 및 지분 양도 정보수집(제반자료 종합 분석, 제약요인 사전 분석, 투자환경조사, 관련법규 및 절차 등 파악)한다.

(ㄴ) 광구취득단계

계약체결 후 해외자원개발신고 후 융자신청이 가능하다.

i) 국제입찰

정부, 국영석유회사가 주관이며, 지분, 가격 등 기타 Option 경쟁

ii) 직접협상

비공개분양으로 정부와 직접 협상으로 주로 후진국에서 시행되고 있다.

iii) 지분매입

기 광권 취득 회사의 지분을 양도(석유회사와 협상 또는 입찰 참여)한다.

iv) 자산매입

주로 개발 및 생산유전에 해당한다.

표 ⑤-12 해외자원개발 조사사업 중 조사사업에 대한 보조목적 및 보조대상

	목적	보조 대상	보조 대상 사업비
투자 여건 조사	투자정보가 입수된 해외자원개발사업에 대해 개발 타당성을 예비 분석하여 향후 추진 여부를 판단하고, 사업화 추진 방향을 제시	• 해외자원개발 희망업체의 기술지원 요청 사업 • 기타 지식경제부 장관이 현지조사 필요성을 인정한 사업	• 현지조사 출장비 및 조사비 • 전문가 및 기타 조사 관련 인력의 소요 비용
기초 탐사	본격탐사 이전의 탐사 타당성조사 및 유망 탐사사업의 발굴, 민간에 제공하기 위한 기획탐사 및 사전조사	• 정부기관 간 자원개발협력 탐사사업 • 보조를 신청한 기초탐사 사업 • 탐사사업 발굴을 위한 기획탐사 및 사전조사	• 지질조사, 시추 등의 탐사비 및 직접비 • 협력탐사, 기획탐사 등의 사업관리비
지분 인수 타당성 조사	해외자원개발 투자진출 예정사업의 지분 또는 권리 인수 타당성과 조건 판단에 필요한 기술과 자금 제공	• 인수타당성과 조건 판단을 위해 실시하는 사업타당성 조사비 • 현지실사, 가치평가, 인수조건 조사에 소요되는 비용과 사업관리비	• 기술, 회계, 법률 등 사업타당성조사 비용 • 현지실사 및 인수조건 조사비용 • 사업관리비

그림 5-8 해외자원개발 일반절차

사업단계	목 적	주요 작업
정보수집	신규광구 분양 및 지분 양도 정보수집	지사, 인터넷, 산유국정부, 정보지 등을 통해 정보수집
광구취득단계 (신고, 융자신청)	탐사권리 확보	입찰 또는 지분참여계약
탐사단계	석유부존 가능성 및 매장량 확인	지표지질조사, 물리탐사, 탐사시추, 평가시추
개발단계	생산준비	유전평가 후 개발계획 수립, 생산정 시추, 생산시설 건설
생산단계	최적생산/최대회수 수익극대화	저류층관리, 생산증진, 생산시설 관리

〈출처: 자원개발정책 편람, 지식경제부, 2010〉

(ㄷ) 탐사단계

지질조사 및 지구물리탐사를 실시하여 유망구조 파악 및 시추탐사작업을 통해 석유부존 여부를 확인하는 단계이다.

(ㄹ) 개발단계

탐사단계에서 취득한 정보를 종합 분석하여 유전평가, 개발계획수립, 생산시설 건설, 생산정 시추 등을 수행한다.

(ㅁ) 생산단계

석유생산 예측 및 최적생산을 위한 저류층관리, 생산증진, 생산설비 관리 등을 수행한다.

(4) 우리나라의 해양에너지 자원확보 추진과제

① 해저광물 · 에너지자원 상용화 및 과학조사 투자확대

가) 주변 및 태평양 해역에 할당받은 해저광구 개발 및 상용화 조기 추진

(ㄱ) 우리나라 주변해역에 매장되어 있는 해저광물, 에너지자원 개발을 통해 자원 수입 대체 및 에너지원 다각화에 기여

(ㄴ) 국제해저기구가 우리나라에 개발권을 부여한 해저망간단괴의 광구 개발과 상용화 추진

(ㄷ) 1994년에 세계에서 7번째로 UN 산하 국제해저기구(ISA)로부터 하와이 동쪽 2,000㎞, 해저 5㎞ 지점에 15만㎢의 광구를 할당받아 2020년 이후 상업생산을 목표로 개발 중

나) 남극대륙 및 북극해에 대한 해양외교력 제고를 위한 과학조사 및 국제협력 강화

남극대륙과 북극해 등에 대한 종합적인 극지산업 국가전략을 수립하고 태평양 권역 국가와 해양자원 공동개발 추진

② 해양 환경 · 에너지산업을 위한 기반산업 육성

가) 연안지역 구도심의 생태적 재개발을 추진하고, 해안권별 과학연구단지 조성 등을 통해 환경, 에너지, 자원개발, 생명공학의 전진기지로 활용

나) 기후변화, 화석에너지 고갈에 대비하여 해양 신재생에너지 개발 추진

(ㄱ) 풍력, 태양광, 조류, 파력, 해수 온도차 등을 활용한 청정에너지원 개발

(ㄴ) 도서지역 에너지 공급 안정성 확보를 위해 외해에 해양 신재생에너지 복합플랜트 건설

다) 연안 지역의 만성적 물 부족 현상 해소를 위해 해수 담수화 시설 설치

일시적 · 국부적 물 부족 현상을 해결하고 우리나라 담수기술 수출 경쟁력 확보에 기여

라) 해양 메탄수화물 개발, 해사 채취, 광물자원 개발시 장기적 환경영향 고려

메탄수화물은 개발 과정에서 메탄가스 유출, 해사채취 및 광물자원 개발시 서식지 변형 및 훼손 등의 문제 예방

제4절 신재생에너지의 현황 및 향후계획

신재생에너지(renewable energy)란 석탄, 석유, 원자력 및 천연가스가 아닌 태양에너지, 바이오매스, 풍력, 소수력, 연료전지, 석탄의 액화, 가스화, 해양에너지, 폐기물에너지 및 기타로 구분되고 있고 이외에도 지열, 수소, 석탄에 의한 물질을 혼합한 유동성 연료를 의미한다. 그러나 실질적인 신재생에너지란, 광의(넓은 의미)로는 석유를 대체하는 에너지원으로 협의(좁은 의미)로는 신재생에너지원을 나타낸다.

신재생에너지는 화석연료와 비교하여 고갈되지 않으며 환경 친화적이고 공공성과 기술성을 지닌다. 「신에너지 및 재생에너지 개발 · 이용 · 보급촉진법」 제2조의 규정에 의거 『기존의 화석연료를 변환시켜 이용하거나 햇빛 · 물 · 지열(地熱) · 강수(降水) · 생물유기체 등을 포함하는 재생 가능한 에너지를 변환시켜 이용하는 에너지』로 정의하고 11개 분야로 구분하였다. 신재생에너지는 재생에너지와 신에너지로 구분할 수 있는데 다음과 같다.

▷ 재생에너지: 태양광, 태양열, 바이오, 풍력, 수력, 해양, 폐기물, 지열(8개 분야)

▷ 신에너지: 연료전지, 석탄액화가스화 및 중질잔사유가스화, 수소에너지(3개 분야)

이런 신재생에너지에 대한 부분은 2004년을 '신재생에너지 원년'으로 선포하고 꾸준히 신재생에너지를 보급하려고 노력하고 있다. 또 2008년 '녹생 성장(GG: Green Growth)'을 새로운 신성장동력으로 선포하면서 2030년까지 신재생에너지 사업에 총 115조 5천억원을 투자하기로 하고, 신재생에너

표 ⑤-13 세계 각국의 신재생에너지 공급비중

구분	한국	덴마크	프랑스	미국	독일	일본
공급률(%)	2.5	20.1	8.1	5.7	10.0	3.4

〈출처: IEA 2010자료(폐기물, 대수력 포함)〉

지 보급률 역시 11%까지 확대할 계획을 갖고 있다.

아직, 우리나라의 신재생에너지 보급률이나 기술력은 관련 분야의 선진국과 비교할 때 절반에도 미치지 못하는 상황이다.

태양, 바람, 지열 등과 같이 사용해도 고갈되지 않는 자연에너지의 개발은 '저탄소 사회'로 가기 위한 필수 과정이며 우리가 나아가야 하는 방향이다. 우리나라 전체에 존재하는 자연 에너지의 총량 가운데 기기 · 체계 효율 등 현재의 기술 수준으로 확보 가능한 신재생에너지 잠재량은 연간 약 17억 5만 TOE(석유환산톤)에 이르는 것으로 분석되며 이는 석유 · 석탄 · 천연가스 등 국내 1차에너지 연간 공급량(2억 4,075만 TOE, 2008년 기준)의 7배가 넘는

표 ❺-14 국내 신재생에너지 전체 잠재량 (단위: 천 TOE)

구분		부존 잠재량[8]	가용 잠재량[9]	기술적 잠재량[10]	비고
태양열에너지		11,159,495	3,483,910	870,977	태양열체계 변환효율(25%) 고려
태양광에너지				585,315	태양열체계 변환효율(15%) 고려
풍력에너지	육상	121,433	24,293	8,097	2MW급 국산 풍력발전기 적용
	해상	172,781	60,813	22,264	3MW급 국산 풍력발전기 적용
수력에너지		126,273	65,210	20,867	
바이오매스 에너지		141,855	11,656	6,171	임산, 농부산, 축산, 도시폐기물, 바이오매스에 대한 2010년 기준임 2030년: 6,171 예상
지열에너지		2,352,347,459	160,131,880	233,793	심부지열
해양에너지	조력			2,559	
	조류			288	
	파력	352,000	17,600	3,500	파력: 4MW/㎢ 발전기 적용
총 계		2,364,421,296	163,795,362	1,753,831	

〈출처: 신 · 재생에너지 백서 2010〉

8) 부존 잠재량: 한반도 전체에 부존하는 에너지 총량을 나타냄

9) 가용 잠재량: 에너지 활용을 위한 설비가 입지할 수 있는 지리적인 여건을 고려한 값으로 활용 가능한 에너지의 양을 산정함

10) 기술적 잠재량: 현재의 기술 수준으로 산출될 수 있는 최종 에너지의 양을 나타낸 값으로 기기의 체계 효율 등을 적용함

규모이다. 현재 사용하고 있는 에너지의 수배에 해당하는 신재생에너지가 미사용되고 있으나 자연 에너지 자원의 잠재력이 풍부하므로 우리나라는 '자원부국'이다.

국가에너지원의 해외의존도를 줄이고 신재생에너지 11% 보급을 기준으로 한 신재생에너지 보급목표는 2015년에는 4.3%, 2020년에는 6.1%, 2030년에는 11.0%로 증가시킬 예정이다. 원별 목표전망을 살펴보면, 현재의 폐기물 중심에서 바이오에너지, 태양에너지, 풍력 등 자연 재생에너지 중심으로 전환되며 해양에너지, 지열, 태양열, 풍력 등의 증가율이 높게 나타나는

표 ❺-15 제3차 기본계획에 의한 신재생에너지의 공급 목표 (단위: 천 TOE, %)

구분	2008	2010	2015	2020	2030	2008~2030 연평균 증가율
태양열	33 (0.5)	40 (0.5)	63 (0.5)	342 (2.0)	1,882 (5.7)	(20.2)
태양광	59 (0.9)	138 (1.8)	313 (2.7)	552 (3.2)	1,364 (4.1)	(15.3)
풍력	106 (1.7)	220 (2.9)	1,084 (9.2)	2,035 (11.6)	4,155 (12.6)	(18.1)
바이오	518 (8.1)	987 (13.0)	2,210 (18.8)	4,211 (24.0)	10,357 (31.4)	(14.6)
수력	946 (14.9)	972 (12.8)	1,071 (9.1)	1,165 (6.6)	1,447 (4.4)	(1.9)
지열	9 (0.1)	43 (0.6)	280 (2.4)	544 (3.1)	1,261 (3.8)	(25.5)
해양	0 (0.0)	70 (0.9)	393 (3.3)	907 (5.2)	1,540 (4.7)	(49.6)
폐기물	4,688 (73.7)	5,097 (67.4)	3,316 (53.8)	7,764 (44.3)	11,021 (33.4)	(4.0)
합계	6,360	7,566	11,731	17,520	33,027	(7.8)
1차에너지 (백만 TOE)	247	253	270	287	300	(0.9)
비중	2.58%	2.98%	4.33%	6.08%	11.0%	

〈출처: 제3차 신 · 재생에너지 기술개발 및 이용 · 보급 기본계획, 지식경제부, 2008〉

반면, 현재 비중이 높은 폐기물과 수력의 증가율은 낮을 전망이다. 또한, 바이오에너지의 경우 증가율은 비교적 낮은 편이나, 증가량은 가장 많을 것으로 예상된다.

이에 국가에너지자원의 해외 의존도를 줄이고 5대 에너지(석유, 석탄, 천연가스, 수력, 원자력)의 대체 에너지로서 자립 가능한 국내에너지자원을 확대하기 위하여 정부는 2008년 8월 1차 국가에너지 마스터플랜에 이어 제3차 신재생에너지[2009~2030 NRE(National Renewable Energy)] 기술, 이용 확산에 관한 기본계획을 수립하였다.

신재생에너지는 과다한 초기투자의 장애요인에도 불구하고 화석에너지의 고갈문제와 환경문제에 대한 핵심 해결방안이라는 점에서 선진 각국에서는 신재생에너지에 대한 적극적인 연구개발과 보급정책 등을 추진하고 있다. 최근 유가의 불안정, 기후변화협약 규제 대응 등 신재생에너지의 중요성이 재인식되면서 에너지공급방식 다양화 필요하고, 기존에너지원 대비 가격경쟁력 확보시 신재생에너지산업은 IT(Information Technology), BT(Biology Technology), NT(Nano Technology)산업과 더불어 미래산업, 차세대산업으로 급신장이 예상된다.

독일의 경우 국가전력 생산량 중 현재 약 18% 수준인 신재생에너지원 비율을 2020년 35%로 높여 원자력발전에서 완전히 탈피하고 2030년에는 이 비율을 66%까지 끌어올린다'는 '녹색 공화국 프로젝트'를 실행하고 있다.

우리는 이제 신재생에너지 등 녹색산업육성, 저탄소형 에코시티 조성, 첨단친환경농법 활용, 항공, 우주 등 미래 유망기술개발 등을 통해 녹색성장 발상지(mecca)로 육성하여야 할 시점에 와 있다.

(1) 태양광에너지

① 개 요

태양에너지는 청정하고 재생 가능한 에너지원으로서 태양의 빛에너지를 이용하여 인간의 실생활에 활용하는 태양광에너지기술과 태양의 열에너지를 이용하여 활용하는 태양열기술로 크게 분류된다. 태양광에너지기술은 태양이 가지고 있는 광전자에너지를 전기에너지로 변환하는 발전기술로 태양광발전기술이라 하며 일반적으로 태양광기술로 일컬어지고 있다. 태양광 발전체계는 태양전지(solar cell)로 구성된 모듈(module)과 축전지 및 전력변환장치로 구성되어 있다.

가) 태양광 발전은 태양광을 직접 전기에너지로 변환시키는 기술
나) 햇빛을 받으면 광전효과에 의해 전기를 발생하는 태양전지를 이용한 발전방식
다) 태양광 발전체계는 태양전지로 구성된 모듈과 축전지 및 전력변환장치로 구성됨

태양광 발전은 무한정·무공해의 태양에너지를 이용하므로 연료비가 불필요하고, 대기 오염이나 폐기물의 발생이 없고, 발전 부위가 반도체 소자이고, 제어부가 전자 부품이므로 기계적인 진동과 소음이 적다. 또한 태양 전지의 수명이 최소 20년 이상으로 길고, 발전 체계를 자동화시키기에 용이하여 운전 및 유지 관리에 따른 비용을 최소화할 수 있는 장점을 가지고 있다. 단점으로 태양광 발전은 태양전지의 가격이 비싸 초기 투자비가 많이 들고, 날씨의 영향과 일사량에 따라 전력 공급이 원활하지 못할 수 있으므로 일정한 전력을 공급하기 위해서 별도의 장치가 필요하다.

② 특 성

가) 태양전지

태양광체계의 구성 요소 중 핵심 부품은 태양전지이다. 태양전지는 태양에너지를 전기에너지로 변환할 목적으로 제작된 광전지로서 금속과 반도체의 접촉면 또는 반도체의 PN(Positive Negative)접합에 빛을 조사(照射)하면 광전효과에 의해 광기전력이 일어나는 것을 이용한 것이다. 태양전지의 최소단위를 셀이라고 하며 보통 셀 1개로부터 나오는 전압이 약 0.5~0.6V로 매우 작으므로 여러 개를 직렬로 연결하여 수 볼트에서 수백 볼트 이상의 전압을 얻도록 패널 형태로 제작한 것을 모듈이라고 한다. 이 모듈을 여러 개로 이어서 용도에 맞게 설치한 것을 어레이하고 한다. PCS(Power Conditioning System, 전력변환제어장치)/인버터 부분은 태양전지 어레이로부터 발생된 직류전기를 상

용주파수 · 전압의 교류로 변환하여 전력계통에 연계하는 역할을 수행하며 동시에 체계의 직류, 교류 측의 전기적인 감시 · 보호를 하는 등 태양전지 모듈을 제외한 주변장치 중에서 가장 큰 비중을 차지한다. 태양전지는 금속과 반도체의 접촉을 이용한 것으로는 셀렌광전지, 아황산구리 광전지가 있고, 반도체 PN접합을 사용한 것으로는 태양전지로 이용되고 있는 실리콘광전지가 있다.

나) PN접합에 의한 발전원리

태양전지는 실리콘으로 대표되는 반도체이며 반도체기술의 발달과 반도체 특성에 의해 자연스럽게 개발되었다. 태양전지는 전기적 성질이 다른 N(negative)형의 반도체와 P(positive)형의 반도체를 접합시킨 구조를 하고 있으며 2개의 반도체 경계부분을 PN접합(PN-junction)이라고 한다.

이러한 태양전지에 태양빛이 닿으면 태양빛은 태양전지 속으로 흡수되며, 흡수된 태양빛이 가지고 있는 에너지에 의해 반도체 내에서 정공[正孔: hole, (+)]과 전자[電子: electron, (-)]의 전기를 갖는 입자(정공과 전자)가 발생하여 각각 자유롭게 태양전지 속을 움직이게 되지만, 전자(-)는 N형 반도체 쪽

그림 5-9 태양전지의 기본구조 및 작동 원리

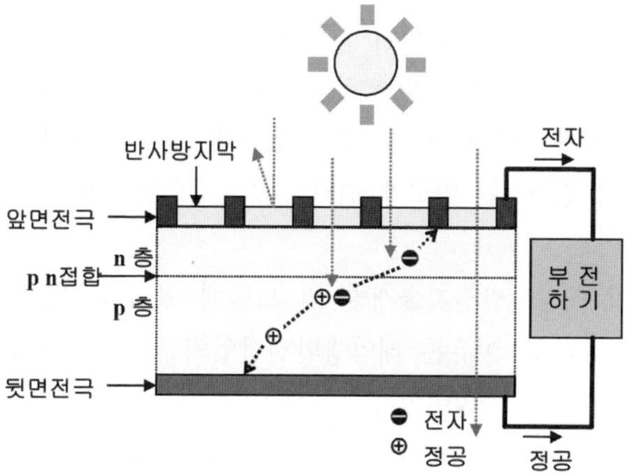

〈출처: 신 · 재생에너지 백서 2010〉

으로, 정공(+)은 P형 반도체 쪽으로 모이게 되어 전위가 발생하게 되며 이 때문에 앞면과 뒷면에 붙여 만든 전극에 전구나 모터와 같은 부하를 연결하게 되면 전류가 흐르게 되는데 이것이 태양전지의 PN접합에 의한 태양광발전의 원리이다.

에너지 변환 효율을 높이기 위해서는 가급적 많은 빛이 반도체 내부에서 흡수되도록 하고, 빛에 의해 생성된 전자와 정공 쌍이 소멸되지 않고 외부 회로까지 전달되도록 하며, P-N접합부에 큰 전기장이 생기도록 소재 및 공정을 디자인해야 한다.

태양전지의 기본구조 및 전기생산과정은 〈그림 5-9〉와 같다.

③ 국내외 산업동향

최근, 세계적인 경제난 가운데에서도 태양광발전(PV: Photo Voltaic)산업은 매년 두 자릿수 이상의 성장을 기록해 왔다. 특히, 2009년은 국내외적으로 2008년도와 대비하여 성장세가 둔화된 면은 있으나, 약 20%의 상승세를 나타내며 지속적인 성장 흐름을 과시하고 있다. 이러한 성장에 큰 역할을 해온 독일, 일본, 미국과 같은 기존의 PV선진국들은 여전히 세계 PV산업에서 큰 부분을 차지하고 있다. 그러나 최근에는 그 이외 국가들의 성장도 괄목할 만하다. 특히, 중국의 경우, 2007년에 태양전지 생산에 있어서 수년 간 PV 강국 자리를 지켜온 일본, 독일을 제치고 태양전지 생산량 1위를 차지하였는데, 2008년에는 더욱 차이를 벌리며 1위를 고수하고 있다. 에너지소비 10위국이며 에너지의 대부분을 수입에 의존하고 있는 우리나라도 PV산업을 비롯한 신재생에너지 부분에 힘을 실어주고 있는데, 향후, PV산업을 국가경쟁력으로 확대시키기 위해서는 빠르게 변하고 있는 세계시장에 대한 현황분석 및 예측이 필요하다.

선진국들이 태양광발전기술개발 및 보급에 있어서 오늘날의 성과를 거둘 수 있었던 가장 큰 이유는 태양광발전산업의 성장 및 시장 창출을 위한 범정부 차원의 관심과 지원이었다. 우리나라에서도 태양광을 비롯한 신재생에너지의 보급을 촉진시키기 위해서 정부주도하에 여러 보급보조 또는 장려사업이 이루어지고 있어, 이를 통한 PV 보급 확산이 이루어지고 있다. 그러나 이제 막 산업화 단계에 들어서 있는 국내 태양광산업은 아직까지 불안정하고, 여러 장애 요인들이 나타나고 있다. 선진국에서도 RPS[11]제도 등을 성급하게 도입하여 PV산업이 침체기에 빠지기도 하고, 좋은 프로그램들로 산업이 비약적 발전을 하기도 하였다.

우리나라는 반도체, 유리화학산업 및 중전기산업 등의 인프라를 고려한다면 우리의 차세대산업으로 태양광발전산업이 충분히 가능성을 가질 수 있을 것이다. 여기에 정부차원의 꾸준한 관심과 적극적인 노력이 계속해서 이어지고 지구 환경 및 에너지에 대한 국민 의식의 강력한 협조체제가 이루어진다면, 태양광발전산업도 세계적인 경쟁력을 확보할 수 있을 것이다.

④ 국내 향후 계획

태양광기술의 21세기 저탄소사회에 적합한 신성장동력산업으로 기대되는 태양광기술은 최근 10년 동안 약 30~50% 이상으로 큰 폭으로 성장하고 있으며, 2008년 후반기의 세계적인 경제위기를 초래한 리만쇼크에도 불구하고 2008년 대비 2009년 약 16%의 성장과 2009년 대비 2010년의 성장률은 30% 이상으로 성장할 것으로 예상하고 있다. 이제 태양광기술은 기술개발의 성과에 의한 산업의 보급화 확산 및 촉진에 관한 초기시장 형성단계에서 성장단계의 새로운 녹색성장산업으로서 발전육성시켜야 할 것이다.

태양광에너지에 대한 향후 계획 및 기술개발 목표는 다음과 같다.

표 ⑤-16 주요 기술개발 목표

분야	핵심분야	단기 일반분야	장기 미래분야
태양광	실리콘 태양전지	박막 태양전지 (a-Si, CIGS[12])	3세대 나노 태양전지(연료감응형, 양자점 태양전지)

주) 핵심분야: 시급성, 기술파급성, 상업성, 예산투입필요성 등 최우선 분야
단기일반분야: 5~10년 이후에 중점분야로 예측되는 기술 분야
장기미래분야: 장기 Blue Ocean 분야
〈출처: 제3차 신재생에너지기본계획〉

11) 신재생에너지 의무할당제도(Renewable Portfolio Standard): 일정규모 이상의 발전사업자로 하여금 자신의 총발전량의 일정비율 이상을 신재생에너지발전에 의한 전력으로 공급하도록 의무화하는 제도

12) CIGS: Copper, Indium, Gallium, Selenide

표 ⑤-17 단계별 기술개발 목표

단 계	내 용
1단계(~2010) 핵심요소기술 R&D	- 핵심 요소기술의 융 · 복합화 기술개발 추진 - 차세대 태양전지 원천기술 확보 위한 선행연구 강화 - 결정질 실리콘 태양전지 공정개선 - 소자기술 개발 및 제조 공정개선 - 박막 실리콘/화합물 태양전지 제조 기술개발 - 양산설비의 자동화 생산공정 기술개발
2단계(2011~2020) 통합형 RD&D[13)]	- 핵심요소기술 통합화, 수직계열화 사업과제 - 용도, 규모별 보급형 표준체계 개발 - 결정질 실리콘 태양전지의 초박판화 - 차세대 박막 실리콘/화합물 태양전지 상용화 기술개발 - 염료감응/유기 태양전지 제조 상용화 기술개발 - 생산규모에 따른 양산시설 국산 기술개발
3단계(2021~2030) 상용화 체계	- 용도, 규모별 보급형 표준체계 상용화 기술개발 및 최적 운전 - 민간기업주도 체계 개발 증가 - 차세대 박막태양전지 상용화 기술개발 - 체계의 수직계열화 생산공정 - 우주 및 통신 위성 분야에서 경량화 고효율화 기술개발

〈출처: 제3차 신재생에너지기본계획〉

가) 경제성 확보를 위한 태양전지공정 기술개발

(ㄱ) 발전단가: ('10) 300원/kWh → ('20) 150원/kWh → ('30) 90원/kWh

(ㄴ) 체계가격: ('10) 6,000원/W → ('20) 3,000원/W → ('30) 1,500원/W

나) 태양광발전체계 국산화 및 보급형 표준체계 개발

다) 태양광 성능측정 평가기술 개발

(2) 태양열에너지

① 개 요

지표면에 도달되는 태양복사에너지는 저밀도의 에너지(최대 1,100W/m² 이하)로 주간에만 존재하며, 시간에 따라 변화가 크다. 지표면에 도달되는 태양복사에너지는 〈그림 5-10〉와 같은 파장대별 분포를 가지며, 우리가 주로 열

13) RD&D: Research Development and Demonstration

그림 5-10 일사광선의 파장 분포

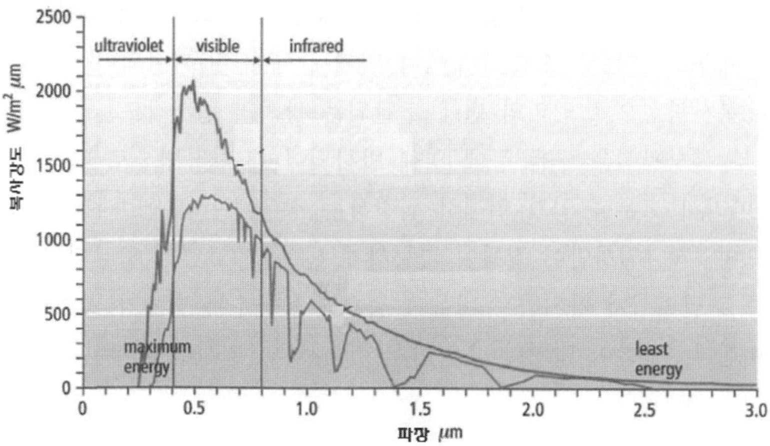

〈출처: 신 · 재생에너지 백서 2010〉

그림 5-11 지표면 도달 일사광선의 형태

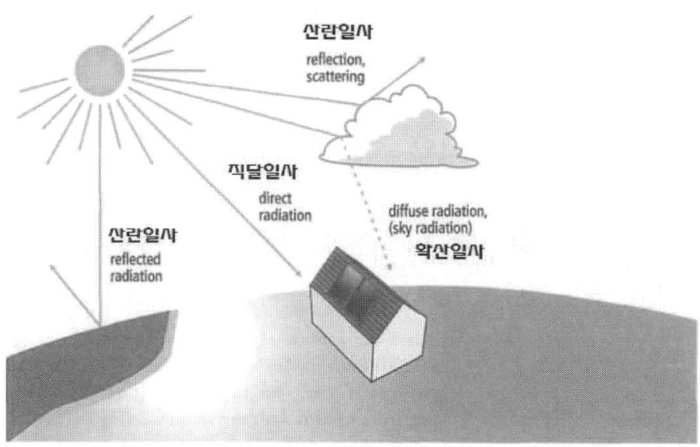

〈출처: 신 · 재생에너지 백서 2010〉

에너지로 이용하는 파장대는 가시광선(visible)대이다.

태양으로부터 지표면에 도달되는 복사광선은 〈그림 5-11〉과 같이 크게 직달일사와 확산일사 2가지로 구분된다. 직달일사는 태양으로부터 구름이나 먼지 등에 산란이나 굴절되지 않고 지표면에 직접 도달되는 복사광선으로 임의의 면에 도달되는 광선의 입사각도는 동일하다. 그러나 확산일사는 태양으로부터 지구로 오는 도중에 구름이나 먼지 등에 산란/확산되어 지표면에 도달되는 복사광선으로 임의의 면에 도달되는 광선의 입사각도는 제각각 다르다. 일부 복사광선은 구름 등에 의해 반사되어 대기권 밖으로 빠져나가기도 한다. 따라서 고온을 얻기 위해서 집광하는 경우에는 확산일사는 집광할 수가 없으며, 직달일사만이 집광이 가능하게 된다. 지표면에 도달되는 전체 일사량 중 직달일사가 차지하는 비율이 높으면 높을수록 날씨가 청명하다는 것을 의미한다. 구름이 많거나 오염이 심한 지역의 일사는 대부분 확산일사이다.

태양열에너지는 태양으로부터 오는 복사에너지를 흡수하여 열에너지로 변환해서 직접이용하거나 저장했다가 필요시 이용하는 방법과, 복사광선을 고밀도로 집광해서 열 발전 장치를 통해 전기를 발생하는 방법이 있다. 태양에너지를 열에너지로 변환시켜 건물의 냉난방 및 급탕, 산업공정열, 열발전 등에 활용한다. 태양열 이용기술의 핵심은 태양열 집열기술, 축열기술, 체계 제어기술, 체계 설계기술 등이 있다.

태양열체계는 무공해, 무제한 청정에너지원으로 기존의 화석에너지에 비해 지역적 편중이 적고, 다양한 적용 및 이용성과 유지보수비가 적게 드는 장점이 있고, 밀도가 낮고 간헐적이며, 유가의 변동에 따른 영향이 크고, 초기 설치비용이 많이 들고, 봄·여름은 일사량 조건이 좋으나 겨울에는 조건이 불리한 단점 등이 있다.

② 특 성

가) 태양열체계의 구성

(ㄱ) 집열부

태양으로부터 오는 에너지를 모아서 열로 변환하는 가장 중요한 장치로 태양열 집열이 이루어지고, 집열온도는 집열기의 열손실률과 집광장치의 유무에 따라 결정된다.

그림 5-12 설비형 태양열체계(온수급탕용의 한 예)

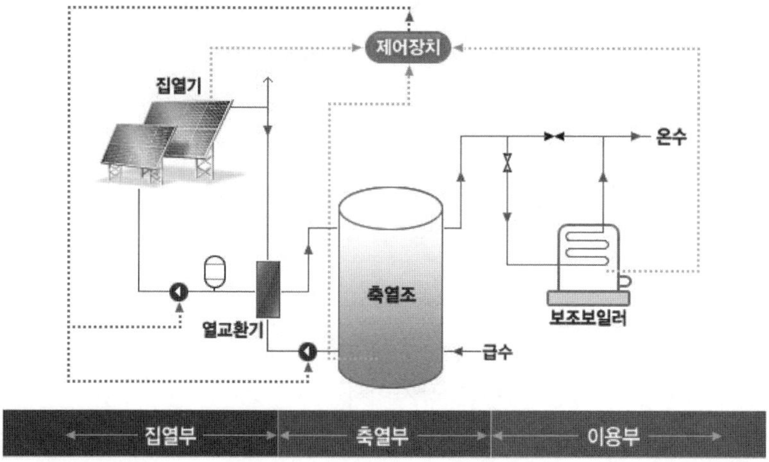

〈출처: 에너지관리공단〉

그림 5-13 태양열체계 구성요소

〈출처: 에너지관리공단〉

(ㄴ) 축열부

집열기에서 집열된 태양열을 필요한 시간에 필요한 양만큼 수요측에 공급하기 위한 것으로 태양열을 효과적으로 사용할 수 있도록 열에너지를 효율적으로 저장하였다가 공급하는 일종의 완충(buffer) 역할을 할 수 있는 열저장 탱크이다.

(ㄷ) 이용부

태양열 축열조에 저장된 태양열을 효과적으로 공급하고 부족할 경우 보조열원에 의해 공급한다.

(ㄹ) 제어장치

태양열을 효과적으로 집열 및 축열하고 공급, 태양열 체계의 성능 및 신뢰성 등에 중요한 역할을 해주는 장치이다.

태양열에너지는 에너지밀도가 낮고 계절별, 시간별 변화가 심한 에너지이므로 집열과 축열기술이 가장 중요한 기술이다.

나) 태양열 이용기술의 분류

태양열체계는 열매체의 구동장치(펌프나 팬) 유무에 따라서 설비형 태양열체계(active solar system)와 자연형 태양열체계(passive solar system)로 구분된다.

표 ⑤-18 태양열 이용체계의 종류

구분	자연형	설비형		
	태양열 건물	저온용 (설비형)	중온용 (산업용)	고온용 (발전용)
활용온도	60℃ 이하	100℃ 이하	300℃ 이하	300℃ 이상
집열 (공)부	자연형체계 광선반, 광덕트	평판형 집열기 진공관식 집열기 CPC 집열기	진공관형 집열기 CPC형 집열기 PTC형 집열기	DISH형 집열기 Power Tower Furnace
축열부	축열벽 (자갈, 현열)	저온 (현열, 잠열)	중온축열 (잠열, 화학)	고온축열 (화학)
이용분야	건물난방, 조명	건물난방 및 급탕농수산(건조, 난방)	건물냉난방, 담수화, 산업공정열, 폐수처리	산업공정열, 열발전, 광화학, 우주용, 신물질제조

주) PTC(Parabolic Trough solar Collector), CPC(Compound Parabolic Collector)
〈출처: 한국에너지연구원〉

자연형 태양열체계는 트럼월(trombe wall), 온실 등과 같이 남측의 창문이나 벽면 등 주로 건물 구조물을 활용하여 태양열을 집열해서 이용하는 장치이며, 설비형 태양열체계는 집열기를 별도로 설치해서 펌프와 같은 열매체 구동장치를 활용해서 태양열을 집열하는 체계로 일반적으로 설비형 태양열체계를 흔히 태양열 체계라고도 한다.

집열 또는 활용온도에 따른 분류는 일반적으로 저온용, 중온용, 고온용으로 분류하기도 하며, 각 온도별 적정집열기, 축열방법 및 이용분야는 다음과 같다.

이용분야를 중심으로 분류하면 태양열 온수급탕체계, 태양열 냉난방체계, 태양열 산업공정열체계, 태양열 발전체계 등이 있다.

다) 태양열 집열기의 종류

(ㄱ) 평판형 집열기

전 세계적으로 가장 많이 사용되고 있는 집열기로서 평판형 형태이며, 투과체, 흡수판, 열매체관 단열재로 구성되어 있다. 일사광선이 투과체를 통해서 흡수판에 도달되면 흡수판에서는 태양복사광선을 흡수해서 열에너지로

그림 5-14 태양열 집열기의 종류

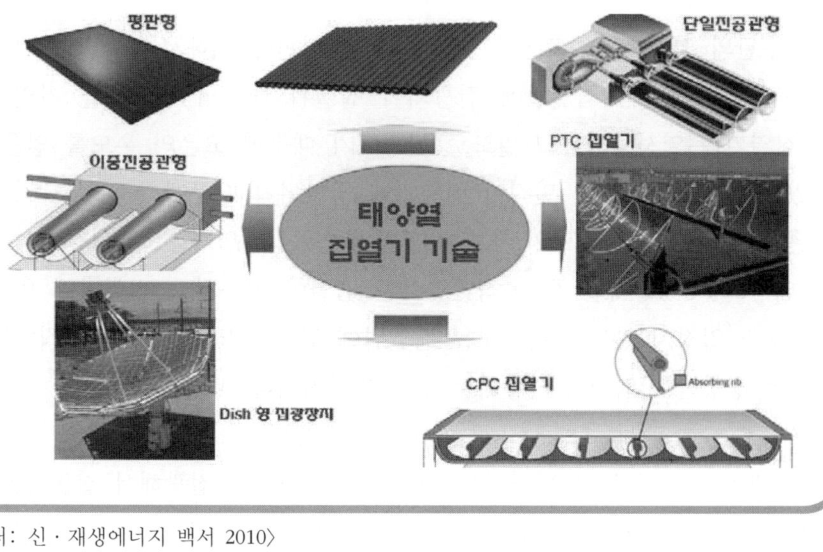

〈출처: 신 · 재생에너지 백서 2010〉

변환한다. 흡수판의 온도가 높아지게 되면 흡수판에 붙은 열매체관 내의 열매체(보통 부동액)로 전달되어 온도가 상승한다. 열매체는 축열조나 기타 사용부로 순환되어 이용하게 되고 집열기 각 요소의 기능은 다음과 같다.

i) 투과체: 태양 복사광선을 투과시키면서 집열기로부터의 열손실을 줄여주고, 흡수판을 보호
ii) 흡수판: 복사광선을 최대한 흡수하여 열에너지로 변환
iii) 지관: 흡수판에서 변환된 열에너지를 열매체로 전달시켜서 축열조나 필요한 곳으로 열을 이동시
iv) 단열재: 집열된 열에너지 손실을 줄여주는 단열 역할

(ㄴ) 진공관형 집열기

투과체 내부를 진공으로 만들어 그 내부에 흡수판을 위치시킨 집열기로서 진공관의 형태에 따라서 단일진공관과 2중진공관이 있다. 단일진공관은 유리관 내부 전체가 진공으로 된 것이며, 2중진공관은 유리관이 2중으로 되어 있어 유리관 사이가 진공상태이다. 여기서 진공관의 역할은 내부와 외부와의 열손실을 차단시켜 주고, 진공은 진공보온병의 진공층과 같이 대류 및 전도 열손실을 차단한다.

(ㄷ) PTC(Parabolic Trough Concentrator)형 집열기

포물선 형상의 반사판(태양의 고도에 따라서 태양을 추적함)이 있고 그 가운데 흡수판의 역할을 하는 집열관이 있다. 반사판에 의해서 집광(선집광: Line Focus)된 일사광선은 집열관에 집광되어 집열관 내부의 열매체를 가열시킨다. 집열기는 일사광선을 고밀도로 집광되기 때문에 고온의 온도를 얻을 수가 있으며, 또한 열손실 면적이 집열관에 국한되기 때문에 열손실도 적어지게 된다. 200~250℃ 정도의 온도를 손쉽게 얻을 수 있다.

태양으로부터 직접 오는 직달일사만 집열이 가능하고 집열기에 입사되는 각도가 일정치 않은 산란일사는 집열관에 집광이 되지 않으므로 직달일사가 많은 청명한 지역에서 사용되는 것이 효과적이다.

(ㄹ) CPC(Compound Parabolic Concentrator) 집열기

집광비가 아주 적은 반사판이 있어서 일사광선을 집광해서 집열하는 집열기로 반사판이 태양추적 없이 직달 및 산란일사 모두를 집광할 수 있는 집

열기이다. 외부의 유리관이 없는 것도 있으며, 내부에 있는 유리관 및 흡수관 대신에 진공관 집열관을 사용하는 것도 있다.

(ㅁ) 접시(Dish)형 집열기

일사광선이 한 점(point focus)에 집광이 될 수 있는 접시(dish) 모양의 반사판이 있는 집광형 집열기로서 태양을 3차원 추적하는 추적장치가 있으며, 적은 면적의 흡수부가 있다. 이 집열기는 집광비에 따라서 집열온도가 달라지며, 주로 수백 도의 온도를 집열하는 데 사용이 가능하여 태양열 발전용으로도 사용된다.

③ 국내외 산업동향

가) 세계동향

태양열시장은 신재생에너지원 중에서는 비교적 빠른 1970년대 말부터 조성이 되었다. 2011년도 말 현재 작동되고 있는 주요 재생에너지원별 총용량은 〈그림 5-15〉와 같다. 용량 측면에서 보면 태양열이 타 신재생에너지원에 비해서 월등이 많은 245GW 정도가 됨을 알 수 있다. 그러나 에너지 사용량 측면에서는 풍력 다음으로 많은 204TWh가 된다.

그림 5-15 2011년 12월 현재 작동 중에 있는 주요 재생에너지원별 용량 및 연간 생산량

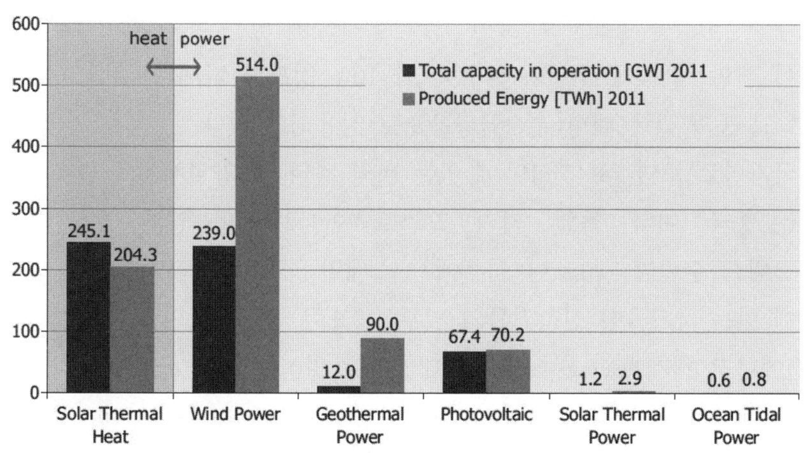

〈출처: Solar heat Wordwide: Market & Contribution to the Energy Supply 2011〉

그림 5-16 2010년도 말 현재 작동 중에 있는 태양열 집열기의 용도별 분포

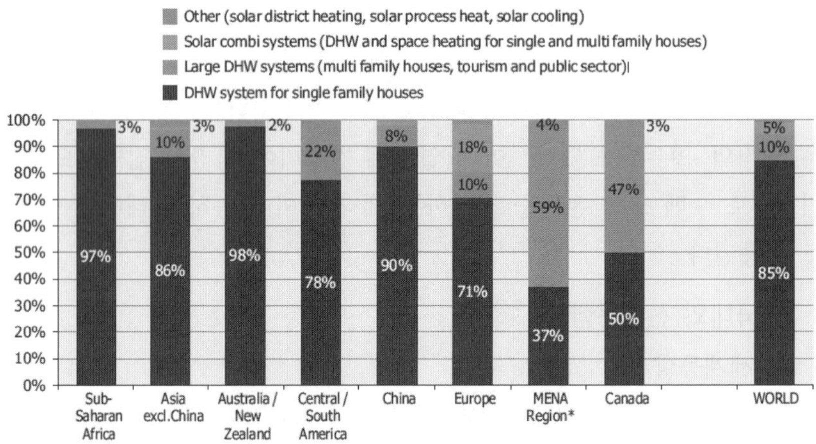

Figure 42: Distribution of solar thermal systems by application for the total installed glazed water collector capacity in operation by the end of 2010

DHW	Domestic hot water
Asia excluding China:	India, Japan, Korea South, Taiwan
Central / South America:	Barbados, Brazil, Chile, Mexico
Europe:	Albania, EU 27, Macedonia, Norway, Switzerland, Turkey
MENA Region:	Israel, Jordan
Sub-Saharan Africa:	Namibia, South Africa

〈출처: Solar heat Wordwide: Market & Contribution to the Energy Supply 2011〉

태양열시장을 용도별로 보면 〈그림 5-16〉에 있는 바와 같이 대부분(85% 이상)이 개인주택의 온수급탕용이며, 약 10% 정도가 다세대 주택, 호텔, 병원, 학교 등과 같은 대형 온수급탕용으로 사용되고 있다.

국가별로 보면 〈표 5-19〉에 있는 바와 같다. 태양열체계가 많이 보급된 국가는 중국, 미국, 독일, 터키, 오스트리아, 브라질, 일본, 호주, 이스라엘, 스위스 순이다. 2006년 이후에는 스페인, 프랑스, 이탈리아 등 유럽의 남쪽에 있는 국가들이 신축건물의 열부하, 또는 급탕부하의 일정부분을 신재생 열에너지 체계(heating system)나 태양열로 일정부분을 보급해야 하는 의무화 정책에 힘입어 태양열 보급이 급격히 증가하고 있는 추세이다.

2010년 한해에 새로 설치된 집열면적은 전 세계적으로 약 60,220,000㎡ 정도가 된다. 이를 주요 국가별로 보면 〈표 5-20〉과 같다. 중국이 전 세계

표 ⑤-19 2010년 말 주요 국가에서 현재 작동되고 있는 태양열체계 총용량

Country	Water Collectors***			Air Collectors***		TOTAL [MW_{th}]
	unglazed	FPC	ETC	unglazed	glazed	
Albania		54.0	0.4			54.4
Australia	3,780.0	1,964.1	76.8			5,820.9
Austria	419.6	2,724.6	46.5	0.5		3,191.3
Barbados*		92.2				92.2
Belgium	32.8	198.7	22.9			254.5
Brazil	894.0	3,384.0				4,278.0
Bulgaria		32.3	0.5			32.7
Canada	459.5	33.4	12.9	214.6	3.2	723.7
Chile		19.7				19.7
China		9,448.3	108,151.7			117,600.0
Cyprus	2.4	626.9	6.9			636.1
Czech Republic	105.0	174.8	40.8			320.6
Denmark	14.4	365.3	5.7	2.3	12.6	400.2
Estonia		1.4	0.6			2.0
Finland	8.2	21.1	3.0			32.4
France incl. DOM	62.4	1,490.9	44.7			1,598.0
Germany	445.9	8,233.2	925.0		23.5	9,627.6
Greece		2,849.5	11.4			2,860.9
Hungary	5.7	83.8	21.1	0.6	0.2	111.3
India		2,413.2	365.8		11.4	2,790.4
Ireland	0.3	71.8	34.0			106.1
Israel	20.9	2,896.5		0.3		2,917.8
Italy	30.6	1,562.5	220.8			1,813.9
Japan		3,645.5	65.2		339.0	4,049.6
Jordan	4.2	538.3	153.0			695.5
Korea, South		1,096.4				1,096.4
Latvia		4.9	0.2			5.1
Lebanon**		243.8				243.8
Lithuania		3.0	0.2			3.2
Luxembourg		19.6	2.0			21.6
Macedonia*		17.5	0.5		0.003	18.0
Malta		22.5	7.9			30.4
Mexico	463.5	500.1	108.8		5.6	1,078.0
Morocco**		238.9				238.9
Namibia		14.5	0.9			15.4
Netherlands	277.5	283.4	7.0			567.9
New Zealand*	4.9	100.1	6.8			111.8
Norway	1.4	10.1	0.7		0.7	13.0
Poland		356.9	102.2			459.1
Portugal	1.7	512.2	13.8			527.7
Romania		65.8	11.2			77.0
Slovakia		84.5	10.5			95.0
Slovenia		105.5	9.1			114.6
South Africa	562.6	231.7	20.1			814.4
Spain	85.4	1,540.4	96.3			1,722.0
Sweden	98.0	171.5	39.9			309.4
Switzerland	149.0	521.6	35.1	606.9		1,312.6
Taiwan	0.1	1,379.2	52.8			1,432.1
Thailand*		64.0				64.0
Tunisia		319.3	23.5			342.8
Turkey		9,323.1				9,323.1
United Kingdom		307.8	87.5			395.3
United States	13,552.8	1,647.5	64.9		51.5	15,316.7
Uruguay*		8.5				8.5
Zimbabwe		12.6	0.2			12.7
TOTAL	21,482.7	62,132.6	110,911.7	825.2	447.8	195,800.0

* Total capacity in operation refers to the year 2009
** Newly included countries compared to the 2011 edition of this report
*** If no data is given: no reliable database for this collector type is available

〈출처: Solar heat Wordwide: Market & Contribution to the Energy Supply 2011〉

시장의 약 81% 정도인 49,000,000㎡가 중국에서 보급되고 있으며, EU가 약 8%인 4,670,000㎡가 한해에 설치되었다. 특히 유럽의 경우 2005년도 이전에만 해도 주로 독일, 오스트리아, 그리스 등에서 주로 보급이 많이 되었으나 최근에는 스페인, 프랑스, 이탈리아 등 남유럽 국가에서 눈에 띄게 보급이

표 ❺-20 2010년도에 전 세계에 신규로 설치된 태양열 집열기

Country	Water Collectors**			Air Collectors**		TOTAL [m²]
	unglazed	FPC	ETC	unglazed	glazed	
Albania		7,480	82			7,562
Australia	680,000	362,351	35,837			1,078,188
Austria	5,539	268,093	11,805	350		285,787
Belgium		31,306	6,995			38,301
Brazil	493,725	472,956				966,681
Bulgaria		7,750	650			8,400
Canada	84,690	11,481	11,493	89,560	2,267	199,491
Chile		7,937				7,937
China		3,000,000	46,000,000			49,000,000
Cyprus	109	32,931	1,782			34,822
Czech Republic	53,000	73,898	17,719			144,617
Denmark		61,944	400			62,344
Estonia		100	400			500
Finland		4,000	2,000			6,000
France incl. DOM		317,000	9,000			326,000
Germany		1,035,000	115,000			1,150,000
Greece		212,500	1,500			214,000
Hungary	2,400	14,700	6,300	300	150	23,850
India		608,436	280,369			888,805
Ireland		17,472	13,109			30,581
Israel		316,000				316,000
Italy		427,500	62,500			490,000
Japan		146,866	4,794		11,850	163,511
Jordan	5,940	79,621	12,654			98,215
Korea, South		69,805				69,805
Latvia		100	100			200
Lithuania		50	150			200
Luxembourg		3,500	1,000			4,500
Malta		1,759	1,101			2,860
Mexico	90,000	95,000	85,000		2,580	272,580
Morocco*		69,260				69,260
Namibia		5,440	860			6,300
Netherlands	26,507	45,862	4,000			76,369
Norway	170	2,123	813			3,106
Poland		111,000	35,000			146,000
Portugal	353	186,990	302			187,645
Romania		8,500	7,000			15,500
Slovakia		12,800	2,200			15,000
Slovenia		15,000	4,000			19,000
South Africa	50,000	42,300	7,700			100,000
Spain	11,000	315,500	21,500			348,000
Sweden	17,191	13,567	7,132			37,890
Switzerland	11,944	129,026	15,746	8,000		164,716
Taiwan	2	115,938	11,811			127,751
Tunisia		72,200	12,500			84,700
Turkey		1,658,000				1,658,000
United Kingdom		75,600	29,600			105,200
United States	937,856	225,383				1,163,239
Zimbabwe		450	75			525
TOTAL	2,470,426	10,792,474	46,841,980	98,210	16,847	60,219,937

* Newly included countries
** If no data is given: no reliable database for this collector type is available

〈출처: Solar heat Wordwide: Market & Contribution to the Energy Supply 2011〉

증가되고 있다.

나) 국내동향

우리나라는 1990년대 초 가정용 태양열 온수기(자연순환식)의 상업화가 이루어져 1998년까지 18만여 대의 온수기가 보급되었으나, IMF 이후 심야전기온수기의 등장과 신뢰성문제 등으로 보급이 거의 중단되었다. 현재는 태양열 온수기에 대한 정부의 지원제도가 없어 현재 거의 보급이 안 되고 있는 상태이다. 2008년 현재 2개 회사만 인증제품을 소량 생산하고 있는 실정이다.

최근 수년 전부터 저가의 중국산 진공관형 태양열 온수기가 수입되어 농촌지역을 중심으로 과대 홍보를 통해 태양열난방/급탕 겸용기로 허위 광고를 통해 판매되어 심각한 사회문제를 야기한 바 있다.

현재 국내 태양열시장은 주로 지방보급사업, 보급보조사업, 공공건물의 무화사업 등 정부재원에 의존하는 대용량설비를 중심으로 시장이 형성되고 있으며, 2007년부터 그린홈보급차원에서 난방/급탕 겸용의 주택용 태양열체계도 정부 지원이 되고 있다. 현재 태양열 전문기업으로 등록된 업체는 정확히 파악은 되고 있지 않으나 100여 개 업체로 예상되며, 적극적으로 태양열제품 생산하고 있는 국내업체는 10여 개 업체가 있으며, 중국으로부터 2중진공관형 집열기를 수입하여 보급을 하고 있는 업체가 갈수록 증가되고 있다. 이들 대부분의 태양열 업체는 대부분 영세 또는 중소기업이다.

최근에 정부의 제품 인증제도가 실시된 이후 집열기에 대한 신뢰도가 많이 향상되었으나 국내 시장이 적어 업체의 설비투자는 거의 이루어지고 있지 않아 생산기반이 선진외국에 비해 갈수록 떨어지고 있는 실정이다. 정부의 지원제도는 인증제품 간의 성능차이를 고려하지 않고 일률적으로 지원되고 있어 제품의 성능향상에 장애요인으로 되고 있다.

④ 국내 향후 계획

최근 EU 여러 국가들이 공동으로 만든 기술개발 지침서(road map) 2030(Solar Heating and Cooling for a Sustainable Energy Future in Europe-A Strategic Research Agenda)은 태양열시장이 성공적으로 확대되기 위해서 기술적인 측면과 시장 개척적인 측면에서 단기, 중기 및 장기적인 차원에서 수행되어야 할 방향을 암시해주고 있다. 유럽보다 기술적인 측면, 특히 산업화 측면에서 뒤지고 있는 우리로서는 여기에다 현재 보급되고 있는 기술의 신뢰도를 높이기 위한 연구와 산업화 연구가 추가로 있어야 한다. 현재 보급되고 있는 태양열 기술에 대한 신뢰성이 확보되지 않고서는 시장 확대는 불가능하다.

태양열시장의 큰 부분을 차지하는 건물 및 상업용 태양열 이용체계 기술개발은 보급을 위한 신뢰성 향상, 고효율화 및 저가화에 기준점이 맞춰져야 하며 열부하가 적은 하절기 태양열과 보조열원을 효과적으로 사용할 수 있는 겸용의 소형 태양열 냉방체계가 개발되어야 한다. 특히 현재의 당면과제인 태양열 그린홈으로 보급을 성공적으로 하기 위해서는 주택용 태양열체계의 소형화(compact) 및 혼합형 접합형식(hybrid)화가 이루어져야 한다.

산업부분에서의 에너지 소비는 총 에너지 소비의 약 50%를 차지하고 있으며 이 중 절반 정도가 280℃ 이하의 열원을 이용하고 있어 중온형 태양열 체계의 산업체 적용을 확대하여야 하며, 핵심기술의 연구는 물론 체계기술은 최적설계 및 평가연구를 실증연구와 병행하여 수행할 필요가 있다. 특히 최근 오일달러에 힘입어 신재생에너지 활용을 서두르고 있고, 최근 이들 국가와 기술이전에 대한 협의를 하고 있는 중동국가를 대상으로 하는 태양열 해수담수화 등에 대한 후속 연구도 있어야 한다.

향후 혁신도시, 공공건물 및 지역에너지사업 등에 적용하기 위한 제로에너지 타운, 솔라하우스 및 태양열 지역난방체계의 대표적인 실증연구 사업은 타 재생에너지와 복합적으로 적용되어 대부분을 신·재생에너지로 공급하는 방향으로 수행되어야 한다.

또한 태양열체계의 경제성 향상을 위해서 선진국에서 현재 수행 중에 있는 중합체(polymer)와 같은 저가의 신소재를 활용한 태양열 집열기 및 기타 부품 개발 등에 대한 연구도 적극적으로 할 필요성이 있다.

이외에도 중고온 태양열 분야는 기반연구 분야로서 중장기적인 기술개발투자와 실용화 및 수출을 위한 중장기적 전략이 필요하다.

이와 같이, 태양열 이용기술의 경제성 및 신뢰성 확보 및 태양열 이용 극대화와 기술 산업화 촉진을 위한 연구가 기술개발 분야에 필요하며, 보급 분야는 신재생에너지 자발적 협약(RPA: Renewable Portfolio Agreement)의 도입

표 ⑤-21 주요 기술개발 목표

분야	핵심분야	단기 일반분야	장기 미래분야
태양열	저온형 태양열설비	중대규모 태양열 발전기술	초고온 태양로 기술 태양열 수소생산기술

〈출처: 제3차 신재생에너지기본계획〉

표 ⑤-22 단계별 기술개발 목표

단 계	내 용
1단계(~2010) 기술자립 및 산업화 구축	- 저가 · 고효율 복합집열 기초 기술 개발 - 건물 · 상업용 대규모 복합 태양열 기술 개발 - 소규모 태양열 발전기술 실용화 및 중대규모 태양열 발전기술 개발 - 태양열연료 생산 기초/응용기술 개발
2단계(2011~2020) 응용기술/고도화	- 저가 고효율 집열 및 복합집열 응용/실용화 개발 - 중 · 저온 산업용 및 대규모 복합 태양열체계 개발 · 실용화 - 소규모 태양열 발전기술 상용화, 중대규모 태양열 발전기술 실용화 - 태양열 연료생산기술 실용화
3단계(2021~2030) 고부가가치 산업화	- 대규모 복합 단지화 및 산업용 태양열 체계 상용화 - 태양열 발전 상용체계 보급확대 - 태양열 연료 생산기술 상용화 - 태양열 기술 산업을 통한 고부가가치 창출

〈출처: 제3차 신재생에너지기본계획〉

과 지자체 주도의 지역 신재생에너지 개발 및 보급체제 구축, 태양열전문기업중심의 보급지원 사업 체제 구축 등이 필요하다.

또한, 그간 확보된 기술을 바탕으로 내수는 물론 국제공동연구 등을 통한 기술 및 제품의 수출도 적극적으로 추진할 필요가 있다. 태양열에너지에 대한 향후 계획 및 기술개발 목표는 다음과 같다.

가) 고효율 · 저가 대규모 복합화체계 개발

(ㄱ) 보급을 위한 잠재수요 개발 및 보급형 Solar House(SH) 개발

(ㄴ) 태양열설비 공용부품 개발 및 표준화

나) 중고온 태양열 발전체계, 화학반응체계 개발

(ㄱ) 발전단가: ('10) 400원/kWh → ('20) 180원/kWh → ('30) 70원/kWh

(ㄴ) 열단가: ('10) 120원/kWh → ('20) 60원/kWh → ('30) 50원/kWh

(ㄷ) 발전체계 가격: ('10) 8,000원/W → ('20) 4,000원/W → ('30) 2,000원/W

(ㄹ) 열체계 가격: ('10) 3,000원/W → ('20) 2,000원/W → ('30) 1,500원/W

(3) 바이오에너지

① 개 요

바이오에너지는 바이오매스(biomass, 유기성 생물체를 총칭)를 직접 또는 생·화학적, 물리적 변환과정을 통해 액체, 가스, 고체연료나 전기·열에너지 형태의 에너지를 말하며, 목재나 가축분뇨, 농업부산물 등을 직접 사용하는 바이오매스 에너지(biomass energy 또는 solid bioenergy)와 바이오매스를 원료로 경유, 휘발유, 천연가스 대신 사용할 수 있는 바이오연료(biofuel)로 구분된다(〈그림 5-17〉).

바이오매스 자원은 곡물, 감자류를 포함한 전분질계의 자원과 초본, 임목과 볏짚, 왕겨와 같은 농수산물을 포함하는 셀룰로오스계의 자원과 사탕수수, 사탕무와 같은 당질계의 자원은 물론 가축의 분뇨, 사체와 미생물의 균체를 포함하는 단백질계의 자원까지를 포함하는 다양한 성상을 지닌다. 또한 이들 자원에서 파생되는 종이, 음식찌꺼기 등의 유기성폐기물도 포함하고 있다.

바이오에너지는 열 또는 전기를 생산하는 태양광, 풍력, 태양열, 지열 등 다른 재생에너지원과 달리 수송용 연료로도 활용이 가능하여 석유 자원

그림 5-17 바이오에너지의 종류

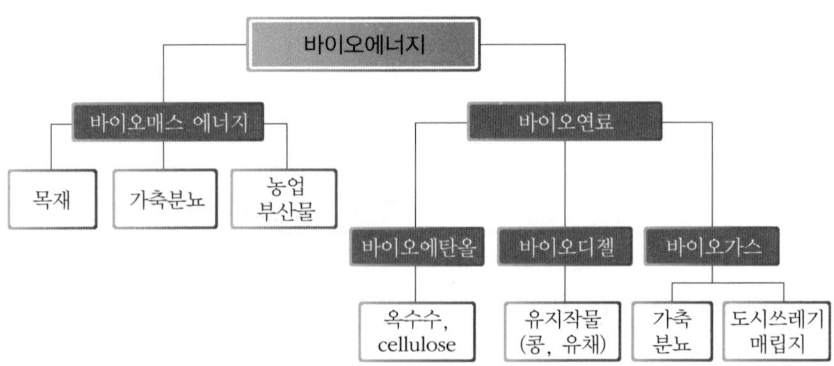

〈출처: 양승룡·신용광, 바이오에너지 산업의 동향과 전망〉

고갈과 지구온난화 문제에 가장 실질적으로 대응할 수 있는 재생에너지원이다. 바이오매스(식물)는 계속 자라거나 생성되므로 석유나 석탄과 같이 한번 사용하면 없어지는 화석에너지와는 달리 재생성을 가져 자원의 고갈 문제가 없을 뿐만 아니라 바이오에너지를 사용함에 의해 발생한 이산화탄소는 식물이 자라면서 광합성에 의해 흡수하므로 대기 중으로 이산화탄소 배출 효과는 크지 않아 국제사회에서는 지구온난화 대처에 도움이 되는 에너지로 인정하고 있다.

최근 지구온난화 및 석유 자원 고갈에 대한 적극적인 대응이 지속성장에 필수 요소라는 인식이 확산됨에 따라 바이오에너지의 보급 필요성이 부각되고 있으며 이를 충분히 인식한 미국, EU, 일본 등 선진국에서는 바이오에너지 보급을 늘리기 위해 적극적인 지원 정책을 마련 시행하고 있다.

바이오에너지의 장점은 풍부한 자원과 큰 파급효과, 환경 친화적 생산체계, 환경오염의 저감(온실가스 등), 생성에너지의 형태가 다양(연료, 전력, 천연화학물 등)함 등이고, 단점으로는 자원의 산재(수집 · 수송 불편), 다양한 자원에 따른 이용기술의 다양성과 개발의 어려움, 과도 이용시 환경파괴 가능성 및 단위 공정의 대규모 설비투자 등이 있다.

② 특 성

바이오에너지 생산기술이란 바이오매스를 각종 가스, 액체 혹은 고형연료로 변환하거나 이를 연소하여 열, 증기 혹은 전기를 생산하는 데 응용되는 화학, 생물, 연소공학 등을 기술을 말한다.

바이오에너지의 기술의 분류(〈표 5-23〉)와 바이오에너지 변환체계(〈그림 5-18〉)는 다음과 같다.

가) 열 또는 전기 생산 기술

(ㄱ) 고형 연료와 기술

과거 우리나라에서는 신탄 또는 왕겨탄 등 고형 바이오연료가 가정, 식당 등 개별 소비처에서 주로 활용된 바 있다. 고형 바이오연료는 과거에는 생산된 목재를 이용하지만 임산 자원이 풍부한 북구의 여러 국가들(예: 핀란드, 스웨덴 등)에서는 조림에 의해 생산된 목재를 장작으로 활용하였으나 보일

표 ⑤-23 바이오에너지 기술의 분류

대분류	중분류	내용
바이오액체 연료 생산기술	연료용 바이오에탄올 생산기술	당질계, 전분질계, 목질계
	바이오디젤 생산기술	바이오디젤 전환 및 엔진적용기술
	바이오매스 액화기술(열적전환)	바이오매스 액화, 연소, 엔진이용기술
바이오매스 가스화기술	혐기소화에 의한 메탄가스화 기술	유기성 폐수의 메탄가스화 기술 및 매립지 가스 이용 기술(LFG)
	바이오매스 가스화기술(열적전환)	바이오매스 열분해, 가스화, 가스화발전 기술
	바이오수소 생산기술	생물학적 바이오수소 생산기술
바이오매스 생산, 가공기술	에너지 작물 기술	에너지 작물 재배, 육종, 수집, 운반, 가공 기술
	생물학적 CO_2 고정화 기술	바이오매스 재배, 산림녹화, 미세조류 배양기술
	바이오 고형연료 생산, 이용기술	바이오 고형연료 생산 및 이용기술 (왕겨탄, 우드칩 등)

〈출처: 신 · 재생에너지의 이해〉

그림 5-18 바이오에너지의 변환체계

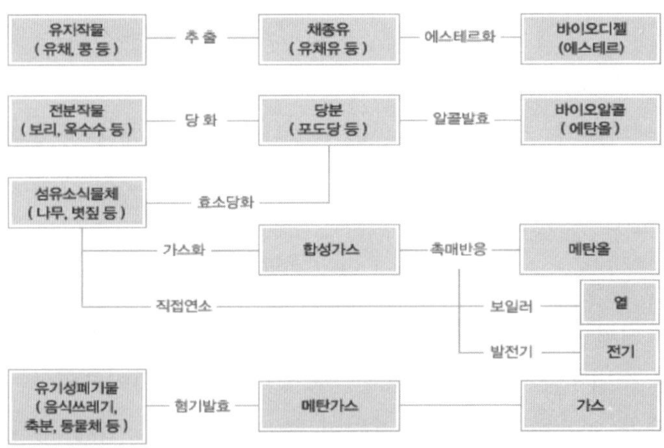

〈출처: 에너지관리공단, 신 · 재생에너지의 이해, 2008〉

러 기술이 발전함에 따라 고형 바이오연료도 칩(chip)[14]에서 펠릿(pellet)[15] 또는 성형탄의 형태로 가공하여 보일러 연료로 활용하는 방향으로 기술개발이 이루어지고 있다. 생산된 고형 바이오연료는 CO_2 감축과 고유가가 중요 관심사가 됨에 따라 우리나라에서는 가정 및 화훼 농가 등을 중심으로 보일러 연료로 활용이 점차 활성화되고 있다. 또한 미국, 독일 등 여러 선진국에서는 미활용 임산 폐기물뿐만 아니라 도시에서 배출되는 폐목재 등을 펠릿화하여 석탄 화력 발전소에서 석탄과 함께 사용하는 혼소 기술도 개발하여 적용하고 있다.

(ㄴ) 열분해 기술

고형 연료로 만들어 연소하여 열을 생산하는 방법은 상대적으로 적용이 용이하지만 생산된 에너지의 형태가 부가가치가 가장 낮은 형태이어서 보다 유용한 형태의 에너지로 활용하려는 시도도 이루어지고 있다. 이러한 시도의 대표적인 예로는 고형 연료를 공기(산소)가 희박한 조건에서 열분해, 가스화

표 ⑤-24 가공형태별 바이오연료 종류 및 현황

구 분	임산폐기물	장작	목재칩	목재펠릿

원/Mcal	18	56	59	89
가격	45천원/톤	150천원/톤	160천원/톤	400천원/톤
발열량	2,500Kcal/kg	2,700Kcal/kg	2,700Kcal/kg	4,500Kcal/kg
장점	• 폐기물 재활용 • 생산비 매우 저렴	• 별도가공 불필요	• 제조공정 단순 • 생산비 저렴	• 이용이 편리 • 오염배출 최소
단점	• 재(ash) 발생 과다 • 칩으로 가공 필요	• 재(ash) 발생 과다 · 수요처 한정	• 저장시설 요구 • 가정용은 잦은 고장	• 제조공정 복잡 • 제조비용 상당
주용도	• 열병합발전	• 농가주택, 찜질방	• 중대형 난방	• 소규모 난방

〈출처: 산림청, 목재펠릿의 에너지 활용대책, 2009〉

14) 목재를 잘게 절삭한 목재조각

15) 제재(製材) 부산물 또는 숲가꾸기 산물 등을 톱밥으로 파쇄한 후 압축하여 만든 청정연료

하여 가스연료(CO, CH_4, H_2 등)를 생산하는 기술이다. 생산된 가스는 열과 전기를 동시에 생산하는 열병합 발전에 사용되거나 응축하여 액상연료로도 사용 가능하다. 열병합 발전 기술의 경우 액상연료로 활용하는 기술은 현재 파일럿 연구를 완료하고 실용화 단계로 진입하고 있다.

(ㄷ) 메탄 생산 기술

유기성 폐기물은 공기가 없는 혐기조건에서 미생물에 의해 분해되어 메탄이 주성분인 바이오가스를 생성한다. 이러한 혐기소화 공정은 에너지를 생산할 수 있을 뿐만 아니라 유기성 폐기물의 감량화 효과가 높아 우리나라와 같이 폐기물 처리 부지의 확보가 어려운 지역에서 특히 유용한 기술이다. 유기성 폐기물의 혐기소화 공정은 불순물 제거를 위한 전처리, 사전 조정 단계(조정조), 메탄으로 전환되는 소화조 등 3단계로 구성된다. 이후 바이오가스는 열 또는 전기 생산 에너지로 활용된다. 메탄을 생산하고 남은 잔류물은 퇴비로 활용되거나 매립, 소각 처리된다(〈그림 5-19〉).

최근에는 EU에서 바이오가스를 고순도로 정제하여 도시가스 대체연료 또는 압축천연가스(CNG: Compressed Natural Gas) 차량용 연료로 활용하여 연료 가치를 보다 높이려는 시도도 이루어지고 있다.

나) 수송용 연료 생산 기술

다른 신재생에너지원이 갖지 못하는 바이오에너지의 고유 특성이 바로

그림 5-19 유기성 폐기물의 바이오가스 전환 공정도

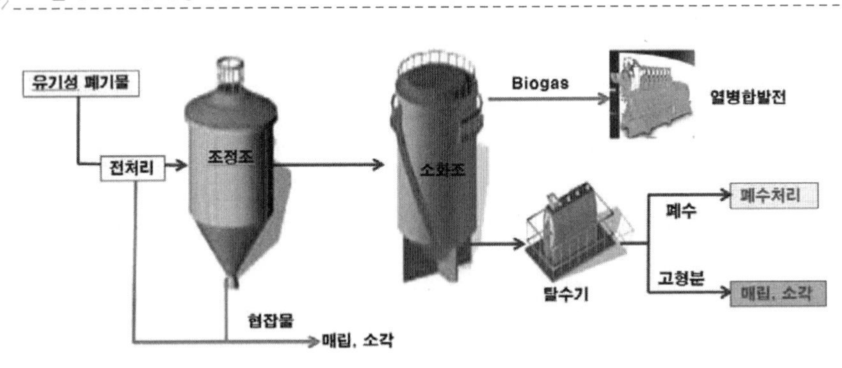

〈출처: 신·재생에너지 백서 2010〉

그림 5-20 수송용 바이오연료의 기술 계통도

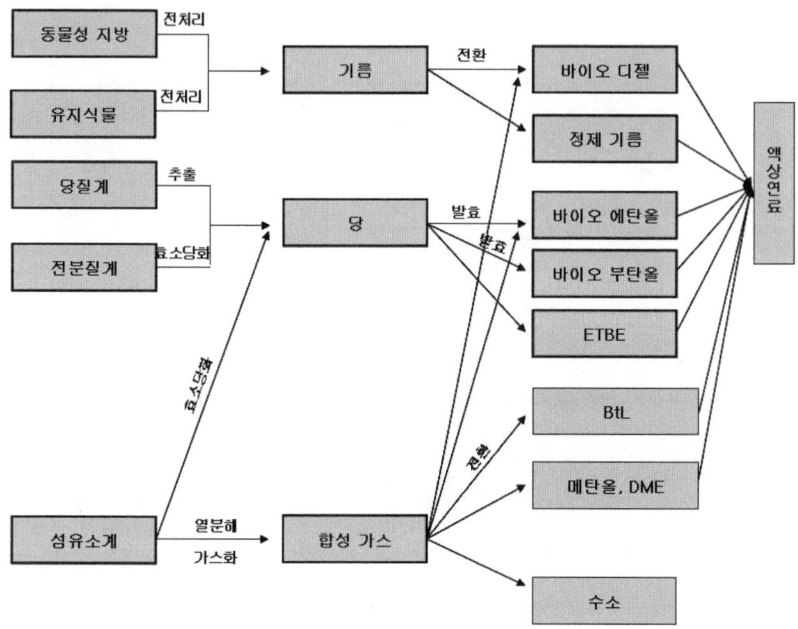

〈출처: 신·재생에너지 백서 2010〉

수송용 연료로 전환 가능하다는 점이다. 즉 바이오매스로부터 만들어지는 바이오연료는 현재 차량에서 연료로 사용이 가능하며 실제 바이오에탄올, 바이오디젤과 ETBE(Ethyl Tertiary Butyl Ether) 등이 이미 보급중이다(〈그림 5-20〉).

(ㄱ) 바이오알코올

휘발유와 혼합 또는 대체 사용 가능한 연료인 바이오알코올에는 바이오에탄올과 바이오부탄올 등이 있으며 당을 포함하는 바이오매스로부터 생산 가능하다. 현재 사용되는 바이오알코올연료는 바이오에탄올이 유일하다. 브라질, 미국 등에서는 자국의 풍부한 바이오매스인 사탕수수 또는 옥수수 등의 당질계 또는 전분질계 원료로부터 바이오에탄올을 생산하는 기술을 개발하였다. 〈그림 5-21〉에 나타낸 바와 같이 당의 직접 추출이 가능한 사탕수수, 사탕무 등의 원료는 직접 당액을 추출하여 바로 효모를 이용하여 에탄올

그림 5-21 원료별 바이오에탄올 생산 기술

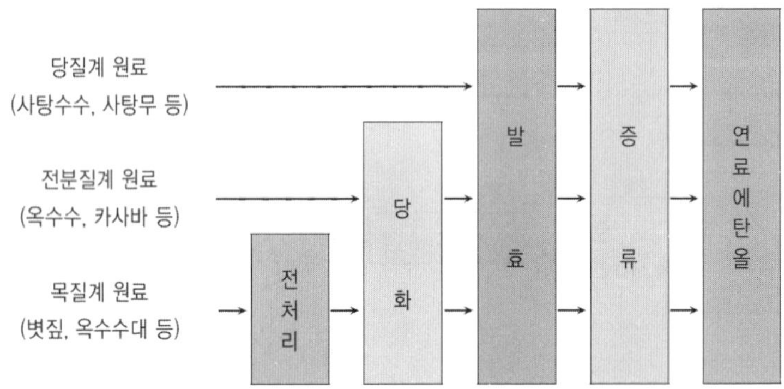

〈출처: 신 · 재생에너지 백서 2010〉

로 전환한 후 무수에탄올로 농축하면 된다. 옥수수, 쌀 등의 전분질계 원료는 1차 증자 및 당화를 통해 전분질을 먼저 당으로 변환한 후 당질계 원료와 동일한 과정을 거쳐 연료용 에탄올을 생산하게 된다.

목질계 원료로부터 에탄올 생산 공정은 전분질계 에탄올 생산에 목질계 원료중 당으로 전환 가능한 부분을 선택적으로 분리하는 전처리 과정이 추가된다는 점이 다르다. 목질계 바이오매스는 앞에 언급한 당질계, 전분질계 바이오매스에 비해 매우 견고한 구조를 가지고 있어 이를 분해하여 에탄올을 생산하기 위해서는 여러 단계의 공정을 거쳐야 한다(〈그림 5-21〉). 목질계 바이오매스로부터 에탄올 생산 과정을 간략히 설명하면 목질계 바이오매스로부터 당의 고분자인 셀룰로스와 헤미셀룰로스를 먼저 분리하고 효소에 의해 당으로 분해한 다음 앞에서 기술한 바와 같이 효모에 의해 에탄올을 생성하게 되는 것이다.

부탄올은 에탄올 생산 기술과 공정 구성은 비슷하지만 공정에 사용되는 생물 촉매가 다르다는 차이점이 있다. 또한 바이오부탄올은 생물 촉매에 대한 독성이 높아 공정의 부탄올 생산성과 최종 생성 농도가 매우 낮아 상용화에 어려움이 있다.

(ㄴ) 경유 대체 바이오연료

경유 대체 친환경연료로 이용되고 있는 바이오디젤도 기름을 포함한 유지계 바이오매스로부터 생산 가능하다. 바이오디젤은 경유와 달리 약 10%의 산소를 포함하고 있는 산소화합 연료로서 연소 시 바이오디젤에 포함된 산소로 인해 보다 완전 연소가 일어나 경유에 비해 대기오염물질이 40~60% 이상 적게 배출된다. 또한 바이오디젤 사용에 따른 전 주기 분석(LCA: Life Cycle Analysis)에 의하면 바이오디젤 1kg 사용 시 경유에 비해 2.2kg의 이산화탄소 배출 절감 효과가 있는 것으로 밝혀졌다.

동·식물성 기름을 알코올과 촉매를 넣고 반응시키면 바이오디젤이 만들어진다. 즉 식물성기름은 차량 연료로 사용하기에 충분한 열량을 가지고 있지만 고분자 물질이어서 점도가 너무 높아 차량의 디젤 엔진에 직접 적용이 어렵다는 문제점이 있다. 따라서 화학반응에 의해 식물성 기름을 분해하여 저분자화함으로써 점도를 디젤유와 비슷한 수준으로 낮출 수 있다. 즉 〈그림 5-22〉에 나타낸 바와 같이 유지(동·식물성 기름)에 촉매를 넣고 알코올과 반응시키면 세 분자의 알킬에스터와 글리세린으로 분해된다. 반응에 의해 생산된 알킬에스터를 바이오디젤이라고 한다. 모든 종류의 알코올이 사용 가능하지만 가장 가격이 저렴한 메탄올을 주로 사용하고 있다. 반응에 의해 생산된 바이오디젤은 글리세린 분리와 정제 과정을 거친 후 정유사 또는 주유소에 보내져 경유와 혼합 연료 또는 순수 바이오디젤을 차량연료로 사용한다(〈그림 5-23〉). 바이오디젤은 경유와 물성이 다소 달라 함량이 높을 경우에는 차량에 문제를 일으킬 수 있으므로 현재 디젤 차량 제작사들은 5% 이하 바이오디젤이 혼합된 경유를 사용하는 경유에 대해서만 차량 고장 시 A/S 보

그림 5-22 바이오디젤 생산 반응 개략도

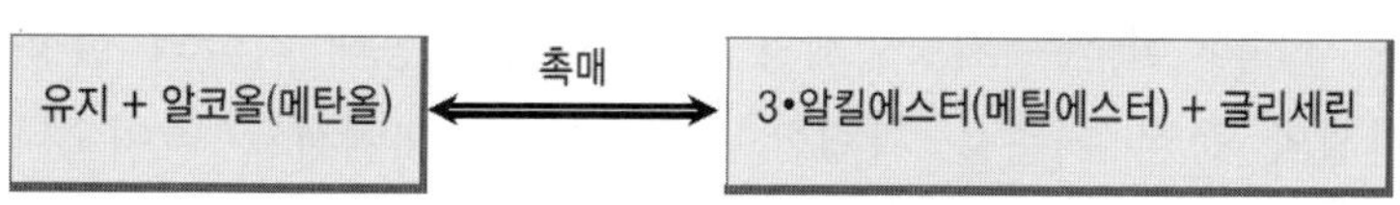

〈출처: 신·재생에너지 백서 2010〉

그림 5-23 바이오디젤 생산 반응

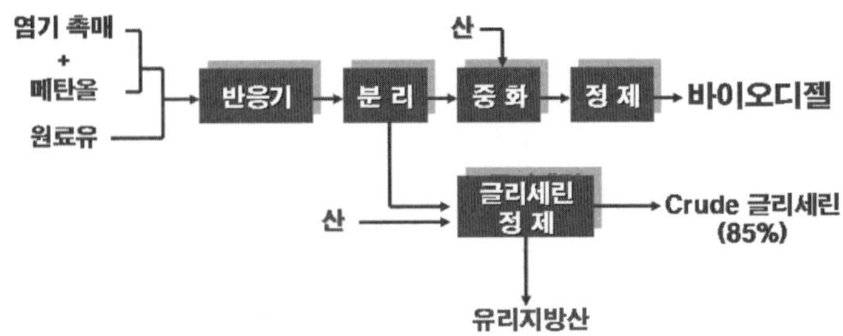

〈출처: 신 · 재생에너지 백서 2010〉

증을 제공하고 있다.

촉매도 마찬가지로 산 또는 염기 촉매가 사용 가능하지만 반응 활성이 우수한 염기 촉매를 주로 사용하고 있다. 에탄올의 경우와 마찬가지로 현재 바이오디젤 생산에 원료로 사용되는 유채, 대두 기름 등은 식용으로도 사용된다. 따라서 바이오디젤의 보급이 전 세계적으로 활성화될 경우 원료의 가격 상승과 수급 불안 문제가 있다. 이러한 문제를 해결하기 위해 식용으로 사용이 어려운 원료를 활용하려는 기술 개발 연구가 진행되고 있다. 이러한 원료의 대표적인 예로서는 폐식용유와 독성이 있어 식용으로 사용이 불가능한 유지식물의 기름(예: 자트로파유) 등이 있다. 폐식용유는 현재 상용공정에서 원료로 사용하는 깨끗한 식물성 기름과는 달리 많은 불순물이 있어 여러 단계의 전처리 기술이 필요하다. 이러한 폐식용유를 원료로 바이오디젤을 생산하는 기술은 오스트리아에서 세계 최초로 상용화하였으며 이후 우리나라를 포함한 여러 나라에서 실제 사용하고 있다.

원료로 사용된 식물성 기름에 따라 생산된 바이오디젤의 물성이 달라지므로 바이오디젤의 물성 향상에 대한 기술 개발 및 연료 품질 기준의 제정이 필요하다. EU와 미국은 차량업체와 공동 작업을 통해 각국의 실정에 맞는 바이오디젤의 품질 기준을 확립한 바 있다. 국내에서도 바이오디젤(Bio-Diesel) 혼합연료(BD5, BD20)의 차량 장기 주행성능에 대한 실증 연구를 수행하였으며 이 결과를 토대로 국내 바이오디젤 품질기준을 마련하였다.

그림 5-24 열화학적 전환(F/T 반응)에 의한 수송용 연료 생산 반응 공정도

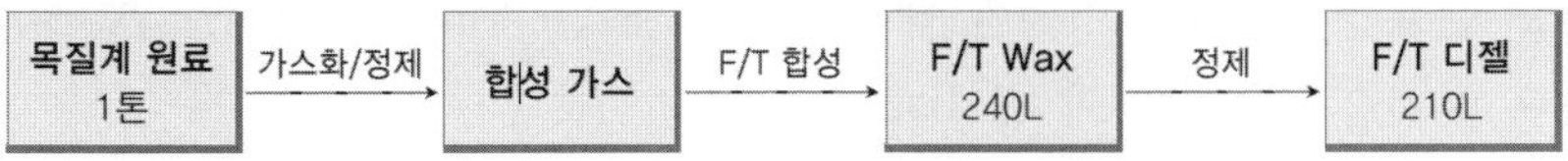

현재 사용되는 바이오디젤은 식물성 기름을 원료로 사용하므로 경유 대체 바이오연료의 수요가 증가하면 원료 수급 불안정성 문제가 발생할 수 있다. 따라서 이러한 원료 수급 안정성 문제를 해결하기 위해 목질계 원료로부터 경유 대체연료를 생산하는 기술 개발이 이루어지고 있다. 동 기술에서는 목질계 바이오매스를 열분해 가스화하여 합성 가스를 생산한 후 정제하여 화학촉매를 사용하여 경유 대체연료로 합성하는 기술이다. 〈그림 5-24〉에 나타낸바와 같이 목질계 원료는 열분해에 의해 합성 가스로 전환 및 정제 과정을 거친 후 F/T 촉매에 의해 경유 대체연료인 F/T 디젤유로 전환된다.

(ㄷ) 해양 바이오연료

최근 해양 바이오매스를 활용하여 바이오연료를 생산하는 기술 개발이

그림 5-25 해양 바이오연료 기술 체계도

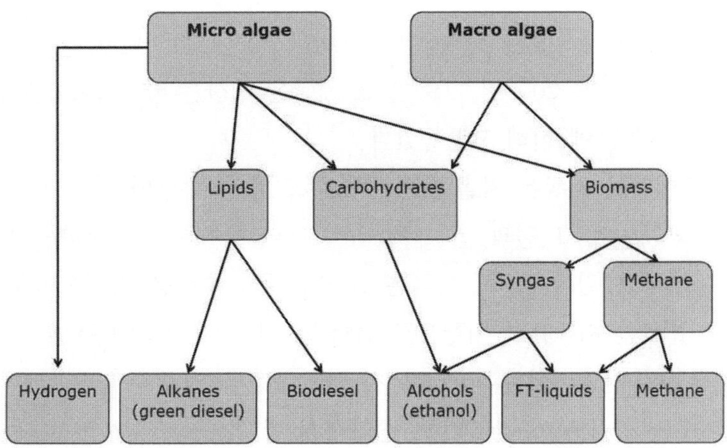

〈출처: Novozymes, 2008〉

활발하게 진행되고 있다. 이러한 해양 바이오연료 기술은 크게 식물성 플랑크톤인 미세조류를 활용하는 기술과 홍조류, 다시마 등의 해조류를 활용하는 기술로 분류 가능하다. 이러한 해양 바이오매스로부터는 앞에 언급한 바이오알코올과 경유 대체연료의 생산이 가능하다(〈그림 5-25〉).

③ 국내외 산업동향

2007년 기준 전 세계 바이오에너지 소비는 1차에너지 소비의 약 10%로 재생에너지 보급량 중 가장 높으며 이러한 경향은 향후 2030년까지 지속될 것으로 예측되었다. 이러한 바이오에너지의 보급은 열에너지 활용이 주요 목적인 주거 부문을 중심으로 시장이 형성되어 있으며 전기 활용이 주목적인 산업 부문과 수송 부문에서의 바이오에너지 시장은 상대적으로 매우 작은 것으로 나타났다. 그러나 열 또는 전기 시장에서 가격경쟁력이 우수한 타 재생에너지의 보급이 확대됨에 따라 열 또는 전기 시장에서보다는 수송 부문에서 바이오에너지 시장이 가파르게 성장할 것으로 분석되었다. 2030년까지 주거 부문에서 바이오에너지의 열 활용이 거의 없을 것으로 나타났지만 전기 또는 수송용 바이오연료 시장은 각각 80% 및 200% 가량 성장할 것으로 전망되고 있다.

낮은 경제성 때문에 소외되었던 수송용 바이오연료(바이오에탄올, 바이오디젤)는 기후 변화 문제가 본격적으로 국제사회의 관심사가 된 2000년대 중반 이후부터 시장이 급성장하고 있으며 이러한 경향은 2030년대까지 지속될 것으로 예측되고 있다. 2008년 기준 연료 에탄올 생산은 약 6,200만 kL로 바이오디젤 1,250만 kL에 비해 5배 높았다.

바이오에탄올 시장은 가솔린 차량이 주요 수송 수단인 미주 지역을 중심으로 형성되었으며 그 결과 전 세계 바이오에탄올 생산의 80%를 미국과 브라질이 차지하고 있다. 특히 미국은 2007년부터 수송용 바이오연료의 의무사용량을 규정한 RFS II의 시행으로 2009년 기준 약 4×107kL(260억 달러)의 에탄올 시장이 만들어졌다. 이러한 미국의 에탄올 시장은 RFS II에 의한 규정으로 2022년까지 5.76×107kL로 증가하게 된다.

이와 같은 에탄올 증가는 필연적으로 원료 옥수수의 가격 폭등 문제를 야기하게 되므로 미국은 2015년 이후 에탄올 생산 증가분은 목질계 원료로부터 생산할 예정이다. 브라질은 사탕수수를 원료로 2.5×107kL의 에탄올을 생산하였으며 자국 시장에서의 수요 확대를 위해 고함량 에탄올을 연료로 사용하는 FFV(Flexible Fuel Vehicle)의 보급을 적극 확대하고 있다. 이외에도 중국은 8개성에서 에탄올 10% 혼합 연료를 의무 사용하도록 하고 있으며 동 지역에서 차량 보급이 늘어남에 따라 에탄올 시장도 비례 성장하고 있다. 중국의 에탄올 시장은 약 2.0×106kL이다. 따라서 2009년 기준 주요 3개국의 전체 에탄올 시장 규모는 440억 달러에 이른다. 바이오디젤 시장은 디젤 차량이 중요 수송 수단인 EU 지역을 중심으로 형성되고 있으며 EU는 2008년 기준 약 780만 톤(100억 달러)의 바이오디젤을 생산하였다. 따라서 2009년 기준 전 세계 바이오디젤 시장 규모는 200억 달러로 추정된다. 이와 같은 바이오디젤 시장은 미국, 브라질, 중국 등 EU 외의 지역에서 바이오디젤 보급이 활성화됨에 따라 향후 연평균 15% 이상 성장할 것으로 예상된다.

현재의 곡물 원료를 활용하는 1세대 바이오연료는 향후 수송용 바이오연료 시장이 급성장함에 따라 비식용 바이오매스를 원료로 만들어지는 2세대 바이오연료로 대체될 것으로 예상된다. 또한 기후변화에 적극 대응하는 국제에너지기구 IEA(International Energy Agency) BLUE Map 실행계획에 따르면 2050년 기준 전체 수송 연료 소비의 25% 이상을 바이오연료가 차지할 것으

그림 5-26 수송용 연료의 향후 전망

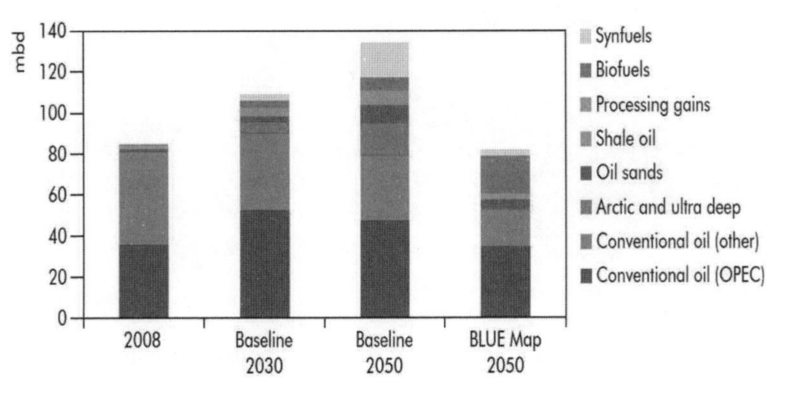

〈출처: IEA, 2010〉

로 예측되었다(〈그림 5-26〉).

현재 바이오연료 생산에 가장 활발하게 자본을 공급하는 주체는 바로 다국적 석유 대기업 전부를 포함한 석유업체라는 점을 주목해야 한다. Pike Research는 정부가 주도하는 투자는 줄고, 그 공백을 사금융이 채울 것으로 예상하였다. 이는 태양광 에너지 기술이 비교적 성숙되어 있어서 대형투자자들이 관심을 기울이는 반면에, 바이오연료 분야는 시장의 검증을 충분히 통과하지 못함에 따라 대형투자자들보다는 고위험 고수익을 추구하는 벤처투자자들에게 투자를 받는 경향이 더욱 강한 추세이었다. 그러나 이러한 현상은 바이오연료 분야의 기술적 가능성, 시장성장 가능성이 높아짐에 따라 바이오연료 분야에 큰 변화가 있을 것으로 사료된다.

④ 국내 향후 계획

현재 국내 부존 바이오매스 자원으로는 보급 확대에 한계가 있는 만큼 새로운 바이오매스 자원의 발굴, 활용 및 해외 바이오매스 자원의 활용 등이 필요하다. 해외 바이오매스 자원 확보의 경우 국내 일부 기업들이 해외에서 진행 중이거나 추진 예정인 해외 농장 사업과 연계하는 방안이 가장 현실적일 것으로 사료된다. 따라서 국내 기업들이 보다 적극적으로 해외 농장 사업에 참여할 수 있도록 지원하는 것이 필요하며, 이러한 측면에서 최근 해외자원개발법의 지원 대상에 바이오매스가 포함된 것은 매우 시기적으로 적절

그림 5-27 기술분야별 투자현황

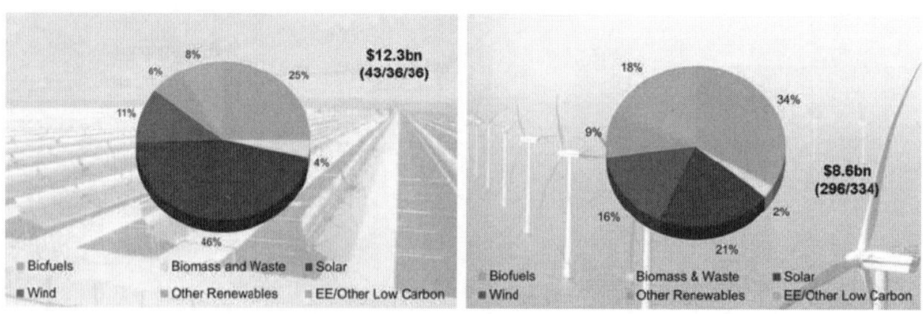

(a) 공개시장　　(b) 벤처시장

〈출처: 국가생명공학정책연구센터, 바이오에너지-산업 프론티어 분석〉

한 대처방안으로 사료된다.

두 번째로 바이오에너지기술개발 전략과 관련하여서는 비식용 원료를 활용한 수송용 바이오연료(2세대 바이오연료) 생산기술이 향후 가장 중요한 핵심 기술로 나타났지만 국내기술 수준은 해외 선진국에 비해 상당한 격차가 있는 것으로 나타났다(〈표 5-25〉). 향후 국내 바이오에너지 기술 R&D 지원은 비식용 바이오매스를 원료로 하는 수송용 바이오연료 전환 기술 개발에 보다 집중적으로 지원해야 할 것으로 나타났다.

바이오에너지는 앞으로도 당분간 화석연료에 대해 경제성을 갖기 힘들 것으로 예상되는 만큼 바이오에너지의 보급을 위한 지원정책의 마련이 필요하다. 이러한 측면에서 최근 국회에서 입법화된 의무할당제(RPS: Renewable energy Portfolio Standard) 제도는 바이오에너지의 이용 확대에 큰 도움이 될 것으로 예상된다. 이러한 측면을 고려하여 수송용 바이오연료 시장의 안정적 형성을 위해 미국, 영국 등 선진국에서 시행하고 있는 재생에너지기준(RFS: Renewable Fuel Standards)의 도입을 검토할 뿐만 아니라 민간의 R&D 활동을 보다 활성화하여 2세대 바이오연료가 보다 빠른 시일 내에 경제성을 확보하는 데 큰 도움을 줄 수 있도록 적극적인 대책 마련이 있어야 할 것이다.

2030년 바이오에너지 보급 목표 달성을 위해서는 극복해야 할 과제가 많이 있지만 정부가 중장기 바이오에너지 기술 개발 및 보급에 대한 구체적인 계획추진안을 제시하여 민간부문의 적극적인 참여를 이끌어 낸다면 충분

표 ⑤-25 선진국 대비 국내 바이오에너지원별 기술 수준

바이오에너지 기술		선진국 대비 기술 수준
수송용 바이오연료	1세대 바이오연료	90%
	2세대 바이오연료	64%
바이오가스	바이오가스 플랜트	89%
	LFG 이용	88%
고형 바이오연료 생산 및 활용		77%

〈출처: 에너지평가원, 2010〉

표 ⑤-26 주요 기술개발 목표

분야	핵심분야	단기 일반분야	장기 미래분야
바이오	바이오디젤의 경제성 향상기술	목질계 바이오매스 원료 수집, 가공, 활용 기술	차세대 유기물질 회수 및 활용기술

〈출처: 제3차 신재생에너지기본계획〉

표 ⑤-27 단계별 기술개발 목표

단 계	내 용
1단계(~2010) 기술자립 및 산업화 구축	- 원료 확보기술, 에너지전환기술, 생산물 이용기술 등 3대 분야의 원천핵심기술 확보 - 국내 목질계 바이오매스의 에너지화에 적합한 최적기술 발굴 - 섬유소계 바이오매스로부터 수송용 바이오연료 생산에 필요한 핵심요소기술 개발
2단계(2011~2020) 표준화 방안 마련	- 1단계 개발기술의 실용화 - 1단계에서 발굴된 기술의 국산화 및 산업화 - 섬유소계 바이오매스로부터 수송용 바이오연료 양산 기술개발 및 실증
3단계(2021~2030)	- 개발기술의 국내보급 확대 및 세계시장으로 수출 추진 - 세계 선도수준의 목질계 바이오매스 에너지화 기술확보 - 바이오매스로부터 수소 양산 기술 개발

〈출처: 제3차 신재생에너지기본계획〉

히 해결이 가능할 것으로 사료된다.

바이오에너지에 대한 향후 계획 및 기술개발 목표는 다음과 같다.

가) 유기성 폐자원을 이용한 세계적 수준의 생산기술 확보

2030년 보급 목표: 120만 TOE/년, 에너지 단가: 40원/kWh 이하

나) 목질계 바이오매스 생산, 공급, 연료화 설비기술 개발

다) 섬유소계 바이오매스로부터 수송용 바이오연료 생산

(ㄱ) 바이오연료 생산 단가: ('10) \$0.7/L → ('20) \$0.4/L → ('30) \$0.2/L

(ㄴ) 생산 용량: ('10) 0.1kL/일 → ('20) 10kL/일 → ('30) 200kL/일

(4) 풍력에너지

① 개 요

풍력에너지는 바람의 힘을 이용한 에너지로 전통적으로 수백 년 전부터 사용되는 방식으로 네덜란드의 풍차와 같이 바람의 힘을 직접 이용하는 것과 최근 널리 보급되고 있는 풍력발전기의 형태로 나눌 수 있다.

풍력발전에너지는 자연에너지인 바람의 힘을 전기에너지로 변환하여 이용하는 것이며, 변환과정으로는 바람의 운동에너지를 풍력터빈에 의해 회전하는 동력에너지로 변환하고, 그의 회전력으로 발전기를 돌려 전기에너지로 변환하는 것이다.

일반적으로 바람은 지상으로부터 높을수록 강하기 때문에 풍력터빈의 높이를 되도록 높게 하는 것이 유리하고, 풍력터빈의 취득에너지는 바람을 받는 면적과 풍속에 비례하다.

일반적으로 발전방식에 따른 소요면적은 풍력 1,335㎡/GWh, 석탄 3,642㎡/GWh, 태양열 3,561㎡/GWh 그리고 태양광발전 3,237㎡/GWh로써, 풍력발전이 가장 작은 면적을 필요로 한다. 풍력발전은 공해물질 발생 저감 효과도 매우 커서 1MW급 풍력발전기 1대를 1년간 운전하여 2GWh의 전력을 생산한다면 약 600~1,000톤의 석탄을 대체하게 되어, 아황산가스는 연간 약 2.6톤, 질소산화물은 1.3톤, 이산화탄소는 1,700톤, 부유분진은 0.07톤 정도 공해물질의 배출이 억제되는 부가적인 효과가 있다.

풍력산업은 에너지 산업분야에서 가장 높은 성장을 하고 있다. 2009년 한 해에 38,103MW의 용량이 신규로 설치되어 누적 설치용량이 160,084MW에 달하고 있다. 최근 5년간 36.1%의 높은 성장률을 기록하고 있으며, 전 연도의 설치 용량을 매년 갱신하고 있다. 용량 2MW급의 풍력발전기에는 약 8,000개의 다양한 부품이 소요된다. 풍력산업은 제조와 설치/운영까지 기계, 전기, 토목 · 건축 산업뿐만 아니라 많은 분야의 산업이 복합된 산업 구조를 가진다. 따라서 풍력산업의 성장이 산업 전반에 미치는 파급 효과는 매우 크며 고용 효과도 다른 산업에 비하여 매우 높은 것으로 보고되고 있다.

풍력발전의 특징은 에너지를 얻을 때에 화력발전이나 원자력발전에서 볼 수 있는 이산화탄소나 방사성폐기물 등의 환경오염물질의 배출이 없는 청정(clean) 발전체계이고, 바람에 의한 재생가능 에너지를 이용하기 때문에 에너지자원이 거의 무한정이라는 장점이 있다. 또한, 국토의 효율적 이용이 가능하고, 대규모 발전단지의 경우에는 발전단가도 기존의 발전방식과 경쟁 가능한 수준의 신에너지 발전기술이다.

그러나 바람은 항상 변하며 풍향이나 풍속이 끊임없이 변화하기 때문에 안정된 발전출력을 얻기가 어렵고, 풍력으로 발전하려면 평균 초속 4m 이상의 바람이 필요하므로 경제성을 확보할 수 있는 입지가 매우 제한적이다. 또한, 입지에 따라 다르나, 설비 이용률이 타 발전원에 비하여 낮은 것 등이 단점으로 나타나고 있다. 이러한 단점을 풍력발전에 적합한 풍황(風況)의 장소에 대형풍력터빈을 설치하거나 풍력터빈을 복수 설치하여 에너지의 증대와 안정화 등을 보완하면 환경에 무해한 발전설비로서 운용이 가능하다.

풍력발전은 소수력발전을 제외한 다른 재생에너지에 비하여 건설단가(US$950/㎾) 및 발전단가(US4~6cents/㎾h)가 가장 낮으며 설치에 소요되는 시간이 짧고 용량의 신축성이 크며, 경제성 및 기술적 성숙도가 가장 뛰어난 신재생에너지원으로서 신재생에너지원 가운데 가장 경쟁력이 높은 에너지원으로, 기존의 천연가스나 석탄에 의한 발전단가에 근접하고 있는 수준이다.

풍력에너지는 전 세계 재생에너지 중 최대 규모인(수력에너지를 제외) 40%를 차지한다. 또한, 설치된 풍력에너지 생산량은 연간 25~30% 증가할 것으로 예상된다.

② 특 성

가) 풍력발전기의 원리와 구조

(ㄱ) 풍력발전기의 원리

풍력발전은 바람에 의하여 발생하는 에너지를 전기에너지로 변환하는 에너지 변환 기술이다. 바람이 가지는 운동에너지에서 회전자 날개(rotor blade)가 기계적 에너지를 추출하고 이 회전력으로 발전기의 회전자를 회전시켜 전력을 생산한다.

회전날개를 통과하는 바람에 의하여 발생하는 양력과 항력으로부터 회전자 날개를 회전시키는 힘이 발생하며, 이 때 바람이 가지는 운동에너지의 일부를 기계적인 에너지로 추출하게 된다. 회전날개의 회전 동력은 주축을 통하여 발전기의 회전자로 전달되어 전기를 생산한다. 발전기에서 생산된 전력은 축전지에 저장하여 사용하거나 전력계통에 연계하여 송전한다.

증속기를 갖는 풍력터빈에서는 저회전 고토크의 회전자 회전 동력이 고회전 저토크의 동력으로 증속되어 발전기에 연결된다. 저회전 회전자의 주축이 직접 발전기에 연결되는 풍력터빈은 계통 주파수와 일치시키기 위하여 전력변환장치를 사용한다.

(ㄴ) 풍력발전기의 구조

풍력발전 체계는 크게 풍력발전기 구조물 체계와 풍력발전기를 제어하는 제어체계로 나누어진다. 풍력발전기 구조는 그림과 같이 바람이 가지는 에너지를 회전력으로 변환시키는 회전날개(blade), 회전날개를 연결하는 허브

그림 5-28 풍력발전기의 구조 및 구성품

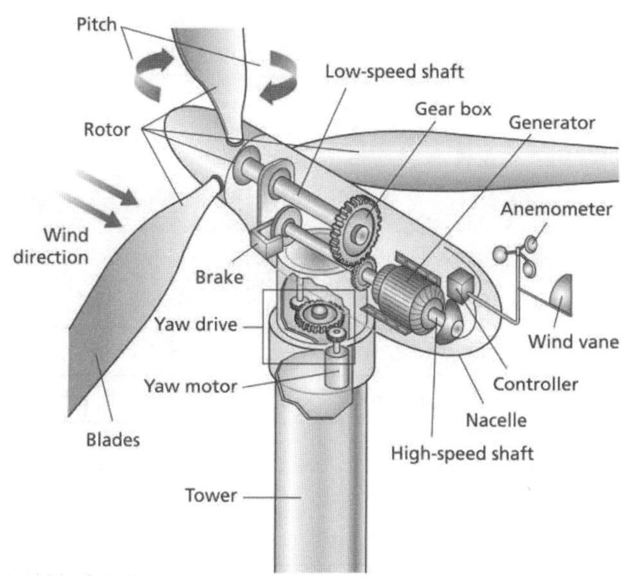

〈출처: 신·재생에너지 백서 2010〉

(hub), 회전력을 증속기에 전달하는 주축(main shaft), 저회전 고토크의 회전을 고회전 저토크의 회전으로 변환하는 증속기(gearbox), 회전력을 전력으로 바꾸는 발전기(generator), 풍력발전기를 지지하는 타워(tower), 회전날개의 피치각을 조절하는 전후요동 체계(pitch system), 나셀(nacelle)을 바람이 부는 방향으로 일치시키는 수평요동 체계(yaw system) 및 풍력발전기를 제어하는 제어/모니터링 체계로 이루어져 있다.

나) 특징 및 체계 구성

풍력이 가진 에너지를 흡수, 변환하는 운동량변환장치, 동력전달장치, 동력변환장치, 제어장치 등으로 구성되어 있다.

(ㄱ) 기계장치부

바람으로부터 회전력을 생산하는 회전날개, 회전축(shaft)을 포함한 회전자(rotor), 이를 적정 속도로 변환하는 증속기와 기동·제동 및 운용 효율성 향상을 위한 brake, pitching & yawing system 등의 제어장치부문으로 구성되어 있다.

(ㄴ) 전기장치부

발전기 및 기타 안정된 전력을 공급하도록 하는 전력안정화 장치로 구성되어 있다.

표 ⑤-28 풍력발전체계의 분류

구분	내 용
분구조상 분류 (회전축 방향)	수평축 풍력체계(HAWT): 프로펠라형
	수직축 풍력체계(VAWT): 다리우스형, 사보니우스형
운전방식	정속운전(fixed roter speed type): 일반적으로 geared형
	가변속운전(variable roter speed type): 일반적으로 gearless형
출력제어방식	pitch(날개각) control
	stall(失速) control
전력사용방식	계통연계(유도발전기, 동기발전기)
	독립전원(동기발전기, 직류발전기)

〈출처: 에너지관리공단〉

(ㄷ) 제어장치부

풍력발전기가 무인 운전이 가능토록 설정, 운전하는 제어체계(control system), 수평 및 전후요동 제어장치(yawing & pitching controller)와 원격지 제어 및 지상에서 체계 상태 판별을 가능케 하는 감시체계(monitoring system)로 구성되어 있다.

i) 수평요동 제어(yaw control): 바람방향을 향하도록 날개의 방향조절
ii) 전후요동 제어(pitch control): 날개의 경사각(pitch) 조절로 출력을 능동적 제어
iii) 속도불안전 제어[stall(失速) control]: 한계풍속 이상이 되었을 때 양력이 회전날개에 작용하지 못하도록 날개의 공기역학적 형상에 의한 제어

③ 국내외 산업동향

가) 세계동향

BTM[16] 자료를 참고하여 지난 5년간(2004년~2009년) 세계 풍력시장의 동향을 살펴보면, 연간 누적 설치용량 기준으로 평균적으로 36.1%의 고성장률이 나타나고 있다. 2년 전의 연평균 성장률인 24%에 비해 급격한 변화를 하

그림 5-29 2015년까지의 세계 풍력시장

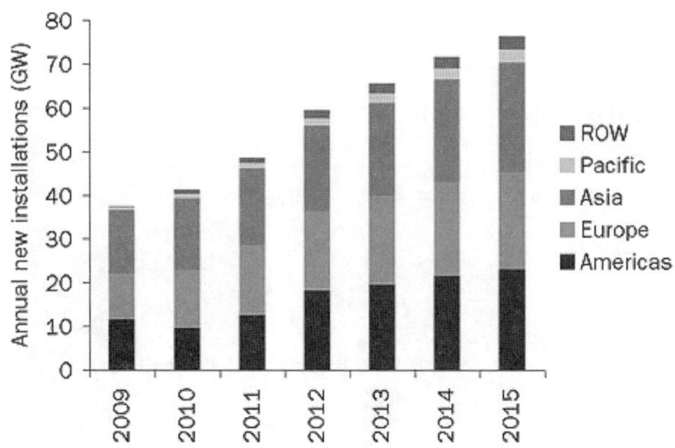

〈출처: Bank Sarasin, August 2010〉

16) 덴마크 풍력컨설팅사, BTM Consult Aps.

고 있다. 이는 2009년 한 해 동안 세계 풍력시장이 매우 활발하게 움직이고 있다는 것을 알 수 있다. 2009년 한해의 풍력시장 규모는 약 510억 달러 정도이며, 5년 후의 2014년에는 시장 규모가 1,240억 달러까지 성장할 것으로 사료된다.

2008년과 2009년에 한 해 동안 전 세계적으로 신규 설치 용량을 보면, 각각 28,190MW와 38,103MW 용량의 풍력발전기가 신규로 설치되었으며 2008년과 2009년 말에 각각 122,158MW와 160,084MW의 누적 설치용량을 기록하고 있다. 이는 각각 42.4%와 35.2%의 높은 성장률을 나타내는 것으로 매년 신규 설치용량의 기록을 계속 갱신하고 있고, 최근 5년간 평균성장률도 약 36.1%의 높은 성장률을 나타내고 있다. 2008년의 높은 성장률에 비하여 2009년의 성장률은 다소 낮아졌지만 2008년 후반에 시작된 서방 세계의 경제 위기를 감안하면 풍력산업의 시장은 더욱더 성장할 것으로 사료된다.

2008년과 2009년의 풍력시장에서 가장 높은 성장을 이룬 나라는 미국과 중국이다. 미국은 2009년에 가장 많은 용량의 풍력발전기를 설치하여 전 세계에서 가장 많은 누적 설치용량을 나타내고 있다. 이는 2009년 2월에 미국 정부가 추진한 경기 부양책에 의한 풍력산업 시장의 활성화로 나타난 것이다. 중국은 2009년에 전 세계에서 가장 많은 용량의 풍력발전기를 신규로 설치하였다. 2009년에 설치한 용량은 2008년의 설치용량보다 2배가 넘는 용량

그림 5-30 국가별 풍력시장 점유율

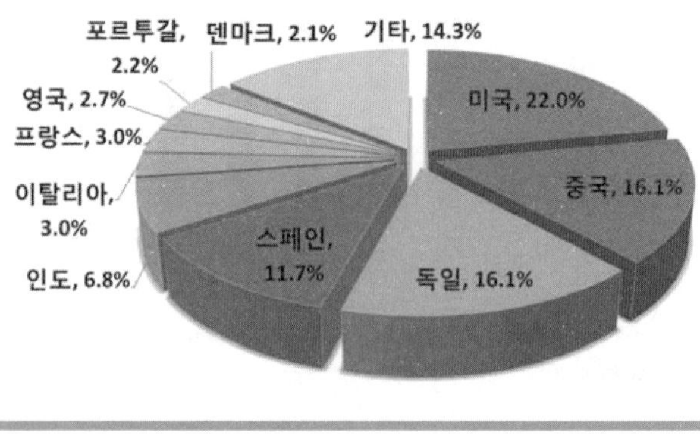

〈출처: 신 · 재생에너지 백서 2010〉

이며, 이전까지 설치된 누적 설치용량보다 더 많은 용량의 풍력발전기를 2009년 한 해 동안에만 설치하여 누적 설치용량에서 미국에 이어 세계 2위를 차지하고 있다.

전체적인 풍력산업의 시장 집중 현상은 2008년에 다소 분산되는 경향을 보였으나 2009년에 다시 집중되는 경향을 나타내었다. 상위 10개국의 수요가 전 세계 풍력시장에서 차지하는 비율이 2008년의 85.8%에서 2009년에는 89.2%로 더 집중되었다. 상위 4개국이 차지하는 풍력시장의 비율도 2008년의 75%에서 2009년에 82%로 더욱 집중되고 있다.

전 세계적으로 재생에너지 지원 정책과 관련하여 정부 주도하에서 시행되는 제도를 보면, 대표적으로 발전차액제도(FIT: Feed in Tariff), 의무할당제(RPS: Renewable Portfolio System), 생산 세금 감면제(PTC: Product Tax Credit)가

표 ❺-29 상위 10개 국가의 풍력시장

국가	2008년도		2009년도		
	신규 설치 용량[MW]	누적 설치 용량[MW]	신규 설치 용량[MW]	누적 설치 용량[MW]	전년 대비 누적 증가율[%]
미국	8,358	25,237	9,922	35,159	39.0
중국	6,246	12,121	13,732	25,853	113.0
독일	1,656	23,933	1,917	25,850	8.0
스페인	1,739	16,453	2,331	18,784	14.2
인도	1,810	9,655	1,172	10,827	12.1
이탈리아	1,010	3,731	1,114	4,845	29.9
프랑스	1,200	3,671	1,104	4,775	30.1
영국	869	3,263	1,077	4,340	33.0
포르투갈	679	2,829	645	3,474	22.8
덴마크	71	3,159	334	3,408	7.9
합계[MW]	23,638	104,052	33,348	137,315	
전세계 용량 대비 비율(%)	83.9	85.2	87.5	85.8	

〈출처: 신 · 재생에너지 백서 2010〉

있다. FIT는 발전 사업자에게 일정 금액 지원하고 RPS는 생산전력의 일정량을 재생에너지로 대체하도록 규정하는 제도이며 PTC는 발전사업자가 생산한 발전량에 따라 세금 감면을 해주는 제도이다.

나) 국내동향

우리나라의 풍력발전은 1970년대부터 시제품을 제작하여 시운전을 시작하였다. 그후 외국에서 도입한 소형 풍력발전기를 설치하여 연구 개발을 시도하였으나, 풍력발전에 대한 주변 여건의 미성숙과 지속적인 기술개발의 부족으로 인하여 외국 제작사의 체계를 모방하여 제작하거나 체계의 운전 실험을 통한 특성 연구에 머물러 있는 실정이었다. 이에 1987년 12월 제정된 「대체에너지개발촉진법」을 근거로 하여 1988년에 「대체에너지 기술개발 및 이용 · 보급 기본계획」이 수립되어 연구개발이 시작되었다.

국내의 풍력에너지 잠재량은 육상과 해상을 포함하여 466백만 TOE/년이며, 이 중에서 이용 가능한 풍력 자원은 50백만 TOE/년이다. 한국에너지기술연구원에서 예측한 풍력발전으로 공급 가능한 잠재량은 육상풍력발전이 3.6GW, 해상풍력발전이 8.8GW이며, 2009년 기준으로 설치 운영되고 있는 풍력발전체계 가운데 국가전력망에 연계되어 있는 상업용 누적설비용량은 약 342MW이다.

국내에서는 최초로 설치한 풍력발전기는 1975년 경기도 화성군 어도(엇섬마을)에 한국과학원에서 개발한 2.2㎾의 풍력발전기이다. 우리나라 최초로 전력계통에 연계한 풍력발전기는 1992년 한국에너지기술연구원이 한국관광공사의 요청으로 제주도 서귀포 중문에 설치한 250㎾(HSW) 풍력발전기이다.

국내에서 민간 자본의 투자로 건설된 최초의 대규모 풍력발전단지는 2005년 경상북도 영덕에 준공된 영덕풍력발전단지로서 1.65MW의 풍력발전기가 24기 설치된 총 39.6MW의 시설용량이다. 2006년에 2MW 발전기 49기를 설치한 강원도 대관령의 강원풍력발전단지는 총시설용량이 98MW로 국내 풍력발전단지 중에서 가장 큰 규모이다.

2008년 이전까지는 외국의 제작사에서 생산된 풍력발전기만이 국내에 설치되었으나, 정부의 지원을 받아 기술 개발에 성공한 국산 풍력발전기가 2008년부터 설치되기 시작하였다. 2008년 9월에 한국수력원자력(주)의 신고리 1 · 2 원전부지 내에 유니슨(주)의 750㎾ 국산 풍력발전기가 최초로 설치되었다. 또한 정부의 지방보급사업의 일환으로 안산시가 국 · 도비의 지원을 받아 2009년 12월에 경기도 누에섬에 750㎾ 3기가 설치되었다.

국내에 설치된 중대형 풍력발전기의 수는 총 224기이며, 총 용량 359.595MW의 규모이다. 이 중 한전에 매전하는 상업발전용 풍력발전기는 총 207기, 341.895MW의 규모이며, 자체소비를 위한 자가발전용 풍력발전기는 7기, 6MW 규모이며, 국내 제작사들의 실증연구를 위하여 설치한 풍력발전기는 10기, 11.7MW의 용량이다.

최근 5년간 국내에 설치된 풍력발전기의 신설 용량은 2005년에 40.9MW(26기), 2006년에 109.55MW(61기), 2007년에 4.15MW(5기), 2008년에 59.5MW(32기) 그리고 2009년에 110.4MW(62기)이다.

국내에 설치된 풍력발전기의 모형(model)은 덴마크의 Vestas사의 제품이 219.845MW(121기), 덴마크의 NEG-Micon(현 Vestas)사의 제품이 53.85MW(39기)으로 전체 보급 용량의 약 80%를 차지하고 있다. 다음으로 스페인의 Acciona사의 제품이 64.5MW(43기)로서 두 나라의 제품이 국내 보급 용량의 거의 대부분인 98%를 차지하고 있다.

④ 국내 향후 계획

지난 2000이후 세계 풍력설비 및 시장은 25~30%의 고성장을 유지하여 왔고, 최근 2008년에 촉발된 세계 금융위기 분위기 속에서도 기존의 계획에 따라 진행된 바도 있으나 2009년에도 2008년 대비 35.2%라는 견실한 성장세를 보였다. 또한 이러한 현상은 기존 유럽중심시장에서 미국과 중국시장의 급성장이 가져온 결과이다. 유럽에서는 2020년까지 180GW(해상풍력 포함)를 설치한다는 목표를 설정하고 있으며, 미국은 2030년까지 국내 전력수요의 20%를 공급한다는 계획을 제시하고 있으며, 중국은 2009년에 이미 26GW를 달성하였고 2020년에는 100GW의 설비를 구축할 예정이다.

우리나라는 이런 국제사회의 풍력발전 설비구축계획에 동참하여 개방된 시장을 활용하려는 계획을 수립 중에 있다. 또한 교토약정에 의하여 2013년부터는 온실가스저감 대상 국가로서 CO_2를 감축하기 위한 조치로서 청정에너지 공급의무를 수행하여야 할 것이 확실해짐에 따라 신재생에너지원으로서 가장 설비용량을 구축하기 용이한 풍력발전이 크게 기여할 것으로 사료된다. 또한 구체적인 대응조치로서는 2010년 4월에 재생에너지 의무할당제(RPS)제도를 2012년부터 시행하기로 발표하였다.

핵심기술개발 집중지원을 통한 기술개발 강화, 기술개발 및 보급의 연계성 강화를 통한 실용화 기반 조성, 경제성 확보 및 시장기반 조성을 통한 보급 활성화를 통해 2011년에는 국내 기술력을 선진국의 80% 수준으로 끌어올리는 동시에 전체 발전량의 1.4%를 풍력으로 대체하며, 2020년에는 전체 발전량의 9.4% 보급을 목표로 하고 있다.

또한 최근에는 풍력 후발국으로서 선박 및 해상구조물 분야에서 세계적인 기술력을 가진 우리나라에서 해상풍력발전분야에 크게 관심을 가지고 관련 정책을 수립 중에 있고, 호남지역을 중심으로 새만금풍력산업집단, 해상풍력발전단지 개발안이 제시되어 향후 풍력발전 보급계획과 연계되어 정부의 적극적인 노력이 예상되고 있다.

보급계획과 함께 풍력산업발전을 위하여 그동안 대용량의 발전기 개발위주의 정책에서 핵심부품의 개발을 통한 풍력산업을 녹색성장산업의 일부로서 키우기 위한 정책적인 배려를 하고 있다. 지방자치단체와 연계하여 풍력부품산업 집단(cluster)의 조성, 국산화풍력발전단지를 추진하여 국산발전기의 보급과 실적을 쌓기 위한 노력을 하고 있다.

한국수력원자력은 2015년까지 5,000억원을 투자하여 풍력발전 205MW를 확보할 계획에 있으며, 지식경제부는 'Wind 2000 프로젝트'를 추진하고 있다. 'Wind 2000 프로젝트'는 2020년까지 국산 풍력발전 2,000MW을 공급예정이고, 국산화 750kW 풍력발전체계는 지방보급사업과 연계할 예정이며, 제주도, 새만금 등 대규모 풍황지에 풍력발전단지를 조성할 계획이 있다.

구분	2007	2012	2030	연평균 성장률
풍력	192MW	1,145MW	7,301MW	17.1%

〈출처: 그린에너지 산업발전전략, 지식경제부, 2008〉

국내 풍력발전 분야는 초기단계로 산업기반이나 기술기반이 취약하기 때문에 빠른 시장진입을 위해서는 제휴나 M&A 등을 적극 고려해야 한다. 또한, 향후 급성장할 해상 풍력발전 분야에 대한 기술개발도 필요하다.

풍력에너지에 대한 향후 계획 및 기술개발 목표는 다음과 같다.

가) 핵심부품 기술개발을 통한 2020년 세계 Top 5 기술력 확보

나) 대용량 · 고효율 육 · 해상 풍력발전기 개발 및 경제성 확보

표 ⑤-30 주요 기술개발 목표

분야	핵심분야	단기 일반분야	장기 미래분야
풍 력	보급형 육상풍력 및 3MW 이상급 해상풍력체계	5MW 이상급 해상풍력체계	10MW 이상급 풍력발전체계 복합지능(hybrid smart) 풍력발전체계

〈출처: 제3차 신재생에너지기본계획〉

표 ⑤-31 단계별 기술개발 목표

단 계	내 용
1단계(~2010) 기술자립 및 산업화 구축	- 2~3MW 육 · 해상 풍력발전체계 개발 · 실증 - 5MW 풍력발전체계 개발 - 국산화 익형 및 고효율 날개 기반기술 - 증속기 경량화 기술, 대형 영구자석 발전기 개발 - 육 · 해상 풍력자원지도 구축 - 중대형 복합발전 기술 - 저소음화 기술
2단계(2011~2020) 가격 저감화 기술 개발	- 10MW 해상풍력발전체계 개발 - 일체형 날개 성형기술 - 레이더 간섭회피기술 - 부유식 해상 기초기술 - 풍력 · 수소 혼합형접합방식 연계기술 - 풍력 예보 단지 운영기술
3단계(2021~2030) 산업화 저변 확대	- 10MW 이상 부유식 대형 해상풍력체계 - 고공 풍력 활용 체계 - 대용량 풍력발전기 혼합형 접합방식 발전기술 - 풍력예보기반 다국간 계통운영 기술 - 빌딩적용형 소형 풍력발전체계

〈출처: 제3차 신재생에너지기본계획〉

(ㄱ) 체계 단가: ('10) \$3.0/W → ('20) \$2.4/W → ('30) \$1.7/W

(ㄴ) 상용화 설비용량: ('10) 2MW급 → ('20) 5MW급 → ('30) 10MW급

다) 계통안정화 제어기술 및 풍력자원량 평가기술 확보

(5) 수력에너지

① 개 요

물은 중력의 영향을 받아 높은 곳에서 낮은 곳을 향해서 흐른다. 그 흐름을 수로로 끌어들여 유입물량과 압력으로 수차발전기를 회전시켜 전기에너지를 발생시키는 것이 수력발전(hydropower generator)이다. 수력발전은 높은 곳에서 낮은 곳으로 물이 흐르는 모든 장소에 이용할 수 있다. 즉 높은 위치에 있는 하천이나 저수지의 유량을 유도하여 위치에너지인 낙차(H: Head of water)를 이용, 수차에 회전력을 발생시키고 수차와 직결되어 있는 발전기에 의해서 전기에너지로 변환시키는 것을 말한다. 낙차는 상부에서 하부로 이용 가능한 최대 수직거리이다. 실제 낙차는 물이 관로나 설비로 이동할 때 발생하는 손실 때문에 총낙차보다 약간 적어진다. 손실로 인하여 감속한 낙차를 정격낙차(net head)라 하고, 강에 흐르는 유량은 초당 지나가는 물의 양(m^3/sec)이다. 수차를 회전시키는 물의 유량이 많고, 낙차가 클수록 발전설비용량이

그림 5-31 수력발전체계 구성도

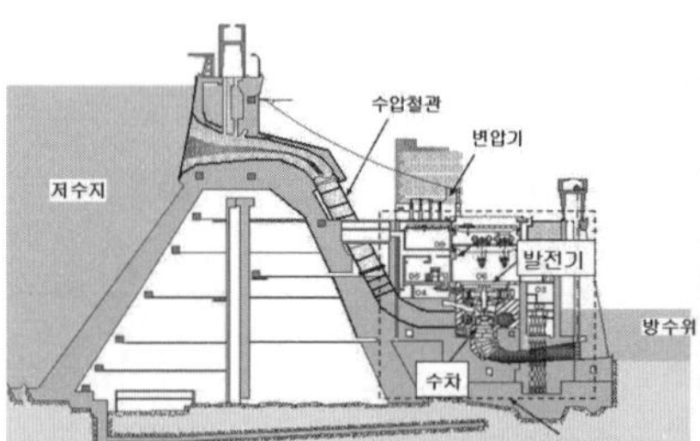

수력발전 개념도

수차의 형상

〈출처: 신 · 재생에너지의 이해〉

커지고 전력량도 그만큼 많아진다. 수력발전체계 구성은 〈그림 5-31〉과 같이 하천이나 수로에 댐이나 보를 설치하고 발전소까지 물을 유동하는 수압관로, 물이 떨어지는 낙차로 전기를 생산하는 수차발전기, 생산된 전기를 공급하기 위한 송 · 변전설비, 출력제어를 위한 감시제어설비, 유수를 차단하기 위한 밸브설비로 구성되어 있다.

신재생에너지의 한 분야인 수력은 1987년 이전에는 '소수력발전 개발방안' 업무처리지침에 의거 설비용량 3천kW를 기준으로 일반수력(hydropower)과 소수력(small hydropower)으로 구분하였으나, 1987년에 대체에너지개발 및 이용 · 보급촉진법이 개정되어 설비용량 3천kW를 기준으로 구분하였고, 2003년에 동법이 개정되어 설비용량 1만kW로 변경하였고, 2005년에 신에너지 및 재생에너지개발 · 이용 · 보급촉진법으로 개정되어 수력설비용량 기준을 삭제하여 '물의 유동에너지를 변환시켜 전기를 생산하는 설비'로 양수를 제외한 모든 수력설비를 일원화하여 신재생에너지로 분류하고 있다. 수력부분의 연구개발 및 보급대상은 주로 발전설비용량 1만kW 이하를 대상으로 하고 있으며, 발전차액지원제도는 수력 발전설비용량 5천kW 이하만 지원하고 있다.

수력발전은 재생 가능한 순국산 에너지로 에너지 안정성에 기여함과 동시에 이산화탄소(CO_2) 배출량이 가장 적어 범세계적인 환경규제에 대비하는 친환경 청정에너지로 지구온난화 방지에 공헌하고 있다. 수력은 지형이나 기후 등 자연적인 조건과 조화를 이루며 국내 부존 잠재량이 많아 보급효과가 큰 분야로 에너지 밀도가 높아 타 에너지원에 비해 꾸준한 발전공급이 가능하다. 특히, 수력발전은 전력을 생산하는데 5분 이내의 짧은 시간에 전력수요량의 변화에 가장 민첩하게 대응이 가능한 최고조시간(peak time)대에 발전

그림 5-32 소수력발전체계

〈출처: 에너지관리공단 신재생에너지센터〉

이 가능하여 주파수 조절을 담당함으로써 전력계통에 크게 기여하고 있다. 수력은 전력시장에서 변동비가 0원으로 되어 있어 전력입찰에 무조건 반영되며, 공급가능용량으로 입찰하여 홍수기를 제외하고는 최고조시간에 입찰하고 있다. 최근 각국의 친환경 에너지개발은 국제적인 환경요인에 부응한 기술적, 사회적 및 환경적 효과의 높은 기대치로 인하여 가장 안정적인 기반기술이 확보되어 있는 수력개발의 투자를 더욱 확대하고 있다.

수력발전은 국내 부존에너지를 활용하여 전력을 생산할 수 있을 뿐만 아니라 청정에너지 지원의 개발을 통하여 지역개발을 촉진하고, 이로 인한 경제적 파급효과도 매우 크다. 수력발전은 고전적인 기술에 첨단 IT기술과 친환경 기술을 접목하는 순수 국내기술로 계획, 설계 및 건설기간이 빠른 편이다.

② 특 성

가) 수력발전체계

(ㄱ) 수 차

수차란 물이 가진 위치에너지를 기계적 에너지로 전환하는 기계를 말한

그림 5-33 수차의 종류

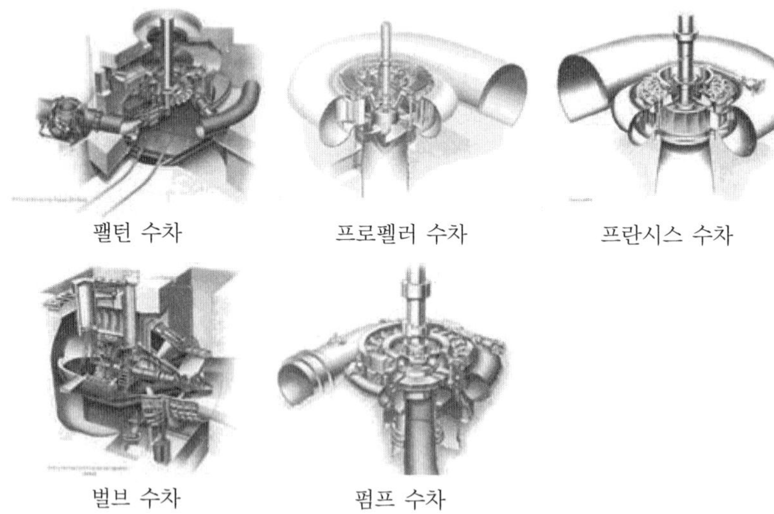

〈출처: 신 · 재생에너지 백서 2010〉

표 ⑤-32 수차의 종류 및 특징

수차의 종류			특징
충동수차	펠톤(pelton) 수차, 튜고(turgo) 수차, 오스버그(ossberger) 수차		• 수차가 물에 완전히 잠기지 않는다. • 물은 수차의 일부 방향에서만 공급되며, 운동에너지만을 전환한다.
반동수차	프란시스(francis) 수차		• 수차가 물에 완전히 잠긴다. • 중저낙차에 이용가능하며 가장 널리 사용된다.
	프로펠러 수차	카플란(kaplan) 수차, 튜브라(tubular) 수차, 벌브(bulb) 수차, 림(rim) 수차	• 수차의 축방향에서 물이 공급된다. • 동압(dynamic pressure) 및 정압(static pressure)이 전환된다. • 저낙차, 고유량 조건에 적합하다.

〈출처: 신 · 재생에너지의 이해〉

다. 좁은 의미로는 회전력을 발생시키는 회전차(runner)를 말하나, 일반적으로 회전차와 회전차를 둘러싼 케이싱(casing)과 그 내부에 장치된 부속 기기들을 일괄하여 말한다. 수차는 약 100년의 역사를 갖고 있다. 수차의 종류는 에너지 발생 면에서 대별하면 충동수차(衝動水車)와 반동수차(反動水車)로 나눌 수 있다. 충동수차(impulse turbine)는 유수의 속도수두를 이용하고, 반동수차(reaction turbine)는 압력수두를 이용한다. 현재 실용화되어 있는 수차 종류는 〈그림 5-33〉과 같다. 수차 중에서 충동수차는 펠턴 수차, 오스버그 수차, 튜고 수차 등이 있고, 반동수차는 프란시스 수차, 프로펠러 수차, 사류 수차, 펌프 수차 등이 있다.

수력발전 개발지점 지형에 따라 낙차나 유량이 다르기 때문에 다양한 형식의 수차를 적용할 수 있다. 따라서 수력개발지점에 맞는 수차효율이 높은 수차형식 선정이 필요하다.

잘못된 수차를 선정할 경우 수차의 효율이 저하되고, 진동이나 소음이 커지고 수차의 수명도 단축된다.

(ㄴ) 발전기

수력발전에 사용되는 발전기는 유도발전기와 동기발전기가 있다. 설비용량 3천kW 이하인 소수력은 구조가 간단하고 별도의 제어장치를 필요로 하지 않는 유도발전기를 많이 선정하고, 설비용량 3,000㎾ 이상인 수력발전소의 경우 한전의 계통운영 및 전압강하 기준에 문제가 없도록 하기 위해서 부수적인 운전제어설비인 자동전압조정장치 및 동기투입장치가 필요한 동기발전기를 선정한다.

나) 소수력발전의 분류

소수력발전은 하천이나 저수지의 물을 낙차에 의한 위치에너지를 이용하여 수차의 회전력을 발생시키고, 수차와 직결되어 있는 발전기에 의해서 전기에너지를 생산하는 방식으로 설비용량, 낙차 및 발전방식에 따라 분류하면 다음과 같다.

표 ⑤-33 설비용량, 낙차 및 발전방식에 따른 분류

분류			비고
설비용량	micro hydropower, mini hydropower, small hydropower	100㎾ 미만, 100~1,000㎾, 1,000~10,000㎾	국내의 경우 대부분 토목건축비 부담으로 터널식보다 경제성이 있는 기존에 설치되어 있는 댐식을 주로 이용
낙차	저낙차(low head), 중낙차(medium head), 고낙차(high head)	2~20m, 20~150m, 150m 이상	
발전방식	수로식(run-of-river type), 댐식(storage type), 터널식(tunnel type)	2~20m, 20~150m, 150m 이상	

〈출처: 신·재생에너지의 이해〉

③ 국내외 산업동향

가) 세계동향

수력발전은 다른 신재생에너지에 비해 개발 역사가 오래되었으며, 이미 개발되어 가동실적도 많고 축적된 기술력도 높은 편이다. 수력발전은 신재생에너지원 중에서 에너지변환 효율이 가장 높으나, 지속적인 기술개발을 통해 지금보다 발전효율이 3% 정도 높아질 것으로 전망되고 있다. 세계 각국은 소수력 보급 확대정책을 공급측면과 수요측면, 발전설비용량과 발전량을 고려한 다양한 제도를 도입하여 시행중이다. 현재 가장 보편적으로 시행되고 있는 시장 확대 정책의 수단으로 많은 국가에서 시행중인 기준가격 의무 구매제(또는 발전차액제도: FIT)는 소수력의 기술개발을 촉진하고, 투자자의 관심을 유도하여 지난 수년간 독일과 스페인, 덴마크에서 소수력 보급 확대에 크게 기여하고 있다. 신재생에너지 의무할당제(RPS)는 미국과 캐나다, 인도를 중심으로 확산되고 있다. 유럽연합(EU)은 재생에너지 개발보급 활성화 정책의 일환으로 소수력발전 개발 장려책을 실시하고 있지만, 실제 소수력 개발에는 규제나 환경 측면의 장애요인들이 남아 있다. 특히, 유럽연합의 수질보존에 관한 기본 법령과 재생에너지 이용 확대에 관한 법령이 서로 크게 상충하고 있기 때문에 개발에 어려움을 겪고 있다. 따라서 소수력 발전설비용량의 증가는 매년 미미하게 진행되고 있다.

아시아 국가 중에서 중국의 경우 소수력 보급률은 세계 최고이지만, 지속적으로 소수력발전소를 개발하고 있다. 이는 풍부한 자원량을 이용하되, 대용량보다는 소용량의 발전소라도 설치가능한 곳이라면 어디든지 설치할 수 있도록 법적, 제도적 장치를 마련하였기 때문이다. 특히, 수차발전기의 표준화가 이루어져 개발 가능지점에 발전설비를 설치하여 경제적인 비용으로 효율적으로 운영하고 있다. 일본의 경우에도 신에너지 산업기술 종합개발기구(NEDO: New Energy and Industrial Technology Development Organization)를 중심으로 소수력 개발을 활발하게 추진하면서 친환경적인 개발에 중점을 두고 있다. 아직까지 미활용된 자원을 지속적으로 개발하여 발전설비용량에 구애받지 않고 청정에너지 개발이 가능한 범위에서 소형[마이크로급(100㎾ 이하)] 및 초소형[피코급(5㎾ 이하)] 소수력을 개발하고 있다.

나) 국내동향

환경 친화적이고 지구온난화가스를 배출하지 않는 수력발전은 기술의 완성도나 투자의 효과적인 측면에서 타 신재생에너지원과 경쟁할 수 있으며, 이를 위한 사업 모형(model)의 확장 및 환경파괴 요인을 최소화하는 설계기술로 보급시장을 확대할 수 있다. 수력 발전설비에 대한 전체 시장 매출액은 매년 비슷하게 진행되고 있다. 수력개발은 국내시장이 협소하여 기술개발이나 성장에 한계가 있으나, 수력개발에 대한 장기비전이나 혁신적인 방안을 마련해서 주문형 생산 한계를 극복해야 활성화될 수 있을 것이다. 제한적인 시장수요의 난제를 극복하기 위해서는 잠재적인 수력을 개발하는 적극적인 발상의 전환이 필요하다.

이에 친환경 보와 연계한 일반하천의 수력개발과 미활용 수력개발 적지를 찾아 적극적으로 개발하여야 한다. 일반하천이나 소하천의 하천유지용수, 상수도의 수도관로, 양어장의 순환수, 하수처리장의 방류수 및 공장의 공업용수 등 낙차는 높지 않지만 일정한 유량을 확보할 수 있는 지점에 수력을 개발할 수 있다. 이러한 장소를 개발할 경우 이용률이 높아 경제성이 확보되어 발전설비의 제작대수 증가와 표준화된 체계의 기술개발 촉진으로 수력발전이 활성화될 것으로 전망된다.

국내 보급 잠재량이 가장 많은 일반하천을 이용한 수력개발은 하천에 친환경 보를 설치하여 하천유지용수와 관개용수 등으로 이용하면서 수상레저와 같은 고품격 문화관광지와 청정에너지 발상지로 개발하면 지역경제 활성화에 기여할 수 있으므로 적극적인 개발이 필요하다. 수력개발이 가능한 후보지 대상은 친환경보를 이용한 2m 이상의 일반하천, 유효저수량 3백만 톤에 유역면적 15㎢ 이상의 농업용 저수지, 2만 톤/일 이상의 하수종말처리장, 시설용량 5만 톤/일 이상의 정수장, 높이가 2m 이상인 농업용 보 등이다. 이와 같은 천혜의 미활용 소규모 수력자원을 이용할 수 있는 개발지점은 매우 다양하다. 향후 수력발전소의 규모는 점차 작아지고 기존의 발전소들보다 원거리에 위치하며 개발비용은 점차 증가할 것으로 예상된다. 따라서 주위환경과 관련된 새로운 기술을 개발하고 국가적 차원에서 재정적 지원강화와 개발지점 주변 지역민의 이해와 협력이 필요하다. 수력개발 잠재량은 〈표 5-34〉와 같이 768개소에 설비용량 457㎿의 개발 가능량이 있는 것으로 조사되고 있다.

우리나라의 수력개발은 산과 계곡이 많은 지역적 특성을 이용하여 댐이나 소하천을 이용한 발전방식이 주종을 이루었다. 그러나 개발 주변지역의 각종 민원과 강우량의 계절별 편중에 따른 가동률이 35% 정도로 경제성이 부족하여 수력개발이 원활하게 이루어지지 않았다. 최근에 정부의 신재생에너지 보급정책에 따른 지역에너지 보급사업, 신재생에너지 의무할당제(RPS)와 발전차액지원제도로 수력개발 필요성이 증폭되면서 공공기관에서 민원발생 우려가 없는 기존 시설물인 조정지댐이나 양수발전소의 하부댐, 농업용

표 ⑤-34 수력개발 잠재량

구분	지점수	개발가능량(㎾)	에너지포텐셜(MWh/년)	비고
일반하천	72	305,700	803,380	친화경보 20m 가정
농업용 저수지	180	30,064	92,176	
농업용 보	232	46,843	164,137	가동보 2m 가정
댐의 이용	20	15,800	55,363	
양식장 이용	129	8,442	66,558	유효낙차 6m 가정
정수장 이용	70	17,641	131,360	유효낙차 10m 가정
하수처리장 이용	59	8,385	62,437	유효낙차 5m 가정
화력발전소 냉각수 이용	6	24,122	126,785	이용률 60% 가정
계	768	456,997	1,502,196	

〈출처: 산업자원부, 환경친화적 소수력자원조사 및 활용기술개발, 2006〉

저수지, 하수처리장, 수도용 관로, 하수종말처리장, 화력발전소의 냉각수 등을 이용한 소규모 수력개발이 활발하게 추진되고 있다. 한탄강 유역의 일반하천에 농업용 보를 이용하여 2007년 8월에 상업발전을 개시한 경기도 연천군 소재의 고문소수력발전소(설비용량 1,500㎾, 신에너지(주))는 민간 발전사업자가 1993년도 이후 14년 만에 개발한 사례이며, 덕치(설비용량 800㎾), 분천(설비용량 1,500㎾) 등 2개소가 건설 중에 있다. 최근에는 강물의 수량을 풍부하게 함으로써 자연정화를 유도하여 하천의 수질개선을 위해 추진하고 있는 4대강 살리기 사업에 친환경 다기능 보를 활용, 상·하류 관리수위의 낙차를 이용한 청정에너지를 생산하기 위해 16개소에 설비용량 51MW, 설치대수 41기의 수력개발에 관한 건설이 추진되고 있다.

④ 국내 향후 계획

우리나라는 연평균강수량이 1,310㎜로서 강수량이 풍부하고 전 국토의 2/3가 산지로 구성되어 있으므로 자연적인 지형조건에 맞는 일반하천의 하천수 이용, 다목적댐 및 양수발전소의 수위 조절을 위한 방류량 이용, 농업용 저수지의 용수량 이용, 하수종말처리장의 방류수 이용, 상수도 관로의 관압

이용, 화력발전소의 온배수 이용, 양어장의 순환수 이용, 공장의 냉각수 이용, 방조제 수문의 방류량 이용 등 각 지역에 산재한 천혜의 미활용 소규모 수력자원을 개발할 수 있다.

수력 자원의 적극적인 개발은 사장되는 에너지원의 개발 차원뿐 아니라 경제 · 사회적으로 전력 수요 급증시의 부하 평준화 효과, 석유 수입 대체 및 민간 주도의 반영구적 사업으로서 환경 친화적인 에너지원의 개발과 부수적으로 지역개발의 촉진과 경제적 파급효과, 관련기술의 수출 산업화 등의 효과를 거둘 수 있다.

환경 훼손이 상대적으로 적은 청정에너지이면서 에너지 밀도가 높고 지역의 분산전원에 적합한 에너지원인 수력발전의 기술개발과 지원 사업을 활발하게 추진하여야 한다. 경제성이 부족하여 개발이 미진하였던 수력이 최근 수차기술개발에 따른 국산화와 정부의 보급 확대정책 등이 뒷받침되어 공공기관에서 민원발생 우려가 없는 기존 시설물을 이용한 수력을 개발하여 운영중에 있고 수력개발의 경제적 타당성이 입증되고 있다.

따라서 국내 부존에너지인 수력발전의 보급 확대를 위해서는 국민의 인식변화, 정부의 제도적 기반조성 및 관련 산업의 육성, 주요핵심 기술개발, 인 · 허가 절차의 획기적인 간소화 등 다각적인 노력이 필요하며 민간투자를 촉진하기 위한 지원 대책을 서둘러서 마련해야 한다. 부족한 에너지를 분담하고 환경오염을 덜게 하는 효과가 있는 수력발전의 보급 활성화를 위하여 다각적인 노력이 필요하다.

수력에너지에 대한 향후 계획 및 기술개발 목표는 다음과 같다.

가) 소수력 자원조사 및 발전설비의 국산화, 표준화 기술 개발

(ㄱ) 표준화 및 간소화를 통한 저가의 발전체계 개발

(ㄴ) 수차발전기 국산화 및 표준화 연구 추진

표 ❺-35 주요 기술개발 목표

분야	핵심분야	단기 일반분야	장기 미래분야
수력	소수력 자원조사 및 국내 적합기술	발전설비 표준화 기술 계통보호 및 자동화 기술	타 에너지원과 연동하는 차세대 통합 운영기술

〈출처: 제3차 신재생에너지기본계획〉

표 ⑤-36 단계별 기술개발 목표

단 계	내 용
1단계 (~2010) 기술력 상승	- 국내실정에 적합한 원천 핵심기술을 발굴, 개발 - 소수력 자원조사의 일괄방법(package tool) 개발과 이를 이용한 미활용 소수력 자원조사 - 형태(type)별 수차 및 가변속 발전설비의 국산화 - 무인화 및 자동화를 위한 상시 감시 진단기술 개발
2단계 (2011~2020) 보급 활성화	- 개발 적용된 기술의 실용화 및 실증 연구 - 북한지역 및 기존 시설물로 소수력 자원조사 확대 - 소형 초소형[micro(10^{-6}) · pico(10^{-12})]급 수차발전기의 국산화 기술 개발 - 직연결(on line) 상시 통합 감시진단체계 기술 개발 - 수명관리 및 예측기술 개발
3단계 (2021~2030) 안정화	- 수도시설을 활용한 도시지역 소수력 발전 기술개발 - 국제 표준화 적용 및 연계 기술개발 - 타 에너지원과의 연동을 위한 차세대 통합운영 기술 개발 - 수차 관련 장비의 개보수 및 현대화 기술 개발

〈출처: 제3차 신재생에너지기본계획〉

나) 계통보호/자동화 기술 개발

(ㄱ) 발전단가: ('10) 100원/kWh → ('20) 80원/kWh → ('30) 70원/kWh

(ㄴ) 체계가격: ('10) 330만원/kW → ('20) 270만원/kW → ('30) 250만원/kW

(6) 연료전지

① 개 요

연료전지란 연료의 화학에너지를 전기화학반응에 의해 전기에너지로 직접 변환하는 발전장치로서, 연료전지 스택(stack), 연료변환장치, 주변보조기기(BOP: Balance Of Plant) 및 제어기술을 포함하는 통합기술이다. 기존 화력발전 대비 연료전지 발전은 온실가스의 주범인 이산화탄소는 약 40% 감소되고 에너지 사용량은 약 26% 절감되는 효과가 있는 신에너지 기술로 미국, 일본, EU에서 녹색산업의 하나로 경쟁적으로 개발하고 있다. 또한 규모에 따른 에너지 전환 효율 차이가 크지 않아 소형에서도 높은 에너지 전환 효율을 기대할 수 있다. 따라서 연료전지는 소음 및 유해가스 배출 감소 효과가 있고 용도에 따라 다양한 규모로 제작하여 활용 가능하다.

② 특 성

가) 연료전지의 원리

물을 전기분해하면 수소와 산소가 발생한다. 연료전지는 이와는 반대로 수소와 산소로부터 전기를 생산하는 전기화학적 발전장치이다.

$$H_2 + 1/2O_2 \rightarrow H_2O + \text{전기, 열}$$

연료전지에서는 전기와 동시에 열이 발생한다. 연료전지의 기본 구성은 연료극/전해질층/공기극으로 접합되어 있는 셀(cell)이며, 다수의 셀을 적층하여 스택을 구성함으로써 원하는 전압 및 전류를 얻을 수 있다.

일반적으로 연료전지 기본 셀에서 전기를 발생시키기 위하여 연료인 수소가스를 연료극 쪽으로 공급하면, 수소는 연료극의 촉매층에서 수소이온(H^+)과 전자(e^-)로 산화되며, 공기극에서는 공급된 산소와 전해질을 통해 이동한 수소이온과 외부 도선을 통해 이동한 전자가 결합하여 물을 생성시키는 산소

그림 5-34 연료전지의 기본 구성

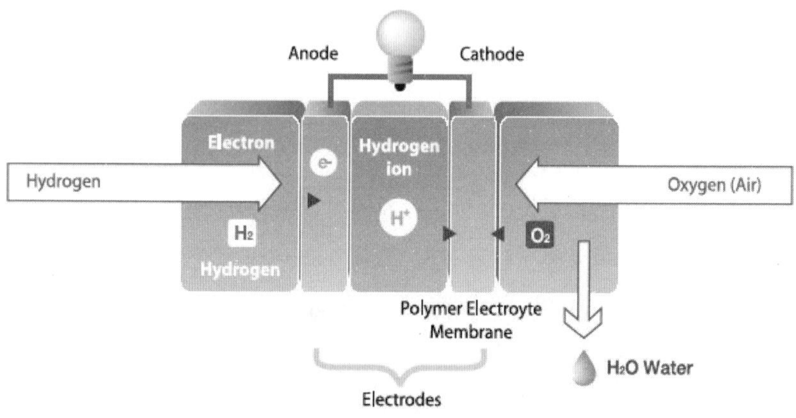

- 연료극(Anode) 반응: $H_2 \rightarrow 2H^+ + 2e^-$
- 공기극(Cathode) 반응: $1/2O_2 + 2H^+2e^- \rightarrow H_2O$
- 전체반응: $H_2 + 1/2O_2 \rightarrow H_2O$

〈출처: 신·재생에너지 백서 2010〉

환원 반응이 일어난다. 이 과정에서 전자의 외부 흐름이 전류를 형성하여 전기를 발생시킨다.

이러한 작동원리를 토대로 연료전지 체계는 연료개질장치, 연료전지 본체, 전력변환 장치, 열 회수체계로 구성된다. 연료개질장치는 수소를 함유한 탄화수소계 연료를 수소가 농후한 가스로 변환하여 연료전지에 적합하도록

표 ⑤-37 연료전지의 종류

종류/특징	고온형 연료전지		저온형 연료전지			
구분	용융탄산염 연료전지 (MCFC)	고체산화물 연료전지 (SOFC)	인산염 연료전지 (PAFC)	알칼리 연료전지 (AFC)	고분자전해질막 연료전지 (PEMFC)	직접메탄올 연료전지 (DMFC)
작동온도	550~700℃	600~1,000℃	150~250℃	50~120℃	50~100℃	50~100℃
주 촉매	Perovskites	니켈	백금	니켈	백금	백금
전해질 지지체	immobilized liquid	solid	immobilized liquid	–	solid	solid
가능한 연료	H_2, CO (천연, 석탄가스)	H_2, CO (천연, 석탄가스)	H_2, CO (메탄올, 석탄가스)	H_2	H_2 (메탄올, 석탄가스)	메탄올
외부연료 개질기의 필요성	No	No	Yes	Yes	Yes	Yes
효율 (%LHV)	50~60	50~60	40~45	–	<40	–
주 용도	대규모발전, 중소사업소 설비	대규모발전, 중소사업소 설비, 이동체용 전원	중소사업소 설비, biogas plant	우주발사체 전원	수송용 전원, 가정용 전원, 휴대용 전원	휴대용 전원
특징	높은 효율, 내부개질 및 열병합대응 가능	높은 효율, 내부개질 및 복합발전 가능	CO 내구성 큼, 열병합 대응 가능	–	저온작동 고출력밀도	저온작동 고출력밀도
과제	재료부식, 용융염휘산	고온열화, 열파괴	재료부식, 인산유출	전해질에서 누수 현상 방지	고온운전 불가능, 고비용, 낮은 효율 (30~50%)	고온운전 불가능, 고비용, 메탄올 크로스 오버 문제

〈출처: 제3차 신재생에너지기본계획〉

만들고 연료전지 본체는 수소와 산소 반응을 통해 직류전기, 물 및 열을 발생시킨다. 전력변환장치는 직류를 교류로 변화하며 열회수체계는 본체에서 나오는 폐열을 회수하여 연료개질장치를 예열하거나 열병합발전 체계에 열을 공급한다.

나) 연료전지의 종류

연료전지는 전해질의 종류에 따라 고분자 전해질 연료전지(PEMFC), 인산형 연료전지(PAFC), 용융탄산염 연료전지(MCFC), 고체 산화물 연료전지(SOFC), 알칼리 연료전지(AFC), 직접 메탄올 연료전지(DMFC) 등으로 구분된다. 이들은 작동온도에 따라 다시 고온형과 저온형으로 구분되며, 650도 이상의 고온에서 작동하는 고온형 연료전지인 MCFC와 SOFC는, 백금을 전극으로 사용하는 저온형 연료전지와는 달리, 전극촉매로 니켈을 비롯한 일반금속촉매를 쓸 수 있는 장점이 있다. 고온형은 발전효율이 높고 고출력이지만 시동 시간이 오래 걸려 발전소나 대형건물 등에 적합하다. 저온형인 PAFC와 PEMFC, DMFC는 상온에서 200도 이하의 저온에서도 구동될 수 있으며, 시동시간이 짧고 부하변동성이 뛰어난 특징이 있으나, 고가의 백금 전극이 필요하다. 연료전지의 종류에 따른 특성을 〈표 5-37〉과 같다.

연료전지는 수 W급 휴대용 전원에서부터 수십 MW 분산발전까지 다양한 분야에 적용이 가능하다. 다음은 연료전지 종류별 응용제품을 구분한 것이다.

제품종류		용량	연료전지				
			PAFC	MCFC	SOFC	PEMFC	DMFC
발전	분산발전	수십 kW - 수십 MW	●	●	●	○	○
	건물용	수 kW - 수십 kW	○	○	●	●	○
수송용	차량용	수 kW - 수백 kW	○	▲	●	●	○
	선박용	수백 kW - 수십 MW	○	●	●	○	○
휴대용		수백 W - 수 kW	○	○	●	●	●
		수 W - 수백 W	○	○	○	●	●

● : 적용, ▲ : 일부고려, ○ : 적용가능성 희박

〈출처: D.K. Gaman et. al., Fuel Cell Report to Congress, 2003.〉

그림 5-35 연료전지 발전체계 구성도

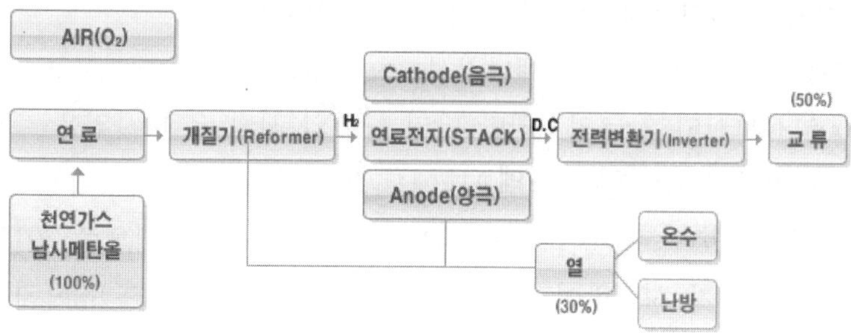

〈출처: 신·재생에너지의 이해〉

다) 연료전지 발전체계

(ㄱ) 개질기(reformer)

i) 화석연료(천연가스, 메탄올, 석유 등)로부터 수소를 발생시키는 장치

ii) 체계에 악영향을 주는 황(10ppb 이하), 일산화탄소(10ppm 이하) 제어 및 체계 효율향상을 위한 compact가 핵심기술

(ㄴ) 스택(stack)

i) 원하는 전기출력을 얻기 위해 단위전지를 수십 장, 수백 장 직렬로 쌓아 올린 본체

ii) 단위전지 제조, 단위전지 적층 및 밀봉, 수소공급과 열회수를 위한 분리판 설계·제작 등이 핵심기술

(ㄷ) 전력변환기(inverter)

연료전지에서 나오는 직류전기(DC)를 우리가 사용하는 교류(AC)로 변환시키는 장치

(ㄹ) 주변보조기기(BOP: Balance of Plant)

연료, 공기, 열회수 등을 위한 펌프류, blower, 센서 등을 말하며, 연료전지에 특성에 맞는 기술이 미비

③ 국내외 산업동향

가) 세계동향

전 세계 연료전지 시장의 현황은 우주선, 잠수함 등 특수 용도에선 상업

화 단계에 진입하였으나, 그 외의 응용분야에서는 아직까지 시장 형성이 미숙한 단계로 사료된다. 발전용 연료전지는 2008년부터 상용화가 시작되어 정부의 제도적 지원하에 시장이 형성되는 단계이다.

수송용 연료전지는 미국 에너지성(DOE: United States Department of Energy)에서 2005년부터 5년간 3억 6천만 달러 규모의 시범 운행 사업을 추진한 사례가 있고 일본에서는 혼다와 토요타에서 2015년부터 일반을 대상으로 판매 계획을 세우고 있다. 일본, 유럽, 국내 자동차회사를 중심으로 2015년부터 시장이 활성화되기 시작하여 2020년에는 연간 50~250만 대 정도가 판매될 것으로 전망된다.

J-Economic Center에 의하면 2020년 연료전지 시장이 금액 기준으로는 PEMFC, 수량 기준으로는 SOFC가 가장 큰 비중을 차지할 것으로 예상되고 있다. 이는 PEMFC의 경우 높은 단가로 주택용 연료전지 보급이 확산될 것이라는 전망이다. SOFC는 낮은 단가로 발전용 연료전지 시장을 장악할 것이라는 전망이 지배적이다. 한편 미국 에너지성에서는 2020년경 세계시장 규

표 ❺-38 세계 연료전지 형태별 시장 규모 추이

구분(연도)		2007	2008	2009	2010	2015	2020	2025	2030
PEMFC	천 대	2	7	15	27	309	841	1,070	1,990
	억 엔	167	370	1,036	2,413	9,357	12,556	15,225	16,855
DMFC	천 대	0.3	0.6	1.0	4.5	93	272	450	585
	억 엔	5	8	14	25	200	360	440	530
SOFC	천 대	130	225	315	650	3,100	7,200	10,800	15,000
	억 엔	15	20	30	90	270	550	740	900
MCFC	천 대	4	12	16	24	32	36	46	60
	억 엔	12	32	40	54	70	72	82	100
PAFC	천 대	25	35	50	110	125	170	220	320
	억 엔	8	10	14	30	33	44	55	75
합계	천 대	161	280	397	816	3,659	8,519	12,586	17,955
	억 엔	207	440	1,134	2,612	9,930	13,582	16,542	18,460

〈출처: J-economic Center〉

표 ⑤-39 전 세계 연료전지 시장 전망 (단위: 억 엔)

구분	2010년	전년대비	2025년	2010년 대비
자동차	56	2.9배	25,100	448.2배
가정용	157	1.2배	13,335	84.9배
업무 및 산업용	545	3.7배	8,610	15.8배
마이크로	2.4	3배	3,185	1,327.1배
기타	94	1.6배	2,713	28.9배
합계	854	2.4배	52,943	62.0배

모가 400억 달러 수준에 이를 것으로 전망된다.

연료전지 시장을 응용분야별로 살펴보면 현재는 발전용 연료전지가 약 64% 수준으로 가장 큰 비중을 차지하고 있으나 중장기적으로 자동차용 연료전지가 대세를 이룰 것으로 전망되고 있다. 전 세계적으로 에코카(eco car) 개발에 대한 관심이 높아지는 가운데 현재 하이브리드카, 전기차(리튬이온전지 사용) 등 친환경 자동차가 개발되고 있으며 궁극적으로는 수소연료전지 자동차로 진화될 전망이다. 이에 따라 수소연료전지 자동차가 상용화되기까지는 다소 시일이 소요될 것으로 예상된다. 산업용 연료전지 발전은 1세대인 PAFC를 거쳐 2세대 MCFC가 대부분을 시장을 장악하고 있다. 이는 MCFC의 낮은 가격, 높은 효율성 등 기존 연료전지 발전에 대비하여 우수한 경쟁력을 확보한 것에 기인하고 있다. 가정용의 경우는 주택분야 환경 대책 중 하나로 연료전지가 관심대상이 되면서 주거지의 급탕, 난방에 대해 연료전지를 이용한 열, 전기 공급을 추진함에 따라 시장이 확대될 전망이다.

나) 국내동향

국내에서는 2012년부터 주요 발전사업자를 대상으로 총발전량 중 일정 부분을 신재생에너지로 생산해야 하는 의무할당제(RPS)가 본격적으로 시행되어 한전 발전자회사 등 발전사들의 연료전지 도입이 증가할 것으로 예상되고 있다. 2013년 우리나라의 연료전지 시장은 약 1억 3천만 달러 규모로 예상되는데 응용분야 중 발전용 연료전지가 70% 정도를 차지할 전망이며 현재 발전용 연료전지 시장 대부분을 점유하고 있는 MCFC가 당분간 시장 성장을

표 ❺-40 우리나라 연료전지 시장 규모 (단위: 백만 달러)

연료전지 수요		2003	2008	2013	2018
응용기기	전기발전생산	2	50	90	160
	산업용 고정식 동력발전	–	1	5	15
	자동차	–	13	26	10
	여타 운송수단	–	2	12	52
종류	PEMFC	5	17	36	74
	MCFC	–	47	70	110
	PAFC	1	2	8	9
	SOFC	–	–	11	18

〈출처: The Freedonia Group Inc., 2009〉

주도할 것으로 사료되며 그린홈 100만호 보급사업 추진으로 건물용 PEMFC도 전체 수요 확대에 기여할 것으로 예상된다.

④ 국내 향후 계획

분산전원, 소형열병합 및 자동차 등 연료전지 기술이 실용화 단계에 진입함에 따라, 2015년 이후부터는 분야에 따라서는 어느 정도 경제성 확보가 이루어질 것으로 예측된다. 에너지 부족, 온실가스 감축 규제 강화 등과 같은 최근의 환경 변화가 연료전지 시장 성장에는 긍정적인 영향을 미칠 것으로 예상된다.

연료전지는 다른 분야보다 국가의 정책적 지원이 절실히 요구되고 있으며 장차 그 파급 효과가 막대할 것이다. 장기적 안목을 갖고 인내심을 발휘하여 지속적 지원이 이루어질 때 확고한 미래 에너지 기술로 부각될 것이 분명하다.

표 ❺-41 주요 기술개발 목표

분야	핵심분야	단기 일반분야	장기 미래분야
수소 연료전지	산업화 진입 기술	체계 경제성 향상 기술 (가격 저감 기술)	

〈출처: 제3차 신재생에너지기본계획〉

표 ⑤-42 단계별 기술개발 목표

단 계	내 용
1단계(~2010) 기술개발 완성 및 실증단계	- 기술의 산업화 및 시장진입 모색 - 스택 · 체계 분야의 신뢰성 및 경제성 향상 기술 개발 - 대용량 ER(External Reforming, 외부개질) 스택의 설계 · 제작을 위한 기초기술 개발 - 150kW급 SOFC 발전체계 핵심기술 개발 - 수소스테이션 국산화 및 가격 저감화 - 고압기체 수소저장 및 금속수소화물 수소저장기술 개발
2단계(2011~2020) 시장 형성 단계	- 수소연료전지 차량 실증단계 - 상업용, 발전용 연료전지 실증 및 장기 신뢰성 확보 - MEA(Membrane Electrode Assembly, 막전극집합체) 제조기술, 연료처리장치 중점 개발 - IR-MCFC(Melten Carbonate Fuel Cell, 용융탄산염연료전지) 분야 백업파워용 체계, 분산전원용 체계, 열회수 기술 상용화 기술 개발 - 신재생에너지원을 이용한 수소생산 기술 개발
3단계(2021~2030) 시작 확대 단계	- 민간기업 주도 연료전지 시장 자립화 및 확대기 - 연료전지차량 양산 단계 - IGFC(Integrated coal Gasification Fuel Cell, 가스화복합연료전지) 보급 상용화 기술 확보 - 100MW급 SOFC · 터빈 hybrid 고효율 체계 기술 개발 - 나노재료 수소저장 및 액체수소 저장기술 개발

〈출처: 제3차 신재생에너지기본계획〉

연료전지에 대한 향후 계획 및 기술개발 목표는 다음과 같다.

가) 수소 및 연료전지 기술의 조기 산업화 기반 구축

수소 저장소(station) 용량, 가격: ('10) 30Nm³/hr, 1억원/Nm³/hr

→ ('20) 400m³/hr, 0.07억원/Nm³/hr

나) 세계 3위의 연료전지 기술 보유국 위상 확보

연료전지 자동차 및 발전용, 건물용 연료전지

다) 핵심 부품소재, 연료전지 체계 제작기술의 원천기술 학보

승용차: ('10) 3억 → ('20) 0.6억, 버스: ('10) 16억 → ('20)· 5억

(7) 석탄(중질잔사유) 가스화 및 액화

① 개 요

석탄가스화 및 액화기술(gasification and liquefaction)은 저급연료(석탄, 폐기물, 바이오매스 및 중질잔사유 등)를 산소 및 증기에 의해 가스화한 후 생산된 합성가스(일산화탄소와 수소가 주성분)를 정제하여 전기, 화학원료, 액체연료 및 수소 등의 고급에너지로 전환시키는 복합기술로서 가스화기술, 합성가스 정제기술, 합성가스 전환기술로 구분된다.

석탄가스화 및 액화기술을 이용하면 원유로부터 추출하는 대부분의 화학물질을 C1 합성을 통하여 제조가 가능하고, 기후변화협약, 환경규제, 자원의 제약에 대응할 수 있는 석유나 천연가스의 고갈에 대비한 에너지원의 안정적인 확보 차원에서 저비용, 저공해, 고효율화의 기술이다.

석탄가스화의 가장 대표적인 활용 방식인 석탄가스화 복합발전(IGCC: Integrated Gasification Combined Cycle)은 저급연료를 고온고압 조건에서 불완전연소 및 가스화 반응을 시켜 합성가스(CO와 H_2가 주성분)를 만들어 정제공정을 거친 후 가스터빈으로 1차 발전, 증기터빈으로 2차 발전하는 고효율, 친환경적 복합발전방식이다. 석탄가스화 체계는 가스화기, 산소공급 장치인 공기분리설비, 가스정제설비로 구성되며, 최종 활용목적에 따라 다른 설비가 연계된다. 최종 목적이 전력 생산인 경우에는 복합발전 설비가 연계되고, 중국과 일본에서 현재 많이 활용하는 방안인 비료를 생산하는 경우에는 석탄을 가스화시킨 후 정제과정을 통한 다음 암모니아 가스로 합성하여 비료의 원료로 사용하며 특정한 화학원료 생산이 목적일 경우는 적절한 전환 공정이 연계된다.

석탄액화(CTL: Coal to Liquid)는 석탄 가스화, 탈황, 분리 등의 과정을 거쳐 만들어진 합성가스를 F-T(Fisher-Tropsch) 등의 공정을 통하여 디젤을 위주로 한 중질유, 가솔린, 올레핀 등의 합성석유를 제조하는 것에 관한 것이다. 석탄액화 기술은 일반적으로 직접액화기술과 간접액화기술로 대별하여 처리되고 있다. 직접액화기술은 액체 솔벤트와 함께 석탄을 수소와 400℃ 이상, 100기압 이상에서 촉매를 사용하여 반응시키는 기술이고 간접액화기술은 석탄을 가스화시켜서 CO와 수소가 주성분인 합성가스를 만들고 이를 FT

공정이나 MTG(Methanol-to-Gasoline) 공정으로 합성 연료유를 생산하는 기술이다. 직접액화기술은 독일에서 1920년대 초, 간접액화기술은 1930년대에 상용급으로 개발되었다. 상용급 액화설비로는 70년대 남아공에서 사용한 간접액화 방식으로 연간 1천만 톤의 연료유를 생산하여 남아공 원유수급량의 60%를 담당하고 있는 Sasol 플랜트이다.

② 특 성

가스화 반응은 석탄 내 탄소, 수소 성분과 산소와의 부분연소 반응과 이들 연소 생성물과 석탄 내의 미반응 탄소와의 가스화 반응으로 크게 구성되는데, 이때 공급되는 산소량은 석탄을 완전 연소시키는 데 필요한 산소량보다 적은 양을 공급하여 부분 산화반응을 일으킨다. 불완전연소를 하는 가스화 반응에서는 연료 내의 S와 N성분이 공해물질인 SO_x와 NO_x 형태가 아닌 황화수소(H_2S)와 암모니아(NH_3)형태로 발생시켜 제거가 용이할 뿐만 아니라 유황이나 황산 등 화학물질로 회수가 가능하여 관련 산업에서 원료로 활용이 가능하다. 석탄 내에 황성분이 많을수록 가스화 방식이 기존 연소방식보다 유리한데 유황성분은 가스화반응에 의해 황화수소(H_2S) 가스로 주로 발생되는데 정유공정에서 50년 이상 사용되어 오고 있는 클라우스(Claus)공정을 통하면 황화수소 가스로부터 원소 유황이나 황산을 생산해 낼 수 있다. 이들 유황이나 황산은 유상판매가 가능하게 되므로 시료 내의 유황성분을 공해물질인 SO_x로 발생시키는 대신 판매할 수 있는 제품으로 추출해내게 되기 때문에 시료에 유황성분이 많을수록 연소처리 공정에 비해 더욱 경제적으로 유리하게 된다. 또한, 최근의 가스화기술은 모두 1,300℃ 이상의 고온을 사용하므로 원료 내의 무기물질은 용융분탄으로 생성되며, 분탄(粉炭, slack)이 고농도의 중금속으로 이루어졌더라도 중금속 용출 문제가 발생되지 않는 안정적인 물질이므로 가스화 용융 반응에 의한 분탄은 환경적으로 무해하게 도로기반재나 골재 등 건자재로 재활용이 가능하다.

석탄가스화 기술의 특징은 석탄이 갖고 있는 에너지의 대부분을 화학에너지(chemical energy)로 바꾸어 발생하게 되므로 후단(後段) 정제공정에서의 온도변화로 인한 전체공정의 효율감소가 적게 된다는 점이다. 연소반응에 의해 생성된 가스에는 연료 성분이 포함되지 않으므로 다이옥신 등의 저감을 위해 급속세정을 하게 되면 가스 내의 현열이 거의 없어지게 되어 에너지의 손실이 크게 된다. 반면에 가스화반응의 주요 생성물은 CO와 H_2이므로 이들 가스는 연소 시 큰 발열량을 내게 된다. 이 경우 가스화반응에 의해서 시료 내의 상당부분 에너지가 CO나 H_2 같이 화학에너지를 포함한 가스로 변환된다. 또한 이들 가스는 급속 냉각을 시키더라도 자체의 화학에너지가 그대로 유지되어 필요시 연소를 시키면 가스터빈이나 증기터빈을 통해 에너지를 재회수할 수 있는 유리한 점이 있다. 시료에 함유된 에너지로부터 화학적 에너지로 회수하는 비율을 나타낸 것이 냉가스 효율(cold gas efficiency)이며 석탄가스화의 경우는 냉가스 효율은 시료 및 공정 조건에 따라 65~80%에 달한다.

가스화복합발전 방식은 기존 미분탄 발전방식에 비하여 발전효율이 5~10% 이상 높고, 건설비용이 감소하는 추세이므로 향후 전력생산 단가의 감소가 가능하다. 또한, 석탄 가스화기술은 환경 친화적이고 〈그림 5-36〉에서처럼 미분탄 발전과 비교하면 발생량이 20% 이상 감소되므로 향후 기후변

그림 5-36 발전기술별 발전효율과 CO_2 저감 효과

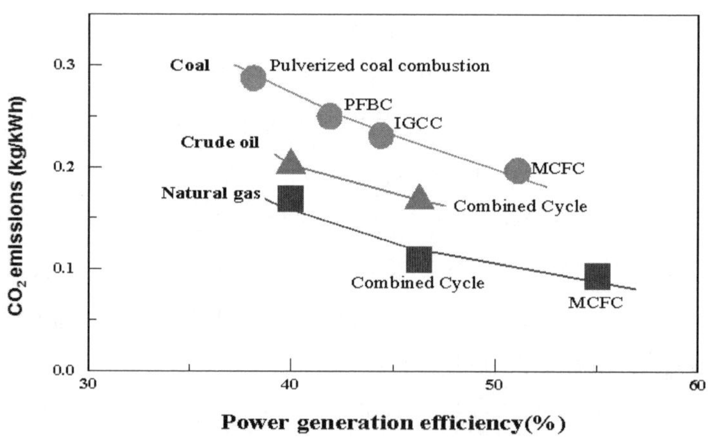

Note) Coal + MCFC = IGFC, PFBC : 가압유동층연소발전, MCFC : 용융탄산염 연료전지

〈출처: 신 · 재생에너지 백서 2010〉

화협약 발효에 따른 탄소배출권이 현실화될 경우를 고려하면 경제적 파급효과는 클 것으로 예상된다. 가스화 기술은 향후 연료전지와 연계될 석탄 가스화 연료전지 복합 발전(IGFC: Integrated Coal Gasification Fuel Cell combined cycle)의 핵심기술이고, 폐기물분야 에너지의 효율적 처리에서도 가장 유망한 분야이다.

가) 체계 구성도

석탄이용기술은 가스화부, 가스정제부, 발전부 등 3가지 주요 부분과 활용 에너지의 다변화를 위해 추가되는 수소 및 액화연료부 등으로 구성되어 있다.

그림 5-37 석탄가스화 및 액화체계 구성도

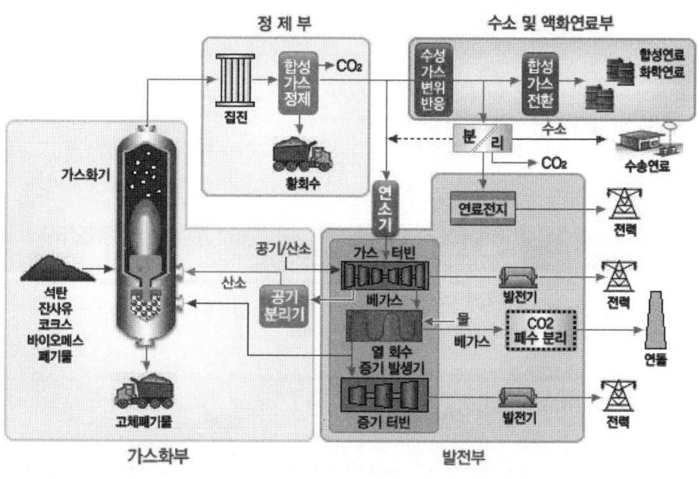

〈출처: 신·재생에너지의 이해〉

나) 기술의 분류

(ㄱ) 석탄가스화기술

석탄을 고온·고압 상태의 가스화기에서 한정된 산소와 함께 불완전연소시켜 CO와 H_2가 주성분인 합성가스를 생성하는 기술로 전체 체계 중 가장 중요한 부분으로 석탄 종류 및 반응조건에 따라 생성가스의 성분과 성질이 달라지며 건식가스화 기술과 습식가스화 기술이 있다.

(ㄴ) 가스정제공정

생성된 합성가스가 고효율 청정에너지로 활용될 수 있도록 오염가스와 분진(H_2S, HCl, NH_3 등) 등을 제거하는 기술이다.

(ㄷ) 석탄가스화복합발전(IGCC)

정제된 합성가스를 사용하여 1차로 가스터빈을 구동시켜 전기를 생산하고, 배기가스의 열을 이용한 보일러로 증기를 발생시켜 2차로 증기터빈을 구동시켜 발전하는 체계이다.

(ㄹ) 수소 및 액화연료 생산

연료전지의 원료로 사용할 수 있도록 합성가스로부터 수소를 분리하는 기술과 생성된 합성가스의 촉매반응을 통해 액체연료인 합성석유를 생산하는 기술이다.

그림 5-38 석탄가스화 · 액화 기술의 원리

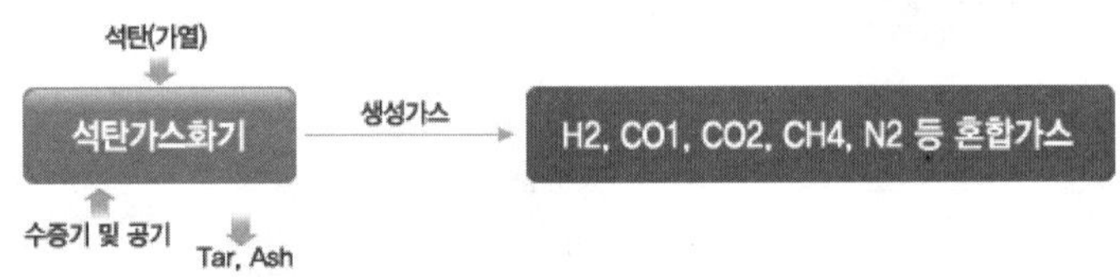

〈출처: 신 · 재생에너지 백서 2010〉

그림 5-39 가스정제공정 흐름도

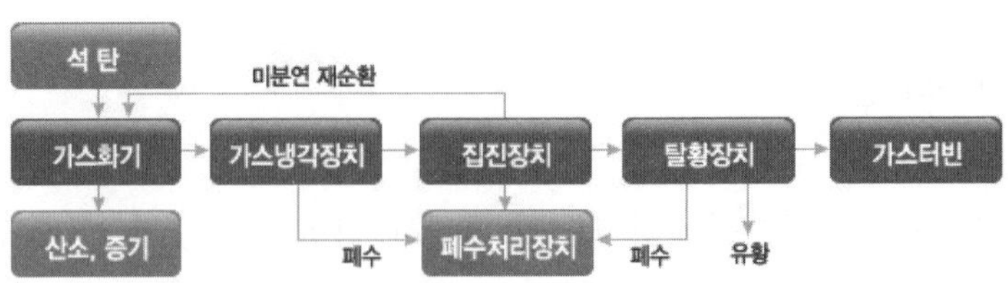

〈출처: 신 · 재생에너지 백서 2010〉

다) 주요 기술

석탄가스화 및 액화기술의 주요 내용으로는 가스화기술, 합성가스 정제기술, 합성가스 전환기술이 있다. 가스화는 탄소계 연료가 소량의 산소에 의해 부분 산화되고 일부의 탄소는 스팀에 의해 수성가스화되어 일산화탄소 및 수소로 전환되는 반응이 고온(800~1,500℃)에서 일어나는 것을 지칭하는 것으로 반응식은 다음과 같다.

부분산화 : $(HC)_n + O_2 \rightarrow H_2 + CO$

수성가스화 : $(HC)_n + H_2O \rightarrow H_2 + CO$

가스화기는 고체연료의 유동상태에 따라 고정층(Lurgi), 유동층(HTW) 및 분류층(GE Energy, Shell, E-Gas)으로 구분되며 최근에는 회분을 슬래그(slag)로 제거하는 분류층 가스화기가 효율 및 유지보수 측면에서 유리하여 주종을 이루고 있으며 분류층 가스화기도 연료공급 방식에 따라 건식 및 습식방식으로 나눌 수 있다. 가스화기 개발을 위해 확보해야 하는 세부적인 기술은 고체연료 주입 기술, 버너 기술, 내화물 기술, 슬래그 제거 기술, 가스화기 설계기술 등이 있다.

합성가스 정제기술은 가스화에 의해 발생된 생성가스 중에 포함된 황화합물(H_2O, COS), 분진, 질소화합물(NH_3), 할로겐화합물(HCl) 및 수은 등의 불순물을 제거하는 기술로 분진제거에는 세라믹필터 및 금속필터가 사용되며 황화합물은 수십 ppm까지는 아민흡수법(MDEA), 1ppm 이하는 알코올흡수법(rectisol) 등의 습식법에 의해 제거가 가능하다. 또한 체계의 에너지 이용효율을 향상시키기 위하여 고체탈황제를 이용한 건식법의 개발이 진행 중에 있다.

합성가스 전환기술로는 전기생산 및 액체연료, 화학원료, DME, 수소로의 변환방법이 있다. 합성가스를 연소하는 터빈은 대략 200~300MW급으로 GE와 Siemens에 의해 상용화가 되었으며. 연소시 NO_x의 농도를 3ppm 이하로 줄이는 터빈개발이 진행 중이다. 합성가스를 디젤, 가솔린 등 액체연료로 전환시키는 F-T 반응은 아래 식과 같고, n의 숫자에 따라 많은 종류의 생성물이 발생한다.

$$\text{F-T: } 2nH_2 + nCO \rightarrow n(CH_2) + nH_2O$$

F-T 공정은 Sasol 및 Shell사에서 상용화되어 있고, F-T용 촉매, 반응기 및 최적 조업조건 확립 등이 핵심기술로 알려져 있다. 화학원료 및 비료 생산은 F-T 공정을 고온에서 운전하여 에틸렌 및 프로필렌 등의 수율을 높여 화학원료로 이용하는 기술로 메탄의 생성을 억제하는 촉매와 고온 반응기 기술이 필요하다. 암모니아 비료 제조용 공정 및 초산 제조 공정 등은 상용화 되었다. 합성가스를 메탄올 제조 조건(250~300℃, 50기압)과 유사하게 유지하면서 메탄올 제조촉매와 산촉매의 혼합체에 이전시키면, DME(DiMethyl Ether)가 만들어지며(직접합성법) 메탄올을 먼저 만든 후에 탈수반응에 의해 제조도 가능하다(간접합성법). DME는 가정용으로 LPG 대용이 되며, 수송용으로는 디젤 대용이 가능하다.

$$\text{DME: } 3H_2 + 3CO \rightarrow CH_3OCH_3 + CO_2$$

$$\text{또는 } 2CH_3OH \rightarrow CH_3OCH_3 + H_2O$$

합성가스를 수증기와 반응시키면 수성가스 반응에 의하여 추가적인 수소가 생성되며 압력순환흡착(PSA: Pressure Swing Adsorption) 등에 의해 분리하면 대량 수소생산이 가능하다. 상용화를 위하여는 대규모 가스처리용 수성가스반응기술과 고효율 수소분리 기술이 필요하다.

③ 국내외 산업동향

가) 세계동향

석탄가스화 기술은 200여 년 전인 1792년 영국의 William Murdock에 의해 발명되었으며, 석탄매장량이 풍부한 독일에서 본격적으로 석탄가스화 장치를 개발되었고 제1세대 가스화장치의 대표적인 공정은 1920년 이후 상업화된 Winkler 유동층 가스화 장치, 1936년경에 상업화된 Lurgi 고정층 가스화장치, 1948년경에 상업화된 Koppers-Totzek(K-T) 분류층 공정들을 들 수 있다. 제1세대 가스화 장치 중 Lurgi 가스화장치를 제외하고는 대부분 상압에서 운전되었고, 이들은 실용화된 지는 오래되었으나, 기술적인 측면과 더불어 경제적인 측면에서 개발의 한계가 나타났다. 제2세대 가스화기술은 제1세대 가스화장치가 구비한 제반 조건을 보완하는 방향으로 개발을 추진하였으며, 대부분 고압에서 운전하도록 개발되었다.

1980년대 말에는 석유가격이 안정되었으나 석탄가스화 기술개발에 대한 관심이 고조되었다. 과거의 석탄가스화 기술은 대부분 산업분야에 이용할 화학공업 원료가스 또는 연료를 주목적으로 개발하였으나 오늘날의 석탄가스화 기술은 대부분 전력생산을 목표로 하고 있다.

현재, 외국에서 운용중인 상용화 단계의 300 MW급 주요 5기 IGCC 실

표 ⑤-43 세계 대표적인 IGCC 플랜트

국가명	플랜트 명칭	설비용량(MW)	적용 가스화 기술	운전시기
네덜란드	Nuon(Buggenum)	253	Shell(건식, 산소)	1994
미국	Wabash River	262	E-gas(습식, 산소)	1995
	TECO Pik (Tampa Electric)	250	Texaco(습식, 산소)	1996
스페인	Puertollano (ELCOGAS)	350	Prenflo(건식, 산소)	1997
일본	Nakoso	250	CRIEP/MHI(건식, 공기)	2007

〈출처: 신 · 재생에너지 백서 2010〉

그림 5-40 세계 가스화 플랜트 건설 추이

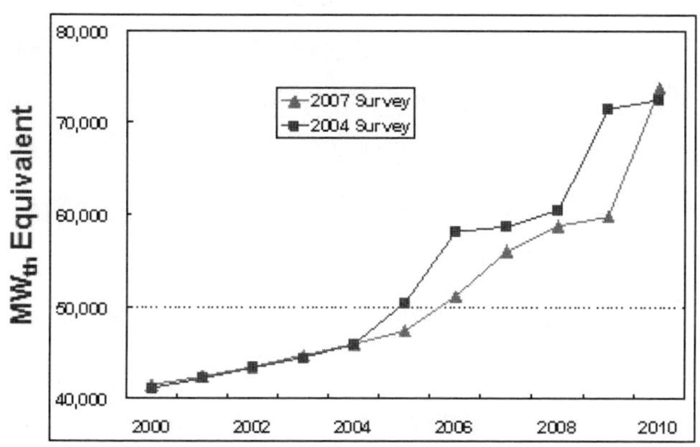

그림 5-41 연료별 전 세계 가스화 플랜트 현황과 추이

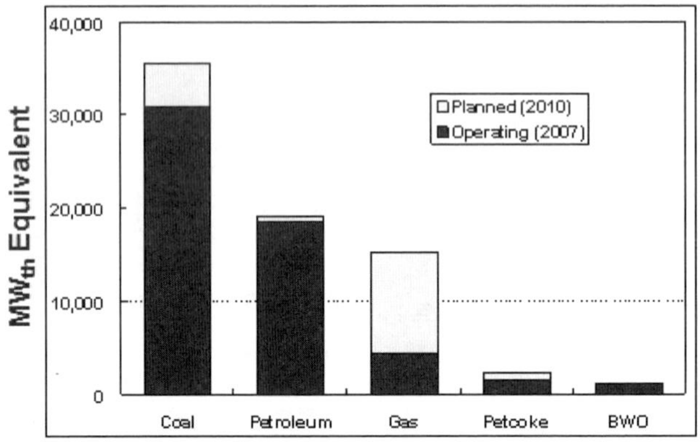

〈출처: 신 · 재생에너지 백서 2010〉

증 플랜트 현황은 〈표 5-43〉와 같다.

〈그림 5-40〉, 〈그림 5-41〉에 나타낸 바와 같이 세계적으로 가스화 플랜트 건설은 지속적으로 증가할 것으로 추이되며, 대상 연료로 석탄 사용량이 가장 많은 비중을 차지한다.

나) 국내동향

석탄 IGCC 발전기술은 기존 석탄 화력발전소 대비 발전효율(현재 39~43%, HHV 기준)이 높고, 고청정 환경성(SO_x 90% 이상, NO_x 75% 이상, CO_2 25% 저감)일 뿐만 아니라 석탄 외에 중질잔사유, 바이오매스, 폐기물 등 다양한 연료를 사용할 수 있다. IGCC 발전은 자원이 부족한 우리나라에서는 에너지의 안정적인 수급을 위하여 세계적으로 매장량이 풍부한 석탄자원의 활용이 필수적인 것뿐만 아니라 지구온난화 문제에 대응하기 위한 차세대 석탄 발전기술을 진흥시켜야 한다.

이러한 배경을 바탕으로 정부에서는 IGCC 발전기술의 국내 확보와 신재생에너지 발전비율을 높이기 위해 전력수급 계획에 300MW급 IGCC 1호기를 반영하였으며, 제2차 신 · 재생에너지 기본계획에서는 2012년까지 총발전량의 7%를 IGCC가 전력을 수급할 수 있도록 하는 신재생에너지로 대체하기 위한 계획을 수립한 바 있다.

지식경제부(에너지관리공단, 신재생에너지 센터)는 이러한 목표를 원활히 수행하기 위해 석탄 IGCC 사업단을 2006년 12월 15일에 발족하였으며, 300 MW IGCC 실증사업에 한국전력, 서부발전(주)을 포함한 5개 발전회사, 두산중공업, 대학교 및 연구소가 공동체(consortium)로 참여하여 “한국형 IGCC 기술확보를 위한 300MW급 설계기술 자립 및 실증플랜트 건설(8년)”이라는 목표하에 사업과제를 수행하고 있다. 계획목표로는 2006년 12월부터 2009년 11월까지 3년간에는 실증플랜트 설계와 요소기술개발이라는 1단계 목표가 이루어졌고 2009년 12월부터 2012년 11월까지 3년간에는 IGCC 실증플랜트 건설이라는 2단계 목표를 가지고 있다. 그리고 마지막 3단계인 2012년 12월부터 2014년 11월까지 2년간에는 300MW급 IGCC 플랜트에 대한 실증운전 및 기술개량을 이루는 목표를 설정하고 있다.

이와 같은 연구는 복합발전 플랜트에 대한 기술을 확보함으로써 새로운 사업에 대한 위험성을 줄이고, IGCC 가스화 플랜트에 대한 기술을 확보함으로써, 국내 석탄발전기술을 고효율, 환경 친화적인 고부가가치 상품으로 육성시켜 수출품목화하는 것이 가능할 것이다. 또한 국내 제작 업체의 산업을 활성화시키고, 연구기관이 석탄가스화 핵심기술 확보하여 국내 자체 기술에 의한 석탄 IGCC 발전소 기본모형을 확립하여야 한다. 석탄 IGCC 기술 개발은 고효율 가스터빈, 연료전지, 수소생산, CO_2 제거 등 석탄을 활용한 미래 발전기술의 기반확립 및 수소경제시대에 대한 대비에 중요한 몫을 할 것이다.

④ 국내 향후 계획

석탄가스화 기술개발은 상용급 규모가 수백 MW급에 해당하므로, 국내의 기술개발 투자규모로는 선진국과 같은 규모의 설비를 통한 기술개발이 불가능하므로 이에 따른 추진 전략이 필요하다. 기술전략의 방향은 크게 두 가지로 나뉠 수 있다. 국내에서 가용한 자금규모에 맞는 Pilot 설비를 구축하고 국내에서 사용할 시료를 사용하여 전체공정을 실증하는 전략으로서, 미국과 유럽 등지에서 겪었던 운전상 문제점들이 국내에서 재발되지 않도록 운전 및 설비의 특성 자료를 제공하는 것이 첫째 방향이며 둘째는 국내에 건설되어 운전될 때 필요한 핵심 설비와 부품에 대해서는 자체 기술 능력의 확보와 설계 제작 운영실적이 국내 업체에 필요하므로 국산화율을 제고키 위한 제반 기술개발의 방향이다. 또한 Turn-key 기술도입이 어려울 때를 대비한 요소 기술 도입 후 자체 체계화 기술개발 전략도 고려하여야 한다.

대용량 상업 규모의 IGCC 플랜트 건설 사업은 미국과 같은 선진국으로부터 시작하여 빠른 속도로 개발도상국에 도입되고 또한 확산될 것이므로 IGCC 플랜트 기술 및 건설 분야에서의 시장 확보를 위해서 전략적 대응이 필요하다. IGCC 기술 연구 개발에서 여러 가지 세부 기술 중에서 국내에서 단시기 내에 효율적이고 혁신적으로 확보 가능한 기술을 선취해서 고효율, 저비용 및 신뢰성이 높은 기술에 대한 집중 개발이 필요하다. 국내에서 단기간 내에 연구 개발이 어려운 기술에 대해서는 선진국의 기술을 과감하게 도입하여 국내 개발 기술과 직접 접목하여 대용량, 상용급 IGCC 플랜트 건설 기술 및 운전 기술에 대한 연구가 필요하다.

석탄액화는 국외의 상용 석탄가스화발전기술과 합성석유 생산병행 생산 플랜트 기술을 도입하여 국산기술에 의한 석탄 가스화 발전기술과 플랜트 설계 기술을 확보하는 데 중점을 두고 추진해야 할 것이다.

현재 국내에서는 상용급 IGCC 발전소 건설 경험이 없고, 또한 관련 기반 기술이 선진국에 비해 열세이므로 우리는 기술료와 특허권사용료(royalty)를 지불하며 외국 선진 기술을 도입할 수밖에 없다. 이에 우리는 기술개발을 전폭적으로 지원하여, 도입된 기술을 국내 자체 석탄 가스화, 액화기술로 전환시킴으로써 석탄 자원이 풍부한 우리나라에 걸맞는 기술확보로 석탄액화사업의 주도권을 확보해야 할 것이다. 온실가스 배출에 대한 규제 강화가 기존 석탄 화력발전에 대한 위기이자 동시에 새로운 석탄 화력발전 방식인 IGCC에 대한 기회임을 인식하고, 과감한 연구개발로 향후 이 분야를 새로운 에너지자원 성장기회로 활용하여야 할 것이다.

석탄 IGCC 플랜트에 CO_2를 분리 저장하는 CCS 기술을 접목시키는 방향이 대세를 이루고 있으므로 IGCC에 연계된 CCS 기술에 대한 국내 기술력과 기술 인력의 확충이 필요하다. 최근 석탄 IGCC와 CCS 사업과제(project)가 동시다발적으로 추진되는 데 비하여 기술공여사와 설비제작사가 제한적이어서 기술과 제작경험이 있는 업체 위주로 판매자 시장이 형성되고 있다. 이에 따라, IGCC 및 CCS(Carbon dioxide Capture & Storage, 탄소포집저장기술)의 핵심 부위 기술에 대해서는 자체 기술 능력의 확보와 설계 제작 운영 실적이 국내 업체에 필요하다.

석탄액화를 국가 전략적 사업과제로 추진함에 있어서 시급히 국외 선진 기술과 접촉하여 기술 라이선싱 협상을 개시하고, 동시에 국산 액화기술 개발을 가속화해서 우리 기술의 수출상품화를 추진해야 할 것이다. 또한 석탄 간접액화의 핵심 기술인 석탄가스화기는 국책과제로 추진 중인 IGCC 사업과 연계가 필요하다. 석탄가스화 및 액화기술, 설비제작, 엔지니어링 등 관련 국내기업 간의 협력을 통한 기술 및 시장경쟁력 제고방안이 마련되어야 한다.

석탄 액화 · 가스화에 대한 향후 계획 및 기술개발 목표는 다음과 같다.

표 ⑤-44 주요 기술개발 목표

분야	핵심분야	단기 일반분야	장기 미래분야
석탄 IGCC	300MW급 IGCC 발전소	600MW급 IGCC 발전소	차세대 IGCC NextGen 발전소

〈출처: 제3차 신재생에너지기본계획〉

표 ⑤-45 단계별 기술개발 목표

단 계	내 용
1단계(~2010) 기술도입 단계	- 가스화공정 기술도입 및 설계기술 개발 - 300MW급 IGCC 플랜트 건설 및 실증운전 - 온실가스 저감 파일롯 설비 설치 - 30톤/일급 시험대(test bed) 구축 - 15배럴/일급 액화공정 개발
2단계(2011~2020) 고유모델 기술개발	- 한국형 600MW급 IGCC 개발 - 국내기술에 의한 IGCC 설계/제작/건설 기술 개발 - 300배럴/일급 액화공정 개발
3단계(2021~2030) 국내외 플랜트 건설수출	- 한국형 600MW급 IGCC 국내보급 및 해외수출 - 5,000배럴/일급 액화공정 개발 - 차세대 IGCC(NewxGen) 기술 개발

〈출처: 제3차 신재생에너지기본계획〉

가) 한국형 IGCC 기술확보를 위한 설계기술 자립 및 실증플랜트 건설

IGCC플랜트 개발: ('10) 300MW급 → ('20) 600MW급 → ('30) 차세대 IGCC

나) 저비용, 고성능 IGCC 설계 · 제작 · 운영기술 확보

다) 액화공정(CTL) 기술 개발

상용플랜트 건설: ('10) 15bpd급 1기 → ('20) 5,000급 2기

(8) 해양에너지

① 개 요

해양에는 파랑, 조위, 조류, 수온, 염도 등 다양한 에너지원이 존재하며, 이들 에너지는 태양의 활동이 지속되는 한 무한히 공급되는 재생 가능한 청정에너지로 대부분의 연안 해역에서 대규모 개발이 가능한 자원이다. 해양에너지를 이용한 발전기술은 화석연료의 사용에 따르는 환경오염과 자원고갈 문제를 극복할 수 있는 중요한 신재생에너지 활용기술의 하나이나, 해양이 갖는 특수한 환경(예상하기 어려운 가능성) 때문에 여타의 신재생에너지 분야에 비해 상대적으로 미개척의 영역으로 남아왔다. 그러나 해양공학 기술의 발전에 따른 기술적 어려움의 극복과 화석연료 가격의 급등, 전 지구적 기후환경 변화의 심화 등 새로운 대규모 청정 대체에너지 개발의 필요성이 급증하면서, 해양에너지에 자원에 대한 관심과 기대가 커지고 있으며 관련 기술에 대한 연구도 최근 활발히 진행되고 있다.

삼면이 바다로 둘러싸인 우리나라 연안 해역은 다양한 가용 에너지 자원의 풍부한 분포, 에너지자원 취득장비의 설치가 가능한 해역이 광범위하여 해양에너지 자원을 대규모로 확보할 수 있는 좋은 조건을 갖추고 있다. 화석에너지 수요의 대부분을 수입에 의존하고 있는 우리나라에서 해양에너지 자원의 활용은 에너지의 수입의존도를 낮출 뿐 아니라 기후변화 협약에 의한 국제적인 환경보호 노력과 이에 따른 각종 규제에 적극적으로 대응할 수 있는 방안이다.

국제적으로 통용되는 해양에너지의 개념은 해양이 보유한 자연에너지를

의미하는 것으로는 대기 중에 부존하는 해상 풍력은 포함되지 않는다. 현재까지 상업적 이용이 가능한 해양에너지로는 파력, 조력, 조류, 해류, 온도차, 염도차 에너지 등이 있다.

해양에너지는 자원량이 풍부하고, 밀도도 높은 편이며, 에너지원에 따라서는 발생시기가 일정하고 항시적 이용도 가능하여 많은 장점을 가진 차세대 에너지원으로 주목받고 있다.

해양에너지 개발을 위한 본격적인 투자는 다른 신재생 자원에 비해 늦게 시작되었지만, 해양에너지가 갖는 여러 가지 장점으로 인해 최근에는 유럽국가와 미국, 캐나다 등을 중심으로 실해역 성능시험이 급속히 확대되어 왔다. 기술적인 측면에서는 해양의 특성상(높은 부식성) 예상하기 힘든 물리적 환경에 견디는 발전체계의 개발과 체계의 설치, 운영, 유지 · 보수 등을 위한 공법의 확보 등 극복해야 할 과제가 많이 남아 있다.

② 특 성

가) 해양에너지 변환기술

해양에너지 자원을 효과적으로 전기에너지로 변환하는 다양한 방식의 해양에너지 변환기술이 제안되고 있다. 해양에너지 변환체계는 해양에너지원 각각이 갖고 있는 운동에너지, 위치에너지 또는 열에너지를 기계적인 운동에너지로 변환시키거나(파력, 조력, 조류, 해수온도차 발전), 열교환기를 이용하여 공기 또는 해수를 냉각 또는 가열함으로써 에너지를 흡수한다(해수온도차 냉난방). 해양에너지원이 내재하고 있는 운동에너지와 위치에너지를 이용하여 정해진 물체를 선형 방향이나 회전 방향으로 움직이게 하는 기계적인 운동에너

그림 5-42 해양에너지 체계 구성도

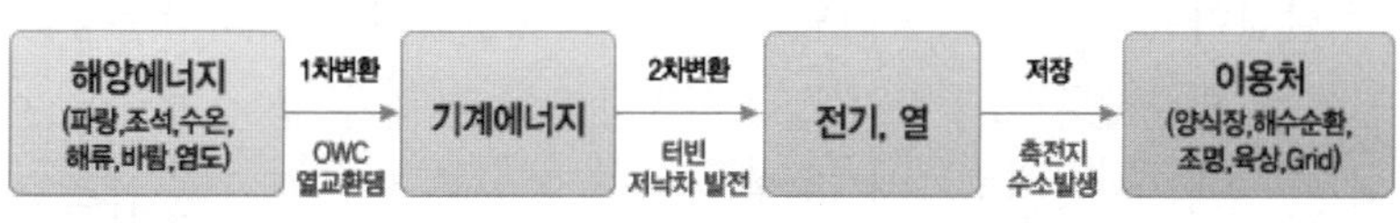

〈출처: 신 · 재생에너지 백서 2010〉

지로 변환시키면, 발전기를 적용하여 기계적인 에너지를 전기에너지로 변환할 수 있으므로 해양에너지원으로부터 전기를 생산할 수 있게 된다. 이 때 에너지를 일차적으로 흡수하는 에너지변환장치에서의 에너지변환 효율이 결정적으로 전체 체계의 효율을 결정하므로 고효율의 에너지변환장치 개발이 핵심 과제이다.

(ㄱ) 파력발전

파력발전은 파랑의 운동 및 위치에너지를 이용하여 터빈을 구동하거나, 기계장치의 운동으로 변환하여 전기를 생산하는 기술로 파고가 높고 파주기가 긴 해역이 적지로 평가된다. 파력발전은 에너지 변환원리에 따라 가동물체형, 진동수주형, 월파형 방식이 적용되고 있으며, 설치 형태에 따라서 착저식(또는 고정식)과 부유식으로 구분하기도 한다.

가동물체형은 수면의 움직임에 따라 민감하게 반응하도록 고안된 여러 형태의 기구를 사용하여 파랑에너지를 물체에 직접 전달하고, 이 때 발생하는 물체의 움직임을 전기에너지로 변환하는 방식으로 이용된 파력발전은 가장 오래된 형태의 기법이다.

진동수주형 파력발전은 파랑에너지를 공기의 흐름으로 변환하고, 발생된 공기의 흐름 중에 터빈을 위치시켜 전기를 얻는 파력발전 방식이다. 입사파가 장치의 전면에서 반사되어 중복파가 형성되고, 이 때 발생하는 수면의 상하 움직임이 장치 전면의 개구부를 통해 공기실 내로 전달되어 공기실 안의 공기가 압축/팽창을 반복하게 되면, 이에 의해 공기실 상부 노즐분에 공기의 흐름이 발생하게 된다. 월파형 파력발전은 파랑의 진행방향 전면에 사면을 두어 파랑에너지를 위치에너지로 변환하여 저수한 후 형성된 수두차를 이용하여 저수지의 하부에 설치한 수차터빈을 돌려 발전하는 방식이다.

(ㄴ) 조력발전

조력발전이란, 조석을 동력원으로 하여 해수면의 상승하강현상을 이용하여 전기를 생산하는 발전방식으로 일정중량의 부체가 받는 부력을 이용하는 부체식, 조위의 상승하강에 따라 밀실에 공기를 압축시키는 압축공기식, 방조제를 축조하여 해수저수지, 즉 조지를 조성하여 발전하는 조지식으로 분류되고 있다.

최근 실용화된 조력발전방식은 조지식으로, 강한 조석이 발생하는 큰 하구나 만에 방조제를 설치하여 조지를 만들고 외해수위와 조지 내의 수위차를 이용하여 발전을 하게 된다. 조지식 조력발전은 일반적으로 조지의 수에 따라 단조지식과 복조지식으로 구분되며, 조석의 이용 횟수에 따라 단류식과 복류식으로 나뉜다. 단류식은 조지 내의 수위가 외해 수위보다 높을 때 해수를 내보내면서 발전하는 낙조식 단류발전과 외해 수위가 조지 내의 수위보다 높을 때 해수를 채우면서 발전하는 창조식 발전으로 나뉘며, 복류식은 낙조와 창조를 함께 이용하는 방식이다.

(ㄷ) 조류발전

조력발전이 조력댐을 만들고 조지와 외해 사이의 낙차를 이용하여 발전하는 것과는 달리 조류발전은 조류의 흐름이 빠른 곳을 선정하여 그 지점에 수차발전기를 설치하고, 자연적인 조류의 흐름을 이용하여 설치된 수차발전기를 가동시켜 발전하는 기술이다. 해양에 대규모 댐을 건설할 필요 없이 발전에 필요한 수차와 발전장치를 설치하기 때문에 비용이 적게 드나, 조류가 빠른 지역에 발전장치를 설치해야 하기 때문에 적지 대상 해역이 제한적이며 조력발전과 같은 대규모의 적용이 어렵다. 조류발전의 큰 장점은 날씨 변화나 계절에 관계없이 발전량 예측이 가능하여 신뢰성 있는 에너지원으로 활용이 가능하다. 또한 해수유통이 자유롭고 해양환경에 미치는 영향이 거의 없어 조력발전보다 더 환경 친화적인 것으로 사료된다.

조류발전 터빈은 터빈의 회전방향에 따라 수평축터빈과 수직축터빈으로 분류되며, 수평축인 경우 일방향 흐름, 하천과 같이 일정한 흐름을 유지하는 경우에 유리하고, 수직축인 경우는 조류와 같이 흐름의 방향이 변하는 경우에 유리하다. 일반적으로 조류발전은 유속이 1m/s 내외인 곳에서도 가능하나, 경제성 있는 발전을 위해서는 최소한 2m/s 이상인 곳을 후보지로 선정한다.

(ㄹ) 해수온도차 이용기술

해수의 온도차에너지 발전은 수심에 따른 바닷물의 온도차를 이용하여 에너지를 취득하는 기술이다. 열대해역에서 해면의 해수 온도는 흔히 20℃를 넘으나 해면으로부터 500~1,000m 정도 깊이의 심해에서는 4℃에서 거의 일정하다. 이와 같은 표층수와 심층수의 온도차를 이용하여 작동유체를 증발시켜 터빈을 구동하여 전력을 얻고 다시 작동유체를 응축하는 방식으로 발전하는 기술을 해양온도차 발전(OTEC: Ocean Thermal Energy Conversion)이라 한다. 해수온도차 발전체계는 작동유체로 저온 비등 냉매를 사용하는 폐순환체계(CCS: Closed-Cycle System)와 저압의 증발기를 이용하여 온수 자체를 작동유체로 사용하는 개방순환체계(OCS: Open-Cycle System)로 구분되며, 혼합순환체계(HCS: Hybrid-Cycle System)가 사용되기도 한다.

폐순환체계는 해수 표층의 온수를 사용하여 암모니아나 프로필렌 같은 비등점이 낮은 작동유체를 증발시켜 터빈을 돌려 발전하는 방법이다. 전력전환 효율은 약 5% 정도이며, 펌프 효율 등을 포함한 전체 체계 효율은 약 2.5% 정도이고, 플랜트 설비 단가가 저렴한 장점이 있다. 개방순환체계는 해수 표층의 온수를 작동유체로 직접 사용하는 방법이다. 표층 온수는 펌프로 증발기에 유입되고, 증발기는 진공펌프로 압력을 낮추어 온수가 상온에서 비등하게 하며, 생성된 증기로 저압 터빈을 구동시켜 전력을 생산하게 된다.

터빈을 통과한 증기는 심층 냉수로 열교환기에서 응축되어 부산물로 담수가 얻어진다. 개방순환체계는 상대적으로 효율이 높아 더 많은 전력의 생산이 이루어지고 담수의 활용이 가능한 장점이 있으나, 플랜트 설비 단가는 폐순환체계보다 다소 비싼 편이다. 개방순환체계의 전력변환 효율은 약 5.5% 정도이며 전체 체계의 효율은 약 3.0% 정도이다.

해수온도차를 이용한 냉난방체계는 해수온도와 대기온도와의 차를 이용하여 대기온도를 냉각 또는 가열하는 공기히트펌프(AHP: Air Heat Pump)와 해수를 이용하여 냉난방 계통 내에 순환되는 냉온수를 냉각 또는 가열하는 해수열원히트펌프(SWHP: Sea Water Heat Pump)로 구성된다. 또한 냉각체계에 이용되는 냉동기의 응축기 부분에서 공기열원 대신에 해수열원을 이용하여 냉매를 냉각시킴으로써 냉동효과를 증대시키고 체계의 효율을 높일 수 있다.

나) 발전의 종류 및 입지조건

해양에너지 이용방식에 따라 조력, 파력, 조류, 온도차 발전으로 구분되며, 기타 해류발전, 근해 풍력발전, 해양 생물자원의 에너지화 및 염도차발전 등이 있다.

구분	조력발전	파력발전	조류발전	온도차발전
입지 조건	• 평균조차: 3m 이상 • 폐쇄된 만의 형태 • 해저의 지반이 견고 • 에너지 수요처와 근거리	• 자원량이 풍부한 연안 • 육지에서 거리 30㎞ 미만 • 수심 300m 미만의 해상 • 항해, 항만 기능에 방해되지 않을 것	• 조류의 흐름이 2m/s 이상인 곳 • 조류흐름의 특징이 분명한 곳	• 연중 표 · 심층수와 온도차가 17℃ 이상인 기간이 많을 것 • 어업 및 선박 항행에 방해되지 않을 것

③ 국내외 산업동향

해양에너지 이용은 조력발전의 경우를 제외하면 국내외적으로 주로 기술개발 및 실증단계에 머무르고 있으며, 상용화를 목표로 한 모형들이 등장하고는 있으나 소규모에 그치고 있어 본격적인 상용화에는 아직 미치지 못하고 있다. 그러나 현재 많은 조류 및 파력발전 체계의 실해역 실증이 활발히 진행되고 있어 2015년경에는 초기 상용화가 이루어질 전망이다.

가) 세계동향

해양에너지 관련 산업은 아직 전 세계적으로 미성숙한 초기단계에 머물고 있으나, 빠르게 발전하고 있는 추세이다. 세계의 해양에너지 시장은 2015년까지 1GW까지 확장되고, 시장규모도 5억 달러에 이를 것으로 전망된다("Forecasting the Future of Ocean Power," Greentech Media, 2008). 또한 2020년까지 EU의 해양에너지 시장은 2~5GW까지 성장이 예상된다(〈표 5-46〉). 특히,

표 ⑤-46 EU의 해양에너지 시장에 대한 장기(2020년) 전망

	Wave energy	Tidal stream energy
Total installed capacity(MW)	1,000 to 2,500	1,000 to 2,500
Total capital deployed (£m)	1,000 to 2,500	1,000 to 2,500
NPV cost of support above base electricity cost (£m)	700 to 2,200	500 to 2,000
Annual carbon dioxide abatement ($MtCO_2/y$)	1.0 to 3.3	1.0 to 3.7

〈출처: Future Marine Energy, Carbon Trust, 2006〉

영국은 유럽 해양에너지 부존량의 절반을 점유하고 있어 당분간 가장 큰 해양에너지 시장이 될 것으로 전망되며, 미국이 두 번째로 큰 시장이 되고, 아일랜드, 포르투갈, 노르웨이 등도 유망한 시장이다.

전 지구의 파력에너지 잠재량은 전 세계 전력사용량의 5배에 해당하는 약 80,000TWh/year로 추정되고 있으며, 파력발전 기술이 널리 상용화되면 궁극적으로 약 2,000TWh/year 정도의 전력을 안정적으로 얻을 수 있을 것으로 기대되어 시장 규모가 6,450억 유로에 달할 전망이다. 북서유럽 해역은 파랑에너지 밀도가 높고 인구가 밀집되어 있어 파력발전 시장은 유럽 지역에서 크게 형성될 전망이며, 특히 영국은 전체 전력소비량의 14%에 해당하는 약 50TWh/year의 파력발전이 가능하다("Future Marine Energy," Carbon Trust, 2006).

나) 국내동향

우리나라의 경우 해양에너지를 이용하여 전력을 생산하고자 하는 노력은 오래전부터 있었으나, 본격적인 발전시설은 아직 건설된 예가 없으나, 2011년에 완공된 시화조력발전소가 연간 553GWh의 전기생산이 가능하여 89.8만 배럴의 원유수입 대체효과와 74.1만 톤의 온실가스 저감효과를 기대할 수 있다.

국토해양부(구 해양수산부)에서 2004년 발표한 "해양수산발전기본계획"에 따르면 우리나라 해양에너지 장기 개발목표는 〈표 5-47〉과 같다. 지식경제부는 2008년 이를 보완하여 "제3차 신재생에너지 기술개발 및 이용보급 기본계획"을 발표한 바 있다.

표 ⑤-47 해양에너지 장기 개발목표

구분	1단계 (2000~2010)	2단계 (2011~2020)	3단계 (2021~2030)
조력에너지	720	1,320	2,040
조류에너지	90	200	400
파력 및 온도차에너지	-	50	150
합계	810	1,570	2,590

〈출처: 해양수산발전기본계획, 해양수산부, 2004〉

이 기본계획에서는 조류와 조력에너지만을 대상으로 수립되었으며, 파력 및 온도차에너지는 누락되어 있다.

현재 민간과 공공 부문에서 추진 중인 구체적인 해양에너지 개발계획을 살펴보면 2010년 준공 예정으로 한국수자원공사에서 건설 중인 시설용량 254MW의 시화조력발전소, 한국서부발전(주)에서 추진 중인 가로림 조력(시설용량 520MW), 그리고 한국동서발전(주)에서 추진 중인 울돌목조류발전소(시설용량 50MW)를 들 수 있다. 이들 조류발전소가 건설되면 연간 약 1,600GWh의 전기를 생산할 수 있으며, 이는 연간 약 34만 가구(가구당 연평균 소비전력 약 4.75MWh 기준)에 공급이 가능한 전력량이다. 이외 현재 타당성 조사가 진행되고 있는 강화조력(시설용량 약 800MW), 인천조력(시설용량 약 1,400MW), 장죽 및 맹골 조류발전소(시설용량 각각 150MW와 250MW) 등이 계획되고 있다.

해양에너지 개발은 대규모 건설공사를 수반하며, 이로 인한 산업적 파급효과는 크다. 시화조력, 가로림조력, 울돌목조류발전소의 경우 각각 약 3,600억원, 약 1조원, 그리고 약 2,500억원의 총건설비가 소요될 것으로 전망되며, 이 중 토목부분이 약 50%, 기계 · 전기 부분이 약 50%를 차지한다. 이는 향후 5년간 약 1조 6천억원 정도의 토목건설과 기계 · 전기 설비시장이 새롭게 형성될 수 있음을 의미한다.

파력발전은 기술적인 어려움의 극복과 발전단가의 저감을 통한 경제성의 제고가 관건이라 할 수 있으며, 타 에너지원에 비해 빠르게 발전단가가 하락하고 있어 경제성이 점차 개선되고 있다. 파력에너지는 우리나라의 연안해역에도 광범위하게 분포하여 가용에너지원이 풍부하므로, 발전효율이 개선되고 단지화 및 복합발전 등을 통해 경제성이 제고될 것으로 예상되는 2015년 이후에는 민간을 중심으로 상업적 이용이 가시화될 것으로 예상된다. 파력과 해상풍력을 이용하는 복합발전의 경우 파력발전과 해상풍력 관련기술이 실용화 단계에 이르면, 대규모 단지형 개발을 목표로 하는 상용화가 추진될 전망이다.

해수온도차에너지의 경우 발전을 통한 전력생산보다는 지역냉난방 등 열에너지 이용을 중심으로 기술개발과 상용화가 추진될 것으로 예측된다. 해수온도차 냉난방체계는 에너지절감 효과에 따른 경제성이 매우 높은 것으로

표 ⑤-48 해양에너지 국내 시장에 대한 장기 전망

항목		단위	2012	2020	2030
업체수(합계)		개	24	46	79
관련인력(합계)	연구인력	인	218	403	690
	생산인력	인	228	467	967
국내 보급(합계)		TOE	120,000	150,000	300,000
연간 매출액		억원/년	390	1,514	3,806
연간 수출액		억원/년	146	581	1,907

〈출처: 신 · 재생에너지 RD&D 전략 2030, 산업자원부, 2007〉

보고된 바 있다("해수온도차 냉난방설치를 위한 타당성조사," 에너지관리공단, 2006). 해수온도차 이용의 핵심이 되는 히트펌프 시장은 향후 큰 성장이 기대된다.

지식경제부의 "신재생에너지 RD&D 전략 2030(해양)"의 장기 시장전망에 따르면 국내 전문가에 대한 설문조사를 통해 〈표 5-48〉과 같이 2020년에는 연간 1,500억원, 2030년에는 연간 3,800억원 정도의 국내 시장이 형성될 것으로 전망한 바 있다.

④ 국내 향후 계획

우리나라의 경우는 동 · 서 · 남해역이 모두 해양에너지 개발 유망지역으로 개발 가능한 부존량은 시설용량 규모로 서해역의 조력에너지 약 6,500MW, 남 · 서해역의 조류에너지 약 1,000MW, 그리고 우리나라 주변 전해역에 걸친 파력에너지 약 6,500MW 등 총 14,000MW 정도로 추정된다. 해양에너지는 타 신재생에너지에 비해 부존량이 풍부하고 에너지 밀도가 높으며 대규모 개발이 가능하다는 장점을 가지고 있어 화석연료를 대체할 수 있는 실질적인 대안이 될 수 있다. 에너지자원 빈국인 우리나라의 경우 해양에너지 산업화가 시기적인 문제만 있을 뿐 필수적이며, 향후 이에 따른 건설 및 서비스 시장도 확대될 전망이다.

해양에너지의 보급 확대를 위하여 지식경제부는 1단계 2010년까지 255MW, 2단계 2020년까지 1,948MW, 그리고 3단계 2030년까지 3,228MW의 해양에너지를 개발 · 보급한다는 장기목표를 수립한 바 있으며("제3차 신재생에너지 기술개발 및 이용보급 기본계획," 지식경제부, 2008), 국토해양부와 지식경제부를 중심으로 조력, 조류, 파력 및 해수온도차 등 해양에너지원별 R&D를 강화하고 있고, 핵심요소기술의 실용화를 추진하고 있다. 기술개발은 단기(2008~2012)적으로는 분야별 핵심기술의 개발과 함께 접근성 및 활용성이 높은 연안역 중심의 해양에너지 기술개발에 주력하고, 중기(2013~2020)적으로는 핵심기술의 실용화와 함께 해양에너지 자원의 밀도가 높고 대규모 활용이 가능한 외해역 기술개발을 추진하며, 장기적(2021~2030)으로는 해양에너지 복합이용 및 단지화 기술의 상용화를 통해 대규모 해양에너지 자원의 산업화를 추진할 계획이다("신재생에너지 RD&D 2030-해양," 산업자원부, 2007). 한편, 기반기술 확보가 중심이 되는 단기에는 정부 주도로 기술개발을 추진하며, 기술실증 및 고도화를 추구하는 중기에는 산업체의 참여를 유도하여 기술을 이전하고, 대규모 산업화를 목표로 하는 장기에는 산업체의 주도로 해양에너지 자원의 보급을 추진하는 전략이 필요하다.

해양에너지 자원의 실용화는 기술적인 어려움의 극복과 함께 경제성의 제고를 통한 발전단가의 저감이 관건이다. 2000년대 들어 파력과 조류에너지를 중심으로 다양한 해양에너지 이용 실증플랜트의 실해역 적용이 급증하고 있으며, 비약적인 기술 발전이 진행됨에 따라 해양에너지는 여타의 신재생에너지 이용기술에 비해서도 빠르게 발전단가가 하락하고 있어 경제성이 높아지고 있다. 기술적으로는 서로 다른 해양에너지 기술을 결합한 복합발전을 통해 경제성의 제고가 가능하며, 해양에너지를 이용한 수소에너지 생산 및 해양 저장시설 등 해양에너지 복합이용의 출현이 전망된다.

조력발전은 서해안의 대규모 적지를 순차적으로 개발하여 대규모 해양에너지 자원을 확보하고, 연안역의 저수 댐이나 방파제 등의 인공구조물을 이용한 조력발전 산업화를 병행할 필요가 있다. 파력 및 조류발전은 대규모 단지화 및 복합발전에 의한 경제성 제고를 통한 산업화와 도서지역 및 연안역 생산 활동에 필요한 소규모의 독립적 에너지 공급원으로서의 활용을 병행하는 것이 바람직하다. 해수온도차 냉난방 기술은 정부의 에너지 보급정책과 연계하여 해안가의 대도시들을 중심으로 보급을 확대함으로써 산업화를 촉진하고, 해수온도차 발전기술은 수출산업으로 육성이 기대된다.

해양에너지는 우리나라의 청정 신재생에너지 보급률을 획기적으로 증가시킬 수 있는 자원이다. 우리나라는 천해역에서 개발 가능한 대규모 해양에너지 자원이 있음에도 불구하고 관련기술에 대한 투자 부족과 미흡한 정책적 지원으로 인해 자원개발이 지연되어 왔으나, 최근 신재생에너지 자원 확보의 시급성과 해양에너지의 무한한 가능성이 부각되면서 기술개발에 대한 정부지원이 확대되고 있다. 그러나 해양에너지 자원 개발이 본격적으로 이루어지기 위해서는 원활한 해역 이용과 발전 차액 지원 등 관련 정책 및 지원 제도의 수립이 요구된다. 기후변화협약 후속 논의에서 보는 것처럼 청정에너지 자원의 확보가 발등에 떨어진 문제임을 감안하면 해양에너지 자원개발을 위한 기술개발은 더 이상 늦출 수 없는 시급한 국가적 과제가 되었다.

표 ⑤-49 주요 기술개발 목표

분야	핵심분야	단기 일반분야	장기 미래분야
해양	국내 실증 및 적용 평가기술	해양환경평가 및 저감 기술	대단위 발전 복합단지 구성기술

〈출처: 제3차 신재생에너지기본계획〉

표 ⑤-50 단계별 기술개발 목표

단 계	내 용
1단계(~2010) 기술 자립 및 기반 구축	- 연안역 해양에너지 기술 개발 - 분야별 핵심기술 개발 : 천해역 케이슨식 파력발전, 천해역 협수로형 조류발전, 서남해안 조력 적지 평가, 해수온도차 냉난방 - 정부 주도
2단계(2011~2020) 기술실증 및 고도화	- 외해역 해양에너지 이용기술 개발 - 핵심기술의 실용화 : 심해역 계류식 파력발전, 다변형 조류발전, 대수심 방조제 조력발전, 해수온도차 발전 - 산업체 참여
3단계(2021~2030) 고부가가치 산업화	- 해양에너지 복합이용 및 단지화 기술 개발 - 단지화 기술의 산업화 : 해양에너지복합발전, 대규모 단지 상용화 - 산업체 주도

〈출처: 제3차 신재생에너지기본계획〉

해양에너지에 대한 향후 계획 및 기술개발 목표는 다음과 같다.

가) 해양에너지 자원의 개발 · 이용기술 실용화 및 산업화

나) 단계별 목표

(ㄱ) 단기: 분야별 핵심기술 개발과 연안역 해양에너지 이용 기술개발

(ㄴ) 중기: 핵심기술의 고도화와 외해역의 대규모 해양에너지 이용기술 개발

(ㄷ) 장기: 해양에너지 복합이용에 의한 경제성 제고와 단지화 기술의 상용화를 통한 대규모 해양에너지 자원의 산업화

(9) 폐기물에너지

① 개 요

폐기물에너지는 일상생활이나 산업 활동으로 인해 필연적으로 발생하는 폐기물을 단순 소각이나 매립처리를 하지 않고 적정한 기술로 폐기물을 가공하여 연료로 만들어서 석탄이나 석유 또는 가스연료의 대용으로 활용하는 것을 말하며 소각 시 발생하는 폐열을 에너지로 이용하는 것도 포함한다. 현재 폐기물에너지는 국내 신재생에너지공급량의 약 78%를 차지하고 있고, 20년 후에도 공급량의 절반 정도를 차지할 것으로 예상되는 중요한 신재생에너지

그림 5-43 세계의 폐기물에너지 사용량

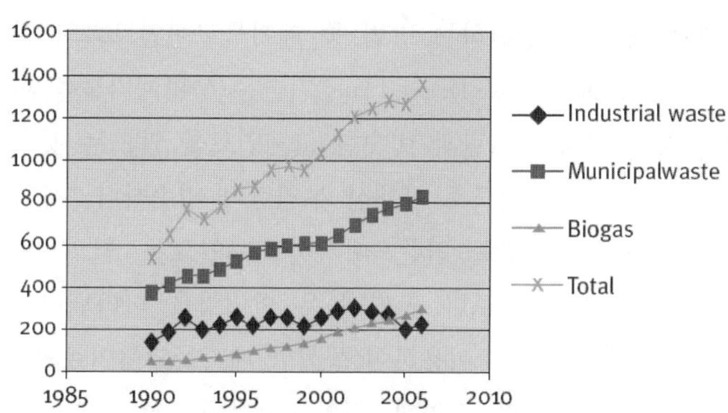

〈출처: IEA, 2009〉

원이다. <그림 5-43>은 최근 약 20년간의 세계의 폐기물에너지 활용량의 변화를 나타낸 것인데, 범세계적으로도 폐기물에너지가 점점 더 중요한 에너지원이 되고 있음을 알 수 있다.

② 특 성

폐기물에너지화 기술은 폐기물을 수거한 상태 그대로 소각로에서 소각하고 그 때 발생하는 폐열을 바로 활용하는 소각보일러 방법과 폐기물을 물리화학적으로 가공하여 기존 화석연료와 비슷한 폐기물재활용연료를 생산하는 기술이 있다. 근래에는 폐기물재활용연료를 생산하는 시설이 증가하고 있는데, 생산된 연료는 형태에 따라서 고체상의 폐기물고형 연료화, 액체상의 유화 및 기체상의 가스화로 나눌 수 있으며 폐기물의 종류에 따라 적합한 기술을 적용할 수 있다.

소각폐열보일러 방법의 가장 대표적인 사례는 대형생활폐기물 소각로에서 감량화를 목적으로 폐기물을 소각하는 과정에서 발생하는 폐열을 에너지로 활용하는 것이다. 이 기술은 오랜 역사를 가진 방법으로서 세계적으로 널리 사용되고 있으며 가장 간단한 공정으로 폐기물에너지를 활용할 수 있는 방법이다. 생활폐기물 외에도 사업장에서 발생하는 가연성 폐기물을 소각해서 소각폐열을 이용하는 시설도 매우 많다. 그러나 소각폐열 보일러 방법은 소각로 인근에 열사용 시설이 있어야 하며, 열사용 효율을 높이기 위해서는 소각로를 대형화하는 것이 필요하고 오염물질 배출방지를 위해서 환경설비를 철저히 갖추어야 한다.

폐기물재활용연료를 생산하는 방법 중 폐기물고형연료화의 대표적 방법인 폐기물고형연료(RDF: Refuse Derived Fuel)기술은 생활폐기물을 파쇄, 선별, 건조, 성형 공정을 거쳐서 석탄과 비슷한 고체연료를 만드는 것으로서 발열량이 4,000~5,000kcal/kg 정도로 국내산 무연탄과 비슷하다. 사업장에서 발생하는 폐플라스틱을 재료로 만든 폐기물고형연료는 발열량이 7,000~8,500kcal/kg 정도로서 석탄보다 훨씬 높은 발열량을 나타낸다. <그림 5-44>는 국내에서 생활폐기물을 이용하여 생산한 폐기물고형연료의 모습이다.

현재 환경부의 '자원의 절약과 재활용촉진에 관한 법률'에는 RDF, RPF, TDF(Tire Derived Fuel) 및 WCF(Wood Chip Fuel) 등의 폐기물고형연료제

그림 5-44 국내에서 생산한 폐기물고형연료(RDF)

〈출처: 신 · 재생에너지 백서 2010〉

품이 재활용연료로 정해져 있고 각각에 대한 발열량, 수분, 회분 및 공해물질 함량과 사용처 기준 등이 정해져 있다. 또한 폐기물관리법에도 하수처리장에서 발생하는 유기성오니를 건조해서(통칭 SDF; Sludge Drying Fuel) 법적 품질기준을 만족하면 정해진 사용처에서 고형연료로 사용할 수 있도록 허용하고 있다. 폐기물고형연료는 수분을 건조시키고 소석회를 첨가하여 제조하기 때문에 연소시 다이옥신, 염화수소 및 황산화물과 같은 유해가스의 발생을 줄일 수 있다. 그러나 폐기물고형연료의 법적 품질기준을 맞추기 위해서는 정교하고 복잡한 선별기술과 건조기술이 필요하다.

액체연료화는 폐플라스틱, 폐타이어, 폐비닐, 폐유, 폐고무 등의 고분자 폐기물을 무 산소 조건하에서 외부에서 열을 가하여(350~450℃) 고분자 탄소 사슬을 끊어서 저분자로 만드는 열분해 반응을 통하여 액체연료로 변환시키는 방법이다. 원료 전처리, 원료 투입, 용융, 열분해 반응, 생성유 정제 체계 등으로 구성되는 열분해유화 공정은 회분식, 반연속식 및 연속식으로 다양하게 구성이 될 수 있으며, 열분해 과정에서는 다이옥신과 같은 유해물질이 발생되지 않고, 폐수나 폐기물 등의 2차 공해를 최소화할 수 있다. 또한 저급의 고분자폐기물이 보유한 에너지 잠재량을 부가가치가 높은 연료유의

그림 5-45 폐플라스틱 유화 오일

〈출처: 신 · 재생에너지 백서 2010〉

형태로 회수하는 비교적 고급 폐기물에너지화 기술로 평가되고 있다. 그러나 안정적인 체계운전을 위해서는 불순물이 적고 균질한 폐기물이 투입되어야 하므로 적합한 폐기물을 확보하는 것이 관건이며, 일상적인 폐기물을 처리하기 위해서는 폐기물전처리공정이 필요하다. 〈그림 5-45〉은 국내에서 생산한 폐플라스틱 열분해유화 오일의 모습이다.

열분해 가스화는 가연성폐기물을 무산소 고온열분해하거나 또는 산소나 수증기와 반응시켜서 탄화수소류나 CO, H_2 등으로 구성되는 합성가스를 제조한 후 이것으로 메탄올을 합성하거나 또는 복합발전 등에서 연료로 이용하는 기술이다. 폐기물 가스화의 주원료는 물질재활용 또는 열분해오일의 원료물질로 사용하기 어렵거나 안정적 처리가 어려운 저급의 혼합폐기물이며 공정 특성상 가연성 폐기물의 선별도 불필요하고 금속, 불연성 물질이 혼합되어도 처리가 가능하다. 또한 가스화 기술은 촉매를 사용하지 않기 때문에 PVC의 허용도가 상대적으로 높고 고분자 폐기물, 생활쓰레기 종말처리품, 폐목재류를 포함한 농수산 폐기물류 및 Shredder Dust[17] 등과 같은 다양한 종류의 폐기물을 처리할 수 있다는 장점이 있다. 그러나 연료가 기체로 생성되므로 저장과 이동에 제약이 있고, 이를 극복하기 위해서는 액체연료로 변

17) 폐차와 가전제품 등으로부터 재활용이 가능한 부품을 선별하여 제거한 후에 남는 폐기물.

환하는 추가 공정이 필요하다.

③ 국내외 산업동향

가) 세계동향

(ㄱ) 소각폐열 보일러 분야

미국은 1990년대 전반에 소각폐열 보일러에서 전력생산량이 대폭 증가하였는데, 그것은 1978년에 미국정부가 발효한 PURPA(Public Utility Regulatory Policies Act)정책 때문이었다. 이 법안은 발전사업자가 일정한 자격을 구비한 설비에서 생산된 신·재생에너지, 특히 80MW 이하의 소규모 설비에서 생산된 전력을 적절한 가격에서 구매할 수 있도록 했으며, 전력 생산자에게는 일반 발전설비에 적용되는 규제를 완화하는 등 장려제도(incentive)를 부여했기 때문이다. 제지·목재 및 임산물 가공업체에서는 부산물로 발생하는 흑액, 톱밥, 임산 폐기물 등 폐기물연료의 확보가 용이하여 PURPA 발효 이후 1980년부터 1990년대 전반까지 수많은 업체가 신규 발전설비를 설치하고 잉여 전력을 전력회사에 팔기 시작하였다. 그러나 전력회사에서 매입하는 가격이 점차 하락하면서 1990년 후반부터는 신규설비가 크게 감소하기 시작하여 1995년부터 2006년까지 신규 소각로 건설은 전혀 없었고 매립시설이 크게 증가하였다. 그러나 도시에서 매립장까지의 거리가 점점 멀어짐에 따라서 매립비용이 증가하고 또한 매립처리방법이 온난화가스를 많이 발생시키고 에너지 활용 효과도 적다고 판단하고 근래에 다시 소각정책을 장려하고 있다.

일본은 생활폐기물의 90% 정도를 1만여 개가 넘는 소각로에서 소각처리하고 있으며 대형소각로의 소각폐열은 대부분 활용하고 있다. 폐기물 처리시설이 거의 포화되어 있으므로 신규 소각로 시장은 거의 없고 낡은 소각로를 교체하는 정도의 시장 규모이다. 소수이지만 교체되거나 신규로 건설되는 소각로는 고온부식 대책을 갖춘 과열증기관을 채택하여 발전효율 15% 이상이 가능한 화격자식 소각로이거나 또는 1,000℃ 이상의 고온용융처리 기술을 적용하여 다이옥신 배출을 줄인 가스화용융식 소각로가 대부분이다.

(ㄴ) 폐기물고형연료(RDF) 분야

미국의 RDF 시설은 소각로에 포함되어 있는 경우가 많은데, 그 이유는 처리공장에 폐기물이 반입되면 파쇄와 이물질 선별 등의 간단한 전처리 과정을 거쳐서 미성형(fluff) 형태의 RDF로 만든 다음에 같은 공장 내에 있는 소각로에서 연소를 시키기 때문이다. 유럽에서는 미성형 RDF를 제조하는 시설과 사용시설이 떨어져 있어서 RDF를 진공 압축하여 이송하는 경우가 많으며, 성형한 펠릿 RDF를 생산하는 시설도 있다.

유럽의 경우는 석탄화력 발전소에서 보조연료로 5~10% 혼소(mixed firing)하거나 시멘트제조공장에서 소성용 연료로 사용되는 경우가 많으며 전용소각발전 보일러도 있다. RDF의 국가 간 거래가 이루어지는 경우도 자주 있는데, 예를 들면 네덜란드 Icova사는 스웨덴으로 펠릿 RDF를 수출하고 있다. 오스트리아는 연간 약 200만 톤의 RDF를 만들어서 제지나 목재생산 공정에 이용하고 있으며, 독일, 이탈리아, 네덜란드 등에서도 각각 연간 약 100만 톤 정도의 RDF를 생산하고 있다. 특히, 유럽은 EU공동체 차원에서 유기성폐기물의 매립을 최소화하고 가연성폐기물의 에너지를 최대한으로 이용하기 위하여 1999년에 폐기물매립법(The Directive on the Landfill of Waste)을 제정하였고, 그에 따라서 RDF기술을 이용한 에너지생산시설이 증가하고 있다.

일본은 생활폐기물이 연간 약 5천만 톤 정도 배출되고 있는데 소각률 75%와 매립 15% 정도로 폐기물을 처리하고 있다. 1990년대 중반에 중소도시의 중소형 소각로에서 배출되는 다이옥신이 사회적으로 심각한 문제가 됨에 따라서 중소형 소각로를 RDF 시설로 대체하고 생산된 RDF를 대형 RDF 발전소에 일괄적으로 모아서 사용하는 광역화처리개념을 정하였으며 이후 폐기물고형연료 시설이 급속히 증가하여 현재 약 50곳의 생활폐기물 폐기물고형연료 생산시설과 5곳의 생활폐기물 폐기물고형연료 전용발전소가 가동 중이고 근래에는 시장이 정체상태이다.

(ㄷ) 열분해 유화/가스화 분야

플라스틱 유화시장은 과거에는 일본과 독일을 중심으로 시작되었고, 근래에는 중국과 한국에서 시장이 형성되었다. 그러나 경제성과 플랜트 안정성 문제로 현재는 일본과 한국에서 소수의 플랜트만 유지되고 있다. 유화 선도업체는 일본 니가타 유화센터, 삿뽀로리싸이클 및 후지리싸이클과 독일 함부르크공대 및 DBA process 그리고 미국 Tosco-II Process 등이다. 그러나 현재까지 가동 중인 것은 삿뽀로리싸이클뿐이다. 세계적으로 유화 대상 폐플라스틱 발생량은 2,000~3,000천만 톤 정도이며 미국이 약 50%를 차지하고 있다. 근래에 고유가가 지속되면서 독일 등에서 새롭게 유화기술에 대한 관심이 나타나고 있다.

열분해가스화 기술은 크게 가스화, 합성가스 정제 및 합성가스 이용의 3분야로 구분되는데, 가스화 기술은 폐기물 분야에서도 상용화되어 있다. 그러나 폐기물 열분해가스화 플랜트와 연계한 합성가스 정제 및 이용분야는 기술개발이 더 필요하다. 유럽쪽은 컨소시움을 구성하여 기술개발을 지속적으로 하고 있고, 일본도 기업체를 중심으로 기술개발이 이루어지고 있다. 폐기물가스화 공정은 1999~2000년에 세계적으로 약 200기 이상의 가스화 공정이 설치된 것으로 분석되어 이에 대한 투자비는 약 US $90억으로 추산하고 있으며, 다수의 폐기물 가스화 시설들이 MSW(Municipal Solid Waste)를 처리하는 것으로 알려져 있다. 폐기물 가스화공정은 주로 유럽 및 일본을 중심으로 발달해 있고 앞으로도 중심이 될 것으로 전망되며, 미국은 재활용 쪽에 초점을 두고 있기 때문에 미흡할 것으로 전망된다.

나) 국내동향

(ㄱ) 소각폐열 보일러 분야

전국 170여 개소의 생활폐기물 소각시설 중에서 40여 개의 대형시설과 일부 중형시설에서 연간 약 640만Gcal의 소각폐열을 회수 활용하고 있고 이용율은 10%~82% 범위로 평균 62% 정도이다(폐자원 및 바이오매스 에너지대책 실행계획, 2009). 반면에 주로 중소지자체에 설치된 약 120여 개의 소형소각시설은 지자체 규모상 폐기물 발생량이 적으므로 대부분이 소각로 연속운전을 하지 않고 따라서 연속 열 공급도 할 수가 없으므로 소각폐열을 대부분 버리고 있다. 중소지자체는 열수요처도 많지 않기 때문에 폐기물에너지 활용을 위해서는 폐기물처리 광역화 체계를 적용할 수 있는 기술이 필요하다.

사업장 가연성폐기물은 약 9,000톤/일 발생하고 그 중에서 약 50%는 물질재활용이 되고 있고, 소각률은 약 45%이며 소각폐열 이용률도 약 75% 정도로 높은 편이다. 사업장폐기물 소각폐열 이용량은 연간 약 53,000Gcal 정도이다. 근래에 사업장폐기물 처리업 시장에서 RPF 처리 비중이 증가하는 추세이므로 기존의 소각처리업체에서 대안마련에 많은 배려를 하고 있다.

(ㄴ) 폐기물고형연료 분야

2006년에 국내 최초로 원주시에서 80톤/일 규모(16시간 운전 기준) 생활폐기물 폐기물고형연료 플랜트가 가동되었고, 2010년 초에 수도권매립지에 폐기물 처리량 200톤/일 폐기물고형연료 플랜트 시설이 시운전을 하고 있으며, 2010년 하반기에는 부천시에서도 90톤/일 폐기물고형연료 플랜트가 가동될 예정이다. 특히, 원주시 폐기물고형연료 플랜트는 국내기술로 건설된 시설로서 외국 플랜트보다 우수한 경쟁력을 가진 것으로 사료된다.

이 밖에 전라남도에서는 폐기물을 이용한 재생에너지를 적극적으로 공급하기 위하여 동부권, 중부권, 서부권에 각각 1개씩의 광역 폐기물고형연료 제조시설을 건설하고, 생산된 폐기물고형연료는 나주 혁신도시에 건설되는 폐기물고형연료 전용발전소에서 사용하는 총괄 폐기물고형연료 광역화사업을 추진하고 있으며, 현재 일부 시설이 건설 중에 있다. 2008년부터 환경부에서는 폐기물 및 폐바이오매스 에너지화 정책을 적극적으로 추진하고 있으므로 향후에 폐기물고형연료 시설은 크게 증가할 것으로 예상된다.

(ㄷ) 열분해 유화/가스화 분야

국내에서 매립 및 소각되는 폐플라스틱은 생활계 104만 톤, 사업장계 17만 톤 및 건설계 35만 톤으로서 전체는 약 156만 톤이며 대부분은 열분해기술에 의해 오일화가 가능한 순수 열가소성 폐플라스틱(LDPE, HDPE, PP, PS, PVC 등)으로 추정되고 있다.

폐기물 가스화용융 소각로는 기존 스토커식 소각로의 공해문제를 해결하기 위한 대안기술로 건설되기 시작했는데, 2005년에 국내 최초로 양산시에서 200톤/일 열분해가스화 용융소각로가 건설된 것을 시작으로 양주 200톤/일, 고양 300톤/일 등의 설비가 외국기술로 건설되었고, 2008년에는 한국기계연구원에서 개발한 30톤/일 설비가 양양군에서 건설되어 정상가동을 하고 있다. 그러나 근래에는 폐기물고형연료화 정책추진의 영향으로 새로운 설비가 건설되지 않고 있다.

④ 국내 향후 계획

폐기물은 인간이 활동하는 동안에는 필연적으로 발생하므로 공급이 안정적인 연료이고 또한 폐기물에너지화 설비는 24시간 가동이 가능하므로 설비가동률이 높아서 경제성이 우수하다. 그러나 아직까지 국내에서는 활용가능한 폐기물 에너지의 1/2 이상이 버려지고 있으므로 폐기물에너지를 더욱 적극적으로 활용할 수 있도록 국가적 정책수립과 기술개발지원이 필요하다.

폐기물에너지에 대한 향후 계획 및 기술개발 목표는 다음과 같다.

가) 폐기물고형연료 실증기술 추진을 통한 폐기물고형연료 확산 인프라 구축

폐기물고형연료 발전 규모: ('10) 10MWe 실증

표 ⑤-51 주요 기술개발 목표

분야	핵심분야	단기 일반분야	장기 미래분야
폐기물	공정 효율 향상 기술	보급기여도 달성을 위한 실용화 기반 기술	하이브리드 소각 폐열 발전기술

〈출처: 제3차 신재생에너지기본계획〉

표 ⑤-52 단계별 기술개발 목표

단 계	내 용
1단계(~2010) 기술자립 및 실용화 기반기술 개발	- 폐기물고형연료 전용 순환유동층 발전보일러 개발 - 상용 규모의 RPF 혼소 기술 개발 - 고분자 폐기물의 열분해 유화 상용화 기술 개발 - 상용급의 폐기물 가스화 용융체계 및 연소보일러 기술 개발 - 상용급 플랜트의 연속운전을 통한 신뢰성 운전기술 확보 - 폐기물에너지의 고효율 발전체계 원천기술 개발
2단계(2011~2020) 상용화 보급기술 개발	- 해양계 폐기물의 폐기물고형연료화 기술개발 - PVC 함유 혼합폐플라스틱의 열분해 유화기술 개발 - 폐기물 가스화 합성가스를 이용한 수소 제조체계 실증기술 개발 - 합성가스 전용 1MW급 가스엔진 개발 - 소각 폐열을 이용한 고효율 열병합 발전체계 개발 - 하이브리드 소각 폐열 발전 기술개발
3단계(2021~2030) 미래 지향형 첨단기술 개발	- 초고효율 신형 폐기물고형연료 발전체계 기술 개발 - 미활용 폐기물의 열분해 유화 및 복합/활용기술 개발 - 석유대체용의 복합 가스화 플랜트 실증기술 개발 - 폐기물 가스화 연계 CO_2 저감 실증 기술 개발 - 산소부화 소각 및 고효율 발전 기술 개발

〈출처: 제3차 신재생에너지기본계획〉

나) 열분해 유화 기술의 기술의 복합/활용 기술 개발

플랜트 상용화 규모: ('10) 3,000톤/년 → ('20) 18,000톤/년

다) 폐기물 가스화 체계 활용 및 국산 고유모형 개발

(10) 지열에너지

① 개 요

일반적으로 지열에너지는 땅(토양 · 지하수 · 지표수 등)이 지구 내부의 마그마 열에 의해 보유하고 있는 에너지를 뜻한다. 이러한 지열에너지는 온도에 따라 중 · 저온(low to medium temperature, 10~90℃) 지열에너지와 고온(high temperature, 120℃ 이상) 지열에너지로 구분할 수 있다. 〈그림 5-46〉은 잘 알려진 Lindal 선도(Lindal diagram)로서 지중 온도에 따른 지열 활용기술을 도시한 것이다. 〈그림 5-16〉에 나타난 바와 같이 지열 활용기술은 그 온도 범위 만큼이나 다양하다. 여기서 온도는 개략적인 값이며, 따라서 지열을 활용하는 데 지역이나 지중 조건에 따라 다소(多少)의 편차는 있다.

일반적으로 지열에너지의 이용 구분은 직접이용(direct use)과 간접이용(indirect use) 기술로 구분한다. 이는 인간이 이용할 수 있는 최종 생산물의 관점에서 분류한 것으로, 열(heat)을 생산하면 직접이용이고 전기(electricity)를 생산하면 간접이용이 된다. 기준이 다소 모호한 깊이나 온도로 지열에너지를 분류하는 방법보다 명확하기 때문에 현재 전 세계적으로 널리 통용되는 구분 방법이다.

지열에너지의 직접이용은 가장 오래된 기술로서 온천 · 건물난방 · 시설원예난방 · 지역난방 등이 대표적인 기술이다. 땅에서 중온수(30~150℃)를 추출하여 사용자에게 직접 공급할 수 있으며 또한 열펌프나 냉동기와 같은 에너지 변환기기의 열원으로 활용할 수 있다. 지열 열펌프 체계를 제외한 나머지 기술들은 중온수가 풍부한 지역에서 가능하기 때문에 지리적 제약이 다소 있다.

직접이용 기술 중 가장 큰 부분을 차지하는 기술이 지열 열펌프(GHP: Geothermal Heat Pump) 체계이다. 이 체계는 저온(10~30℃)의 지열에너지를 효

그림 5-46 지중 온도에 따른 지열에너지 활용 기술

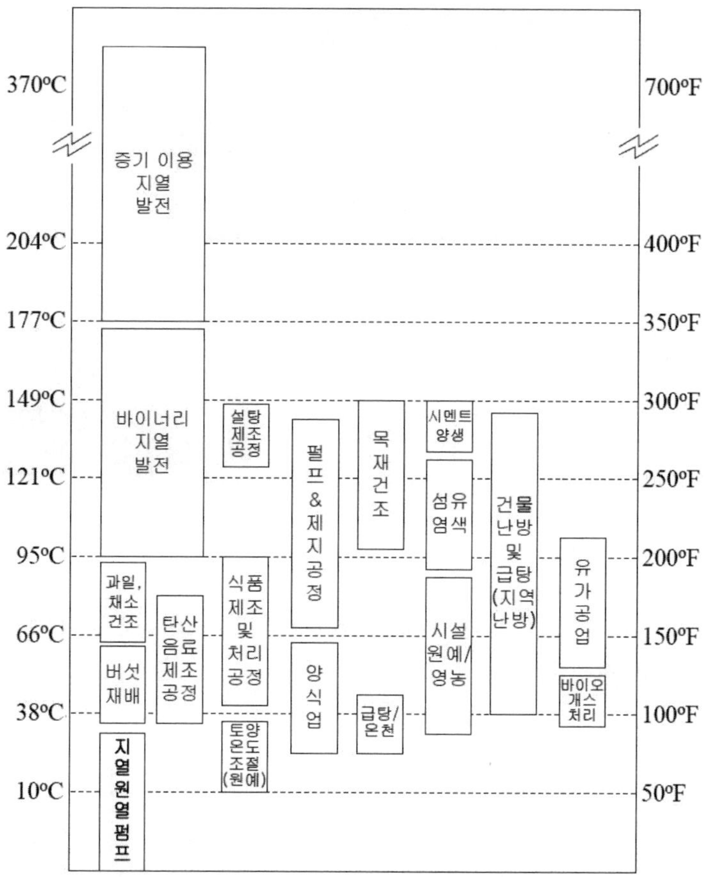

〈출처: 신 · 재생에너지 백서 2010〉

율적으로 활용하는 지열분야의 대표 기술이라고 할 수 있다. 상대적으로 저온의 에너지를 활용하지만, 연중 일정한 온도를 유지하기 때문에 항온성이 우수하며 지리적 제약이 없는 것이 큰 장점이다.

반면 간접이용 기술은 땅에서 추출한 고온수나 증기(120~350℃)로 플랜트를 구동하여 전기를 생산하는 지열발전(geothermal power generation)을 일컫는다. 최종 생산물은 전기이며 화산지대에서 유리하기 때문에 지리적 제약이

그림 5-47 최종 생산물에 따른 지열에너지 분류

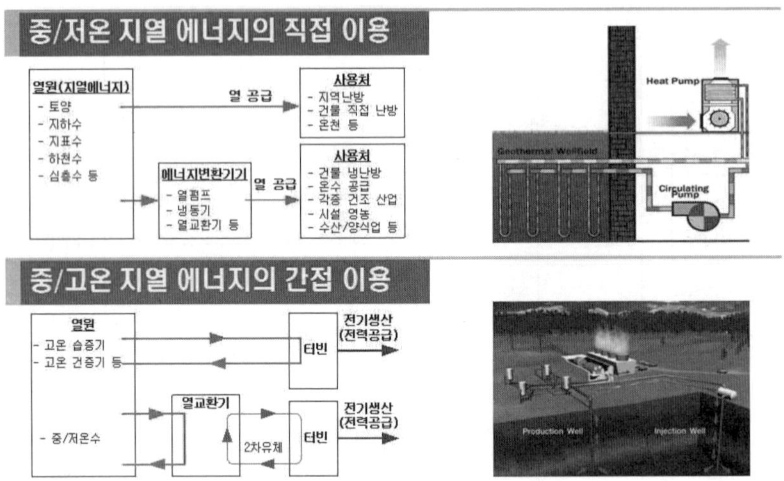

〈출처: 신 · 재생에너지 백서 2010〉

매우 크다. 이러한 지리적 제약을 극복하기 위한 연구개발이 지열분야 선진국을 중심으로 진행 중이다.

② 특 성

지열에너지 이용 기술은 직접이용과 간접이용 기술로 분류된다.

지열에너지로부터 열을 직접 얻는 기술에는 지열 열펌프 체계, 건물난방(space heating), 시설원예난방(greenhouse heating), 농산물 건조(agricultural drying), 산업이용(industrial use), 도로 융설(snow melting) 등이 있다. 반면 간접이용 기술은 전기를 생산하는 지열발전을 일컫는다. 본서에서는 여러 기술 중 지열 열펌프 체계와 지열발전에 대하여 기술한다.

가) 지열 열펌프 체계(geothermal heat pump system)

(ㄱ) 지열 열펌프 체계의 특징

지열 열펌프 체계의 핵심은 열펌프유닛(heat pump unit)과 지중열교환기(ground heat exchanger)라고 할 수 있다. 통상 열펌프 또는 히트펌프로 불리지만, '체계'와 구분하기 위해 '열펌프유닛'이 적확한 표현이다. 열펌프유닛은

물 대 물(water to water) 방식과 물 대 공기(water to air) 방식으로 구분된다. 지중열교환기는 건물에 필요한 냉난방 부하, 가용 면적, 지중 조건 등에 따라 다양한 형식으로 설치될 수 있다. 열펌프유닛의 작동유체인 냉매의 증발과 응축에 필요한 에너지를 공급하기 위해, 지중열교환기를 이용한다는 점이 지열 체계의 가장 큰 특징이다.

지열 열펌프 체계는 지중열교환기를 순환하는 열매체(물, 부동액, 지하수 등)를 열펌프의 열원으로 활용하여, 냉방 시에는 건물 내의 열을 지중으로 방출하고 난방과 급탕 시에는 지중의 열을 실내와 온수에 공급한다. 하나의 체계로 냉난방과 급탕을 동시에 구현할 수 있으며, 냉방과 난방 모드에서 각각 히트싱크(heat sink)와 열원(heat source)의 역할을 하는 지중 온도는 연중 안정적이기 때문에 높은 효율과 우수한 성능을 갖는다.

최종 생산물이 열이기 때문에 직접이용의 한 방식이지만 일반적으로 별도로 구분한다. 공기열원 열펌프(air-source heat pump)와 구분하기 위해 지열원 열펌프 체계(ground-source heat pump system)로도 분류한다.

미국 환경보호청(EPA: Environment Protection Agency)은 지열 열펌프 체계

그림 5-48 지열 열펌프 체계 개략도

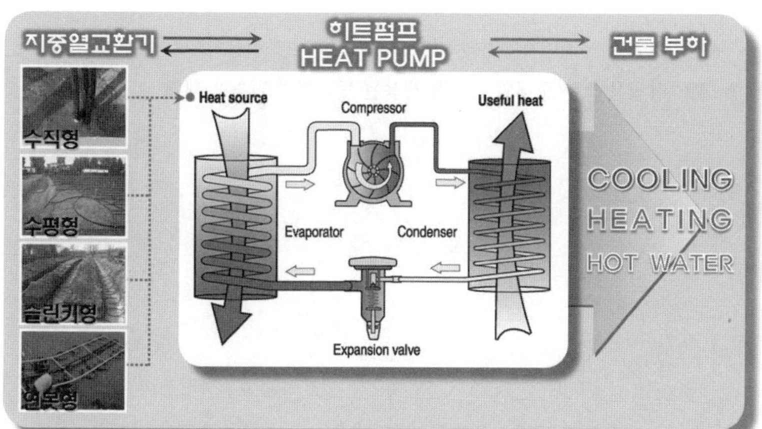

〈출처: 신·재생에너지 백서 2010〉

가 현존하는 냉난방 기술 중에서 가장 에너지 효율적이고 환경 친화적이며, 비용 효과가 우수한 체계로써 인정받고 있다. 공기 열원 열펌프에 비해 44%까지 그리고 에어컨과 전열기에 비해 최대 72%까지 에너지를 절감할 수 있는 것으로 조사되었다.

지열 열펌프 체계는 주거용 건물(단독주택 · 공동주택 · 아파트 등), 중대형 건물(상업용, 공공기관, 학교, 교정시설 등), 산업현장, 시설원예, 도로 융설 등 다양한 분야에 적용할 수 있다. 또한 개별 건물뿐만 아니라 건물 군(群)이나 지역단위로도 활용 가능하며, 개보수 건물에도 유연하게 적용할 수 있다.

(ㄴ) 지열 열펌프 체계의 종류

지열 열펌프 체계는 일반적으로 토양열원 열펌프(ground-coupled heat pump), 지하수열원 열펌프(groundwater-source heat pump), 지표수열원 열펌프(surface water heat pump) 그리고 하이브리드 지열 열펌프(hybrid GHP) 체계 등으로 구분된다. 현재 국내외에서 주를 이루고 있는 체계는 토양열원 열펌프 체계이다.

토양열원 열펌프 체계는 지중열교환기의 매설 형태에 따라 수직형과 수평형 체계로 분류된다. 땅 속에 수직으로 매설되는 수직형 지중열교환기는 건물 냉난방부하와 현장 여건에 따라 다양한 깊이로 시공할 수 있기 때문에, 시공부지 제약을 상대적으로 덜 받는다. 일반적으로 직경 100~150mm, 깊

그림 5-49 상업용 또는 중대형 건물에 적용된 토양열원 열펌프 체계

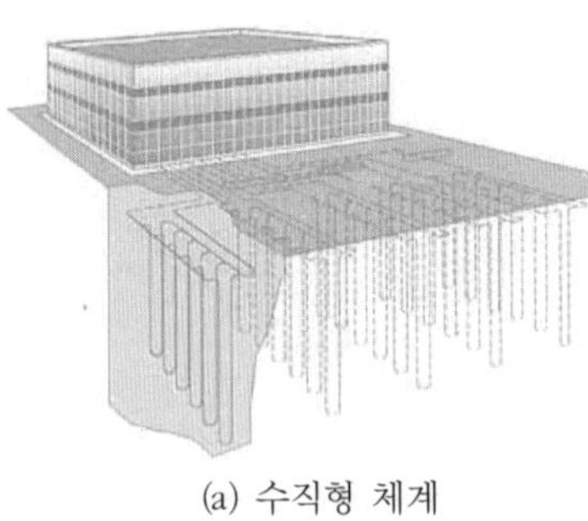

(a) 수직형 체계

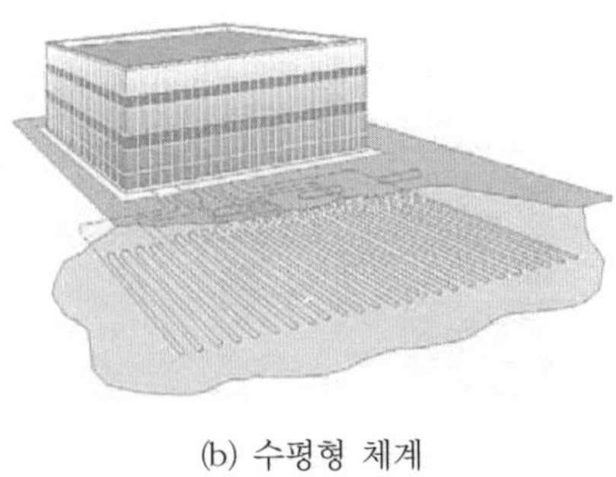

(b) 수평형 체계

〈출처: 신 · 재생에너지 백서 2010〉

이 75~180m의 보어홀을 천공한 후, 외경 3/4~1$\frac{1}{2}$in.의 고밀도폴리에틸렌(HDPE) 파이프를 U자 관의 형태로 성형하여 삽입하고, 보어홀 안의 빈 공간을 그라우트(grout)로 채워 완성한다.

수평형 체계는 대상 건물 주변에 지중열교환기를 매설할 수 있는 부지가 충분할 경우 고려할 수 있는 체계이다. 보어홀 천공과정이 없기 때문에 시공 비용은 수직형에 비해 상대적으로 저렴하다. 통상 1.5~3m 깊이의 트렌치(trench)에 매설하며, 직선(line)이나 슬린키(slinky) 형태로 배열할 수 있다.

지중열교환기를 밀폐형(closed-loop)과 개방형(open)으로 구분할 수 있다. 수직형 또는 수평형 지중열교환기는 밀폐형의 대표 방식이며, 지하수를 이용하는 복수 우물형(duel wells)과 수주지열정(SCW: Standing Column Well) 등은 개방형에 속한다. 아울러 하천(river) · 호수(lake) · 연못(pond)의 물을 직접 이용할 경우 개방형으로 그리고 이들 물속에 파이프를 침전시켜 이용할 경우에는 밀폐형으로 분류한다.

그림 5-50 단독주택에 적용된 소형 토양열원 열펌프 체계

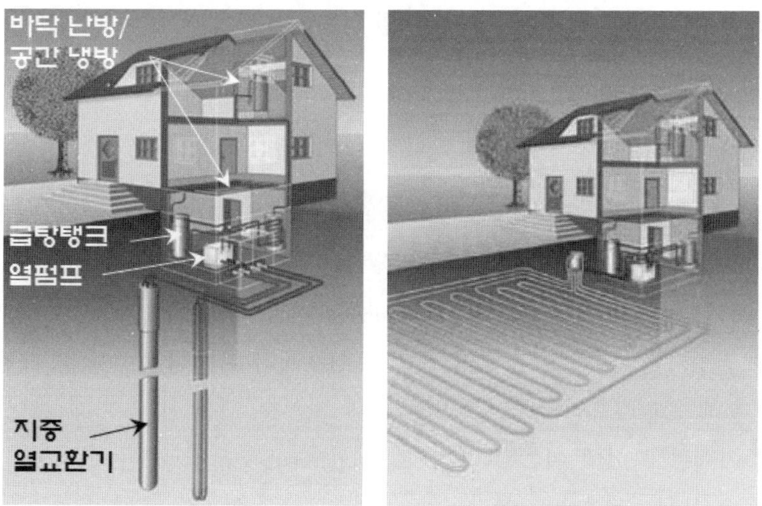

(a) 수직형 체계 (b) 수평형 체계

〈출처: 신 · 재생에너지 백서 2010〉

나) 지열발전(geothermal electricity generation)

(ㄱ) 지열발전의 특징

지열발전(地熱發電)은 땅에서 추출한 고온수나 증기(120~350℃)의 열에너지로 터빈을 구동하여 전기를 생산하는 발전(power generation)의 한 형태다. 건증기(dry steam), 습증기(wet or flash steam), 바이너리(binary) 발전 등으로 구분한다.

미국과 유럽의 일부 국가에서 기술개발 중인 심부지열발전(EGS: Enhanced Geothermal Systems)은 최근 들어 주목받는 기술이다. 지하 심부의 뜨거운 암반층(HDR: Hot Dry Rock)까지 보어홀을 시추하고, 이 안으로 물을 주입하여 고온의 수증기를 만든 후, 이를 다시 터빈으로 공급하여 전기를 생산하는 방식이다.

지열발전은 전력생산에 필요한 에너지 비용을 절감할 수 있으며 24시간 연속 운전이 가능하다. 전력 생산 시 이산화탄소와 기타 오염물질을 거의 배출하지 않기 때문에 환경적인 측면에서도 매우 유리하다. 고온수나 증기를 추출할 때 이들에 용해되어 있던 이산화질소 · 이산화탄소 · 황화수소 등도 함께 분출되지만, 무시할 만한 수준이다. 지열발전플랜트에서 1kWh의 전기를 생산할 때, 이산화탄소 13~380g과 황화수소 0.03~6.4g을 배출한다. 이에 반해 석탄(coal)은 1,000g 이상의 이산화탄소와 11g의 황화수소를 배출하는 것으로 알려져 있다.

(ㄴ) 지열발전 방식

건증기 지열발전은 역사가 가장 오래된 방식이다. 고온의 증기가 풍부한 지역에서 활용할 수 있기 때문에 널리 보급된 방식은 아니다.

건증기 방식은 완전 포화상태(saturated state) 또는 과열상태(superheated state)의 건증기를 하나 또는 여러 개의 보어홀에서 추출한 후, 지상 배관(pipe line)을 통해 플랜트의 터빈으로 직접 보내 전기를 생산한다. 이때 보어홀 상부와 증기배관 사이에 이물질 제거기(axial particulate remover)를 설치하여 터빈 날개가 손상되는 것을 방지한다.

습증기 또는 플래시 증기(flash steam) 지열발전은 현재 가장 널리 보급된 방식이다. 터빈의 단수에 따라 1단과 2단 습증기 지열발전으로 분류하며, 최

그림 5-51 건증기 지열발전

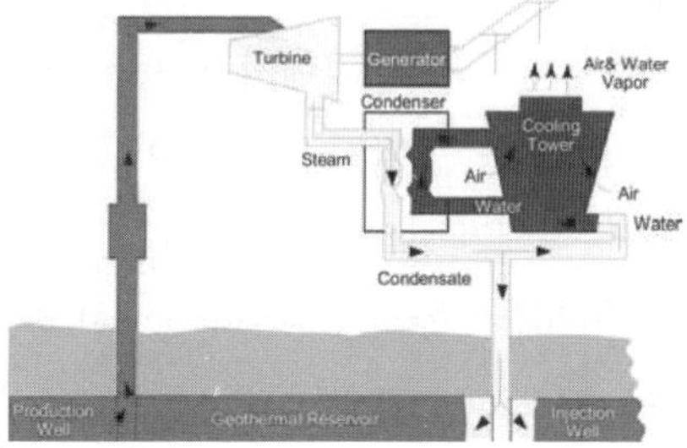

그림 5-52 1단 습증기 지열발전

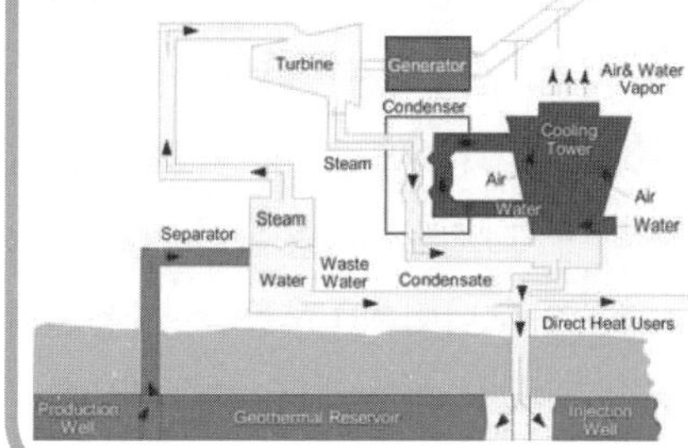

그림 5-53 2단 습증기 지열발전

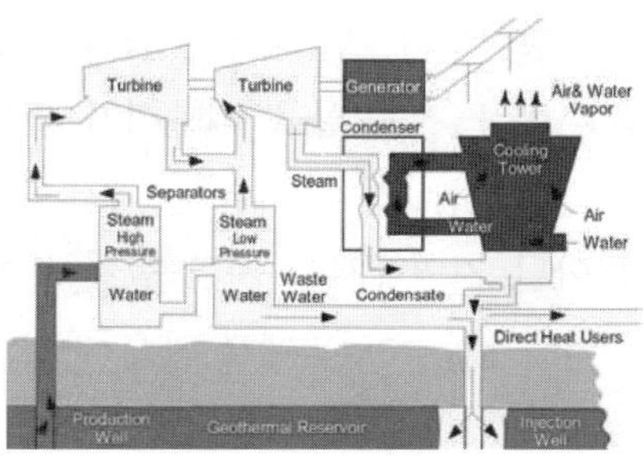

그림 5-54 바이너리 지열발전

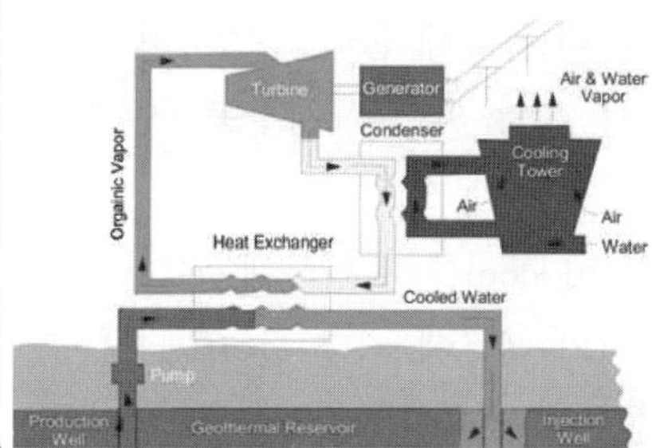

근 에너지 이용 효율을 높이기 위해 3단 습증기(triple-flash) 방식도 도입되고 있다.

습증기 플랜트의 보어홀에서 추출되는 증기는, 습증기라는 용어가 말해 주듯이, 물과 증기의 2상 혼합물(two-phase mixture)이다. 이 혼합물의 건도(quality)[18]는 지열유체의 상태와 보어홀 크기, 보어홀 상부(well head)의 압력 등에 좌우되는 값이다. 일반적으로 보어홀의 상부인 보어홀 출구에서 습증기의 건도는 10~50%다. 실제 플랜트에서는 원심분리식 기/액 분리기(cyclone vapor-liquid separator)를 이용하여 습증기를 기상과 액상으로 분리한 후 증기만 이용한다. 건증기 플랜트와 비교했을 때, 보어홀 출구에 기/액 분리기를

18) 건도(quality): 열역학적 상태량으로 기/액 2상 혼합물에서 증기가 차지하는 질량 비율.

설치한다는 점을 제외하면 큰 차이는 없다.

바이너리 사이클(binary cycle, 2유체 사이클) 지열발전은 앞선 두 방법과 비교했을 때 다소 차이가 있다. 지하에서 추출한 저온 지열수(100~120℃)는 터빈과 직접 접촉하지 않는다. 대신 중간에 설치한 열교환기에서 비등점이 지열수보다 상대적으로 낮은 2차 유체(organic fluid)를 증발시킨 후, 이 증기를 이용하여 터빈을 구동한다. 2차 유체로는 냉매계열, 프로판(C_3H_8), 펜탄(C_4H_{10}), 암모니아(NH_3) 등을 사용한다. 이 유기화합물(organic compound)들이 작동유체이기 때문에 유기랭킨사이클(organic Rankine cycle)[19]로도 불린다. 알래스카의 Chena Hot Springs가 대표 사이트이며 75℃ 전후의 지열수로 전력을 생산한다.

EGS 발전은 심부 고온암체(hot dry rock)에 인공 파쇄대를 형성한 후, 이 파쇄대를 통해 물을 주입하여 열을 추출하는 방식이다. 이 체계는 물을 주입하는 수압 파쇄용 시추공, 인공 저류층 그리고 뜨거운 물을 퍼올리기 위한 생산공정 등으로 구성된다. 발전 플랜트를 포함한 전체 체계는 폐쇄회로(closed loop)를 형성하게 된다. 화산지대가 아닌 지역에서도 지열 발전이 가능하기 때문에 최근 전 세계적으로 중장기 기술개발 사업과제로 많은 관심의 대상이 되고 있다.

③ 국내외 산업동향

가) 세계동향

(ㄱ) 지열 열펌프 체계

2009년 기준, 전 세계 지열 히트펌프 시장은 약 7조 5천억~8조원 규모로 추정되며, 이 중 열펌프유닛을 포함한 장비 시장이 3조 4천억원, 시공 시장이 약 4조 3천억원 규모로 추정된다. 이를 지역별로 분류하면, 미국이 3조 7천억원(장비 1조 7천억원, 시공 2조원) 그리고 EU와 기타 국가의 시장을 합한 규모가 약 4조원인 것으로 추정된다.

전 세계 지열 열펌프 시장은 최근 석유가격이 급등하고 민간부문 등 각 분야에서 지열체계의 우수성이 입증되면서 지속적인 성장세를 보일 것으로

---

19) 바이너리 사이클 지열발전, 바이너리 지열발전, ORC 지열발전 등은 같은 의미.

전망된다. 2013년 전 세계 지열 시장은 약 15조 4천억~16조원 규모일 것으로 추정되며, 미국이 약 11조원, EU를 포함한 기타 국가들이 약 5조원을 점유할 것으로 예측된다.

2009년 시장규모와 비교했을 때, 미국은 지금까지 세계시장을 주도해온 경험을 바탕으로 매년 11% 이상 성장할 것으로 예측된다. EU 시장의 성장세는 다소 둔화되는 것처럼 보이나, 이는 스웨덴을 포함한 EU 주요 국가와 신축건물 시장만 고려한 결과이다. 최근 EU의 신흥 시장(프랑스, 영국, 동유럽 국가 등)이 급격하게 성장하고 있으며 개보수 건물 시장까지 감안하면, 전체적으로 연평균 15% 이상 성장할 것으로 전망된다.

(ㄴ) 지열발전

2009년, 전 세계 지열발전 플랜트 시장의 규모는 1조 8천억원 내외인 것으로 추정된다. 이 중 미국 시장이 7천 2백억원 정도로 전 세계 시장의 40%를 점유하고 있다. 전 세계 시장 규모를 공정별로 분류하면, 지열자원 탐사 분야 약 2천 2백억, 시추 분야 약 4천 9백억, 엔지니어링 설비 분야 약 3천억 그리고 플랜트 건설 분야 약 1조원 규모인 것으로 추정된다.

나) 국내동향

(ㄱ) 지열 열펌프 체계

타 신재생에너지원과 마찬가지로 지열 열펌프 체계 역시 정부 주도의 시장이 형성되어 있다. 지열 열펌프 체계는 효율이 우수한 친환경 냉난방·급탕 체계로 간주된다. 기존 설비에 비해 다소 많은 초기 투자비는 지열 체계의 민간 시장 활성화를 지연시키고 있다. 다양한 분야에 대한 기술개발과 실증연구를 통해 초기 투자비를 줄일 수 있는 현실적인 방안을 마련하여 기존 설비에 대한 가격 경쟁력을 확보한다면, 민간 시장 활성화 시기는 다른 신재생에너지원보다 빨리 달성될 것으로 사료된다.

현재 국내 지열 열펌프 체계 시장은 연간 약 2,800~3,000억원 규모다. 이중 열펌프유닛과 열교환기 등을 포함한 장비 시장이 약 1,700억원이며 지중열교환기 시공을 포함한 시공 시장은 약 1,200억원 정도이다. 지난 몇 년간의 증가세로 볼 때 향후 수년 안에 1조원 시장이 형성될 것으로 전문가들은 예측하고 있다. 이러한 성장에는 열펌프, 냉동기, 건축설계, 건축설비 분야의 순환계통과 배관계통 그리고 자동제어 산업 등 관련 제조기반이 한 몫을 하였다. 지열산업의 역할이 점점 커져, 머지않아 국내 건축설비 분야의 새로운 성장 산업이 될 것으로 전망된다.

지열 시장이 형성될 당시, 국산 열펌프유닛의 국내 시장 점유율은 미미하였다. 그러나 산·학·연의 기술개발 노력과 에너지관리공단 신재생에너지센터의 지열 열펌프 인증제도의 혜택으로 현재 80% 이상을 점유하고 있다. 국내에서는 2개의 대기업, 4개의 중견기업 그리고 9개의 중소기업이 열펌프를 생산하고 있으며 3개의 국내업체가 미국과 중국산 열펌프를 수입하고 있다. 이들 18개 기업에서 총 58종의 지열 열펌프를 시장에 공급하고 있으며, 시장과 경제 상황에 따라 다소 차이는 있겠지만, 10여 개 국내 기업이 시장 참여를 고려하고 있다.

현재 신재생에너지설비 전문기업제도가 시행되고 있다. 이 제도는 전문기업으로 등록된 업체가 신재생에너지설비를 시공함으로써 품질에 대한 신뢰성을 높이기 위한 취지에서 마련되었다. 지열 분야의 등록 수는 매년 큰 폭으로 증가하여 현재 1,300여 개에 달하고 있지만 전문기업 등록 조건이 너무 낮고 건축설비면허만 보유하면 등록할 수 있기 때문에, 고도의 기술력이 필요한 공사의 특성상 전문화를 유도하기 위한 방안도 강구되어야 한다.

현재 지열 전문기업 중에서 시공 경험이 있는 기업은 80개 내외이며, 이 중 일정 수준 이상의 기술력을 갖춘 기업은 40개 내외로 추정된다. 2009년 그린홈 100만호사업 선정 기업은 27개이며 일반보급 사업은 33개이다. 두 사업에 모두 선정된 기업을 제외하면 39개 기업이 2009년도 국가 보급 사업에 참여하였다.

기존 건설 시장과는 달리, 지열 시장은 아직 설계·시공·감리의 구분이 명확하지 않은 상태로 향후 분리가 필요하다. 지열 시장에서 큰 비중을 차지하는 공공기관 설치의무화사업에서는 일반 건설회사가 지열 체계 설계를 수주한 후, 설계와 시공능력을 갖춘 지열 전문기업의 도움을 받아 설계하는 실정이다. 현재 파악되는 설계사무소는 약 320개이며, 엔지니어링 주체를 갖는 업체까지 포함하면 두 배 이상 될 것으로 추정된다.

최근 건물분야의 이산화탄소 배출 절감을 위해 그린건축 또는 제로에너지 건물이 주목받고 있다. 국내에서도 다양한 신재생에너지 설비를 건축물에 도입하고 있으며, 지열 열펌프 체계도 한 몫을 담당하고 있다. 대형 건설회사는 물론 도급순위 50위 이내의 국내 주요 건설회사들은 지열 체계에 큰 관심을 보이고 있으며, 정부사업과 관련 없는 민간사업에도 대부분 지열 체계를 반영하고 있다. 실제 공동주택과 단지 내 주민 복지센터, 그린홈 모형(model)건물 등에 지열 체계를 적용하는 사례가 증가되고 있다.

지열 열펌프 체계 분야는 제조 · 설비 · 건설 · 시공 등이 융합된 분야로 타 신재생에너지원에 비해 산업 연관성과 파급 효과가 매우 큰 분야다. 아울러 플랜트나 일반 냉동조기술 등과 기술 융합이 가능하며 도로와 교량 융설(snow melting) 등의 토목분야, 지역냉난방 등의 에너지 분야 등 다양한 분야에 폭넓게 적용할 수 있는 산업이다. 여기에 시설원예나 농축산 및 양식 · 양어 산업 등과 연계할 경우, 신재생에너지 보급목표와 이산화탄소 배출 절감목표 달성에 크게 기여할 수 있는 산업이다.

미국과 유럽 등 기술 선진국에서는 지열이 재생가능에너지 시장의 약 1/6을 차지하고 있다. 특히 재생가능에너지-열 분야에서 지열 열펌프 시장은 연평균 10~15% 성장세를 나타내고 있다. 또한 국내 공공기관설치의무화 시장에서도 약 60% 이상을 지열 체계가 담당하고 있다. 이러한 국내외 추세로 볼 때 향후 안정된 시장이 형성될 것으로 사료된다.

(ㄴ) 지열발전

국내 지열발전 시장은 아직 형성되지 않았다. 이는 지열발전 플랜트 개발에 필요한 초기비용과 위험도(risk) 그리고 기술력 부족 등이 원인이나 국내 기업 중 해외에서 지열발전 플랜트를 시공한 기업이 있을 뿐 아니라 국내 플랜트 설계능력은 세계적 수준이므로 지열자원 탐사, 설계 및 굴착 기술 등이 확보된다면, 국내 시장도 충분히 경쟁력을 갖출 것으로 사료된다.

국내에는 지하수 개발과 토목구조물 시공에 필요한 탐사 목적으로 시추하는 기업들이 상당수 있으나 그 규모가 영세하며, 대부분 1~2.5km를 시추할 수 있는 수준이다. 따라서 지열발전에 필요한 대심도(5km급) 시추기술 확보와 시추기 제조가 선행되어야 한다. 우리나라의 건설회사들은 터널시공 · 양수발전소 건설 · 유류저장시설 건설 등 다양한 분야에서 지중 탐사와 시공기술을 축적해 왔으나 이러한 경험들이 지열발전 플랜트 건설로 이어지기에는 다소 시간이 걸릴 것으로 사료된다.

우리나라에 지열발전 시장이 형성된다면 다양한 기업들이 조사 및 탐사, 대심도 시추기 제조 및 시추, 플랜트 제조 및 설비, 플랜트 운전 및 유지관리 등에 관한 시장에 진출할 것으로 전망된다.

④ 국내 향후 계획

신재생에너지 중 지열에너지는 거의 무한정한 자원으로 평가된다. 이러한 이유로 미국, 일본, 중국 그리고 유럽의 여러 국가들은 지열 열펌프 체계, 지열을 이용한 지역난방, 지열발전 등 다양한 분야에서 지열에너지를 적극적으로 이용하고 있다. 이에 필요한 관련법과 지원제도 등을 시행하고 있으며, 핵심기술 개발과 실증 연구, 인력 인프라 구축 등에도 지속적으로 투자하고 있다.

지열 열펌프 체계는 효율이 우수한 친환경 냉난방·급탕 체계로 간주되며, 기계기술과 건설기술이 융합된 분야다. 많은 장점에도 불구하고 기존 건축설비에 비해 다소 많은 초기 투자비는 지열 체계의 민간시장 활성화를 더디게 만들고 있다. 시장 활성화뿐만 아니라 국내 기술력 제고와 원천기술 확보를 위해서도 다양한 분야에 대한 기술개발과 실증연구가 필요하다. 여기에 관련 중소기업의 R&D 기획역량과 수행능력을 높일 수 있는 방안을 마련하고 지원제도를 구축한다면, 민간시장 활성화 시기는 다른 신재생에너지원보다 빨리 달성될 것으로 사료된다.

최근 들어 관련 전문가들을 중심으로 지열발전과 관련한 기술개발 논의가 시작되었다. 지열발전 분야에 대한 인프라가 아직 구축되지 않은 상황에서 사업 추진 타당성과 우리 실정에 적합한 발전 방식에 대한 고려가 반드시 수반되어야 한다. 국내에는 지열발전 플랜트 건설에 필요한 전반적인 공정을 수행한 기업이 거의 없으며, 법률과 지원제도 그리고 사회적 합의 등 관련 기반이 취약한 상태다. 이의 해결이 선행되어야 할 것이다.

정부 지원제도에 힘입어 지열 열펌프 체계의 보급은 해마다 크게 증가하고 있다. 교육시설과 사회복지시설과 같은 중·대형 건물뿐만 아니라, 최근 들어 그린홈 100만호 사업을 통한 보급 사례도 보이고 있다. 일부 건설사를 중심으로 민간시장이 태동하였지만, 민간 보급량 통계는 아직 없는 실정이다. 따라서 국가 전체 보급량을 파악할 수 있는 제도적 보완이 필요한 시점이다.

지열 분야는 제조·설비·건설·시공·자원 등이 융합된 분야로 타 신재생에너지원에 비해 산업 연관성과 파급 효과가 매우 큰 분야라고 할 수 있다. 기존 플랜트나 일반 냉동공조 기술 등과 기술 융합이 가능할 뿐만 아니라 토목분야와 타 에너지 분야 등 여러 분야에 폭넓게 적용할 수 있는 산업이다. 지열에너지의 효용성을 널리 알리고 이용 분야를 넓히기 위한 노력이 더해진다면, 국가 신재생에너지 보급목표와 이산화탄소 배출 절감 목표를 달성하는 데 크게 기여할 것이다.

지열에너지에 대한 향후 계획 및 기술개발 목표는 다음과 같다.

표 ⑤-53 주요 기술개발 목표

분야	핵심분야	단기 일반분야	장기 미래분야
석탄 IGCC	300MW급 IGCC 발전소	600MW급 IGCC 발전소	차세대 IGCC NextGen 발전소

〈출처: 제3차 신재생에너지기본계획〉

표 ⑤-54 단계별 기술개발 목표

단 계	내 용
1단계(~2010) 가격저감화 기술 개발	- 지열 열펌프 체계 설치 가격 목표: 370만원/RT - 지열 열펌프 효율(냉방) 목표: 4.5 - 1MW급 이하 소형 지열발전 플랜트 구축
2단계(2011~2020)	- 지열체계 설치 가격 목표: 290만원/RT - 지열 열펌프 효율(냉방) 목표: 5.0 - 체계 보급 목표: 500,000RT - 10MW급 이하 중형 지열발전 플랜트 구축
3단계(2021~2030)	- 지열체계 설치 가격 목표: 250만원/RT - 지열 열펌프 효율(냉방) 목표: 5.5 - 체계 보급 목표: 2,200,000RT - 10MW급 이상 대형 지열발전 플랜트 구축

〈출처: 제3차 신재생에너지기본계획〉

가) 지열 열펌프 체계 설비 가격 저가화

('10) 370만원/RT → ('20) 290만원/RT → ('30) 250만원/RT

* RT는 냉동톤(Ton of Refrigeration)으로 0℃의 물 1톤을 24시간 동안 얼음으로 만들 때 필요한 열량이며 약 3320㎉/h에 해당한다.

나) 지열발전플랜트 개발 및 실증

(ㄱ) 핵심요소기술의 설계, 제작, 시공기술을 중점 추진

(ㄴ) 지역 지열발전소 건설에서의 각종 사회, 환경 문제에 대처 가능한 연구 추진

(11) 수소에너지

① 개 요

수소에너지는 연소할 때 공해 물질이 생성되지 않으며, 연료전지를 사용하여 전기화학 반응을 시키면 전기를 생산할 수 있다. 또한 수소는 가스나 액체 상태로 쉽게 수송할 수 있으며, 고압가스, 액체수소, 수소흡장 합금 등에 다양한 형태로 저장하였다가 필요시 사용할 수도 있다. 더욱이 수소는 궁극적으로 지구상에 무한정한 물을 원료로 생산할 수 있으며, 수소 사용 후 생성물은 다시 물로 재순환되는 깨끗하면서도 재생 가능한 꿈의 에너지이다.

수소(水素)는 1개의 양성자와 1개의 전자로 구성된 가장 간단한 원소이며 우주에서 가장 흔한 원소이다. 그러나, 수소는 자연에서 홀로 발견되지는 않으며 항상 산소나 탄소와 결합된 형태로만 발견된다. 만일 이를 분리할 수 있다면 수소는 가장 청정한 에너지이다. 우주왕복선에서는 수소연료전지로 전기를 생산하고 부산물인 물을 승무원의 식수로 사용한다. 수소는 공기 중의 산소와 결합하면서 1그램당 28,680칼로리의 열을 내게 된다. 공기 중에서 연소시 온도는 2,300℃까지 올라가며 산소가 있을 경우 연소온도는 3,000℃까지 올라간다. 공기 중에서 자연발화온도는 585℃로 메탄이나 프로판보다 높다.

실제로 20세기 초에는 석탄과 수증기와의 반응으로 만든 town gas(수소 50% + 일산화탄산가스 50%)를 가정용 연료로 사용하였으나, 값싼 천연가스의

발견과 일산화탄산가스 중독으로 사용이 제한되었다. 최근에 논의되고 있는 수소에너지는 일산화탄소가 없는 순수 수소를 말하며 주된 사용방식은 연소가 아닌 연료전지이다. 그러나, 수소는 자연에서 발견될 때에는 물 또는 석유처럼 항상 다른 원소와 결합된 형태로 나타나기 때문에 에너지를 투입하여 순수 수소 형태로 바꾸어 주어야 한다. 이런 의미에서 수소에너지는 전기와 마찬가지로 에너지담체(擔體, energy carrier) 또는 2차 에너지로 취급할 수 있다.

수소에너지가 전기에너지와의 다른 점은 대량 저장이 용이하다. 태양에너지 또는 풍력발전으로 생산하는 전기는 날씨, 밤낮에 따른 변화가 심하므로 전기형태로 사용하고 남은 전력을 이용하여 전기분해로 수소를 생산하여 저장한 후 다시 연료전지 등으로 전기로 바꾸어 사용할 수 있다. 또한 수소는 파이프라인 또는 탱크로 수송과정에서 손실률이 극히 적어서 장거리를 수송할 경우 전력송전보다 유리하다(수백 km 이상).

수소에너지를 이용하는 기술 중 가장 효과적이고 경제적인 방법이 연료전지 발전기술이다. 연료전지는 수소와 산소의 전기화학 반응에 의해 전기와 물과 열을 생산하는 발전 장치이다. 연료전지는 전기를 생산하는 효율이 40~50%로 높으며, 반응 폐열을 이용하면 총 효율은 70% 이상된다. 더욱이 전기화학적인 반응에 의해 전기를 생산하므로 공해물질을 배출하지 않는 무공해 발전소가 된다. 그러므로 수소에너지를 연료로 하는 연료전지 발전은 21세기 에너지 문제를 일시에 해결할 수 있는 신기술이다.

② 특 성

가) 수소의 제조기술

(ㄱ) 태양광분해법

태양광분해법은 태양에너지로 물을 분해하여 수소를 제조하는 것으로 반도체소자를 이용하여 태양광을 전기에너지로 변환시키고 동시에 물분해를 수행하는 광전기화학법, 광증감제나 광촉매를 이용하여 물의 분광학적 분해를 가져오는 광촉매법, 미생물을 이용하여 광합성과 같은 원리로 수소를 제조하는 생물학적 광분해법 등 여러 가지 방법이 있다.

(ㄴ) 열화학순환법

열화학순환법은 500에서 1,000℃ 정도의 열원으로 가능한 화학반응들을 조합하여 물을 분해하는 순환(cycle)을 구성하는 것으로, 이론적으로는 열효율이 아주 높은 물의 분해기술이다. 그러나 화학반응에 관여하는 화합물의 분리, 이송, 반응장치의 재질선택 등의 문제점이 있다. 1967년 이래 200가지가 넘는 많은 열화학순환들이 제안되어 연구되고 있으나 아직까지 실용화에 접근한 순환방식은 없다.

(ㄷ) 전기분해법

전기분해법은 가장 오래된 방법으로 실용화된 기술이지만 값싼 수력발전이 이용되는 캐나다나 노르웨이 등을 제외하고는 경제성이 없어 현재는 널리 사용되고 있지 않으나 캐나다, 노르웨이 등 값싼 수력자원이 풍부한 지역에서는 아직까지도 사용되고 있는 수소 제조방법이다. 국내에서도 몇 군데 전기분해 시설이 있으나 현재는 거의 실용화되지 않고 있다. 최근 용접분야에서 이용의 편의성으로 수산화가스 발생기라는 기기가 보급되고 있는데 이는 물의 전기분해로 수소와 산소의 혼합기체를 제조하고 이를 토오치에서 연소시켜 용접이나 절단용으로 사용하고 있으며, 기타 이용방법에 대하여도 적용을 검토하고 있다.

장차 전기분해에 의한 수소제조기술은 태양광발전(PV) 체계, 풍력발전 등의 대체전원이나 심야전력과 같이 발전소의 부하전력 변화에 따라 생기는 잉여의 기저전력을 이용하여 제조함으로써 에너지의 저장수단으로 보급되리라 전망하고 있다. 따라서 기존의 알칼리 전기분해를 대신하여 장치가 간편하고 효율이 우수한 고체고분자전해질 전기분해기술 등에 대한 수요가 요구되리라 사료된다.

(ㄹ) 고온열분해법

고온열분해법은 2,500℃ 정도의 고온으로 직접 물을 분해시켜 수소를 제조하는 기술이나 고온을 얻는 방법, 고온장치의 개발, 고온에서 생성되는 수소의 분리방법 등 어려운 문제점이 많은 기술이다.

(ㅁ) 화석연료로부터 제조

석유, 천연가스, 석탄과 같은 화석연료를 주로 하는 현재의 에너지 체계에서 수소의 대부분은 이들 화석연료의 처리과정에서 얻어지고 있다. 이러한 방법으로 얻어지는 수소는 대부분 공정가스로 사용되고 있으며, 이들 중 여분이 주로 PSA 등의 정제과정을 거쳐 순수한 수소제품으로 판매되고 있다.

나) 수소의 저장기술

수소에너지 체계를 실용화하기 위해서는 안전하고 효율적인 수소의 저장과 수송기술이 필요하다. 수소의 저장기술은 많은 분야에서 연구개발이 진전되어 있으며, 특히 우주개발 등의 경제성과 관련 없는 특수분야에서 실용화되어 수소저장합금에 의한 저장과 액체수소로의 저장기술은 몇몇 선진국에서는 이미 확보된 기술이다.

(ㄱ) 고압수소로 저장

국내에서 사용되는 수소의 대부분은 고압으로 저장되고 수송되어 유통되고 있다. 주로 내용적 46.7ℓ인 망간강 또는 합금강 용기에 150kg/㎠, 7㎥의 수소기체를 충전한 것이 사용되고 있으며, 대량 수송용인 경우 내용적 510ℓ, 충전압력 200kg/㎠의 용기도 사용되고 있다.

(ㄴ) 액체수소로 저장

액체수소의 저장에는 20K 정도의 매우 낮은 온도가 필요하므로 성능이 우수한 단열재가 요구되며 단열방법으로는, 진공단열, 펄라이트(perlite)[20]로 충진한 후 진공하는 방법 등이 사용되고 있다. 액체수소의 저장을 위한 초단열재의 개발, 저장에 따른 비용의 저렴화, 장치의 안전성 확보 등에 대한 기술이 필요하다.

(ㄷ) 수소저장합금에 저장

수소저장합금은 단위 체적당 약 1,000배의 수소를 저장할 수 있으므로 고압 봄베나 액체수소보다도 높은 밀도로 수소를 저장할 수 있으며, 내고압 용기를 필요로 하지 않고, 장시간 안전한 저장이 가능하다. 수소저장에 사용되는 수소저장합금으로는 합금의 활성화가 용이하고, 단위체적 및 단위중량당 수소저장량이 가능한 큰 것이 요구된다. 이 같은 합금으로는 $LaNi_5$ 및

20) 진주암(화성암의 일종)을 8~12메시 이하로 분쇄하고, 예열 후 급속히 가열하고 냉각시켜 만든 백색 진주 모양의 가벼운 미립자(겉보기 비중 0.38~0.60). 내화나 내열, 방음 등에 뛰어나기 때문에 시멘트 모르타르 단열재 외에 여재 등으로 사용된다.

TiFe 등이 있으며, 이들의 특성을 개선하고 값싸게 하기 위하여 여러 가지 합금들이 개발되고 있다.

(ㄹ) 기타 저장기술

기술한 바와 같이 고압의 기체, 액체수소에 의한 수소 저장기술은 기존에 상용화되어 있는 기술이며, 수소저장합금에 의한 수소 저장은 실용화 단계에 있다. 기타 저장기술로는 장차 실용화 가능한 기술로 암모니아, 메탄올, 싸이클로헥산 등의 화합물에 의한 저장기술이 있으며, 제올라이트에 저장, 카본나노튜브에 저장, 슬러시 수소(slush hydrogen, 액체와 고체수소의 혼합물)에 의한 저장, 수소가스의 지하저장 등 여러 가지 방법들이 연구개발되고 있다.

다) 수소의 수송기술

기체 또는 액체상태의 수소는 파이프라인으로 수송이 가능하며, 기체상 수소는 기존의 천연가스나 도시가스의 수송체계에 그대로 적용이 가능하므로 특별한 기술을 요하지는 않는다. 그러나 액체수소의 경우에는 초저온이 요구되므로 진공피복(vacuum jacket)의 파이프라인이 이용되고 있으며, 장차 초전도 재료에 의한 송전이 이루어질 경우 액체수소 수송 파이프라인과 공동으로 사용하는 기술이 개발될 것으로 전망하고 있다.

(ㄱ) 파이프라인에 의한 수송

파이프라인에 의한 수소의 수송은 가장 보편화된 수소의 수송기술로 기체수소의 경우는 기존의 천연가스나 도시가스와 같이 파이프라인에 의해 쉽게 수소를 수송할 수 있다. 그러나 문제가 되는 것은 액체수소의 경우로 공장부지 내 공간의 가까운 거리가 아니면 기화손실이 커서 사용하기가 어렵다. 우리나라에서는 공업단지 내의 인접공장으로 수소공급을 할 경우에 사용되고 있지만 미국(Houston), 독일(Rhein-Ruhr), 프랑스(북부와 벨기에)에서는 100~330km의 장거리에서 이용되고 있다. 배관과 수송압력은 각 파이프라인에 따라 다르지만, 최대로 30cm의 직경, 100기압의 수소압력으로 수송되고 있다. 독일에서는 파이프라인에 의한 수송의 경우, 10억Nm³/y의 수소 수송 능력을 가지고 있다. 천연가스의 파이프라인 수송과 비교하여, 압력손실은 작지만 체적 에너지밀도가 약 1/3이기 때문에 수소수송 비용이 천연가스의 경우보다 에너지 비로 1.5배 정도 높은 것으로 평가되고 있다.

그림 5-55 수소에너지 체계

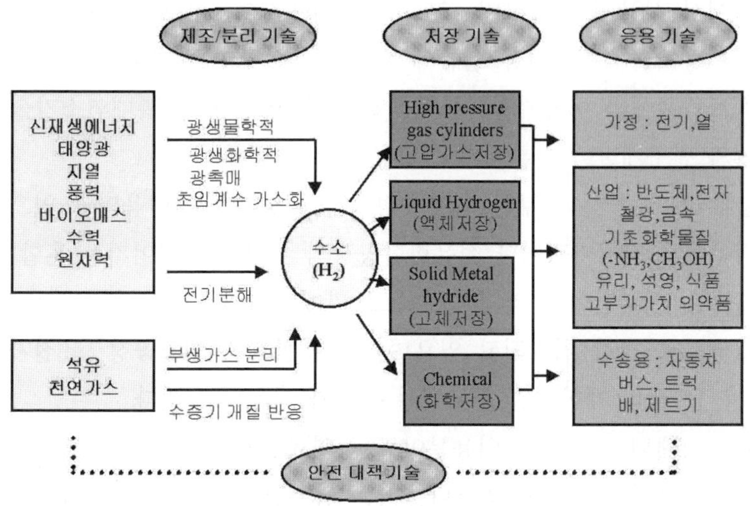

〈출처: 신 · 재생에너지의 이해〉

(ㄴ) 일반용기를 이용한 수송

일반용기라 함은 주로 고압의 기체수소저장 통(cylinder)을 대상으로 한 것으로, 소형의 액화수소 저장용기도 포함하고 있다. 고압 수소저장용 실린더는 12 내지 15MPa의 압력으로, 40ℓ와 47ℓ인 용기를 사용하므로 수소를 약 5 내지 7m³를 저장하게 되는데 용기의 총중량은 대략 55kg이다.

(ㄷ) 탱크로리에 의한 수송

유조차(tank rolly)는 기체수소용 집결용기로서, 차량에 고정되어 운반되어지고 있다. 일반 고압용기가 압력 15MPa 이내이고 용적이 50ℓ 미만인 용기로 5 내지 7m³의 수소를 운반할 수 있는 데 비해 집결용기는 용기 하나의 크기가 6m 이상이며, 무게가 500kg 이상인 대형으로 20MPa의 저장압력으로 60 내지 140m³의 수소를 저장할 수 있다. 유조차에는 이 같은 용기를 20개 정도까지 집결하여 수송하므로 1회에 최대 2,800m³까지의 수소를 수송할 수 있다.

라) 수소의 이용기술

수소의 이용기술은 매우 다양하여 기존의 화석연료가 사용되고 있는 모든 분야에서 사용이 가능하며, 연료전지 이용기술, 수소자동차 및 수소항공기에의 이용기술, 수소저장 합금에 의한 2차전지 제조기술, 수소화 반응에 의한 히트펌프에의 이용기술, 화학공업 활용기술, 저온 촉매연소기술 등 여러 분야의 연구개발이 이루어지고 있다.

현재까지 수소는 대부분 화학공정에서 공정가스로 이용되고 있으며, 국내의 경우에도 마찬가지이다 석유화학공장의 부산물로 얻어지는 혼합기체 상태의 수소는 일부만이 분리되어 수소로 판매되고 있을 뿐 나머지는 이들 공장에서 연료로 소각 처리되고 있으며, 기타 반도체 제조공정, 용접가스, 실험분석용 등 극히 제한적인 분야에서 수소가 이용되고 있다.

장차 기대되는 수소의 이용분야로는 연료전지, 수소자동차 및 수소항공기, 수소의 촉매연소 등이 있으나, 이는 당분간 지속될 기존의 값싼 화석연료 시대에서는 일상적인 상용화가 어려운 분야로 사료되고 있다. 그러나 언젠가는 수소에너지 체계 사회가 도래할 것이므로 서서히 이들 분야의 기술수요도 창출되리라 기대하고 있다.

(ㄱ) 화학공업 이용기술

현재 생산되는 수소의 대부분은 화학공정에 이용되고 있으며, 단일 이용공정으로 암모니아 제조용 수소의 수요가 제일 크며, 나머지의 대부분이 석유화학공업에 이용되고 있다.

(ㄴ) 연료전지 발전기술

연료전지는 수소와 산소의 화학반응에 의해 전기를 생산하는 기술이다. 현재 수소의 이용기술 중 가장 유망한 분야로 꼽히고 있는 연료전지 발전기술은 기존의 발전기술(연료의 연소 → 증기 발생 → 터빈 구동 → 발전기 구동)과는 달리 연소과정이나 구동장치가 없으므로 효율이 높을 뿐만 아니라 환경문제(대기오염, 진동, 소음 등)를 유발하지 않는 새로운 개념의 발전기술이다.

연료전지는 1839년 영국의 W. R Grove가 발명하였으며, 1952년 F. T. Bacon이 베이컨전지를 개발하여 특허를 취득하였고, 미국에서 이 특허를 개량하여 1969년 아폴로 11호에 탑재하였다. 현재 우주선에서는 전력 및 식수

공급원으로 사용되고 있다.

(ㄷ) 수소자동차

자동차에 사용되는 연료는 가솔린, 경유 등 화석연료로 이들의 사용에 따라 발생되는 일산화탄소, 탄화수소, 질소산화물, 검댕 등은 심각한 대기오염을 유발하고 있어 미국 등 선진국에서는 화석연료를 사용하는 자동차의 생산과 운행을 제한하는 법을 제정하여 이를 규제하려는 추세이며, 이들 선진국들을 중심으로 기존의 자동차를 대체할 수 있는 무공해 자동차에 대한 연구개발이 활발히 이루어지고 있다.

개발되고 있는 무공해 자동차로는 전기자동차, 수소자동차, 연료전지 자동차 등이 있으며, 가솔린이나 경유보다는 대기오염이 적은 자동차로 알코올 자동차, LPG자동차, 압축천연가스 자동차들이 개발되어 운행되고 있다.

수소를 연료로 사용하는 수소자동차는 가솔린을 사용하는 것보다 열효율이 우수하며, 기존의 내연기관을 조금만 개량하여도 수소를 연료로 사용할 수 있다. 수소자동차는 극소량의 질소산화물을 발생하는 외에 연소생성물은 물뿐이므로 환경오염의 염려가 없는 우수한 자동차이다. 수소자동차는 기존

그림 5-56 수소 연료전지 자동차의 시장전망

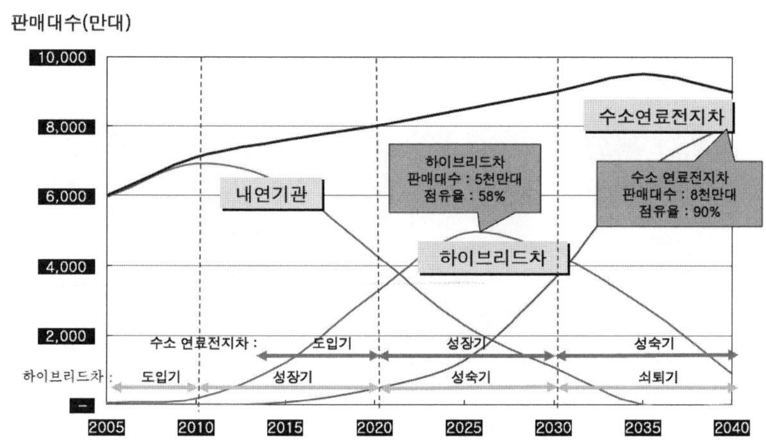

〈출처: 수소 · 연료전지사업단, 홍성안, 2008〉

의 연료탱크를 수소저장탱크로 바꾸어 주어야 하므로 수소를 저장하는 기술이 요구된다. 수소를 저장하는 기술은 기체, 액체 및 고체상태로 저장하는 방법이 제안되고 있으므로 어느 저장방법이 보다 우수하고 안전한 방법이라고 확정지을 수는 없으나 지금까지는 액체수소 저장의 경우가 제일 적합한 것으로 알려지고 있다.

(ㄹ) 수소이용 히트펌프

화학히트펌프 체계는 화학반응에 수반되는 발열 또는 흡열반응을 이용하는 것으로 주로 수소와 반응하는 화합물들을 이용하고 있다. 이 체계는 잠열을 이용하는 일반의 기계적 히트펌프 체계가 기계적 에너지를 열에너지로 변환시키는 것과는 달리, 용해, 희석, 흡탈착 및 화학반응을 사용하여 열에너지를 화학반응의 반응열을 이용하여 흡수한 후, 보다 고온에서 열을 방출하게 하므로 기계적 히트펌프에 비하여 많은 양의 열을 보다 높은 온도까지 올릴 수 있다. 이와 같이 화학히트펌프는 작동매체로 화학반응 물질을 이용하고 있으므로 매체의 선택범위가 넓어서 장차 실용화 전망이 있는 기술로 사료된다.

(ㅁ) 기타 이용기술

수소는 암모니아, 염산, 메탄올 등 외에도 옥탄올, 부탄올 등의 알코올,

그림 5-57 수소경제와 연료전지

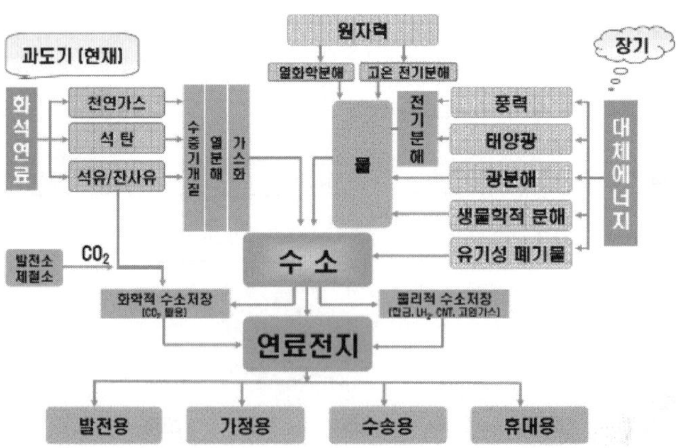

〈출처: 수소 · 연료전지사업단, 홍성안, 2008〉

과산화수소 제조 등의 화학공업에서뿐만 아니라, 식품/유지공업, 반도체, 유리공업, 금속산업 등에서 널리 쓰이고 있다. 식품/유지공업에서는 유지, 경화유 등 마가린의 제조나 쇼트닝(Shortening)용으로 수소가 사용되고 있다. 유지공업에서 경화란 수소첨가(hydrogenation)를 의미하며, 원료유지의 글리세린 화합물(glyceride) 조성의 불포화부분의 일부 또는 전부를 포화시키는 공정으로서, 이 공정을 거친 제품을 경화유라고 한다.

반도체제조 등 전자산업에서 소요되는 수소는 환원성분위기를 만들어주는 데 쓰이고, 99.999에서 99.9999% 정도의 순도를 요구하며, 대부분 MeOH의 분해공정을 이용하여 수소를 얻고 있다.

이와 같이 수소는 대부분 화석연료로부터 얻고 있으며, 전기분해는 극히

표 ⑤-55 기술별 기술개발 내용

대분류	중분류	기술개발 내용
제조	물로부터 수소제조	전기분해(SPE, 태양광, 풍력 등 대체전원이용 등)
		저온열분해(산화물, 유황화합물, 염화물, 불화물, 요드화물 등)
		광촉매(금속산화물, 페롭스카이트, 제올라이트 등)
		바이오(광합성 직 · 간접, 혐기발효, 광합성 발효 등)
	화석연료로부터 수소 제조	수증기 개질(상용화되어 있음)
		플라즈마 개질(반응기, 플랜트 건설) → 미국 상용화
		고온열분해(이론정립, 촉매, 반응기) → 선진국 개발단계
	수소 정제	고순도 수소 제조(PSA, MH 이용 등) → 선진국 기술확립
저장	물리적 저장	기체저장(상용화되어 있음)
		액체저장(재료, 고용량저장, 무게 등) → 독일 상용화
		고체저장(재료, 고용량저장, 무게 등) → 일부 상용화
		CNT(재료, 합성, 공정기술 등) → 선진국 개발단계
	화학적 저장	CO_2 이용 메탄올, 에탄올 합성(상용화되어 있음)
이용	이용	가정(전기, 열), 산업(반도체, 전자, 철강 등), 수송(자동차, 배, 비행기) → 수소의 제조, 저장기술이 확립되지 않아 실용화된 사례가 없음
	안전대책	역화방지 등 연구사례 없음

〈출처: 신 · 재생에너지의 이해〉

일부에서 이용하고 있으며, 그 양도 많지 않다. 국내에서 생산 또는 발생되는 수소는 대부분 자체소비에 충당되고 있으며, 몇몇 업체에서 정제된 수소를 공급받아 판매하고 있다.

(참조: 심규성, 수소에너지 이용기술개발과 전망)

③ 국내외 산업동향

많은 학자들은 수소경제사회에 대한 큰 기대와 관심을 기울이고 있다. 수소경제사회란 신재생에너지를 이용하여 물 및 유기물질로부터 생산되는 수소를 각종 부문의 에너지로 이용하는 무공해 경제사회를 의미한다. 화석연료의 고갈과 날로 더해가는 환경오염의 해결을 위해 수소에너지가 유력한 미래 에너지원으로 떠오르면서 선진국을 중심으로 많은 투자와 연구개발이 전략적으로 이루어지고 있다.

가) 세계동향

전 세계 수소 생산량은 연간 약 5천만 톤이며 대부분이 암모니아, 메탄올 등 화학원료의 제조와 석류정제 공정 등에 사용되고 있다. 전 세계적으로 연료전지, 자동차 수소 연료, 충전용도로 87개(2004년을 기준)의 수소충진 저장소(station)가 운영 중에 있다. 세계적으로 2004년 300억 달러 수소시장이 2012년 800억 달러로 증가가 예상되고 수소시장은 계속 커져 2020년에는 지금의 약 5배의 규모로 성장할 것으로 사료된다.

일본은 2005년을 연료전지 상업화의 시점으로 잡고 2010년에는 시장을 본격적으로 활성화할 계획이며, 아이슬란드는 2040년 수소 사회(hydrogen society)로 전환, 풍부한 자연 에너지원을 활용한 '수소강국'을 꿈꾸고 있다.

관련 보고서에 따르면 오는 2030년에는 세계적으로 자동차용과 주택용, 휴대용 등을 포함해 모두 1천 500억 달러 규모의 연료전지 시장이 형성될 것이라고 전망하고 있다.

나) 국내동향

국내시장에 있어서 울산, 여수 및 대산 등의 30여 개 정유, 제철 및 화학회사에서 제조되는 국내의 수소생산량은 연간 56만 톤으로 약 1조원의 시장규모이다. 국내에서 생산된 대부분의 수소(82%)는 정유공장 및 제철공장 등에서 자체적으로 생산하여 사용하고 있으며, 사용하고 남은 18%가 외부로 판매되어(연 10만 톤) 반도체/재료산업, 전자산업, 우주항공산업 등에 사용된다. 국내의 수소생산량은 매년 5~10%의 수요가 증가하여 2012년 110만 톤에 이를 것으로 전망되며, 수소사회 진입 초기인 2012년에 납사, LPG, LNG를 원료로 한 소형 스테이션에서 생산되는 연 3만 톤 포함하여 수소 스테이션 1,700개소에서 연 42만 톤의 수소를 생산할 것으로 추정된다.

④ 국내 향후 계획

우리 정부가 추진 중인 기술 개발이 성공을 거둘 경우 오는 2020년까지 국내 수송에너지의 20%를 석유 등 화석연료에서 수소에너지로 대체할 것으로 전망하고 있다.

그러나 현재까지 개발된 기술이 아직 상용화되기에는 충분치 못한 수준이어서 향후 연구과제로 남겨져 있다. 누가 먼저 상용화 기술을 선점하느냐에 따라 국가 경제력 확보에 지대한 공헌이 될 것이라는 것은 자명한 과제로 남아 있다.

이에 우리의 경우 수소에너지 개발을 위한 국가 비전을 수립하고 산업 경쟁력 확보 및 국가 에너지 수급 차원에서 구체적인 계획을 세운 후 민간 기업들도 대비하도록 유도해야 할 것이다. 이제 우리는 단순한 수소에너지의 개발 기술뿐만이 아니라, 수소의 생산, 저장, 운반, 활용을 위한 인프라, 규제 등에 관한 종합적인 대책을 수립하여 실행함으로써 에너지자원 산업에 대한 강국의 입지 확보에 최선을 다하여야 할 것이다.

지/공/탐/측/학/개/관

06 재난대책

Disaster Mitigation

제1절 개 요

인류생활을 하면서 자연재난(자연적인 재해), 인적재난(인공적인 재해) 및 사회적 재난(사회적인 재해)에 직면하게 되는데 이를 어떻게 극복하고 개선하느냐에 따라 삶의 형태와 가치가 달라지는 것이다.

재난은 국민의 생명, 신체, 재산과 국가에 피해를 주거나 줄 수 있는 것이다(재난 및 안전관리기본법 제 3 조). 재해는 「재난 및 안전관리기본법」 제 3 조 1호에 따른 재난으로 인하여 발생하는 피해를 말한다(자연재해대책법 제 2 조).

인류의 의지와는 관계없이 자연현상으로 인하여 발생하는 태풍, 홍수, 호우, 강풍, 풍랑, 해일, 대설, 낙뢰, 가뭄, 지진, 황사, 적조(赤潮) 등이 자연재해이고, 인류의 부주의와 잘못으로 발생하는 화재, 붕괴, 폭발, 교통사고, 화생방 사고, 환경오염 등이 인적재난이며 에너지, 통신, 교통, 금융, 의료, 수도 등 국가 기반체계의 마비, 「감염병의 예방 및 관리에 관한 법률」에 따른 감염병, 「가축 전염 예방법」에 따른 가축전염병 확산 등으로 인한 피해를 사회적 재난으로 정의하고 있다.

우리나라는 재난예방을 위해 상시대비단계의 경우 다음과 같은 중앙재난안전대책본부의 조직을 〈그림 6-1〉과 같이 설정하고 있다. 또한 재난유형별 공통자료에 관한 항목과 최근 이용되고 있는 인공위성의 영상에 의한 자료 현황은 <표 6-1>과 같다.

본 장에서 다루는 재해와 예방은 기상재해(호우, 대설, 폭설, 해일, 태풍, 폭풍, 우박, 뇌전, 서리, 가뭄, 냉해, 안개 등), 산림재해(산림병충해, 산사태, 산불 등), 지진 등에 의한 사항들이다.

(1) 재해유형별 공통자료

재해예방을 위한 의사결정을 하기 위해서는 재해의 유형별 사전예측 및 대비, 대응, 복구, 관리 단계에 대한 지형공간정보 관련 자료가 필요하다. 재해관련 자료 마련에는 재해상황에 대한 해당 재해에 관한 자료와 재해 전

그림 6-1 상시대비단계의 중앙재난안전대책본부의 조직

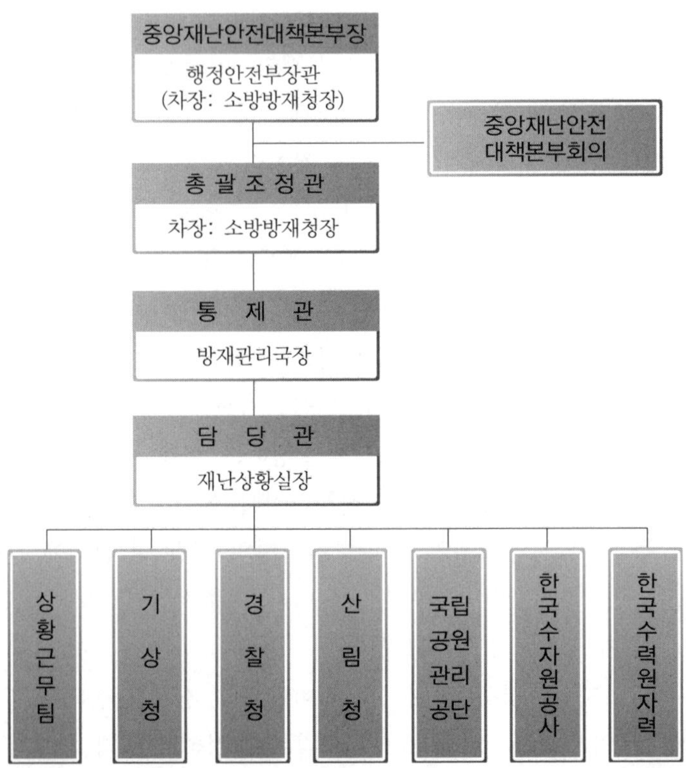

반적인 공통자료가 있다.

공통자료의 항목은 대략 11가지로 설정하고 있다.

① 주요태풍 진로도, ② 기간별 피해액(월/일), ③ 원인별 피해액(호우 풍랑, 대설, 강풍), ④ 월별 피해액, ⑤ 수계별 피해액(한강, 섬진강, 금강, 낙동강), ⑥ 시도별 피해액, ⑦ 종목별 피해액(공공시설, 농경지, 주택, 기타), ⑧ 월별 기상정보, ⑨ 월별 강수현황, ⑩ 강수량 분포도(도형정보), ⑪ 기타자료(조위자료, 온도, 일강우량, 풍향풍속, 기상일기도) 등이다.

11가지 공통자료에서 기상일기도, 주요 태풍진로 등에 관한 자료는 위성영상을 통해 취득이 가능하나 강수현황, 조위, 기후(온도), 일강우량, 풍향풍속, 각종 재해 피해액 등의 자료는 유관기관의 자료협조와 지상 및 항공영상 등을 이용하여 상세하고 정확한 자료를 취득하여 활용한다.

(2) 중앙재난안전대책본부의 조직

〈그림 6-1〉은 상시대비단계의 경우 중앙재난안전대책본부의 조직을 나타내고 있다. 행정안전부장관을 본부장으로 하고 소방방재청장이 차장으로 있으며 전반적인 상황업무의 총괄은 소방방재청 차장이 총괄조정관으로서 역할을 수행한다.

(3) 위성영상의 활용

최근 인공위성의 고해상 광학 및 레이더 영상 취득이 가능함에 따라 재해상황 대응을 위한 재해의 유형별 위성과 센서(sensor)의 활용이 크게 증대되고 있다. 재해유형별 위성 및 센서를 살펴보면, 홍수관측 및 감시(monitoring) 및 실시간 홍수예보를 위해서 사용가능한 위성은 TerraSAR-X, COSMO-SkyMed, RADARSAT-2 등과 같은 주로 SAR 위성영상이다. 또한 태풍, 집중호우 등의 위험기상을 조기탐지할 수 있는 천리안, MODIS, NOAA 등의 위성영상을 활용할 수 있다.

대설모니터링은 적설지역을 추출할 수 있어야 하기 때문에 MODIS, LANDSAT 등의 위성영상을 활용할 수 있다.

표 ⑥-1 재해유형별 위성 및 센서와 산출물

재해유형	활용내용	위성 및 센서	예상 산출물
홍수	예보, 관측 및 감시	TerraSAR-X	침수구역도
		COSMO-SkyMed	
		RADARSAT-2(SpotLight modes)	
		ALOS(PALSAR, AVNIR-2)	
		RapidEye	
태풍	조기탐측	천리안	태풍이동경로
		Terra(MODIS)	
		NOAA	
대설	관측 및 감시	Terra(MODIS)	폭설구역도
		LANDSAT	
지진	관측 및 감시	COSMO-SkyMed	지진피해현황도
		ALOS(PRISM, PALSAR, AVNIR-2)	
		NOAA(AVHRR)	
	복구 계획수립	KOMPSAT-2(MSC)	
		IKONOS	
		QuickBird-2	
		GeoEye-1	
산사태	관측 및 감시	KOMPSAT-2	산사태구역도
		COSMO-SkyMed	
		ALOS(AVNIR-2)	
화산	관측 및 감시	LANDSAT	화산분출물현황도 식생지수변화도 화산재분포도
		Terra(ASTER)	
		EO-1	
		Terra(MODIS)	
		NOAA(AVHRR)	
		ALOS(AVNIR-2)	
산불	관측 및 감시	Terra(MODIS)	식생피해현황도 산불변화감시도
		NOAA	

지진관측 및 감시를 위해서는 주로 지구상의 에너지 이상을 탐측할 수 있는 열적외선센서를 탑재한 위성이 활용될 수 있으며 COSMO-SkyMed, ALOS, NOAA/AVHRR 위성영상이 대표적이다. 또한 지진피해에 따른 복구계획을 수립할 때에는 KOMPSAT-2, IKONOS, QuickBird-2, GeoEye-1 등의 고해상도 영상을 이용할 수 있다.

화산관측 및 감시를 위해 LANDSAT, ASTER, EO-1, MODIS, NOAA/AVHRR, ALOS/AVNIR-2 등의 영상이 활용될 수 있으며, 산불관측 및 감시는 MODIS, NOAA/AVHRR 위성을 이용이 가능하다. 그 밖에 기름유출에 의한 피해 관측 및 감시는 SAR 영상을 이용할 수 있다. 특히, 재난상황의 피해분석에는 WorldView-2, QuickBird-2, OrbView-3, GeoEye-1, IKONOS, KOMPSAT-2 등의 고해상도 광학 위성영상과 COSMO-SkyMed, TerraSAR-X와 ALOS(PALSAR) 등의 능동형 레이더 영상을 이용하여 분석이 가능하다.

위성영상을 활용한 산출물로는 재난유형별로 침수흔적도, 화산분출물현황도, 식생지수변화도, 화산재분포도, 침수구역도, 산사태구역도, 지진피해현황도, 산불에 의한 식생피해현황도, 실시간적 산불변화감시도 등의 제작이 가능하다(〈표 6-1〉).

제2절 재해·재난의 분류 및 법령

(1) 재난과 재해

재난 및 안전관리기본법(2011. 3. 8 개정)은 각종 재난으로부터 국토를 보존하고 국민의 생명·신체 및 재산을 보호하기 위하여 국가와 지방자치단체의 재난 및 안전관리체제를 확립하고, 재난의 예방·대비·대응·복구와 그 밖에 재난 및 안전관리에 필요한 사항을 규정하고 있다. 재난 및 안전관리기본법 제3조에 재난에 대한 용어의 정의가 있다.

국민의 생명·신체·재산과 국가에 피해를 주거나 줄 수 있는 재해·재난은 다음 각 항목의 것을 말한다.

① 태풍, 홍수, 호우, 강풍, 풍랑, 해일, 대설, 낙뢰, 가뭄, 지진, 황사, 적조, 그 밖에 이에 준하는 자연현상으로 인하여 발생하는 재해(종전의 자연재해)

② 화재, 붕괴, 폭발, 교통사고, 화생방사고, 환경오염사고, 그 밖에 이와 유사한 사고로 발생하는 대통령령으로 정하는 규모 이상의 피해(종전의 인적재난)

③ 에너지, 통신, 교통, 금융, 의료, 수도 등 국가기반체계의 마비와 「감염병의 예방 및 관리에 관한 법률」에 따른 감염병, 「가축전염병예방법」에 따른 가축전염병 확산 등으로 인한 피해(사회적 재난)

(2) 재난의 분류체계

그림 6-2 재난의 분류체계

재난은 〈그림 6-2〉와 같이 인적재난, 자연재난, 사회적 재난으로 분류된다.

(3) 재난의 법적 성격

표 ⑥-2 재난의 법적 성격

<table>
<tr><th>구 분</th><th colspan="2">재 난</th></tr>
<tr><td>대 상</td><td colspan="2">○ 인적재난: 화재, 붕괴, 폭발, 교통사고, 화생방사고, 환경오염사고 등
○ 자연재난: 태풍, 홍수, 호우, 강풍, 풍랑, 해일, 대설, 가뭄, 낙뢰, 지진, 황사, 적조 등</td></tr>
<tr><td>근 거 법</td><td colspan="2">재난 및 안전관리 기본법</td></tr>
<tr><td>수습체제</td><td colspan="2">○ 중앙안전관리위원회(위원장: 국무총리)
○ 중앙재난안전대책본부(본부장: 행정안전부장관)
- 중앙사고수습본부(본부장: 주무부처장관)
- 중앙긴급구조통제단(단장: 소방방재청장)
↓
○ 지역안전관리위원회(위원장: 시 · 도지사, 시 · 군 · 구청장)
○ 지역재난안전대책본부(본부장: 시 · 도지사, 시 · 군 · 구청장)
○ 지역긴급구조통제단(단장: 소방본부장, 소방서장)</td></tr>
<tr><td rowspan="2">복구책임</td><td>인적재난</td><td>자연재해</td></tr>
<tr><td>피해 원인자
(보상 및 배상)</td><td>• 방재책임자
- 국가시설: 국가
- 지방시설: 지방자치단체
- 개인시설: 개인
*“재해구호 및 재해복구비용 부담 기준 등에 관한규정”에 따라 국가 일부 보조 및 지원</td></tr>
<tr><td>대규모
재 난
발생시</td><td colspan="2">○ 재난사태 선포(재난 및 안전관리기본법 제36조)
- 대통령령이 정하는 재난이 발생하거나 발생할 우려로 인하여 사람의 생명 · 신체 및 재산에 미치는 중대한 영향 또는 피해를 경감하기 위하여 긴급한 조치가 필요하다고 인정되는 경우 선포
* 선포대상지역 3개 시 · 도 이상: 선포 → 국무총리
선포대상지역 2개 시 · 도 이하: 선포 → 중앙재난안전대책본부장
• 특별재난지역 선포(재난 및 안전관리기본법 제59조 내지 제60조)
- 대통령령이 정하는 재난의 발생으로 인하여 국가의 안녕 및 사회질서의 유지에 중대한 영향을 미치거나 당해 재난으로 인한 피해의 효과적인 수습 및 복구를 위하여 특별한 조치가 필요하다고 인정되는 경우 선포
*선포: 대통령</td></tr>
</table>

〈출처: 2009년 재난연감, p.16〉

〈표 6-2〉는 재난 및 안전관리기본법을 근거로 재난의 대상과 수습체계 그리고 복구책임 등에 대해서 나타낸 것이다.

제3절 기상에 의한 재해 대응 및 대책

(1) 기상에 의한 재해

기상에 의한 재해는 호우, 폭설, 우박, 뇌전, 서리, 폭풍, 가뭄, 냉해, 해일, 안개 등을 들 수 있다.

강수현상이 자주 나타나 일시적으로 많은 빗물이 비대한 도시의 소하천의 범람, 많은 눈으로 인한 도로교통의 혼잡이 이루어지고 있다. 또한 무더운 여름의 날씨와 강추위의 겨울 날씨로 전력의 수급에 차질이 생겨서 일상생활이나 제조업, 유통업 등에 큰 손실을 주기도 한다.

(2) 기상재해의 유형별 특성

① 호 우

북태평양 고기압 가장자리에 위치한 우리나라는 여름철에 해상으로부터 많은 수증기를 공급받아 정체 전선상에서 발달한 저기압, 태풍, 상공의 한기로 인하여 수증기가 강하게 상승하는 지역에서 호우가 자주 발생한다.

호우는 발생하는 위치와 시각 및 강수량을 정확하게 예측하기 어려우며, 태풍으로 이미 비가 많이 내린 지역에 호우가 발생하게 되면 피해가 가중되어 엄청난 손실을 낸다. 호우에 의한 피해는 지대의 고저에 상관없이 발생하며, 호우가 높은 산에 발생하면 고지대는 도로의 붕괴로 고립현상이 나타나고 저지대는 유수에 의한 침수가 발생한다.

② 대설 또는 폭설

저기압이 우리나라를 통과할 때 남쪽 바람으로 유입된 온습한 수증기가 차가운 공기와 만나는 저기압의 북동쪽에서 많은 눈이 오는 현상이 폭설이다. 저기압이 남해상을 지나게 되면 남부지방에, 저기압이 남해안 지방을 지나면 중부지방에 많은 눈이 내린다. 또한 발해만 부근에서 발생한 작은 저기압이 중부로 접근하면서 남서풍과 함께 남서 해상의 수증기가 유입되면 중부지방에 많은 눈이 오게 된다.

만주에서 한기를 동반한 상층저기압이 통과하며 백두대간의 풍하축인 동해 북부해상으로 작은 저기압이 발달하고 지형적인 영향까지 어울러져 강원 산간지방에서는 지속적인 강설현상이 나타나 동해안 지방에 많은 눈이 오게 되는 것이다.

일시에 많은 양의 눈이 내리는 현상으로 같은 양이라 하여도 도심지역에 내린 경우와 기타 지역에 내린 경우 대처방법이 다르다. 도심지역은 산간지역에 비하여 적은 양의 적설이 있어도 교통두절 상황이 발생한다. 이에 비하여 산간지역의 과다한 적설은 도로두절을 초래하여 마을간 고립현상이 발생한다.

③ 해 일

천문조, 태풍, 폭풍, 저기압 등의 복합적인 영향으로 해수면이 이상적으로 높아지는 현상을 말한다. 해일에 의해서 초래되는 재해를 해일피해라 하며, 구체적으로 해일이 갖는 큰 유압과 강한 풍랑에 의한 인명피해, 항만시설과 선박피해, 해안근처의 주택 · 농경지 침수 및 양식장 피해 등이 있다.

④ 태풍 또는 폭풍

폭풍은 순간적으로 불규칙하게 변하는 난류 특성을 지니고 지상 10m 고도에서 풍속의 세기가 강해지면서 나타나는 현상으로 초속 20m 이상의 강풍이 불면 재해 발생 가능성이 높아지며 초속 30m 이상이 되는 강풍이 지속적으로 불면 약한 목조가옥이나 시설물이 파괴될 수 있다.

태풍의 크기는 풍속 15m/s 이상이 미치는 영역에 따라 소형, 중형, 대형, 초대형으로 강도는 중심기압보다 중심최대풍속을 기준으로 약, 중, 강, 매우강으로 분류된다. 태풍권역이나 진행방향의 우측(동측)은 강한 바람이 불며, 중심권역이 가까이 다가오면 폭풍우가 발생되며, 태풍은 호우, 강풍, 해일을 동반한다. 17~24m/s의 평균풍속도에서의 풍압은 최대 20~45kg중/㎡

이며 사람은 바람을 향하여 걸을 수 없거나, 신체를 바로 고정하지 않으면 넘어지고, 나무는 잔가지가 꺾이며, 건축물과 비닐하우스는 쓰러지고, 바람에 날린 물건에 의해 유리창이 깨진다.

해상에서는 해수면의 마찰력이 지면보다 작아 바람이 육지보다 더 강하게 되므로 바다의 경우 평균풍속이 초소 14m 이상으로 3시간 이상 지속되거나 유의 파고가 3m를 넘을 때 풍랑주의보를, 평균풍속이 초속 21m 이상으로 3시간 이상 지속되거나 유의 파고가 5m를 넘을 때 풍랑경보를 발표한다. 또한 육상의 경우 평균풍속이 초속 14m 이상이거나 순간풍속이 초속 20m 이상이 될 때 강풍주의보를, 평균풍속이 초속 21m 이상이거나 순간 풍속이 초속 26m 이상이 예상될 때는 강풍경보를 발표한다.

⑤ 우박, 뇌전, 서리

우박은 연직적인 바람의 거동으로 적운 속의 수적이 강한 상승류를 따라 빙점고도 이상까지 상승했다가 다시 하강하는 과정을 되풀이 하면서 성장하여 그 무게를 이기지 못하면서 지상으로 낙하하는 것으로 봄과 가을철에 식물이 자라기 시작하거나 추수를 앞둔 농작물에게 큰 피해를 준다. 우박을 생성하는 비구름들은 강한 뇌전을 동반한다. 연직적으로 불안정한 대기상태에서 비구름이 깊게 발달할 때 뇌전이 자주 일어나는데 이때 뇌전의 강력한 전기적 충격으로 기상레이더, 첨단전자기기, 통신장비 등의 기능을 마비시킨다.

서리는 지면온도가 영하로 떨어져 주위의 수증기가 응결하는 대신 바로 승화하여 지면 위의 물체나 식물에 달라붙는 현상으로 광범위한 지역에 산재되어 있는 농작물(늦은 봄 싹이 튼 다음, 이른 가을 작물의 생육이 완료되지 않아 저항력이 약화되어 있는 농작물)에게 큰 피해를 준다. 우박이나 뇌전은 좁은 지역이나 서리는 넓은 지역에 피해를 줄 수 있다.

⑥ 가뭄, 냉해

육상이나 해상에서 증발한 수증기가 구름이 되어 일정한 조건이 이루어지면 비가 되는데 여름철에는 강수량이 증발량보다 많고 겨울철에는 증발량이 강수량보다 많다. 그러나 북동쪽에 있는 오호츠크 해의 습한 고기압이 발달하여 우리나라를 지배하게 되면 비구름의 통로가 우리나라를 벗어나게 되면서 고온으로 증발량이 많은 대신 강수량이 적게 되는데 이것이 가뭄이다. 가뭄으로 농작물이나 물이 많이 소요되는 식생들에게 큰 손상을 준다. 오호츠크 해의 찬 해양성 고기압의 영향으로 우리나라에 북동 기류가 저속으로 유입되어 평균기온이 낮은 데다 장마로 일조율까지 저조하여 나타나는 현상이 냉해이다. 냉해는 농작물의 생육에 큰 피해를 줄 수 있다.

⑦ 안 개

안개는 작은 물방울이 대기 중에 부유하면서 시정(視程)상에 장애를 일으키는 기상현상이다. 우리나라의 경우 육상에서는 봄과 가을철 야간에 지면이 냉각되어 대기 중의 수증기가 응결되는 복사무의 유형이 많고 해상에서는 봄과 여름철 온습한 공기가 찬 해수면 위를 지나면서 응결되는 이류무가 많다. 안개가 심할 경우 육상, 해상, 항공교통에 큰 지장을 주고 있다(이우진, 한국의 기후, 2004).

(3) 기상재해 자료처리의 흐름 및 산출물

① 자료수집

기상재해와 관련하여 재난상황 발생 전 사전예측 및 대비에서 관리단계에 필요한 자료의 유형, 확보기관, 축척 등의 특성은 〈표 6-3〉에 나타낸다.

② 산출물

풍수해와 관련한 산출물은 홍수, 침수 등의 주제와 관련이 있으며, 관련 산출물로는 침수흔적도(지진재해대책법 제3조), 침수예상도, 재해정보지도, 홍수위험지도(하천법 제21조), 해안지역의 해안침수예상도 등이 있다.

환경부에서 제공하고 있는 대분류 토지피복지도(1/50,000)와 중분류 토지피복지도(1/25,000)를 이용하면 태풍 및 호우가 발생한 지역의 대략적인 피해 추정액을 산출할 수 있다. 다만, 토지피복지도의 갱신주기와 실제 토지이용 현황과의 차이 등으로 인하여 실질적인 피해추정은 현장확인을 통해서 보완이 필요하다. 또한 GeoEye-1, QuickBird-2, SPOT-5, KOMPSAT-2 등의 광학영상과 SAR 영상을 이용하여 피해지역에 대한 현황을 파악할 수 있다.

표 ⑥-3 태풍, 호우 관련 자료

단계	유형	기관	세부
사전 예측 대비 대응 복구 분석 관리 (보상)	수치지형도	국토지리정보원	1/1,000, 1/5,000, 1/25,000
	토지피복도	환경부	국가수자원관리종합정보체계
	인구통계자료	통계청	-
	토지이용현황도	국토지리정보원	1/25,000
	다목적실용위성 2호 위성영상	한국항공 우주연구원	복구현장에 대한 주기적인 모니터링을 통해 문제점 분석 및 대책을 수립(해상도: 1.0m, 4.0m)
	칼라 항공사진	항측업체	해상도: 0.25m, 0.3m
	침수흔적도	소방방재청	1/5,000
	하천단면자료	시군구 관리부서	-
	하천현황도		
	DEM	기본도로부터 생성	해상도: 0.3m
	연속지적도	지적공사	도심지: 1/600, 1/1,200
	위성영상(SAR)	영상공급업체	개략적인 피해추정액 산정(피해복구액 예산편성, 피해현황파악)

(4) 기상재해(태풍, 호우, 해일, 대설) 대응

일기예보에는 단기, 중기, 장기예보와 주의보, 경보 등과 같은 특보가

표 ⑥-4 재난상황 비상단계의 구분

비상단계	설명	상황
Ⅰ 단계	예비특보 발효시	호우 · 대설주의보(3개 시 · 도 이상 광역지역) 및 호우 · 대설경보(1개 시도 이상 광역지역)가 발효된 경우
Ⅱ 단계	태풍주의보 · 경보 · 발령시 또는 국지적으로 극심한 피해발생시	호우 · 대설경보(3개 시 · 도 이상 광역 지역) 또는 국지적으로 극심한 피해발생시
Ⅲ 단계	태풍경보 발령시 또는 전국적 대규모피해 발생시	광역적인 호우 · 대설 경보 또는 전국적 대규모 피해발생시

〈출처: 중앙재난안전대책본부 소방방재청, 기상재해(태풍, 호우) 재난 중앙대책본부 실무반 표준행동 매뉴얼, 2008〉

그림 6-3 기상재해(태풍, 호우, 해일, 대설) 대응 표준절차

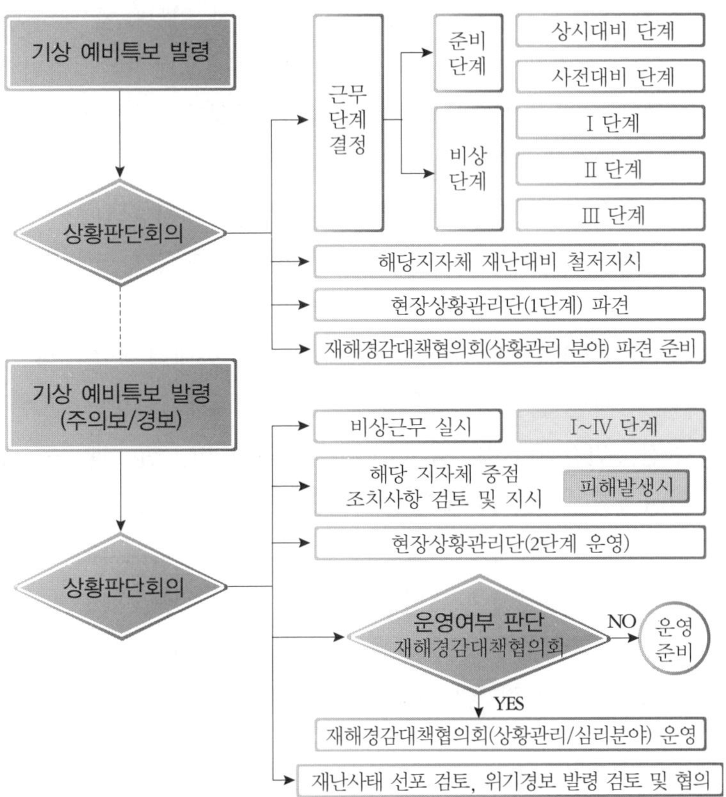

있으며, 날씨와 최고, 최저기온, 풍속 및 강수확률 등을 예상하여 예보한다. 특히 악기상으로 기상재해가 예상될 때, 특보가 발표될 가능성을 미리 알려주는 예비특보제를 시행하고 있다. 〈그림 6-3〉은 태풍과 호우가 발생할 때 표준 대응절차에 대해서 도식화한 것으로 기상 예비특보가 발령되면 상황판단회의를 실시하여 의사결정을 실시하며, 비상단계는 〈표 6-4〉와 같이 3단계로 구분되며 세부내용은 다음과 같다.

태풍과 호우에 대비하여 예방 · 대비 · 대응 · 복구단계에서 중앙재난안전대책본부와 시군구의 지자체에서 수행해야 될 내용은 다음과 같다.

① 예방단계

태풍과 호우에 대비한 예방단계에서는 태풍과 호우의 발생 시기 이전에 재난의 대응과 복구 및 관리 단계에서 수행해야 할 업무들에 대하여 계획을 수립 · 점검하고, 하위기관의 표준행동매뉴얼, 협력체계 등의 정비와 교육, 훈련을 수행한다. 예방단계에서의 수행 주체는 중앙재난안전대책본부와 방재대책과 등이다. 예방단계에서 수행되는 업무는 여름철 자연재해 사전대비 추진계획 수립 · 추진, 여름철 기상재해 대비 비상대응계획 수립 · 추진, 기상재해 대비 주간단위 실천계획(action-plan)추진 및 점검계획 수립 · 추진, 기상재해 대비 자연재해 예방 · 홍보계획 수립 · 추진, 지자체 재해유형별 표준행동매뉴얼 정비 추진계획 수립 · 추진, 인명피해 최소화대책 추진계획 수립 · 추진, 기상재해 감시인 운영지침 마련 · 추진, 자연재해지원센터 구축 · 운영계획 수립 · 추진, 민간관측 및 감시(monitor)위원 정비, 민 · 관 · 군 공동대응 협력체계 정비, 재난상황대응계획서 작성, 기상재해 예방 국토대청결운동추진계획 수립 · 추진, 기상재해 예방 시 · 도 국장회의 개최, 중앙부처 방재정책공동체회의 개최, 기상재해 대비 중앙재난안전대책본부회의 개최, 이재민 수용시설 지정 · 관리, 재해구호물자 확보 · 비축 및 관리, 재해구호기금의 관리, 재해구호 교육 및 훈련 등이다.

② 대비단계

예비특보가 발령되는 대비단계에서는 이후 대응상황의 의사결정을 위한 회의와 대처계획의 수립, 경보발령, 현장관리관 파견 등의 활동을 수행하며, 대비단계의 세부 활동 내용으로는 초기상황판단회의 개최, 해일대처계획수립 추진, 중앙재난안전대책본부 비상근무 지시, 해일위기경보 발령, 국무총리, 중앙대책본부장, 소방방재청장 특별지시, 현장관리관 파견, 상황관리 재해경감대책협의회 가동준비 등이 있다.

③ 대응단계

대응단계는 주의보 발령과 실제피해가 발생하였을 경우로, 현재 상황을 판단하고 조치에 대한 내용결정을 위한 상황판단회의를 시작으로 이전 대비단계 활동을 강화하며, 재난사태를 선포 및 위기경보를 발령하고 피해상황

파악과 재해구호에 관한 활동을 수행한다. 대응단계에서의 세부 활동내용으로는 상황판단회의 개최, 중앙재난안전대책본부 비상근무 강화, 현장관리관 파견 강화, 상황관리 재해경감대책협의회 파견, 자막방송 협조요청, 중앙재난안전대책본부장 특별지시(중앙부처, 지자체), 중앙재난안전대책본부회의 개최, 시 · 도 국장회의 개최, 재난사태 선포 및 위기경보 발령, 피해상황 파악, 응급복구 추진상황 파악, 부족장비, 물자 파악 지원, 민 · 관 · 군 긴급동원, 대통령, 총리, 중앙대책본부장, 청장 현장방문, 긴급복구 추진단 구성 · 운영, 지역구호센터 및 물자「접수 · 배분센터」설치 · 운영 지도, 재해구호의 실시 및 상황파악, 구호물자의 배분 등이 있다.

④ 복구단계

복구단계는 피해조사 및 복구에 대한 계획을 수립하고, 시 · 군 · 구별 피해상황에 대해 관리하는 단계로 복구계획을 수립하여 중앙재난안전대책본부회의에서 최종심의를 확정하는 단계로 세부사항은 다음과 같다.

피해조사 및 복구계획 수립으로는 피해복구계획수립 흐름도, 사유재산 피해 지원절차 흐름도, 공공시설피해 복구지원 흐름도, 피해규모별 복구비 지원기준 및 규모가 있으며, 피해상황관리단계로는 시 · 군 · 구의 피해상황 보고, 중앙재난안전대책본부 피해상황관리, 자치단체피해 최종보고 등이 있다. 또한 복구계획 수립단계에서는 자체복구계획수립대상 및 피해발생 조치, 중앙복구계획 수립대상 피해조치, 복구계획수립, 중앙재난안전대책본부회의 심의확정 등이 있다.

(5) 위성영상을 활용한 기상재해(태풍, 호우, 해일, 대설) 대응

위성영상을 활용한 기상재해의 대응절차를 〈그림 6-4〉와 같이 구상하였다.

일반적인 재난대응과정인 예방 · 대비 · 대응 · 복구단계를 기준으로 기존 대응절차에 위성영상을 활용한 대응절차를 구상하였다. 기존 대응절차와 비교해 재난발생 이전의 예방 및 조기탐지 그리고 재난발생 전후의 전반적인 과정에서 재난관측 및 감시에 활용이 가능하다. 기상 특보발령 후 상황판단회의를 거쳐 재난의 단계결정시에도 활용될 것으로 판단된다. 재난으로 인한

그림 6-4 위성영상을 활용한 기상재해 대응절차

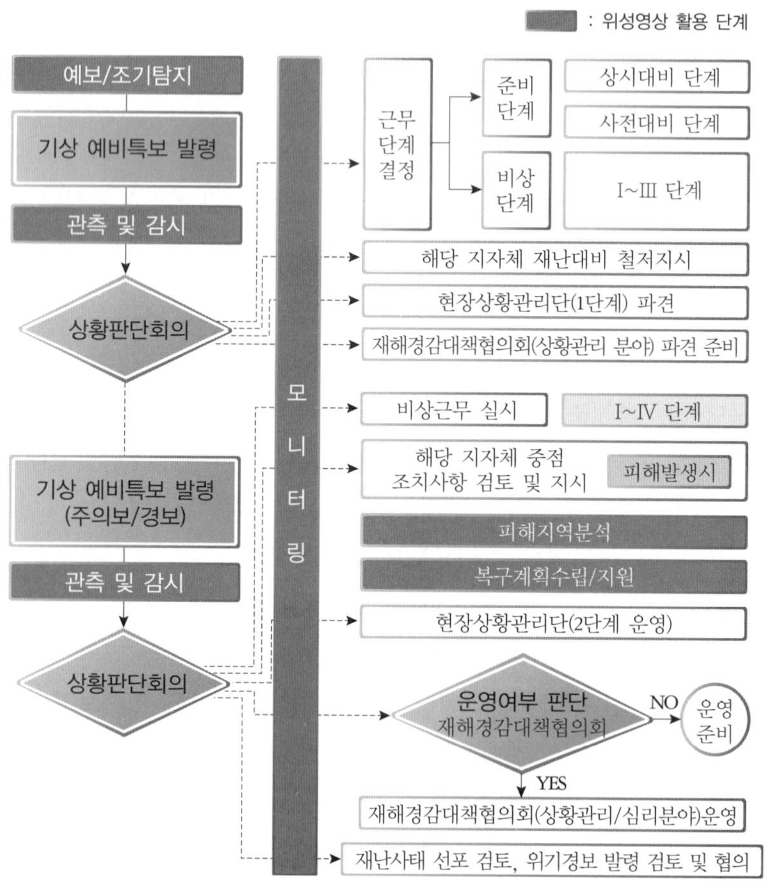

피해발생시 피해지역에 대한 분석을 통한 복구계획수립 및 지원에도 활용될 것으로 예상된다. 위성영상을 활용한 정확한 의사결정을 위해서는 실시간적 영상의 확보가 필요조건이 되어야 할 것이다.

(참조: 국립방재연구원, 2011, 선제적 재난대응을 위한 위성영상정보 활용체계 구축)

제4절 산림재해 현황 및 방지대책

(1) 개 요

최근 지구온난화에 의한 이상기온, 해수면 상승 등 기후변화가 심화되면서 산림생태계 건강의 재해요인 중 하나인 병충해의 예방 및 산림보호에 대한 시급한 대책이 필요하게 되었다.

2007년 IPCC(International Panel on Climate Change: UN 산하기관인 "기후에 관한 정부간 위원회") 보고에 의하면 지난 150년간 지구의 평균온도는 0.7℃ 상승하였고, 지구의 평균해수면도 15㎝ 상승되었으며 기후 이변(온도상승, 집중호우, 태풍강도, 북반구의 적설량 소멸 등)으로 21C 후반에는 지구온도는 6.4℃ 상승하고 해수면도 59㎝까지 상승할 수 있다고 예견했다.

우리나라도 지난 100년간 평균기온이 1.5℃ 상승했고 향후 100년 후에는 4℃ 더 오를 것으로 예상하고 있다.

최근 병, 균류, 외래 병충해에 의한 피해가 급증할 것으로 예상되므로 산림병해충에 대한 예방 및 방제를 체계적이고 효율적으로 추진하기 위해 법적, 제도적 기반 마련인 "산림보호법"이 2010년 3월에 제정되어 시행되고 있다. 산림병해충에 의한 피해를 유형별로 보면 1960~1990에는 솔나방, 솔잎혹파리 등의 해충에 의한 피해, 2000년에는 재선충병, 참나무시들음병 등 병, 균류에 의한 피해, 2010년대에는 꽃매미, 미국 선녀벌레 등 외래병해충의 국내유입 및 기후 변화에 따른 병해충 피해가 확산되고 있다.

(2) 산림재해의 현황과 산림병 해충

① 산림재해 현황

지구온난화에 의한 기후변화, 산림식생분포, 산림관리에 문제점이 나타나고 있다.

기후변화로 신종 외래 해충이 출현하였고, 현 소나무 및 산림목이 과밀하여 쇠약해지고 고사목이 발생하고 있으며 산주 및 민간환경단체의 수목솎

아베기 등의 기피 등이 산림의 건강성 유지 및 우량 임목생산을 위한 병해충 사전 예방에 지장을 주고 있다.

이에 시 · 도 및 지방산림청 합동 예방 조사단 구성, 운영 등을 통하여 지형공간정보체계(GIS), 원격탐측(remote sensing), 항공조사, 외래병해충 유입 차단, 산림병해충 발생 예보제도에 대한 과학기술의 개발을 촉진시켜야 할 것이다.

또한 산림청에서 연차별 추진계획인 재선충병 신규 발생지 및 주요 발생지역 전략적 집중관리(시기별, 감염목 발생위치, 재선충병 감염목 관리체계), 2013년까지 소나무 재선충병 완전방제(발생권역별 방제, 반출금지구역 방제, 감염목 발생을 중심으로 단계별 방제), 방제 산물의 수집 · 활용 및 산주소득증대추진(병해충 방제 산물의 활용으로 목재 펠릿, 목재칩 등의 산업용 공급, 산주 소득을 위한 다각적인 임목 활용), 특히 소나무(재선충병, 솔잎혹파리 및 솔껍질깍지벌레), 참나무 시들음병, 돌발, 외래 병해충 및 일방 병해충 신속 · 적기 대응, 산림병 해충조사 연구 및 국제협력(생태 · 친환경적 병해충 방제 기술연구, 산림건강에 관한 전문교육훈련 및 기술 · 정보교류, 산림병해충 방제기술에 관한 국제교류 · 협력 추진)을 차질 없이 적극적으로 추진하여 건강한 산림을 유지관리해야 할 것이다.

② 산림병 해충에 의한 재해

가) 소나무재선충병

(ㄱ) 소나무재선충병은 1988년 부산의 금정산에서 최초 발생하였으며 일본에서 유입된 것으로 추정

- 현재 12개 시 · 도 51개 시 · 군 · 구에서 5,633ha 피해

(ㄴ) 그동안 소나무, 해송에서만 발생하였으나 '06년 12월 잣나무에서 발생을 확인(경기 광주)

- 소나무 · 해송 매개충: 솔수염하늘소(남부지방 서식)
- 잣나무 매개충: 북방수염하늘소(중 · 북부지방 서식)

(ㄷ) 재선충은 길이 1㎜ 내외의 선충으로서 매개충(솔수염하늘소 · 북방수염하늘소)의 몸 안에 서식

(ㄹ) 매개충이 새순을 갉아먹을 때 상처부위로 나무에 침입하여 빠르게 증식, 나무의 수액(양분) 이동통로를 막아 나무를 죽게 함

- 1쌍이 20일 후 20만 마리 이상으로 증식

(ㅁ) 감염된 소나무류는 당년도에 80%, 이듬해에 20%가 고사함

(ㅂ) 방제방법

- 방 제: 피해목 제거(파쇄, 소각, 훈증)
- 예 방: 나무주사, 항공방제, 지상방제

※ 나무주사는 24cm 방제시 7천원 소요

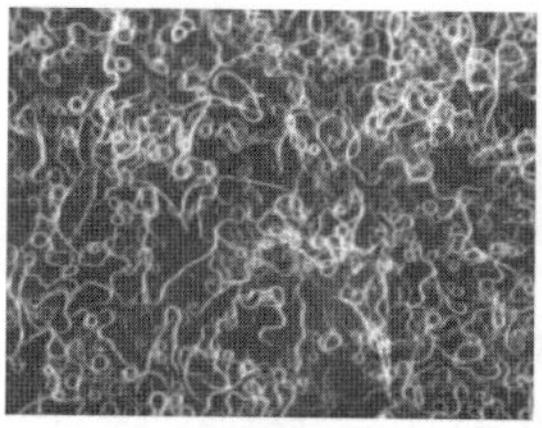

재선충

매개충 솔수염하늘소

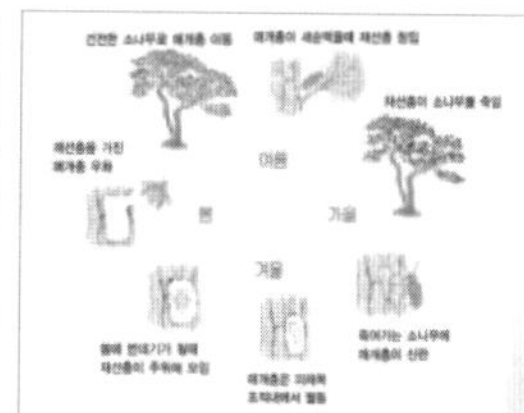

소나무재선충병 피해과정

〈출처: 산림병해충 예찰 · 방제계획, 산림청, 2011〉

나) 솔잎혹파리

(ㄱ) 1929년 서울과 전라남도 목포에서 최초 발생

(ㄴ) 우리나라 소나무를 가해하는 대표적인 해충으로 전국 소나무에 발생

(ㄷ) 파리목의 해충으로 1년에 1회 발생하며, 노령유충으로 땅속에서 월동하고 5월 중순부터 7월 상순에 걸쳐 우화함

(ㄹ) 우화한 성충이 솔잎 사이에 알을 낳고, 앞에서 부화한 유충이 솔잎 아래쪽으로 이동하여 수액을 빨아먹어 피해를 주며, 서서히 벌레혹을 형성함

(ㅁ) 솔잎 속의 유충은 주로 7~9월에 피해를 많이 주며 급격히 성장

(ㅂ) 피해를 받은 나무는 이듬해 3~5월에 소나무림이 붉게 변하여 고사한 것처럼 보이나 신초의 새잎이 돋아나는 6월에는 대체로 회복됨

(ㅅ) 피해를 받은 잎은 생장이 정지되어 정상 잎의 1/2정도이며, 심한 피해를 3~4년 계속 받으면 고사목 발생

솔잎혹파리 성충

피해가지

솔잎혹파리 피해지

〈출처: 산림병해충 예찰 · 방제계획, 산림청, 2011〉

다) 솔껍질깍지벌레

(ㄱ) 1963년 전남 고흥에서 최초 발생

(ㄴ) 서남해안지방의 해송림에서 주로 발생하여 큰 피해를 주고 있음

(ㄷ) 연 1회 발생하며 4월 상순부터 5월 중순에 걸쳐 우화한 암컷 성충이 나무껍질 틈이나 가지 사이에 작은 솜덩어리 모양의 알주머니를 분비하고 그 속에 알을 낳음

(ㄹ) 5월 상순부터 6월 중순에 부화한 유충이 11월까지 휴면을 하며 휴면에서 깨어난 유충이 11월부터 다음해 3월까지 심하게 가해

※ 유충은 0.35mm 내외의 주황색 벌레로 부화 후 가지 위를 기어 다님

(ㅁ) 솔껍질깍지벌레 유충이 나무껍질 속에서 가늘고 긴 입으로 수액을 빨아먹고, 피해를 받은 나무는 아래쪽 가지부터 적갈색으로 고사함

솔껍질깍지벌레 성충(암컷)

솔깍지벌레 피해: (해송)

〈출처: 산림병해충 예찰 · 방제계획, 산림청, 2011〉

라) 참나무시들음병

(ㄱ) 2004년 경기도 성남시 이배재에서 최초 발생

(ㄴ) 병원균은 라펠리아 속의 곰팡이로 신갈나무, 갈참나무 등 참나무류(주로 신갈나무)를 가해

(ㄷ) 매개충(광릉긴나무좀)은 대부분 노숙 유충으로 나무 속에서 월동하며 이듬해 5월부터 성충으로 우화(최성기는 6월 중순)하여 다시 나무 속에 침입함으로

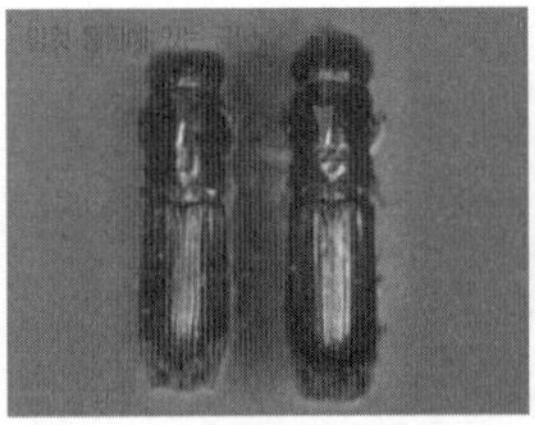
광릉긴나무좀 성충,수컷(좌) 암컷(우)

피해목 주변 배출물

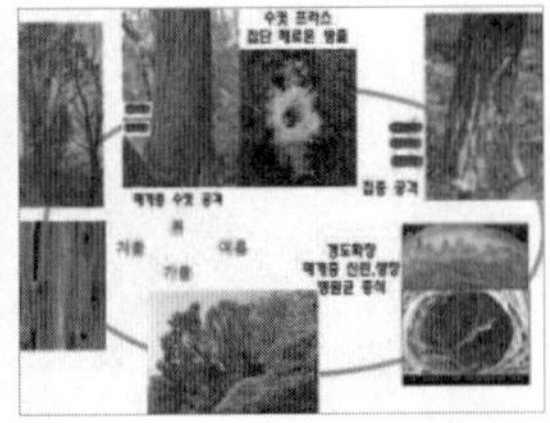
참나무시들음병 피해과정

〈출처: 산림병해충 예찰 · 방제계획, 산림청, 2011〉

써 곰팡이를 퍼뜨림

(ㄹ) 병원균에 감염된 나무는 매개충이 옮긴 곰팡이가 도관을 막아 수분과 양분의 이동이 차단됨으로써 나무가 빠르게 시들면서 죽음

(ㅁ) 전파경로는 매개충 암컷 등에 있는 균낭에 병원균을 지니고 다니며 전염시킴

(ㅂ) 감염된 나무에는 직경 1mm 정도의 매개충 침입 구멍이 많이 있고, 구멍 주위와 뿌리 주변에 목재 배출물이 많이 나와 있어 식별이 용이함

마) 꽃매미

(ㄱ) 중국남부 및 동남아시아가 원산지인 아열대성 해충, 1932년에 최초 보고 기록이 있으나 2006년부터 피해가 보고됨

(ㄴ) 2006년 관악산, 인천, 경기 고양, 청주, 천안에서 발생 확인

(ㄷ) 2007년 충북 제천, 청주에서 발생(포도과수원 약 7ha 피해)

(ㄹ) 2008년 충남(공주, 천안, 아산), 전북(정읍) 등에서 추가 발생

- 산림지역: 서울 등 6개 시 · 도, 42개 시 · 군 · 구의 750ha 발생
- 포도 과수원: 91ha에서 발생

(ㅁ) 산림 내에서 수목의 피해는 크게 나타나지 않으나 포도원에서는 배설물과 흡즙부 위의 수액유출로 인해 그을음병을 유발시킴

(ㅂ) 연 1회 발생하며 알로 월동, 5월 하순에 부화하고 7월 하순부터 성충

(ㅅ) 약충과 성충(성충기간 1개월)은 구침을 이용하여 흡즙을 한다.

1 · 2(알), 3(1~3령 약충), 4(4령 약충), 5(암컷 성충), 6(수컷 성충), 7(암컷:좌, 수컷:우)

〈출처: 산림병해충 예찰 · 방제계획, 산림청, 2011〉

(3) 산불에 의한 산림재해

① 개 요

지구환경의 변화로 온도가 상승하고 건조일수가 늘어나며 적설감소, 임목축적량의 지속적인 증가로 숲이 울창해지고 낙엽 등 산림의 연소물질 증가 및 산불발생 시기가 길어짐에 따라 산불대형화가 우려되고 있다. 산불은 인명과 재산피해, 생물자원의 소실 및 산림자원의 감소, 토양의 황폐화, 산불지역의 수계에 대한 홍수피해 초래, 하천 생태계의 손상 등이 나타난다.

휴양, 등산인구의 증가, 농 · 산촌 주민고령화의 심화, 논 · 밭두렁, 농산폐기물 및 쓰레기 소각에 의한 산불, 주택 · 공장 화재, 작업장 불티 등 생활권 주변의 산불 등이 증가하고 있다. 이와 같은 산불에 대한 예방과 현장진화를 위하여 지상, 공중 영상 전송체계를 위한 "기계화 산불 진화대"의 신설 및 소요장비(감시사진기, 진화 헬기) 보급 확대, 산불 공학적 전문 지식에 근거한 예방설비(산불 방지 급수시설)의 적정 배치, 주요 문화재, 전통사찰, DMZ 및 생태적으로 보호 가치가 높은 보호지역의 초등진화 강화, 기계화 산불장비와 인력이 긴밀히 연계되어 활용될 수 있는 체계의 고도화 및 현장훈련과 임무 수행이 잘 이루어져야 할 것이다. 이로써 산불로 인한 인명과 재산피해를 줄이는 것뿐만 아니라 대형 산불 공조체계를 구축하여 산불로 인한 온실가스의 감축에 대응함으로써 국제협력강화 및 산불처리 강국으로서의 위상을 정립해야 할 것이다.

② 산불감시 및 시설

산불감시 인력 및 운영체계를 효율적으로 운영하기 위한 과제는 다음과 같다.

산불감시에 사각지대가 없도록 감시 인력의 배치, 산불감시 시설 최적 대상지 설정, 산불 감시카메라 영상공유 확대 및 야간 감시강화, 산불 취약지 집중관리, 산불위험 시기에 산불가능 인근 지역에 대한 소각금지 기간(지역에 따라 다르나 2월말, 3월초에서 4월말 등) 설정, 산림 인접 지역 주택지, 도로변 등에 산불예방 및 대응 요령 마련, 산림부서와 소방부서 간의 산불신고의 긴급연락망 구축, 인공위성(정지궤도 인공위성인 천리안)을 활용한 산불현황 실시간 감시체계 구축, 재난성 산불발생시 주민 대피 기준마련 및 운영, 대형 산불 위험지 및 특수지역 산불예방 강화, 산불위험 지역(예, 동해안 지역)에 대한 산불관리센터 운영, 특수지역(국립공원, 백두대간, 산림보호지역 등)의 여건에 맞는 산불예방 지침 등을 마련하는 것이다.

③ 산불진화 인력 및 장비

산불진화에 대한 인력과 장비의 대응성을 강화시키기 위한 과제는 다음과 같다.

산불진화 훈련 정례화를 통한 진화 역량 향상, 산불초기 대응을 위한 "기계화 산불 진화단" 설치 및 운영, 진화인력의 안전성을 위한 실전 전문성 배양, 한국형 산불진화 장비 개발 및 보급, 대형 산불에 대한 공중진화 및 헬기 안전성(항공 및 인공위성에 의한 지형분석으로 헬기 궤적 기반자료 구축, 지상과 공조체계 강화) 확보로 헬기의 임무수행에 만전을 기하도록 한다. 산불 상황을 입체적으로 관리통합할 수 있는 지형공간 정보체계(GIS, 각종 IT기반을 활용한 체계)를 활용하여 정확한 산불 예측과 판단, 신속한 진화에 대한 조치를 취함으로써 산불피해를 최소화시킬 수 있을 것이다.

④ 산불방지에 대한 교육과 연구

산불방지 대응능력을 강화시키기 위한 효율적인 과제는 다음과 같다.

산불특성화에 걸맞는 교육과정을 설정하여 단계별 교육이수(초급, 중견, 고급관리자, 농 · 산촌 주민에 적절한 교육 등), 항공영상 및 고해상 위성영상을 활용한 산림연료 지도를 작성(산림변화에 따른 연료변화 연구 및 연료처리를 위하여 "국가 산림자원 조사" 및 산림건강 활력도 진단 · 평가 항목에 산불연료 조사인자를 포함)하여 침엽수림(소나무림), 활엽수림, 혼효림 등의 층위별 연료량에 대한 정밀조사 및 지형공간정보체계(GIS)의 자료기반(DB: Data Base)을 구축하여 GIS와 DB 활용으로 산불 온실가스 배출 산정 및 평가 모형(model)을 개발함으로써 교토의정서(온실가스 배출량 감소) 감축의무 대비에도 크게 기여하는 한편 대형 산불에 효과적이고 신속하게 대응하여 산불로 인한 피해를 최소화시켜야 할 것이다.

⑤ 산불방지에 대한 유관기관협력 및 법 · 제도

산불방지를 위하여 국내 · 외 유관기관과 협력강화와 법 · 제도마련을 위한 사항들은 다음과 같다.

산불예방에 민간단체 및 화재관련기관과의 지원 협정(MOU)체결로 산불방지에 대한 국민적 공감대형성, 세계 산불회의를 개최하여 국제간 정보 활용 및 국제협력관계강화, 산불방지원칙과 산림보호법령개정 및 하위법령을 체계적으로 제도화, 산불대응역량을 개선하기 위해 산불대응의 문제점 및 개선안 등을 평가하여 정책목표의 방향을 적절히 설정, 산불방지 업무담당자의 사기진작 방안법, 제도화하여 산불 및 산림에 관여하는 종사자들의 자긍심과 책임감을 고취시킴으로써 소임에 충실할 수 있게 하여야 한다.

(4) 산사태에 의한 산림재해

① 개 요

우리나라의 여름철 산사태는 일반적으로 산지의 사면이 급경사가 많고 지질의 응집력이 약한 마사토로 형성되어 있는 지형 및 지질학적인 조건에다. 짧은 시간에 국지성 집중호우와 인위적인 훼손(임도, 채석, 광산개발, 타용도산지전용개발 등)으로 취약한 지반을 견디지 못해 이루어지는 토석류 재해이다. 산사태를 사전에 예방하기 위해서 산사태위험지에 대한 사방댐설치(산사태예방사업), 임도구조개량, 토사유출방지금지, 유목(流木)피해방지조치, 휴양림, 수목원시설 및 표고재배시설 등에 관한 점검 및 보수를 수행하여야 한다.

② 산사태 현황 및 예방

가) 산사태 현황

강수량이 지역별로 짧은 시간에 국지성 집중호우가 응집력이 약한 경사지(또는 산불피해로 응집력이 약화되어 있는 토양)에서 토석류가 많이 유출되면서 산사태가 발생한다. 상류 산지의 소규모 산사태가 급류와 뒤섞여 유출되면서 토석류(土石流)로 확대 생산되어 대규모 토석재해를 유발하기도 한다. 임도피해는 집중호우 시설물의 분산처리가 잘 안 되는 경우, 배수관 유입구에 나뭇가지, 토석 등이 쌓여 물의 흐름을 방해하여 물이 노면으로 범람하는 경우,

유출구의 바닥이 파이거나 옆 도랑에 토사가 퇴적되어 물이 흘러넘치는 경우 등으로 표토층의 토사유출이 진행되면서 산사태가 유발된다. 또한 숲가꾸기, 벌채사업지 등의 작업로(운재로), 산지전용지의 진입로 등이 일부 유실되면서 산사태와 유사한 피해가 하류지역에 발생한다.

나) 산사태 예방대책

산사태예방을 강화하기 위한 대책으로는 산사태 위험지역(주택가 주변 급경사지, 산불피해로 토양의 응집력이 약화되어 있는 토양, 수해복구된 연약지반)에 대하여서는 흙마대쌓기, 배수로정비, 준설을 요하는 곳을 우기(雨期) 전에 준설을 완료한다. 또한 사방댐관리대장에 사방댐의 위치표시(좌표), 이력사항(위탁점검, 안전조치 등)을 정비하여 체계적으로 관리한다. 임도노면 및 측구에 대하여서는 자갈 포설, 복토 등으로 원활한 배수유도, 토사, 낙엽 등으로 막혀 있는 곳은 장애물 제거, 노견 부분 갈라진 틈새구간은 옹벽 · 석축으로 보강한다. 붕괴위험이 있는 비탈면(절 · 성토면)의 보강조치, 배수시설 유입구, 유출구의 점검 및 안전조치, 신설 · 구조개량 등으로 공사 중인 임도에 대한 예방조치, 재해취약지역 현장에는 「수방자재 보관함」 비치 및 활용할 수 있게 하여야 한다. 또한 산지전용 및 토석채취지역은 사전점검 · 보수조치, 송전철탑 시설부지 및 진입로 등에 대한 사전 안전조치, 공사현장사무소 등의 시설물은 산사태 및 계곡물 범람 등 인명피해위험이 없는 안전한 장소에 설치하도록 관리해야 한다. 또한 숲가꾸기 및 산림사업지의 작업로에 대해서는 산사태예방대책 수립 및 실행, 하천(계곡)의 홍수위 30m 이내 지역, 집수구역 내 산물은 수집하여 반출 또는 안전한 구역으로 이동할 것, 산불, 병충해, 태풍피해, 제거목 등은 계곡부에서 안전한 곳으로 집재하거나 현장에서 파쇄하여 활용할 것, 산림사업장의 인부막사 등은 설치하지 말 것(부득이한 경우는 산사태 · 계곡물 범람위험이 없는 곳에 설치할 것)이다. 산림휴양 · 수목원시설에 대해서는 태풍 및 집중호우에 대비하여 사전점검 및 대피계획에 대한 조치를 취한다. 또한 임업용 재배시설(창고, 관리사 등)은 안전한 장소에 설치하도록 하며 표고재배시설의 결속 및 버팀목 세우기 등으로 사전예방조치를 한다. 산지재배장은 산사태, 계곡물 범람 등의 위험여부를 점검하고 피해 우려가 있는 절개지 등은 사전에 보수 및 정비를 한다.

다) 산사태 피해지역 복구

산사태 응급복구시 주민생활에 불편을 주는 곳(주택, 도로, 농경지 주변 등), 2차 피해가 우려되는 지역, 일반산림지역 순으로 우선순위를 설정하고 실시한다.

피해지역에 대한 토사제거, 배수로설치, 비닐피복, 흙마대쌓기 등을 지방청 및 산림조합의 지원(수방자재, 장비 등)과 지역별 담당공무원을 기동 배치하여 신속하게 복구를 추진한다. 배수구조물과 방수로 등은 석력과 유목의 걸림 시에도 배수가 원활이 이루어질 수 있도록 가능한 한 기준보다 크게 설계하여 처리한다.

임도 성토사면 복구는 토압 · 수압에 대한 충분한 지지력 확보를 위해 옹벽, 석축 등의 튼튼한 공작물을 반영하고 사면안정 및 조기녹화를 현지여건에 맞는 친환경적인 재료로 이용하여 시공한다. 임도 배수관은 가급적 조밀하게 배치하고 그 규격은 1000㎜ 이상으로 하는 것이 좋다. 집수정 · 배수관의 상부에는 골막이, 하부에는 도수로 설치, 샘물이 나는 곳은 암거수로 설치, 계류변의 석축 · 옹벽 등은 기초터파기를 충분하게 하여 세굴을 방지해야 한다. 현지 여건에 맞게 친수공간, 생태통로 등도 설치한다.

(참조: 산림청, “산림병충해 예찰 · 방제계획 2010”, “전국 산불방지 장기대책 2011”, “여름철 산림재해(풍수해) 예방 종합대책 2011”)

제5절 사방에 의한 재해예방

(1) 개 요

사방(erosion control)은 유역에서 토사생산과 유출에 의해 발생하는 재해를 방지하기 위한 건설사업이다.

우리나라는 산림의 임상(forest physiognomy)이 매우 빈약하고 자세가 급하여 비가 많이 내리게 되면 산지로부터 흙이나 모래가 많이 유실되고 하천의 흐름이 급격히 증가하여 홍수를 일으킨다. 하천이 범람하면 홍수로 인한 토사가 농경지, 가옥, 도로 등을 매몰 및 파괴시키며 하류에 밀려 내려온 토사는 하구의 항만을 메워 수심을 얕게 한다. 사방공사는 이와 같은 위험과 재해를 방지하기 위해 공익적 사업으로 시행되고 있다.

사방사업은 산림의 황폐를 방지하기 위한 예방사방, 이미 황폐된 산지를 복구하기 위한 복구사방으로 구분하기도 하고, 산지의 침식을 방지하고 복구하기 위한 토목시설물을 시공하는 토목공학적 방법, 황폐산지에 사방용 녹화방법인 식물학적 방법으로 구분하기도 한다.

(2) 산복흙막이

산복흙막이(soil arresting structures)는 산복경사의 완화, 붕괴의 위험성이 있는 비탈면의 유지, 매토층 밑부분의 지지 또는 수로의 보호 등을 목적으로 산복면에 설치하는 것이다.

① 산복콘크리트벽흙막이

산복비탈면의 흙층이 이동할 위험성이 있고 토압이 커서 다른 흙막이로는 안정을 기대하기 어려울 때 사용한다. 원칙적으로는 높이는 4m 이하로 하며 천단두께는 30㎝ 이상으로 하고 앞면 경사는 1 : 0.3, 뒷면경사는 수직으로 하거나 토압에 대응하여 결정한다. 물빼기구멍은 지름 3㎝ 정도로 표면적 2~3당 1개씩 설치한다.

② 산복돌흙막이

찰쌓기흙막이와 메쌓기흙막이가 있으며 현장에서 직접 질이 좋은 돌쌓

그림 6-5 산복흙막이

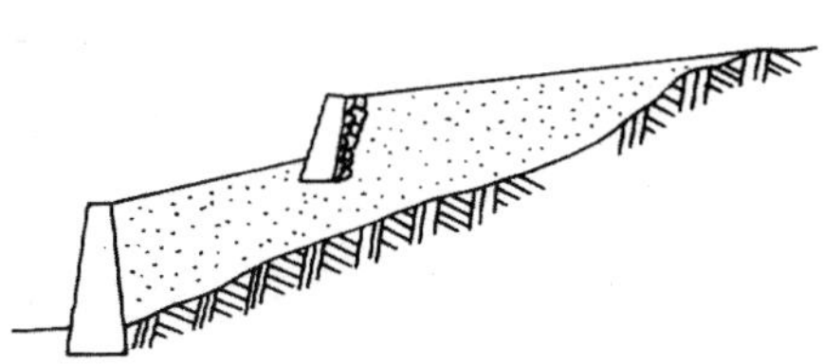

기용 석재를 구할 수 있을 때 사용한다. 찰쌓기인 경우, 높이는 3.0m 이하로 하며 메쌓기인 경우는 2.0m 이하로 한다. 높이를 증가시켜야 할 경우, 발디딤을 설치하여 2단이나 3단으로 쌓아 올리는 공법이 안전하며, 돌쌓기 경사는 1 : 0.3으로 하는 것이 좋다.

③ 산복돌망태흙막이

지반이 연약한 곳에 시공되는 경우가 많으며 붕괴비탈면에 호박골과 자갈이 많은 곳에서 이것을 처리하기 위해 시공된다. 속채움돌은 지름이 15~30㎝인 것이 좋으며 높이는 2.0m 정도로 한다.

그림 6-6 산복돌망태흙막이

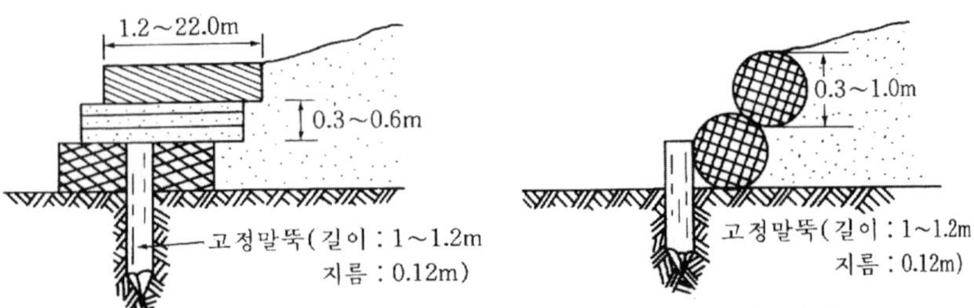

(a) 세로쌓기 (b) 가로쌓기

(3) 계간사방

계간사방(valley erosion control)이란 계류에서 유수에 의해 침식 · 운반 · 퇴적 등의 작용에 의한 재해를 방지하고 그 확대를 억제하기 위한 사방측량이다. 계간사방은 이용 목적에 따라 침식방지 · 유송토사의 저사조절 · 토석류의 억제 · 홍수조절 · 종침식방지 등으로 구분되며, 돌 · 자갈 · 모래 및 그 밖의 침식물질들을 억제하기 위해 계류를 횡단하는 장벽을 설치하게 되는데 이것을 사방댐(erosion dam)이라 한다.

(4) 하천사방

하천사방(rivers erosion control)은 야계와 야계적 하천, 하천 등에서 이루어지는 사방공사를 의미하며, 야계란 유로가 비교적 짧고 경사가 급하며 그 유량이 강우 또는 눈이 녹음으로써 급격히 증가하여 계암 또는 계류바닥을 침식시켜 모래 · 자갈 등을 생산하고 이동시켜 하류에 퇴적시키는 하천의 상류부를 뜻한다.

① 둑쌓기

둑쌓기에서 계획을 수립할 때는 축제토량의 양부, 운반기계의 선택, 흙 운반노선의 합리적 배치, 시공시기에 따른 계약, 시공방법, 경제성 및 다음 공사나 다른 공사와의 관련성에 따라 상세히 검토하여 계획적으로 시공한다.

② 비탈면 보호

둑비탈면을 보호하기 위해 떼붙이기 · 돌붙이기 · 콘크리트블록붙이기 · 콘크리트블록격자틀붙이기 · 아스팔트붙이기 · 돌망태붙이기 · 점토붙이기 등이 있으며 이들 방법 중 어느 것이든 현장상황에 맞도록 유연성 있는 방법적용이 필요하고 적시에 부분적인 보수가 가능한 것이어야 한다. 그러나 유수 · 유목 등에 의한 외력이 적은 곳에서는 특별한 보호공법이 필요하지 않고 전면 떼붙이기나 줄떼다지기로도 충분하다.

(5) 조경사방

조경사방(landscape erosion control)은 주로 자연적인 사복사방에서보다도 인위적으로 만든 여러 가지 땅깎기비탈면이나 흙쌓기비탈면 및 각종 개발 훼손지에 대한 복구 · 안정 · 녹화 · 경관조성 등에 더욱 중점을 두고 있다.

① 비탈면 격자틀붙이기

길이 1.0~1.5m 되는 직사각형 콘크리트블록을 사용하여 격자상으로 조립하고 골조에 의해 비탈면을 눌러 안정시키는 방법이다.

그림 6-7 비탈면격자틀 내의 채우기

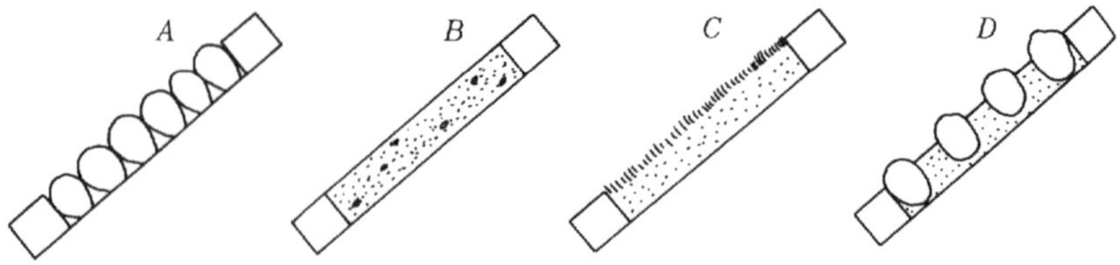

② 비탈면 콘크리트블록쌓기

비탈면의 안정을 위해 각종 쌓기용 콘크리트블록을 사용하여 산복흙막이와 같은 방법으로 쌓아 올리며 경사가 1 : 0.5 이상인 비탈면에 규칙적으로 쌓는다. 쌓기블록은 정사각형 또는 다각형을 이루고 있으며 길이는 35~45㎝이다.

그림 6-8 비탈면 콘크리트블록쌓기

③ 낙석방지망 덮기

철사망 또는 합성섬유로 짠 망을 사용하여 비탈면에서의 낙석이 도로 등지에 튀어내리지 않고 망을 따라 미끄러져 내리도록 하거나, 부석을 눌러 주도록 하기 위해 사용한다.

망의 크기는 50×50㎝ 정도이며 철사망은 1ton 정도의 돌을, 합성섬유망은 100kg 이내의 돌을 대상으로 한다.

제6절 지진에 의한 재해 대응 및 대책

(1) 개 요

일반적으로 지구를 구성하는 암석 내에 축적된 뒤틀림의 급격한 방출, 즉, 암석의 파괴로 인해 발생한 탄성파가 지표면에 도달하면 지면을 진동시키게 된다. 인간이 감지한 지면의 진동현상, 탄성파를 발생하는 암석의 파괴현상을 지진이라고 한다. 지진이란 지구 내부의 급격한 활동으로 인하여 지반이 흔들리는 자연지진과 핵실험이나 대규모 폭발 등 인공적 원인에 의하여 지반이 흔들리는 인공지진을 말한다. 지진은 진도에 따라 1~7단계로 구분할 수 있으며, 1~3단계는 2.9~3.9의 규모로 소수의 사람들이 느낄 수 있고 정지하고 있는 차가 약간 흔들리는 정도이다. 4~5단계는 4.0~4.9의 규모로 그릇, 창문, 문 등이 소란하며 벽이 갈라지는 소리가 나며, 거의 모든 사람들이 느낄 수 있으며, 나무, 전신주 등의 높은 물체의 교란이 심하다. 6~7단계는 5.0~5.9의 규모로 많은 사람들이 놀라서 밖으로 뛰어나가며, 부실한 건축물은 상당한 피해가 발생하며, 굴뚝 등이 무너지는 현상이 발생한다.

(참조: 기상청—http://www.kma.go.kr 위키백과—http://ko.wikipedia.org)

(2) 자료수집 및 처리

① 자료수집

지진과 관련하여 재난상황 발생 전 사전예측 및 대비에서 관리 단계에 필요한 자료의 유형, 확보기관, 축척 등의 특성은 〈표 6-5〉와 같다.

② 자료처리 흐름 및 관련 모형

가) KEMS(Korea Earthquake Monitoring System)

KEMS 체계는 우리나라 주변의 지진에 대한 실시간 감시망 구축을 위해, 미국 SAIC사의 EMS(Earthquake Monitoring System)를 도입하여 우리나라의 실정에 맞게 최적화한 체계를 의미한다. 한국지질자원연구원이 실시간 자료

표 ⑥-5 지진 관련 자료

단계	유형	기관	세부
사전, 예측, 대비, 대응, 복구, 분석, 관리(보상)	지반도	한국건설기술연구원	지반도 및 수문지질도시추자료
	토양도	농촌진흥청국립농업과학원	1/25,000 정밀토양도 분포지형
	지질도	한국지질자원연구원	1/50,000 수치지질도
	관측소자료	기상청	지진의 진앙지와 규모 결정
		한국전력연구원	

〈출처: 지진방재종합개선기획단, 2006, 지진방재종합대책 추진상황
소방방재청, 2007, GIS를 이용한 지진대응시스템 구축과 발전방향〉

취득을 목적으로 운영하는 관측소자료와 지진통합네트워크(KISS)를 통한 기상청과 한국전력연구원(KEPRI) 관측소 자료를 실시간으로 받아 자동분석하여 지진의 진앙지와 규모 등을 결정하고, 분석된 결과를 심층 분석할 수 있는 도구를 제공하는 체계이다. 〈표 6-6〉은 KEMS를 구성하고 있는 하위체계로 설명하고 있다.

표 ⑥-6 KEMS의 구성 체계

모형명	설 명
지진자료 실시간 취득 및 기록 체계 (CDS, Continuous Data Subsystem)	지진관측소로부터 실시간으로 자료를 수집하고 관측 및 감시
지진자료 실시간 자동처리체계 (APS, Automatic Processing Subsystem)	수집된 자료를 해석하여 지진파 위상 발췌작업과 동일사건(event)으로 묶는 작업, 진앙지와 규모를 결정하여 이메일, SMS(문자메시지) 통보
자료 관리 체계 (DMS, Data Management Subsystem)	실시간 자료를 관련된 정보와 하나로 묶어서 자료기반 저장 및 관리
분산 활용 제어 체계 (DACS, Distributed Application Control Subsystem)	여러 개의 응용프로그램들을 동기화시키고 효과적으로 제어하여 체계를 통합적으로 관리 및 유지
전문가 수동분석체계 (ARS, Analyst Review System)	대화식 자료처리방식으로 ARS를 이용하여 진앙지정보를 정밀하게 재분석하여 자료기반에 저장

〈출처: 지질연구센터, http://quake.kigam.re.kr〉

나) 건축물 피해추정 관련 절차

건축물은 구조와 형태에 따라 11종류로 분류되고 모형구역을 표토층 두께에 따라 3구역으로 나누어 미국의 HAZUS[1] 방법론에서 제시한 매개변수(parameter) 값을 이용하는 방법이다. 〈그림 6-9〉는 피해추정의 흐름도를 나타내며, 건축물의 구조와 형태별 역량곡선(capacity curve)을 생성하고 가상실행계획 지진의 규모와 위치를 역사지진 기록과 단층자료를 바탕으로 건축물의 피해확률을 결정한다.

그림 6-9 건축물 피해추정 흐름도

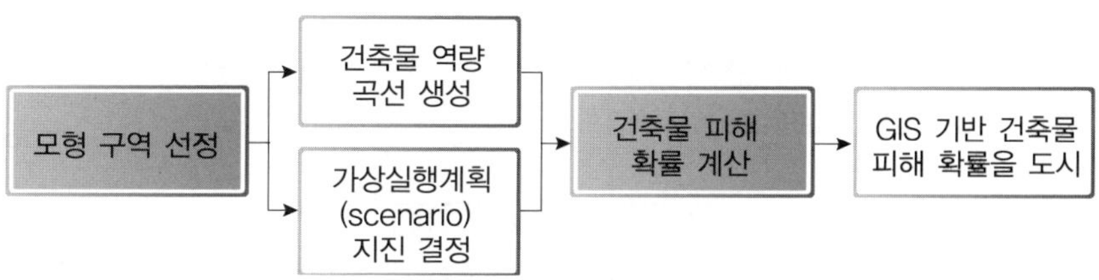

가상실행계획에 의한 지진의 지반운동은 인공지진 생성방법으로 생성하며, 구역의 표토층에 의한 증폭효과를 고려하기 위하여 지반응답해석(ground response analysis)을 수행한다. 역량스펙트럼 방법으로 계산한 스펙트럴 변위를 취약도 함수에 입력하여 건축물의 피해확률을 계산하고, GIS 자료기반을 활용하여 건축물의 손상상태별 확률도시의 추정과 구역내 건축물의 전반적인 손상상태를 추정할 수 있다.

(참고: 윤의택 · 류혁 · 강태섭 · 김재관 · 박창업, 서울시 모형 구역 지진피해 추정 연구, 2005, 한국지진공학회 논문집, 제9권, 제6호(통권 제46호))

다) 지진예측방법

(ㄱ) 탄성파 속도의 변화, 지각변형 및 응력의 변화, 라돈(Rn) 가스, 지하수위 및 수질변화, 지자기 특성변화, 미소지진 발생횟수 변화 등을 통한 전조현상을 분석하여 지진을 예측할 수 있다.

---

1) 재해경감사업, 예방, 대응 및 복구 등의 재해관리를 효율적으로 수행하기 위한 프로그램.

(ㄴ) 시간적 측면에서 지진의 예측은 장기, 중기, 단기, 초단기예측으로 나눈다. 장기예측은 특정한 지역에서 수년에서 수십년 정도의 주기로 발생할 수 있는 지진을 예측하는 것으로 주로 통계학과 판구조론에 의한 지각의 구조변형의 상관관계로 예측한다.

(참고: 환경지질정보연구센터, http://ysgeo.yonsei.ac.kr)

라) 지진피해 예측 S/W

HAZUS(Hazard U.S)는 미국 재난관리청(FEMA)에서 재해발생시 재해지원 제공을 위해 재해경감사업, 예방, 대응 및 복구 등 효율적인 재해관리를 위해 개발한 지진피해 예측 소프트웨어이며, 〈그림 6-10〉은 지진피해산정의 흐름도를 나타낸다.

그림 6-10 HAZUS 지진피해 예측 흐름도

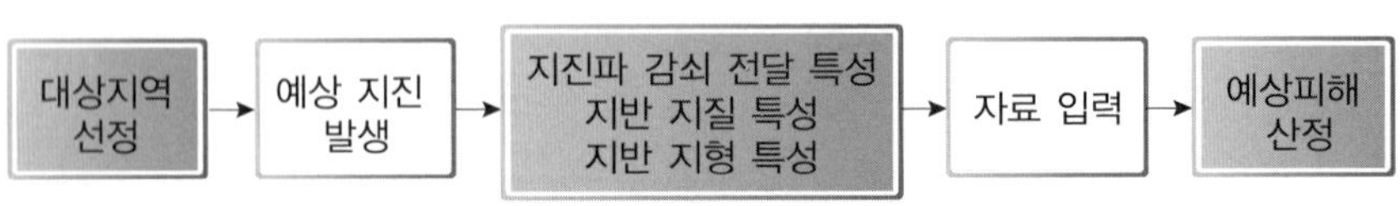

마) 지진재해대응체계

(ㄱ) 국내 발생지진 및 위험정보 제공

지진발생 직후 상황전파체계의 연계를 통하여 지진발생정보 제공, 국내에서 발생된 지진정보 및 피해예측정보를 제공, 기준치 이상의 지진발생시 지진경광 등을 통하여 위험정보 등을 알린다.

(ㄴ) 피해추정기능

발생지진에 대한 인명, 건축물, 생활공급연결시설(lifeline)[2], 시설물 등의 피해추정을 진행한 후 중앙 및 지자체에 정보제공, 피해예측 모의관측(simulation)을 통하여 가상지진 및 발생지진에 대한 피해추정 정보를 제공한다.

2) lifeline; 생활을 유지하기 위한 여러 시설. 도로 · 철도 · 항만 등의 교통시설, 전화 · 무선 · 방송시설 등의 통신시설, 상하수도 · 전력 · 가스 등의 공급처리시설 등이 있다.

(ㄷ) 긴급대응체계

분배모의관측 기능을 통하여 추정결과에 따른 의료, 수성 및 피난 지원 등 긴급대응을 지원한다.

(ㄹ) 대응매뉴얼

지진규모에 따른 단계별 대응절차 및 현장조치 행동매뉴얼을 제공하여 초등대응에 활용, 지진실행계획에 따른 지자체별 활동내역 등을 제공한다.

(ㅁ) 가속도자료 및 기초자료정보 제공

가속도 표출프로그램을 통한 실시간 가속도 자료 정보 제공, 지반 및 토양정보, 인명, 건축물 수송로(life line) 시설물, 계산공식 등의 피해예측에 활용된 기초자료 등을 제공한다.

③ 지진과 관련한 산출물

가) 국가 및 지역지진위험도

소방방재청에서 기존 국가지진위험도와 지진구역 재평가 및 갱신, 자치단체별 지역지진위험도를 제작한다(소방방재청).

나) 활성단층 조사 · 연구 및 활성단층 지도

활성단층 조사 · 연구와 자료 DB화, 활성단층지역 개발 및 주요시설물 설치 제한에 대한 내용을 포함하는 지도를 제작한다(소방방재청).

다) 지진해일위험지도

해안지역 피해경감을 위해 지진해일위험지도 제작한다(소방방재청).

라) 지질 및 지반조사 자료

재난관리책임기관에서 각종 조사, 연구, 사업시행을 위해 조사한 지질 및 지반조사 자료 통합관리한다(소방방재청).

마) 진도분포도

참조: 소방방재청, 2007, GIS를 이용한 지진대응체계 구축과 발전방향/소방방재청, 건축물 피해의 추정과 이에 따른 인명피해를 추정

(3) 지진 대응

지진이 발생하면 지진재해대응체계를 가동하여 지진의 규모 및 피해발

그림 6-11 지진 규모별 대응 체계

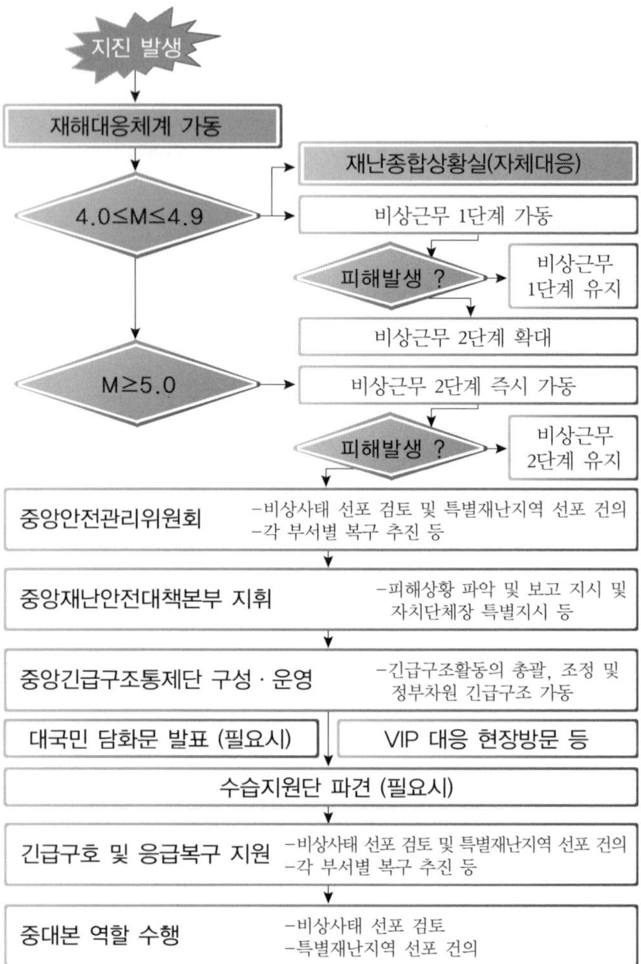

생을 고려하고 그에 맞게 대응한다. 〈그림 6-11〉은 지진규모별 대응체계에 대해서 도식화한 것을 나타낸다. 지진 발생시 지진재해대응체계가 가동되며, 지진의 규모가 4.0~4.9일 때 비상근무 1단계가 가동되고, 규모가 5 이상일 때 비상근무 2단계가 즉시 가동된다.

지진대응체계는 지진경보발령과 함께 지진재해대응체계가 가동되며 이에 따라 중앙재난안전대책본부 및 재난종합상황실에서 지진의 규모에 따라 대응체계가 작동된다.

기상재해와 마찬가지로 지진의 경우에도 예방 · 대비 · 대응 · 복구단계로 이루어지며 예방 및 대비단계에서 수행해야 될 기본적인 내용은 기상재해와 유사하다. 따라서 지진대응 및 복구단계에서 수행해야 될 내용에 대해서 상세히 기술하였다.

① 대응단계

가) 지진재해대응체계를 가동

지진재해대응체계는 지진발생시 자동 가동되나 시스템 이상으로 미동시 직접 체계에 접속, 시 · 도 및 시 · 군 · 구 담당자는 체계에 접속하여 피해추정현황 확인, 피해예측정보 및 의료지원, 피난지원 등 긴급지원대책프로그램을 이용하여 대응지시에 활용, 각 지자체는 주요 피해예측지역을 중심으로 건축물과 전력, 가스, 전기, 통신, 도로, 상하수도 등 수송로(lifeline) 피해지역 및 피해규모 등 상황을 파악하여 중앙재난안전대책본부로 신속한 보고 등이다.

나) 민방위 경보시설 경보발령

기상청 지진정보를 수신하면 경보통제소 근무자가 경보발령을 해야 한다.

다) 재난종합상황실 조치사항

지진발생 정보의 접수, 지진상황 보고, 전 직원 상황전파, 재난방송 요청, 지진상황전파 및 피해상황 파악 · 보고 지시, 신속대응 및 수습철저 지시: 시 · 군 · 구 재난상황실에 위험지역 주민대피실시 지시를 해야 한다.

라) 중앙재난안전대책본부 조치사항

구조 · 구급시 대규모 인명피해 발생지역에 긴급구조 · 구급요원 신속투입 및 현장지휘소 설치(관할 소방서장), 차량접근불량지역 등 긴급구조 · 구급활동을 위한 헬기지원요청, 긴급구조 · 구급에 필요한 물자지원을 위한 관계기관의 협조요청, 민간 인명구조기관에 긴급구조 요청을 한다.

화재 발생시 해당 지자체 및 인근 지자체 소방관서에 비상연락, 소방 및 민간헬기를 확보해야 한다.

2차 재난 방지대책 강구시 2차 피해예상 시설점검, 안전조치, 열차(KTX

포함) 운행 중단, 시설 안전점검, 응급복구, 항공기 운행중단 및 시설 안전점검을 해야 한다.

피해지역 통신 두절시 HAM(아마추어 무선가)동우회, 소방 · 경찰 무선망을 활용한 통신 유지(긴급구조기관 등의 통합지휘무선통신 활용), 통신사업자의 이동통신기기 긴급조달, 소방헬기를 통한 피해지역 항공영상 촬영, 피해상황파악 지시요청, 경찰청 및 국방부에 피해지역 항공 수치영상 촬영을 요청하여 중앙재난안전대책본부에 통보한다.

전력 단전시는 피해지역 전력공급 대책마련, 피해전기시설 응급복구 및 안전점검 실시하고, 상수도 단수시는 피해지역에 식음료와 생활용수 신속지원 및 피해 상수도 시설 응급복구를 추진한다.

고립지역 발생시 소방 또는 유관기관 헬기를 통한 피해지역 음용수 등 구호물품과 구조인력 투입 및 긴급통행로 확보를 위한 관계기관 협조 요청을 하며, 이재민 수용 · 구호 지원, 의료구호활동 지원, 전염병 예방 · 방역 대책, 분뇨 쓰레기 등 폐기물 처리 대책, 사체 수색 및 처리 등을 수행한다.

또한 민간단체 및 협회 등 유관기관 협조요청, 대국민 홍보, 피해상황 파악 · 보고: 지역재난안전대책본부 피해상황 집계, 관계부처 · 유관기관의 피해상황파악 집계, 피해시설 긴급복구 및 대책, 헬기지원요청 등을 한다.

② 복구단계

가) 피해상황, 지역특성, 관계공공시설관리자의 의견을 수렴하여 원상복구와 개량복구의 기본방향 결정

나) 물자보급로 응급복구 및 복구계획 수립: 가스, 전기, 통신, 상수도, 하수도시설

다) 공공시설 응급복구 및 복구계획 수립

도로 · 교량, 항만 · 공항, 철도시설피해 복구, 여객 · 시설물의 안전확보를 위하여 자체조사 · 복구반 편성, 조사반 현지파견 피해상황 조사, 승객의 안전유도를 위해 대피유도반 및 구호활동계획 등을 수립한다.

라) 장비 및 물자지원 대책

국가재난관리체계(NDMS: National Disaster Management System) 대응 < 피해상황관리 < 피해상황별 조회 < 부족장비 · 인력

마) 피해주택에 대한 응급조치 및 주택보급 대책으로는 이재민 수용을 위한 응급 주거시설 지원계획 수립, 주택 파손정도에 따른 수리비 지원계획 등을 수립해야 한다.

③ 위성영상을 활용한 지진대응 절차의 구상

지진재난에 대한 기본적인 이해와 함께 관련모형 및 소프트웨어, 재난발생시 대응절차를 조사한 후 위성영상을 활용한 지진대응절차를 〈그림 6-12〉

그림 6-12 위성영상을 활용한 지진대응체계

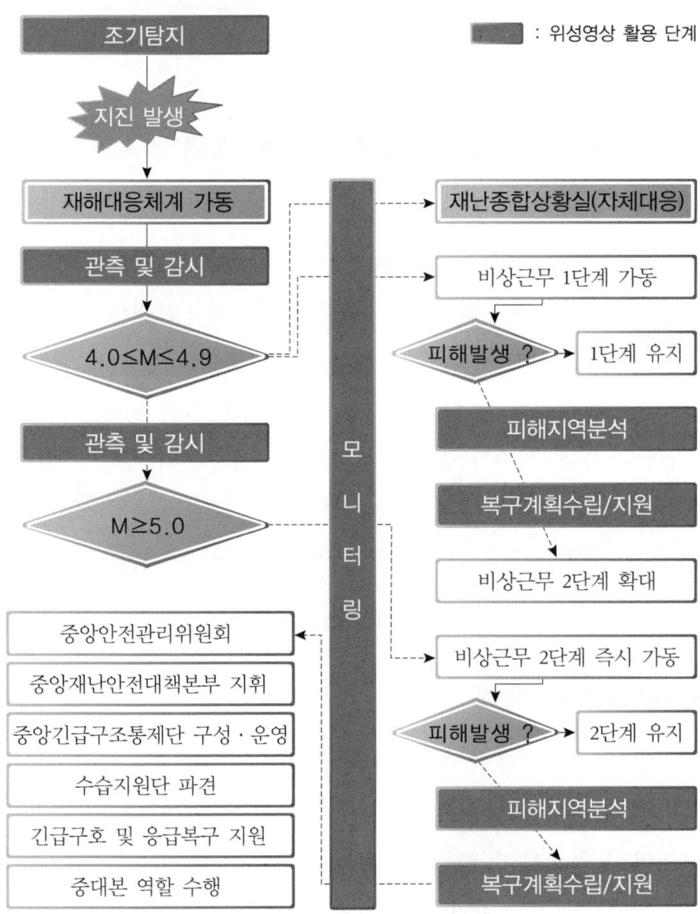

와 같이 구상하였다.

재난대응의 일반적인 단계인 예방 · 대비 · 대응 · 복구를 기반으로 위성영상을 활용한 대응체계를 구상하였다. 기존 대응절차와 비교해 재난발생 이전의 조기탐지에 활용이 가능하다. 또한 진도에 따른 근무단계 결정과정과 재난발생 전후의 전반적인 과정에서 모니터링의 활용을 통하여 의사결정이 가능하다. 재난으로 인한 피해발생시 피해지역에 대한 분석과 복구지원에도 활용될 것이다.

제7절 새로운 재해의 요인

(1) 인류의 활동 및 지구의 온난화에 의한 재해

인류의 다양한 활동으로 인하여 대기 중에 배출되는 이산화탄소 및 각종 배기가스 등의 증가로 지구의 온실효과가 나타났다. 그 결과로 전 지구 표면 평균기온이 1.4~5.8℃ 상승하면서 호우빈도의 증가, 최대풍력, 최대강수강도의 증가, 엘니뇨현상에 관련된 가뭄이나 홍수 등의 자연재해가 증가할 것이다. 이와 동시에 해수의 열팽창과 빙하의 소실로 인한 9.88cm 정도의 해면상승으로 연안저지대 거주가 불가능할 것으로 예측된다. 또한 대도시에는 녹지의 감소에 의한 수분증발량의 감소, 건축물의 고층화 · 고밀도화에 의한 폐열량의 집중과 증가로 중심부의 기온이 주변부보다 높아지는 "열섬(heat island)"현상이 나타날 수 있다.

(2) 도시화에 의한 재해

도시로 집중되는 인구로 인해 급속한 농지의 택지화, 도시기반이 정비되어 있지 않는 지역과 재해에 취약한 지역에서의 도시화가 진행됨에 따라 강우시 하천에의 유입속도가 빨라지므로 도시하천의 부담이 커져 수해를 발생시킬 수 있다. 또한 도시화가 진행됨에 따라 산림지역과 농림지역으로부터 인구가 유출되어 경작을 포기하는 토지와 무인화되는 지역의 확대, 도시의 편리성 혜택을 받을 수 없는 지역을 중심으로 인구가 감소하는 중산간지역의 과소화가 진행(일본의 경우 1960년에는 1,305만 명이었으나 2015년에는 555만 명까지 감소할 전망)되고 한편, 고령화의 진행으로 지역주민 상호의 협력과 농림지 등의 유지 · 관리 등이 어려워지고 있다.

(3) 고령화에 의한 재해

급속히 진행되는 고령화(일본의 경우 65세 이상 인구비율은 2000년의 17.4%에서 2025년에는 28.7%, 2050년에는 35.7%까지 진행될 것으로 추정)로 고령자뿐인 세대가 증가될 경우에 대비하여 고령자의 소재파악 및 생활개선을 위하여 가족뿐만 아니라 지역사회의 적극적인 지원체제를 마련해야 할 것이다.

(4) 교통 및 정보체계의 연결망 정체로 인한 재해

고도정보체계 및 고속교통기관 등에 의하여 국제적으로 생활영역에서 복잡하고 다양한 별개(인적관계, 물자관계, 자금관계)의 연결망(network)으로 형성되어 있으므로 일부 지역의 재해가 다른 지역의 생활영역에 필요한 물자, 정보 등의 공급이 정체될 뿐만 아니라 영향이 크게 전파된다면 연결망 전체의 기능이 정지될 수도 있다.

제8절 선제적 방재능력 강화를 위한 방재도시계획 수립

(1) 재해 위험도 분석을 통한 방재도시계획체계 확립

도시계획 수립시 재해 위험도 분석 절차를 마련하여 재해 위험이 있는 지역의 부적합한 개발을 피하고, 위험이 낮은 지역으로 개발을 유도한다. 광역도시계획, 도시기본계획, 도시관리계획의 특성과 풍수해저감종합계획 등 관련 계획을 고려하여 도시계획내 방재계획의 내용을 강화 및 체계화한다.

그림 6-13 통합방재체계 구축 모형

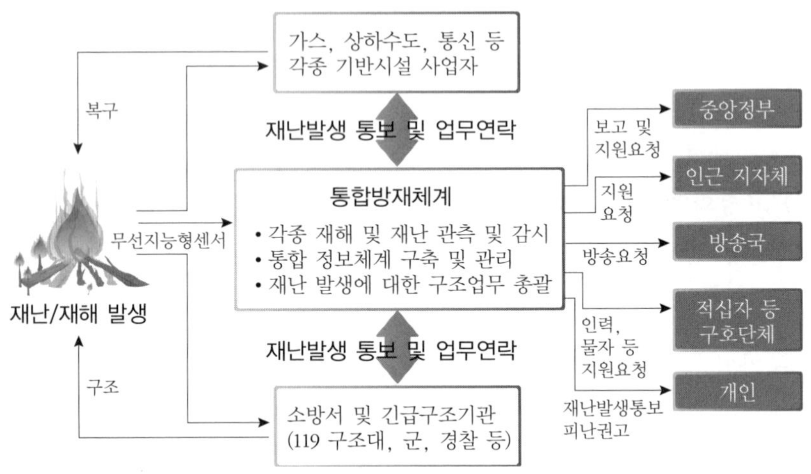

〈출처: 제4차 국토종합계획 수정계획(2011-2020), pp.73〉

(2) 홍수, 산불, 지진 및 해일 등 재해취약지역 분석을 통한 녹색방재축[강, 산, 연안, 공원·녹지 등을 중심으로 재해 집중 관리를 위한 축(예: 국토차원에서는 백두대간을 중심으로 산불방어축, 주요 하천변을 중심으로 홍수방어축, 연안지역을 중심으로 해일방어축 등 설정 가능)] 설정

침수피해가 크게 발생하였거나 예상되는 홍수방어축(하천 및 유역)에 대한 종합계획을 수립하고, 중요 시설물의 내진 설계기준 강화, 재해대응 행동매뉴얼 작성 및 대피계획의 수립과 교육을 실시한다. 산불방어축 설정 및 지역단위 산불위험지도 작성을 통해 산불예방, 초기진화계획을 수립한다.

(3) 재해 발생시 신속하게 대처할 수 있는 선제적 첨단방재역량 확보

IT 기술을 활용한 첨단 통합방재체계를 구축하여 각종 재해에 사전대응체제를 확립한다. 위험 시설물 및 이동차량 등을 실시간 추적하여 체계적으로 관리하고, IT 기술을 활용하여 건축물·시설물, 방재자원 등의 관리 고도화를 추진한다.

(4) 유형별 · 부처별로 분산 · 다기화된 재해 관리를 통합적 · 포괄적 재해관리체계로 전환

재해의 1차 대응주체인 지자체 중심으로 다양한 이해관계자 참여를 통한 협력적 재해관리체계를 구축한다.

재해대책은 재해예방, 재해응급대책 및 재해복구, 부흥의 각 단계에 대하여 국가, 지방공공단체, 공공기관, 주민 등의 협력하에 종합적 · 통일적으로 실시되어야 한다.

제9절 위성영상의 방재업무 활용방안 분석

(1) 기존 방재업무의 분석

기존 방재업무의 분석을 통해 위성영상기반의 선제적 대응을 목표로 한 위성영상활용의 기조는 〈그림 6-14〉와 같다.

방재업무를 선제적으로 대응하기 위해서는 현재보다 다양한 정보와 속

그림 6-14 위성영상활용의 기조

도를 향상시켜 재난상황에 대해 신속하게 예측할 뿐만 아니라 발생한 재난상황을 정확하게 파악할 수 있도록 노력해야 한다. 이를 위해 위성영상을 활용하여 기존의 본문(text) 위주의 정보제공 대신 위치기반의 시각적인 정보제공을 함으로써 고객의 만족도를 증가시킬 수 있도록 방향을 설정하여야 한다.

(2) 위성영상의 방재업무 활용전략

위성영상의 방재업무 활용전략 도출을 위하여 〈그림 6-15〉와 같이 기존의 전략과 위성활용을 위한 전략을 비교하였다.

위성영상을 방재업무에 활용하면 정보제공의 신속성을 향상시킬 수 있고 분석의 정확도를 높일 수 있을 것이다. 이로 인해 기존에 수행되던 방재업무를 저비용으로 수행할 수 있으며, 위성영상을 활용함으로써 의사결정에 많은 도움을 줄 수 있을 것이다. 또한, 기존의 방재업무에서 전문적으로 위성영상을 수집, 분석, 활용할 수 있는 새로운 업무구조를 형성하고 이를 위해서 조직의 변화가 필요하다.

방재업무의 선제적 대응을 위한 방안의 도출을 위해 기존의 방재업무에서 제거(eliminate), 감소(reduce), 증가(raise), 창조(create)해야 할 요소들을 파악하였다. 〈그림 6-16〉은 ERRC분석을 통해 방재업무의 선제적 대응을 위한 4개의 요소들에 대한 설명을 나타낸다.

그림 6-15 위성영상활용전략의 차별성

기존전략		위성활용전략
• 기존체계에서의 의사결정		• 위성영상을 활용한 의사결정
• 정보제공의 신속성 감소	➡	• 정보제공의 신속성 향상
• 정보제공의 정확도 감소		• 정확한 분석에 의한 정보 제공
• 많은 비용이 소요됨에도 불구하고 조직의 변화가 없음		• 차별화 및 저비용의 동시추구와 함께 새로운 업무 구조를 형성

그림 6-16 방재업무의 선제적 대응을 위한 ERRC분석

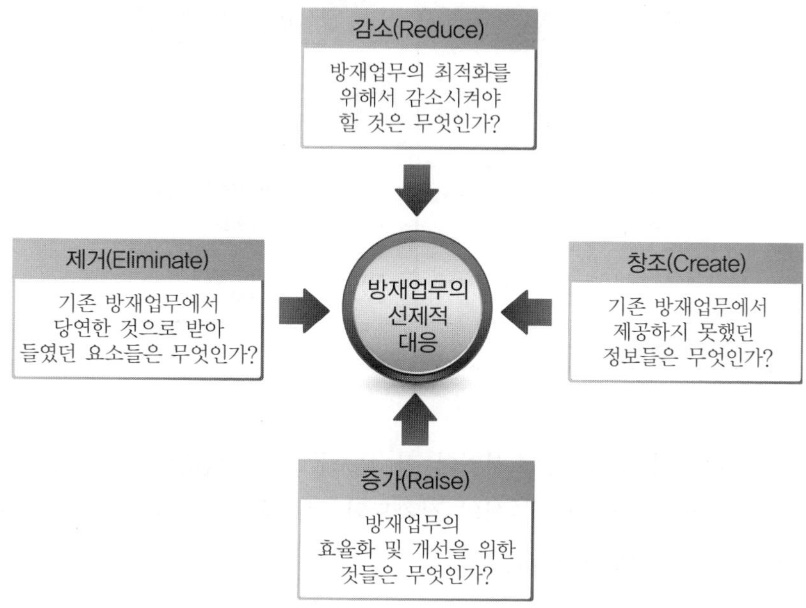

제거와 감소해야 할 요소들은 기존의 방재업무에서 당연히 받아들였던 요소들과 방재업무의 최적화를 위한 것들이며, 창조하고 증가시켜야 할 요소들은 방재업무의 효율화 및 개선을 위한 것과 기존 방재업무에서 제공하지 못했던 것들에 대한 내용으로 구성하였다.

기존의 방재업무에서 제거, 감소, 증가, 창조해야 할 요소들에 대한 내용은 〈그림 6-17〉과 같다.

먼저 제거해야 할 요소들로 재난발생시 피해증가의 원인이 되는 의사결정의 지연과 중복업무, 과거 재난이 많이 발생한 재난위험지역에 대한 예방 및 대비의 미비로 인한 피해 증가이다. 이에 반해 창조해야 할 요소로는 재난과 관련한 예방·대비·대응·복구단계에서 위성을 활용한 신 방재지도, 효율적인 방재업무를 위한 위성영상을 활용한 신 업무 구조 및 흐름 모형, 복구 단계의 신 피해비용 산정모형이 있으며, 예방단계에서는 위성영상기반

그림 6-17 방재업무의 선제적 대응을 위한 활동체제(action framework)

제거(Eliminate)
- 의사결정 지연
- 중복업무
- 재난취약지역의 피해 증가

감소(Reduce)
- 비용
- 시간
- 피해(최소화)

증가(Raise)
- 분석의 정확도
- 정보제공의 신속성
- 자료확보의 신속성

창조(Create)
- 신 방재 관련 지도
- 신 업무 구조 및 흐름
- 신 피해비용산정모형
- 영상기반 실감형 홍보

의 실감형 홍보가 있다. 감소시켜야 할 요소들로는 재난발생 전후의 비용과 시간 및 피해량이 있으며, 분석의 정확도와 정보제공 및 자료확보의 신속성은 증가시켜야 할 요소들이다.

(3) 위성영상을 활용한 의사결정지원방안

① 기존의 방재업무의 전반적인 흐름

재난의 대비 · 대응 · 복구 등을 위한 효율적인 의사결정을 위해 국가에서는 방재와 관련한 다양한 체계 및 센터를 구축하였다. 또한 관련 유관기관과 타 체계의 협업을 통해 재난을 관리하고 있다. 〈그림 6-18〉은 기존 방재업무에 현재 사용되고 있는 국가재난관리정보체계의 현황을 나타내고 있다.

국가재난관리정보체계의 주요기능 및 서비스는 다음과 같다.

가) **중앙 · 지자체 재난관리정보체계**: SOP에 따라 재난 예방 · 대비 · 대응 · 복구까지의 전 과정 정보화(방재자원, 피해정보, 복구비 자료기반관리 등)

나) **재난정보공동활용체계**: 재난관리책임기관별 보유 정보를 온라인 연계하여 공동 활용(42개 기관 186종 정보 공유)

다) **상황정파체계**: 재난상황 정보전파(지자체, 중앙부처, 유관기관 등 4,394개

그림 6-18 국가재난관리정보시스템

기관, 1만 9,000명 사용)

라) 재난정보 자료기반센터: 6개 체계의 775종 자료 통계 · 분석을 통해 재난발생 예측(DW, DM 일종으로 308종 통계 · 분석)

마) 국가재난정보센터: 태풍, 호우, 대설, 산불, 화재 등 재난정보와 국민행동요령 등 대국민 서비스(http://safekorea.go.kr)

바) 기상재해보험지원체계: 2006년 5월 기상재해보험제도 시행에 따라 보험요율산정, 보험가입, 지급관리

(출처: 2011 국가정보화백서, 행정안전부, 2011)

재난발생시 위성영상, 항공영상 등의 영상정보의 활용은 재난상황에 따른 피해를 쉽게 파악할 수 있고 피해복구시 분석의 정확도를 높이는 데 기여할 수 있다.

기존 재난관련 업무흐름에 사용되는 체계, 자료기반에서는 영상을 활용하는 부분이 체계화 되어 있지 못하다. 재난의 예방 · 대비 · 대응 · 복구를 위한 신속하고 정확한 의사결정을 위해서는 위성영상 및 항공영상과 같은 영상정보를 구축, 분석할 수 있는 체계가 마련되어야 한다.

② 위성영상을 활용한 방재업무 흐름

위성영상을 활용한 방재업무에서 예방 · 대비 · 대응 · 복구의 기본 과정에는 큰 변화가 없을 수 있다. 그러나 영상정보를 활용함으로써 분석의 정확도와 신속성이 높아지면 각 단계별로 활용가능한 업무가 많을 것이다. 특히 재난상황이 발생한 후 이를 복구하는 과정에서는 직접적인 효과가 나타날 수 있다.

〈그림 6-19〉는 위성영상을 활용한 의사결정의 개념도를 나타낸다.

방재분야에서 위성영상의 효율적인 활용을 위해 필요한 기반 행동들은 이전과정에서 제시한 제거(E), 감소(R), 증가(R), 창조(C)해야 할 요소들이다. 위성영상, 항공영상 등 영상정보를 활용하는 부분은 영상정보자료를 거의 실시간으로 정보를 취득하는 부분이 필수적이다.

재난대응과 관련한 위성영상의 산출물은 레이저 및 레이더 영상(LiDAR, SAR 등)과 고해상의 광학영상 그리고 지형공간정보자료들을 목적에 맞게 복합적으로 처리하여 제작이 가능하다. 재난대응 단계별 의사결정을 위한 위성

그림 6-19 위성영상을 활용한 의사결정 개념도

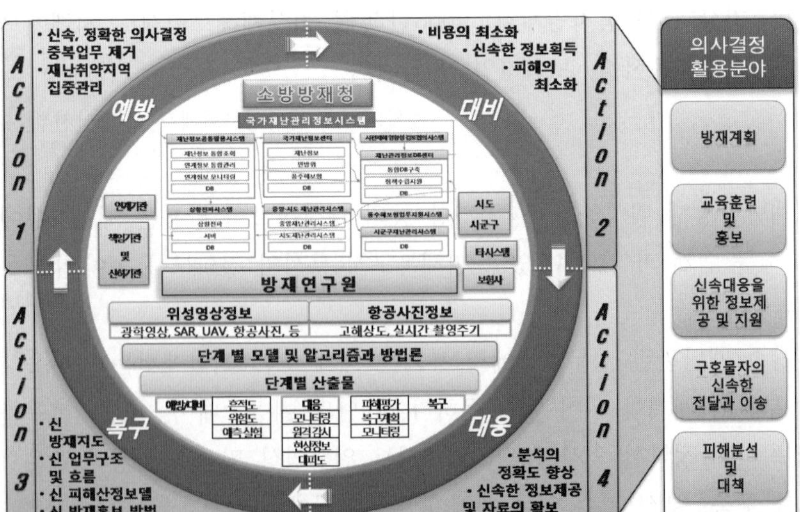

영상 산출물로는 침수흔적도, 화산분출물현황도, 식생지수변화도, 화산재분포도, 침수구역도, 산사태구역도, 지진피해현황도, 식생피해현황도, 산불변화감시도 등이 있다.

방재업무의 흐름에 있어서 〈그림 6-19〉와 같이 재난발생 이전부터 이후까지의 전 과정인 예방 · 대비 · 대응 · 복구의 순환적인 업무처리가 필요할 것으로 판단된다.

또한 위성 및 항공영상을 공유하고, 자체적으로 정보를 구축 및 유지관리하기 위한 전담부서를 설치할 필요가 있다.

위성영상을 활용한 산출물을 위해 단계별 영상처리에 대한 모형 및 알고리즘 등의 방법들이 유형별로 정립되어야 할 것이다. 관련분야에 대한 지속적인 연구가 필요하며, 재난단계별 모형 및 연산방식(algorithm) 등의 방법론이 정립된다면 효율적인 의사결정이 가능할 것이다.

위성 및 항공영상 등의 영상을 활용한 단계별 산출물로는 예방 · 대비단계에서는 흔적도, 위험도, 예측을 위한 모의관측결과 등이 있으며, 대응단계에서는 재난발생 지역의 관측 및 감시와 원격감시, 현장의 다양한 정보와 대피도 등이 있다. 복구단계에서는 피해지역에 대한 평가 및 분석과 복구계획 등의 산출물에 활용될 것이다.

위성영상을 활용한 의사결정 활용분야에는 각종 방재계획, 교육훈련 및 홍보, 신속대응을 위한 정보제공 및 지원, 구호물자의 신속한 전달과 이송, 피해분석 및 대책 등이 있다. 활용분야의 세부내용은 다음과 같다.

가) 방재계획

사전재해영향성검토 및 각종 개발계획, 자연재해위험지구 정비계획, 기상재해저감종합계획, 유역관리 기초자료 제공, 토지이용규제, 건축규제 등 홍수터 관리, 재해취약지역, 시설물의 체계적 관리, 수방계획, 지역방재계획 등의 수립, 침수피해 발생시 대피계획 수립한다.

나) 재난대비 교육 · 훈련 · 홍보

재난담당 공무원과 주민을 위한 교육훈련, 재난관련 정보제공을 통한 방재의식 등을 고취한다.

다) 긴급상황에 신속대응을 위한 정보제공 및 지원

모의관측 검토 등, 도로에 긴급수송로를 통한 신속하게 지원한다.

라) 구호물자의 신속전달과 이송

재해상황이 정확히 파악되지 않은 상태에서 안전한 수송도로파악 및 구호장비 전달과 부상자 구호 및 이송 등을 한다.

마) 피해분석 및 대책

예상치 못한 재해위험의 원인을 찾아 향후 대책수립에 활용한다.

위성영상을 방재업무에 활용하면 재해발생시 기존의 업무를 직접적으로 대체하는 것이 아니라 이를 보완할 수 있으며, 기존의 표준행동요령 등에 직접적인 영향을 주지는 않을 것으로 판단된다.

향후 위성영상을 활용한 신속하고 정확도 높은 의사결정을 위해서 실시간적인 영상의 확보와 함께 재난유형 및 단계별 산출물의 체계화와 처리모형과 연산방식 개발을 위한 지속적인 연구가 뒷받침되어야 할 것이다.

(참고: 국립방재연구원, 2011, 선제적 재난대응을 위한 위성영상정보 활용체계 구축)

연 / 습 / 문 / 제

| 제5장 | 에너지자원

다음 각 사항에 대하여 설명하시오.

1. 에너지와 에너지원의 의의 및 에너지의 종별
2. 우리나라의 1차에너지의 수요전망
3. 우리나라의 최종에너지의 수요전망
4. 심해 및 비전통 에너지 자원 중 셰일가스의 생성 및 개발현황
5. 에너지자원에 관한 국내 · 외의 동향
6. 심해 및 비전통 에너지원 개발
7. 우리나라 해외자원개발의 현황 및 문제점
8. 우리나라의 자원산업 현황 및 관련정책
9. 우리나라 해양에너지자원확보 추진과제
10. 신재생에너지의 의의, 종류, 우리나라 신재생에너지 현황 및 향후계획
11. 태양광에너지의 특성, 국내 산업시장 현황 및 향후계획
12. 태양열에너지의 특성, 국내 산업시장 현황 및 향후계획
13. 태양열 집열기의 종별
14. 바이오에너지의 특성, 국내 산업시장 현황 및 향후계획
15. 풍력에너지의 특성, 국내 산업시장 현황 및 향후계획
16. 수력에너지의 특성, 국내 산업시장 현황 및 향후계획
17. 석탄가스화 · 액화기술의 특성, 국내 산업시장 현황 및 향후계획
18. 해양에너지의 특성, 국내 산업시장 현황 및 향후계획
19. 폐기물에너지의 특성, 국내 산업시장 현황 및 향후계획
20. 지열에너지의 특성, 국내 산업시장 현황 및 향후계획
21. 수소에너지의 특성, 국내 산업시장 현황 및 향후계획

| 제6장 | 재난대책

다음 각 사항에 대하여 설명하시오.

1. 재난과 재해의 의의

2. 재해(자연, 인적 및 사회적)의 종별에 따른 내용과 재해유형별 공통자료
3. 인공위성영상에 의한 재해유형별에 따른 위성 및 센서와 산출물
4. 기상재해의 유형별 특성
5. 산림재해현황과 산림병해충
6. 산불에 의한 재해의 현황과 방지대책
7. 산사태에 의한 산림재해 및 사방대책
8. 지진재해에 대한 자료수집 및 대응절차
9. 새로운 재해(지구온난화, 도시화, 고령화, 교통 및 정보체계 등)
10. 선제적 방재능력강화를 위한 방재도시계획
11. 인공위성영상의 방재업무활용
12. 위성영상을 활용한 의사결정지원방안

IV

P·A·K·Y·O·U·N·G·S·A

글로벌국토계획 및 건설관리와 지형공간정보체계

Global Planning for National Land and Construction Management, Geospatial Information System

지 / 공 / 탐 / 측 / 학 / 개 / 관

07 국토 · 도시계획 및 계획의 기초자료

National/Urban Planning and Basic Data for Planning

제1절 개 요

최근 많은 선진국들은 자국의 미래발전뿐만 아니라 국제협력을 통한 포괄적이며 안정적 교류 여건조성을 위한 국토종합관리기반을 구축하여 실현단계에 진입하고 있다. 이에 우리나라도 국내적으로는 국민복지증진, 효율적인 산업 배치에 의한 고용창출, 에너지자원확보 및 재난대책, 쾌적한 주거환경 조성 등을 위한 국토 및 도시계획을 수립하고 실현에 최선을 다하여야 하며 또한 국제적으로는 초국경적 국토관리를 위하여 유라시아-태평양을 연결하는 관문역할에 기여하여 동북아지역의 성장에 기여할 수 있는 환경조성, 서울에서 2010년에 G20 정상회의(2010, G20개국 정상참석) 개최, OECD 개발원조위원회 가입, 2012 서울핵 안보정상회의(2012, G53개국 정상 참석)가 개최됨에 따라 선진공여국으로 국격이 상승되었으며, 북-미간 상호신뢰구축 및 6자회담을 통한 남북한 교류 및 협력의 가능성 등을 고려한 글로벌국토개발기반구축을 함으로써 복지사회 구현에 이바지할 수 있을 것이다.

본 장에서는 국토계획, 도시계획, 계획에 필요한 기초자료로 영상, 지형 및 지도에 관하여 기술한다.

제2절 국토계획

(1) 국토계획의 의의

최근 많은 나라에서는 그 나라의 미래발전을 위한 총체적인 목표 아래 국토종합개발계획을 수립하여 실행하고 있다. 국토계획이란 일정한 국가목적을 달성하기 위해서 국토[1] 위에 지형공간적 질서를 수립하고 국토개발의 지침을 설정하는 종합적인 공공계획이다. 국토건설종합계획법에 의하면, 국토의 자연조건을 종합적으로 이용·개발 및 보존하여 산업입지와 생활환경의 적정화를 이룩하기 위한 국토건설종합계획이라 정의하고 있다.

또한, 광의의 국토계획은 일반적으로 사회 및 경제의 미래목표를 지표로 나타내는 사회경제계획(socio-economic planning)과 이 계획을 실제 인구, 산업, 시설의 배치와 국민 복지를 향상시키기 위한 기반시설계획으로 나눌 수

그림 7-1 현행 국토계획 및 지역발전계획 체계

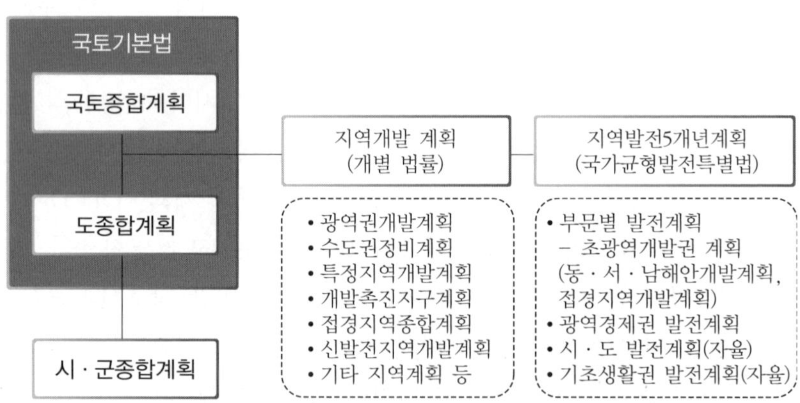

〈출처: 제4차 국토종합계획 수정계획 2011–2020, p. 135〉

---

1) 우리나라의 국토 현황: 한반도에 입지한 반도 국가로서 육지부와 3,358개소(유인도 482개소, 무인도 2,876개소)이 도서로 구성되어 있으며, 국토면적은 100,210㎢(남북한 전체로는 223,348㎢)임. 해안선 길이는 12,733㎞(도서 포함)이며 관할해역 면적은 44.3만 ㎢임.

있다.

그리고 계획대상을 전국이 아닌 일부 지역을 대상으로 그 지역특성을 고려한 계획을 지역계획(regional planning)이라 한다.

(2) 국토의 지역계획의 목표, 체계 및 계획입안과정

① 목 표

국토계획은 국민복지증진을 우선으로 하는 행정계획으로서 구체적인 목표는 다음과 같다.

첫째, 쾌적한 주위환경의 정비와 생활의 편리성 확보로서 인구와 산업이 급속하게 집중되는 도시에는 학교, 공원, 하수도 등의 생활관련 시설이 부족하고 교통이 혼잡한 반면, 지방은 교육, 문화, 의료시설의 부족과 교통이 불편한 단점이 있다. 이와 같은 현상을 개선하고 주거환경을 정비하는 것을 우선으로 해야 한다.

둘째, 효율적인 고용확보로서 산업의 지역적 편재로 고용인구의 유출 및 소득격차로 농어촌과 도시의 불안정을 해소시켜야 한다.

셋째, 효율적인 산업배치이다. 산업이 일부 지역에만 집중되어 교통혼잡, 환경문제 등을 일으켜서 용수 및 토지 등의 자원부족현상이 일어날 수 있으므로 효율적으로 배치하는 것이 바람직하다.

넷째, 자연경관, 문화유산 및 이에 서려 있는 역사적 배경 등은 국민의 휴양, 여가생활의 자원이 되고 후손에게 물려줄 귀중한 자료이므로 이를 보전하기 위한 지형공간을 고려하여야 한다.

다섯째, 토지 및 물 등의 자원 및 자금 등은 한정되어 있어 지역적으로 편재되지 않도록 효율적인 이용, 특히 합리적인 지역적 배분을 도모해야 한다.

한편, 국토계획에 있어서 구비되어야 할 성격은 다음과 같다.

먼저, 국토 및 지역계획은 각 부분별 계획과의 연계를 이루어야 하며, 입지조건 및 자원 등 모든 부분을 면밀히 조사하여 효율성이 가장 높은 지역에 중점 투자를 할 필요가 있다. 또한, 장기적인 전망을 가지고 기간별로 나누어 계획을 수립하고 각 지역이 가진 자연적 · 사회적 조건을 최대한으로 활용해야 한다. 그리고 계획은 가능한 계량적으로 나타낼 수 있어야 하며, 계획을 이루기 위한 구체적인 정책수단과 이에 대해 예측되는 효과를 제시하여야 한다.

② 계획의 체계 및 계획의 입안과정

국토계획은 계획목표를 달성하기 위한 미래의 인구, 산업, 시설의 적절한 배치형태를 계획하고 이를 실현시키기 위한 정책의 입안이라 할 수 있다. 이러한 국토계획은 여러 계획 중에서 상위계획이다. 즉 국토계획→도계획→시군계획 등의 계층적인 권역계획체계 중에서 최상위계획이다. 다시 각 권역계획은 사회경제계획, 토지이용계획, 공공시설계획으로 나눌 수 있으며 〈그림 7-2〉와 같이 이에 많은 소계획(小計劃)들이 따른다.

국토계획에 있어서의 일반적인 계획입안 과정은 개략적으로 다음과 같다.

가) 현황조사

국토의 각 지역의 현상을 파악하고 지역의 사회생활수준 및 경제생활수준 등 정량적으로 나타낼 수 있는 것뿐만 아니라 만족도 등의 주관적 의견도 조사하여 이를 비교 검토한다.

그림 7-2 계획체계

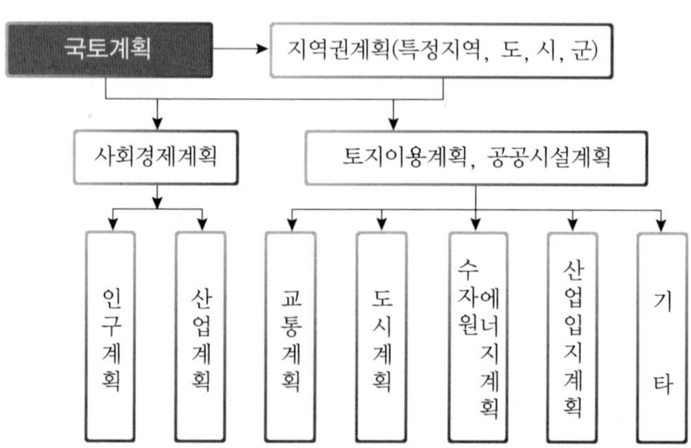

나) 각 지역, 각 부문의 기계획(旣計劃)의 조사

각 지역 및 세부계획은 그 나름대로의 사업을 준비, 추진 중에 있으므로 이들 계획의 내용과 관련사항, 성취도 등을 조사한다.

다) 계획이념의 확립 및 목표설정

각계각층의 의견을 수렴하여 국민복지 향상과 미래 발전을 위한 계획이념을 확립하고 구체적인 목표를 설정한다. 계획목표의 수준은 현재상태의 수준을 포함하여 사회지표, 경제지표 등의 지표군으로 나타내고 또한 시설, 자원, 인구, 배치, 지역 내 격차 등을 지도상에 명시한다.

라) 지역정책 대체안 작성 및 효과예측

지역계획의 정책은 행정적 · 재정적인 입지유도 및 활동조성, 교통시설을 우선으로 하는 공적시설의 정비, 입지규제 및 환경보호 등 여러 가지가 복합적으로 포함된다. 이러한 정책의 실현가능한 몇 개의 대체안을 작성하여 실시에 필요한 비용산정 및 재원확보 계획을 수립하고 계획안에 따른 효과 및 영향은 객관성에 기초한 체계분석 등의 과학적 분석에 의해 예측한다.

(3) 우리나라의 국토계획현황 및 방향

우리나라 국토계획은 제1차 경제개발 5개년계획(1962~1966) 기간 중 경제개발과 공업화 추진에 필요한 국토개발의 필요성을 느껴 1963년 국토건설종합계획법을 제정 시행하였다. 전국적인 국토계획이 수립되기 전에 공업 및 자원개발 등을 목적으로 몇 개의 특정지역을 지정하여 개발을 촉진하는 동시에 경부고속도로, 울산, 포항 등의 대규모 공업단지 개발을 추진하였으나 1971년에 비로소 국토종합개발계획이 수립되어 총제적인 지역개발을 추진하였다.

① **제1차 국토종합개발계획**(1972~1981)은 국토이용관리의 효율화와 개발기반의 확충을 목표로 대규모 공업단지, 항만, 댐 등의 하부시설건설 및 정비와 교통, 통신, 수자원 및 에너지공급원 등의 거점지역방식으로 추진되었다. 그러나 경제성에 있어서는 효율적이었으나 대도시 인구집중과 지역간 개발격차 등의 부작용을 낳게 되었다.

② **제2차 국토종합개발계획**(1982~1991)에 따라 15개 성장거점도시(대전 · 대구 · 광주 · 춘천 · 강릉 · 원주 · 청주 · 천안 · 전주 · 남원 · 목포 · 순천 · 진주 · 안동 · 제주)와 28개 생활권으로 나누어서 그 주변지역과 더불어 균형 있게 발전할 수 있는 계획을 추진하였다.

2차 국토종합계획은 수도권의 재정비 및 인구집중억제, 수도권에 상응하는 지역 경제권 형성(대전 중심의 중부권, 대구 · 부산 중심의 동남권, 광주 중심의 서남권), 국토균형개발 기반의 육성, 국민생활기반시설의 확충, 환경보존과 자원개발, 활력 있는 지방중소도시의 육성 등이 주요계획사업이었다.

③ **제3차 국토종합개발계획**(1992~2001)은 제1, 2차 국토계획의 성과를 바탕으로 우리 국토의 특성을 잘 활용하면서 1990년대에 예상되는 국토개발의 제약적 요인을 극복하고 지방분산형 국토골격의 형성, 생산적 · 자원절약적 국토이용체계의 구축, 국민복지향상과 국토이용체계의 구축, 국민복지향상과 국토환경의 보전, 남북통일에 대비한 국토기반의 조성 등이 주요 계획사업이었다.

④ **제4차 국토종합개발계획**(2002~2020)은 제1차, 2차, 3차 국토종합개발에서 나타난 문제점을 바탕으로 현재보다는 미래를 생각한 국토개발, 환경과 조화를 이루는 국토개발, 및 통일에 대비한 남북한 통합적 국토개발기본 방향을 세웠다. 더불어 잘 사는 균형 국토, 자연과 어우러진 녹색 국토, 지구촌으로 열린 국토, 민족이 화합하는 통일 국토 조성 등이 주요 계획사업이었다.

⑤ **제4차 국토종합개발계획 수정계획**(2006~2020)은 참여정부의 새로운 국가경영 패러다임을 국토계획에 반영하기 위해 국가균형발전을 위한 행정중심복합도시 건설 등 국가중추기능의 지방 분산과 지역혁신체계 구축에 따라 예상되는 국토공간구조의 변화 반영, 주 40시간 근무제, 초고속 정보화, 경부고속철도 제1단계 개통 등에 대응하여 국민의 삶의 질을 높일 수 있는 방안 마련, 지역간 갈등과 사회적 분절화의 심화에 대응하여 지역간, 계층간 통합과 상생 발전을 이룰 수 있는 방안을 제시하였다. 또한 국경 없는 세계화 시대의 진전으로 요구되는 미래지향적이고 개방적인 국토기반구축 방안을 국토계획에 반영하기 위하여 중국의 성장, 국가간 자유무역협정(FTA: Free

Trade Agreement) 체결, 도하개발아젠다(DDA: Doha Development Agenda) 협상, 경제공동체 확대 등 대외환경 변화에 대응하는 국토 차원의 전략을 제시, 2000년 6 · 15 공동선언 이후 양적, 질적으로 확대되고 있는 남북한 교류 협력을 한 차원 더 심화시킬 수 있는 국토기반 조성 등이 주요 계획사업이었다.

⑥ 제4차 국토종합개발계획 수정계획(2011~2020)

가) 광역화 · 특성화를 통한 지역경쟁력의 강화

권역별 선도 · 전략산업 육성, 광역기반(infra) 확충 등을 통해 (5+2) 광역경제권의 특성화 발전을 통해 지역경쟁력을 제고, 이와 함께, 광역경제권별로 거점도시권을 육성하여 광역경제권 발전을 견인, 아울러, 해양자원 확보(북극해 항로 참여, 극지 해양자원 공동개발 등)와 해양영토의 관리(무인도서 등)를 강화하고, 해양 신재생에너지(풍력, 조력, 파력 등) 산업 육성, 해양 산업집단(cluster) 조성 등을 통해 해양부문을 전략적으로 집중 육성한다.

나) 저탄소 · 에너지 절감형 녹색국토 실현

온실가스배출 안내지침(guideline)을 제시하는 '녹색도시계획'을 수립하고, 또한, 교통기반(infra)을 철도 · 해운 중심체제로 전환하고, 이와 함께, 에너지순환형 생태산업단지 조성, 생태산업(eco industry) 등 친환경 산업 육성, 지능형 전력망(smart grid) 체계 개발 등 에너지 절감 등 산업부문의 녹색성장 기반을 강화하고, 건축 · 주택부문에서도 신재생 에너지 건축기준 강화, 녹생주거(green home) 보급 확대 등을 추진한다.

다) 기후변화 · 기상이변에 대한 선제적 방재능력 강화

계획 · 설계단계에서부터 방재능력을 강화하고, 재해위험지도 작성, 첨단 Ubiquitous-방재체계 구축, 기후변화에 대한 관측 및 감시 체계 강화 등을 추진하고, 대형 건축물 및 지하공간의 설계기준 강화, 도시내 방재거점 설정, 재해발생시 긴급수송 등 도시기반시설의 비상대응체계 강화 등 도시내 방재체제를 강화한다.

라) 새로워진 강과 산 · 바다를 연계한 품격 있는 국토 창조

4대강 정비를 계기로 강과 산 · 바다를 통합적으로 관리하는 "강 · 산 · 해 통합형 국토관리연결망을 구축하고, 아울러, 국가조망점 지정 · 관리, 국

토녹색길 조성, 전통건축양식 보급 확대, 상징거리 조성 등을 통해 국토 경관을 개선하고, 고도(古都) 정비, 역사 · 문화축 복원 등을 통해 문화품격을 제고한다.

마) 인구 · 사회구조 변화에 대응한 사회기반을 확충

노령화, 1~2인 가구 증가 및 주택수요의 다양화에 따라 고령자전용주택, 소형주택(도시형생활주택, 준주택 등), 재택근무 지원형 주택, 전원주택, 별장주택 등 '수요맞춤형 주택공급'을 강화, 영 · 유아에 대한 보육시설, 노인복지시설, 도시공원 및 필수문화시설 등을 확충하여 도시내 복지 · 문화수요에 적극 대응하고, 아울러, 저소득층 · 장애인 · 외국인 등에 대한 주거안전망 확충, 도시기반시설 · 교통시설 등의 무장애설계 확대 등 사회적 약자에 대한 보호체제도 강화한다.

바) 대륙과 해양을 연결하는 글로벌 거점기능 강화

광역경제권별 거점항만의 특화 육성, 동북아 포트 얼라이언스[2](Port

그림 7-3 녹색국토실현을 위한 계획의 기본틀

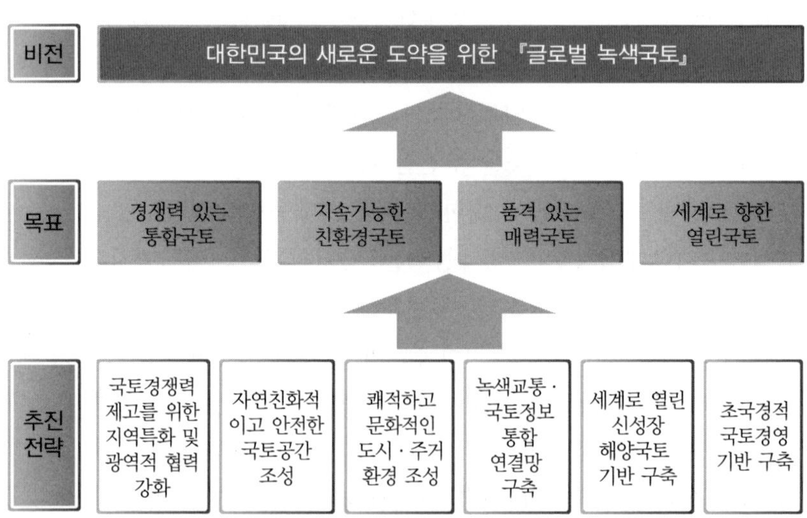

〈출처: 제4차 국토종합계획 수정계획 2011-2020, p. 23〉

2) 포트 얼라이언스; 항만을 중심으로 생존과 경쟁력 제고를 위한 항만간 제휴

Alliance) 확대, 항공자유화 확대, 인천공항의 중심적(hub) 기능 강화 등 항만 · 공항의 글로벌 출입구(gateway) 기능을 강화하고, 장기적으로 한반도 철도망과 TSR(Trans Siberian Railway: 시베리아 횡단 철도로써 북한 나진에서 러시아 하산으로 연결됨), TCR(Trans Chinese Railway: 중국 횡단 철도로써 북한 만포에서 중국으로 연결됨)의 연결을 통해 아시아 · 유럽으로 진출을 확대할 수 있는 철도 수송 · 물류체계의 구축과 아시안 하이웨이의 결손 부분의 연결을 위한 국제협력을 추진 및 아울러, 지역실정에 따른 유연한 토지이용의 확대, 중앙-지방간 협약을 통한 지역개발, 주택정책 등에 있어 지자체의 역할을 강화한다.

사) 국토관리체계의 선진화 · 효율화

우리경제가 성숙기에 진입함에 따라 신규 개발보다는 국토재생 중심으

그림 7-4 국토형성의 기본골격

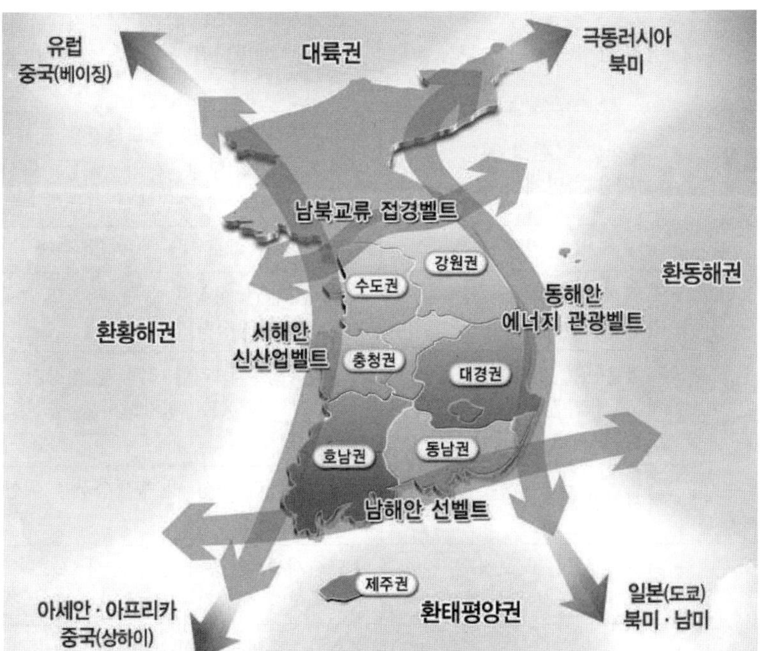

〈출처: 제4차 국토종합계획 수정계획 2011-2020, p. 27〉

표 ⑦-1 제4차 국토종합계획 수정계획(2006~2020)과 제4차 국토종합계획 수정계획(2011~2020)의 비교

구분	제4차 국토종합계획 수정계획 (2006~2020)	제4차 국토종합계획 수정계획 (2011~2020)
기간	2006~2020년	2011~2020년
기조	약동하는 통합국토의 실현	대한민국의 새로운 도약을 위한 「글로벌 녹색국토」
인구	• 인구 증가와 고령화 사회	• 인구 감소 및 초고령사회 • 다문화사회 형성
지역균형 및 국가경쟁력	• 지역간 균형발전에 중점	• 광역경제권 중심의 특성화발전 및 글로벌 경쟁력 강화에 중점
	• 수도권 과밀 억제	• 수도권의 경쟁력 강화 및 계획적 성장관리
대외개방 및 국토골격	• 한반도 육지(경성국토)	• 한반도 육지와 해양, 재외기업 활동 공간을 포함(연성국토)
	• 행정구역별 접근 (7+1 경제권역)	• 행정구역을 초월한 광역적 접근 (5+2 광역경제권)
	• 점적 개방(3개축)에 중점	• 대외개방 지대(belt) 및 접경지대(4개축) • 글로벌 개방거점 육성 등 개방형 국토 형성 추진
기후변화 및 자원 확보	• 기후변화를 환경 보호 및 재해 대응 측면에서 접근	• 기후변화 대응 및 녹색성장을 국토계획의 기조로 설정(환경, 산업, 교통, 도시개발, 재해 등 종합적 차원에서 접근)
	• 국내 자원 관리에 중점	• 해외 자원 확보 및 공동개발 추진
지역개발 산업입지	• 지역혁신체계 구축을 통한 자립적 지역발전 기반 마련	• 광역경제권 형성을 통한 지역별 특화발전 및 글로벌경쟁력 강화
	• 지역분산형 개발 정책(행정도시, 공공기관 지방이전, 혁신도시 · 기업도시 건설 등)	• 지역특성을 고려한 전략적 성장거점 육성(대도시 및 KTX 정차도시를 중심으로 도시권 육성)
	• 혁신집단(cluster) 형성	• 신성장동력 육성 및 녹색성장을 위한 新산업기반 조성
도시 주택토지	• 기초적 삶의 질 보장 • 연결망형 도시체계 형성	• 도시재생 및 품격 있는 도시 조성 • 한국형 녹색밀집된(compact) 도시 조성
	• 주거복지 향상 • 임대주택 공급 확대	• 주거수준의 선진화 • 인구감소 · 고령화에 대한 수요맞춤형 주택정책

구분	제4차 국토종합계획 수정계획 (2006~2020)	제4차 국토종합계획 수정계획 (2011~2020)
도시 주택토지	• 계획적 토지이용 관리 강화 (선계획-후개발)	• 계획적 토지이용의 제고를 위한 개발행위 허가제도 운용 • 계획적 토지이용을 전제로, 수요 변화에 대응하는 유연한 토지이용 체계 구축
교통 물류	• 7×9 간선도로망 구축	• 철도 중심의 녹색교통체계 • 기존 시설의 운영 효율화
	• 행정중심복합도시와 각 지역의 연결성 강화	• 광역경제권 및 초광역개발권 연계 기반 확충
수자원 방재 정보	• 수자원의 안정적 공급 및 수질 관리 중심	• 하천의 다목적 이용 및 새로운 하천문화 창출 • 수변공간의 적극적 활용
	• 예방적 · 통합적 방재체계 구축	• 기후변화에 대응한 선제적 · 예방적 방재 • 도시형 재난 대책 강화
유라시아 – 태평양 협력	• 경제자유구역, 자유무역지역 중심의 개방 · 협력거점 육성	• 다변화된 글로벌 개방거점 육성(새만금, 경제자유구역, 국제자유 도시, 국제과학 비즈니스지대, 첨단 의료복합단지 등) • 한국형 도시개발 수출
	• 접경지역 협력사업 추진	• 남북교류 · 접경지대 종합관리계획 수립 • 북한자원 공동개발 및 인적 · 물적
해양		• 해양자원 및 해양산업 육성을 통한 글로벌 해양국토 실현
계획의 관리 및 집행	• 지방분권과 갈등조정체계 구축	• 효율적인 지역개발체계 구축 (지역개발사업 남발 방지)
	• 투자재원의 다양화와 운영 효율화	• 재원 조달방식 다양화 및 재정 분담 원칙 정립

〈출처: 제4차 국토종합계획 수정계획 2011-2020, 부록 2.〉

로 국토관리 기조를 전환하고, 또한, 유사 · 중복된 계획 · 지구제도의 통폐합, 대규모 개발사업에 대한 조정 및 검증 · 평가체계 구축 등을 통해 저성장 시대에 맞는 '국토의 수용능력을 고려한 개발체제'를 구축 아울러, 지역실정에 따른 유연한 토지이용의 확대, 중앙-지방간 협약을 통한 지역개발, 주택정책 등에 있어 지자체의 역할을 강화한다.

우리나라의 국토계획은 이제까지 국민소득의 가속적 성장을 강조하는 성장중심지 전략에만 역점을 두어 왔다. 그러나 심화된 지역격차를 완화하기 위해서 성장에 따른 장점과 단점을 보완하여 지역 배분에 중점을 두어야 한다. 또한, 수도권의 인구집중을 억제하기 위해서는 지방의 균형 있는 발전 및 수도권에 대응하는 지역권역을 형성시켜 중추기능을 권역별로 분담하도록 유도하는 것은 물론 녹색성장시대를 선도하는 저탄소 · 에너지절약형 국토공간구성, 복수의 지역을 통합한 광역적 지형공간구조형성 및 지역간 연계 · 협력을 통한 성장잠재력을 확보해야 할 것이다.

그리고 낙후된 도서, 산간오지 등의 미개발지역의 개발 촉진과 지방자치단체 및 주민참여를 확대시켜 고품격 정주환경조성을 위하여 지역실정에 맞는 지역개발계획의 수립 등에 민주적이고 책임 있는 지방행정체계를 구현하는 것이 바람직한 국토개발의 방향이라 할 수 있다.

(4) 초국경적 국토관리 기반 구축

① 현황과 문제점

남북 분단 지속으로 국제 육상교통망 연계가 곤란하고 정치 · 군사적 여건으로 남북 경제협력을 위한 안정적인 교류 여건 및 기반이 미성숙하다.

유라시아-태평양을 잇는 관문(gateway) 역할을 수행할 수 있는 한반도의 지정학적 이점을 활용한 글로벌 교통거점 개발이 미흡하다.

② 여건변화 전망

가) 동북아 지역의 성장 및 교류 · 협력 증대 전망

세계 경제의 추진동력으로 동북아의 역할이 증대함에 따라 동북아 지역이 EU(European Union), 북미자유무역협정(NAFTA: North America Free Trade Agreement)과 함께 세계 3대 경제권의 형성과 유라시아-태평양 시대에 대비하여 동북아 국가간 항공 자유화뿐만 아니라 아시아, 아프리카, 남미 등지에 대외교통거점을 위한 항만 및 공항 정비에 대한 요구가 증가할 전망이다.

나) 국격 향상으로 인한 실질적 유라시아-태평양 및 세계 외교가의 중심 시대의 개막

2010년 G20 서울 정상회의 개최, 경제협력개발기구(OECD: Organization for Economic Cooperation and Development) 개발원조위원회 가입 등으로 국격 및 국가 위상이 제고되고 우리나라가 글로벌 균형성장의 주역으로 등장하였다. 우리나라를 비롯한 G20 국가가 G7을 대체하는 새로운 세계경제 협의체로 부상할 전망이며 2009년 UAE에 원자력 발전시설을 수출함으로써 경제적 효과와 한국형 원자력 발전의 경쟁력을 대외적으로 인정받는 효과를 유발할 수 있다.

2010년 OECD 개발원조위원회 가입과 함께 선진공여국으로 지위가 격상됨에 따라 국가 위상이 제고되고 글로벌 균형성장에 대한 의무도 증가하고 있다.

2012년 3월 26일 G53개국 정상과 4개 국제기구 대표가 참석한 제2차 핵안보 정상회의인 "2012 서울 핵안보 정상회의"가 서울 코엑스에서 개최됨에 따라 서울이 세계 외교가의 중심이 되었다.

다) 여건변화에 따라 남북간 교류 · 협력 증대 기회 상존

단기적으로 북한 핵문제로 인한 남북간 긴장관계가 예상되나 교류 · 협력은 지속될 전망이다. 미국-북한간 상호신뢰 구축 및 6자 회담의 발전적 진전시 주변 강대국들의 지원 및 협조와 북한의 개방정책 추진시 남북한 교류 · 협력의 확대가 가능할 것이다.

③ 추진과제

가) 남북한 교류협력 확대에 대비한 기반 구축

(ㄱ) 남북한 교류협력의 단계적 추진

(ㄴ) 접경벨트 발전종합계획 수립

접경지역의 체계적 관리 및 남북한 평화적인 교류협력을 위한 접경벨트에 남북한 교류협력지구를 조성하여 남북교류, 비무장지대(DMZ: DeMilitarized Zone) 인근의 안보 · 생태환경 체험관광을 위해 접경지역내 핵심 거점지역 중심의 평화누리길을 조성하고 인접 시 · 군간 연계를 위한 동서녹색평화도로 조성 등으로 접경지역간 교류 활성화 추진에 관한 종합적인 발전계획 수립

(ㄷ) 남북관계 진전에 대비한 협력과제 강구

접경지역의 남북 협력사업 추진 및 생태환경 보전, 남북한 교류·협력 증진을 위한 접경지역 평화지대 구축, 남북한 수자원 모니터링 체계 구축, 북한의 전력·교통·물류시설 등 산업 인프라시설 개발을 지원하는 대신 북한의 경제성 있는 지하광물의 남북한 공동개발을 통해 저렴한 산업자원을 확보, 북한의 낙후된 상·하수도 시설과 노후 주택 등을 정비하기 위한 건설 물자 및 기술 지원 등이다.

나) 유라시아-태평양 협력 기반 강화

(ㄱ) 유라시아-태평양 지역의 단일교통 및 물류시장화에 대비하여 교통물류 관문국가로 도약할 수 있도록 물류네트워크를 구축하여 해양시대와 대륙시대를 함께 여는 글로벌 교통물류 관문국가 도약

i) 동북아 및 동남아세아국가연맹(ASEAN: Association of South-East Asian Nations) 주요 거점과 연계를 강화하는 한·중·일 복합수송체계(철도·해운·육상 연계) 등 국제 운송네트워크를 구축한다.

ii) 아시안 하이웨이의 결손부분인 북한지역 연결 및 유럽 국제도로망 연결을 위한 당사국간 실질협력을 추진한다.

iii) 한반도를 중심으로 TCR, TSR과 연결되어 아시아·유럽 대륙으로 진출을 확대할 수 있도록 국제철도의 수송 기반을 구축한다.

iv) 항공자유화 확대 등을 통한 5대양 6대주 운항 글로벌 항공 네트워크를 구축한다.

v) 아시아 항공시장 주도를 위한 동북아 통합항공시장 구축을 추진한다.

(ㄴ) 초국경적 지역개발 관련 국제협력 강화

i) 동북아 + ASEAN 생산 분업화에 의한 글로벌 생산네트워크 정착 추진

ii) 동북아 + ASEAN 교류협력 활성화를 위한 소권역별 협력 추진

iii) 유라시아 - 태평양 협력거점 개발을 위한 글로벌 도시간 협력 강화

iv) G20 서울정상회의 개발의제 실천을 통한 글로벌 연성국토 개척

저개발 국가가 많으면서 G20 개발의제 정신이 구현되는 지역인 아프리카, 아시아, 중남미 지역을 개발의제 실천 우선지역으로 선정하여 인프라 등 국토개발사업 지원을 추진한다.

한국형 국토개발 지원모형을 구축하고 국제사회와 공감대를 이룰 수 있는 프로젝트에 우선 투자하여 저소득국가 개발을 지원하고 국격 향상을 실현한다.

연성국토(SS: Soft Space)란 국토의 물리적 영역에 국한된 경성국토(HS: Hard Space)의 개념을 벗어나 국경선을 초월하여 사람들과 기업들이 국제 정치 · 경제 · 문화 등의 분야에서 글로벌하게 유기적으로 연결되어 지구촌에서 실제로 활동하는 모든 공간과 활동무대를 의미한다.

G20 서울정상회의 의제는 기존 G20 정상회의를 거치면서 논의가 진행 중인 '거시경제정책 공조', '금융 규제 개혁', '국제금융기구 개편' 등 기존 의제와 '개발', '글로벌 금융안전망' 등 우리나라가 새로 제시한 이슈로 구성됨. 이 중 '개발' 의제는 개발도상국의 빈곤 및 개발격차 해소에 관한 것으로, '단순 재정 원조를 넘어 개발도상국의 능력배양(CB: Capacity Building)을 통한 자생력 확충'을 새로운 원칙으로 제시함으로써 개발도상국의 개발 문제가 지속적으로 논의될 수 있는 계기를 마련한 것으로 평가된다.

(ㄴ) 한국형 도시개발 수출을 통한 글로벌 협력거점 마련

고속철도, 원자력발전소, 한국형 첨단녹색(green)도시, 산업단지, 고속도로, 물 관리 기술 등의 건설 경험을 전 세계에 수출하는 동시에 해외 자원개발 참여를 강화하여 에너지 및 지하자원을 안정적으로 확보한다.

국토의 세계적 연결망을 통해 해외로부터 새로운 기회를 포착하고 국익 창출로 연결한다.

개발도상국의 도시 수요에 부응하고 우리 신성장동력으로써 도시를 수출하기 위해 민관 협력을 통한 해외 도시개발 촉진 방안을 마련한다.

(ㄷ) '유라시아개발공동체' 구축을 위한 교통인프라 협력

한반도종단철도(TKR)와 대륙철도 연계사업 및 대륙간 하이웨이 구축사업을 통해 '유라시아개발공동체' 형성의 토대를 구축한다.

TSR, TCR 등의 정비를 통한 노선 구축 및 부산-모스크바를 연결하는 아시안 하이웨이(AS: Asian Highway) 6번 노선 개발을 통한 유라시아 물류 기반을 구축한다.

중국, 러시아, 일본을 연계한 환황해 · 환동해 해양관광권 구축을 위한 해양크루즈를 개발하여 DMZ를 중심으로 한 내륙 · 해양 세계평화 관광연결망을 구축한다.

(참조: 제4차 국토종합계획 수정계획 2011~2020)

제3절 도시계획

(1) 도시계획의 개요

일반적으로 도시계획이란 건전한 공동사회건설에 대한 확고한 기초를 다지기 위해 도시 내의 토지 또는 시설물의 용도 및 규모 등과 관련하여 도시공간의 변화에 질서를 부여하는 작업이며, 이를 효과적으로 수행하기 위한 활동이다.

또한, 도시계획법에 의하면 도시건설구역과 그 구역 안에서 도시의 건전한 발전을 도모하고 공공의 안녕질서와 공공복리의 증진을 위한 토지지용·교통·위생·산업·보안·국방·후생 및 문화 등에 관한 계획이라 정의하고 있다.

특히, 오늘날 도시계획은 도시인의 존엄성을 존중하고 그 문화의 균형과 확대를 가져올 균등한 기회부여와 방법을 마련하는 과학기술이라고도 할 수 있다.

따라서 구체적으로 도시계획은 도시의 토지이용과 시설배치계획으로서 인구의 과도집중 및 시가지 확장의 가속화로 무질서한 도시발전을 방지하고, 계획적인 시가화를 위한 시가지 구역과 시가지 조정구역, 도시환경을 보존하고 기능향상을 위한 지역기구의 지정, 그리고 시가지 재개발구역, 토지구획정리구역, 주택가구정비구역의 계획, 또한 도시생활 및 기능유지에 필요한 도로·공원·하수도·소각장 등의 시설계획을 계획내용으로 한다.

① 도시계획조사

도시계획의 근본방침을 수립함에 있어서는 해당도시의 실태를 고찰함과 동시에 그 전체성을 파악하여야 하므로 도시조사를 실시할 필요가 있다. 따라서, 총괄적인 도시의 역량을 파악하고 그에 상응하는 도시경영책을 강구하여 도시계획을 수립하여야 한다.

가) 도시세력권조사

도시세력권은 그 도시를 중심으로 통근·통학·매매물·위락·후생 등에 밀접한 상호관계를 가지며, 상공업활동에 있어서도 세력권 내에 있는 인근 시 · 군도 포함한 것을 말한다.

이 세력권 내의 시 · 군 상호관계와 도시발달의 연역, 자원, 교통운수상황 및 경제변천상황 등에 관한 조가를 실시하여야 하며, 이들 조사사항은 이 세력권 내 시 · 촌 · 면을 포함한 지형도(1/25,000~1/50,000)에 도시하게 조사서를 첨부한다,

나) 인구조사

인구조사는 예정도시계획구역 내를 대상으로 해당도시와 밀접한 관계를 가진 인접시도도 포함한다. 또한, 해당 도시세력권 내 시 · 군의 인구변천표, 비교표, 밀도표 등을 작성한다. 인구조사는 동별 인구분포상황에 관한 조서를 작성하여 인구, 호수, 밀도 등을 명시하고 학교별, 학교배치현황, 통학구역별 인구분포현황, 산업별인구조서 및 연령별 인구구성표 등을 작성하여 장래 인구를 추정하는 데는 과거 인구추세선의 연장방식에 의한 방법과 인구증가율을 기본으로 하는 방법 및 미래 시가지화 가능면적과 인구밀도로부터 추정하는 방법 등이 있다.

다) 토지이용관계조사

도로, 공원, 운동장, 묘지, 단체집합장 등의 토지이용관계조사서를 작성하고 시가지구역의 변천상황조사, 해당지역의 기상조사, 재해구역조사를 실시한다.

이와 같은 조사 외에 상하수도 및 전원공급시설조사, 공장분포상황, 시가지내 건설물 현황 및 교통, 치수시설황조사 등이 필요하다.

② 도시기본계획

가) 개 설

도시기본계획은 상위계획은 상위계획인 국토계획의 지침을 수용 발전시켜서 시행이 전제된 도시의 장기적인 발전방향과 미래상을 제시하는 계획으로서 그 내용이 물적 측면에 국한되지 않고 사회 · 경제적 측면을 동시에 포괄하는 종합적 계획이다. 도시기본계획의 목적은 장기적인 도시개발의 전략과 방향재시, 각 부분별 도시개발지표의 설정, 도시공간 구조 및 주거환경의

질적 기준 등을 제시하는 것이다.

또한, 도시기본계획은 다음과 같은 특징이 있다.

첫째로, 물적·공간적 측면과 사회·경제적 측면을 포괄하는 종합적 계획이다. 둘째, 단순히 미래를 제시하는 청사진적인 계획이 아니라 계획과 집행 간의 연계성을 구축하여 집행성을 강조하는 계획이다. 셋째, 지방장관에게 계획수립의 의무가 부과되고 있으나 계획의 내용이 일반시민의 활동에 직접적인 구속력이 없는 예비적 도시계획이다. 넷째, 도시기본계획은 국토계획, 도계획 등을 상위계획으로 수용하는 한편, 하위계획인 도시재정비계획 등에 지침을 제시한다.

나) 계획구역설정

계획구역은 계획대상의 공간적 범위를 나타내는 것으로 가능한 한 행정구역과 일치시키는 것이 유리하다. 계획구역설정에 있어 일반적으로 목표연도의 인구성장규모와 도시기능 및 도시발전방향 등을 고려하여 도시중심 및 주변의 토지이용 상황검토, 토지의 생산성과 이용의 제약성 등을 파악하여 설정한다.

다) 도시기본계획의 내용

도시기본계획에서 가장 중요한 계획은 토지이용계획(지역지구계획 등)과 교통계획이나 다음과 같은 계획을 주요내용으로 설정하고 있다. 즉, 도시성격, 도시지표, 도시기본구상, 인구배치계획, 토지이용계획, 교통통신계획, 산업개발계획, 생활환경계획, 공원녹지계획, 사회개발계획, 도시방재계획, 재정계획 등이다.

③ 토지이용계획

토지이용계획(land use planning)은 도시의 제 활동, 생활, 생산, 교통 등의 능률합리화를 위하여 기능과 시설과의 양적 관계, 시설 또는 시설집단의 양적, 위치적 상호관계를 적정히 하기 토지용도배분의 기본계획이다.

또한, 무질서한 시가지의 형성 방지, 자연환경보호, 기능적인 도시활동을 저해하는 요인을 저해하는 요인을 제거하고, 상업·공업 등의 각각의 활동을 원활하게 하기 위한 일정구역을 용도별로 적절히 배치함으로써 도시질서를 유지할 수 있다.

토지이용계획은 계획내용에 따라 계획구역내 배분계획과 지역지구계획으로 나누어지고, 또 이 지역지구계획은 용도지역지구계획과 형태지역지구계획으로 나눌 수 있다.

가) 계획구역 내 배분계획

도시계획구역 내에는 시가지 외에 농토, 산림 등 직접 계획대상이 되지 않는 부분이 포함되어 구역에 따라 그 계획방법이 다르게 되므로 구역을 시가구역, 녹지구역, 유보구역으로 나누어 계획한다.

시가구역은 기존시가지와 장래에 시가지로 개발될 가능성이 많은 구역을 말하며, 기개발구역, 재개발구역, 개발예정구역 등으로 나누어진다. 녹지구역은 건축적인 시설신축을 제한하는 구역으로서 생산녹지확보, 풍치보호, 시가지팽창억제 등을 목적으로 한다. 유보구역은 시가지로서 부적당한 습지 또는 자연재해의 위험이 있는 토지, 순농토, 임야 등으로서 기본 계획에 있어서 직접계획의 대상에서 제외되는 구역을 말한다.

나) 지역지구계획

도시의 기능이 다양화됨에 따라 시가구역을 그 이용형태에 맞는 몇 가지 구역으로 나누어, 여기에 계획성을 부여하여 동종 관계시설의 집단구역을 육성함으로써 그 기능을 충분히 발휘시키기 위한 지역지구계획이 필요하다.

이 지역지구계획은 용도지역지구계획과 형태지역지구계획으로 나눌 수 있지만, 계획의 입안에 있어서는 항상 서로의 연관성을 고려하여야 한다.

시가구역을 용도배분하는 데 있어서는 토지 이용의 현황, 적지 조건 등을 고려하여 될 수 있는 대로 토지를 전용화시키는 동시에 각 지역지구간의 상대적인 위치를 대조 · 검토하여 최적입지조건에 따라 지역지구를 주거지역, 상업, 공업 등 3대지역과 공관 및 문교지역, 위락상업지역 등의 특별지역으로 나눌 수 있다. 형태지역지구계획은 용도가 지구 내에 여러 가지 건축형식, 건축용적, 건축밀도가 혼재되어 토지 이용의 불균일, 비경제성을 막고 보건, 방재, 교통 등을 원활히 하여 토지의 집약적 이용을 기하기 위하여 용도지역지구와 아울러 시설의 용도, 기능의 용량에 적합한 시설의 용적형태를 지역별로 계획하고자 하는 데 그 목적이 있다.

(2) 교통계획

도시계획에 있어서 교통계획은 교통시설의 위치, 규모를 결정하는 것이다. 교통계획을 위해서 교통시설을 이용하는 교통수요의 특성, 교통기관의 특성, 교통시설의 기능 등을 충분히 파악해야 한다. 도시 내의 교통수요란 도시활동에 따른 파생적인 교통량으로서 구체적으로 도시에 사는, 또는 도시에 집중되는 인구의 이동 및 도시의 공급, 생산, 유통, 소비되는 물자의 이동에 따라 형성된다. 또한, 교통수요는 교통기관 및 교통시설의 서비스 수준에 따라서 변화되며, 토지이용은 장기적으로 이들 교통시설의 편리에 따라 그 입지내용, 밀도가 영향을 받게 되므로 계획책정에 있어서 교통수요, 토지이용, 교통시설의 3자 상호관계를 적당히 유지시켜야 한다.

① 도시교통의 종류 및 특색

도시교통은 여러 가지 종류의 각도에서 분류할 수 있다. 거리면에서는 시내교통, 근교교통, 도시간교통으로, 방향면에서는 방사상교통과 환상교통으로 분류되며, 일별에 따라 나누면 평일교통과 휴일교통, 또한 교통기관에 따라 보행자교통, 차량교통, 철도와 고속도로교통, 수상교통 등으로 분류된다. 이들 분류는 교통시설의 성격과 내용을 결정하는 데 중요한 요인이 된다.

도시교통기관에 가장 밀접한 관계가 있는 것은 인구의 도시집중현상으로서 도시교통기관의 개선 및 자동차의 급격한 증가로 인하여 도시교통은 오전 7~9시, 오후 5~7시의 단시간에 집중하고 도시를 중심으로 근거리 교통이며, 정기권 이용 여객이 많은 특징이 있다.

② 교통량조사

도시교통량의 급증은 혼잡 · 지체, 교통사고의 빈번함으로 시간적 · 경제적 피해와 손실 등이 도시의 폐해 중 하나이다. 이를 제거하는 대책을 세우는 데는 교통의 성질과 교통량의 실태를 조사하는 일이 중요하다. 교통량조사에는 교통량 및 교통속도, 미래교통량측량 등을 포함한다.

교통조사를 행하는 장소와 양식은 관측조사소(observation station)와 추출조사소(sampling station)로 대별되며, 이들 조사소의 위치선정에 있어서는 교통상태를 정확히 표시할 수 있는 지점, 일반적으로 도로의 교점 부근을 선택한다. 조사시기는 여름과 겨울을 피하여 1년중의 대체교통량의 상태를 알기 위하여 봄, 가을의 기후가 좋은 시기를 선택하여 2~3일간 조사한 것을 평균하여 택한다. 조사시간은 일출시부터 일몰시까지 일반적으로 10~12시간이다.

조사사항은 교통의 종류, 수량, 중량, 방향, 기종점(OD)조사 등이며, 조사방법은 보통계수기에 의한 관측법, 직접 질문에 의한 면접법, 카드작성에 의한 카드법 등이 있다.

존재밀도로부터 교통량을 수하기 위한 교통속도관측법은 지상주행조사에 의한 방법, 영상탐측에 의한 방법 등이 있으며, 장래의 자동차 교통량의 추정은 교통조사에 의한 방법, 교통량증가율에 의한 방법, 인력식에 의한 방법 등이 있다.

③ 교통사고 및 교통정리

도시가 복잡화되고 자동차 교통량이 급증함에 따라 교통사고에 따른 사망자가 늘고 있다. 이러한 교통사고의 방지책으로 교통안전시설 및 입체교차로 설치, 가로의 확폭, 주차장배치, 노상주차의 규제, 중요교차점의 횡단지하도, 고가교의 설치 등을 정비개선할 필요가 있다.

그리고, 현재 도로를 유효 원활히하고 교통사고를 없애기 위한 통제로서 교통정리를 행한다.

교통정리에 관한 규제내용에는 일방교통도로의 지점, 시간적 사용제한, 주차제한, 속도제한 등이 있으며, 가로교차점에서 행해지는 교통정리방식에는 신호등식, 입체로식, 로타리식 교통정리가 있다.

④ 가로교통용량

가로의 교통용량이란 어느 지점에서 단위시간에 동일 방향으로 통과하는 차의 수이며, 차도의 차선수를 결정하는 중요한 요인이 되는 것이며, 차의 주행속도, 간격, 교차점의 상황 등에 관계한다. 지방도로에서 이상적인 상태에 있는 경우에는 계산상 1차선의 교통용량이 최대 2,001대/hr로 되어 있으나, 실제로는 교통상황에 의해 감소하고 다수차선이 있는 지방도로에는 1,000대/hr, 시가지 자동차 전용도로에는 1,500대/hr가 보통이다.

논스톱도로의 기본적인 교통용량식으로 사용되는 Lewis식은 다음과 같다.

$$N=\frac{1{,}000\,V}{L+aV+bV^2} \tag{7.1}$$

N: 1차선당 매시 자동차 수
V: 속도
L: 차체길이(m)
aV: 앞 차의 정치를 인정한 뒤, 뒷 차가 제동할 때까지의 진행거리(m)
bV^2: 자동차 제동거리(m)

⑤ 가로계획

가로는 도시를 구성하는 중요한 요소로서 가로망계획은 도시의 골격을 조사하는 것으로 토지이용계획과 같이 도시계획에 기본이 되는 중요한 계획이며 시설이다.

가로는 토지의 용도, 성질에 따라 교통가로, 주택가로, 공업가로, 미관가로로 나눌 수 있으며, 중요성과 효용성 면에서는 간선가로, 보조간선가로, 국지적인 가로 등으로 나눌 수 있다.

도시계획 가로망계획을 세우는 경우에는 형성에 구애되지 않고 토지이용의 상황, 지형 등의 지리적 요건을 고려하여 도시와 필요한 중요지점을 연결하는 일과 교통조사에 의하여 필요한 폭원을 필요한 간격으로 배치하고 도시안전로로서 정리가 된 그 도시에 가장 적당한 가로관을 구성하도록 유념하여야 한다.

중요가로망이 결정되면 이들 가로 사이에 토지는 토지이용계획과 지형에 따라 부지계획, 토지구획정리에 의하여 세부도로계획을 세운다. 가로망계획에 관련하는 사항은 토지의 이용현황과 계획, 역, 터미널 등의 위치에 따른 간선가로의 배치, 수로, 항만 등의 수운관계, 공원녹지 및 공공시설의 배치 등을 고려한다.

⑥ 도시고속도로계획

도시고속도로란 고밀한 개발이 진행된 대도시 시가지에 있어서 혼합교통에 의한 평면가로의 교통혼잡 및 정체를 완화하여 고속화와 교통용량의 증가를 도모하기 위해서 만들어진 완전출입제한의 자동차 전용도로를 말한다.

도시고속도로를 이용하는 교통은 도시 내 지역에 있어서의 통근, 업무활동을 위한 교통이 지배적이며 이용거리는 비교적 짧지만 교통량이 많다. 따라서, 도시고속도로에 요구되는 기능은 60km/시 전후의 속도로 대량의 교통을 처리하고, 비교적 이용거리가 짧은 대량의 교통수요의 처리를 위해 많은 지점에 본선주행에 지장이 없는 범위로 출입로를 설치할 때도 있다.

도시교통의 특성으로 볼 때 도시고속도로는 대량교통에 대응할 수 있어야 하고 고도의 고속성을 유지하여야 한다. 또한, 주행시 안전성 · 쾌적성 유지와 이용에 편리하여야 하는 기본적 여건이 구비되어야 한다.

고속도로망형태에는 방사상환형, 격자형, 사다리꼴 등이 있고, 형태 및 노선의 선정은 지형, 현재 및 장래의 도시구조, 교통수요와 그 경로배분, 평면가로망의 관계 등을 고려하여 실시한다. 또, 도시고속도로의 구조형식으로는 고가식, 굴할식, 성토식, 지표식 및 터널식이 있지만, 형식채용에 있어서 공간이용 및 연도의 토지이용, 건설비, 소음 등도 고려하여 결정한다. 이 밖에 도시고속도로의 설계의 있어서는 인터체인지, 출입로의 간격과 설치장소, 톨게이트, 측방의 여유, 비상주차대, 교통관제시설, 긴급사용시설 등에 대해서도 충분히 검토하여야 한다.

⑦ 기타 도시교통계획

도시교통수단에는 자동차 외에 철도, 선박, 항공기 등이 있다.

이와 같은 수단을 이용하기 위한 교통계획으로 지하철 및 철도, 운하, 항만, 공항에 대한 계획도 아울러 충분히 고려하여야 한다.

(3) 공급처리시설계획

도시에는 시민생활의 편리 및 위생과 경제발전을 도모하기 위한 상 · 하수도, 가스, 전기, 통신, 하수처리장, 쓰레기 소각장 등의 공공적 시설을 필요로 한다. 이와 같은 각종 지하시설물을 일정한 계획에 의해 매설함으로써 신설 및 보수에 따른 여러 불편을 제거하고 낭비를 방지할 수 있으며, 배수 및 처리시설의 적당한 배치로 도시민의 위생을 도모할 수 있다.

① 지하시설물

지하시설물에는 상수도관, 하수도, 가스관, 통신선, 전력선 등이 있으며, 이들을 무계획적으로 배치할 경우 혼란이 매우 심하게 된다. 따라서, 이 지하시설물의 매설기준을 만들어 혼란을 방지할 필요가 있으며, 일반적으로 배치는 하수도는 차도의 중앙, 상수도관과 가스관은 각각 그 좌우 차도 밑에, 상수도 및 가스지관, 통신선, 전력선은 보도 밑에 매설한다.

이와 같은 지하시설물을 관리하고 계획하는 데는 각 지구 내의 지하시설물관리도면을 작성 관리하고, 공동구 등을 통하여 일괄 관리하는 것이 경제적이다.

그리고, 가공에 설치되어 있는 전력 · 전화선 등도 외관상 그리고 재해방지 등을 위해 지하에 시설하는 것이 바람직하다.

② 상 · 하수도계획

상수도 시설은 장래 인구증가에 따른 급수인구를 고려하여 수요급수량을 목표로 시가지 내의 배수관을 계산하여 그 단면을 결정한다. 이러한 상수도 설계시 상수도 구성의 4개 부문 취수, 송수, 정수, 배수 및 급수방법을 고려하여야 한다.

급수인구와 1인당 급수량을 결정하여 이것을 서로 곱하면 그 상수도계획에 필요한 총급수량이 정해지며, 여기에 수반되는 수원, 정수장 기타 종류나 규모 등이 결정된다.

일반적으로, 1인 1일당의 평균급수량은 〈표 7-2〉와 같다.

하수도에서 일반적으로 채용하고 있는 수운식에는 합류식과 분류식이 있으며, 현재 많은 도시에서 쓰이는 것은 합류식이다. 그러나, 하수처리를

표 ❼-2 각 도시의 1인 1일당 사용수량

구분	인구	사용수량(ℓ/인/일)
대도시	20만 이상	140~200
중도시	10만 이상	120~180
소도시	3만 이상	100~150
읍	3만 이하	80~120
면		80~100

행하는 데 있어 건설비, 처리비에 막대한 경비가 들기 때문에 이미 우수거를 갖고 있는 도시에는 분류식이 유리하고 위생적이다.

배수구역의 결정, 중요한 하수도간선의 위치, 하수배출구 및 하수처리장의 위치결정은 하수도계획의 주요부문이다.

하수도계획의 기초가 되는 것은 하수량의 산정에 있어 하수의 종류, 즉 가정하수, 공장하수, 우수, 지하수 등으로 구분하여 산정하며, 이들 각종 하수량을 선정하는 데는 토지면적, 강우량, 인구 및 인구밀도가 기준이 되며, 도시발전상황을 예상하고 배수구역과 그 안에 거주하는 인구와 산업상태를 종합하여 고려하여야 한다.

③ 기타 공급처리시설

상 · 하수도 및 전력, 가스, 통신 외에 공급처리시설에는 시장이나 종말처리장, 쓰레기 소각장, 도살장, 화장터 등이 있으며, 도시계획시 이들의 수요와 위치, 처리방법 등 구체적인 계획을 세워야 한다.

(4) 공원녹지계획

① 공원계획

도시공원이란 자연경관의 보호, 시민의 건강, 휴양 및 정서생활의 향상에 기여하기 위하여 도시계획법에 의해 도시계획시설로 설치하는 공원 및 녹지를 말한다. 공원의 종류는 어린이공원, 근린공원, 도시자연공원, 묘지공원, 운동공원 등으로 나눌 수 있다. 도시공원의 필요성은 시민의 보건, 휴양, 재해방지, 피난구호, 도시환경개선뿐 아니라 건축부지 등으로 이용곤란한 지형의 이용효과에도 있다.

어린이 및 근린공원의 계획 및 설계기준은 도시계층별보다는 근린단위를 대상으로 하여 면적, 위치, 시설 등에 대한 공간기준을 작성하며, 자연공원의 경우는 도시 전체를 고려하고 경관미에 초점을 둔 적지선정방식 및 개발이 중요하며, 묘지공원의 경우는 최소면적기준의 설정 및 입지선정이 중요하다.

공원의 배치의 편재를 피하고 분산되어 전 시역이 연령층에 따른 공원의 유치거리권 안에 포함되고 제외되거나 중복되지 않도록 계획하여야 한다.

도시공원면적의 필요량은 다음 식에 의해 산정할 수 있다.

$$P=\Sigma \frac{N_i \times A_i \times S_i}{C_i} \tag{7.2}$$

P: 공원필요량

N_i: 공원면적 종류별 이용자 수

A_i: 공원면적 종류별 이용률

S_i: 공원면적 종류별 이용자 1인당 활동면적

C_i: 공원면적 종류별 유효면적률

② 녹지계획

녹지는 수목식물으로 덮인 녹화된 공지를 말하지만, 공원, 광장, 운동장, 골프장, 사찰, 유원지, 삼림 등 시민의 야외에서의 휴양, 보건을 위한 개방된 토지를 뜻한다.

녹지는 용도와 형태에 따라 보통녹지, 생산녹지, 기타녹지로 분류할 수 있다. 보통녹지는 자유공개녹지로서 자유로 산책할 수 있는 토지이며, 생산녹지는 제한녹지로 개인 또는 단체가 영리의 목적으로 경영하는 것으로 공개되지 않는 토지를 말한다. 삼림 농경지 등 도시 주변에 설치된 녹지는 도시의 무제한 팽창을 억제하는 수단으로 사용되고, 장소에 따라서 도시계획에 의해서 자연풍치를 유지하기 위한 풍치지구지정 등으로 사권의 제한이 행해지는 곳도 있다. 또한, 도시의 기능과 환경의 질을 유지 향상시키기 위하여 설치하는 도시시설로서의 녹지를 시설녹지라 한다. 이 시설녹지는 위치에 따라 철도연변시설녹지, 고속도로연변시설녹지, 국도연변시설녹지, 하천연변시설녹지, 공업단지주변시설녹지, 기타 공항 · 임항주변시설녹지 등으로 구분하여 설정한다.

제4절 국토 및 도시계획의 기초자료

(1) 영 상

① 개 요

현재 영상은 일상생활(사진제작, 각종 사항발표, 영상회의, TV, 각종 통신장비에서 가시화 등)에서부터 자원, 토지, 환경 및 우주개발에까지 필수적인 매체로서 활용되고 있다. 영상에 관한 특성, 생성과정 및 취득방법, 처리 및 활용에 기여할 수 있는 분야 등을 숙지하는 것이 문화인의 과제가 되어가고 있는 현상이다.

영상(image)은 대상물이 센서(sensor)에 의하여 비쳐서 나타나는(가시화) 형상이다. 일반적으로 사용되는 사진은 비스캐닝(non-scanning)센서체계인 광학사진기 영상이고, 인공위성영상은 스캐닝센서 체계의 수치영상이다.

개개의 대상이 비쳐서 단순히 나타낸 상태가 협의의 영상(image)이고 개개의 영상에 처리과정을 거쳐 대상이 집합적으로 가시화된 상태를 광의의 영상(imagery)이라고 한다. 영상의 가장 작은 단위(cell)는 영상소(映像素: pixel or picture element)이며 영상을 면상(面狀: screen)으로 가시화시킨 상태를 영상면(映像面: image plane or imagery)이라 한다. 영상면을 정제(精製)하여 종이(paper)나 판상의 물체에 나타낸 것이 사진(寫眞: photograph)이다.

과거에는 사진을 제작하여 각종 관측과 연구가 이루어졌지만 최근에는 각종 센서(수동적 센서, 능동적 센서 등)가 개발됨에 따라 사진이 이루어지기 전인 영상을 직접 처리하여 정성적 및 정량적 해석을 하고 있다. 사진은 일반생활에서 가시화가 필요한 사항(지도제작, 대상물형상 표현 등)에 주로 활용되어왔지만 최근 영상은 지도제작은 물론, 토지, 자원, 환경, 의료, 통신, 디자인, 우주개발 및 각종 대상의 디자인 등에 관하여 정성적 및 정량적 해석을 할 수 있는 기법으로 급성장하고 있다. 이에 영상이 사진의 기본요소일 뿐만 아니라 대상물에 대한 '살피고 찾음'(exploration, 探)과 '헤아려 알아냄'(search, 測), 즉 탐측학(matics)이 사진보다 더 포괄적으로 활용되어가는 추세이므로 영상탐측학(imagematics)이라는 용어가 제안되었다.

영상은 지형(지모 · 지물)의 모양과 크기 및 그 특성을 해석할 뿐만 아니라 각종 대상의 형상과 현상까지도 처리할 수 있는 매체로써 활용되어가고 있다.

영상은 생활개선을 위한 대상을 가시화하거나 형상화할 수 있는 활용으로 물리적 생활공간에 관한 각종 설계도면제작, 영상의 시각화에 의한 다양한 디자인창출, 지형도제작, 의료분야 진단 및 수술, 통신 및 정신순화분야 등에 정성적 및 정량적 해석으로 생활향상을 극대화시켜 가고 있다.

이에 본절에서는 영상의 취득체계인 센서 및 영상면판독방법에 관하여서만 간단히 기술하고자 한다. 영상에 관한 자세한 내용은 영상탐측학개관(동명사 간)을 참고하기 바란다.

그림 7-5 센서의 종류

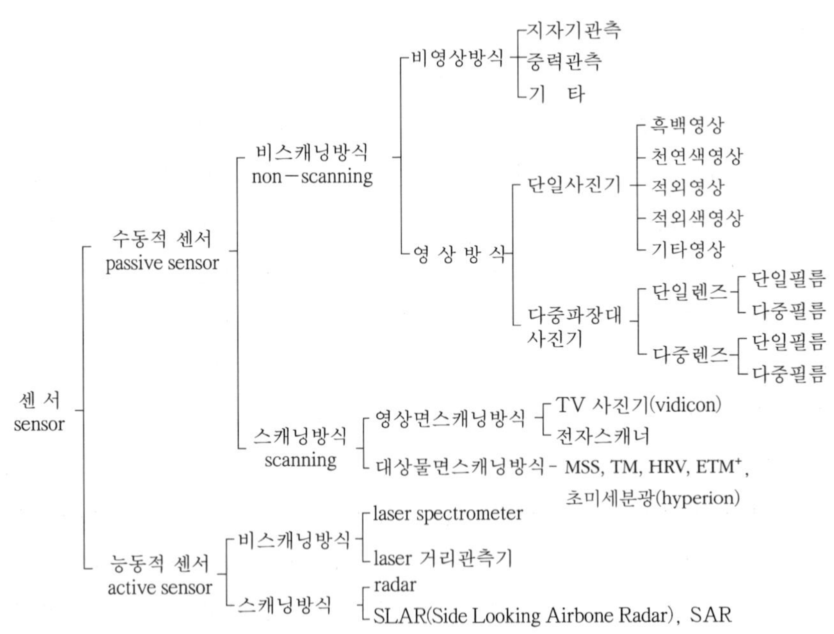

② 영상면 취득체계

영상면의 취득은 센서(sensor)에 의하여 이루어진다. 센서는 전자기파를 담는 기기로서 수동적 센서와 능동적 센서로 대별된다.

수동적 센서는 대상물에서 방사(放射)되는 전자기파를 수집하는 방식이며, 능동적 센서는 센서에서 전자기파를 발사하여 대상물에서 반사되어 되돌아오는 전자기파를 수집하는 방식으로 〈그림 7-5〉와 같이 구분된다.

여기서 최근 많이 활용되고 있는 vidicon camera, MSS, hyperion, 전자스캐너, TM, ETM^{+}, HRV, SLAR와 SAR에 대해서만 약술한다.

가) 비디콘 사진기(vidicon camera)

영상필름 대신 비디콘(vidicon)과 같은 축적형의 촬상관(撮像管)을 사용한 광전(光電, flaming) 방식의 센서이다. 광학계의 구성은 영상방식과 비슷하며 다중밴드로 만들기 위해서는 다중사진기 배열방식이 사용된다. 광전변환면(光電變換面)에 기록된 상은 전자빔(beam)에 의하여 주사(走査)되며 영상신호로 변환된다.

전자적인 영상신호는 직접 지상에 무선신호로 전송되며 수치적으로 컴퓨터에 입력할 수 있는 점 등이 영상필름과 기능적으로 다른 특징이다.

나) 다중파장대 스캐너(MSS: MultiSpectral Scanner)

다중파장대 스캐너(MSS)는 지표로부터 방사되는 전자기파를 렌즈와 반사경으로 집광하여 필터를 통해 분광한 다음 파장별로 구분하여 각각 영상을 테이프에 기록한다.

비행방향에 직각으로 회전하는 반사경을 이용하여 지표면을 대상으로 관측한다. 이것을 스캔〔走査〕이라고 하며 자료를 기록하는 최소관측시야단위를 순간시야(IFOV: Instantaneous Field of View)라 하며 밀리라디안(milli-radian)으로 표시한다. 이것에 대응하는 지표의 관측최소단위면적을 영상소라 하며 이것은 광학사진기의 분해능에 상당한다. 항공기에 탑재하는 MSS는 가시근적외역(可視近赤外域)을 10밴드 정도로 나누고 열적외역(熱赤外域)을 1~2밴드 더 추가한 것이 많다. 영상소는 80×80m이다.

다) 초미세분광(hyperion)

하이퍼스펙트럴(hyperspectral) 영상은 일반적으로 5~10mm에 해당하는 좁은 대역폭(bandwidth)을 가지며 40~200 정도의 밴드수로 대략 0.4~2.5lm영역의 파장대를 관측한다.

라) 전자스캐너

실리콘 등의 전자광감응소자 여러 개를 선상(線狀) 또는 면상(面狀)으로 매우 고밀도로 배열하고 그 위에 맺어진 광학적 상을 전기신호로 변경하도록 하는 형식의 주사기기이다. 전자스캐너(電子走査機)는 대상물의 면을 주사하지 않고 대상물에서 광학계를 지나 얻어진 영상면을 여러 개의 전자감광소자로 광전변환한다. 이와 같은 방법을 푸시-브룸(push-broom) 스캐너라고 한다. 따라서 한 개의 검지소자(檢知素子)에 입력되는 자료가 1영상소에 대응하므로 분산능은 검지소자의 수에 따라 결정된다.

전자스캐너는 기계적인 가동부가 없고 전자빔(beam)을 사용하지 않으므로 신뢰도와 기구상의 정확도가 비디콘 사진기보다 우수하다.

마) TM(Thematic Mapper)과 ETM$^+$(Enhanced TM-Plus)

지표면의 고분해능관측을 목적으로 LANDSAT-4호와 5호에는 TM과 LANDSAT-7에는 ETM$^+$가 탑재되었다. TM과 ETM$^+$의 지상스캔밴드는 기본적으로 MSS와 동일하지만 밴드수와 검출기수가 더 많으며 위성고도가 낮다.

바) HRV(High Resolution Visible)

HRV센서의 제원은 다중파장대형(multispectral code; XS형)과 흑백형(또는 전정색〈全整色〉 panchromatic code; P형)으로 분류되며 각각에 따라 파장대, 영상소의 크기 및 수가 다르게 된다.

사) SLAR와 SAR

SLAR는 극초단파(microwave) 중 레이더파를 대상면에 스캐닝하여 그 반사파로부터 2차원 영상면을 얻는 감지기(sensor)로 항공기의 진행방향에 직각으로 전파를 발사하며 안테나빔(atenna beam)은 진행방향으로 폭이 좁고 직각방향으로는 폭이 넓은 부채꼴 모양을 이룬다. 대상지역에서 반사되는 반사파의 시간차를 정밀하게 관측하여 대상지역의 형태를 판독하여 빔폭(bean width)을 작게 하면 해상도를 높일 수 있다.

SLAR에는 저해상영상 레이더인 RAR[Real Aperture Radar, 실개구(實開口)레이더]과 고해상영상인 SAR[Synthetic Aperture Radar, 합성개구(合成開口)레이더]이 있

다. SLAR는 극초단파 중 레이더(RADAR: Radio Detection And Ranging)파를 지표면에 발사하여 되돌아오는 반사파를 이용하여 2차원 영상을 취득하는 센서가 있다.

③ 영상면의 판독(imagery interpretation)

가) 개 요

영상면판독은 영상면상에 피사(被寫)된 도로, 철도, 하천, 가옥, 지질, 생태계(인체, 농산물, 산림) 등의 대상물에 대한 특성을 판별하기 위한 기본적인 수단으로 위치, 크기, 형상 등을 결정하는 정량적 영상면판독(quantitative imagery interpretation)과 자원 및 환경 등의 정보조사에 이용되는 정성적 영상면판독(qualitative imagery interpretation)으로 분류된다.

영상면판독은 관찰 · 확인(imagery reading)단계, 분석 · 분류(imagery analysis)단계, 해석(imagery interpretation)단계를 통해 종합 분석하여 그 지표면의 형상, 지질, 식생, 토양 등의 연구수단으로 이용하고 있다. 더불어 토지, 자원 및 환경 등의 판독방법이 발달되면서 영상탐측학의 이용분야는 더욱 넓어지고 있다.

나) 판독요소

영상면판독에는 기본적으로 사진영상면의 크기와 모양(size and shape), 음영(shadow), 색조(또는 색채: tone or color), 질감(texture), 형태(pattern)의 6개 요소가 있으며 부가적으로 영상면 상호간의 관계와 상호위치관계(location 또는 situation), 과고감(過高感, vertical exaggeration) 등의 요소를 조합해 판독하는데, 이 요소 중 형, 색조, 음영을 판독의 3요소라 한다.

(ㄱ) 크기와 모양

영상면상의 크기와 모양은 판독의 중요한 요소이다. 크기는 어느 단일형태 또는 단일색조가 갖는 입체적, 평면적인 넓이나 길이를 말하며, 모양은 개체나 목표물의 윤곽, 구성, 배치 및 일반적인 생김새 등을 뜻한다.

(ㄴ) 음 영

영상면판독에서 음영(陰影)은 높은 탑과 같은 지물의 판독, 주위색조와 대조가 어려운 지형의 판독시에 중요한 요소가 된다. 영상면을 판독할 때 광선의 방향과 촬영시 태양광선의 방향을 일치시키면 음영의 관계로부터 입체감을 얻기 쉽다. 음영이 판독자의 앞에 오도록 하여 관찰하는 것이 좋다. 북반구의 항공영상면을 볼 때는 일반 지도와는 반대로 남쪽을 위로 보는 편이 좋다.

(ㄷ) 색 조

영상면의 색조(色調)는 대상물이 갖는 빛의 반사에 의한 것으로 생태계의 현상 및 대상물의 군락 등을 판단하는 데 이용된다. 또한 색조는 인간의 육안으로 10~15단계의 구별이 가능하고, 명도, 색상, 채도의 3가지의 성질로 나타낼 수 있다.

흑백영상면이 흰색에서 검은색까지 단일색조로 나타내는 것에 비해 천연색영상면은 대상물의 색을 그대로 재현하므로 흑백영상면보다 판독범위가 넓다.

(ㄹ) 질 감

영상면의 질감이란 크기, 음영, 형상, 색조 등의 여러 요소가 모여 표현되는 영상면(映像面)의 세밀하고 거친 정도를 나타내는 것으로 개개의 상태로는 식별하기 어려운 작은 대상물의 집합이 영상면상에 나타나는 미세한 색조 변화이다.

질감의 표현은 거침(coarseness), 밀(密, fineness), 조(粗, roughness), 평활(平滑, smoothness)의 4단계로 표시하며 축척에 따라서 질감의 판독대상이 달라진다. 예를 들면, 축척 1/10,000의 영상면에서 나뭇잎은 식별하기 어려우나 질감에 의해 수림군의 성질을 판독할 수 있으며, 축척 1/40,000에서는 개개의 수림군 식별은 어려우나 그 군락이 나타내는 질감에 의해 수림의 성질을 알 수 있다.

(ㅁ) 형 태

항공영상면상에 나타난 식생, 지형 또는 지표면 색조 등의 공간적인 배열상태를 형태라 한다.

인공 또는 자연적인 여러 물체는 기본적인 형상의 반복 또는 관련성을 갖고 있어 판독에 도움이 된다. 또한 대상물의 구조와 성질, 종류, 용도 등은 그 배치상태에 의해 판독할 수 있다. 예를 들면, 공장의 규모 및 배치형태 등에 의해 공장의 특성을 알 수 있다.

(ㅂ) 상호위치관계

특정 영상면이 주위 영상면과 어떤 관계가 있는가를 파악하는 것은 영상면판독에 있어서 중요한 사항 중의 하나이다. 한 영상면은 일반적으로 주위의 영상면과 연관되어 있으므로 어떤 특정한 영상면만 보고 다른 영상면과의 관련사항은 고려하지 않으면 올바른 판독을 행하기 어렵다. 예를 들면, 논과 습지 논을 판별하는 데는 그 논 자체의 영상면에 대한 특징 외에 주변 논과의 비교, 그 논의 지리적 위치 등에 관한 고찰을 해야 한다. 항공영상면의 축척이 작아서 각각의 영상면에 대한 관찰이 어려울 때는 특히 영상면 상호간의 관계를 이용하는 것이 좋다.

(ㅅ) 과고감

영상면을 입체시해 얻은 대상물(형상이나 지표면의 기복 등)의 입체감이 실물보다 과장되어 보이는 것을 과고감이라 한다. 실제보다 산지는 돌출해 높고 기복이 심하며, 계곡은 실제보다 깊고 경사면은 실제보다 급하게 보이는 것을 과고감(過高感)이라 한다. 과고감은 판독에 사용된 렌즈의 초점거리, 중복도 등에 의해 변한다. 과고감은 지표의 기복을 과장해 나타나므로 낮고 평탄한 지역에서의 지형판독에는 크게 도움이 되지만, 사면의 경사가 실제보다 급하게 보이기 때문에 오판하지 않도록 주의해야 한다.

다) 판독의 순서

항공영상면의 판독은 일반적으로 다음과 같은 순서로 한다.

첫째, 촬영계획을 세워 목적설정, 영상면축척결정, 영상면종류, 촬영일시, 범위, 센서 및 렌즈선정 등을 한다. 둘째, 스캔이나 촬영을 수행하여 영상면을 작성한다. 셋째, 판독기준은 판독항목의 특성에 따라 판독요소를 설정한다. 넷째, 판독은 판독기준을 기초로 광역판독과 부분적, 중심적 판독을 행하는데, 경우에 따라 현황 및 현지조사계획도 함께 한다. 현지조사를 하는 경우 판독결과의 확인, 보정, 정정 등을 한다. 마지막으로 다섯째, 현황 및 현지조사의 자료를 기초로 다시 한 번 판독하고 결과를 정리한다.

라) 판독에 이용되는 영상면

판독에 쓰이는 영상면은 〈표 7-3〉과 같다.

천연색영상면은 판독상 가장 좋으나 가격이 비싸고 높은 고도의 촬영에는 적합하지 않은 결점이 있으며, 적외선영상면은 필름의 유효기간이 짧으므로 입수하기가 어렵다. 따라서 우리들이 흔히 쓰는 영상면은 대부분 흑백(또

표 ⑦-3 판독에 쓰이는 영상면

종 류	성 질	주된 용도
흑백영상면	가시광선의 흑백영상면	형태를 판독요소로 하는 것, 지질, 식물
적외선영상면	근적외선의 흑백영상면	식물과 물의 판독
천연색영상면	가시광의 천연색영상면	색을 판독요소로 하는 것
적외색영상면	가시광의 일부와 근적외선을 색으로 나타낸 영상면	식물의 종류와 활력의 판독
다중파장대영상면	가시광선과 근적외선을 대역별로 동시에 촬영한 흑백영상면	광범위한 이용면을 가지며, 특히 식물의 판독
열 영 상	표면온도의 흑백영상면	온도

표 ⑦-4 흑백색영상면(panchromatic)과 적외선(infrared)영상면의 활용성 비교

피 사 체	흑백 항공영상면	적외선 항공영상면	
① 침엽수 ② 광엽수 ③ 기 타	전체 흑색으로 찍힘 색조로 판별곤란하며 형으로 구별	① 흑색으로 찍힘 ② 백색으로 찍힘 ③ 독자의 색조로 찍힘	판별 쉬움
④ 밭(田) ⑤ 논(畓)	전체 회색 색조 경지의 경계에 의해 판별	④ 함수율, 경작물에 의해 농도차가 다양함 ⑤ 전부 흑색, 경계는 백색	
⑥ 하 천	⑥ 회색 또는 백색 세천은 지형으로 판별	⑥ 수부는 전부 백색, 곡천도 가는 흑선으로 나타나고 발견이 쉬움	
⑦ 해안선	⑦ 파도 때문에 확정이 어려움	⑦ 해안선이 명료하게 나타남	
⑧ 호 소	⑧ 회색 또는 흑색, 어떤 때는 전반사에 의해 백색이 됨	⑧ 전부 흑색, 삼림 내에 있어도 발견이 쉬움	
⑨ 하 상	⑨ 전체 백색 또는 회색, 모래와 자갈의 구별은 불가능	⑨ 자갈은 백색, 모래는 회색, 흙은 짙은 회색 또는 회색, 흑색	
⑩ 붕괴지	⑩ 전체 백색 또는 회색	⑩ 회색, 수분이 있을 때는 흑색으로 나타나는 등 토질 및 암질에 따라 농담이 변함	
⑪ 도 로	⑪ 백색 발견이 쉬움	⑪ 콘크리트와 아스팔트에서 색조가 변해 발견이 어려우며 숙련이 요구됨	
⑫ 시가지	⑫ 선명하게 나타남	⑫ 시가지의 촬영에는 부적합하지만 판독결과에는 영향이 없음	

는 全整色)영상면이다. 〈표 7-4〉에 흑백영상면과 적외선영상면 판독상의 특성을 비교해 나타내었다.

마) 영상면판독의 이용

영상면 판독의 이용은 〈그림 7-6〉과 같다.

그림 7-6 영상면 판독의 이용

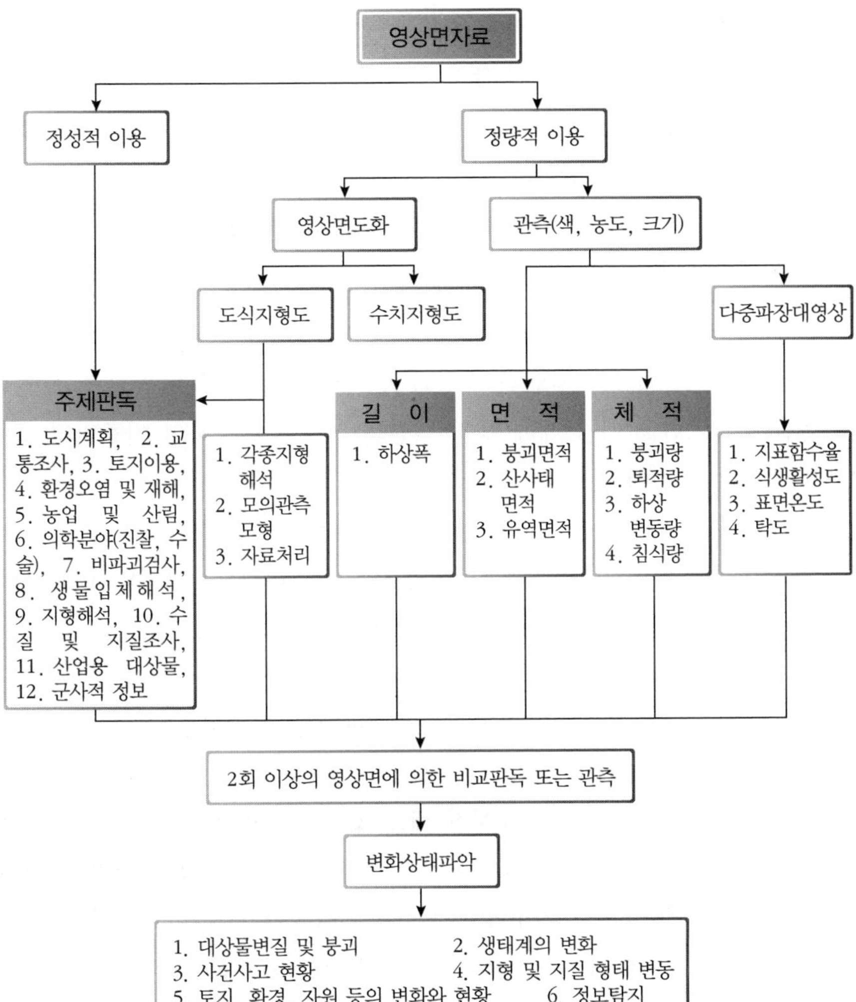

(2) 지형 및 지도

① 지 형

지형은 지물(地物)과 지모(地貌)를 뜻하는 용어로서 지물은 지상에 존재하는 대상물로 도로, 철도, 시가, 암석 등으로 형상을 갖추고 있는 것들이며, 지모는 지상에 존재하는 대상의 생김새(모양)로 산정, 구릉, 계곡, 평야, 경사지 등 토지의 기복을 나타낸 것들로 등고선이나 지성선 등으로 표시된다. 따라서 지물과 지모의 상호관계를 수평(x, y)적 또는 수직(z)적으로 관측하여 일정한 축척과 도식으로 표시된 것을 지형도(地形圖, topographic map)라 하며 이 지형도를 작성하기 위한 측량(지상, 항공 및 위성측량)을 지형측량(地形測量, topographic survey)이라고 한다.

이와 같은 지형도는 토지이용도, 국가기본도, 주제도, 각종 계획 및 설계도 등에 활용되고 있다.

② 지형의 표시방법

지형의 표시방법에는 자연적 도법과 부호적 도법이 있다. 자연적 도법은 태양광선이 지표면을 비칠 때에 생긴 명암의 상태를 이용하여 지표면의 입체감을 나타내는 방법이다.

부호적 도법은 일정한 부호를 사용하여 지형을 세부적으로 정확히 나타내는 방법이다. 널리 이용되는 국토해양부 국토지리정보원발행의 1/50,000, 1/25,000, 1/5,000의 지형도는 부호적 방법에 의한 것이다.

가) 자연적 도법

자연적 도법에는 영선법(影線法)과 음영법(陰影法)이 있다.

(ㄱ) 영선법(hachuring)

이 방법은 〈그림 7-7〉에 표시한 바와 같이 '게바'라 하는 단선상의 선으로 지표의 기복을 나타내는 것이다. 그러므로 이것을 일명 게바법이라고도 한다. 게바의 사이, 굵기, 길이 및 방법 등에 의하여 지표를 표시한다. 급경사는 굵고 짧게, 완경사는 가늘고 길게 표시한다. 그러므로 기복은 잘 판별되나 제도방법이 복잡하고 고저가 숫자로 표시되지 않으므로 건설공사에 별

그림 7-7 영선법

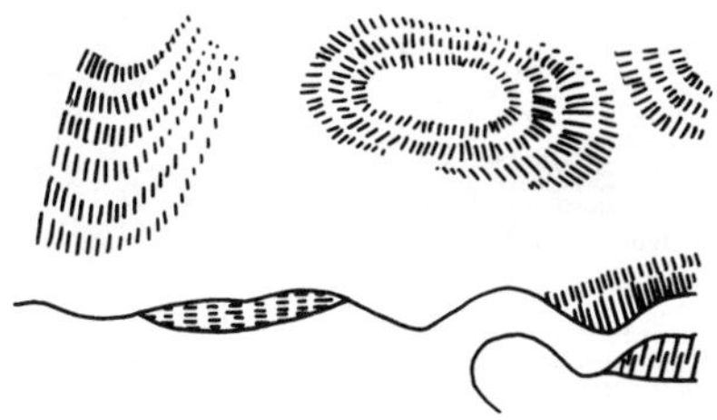

로 사용하지 않는 지형표시방법이다.

(ㄴ) 음영법(shading)

음영법은 태양광선이 서북쪽에서 경사 45°의 각도로 비친다고 가정하고 지표의 기복에 대하여 그 명암을 도상에 2~3색 이상으로 채색하여 지형을 표시하는 방법이다.

나) 부호적 도법

부호적 도법에는 단채법(段彩法), 점고법(點高法)과 등고선법이 있다.

(ㄱ) 단채법(layer system)

이 방법은 등고선간 대상(帶狀)의 부분을 색으로 구분하고 채색하여 높이의 변화를 나타나게 하는 것이다. 채색의 농도를 변화시켜서 지표면의 고저를 나타내는 것으로 지리관계의 지도에 사용된다.

(ㄴ) 점고법(spot system)

지표면상 임의점의 표고를 도상에 있는 숫자에 의하여 지표를 나타내는 방법이며 해도, 하천, 호소, 항만의 심천(深淺)을 나타내는 경우에 사용된다.

다) 등고선법(contour system)

이 방법은 동일한 고도(또는 표고)의 점을 연결한 곡선, 즉 등고선에 의하여 지표를 표시하는 비교적 정확한 지표의 표현방법이다. 여기에서 등고선은 〈그림 7-8〉과 같이 지표면을 일정한 높이의 수평면으로 자를 때에 이 자른 면의 둘레의 선이다. 등고선에 의하여 지표를 나타낸 경우는 등고선의 성질을 파악하지 않으면 안 된다.

그림 7-8 등고선법

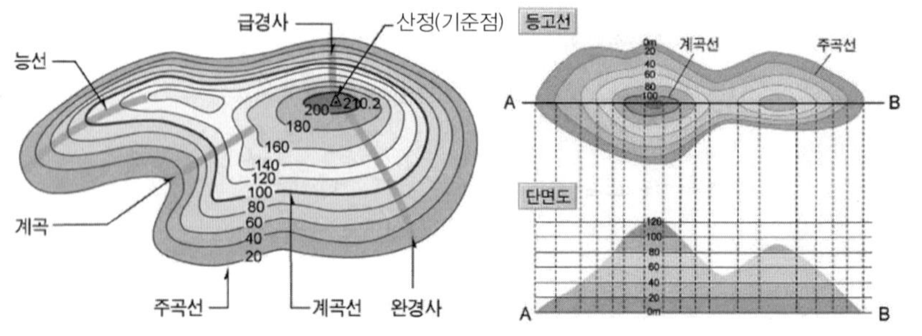

라) 지성선(topographical line)

지형도는 얼핏 보기에 복잡하여 지표면의 형상은 불규칙하게 된 것처럼 보인다. 그러나 자세히 보면 지표는 많은 철선(능선: ㅿ), 요선(곡선: ㅃ), 경사 변환선 및 최대경사선으로 구성되어 있다. 이와 같이 지성선(地性線)은 지표면을 다수의 평면으로 이루어졌다고 생각할 때 이 평면의 접합부, 즉 접선(接線)을 말하며 지세선(地勢線)이라고도 한다.

③ 지 도

지도는 지형(지모와 지물)을 일정한 축척과 도식에 의하여 가시화시킨 것으로 다음과 같이 분류할 수 있다.

가) 표현 내용에 따른 분류

(ㄱ) 일반도(一般圖, general map)

일반인을 위한 다목적 지도로서 국가기본도, 토지이용도(1/25,000), 대한민국전도(1/1,000,000) 등이 있다.

(ㄴ) 주제도(主題圖, thematic map)

어느 특정한 주제를 강조한 지도로서 지질도, 토양도, 관광도, 교통도, 도시계획도, 산림도 등이 있다.

(ㄷ) 특수도(特殊圖, specific map)

특수한 목적에 따라 사용되는 지도로서 항공도, 해도, 천기도, 점자지도, 입체모형지도, 지적도 등이 있다.

나) 지도 제작방법에 따른 분류

(ㄱ) 실측도(實測圖)

실제 측량한 성과를 이용하여 제작하는 지도로서 1/5,000 및 1/25,000 국가지형도, 지적도, 공사용 대축척지도 등이 이에 속한다

(ㄴ) 편집도(編輯圖)

기존지도를 이용하여 편집하여 제작하며 대축척지도로부터 소축척지도로 편집하는 것을 원칙으로 한다. 1/50,000 지형도 및 1/250,000 지세도는 각각 1/25,000 및 1/50,000 지형도를 모체로 하는 편집도이다

(ㄷ) 집성도(集成圖)

기존의 지도, 도면, 또는 영상 등을 이어 붙여서 만든 것으로 항공영상이나 위성영상을 집성한 영상집성도가 대표적인 예이다.

다) 지도 축척에 따른 분류

축척은 도상거리와 지상거리의 비를 말하는 것으로 항상 분자를 1로 분모는 정수로 표시하며 분모가 작을수록 대축척이 된다.

(ㄱ) 대축척도: 1/500~1/3,000

(ㄴ) 중축척도: 1/5,000~1/10,000

(ㄷ) 소축척도: 1/10,000~1/100,000 이하

라) 대상물 표현에 따른 분류

(ㄱ) 지형도(地形圖, topographic map)

지형[지모(地貌: 계곡, 산정 등)와 지물(地物: 건물, 철도 등의 인공물과 암석, 수목 등의 자연물 등)]에 대하여 3차원 기준점[수평위치(x, y)와 수직위치(z)] 성과를 이용하여 도면을 제작한 것이다. 우리나라의 국가 지형도는 1/50,000(1910~1918: 종래의 지상측량 방법으로 남북한 전 지역), 1/25,000(1966~1974), 1/10,000, 1/5,000 등으로 영상탐측 방법으로 남한만을 제작, 영상면축척(1/37,500~1/40,000), 또한 1975년부터 2001년 사이에 1/5,000 국가기본도 16,561도엽이 영상면축척 1/20,000에 의해 제작되었다. 최근 각종 센서 및 위성에 의한 영상으로 다양한 축척으로 지형도를 작성하고 있다.

(ㄴ) 기본도(基本圖, base map)

전국을 대상으로 하여 제작된 지형도 중 규격이 일정하고 정확도가 통일

된 것으로서 축척이 최대인 것이어야 한다(측량 · 수로조사 및 지적에 관한 법률 시행규칙 제15조 참조). 우리나라의 경우 육지에서는 축척이 가장 큰 1/5,000 국가 기본도(national base map)가 있다. 해양에서는 국가해양기본도로 축척 1/500,000인 해저지형도, 중력이상도, 지자기전자력도 등이 1996년부터 제작되고 있다.

(ㄷ) 지적도(地籍圖, cadastral map)

토지에 대한 물권(物權)이 미치는 한계(위치, 크기, 보양, 경계등)를 수평위치(2차원좌표: x, y)만으로 표현한 지도이다. 우리나라의 지적도에는 대지(垈地)나 전답(田畓)은 1/600(또는 1/500), 1/1,200(또는 1/1,000), 1/2,400, 임야(林野)는 1/3,000, 1/6,000로 표현된 임야도가 있다.

(ㄹ) 선분도(線分圖, line map)

대상물의 속성을 선추적방식(vector)으로 표현(직선이나 곡선으로 표현)한 지도이다. 지형도, 기본도, 지적도, 관광도, 교통도등 일반지도로서 vector map이라고도 한다.

(ㅁ) 영상지도(寫眞地圖, imagery map)

영상을 이용하여 대상물의 속성을 격자형 방식(raster)으로 표현한 지도이다.

i) 집성영상지도(mosaic map)

집성영상지도는 등고선이 삽입이 안된 영상지도로서 변위(사진기의 경사에 의한 변위와 지표면의 비고에 의한 변위)를 수정하지 않은 약조정집성영상지도(uncontrolled mosaic imagery map)와 변위의 일부분만을 수정한 반조정집성영상지도(semi controlled mosaic imagery map), 엄밀한 편위 수정을 거친 영상으로 이루어진 조정집성영상지도(controlled mosaic imagery map)가 있다.

ii) 정사영상지도(ortho imagery map)

- 기계적 방법: 정밀입체도화기와 연동시킨 정사투영기(ortho projector)에 의하여 영상면의 경사 및 축척에 의한 변위를 수정하고 등고선을 삽입한 영상지도이다.
- 수치적 방법: 항공영상을 스캐너(scanner)에 의해 변환시킨 수치영상 혹은 수치영상과 수치형상모형(DFM)을 이용하여 상응하는 좌표에 영상면의 밝기값을 부여(또는 할당)함으로써 정사영상을 얻는다. 정사영상에서 요구되는 좌표계로 설정시킨 후 주석을 기입하여 알맞은 축척으로 인쇄 복사함으

로써 정사영상지도를 제작할 수 있다.

(ㅂ) 부호도(符號圖, signal map)

대상물의 속성을 일정한 기호나 점 등으로 표현한 지도이다. 기호지도, 부호지도, 점지도 등이 있다.

(ㅅ) 수치도면(數値圖面, digital map)

대상물의 위치 및 특성 정보를 수치화하여 저장하였다가 필요시 가시화하여 이용하는 도면이다.

(ㅇ) 수치형상모형(수치형상모형, digital feature model)

3차원 좌표에 의하여 대상물의 형상(形象) 또는 지모, 지물 등에 관한 형상을 수치로 나타낸 자료를 통칭하여 수치형상모형(數値形象模形, DFM: Digital Feature Model)이라 한다. 수치형상모형(DFM)에는 수치지형모형(數値地形模形, DTM: Digital Terrain Model), 수치고도모형(數値高度模形, DEM: Digital Elevation Model), 수치외관모형(數値外觀模形, DSM: Digital Surface Model) 등이 있다. DTM은 지상 위에 아무것도 없는(수목도 제외시킴) 상태(bare-earth)인 지표면을 표현한 것으로 지표면에 일정간격으로 분포된 지점의 고도값을 수치로 기록함으로써 컴퓨터를 이용하여 분석이 용이하도록 만든 것이다. DEM은 대상물의 고도(또는 표고: H)를 수평좌표 X, Y의 함수로 표현한 것으로 수치고도자료의 유형으로는 여러 가지가 있으며, 지형을 일정 크기의 격자로 나누어 고도값을 격자형으로 표현한 Raster DEM과 불규칙 삼각형으로 나누어 지형을 표현한 TIN(Triangulated Irregular Network) DEM이 있다. DSM은 DEM 혹은 DTM과 유사하나, 지모뿐만 아니라 지물(건물의 꼭대기, 나무, 타워, 기타 지상표면에서 솟아오른 지물들)을 표현한 자료이다. 정사영상을 생성하기 위해서 DSM은 대단히 중요한 자료가 될 수 있다. 이외에도 DTD(Digital Terrain Data), DTED(Digital Terrain Elevation Data) 등이 있다.

마) 이동식 도면화체계(MMS)

이동식 도면화체계(MMS: Mobile Mapping System)는 인공위성 관측값을 이용한 도면화체계이다. MMS는 지형공간정보 자료기반을 구축, 유지, 관리하기 위해 요구되는 기존 측량방법을 보완하여 비용 및 시간 면에서 효율성을 높이고 향후 활용성을 높이기 위한 첨단정보 체계로 발전시켜 일반 차량에

CCD 사진기, 레이저 스캐너, 비디오사진기 등의 이미지 취득 장치(image acquisition device)와 GPS 수신기, INS(INertial Navigation System), DMI (Distance, Measuring Indicator) 등의 항법(navigation) 정보 취득 장치를 탑재하여 주행과 동시에 도로와 관련된 각종 시설물 현황이나 기타 특성정보를 실시간으로 자동 취득 및 갱신할 수 있는 체계이다. MMS에서 핵심적인 역할을 하는 GPS와 INS의 정보를 통합하여 이미지 센서의 위치와 자세를 의미하는 외부표정소(exterior orientation)요소를 직접적인 방식으로 결정할 수 있다.

MMS의 구성은 GPS/INS 통합체계와 두 대의 Video 혹은 CCD 사진기를 사용하며 추가적으로 지상 LiDAR 장비를 설치할 수 있다. 수치영상탐측기법을 이용하여 두 대의 사진기에 모두 나타나는 모든 물체의 정확한 위치를 결정할 수 있다. MMS의 위치정보는 GPS 수신기에 의해서 결정되지만, 비교적 낮은 자료 수신율(1Hz)과 최소 위성이 4개가 보여야 한다는 단점 때문에 GPS만 사용하는 것은 바람직하지 않다. 이와 같은 GPS의 단점을 보완하기 위해서 짧은 시간 동안 높은 정확도의 위치와 자세 정보를 고주파로 얻을 수 있는 관성항법 체계(INS)를 사용한다. GPS와 관성항법 체계를 통합함으로써 정확한 GPS 위치정보가 관성항법 체계의 자료로 갱신되어 GPS 신호가 없는 사이에 관성항법 센서가 자료를 제공한다. 관성항법 체계의 경우 비교적 고가이므로 차속 휠 센서를 많이 이용하기도 한다. 휠 센서는 주로 차량의 두 바퀴에 부착하여 거리값 산정뿐만 아니라 차량 방향각 변화의 계산도 가능하다. 각종 센서와 GPS간 관측의 기점에 대한 시각동기화는 매초마다 발생하는 GPS 수신기의 신호를 이용하여 휠 센서와 고도차계의 관측값과 UTC 시간을 할당하기도 한다.

바) 지도 제작시 고려사항

(ㄱ) 도 식

지도에서는 지상에 존재하는 대상물의 세부 상황을 총망라하여 도면을 제작하는 것이 이상적이지만 축척의 관계로 그것을 불가능하고 또 너무 상세히 하면 반대로 복잡하여 대상물의 읽기가 어려워진다. 도면 내용이 복잡한 것은 피하며 되도록 상세한 도면을 만들기 위하여 일정한 기호 및 표현상의 약속이 필요하게 된다. 이 기호 및 규정을 도식(圖式)이라 한다. 각종의 도면에서 동일한 도식을 사용할 수 있다면 대단히 편리하겠지만 지도의 사용목적과 축척의 크기가 각각 다르므로 모든 도면을 동일하게 할 수는 없다. 도식과 기호는 다음과 같은 조건을 만족하는 것이 중요하다.

i) 지물의 종류가 그 기호로서 명확히 판별될 수 있을 것

ii) 도면이 깨끗이 만들어지며 도식의 의미를 잘 알 수 있을 것

iii) 간단하면서도 대상을 도면으로 제작하는 것이 용이할 것

(ㄴ) 색 채

도면 제작에 필요한 사항을 알기 쉽게 하기 위하여 색채를 이용할 경우가 있으나 도면의 색이 너무 짙으면 도면을 이용할 때, 필요한 사항을 도면 내에 표현하기가 불편하므로 색은 옅은 편이 좋다. 특히 주목해야 하는 지물이나 기호에는 짙은 홍색을 사용한다. 이 이외에는 원칙적으로 실제의 색에 따르도록 한다. 채색은 글자나 선을 쓰기 전에 하여야 한다.

(ㄷ) 정식(整飾)

도면이 다 이루어지면 표현하고자 하는 대상을 정리하고 체제를 정돈하여 내용의 설명 및 도면 제작에 필요한 사항 등을 남김없이 기재한다. 일반적으로 기입하는 사항은 다음과 같다.

i) 표제, 도면의 종류 및 번호

ii) 인접도와의 관계, 도곽선에 있는 도로 및 철로의 경유지와 도착지명

iii) 축척, 방위, 등고선 표고, 주요도식, 측량 및 제도연월일, 담당자명 등

④ 지형도의 허용오차 및 활용

가) 지형도의 허용오차

지형도를 사용하여 지점의 위치를 결정하거나 계획, 설계에 이용할 경우, 지형도 자체에 포함된 오차가 문제가 된다. 지형도는 근본적으로 거리, 방향 및 면적에 오차가 발생할 수 있으며, 일반적으로 필요로 하는 중 · 대축척 지형도는 등각투영법을 주로 이용하므로 거리에 의한 오차가 더욱 문제될 수 있다.

지형도에서 위치오차는 측량, 제도 및 인쇄의 각 단계에서 발생하는 오차가 종합되어 나타나는 것이며, 또한 도지(圖紙)의 신축에 의해서도 오차가 발생할 수 있다. 전자에 의한 오차는 허용기준을 정하여 지형도의 사용목적

표 7-5

도화축척	표준편차			최대오차			비고
	평면위치	등고선	표고점	평면위치	등고선	표고점	
1/1,000	0.2m	0.3m	0.15m	0.4m	0.6m	0.3m	
1/5,000	1.0m	1.0m	0.5m	2.0m	2.0m	1.0m	
1/25,000	5.0m	3.0m	1.5m	10.0m	5.0m	2.5m	

에 적합한 최소오차한계 안에 들게 규정하며, 후자의 경우, 예를 들어 재산권에 관련되는 지적도 등에서는 알루미늄코팅지 등을 사용하여 도지의 신축이 최소가 되도록 하는 방법이 사용된다. 종이지도인 경우 정밀하게 제도된 지형도에서 도지 신축을 제외한 지물의 수평위치오차는 가능한 ±0.5mm의 표준오차 이내가 되도록 한다. 또한, 수평 및 수직위치오차가 클 경우, 인접하는 등고선이 서로 겹치게 되므로 이를 방지하기 위하여 도상에서 관측한 고도(또는 표고)오차의 최대값은 등고선 간격의 1/2을 초과하지 않도록 규정하고 있다. 수치지형도의 경우 허용오차와 관련된 규정은 수치지형도작성작업규정의 제10조 벡터화의 정확도(정확도는 래스터 자료와 최종 벡터자료를 영상면에서 비교하여 도상 0.2mm 이내이어야 하며, 확인용 출력도면은 지도원판과 비교하여 상대 최대오차가 도상 0.7mm, 표준편차가 도상 0.4mm 이내이어야 한다)에 규정되어 있다.

수치도화의 축척별 오차의 허용범위는 〈표 7-5〉와 같다.

나) 등고선의 위치오차

일반적으로 산악지나 산림이 우거진 지역에서는 등고선의 수직위치오차가 크게 되고, 완경사지에서는 등고선의 수직위치가 벗어나기 쉽다. 등고선을 작성하기 위한 세부측량에서 발생한 수평위치관측오차를 ΔH, 수직위치관측오차를 ΔV라고 하고, 지면의 경사가 θ라면 이로 인한 등고선의 최대수평위치오차 δH와 최대수직위치오차 δV는 각각 다음 식으로 표시된다(〈그림 7-9〉).

$$\delta H = \Delta H + \Delta V \cot\theta \tag{7.3}$$

$$\delta V = \Delta H \tan\theta + \Delta V \tag{7.4}$$

그림 7-9 등고선의 위치오차

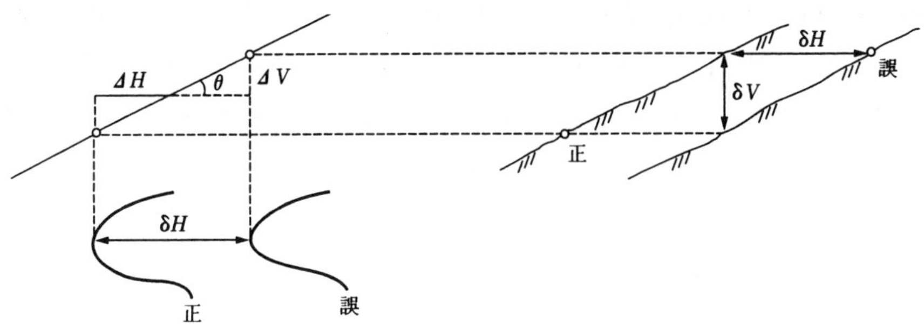

다) 일반지도, 영상지도, 수치형상모형 및 MMS의 활용

(ㄱ) 일반지도의 활용

지도는 보다 편리한 생활환경을 조성하기 위하여 정보화의 자료기반 구성과 자연환경 친화에 필수적인 자료로 이용되고 잇다. 지도는 지표면의 위치(경 · 위도, 표고), 방향, 거리, 경사, 면적(경사평면면적, 경사곡면면적, 유역면면적), 체적, 단면도, 성토 및 절토범위 등을 결정함으로써 각종 조사, 계획, 설계, 개발 및 유지관리에 활용되고 있다.

(ㄴ) 영상지도의 활용

종래의 지도는 대상물을 기호로 표시하므로 일반인들이 판독하기가 쉽지 않았다. 영상지도는 대상물을 영상면의 형태로 표현하고 있으므로 일반지형도에서 표현할 수 없는 여러 가지 사항의 현실감을 높이고 판독을 용이하게 할 수 있으므로 향후 새로운 형태의 지도로써 조사 및 계획분야에서의 활용성이 증대될 것이다. 따라서 공학적인 용도의 지도는 물론 행정도, 관광안내도, 등반용 지도 등으로 활용될 경우 종래의 지도에 비해 보다 높은 유용성을 보인다.

영상지도는 최근 많이 활용되고 있는 지형공간정보 분야의 기본자료로 직접 이용할 수 있으며, 이를 처리하여 각종 정보를 추출할 수 있는 것은 물론 지형과 관련된 다양한 정보체계에서 응용이 가능하므로 정보화시대에 있어서 필수적인 자료로 활용될 것이다.

(ㄷ) 수치형상모형의 활용

수치형상모형은 각종 공학적인 활용이나 도시계획, 군사분야 등에서의 중요성이 대단히 크다. 대표적인 예로 댐의 건설을 위해 현장을 설계할 때나 도로건설을 위한 굴착을 할 때 수치형상모형을 기초로 하여 필요한 토공량을 계산할 수 있다. 또한 임의의 위치에서 시야가 가능한 지역의 파악을 위한 가시지역분석을 할 수도 있다. 이러한 가시지역 분석기능은 전파의 중계를 위한 송신탑의 건설이나 레이더와 같은 중요시설물의 적정위치선정을 위한 적지분석과도 동일한 분석이다. 또한 가시지역분석은 도로의 적정경로분석이나 철도의 적정노선선정을 위해 사용할 수도 있다.

(ㄹ) MMS의 활용

MMS는 CCD사진기, 레이저 스캐너, 비디오 사진기, GPS, INS, DMI 등의 항법 정보를 이용하는 입체 영상체계이다. 사람이 두 개의 눈으로 사물의 거리를 알아내는 것처럼, 두 영상에 나타나는 모든 물체의 위치정보를 알 수 있다. 모든 영상은 GPS/INS 장치에 의해 결정되는 영상이 취득된 순간의 위치와 자세 정보를 갖고 있다. 취득된 영상의 처리를 위해서 우선 도로에 대한 실제 관측 작업 전 각종 센서들의 상태와 상호간의 편의(bias) 벡터와 회전각을 실험실에서 관측한다. 정지상태의 3차원 측량 성과를 이용하여 사진기의 내부표정 요소(초점거리, 주점 및 렌즈의 왜곡 매개변수) 및 외부표정 요소(카메라 촬영 때의 위치와 자세)를 결정할 수 있으며, 이러한 사진기 보정은 사진기의 내부표정 요소를 구하기 위해서도 필요한 과정이지만 항공 삼각측량과 같이 외부표정 요소를 산출할 수 있어 CCD/GPS/INS를 통합하기 위해서도 필요한 과정이다. 사진기 보정결과로 얻어지는 외부표정 요소와 동일 시간대의 GPS/INS 통합결과의 편이벡터와 회전 매트릭스를 계산하여 현장 측량에서 촬영된 모든 영상에 대한 외부표정 요소를 지상 기준점 없이 얻을 수 있다.

이 체계의 단점으로는 건물이 밀집되어 차량의 진입이 불가능한 지역에 대한 정보취득은 불가능하며, 체계 구축에 있어 초기 투자비용이 많이 소요된다. 또한 대상거리가 무한히 길고, 동일한 사진기로 사용하는 항공영상탐측과 달리 2대의 CCD 사진기가 탑재된 근거리 영상탐측 체계로써 취득된 CCD 영상으로부터 정밀한 3차원 위치정보를 얻기 위해서는 정확한 초점거리와 주점의 위치, 그리고 렌즈왜곡을 반드시 고려해야 하고 CCD 사진기의 위치 및 자세정보가 정확해야 한다. 이 체계는 복잡하고 정밀한 기기로 구성되어 개발 및 운용에 높은 기술력을 요구한다는 점도 단점이다.

지 / 공 / 탐 / 측 / 학 / 개 / 관

08 건설관리

Construction Management

제1절 개 요

(1) 건설관리의 의의

건설관리에 관한 구체적인 명칭이 사용된 것은 1960년경부터이며 건설공학의 각 응용분야, 하천, 항만, 도로, 철도, 교량, 상·하수도 등에서 건설시공능력이 증대되고, 사회적 환경이 복잡해짐으로써 공공의 편익에 막대한 영향을 미치는 건설공학에 종합개발 및 보전을 위하여 건설관리에 건설계획학의 도입이 필요하게 되었다.

특히, 막대한 비용이 투자되는 공공사업(사회기반시설마련)으로서의 건설공사에는 그 체계분석(system analysis)에 따른 효과적인 계획론의 적용은 필수불가결한 것이다.

건설계획에 관한 체계분석(경제적 측면, 계획대체안의 작성과 평가, 공정관리) 최적화이론인 수리계획법, 게임이론, 연결조직망 등에 관한 체계분석 등은 본서 Ⅱ부 15장에서 다루기로 한다.

(2) 계획의 요소

계획은 특정의 계획주체가 일정한 환경하에서 정해진 대상에 대해 어떠한 목적을 달성하기 위하여 필요하다고 생각되는 여러 가지 수단을 조직적으로 배열 · 구성하는 것이라 할 수 있다.

계획요소는 주체, 대상, 목적, 수단, 구성의 다섯 가지라고 할 수 있으며, 이 요소는 개인적인 계획에서부터 모든 의사결정을 하는 곳에 존재하게 된다.

계획의 주체는 계획입안의 필요성을 인식하고 계획을 직접 입안하거나 입안하도록 추진하는 자로서 개인 또는 조직체가 된다. 계획주체의 성격에 따라 국가, 지방자치단체, 공공법인 등의 공약 주체와 기업, 사단체 및 개인 등의 사적 주체, 그리고 공사, 공단 등의 중간적인 것으로 나눌 수 있다.

대상은 작성된 계획에 영향을 받아서 변화되는 것으로서 사회, 경제, 지역, 환경, 시설, 인간 등 거의 모든 것이 계획대상이 될 수 있다. 계획대상을 크게 구분해 보면 인간의 활동에 근거한 사회계획, 경제계획, 활동공간에 근거한 국토계획, 지역계획, 도시계획, 농어촌계획 그리고 시설에 근거한 교통계획, 터미널(terminal)계획, 하천계획, 공급처리시설계획, 주택계획, 공원녹지계획 등으로 구분할 수 있다.

계획목적은 계획주체의 동기에 따라 형성되는 변화의 목표이며 성공적으로 계획을 이루기 위해서는 목표를 분명하게 확립하는 것이 중요하다. 계획의 성격은 목표가 어떻게 설정되느냐에 따라 차이가 있지만, 일반적으로 계획목표는 주체에 대한 이익이나 공공을 위한 사회의 이익을 최대화하는 방향으로 설정되어야 한다. 이익(P)은 투자에 의해 되돌아오는 수익(R: 물질이나 용역 등의 계획목표에 포함되는 사항)과 투자된 전체비용(C)의 차이로 표시될 수 있다.

$$P = R - C$$

여기서 R은 목표에 의해 설정된 일정한 것으로 간주하면 비용 C를 최소화하는 것이 좋은 계획이 될 것이다.

계획의 수단은 계획을 실시하는 데 있어서 유용하게 활용될 수 있는 모든 것으로 크게 세 가지로 나눌 수 있다. 첫째, 조직, 법제도 등의 사회적 수단, 둘째, 세제, 비용체계, 보조금 등의 경제적 수단, 마지막으로 기술,

정보, 자원 등의 물적 수단이 그것이다. 그러나, 계획의 수행에 사용되는 이러한 수단들은 계획을 입안하는 과정에서 제약이 될 수 있다. 즉 법제도나 건설, 설계 등의 규칙 등이 사회적 제약, 필요한 자원을 확보하거나 고용에 대한 제약이 경제적 제약, 그리고 기술이나 재료의 물리적 특성에 따른 한계 등이 물적 제약이 되므로 이러한 제약조건을 동시에 만족하는 계획을 수립하여야 한다.

계획의 구성은 실행가능하며, 효과를 기대할 수 있는 행위를 하기 위한 일정 및 부대사항으로서 모든 수속, 예산조치, 일정계획 및 기타 준비사항 그리고 관계자에 대한 주지, 협력 의뢰 등의 계획을 종합적으로 정리하는 것이다.

(3) 계획과정

계획의 입안과정은 사업의 구조에 대한 명백한 개념을 갖고 체계분석에 의해 체계적으로 이루어져야 하며, 일반적으로 다음의 단계를 거치게 된다.

① 사업의 선택
② 계획목표설정
③ 자료조사수집
④ 대체안의 분석
⑤ 대체안의 결과예측
⑥ 종합적인 평가와 선택

사업의 선택과정은 계획입안자에 의해 이루어지기보다는 일반적으로 의사결정자에 의해 이루어지는 경우가 많아서 소홀해지기 쉬운 과정이다. 많은 경우에 결정이 내려진 후에 계획입안자가 참여하게 되지만, 사업을 선택하기 전에 어떤 사업을 선택할 수 있는지를 결정하는 것도 중요하다. 이 과정에서는 계획주체의 필요나 욕구 등이 동기가 되며, 투자를 해서 회수될 효과, 기술적인 가능성 및 담당할 능력 등이 선택의 기준이 될 것이다.

계획의 목표는 명확하게 설정되는 것이 전체 계획체계를 분석하는 데에 중요한 역할을 한다. 물론, 건설계획에 나타나는 문제를 해결하여 목표를 달성하는 데에는 여러 가지 목적이 포함되며, 이 중에는 상호 대립적인 것도 포함이 된다. 목표를 명확하게 설정하기 위해서는 목적을 정량적으로 표현하고 목적의 달성도를 관측하는 척도를 선택하며, 목적들 사이의 관계, 특히 대립적인 상관성이 있는 경우는 경중률(weight)을 적용한다. 그리고 목적의 달성이 가능한지를 판단하여야 한다.

계획자료의 조사로 정확한 판단을 할 수 있는 정보를 취득하여 계획의 방법을 결정하게 된다. 자료가 되는 모든 요인들과 이 요인들 사이의 관계 등이 조사되며, 이들의 상호의존관계, 의미하는 내용, 작성시기, 작성방법 등을 이해하고 신뢰성을 검토하는 것이 중요하다. 조사의 시행은 전수조사(census) 또는 표본조사(sampling)로 하게 된다. 시간과 비용의 제한 외에도 전수조사가 무의미하거나 불가능한 경우가 있으므로 많은 경우에 표본조사에 의하며, 그 외의 실험계획법, 신뢰성 검정 등의 통계적 방법이 이용된다.

대체안(alternative)은 평가되기 전의 후보안이며, 평가되어 선택·결정된 것을 계획안이라 한다. 좋은 계획안을 입안하기 위해서는 여러 가지 대체안이 많이 작성되고 분석되어져야 한다. 각 대체안에 대해서는 각각의 결과를 예측하고 그 결과가 계획목표를 달성하는 것인지를 확인하여야 한다.

종합적인 평가는 대체안의 결과에 대한 예측으로부터 종합적인 관점에서 계획목표에 대하여 가장 적합한 대체안을 선택하는 과정이다.

(4) 건설계획의 공정

건설 계획시 나타나는 공통적인 문제는 계획수립시, 초기에 막연한 형태의 문제가 제기된다는 것이다. 따라서 제시되어진 문제에 대한 구체적인 해답을 얻어내기 위해서는, 현상을 어떻게 생각하여야 되는가, 또 실행가능한 수단으로 무엇을 생각할 수 있는가 하는 문제에 있어서, 그 문제에 관한 보다 지세한 지식이 필요하게 된다. 즉 한 문제에 대해서 검토를 할 때에 주의해야 할 사안은, 처음에 그 문제에 대해 계획의 주체, 대상 및 목적을 분명히하고, 그리고 분석·평가·종합이라는 과정을 통하여 문제를 명확히 공식화하는 것이다. 그리고, 특히 토목 분야에서는, 이 단계에 상당한 노력을 기울이지 않으면 안 된다. 문제에 따라서는, 그 공식화가 되었을 때에 이미 잘 알려져 있는 수학적 기법에 의해 자동적으로 해결수단을 구할 수 있는 경우도 있다, 문제의 명확한 공식화라는 것은, 문제의 유효한 해결수단을 이끌어내는 동시에, 중요문제점에 대한 공통의 이해를 얻기 위해 문제의 내용을 명확히 정의하고 위치를 정하는 것이다. 그런데 건설 계획의 문제는, 일반적으로는 다양한 측면을 갖고 다단적으로 연결되어 있는 동시에 시간 변동에 따른 영향을 받기 쉽다는 복잡한 배경을 지나고 있다.

어떠한 계획목적과 주체의 입장으로 볼 것인가, 또 어떤 평가기준을 채용할 것인가에 의해 문제 자체의 제시방법도, 또는 제시되어진 문제에 관한 내용 파악의 방법도 달라진다. 즉 문제에 대해 어떤 공식화로부터 이끌어내어지는 해결수단이 적절한가, 그렇지 않은가는 계획의 목적, 입장(주체의 입장) 및 평가기준을 어떻게 선택하는가에 의해 결정되어진다.

건설계획뿐만 아니라, 일반계획에서의 이러한 공식화의 중요성은 공학, 사회학, 경제학의 각 분야에서 이미 지적되어져 왔고 최근 각국에서의 연구가 활발히 진행되고 있다. 계획대상에 대한 계획목적과 계획주체의 입장설정 및 분석 · 평가 · 종합이라는 일련의 과학적 수속과정을 거쳐 체계로 접근하고 있다. 그리고 건설계획의 골격은 문제에 관련된 모든 기능을 체계적으로 파악한 후에야 고려해야 할 성격이라고 생각할 수 있다.

체계라는 개념은 그 자체에 대해서는 불명확한 개념이지만, 경험적 사실에 있어서의 명확한 지식과 견해를 취득하여 실행하고자 할 때, 고려해야만 할 사항들 사이의 상호관계를 파악하기 위한 수단으로서, 자연과학적 혹은 사회과학적인 것의 고찰에도 폭넓게 일반적으로 사용되어진다.

체계로서의 사고를 진전시키는 논리적 과정에는 첫째, 원리 · 원칙으로부터 출발하여 그렇기 때문에 짜맞추어야 한다는 결론을 구하는 연역적 논리, 둘째, 현실의 실정에서부터 종합하여 이렇게 된다고 결론짓는 귀납적 논리, 셋째, 갑자기 번뜩 떠오른 영감과 같은 비약적 연상논리가 있다.

건설계획을 위한 체계설계에 있어서도, 이 세 가지 방향으로 논리를 병행해가야 한다. 건설계획의 체계로의 접근에서는 전체와 부분과의 관계를 염두에 두고, 받아들여야만 할 체계의 목적을 우선 설정한다. 이 때문에 본질이 무엇이고 무엇이 본래의 목적인가 하는 것을 명확히 하는 것이 제일 먼저 해야 할 일이다. 또한, 그 목적이 다분히 추상적이면 그 몇몇의 대책방법에 각기 목적과는 다른 양상을 보여 초점이 흐려지게 된다. 역으로 구체적인 방법론에 치우치다 보면, 소규모의 개선 또는 효과가 없는 개선으로 끝나, 경우에 따라서는 부분의 개선이 오히려 전체의 효율을 떨어뜨리는 상황이 발생할 경우가 생긴다.

건설 계획을 위한 체계설계에 걸친 목적의 설정은 체계수준에 따라 다르다.

(1) 건설계획체계의 기본적안 성격, 조건의 구분, 판별 등이 어떻게 있어야 하는가를 원리 · 원칙적으로 결정해 간다. 이때 건설계획의 기본방침은 짜맞추어져 있는 것이 나타나지지 않으면 안 된다.

(2) 기본방침을 달성하기 위하여서는 어떠한 기능이 필요한지, 각 기능은 어떠한 수단으로 계획-수행-통제가 되어지는가의 검토가 필요하다.

(3) 투입(input)과 산출(output)요소의 열거, 투입 정보를 어느 것으로 할까, 산출에는 어떤 것이 필요할까를 검토한다. 이때 가치(value), 양, 시간 또는 기간의 3차원적 고찰이 행해져야 한다.

(4) 공정의 검토, 즉 어떤 계획을 할 것인가? 어떻게 수행시키고 어떠한 통제를 행할 것인가, 그 방법 · 수단은 어떠한 것이어야만 하는가의 검토를 반드시 해야 한다.

(5) 가치 · 양 · 시간의 특성을 가미하여 전체적 목적에 맞는 최적의 방법 · 수단을 이용, 맞추어서 투입과 산출을 결정한다. 여기에 새로운 건설계획체계는 설정되어진다.

(6) 최종적인 문제가 되는 것은 새롭게 설계되어진 계획체계가 최적의 상태인지, 어떤지의 평가이다. 연역적인 면을 구체화시켜 가더라도, 결코 그것이 가장 좋은 모습이라고는 말할 수 없다. 체계운용에 앞서 모의관측을 해둘 필요가 있다. 이때 문제가 되는 것이 평가기준의 설정이다. 또 단지 1개의 기준으로 평가해도 좋다고만은 말할 수 없다.

계획책정의 흐름도에 나타난 각 부문별 계획공정은 ① 현상의 분석과 예측, ② 계획목표의 결정, ③ 건설계획을 위한 방법 선택, ④ 건설계획의 결정으로 구분할 수 있다.

이와 같이 재정리되어진 건설계획의 공정 ①과 ③을 분석 · 평가 · 종합하는 일련의 과학적 수속에 따라 체계의 문제로서 해석하기 위한 유효한 수법을 열거하면, ① 건설계획을 위한 통계조사, ② 건설계획을 위한 통계적 예측과 결정방법, ③ 건설계획을 위한 수행원의 연구, ④ 건설계획을 위한 역학, ⑤ 건설계획을 위한 경제효과 관측방법들을 들 수 있다. 이것들의 방법을 건설계획의 체계모형에 도입하는 것에 의해, 건설계획의 문제를 체계라는 측면에서 파악하여 과학적인 계획의 작성법, 방법선택법이 확립되어질 수 있다.

제2절 계획대체안의 작성과 평가

(1) 대체안의 작성

계획에서 설정된 목표를 달성하기 위해서는 적어도 하나 이상의 제한조건이 존재하게 되고 이로 인하여 몇 가지 대안을 고려할 수 있다. 몇 가지 고려할 수 있는 대체안을 작성하기 위해서는 계획이 되는 체계의 기능을 분석하여 상위계획과의 관련성, 전체계획 및 장기계획과의 관련성, 그리고 투자효과와 환경의 영향 등의 관점으로부터 적정한 계획이 되도록 하여야 된다.

대체안의 작성방법은 크게 다음에 설명되는 주관적인 판단, 체계공학적(system engineering) 방법, 목적계획작성방법이 있다.

① 주관적인 판단

이 방법은 그 분야의 전문가가 과거의 경험에 비추어 장래에 추측되는 방향성을 직관적이며, 주관적으로 판단하여 바람직하다고 생각되는 대체안을 작성하는 방법이다. 현재 많이 이용되는 방법으로서 인간의 종합판단능력에 맡겨 과거로부터의 경향, 예지, 착상 등 여러 가지 표현으로 그 특징을 나타낸다.

② 체계공학적 방법

여러 가지의 시책을 강구하였을 때 어떠한 결과로 되는가가 어느 정도 추측할 수 있는 것이라면 우리들은 이와 같은 모형(model)을 여러 가지 목적으로 이용할 수 있다.

체계공학적 방법은 인간의 주관적 판단에 맡기어 온 과정을 외부로 표출하여 체계모형상에서 과학적으로 처리하고 많은 사람의 논의에 따라 계획문제를 객관적으로 분석 결정하도록 하는 방법을 말한다.

체계공학적 방법에 있어서는 계획문제를 체계의 모형상에 두고 고찰한다. 지금 계획의 대상과 그것을 에워싸고 있는 환경을 현실사회로부터 추출하고 그 부분을 하나의 인식형태로서의 모형으로 표시한다고 생각한다.

따라서, 계획문제를 생각하여 얻은 체계모형(또는 계획모형)을 작성하고 작성된 모형상에서 계획목표를 달성하는 대체안을 모의관측적으로 작성하고, 또는 영향을 평가한다.

이와 같은 체계모형을 작성함에 따라 모형상에서 여러 가지의 정책을 입력시킨 경우에 어떠한 결과가 출력되는가를 관측함으로써 바람직한 결과가 얻어지는 정책을 탐색하는 것이 가능하게 된다. 현실적으로는 관측이든가 시험을 실시할 수 없는 것에서도 모형을 이용하면 모의관측이 가능하게 되므로 우리들은 될 수 있는 한 좋은 모형을 작성하고 그 위에서 여러 가지 관측을 되풀이하여 좋은 결과를 얻는 계획안을 선택하거나 또는 계획을 작성할 수 있는 방법을 채용할 수 있다.

체계공학적 방법은 과학적인 방법이라고 하나, 체계모형의 작성이 문제가 되며, 일반적인 모형 작성순서는 다음과 같다. 먼저, 체계와 관련되는 요인을 열거하고 그 상호인관계의 구조분석으로부터 개략적인 모형이 조립된다.

그리고, 과거의 기지의 입출력관계가 대입됨에 따라 모형이 평가되어지고 수정된다.

이 단계의 평가에 따라 모형을 인과관계구조를 만족하고, 한편 기지의 사례를 어느 정도 설명할 수 있을 때까지 개량되고 예측모형으로서의 기능을 구비하게 될 때까지 고쳐질 것이다.

다음은 이 모형에 특정한 목표달성을 위하여 무엇인가 검토하여 보고 싶다고 생각되는 대체안이나 정책을 입력하고 모형상의 모의관측에 따라 각각에 대한 결과를 구한다.

이 결과를 종합평가기준에 비추어 가장 바람직한 결과를 나타내는 것을 선택한다.

위의 과정을 요약해서 정리하면 체계분석과 모형형성과정은 다음과 같다.

가) 관련지표의 열거와 그 특성분석

나) 지표의 모형화(체계화)

다) 체계의 조사와 특성분석

라) 대체안의 평가 또는 체계해의 탐구(모의관측)

마) 체계해에 기인한 계획작성(체계분석결과 이용)

③ 목적계획작성방법

계획목표를 달성할 수 있는 계획대체안을 직접 계획(program)적 방법으로 구하는 수리계획법(mathematical programming)은 그의 대표적 방법이다.

수리계획법은 전산화 기초를 수학적 정식화에 두고 수학적 체계모형상에서 목적을 달성할 수 있는 체계해(최적해)를 구한다.

계획문제는 계획안의 존재가능한 범위(실행가능영역)를 제약조건(constraints)으로 표시하고, 계획목표의 달성도를 목적함수(objective function)로 표시함으로써 이들 식의 체계를 나타낸다. 문제에 따라서는 제약조건이 없는 경우도 존재하며, 이들을 수리계획문제(mathematical programming problem)라 한다. 계획문제에서는 제약조건을 만족하는 범위 내에서 목적함수가 취할 수 있는 한계값이 구해지지만, 이것은 제약조건하에서 달성할 수 있는 계획목표의 크기를 표시하게 된다.

또한, 제약과 목표달성과의 관계도 더욱 제약조건을 완화시킴에 따라 계획목표의 달성도가 어느 정도 개선될 수 있는가 등도 구해지고 특정의 목표를 달성하는 데는 제약조건을 어디까지 완화해야 할 것인가 등의 제약과 목표의 상호관계의 해석도 가능하게 된다.

목적함수, 제약조건이 모두 선형의 식인 경우에는 이 계획문제는 선형계획문제(linear programming problem)라 하며, 그렇지 않은 경우는 비선형계획문제(non-linear programming problem)라 한다. 목적 programming적 방법이라고 하여도 실제로 해결하는 것이 가능한 것은 비교적 간단한 모형으로 정식화할 경우이며, 이 해가 그대로 일반적인 계획문제의 해결책으로 된다고는 말할 수 없고 하나의 특성을 가진 대체안이라 생각된다. 즉 간단한 모형이어도 몇인가의 특징을 가지는 문제설정에 따라 각각에 대응하는 최적해를 구하면 그들의 최적해를 기준으로 하는 대체안을 작성할 수 있다.

(2) 대체안평가

계획대체안들이 작성되면 대체안의 평가로부터 대체안 중에서 가장 바람직한 것을 선택하여 최선의 평가 순서 및 기준을 설정해야 한다. 평가기준이 선정되면 이 기준에 따라서 대체안의 선택순서가 정해지고 체계분석에 의한 최적화는 미리 정의된 기대를 최대로 하는 대체안을 선택하는 것이다.

대체안의 평가단계는 분석결과를 해석하고 또한 남겨진 요인이 분석결과를 어떻게 좌우하는가의 문제의 상황을 확실히 파악하여 평가하고 체계분석의 순환적 과정에 의한 첫 번째 결론을 이끌어내는 단계이다.

평가기준의 지표로서 효과(efficiency)와 유효도(effectiveness)라는 것을 생각할 수 있다. 효율의 의미는 관측된 대체안의 효과와 사용되는 자원의 비교에 있어서 (편익/비용) 등은 대체안의 효율로 볼 수 있는 평가기준이다. 이것에 대해 유효도는 목적의 달성도를 금액 이외의 계량적 척도로써 나타내는 것을 의미하며 비용 대 유효도라는 것을 이용한다.

이 단계에서는 이론적인 추론에 의하여 평가하는 경우 주의해야 할 이론을 갖고 있지 않아서 곤란한 경우에 처할 시는 직관과 주관적 판단을 이용하는 적극적인 자세가 중요하다. 물론, 모든 과학적 사실(scientific fact)로 결론을 끌어내는 일이 바람직하지만, 과학적 사실로 해결이 곤란할 때에는 판단의 이유를 논리적인 의견으로 판단하는 것이 차선으로 고려해야 하는 것이다, 그리고, 체계분석에서 계획자와 의사결정자가 다른 경우는 의사결정자의 판단과 정보에 긴밀한 연관을 갖고 참고하여야 한다.

대체안의 평가방법으로는 주관적인 판단, 비용, 유효도분석, 복수기준에 의한 평가 등이 있다.

가) 주관적인 판단

체계분석에서도 문제의 해결에 신뢰하는 이론을 확립하지 않은 것일 때는 분석과정에 의하여 이론적 사고를 가하여 전문가의 주관적 판단을 이용하고 있다. 체계분석은 주관적 판단을 원칙 없이 받아들이고 있는 것은 아니고, 어떤 전문가의 주관적 판단을 체계적인 과정을 통하여 이끌어내고 장래의 가능성을 탐구하도록 한다.

전문가의 주관적 판단을 취급하는 방법에는 Delphi법, 실행계획(Scenario) writing, Operating game 등의 방법이 있으며, 여기서는 Delphi법에 대하여 설명한다.

Delphi법은 장래에 예측되는 정책지침을 얻는 것으로 전문가의 의견을 질문서에 대한 회답으로 이끌어내고, 그 회답 및 이유를 통계적으로 집계한 것을 정보로 얻어 다음의 질문서에 대한 수정된 회답의 과정을 반복함으로써 많은 전문가의 의견을 받아들여 집약하는 방법이다.

Delphi법은 실시담당자가 내는 질문서에 대하여 참가자가 독립하여 작성한 회답을 제출하여 의견간의 송환(送還: feedback)을 유지함으로써 실시담당자가 회답을 정리하여 참가자에게 제공하고 참가자는 그것을 새로운 정보로 하여 전회의 회답을 수정하는 절차를 반복한다.

우선, 제1단계로는 문제의 개략과 그 배경의 설명, Delphi법을 실시하는 목적, 용어의 정의, 회답을 하려 할 때의 주의사항, 개별의 질문, 제1회의 회답을 하는 데 필요한 약간의 정보 등이 문서로 정리되어 제공된다. 이것에 대하여 참가자는 각 질문에 대한 1회의 회답을 서면으로 제출한다. 실시담당자는 제출된 회답을 정리하여 분류한다. 여러 질문에 대한 회답의 수, 참가자 중 어느 사람이 어떤 회답을 할지도 확실해질 수 있다.

제2단계로는 이에 의하여 정리된 회답이 실시 담당자로부터 참가자에게 제공된다. 참가자는 이것을 새로운 정보로서 제1단계로 제출한 의견을 스스로 바라는 대로 수정하는 일을 할 수 있다. 만일, 이 제2단계로 극단적인 회답을 제출한 참가자에게는 회답의 이유를 제시하는 수도 있다. 이 처리과정에 의하여 제1회의 회답에 관한 확신을 갖지 않는 회답자에게 재고할 기회를 주고 참가자의 판단에 관한 수렴을 기다리는 것이다.

제3단계로는 회답자에게 이상의 정보를 제공하여 제2단계 경우의 회답을 바라는 대로 수정한다.

제4단계로는 제3단계에서 나타낸 비판의 이유를 회답자에게 보내 전단계의 경우로 회답을 수정하는 최후의 기회를 얻게 된다. 이런 회답으로부터 의견의 일치를 이끌어내는 것이 하나의 방법이지만, 빈도가 많은 순서로 의견을 정리하여 어떤 폭을 갖는 값을 의견일치로 채택할 수 있다.

제3절 품질 및 안전관리

(1) 품질관리

품질관리(QC; Quality Control)는 설계시방서에 명기된 규격을 충족시키고 경제적인 건설공바를 위하여 모든 작업에 통계적 방법을 응용하는 것을 의미한다. 1926년 미국의 W. A. 슈하트의 연구에서 시작된 통계적 품질관리는 통계확률의 이론을 응용하여 제품의 품질을 향상시키는 방법으로서 발주자가 요구하는 설계시방서에 적합한 품질의 시설물을 경제적으로 축조하는 수단이다. 품질관리는 품질유지, 품질향상, 품질보증 등으로 나눌 수 있다. 품질유지는 기둥 그림표나 관리도법 등의 평상시 관리로 이루어지고, 품질향상은 공장실험법에 의한 작업을 개선함으로써 향상된다. 또한, 품질보증은 전수검사 및 샘플검사에 의해 이루어지며, 전수검사는 위험물, 고가품과 같은 특수한 경우에 행하고, 일반적인 경우에는 샘플검사를 한다.

품질관리방법은 계획, 실시, 검토, 처리순으로 이루어지며 계획단계에서는 제품규격 및 작업표준, 생산계획 등을 고려하고, 실시단계에서는 규격과 표준에 의한 작업을 실시한다. 또한 검토단계에서는 제품검사공정이나 재료를 검토하고 처리단계에서 불량원인의 추구, 규격이나 표준을 조사한다. 불량원인에는 정당하게 작업하여도 피할 수 없는 우연원인(chance cause)과 부주의든지 사고 등에 의하여 공정에 이상이 일어남으로써 발생하는 이상원인(assignable cause)이 있다. 공정에서 불량원인으로서 이상원인은 없고 우연원인에 의한 경우 일정한 분포를 갖게 되는데, 이를 관리상태 또는 안정상태라 한다.

수요자의 요구를 만족시키는 품질의 물건을 경제적으로 만들기 위해 회사의 모든 업무의 문제점을 추출하여 통계적인 방법으로 분석해서 시정하므로 업무의 질을 향상하고 유지하므로 기업의 체질을 강화할 목적으로 총품질관리(TQC: Total Quality Control)를 도입한다.

TQC는 모든 품질의 공정단계를 고객의 입장에서 고려하는 것을 기본정신으로 하며, 품질은 고객이 만족하는 좋은 물건이며 안전하고 사용목적에 적합하며, 기능이 우수하고 보전성 등 품질특성에 관한 전체를 뜻하며, 가격과 납기도 포함되는 광의의 품질을 말한다.

건설공사의 TQC는 기업경영방침에 따라 기업목적에 부합되는 목표설정과 그 목표를 달성하는 데 필요한 수단으로서 이용된다.

(2) 안전관리

① 개 요

건설사업은 경제발전 및 공사능력의 발전으로 인하여 대형화, 기계화가 됨에 따라 각종 사고 및 재해발생의 위험성이 증대되고 있다.

이러한 건설업종의 심각한 산업재해의 정확한 원인을 조사, 관측, 분석하여 보다 효율적이고 기술적인 재해방지대책을 계획하고 진단할 필요성이 요구된다.

안전진단이란 무엇보다 정확한 관측값을 토대로 안전을 확보하기 위하여 설비 및 인적사항의 결함을 발견하거나 안전대책의 상태를 확인하는 행위 또는 수단을 말하며, 안전관리계획은 재해가 발생하기 전에 미연에 방지하기 위한 관리, 즉 예방관리를 효율화하기 위한 계획을 뜻한다.

안전관리계획에 고려해야 할 사항은 다음과 같다.

첫째, 시공계획은 공법의 선정, 업무계획, 자재계획, 가설계획, 운반계획, 공정계획 등의 전체계획으로서 계획에 안전이 고려되어 있지만, 공법, 공정 등을 결정하는 단계에서 항상 안전의 요소를 고려하여 결정해야 한다.

둘째, 재해발생요인을 정확히 관측하고 이해하여 발생요인의 양상에 대한 방지대책을 고려한다. 재해발생요인은 물적 요인과 인적 요인으로 대별되고 이차적 요인으로는 기술적 결함, 교육적 결함, 관리적 결함으로 나눌 수 있다.

셋째, 과거의 유사한 공사의 재해통계, 재해사례 등을 조사하고 참고하여야 한다. 이와 같은 조사에 따라 해당 작업장에서 예측되는 재해를 공사종류별, 작업종류별로 대략 파악할 수 있으므로 조사자료를 검토하고 그 내용을 계획에 포함시켜야 한다.

② 재해발생요인별 안전관리계획

가) 기술적 안전관리계획

기술적 결함을 제거하기 위한 대책은 안전관리의 기계처리기법(hardware)에 속하는 것으로 교육적 · 관리적 대책보다 우선하여 기술적 대책이 잘 되어야 재해방지효과가 향상되므로, 이 대책은 작업장에 있어서 안전관리에 가장 효과적이라 할 수 있으며, 계획시 고려되어야 할 주된 사항은 다음과 같다.

첫째, 공사별, 작업별 잠재하는 위험개소를 정확하게 관측하여 발생가능성이 있는 각종 사고, 재해를 예측한다. 둘째, 공사 전에 공법이 관계법규, 구조규격기준, 기술기준지침 등에 위반되지 않는가를 검토하고 설계상에 문제점이 있을 때는 관계자와 협의하여 수정토록 한다. 셋째, 일반적으로 소홀히 취급하기 쉬운 가설설비에 대해 강도, 안전장치 등 구조상의 결함이 없는가 정확히 점검한다. 넷째, 공정계획은 자체에 무리가 없는 안전한 것이어야 하며, 공정중 어떠한 위험에 주의해야 하는가를 검토하여야 한다. 다섯째, 신공법, 신기계 등을 채용하는 경우는 사전에 안전심사를 충분히 행한다. 여섯째, 특수위험이 예상되는 경우는 전문가의 협력을 얻어 특별한 대책을 수립한다. 일곱째, 공중재해의 방지대책을 세워 둔다. 공사별, 공정별로 개선사항은 즉시 개선하고 안전관리를 위한 계획을 수립한다.

나) 안전관리교육계획

인적 대책으로서 가장 중요한 것은 안전교육이다. 안전교육은 임시적인 방법으로 생각하기 쉬우나 효과적인 안전관리를 이룩하려면 보다 계획적인 교육을 실시해야 한다. 안전교육계획을 세우는 데 고려할 사항은 다음과 같다.

첫째, 신입근로자교육, 작업내용변경시 안전특별교육, 현장책임자, 관계청부인의 지도원조 등 법정안전교육을 실시하고, 둘째, 안전대회 강연회, 영화회 등 각종 훈련의 실시와 포스터, 벽보, 팸플릿 등의 광고활동으로 안전의식을 고양시킨다.

다) 안전관리조직 및 규정확립

효율적인 관리활동을 행하기 위해서는 안전관리조직을 확립하고, 사업장의 안전관리체계, 안전관리활동에 관한 규정을 작성하고, 사업장에서 지켜야 할 안전작업표준을 정한다. 그리고, 만일 사고나 재해가 발생할 경우를 고려하여 방호대책, 구급대책, 피난대책, 긴급연락방법 등을 미리 안전관리를 위한 계획에 포함시켜야 한다.

③ 안전성 평가

건설공사에서 발생하는 산업재해를 분석해 보면, 공사의 시공계획단계부터 안전관리계획을 충분히 검토하여 수립하여야 재해를 줄일 수 있음을 알 수 있다.

이와 같이, 공사에 관계되는 공법, 기계, 설비 등이 공사를 진행하는 도중에 위험성이 나타날 수 있는가를 설계 또는 시공단계에서 정량적, 정성적으로 평가하고, 그 대책을 계획하는 것을 안전성 평가라 한다. 지금까지는 경제성, 품질 등에 충분한 관심을 갖고 안전관리에 소홀한 점이 있었으나 산업재해에 대한 대책이 점차 요구되고, 특히 신공법, 신기술 또는 새로운 원자재를 사용하는 공사, 대규모 굴착공사, 교량공사 등 기술을 요하는 공사에서는 이와 같은 안전성 평가가 더욱 필요하게 된다.

안전성평가방법은 다음과 같은 단계로 행한다.

첫 단계로, 안전성을 평가하기 위한 기초자료를 충분히 수집하고 자료의 분석에서 얻어진 정보를 기초로 다음의 안전대책을 검토한다.

둘째 단계로는 공사시공에 있어서 필요한 안전을 확보하는 데 적절한 기본적인 계획 및 대책이 수립되어 있는가를 확인한다. 그리고, 위의 사항을 확인한 후 해당공사에 따르는 특수한 재해가 중복 또는 일어날 가능성이 높은 것에 대해서는 시공중에 위험성이 있는가를 평가하고 이러한 위험성의 안전대책의 검토 및 시공계획서에 충분히 고려되어 있는가를 확인한다. 또, 특히 위험성이 높다고 판정된 것에 대해서는 적절한 기본적인 대책이 계획되었는가를 반복 확인한다.

위와 같이 검토한 기본적인 사항 및 각각의 위험성이 높은 재해에 대해서는 확인시점에서 어느 정도 구체적으로 계획이 수립되었는가를 아래 식에 의해 그 수립률을 계산한다.

$$\text{계획수립률} = \frac{\text{구체적인 계획을 수립한 항목수}}{\text{계획을 수립하지 않으면 안 되는 항목수}} \times 100(\%) \tag{8.1}$$

그러나, 건설공사는 현장마다 제 조건이 다르므로 공사시작 전에 수립된 안전관리계획을 구체적 및 획일적으로 나타내기는 곤란한 점이 많다.

산출된 계획수립률은 계획의 양부를 평가하기 위한 지표가 아니고 안전성 평가의 시점에서 구체적으로 작성해야 할 계획사항을 언제까지 어떻게 수립해야 하는가를 검토하기 위한 것이다.

④ 안전관리의 문제점 및 개선방안

건설현장에서의 안전관리상의 문제점은 첫째, 건설공사는 작업환경과 작업종류가 각 경우에 따라 다른 작업환경의 특수성 때문에 재해위험성을 미리 예측하기 어렵다. 둘째, 건설작업은 작업도구나 위치가 이동성을 가져 작업 자체가 재해위험성이 높다. 셋째, 공사의 기간, 가격여건 등의 무리한 요구가 수반되기 쉬워 안전관리에 소홀하기 쉬우며, 넷째, 근로자의 유동성이 심하고 고용의 불안정으로 안전관리교육의 기회가 적다. 다섯째, 하도급에 의해 안전관리 체제가 미흡하며 책임한계가 분명치 않다. 여섯째, 작업의 특수성에 의해 성수기에는 계속되는 작업으로 피로 등에 의한 안전의식이 부족되기 쉽다. 일곱째, 신공법 · 신기술에 따른 사전 안전조치가 미흡하고 새로운 안전관리체제의 부족 등이다.

이와 같은 안전관리상의 문제점을 근본적으로 해결하기 위해서는 다음과 같은 대책이 필요하다.

첫째, 설계 및 적산에 있어서 공사의 무리한 진행을 막기 위해 공기와 공정을 적정하게 책정하고, 안전관리비를 별도로 계상, 설계 및 적산담당자, 근로자의 안전관리교육, 시공기간중 안전성 평가, 하청계약의 적정화가 요구된다.

둘째, 기계설비, 공법에 있어 구조물이 대형화, 고층화됨에 따라 기계설비에 대한 연구개발이 요구되며, 신기술 · 신공법에 의한 공사, 대규모공사, 특수공법공사 등에서는 설계계획단계부터 사전안전성 평가가 이루어져야 하며, 또한 신개발설비의 안정성 점검 또한 요구된다.

셋째, 안전관리의 체제면에서는 공사의 설계 · 계획시부터 안전관리의 계획을 수립하여야 하며, 시공단계에서는 반드시 안전성을 측량하여 단계별 점검을 의무화하는 체제가 갖추어져야 함은 물론 완공 후 경년변화에 대한 관측계획도 세워야 한다. 또한, 특수공사의 안전관리는 일정한 자격을 갖춘 안전관계전문가가 관리하는 것이 바람직하다.

넷째, 안전관리교육에 있어서 교육체계의 확립과 교육대상의 확대, 교육내용의 충실화 등이 요구된다.

이러한 개선방안을 상세히 계획하여 실행하는 것이 재해를 방지하고 건설안전관리 발전의 기본이라 할 수 있다.

제4절 유지관리

(1) 유지관리체계

시설이 건설되고 나면 시설에 대한 사용이 있게 되고 시설은 서서히 기능이 저하되거나 파손되어 간다.

도로의 포장을 예로 들면 통행이 시작되고 시간이 경과되면 노면에 요철이 생기거나 금이 가고 이러한 상태는 점점 확대된다. 이에 따라 도로의 사용효과가 떨어지며 차량의 주행 및 승차감 등이 저하된다. 이와 같이, 도로포장은 마모되거나 노후되지만 도로의 조명등은 수명이 다 되면 전구가 끊어져 버리는 파괴가 일어난다.

이처럼 시설은 그 시설 특유의 기능저하특성을 나타내게 되므로 시설의 이 특성 파악은 유지관리에 있어서 매우 중요하다. 이 기능저하현상을 파악하고 사고나 큰 고장이 생기지 않도록 관리하기 위하여 정기적으로 감시 또는 순회 등이 이루어져서 시설의 이상을 조기에 발견할 수 있도록 해야 한다.

감시나 순회의 노력이 부족하면 이상 상태를 놓치게 되어 사고를 유발시킬 위험성이 커진다. 순찰에 의해 발견된 이상은 응급처치나 필요한 보수를

그림 8-1 유지관리

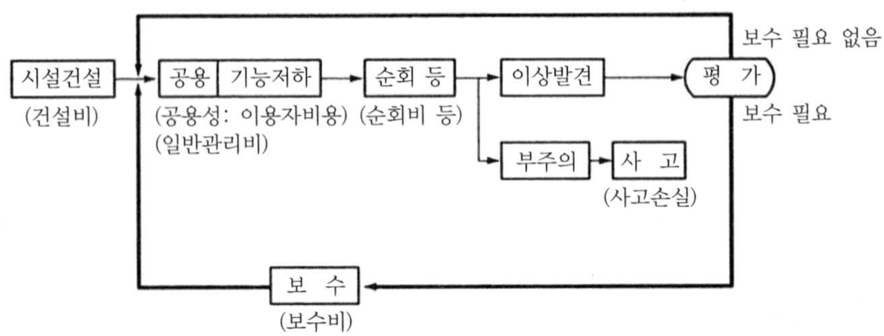

해야 하며 보수를 하지 않아도 좋다는 판단이 있더라도 기록해 두어야 한다.

보수를 하는 경우에도 일상적인 소보수를 반복하는 방법 또는 정기적으로 대보수를 하는 방법에 대한 비교가 필요하다.

이상한 부분을 발견하기 위해서는 관리에 의한 순찰이 일반적인 것이지만, 보안설비를 설치하든가 또는 감지기에 의한 방법도 가능하다. 이러한 유지관리체계를 도시하면 〈그림 8-1〉과 같다.

(2) 수명과 갱신

① 수 명

시설이나 설비 등은 사용함으로써 노후·마모되고 결국에는 사용할 수 없는 상태에 이르게 되며, 이 사용할 수 없는 시간까지를 수명 또는 내용연수라 한다.

이 수명을 생각하는 방법에 관하여는 여러 관점으로부터 여러 수명이 존재한다고 생각된다. 종래 논의되어 온 대표적인 수명에는 물리적 수명, 경제적 수명, 사회적 수명이 있다. 이들의 수명은 다음과 같은 의미에서 사용되고 있다고 한다.

물리적 수명(physical life)은 물리적으로 손상이 심해지거나 파손되어 사용이 어려울 때까지의 사용기간을 말하고, 경제적 수명(economic life)은 사용할 수 있음에도 불구하고 경제적으로 보았을 때 사용을 중지하는 편이 유리하다고 판단될 때까지의 사용기간으로 일반적으로는 사용기간의 연평균비용이 최소가 되는 시기를 말한다. 사회적 수명(social life)은 사용할 수 있음에도 불구하고 사회적으로 보았을 때 사용을 중지하는 편이 좋다고 생각되기까지의 시간이다.

예를 들면, 다른 기업과의 경쟁에 있어서 보다 좋은 설비를 도입하기 위하여 기존의 사용하던 설비를 갱신할 경우 등은 사회적 수명이라 볼 수 있다.

이 외에 법정내용연수가 있으며, 이것은 경비의 계산, 감가상각비의 계산이 적정히 이루어지도록 표시한 표준적인 사용연수이다. 실제로는 사용상태에 따라 수명은 변동하므로 상각 전에 파괴되거나 또는 상각제인 것을 따로 계속하여 사용한다.

② 갱 신

설비의 갱신은 앞에서 설명한 여러 원인의 수명에 의해서 결정되며, 일반적으로 설비의 파손에 의한, 즉 물리적 수명에 의한 갱신이 이루어지지만, 경제수명에 의한 갱신, 사회수명에 의한 갱신 외에 설명이 곤란한 우려에 의한 갱신도 있다.

가) 물리수명에 의한 갱신

설비의 부품이나 전체가 물리적인 손상, 즉 고장을 일으켰을 때 그 부품이나 전체를 갱신하여야 하며, 이것을 물리수명에 의한 갱신이라 한다. 고장에 의한 갱신은 고장발생밀도함수로부터 고장발생을 예측할 수 있으며, 이 예측과 함께 고장에 의한 손실, 갱신비용 등을 고려하여 적당한 관리계획을 입안할 수 있다.

나) 경제수명에 의한 갱신

설비의 물리적 손상이 커짐에 따라 시설이 제공할 수 있는 효용 또는 서비스 수준이 저하됨과 동시에 시설의 운영비도 증대된다. 그리고, 설비에 대한 투자액(자본비)은 사용연수가 증가함으로써 그 평균적인 부담액은 낮아져서 감소하게 된다. 설비에 필요한 총비용은 자본비와 운영비의 합으로 표시되어 〈그림 8-2〉의 관계가 성립하게 된다. 그림에서 사용연수 t가 증가함에 따라 자본비는 감소하고 운영비는 증가함으로써 총비용이 최소가 되는 사용

그림 8-2 설비의 사용연수와 비용과의 관계

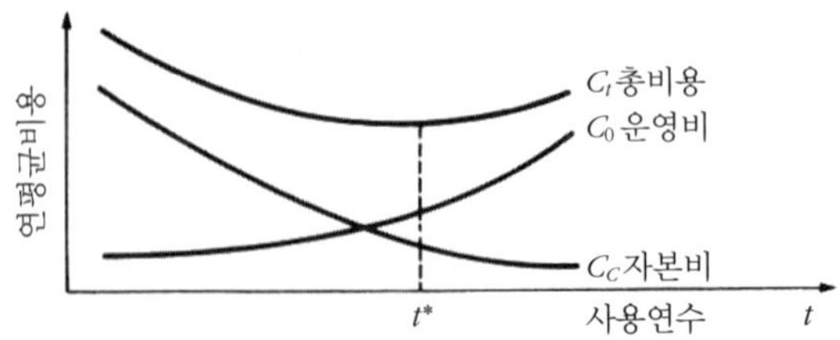

연수 t^*가 존재하게 된다.

물리적인 수명이 오기 전에 총비용이 최소가 되는 사용연수가 존재하게 되면 이 사용연수가 경제수명이 된다. 그러나, 이 경제수명은 더 사용할 것인가, 갱신할 것인가에 대해서는 신구설비의 비교에 의해 판단되며 여러 요인이 포함된다.

③ 사회적 수명에 의한 갱신

사회적 수명에 의한 갱신은 일반적으로 경제수명 등의 내부적 조건에 의하지 않고 외부적인 조건에 따라 이루어진다. 즉, 외부와의 경쟁상태에서 보다 유리한 입장으로 개선하기 위하여 행하는 갱신은 사회에서의 계획주체의 입장, 상황, 목표 등에 따라 판단된다고 한다. 즉, 경제조건 이외에 사회조건이 판단에 영향을 미치고 그 분야에서의 주도성, 지위, 사회적 평가(image), 경쟁력, 기타의 요소가 고려되어야 할 것이다. 이들의 고려에 이용되는 요소도 계획의 평가지표로서 취급된다면 이것도 과학적인 계획평가문제로서 기술할 수 있는 가능성이 있다고 할 것이다.

(3) 유지관리체계의 최적화

유지관리를 최적으로 하는 체계를 구성하기 위해서는 체계에 대한 관점을 파악하는 것이 중요한 문제이다. 유지관리계획에서 시설정비를 필요로 하는 비용과 시설이 제공할 수 있는 서비스 등의 효용 또는 편익의 두 요소로부터 생각하면 비용편익분석의 관점으로부터 다음과 같이 계획작성을 분류할 수 있다.

첫째, 일정효용을 가져올 시설을 최소비용으로 건설하는 계획을 작성하며, 둘째, 예산제약하에서 효용의 최대화를 기한다. 셋째, 투자효율로서의 효용/비용을 최대화하는 시설계획을 작성한다.

이 중에서 일정효용을 가져올 시설을 최소비용으로 건설하려는 계획입안문제를 중심으로 고찰하여 보면 다음과 같다.

① 건설단계로부터 고려하는 경우

시설의 건설비와 사용개시 이후의 유지관리비를 합친 총비용이 최소가 되는 시설 수준을 구할 수 있다면 시설설계에 유용한 지침을 주게 된다.

도로포장의 경우, 포장두께 등의 구조강화로 이후의 마모 등에 따른 유지관리비가 보상될 수 있으며, 이 양극단의 사이가 연속적으로 실행가능하다면 〈그림 8-3〉에 표시한 것처럼 총비용을 최소로 하는 포장구조가 존재하게 된다.

② 유지관리단계에서의 문제

유지관리단계에서의 문제는 특정한 시설수준하에서 최적관리체계를 찾게 된다.

먼저, 유지관리비와 사고손실 및 이용자비용의 합으로 나타나는 운용비용을 최소로 하는 관리수준을 생각하며, 일반적으로 유지관리의 정도가 이용자의 효용 및 비용 그리고 사고손실에 영향을 미치며 〈그림 8-4〉에 표시한 것과 같다.

그림 8-3 시설수준과 비용

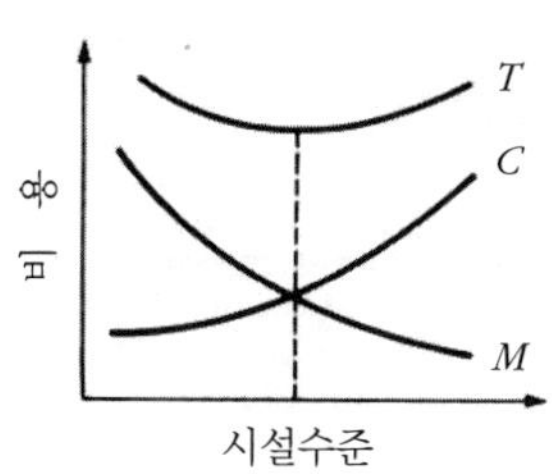

그림 8-4 관리수준과 운용비

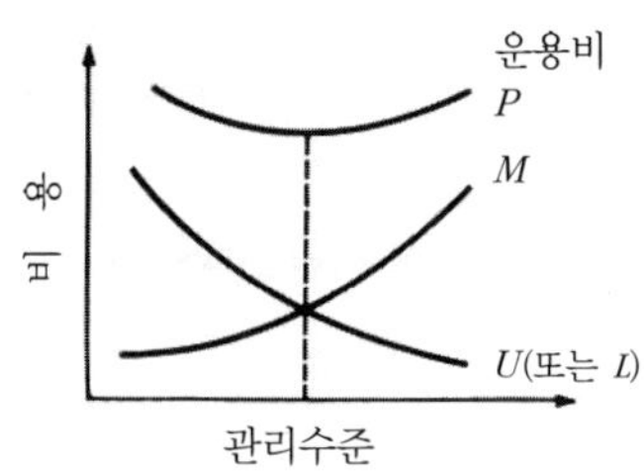

유지관리비(M)+이용자비용(U)(또는, 사고손실(L))
=운용비용(P)이 최소

다음으로 보수에 대하여 고려하면 일상적인 소보수와 정기적인 대보수가 필요하며, 소보수를 자주 실시하여 수명을 연장하고 대보수의 비용을 낮출 수 있다. 또한, 반대의 방식도 존재할 수 있으며, 보수비용을 최소로 하는 보수수준이 존재하여 〈그림 8-5〉에 표시한 것으로 나타날 수 있다.

일상적인 소보수(M_1)+정기적인 대보수(M_2)=보수비(M)가 최소

그리고, 순찰단계의 이상의 발견 및 위험방지를 위한 방법으로서 사람에 의한 순찰과 감지기나 보안설비 등으로 나눌 수 있으며, 양자의 최적조합을 선택함으로써 총비용을 최소화할 수 있다.

이상 유지관리문제 중에서 생기는 몇 개의 계획문제의 예를 단순화하여 표시하였지만, 실제의 유지관리에 있어서는 계획문제에 정식화하기 곤란한 경우가 많다. 또한, 사회적 제 조건으로부터 이론적으로 설명할 수 있는 관리방식이 얻어지지 않는 것도 적지 않다.

따라서, 현실의 관리문제에 있어서도 서서히 합리화할 수 있는 부분을 보아 개선하는 것을 목표로 해야 할 것이다.

그림 8-5 보수수준과 보수비

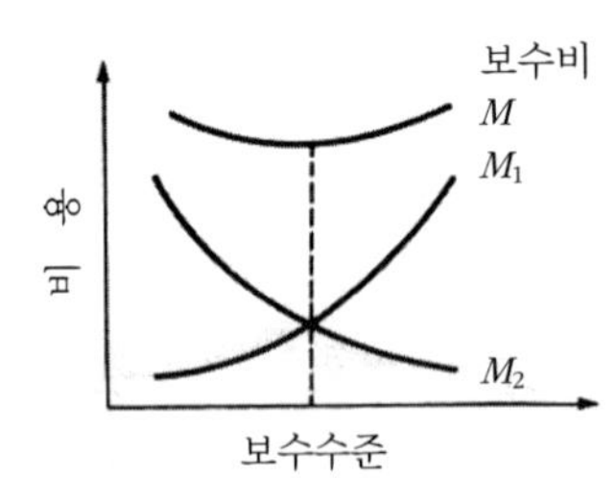

지/공/탐/측/학/개/관

09 지형공간정보체계

Geospatial Information System

제1절 개 요

지형공간정보분야에서는 국토정보기술의 핵심인 지형공간정보체계(GIS) 인프라 구축 및 활용을 통한 국토관리 선진화, GIS기술이 급격히 발전함에 따라 GIS와 각종 영상 및 연결망(network)기술 등이 연계되거나 융합되어 충실한(smart) 국토관리 체계를 구축함으로써 실시간으로 각종 시설 및 정보 활용의 첨단화가 이루어질 수 있도록 정보체계를 활용하여야 될 것이다.

정보(情報, information)는 자료를 처리하여 사용자에게 의미 있는 가치를 부여한 것이다. 이러한 정보는 체계의 개념을 떠나서는 과학적으로 분석될 수도 없기 때문에 기본적인 대상인 지형자료와 활용적 대상인 공간자료를 고려한 체계와 연결시켜야만 효율적으로 설명되어질 수 있는 것이다.

정보의 주요한 특성은 다음과 같다. 정보는 시간의 차원을 가지고 있기 때문에 미래에 유용하게 사용될 수 있고, 복사가 가능하기 때문에 대량생산이 가능하며, 정보의 소비자는 이를 이용하여 새로운 분야에 대한 정보의 생산자가 될 수 있으며, 정보는 아무리 분배를 해도 줄어들지 않고 오히려 새로운 사용자에 의해서 그 가치는 더욱 증대하게 된다.

정보는 대상물의 특성을 일정한 기준에 따라 처리, 규격화함으로써 의미를 가지며, 정보의 가치는 정보의 시기적절함, 정보가 적용되는 내용, 그리고 정보의 수집, 저장, 조작과 표현에 소요되는 비용에 달려 있다. 오늘날 정보는 가치 있는 자산이며, 높은 가격으로 사고팔 수 있는 상품이다.

체계(體系, system)는 지형과 공간상에 존재하는 대상물들의 형상과 현상을 관측함으로써 자료가 취득되며, 이러한 자료를 통합하여 특별한 의미를 부여하게 될 때 생성되는 것이 정보이다. 이러한 다양한 정보들의 상관관계를 규정함으로써 여러 종류의 정보들에 대한 연결을 시도하고 이에 대한 자체적인 제어능력을 가진 개별 요소들의 집합체를 체계라고 한다.

정보체계(情報體系, information system)는 다양한 이질적 관측량들을 적절히 가공하여 자료화하고, 이들 자료를 보다 이용하기 쉽도록 자료기반(DB: Data Base)을 구축하고 이를 바탕으로 하여, 일정한 목적에 부합하는 의미와 기능을 갖는 정보를 생산하며, 이들 자료와 정보를 효율적으로 결합 · 운영하여 통합된 기능을 발휘할 수 있도록 하는 체계이다.

지형공간정보학(GIS: Geo-Spatial Informatics)은 지구 및 우주공간 등 인간생활 영역에 관련된 제반형상 및 현상에 관한 정보를 해석하여 신속성(迅速性), 정확성(正確性), 융통성(融通性), 완결성(完結性) 있게 함으로써 모든 상황에 관한 의사결정, 편의제공 등을 극대화시키는 학문이다. 지형공간정보학을 이루는 지형공간자료는 지형자료와 공간자료로 구분할 수 있다.

지형자료(地形資料: geo data)는 땅(地)과 관련되어 특성(特性: description)을 갖추고 형체(形體: shape or form)로 나타난 형상(形象: appearance…, 예: 지모, 지물)들을 뜻한다.

이는 인간활동을 통하여 이루어진 가옥, 도로, 교량 등 각종 구조물인 인공자원(人工資源: artificial resources) 및 이미 존재하고 있는 각종 광물, 나무 등 천연자원(天然資源: natural resources)인 지물(地物: object in the earth)과 산, 계곡과 같은 지상물의 생김새인 지모(地貌: shape of the object on the earth)들이다. 즉, 지형자료는 지구상에 존재하는 모든 생명들이 살아갈 수 있게끔 이미 마련되어 있는 기본적인 자료(基本的資料: basic objects)이다.

공간자료(空間資料: space data or spatial data)는 공간(空間)과 관련되어 시간(時間: time)과 위치(位置: distance or position)에 따라 나타나는 현상(現象: phenomenon…, 예: 재해, 교통, 살아가면서 이루어지는 환경의 생성물 등)들을 뜻한

다. 이는 대상들 사이의 상호위치관계, 대상들의 발생시기 및 영역에 관련되어 나타나는 사실(事實: reality), 모형(模型: model-real model or virtual model), 위상적 대상(位相的對象: topological object)들이다. 즉, 공간자료는 지구상에 존재하는 모든 생명들이 위치(位置: distance or position)와 시간(時間: time)에 관련되어 살아가면서 이루어지는 삶의 형태표출인 활용적인 자료(活用的資料: applicable object)이다.

위의 정의들을 토대로 하여 지형공간정보체계(Geospatial Information System: GIS)를 정의하면 지형공간정보체계는 제반 지구상에 존재하는 대상의 기본적인 형상의 특성 및 형체(지형정보: geo information)와 생활공간에 존재하는 대상의 활용적인 현상에 관한 발생의 위치, 영역 및 시간에 관한 모형화나 위상관계(공간정보: spatial information)를 처리 · 해석하는 정보체계라 할 수 있다.

제2절 지형공간정보체계(GIS)의 용어변천

지형공간정보체계는 1950년에 미국의 워싱턴대학의 지리학과에서 지리정보체계(GIS: Geographic Information System)를 제시한 이후 각종 정보체계가 등장하였다. 1988년에는 Mark Weiser가 Ubiquitous(언제 어디서나 원하는 정보에 접근하는 기술)을 제창하였다. 1990년도에 이르러 지리정보체계, 토지정보체계(LIS: Land Information System), 도시정보체계(UIS: Urban Information System)와 같은 많은 응용분야를 하나의 체계로 통합하려는 노력이 시작되었다. 1991년 Cracknell은 토지정보체계(LIS), 지리정보체계(GIS)를 포함하여 공간정보체계(SIS: Spatial Information System)라 하였고 Tuner와 Kolm은 GIS, UIS, LIS를 포함하여 지형과학정보체계(地形科學情報體系, GSIS: Geo-Scientific Information System)를 주장하였다. 이러한 추세에 따라 1992년 2월 3일 한국에서 Yeu, B.M.는 GIS, UIS, LIS 등을 포함한 관련정보들을 상호연관성 및 의존성을 보다 완성도 높게 통합할 수 있는 종합정보체계용어인 지형공간정보체계[地形空間情報體系, Geo-Spatial Information System(GSIS) 또는 Geospatial Information System(GIS)]를 제시하였다. 이는 인간의 총체적 생활영역인 땅(Geo: 지구 또는 지형)과 하늘(Space: 공간)에 착안하여 지형자료(地形資料: geo-data)[지구와 관련되어 형성된 것으로 천연자원 및 필요에 따라 물리·화학적 측면에서 이루어진 형상(形象: 지표면, 지하, 해양 등에 분포된 것 등의 모양새와 특성(description)이 다른 대상들로 도로, 교량, 가옥 등 — 즉, 지구상에 존재하는 형상(appearance)들로 기본적인 자료(基本的資料: basic object)]와 공간자료(空間資料: spatial-data)[시간(time)과 위치(position)가 관련되어 물리·화학 및 인문사회적 측면에서 변화되어가는 현상(現象, phenomenon)으로 인공자원 및 형성되어 가는 대상들로 교통변화, 환경변화, 생태변화, 생활편이, 생활수요대상 등 — 즉, 시(時)와 위(位)에 관련되어 변화되는 현상들로 활용적인 자료(活用的 資料: applicable object)]를 합성하여 Geo-Spatial Information을 창안하여 제창하게 된 것이다. 또한 한국에서 1993년 4월 24일에 한국지형공간정보학회(KOGSIS: Korea Society of Geo-Spatial Information System)가 창립되었고 1994년 3월 국제측량사연맹인 FIG(FIG: Federation Internationale des Geometres: Congress, Australia Melbourne)총회에서 "A Study in Geo-Spatial Information System for Urban Change Detection by Digital Processing of Aerial Photographs(FIG Congress. 1994.3: Yeu, Bock-Mo)"에 대한 논문이 발표된 후 1994년 4월부터 Geographical보다 포괄적인 Geospatial이라는 용어가 국제적 정보용어로 자리잡게 되어 GIS의 G는 거의 "Geography" 대신에 "Geospatial"로 정착되기에 이르렀다. 또한 1992년에 제안하여 1994년 국제정보체계용어로 정착된 Geospatial Information의 발전적인 GGIM(Global Geospatial Information Management)에 관한 UN 첫 Forum이 UN 산하 NGII(National Geographic Information Institute)의 주최로 2011년 10월 24일~27일에 87개국 지리원장, 24개 국제기구의장, 국·내외 관련전문가 등이 참석한 가운데 Geospatial Information을 처음으로 제창한 한국(Coex Convention Center, Grand Ball Room, Seoul Korea)에서 개최되었다.

제3절 국내·외의 동향

(1) 국내의 발전 동향

정보의 다양성, 고유성, 정확성을 최대화시킬 수 있는 양질의 정보환경으로 변화되어 감에 따라 GIS의 몫이 민간차원에서는 한계가 있어 국가 전체의 지형공간정보체계와 기관과의 협력체계로 발전하게 되었다. 이에 우리나라의 국가 GIS구축사업의 제 1 단계는 1995~2000년으로 GIS기반조성, 제 2 단계는 2000~ 2005년으로 GIS활용의 확산, 제 3 단계는 2005~2010년으로 GIS연계통합으로 추진되어 왔으며 장차 제 4 단계는 2010~2015년으로 GIS연계, 통합, 활용으로 제 5 단계는 2015~2020년으로 GIS의 국내뿐만 아니라 전 세계의 GIS의 활용이 가능해짐에 따라 Global GIS 공유 및 활용을 확대할 계획을 추진하고 있다.

① 제 1 단계(1995~2000년)

국가적으로 IMF를 맞고 대구지하철 가스폭발, 삼풍백화점 및 성수대교 붕괴, 지방자치시대개막 등으로 인한 환경, 방재 등 사회 전반적으로 GIS에 대한 인식이 높아짐에 따라 제 1 차 GIS구축사업이 시작되기에 이르렀다. 이에 지형도, 공동주택도, 지하시설물도 및 지적도 등 수치지도제작과 지형공간정보를 활용한 근로사업을 통하여 인력양성 등을 시행하였다.

② 제 2 단계(2000~2005)

모바일폰 등장과 밀레니엄버그, 세계무역센터 테러, 보안기술개발 등으로 인한 국가정보보안기술에 대한 인식이 요구되어 국가 GIS유통망을 구축하고 기구축한 자료기반(database)을 응용체계로 발전시키게 되었다.

③ 제 3 단계(2005~2010)

휴대폰(인터넷)원스톱, 홈뱅킹온라인민원업무, 3차원 국토GIS연계 및 활용, GIS를 이용한 항법(navigation)의 사용자 확대, 유비쿼터스의 사회로의 진입을 위한 지능형 기술개발이 진행되었다.

④ 제 4 단계(2010~2015)

수요자중심의 지형공간정보 맞춤형 서비스를 위해 다각화된 지형공간정보의 제공과 효율적 관리를 위해 지형공간정보의 연계, 통합, 활용 및 저탄소녹색성장(GG: Green Growth)의 기반인 정밀한 실내·외 지형공간정보 생산을 통한 U-City(Ubiquitous-City) 등 다양한 활용분야적용을 시도하고 있다. 이로써 국경 없는 새로운 지역사회형성 및 친환경 지속가능한 녹색도시공간을 이루는 데 목적을 두고 있다.

⑤ 제 5 단계(2015~2020)

모든 대상들이 지능화됨에 따라 현실공간과 가상공간의 상호작용이 이루어지면서 개인별 지형공간정보의 자동갱신이 요구되어 고정밀 지형공간정보를 탑재한 로봇이 다양한 분야에서 활용할 수 있고, 재난·재해·범죄에 대처한 능동적 안정망을 구축할 계획이다. 이러한 제반기술을 한반도뿐만 아니라 전 세계의 지형공간정보활용이 가능하게끔 글로벌(global) 지형공간정보를 공유하고 활용할 계획을 구상하고 있다.

(2) 국외의 발전 동향

① 미 국

GOS(Geospatial One-Stop)사업을 중심으로 국가지형공간정보기반을 추진하고 있으며 자료정비의 효율화를 도모하기 위한 표준을 정하였다. 포털사이트 운영을 통해 분산된 자료에 대한 통합적 접근이 가능하도록 연방정부의 모든 지형공간정보의 서비스가 등록된 GOS1포털사이트 'http://gos2.geodata.gov/ wps/portal/gos'를 개설하여 각종 지형공간정보를 검색 및 서비스를 제공하고 있다. 또한 민간분야 인식증대 및 적극적인 참여유도를 위해 공간기술산업협회(STIA: Spatial Technologies Industry Association)에 관련과제들을 연구하고 있다.

② 캐나다

각종 기관이 소유한 다양한 자료와의 통합 및 활용개발, 부가가치창출이 가능한 캐나다 지형공간정보기반(CGDI: Canadian Geospatial Data Infrastructure)을 구축하였다. 지형공간정보표준을 국가표준(CANOGSB)을 운용하고 있으며 미국과 함께 북미지역표준화 공동추진 및 국제표준기구활동에 적극참여하고 있다. 또한 민간의 경비부담을 최소화시키기 위해 인터넷을 통해 정부의 지형공간정보를 찾을 수 있도록 제공하고 있다. 지오매틱스(geomatics) 전문가 양성 및 성장산업지원, 지오매틱스 교육 홍보로 캐나다의 지오매틱스 부분의 경쟁력 및 능력강화를 시도하고 있으며 고도의 지형공간정보기술개발을 가속시키기 위해 프로그램[자료활용, 지도제작, 기본지형공간정보구축 및 혁신(Geo lnnovations) 파트너십, 기술개발, 지속가능위원회 운용, 산업협력체계 등)]을 구상하고 있다.

③ 유 럽

유럽 전역의 지형공간자료기반정비를 목적으로 INSPIRE(INfrastructure for SPatial InfoRmation in Europe) 프로젝트를 추진하고 있다. 또한 지형공간정보의 접근 및 활용, 온라인 서비스를 위한 개방적이고 협력적인 기반구축, 유럽 국가들의 INSPIRE 참가와 동시에 국가차원에서의 지형공간자료정비를 추진하고 있다. 독일은 국가연방정부, 민간의 협력하에 German SDI를 구축하고 핀란드는 시민을 위해 중앙 · 지방정부 · 산업 · 유저가 함께 Finnish SDI를 구축하여 지형공간정보를 공급하고 있다.

④ 일 본

지형공간정보활용추진기본법(2007년 8월)을 제정하고 기본적이며 기반이 되는 3종류(기본지형공간자료, 지형공간자료기반, 디지털영상)를 기반으로 구축한 국가지형공간자료를 기준으로 국가 GIS산업을 체계적으로 추진하고 있다. 기반지도정보정비 관련업무의 기반지도정보 상호활용 및 원활한 유통, 인터넷을 통한 기본지형공간정보의 제공, 클리어링하우스 확충을 통한 유통환경정비, 지형공간정보체계와 관련된 위성의 활용, 공동협력(partnership) 등에 관하여 연구개발을 활발히 함으로써 실무활용을 확대시켜 나가고 있다.

제4절 우리나라 지형공간정보체계의 추진방향

(1) 국가지형공간정보정책의 방향설정

'국가지형공간정보정책' 이라는 용어의 등장은 단순한 용어 변화 이상의 의미를 가지게 된다. 국가지형공간정보에 관한 법률에 정의된 바와 같이 지형공간정보를 활용할 수 있는 제반 환경을 포괄하는 정책[1)]이라고 볼 수 있다.

본 저서에서는 국가공간정보를 국가지형공간정보로 표기하기로 한다.

국가지형공간정보정책은 〈그림 9-1〉과 같이 기본지형공간정보, 지형공

그림 9-1 국가지형공간정보정책의 구성

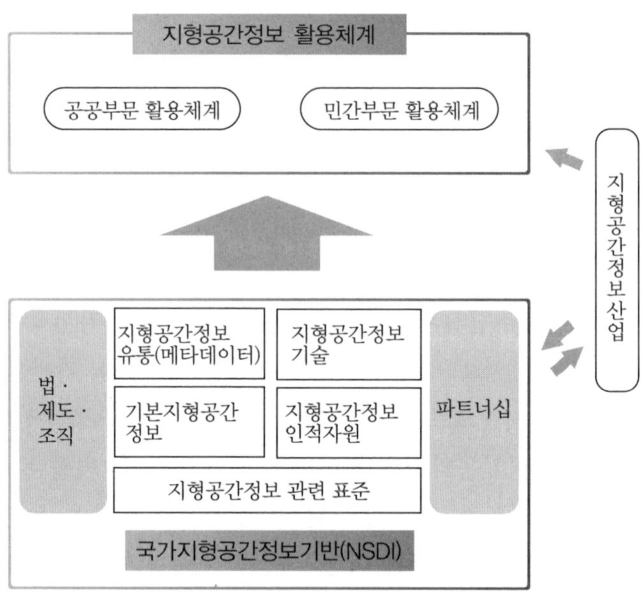

〈자료: 국토해양부, '제4차 국가지형공간정보정책 기본계획(2010~2015)', 2010〉

---

1) 정책은 국가기관이 당위성에 입각하여 사회문제의 해결 및 공익달성을 위한 정책의 목표와 수단에 대해서 공식적인 정치 · 행정적 과정을 거쳐 의도적으로 선택한 장래의 행동지침(박석복 · 이종렬, 2000)으로 정의됨.

간정보 관련 표준, 지형공간정보 유통(메타자료 포함), 지형공간정보 기술, 지형공간정보 인적자원, 파트너십, 법제도, 조직 등의 요소로 구성된 국가지형공간정보기반(NSDI)과 이를 활용하기 위한 공공 부문과 민간 부문의 활용체계 및 지형공간정보산업을 포괄하는 것을 말한다.

국가지형공간정보정책을 체계적이고 합리적으로 수행하기 위해서는 새로운 패러다임(paradigm)에 부합하는 방향을 설정할 필요가 있다. 새로운 국가지형공간정보정책의 방향 설정을 위해 새로운 분석틀인 ERRC(Eliminate, Reduce, Raise, Create)를 활용하였다. 첫째, 지금까지 관행처럼 추진된 요소 가운데 시대의 변화에 맞지 않아 제거해야 할 요소는 무엇인가? 둘째, 점차 그 기능과 역할 또는 중요도를 감소시켜야 할 요소는 무엇인가? 셋째, 미래의 발전을 위해서 증가시켜야 할 요소는 무엇인가? 넷째, 앞으로 새롭게 창조해야 할 요소는 무엇인가? 이러한 고민을 토대로 〈그림 9-2〉와 같은 국가지형공간정보정책 방향의 설정요소를 도출하였다.

〈그림 9-2〉와 같은 ERRC 방법론에 근거해 설정된 요소들을 토대로 향후 국가지형공간정보정책이 추구해야 할 기본방향을 결정하였다. 기본방향은 정보환경, 정보형태, 활용대상, 업무수행방식, 정보공개, 정보영역의 부문에서의 변화를 수용하는 방향으로 설정되었다. 수치(digital) 환경에서 유비쿼터

그림 9-2 정책방향의 설정요소

제 거	증 가
• 단방향 의사소통 • 배타적 추진 • 지형공간자료의 부정확성	• 민간/지자체의 역할과 기능 • 적극적인 업무처리 정보화 의지 • 구글과 같은 서비스 환경
감 소	**창 조**
• 공급자중심의 사고 • 중복투자 • 일방(하향)적 추진방식	• 지형공간정보의 부가가치(산업) • 지형공간정보의 융·복합적 활용 • 유비쿼터스 지형공간정보(u-GIS)

〈자료: 국토해양부, '제4차 국가지형공간정보정책 기본계획(2010~2015)', 2010〉

표 9-1 국가지형공간정보정책의 기본방향

구 분	현 재	향 후
정보환경	디지털	유비쿼터스
정보형태	2차원지형공간정보	3차원지형공간정보
활용대상	공급자(supply) 중심	사용자(demand) 중심
업무수행	독립적	협력적
정보제공	폐쇄적, 제한적 공개(보안)	개방적 · 공개
정보영역	개별분야	연계 · 통합

스(Ubiquitous) 환경에 부합하는 국가지형공간정보체계 구축이 필요하고, 2차원지형공간정보에서 이동객체에 적합한 3차원지형공간정보의 수요에 부응할 필요가 있다. 지자체, 산업체, 시민 등 사용자의 능력(power)과 기능이 커짐에 따라 공급자 중심에서 사용자 중심의 국가지형공간정보체계를 구축해야 한다. 중앙부처, 지자체, 민간의 협력체계 구축을 통한 국가지형공간정보정책이 추진되어야 한다. 폐쇄적이고 제한적인 정보공개에서 수요자 층에 맞는 맞춤형 지형공간정보의 개방적이고 비제한적인 지형공간정보 제공이 이루어져야 한다. 각 분야별/부처별 등으로 구분되어 구축 · 관리되었던 정보영역에서 활용성을 높이는 지형공간정보의 연계 · 통합이 필요하다(〈표 9-1〉 참조).

(2) 제4차 국가지형공간정보정책 기본계획의 기조

새로운 조직과 새로운 법률에 근거한 국가지형공간정보정책을 시행하기 위해 기존에 수행되던 '제 3 차 국가지리정보체계 기본계획(2006~2009)'에 이어 '제 4 차 국가지형공간정보정책 기본계획(2010~2015)'을 2010년 3월에 수립하였다.

제 4 차 국가지형공간정보정책 기본계획은 〈그림 9-3〉과 같이 '녹색성장을 위한 그린(GREEN)[2]지형공간정보사회 실현'이라는 비전을 설정하였다. 또한 '녹색성장의 기반이 되는 지형공간정보', '어디서나 누구라도 활용 가능

2) 그린(GREEN)이란 GR(GReen Growth), EE(Everywhere Everybody), N(New deal)의 약자를 결합한 것으로 GREEN의 의미를 구현할 수 있는 사회를 그린(GREEN) 지형공간정보사회라 함.

그림 9-3 제4차 국가지형공간정보정책 정책기조

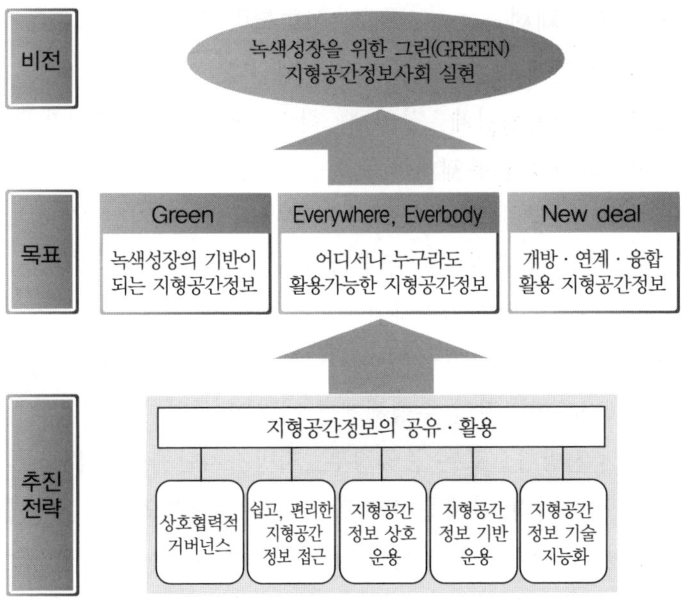

〈자료: 국토해양부, '제4차 국가지형공간정보정책 기본계획(2010~2015)', 2010〉

한 지형공간정보', '개방 · 연계 · 융합 활용 지형공간정보'의 3대 목표 및 '상호협력적 거버넌스[3]', '쉽고 편리한 지형공간정보접근', '지형공간정보 상호 운영', '지형공간정보기반 통합', '지형공간정보기술 지능화'의 5대 추진전략을 정책기조로 추진하고 있다.

3) '국가경영' 또는 '공공경영'이라고도 번역되며, 최근에는 행정을 '거버넌스'의 개념으로 보는 견해가 확산되어 가고 있다. 거버넌스의 개념은 신공공관리론에서 중요시되는 개념으로서 국가 · 정부의 통치기구 등의 조직체를 가리키는 'government'와 구별된다. 즉, 'governance'는 지역사회에서부터 국제사회에 이르기까지 여러 공공조직에 의한 행정서비스 공급체계의 복합적 기능에 중점을 두는 포괄적인 개념으로 파악될 수 있으며, 통치 · 지배라는 의미보다는 경영의 뉘앙스가 강하다. 거버넌스는 정부 · 준정부를 비롯하여 반관반민 · 비영리 · 자원봉사 등의 조직이 수행하는 공공활동, 즉 공공서비스의 공급체계를 구성하는 다원적 조직체계 내지 조직 네트워크의 상호작용 패턴으로서 인간의 집단적 활동으로 파악할 수 있다.

(3) 국가지형공간정보정책의 추진전략

① 일방적 지시체제(goverment)에서 상호협력체제(governance)로

상호협력적 측면에서는 지형공간정보 생산자, 사용자, 서비스 제공자 그리고 중앙정부, 지방자치단체, 산업체, 학술기관 등 이해관계자가 참여하는 협력적인 지형공간정보 운용체계의 구축을 목표로 하였다.

국가차원에서 다양한 정보를 함께 공유하기 위해 지형공간정보인프라가 구축될 것이며, 이를 효율적으로 구축하기 위해 이해관계자가 모두 참여하는 추진체계가 필요하다. 향후 지방자치단체의 역할과 기능 확대, 지형공간정보 산업 성장에 따라 중앙정부와 지방자치단체 그리고 산업체, 학술기관 간에 수평적 · 수직적으로 합리적인 수행체계를 갖추어야 한다.

이를 위한 추진방향으로는 중앙정부, 지방자치단체, 산업체, 학술기관이 함께 참여하여 공동협력 관계를 유지할 수 있는 운영조직을 구축할 예정이다. 실무적인 협력방안으로 다양한 워킹그룹(working group) 등을 구성하여 운용하고, 지형공간정보를 공유하고 활용하는 데 장애가 되는 요소를 파악하고, 이를 제거하는 제도적 장치를 마련한다.

정보의 공유가 가능한 의사소통체계를 구축하고, 중앙정부와 지방자치단체 간의 상생협력을 위하여 광역자치단체, 기초자치단체의 기능과 역할도 정립할 예정이다.

② 공급자 중심에서 수요자 중심의 쉽고 편리한 지형공간정보 접근으로

사용자가 언제, 어디서나 지형공간정보를 쉽고 편리하게 접근 · 활용하는 것을 목표로 한다.

모든 사용자가 필요로 하는 지형공간정보를 언제 어디서나 쉽게 접근하여 활용하는 것이 국가지형공간정보기반의 지향점이며, 지금까지 공급자 중심의 "유통"은 사용자 중심의 "접근"의 개념으로 개선될 필요가 있다. 중앙부처가 주도적으로 자료를 수집 · 공급하고 있으나 지방자치단체 등 자료 생산 · 보유자가 적극 참여하지 않음에 따라 활용실적이 낮게 나타나고 있다.

이를 해결하기 위한 추진방향은 지형공간정보를 생산 · 관리하고 있는

기관과 개인들이 정보공유의 필요성을 인식하고 자발적으로 참여할 수 있는 운영체계를 구축하고, 필요한 경우 관계 중앙부처와 지방자치단체가 함께 자료를 모으고 공유할 수 있는 방안(법제화 등)을 공동으로 추진하는 것이다. 공공부문과 민간부문이 생산·관리하고 있는 지형공간정보를 서로 제공·공유·활용할 수 있는 개방적 지형공간정보 접근방안을 모색하고, 사용자가 자료의 특성과 내용을 용이하게 파악할 수 있도록 자료의 생산과 함께 자료설명서(meta data)의 작성을 의무화한다. 사용자들이 지형공간정보와 서비스에 용이하게 접근할 수 있는 활용기술을 개발 및 지원하고, 지형공간정보의 접근에 어려움을 초래하는 규제 및 행정적 장애를 최소화할 수 있는 일관된 정책과 모범적인 실행절차를 마련한다.

사용자들이 자료 이용의 필요성에 대하여 이해할 수 있는 소통 체제를 구축하고, 사용자의 편의를 위해 국가차원에서 지형공간정보 목록을 작성하고, 사용자가 피드백할 수 있는 체계를 개발하며, 지형공간정보 및 서비스의 접근성 향상을 위한 지형공간정보통합포털로 발전시킨다.

③ 개별적 운용에서 지형공간정보 상호운용으로

국가지형공간정보 상호운용성(표준)을 확보하여 지형공간정보의 공유결합을 위한 적시성(適時性) 확보 및 첨단 기술 적용을 가능하게 하여 기술적 가치가 증대될 수 있도록 한다.

제1·2·3차 국가GIS사업을 통해서 구축된 자료와 응용체계의 연계에 대한 요구가 증가하고 있으며, ITS, U-City, 전자정부 등 타부처 정보화 산출물과 지형공간정보 연계를 통한 효율성이 증대되고 있다.

또한 지형공간정보와 첨단기술을 결합시키는 융·복합 지형공간정보 표준의 중요성이 증대되어 모바일 위치기술과 차량 제어기술의 결합, 지형공간 마이닝 기술과 로봇기술의 결합, 건설기술과 지형공간정보기술의 결합 등이 이루어지고 있다. '세계 로봇시장 규모'는 2013년 300억 달러,[4] 초고층 빌딩시장 규모 약 40조 원으로 전망[5]된다.

---

4) 교육과학기술부 외, 2009, 제1차 지능형로봇 기본계획, p.4.
5) 국토해양부, 2008년도 국가GIS지원연구—국가GIS표준체계확립 및 표준관리, p.33.

GIS표준을 시장확보 및 시장선점을 위한 전략적 도구로서 활용하는 추세이다. 웹 기술 등장 이후 특정기관이 국제표준을 주도적으로 독점 개발하는 사례가 증가하고 있다. ESRI사에서 ISO 자료설명서(meta data) 표준을 개발하고, 유럽 Spacebel사가 소형인공위성시장을 겨냥한 해결책(solution)인 프로바(Proba)와 연계된 OGC표준을 개발하는 등 다수 사례가 조사되었다.

향후 지형공간정보참조체계 부여 및 지형공간정보 사업간 상호운용성의 시험 · 인증체계를 상시 운영함으로써 사업간 연계를 보장하고, 실무적으로 사용할 수 있는 국가지형공간정보 표준을 개발한다. 또한 지형공간정보 표준과 첨단 기술 결합을 통한 융 · 복합 표준개발 및 기술 지적재산권과 결합한 전략적 국제표준을 개발함으로써 국제 · 지역 표준협력체계 확대를 통한 국내 지형공간정보기술의 해외 시장진출 장벽을 해소하고, 지형공간정보 표준 기초역량을 강화하여 다각적으로 활용한다.

④ 분산형에서 지형공간정보기반 통합으로

다양한 지형공간정보의 원활한 통합 · 활용을 통해 사용자가 문제를 보다 효과적으로 해결할 수 있는 능력을 제고하는 것을 목표로 한다.

상호운용성과 마찬가지로 자료의 통합능력은 지형공간정보의 활용성을 높이는 매우 중요한 요소이며, 다양한 자료의 실질적인 가치는 유관한 자료셋을 서로 통합하여 지형공간분석의 효율성을 높이는 데 있다.

향후 추진방향은 우선순위가 높고 사용자의 필요성에 부합하는 기본지형공간정보 셋을 개발하고, 이를 활용하도록 함으로써 지형공간정보의 통합성을 확보한다. 국가기본지형공간정보 셋의 공유 및 활용을 용이하게 하는 공통 분류체계, 지형공간적 참조 및 표준 목록, 자료 모형 등을 개발하고 이를 지속적으로 개선한다. 지형공간정보 생산에 대한 표준과 기준을 제시하고, 이를 준수하도록 함으로써 지형공간정보의 통합성을 확보한다. 지형공간정보 통합의 장애요인을 파악하고, 이를 해소할 수 있는 기술적 행정적 방안을 모색하며, 유비쿼터스시대를 선도하기 위한 핵심지형공간정보를 구축한다.

◆ 개별 · 폐쇄적 활용기술 중심에서 지형공간정보기술 지능화로

센서기술, 연결망 기술 등 지능화 관련기술과 결합한 지형공간정보를 생

산 · 활용함으로써 유비쿼터스 정보환경에 능동적으로 대응하는 것을 목표로 한다.

전파식별(RFID: Radio Frequency IDentification), 센서, 센서네트워크 등 스스로 인식하고 능동적으로 자료를 수집하는 유비쿼터스 관련기술이 발전함에 따라 지형공간정보도 점차 지능화 추세로 진화하고 있다. 또한 U-City 등 첨단정보도시 건설이 본격화됨에 따라 지형공간정보의 지능화에 대한 수요도 점차 커지고 있으며, 로봇산업이 활성화되고, 각종 모바일 장비에 위치인식 기능이 부착됨에 따라 능동적인 지형공간정보의 수요가 늘어나고 있다.

향후 추진방향은 지형공간정보와 유비쿼터스 관련기술을 연계하는 R&D 사업을 지속적으로 추진하여 지형공간정보의 지능화를 세계적으로 선도하며, 지능형 지형공간정보의 유용성을 실험할 수 있는 검정장(test bed)을 설치하고 실험과 검증을 실시한다. 지능형 지형공간정보를 활용하는 실험프로젝트를 수행하고, 활용의 범용화를 모색하며, 지형공간정보 지능화의 기반이 되는 3차원 지형공간정보, 실내위치관측, 시간개념을 포함하는 자료기반(DB) 등에 대한 지속적인 연구개발을 추진한다.

(4) 지형공간정보산업 진흥

세계적으로 지형공간정보 서비스가 빠르게 발전되고 확산됨에 따라 지형공간정보산업을 육성하려는 선진국의 움직임이 활발한 가운데 우리나라도 지형공간정보산업진흥법을 2009년 2월에 제정하였다. 우리나라의 지형공간정보산업을 육성하기 위해 정부의 다양한 시책을 제시할 필요가 있으며, 한국의 지형공간정보산업을 국가성장동력산업으로 자리매김할 수 있도록 하기 위해 지형공간정보산업 진흥 기본계획을 별도로 수립하였다.

① 변화전망

세계 지형공간정보산업의 규모는 급속하게 팽창 중이며 특히, 2000년대 초부터 시작된 지형공간정보 응용기술들의 본격적인 활용과 산업간 융 · 복합 등 지형공간정보 활용범위가 지속적으로 확산되고 있어 그 성장세가 폭발적으로 증가하고 있다.

또한 지형공간정보산업의 급격한 성장과 변화에 기업들의 신속한 대응이 이루어짐에 따라 고도화된 IT기술에 지형공간정보가 결합된 신기술 배양에 중점을 두고 있다. 또한 지형공간정보의 활용으로 새로운 수익모형 창출과 소비자의 다양한 요구충족을 위해 기업 간 기업의 인수합병(M&A)을 추진하여 기술과 서비스의 융·복합 활성화를 추진하고 있다. 구글, MS 등 대형 포털 및 IT기업의 지형공간정보산업으로의 진출과 영향력 확대를 위한 노력이 지속되고 있다.

각국 정부는 지형공간정보산업을 위한 정책, 제도, 예산지원 등을 통해 지형공간정보산업 활성화에 대한 지원을 강화하고 있다.

② 목표 및 추진전략

지형공간정보산업진흥 기본계획(2010~2015)은 지형공간정보산업 성장기반 조성 및 국가성장 동력 산업화라는 목표를 설정하였다. 추진전략으로는 공공부문의 선도적 활용으로 시장 조기 창출, 지형공간정보 유통·공유 촉진 및 규제완화로 민간주도 산업발전 유도, 튼튼한 산업기반 조성을 통한 지속적 고도성장 실현을 설정하였다.

위의 목표와 추진전략을 달성하기 위한 추진과제로는 첫째, 지형공간정보산업 수요기반 확충이다. 이를 위해 선도적 수요 발굴 및 인식 제고, 지형공간정보 시범사업 실시, 지형공간정보 서비스 확산 등의 세부과제를 도출하였다.

둘째, 지형공간정보의 원활한 생산, 유통, 공유 촉진이다. 이를 위해 공공 지형공간정보의 제공 및 유통 확대, 민간 지형공간정보 생산·유통 활성화, 지형공간정보의 생산·유통 활성화를 위한 제도개선 등의 세부과제를 도출하였다.

셋째, 지형공간정보산업 성장기반 구축이다. 이를 위해 품질인증 및 표준화 체계 확립, 종합적인 산업지원체계 구축, 건전한 산업생태계 조성 등의 세부과제를 도출하였다.

넷째, 기술개발 및 국제경쟁력 강화이다. 이를 위해 기술경쟁력 제고, 전문인력 양성, 국제협력 및 해외진출 지원 등의 세부과제를 도출하였다.

(5) 국가지형공간정보체계의 시책방향

① 계획수립 여건 및 환경

정보환경을 수치적(digital)에서 Ubiquitous로 정보형태는 1차원 및 정적(static)인 정보를 3차원 및 동적(dynamic)인 정보로 할 것이다. 활용대상은 공급자(supply) 중심에서 사용자(demand) 중심으로 한다. 업무수행은 독립적인 체제에서 협력적인 체제로 전환하며 정보제공은 폐쇄적이며 제한적 공개(보안)가 아닌 개방적인 공개로 유도할 것이다. 또한 정보영역은 개별분야에서 연계 및 통합분야로 발전시킬 계획이다.

② 정책기조의 추진방향

녹색성장을 위한 그린(green)지형공간정보사회의 실현을 위하여 첫째, 녹색성장(green growth)기반이 되는 지형공간정보, 둘째, 언제 어디서나 누구(every where & every body)라도 활용 가능한 지형공간정보로, 셋째, 새로운 개발 연계 융합활용(new deal)을 할 수 있는 지형공간정보를 확보하는 것이다.

③ 추진전략

지형공간정보의 공유 및 활용을 위하여 상호 협력적 환경을 조성하고 쉽고 편리한 지형공간정보접근을 유도하며 지형공간정보 상호운용, 지형공간정보의 기반통합 및 기술의 지능화를 도모하는 추진전략을 실행한다.

④ 국가지형공간정보정책의 구성

국가지형공간정보기반과 이를 활용하기 위한 공공부분과 민간부분의 활용체계를 구성하여 관련법, 제도 및 조직과 관련된 표준화체계를 확립하고 종합적인 산업지원체계 구축 및 건전한 산업생태계 조성을 위하여 기술경쟁력 제고, 전문인력양성, 기술개발, 국제협력 및 해외진출의 적극적 지원을 통해 국제경쟁력 강화에 최선을 다한다.

⑤ 미래 지형공간정보사회의 모습

2000년 이후 휴대전화기(mobile phone) 등장과 밀레니엄버그(컴퓨터 소프트웨어가 잘못 인식하는 오류; millennium bug) 등으로 인해 국가정보보안기술 개발에 대한 수요가 요구되었으며, 기 구축한 자료기반을 기반으로 응용체계 및 국가지형공간정보유통망이 구축되었다.

2005년부터 Web2.0, UCC(User Created Contents)의 활성화와 지형공간정보를 활용한 항법(navigation, 길도우미)의 사용자 확대와 전파식별(RFID), USN(Ubiquitous Sensor Network) 등 유비쿼터스 사회로의 진입을 위한 지능형 기술개발이 진행되고 있다.

향후 지형공간정보를 자유자재로 활용하는 사회가 도래할 것이다. 이를 위해서는 수요자 중심의 지형공간정보 맞춤형 서비스를 위한 다각화된 지형공간정보의 제공과 효율적 관리가 가능한 지형공간정보의 연계 · 통합 · 활용이 이루어져야 한다. 또한 저탄소 녹색성장의 기반인 정밀한 실내외 지형공간정보 생산을 통해서 지형공간정보를 활용한 U-City 등 다양한 활용분야에 적용될 것이다.

사물이 지능화됨에 따라 현실지형공간과 가상지형공간의 상호작용이 이

그림 9-4 1995년부터 2020년까지 지형공간정보 관련 주요이슈

	기반조성	활용확산	연계통합	의사결정지원	지능형 공간
지형공간정보 관련 추진업무	◈ 도면전산화 – 지형도, 공통주제도, 지하시설물도 및 지적도 등 수치지도화 ◈ 정보화 근로사업을 통한 인력양성	◈ 자료기반 유통 및 응용체계 구축 ◈ 국가지형공간정보유통망 구축 – 총 139억 약 70만건 유통	◈ 자료기반과 응용체계의 연계 · 통합 ◈ KOPSS, UPIS, 3차원 국토지형공간정보 등 연계 및 활용	◈ 수요자 중심의 지형공간정보 맞춤형 서비스 ◈ 실내외 지형공간정보 구축 및 제공	◈ 물리지형공간과 가상지형공간의 상호작용 ◈ 고정밀 지형공간정보적용분야 도출
산업·기술적 이슈	Modem IPv4 Homepage E-mail Pager → City phone	Web portal PDA LAN, WAN T1, Cable Mobile Phone	Web 2.0, Blog Smart Phone Wireless, Fiberglass CNS, PNS, ITS, GPS Google map/Earth Cyber world, Convergence RFID, USN	Twitter Wearable computing Intelligent CNS, D-GPS Mirror world, Metaverse Second Life Space Intelligence Social Network, U-City	Semantic web Invisible Devices Calm technology Grid computing Cloud computing Disposable computing Robot
			Our GIS Professional GIS	MY GIS Geospatial Web	
사회·문화적 이슈	대구 지하철 가스폭발 삼풍백화점·성수대교 붕괴 지방자치 시대 개막 IMF	세계무역센터 테러 밀레니엄버그 보안기술개발	UCC 휴대폰(인터넷) 원스톱, 홈뱅킹 온라인 민원 업무	국경 없는 새로운 지역사회 형성 친환경 지속가능 녹색 도시공간	가상현실의 디지털 정체성 시·공간 개념의 변화 재난·재해·범죄에 대처한 능동형 안전망
	1995	2000	2005	2010	2015–2020

〈자료: 국토해양부, '제4차 국가지형공간정보정책 기본계획(2010~2015)', 2010〉

루어지면서 개인별 지형공간정보 자동갱신이 가능해질 것이며, 고정밀 지형공간정보를 탑재한 로봇이 다양한 분야에서 활동할 것이다. 한반도뿐만 아니라 전 세계의 지형공간정보 활용이 가능해짐에 따라 글로벌 지형공간정보의 공유와 활용이 대세를 이루게 될 것이다. 또한 재난 · 재해 · 범죄 등에 대처한 사회적 안전망이 보다 세밀하게 구성되어 최근에 자주 발생하고 있는 사건 · 사고의 발생빈도가 상당히 줄어들게 될 것이다.

⑥ 향후 발전방안

국가지형공간정보정책과 관련된 사업을 추진함에 있어 많은 분야와의 결합을 통한 컨버전스[6]가 이루어질 것이다. 국민생활을 편리하게 하는 교통, 보건 · 의료 · 복지, 환경, 방범 · 방재, 시설물관리, 교육, 문화 · 관광 · 스포츠, 물류서비스 등 다양한 분야에 활용될 수 있는 정보 및 정보체계가 국가지형공간정보정책에 의해 제시될 것이다. 이를 토대로 우리 국민들은 보다 더 편리하고 쾌적한 생활을 누릴 수 있으며, 우리의 도시들은 지능형(smart)이고 지속 가능한 미래 도시로 성장해 나갈 것이다.

언제 어디서나 인터넷을 통해 원하는 지형공간정보를 쉽게 취득하고 활용할 수 있는 '지형공간정보사회'가 실현될 것이다. 이러한 지형공간정보사회는 앞으로 10년 후의 우리생활을 지형공간과 관련된 모든 사항을 의식하지 않아도 활용할 수 있는 사람과 지형공간이 완벽하게 결합된 형태로 변화시킬 것이라고 생각된다.

이러한 변화를 유도하는 방향성을 제시하는 것이 바로 제 4 차 국가지형공간정보정책 기본계획이며, 이 기본계획에 근거하여 내용들이 추진됨으로써 우리 생활에 많은 변화가 이루어질 것이다.

6) 여러 기술이나 성능이 하나로 융합되거나 합쳐지는 일

제5절 지형공간정보체계의 자료구성요소

지형공간정보체계의 자료기반(資料基盤: DB, Database)을 효율적으로 형성하기 위해서 많은 종류의 자료를 필요로 하나 크게 자료구조를 지형공간자료의 기본인 특성자료와 위치자료로 구분하여 처리하고 있다. 특성자료(特性資料: descriptive data)는 도형 및 속성자료(圖形 및 屬性資料: graphic & attribute data)와 영상 및 속성자료(映像 및 屬性資料: image & attribute data)로 세분된다. 위치자료(位置資料: positional data)는 절대위치자료(絕對位置資料: absolute positional data)와 상대위치자료(相對位置資料: relative positional data)로, 또는 절대위치 및 시간, 상대위치 및 시간으로 세분된다.

절대위치는 현실(現實) 또는 실제공간(實際空間, reality space)이나 측지학적 공간(測地學的空間, geodetic space)에서의 위치이고 상대위치는 모형공간(模形空間, model space)이나 가상공간(假想空間, virtual space)에서의 위치이다.

위치에는 1차원, 2차원, 3차원 위치로 분류할 수 있다.

1차원 위치는 거리(距離, distance)와 고도(高度, height)가 있다. 고도는 일반적인 높이와 측지학적 높이(測地學的, geodetic height)로 평균해수면(平均海水面, MSL-Mean Sea Level)으로부터의 고도인 표고(標高, elevation, Z)가 있다.

2차원 위치는 일반적인 직교좌표상에서의 수평위치(水平位置, plane

그림 9-5 지형공간정보체계를 표현하는 구성체계

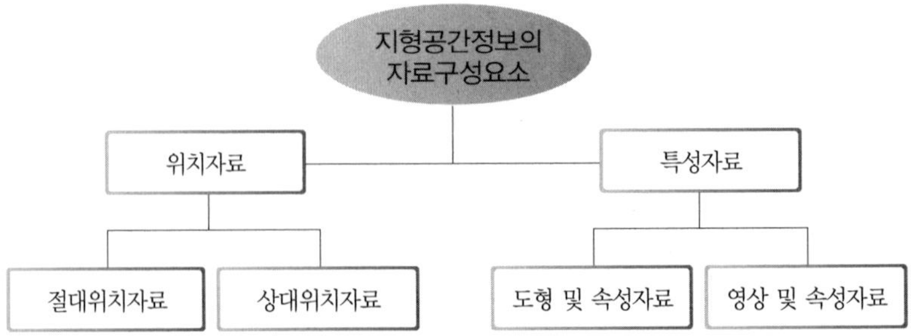

position, x, y)와 측지학상의 직교좌표에서 수평위치인 경도(經度: longitude-λ or Länge-L)와 위도(緯度: latitude-ψ or Breite-B)가 있다.

3차원 위치는 일반적인 직교좌표상의 수평 및 수직(垂直)위치인 x, y, z와 측지학상의 경도, 위도 및 표고인 λ, ψ, z가 있다.

영상자료(映像資料: image data)는 일반필름에 의한 영상면(지상 또는 항공카메라 영상, X-ray 영상 등), 스캐닝(scanning)체계(인공위성, 레이저, 레이더 등)에 의한 영상, 비디오 및 각종 영상 취득 장치에 의한 영상이 있다.

도형자료(圖形資料, graphic data)는 대상의 형상을 가시화한 것으로 도면(계획 및 설계도면, 구조물도면, 각종 대상의 도면), 지형도, 지도 등이 있다.

속성자료(屬性資料, attribute data)는 대상물의 자연, 인문, 사회, 행정, 경제, 환경 등에 관한 특징을 나타내는 자료로서 지형공간정보 분석이 가능하도록 문자나 숫자로 되어 있다.

정보의 생활화를 위한 정보체계의 정량화 과정에서 정보체계 구성요소 취득이 가장 중요한 몫이다. 여기서 위치자료와 도형자료는 측량학의 고유업무이며 영상자료 또한 일부 신호처리 이외는 영상측량에서 다루어지고 있으므로 정보체계를 표현하는 구성요소 취득의 대부분이 측량을 통하여 이루어지고 있다.

제6절 지형공간정보의 자료처리체계

지형공간정보체계의 자료처리체계는 자료입력, 자료처리, 출력의 3단계로 구분할 수 있으며, 보다 세부적으로는 ① 부호화, ② 자료입력, ③ 자료정비, ④ 조작처리, ⑤ 출력의 다섯 단계로 구분할 수 있다.

(1) 자료입력(data input)

자료입력 과정은 지형공간자료인 위치자료, 도형자료, 영상자료 및 특성자료에 따라 방법이 다르지만 주로 키보드로 입력되는 특성자료를 제외하고는 기존의 자료 활용측면과 새로운 자료취득 측면으로 나눌 수 있다. 기존의 자료활용 측면에서 가장 많이 이용되는 것이 지도의 디지타이징과 스캐닝이며, 이는 반자동방식(디지타이저), 자동방식(스캐너)으로 구분된다. 점, 선, 면

그림 9-6 자료처리체계

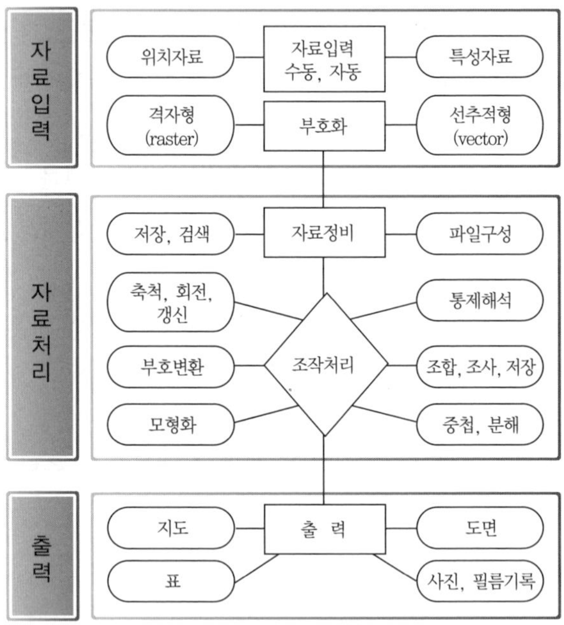

그림 9-7 부호화

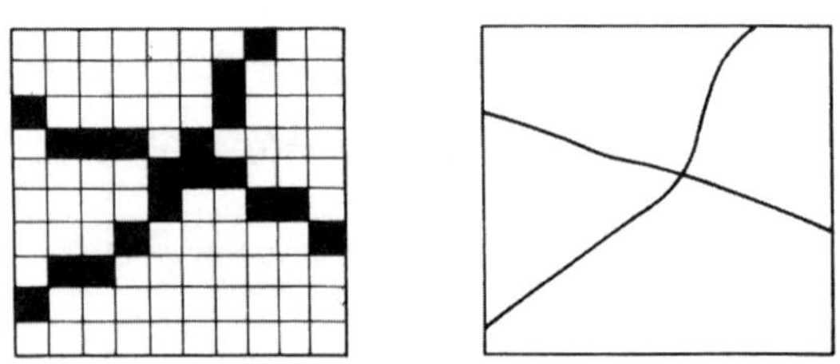

(a) 격자형 (b) 선추적형

또는 다각형 등에 포함된 지형공간적 변량을 부호화하는 데는 ① 격자형 방식(raster 방식)과 ② 선추적방식(vecter 방식)의 두 가지가 사용된다.

(2) 자료처리(data processing)

① 자료정비

자료의 방대함과 다양함 또는 응용범위의 광대함에 비추어서 자료관리 과정은 지형공간정보체계의 효율적 작업의 성공 여부에 매우 중요한 것이다. 자료유지관리는 모든 자료의 등록, 저장, 재생 및 유지에 관한 일련의 프로그램으로 구성된다.

② 자료처리

지형공간정보체계의 자료처리에는 표면분석과 중첩분석의 두 가지 자동분석이 가능하다. 표면분석은 하나의 자료층 상에 있는 변량들 간의 관계분석에 적용하며, 중첩분석은 둘 이상의 자료층에 있는 변량들 간의 관계분석에 적용된다.

중첩에 의한 정량적 분석은 각각의 정성적 변량에 관한 수치지표를 부여하여 수행되며, 변량들의 상대적 중요도에 따라 경중률을 부가함으로써 보다 정밀한 중첩분석을 행할 수 있다.

정량적 해석과 경중률 부여기법에 의한 자료은행(data bank)은 두 가지 형태의 예측모형에 이용될 수 있다. 예를 들어서 평가모형은 산불 가능성, 지하수 오염, 교통체계 등의 환경특성평가에 적용될 수 있으며, 배치모형은 도시개발, 교통노선, 관개농경개발 등의 특정한 토지이용에 가장 적합한 지역결정에 적용될 수 있다.

③ 출 력

지형공간정보체계는 도면이나 도표의 형태로 검색 및 출력할 수 있다. 대부분의 체계에서는 인쇄도면, 그림, 표 및 지도 등을 여러 가지 형태와 크기로 제작할 수 있으며, 관측 및 감시영상면(monitor screen)을 통해서 자료기반의 한 구역 또는 다중 자료기반에 관한 도형 및 도형정보를 표시해 볼 수 있다.

제7절 지형공간정보체계의 자료 기반의 발전 동향

(1) 자료의 형태와 자료기반

① 자료의 형태

지형공간정보의 자료설명서(meta data)는 지형공간정보에 대한 내용, 품질, 용도, 판매가격, 조건 및 기타 특성 등의 상세한 정보를 사전에 제공함으로써 사용자의 요구에 맞는 정보의 접근을 용이하게 하는 자료설명서이다.

메타자료의 핵심요소는 자료품질정보, 지형공간자료 구성정보, 지형공간참조정보, 실체 및 특성정보, 배포정보, 자료설명서 참조정보가 있다. 메타자료의 생성은 내부미디어(intra-media)나 미디어 내간(inter-media) 정보를 근거로 한다. 내부미디어 자료설명서는 미디어 내부의 정보를 설명한다. 반면에 미디어내간 자료설명서는 여러 개의 미디어와 그들 간의 관계에 대한 설명을 다룬다. 추출 함수의 종류에 따라서 내용-종속 자료설명서(content-dependent metadata), 내용-특성 자료설명서(content-descriptive metadata), 내용-독립 자료설명서(content-independent metadata)로 자료설명서를 분류할 수 있다. 자료설명서의 생성방법에 있어서 자료설명서는 미디어 개체에 추출 함수를 적용함으로써 생성된다. 자료설명서를 추출하기 위해서 미디어 종속(media dependent), 미디어 독립(media independent), 메타상관관계(meta correlations)가 사용된다.

② 자료기반관리체계의 변천

가) 관계형 자료기반관리체계(RDBMS: Relational Data Base Management System)

RDBMS는 관계형 자료기반을 만들거나, 수정하고 관리할 수 있게 해주는 정보체계이다. 또한, 2차원의 행과 열로서 자료를 조직하고 접근하는 자료기반 체계로서 전형적으로 관계되는 정보들을 구조화 질의 언어를 이용하여 접근되도록 한다. 또한 다른 파일들로부터 자료 항목을 다시 결합할 수 있고 자료 이용에 효율적인 체계를 제공한다. RDBMS는 사용자가 입력하거나, 또는 응용프로그램 내에 포함된 SQL 문장을 이용하여 자료기반의 생성,

수정 및 검색 등의 서비스를 제공한다. 잘 알려진 RDBMS로는 마이크로소프트의 액세스, 오라클의 오라클11g, Ardent의 UniData 등이 있다.

RDBMS는 기업이 다양하게 변하는 업무 형태와 요구에 대해 빠른 대응을 위해서 개발되었다. 자료기반에서 가장 중요한 것은 자료기반 설계이다. 일반적으로 자료기반 설계를 하는데 전체 개발기간의 70% 이상을 소요하고 특히 실행과 밀접한 관계가 있다. RDBMS 설계에서 가장 중요한 것은 자료의 중복성을 제거하는 것이다.

나) 객체지향 자료기반관리체계(OO-DBMS: Object Oriented Data Base Management System)

객체지향 자료모형을 사용하여 자료기반에 표현되어 있는 대량의 자료를 보관, 관리하고 실세계를 표현, 모형화하는 체계를 의미한다. 사용자로부터 자료처리 요청을 받아 자료기반에 접근하여 작업을 수행하며 프로그램 내에서 처리절차보다는 조작의 대상이 되는 자료의 기능과 의미를 중요시하여 취급하는 사고방식을 말하며 이 개념을 사용하면 소프트웨어가 보다 사용자 중심이 되어 사용하기 편리하다.

다) 객체관계형 자료기반관리체계(OR-DBMS: Object Relational Data Base Management System)

관계형 DBMS 기술과 객체 DBMS 기술의 결합을 사용자가 자료 형식과 완성된 프로그램(routine: 자료 형식을 처리하기 위한 저장 프로시저와 기능) 그리고 자신만의 접근 방법(access method)을 정의해서 자료 형식을 효율적으로 저장하고 접근이 가능하도록 되어 있다.

라) 멀티미디어 자료기반관리체계(M-DBMS: Multimedia Data Base Management System)

여러 명의 사용자가 동시에 대용량의 멀티미디어 자료기반을 구축, 검색, 삽입 · 삭제 · 갱신 등의 편집과 관리(보완, 회복 등)할 수 있게 하는 것이 소프트웨어 체계이다. 또한 멀티미디어 DBMS는 각 자료형태에 속한 모든 자료를 자료 형식에 독립적으로 다룰 수 있다. M-DBMS는 기존의 DBMS 기능에 내용 검색체계 기능, 대용량 저장 체계 지원, 인터넷 지원 등의 기능을 향상시킨 체계이다.

(2) 자료운용 기술의 발전동향

지형공간정보체계의 활용범위가 다양해지고 광역화되어감에 따라 지형공간정보의 자료가 다음과 같이 운용되고 있다.

① 개방형 GIS(OpenGIS)

OpenGIS는 GIS구축환경이 점점 다양하고 복잡해짐으로써 지형공간정보자료 공유의 필요성이 대두됨에 따라, GIS 소프트웨어들 간의 공통표준으로서, 사용자들의 자신이 가지고 있는 다양한 형태의 저장자료에 대한 사용자의 접근 및 자료 처리 기능을 제공할 수 있는 지형공간정보 체계이다. openGIS를 실현하기 위한 상호가동성(interoperability)은 복잡하고 다양한 자료원과 자료형태를 지니고 있는 지형공간정보체계 관련분야를 효율적이고 경제적인 자료처리가 가능하도록 한다.

② 기업형 GIS(Enterprise GIS)

Enterprise GIS는 분산되어 사용되고 있는 각 부서의 지형공간정보를 자료기반 관리기술과 사용자/서버(client/server) 기술로 통합관리하는 GIS, 즉 기업형 GIS를 의미하고, 경영정보체계(MIS: Management Information System)와 GIS 체계를 통합하여 공동자료기반을 이용하는 것을 말한다. 이러한 기술이 가장 활발하게 운영되고 있는 예로는 은행, 대리점을 가진 업체 등을 들 수 있다.

③ 컴포넌트 GIS(Component GIS)

컴포넌트 GIS란 정의된 인터페이스를 통해 특정서비스를 제공할 수 있는 소프트웨어의 최소단위라 할 수 있다. 컴포넌트 GIS는 응용프로그램, 네트워크, 언어, 도구와 운영체제를 넘어 플러그 앤 플레이(plug and play)가 가능한 독립적인 객체이다. 특정 목적의 자료기반을 개발하거나 기존의 응용을 더욱 확장시킬 수 있는 컴포넌트(component)를 요구하는 추세에 따라 구성요소를 중요시하는 기술이 등장하면서 객체(object)기술이 OLD(Object Linking Embedding), COM(Component Object Model), DCOM(Distributed Component Object Model), CORBA(Common Object Request Broker Architecture) 등으로 발전되어 가고 있다. 컴포넌트(component)는 하드웨어, 소프트웨어, 언어, 생산자, 전산환경 등에 종속되지 않고 컴포넌트별 전문적 생산으로 개발비 및 유지비를 감소시키고, GIS의 주요 client/server 개발 도구의 통합 작업형태를 제공한다. componentGIS의 등장으로 기술의 범용화가 가능해졌고, 분산환경에 적합한 통합 작업형태를 제공하게 되었다. componentGIS는 GIS 정보를 확장시킬 수 있는 새로운 도구가 될 것이다.

④ 인터넷/웹 GIS

인터넷/웹 GIS는 인터넷의 기술을 GIS와 접목하여 지형공간정보의 입력, 수정, 조작, 분석, 출력 등 GIS자료와 서비스 제공이 인터넷 환경에서 가능하도록 구축된 것이다. internet GIS 구축과 관련 있는 표준 및 규약에는 openGIS, 하이퍼텍스트통신규약(HTTP: Hyper Text Transfer Protocol), JAVA, CORBA, Z39.50 등이 있고, internetGIS의 구현기법은 CGI(Common Gateway Interface), ActiveX컨트롤방식, JAVA 애플릿(applet: 작은 응용프로그램) 방식 등을 이용한다. 그리고 익스플로러(explorer)와 같은 브라우저(browser)를 이용하여 GIS자료를 볼 수 있도록 하는 것이다. 또한 인터넷/웹GIS는 대용량의 지형공간자료처리 및 GIS 애플리케이션 서버 요청과 web 서버 요청 사이의 트랜잭션 분산과 다중 사용자 처리가 중요하고 자료 근원(source) 접근을 효율적으로 분산시키므로 대량의 온라인 트랜잭션(transaction) 처리와 트랜잭선의 집중을 여러 대의 서버에 분산하는 데 적합하다.

⑤ 비즈니스 GIS(Business GIS)

비즈니스 GIS는 복잡한 분석을 필요로 하지 않고 단순히 주어진 자료를 쉽게 지도로 생성하여 사용자들이 직관적으로 그 공간적 분포를 이해할 수 있도록 도와주는 기능을 갖추고 있다. 비즈니스 GIS 제품에는 지형공간 연산 및 질의 등이 포함되지 않으며 업무에서 그 사용이 빈번하고 동작을 단순화시킬 수 있는 특징이 있다.

⑥ 데스크탑 GIS(Desktop GIS)

데스크탑(desktop) GIS란 전문적(professional) GIS 성능에는 미치지 못하지만 최근 그 성능면에서 급속히 발전하는 탁상 PC(데스크탑 PC)상에서 사용자들이 손쉽게 지형공간정보의 도면화와 지형공간분석을 수행할 수 있는 소프트웨어를 말한다. desktop GIS의 활용으로는 고객관리 및 분석, 입지선정 분석, 자연보호에 활용, 교통사고 위험지역 분석 등 다양한 지형공간분석이 이루어지고 있다.

⑦ 전문적 GIS(Professional GIS)

전문적 GIS는 각 분야의 전문성과 특정목적에 적용시킬 수 있는 GIS이다. 전문적 GIS에서는 특성자료를 RDBMS와 연동할 수 있으며 각 제품에 따른 다양한 지형공간자료모형으로 위상관계를 형성할 수 있는 기능을 제공한다. 또한 데스크탑(desktop)이나 워크스테이션 이상의 설치영역(platform)에서 운영되어 효율적인 지형공간분석 기능과 지도작성 기능을 제공한다.

⑧ 가상 GIS(Virtual GIS)

가상(virtual) GIS는 지형공간 세계를 3차원적인 가상공간으로 모형화하여 사용자로 하여금 고도의 현실감 속에서 가상 세계를 통해 각종 GIS 분석을 가능하게 해주는 정보체계를 말한다. 즉 2차원으로 입력되어 있는 지형공간자료를 실제와 같은 3차원의 지형공간자료로 보여주는 정보체계로 다양한 종류의 3차원 지상 및 지하 시설물을 모형화하고 분석 처리할 수 있는 기능을 제공한다.

⑨ 모바일 GIS(Mobile GIS)

모바일 GIS는 언제, 어느 장소에서나 지형공간정보에 기반을 둔 유무선 환경의 통신망을 통해 현재 위치 기반의 필요 정보를 제공할 수 있도록 구현된 GIS로써 위치기반 서비스, 전화와 컴퓨터를 결합한 정보서비스체계인 텔레매틱스(telematics), 지형공간정보기반 고객관계체계(g-CRM) 및 무선 판매관리시점(POS: Point of Sales)을 이용한 유통관리 체계 등의 현장 지원 체계에 활용되고 있다. 모바일 GIS 기술은 사용자의 요청에 의해 서버에서 보유한 위치정보 및 특성정보를 검색, 처리한 결과 값을 유/무선통신망을 통해 사용자가 원하는 클라이언트(client)에게 보내주는 것을 기본으로 하고 있으므로 웹 GIS의 개념에 이동통신망 등의 무선 통신망과 휴대용 단말기(PDA, Pocket PC, Cellular Phone 등)가 결합된 형태이다.

⑩ 비디오 GIS(Video GIS)

비디오 GIS(Video GIS: Video Geospatial Information System)란 비디오 영상을 기반으로 하여 직접 사용자와 상호작용이 가능하고 지형공간자료를 분석 · 가공하는 것으로 지형공간정보 자료가 실제로 어떠한 모습으로 존재하고 있는지에 대한 정보를 얻을 수 있는 체계다. 이러한 영상 정보를 통해서 사용자는 현실 세계와 컴퓨터상으로 표현되는 지형공간정보 자료의 관계성을 더 정확하고 빠르게 알아볼 수 있다. 비디오 GIS를 구축하기 위하여 요구되는 기술들을 비디오 자료 취득 및 위치관측을 위한 기술, 영상 처리 및 지형공간 객체 추출을 위한 기술, 연계정보 구축을 위한 기술 등이 있다. 텔레매틱스 기술과 연계하여 실시간으로 취득되는 영상정보와 항법자료를 기반으로, 운전자에게 현실감과 인지력, 편의를 제공할 수 있는 차량항법 기술 개발이 이루어져 가고 있다.

⑪ 위치기반서비스

가) 의 의

LBS(Location Based Services)란 위치기반(位置基盤)서비스로 필요한 장소, 필요한 시간에 위치기반 정보를 전달하는 응용분야로 정의할 수 있다. 위치기반 서비스는 이동식 사용자가 그들의 지리학적 위치, 소재 또는 알려진 존재에 대한 서비스를 받도록 하는 것[미국의 연방통신위원회(FCC: Federal Communications Committee)의 정의]으로 사용자는 이러한 서비스를 컴퓨터, 휴대폰, PDA(Personal Digital Assistant), 무선호출기 등의 장비를 이용하여 접근할 수 있다. LBS에서 사용자의 위치를 결정하는 방법으로는 크게 기존 이동통신 기지국망을 이용하는 방법과 GPS를 이용한 방법으로 구분되고 있다.

나) 위치 결정

(ㄱ) 기존의 이동통신망을 이용한 사용자의 위치 결정

AOA(Angle Of Arrival) 방식: 2개 이상의 기지국에서 단말기로부터 오는 신호의 방향을 관측하여 방위각을 이용한 단말기의 위치를 결정한다.

TOA(Time Of Arrival): 3개 이상의 기지국으로부터의 전파전달 시간을 이용하여 거리를 기반으로 위치를 결정한다.

(ㄴ) GPS 및 Galileo를 이용하여 사용자의 위치를 결정

(ㄷ) 이동객체자료기반(DBMS: Data Based Mobile System)를 이용하여 위치정보 취득

(ㄹ) Cell ID 방식

이용자가 속한 기지국의 서비스 셀ID를 통해 이용자의 위치를 결정한다.

다) 문제점

LBS의 그 활용성이 방대하고 많은 이점을 지니고 있지만 개인정보유출 및 사생활 보호, 무선광고 등의 범람에 관한 문제가 해결되어야 한다. 이러한 문제는 법적으로 규제가 되어야 하며 기술적 해결방안에는 통지, 동의, 보안 그리고 기술적 중립성 등이 반드시 포함되어야 한다.

라) 응용분야

지형공간정보를 활용한 유비쿼터스 시대의 가장 중요한 서비스로 위치기반서비스(LBS)가 주목을 받고 있다. LBS은 대부분의 통신 회사들이 자신들의 망 내에서 유선 또는 휴대전화 기반의 위치 추적 기술을 추구할 계획을 가지고 있다. 현재 LBS는 엔터테인먼트 위주로 '친구찾기'와 같은 형태로 발전하고 있으나 향후에는 사람뿐만 아니라 자동차나 화물, 물체의 위치정보를 바탕으로 다양한 부가 서비스를 제공하게 될 것으로 예상된다. 주로 항법장치, 응급수송, 고객의 위치를 이용한 광고 및 마케팅, 도난차량 회수 등에 사용되고 있다.

⑫ 지능형 교통체계

지능형 교통체계(ITS: Intelligent Transportation System)는 고도의 정보처리기술(전자, 제어, 통신 등)을 교통운용에 적용시킨 것으로 도로, 운전자, 차량, 신호체계, 대중교통 이용자들에게 매순간의 교통상황에 따른 적절한 대응책을 제시함으로써 원활한 교통소통과 교통시설의 효율적 운영, 운전자의 편의성과 안전성을 극대화하는 첨단의 도로교통체계이다. 지능형 교통체계의 구성으로는 첨단교통관리, 첨단교통정보, 첨단대중교통, 상용차량운행, 첨단차량제어체계로 크게 5개 분야로 구분할 수 있다.

가) **첨단교통관리체계**(ATMS: Advanced Traffic Management System)

도심 및 교통수요의 통제와 조정을 통하여 교통량을 노선별로 적절히 분

산시키고 지체시간을 줄여 도로의 효율성을 증대시키는 체계이다.

나) 첨단교통정보체계(ATIS: Advanced Traffic Information System)

차량 내외부 표시장치 및 단말기를 통하여 각종 교통정보를 제공하여 안전하고 쾌적한 이동을 지원하는 체계이다.

다) 첨단대중교통체계(APTS: Advanced Public Transportation System)

버스, 지하철, 다인승 차량 등 대중교통을 효율적으로 운행관리하며, 현재 도로상에서 운행되는 버스, 지하철 등의 위치를 식별하여 운행상태를 파악하는 등 대중교통 운영정보와 요금징수를 자동으로 관리할 수 있는 체계이다.

라) 상용차량운행체계(CVO: Commercial Vehicle Operations)

운행 중인 트럭, 택시, 버스 등 상업용 차량의 위치를 파악하고 고객과 화물을 효율적으로 연결시켜 빈 차량의 운행이나 교통지체를 줄이고 통행속도를 높여 운행비용을 절감시키기 위한 체계이다.

마) 첨단차량제어체계(AVCS: Advanced Vehicle Control System)

이 체계는 운전자의 운전행위를 도와주는 것으로 차량 내·외부에 송수신 장치를 장착하여 주행 중 차량간격, 차선위반여부, 속도 등의 안전운행에 관한 체계이다.

⑬ 유비쿼터스(Ubiquitous)

가) 의 의

유비쿼터스(Ubiquitous)는 라틴어 어원으로 '동시·도처에 존재하는(being or seeming to be everywhere at the same time), 편재(遍在)하는(omnipresent)' 등의 뜻 즉, 시간과 장소에 구애받지 않고 언제 어디에서나 원하는 정보에 접근할 수 있는 기술이나 환경을 의미하는 것으로 1988년 Xerox의 PARC(Palo Alto Research Center)의 Mark Weiser가 처음으로 주장하였다. 실세계의 각종 제품들과 환경 전반에 걸쳐 컴퓨터들이 존재하게 하되, 이들이 사용자에게는 컴퓨터로서의 겉모습을 드러내지 않도록 환경 내에 효과적으로 내재시키는 기술을 의미한다. 세분화시키면 물리공간을 지능화하는 유비쿼터스 컴퓨팅(ubiquitous computing)과 물리공간에 펼쳐진 각종 사물들을 언제(anytime), 어디서(anywhere, anyplace), 어떤 장치(anymedia)임에 구애받지 않고 망으로 연결하는 유비쿼터스 연결망(UN: Ubiquitous Network)으로 구분할 수 있다.

(ㄱ) 유비쿼터스 환경에서 정보를 교환하는 상대는 '사람과 사람' 중심에서 '사람과 기계'로 바뀌고 있으며, '기계와 기계' 간의 통신도 증가하고 있다.

(ㄴ) 유비쿼터스의 특징은 기기가 눈에 보이지 않아야 하고 유비쿼터스 망은 언제 어디서나 사용이 가능해야 하며, 반드시 망에 연결되어 있어야 한다.

(ㄷ) 유비쿼터스 정보기술을 활용한 차세대 전자정부의 서비스 모형은 빠른접속(fast), 상시접속(always on), 모든 곳(everywhere)에서 접속, 쉽고 편리한(easy & convenient) 이용, 온 · 오프라인 연계(on-off line connection), 지능화(intelligent) 그리고 자연스러운 사용(natural)이 가능한 서비스를 지향한다.

나) 기술의 문제점

(ㄱ) 모든 사물에 편재된 컴퓨터의 소유 및 설치 문제

- 소유자에 따라 설치, 컴퓨터의 목적 및 사양이 달라질 수 있음
- 유비쿼터스 환경은 오랜 시간에 걸쳐 광범위하게 진행되므로 시간에 따라 또는 지역에 따라 설치 체계가 달라질 수 있음

(ㄴ) 공공시설에 설치된 컴퓨터의 보안성 문제

- 현재로서는 공공시설로의 접근은 용이한 편으로 컴퓨터의 조작 가능성이 존재한다.
- 개인보안장치를 이용한 체계 접근도 공공시설의 접근지점(access point)에서는 보안성을 보장받지 못함 → 광범위하게 설치되는 컴퓨터에 대한 관리 및 법규 문제가 있다.

(ㄷ) 필요 시 사용할 수 있는 보편성 및 신뢰성 문제

- 언제, 어디서나 사용자가 원할 때 사용할 수 있기 위해서는 접근지점에 대한 보편성 및 신뢰성이 필수적이다.
- 사용자가 지금이라도 불편을 느낀다면 자신만의 정보기기를 휴대할 것이다(공중전화도 유비쿼터스의 한 형태로 생각할 수 있으며 사용자는 이를 외면하고 무선기기를 휴대함).

다) 활용분야

개인이 살기 좋은 최적의 상태를 유지하기 위해 주위에 산재한 '위험요소'를 제거하는 서비스로 노부모 모니터링, 필요한 지원을 제공하는 조직(병원, 경찰서, 의사, 공공건강센터, 관련 커뮤니티 등)과의 연결한다. 유비쿼터스를 활용한 전자정부 서비스는 다음과 같다.

(ㄱ) 조세부문

상품 스캔과 동시에 조세담당 행정기관에 정보가 전달되어 과세 및 세금 징수 등이 가능하다.

(ㄴ) 환경부문

부품이나 폐기물에 전파식별(RFID) 장착으로 재활용(recycle) 등을 효율적으로 관리 가능하다.

(ㄷ) 보건의료부문

복지를 위한 인적자원의 고갈문제와 새로운 서비스기대수준에 대응하는 서비스 제공이 가능하다.

(ㄹ) 교통부문

향상된 내비게이션 서비스가 가능하다.

(ㅁ) 방재 및 방범

산불, 홍수, 가뭄 등 자연재해 등을 자동 감지하여 대책 서비스 제공이 가능하다.

(ㅂ) 유지 · 보수 부문

수도, 전기, 가스 등의 공공시설에 대한 효과적인 보수로 인한 비용 절감이 가능하다. 향후 기술 발전 가능성과 발전 속도를 감안할 때, 신기술인 유비쿼터스 정보기술이 공공 서비스에 이식되어 서비스 제공 방식과 서비스의 파급효과를 혁신적으로 변화시킬 차세대 전자정부서비스로의 실현가능성은 매우 높다.

⑭ 3차원 GIS(3-Dimensional GIS: 3-D GIS)

가) 개 요

1980년대 지형분석 위주로 시작된 GIS(Geo-Spatial Information System)는 정보통신 기능의 발달 및 다양한 신기술과 접목되어 3차원 GIS로 발전하면서 유비쿼터스(Ubiquitous City), 위치기반 서비스(LBS), 도시계획 및 개발, 재난예측과 복구, 교통제어, 환경감시 등 공공분야는 물론 관련 산업과 밀접한 연관을 맺어가며 발전하고 있는 추세이다.

기존의 2차원 GIS는 실세계의 지형공간요소를 2차원적인 점, 선, 면의 객체로 추상화, 일반화함으로써 많은 정보의 손실을 가져온다는 단점이 있다. 3차원 GIS(지형공간정보체계)는 이러한 2차원 GIS(지리정보체계)의 한계를 극복하여, 현실세계를 사실적으로 표현해 줌으로써 좀 더 가시적이고 정량적 분석이 가능한 장점이 있다. 또한 3차원 지형 및 시설물의 연동 관리, 3차원 지형공간정보가 위상학적인 자료구조를 다양하게 관리하여 3차원 지형공간 정보의 검색, 편집, 분석이 가능하고 사용자 질의처리 및 몰입적 상호작용을 지원한다. 3차원 GIS는 사용자가 가시적이고 정량적 분석을 신속하게 할 수 있어 현실 같은 가상세계에서 쉽게 정보를 이해하고 의사결정을 할 수 있게 하는 체계이다.

3차원 전자지도에 관련되는 속성정보를 추가하여 공공분야(도시계획, 재난, 교통, 환경 등)는 물론 모바일과 유비쿼터스 환경에서 온라인 전자지도를 제공하는 추세로 활용되고 있다.

나) 3차원 GIS의 5단계 처리

3차원 GIS는 5단계로 구분하고 있다.

제 1 단계는 개발된 3차원 지형을 분석하는 알고리즘으로 3차원 지형을 2차원 평면에 표현하는 단계이다.

제 2 단계는 3차원 지형으로 가시화시키는 단계이다. 영상처리 기술의 발달로 3차원 수치지형모형에 영상자료를 가공하여 가시화가 가능해짐으로써 비행 모의관측 같은 처리가 가능하게 되었다.

제 3 단계는 지형고도모형을 생성한 후 3차원 지형분석을 수행하는 단계로써 조망권 분석과 가시권 분석 등에 이용하고 있다.

제 4 단계는 3차원 가상도시 구축단계다. 웹 기반의 응용 처리기술이 발달함에 따라 3차원 가상도시가 구축이 되고 있지만 이는 3차원 GIS와는 차이가 있다. 3차원 가상도시에는 3차원 객체의 검색이 가능하지만 객체간의 위상관계의 미설정으로 3차원 지형공간자료의 편집, 분석, 가공이 제공되지 않으므로 이를 3차원 GIS라고 하나 3차원 GIS로써의 기능을 완전히 수행하는 데 한계가 있다.

제 5 단계는 능동적 3차원 가상세계 구축 단계다. 위상구조를 지닌 지형공간 자료로 3차원 지형 및 시설물이 연동되어 관리되므로 3차원 지형공간자료의 검색, 편집, 분석이 가능해진다. 이를 이용하여 신속하고 정확한 현상파악 및 의사결정 도구로 활용되어지고 있다.

다) 활 용

국내의 지자체, 기업체 및 외국의 3차원 도시공간모형 구축에 관한 실례는 다음과 같다.

대전광역시의 사이버대전은 3차원 가상도시 구축을 통하여 일차적으로 지자체 행정업무에 활용할 뿐만 아니라 관광, 교육, 부동산, 기타 지형공간정보 등의 대민 서비스를 통해 시민생활의 질을 향상시키고 있다.

부산광역시에서는 3차원 자료기반을 이용한 항법(길도우미: navigation), 위치검색 및 모의관측(simulation) 등의 서비스가 가능하도록 한 해운대구 사이버도시를 구축하였다. 이 사업의 주요내용은 도로, 지형, 건축물 등에 대한 3차원 자료 수집 및 3차원 자료기반의 구축이다.

한국공간정보통신에서 3차원 시각화 기능 및 다양한 분석기능을 가진 3차원 GIS 엔진 IntraMap3D를 개발하였다. 이 엔진은 사용자편의의 사용자 인터페이스, 3차원 시각화, 시설물 정보조회, 공간검색 및 분석 등의 기능을 가지고 있다. 주요 기능으로는 3차원 시각화, 공간객체 찾기, 속성질의, 거리연산, 모의관측, 및 항법 등 다양한 분야에 이용하고 있는 기능 등이다.

아주대학교에서는 학교홍보를 위해 구축한 사이버 클래스와 농수산물 유통센터를 방문하지 않고도 현실감 있는 정보를 제공하기 위해 가상입체 체험관을 구축하였다.

핀란드의 헬싱키의 아레나 2000는 도시 곳곳에 설치된 카메라를 이용하여 도시의 현상황과 정보를 사이버 상에 그대로 옮겨놓았다. 카메라에서 시시각각 변화하는 도시 전체의 모습을 실시간으로 사이버상에서 확인이 가능하므로 신속하고 효과적인 대책을 수립 및 시행에 적용할 수 있다.

미국 보스턴시는 최근 도시의 3차원 지형공간정보를 구축하고 있으며,

사용자의 요구에 맞는 다양한 정보를 제공하는 미래의 보스턴을 계획하고 있다. 보스턴시의 재개발국(Boston Redevelopment Authority)은 홈페이지에서 The Boston Atlas라는 웹서비스를 제공하고 있으며, 다양한 부서에서 구축한 GIS 정보를 통합관리하고 있다. 또한 일반인들이 쉽게 지형공간정보를 접근할 수 있도록 웹서비스를 제공하고 있으며, 사용자의 목적에 맞는 유용한 정보를 제공하는 데 목적을 두고 있다.

라) 전 망

전통적인 2차원 GIS에 표출할 수 있는 지형공간정보 외에 3차원 GIS에서는 동영상, 식당정보, 개별체험기 등 다양한 속성정보를 연관시킨 정보통신 서비스의 발달로 서비스의 질이 날로 향상되고 있다.

고품질의 지형공간정보를 효율적으로 구축하기 위하여 고해상도 센서 개발과 센서간의 융합 기술에 관한 연구가 수행됨에 따라 고성능 센서를 유·무인 항공기나 차량에 탑재하여 3차원 지형공간모형을 자동으로 생성하는 기술이 개발되고 있다. 또한 무인항공기와 실시간 송수신이 가능한 체계를 이용한 공중모니터링 체계도 개발되고 있다.

3차원 GIS 기술은 영상탐측학과 GPS와 접목되어 U-City 구축에 중요한 역할을 수행할 수 있게 되었다. 또한 역할수행 중에 발생하는 오차와 시행착오를 줄이기 위하여 모의관측을 통한 자료구축을 시도하고 있다.

⑮ 환경 GIS(Environmental GIS)

가) 의 의

생활개선 과정에서 나타나는 다양한 형태의 환경정보를 지형공간정보체계에 의한 입력, 저장, 분석 및 평가를 통하여 최적의 실행계획(scenario)을 찾기 위한 분석기술이 환경 GIS의 몫이다. 다양한 환경분야에서 우리들 생활과 관련이 가장 큰 수질개선을 위한 GIS 기반의 수질관리에 대하여 약술하기로 한다.

나) 수질관리의 수행절차

(ㄱ) 수질관리대상유역의 선정

(ㄴ) 대상유역의 경계확정

대상유역의 경계를 확정하기 위해 이미 구축된 수치지도(1/5,000,

1/25,000)를 기반으로 제작되고 있는 수자원단위지도(전 국토를 12개 대권역, 117개 중권역, 840개 소구역의 표준유역으로 분할하여 1999년부터 제작)와 수치고도모형(DEM)을 이용한다.

(ㄷ) 오염원 자료기반설계 및 구축

수자원단위지도나 DEM에 의해 선정된 지역에 대하여 인구, 가축, 산업, 토지이용, 양식 등의 주요 오염원자료를 이용하여 오염원 자료기반(DB: Data Base)을 설계 및 구축을 한다. 자료기반구축 시 위치자료는 수평 및 수직위치(경도, 위도, 표고: x, y, z)와 특성자료로는 도형 및 영상자료와 속성자료가 이용된다. 도형 및 영상자료에는 도로, 등고선, 하천, 철도, 건물, 지류, 각종 시설물, 행정 및 지역경계 등이 포함되며 속성자료에는 분뇨처리, 형태별 인구현황, 가축현황, 토지이용현황, 폐수배출소현황, 온천현황, 양식장현황, 하수처리현황, 상수도현황, 수질관측현황 등을 포함시킨 자료를 구축한다.

(ㄹ) 오염발생부하량 및 배출부하량의 산정

오염된 자료기반 설계 및 구축을 마련한 후 오염발생, 배출 및 유달부하량을 산출한다. 유역에 존재하는 수질오염은 점오염원과 비점오염원으로 대별된다.

i) 점오염원과 비점오염원

점오염원은 한 지점에 오염원이 집중되어 배출점이 일정하므로 오염부하량의 판별이 쉽게 될 수 있다. 비점오염원은 넓은 영역에 오염원이 분포되어 정확한 배출지점을 결정하기 어려운 특징이 있는 오염원이다. 즉, 지역과 시기에 따라 오염물의 배출량이 다르고 기상조건, 지질, 지형 등에 영향을 받는 경우, 강우 시 지표면유출수와 함께 배출되는 오염물질(농지에 살포된 비료 및 농약, 토양침식물, 축산유출물, 교통에 관련된 오염물질, 도시지역의 먼지와 쓰레기 등) 등이 비점오염원이 될 수 있다.

ii) 발생, 배출 및 유달부하량과 유달계수

발생부하량은 인간의 활동과 자연으로부터 발생하는 오염부하량으로 각 오염원규모에 오염발생원 단위를 곱하여 부하량을 산정한다. 배출부하량은 각 오염원으로부터 정화방법에 의한 제거를 거친 다음 배출되는 부하량이다. 유달부하량은 지천에서의 유하과정을 거쳐 본류지점까지 도달하는 부하량으로 실제수역에 유입되는 오염부하량이다. 유달계수는 오염물질이 발생원에서 배출되어 대상유역까지 도달하는 전 과정으로 유달부하량과 배출부하량의 비율이다.

(ㅁ) 수질모형화

수질모형(model)은 오염물질이 물로 유입되어 물리적, 화학적, 생물학적인 과정(하천, 호소, 바다 등으로 운송 중 생성 또는 소멸되는 것들)과 상호작용 및 환경변화 등을 수치적으로 추정할 수 있는 모형이다. 수질모형은 처리수준, 적용대상, 수문순환에 따라 구분된다. 수질모형선정 시 기술적 측면에서 합리적, 이용효과, 사용목적이 지역여건에 적절하고 검증이 가능한 것으로 고려해야 한다. 하천수질모형화(modelling)는 수질모형을 이용하여 소요목적에 부응하는 수질을 유지 및 관리할 수 있도록 오염부하량의 규제나 분배를 합리적으로 수행하기 위한 도구이다. 하천수질모형에는 여러 종류(Vollenweider, QUAL 2E, CE-QUAL-RI, QUALKO 모형 등)가 있다. 이 중 QUALKO 모형은 QUAL 2E 모형을 근간으로 WASP5 장점들을 결부시켜 bottle BOD 반응기작, 조류의 생산에 의한 유기물증가, 탈질화반응 등 정체수역이 많은 하천에서 발생할 수 있는 반응기작을 모의관측을 할 수 있도록 국립환경과학원에서 보완한 모형이다.

(ㅂ) 오염원저감방법 및 의사결정체계구축

오염원저감을 위하여 목표수질의 설정, 오염총량관리계획, 오염저감방식(저감량산정 및 배분, 처리대상소유역의 우선순위결정, 적절한 처리공법 선정 등)을 결정하고 오염저감의사결정체계를 구축해야 한다.

i) 목표수질의 설정

목표수질은 인구, 경제, 국토이용계획, 도시형태, 산업배치, 이수현황 등 대상유역의 자연적 및 사회적 특성에 부합되도록 다음과 같은 사항들을 고려하여 설정한다.

- 생태계(인간, 동 · 식물)의 보호와 보전
- 목표한 바의 수질향상을 위하여 수질기준 및 지역별 수질오염도에 따른 등급구분과 목표달성 단계별 등급을 지정
- 배출원 규제는 현재 적용 가능한 기술과 폐수처리기술능력을 감안하여 실행하되 절대보전지역에 대해서는 엄격한 규제를 전제로 한다. 이상의 설정에는 수질환경 및 생활환경에 기준하여 유역의 물이용 상황을 고려하여 이루어져야 한다.

ii) 오염저감방식

목표한 바의 수질을 달성하기 위하여 오염물질의 저감방식에는 대상유역에서 산정된 저감량을 하나의 소유역에서 집중적으로 저감시키는 방식과 저감량을 대상유역에 존재하는 전체 소유역에 분산하여 저감시키는 방식이 있다. 또한 오염저장방식에는 다음과 같은 사항을 고려한다.

- 저감량산정 및 배분:
  일반적으로 전체 유역에 대한 저감량을 소유역별로 배분하는 방식으로 수행한다,
- 처리대상 소유역의 우선순위 결정
  오염부하량, 분뇨처리형태, 상수원보호구역 현황, 재정상황, 종합판정 등이 주요 고려대상이다.
- 적정처리공법 선정
  처리공법 선정은 처리성능, 건설비, 유지관리의 용이성 및 환경영향 등을 고려하여 가장 경제적이고 효율적인 공법을 선정해야 한다.

iii) 오염저감에 대한 의사결정지원체계의 구축

제반 오염저감을 위한 환경 GIS 기반의 적용분석은 유역의 지형공간적 특성을 고려할 수 있음으로 효율적으로 적절한 의사결정을 지원할 수 있다. GIS 기반의 편리한 사용자환경(interface)을 통한 의사결정지원모듈과 입력파일간의 연계를 통하여 보다 편리한 실행계획의 수행은 물론 조건을 바꾸어 연속적인 실행계획의 분석이 가능하게 된다. 이에 GIS 기반으로 구축된 의사결정지원체계는 오염저감을 경제적이고 효율적으로 수행하는 데 크게 기여할 수 있을 것이다.

제8절 지형공간정보체계의 활용

지형공간정보학을 활용할 지형공간정보체계의 소체계는 다음과 같다.

(1) 토지정보체계(土地情報體系, LIS: Land Information System)

토지정보체계는 지형분석, 토지의 이용, 개발, 행정, 다목적 지적 등 토

지자원 관련 문제해결을 위한 정보분석체계이다. 토지정보체계를 이용하여 다목적 국토정보체계 구축(표준좌표체계, 고정밀도 대축척 기본지도, 전국지적정보체계, 표준특성자료파일), 건설계획과 환경보호의 조화를 이룬 최적계획수립, 발전소위치 설정계획(환경, 토지이용, 인접발전소 위치 등을 고려한 수력, 화력, 풍력 발전소 계획수립), 수치형상모형[(數値形象模型, DFM: Digital Feature Model-수치지형모형(DTM), 수치고도모형(DEM), 수치외관모형(DSM)]을 이용한 지형분석, 경관정보, 등기부의 자료기반화와 공정자산 정보관리를 할 수 있는 토지부동산 정보관리체계 및 다목적 지적정보체계도 구축할 수 있다.

(2) 지리정보체계(地理情報體系, GIS: Geographic Information System)

지리정보체계는 지리좌표에 관련된 도형 자료를 효율적으로 수집, 저장, 갱신, 분석하기 위한 정보체계이다. 즉, 지도, 통계자료 등 지리자료, 특성자료의 입력, 정비, 가공 DB 구축, 분석, 출력에 관련된 일련의 정보체계를 말하는 것이다.

지리정보체계를 이용하여 계획요소의 지리적 분포, 통계분석의 가시적 표시 및 변화추출을 할 수 있는 행정업무지원체계, 공중보건위생관리체계, 야생동식물보호관리체계, 교육 및 학제관리, 경영 및 판매전략수립을 효과적으로 할 수 있다.

(3) 도시 및 지역정보체계(都市 및 地域情報體系, UIS/RIS: Urban And Regional Information System)와 국토정보체계(國土情報體系, NLIS: National Land Information System)

도시정보체계는 도시계획 및 도시화 현상에서 발생하는 인구, 자원 및 교통의 관리, 건물면적, 지명, 환경변화 등에 관한 자료를 다루는 체계로서, 도시현황파악 및 도시계획, 도시정비, 도시기반시설관리를 효과적으로 할 수 있다. 지역 및 국토정보체계(RIS/NLIS)를 이용하여 국면소득-물가통계 인구, 토지, 자원 사회복지 국가총예산회계 등을 고려하여 국정기본 정보 수집에의 활용 및 조직망을 구성할 수 있다. 또한, 대규모 건설공사계획 수립을 위한 지질, 지형 자료 체계 구축을 하기 위해 수치지형자료 및 지리, 지질, 토양 등의 특성자료, 도로망, 철도망 등 수송체계를 고려한다. 지역계획자료 체계를 구축하여 공업, 상업자료, 농어업 자료, 인구, 도시건설자료와 위치 및 지도자료를 결합 분석할 수 있으며, 교통망 · 공공설비망을 기본으로 국토정보체계 자료기반구축을 할 수 있다.

(4) 수치지도제작 및 지도정보체계(數値地圖製作 및 地圖情報體系, DM/MIS: Digital Mapping and Map Information System)

수치지도제작은 지상측량, 항공영상탐측 또는 기존 지형도의 입력 등에 의하여 대상 지형(지모 · 지물)의 위치 및 특성자료를 수치형태로 입력하고, 편집 · 가공함으로써 도면 형태, 자기테이프 등의 소요형태로 지형도면 또는 수치정보를 얻는다. 측량체계에 의해 수치지도를 제작하는 것을 일반적으로 수치지도제작이라 한다.

수치지도제작은 위치, 지모, 지물, 기타 특성자료를 종합한 다목적 수치주제도 작성을 통하여 지형공간정보체계의 기준자료를 제공한다. 수치지도제작을 하는 방법에는 기존지도 스캐너에 의한 수치지도제작, 지상측량자료에 의한 수치지도제작, 항공영상, 지상영상을 이용한 수치지도제작, 인공위성(LANDSAT, SPOT, GPS 등)을 이용한 수치지도제작, 입체영상접합(stereo image matching) 기법을 이용한 지형도작성의 자동화 등이 있다.

지도정보체계는 수치지도의 활용면에 중점을 둔 정보체계로서 생활편리정보, 관광 및 위락 정보, 판매 경영정보(area marketing and business information), 차량운행 및 보행자 안내정보, 부동산 유통정보, 토지평가 및 토지가옥 관리정보, 안전관리정보 등이 있다.

(5) 도면자동화 및 시설물관리(圖面自動化 및 施設物管理, AM/FM: Automated Mapping and Facility Management)

도면자동화는 전산 도형해석을 이용한 소프트웨어를 이용하여 지형공간정보를 생성, 수정 및 합성하여 시설물관리를 효과적으로 하기 위한 체계이다. 도면자동화는 지도자료, 지점 또는 축척 등의 다양한 도면에 대한 정보를 조합하여 출력할 수 있는 체계이다. 이 체계는 시설물 관리체계에서 이용되는 지도나 도면을 수치정보화한다.

도면자동화란 수치적 방법에 의한 지도제작공정 자동화에 중점을 두는 것으로서, 주로 관련시설물 관리를 위한 기본도 및 현황도 제작과 대축척 지도제작에 중점을 둔다. 이러한 도면자동화를 기본으로 하여 상수도시설 관리체계, 하수도시설 관리체계, 전화시설 관리체계, 전력시설 관리체계, 가스시설 관리체계, 도로시설관리, 철도시설관리, 유선방송(CATV) 시설관리, 공항시설관리, 항만시설관리 등을 효율적으로 관리할 수 있다.

(6) 측량정보체계(測量情報體系, SIS: Survey Information System)

측량정보체계는 광파종합관측기(TS: Total Station)에 의한 수치지형도 작성 및 DTM 자료기반구축을 하는 측량 및 조사정보체계, GPS 위성측량에 의한 3차원 위치를 결정하는 측지정보체계, 항공영상을 이용한 정밀 지형도 작성을 할 수 있는 영상탐측정보체계, 위성영상의 분석처리에 의한 자원탐사, 환경변화를 검출할 수 있는 원격탐측정보체계를 통틀어 측량정보체계라 한다.

(7) 도형 및 영상정보체계(圖形 및 映像情報體系, GIIS: Graphic and Image Information System)

도형 및 영상정보체계는 적 · 녹 · 청의 명도, 색상, 채도변환을 이용한 고해상도 천연색 인공위성 영상합성을 이용하는 수치영상처리를 기본으로 하여, 인공위성 영상의 수평위치 및 고도관측값의 정확도를 향상시켜 2차원, 3차원 도형자료를 분석하는 체계를 말한다.

도형 및 영상정보체계를 이용하여 수치영상접합(DIM: Digital Image matching) 기법에 의하여 지형 추출점의 판별자동화 및 수치지형모형(DTM)을 생성할 수 있으며, 영상복원 및 입력부호화(encoding) 기법을 이용한 고속이동물체 영상의 선명도 향상, 핵자기공명영상(NMRI) 처리에 의한 선명도 개선 및 3차원 입체영상의 취득으로 생체의 해석 및 특수대상물 처리에 이용한다.

(8) 교통정보체계(交通情報體系, TIS: Transportation Information System)

교통정보체계를 이용하여 육상교통관리, 해상교통관리, 항공교통관리, 교통계획 및 교통영향평가를 할 수 있으며, 교통량 · 노선연장 · 운송업 · 화물수송량 · 도로보수공정 · 도로완공일정 등을 효과적으로 관리할 수 있다. 교통정보체계에는 철도운송체계현황, 고속도로교통현황, 국내선박여객 운송량, 운행시간표, 항만관리체계, 항만 및 항로시설물 조직망구성, 공항별 화물운송량, 운행 횟수, 공항창고 출입량, 적재량, 항공운송정책 조사자료 등이 들어 있다. 지능형 교통체계(ITS: Intelligent Transportation System)의 활용성이 증대되고 있다.

(9) 환경정보체계(環境情報體系, EIS: Environmental Information System)

환경정보체계는 대기오염정보, 수질오염정보, 고형폐기물처리정보, 유해폐기물위치평가와 관련된 전산정보체계를 환경정보체계라 한다. 환경정보체계를 활용하여 산업체 입지분포, 풍향, 지형특성 등을 고려한 대기오염 예측 및 분석을 할 수 있으며, 하천수계별 수질오염분석, 화력 및 원자력 발전소의 냉각수의 온도확산 분포조사, 오염물 확산 평가, 산업쓰레기, 고형폐기물 처리를 위한 소각장, 매립장, 입지선정 및 영향평가, 원격탐측과 지형공간분석기법을 이용한 유해 폐기물 위치평가, 골프장 건설에 의한 자연환경, 생활환경, 생태계, 경관변화 예측 및 영향평가, 고층건물 및 대형시설물 건설에 따른 일조량 변화, 경관변화, 교통흐름 및 교통량 변화 대책수립을 체계적으로 할 수 있다.

(10) 자원정보체계(資源情報體系, RIS: Resource Information System)

자원정보체계는 농산자원정보, 삼림자원정보, 수자원정보, 지하자원 정보 등과 관련된 정보체계를 자원정보체계라 한다. 자원정보체계를 활용하여 위성영상과 지형공간정보기법을 활용한 농산물 작황조사, 병충해 피해조사, 수확량예측, 수목성장도, 수종별분포, 토양 및 토질, 지표특성 등을 고려한 삼림자원경영 및 관리대책 수립, 수리, 강수량, 유량, 함수비, 증발량, 기상, 수질, 지하수 등을 고려한 수문자료기반구축, 수자원계획, 수리, 수문에 관한 정기간행물 등의 자료기반 구축, 농업용수, 저수지운용, 상수도, 강설량 등을 고려한 수자원 모형 수립, 석탄 · 석유 수금현황분석 및 비상시 공급체계 대책수립을 세울 수 있다.

(11) 조경 및 경관정보체계(造景 및 景觀情報體系, LIS/VIS: Landscape and Viewscape Information System)

조경 및 경관정보체계는 수치형상모형, 조경을 이용한 환경해석, 경관요소 및 계획대안을 고려한 다양한 모의관측이 가능하여, 최적 경관계획안 수립을 가능하게 한다. 조경 및 경관정보체계를 이용하여 수치지형자료와 계획요소의 조합에 의한 경관조사, 계획 및 평가를 할 수 있으며, 3차원 도형해석과 수목, 석재 등을 이용하여 조경설계를 하며, 도로경관, 교량경관, 터널경관, 도시경관, 하천 및 호수경관, 항만경관, 자연경관 및 경관개선대책수립을 할 수 있다. 또한, 산악도로건설에 따른 외부경관 변화예측 및 자연경관보존, 생태계 피해 최소화를 위한 시설물, 조경계획 수립시 전원도시의 아름다운 skyline 보존과 개선을 위한 건축물 형태, 크기, 규제, 지침수립시 고층건물, 전망탑 등 상징적 장소(Landmark) 건설계획에서의 경관평가시에도 이용된다.

(12) 재해정보체계(災害情報體系, DIS: Disaster Information System)

재해정보체계는 홍수방재체제 수립, 지진방재체제 수립, 민방공체제 구축, 산불방재대책수립시 필요하다. 재해정보체계를 이용하여 수계특성, 유출특성 추출 및 강우빈도와 강우량을 고려해 홍수도달시간을 예측할 수 있고, 지진 빈발지역의 정기적 탐측에 의한 이상징후, 수집체계 구축, 지구과학 정보의 종합해석을 통한 지진예측, C^4I(Command, Control, Communication, Computer and Intelligence) 체제에 의한 긴급출동 및 범죄예방체제 구축, 수종, 산악지형, 풍향, 토지경사, 주변지역 급수대책 등을 고려하여 적절한 산불방재대책을 수립할 수 있다.

강수량, 토질, 사면경사, 골프장 시설물 건설에 따른 지형변화 등을 고려한 산사태 방재대책, 인공위성 영상분석에 의한 핵누출사고 탐지 및 경보, 방사능 물질 운송경로추적 및 영향평가, 원자력발전소 위치 선정 및 방사능 오염 모의관측 등도 할 수 있다.

(13) 해양정보체계(海洋情報體系, MIS: Marine Information System)

해양정보체계는 해저영상수집, 해저지형정보, 해저지질정보, 해수유동, 해상정보 등을 포함한다. 해양정보체계를 이용하여 측면주사측심기(side scan sonar)에 의한 해저영상수집 분석, 초음파탐측에 의한 해저지형 및 해양지질 조사, 해석영상처리에 의한 해저지질구조 분석 및 해양지하자원탐측, 조류와 조석 관측에 의한 파력 에너지 활용대책수립, 인공위성 영상자료결합분석에 의한 어로자원 이동상황 및 어장 현황예측을 할 수 있다. 또한, 인공위성 영상을 이용한 극지역 해양에서의 빙하유동 상황추적 및 이동경로예측, 항공방재대책 수립시나 해상관측자료와 시계열 분석을 이용한 조석예보, 해일 등에 의한 해안지역 피해예보를 하는 데 이용된다.

(14) 기상정보체계(氣象情報體系, MIS: Meteorological Information System)

기상정보체계는 지상 및 인공위성의 영상분석에 의한 기상변동예측 및 장기간 일기예보체계 구축, 기후 및 기상관측의 자료전송 조직망(network) 구성, 기상정보의 실시간처리체계 구축, 위성영상 자료해석과 기상예측 모형의 발전방안을 수립, 기상위성 관측자료와 지형특성을 고려한 태풍경로추적 및 피해예측 등을 할 수 있다. 또한, 농업기상정보, 어업기상정보, 등산, 낚시 등 여가활용(recreation) 기상정보, 야외행사 일정계획 수립 등도 기상정보체계를 이용하여 효과적으로 할 수 있다.

(15) 국방정보체계(國防情報體系, NDIS: National Defense Information System)

국방정보체계는 인공위성자료를 이용한 적 지역 지형도작성 및 지도 자료기반 구축, 시계열 영상분석(time-series analysis)에 의한 적정 변화 탐지 및 대응체제 수립을 할 수 있고, 위성영상 · GPS · 수치지형모형자료 조합해석에 의한 미사일 공격목표 선정 및 최대공격효과 예측, 항공영상 및 위성영상의 수치지형모형 중첩에 의한 작전지역의 3차원 영상생성 및 항공침투모의훈련, 지형특성분석에 의한 레이더탐색범위 추출 및 방공체계 구축, SLAR(Side-Looking Airborne Radar) 영상에 의한 적정탐지 및 수치영상지도작성, 위성 영상분석에 의한 적 지역 농업, 삼림자원 현황조사 및 식량무기화 방안대책, 수치형상모형을 활용한 가시도(view shape analysis) 분석, 관측소 및 직사화기 발사점, 목표점간 은폐 · 엄폐분석 등을 효과적으로 할 수 있다.

국방행정정보 자료기반구축 및 활용을 통하여, 국군인사관리정보, 국군장비현황정보, 예비군정보, 군사과학기술 연구발전정보를 처리하고, 또한 작전정보체계 구축은 작전지휘통제 정보, 적정 상황보고, 치안정보 등을 다룬다.

(16) 지하정보체계(地下情報體系, UGIS: Under Ground Information System)

지하정보체계는 지하시설에 대한 정보를 의미하는 것으로 건축물, 도시시설, 교통시설, 도시공급처리시설 등의 기본도를 가지고 불가시, 불균질한 지형공간을 가시화시켜 시설물의 3차원 위치정보와 그 특성정보(지하상가, 지하철, 건축물 기초, 공동구 등)를 포함한다. 지하정보체계를 이용하여 지하지도를 작성할 수 있다. 여기서 말한 지하지도는 크게 도시계획도(지하도로 현황도, 주차장준공도, 지하도로 평면도 등), 지하도로도(지하도로 구조도, 각종 준공도, 건축도, 공사도, 지질도사도 등), 상하수도도(시설평면도, 관리도, 시공도, 배관도, 간선도 등), 통신도(관로 케이블도, 관로도, 평면도, 관로관리도, 관로매설도 등), 전기 · 가스도(평면도, 종단도, 계통도, 시설도 등), 소방도(지하도로도면, 소방활동자료 등), 도로 · 철도도(선로평면도, 선로종횡단도, 노선계획도, 출입로계획도) 등, 지하시설물과 이에 관련되는 지상정보와의 연계를 지하정보체계에서 다룬다. 또한, 지반지질정보와 지반자료기반과 결합하여 3차원 형상모형의 작성, 시추자료를 기초정보로 한 자료기반화, 지층의 구별 및 자갈층의 특성의 추적, 공내(空內) 재하시험, 탄성파 측량을 통한 정보취득 등을 처리하는 데 중요한 몫을 한다.

연 / 습 / 문 / 제

| 제7장 | 국토 · 도시계획 및 계획의 기초자료

다음 각 사항에 대하여 설명하시오.

1. 현행 국토계획 및 지역발전계획 체계
2. 국토의 지역계획의 목표, 체계 및 계획 입안과정
3. 우리나라의 국토계획현황 및 방향
4. 초국경적 국토관리 기반구축
5. 도시계획의 의의 및 기본계획의 내용
6. 토지이용계획 및 교통계획 시 중요한 고려사항
7. 도시계획 시 공급처리 시설계획 및 공원녹지계획 시 고려사항
8. 영상, 영상소, 영상면
9. 영상면 취득체계인 센서의 분류
10. 다중파장대 스캐너(MSS)와 초미세분광(hyperion)
11. SAR, RAR, SLAR
12. 영상면 판독의 요소 및 순서
13. 영상면 판독의 이용
14. 흑백영상면과 적외선영상면의 활용성 비교
15. 지형의 의의 및 표현방법
16. 지도 제작시 고려사항 및 지형도의 허용오차
17. 지도축적에 따른 분류
18. 영상지도의 의의와 분류
19. 지형도, 기본도, 주제도, 지적도 등에 관한 의의
20. 수치형상모형 및 이동식 도면화체계(MMS)의 의의 및 활용

| 제8장 | 건설관리

다음 각 사항에 대하여 설명하시오.

1. 건설계획의 의의, 요소 및 계획과정
2. 건설계획의 공정
3. 계획대체안의 작성 및 평가

4. 품질관리의 의의 및 방법
5. 안전관리에 고려할 사항
6. 유지관리의 체계, 수명과 갱신 및 체계의 최적화

| 제 9 장 | 지형공간정보체계

다음 각 사항에 대하여 설명하시오.

1. 정보 및 정보체계
2. 지형정보와 공간정보의 차이
3. 지형공간정보체계(GIS)의 용어변천
4. GIS에 관한 국내 및 국외의 발전 동향
5. 우리나라 GIS의 추진방향
6. GIS의 자료구성요소
7. GIS의 자료처리체계
8. GIS 자료기반의 발전방향
9. LBS와 Ubiquitous
10. 3차원(3D) GIS의 의의, 5단계 처리, 활용 및 전망
11. 환경 GIS의 의의와 수질관리에 대한 수행절차
12. GIS의 활용분야

V

주거환경개선과 위생관리

P·A·K·Y·O·U·N·G·S·A

Enhancement for Residential Environment and Management for Preservation of Health

10

지/공/탐/측/학/개/관

주거환경개선
Enhancement for Residential Environment

제1절 개 요

우리가 참되고 건강한 삶을 실현하기 위해서는 친인간 · 친환경 주거환경조성에 긍정적 영향을 줄 수 있는 지형공간조성 및 이용(외향적 요소)과 지속적이며 균형이 잡힌 신체적 · 감정적 · 사회적 · 지적 및 정서적 구성요소가 만들어 낼 수 있는 위생관리(내면적 요소)가 조화롭게 이루어져야 할 것이다. 쾌적하고 안전한 주거환경조성에 필요한 지형공간조성을 하기 위하여 대상에 대한 포괄적 기준인 상류(upstream order) 4가지 단계인 기본자료로서 조사 및 수집, 구상 및 계획, 설계 및 실현(시공), 운영 및 유지관리를 거쳐서 최적의 성과를 도출하여야 할 것이다. 또한 잘 조성된 주거환경을 효율적으로 이용하기 위해서는 주거상세이용기준인 하류(downstream order) 8가지 단계인 활용자료로서 지형, 수계, 녹지, 도로 및 교통, 경관, 환경 및 오염, 기후, 에너지자원 및 재해 등을 조화롭게 활용해야 할 것이다. 심 · 신의 위생관리를 올바르게 하기 위해서는 8개의 위생준수기본기준[오감(五感: 미각〈味覺〉, 후각〈嗅覺〉, 시각〈視覺〉, 청각〈聽覺〉, 촉각〈觸覺〉), 의식(意識), 수면(睡眠), 순환(循環)]을 적절하게 보살피고 다스려야 한다. 주거환경개선을 위한 지형공간조성 및 이용에 관한 8개의 주거상세이용 기준과 위생관리에 관한 8개의 위생준수 기본기준(또는 건강관리 8정법)을 연계 · 융합하여 가칭 주거환경개선 8정법(住居環境改善八正法)

으로 제안하고자 한다. 주거환경개선에 있어서 8개의 위생준수기본기준은 삶에 대한 뿌리와 같이 기본적인 것(basic object)이고 8개의 주거상세이용기준은 줄기와 가지 같은 활용적인 것(applicable object)으로 어느 하나도 소홀히 다루어서는 안 되는 몫이다. 지형공간조성 및 이용이 아무리 잘 이루어졌다 하여도 위생관리의 소홀함으로 올바른 건강이 유지되지 않는다면 정상적인 삶은 물론 미래의 희망사항도 실현할 수 없을 것이다. 이에 인간이 소망하는 최상의 주거생활을 향유하기 위해서는 주거환경개선에 관한 지형공간조성 및 이용에 국한된 요소만을 다루어 왔던 대다수의 선행연구에 더하여 위생관리도 배려된 연구가 여러 관련분야에서 이루어져야 미래지향적인 주거환경개선에 관한 디자인 걸작품이 창출될 것이다. 10장 제 2 절에서는 주거환경개선을 위하여 쾌적한 주거환경 조성에 갖추어야 할 중요 고려사항을, 10장 제 3 절에서 9절까지에는 주거환경개선을 위한 물리적 공간 마련에 관하여 연구한 논문 성과를 인용하여 기술하기로 한다. ③ 수변공간, ④ 도시공원(도심공원, 도심산지공원. 민 · 관 공동협력공원), ⑤ 보행로공간(일반보행, 주택단지의 보행), ⑥ 문화형 도시재생공간(도시재생, 문화통합형 재생과 창조적 도시, 문화거리), ⑦ 다가구 · 다세대 주택공간, ⑧ 친환경을 고려한 건물공간(공간디자인, 아파트 단지의 수경시설, 고층 집합주거, 초고층 주거건축 시공간 배치개선, 초고층 주거실내공간), ⑨ 범죄예방환경설계(공간단위별 특성, 상업지역보행로공간의 조명, CPTED기법의 국내 도입 및 정착화), 10장 제10절에서 11절까지에는 경관, 조형미, 정원 및 풍수지리에 관한 것을 기술하고, 11장에서는 심 · 신의 위생관리에서 위생준수기본기준 중 청각(정청각 및 음악치료 관리법), 의식(정의식과 명상관리 및 명상의학), 미각(정음식 및 치아건강관리법), 시각(정시각 및 시력관리법)만을 다루기로 한다. 또한 녹지와 에너지자원 및 재해에 대해 보다 상세한 내용은 본서 5장, 6장을, 환경오염과 기후는 본서 4장을 참고하고 영상 및 지형에 관한 상세한 내용은 '영상탐측학개관(동명사 간)', '측량학개관(박영사 간)'을 참고하면 도움이 될 것이다.

제2절 쾌적한 주거환경 조성에 갖추어야 할 중요 고려사항

친인간 · 친환경지형공간을 조성하여 안정되고 풍요로운 주거환경을 이루기 위해서는 다음과 같은 중요사항을 고려하여야 한다.

(1) 쾌적하고 문화적인 도시주거환경 조성

① 녹색성장 시대에 부응하는 한국형 압축도시(compact city) 조성

가) 신시가지 확산을 억제하여 도심재생의 경쟁력을 강화하고, 토지의 집약적 · 복합적 이용의 촉진 등을 통해 대중교통 이용이 편리한 도시환경을 조성한다.

나) 도시 및 자연생태계 보전 · 복원, 에너지 절약형 도시 및 택지개발, 저탄소 · 에너지 절감형 주택 및 건물 보급 및 신재생에너지 활용 등을 통해 지속가능한 도시환경을 조성한다.

② 삶의 질을 향유할 수 있는 매력적 문화도시 창조

가) 지역상징거리 조성 및 전통건축물 정비 등을 통해 도시의 고유한 문화적 가치를 제고한다.

나) 저출산 · 고령화 시대에 대응한 육아보육시설 및 노인복지시설 확충과 함께 다문화 사회에 대응하여 외국인도 살기 좋은 공동사회 조성을 추진한다.

③ 인구 감소 및 기존 도심 쇠퇴에 대응하는 도심재생 활성화로 도시 경쟁력 제고

가) 주거환경 개선에서 산업 활성화, 정주여건 및 생산기반을 중시하는 복합적 도시재생으로 전환한다.

나) 신산업기능 집적을 유도하기 위하여 노후산업단지의 재생, 연구개발(R&D) 및 협의회(conference) 기능 등을 도입한 복합산업단지화를 지원한다.

④ 도시경쟁력 제고를 위한 용도지역체계의 탄력적 적용

가) 인구정체 및 감소, 질적 성장으로의 패러다임(paradigm) 전환 등에

따른 새로운 토지수요에 대처할 수 있는 유연한 용도지역제를 운용하고 시간지역제(time-zoning) 제도를 도입한다.

나) 개발행위허가제도 정비를 통해 계획적 국토관리의 실효성을 제고한다.

⑤ 주거 수준의 선진화 및 주거안전망 확충

가) 점차 다양화되는 주택수요에 부응하여 1인 가구용 소형주택, 고령자 전용주택, 도심 소형 주택, 전원주택, 타운하우스 등 수요맞춤형 주택 공급 정책을 추진한다.

나) 보금자리주택 등 신규주택 공급, 공공임대주택 재고 확대, 기존 주택의 개보수 등에 대한 정부지원 강화 등을 통해 주택의 양적 · 질적 수준을 선진국 수준으로 제고한다.

다) 환경친화적 녹색주택 보급을 확대하고 주거단지 및 주택 디자인 개선을 통해 주거환경의 질적 향상을 도모한다.

(2) 환경 및 건축디자인을 적용한 품격 있는 삶의 터전 경관 조성

① 품격 있는 경관 형성을 위해 건축 · 경관디자인 안내지침(guideline)을 작성 · 보급

계획과 설계의 통합, 지역별 건축설계 가이드라인 설정, 우수 공공디자인 사례집 보급, 가로 및 간판 정비, 지역주민 교육 및 홍보를 추진한다.

② 녹색국토 형성을 위해 국가 조망점(주요 명승, 주요 강 · 산 · 바다에 대한 우수조망점)과 지역 조망점(주요 랜드마크, 역사적 건축물, 주요 가로 등)으로 구분하여 지정 · 관리

경관 및 조망 측면에서 국가적으로 중요하고 보전가치가 있는 지점을 국가조망점으로 선정하여, 국가조망점별 지형, 역사성, 경관 대상을 설정하고 유지 관리한다.

③ 강 · 산 · 바다 등 경관 · 생태 우수지역을 연결하는 국토녹색길 조성

가) 생태적 건전성을 유지하면서 건강 · 문화시설이 융합된 국토녹색길 조성

나) 생태형, 여가형, 건강형, 역사 · 문화형 등 사회경제적 여건과 인간

행태 및 생태계 특성에 따라 구분하여 국토녹색길을 조성

④ 인간과 강이 함께하는 친수 삶의 터전 조성

가) 강의 다목적 이용[치수(治水), 이수(利水), 친수(親水)]과 수질을 고려한 강 이용관리 체계 구축

나) 건전한 하천문화 창출을 위한 다양한 문화콘텐츠 및 프로그램 개발

(3) 인구 저성장 시대를 대비한 도시내 생활지원시설 확충

① 여성 사회참여 증대에 따라 보육에 대한 공공책임 강화

유아(3~5세) 보육을 위한 교육시설을 확대 공급하고, 영아(1~3세)의 보육을 위하여 아파트단지나 다세대주택 등에 공공보육시설을 정비 · 확충할 수 있도록 지원한다.

② 생활권별 노인복지시설 확충

노인인구의 증가에 따라, 노인 이용시설과 수용시설을 근린-지역-도시 단위 생활권별로 수요에 맞추어 체계적으로 확충한다.

(4) 환경친화적 주택 보급 확대와 주거환경의 품격 향상

① 환경에 대한 국제기준 강화에 대비하고 온실가스 감축과 에너지 절약을 위해 기반 확보, 보급 확산, 정착 및 일반화의 3단계로 에너지 절감형 녹색주택 보급을 확대

태양열 · 태양광 주택, 전원주택 등 환경 친화적 녹색주택 공급 확대와 친환경주택(그린홈)의 최소 에너지 성능기준 강화, 녹색건축물 인증제 확대를 적용한다.

② 기존 주택 개보수를 통해 에너지 효율을 높이고 신재생에너지를 활용하도록 하여 기존 주택을 환경친화적으로 개조

③ 그린홈, 생태주택 등을 중심으로 하는 주거단지 조성을 위해 '환경친화적 숲속주거 단지 조성 지침' 마련

교통시설 등을 최적화하여 직접주거단지에 근접을 실현하고, 교육 · 문

그림 10-1 단계별 그린홈 보급계획

〈출처: 제4차 국토종합계획 수정계획(2011~2020) 인용〉

화 · 업무기능이 충족된 친환경 복합주거단지로 개발한다.

④ 주거단지 및 주택 디자인을 통한 주거환경의 질적 향상 도모

도시경관에 대한 개성부여, 농어촌 경관자원 보존, 자연과 조화 등 주거단지 디자인 개발에 대한 지원 확대와 통합 디자인 관리체계 구축으로 정체성을 확보한다.

(5) 거점도시와 인근지역을 연계하는 도시권 육성

① 도시권 정주여건 및 생태환경 개선

가) 도시권의 공간구조 개편 전략을 원도심 재생과 연계하여 성장형 도시는 도시성장관리계획 마련, 정체형 도시는 토지이용 효율성 제고에 우선순위를 두는 전략을 실행한다.

나) 대도시권 차원에서 환경자원을 통합 관리 · 정비할 수 있는 체계를 구축하고, 도시민의 생활여건 개선을 위해 공원 · 녹지 확충방안을 모색한다.

② 도시권 고유의 역사문화 창출 및 역량 강화

가) 도시권내 역사문화 특성별 거점도시를 설정하고, 도시 간 역사문화적 맥락을 연계하여 도시권 고유의 역사문화 정체성을 확보한다.

나) 권역별 역사문화 거점도시 조성, 역사문화적 상징체계 구축, 디자인

역량 강화로 세계도시 경쟁시대에 대비한 대도시권별 지명도를 제고한다.

③ 도시권간 연계 · 협력 강화를 통한 상생발전 추진

가) 고속간선교통망을 통한 도시권간 연계 강화, 도시권간 및 중앙정부-지자체간 협력사업 활성화 등을 추진한다.

(6) 농 · 산 · 어촌의 녹색성장 기반 구축에 의한 주거환경 조성

① 녹색성장형 농 · 산 · 어촌 발전 및 전원적 삶의 질 향상

가) 농 · 산 · 어촌의 지역 · 생활중심거점 육성과 이용편의성 제고

(ㄱ) 쾌적한 전원주택단지 조성, 생활편의시설의 확충 등을 통하여 농어촌 뉴타운 등 생활거점을 도시적 서비스 수준을 갖춘 새로운 성장거점으로 육성한다.

(ㄴ) 생활기반시설(infrastructure) 정비, 복합공동사회(community)센터 건립, 재래시장 활성화, 30분내 응급의료체계 구축, 생활친화형 문화공간 조성 등 선진 정주환경을 조성한다.

나) 농 · 산 · 어촌의 녹색성장기반 구축과 삶의 질 향상

(ㄱ) 바이오매스[1] 및 신재생에너지 등을 활용한 저탄소 녹색마을 조성으로 녹색성장 기반을 구축하고 기존 기반시설의 적극적인 활용 등을 통해 환경 부담과 자원 소모를 최소화한다.

(ㄴ) 하천공간에 상 · 하류를 연계하는 녹색벨트를 구축하고, 자전거 길과 산책로 · 체육공원 등의 설치로 휴식 및 여가공간을 체계적으로 조성한다.

(ㄷ) 농촌마을종합개발 · 전원마을 · 농어촌 뉴타운 등 농어촌 지역개발사업 추진시 계획단계부터 신재생에너지 도입을 적극 유도한다.

다) 낙후된 농 · 산 · 어촌에 대하여 국가지원을 차등화하고 광역적 연계를 통하여 종합적 · 체계적으로 개발

(ㄱ) 낙후도가 심한 농 · 산 · 어촌 중 발전 잠재력과 개발여력이 양호한 지역에 대해서는 기반시설 지원을 확대하고 인근 시 · 군과 연계하여 광역적

1) 바이오매스(biomass); 어느 시점에 임의의 공간 내에 존재하는 특정 생물체의 양을 중량 또는 에너지량으로 나타낸 것으로 생물량, 생물체량이라고도 한다. 지구상에서 1년간 생산되는 바이오매스는 석유의 전체 매장량과 비슷하여 적정하게 이용하면 고갈될 염려가 없는 이점이 있다.

으로 개발한다.

(ㄴ) 백두대간 연접지역, 서부경남권, 경상북도 북부권 등 낙후지역을 대상으로 지역의 문화 · 관광, 산업자원을 활용한 지역특화형 녹색발전을 추구한다.

② 농 · 산 · 어촌의 경쟁력 제고와 연계한 고소득 · 일자리 창출

가) 향토자원을 활용한 농 · 산 · 어촌 산업 진흥

(ㄱ) 경쟁력 있는 향토자원을 발굴하여 농 · 림 · 어업, 향토식품 제조업, 체험 · 휴양서비스업 등의 복합화, 그린관광사업(GT: Green Tourism) 등을 통해 고부가가치를 창출한다.

(ㄴ) 향토자원 연관기업에 특화된 농어촌산업단지의 조성을 확대하고 기업지원서비스 기능의 결합으로 농공단지 기능을 고도화한다.

나) 농 · 림 · 어업의 생산성과 경쟁력 향상

(ㄱ) 주업농과 영세농이 결합된 법인경영체를 육성하고, 영농인에 대한 교육 · 훈련을 강화한다.

(ㄴ) 기업 · 연구기관 · 대학 등이 집적된 국가식품집단지역(cluster)과 생산 · 가공, 연구개발, 물류 · 유통, 관광 · 홍보기능이 바이오 및 IT 기술과 결합되어 통합 운영되는 첨단농산업복합단지(AP: Agro Park)를 조성한다.

다) 농 · 산 · 어촌의 지역특성에 부합되고 민간주도에 의한 자립적 발전을 촉진

(ㄱ) 지역특화발전특구를 통하여 지역별 특성에 부응하는 규제 개혁으로 향토산업 · 지역특화 산업에 대한 민간활력 유입을 촉진한다.

(7) 신재생에너지 활용과 재해방지

기후변화, 에너지위기 시대에 대비하여 신재생에너지자원인 태양광주택, 태양열, 풍력, 바이오 지열, 수소에너지, 수력, 해양, 폐기물 등의 신재생에너지 개발 및 활용으로 저탄소 주거환경을 조성하여 삶의 질을 향상시킨다.

자연재해(태풍 · 홍수 · 호우 · 강풍 · 풍랑 · 해일 · 대설 · 가뭄 · 지진 · 황사 · 적조 그 밖에 이에 준하는 자연현상으로 인하여 발생하는 재해), 인적재해(화재 · 붕괴 · 폭발 ·

교통사고 · 화생방사고 · 환경오염사고 그 밖에 이와 유사한 일정규모의 사고)에 대한 선제적 방재능력을 강화하기 위해 통합적 · 협력적 재난관리체계를 확립하여 안전하고 쾌적한 삶의 공간을 확보한다.

(8) 녹색교통 및 정보체계 구축

① 철도 중심의 저탄소 녹색성장형 교통체계 구축

가) 도로 중심에서 철도 중심으로, 신규건설 위주에서 운영 효율화 위주로 교통정책 전환

나) 광역경제권의 거점도시간 및 초광역개발권 간의 신속한 연계를 위한 'X+□' 자형 고속철도망을 구축하고, 고속철도망의 접근성 향상을 위해 대중교통 연계체계를 강화

다) 첨단녹색교통수단 개발(430km/h급 차세대 고속열차, 110km/h급 도시형 자기부상열차, 버스와 철도의 장점을 결합한 바이모달 트램 개발 등)에 의한 고속교통망 구축

② 교통수단간 기능적 역할분담을 통한 통합연계 교통체계 구축

가) 도로, 철도, 공항, 항만 등 교통수단간 상호연계로 저비용 고효율 교통체계 구축

그림 10-2 자기부상열차와 바이모달 트램

(a) 도시형 자기부상열차

(b) 바이모달 트램

나) 국가기간교통망계획과 부문별계획의 통합 · 조정을 강화하여 교통정책과 교통시설 확충의 상호연계를 도모한다.

③ 탄소배출을 줄이고 에너지를 절약하는 친환경 교통정책 추진

가) 자전거 및 보행자도로 확충 등을 통해 생활 속의 녹색교통 정착을 추진하고 대중교통 지향형 교통정책을 추진한다.

나) CO_2 저배출형 교통수단[압축천연가스(CNG: Compressed Natural Gas)버스, 경전철 등]의 점진적 확대로 친환경 녹색교통체계를 구축한다.

④ 도시권내 교통 기반(infra) 확충

가) 도시권내 핵심 도시와 인근 도시간 30분내 이동이 가능하도록 순환방사형으로 교통망을 확충한다.

나) 도시간 순환교통망과 도시내 대중교통망과의 환승 · 연계체계를 확충하고, 4대강 자전거길, 대중교통-자전거이용 연계를 강화한다.

⑤ 국토정보기술의 핵심인 지형공간정보체계(GIS) 기반 구축 및 활용을 통한 삶의 터전 관리 선진화

가) 미래형 선진 국가지형공간정보체계 기반을 구축하여 고정밀 지형공간정보를 실시간으로 제공할 수 있어야 한다.

나) 유비쿼터스 기술이 급격히 발전함에 따라 GIS, 센서, 각종 영상 및 연결망(network) 기술을 결합한 정보화 삶의 터전 관리 체계를 구축함으로써 새로운 정보기술산업 발생, 각종 시설 및 정보 활용의 첨단 지능(intelligent)화 추진에 의하여 신속, 정확, 안전하고 쾌적한 삶을 누릴 수 있는 주거환경을 조성할 수 있다. (참조: 대한민국 정부, 제4차 국토종합계획 수정계획 2011~2020, 2011)

제3절 수변공간

(1) 수변공간의 개념

'water front'를 흔히 수변(水邊), 수변공간(水邊空間) 또는 수제(水制), 연

안역, 임해부, 그리고 물가에 이르기까지 다양하게 불리어지고 있다. 그 중 가장 흔히 잘못 바꾸어 부르는 것이 수변이다. 수변은 영어로 'waterside'를 가리키는 말이다. 물을 뜻하는 워터에 옆을 뜻하는 사이드(side)가 붙어 수변을 뜻하게 된다. 접미사 사이드가 붙느냐 프런트(front)가 붙느냐에 따라 그 의미는 판이하게 달라진다. 건물의 앞과 옆이 다르듯이 워터 프런트는 워터사이드와 구별되어져야 한다. 따라서 워터 프런트는 "물과 땅이 맞닿는 선을 중심으로 형성되는 공간역"을 뜻하는 말로서 수변공간은 시민의 공동사회(community)형성, 심미적 및 주변의 다른 요소(역사, 문화, 경관 등)와의 조화로운 결합으로 새로운 문화기반조성을 담당할 수 있는 공간으로 사용된다.

(2) 수변공간의 활성화

수변공간의 재생문화형성을 활성화하기 위해서는 세 가지 요소를 고려하여야 한다.

첫째, 접근성이다. 대중들의 접근이 용이하여야 한다. 다양한 방문객이 도보로 이용할 수 있어야 한다. 도보로 이용이 어려울 경우 이동이 안전하고 빠르며 간편하면서 싼 보조교통수단이 제공될 수 있어야 한다.

둘째, 가치창출의 활동영역 확보이다.

수변공간(강, 한천, 운하 등)의 생태현황 및 개선계획, 역사·문화자원에 관한 재생효과, 박물관, 수족과, 특별행사주차장, 경기장 및 체육센터 등에 관한 잠재성을 도출하여 합리적인 토지이용계획(용도별설정, 상호연계성 등)에 의한 공동사회의 상징적 장소(landmark)로서의 수변공간 환경개선을 한다.

셋째, 그 지역 수변공간의 특징적 정보를 적극 홍보하여야 한다. 도시설계, 경관 및 도시재생의 특징적 요소측면에서 독특한 수변공간의 매력적인 분위기의 현황과 지속가능한 발전의 기회가 있다는 정보를 적극적으로 소개하는 홍보가 있어야 한다.

(3) 수변공간을 이용한 도시문화재생

수변공간의 도시문화재생을 위한 지역의 입지적 특성, 그 지역의 이미지에 걸맞는 개발유형과 개발계획을 위한 고려사항은 다음과 같다. 첫째, 기존의 역사 · 문화적 자원을 적극적으로 활용, 다양한 문화관련 시설의 도입, 수변공간을 활용한 보행동선 및 공간 확보, 자연적 · 물리적 환경의 활용 및 보존가치가 충분한 시설들의 개조 및 재이용을 한다. 둘째, 주변지역과의 형평성을 고려하여 도시재생전략의 효과를 주변지역으로 확산시키기 위한 연계전략을 강화한다. 셋째, 도시설계의 범위와 경관계획을 마련하여 체계적이고 계획적인 도시환경의 조성과 관리를 한다. 넷째, 물리적 환경의 개선으로 인한 경제 · 사회 · 문화적 파급효과에 못지않게 정부와 지자체, 시민 간의 유기적인 네트워크 구축과 지속적인 공동협력 등에 최선을 다해야 한다. 이상과 같은 개발계획을 기반으로 보다 발전적이고 차원 높은 성과도출을 위해서는 수변공간 활용의 많은 성공사례연구를 통하여 지역특성의 반영, 사회 · 경제적 파급효과에 대한 정성적 및 정량적 평가, 계획요소별 효과분석 등을 수행하여야 할 것이다.

(참조: 김영환, "수변공간문화재생의 계획적 특징에 관한 연구" 대한건축학회지, 24(8), pp. 207~306, 2008)

제4절 도시공원

도시공원의 이용은 자연휴양공간, 산책 및 영상, 친목교재, 풍치경관감상, 레크리에이션의 장소 등으로 다양한 방문목적을 달성할 수 있어야 한다. 도시공원은 도심공원, 도심산지형공원, 민 · 관 파트너십 도시공원 조성 및 관리방안 등이 활용되고 있다.

(1) 도심공원

도시공간에서 수목의 적절한 이용은 인간의 거주를 가능하게 하고 도시구조를 강화시킬 수 있다(tree in Urban Design, H.F. Arnold. New York: V.N.R., p. 30, 1980).

수목은 휴식, 공기정화, 차광의 기능, 보행자 흐름의 조정, 공간구성 등의 기능 등을 갖는다. 도시환경 속의 공원녹지는 자연 풍치뿐만 아니라 도시의 풍요함을 상징하는 귀중한 사회적, 문화적, 생태적 자원으로 산업화 및 도시화로 인한 사회병리(社會病理)의 치유, 도시공간 속의 대기정화, 야생조류나 곤충 등의 자연생태계가 상호공존할 수 있는 터전마련, 레크리에이션기능 등에 기여하고 있다.

도시공원의 기능은 생산기능, 보호기능, 풍치기능, 레크리에이션기능, 도시민의 일상적인 휴식, 건강, 능률, 쾌적성을 창출하는 공간으로서의 역할을 하는 것이다. 그러나 현재 우리나라 소수의 도시공원에서 나타나는 요인 중 조형물, 편의시설, 심미적 만족도, 흥미도는 긍정적인 수준이었으나 부정적으로 작용하는 요인은 음주, 탈선 등의 불쾌한 광경, 혼잡도 등으로 지적되고 있다.

(참조: 문창현, "이용만족도 결정요인의 분석을 통한 서울시 도시공원의 공간적 특성에 관한 연구," 한국지리환경교육학회지, 9(1), pp. 97~118, 2001)

(2) 도심산지형 공원

도심산지형 근린공원의 생태적 및 이용적 측면을 향상시키기 위한 적정 공간구분을 하고 공간기능에 적절한 개선방안의 목표 및 평가체계는 다음과 같이 설정할 수 있다.

① 공간단위구분

공간단위는 유역권 분석을 하고 토지이용현황을 고려한 지역으로 구분한다.

② 공간기능평가

생물서식기능 항목으로는 식물생태(식생유형, 층위구조, 잠재식생), 동물생태(야생종류, 서식동물), 수계현황, 여가휴양 및 이용기능 항목으로 설정하여 경사도, 소음, 산책로, 이용현황, 시설물 현황 등을 조사 분석한다. 생물서식기능평가는 식생자연성, 식생다양성, 식생잠재성, 동물다양성, 동물서식잠재성 항목으로 구분하고 공간별 평가는 등급화하여 수행한다. 공간기능평가

결과를 토대로 생물서식기능과 여가휴양 및 이용가능 기능의 등급을 종합하여 적정공간을 도출한다. 적절한 공간구분기준에 따라 생물서식기능과 친자연적 이용을 위한 개선방안을 토대로 도심산지형 공원을 조성한다.

(참조: 하지연, 이경재, 한봉호 "도심산지형공원의 생물서식기능 및 친자연적 이용을 위한 개선방안연구," 한국조경학회지, 39(4), pp. 83~97, 2011)

(3) 민 · 관 공동협력(partnership) 도시공원

도시공원은 공익이 우선되는 공간이고 일시에 완성되는 것이 아니라 계속 만들어 가는 공공공간이므로 도시공원의 유형별로 효율적인 다부문간의 민 · 관 공동협력에 의한 도시공원관리가 효과적이고 지속적이어야 한다. 이를 위해서는 지역사회의 참여가 적극적으로 이루어져야 한다. 국내 · 외 민 · 관 공동협력 도시공원형성의 경우 국내사례는 민간부문이 공원조성과정까지만 주도적으로 참여하는 반면 국외사례는 공원조성과 공원운영, 관리까지 지속적으로 민간부문이 참여한다는 차이점이 있다. 현재 국내실정에 맞는 적용성에 따라 선행되어야 하는 단계적 도시재생사업 환경평가에 관하여 중점지표를 다음과 같이 마련하였다. 1단계 중점지표로 14개(연결녹지체계구축, 공원면적률, 수생비오톱 조성비율, 자연형 하천계획, 비점오염원 처리대책, 완충녹지계획, 악취저감대책, 조망축 및 통경축설정, 조망축 및 통경축을 고려한 높이설정, 폐기물 재활용계획, 보행공간주변 면적대비 녹지 및 수변공간 면적비, 보행접근성, 보행로연계계획, 보행전용 지구비율)와 2단계 중점지표로 12개(기존녹지활용 및 복원율, 기존수계보존 및 복원율, 투수율, 혐오시설의 생태적 차폐계획, 경관자원에 대한 입면차폐율, 사업지내 경관자원보전계획, 자연환경을 고려한 스카이라인의 계획, 신재생에너지도입을 통한 에너지 지급비율, 폐열회수장치설치계획, 탄소흡수에 필요한 적정녹지율, 탄소흡수 능력을 고려한 수종식재, 우수 · 중수활용률)가 선정되어 총26개의 항목이 평가지표로 수립되었다. 따라서 우리나라의 도시재생사업환경평가에 걸맞는 민 · 관 공동협력도 시공원 조성 및 관리는 도시공원의 조성과정뿐만 아니라 운영 및 유지관리과정에서의 지속적인 공동협력 구축을 위해 민간기금과 도시공원의 조성 · 관리 사업을 연계할 수 있는 수단을 마련하고 실효성 있는 지역사회참여를 위한 제도적 기반을 구축해야 한다. 또한 지자체별 민 · 관 공동협력 도시공원의 조성 및 관리를 전담하는 팀이 구성되어야 한다. 민간참여활성화를 위한 실효성 있는 인센티브방안을 마련하고 지자체별 비영리단체를 육성할 필요가 있다.

(참조: 김용국 · 한소영 · 조경진 "민 · 관 파트너십 도시공원 조성 및 관리방식연구," 한국조경학회지, 39(3), 83~97, 2011; 이규인 · 이장욱 · 이언화, "도시재생사업환경 평가지표에 대한 전문가의식조사 연구," 대한건축학회지, 27(6), pp. 47~55, 2011)

제 5 절 보행로 공간

보행공간은 인간의 보행활동에 알맞도록 설계된 공간으로 통과기능뿐만 아니라 운동, 휴식, 레크리에이션 등과 같은 다양한 활동기능을 수용하고 촉진할 수 있는 공공성이 강한 공간이다. 보행공간은 이용목적에 따라 일반보행공간과 공동주택단지의 보행공간으로 분류한다.

(1) 일반보행 공간

이동 및 통과, 휴식과 운동의 기능제공 장소, 이동 중 주변 환경과 상호 친화할 수 있는 공간, 정보전달(communication) 기능으로 홍보 및 관광의 장소, 각종 집회 등을 할 수 있는 장소 등으로 이용할 수 있다.

(참조: 한혜련 · 권혁진 · 이재경, "보행공간의 공공성과 친환경 요소에 관한 연구," 한국문화공간건축학회논문집, 제25호, pp. 93~101, 2009)

(2) 공동주택단지의 보행 공간

주민공동의 삶터로서 이곳에서 생활과 행동을 하는 거주민들의 친환경적 욕구를 만족시키도록 조성되어야 한다. 공동주택단지의 보행공간에 관하여 안전성, 편리성, 쾌적성을 고려하여 평가지표에 대한 세부항목으로 진입공간, 보차혼용 공간, 보행자전용공간으로 구분하여 기능, 계획 및 설계기준을 설정하여야 한다.

① 진입공간

진입공간은 공적인 공간(단지외부)과 사적인 공간(단지내부)의 연결공간으로 안전성은 보차분리시설의 설치유무, 보행전용도로로 진입공간(출입구)의 폭, 편리성은 진입공간의 평균거리, 쾌적성은 조형물과 휴게시설의 설치 유무 등을 설정해야 한다.

② 보차혼용공간

보차혼용공간은 단지 내 주입도로에서부터 주거동 및 근린생활시설, 놀이터, 주차장 등 주민공동시설을 연결하는 공간으로서, 전용보도 없이 차량과 보행이 혼용되어 있어 차량동선과 보행동선의 교차가 이루어지기 때문에 보행자의 안전성이 중시되는 공간이다. 안전성은 보차분리시설의 설치유무, 보도의 폭, 편리성은 주거동과 진입공간 간의 평균거리, 쾌적성은 주거동 건축선과 보도까지의 거리(화단 등) 등을 설정한다.

③ 보행자전용공간

보행자전용공간은 이동뿐만 아니라 휴식, 놀이 등의 다양한 행위가 요구되는 공간으로 시각적이며 기능적인 측면을 고려한다. 안전성은 보도의 폭과 가로등 간의 거리, 편리성은 휴게시설(벤치, 파고라 등) 간의 거리, 쾌적성은 보도포장의 다양화 여부를 고려하여 설정한다. 공동주택단지의 안전과 쾌적한 보행환경을 조성하기 위해서는 주차장입구는 반 지하로 하며 주차장은 지하형태로 함으로써 보행자와 차량의 충돌을 완화함은 물론 지하공간은 입주민을 위한 옥외 공동사회공간이나 조경식재공간으로 활용함이 바람직하다.

(참조: 김철수 · 김효준, "공동주택단지 보행공간의 주민만족도 분석," 한국주거학회논문집, 22(2), pp. 83~90, 2001)

제6절 문화형 도시재생 공간

(1) 문화형 도시재생

도시가 가진 문화적 자원을 활용하여 지속가능한 개발과정에서 기존의 한정된 도시공간과 기존의 도시가 가지는 유·무형의 문화적 자원을 활용하는 실천적인 도시재생으로서 시민들의 문화적 욕구충족과 경제적 파급효과를 유발하는 도시재생의 유형이다.

(참조: 오덕성·이기복, 유로겐피치, "문화기반형 도시재생전략에 관한 연구," 한국생태환경건축학회 논문집, 2007)

(2) 문화통합형 재생과 창조적 도시

① 문화통합형 재생도시

적극적인 도시재생문화 활동이 환경, 사회, 경제 분야의 활동에 통합되어 진행되는 지역재생전략으로 초기에는 문화지구, 문화산업 집단지역 등의 물리적 기반을 조성하는 데에 중점을 두었으나 21세기에는 문화의 창의성이 도시산업의 새로운 기반을 구축하는 적극적인 도시통합형 모형이 나타나고 있다.

② 창조적 도시

창조적 도시는 첫째, 문화적 공간이 문화공간과 함께 시간과 장소의 제약을 받지 않은 곳에 다양하게 존재하여 시민들이 손쉽게 접근할 수 있는 도시이다. 둘째, 단순히 도시 내에 박물관, 미술과, 도서관, 역사자료관 등의 문화시설이 많이 존재할 수 있도록 재정적, 정책적 지원을 풍부하게 하는 도시만을 의미하는 것은 아니다. 셋째, 특히 장소에서 특수계층만 향유할 수 있는 문화보다 많은 사람들이 자유롭게 문화를 공감하고 표현할 수 있는 분위기가 배어나는 도시를 말한다. 넷째, 문화를 행하는 자와 문화를 향유하는 자가 함께 교류하는 문화공간이 다양하게 존재하는 문화적 공간이 많은 도시라고 할 수 있다. 그러므로 다양한 문화공간은 창조적 도시를 이루기 위한 기본적 요소가 되는 것이다.

(참조: 김영환, “수변공간 문화재생의 계획적 특징에 관한 연구,” 대한건축학회지, 24(8), pp. 207~306, 2008)

(3) 문화의 거리공간

지역의 생활환경조성을 위한 문화의 거리는 지역만의 상징적인 장소이며, 지역주민들에게는 서로 소통하고 문화를 다양한 눈으로 체험할 수 있는 장소이다. 문화거리는 지형공간의 다양성과 활기 있는 가로조성을 하여 이곳을 찾는 사람들이 연속적인 흥미를 느끼며 지루하지 않도록 해야 할 것이다. 또한 사람들이 쉽게 인지할 수 있는 장소의 시점마다 안내판을 설치하여 문화의 거리를 상징할 수 있게 하여야 하며, 역사적 인물이 있는 곳이라면 역사적 의미를 부각시켜 반영함으로써 새로운 문화형성에 효과적으로 활용해야 한다. 문화의 거리는 사람들에게 미적, 역사적, 경제적 의미 등을 지니는 장소로서 가로를 찾는 사람, 보행자, 주역주민, 국민뿐만 아니라 이곳을 찾는 외국인을 위한 공간이 되어야 한다.

(참조: 민로사 · 이재혁 · 제해성, “문화의 거리조성 및 활성화 방안에 관한 연구,” 한국도시설계학회 2009년 추계학술대회 발표논문 제3분과 친환경 및 보행환경, pp. 235~243, 2009)

제7절 다가구 · 다세대 주택공간

다가구 · 다세대 주택지역의 주거환경을 개선하는 데 있어 기존 다가구 · 다세대 주택이 입지하는 도시조직의 특성을 반영하는 개발을 통하여 다양한 도시환경을 조성하여야 한다. 이를 위하여 소규모개발을 할 경우 첫째, 기존도시가 갖고 있던 도시조직과 지역경관, 생활공간 등과 같은 지역특성을 존중하는 개발 가능성, 둘째, 재건축이 필요한 곳에서부터 관련소유주들의 의사결정에 따라 쉽게 개발할 수 있는가의 가능성 유 · 무, 셋째, 가로중심

저층집합주거의 장점 등을 도출하여야 한다. 즉 가로와 배타적으로 계획되어 생활권의 폐쇄성 및 주변가로와의 황폐화를 초래했던 대단지 개발과 달리 소규모 필지구조를 갖고 있는 주거지역의 경우 가로를 중심으로 한 위계적 공간구성의 가능성을 내포하고 있다. 이로써 개선안을 실현시킬 수 있는 방안을 세 가지로 정리할 수 있다. 첫째, 기존의 전면철거에 의한 대규모 공동주택단지로의 개발이 아닌 소규모 개발여건에 따라 순차적이고 점진적인 개발, 둘째, 각각의 가구를 계획의 단위로 하여 기존의 물리적 환경을 유지하고 축척된 도시조직을 반영하는 개발, 셋째, 지속적인 소규모 개발에 있어서 관리를 통한 미래상을 제시할 수 있는 개발이 이루어져야 한다. 따라서 다가구·다세대 주택지역은 일률적인 단지식 개발에서 탈피한 소규모개발을 통하여 도시조직·지역경관과 생활공간 등과 같은 지역특성을 존중하는 개발이 가능하다는 점과 각 필지에만 한정된 일률적인 법제적용을 통한 개발이 아닌 도시적인 시각이 선행된 가구단위계획을 적용할 때, 기존 주거환경의 근본적인 개선을 이룰 수 있는 장점이 있어야 한다.

(참조: 홍민우·이석정, "토지구획정리 사업으로 조성된 다가구·다세대주택 지역의 주거환경 개선방안," 한국도시설계학회지, 11(5), pp. 21~36, 2010)

제8절 친환경을 고려한 건물공간

(1) 공간디자인

현재 전 세계가 추구하고 있는 저탄소 녹색성장에 부응하기 위해서 우리나라도 실정에 맞는 저에너지 고효율 빌딩을 위하여 많은 노력을 해야 할 것이다. 영국, 미국, 일본 등은 각각 친환경성을 평가하는 기준을 이미 정비하였으며 우리나라도 친환경 건축물인증 제도를 도입하고 이를 시행하고 있지만 사용자에게 직접적인 영향을 주는 친환경 실내공간을 평가하는 기준이 비교적 미흡하다.

미국 그린빌딩 협의회에서는 인증받은 6개의 건물을 대상으로 그린빌딩

등급평가기준에 의해 실내 환경에 적용될 수 있는 지속가능성의 지침과 세부전략을 고찰한 결과 자료와 자원항목에 대한 더 많은 기준과 연구가 필요하다는 것을 알게 되었다. 또한 수준 높은 친환경 실내공간을 위해 보충되어야 하는 항목으로는 공간의 심리성과 쾌적성을 고려한 시야가 확보된 공간, 층고의 여유, 휴식 공간, 공간디자인의 형상, 대체 공간(back up)의 확보 등이다. 또한 서비스의 증대로 내부 장식 계획과 편리하고 넓은 수납, 고도의 정보통신설비, 장애인에 대한 고려, 유지관리를 고려한 종합적인 대책, 내용연수의 연장을 위한 자재, 부품, 부재, 마감재의 수명을 고려하여 적절한 교체시기 등을 설정하여야 한다. 또한 건물을 폐기하지 않고 친환경적으로 리모델링하여 건물의 수명을 연장시키고 새로운 건물에 투입되는 재료의 생산, 수송, 건설, 유지 등에 소모되는 에너지를 보존할 수 있는 건축물 리사이클링이라는 총체적 개념 도입, 태양열로 대표되는 자연에너지를 최대한 활용하도록 설계하여야 하고 낭비되는 에너지를 유효하게 사용하여야 한다.

(참조: 남경숙 · 윤소연 · 한지은, "미국의 친환경건물에 의한 실내디자인 현황 및 특성연구," 한국디자인문화학회지, 17(02). pp. 145~159, 2011)

(2) 아파트단지의 수경시설

수공간과 관련된 환경친화적 계획을 위한 개선방안으로 3가지 항목을 설정할 수 있다.

① 생물서식공간 조성

단지 내에 실개천 및 연못에 정기적인 수질 검사와 관리를 통하여 수질개선함으로써 자연적 또는 인위적인 생물의 서식공간을 마련하며, 또한 생물들이 서식할 수 있도록 수질 내의 산소공급 및 정기적인 생물들의 먹이요소 등의 관리가 철저하게 이루어져야 한다. 이를 위해서는 주민들의 꾸준한 관심 및 관리자들에게 책임을 부여하는 방안들을 모색해야 할 것이다.

② 친수공간 조성

단순한 시각적인 수공간의 기능을 벗어나, 아이들이나 주민들이 직접 수공간을 만지고 느낄 수 있는 통합적인 수공간의 설계가 요구된다. 이에 앞서 언급한 바와 같이 입주자들이 믿고 만지고 느낄 수 있도록 수질관리가 우선시 되어야 하며, 그 후 단순한 물 흐름의 수공간이 아닌 놀이요소 또는 휴식공간의 결합이 필요하다.

③ 주민참여 및 학습공간 조성

주민참여 및 학습공간으로써의 수공간을 조성하기 위해서는 생물서식공간 조성 및 친수공간 조성에 필요한 수질개선 및 수공간의 놀이요소 결합과 더불어 단지 내의 공동사회 동호회 등을 이용하여 참여 및 학습을 홍보하고 끊임없는 관심과 건의를 유도하여 주민을 위한 진정한 의미와 기능을 할 수 있는 수공간을 만들어 나가야 한다. 수경시설이 거주환경의 쾌적성에 대한 중요성과 인간의 심신의 건강 및 삶의 질까지 결정하는 중요한 요소라는 것을 인식해야만 한다.

이러한 인식 변화는 공동사회(community)나 학습활동을 통하여 공동체를 형성함으로써 거주환경에서 인간의 쾌적성을 위한 능동적이고 꾸준한 관리가 이어질 수 있을 것이다. 따라서 아파트가 더 이상 주거공간의 의미만이 아니라 주거와 친환경적인 요소인 수공간의 특성화된 설계는 입주자들의 삶의 질을 높여주고 참여와 학습을 할 수 있는 주거공간의 설계 및 시공을 하고 주거단지 내 계획 시 친환경 수경시설을 활용한다면 삭막한 현대사회의 인간의 심신을 보다 건강하게 하여 주거공간의 친환경적이며 쾌적성의 향상에 크게 기여할 것이다.

(참조: 김동찬, 김신원, 최주현, "친환경 계획요소를 적용한 아파트단지의 수경시설에 관한 연구," 한국디자인문화학회지, 16(04), pp. 79~88, 2010)

(3) 고층집합주거

에너지 소비는 현대사회를 유지하는 필수적 요소로서 공장, 자동차, 건물에서 난방, 냉방, 조명 등을 중심으로 사용되고 있다. 미국 에너지 정보국(EIA: Energy Information Administration)의 1995년 자료에서도 사무소와 같은 상업용 건물에서 사용되는 평균 에너지는 난방 22%, 냉방 18%, 조명 31% 등이며 주거의 경우 난방 36%, 냉방 8%, 조명 6% 등과 같이 현저한 차이가 있었고 이러한 에너지의 소비로 인하여 공해의 발생은 생태계를 파괴함으로써 이러한 에너지를 사용했던 인간에게 큰 재해의 요인으로 다가오고 있다. 건축가들이 건축설계를 할 경우 가장 친환경에 용이하면서도 확실한 방법은 자연형 디자인(passive design)을 통해 자연스럽게 에너지 사용량을 최소화함에 의하여 건물유지 경비의 절감과 공해물질 감소에 따른 환경파괴의 최소화를 이루는 것이다. 2006년 서울지역 기후를 토대로 연간에너지소비량을 알기 위하여 50층 규모 고층집합주거 형태의 변화에 따른 연간 에너지의 소비량을 난방, 냉방, 조명을 대상으로 각 건물의 동등비교를 위해 고층집합주거를 건축적, 구조적, 설비적으로 같은 조건이 되도록 모형화(modeling)하고 이를 에너지 모의관측(simulation) 도구인 eQUEST3-6을 이용하여 비교 분석한 결과 서로 다른 건물의 형태 및 방위에 따라 어느 정도의 차이는 있었으나 난방의 경우 에너지 소비는 1월과 2월에 집중되고, 난방의 경우에는 냉방에너지 소비에 비해 52% 더 많이 사용된다. 서울지역의 기후적 특징에 의해 4월과 5월, 9월에는 난방 및 냉방에너지의 사용이 거의 없다. 서울지역의 난방과 냉방에 소비된 에너지는 난방인 경우 절정(peak)은 1월이며, 이때 에너지 소비량은 전체 난방에너지의 30%를 차지하고 있고, 1월을 전후로 12월 그리고 2월 사이에 사용되는 난방에너지 사용량은 전체 난방에너지 사용량의 77.4%를 차지한다. 3월, 10월, 11월에는 22.6%를 사용하고 4월과 5월에는 전체 에너지 사용량에서 12.8%가 이용된다. 냉방의 경우 절정은 8월이며, 이때 사용되는 에너지 소비량은 전체 냉방에너지 소비량의 25%를 차지하고 본격적인 주거공간의 냉방은 6월부터 9월 사이에서 이루어진 것으로 나타난다. 또한 간헐적 냉방의 사용은 5월부터 10월까지이며 이때 사용되는 에너지는 건물유지를 위한 냉방시설까지 포함한 전체 냉방에너지의 89%를 차지한다. 이 중에서 7월과 8월 2달간에 전체 냉방에너지의 사용량은 전체에너지 사용량의 46%를 차지한다.

조명에너지 사용량에 대한 변화는 기후의 변화와 큰 연관관계를 갖지 않는 것으로 난방을 위한 에너지 사용량 다음으로 주거공간에서 많이 사용된다.

형태와 건물유지를 포함한 전체 에너지 사용량에 대한 변화를 보면, 19세기 이후 급속한 도시인구증가는 고밀도 고층도시를 형성하여 최소의 대지에 최대의 수용인원을 위한 고층 건물군이 형성됨에 따라 인간과 도시의 유기적 상호작용과 건물밀집에 의한 영향으로 공공적 행동공간으로서의 열린 공간요소와 함께 도시의 건물은 고층화되었다. 최근 건설되는 주거공간으로는 인구가 밀집된 도시를 중심으로 40층을 초과하는 주거건물수가 2,000개를 넘었으며, 지역에 상관없이 지속적으로 증가하는 추세이다. 이러한 추세로 증가할 경우 고층집합주거는 12층 규모의 판상형 아파트에 비하여 건물의 유지관리를 위한 에너지의 사용이 증가하게 될 것이다. 즉 고층집합주거에서는 난방, 냉방, 조명을 제외한 기타의 에너지 사용요소로서 온수, 환기팬, 펌프, 기계장치 등이 기존 아파트에 비해 더 많이 요구되어 진다. 특히 환기를 위한 팬이나 엘리베이터 로비에서의 냉난방 등이 부가적으로 요구되어질 것이다.

건물유지를 위해 사용되는 총 에너지를 보면, 연면적 167,692m^{2}인 50층 규모의 고층집합주거를 유지하는 연간 에너지소비량은 삼각형태의 건물형이 가장 열악한 것을 나타났다. 이 중에서도 꼭지점이 북측으로 향한 삼각형태가 연간 35,130,000kWh으로 23,642,490kg의 CO_2를 방출하며, 가장 효율적인 건물형태는 정사각형으로서 연간 33,000,000kWh의 에너지를 소비하고 있었다. 이는 삼각형태에 비해 2,130,000kWh 적게 에너지를 사용하는 것이며, 북측 삼각형태에 비해 연간 1,433,490kg의 CO_2를 적게 방출하는 것을 의미한다.

인간과 도시의 유기적 상호작용과 건물밀집에 의한 영향으로 공공적 행동공간으로서의 열린 공간요구와 함께 도시의 건물은 초고층화되어 최근 건설동향을 보면 40층을 초과하는 주거건물이 증가하고 있다. 고층집합주거에서는 단위세대뿐만 아니라 건물을 유지하기 위한 유지관리비 소비도 고층화될수록 높아진다. 따라서 향후 공동에너지 사용량의 절약을 위한 친환경적 건축을 위한 고층집합주거 건물을 계획할 경우, 초기계획단계에서 어떤 부류의 건물형태를 설계하든 어느 만큼의 에너지 사용량에 대한 변화가 있는가를 개괄적으로 비교분석한 결과를 바탕으로 초기설계단계에서 고층집합주거의 건물형태를 통해 친환경측면에 어떠한 건축적 접근방법이 가능한지를 고찰하고 개선방법을 추구해야 할 것이다. 이러한 건축설계를 통한 노력은 자연환경의 보존과 함께 지속성장할 수 있는 인간의 미래를 위해 필연적으로 다루어져야 할 과제이다.

(참조: 조종수 · 이병호 · 여영호, "친환경을 고려한 고층집합주거 건물형태 비교분석 연구," 대한건축학회지, 24(02), pp. 31~41, 2008)

(4) 초고층 주거건축시 지형공간배치의 개선

초고층 주거건축의 개선을 위해 친환경적으로 개선하여야 할 항목은 다음과 같다.

① 배치계획에서는 시각적 위압감 해소, 지형요소와 바람길 고려, 차량 동선과 보행자 동선고려, 가로 공간의 연속성 고려를 통한 개선 방안이 요구된다.

② 형태계획에서는 기형적이고 단순한 건물 형태로 인한 경관과의 부조화 탈피와 인간적 규모(scale)의 저층부 디자인, 공기와 빛, 열의 흐름을 유도하는 형태, 수직녹화 등을 통한 다양한 경관 표현의 시도가 필요하다.

③ 입면계획에서는 풍부하고 볼륨감이 있고, 다양한 면분할을 통한 입면 구성이나 자유로운 유기체적 입면구성과 바람, 열, 빛 환경에 대응하는 외피 구성에 대한 개선 방안도 요구된다.

④ 평면계획에서는 열적 완충 공간 조성이나 공기순환과 소음을 고려한 실 배치가 요구되며, 획일적이고 일률적인 공간배치를 탈피하고 좀 더 적극적인 융통성과 가변성 확보를 위한 체계가 요구된다.

⑤ 태양전지와 태양열, 지열, 풍력 등의 자연에너지 이용에서는 좀 더 계획적이고 적극적인 도입이 요구된다.

⑥ 자원절감 및 폐기물 저감 계획에서는 수자원 절약을 위한 중수와 우수 활용을 위한 집수, 저장, 정화, 분배 체계의 체계적 접근이 필요하며, 재료와 자원절약을 위해 건축 재료의 사용절감을 위한 내구성을 고려한 구조나 적극적인 공간 가변성의 확보가 필요하며 재사용, 재활용 재료의 적극적인 이용과 지속가능한 경량 재료의 사용이 요구된다. 에너지 절감을 위해서는 다양한 자연에너지의 이용과 에너지를 절약할 수 있는 고효율 열원, 조명, 빌딩관리 설비 등이 필요하다.

⑦ 자연형 건축 환경설계에서는 적극적인 자연형 설계가 필요해 보이며, 특히 자연환기는 실내공기 질과도 밀접한 관계가 있으므로 미량의 상시 연속 환기체계, 이중·삼중외피적용, 외부 바람의 영향을 적게 받으면서 충분한 개폐가 가능한 창호설치, 통풍슬릿 등의 적용이 요구되며, 자연채광도 태양광 조절과 차단을 동시에 할 수 있는 조절 가능한 창유리나 차양막을 갖춘 커튼월 등의 적용이 요구된다.

⑧ 자연친화 체계에서는 생태조경의 적용과 가로공간과 단지주변 보행공간을 포함한 건축 주변 녹화, 다양한 방식의 건축 입체녹화, 수생 비오톱(biotope), 수공간의 도입과 건물내부에 자연친화적 공용 공간의 조성이 필요하다.

향후 환경친화적 초고층 주거 건축은 환경 친화적 공간배치방향으로 이루어져야 할 것이다.

(참조: 김자경·남경숙, "서울시 초고층 주거 건축의 특성 및 개선 방향에 관한 연구," 서울시도시연구지, 9(02), pp. 63~82, 2008)

(5) 초고층 주거의 실내공간

국내도시의 주거문화가 초고층화되면서 새롭게 나타나는 주거환경에서의 다양한 문제점을 인식하고 쾌적한 실내공간조성을 위해서는 구체적인 대안을 고려해야 한다. 국내·외 친환경 건축인증제도에 관한 실내 환경 평가항목을 종합하여 이를 국내 초고층 주거의 친환경적 실내공간구성에 적용해 본 결과 다음과 같은 사항이 나타났다. 평면계획에서는 최대한 외기에 접하게 하여 전망과 개방성을 고려하여 자연채광을 해결하였고, 라이프사이클에 대응하여 미래의 변경가능성을 고려한 확장형 발코니, 발코니 창고, 확장형 안방구조, 공간을 구분하는 벽을 미서기문이나 미닫이문으로 구성하여 가변성을 주었으며, 완충공간으로 각 세대 현관에 방풍실을 설치하고, 폴딩 도어로 중문을 설치하는 곳이 많았다. 그러나 에너지 절약이나 공기 순환을 위한 공간배치, 칸막이의 모듈화나 부품화를 위한 다양한 가변성과 융통적인 공간구성이 이루어지지 않았으며 일반적인 친환경 주거 건축의 주요 특징인 실내녹화를 포함한 공용공간의 구성, 이중·삼중 외피나 아트리움, 태양광 과열방지 체계 등 온열환경 대책, 자연환기나 실내공기 질 개선과 관계되는 공기환경에 대한 배려도 매우 적게 나타났다.

이에 향후 국내 초고층 주거의 친환경적 실내 공간 구성을 위해서는 적용되지 않은 항목을 중심으로 고려하여 개선되어야 할 사항은 첫째, 자연친화적 실내 공용 공간 조성으로 내·외부 연결 공간 건축녹화나 실내 조경 조성, 자연친화적 공동 공간 조성이나 옥상이나 중정, 아트리움을 이용한 윈터가든 조성이 요구되며,

둘째, 적극적인 자연환기나 통풍, 태양광조절 및 차양 장치, 자연채광, 바람통제 유도, 자연 난방, 소음감소를 위한 자연형 설계가 요구된다. 셋째, 쾌적하고 건강한 실내공기 환경을 위해 건강재료나 지역재 등 친환경 재료마감이 요구되며 철저한 공기정화 작업이 필요하다. 넷째, 평면계획과 장기내구성 측면에서 건축 재료의 사용절감 및 내구성을 고려한 구조나 설계가 처음부터 적극적인 공간가변성 확보를 위한 지형공간계획이 필요하다는 것을 알 수 있었다.

향후 초고층 주거의 증가율을 고려할 때 초고층 주거의 친환경성 확보는 필수적이며, 특히 우리가 가장 많이 신체와 접촉하고 삶을 이어나가는 실내 공간에서의 친환경성 확보는 대단히 중요하다.

(참조: 김자경, "국내 초고층 주거의 친환경적 실내 공간 계획 및 개선방안 연구," 한국실내디자인학회지, 17(03), pp. 23~33, 2008)

제9절 범죄예방 환경설계

범죄예방 환경설계는 건축환경(built environment) 설계를 통해 범죄를 예방하고자 하는 연구 분야로, 셉테드(CPTED: Crime Prevention Through Environmental Design)라고도 한다. CPTED는 범죄학, 건축학, 도시공학 등의 분야에서 중요한 과제로 설정되고 있다.

범죄예방을 위한 환경설계란 적절한 설계 및 건축환경의 효과적인 활용

을 통해 범죄발생 수준 및 범죄에 대한 두려움을 감소시키고 삶의 질을 향상시키는 데 뜻을 두고 있다. CPTED의 원리와 수행은 연구자에 따라 조금씩 차이가 있으나 대체로 자연적 감시(건물 · 시설물의 배치에 있어 일반인들에 의한 가시권을 최대화하는 전략), 자연적 접근 통제(보호되어야 할 공간에 대한 출입을 제어하여 범죄 목표에 대한 접근을 어렵게 하고 범죄 행위의 노출(발각) 가능성을 높이는 설계 원리), 영역성(주민에게 거시적인 영역의 소속감을 제공하여 범죄에 대한 관심을 높이고 잠재적 범죄자에게 그러한 영역성을 인식시키는 것) 등 세 가지 기본원리와 활동의 활성화(주민들이 함께 어울릴 수 있는 환경을 조성하여 자연적인 감시 활동을 강화하는 것), 유지 및 관리(시설물을 깨끗하고 정상적으로 유지하여 범죄를 예방하는 것으로 깨진 창문 이론과 그 맥락을 같이하는 것) 등 두 가지 부가 원리로 이루어진다.

기존 시가지에서 날로 증가하는 범죄를 예방하기 위한 범죄환경설계(셉테드: CPTED)기법에 관한 국내 · 외 현황과 국내도입에 관하여 언급을 하겠다. 영국에서는 방법환경설계제도를 제정하여 1992년부터 표준 규격화된 실험기준과 경찰의 심의를 통과한 건축자재나 건축물에 인증을 부여하고 있으며 네덜란드에서는 경찰안전주택인증제도를 1994년에 도입하여 1996년부터 전국에 확대 실시하여 표준에 부합되는 건축재료나 구조에 인증을 부여하고 이다. 이에 대하여 네덜란드에서는 연간 주거침입절도가 1997년 12만 건에서 2000년에는 8.2만 건으로 줄었다고 한다. 국내에서 CPTED를 정책에 반영한 것은 2005년으로 판교 신도시, 서울시 뉴타운사업이었으며 관련 학계 및 연구기관 등에서 제도화 및 표준화연구가 이루어졌다.

(참조: 박현호 외(2006, 2007), 신의기 외(2008),
박형민 외(2006, 2009), 이현택(2009))

범죄원인에 대한 주요 이론에 의하면 범죄의 발생은 범죄자의 심리적 상태뿐만 아니라 환경적인 요인에 많은 영향을 받는다고 한다. 범죄예방환경설계에 대하여 공간단위별특성, 상업지역보행로공간의 조명, CPTED기법의 국내도입 및 정착화에 관한 선행연구성과를 중심으로 기술하기로 한다.

(1) 지형공간단위별 특성

지형공간환경특성에 따른 범죄발생특성을 보면 도시단위차원에서의 범죄밀도를 줄이는 방안으로는 상업지역 비율을 낮추는 것이 효율적이나 이는 사회적 갈등을 일으키고 도시의 활성도 저해 등의 문제를 유발할 수 있으므로 상업지역 비율을 줄이기보다 도시계획측면에서 상업가로 환경조성 및 도시환경 정비 등의 설계기법의 적용과 경찰행정측면에서 CCTV설치 등의 행정력집행이 요구되고 있다. 다세대주택 비율을 통한 범죄밀도 감소방안으로는 다세대주택의 밀집성, 단차형성 등 주택구조적 문제 등으로 도시재건축, 재개발, 사업 등 관련도시 정비사업 시행시 효율적 범죄예방안을 고려할 필요가 있다. 지구단위차원과 범죄발생주택차원에서는 범죄발생주택에는 블록 내 도로구조에 의한 시야의 차폐 및 어두운 지형공간 발생, 좁은 인동간격(pitch of building)으로 인한 주택간 이동의 용이성, 경사지형의 주택단차로 인한 인접주택 이동 용이성, 동일 유형 주택의 밀집과 낮은 담장구조로 인한 이동 용이성 및 은폐물 제공, 분필로 인한 막다른 골목의 형성과 은폐공간을 제공하는 등의 블록 및 주택의 구조적 특성을 고려한 지형공간 설계를 적절히 함으로써 범죄 가능한 대상지 인근에 대한 시야선의 확보, 접근로 및 주거지 인근 주변 적합한 조명 설치, 안전을 위한 지형공간설계 목적의 분명화 등이 요구되고 있다.

구체적으로 도로구조의 경우 굴곡을 최소화하고 도로 주변의 주택으로부터 자연적 감시가 확보될 수 있는 설계가 필요하다. 좁은 인동간격, 지형에 의한 단차 형성, 주택의 담장 유형에 따른 문제는 주택설계 시 규모 이상의 건물로 설계함으로써 건물간 인동간격을 확보하고 좁은 담장 및 주택간 단차를 해야 한다. 또한 도로구조 및 지형적 취약점을 보완하기 위해서 분필에 의한 막다른 골목의 형성은 개발행위허가 제한 등의 제도적 기법을 활용하여 분필을 최소화하여야 한다. 관리 당국에서는 제도, 정책적 방안으로써 서민 위주의 기성 노후불량주택을 셉테드의 우선 고려 대상으로 하며, 신도시 계획 과정의 초기단계부터 셉테드 개념을 반영하는 것, 국가경찰과 주민자율방범대에 셉테드를 접목하는 계획, 민간경비 및 탐정업무에 셉테드를 병용하는 방안, 방법안전설계 인증(SBD)제도의 국내도입 등을 추진하여야 한다.

(참조: 정재경, "범죄발생 특성분석을 통한 범죄예방환경설계(CPTED)에 관한 연구," 한국경찰이론과실무학회지, 5(0), pp. 113~181, 2009).

(2) 상업지역 보행로 지형공간의 조명

서울에서 범죄율이 가장 높은 지역에 위치한 "상업지역" 보행로의 범죄안전 환경조성을 위한 조명계획현황에 관하여 첫째, "상업지역" 보행로의 범죄안전 환경 조성을 위하여 균등한 밝기를 확보할 수 있는 조명계획이 필요하다. 즉 "상업지역" 보행로의 범죄안전 환경 조성을 위해 조명기기의 최대조도 및 최소조도의 차이를 줄여야 한다. 특히 보조광원은 "상업지역" 보행로의 최대조도 증가에 많은 관련이 있으며 해당 지역의 조도 차이를 증가시키고 있다. 이러한 조명환경은 "상업지역" 보행로에서 상대적으로 과도하게 어두운 공간을 만들어 범죄자의 은폐공간을 제공하고 이용자로 하여금 해당 지역에서 범죄 및 범죄 불안감을 유발시킬 수 있다. 따라서 "상업지역" 보행로에 위치한 상업공간의 간판, 옥외광고물, 상점 입구 조명 등에 대한 수와 밝기의 규제 및 관리를 통해 "상업지역" 보행로에서 균등하고 적절한 밝기를 확보하여 범죄안전 환경을 조성할 필요가 있다. 이를 위해 보조광원의 밝기는 눈부심을 방지할 수 있도록 계획해야 하며 균일한 밝기가 유지되고 명암의 차이가 적도록 설치되어야 하나 건축물의 진출입 공간, 표지판, 입구와 출구는 조명을 충분히 밝힐 수 있도록 계획해야 한다.

둘째, "상업지역" 보행로의 범죄안전환경 조성을 위하여 가로등의 확보가 필요하다. 이를 위하여 전반적으로 가로등의 적절한 수량 및 간격의 확보, 주변 보조광원의 위치를 고려한 위치 선정, 보행로의 음영지역 제거, 유지관리 등을 고려해야한다. 우선 "상업지역" 보행로에서 이용자의 수가 적은 특정 지역이나 상업공간의 영업시간이 종료된 심야시간에 조명이 부족할 경우 범죄 및 범죄 불안감을 유발시킴으로써 해당 지역을 낙후시키는 결과를 초래할 수 있다. 이를 위해 야간의 이용도가 떨어지고 다른 용도지역과 연결되는 "상업지역" 보행로의 경우 가로등을 집중 배치할 필요가 있다. 이는 가로등을 통해 "상업지역" 보행로의 적절하고 균등한 조도 및 균제도를 확보하고 지역별, 시간별 조명환경의 차이를 줄여 범죄안전 환경을 조성하고자 함이다. 또한 "상업지역" 보행로 가로등의 효율적인 활용을 위해 주변 보조광원과 중복되지 않고 음영지역을 제거하는 측면에서 적절한 높이를 고려한 위치 선정이 필요하다. 한편 점등률, 균제도 및 정정 조도 확보 측면에서 가로등의 지속적인 유지관리를 통해 조명기기의 효율 증대와 광원의 노후화를 방지하여 "상업지역" 보행로의 적절하고 균등한 밝기(주택가 주변의 골목, 공터 등에 가로등을 설치, 보행로에서 그늘진 곳, 보이지 않는 곳에 조명 연결이 끊어지지 않도록 계획하며 "주거지역" 및 "공업지역" 등으로 유입되는 공간과 안내 표지판, 인근 주거공간의 입구와 출고에 대하여 충분히 밝은 조명 유지)를 확보해야 한다. 전반적으로 15m 이상 충분한 거리에서 식별이 가능하도록 밝기를 유지하되 낮은 조도의 조명을 많이 설치하여 그림자가 생기지 않도록 해야 한다.

셋째, "상업지역" 보행로의 다양한 환경적 특성을 고려한 범죄안전 조명 계획이 필요하다. 즉 "상업지역" 보행로는 차도와 접하거나 다른 지역을 연결하기도 하고, 다양한 시설의 출입구가 혼재되어 있으며 골목이나 공터 등 다른 보행로 및 공공공간을 연결하기도 한다. 이는 "상업지역" 보행로의 이용자가 다양한 환경에 노출되어 있으며 이로 인한 범죄 위험에 처하거나 범죄 불안감이 유발될 수 있음을 의미한다. 따라서 "상업지역" 보행로의 조명 계획은 차로와 보행로를 동시에 모두 밝힐 수 있도록 하고, 특히 범죄 안전 환경 조성 측면에서 대중교통 시설의 조명계획을 강화시킬 필요가 있다. 이를 위해 다음과 같은 조명계획 방안이 필요하다. 즉 조명을 가리지 않도록 조명 주위의 나무 등 식재에 관한 계획이 필요하다. 또한 야간 사용 빈도가 떨어지는 지형공간의 조명은 도로에 사용되는 것과 같은 수준의 조명을 설치해야 한다. 특히 보행로와 차도가 접하는 공간의 경우 가로등은 차도만을 밝히지 말고 보행로도 함께 밝히도록 계획하고, 차도와 보행로가 함께 있는 도로에서는 보행자용 조명을 설치해야 한다. 또한 버스정류장, 택시 승강장 등에 조명을 설치하고 도로에 설치된 조명은 10m 전방에서 사람을 식별할 수 있는 조도를 유지해야 하며 조명에 대한 전반적인 유지관리가 필요하다.

"상업지역"의 범죄안전 환경 조성을 위해서는 다양한 환경적 변수의 고려가 필요하다. 특히 "상업지역"의 경우 다른 용도지역과는 달리 해당 지역에 위치하고 있는 상업 업종의 영향이 큰 이유는 상업업종에 따른 이용 활성화 및 야간 이용 시간의 증감에 큰 영향을 미치기 때문이다. 전반적으로 "상업지역"에서의 조명계획은 상업적 목적으로 광고효과를 높이기 위해 옥외 간판 등의 보조광원의 수도 갈수록 증가하고 있는 실정이다. 이에 따라 "상업지역"은 밝아졌지만 아름다움이나 쾌적성, 안정성 등은 기대에 미치지 못하고 있으면 범죄예방을 위한 조명계획의 지침 및 적용 또한 미미한 실정이다. 전반적인 "상업지역"의 범죄 안전 환경조성을 위해 "상업지역"의 조명계획과 이용자의 범죄 및 범죄 불안감 상호간의 관계를 파악하여 보다 실질적이고 구체적인 "상업지역"의 범죄안전 조명계획에 관한 적절한 방안의 제시가 필요하다.

(참조: 이효창 · 이제화 · 김대진 · 하미경, ""상업지역" 보행로의 범죄안전 환경을 위한 조명계획 방향에 관한 연구," 서울시정개발연구원, 12(1), pp. 73~89, 2011)

(3) 범죄예방 환경설계 기법의 국내도입 및 정착화

사회전반에 걸쳐 심각한 문제로 대두되고 있는 도시공간에서의 범죄증가를 예방하고 안전한 도시를 만들기 위해서는 경찰력에 기반을 둔 전통적인 범죄 예방활동만으로는 한계가 있다. 이를 극복하기 위해서는 현대도시의 특성에 맞는 도시환경 구축 및 정비를 통해 범죄유발 요인을 억제할 수 있도록 하는 방안이 마련되어야 한다. 이를 위해 CPTED는 범죄자의 범행동기를 유발하는 취약공간을 사전에 제거하여 범죄로부터 시민의 안전을 확보할 수 있어 범죄예방을 위한 매우 효과적인 방법이다. CPTED에 의해서 거주자의 사회적 활동이나 소속감, 공동체 의식 등 사회적 결속을 높이고 시민의 관심과 참여를 이끌어 내며 궁극적으로는 범죄에 대한 두려움을 줄이고 범죄 또한 예방할 수 있는 방법이다. 선진국들은 범죄예방과 감축을 위한 핵심전략의 하나로 CPTED를 선택하여 구체적으로 실천하고, 그 효과성을 여론수렴과 연구를 통해 최선의 CPTED방식을 찾아가고 있다. 이러한 국제적 추세에 걸맞게 국내에서도 도시공간에서 마련되어야 할 안정성을 확보하여 살고 싶은 도시를 만들기 위한 노력의 일환으로 실용적이고 구체적인 CPTED제도를 신중히 검토 및 도입하여야 한다. 우리나라 도시환경특성에 적절하게 안전하고 쾌적한 도시지형공간을 조성할 수 있는 CPTED의 한국적 도입 및 정착화를 위한 항목들은 다음과 같다.

① 범죄예방 환경설계에 대한 인식 확산

CPTED를 기획하고 행할 예산과 권한을 가진 경찰과 국토해양부 등 중앙정부 및 지방정부에서 CPTED의 필요성과 중요성에 대한 인식이 전제되어야 할 것이다. CPTED는 국토해양부 등 관련 부처 및 기관들 간의 상호 의사소통과 업무 협력이 필요한 경우가 많으므로 국토해양부 담당 공무원들이 합동 교육을 받거나 워크숍이나 세미나를 개최하여 상호 이해의 폭을 넓혀가야 한다. 동시에 지방자치단체 단위에서는 해당 지역의 경찰, 지자체, 공사 등과 협의를 통해 CPTED가 전반적인 도시계획 전략에 포함이 될 수 있는 통로를 마련해 주어야 하며, 도시 및 건축 관련 학회와 협회 및 연구소 차원에서, 그리고 언론과 방송 등 미디어 차원에서의 홍보와 PR도 같은 맥락에서 이루어져야 할 것이다.

어떤 장소에서 어떤 종류의 범죄나 범죄 피해에 대한 두려움 문제가 어느 정도 심각한지에 대한 정확한 분석이 이루어지고 관련된 주민, 기관, 단체들에게 범죄에 관한 시각적인 자료들을 활용하여 문제에 대한 심각성을 쉽게 이해할 수 있게 하여야 한다. 아무리 좋은 취지의 제도라고 하여도 주민들이 받아들이지 않으면 성공적으로 시행할 수 없기 때문이다.

② 범죄예방 환경설계 관련 연구 환경 조성

국내에서 이루어진 CPTED의 연구들은 아파트 단지와 같이 다소 지엽적인 공간에서 발생하는 '장소적 특징과 범죄' 간의 상관성에 대한 분석이 주를 이루어지고 있으며 지구 규모의 거시적 CPTED연구는 이루어지지 않고 있다. 특히 도시 환경 전체에 대한 도시 설계지침으로 활용하기 위해서는 지리적으로 거시적인 연구가 필수적이다. 특히 연구를 위한 범죄관련 자료에 의한 경찰의 공식 범죄발생 통계만으로는 실제 주민들이 당하고 있는 범죄피해의 수준을 알 수 없다. 각 시 · 군 · 구 지역단위로 범죄피해 조사를 실시하여 정확한 범죄종류, 장소, 시간대별 피해 현황을 경찰의 공식 통계를 분석하여야 보다 정확한 연구시행 및 결과가 도출될 수 있을 것이다.

③ 정부차원의 범죄예방 환경설계 관련 법규 정비

범죄로부터 안전한 도시를 만들기 위해서는 경찰청만의 과제가 아니라 범정부적 차원에서 검토되어야 할 것이다. 도시계획 및 설계, 건축계획, 설계, 범죄학, 범죄 예방학 등이 공동으로 참여하여 CPTED 추진상의 법규와 실무적인 쟁점들을 수렴한 높은 수준의 지침서 제정 및 이를 근거로 지방조례에 CPTED 전담 경찰관들이나 학자들이 자연스럽게 참여하여 공식적인 자문 역할을 담당할 수 있는 환경조성이 이루어져야 할 것이다.

④ 방범설계제도 인증 및 표준화 시도

범죄예방을 위해 시설물이 범죄에 안전하다는 인증을 부여함으로써 이러한 인증을 받은 시설물의 경우 범죄에 있어서 안전한 지역으로 이용자들이 인식할 수 있는 제도적 장치를 갖출 필요가 있다. 또한 조명, 대피로, 문, 유리창, 장금장치 등과 같은 도시 및 건축 관련 시설물에 대해 시민들의 안전을 보장할 수 있는 최적의 환경조성을 이룰 수 있게끔 설계의 표준화 추진도 필요하다. 현재 경찰청은 범죄예방 환경설계 표준화 추진 5개년 계획을 수립하여 기술표준원과 더불어 이에 대한 방안을 추진하고 있다.

(참조: 이재선 · 박현호 · 오세경, "환경설계를 통한 범죄예방(CPTED)의 한국적 도입을 위한 예비적 고찰," 한국지역개발학회지, 20(2), pp. 213~232, 2008)

제10절 경 관

(1) 개 요

경관(景觀, viewscape)은 인간의 시지각적(視知覺的) 인식에 의하여 파악되는 공간구성에 대하여 대상군(對象群)을 전체로 보는 인간의 심적현상이다. "경관"이라고 하는 경우는 여러 개의 대상 또는 대상군 전체를 보는 것을 말하며, 더욱 추상적인 표현으로는 대상(또는 대상군)이 전체적으로 보여지는 상태라 할 수 있다.

경관현상에는 대상이 되는 물리적 사실뿐만 아니라, 대상을 보는 인간의 심리적 또는 생리적 사실도 고려해야 한다. 즉, “경관이란 대상(또는 대상군)의 전체적인 조망이며, 이를 계기로 형성되는 인간(또는 인간집단)의 심적(심리적 또는 생리적) 현상”이라고 말할 수 있다. 경관은 시각적, 객관적, 개선 가능한 것을 뜻하나 경색이나 경치는 감상적, 주관적, 개선 불가능한 것을 뜻한다.

환경에 관한 지형 및 공간의 유형적(type) 사고방식에서 지표적인 방법에 의한 정량화와 정량적인 경관관측을 위한 표현방법이 발전되어 감에 따라 경관관측의 효용성이 날로 증대되고 있다. 경관관측은 녹지와 여공간(餘空間)을 이용하여 휴식, 산책, 운동, 오락 및 관상 등을 목적으로 하는 도시공원조성이나 토목구조물 등이 자연환경과 이루는 조화감(調和感), 순화감(順和感), 미의식(美意識)의 상승(上昇) 등을 고려하는 데 이용된다. 대상이 환경과 조화감, 순화감, 미의식의 상승을 이루는 것을 경관의 3요소라 한다. 경관관측의 궁극적인 목적은 인간의 쾌적한 생활공간을 창조하는 데 필요한 조사와 설계에 기여하는 데 있다. 경관에는 차경(借景), 첨경(添景) 등을 많이 이용한다.

(2) 경관의 구성요소, 지점 및 형상적 분류

① 경관의 구성요소

일반적으로 경관의 구성요소에 의하여 대상계, 경관장계, 시점계, 상호계로 구분된다. 경관은 인식대상이 되는 대상계, 이를 둘러싸고 있는 경관장계, 그리고 인식의 주체인 시점계가 있다. 또한 대상계, 경관장계 및 시점계를 구성하는 요인과 성격에 관한 상호성을 규명하고 이들 사이에 존재하는 관계계(關係界)가 있다.

② 지점경관의 구성요소

지점경관의 구성요소는 시점, 시점장, 주대상, 대상장으로 나눌 수 있다.

시점(視點, view point)은 경관의 성질을 규정하는 가장 기본적인 요인이다. 동일한 대상이라도 그것을 전망하는 위치에 따라 경관은 크게 달라지고, 전통적으로 좋은 풍경을 얻을 수 있는 시점의 위치를 선정하는 것은 경관설계의 중요한 부분을 차지한다.

시점장(視點場, viewscape setting here, view point field)은 경관을 얻을 때의 시점이 존재하는 "장"으로 시점 부근의 공간을 의미한다. 시점부근의 공간상태는 시점에서 얻을 수 있는 경관의 성질을 규정한다. 아무리 좋은 풍경이 펼쳐져 있어도 산림이나 건물에 구속되어 볼 수 없는 일은 자주 경험할 수 있다.

주대상(主對象, dominant object)은 경관의 주제가 물리적 대상 또는 대상군인 경우의 해당 대상 또는 대상군을 의미하며, 주제가 공간인 경우는 주대상이라 부르지 않는다.

대상장(對象場, viewscape setting there)은 전망하고 있는 대상군에서 전술한 시점장과 주대상을 제외한 모든 대상을 의미하며, 지점경관의 "배경" 즉, 주역이 되는 요소를 떠올리게 하는 배경적 부분을 나타낸다. 일반적으로 대상장은 면적으로나 대상의 종류에 있어서도 전망의 대부분을 차지한다.

③ 현상적 분류

경관은 포괄적인 현상을 개별요소로 분해하고 이들 요소와 관계가 있는 요소를 통해 전체를 재구성하려고 하는 요소주의, 구성주의 또는 대상군적인 접근방법으로 분류할 수 있다.

지점경관(地點景觀, scene viewscape)은 고정적인 시점에서 얻을 수 있는 경관을 의미한다.

이동경관(移動景觀, sequence viewscape)은 경관의 변화가 시점의 변화에 따르는 경관이다. 특히 시간에 따른 경관의 변화가 현저하거나 시점의 이동경로가 한정되고 의도적인 경우에 이동경관이라 한다.

장(場)의 경관은 한정된 시점에서의 전망이 아니라 복수 또는 불특정의 시점에서의 전망을 종합한 어떤 일정 범위 내에서 전망의 총체를 나타내는 형태의 경관을 장의 경관이라 하며, 삼림경관, 전원풍경, 도시경관은 장의 경관의 범주에 포함된다.

변천경관(變遷景觀, transition viewscape)은 비교적 긴 시간의 경과에 따라 대상이 변화해 가는 경관을 변천경관이라 한다.

(3) 시각특성

그림 10-3a 반전도형

흰 것을 배경으로 하여 보면: 꽃병
검은 것을 배경으로 하여 보면: 두 사람이 마주 보는 현상

그림 10-3b 다의도형

맞은편에서 보면: 소녀
옆에서 보면: 노인

그림 10-4 속도증가에 의한 동시야와 주시점 거리변화

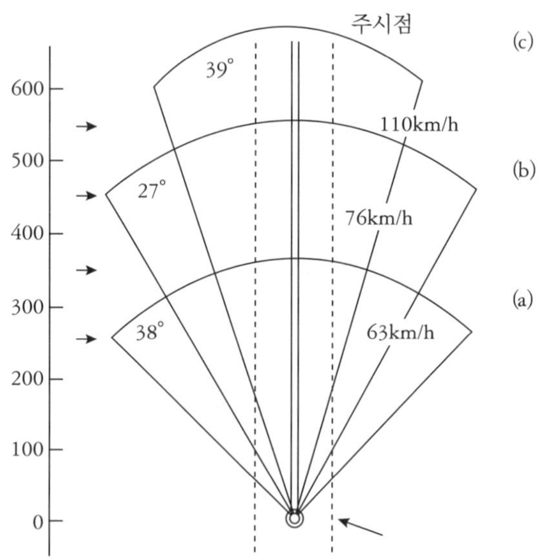

그림 10-5a 대인과 접견시 안정적 시준각

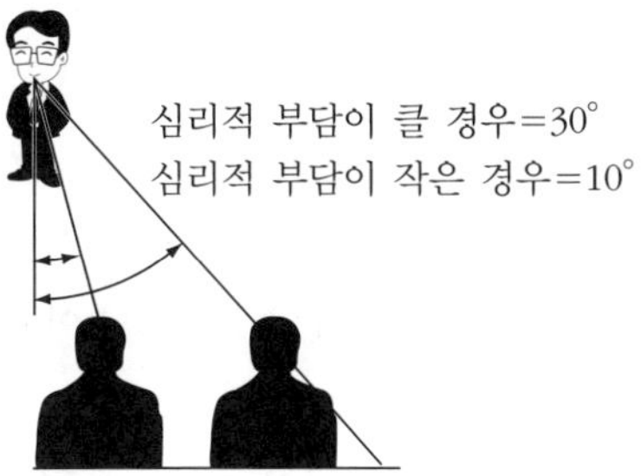

그림 10-5b 대상물 축선과 이루는 좋은 시준각(θ_A)

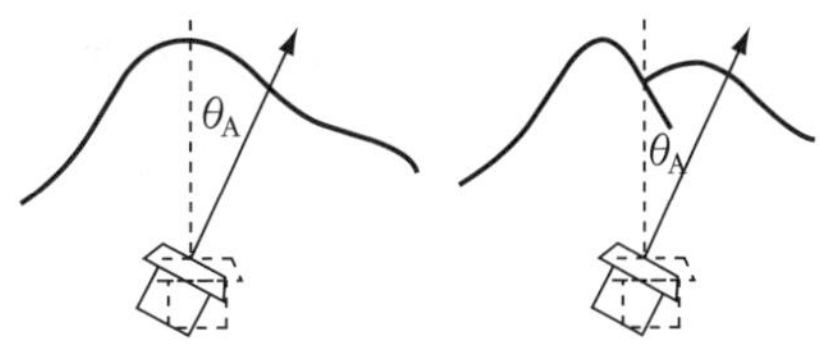

인간의 시지각에 의한 시야와 대상 상호 간의 관계는 〈그림 10-3〉, 〈그림 10-4〉, 〈그림 10-5〉와 같다.

(4) 경관의 정량화

경관의 정량화를 해석하기 위해서는 시각적 측면과 시각현상에 잠재되어 있는 의미적 측면을 동시에 고려하여야 한다.

경관을 해석하기 위해서 의미적인 것을 공학적으로 기술하는 것은 매우 어려우나 시각특성, 경관주체와 대상, 경관유형, 경관평가지표 및 경관표현방법 등을 통하여 경관의 정량화가 이루어지고 있다. 대상을 바라보는 인간의 시지각이 어떠한 특성을 갖고 있는지를 아는 것은 분석에 있어서 가장 기본적인 지식으로서 시야, 시력, 공간주파수에 관한 속성을 알아야 한다. 대상의 시각속성이란 바라보는 대상이 시각적으로 어떠한 특징을 갖는가를 의미한다. 여러 가지 사항을 고려할 수 있으나 일반적으로 대상의 크기(또는 규모), 형상, 색채, 질감을 주로 고려한다. 여기서는 지표, 주시대상물과 위치관계, 시점과 배경, 평가함수, 경관표현 등에 의한 경관의 정량화에 관해서 기술하겠다.

① 지표에 의한 방법

경관의 정량적 해석을 위하여 경관평가지표로 식별의 명확, 보는 범위에 따르는 시설물의 규모에서 받는 인상, 형태에 의한 인상, 부재구성의 아름다움으로부터 받는 인상 등을 기준으로 하여 가시(可視)·불가시(不可視), 식별도(識別度), 위압감(威壓感), 규모감(規模感, scale), 입체감(立體感), 변화감(變化感), 조화감(調和感)의 7개항으로 나누어 해석한다.

② 주시 대상물과 위치관계에 의한 방법

경관평가를 규정하는 기본요인으로는 관점과 주시 대상물의 위치관계 즉, 거리, 대상물을 보는 각도(수평시각과 수직시각, 대상물의 축선과 시축이 이루는 각) 및 기준면에 대한 시점의 높이로 나누어진다. 이때 시각은 주시 대상물 전체를 보는 시준선의 교각을 말하고 수평시각은 대상물에 대한 수평방향의 시점과 종점을 시준할 때의 각도를 말한다. 그리고 수직시각은 대상물의 특정부분의 상하단(예를 들어, 교량의 교탑의 정상과 수면)을 시준하는 각도이다.

가) 시거리

시거리는 시점부터 대상까지의 거리를 나타내며, 외관의 크기(s)는 대상의 크기(S)와 시거리(d)에 의해서 다음과 같이 나타난다.

$$s \propto S/d \tag{10.1}$$

나) 상향각(앙각)

상향각은 도시에 대한 주변부의 감각을 나타내는 지표로서, 광장과 가로의 분석, 설계에 이용되어 왔다. 벽면의 상향각 45°에서는 완전한 밀폐감(이보다 큰 상향각에서는 일반적으로 밀실공포증이 생김), 18°에서는 밀폐감의 최소값, 14°에서는 밀폐감이 없어진다.

다) 하향각(부각)

시점이 높은 곳에 있어서 대상을 내려다 볼 경우 주 대상에 대한 하향각의 크기에 따라 경관이 크게 변화한다. 하향각이 −30°∼−10°가 시각적으로 중요한 영역이나 호수나 항만의 경우 −8°∼−10° 정도의 시선이 수면에 도달하는 중요한 각이다.

라) 시선 입사각

경관을 구성하고 있는 대상을 가지각색의 크기와 각도를 갖는 면의 집합으로 생각할 수 있다. 안정된 시선입사각(수평각, 수직각, 시준선과 시설물축선이 이루는 각)은 다음과 같다.

(ㄱ) 수평시각

$$\theta_H \Rightarrow 10^\circ < \theta_H \leq 30^\circ$$

(ㄴ) 수직시각

$$\theta_V \Rightarrow 0^\circ < \theta_V \leq 15^\circ$$

(ㄷ) 시준선과 시설물 축선이 이루는 각

$$\alpha \Rightarrow 10^\circ < \alpha \leq 30^\circ$$

③ 시점과 배경에 의한 방법

시점과 배경의 위치관계(F_B)에 기인하는 요인은, 배경의 다양성으로 심리적 영향에 따라 인상이 크게 변하기 때문에 정량적 분석은 매우 곤란하다. 따라서 어느 시점에서 시계 내에서 잡은 전망에 대한 배경의 영향은 시점의 상태에 따른 영향, 배경과 대상물의 위치관계에 따른 영향, 배경의 상태에 따른 영향, 기상조건에 따른 영향의 5개항으로 나누어 배경과 경관도의 관계를 추출할 수 있다. 이 항목에 의하여 주시대상(注視對象)의 주위에 대한 환경상태(배경의 경관도)는 8개항에 따라서 규정한다. 즉 입지조건, 시준율, 대상시설물의 시준범위, 시점과 배경과의 거리, 하향각 및 상향각, 육해공의 비율, 배경의 시준범위 및 기상조건 등이다.

④ 평가함수에 의한 방법

시설물 경관의 평가지표는 앞에서 설명한 7개항(가시 · 불가시, 식별도, 위압감, 규모감, 입체감, 변화감, 조화감)으로 X_i, 이 지표에 의한 경관규정 요인은 수평시각(θ_H), 수직시각(θ_V), 시준선과 대상물 축선이 이루는 각(α), 기준면에 대한 시점의 높이(Δ_H), 대상물과 시점 간의 거리(D), 배경의 경관도(F_B)로 Y_i이다. 여기서 시설물 경관의 경관도를 E로 표시하면

$$E < f(X_i) \qquad (i = 1 \sim M)$$
$$X_i = g_i(Y_j) \qquad (j = 1 \sim N),\ (i = 1 \sim M) \tag{10.2}$$

의 관계식이 된다.

⑤ 경관표현에 의한 방법

가) 정사투영도에 의한 방법

정사투영도에 의한 방법은 설계자료를 그대로 이용할 수가 있어 조작하기에 용이하고 모든 조건을 정량적으로 판단할 수 있다고 하는 장점이 있지만 입체적 파악이 어려워 시각적인 면에서 현실성이 떨어진다는 결점이 있다.

나) 스케치 및 회화에 의한 방법

개략적인 묘사(sketch)는 각각의 영상을 개략적으로 파악하는 방법이며, 담채 스케치는 설계 비교안을 간단한 첨경과 함께 영상화한 다음 스케치상에 엷게 채색하는 방법이고, 채색(coloring)은 설계 비교안을 주변의 경관과 함께 상세하게 색으로 그리는 방법이다.

다) 투시도에 의한 방법

투시도에 의한 방법은 다른 시점에서 합쳐진 작도가 가능할 뿐 아니라 시각성이 양호하여 판단하기 쉬운 장점이 있으나 설계자의 주관이 포함되기 쉬우며 자연조건까지 포함하는 데는 제약이 따르는 단점이 있다. 투시도에 의한 방법은 투시도 제작에 시간이 많이 소요되지만 가장 많이 이용되고 있는 방법이다.

라) 사진 몽타주(photo montage)에 의한 방법

사진 몽타주에 의한 방법은 경관 정비의 경우에는 새로운 경관 구성요소의 그림을 개발계획의 경우에는 완성 예정인 구조물과 주변의 조형 부분의 그림을 현황사진에 합성한 몽타주(montage) 사진과 비교해서 영향의 정도를 평가하는 방법이다.

마) 색채모의관측(color simulation)에 의한 방법

구조물 색채 및 재질을 사진 내에 투영하여 입력한 요소를 광학적으로 처리하거나 변화시켜 검토하는 방법을 색채 모의관측이라 한다.

바) 비디오 영상에 의한 방법

비디오 영상에 의한 방법은 비디오에 의한 영상합성을 이용하는 방법으로 몽타주가 비교적 용이하고 장관도(panorama)경관 및 이동경관 등 시야가

연속적으로 변화하는 동경관을 처리할 수 있는 장점 이외에 시각성, 현실성, 정량성이 우수한 장점이 있다.

그러나 이 방법은 사진에 비해서 고가의 장비가 필요하며 색채의 질이 떨어지고 영상의 질도 약간 나쁜 단점이 있다.

사) 영상(image)처리에 의한 방법

전산기를 이용한 영상처리에 의한 투시도법은 우선 지형 및 구조물 등의 표고 및 위치 등 3차원자료를 전산기에 입력하고 수치형상모형(DFM)의 투영법에 의해 임의의 지점으로부터 조망한 투시도를 작성해서 특정 지점에서의 조망을 나타내는 방법이다.

아) 모형(model)에 의한 방법

모형(model)에 의한 방법은 구조물 및 지형 등과 같은 모형 재료에 의해 3차원 모형으로 표현하는 방법이다. 경관정비 및 개발계획 사업의 계획단계에서는 지형모형을 용이하게 만들 수 있으며 경관정비의 새로운 경관 구성요소 또는 구조물과 주변의 조형 부분의 모형을 더하여 경관 및 전망을 검토하는 방법이다.

(5) 경관의 적용

경관조성은 인간이 파괴로 인한 훼손된 대자연을 자연에서 얻어진 각종 경관재료를 활용하여 위안과 휴식, 편리, 오락, 보건위생, 적용 등의 목적을 충족시키기 위하여 입체적 공간으로부터 평면적 공간에 이르기까지 형태학적 또는 생태학적으로 연구, 계획, 분석을 통하여 설계하고 이를 시공 및 관리를 함으로써 인간이 생활을 영위하기 위한 환경을 개선하는 것을 목적으로 한다.

경관의 적용에는 경관해석(도시, 도로, 수변공간, 사회기반시설물 등에 관한 경관 조성), 조경관리, 공원녹지계획, 자연환경조사, 인문사회환경조사, 전산지원해석, 경관정보체계를 이용한 광역경관계획 등이 있다.

(6) 경관의 평가

경관에 대한 평가는 대단히 추상적인 것이며 사람의 주관에 의해서 변하는 것이므로 평가하는 사람에 따라 달라서 일정하지 않을 뿐만 아니라, 더욱이 경관의 좋고 나쁨이 사람의 주관에 많은 영향을 받기 때문에 사람들이 어떤 경관이 가장 좋다라고 단정하기는 어렵다. 경관평가를 계량화하거나 쾌적한 경관이란 어떤 것인가를 구체적으로 나타내는 것은 매우 난해한 문제이다.

경관의 평가구조를 해석하는 방법으로는 역사적으로 정평 있는 전통적인 경관분석과 계량심리학적 방법이 있으나, 모든 방법이 충분하게 평가구조에 대해 해명되고 있지 않으며 생리학, 민족학, 문화인류학 등으로부터의 접근방법도 필요하다.

경관의 정량적인 평가를 위해서는 인간의 심리적 반향을 나타내는 평가항목을 물리적으로 관측 가능한 요인으로 표시한 관측지표(parameter)가 필요하지만 평가항목에 따라서는 적당한 관측지표를 찾기 어려우므로 이와 같은 경우에는 몽타주 영상 등에 의한 정성적인 평가에 만족할 수밖에 없다.

일반적으로 정량적인 평가기준을 이용하지 않고 경관의 정성적인 평가만을 하는 방법으로는 관찰법 및 영상추출법 등이 있다. 이 경우에는 일원적 평가실험을 통한 통계처리에 의해 정성분석을 수행하고 경관의 가치를 분석해서 경관의 향상 또는 저해 요인을 탐색하거나 평가대상의 순위부여 등에 의해 직접적인 종합평가를 수행한다.

정성적인 경관평가에서 평가주체는 경관전문가, 자연보호단체, 평가대상사업관계자, 원주민, 관광여행자로 대별된다. 이들에 의한 경관평가는 평가주체의 입장과 자라온 환경에 따라 평가하는 착안점과 평가경향이 다르다. 그러나 세부적인 부분에서 차이점은 있더라도 평가항목에서는 전체적인 맥락에 따라 통일성을 부여하는 것이 필요하다.

또한, 평가주체가 전문가인 경우에는 평가의 평균값을 많이 벗어나지 않지만 일반인의 경우에는 평가값의 분산이 커져 정밀도가 저하된다. 일반적으로 경관평가의 평가항목은 조사항목과 예측항목이 서로 동일함이 바람직하다.

제11절 조형미 해석

(1) 개 요

조형미 비례관계는 사물의 크기나 길이에 대하여 그들이 갖는 양과 양 사이의 관계를 나타내는 말로서 조화의 근본이 되는 균형을 뜻한다.

균형은 부분과 전체의 관계 또는 부분과 부분의 관계를 나타내고 법칙적으로 규정지은 것으로 황금분할이 있다. 황금분할에서 1 : 1,618의 비를 황금비$\left(1 : \frac{1+\sqrt{5}}{2}\right)$라 한다. 이 황금비는 우리나라에서 신라시대부터 조형물상에 많이 나타난 3 : 5비와 거의 같다.

장변과 단변의 비가 황금비가 되는 직사각형과 함께 정사각형 기준으로 하여 이루어진 일련의 제곱근비로 정사각형과 $\sqrt{2}$, $\sqrt{3}$, $\sqrt{4}$, $\sqrt{5}$의 직사각형은 옛부터 균형비가 이루어지고 안정된 형태로 이용되고 있다.

로마의 비트루비우스(Vitruvius)는 인체의 비례를 이용하여 척도의 기준으로 삼았으며, 독일의 아돌프자이싱은 비례관계를 연구하여 황금분할법을 확립하였다.

민족문화의 결정체인 문화재(cultural asset)를 보존, 복원하기 위한 각 방면의 노력이 활발하여 문화재의 원형보존에 많은 투자를 하고 있다.

문화재를 정확히 기록보존하는 방법으로서 간단한 기기에 의한 관측방법이 이용되어 왔으나, 노력과 시간이 많이 소요될 뿐 아니라 숙련도에 따라 정확도가 좌우되어 최근에 와서는 영상 및 레이저측량기법이 문화재 측량에 이용되고 있다.

우리나라 불교사찰의 조형미 비례관계를 고찰하면 삼국시대에는 9 : 4, 5 : 4, 7 : 5, 5 : 3, 2 : 5로서 이 중 5 : 3의 비가 많이 이용되고 있으며, 신라시대의 석탑과 부석사의 무량수전의 평면과 입면에 대해 직사각형 분할법과 정사각형비, 3 : 5에 의해 구성된 것을 볼 수 있으나 삼국시대를 대표하는 백제정림사오층탑, 불국사의 다보탑과 석가탑, 감은사지의 동탑과 서탑, 석굴암본존불 등은 1 : $\sqrt{2}$(안정적이고 사실적인 조화미형성), 고려시대의 대표적 걸

표 ⑩-1 조형미 비교

서 양	삼국시대	고려시대
황금비	정사각형의 원리	정삼각형의 원리
$1 : \frac{1+\sqrt{5}}{2}$	$1 : \sqrt{2}$	$1 : \sqrt{3}$
BC 1650년 이집트 피라미드 건설에 사용 Euclid(BC 365~BC 300)가 언급 Leonardo da Vinci(AD 1452~1519)가 그의 예술작품에 활용	삼국시대의 대표적 불상(석굴암 본존불)과 석탑(다보탑, 석가탑 등)에서 정사각형의 구도가 사용됨으로써 사실화적 묘사	고려시대에 축조된 동양 최대의 석불상인 은진미륵은 정삼각형의 구도를 이용하여 축조됨으로써 추상화적 묘사

표 ⑩-2 석국암본존불과 은진미륵

	석굴암 본존불	은진미륵
시 대	서기 751년 신라 경덕왕 때 김대성에 의해 건립, 774년 완공	서기 985년 고려 광종
조 성 배 경	왕실의 긍지를 계승하고 선왕을 기리기 위해	후삼국의 혼란을 수습하고 새로운 통일국가를 기리기 위해
위 치	경남 경주 토함산 석굴암	충남 논산군 은진면 관촉리 관촉사
규 모	높이 3.26m	높이 18.12m
기 타	국보 24호 가장 한국적인 미가 응축된 최고의 걸작 사실적 묘사와 우아하고 세련된 기법	보물 218호 동양 최대의 거상 추상화적 묘사와 토속적 형태를 갖춤

작품인 관촉사의 은진미륵불은 $1 : \sqrt{3}$(추상적인 조화비형성)의 조형미를 갖추고 있다.

〈표 10-1〉은 삼국, 고려 및 서양의 조형미에 대한 비교표이다.

(2) 삼국시대의 석조 문화재 측량 및 조형미 해석

① 영상탐측에 의한 본존불 관측

석국암의 주실에 안치되어 있는 본존불의 정면을 지상입체사진기로 촬영한 것을 2mm 단위로 정밀입체도화한 것이다.

그림 10-6 측량용 사진기와 해석 도화기에 의한 측량도면

② 본존불의 조형비 분석에 사용된 총 14개의 원

가) 가슴, 눈, 귀의 위치에 대한 조형미 분석도

대좌(臺座)의 최상단을 지나는 원이 두부(頭部)의 중심선과 만나는 점, 즉 양미간의 중심점을 두부의 중심점으로 하여 조형미를 분석한 결과 6개의 동심원으로 구성된다.

(ㄱ) 코의 끝 부분과 머리와 이마의 경계점(나발)을 지나는 원

(ㄴ) 입술과 나발의 변곡점을 지나는 원

(ㄷ) 육계의 하단부와 삼도의 윗부분을 지나는 원

(ㄹ) 육계의 최상단과 삼도의 밑을 지나는 원

(ㅁ) 삼도의 하단과 중심선이 만나는 점을 구심으로 하여 양미 간을 지나는 원을 형성하면 가슴부의 위치와 양눈의 중앙, 양귀의 중앙을 지나게 되는 원

(ㅂ) 얼굴 양미간 점을 지나고 대좌의 최상단의 중심을 지나는 원

나) 백호, 대좌와 양어깨에 대한 조형미 분석도

(ㄱ) 백호를 중심으로 육계의 상단과 삼도의 윗부분을 지나는 원

그림 10-7 얼굴에 대한 조형비의 분석도(6개의 동심원)

그림 10-8 조각구도(3개의 동심원)

(ㄴ) 입술을 중심으로 백호와 삼도의 하단을 지나는 원

(ㄷ) 대좌의 상단과 양어깨를 지나 입술을 지나는 원

다) 본존불의 몸전체에 대한 조형미 분석도

〈그림 10-9〉에 나타난 것과 같이 몸전체의 위치에 대한 구성은 5개의 큰 원을 중심으로 구성이 되어 있다.

본존불 중심선 상에서 삼도의 하단을 지나는 수평선과 왼쪽 어깨의 끝점에서 오른쪽 무릎에 접하는 선을 그어서 생긴 선과 본존불 중심선이 만나 이루는 점을 명치를 설정한다.

이 명치를 중심으로 각 몸의 중요지점을 지나는 원은 다음과 같다.

(ㄱ) 삼도의 하단과 손의 중심을 지나는 원

(ㄴ) 삼도의 상단과 발의 중심을 지나는 원

(ㄷ) 입술선을 지나고 양쪽 어깨의 끝점을 지나는 원

(ㄹ) 백호를 지나고 양무릎의 돌출부 중앙을 지나는 원

(ㅁ) 두부에 위치한 육계의 하단부를 지나고 본존불을 제작한 것으로 예상되는 원석의 밑경계를 지나는 원

정밀실측을 통하여 석굴암의 본존불에 대한 실측도면을 제작하고, 이를 바탕으로 하여 조형미를 몸전체, 얼굴, 신체부위에 따라서 분석한 결과 14개의 원에 의해 모든 위치가 결정된 안정적인 구조임을 알 수 있다.

그림 10-9 명치를 중심으로 한 석굴암 본존불의 조형비(5개의 동심원)

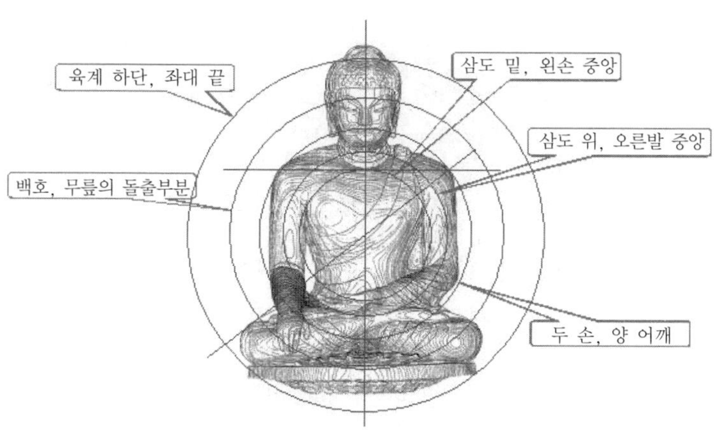

〈그림 10-7〉~〈그림 10-9〉에서 보는 바와 같이 석굴암 본존불은 한치의 오차를 허용하지 않는 듯한 동심원의 구조로 되었으며, 제작당시에도 사각형과 원, 그리고 기하학적인 수학적 개념에서 가로세로가 같아 대각선에 해당하는 $\sqrt{2}$의 개념이 적용되었음을 알 수 있다.

③ 석굴암의 전실에서의 본존불의 위치

석굴암은 〈그림 10-10〉에서 볼 수 있는 바와 같이 전실과 주실 그리고 전실과 주실을 잇는 통로에 해당하는 비도로 구성되어 있다.

주실의 천정은 원형으로 융기(隆起)된 형상으로 되었으며 정상의 중앙부에는 거대한 연화석(蓮花石)이 놓여져 있다. 주실에는 정중앙이 아닌 약간 뒤로 물러선 위치($\sqrt{2}$: 1)에 석가본존불이 안치되어 있다. 이는 빛의 밝기에 따라 본존불의 인상(印象, 아침 햇살을 받을 때는 강한 조도의 빛으로 인한 전진현상에 의해 전실에 있는 사람을 맞이하려 다가서는 듯, 정오 무렵이면 보통 조도의 빛으로 주실 중앙에서 안정을 취하는 듯, 오후 늦게는 약한 조도의 빛으로 뒤로 물러나 편안히 쉬는 듯한 느낌을 주게끔 주실의 중앙이 아닌 $\sqrt{2}$: 1로 불상을 배치한 것임)이 다르게 나타나도록 설계되었다.

그림 10-10 석굴암의 평면도

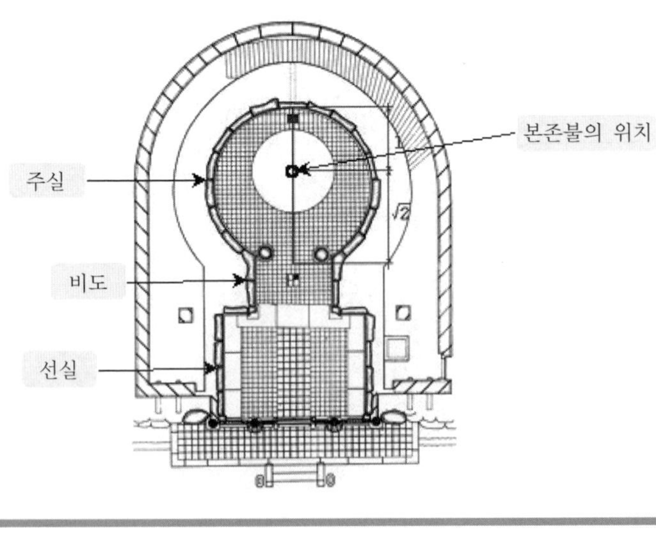

(3) 고려시대의 석조 문화재 측량 및 조형미 해석

① 레이저 스캐닝에 의한 은진미륵 관측

그림 10-11 은진미륵 관측 흐름도

② 은진미륵의 조형비 분석

그림 10-12 은진미륵의 전체 조형미

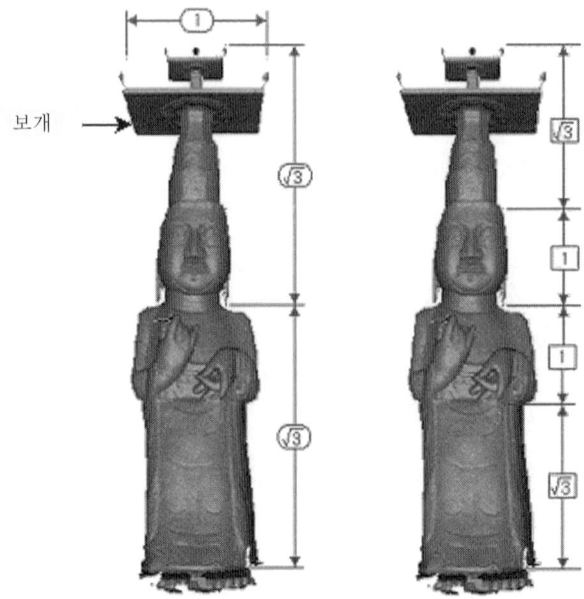

그림 10-13 백호를 중심으로 한 조형미

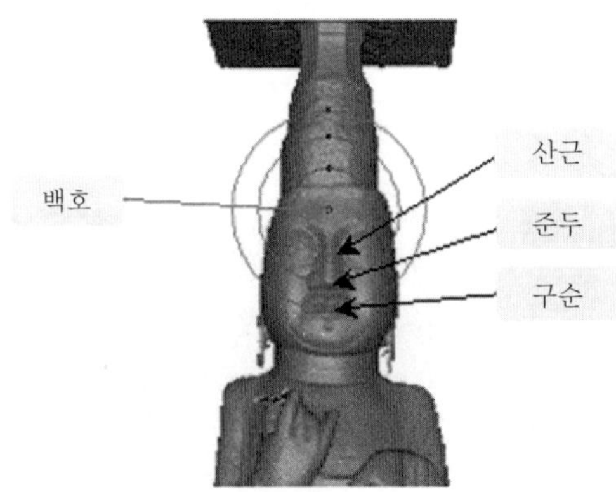

(4) 삼국 및 고려시대의 석조 문화재 해석

- 석굴암 본존불과 은진미륵의 조형비 비교

그림 10-14 정사각형 구도

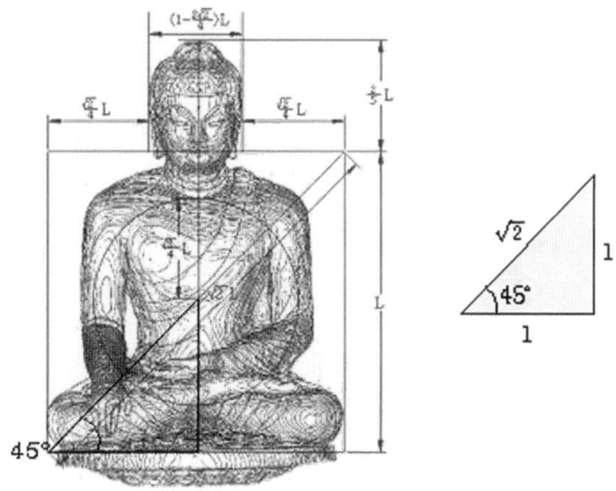

그림 10-15 정삼각형 구도

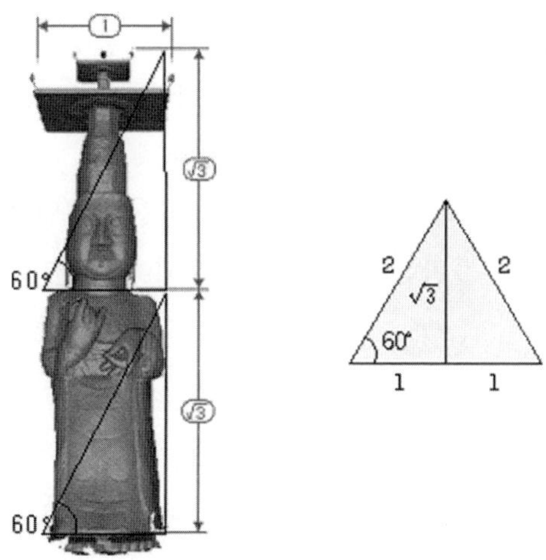

삼국시대의 석탑 및 석불상의 조형미 구도는 안정적이고 사실화적인 1 : $\sqrt{2}$이나 고려시대의 석불상의 조형미 구도는 진취적이고 추상화적인 1 : $\sqrt{3}$으로 조성되었다. 이는 조화음에 의한 고전음악과 반음계 및 해결되지 않은 불협화음을 잘 조화시킨 현대음악과 같이 비유할 수 있다. 마치 피카소의 화풍과 같은 추상화적이라고도 말할 수 있다.

제12절 정 원

(1) 개 요

정원은 그 시대를 지배한 가치체계, 지형, 기후 등의 배경을 통하여 이루어진 정서문화의 산물이다. 정원(庭園: garden)은 울타리로 둘러싸여 건물 앞의 공지인 정(庭)과 과실수를 기르던 동산의 원(園)의 복합어이다. 중국에서는 위치에 따라 원(園)과 원림(園林)으로 구분하고 있다. "원"은 성내, 즉 도시 내에 있는 열락형 정원으로서 상주하는 주택의 내부 또는 인접지에 이루어지는 정원이고 "원림"은 성외 즉 성곽주변에 수려한 자연환경 속에 만들어진 자연형, 열락형의 정원이다.

우리의 주택정원은 예로부터 기능면보다는 감상면에서 중점을 두었으나, 인간의 생활문화가 다양하게 발달되어 감에 따라 정원의 기능적인 측면과 관상적인 측면이 다함께 중시되어가고 있다.

주택 내의 정원은 주택을 제외한 외부공간을 아름답게 장식하고, 인간들이 가정생활을 하는 데 불편함이 없도록 설계되어야 한다.

(2) 전통정원(傳統庭園)

전통정원은 소규모의 민간주택에서부터 궁궐에 이르기까지 건물과 관련되어 형성되는 외부공간은 물론 성 내외의 명승지에서 이루어지는 자연형, 열락형인 한거장소(閑居場所)를 뜻한다. 전통정원은 사상적 배경, 공간구성 및

표 ⑩-3 한국전통정원의 유형별 개념

구 분	역사적 배경 및 의의	규모에 따른 특징		
		소 (200평)	중 (2,500~5,000평)	대 (5,000~10,000평)
1. 궁궐정원	전통궁궐을 상징 표현에서 직선적 요소와 절대왕권의 화려하고 고급스러운 정원양식을 표현	전통적인 궁궐정원을 집약해서 표현 (조선시대)	대표적인 궁궐정원양식을 조합해서 구현 가능	궁궐정원양식을 총괄적으로 구현(삼국, 고려, 조선)
2. 별서정원	조선시대 사대부의 은둔처로서의 기능과 무위지연의 지행합일을 표현한 대표적 정원	별서정원의 특징을 집약하여 일반적 특징을 구현	대표적인 별서정원 일부를 집약해서 구현	현재 남아있는 몇 군데의 대표적인 별서정원을 지방별 또는 양식에 따라 복합적으로 구현
3. 민가정원	한국적 정감의 고양과 토속적인 고유의 민가정원의 원류를 구현	한 군데 정원의 전통민가정원을 집약해서 구현 가능	대표적인 민가정원양식을 지방별로 조합해서 구현	각 지방의 대표적인 민가정원양식의 도입이 가능하며, 민가정원의 다양한 접경물 등을 구현(호남, 영동, 제주)

시설배치, 정원조성기법에 따라 다르다.

여기서는 우리나라의 전통정원(traditional garden)의 특징을 공간적 구성, 시각구성, 경관요소의 활용 및 건축적 요소에 따라 기술하고 한국전통정원의 유형 및 개념을 역사적 배경 및 의의, 규모, 유형규모에 따라 살펴보면 다음과 같은 특징이 있다.

표 ⑩-4 한국정원의 특징

구분		한국
1. 공간구성 측면		• 공간의 구성이 수평적인 구분보다는 수직적인 구분이 특징—주택구조에 있어 공간의 구분 및 위요, 영역성, 연속성이 두드러짐 • 후원에 돈대를 설치하여 좁은 공간에서 수직적 변화—수목, 식물을 이용하여 수직공간 장식
2. 시각구성		• 정원 자체를 자연경관 속에 순응하여 배치하였기 때문에 자연경관 일부로 인식 • 담장이 낮고 정원 내의 건축물이나 정자에서 주위를 잘 관찰할 수 있도록 하는 차경수법 발달
3. 조경요소의 활용 기법	수목	• 중국과 유사
	물	• 직선형의 방지활용 • 중앙에 원형의 섬을 조성—음양오행 원리를 상징화시켜 줌
	암석	• 암석을 장식적 요소로 활용 • 중국과 같이 괴석을 사용하나 배치에 있어 석함 · 석분에 심어서 배치
4. 건축적 요소	다리 담장 포장	• 담장에 의해 주거공간이 위계를 갖고 구분되고 있으나 담장 자체를 경관으로 볼 수 없음 • 마당을 정원의 일종으로 보는 것도 무리가 있음 • 다리 모양은 단순한 형태인 평교와 완만한 곡선의 아치교가 사용되었고, 문양도 중국처럼 그리 현란하지 않았고 용두석이나 석수 등을 장식물로 활용

(3) 면적에 의한 정원의 분류와 활용

① 소정원(小庭園)

정원의 부지면적이 60~150m² 정도로 일조량이 부족하고, 만족스러운 정원을 꾸미기에 어려운 점이 많다.

정원을 가꾸는 재료로 주로 음지식물이 많이 이용되며, 정원 내의 매우 어려운 부분은 밝은색 계통의 강석(江石)을 이용하는 것이 좋다.

② 중정원(中庭園)

중정원의 부지면적은 150~300m² 정도로써, 소정원에 비해서 활용공간이 많다. 이 정도 면적의 정원 내에는 조그마한 연못이나 폭포, 잔디밭, 벤치 등을 설치할 수 있다.

③ 대정원(大庭園)

대정원의 부지면적은 600m^2 이상이므로, 도시 근교의 별장정원 등이 이에 해당한다. 이 정원의 경우 공간을 매우 효과적으로 활용하기에 용이하다.

정원 내에는 과수원, 화단, 온실, 조각물, 분수, 약수터 등의 각종 시설물들을 적절한 장소에 배치할 수 있다.

(4) 정원의 계획

정원의 계획은 주거부지(住居敷地) 면적에 따라서 그 규모가 결정된다. 부지면적을 200m^2 이하, 300m^2 정도, 600m^2 정도, 1,000m^2 이상 나누어서 생각한다. 200m^2 이하인 경우는 정원을 풍부하게 계획하는 것이 어려우므로 경계 등에 필요한 공간과 10m^2 이상의 여백을 취하여 일부에 관상목적(觀賞目的)의 작은 정원을 고려하는 정도이다. 이 경우 기능적으로 가정 구성원의 취미활동, 원예(園藝)나 분재(盆栽) 등을 위하여 쓰이기는 하나, 이동들의 활동을 위해서는 여유가 없다. 300m^{2}일 때는 어느 정도의 전정(前庭)이나 주정(主庭)을 고려할 여지가 있으며, 방문객의 방문을 준비하기 위한 20~30m^{2}의 전정(前庭)을 잡으면 주정(主庭)은 100m^2 정도의 면적이 된다. 이것으로 유아의 유희장에 모래밭을 갖추기는 어려우나 어느 정도의 오락이나 운동이 가능하도록 설계할 수 있다.

300m^2 이상의 주거부지에서는 관상용 정원설정이 고려되어야 할 것이다. 600m^2 정도의 부지를 가질 경우는 경계식재(境界植栽) 등에 필요한 면적을 확보하고, 주정(主庭)의 면적은 200~300m^{2}에 달하며, 유소년(幼少年)에게 어느 정도 만족을 줄 만한 놀이터를 생각해 볼 수 있다. 그리고 다른 가족이 원예(園藝) 등의 취미활동을 할 수 있도록 설계할 수 있고, 관상정(觀賞庭)으로 생각하여도 완결성이 높은 조경이 가능하다.

1,000m^2 이상의 부지일 경우, 전체 부지를 몇 개의 부분으로 나누어 각각 독자적인 기능을 갖도록 하여, 운동 · 취미활동 등을 부지 내에서 공존시킬 수 있으며, 또한 500m^2(테니스구장), 300m^2(수영장), 10m^2(주차구역), 경재폭원(境栽幅員) 및 화원을 가로지르는 화원로(花園路)의 폭원(幅員)을 1m로 할 수

있다.

제13절 고전적 주거환경 입지선정(풍수지리론에 의거)

(1) 개 요

풍수지리란 도읍, 궁택, 능묘의 터를 평가하는 일종의 지상학(地相學)으로 동양철학의 주사상인 음양오행설(陰陽五行說)에 그 근원을 두고 있다.

풍수(Fungsui: Feng-shui 또는 geomancy)는 장풍득수(藏風得水: 바람을 재우고 물을 얻음)의 준말로 지중을 흐르는 생기를 잘 보존하고 이용하기 위한 기법을 이르는 말이다. 여러 자연조건 중에서 바람과 물은 인간에게 가장 두렵고 소중한 존재였으며, 생활의 터전은 우선 냉혹한 폭풍이나 하천의 범람을 피하고 식수, 초목, 식량이 풍부하고 가축을 기르기에 좋은 온화한 기후를 갖춘 지형이어야 한다. 따라서 토지를 선정하는 필수조건으로 풍수의 흐름을 관찰하는 관습이 생기게 되었고, 생존시의 주거인 주택과 도읍뿐만 아니라 사후의 주거인 묘지에 있어서도 지형과 지세를 관찰하는 풍수지리의 관념이 생성 발전하게 되었다.

지리(地理)는 산(山)과 수(水)의 지세, 지형 및 그의 정동(靜動)을 의미하며, 현대의 지리학에 비해 땅을 생적, 동적으로 생각하고 땅과 인간과의 관계를 보다 더 중하게 여긴다. 즉, 현대지리학에서는 토지는 무생물로서 취급하며 단순히 삶에게 주거지역을 제공하는 곳 또는 수동적인 객체로 생각하는 데 비하여, 풍수지리에서는 땅을 능동적, 주체적인 것으로 보고, 땅에는 만물이 화생(化生)하는 활력, 즉 생기가 흐르고 있어서, 그 생기의 후박(厚薄) 여하에 따라서 인생의 길흉화복이 부여되고 있다고 생각하였다.

(2) 음양오행설

풍수지리설의 기본사상이 되는 음양오행설(陰陽五行說)은 동양철학의 주류를 이루는 하나의 사조(思潮)로 우주만상(宇宙萬象)에 관한 물활론적(物活論的) 세계관이라 할 수 있다. 음양은 동양적인 변증법(辨證法)이며 오행(五行)은 일상생활의 소재론(素材論)이라 할 수 있다.

음양오행설은 전국(戰國)시대 말기의 상반과 응합의 논리와 함께 유래되었다. 상반(相反)은 음과 양의 대립이고, 응합(應合)은 그 상반이 단지 대립으로 그치지 않고 언제나 상호의존관계에 있으며, 음과 양은 양극을 이루지만 이 극의 상호의존에 따라 작용과 전개가 있다는 설이다.

만물은 천지, 음양의 조화에 의하여 이루어지고, 음양은 만물을 분류하는 원리이기도 하다. 음양은 서로 보강하기도 하고 약화시키기도 하며 그들의 주기적 변화와 상호 보완작용에 의하여 세상은 변하기도 하고, 세계의 질서가 성립되기도 한다.

오행설의 기초는 수, 화, 목, 금, 토로 되어 있으며, 오행의 성격에 대하여 여러 가지 해석이 있으나 고대인의 생활소재, 즉 민용오재(民用五材)로부터 유래되었다는 설이 가장 유력하다. 오재의 배열도 사람의 생명의 지속에 가장 직접적인 수(水), 화(火)로 시작하여 다음에 생활자재로서의 목(木), 금(金)에 이르고, 일체의 소재의 기본이 되는 토(土)가 제시되었다.

이와 같이 오를 근본으로 하는 사상은 오행뿐 아니라 오색[五色: 적(赤), 청(靑), 황(黃), 백(白), 묵(黑)], 오미[五味: 산(酸), 함(鹹), 신(辛), 감(甘), 고(苦)] 또는 오성, 오음[五音: 궁(宮), 상(商), 각(角), 치(緻), 우(羽)] 등 사물을 생각하는 여러 방면에 이용되고 있었고, 이 원리화된 오행조직을 구체적으로 나타낸 것이 예기의 월령이라 할 수 있다. 월령(月令)은 음양가의 직능으로 천문, 역(曆)의 학술과 밀접한 관련을 갖게 되어 음양과 오행은 하나로 결부되고 사시(四時), 사방(四方)의 관념에 따라 상생과 상극의 형세도 취하게 된다. 특히, 오행의 상생(相生), 상극(相剋)의 원리는 용맥(龍脈)의 형체에 결부되어 풍수설의 중요한 원리를 갖게 되며 음양 사상도 인간의 운 · 불운이 신앙이랄 수 있는 풍수설의 기본적인 사고관념이 되었다고 할 수 있다.

(3) 풍수지리의 원칙과 용어

① 풍수지리의 원칙

풍수지리설은 음양오행설을 기반으로 주역의 체계를 주요한 논리구조로 삼아 추길피흉(追吉避凶)을 목적으로 하는 우리나라와 중국의 전통적인 지리과학이다. 풍수설의 구성은 산, 수, 방위, 사람 등 사자(四者)의 조합으로 성립된다. 또한 간룡법(看龍法), 장풍법(藏風法), 득수법(得水法), 정혈법(定穴法), 좌향론(坐向論), 형국론(形局論) 등의 형식을 갖는다.

간용법(看龍法)이란 풍수에 내포되어 있는 모든 원리의 가시적 실체는 산(山), 즉 풍수용어로 용(龍)으로서 그 용맥(龍脈)의 흐름이 좋고 나쁨을 조산(祖山)으로부터 혈장(穴場)까지 살피는 일을 말한다.

장풍법(藏風法)은 명당의 주변 지세(地勢)에 관한 풍수지리론을 통칭하는 것으로 도읍이나 음택(묘지) 또는 양택(주택)을 택함에 있어 바람의 생기를 잘

그림 10-16 명당(明堂)과 이를 둘러싼 지형의 개념도

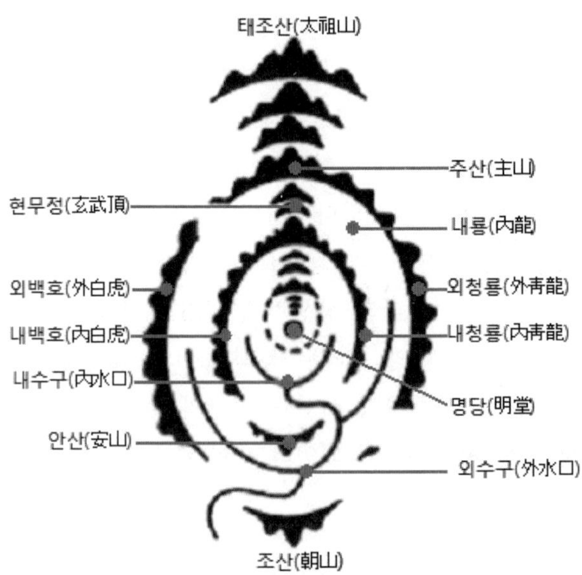

끌어들여 간수하는 것으로서 청룡, 백호, 주작, 현무의 사신사(四神砂)에서 대종을 이룬다. 여기서 사는 혈 주위의 전후좌우에 있는 산을 일컫는 말이다.

득수법(得水法)은 풍수에서 물의 역할이나 중요성을 강조한 것으로 산과 조합하여 음양을 이룬다. 산수가 상보(相補)해야 음양이 화하고, 화함으로써 충기된다 하여 수(水)를 중심으로 해석하는 방법이다.

정혈법(定穴法)의 혈(穴)이란 양택(陽宅)은 주거이고, 음택(陰宅)의 경우 사신(屍身)이 직접 땅에 접하여 그 생기를 얻을 수 있는 곳이며, 양택의 경우 거주자가 실제 살게 되는 곳으로서 정혈법은 이 혈을 정하는 것을 말한다.

형국론(形局論)은 주로 지세의 외관(外觀)에 의해 그 감응(感應) 여부를 판단하는 법이며, 때로는 무형규국론(無形規局論)이라고도 한다.

좌향론(坐向論)은 산(山), 수(水), 방위(方位), 사람의 네 가지 풍수지리요소 중 방위(方位)에 관계되는 기법이다. 혈의 뒤쪽 방위를 좌, 정면방위를 향이라 하며, 한 지점에서 선호성에서 결정되는 좌향은 단 하나뿐이다. 좌향론은 풍수의 본질론에 가장 접근된 분야라 할 수 있다.

그림 10-17 오행(五行), 사신(四神)과 방위(方位)

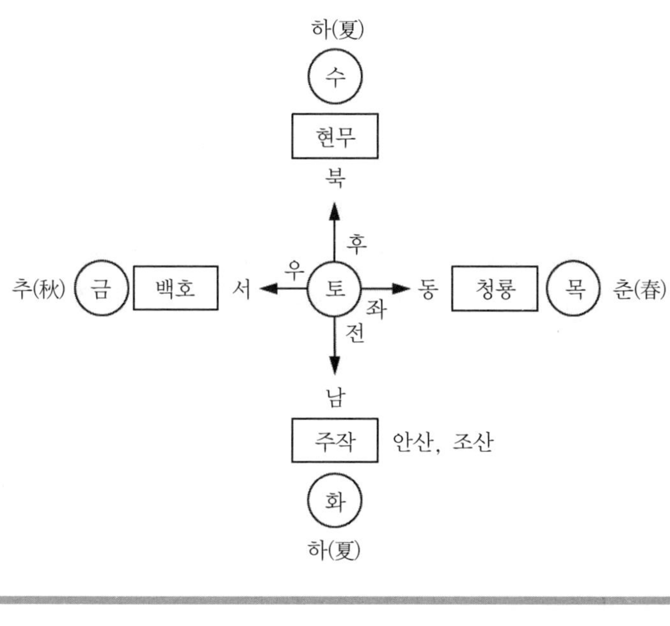

② 풍수지리의 용어

풍수에서 많이 사용되는 용어를 약술하면 다음과 같다. 풍수에서 산은 마치 용이 꿈틀거리는 것에 비유하여 용이라 하며, 이 용 속에 감추어진 산의 정기를 맥(脈)이라 한다. 용은 수족(手足) 등을 형성하는 골육이요, 맥은 혈관과 같다. 또 용맥이 일기일복좌절우곡(一起一伏左折右曲)할 때 생기는 대나무 마디와 같은 지세를 절(節)이라 한다.

혈(穴)이란 용맥 중 음양이 합국되고 산수의 정기가 응결된 곳이며, 이와 같이 생기가 모여들어 혈을 이룬 것을 결혈(結穴)이라 하며, 이러한 산의 형세를 국(局)을 이루었다(成局)고 한다.

사(砂)란 혈장(穴場)을 중심으로 하여 주위를 둘러싼 크고 작은 봉우리와 암석, 수, 목, 강, 바다, 건물, 도로 등 혈 주위의 형세를 이르며, 대체로 국혈 주위를 둘러싸고 생기를 끌어 모아 순화작용을 일으키게 하는 조산(祖山), 주산(主山), 안산(案山), 조산(朝山)과 같은 산이나 구릉의 총칭이다. 사(砂)의 종류에는 용의 근원에 따라 태조산(太祖山), 소조산, 주산(主山 또는 진산)이 있으며, 혈과 가깝게 바로 혈장 부근에서 주산으로부터 내려오는 내룡(來龍)이 우뚝 솟은 곳을 현무정(玄武頂)이라 한다. 이 현무정으로부터 능선을 이루어 혈로 들어가기까지의 부분을 입수(入首)라 하며, 입수와 혈의 접합부분을 용의 얼굴에 해당한다 하여 두뇌(頭腦)라 한다(〈그림 10-16〉 참조).

현무정(玄武頂)은 사방수호신 관념에서 나온 용어이다. 사신(四神)은 혈전(穴前)을 바라보며(일반적으로 남향) 좌청룡(左靑龍), 우백호(右白虎), 전주작(前朱雀), 후현무(後玄武)를 말하며, 현무는 북방위의 수(水) 기운을 맡은 태음신을 상징하는 거북 모양의 상상의 동물로서 혈의 북쪽 산, 즉 주산 등을 말한다.

청룡은 동쪽 북위의 목(木)기운을 맡은 태장신(太藏神)을 상징하는 짐승으로 주산에서 갈라져 나간 왼쪽 산줄기, 대체로 혈의 동쪽을 둘러싸고 있는 산을 말한다.

백호(白虎)는 서쪽 방위의 금(金)기운을 마튼 짐승이며, 청룡의 맞은 편, 즉 서쪽을 둘러싸고 있는 산을 말한다. 혈의 전면에는 화(火)의 주작(朱雀)에 해당하는 산으로 안산과 조산(朝山)이 있다.

안산(案山)은 주인과 객 사이에 책을 맞이하는 듯한 책상의 의미를 가진

산이며, 조산(朝山)은 혈 앞에 자리를 하고 있는 고대(高大)한 산으로 손님, 신하의 비유로 주산과 대칭된 개념이다.

이와 같은 사신사(四神砂)와 오행, 방위의 관계를 〈그림 10-17〉과 같이 나타낼 수 있다.

명당(明堂)이란 본래 황제가 신하의 배하(拜賀)를 받은 땅을 뜻하는 용어로서 청룡과 백호 등으로 둘러싸인 혈전의 땅을 말하며, 혈 바로 앞의 평평한 지형을 내명당, 이보다 바깥 쪽의 비교적 넓은 평지를 외명당이라 한다. 혈과 명당은 풍수에서 가장 중심이 되는 요소로서, 전통건축과 비교하면 본 건물과 그에 부속된 전정(前庭)의 관계이다.

혈(穴), 사신(四神) 또는 내명당의 양측으로부터 흘러내리는 수류(水流)의 발원처를 득(得)이라 하며, 득이 청룡과 백호가 만나는 명당의 바깥쪽으로 빠져나가는 곳은 파(破) 또는 수구(水口)라 한다. 그리고, 혈의 중심, 즉 주거의 경우 양택(陽宅) 주건물이 선 자리, 음택(陰宅)의 경우 사신(死身)의 관이 묻힌 광중(壙中)을 좌(坐)로 하여 좌에서 정면으로 바라보는 방위를 향(向)이라 한다.

(4) 명당의 입지

명당의 입지(立地)는 첫째, 배산임수(背山臨水)에 향은 정남(正南)이고, 둘째, 우백호는 막히고(주산과 연결되어 명당을 감싸 안으면서 서쪽 방위를 막아줌), 좌청룡은 터지며(주산과 연결되어 가다가 명당 근처에서 끊기어 동쪽 방위를 탁 트이게 함), 셋째, 명당 앞쪽에 위치한 안산은 친근한 형상이며 조산은 명당 앞쪽 멀리 작고 아담한 형상의 산이어야 한다.

이러한 형국으로 인하여 첫째, 명당 뒤에는 웅장하고 믿음직한 산이 자리잡고, 앞에는 평화롭고 맑은 물이 흐르고 언제나 밝은 햇빛을 대할 수 있다. 둘째, 우백호로 인하여 추운 겨울철에 서북풍을 막아주고, 황혼으로 인한 아쉬움과 서글픈 감정을 느끼지 않게 하며, 좌청룡으로 하절기에 쾌적한 동남풍 및 적절한 수분을 공급받고, 아침에는 찬란하고 희망찬 해돋이를 맞이할 수 있다. 셋째, 명당과 주객관계인 안산의 친근하고 아담한 형상으로 인하여 언제나 반가운 손님을 대하는 듯한 느낌, 명당과 군신의 관계인 조산의 작고 아담함에서 안정(지위와 재산을 지켜 줌)과 위로를 받을 수 있다. 또한 명당에서 먼 앞을 바라볼 때 넓은 공간에 대한 공허한 감정을 순화시켜 안정감과 친근감을 느끼게도 한다.

(5) 풍수를 고려한 주거와 도시의 입지선정

주거와 도시는 대부분 뒤편에 산이 있는 평지에 터를 잡고 있으며, 이때의 뒷산을 양기(陽基, 혹은 陽宅)의 진산(鎭山)이라 한다. 이 진산은 신의 상방에 존재한다는 개념으로부터 그 신에 의해 생활의 안거를 보호받고자 하는 신앙심의 일부라 할 수 있다. 땅의 생기가 흐르고 그 생기가 모이는 곳에서 생활의 행복을 누리고자 하는 풍수적인 곳은 바로 내룡이 있어야 하며, 이 내룡은 산으로부터 나오기 때문에 이 진산에 의해 집단양기로 잡게 되었다. 풍수이론에 입각하여 터를 잡게 된 까닭으로 풍수에서 중요시하는 장풍득수 또는 청룡, 백호, 주작, 현무 및 조안(朝案, 혈 앞에 있는 산) 등과 그 지세 등에 세심한 관찰을 요하기 때문이다.

형세의 선악순서는 동기감응(同氣感應)하게 되어 생인(生人)에게 영향을 직접적으로 미치게 하며, 음양오행의 기본개념에 따라서 그 형세의 유형유물과 음양에 대한 조화, 오행의 상생상극을 설명하게 됨에 따라 그곳의 길흉을 예측한다.

풍수지리적으로 주거와 도시가 들어설 수 있는 자리를 판별하는 기준으로 다음의 여섯 항목을 들 수 있다.

첫째, 수구(水口)로서 수구가 넓고 벌어져 있으면 재산을 전세(傳世)할 수 없고, 자연히 소산모패(消散耗敗)하게 된다 하여, 바로 빠지지 않고 막힌 듯한 산 사이로 흐르는 곳이 좋다.

둘째, 야세(野勢)로서 들판이 넓어야 좋고 하늘의 양명(陽明)한 기가 충만하고 일월(日月)과 성신(星辰)의 빛이 항상 비추는 곳이 좋으며, 기후가 급격히 변하지 않는 곳이라야 한다. 만약, 주위의 4산이 높으면 해가 솟음이 늦고 저녁에 해짐이 빠르다.

셋째, 토색(土色) 즉 땅의 색깔로서 생색(生色)이면 길조(吉氣)하여 인재가

다출(多出)하는 반면, 찰흙 또는 자갈이 많은 땅에는 정천(井泉)이 좋지 않아 생활에 적합하지 않다.

넷째, 수리(水理)로 산은 반드시 물이 있어야 생기(生氣)가 나타난다. 이와 같이, 양기로 물이 있으면 재록(財祿)이 따르게 되어 물가에는 부후(副厚)한 집들이 서게 되고 산 중에서도 시냇물을 끼고 있는 동리가 살기 좋다.

다섯째, 조산조수(潮山潮水)로 주변산이 단정치 못하고 모양이 어지럽거나 놀라서 날뛰는 듯한 지형이 형성된 곳에서는 주거할 곳이 못되며 물의 소천소계(小川小溪)는 역(逆)한 것이 길하나 대천대강(大天大江)은 역(逆)해서는 안 된다.

마지막으로, 산의 형태로서 주산(主山)이 수려단정하고 청명하여야 하고, 그 내룡(來龍)이 생기 있게 활동하는 듯하고, 회산(回山)은 멀리 물러서서 감싸고 있어야 한다. 만일, 내룡(來龍)이 약하고 희미하면 이곳은 생기가 없는 곳이다.

이러한 6항목은 양택에서뿐만 아니라 음택에서도 결코 빼어놓을 수 없는 풍수의 기본이론이다. 이러한 풍수지리적인 공간이론과 서구의 현대지리학에는 서양인은 자연을 종속적으로 보는 데 비하여, 동양인은 자신을 자연의 한 부분으로 여기는 가장 큰 차이점이 있다.

그러나 동양의 자연경관은 원래 주어진 상태만을 의미하는 것은 아니며, 어느 정도의 인공이 가해진 것까지도 포함한다. 다만, 인공적 경관일지라도 그것을 보고 구상하는 입장에 큰 차이가 있다. 예를 들어서, 유럽의 정원은 일정한 시점에서 탁월한 전망을 갖는 것임에 반하여 동양의 것은 연속되어 흐르는 듯한 조망의 것이라 할 수 있다. 서로 다른 자연환경, 서로 다른 시각적 태도 및 공간구성관습을 가진 서구의 지리학과는 동양의 풍수적 지형, 지세의 이용에는 이와 같은 차이점이 있다고 할 수 있다.

지 / 공 / 탐 / 측 / 학 / 개 / 관

11 위생관리
Management for Preservation of Health

제1절 개 요

우리가 건강하고 풍요로운 생활환경을 향유하기 위해서는 복잡하고 다양한 생체에 관하여 생리현상(生理現象)을 올바르게 이해하고 현명한 위생관리(衛生管理)를 할 수 있는 마음의 자세가 무엇보다도 중요하다.

선제적(先制的)인 위생관리가 건강악화 내지 허약상태에서 치유(治癒)나 치료(治療)보다 급선무일 뿐만 아니라 생산적인 건강유지방법이라는 것을 확신하고 자기의 건강유지관리에 가장 안전하고 올바른 방법을 선택하는 데 최선의 노력을 기울여야 할 것이다.

사람의 몸은 60조 개의 세포로 이루어져 있는데 이 중 매초마다 천만 개가 넘는 새로운 세포가 오래된 세포를 대치하는 세포대치순환으로 노폐물(체내의 세포가 파괴되거나 죽으면서 생성된 노폐물)이 발생되고, 또한 인간은 일생 동안 약 6.4만kg의 음식물을 섭취하는데 그 과정에서 독성 있는 노폐물이 발생한다.

각 세포는 일정한 시기까지만 복제되고 그 후에는 복제를 멈추게 되는데 모든 세포가 각기 제 명을 다하면서 주어진 세대수만큼 복제될 수 있고 음식물 섭취과정에서 발생하는 독성 있는 노폐물 처리가 잘 이루어진다면 인간의 자연수명은 120세까지 살 수 있다고 디트발드 박사가 주장하였고, 미래 의학자 포셀 박사는 2020년대에 이르면 인간수명을 150세까지 연장시킬 수 있는 기술이 개발될 것이라 예언했다.

(참조: 하비다이아몬드 저, 김민숙 옮김,
내 몸이 아프지 않고 잘 사는 법, 한언, 2005)

메치니코프 박사의 주장에 의하면 거북이의 수명은 175년이고, 메기는 80년으로 대장이 없는 동물은 오래 살고, 타조 35년, 소 30년, 개 19년, 양 13년, 고양이 11년 등 대장의 길이가 긴 동물은 수명이 짧다고 한다.

일반적으로 사람은 성장기가 끝나는 24세부터 생리적으로 서서히 퇴화되고 기능적으로는 35~40세부터 노쇠화 현상이 진행된다고 한다.

의학의 발달과 함께 의학의 보조수단으로 대체의학이 건강유지에 이용되고 있다. 대체의학의 필요성은 현대 의학적 입장에서 적절한 진단과 치료방법이 정립되어 있지 않은 기능성 질환, 만성퇴행성 질환 내지 더 이상 희망을 줄 수 없는 말기 암상태의 환자들에게 치료 효능을 확인하면서 보조적인 치료법으로 대두되었다.

또한, 대체의학적 치료법은 질병 이후에 인공화학약물이나 수술이라는 현대의학의 방식과 달리 장기적으로 인간의 삶의 질을 보호하고 전인적으로 보살피는 치료로써 부작용이 적으며 질병을 예방하고 건강을 보강하는 데 중점을 두고 있다.

건강유지를 위해서는 생체의 모든 기능을 조화롭게 유지관리할 수 있는 방안을 모색하여야 할 것이다. 사람의 몸에는 오근[五根 또는 오감(五感)]으로 미각(味覺), 후각(嗅覺), 시각(視覺), 청각(聽覺), 촉각(觸覺) 등이 있다. 오근을 총괄하여 조정하는 의식(意識 또는 마음)을 합하여 여섯 가지 감각기관이라 하고 이를 육근(六根)이라고 한다면 이 육근작용이 쉬지 않고 이루어지는 것을 삶(生)이라 할 수 있다. 새로운 삶을 준비하기 위해서는 휴식이 필요하다. 이 휴식으로 깊은 잠이 들어 육근이 쉬고 있는 수면(睡眠)을 포함하여 칠근(七根)이라 하고 이 모든 생체기관을 정상적으로 움직이게 하고 유지관리를 하게 하는 생체순환(生體循環) 상태를 포함하여 팔근(八根)으로 가정할 수 있다. 생체의 모든 기능을 고려한 팔근의 역할이 잘못되어 멈춘다면 삶을 완전히 잃게 되는 것으로 이는 죽음을 의미하게 된다.

이에 건강유지관리를 위한 필수적인 요건을 다음과 같이 8가지로 설정하여 위생관리를 위한 건강관리팔정법(健康管理八正法)을 제안하고자 한다. 즉 건강관리팔정법으로는 미각과 관련되어 올바르게 먹고 치아를 관리하는 것으로 정음식 및 치아건강관리법(正飮食 및 齒牙健康管理法), 의식과 관련되어 올바르게 관리하는 것으로 정의식과 명상관리(正意識과 冥想管理) 및 명상의학(冥想醫學), 청각과 관련되어 올바르게 듣고 관리하는 것으로 정청각 및 음악치료관리법(正聽覺 및 音樂治療管理法), 후각과 관련되어 올바르게 숨 쉬는 것으로 정후각관리법(正嗅覺管理法), 수면과 관련되어 올바르게 잠자는 것으로 정수면관리법(正睡眠管理法), 촉각과 관련되어 올바른 접촉을 관리하는 것으로 정접촉관리법(正接觸管理法), 시각과 관련되어 올바르게 보고 헤아리는 것으로 정시각 및 시력관리법(正視覺 및 視力管理法), 모든 기관과 관련되어 올바르게 순환이 이루어지는 것으로 정순환관리법(正循環管理法)이 있다.

본서에서는 8개의 위생준수기본기준(또는 건강관리 8정법) 중에서 정청각 및 음악치료관리법, 정의식과 명상관리 및 명상의학, 정음식 및 치아건강관리법, 정시각 및 시력관리법에 관해서만 기술하기로 한다.

제2절 정청각 및 음악치료관리법(正聽覺 및 音樂治療管理法)

(1) 정청각과 음악의 의의

우리의 청각은 오감(五感) 중 85%를 차지하는 감각기능이다. 음에 의한 진동이나 감동으로 생체의 순환이 활성화되고 있다.

물, 바람, 수목, 각종 생물들의 이동, 생명력 표출 등으로 이루어진 자연음과 인간의 감동으로 잘 다듬어진 음악이 인간과 생태계의 고유의 리듬을 찾을 수 있게 함으로써 마음의 평온, 환희, 감정의 순환, 질병치료, 생태계의 생산적 활동(동 · 식물의 성장 및 활력증진, 알 및 우유 등의 증산) 등에 크게 기여하고 있다.

음악은 단순한 예술형식이 아니라 정서(情緖)의 언어이다. 또한 음악은 대상 또는 공기의 진동에 의한 소리를 예술로 승화시킨 것이다. 음악은 세계 공통어(universal language)라고 하기도 하나 음악이 말과 함께 만들어지므로 서로 다른 지역에 사는 사람들에게는 각기 서로 다른 음악이 필요하다. 사용하는 말, 기후와 풍토를 포함하는 생활환경, 정치나 사회상황 등과 결부되어 음식과 마찬가지로 음악은 지역적인 요소도 강한 면이 있으므로 민족음악이 새로운 음악 장르로 설정되고 있다.

음악은 저항 없이 받아들여지며 다른 정보와 달리 선택의 여지가 없다. 귀를 막거나 아무리 방음장치가 잘 되어 있는 곳에 혼자 있어도 무슨 소리든 들려온다. 그러나 미각, 촉각은 말할 것도 없고 시각과 후각도 원치 않을 경우 차단할 수 있다. 육체에는 어떤 특정한 소리의 파동에 공명하는 부분이 있다. 인간의 오감(시각, 청각, 후각, 미각, 촉각)은 감각 신경을 통하여 뇌에 자극을 전달하는데, 그 중 85% 이상은 청각자극에 의한 것으로 다른 오감보다 영향이 큰 이유는 소리가 보다 직접적으로 대뇌에 많은 영향을 주기 때문이다.

(2) 음악치료 및 국내·외의 음악치료 동향

음악치료(音樂治療 또는 音樂健康: music therapy)는 음악을 이용하여 건강을 다스리(治)고 고친다(療)는 뜻이다. therapy는 그리스어로 therapenin에서 유래된 말로 "시중들다"의 뜻이다.

음악치료는 인체 각 조직의 긴장 완화에 매우 효과적이며 자율신경계와 호르몬계의 조정을 통해 건강을 증진시킨다.

음악치료법에 대한 관심이 증대하면서 음악치료를 활용한, '뇌신경계 질환 예방을 위한 음악', '혈액순환계 질환 예방을 위한 음악', '면역계 질환 예방을 위한 음악', '골프를 잘 치게 하는 음악', '우유나 알이 잘 나오게 하는 음악', '식물을 잘 자라게 하는 음악', '모발을 좋게 하는 음악', '위에 좋은 음악', '발효를 잘 시키는 음악', '불면증 치유 음악', '위장장애 치유 음악', '정신집중과 기억력 향상 음악' 등에 대한 음악제품들이 제작되어 판매되고 있다. 인간의 체내에 있는 자연의 순수한 리듬을 이용한 이들 콤팩트

디스크는 그동안 신경안정용 음악의 범위를 넘어서, 음악이 본격적인 약품으로 활용되고 있는 좋은 예이다.

음악치료는 크게 두 가지 방법, 즉 수동적 음악치료와 능동적 음악치료로 나눌 수 있다. 수동적 음악치료는 음악감상 치료법으로, 의사가 특별히 음악을 선택 · 처방해서 작곡가가 이미 작곡한 음악을 듣는 방법이다. 능동적 음악치료는 환자 자신이 다룰 수 있는 간단한 악기를 이용하거나, 직접 만들어 내는 소리로 진행하는 방법이다.

클래식 음악은 인간의 희노애락을 담아 가장 잘 표현된 소리로 상처받는 영혼을 어루만져 주고 위안을 느끼게 해주는 힘이 있기 때문에 클래식 음악이 치유를 위한 치료방법으로 활용될 수 있는 이유 중에 하나이다.

음악을 활용한 치료법은 19세기부터 전 세계적으로 확장되어 많은 나라에서 활용되어 가고 있다. 세계 각국의 대학에서 음악치료 과정이 설립되고, 그 대학에서 양성되어 배출된 치료사들이 종합병원이나 전문병원, 그리고 음악치료법센터 등에서 환자들을 치료하고 있다.

음악치료를 초기에 활용한 나라는 미국과 영국, 그리고 호주 · 네덜란드 · 아르헨티나 · 오스트리아 등이나, 그 후 활발히 음악치료를 활용하고 있는 나라는 프랑스 · 캐나다 · 핀란드 · 노르웨이 · 스페인 · 이탈리아 · 브라질 · 일본 등으로 대학교에 음악치료법 과정 개설 및 각종 학술단체의 활동이 이루어지고 있다. 이 중 몇 나라만의 예를 들면 다음과 같다.

① 미 국

미국은 1832년 처음으로 음악치료를 이용하여 실제 진료에 활용한 이래, 1903년에 와서는 뉴욕 국립음악치료학회(National Therapeutic Society of New York)를 설립하였고 1944년 미시건 주립대학에 음악치료 훈련 프로그램을 처음으로 도입했다. 그 후 1946년에는 캔자스 주립대학에서도 대학과정에 음악치료학과를 신설 운영하여 좋은 성과가 나타나자, 현재는 미국 내에 무려 70여 대학교에서 음악치료 과정을 설치하여 운영해 오고 있다. 그리고 여기서 배출된 치료사들은 각 병원에서 환자 치료는 물론, 연구소 또는 전문치료센터에서 근무하고 있다.

② 영 국

영국은 제2차 세계대전 직후 일찍이 국가경제 활성화에 음악을 활용해서 산업현장에 적용한 나라이다.

1969년 음악치료자선사업회와 1976년 음악전문치료사협회가 발족되었고, 1987년에 영국에서 음악치료에 관한 서적이 발행되었다. 1992년에는 캠브리지에서 "유럽사회에서의 건강과 교육을 담당해야 할 음악치료의 역할"이라는 제목으로 제1회 유럽음악치료사총회가 열렸다.

③ 호 주

호주는 1922~27년 사이에, 시드니에 국제음악치료학회(International Society for music therapeutics)를 설립해서 음악치료를 실시하고 있으며, 1975년 시드니에서는 AMTA, 즉 호주 음악치료학회(Australian Music Therapy Association)가 창설되면서 첫 번째 음악치료총회가 열렸으며, 그 해 이 총회에서 발표한 각종 연구논문들이 책으로 출간되었다. 1978년에 멜버른 대학교에 음악치료 과정이 도입되었다.

④ 캐나다

캐나다는 1974년에 캐나다 음악치료협회(CAMT: Canada Association for Music Therapy)를 발족시켜 활발한 연구 활동을 진행하고 있으며 또 1976년에는 브리티시 콜롬비아주 벤쿠버에 있는 캐필라노 대학(Capilano Collage)에 음악치료법 과정이 설치되었으며, 1985년에는 몬트리올에 있는 퀘벡 대학교(University of Quebec)에 음악치료 과정을 개설하였고, 1986년에는 온타리오주에 있는 윌프리드 로리어 대학교(Wilfrid Laurier University)에 음악치료학 과정을 설치하였으며, 1991년에는 윈저 대학교(University of Windsor)에 음악치료 프로그램을 개설하여 음악치료사를 배출하고 있다.

⑤ 일 본

일본의 음악치료에 관심 있는 학자들은 제2차 세계대전 때 당시 전쟁의 부상병 치료와 이들의 사회복귀를 위한 음악치료의 방법이 연구되어 실천되었으며 1968년에 병리학적인 차원에서 일본 음악정신병리학 및 치료학회(Japanese Society of Psychopathology of Expression and Arts Therapy)가 설립되었고, 1971년에는 일본 음악심리치료협회(Japanese Association of Music Psychology and Therapy)가 발족되었다. 현재는 도시화 과정에서 발생되는 스트레스 치료, 각종 질병의 예방 및 치료에 적용 가능한 음악치료 연구에 많은 학자들이 심혈을 기울이고 있다.

⑥ 한 국

우리나라는 1986년, 음악치료연구소가 처음으로 개설(임은회음악치료센터)되어 자폐증 환자에 대한 음악치료법으로 임상치료를 하고 있으며, 1993년 CLI 건강음악연구소가 개설되어 음악치료법에 의한 각 영역의 프로그램을 개발하고 있다. 해외에서 많은 유학생들이 음악치료법에 대한 연구를 하고 있어 종합병원에서도 음악에 의한 정규 치료과정 설정과 국내대학교에서도 음악치료법 교과목이 개설되어야 할 것이다. 현재 일부의 신경정신과 전문병원에서는 음악치료를 활용하고 있지만, 보다 전문화된 프로그램에 의한 음악치료사 양성이 절실히 요구되는 실정이다.

(3) 음악치료의 특징

음악치료는 공기 및 대상의 진동이나 음악에 의한 감동을 이용하여 생체관리를 하는 것으로 그의 특징은 다음과 같다.

① 정서몰입, 이완, 자극 및 해소에 기여

음악은 정서몰입, 이완, 자극 및 해소를 할 수 있도록 자율신경계와 호르몬계의 조정역할을 한다. 스트레스를 받게 되면 자율신경에 변화가 일어나는데 음악은 이 자율신경을 조정하여 스트레스로 인한 저해요인을 저감시키고 심신을 안정시키는 호르몬(베타엔도르핀, 세로토닌, 멜라토닌 등)이 분비되어 편안한 느낌을 갖게 된다.

② 통증완화 및 노화방지

좋은 음악을 들으면 노화방지 및 통증을 완화시켜 준다. 좋은 음악을 듣거나 좋은 냄새를 맡을 때 세로토닌이나 베타엔도르핀이 세포 내에 다량 방출되는데 이는 인간의 노화를 방지할 뿐만 아니라 각종 통증(요통, 치통, 무릎 통증)을 완화시켜 준다. 세로토닌은 뇌 내 신경전달물질의 하나로 도파민처럼 쾌락을 느끼게 하는 호르몬이다. 또한 조용한 음악은 펩타이드 미립자를 체내에 만드는 데 도와주므로 뇌 속의 특수한 수용체로 작용하여 아픔으로부터 육체를 해방시켜 준다. 또한 베타엔도르핀은 모르핀에 가까운 성질을 지니고 있어 통증완화에 큰 도움을 줄 수 있다.

③ 면역체계 강화

음악치료를 이용하면 면역체계를 강화시켜 준다. 음악치료는 세균이나 바이러스로부터 인간의 몸을 지키게 하는 NK세포(Natural Killer Cell)나 T임파구 등의 면역세포를 증가시켜 스트레스 호로몬인 코르티솔(cortisol)을 억제하여 사람의 면역력을 증가시켜 준다. 코르티솔은 혈당값을 높여 당뇨병 유발, 스트레스성 단기 기억장애, 지나친 양의 칼슘을 뇌세포에 보내 뇌세포 손상, 지방을 축적시켜 체지방률을 높이므로 혈액 중에 지방분이 많은 고지혈증 등을 유발시키는 호르몬이다. 또한 스트레스나 썩은 냄새를 맡을 때 코르티솔이 발생한다.

④ 각종 질병유발 및 활성산소 저감

음악치료는 각종 질병유발과 활성산소를 저감시켜 준다. 음악치료방법을 적용시키면 교감신경의 우위(과잉상태)로 나타나는 아드레날린과 노르아드레날린의 과잉분비로 인한 각종 질병(고혈압, 동맥경화, 불면증, 시력저하, 난청, 이명, 치매, 암, 아토피 등) 유발과 활성산소의 증가를 방지하여 준다.

⑤ 병원균을 격퇴하는 임파구 기능 회복

음악치료를 적용하면 아세틸콜린의 분비를 촉진시켜 바이러스나 암세포 등을 격퇴하는 임파구 기능이 회복된다. 음악치료법은 신경의 말단에서 분비되어 신경의 자극을 근육에 전달하는 화학물질인 아세틸콜린의 분비를 촉진시켜 바이러스나 암세포 등을 격퇴하는 임파구의 기능을 회복시켜 준다.

⑥ 숙면을 돕는 멜라토닌의 증가

좋은 음악을 들으면 멜라토닌의 양이 증가하여 숙면을 취할 수 있도록 한다. 음악을 들으면 뇌의 "송과선[松果腺, pineal gland: 간뇌 등면에 돌출해 있는 내분비선으로 대뇌의 등면을 따라 앞으로 뻗어 두부의 피부를 통과하여 들어오는 광(光)

을 감수(感受)하여 생식활동의 일주성(日周性)이나 연주성 등 생체리듬에 관여하는 호르몬을 형성함]"을 자극하여 수면물질인 멜라토닌 양을 증가시켜 주므로 취침 전에 음악치료를 적용하면 숙면을 취할 수 있다.

⑦ 소화면역력과 혈액순환의 향상

음악치료는 소화면역력이 높아지고 혈액순환이 좋아진다. 부교감신경이 음악의 자극을 받으면 침 분비가 많아지고 소화액 분비가 촉진되므로 소화관 면역력이 높아지고 혈액 순환이 좋아져 냉증이 개선된다.

⑧ 노년기의 창조적인 잠재력을 발휘

노인학(gerontology: 노년기 삶과 그와 관련된 특성들을 연구하는 학문) 연구에서 음악치료기법을 도입함으로써 노년기의 많은 사람들이 최고의 창조적인 잠재성을 발휘하도록 해준다. 노년기에 있는 많은 사람들이 예지적 · 신체적 기능이 떨어지고, 사랑하는 사람을 여의고, 직업을 잃고, 자신이 가치가 없다고 느끼거나, 절망감을 느끼는 이들에게 음악치료를 적용하여 좋은 음악을 들려주면 세라토닌, 베타엔도르핀 등이 다량 분비됨에 따라 즐거웠던 옛일들이 생생하게 떠오르면서 인간적인 온화를 찾을 수 있어 새로운 삶의 도전의지가 솟구치고, 한편 즐거움을 느끼게 하여 말단소립쇠퇴를 억제하므로 노화방지, 안면신경에 부교감신경의 자극을 활성화시켜 시력을 개선하는 등 강한 활력과 힘을 주게 된다. 이로 인하여 노년기의 사람들이 아직도 창조적인 작업이 가능하고 새로운 기량을 발휘할 수 있다는 사실을 깨닫게 함으로써 자신이 고귀한 삶을 살 수 있다는 확신을 꾸준히 인식시킬 수 있다.

⑨ 단백질음악에 의한 생태계의 생산력을 증대

단백질음악을 이용하여 생태계의 생산력을 효율적으로 높인다. 음악치료는 음악과 세포와의 관계를 미생물학적인 수준으로 접근하는 '단백질음악'을 활용하여 생태계의 효율적 생산력(효모균의 발효촉진, 우유나 계란 증산, 생태계 성장촉진 등)을 증대시킨다.

⑩ 인간적인 온화를 찾게 함

음악을 들으면 인간적인 온화를 찾을 수 있다. 일반적으로 클래식 명곡은 자연의 순수한 리듬을 가지고 있어 사람들의 마음을 편안하게 해준다는 것이 입증되었다. '자연의 순수한 리듬' 은 대자연의 숨결이라고 하는 자극인 동시에 인간적인 온화(평온함과 안정감)를 줄 수 있는 가장 순수한 자극이기도 하다.

⑪ 안전하며 쉽고 부작용이 없는 귀로 듣는 약

음악은 가장 안전하고 쉬우며 부작용 없이 경제적으로 치료할 수 있는 귀로 듣는(먹는) 약이다. 음악치료는 매우 안전하고 귀로 듣는(먹는) 약으로써 '자연치유력' 을 크게 이끌어 내는 역할을 한다. 음악치료는 특별한 기술이나 장비 없이 남녀노소 누구나가 안전하고 간단하게 수행할 수 있다. 또한 음악은 부작용이 없는 것이 특징이다. 질병이나 상처가 회복될 때 약이 뒷받침해주는 부분은 실제로 20~30%에 지나지 않는다고 한다.

⑫ 귀의 장애(난청, 이명 등)를 개선

난청과 이명은 소리의 전달과정에서 장애가 생겨 발생되는 것이다. 난청은 달팽이관 속 코티기관의 세포기능이 저하되므로 소리를 채집하는 능력이 떨어져 생기는 현상이다. 이명(또는 이명증: 귀에서 벌레나 귀뚜라미 등이 우는 소리가 남)은 스트레스로 인한 교감신경의 과도한 작용으로 달팽이관 내 림프액 흐름이 악화되고 유모세포가 자극을 받음으로써 나타나는 현상이다. 난청이나 이명은 교감신경의 과도한 작용으로 이루어진다. 또한 귀가 오랫동안 큰 소리에 접하게 되거나 다량의 약물(아스피린, 카페인, 알코올, 키니네 등)을 복용하게 되면 이명증 증세가 나타날 수 있다. 귀속 깊숙한 곳에 있는 내이(內耳)에는 세 개의 반고리관(반고리관 안의 점막에는 작은 솜털이 붙어 있으며 물이 차 있다)이 있는데 이 반고리관이 자극을 받거나 내이에 염증이 생기면 내이 속에 있는 액체의 균형이 깨지면서 멀미(어지럼증과 구역질)가 느껴진다. 이러한 귀의 장애를 음악치료에 의하여 자율신경의 균형을 바로잡음으로써 귀의 건강을 개선할 수 있다.

(4) 음악치료법의 접근방법

① 소리의 영역

소리는 공기 및 대상의 진동에 의한 것으로 인간이 들을 수 있는 주파수 영역(가청주파수)과 들을 수 없는 주파수 영역(예: 분자의 진동수 Hz)이 있다. 단백질 음악에서는 단백질의 합성과정에서 일어나는 아미노산의 양자적인 성질에 의하여 파동이론을 다루어 연구되어지고 있다.

② 일반음악에서의 소리

인간이 들을 수 있는 주파수 범위(가청범위)는 건강한 사람인 경우 대략 16Hz~20,000Hz이다. 남성의 목소리는 대개 100~150Hz, 여성의 목소리는 200Hz~250Hz, 어린아이의 목소리는 300~450Hz 정도이다. 피아노의 경우 가장 낮은 소리가 27Hz, 가장 높은 소리가 4,200Hz이다. 그러나 파이프 오르간은 가장 낮은 소리가 16Hz, 가장 높은 소리가 8,400Hz 정도이다.

자연계의 소리는 모두 여러 가지 배음을 가지는 정현파(sine파)의 집합이다. 그러나 디지털 악기로 연주하는 음악은 대부분의 소리를 표본화(sampling)하여 디지털 신호의 크기를 나타내는 숫자(0과 1의 숫자로 바뀌는 것, 즉 인코딩)로 표현하는 "소리의 표본"으로 자연의 소리, 악기 및 성악 등에서 그 특유의 특성에 의하여 미묘하게 표현되는 배음(harmonics)은 나타낼 수 없다. 예로서 벨칸토(아름다운 목소리라는 뜻) 창법은 비강을 공명시키기 쉬운 언어로 노래하는 발성법으로 배음을 가능한 한 많이 포함된 음을 표현하는 창법이다.

휴대폰 벨소리는 배음이 없는 디지털 음이기 때문에 동시에 여러 개의 휴대폰이 울릴 경우 누구의 휴대폰에서 나는 것인지 알기 어렵다.

노래는 인간에게 가장 친근하고, 가장 원시적인 음악행위이자 표현행위로써 살아가고 있는 주변사람들과 사회적 환경을 이어주는 전달 역할(message)을 하고 있는 것이다.

③ 인체의 음악치료에서의 소리

음악치료 연구는 부교감신경의 활동을 북돋워 줌으로써 자율신경 불균형을 정상적으로 되돌릴 수 있을 것이라는 가능성을 이용하여 시작되게 되었다.

부교감신경이 활발해지면 베타엔도르핀이나 멜라토닌 등의 호르몬의 분비가 촉진되므로 이들 호르몬에는 심신을 안정시키는 효과가 있어 음악을 듣는 사람이 곧 '편안하다'는 느낌을 받게 된다.

날로 복잡다양한 사회에서 활동하고 있는 현대인은 과거에 비해 스트레스로 인한 아드레날린이 과도하게 분비됨으로써 교감신경과 부교감신경의 균형이 무너져 심장이나 혈관의 수축력을 높이고 인슐린과 길항작용(拮抗作用: 생물체의 어떤 현상에 대하여, 두 개의 요인이 동시에 작용하면서 서로 그 효과를 줄이는 작용)을 하여 혈당량을 조정하는 호르몬이 과잉분비됨으로써 각종 질병이 유발된다.

불규칙한 생활방식으로 교감신경이 과도하게 작용하면 자율신경과 관계가 깊은 면역계, 뇌신경계, 혈액순환계 질환의 발병률도 높아지고 감기, 암, 아토피, 고혈압, 심근경색, 뇌경색, 치매증, 이명, 난청 등과 같은 질병이 계속해서 증가되고 있는데 이는 교감신경의 활동이 과도한 데서 오는 신체부작용이다.

이럴 때 이용하면 좋은 치료를 할 수 있는 것이 바로 음악치료방법이다.

가) 음악과 신경계

세균이나 바이러스로부터 인간의 몸을 지키는 역할을 하는 것으로 알려진 NK(Natural Killer)세포의 증식을 돕기 위해 음악을 이용한다. 음악치료는 음악이 인간의 체내에 있는 NK세포를 증가시켜 코르티솔과 같은 인체에 유해한 호르몬을 억제하고 환자의 면역력을 높이는 작용을 한다.

의학에서는 음악을 단순히 치료효과뿐만 아니라 음악이 면역체계에 미치는 실제적인 영향에 대하여 연구한 성과를 치료방법으로 활용하고 있다.

음악에 의해 소화 및 순환 등을 지배하는 부교감신경을 자극함으로써 침분비가 많아지고 소화기관이 활발하게 이루어져 혈액순환도 좋아져 냉증이 개선될 수 있다.

고주파음악을 들으면 부교감신경에 분포하고 있는 연수(延髓, 또는 숨골, medulla oblongata: 척추동물에서 피라미드처럼 생긴 뇌의 마지막 부분)에 좋은 영향을 준다. 연수에 연결된 안면신경이나 설인신경(舌咽神經: 연수의 뒤쪽에서 나와 혀뿌리 및 인두에 분포하는 혼합신경: 지각, 운동, 미각의 세 신경섬유를 포함한다)에 영향을 주면 침이나 눈물의 분비가 촉진됨으로써 침 속의 아밀라아제 소화요소에 의한 소화촉진뿐만 아니라 면역물질인 IgA[IgA: immunoglobulin A(면역글로블린 항체)]항체와 병원균을 용해(세포벽을 녹여 세균을 파괴함)하는 침(타액) 속의 효소 라이소자임(lysozyme)의 분비량이 증가되어, 병원체를 격퇴하는 힘이 커지게 된다. 또한 최근 침 속에 있는 효소에 의하여 살균작용은 물론 발암물질을 억제한다는 주장도 나오고 있다. 동물들이 상처부위를 본능적으로 핥는 이유가 여기에 있다.

임상실험결과 모차르트 곡을 듣고 8초 만에 침이 분비되었고, 30분간 듣게 한 후 면역력을 조사한 결과 IgA항체의 양이 2배 이상 증가하였고, 혈액을 순환시키는 임파구 수도 급격한 증가가 있었으며 암세포를 공격하는 NK세포도 증가되고 스트레스 호르몬인 코르티솔이 감소함을 확인함으로써 면역력 향상의 가능성을 알게 되었다.

인간의 삶은 낮에 활동하고 밤에는 조용히 휴식하는 습관으로 낮에는 교감신경이, 밤에는 부교감신경이 작용한다.

나) 음악과 노쇠화

음악이나 웃음 및 쾌락 등의 큰 즐거움에 의해 방출되는 세로토닌이나 베타엔도르핀 등으로 스트레스로 인한 코르티솔 발생을 억제하고 면역력을 높여줌으로써 병을 치료하거나 노화를 억제하는 역할을 한다.

노화가 일어나는 여러 가지 학설 중 염색체 끝에 있는 말단소립에 관한 연구결과를 클론이 발표한 바 있다. 말단소립은 두 개의 염색체를 연결하는 부분으로, 세포가 분열할 때마다 짧아져 40번에서 90번 정도 분열하면 거의 쇠퇴하고 그 이상 분열하면 염색체가 풀려 세포가 죽게 되나 큰 즐거움을 느끼는 감정을 갖게 되면 이 말단소립의 쇠퇴를 억제하는 효과가 있다고 한다. 이에 음악으로 큰 즐거움을 느끼게 하면 말단소립의 쇠퇴를 억제하여 노화를 막고 병의 치료를 돕는다는 것이다.

60세가 넘으면 뇌세포가 줄어들게 되므로 신경전달이 올바르게 이루어지지 않을 수 있으나 음악치료방법을 적용하면 자율신경계와 호르몬계가 집중되어 있는 뇌간부를 조정함으로써 노화진행을 못하게 하거나 늦출 수 있다. 또한, 스트레스로 인한 아드레날린의 많은 분비로 시력이 저하될 수 있으나 음악치료방법을 이용하면 눈동자의 움직임을 관장하는 중뇌와 동공의 움직임을 지배하는 안면신경에 부교감신경의 자극을 활성화시킬 수 있어 시력도 크게 개선시킬 수 있다.

음악을 듣고 감동하거나 눈물을 흘리는 것은 뇌내 마약의 일종인 베타엔도르핀이 시상하부에서 분비되기 때문이다. 음악을 유용하게 활용하기 위해서는 음악과 인간의 면역체계의 상관성, 두뇌조직 및 세로토닌, 배타엔도르핀 등에 의한 신경전달물질에 대한 연구가 많이 이루어져야 할 것이다.

다) 음악감상법과 음악치료의 효과

음악을 이용한 음악치료로 척추, 태교, 통증, 면역계, 뇌신경계, 혈액순환계뿐만 아니라 고혈압, 불면증, 자폐증 개선, 난청, 이명 외에 다양한 질병에도 효력이 있음이 밝혀지고 있다. 예방은 치료보다 낫다(prevention is better than cure)는 말이 있다. 음악은 질병에 대한 좋은 예방뿐 아니라 치료에도 크게 기여하고 있다.

④ 단백질 음악에서의 소리

최근에 제기된 음악 중 하나로 '단백질 음악'이 있다. '단백질 음악'의 이론은 음악과 세포와의 관계를 미생물학적인 수준에서 접근한 방법이다. 세포와 음악의 관계를 연계시켜 인간에게 음악이 어떤 의미를 가지는가를 알기 위해 단백질 음악의 연구가 활발히 진행되고 있다.

음악을 들려주었을 때 효모균의 발효가 빨라졌다는 연구발표가 있었다. 인간이 음악을 듣고 감동 내지 건강변화가 나타난 것처럼 식물과 동물, 세균도 음악에 감동 내지는 진동효과로 생태변화가 있었다는 문헌발표는 모든 생명체가 '음악을 듣거나 반응한다'라고 검증된 것이라 생각할 수 있다.

소리는 공기진동에 의한 것으로 그 진동수와 밀접한 관계가 있다. 소립자가 빛이나 소리와 마찬가지로 진동수를 가진다는 원리가 음악에서 이용되고 있는 중요한 이유 중 하나이다.

진동하는 것은 소리와 마찬가지로 인간의 귀로 들을 수 있는 것도 있지만, 분자(또는 양자)의 진동수는 매우 커서(높은 소리) 인간의 귀에는 들리지 않는 소리로써 나타나기도 한다. 인간의 가청범위가 16㎐~20,000㎐ 정도까지이나 전자의 진동수는 10^{20}Hz로 아주 높기 때문이다.

단백질은 스무 가지 아미노산이 연결되어 이루어지는데, 이 단백질의 합성과정에서 하나하나의 아미노산이 양자적인 성질을 가진 파동에 의하여 이루어진다. 그리고 각 아미노산의 진동수는 양자운동의 진동수처럼 매우 규칙적인 어떤 일정한 법칙을 바탕으로 정해진다.

'단백질 음악'에서는 다음과 같은 사항을 고려해 볼 수 있다.

빵이나 된장을 제조할 때 필요한 발효과정에서 효모균이나 유산균 등의 세포분열이 이루어지는데, 이 과정에는 반드시 단백질 합성이 수반된다. 따라서 그때 발생되는 분자의 진동과 공명 관계에 있는(예를 들면 같은 멜로디나 리듬) 음악을 들려주면 그 합성을 촉진시킬 수 있을 것이다.

또한 합성을 촉진시키는 진동이 있다면 거꾸로 억제시키는 진동도 있을 수 있다. 파장에는 골과 산이 존재하는데, 이 골과 산의 주기가 같은 소리끼리는 서로 공명하지만, 거꾸로 골과 산의 위상이 역전되어 있으면 상쇄되어 소멸해버린다. 공명은 촉진으로, 소멸은 억제로 이어진다.

예로써 암세포의 세포분열에도 이런 원리를 응용할 수 있다면, 어떤 특정한 음악이 암의 치료약이 될 수도 있고 거꾸로 암세포를 증식시킬 수도 있다는 접근 방법이다.

암세포를 공명시키는 음악을 들려주면 암세포가 증식하고, 거꾸로 암세포와 위상이 역전된 음악이 있다면 암세포를 소멸시킬 수 있다는 것이다.

맥주의 발효과정이나 된장, 간장 등의 양조과정에 음악을 이용하듯이 암세포의 분열에 원인이 되는 세포에 대한 음악의 효과를 밝히려는 방법론 제시가 실제 의료 현장에서 큰 연구과제 중의 하나로 대두되고 있다.

(참조: 미쓰토미 도시로 저, 이상술 옮김,
음악은 왜 인간을 행복하게 하는가?, 해나무, 2005)

(5) 음악을 듣는 방법 및 시기

① 음악을 듣는 방법

음악치료는 청취과정에서 가장 좋은 효과를 얻기 위해서는 1일 3회, 1

회당 성인은 40분 정도, 어린이의 경우 30분 정도의 제한시간을 지키며 듣는 것이 바람직하다. 그러나 바쁠 때는 아침과 저녁 2회, 각각 10~15분이라도 듣는 것이 좋다. 음악치료를 적용하는 경우는 배경음악처럼 흘러 듣는 것이 아니라 음악에 온전히 집중해야 한다는 것을 꼭 명심해야 한다. 음악치료는 무엇보다 '병을 예방하고 치료하겠다'라는 강한 의지를 갖는 게 중요하며 음악에 집중하여 모든 소리를 100% 귀로 흡수하고 능동적으로 듣는 게 좋다. 단, 헤드폰을 사용하지 않고 배경음악처럼 듣는 경우 하루 종일 듣고 있어도 별 문제는 없다. 집단치료인 경우 하나의 성인집단은 10명 내외로 구성하되 한두 사람의 보조자가 필요하며 어린이의 경우 공간과 보조자의 여건에 따라 3~10명까지 구성할 수 있다.

인간의 청각은 최후까지 살아있는 감각기관이다. 호흡이 정지하여 심장이 멈추더라도 청각은 사후 30분 정도까지 살아 있다고 한다. 이러한 인간이 갖고 있는 청각능력을 잘 활용한다면 음악치료의 효과는 한층 높아질 것이다.

음악치료를 실시할 때는 청각을 방해하는 것은 가급적 모두 없애는 것이 좋다. 그리고 큰 헤드폰을 이용하여 잡음을 차단하고 실내는 될 수 있는 한 약간 어둡게 하며 눈을 감은 채 음악에 몰입하여야 효과적인 음악치료가 된다.

음악치료는 여러 가지 의미에서 약과 비슷한 효과를 가지고 있으므로 용법을 올바르게 지키는 것이 중요하다.

② 음악을 듣는 시기

아침과 점심에는 식전에 듣는 것이 좋다. 음악치료로 부교감신경을 자극하여 소화기능을 높인 뒤 식사를 하면 소화효소와 소화액 분비가 많아지고 소화운동도 활발해져서 소화가 한층 편안하게 이루어지기 때문이다.

저녁은 식사 전보다 취침 전에 듣는 것이 더 바람직하다. 세로토닌, 멜라토닌계 수면물질의 분비가 촉진되어 숙면을 취할 수 있게 도와주기 때문이다. 잠이 오면 안전을 위해 헤드폰을 반드시 벗은 다음 취침하도록 한다.

(참조: 와고하루히사 저, 송수영 옮김, 모차르트 테라피, 넥서스북, 2005. / 전세일, 전홍준, 오홍근, 새로운 의학 새로운 삶, 창작과비평사, 2000.)

(6) 음악감상법과 서양음악의 변환기를 주도한 대표적 작곡가

① 음악감상법

음악은 시청각예술의 성향이 크므로 연주현장에서의 음악감상이 가장 이상적이나 녹음된 음악을 들어야 할 경우, 음악의 본질이 잘 재생될 수 있는 기기를 사용하여 음악이 잘 청취될 수 있도록 공간과 분위기를 조성한 후 음악을 듣는 것이 좋다.

음악을 듣는 자세는 다음과 같은 사항에 충실함이 바람직하다.

가) 수준에 맞추어 골고루 많이 듣는다.

들어서 편안하고 쉬운 음악부터 듣되 다양한 음악을 종류별로 단계적으로 수준을 높여가며 듣는다.

나) 음악을 기억하거나 악보를 이용하여 예측하면서 듣는다.

다) 음악 형식과 내용을 알고 듣는다.

라) 음악의 발전 연대순, 민족별로 다양하게 음악을 듣는다.

마) 음악을 듣는 수준이 높아질 경우 우선 분과적(分科的)으로 듣고 다음에 종합적으로 듣되 비판적이며 깊게 들어야 한다.

② 서양음악의 변화를 선도한 대표적 작곡가

가) 바흐(Johann Sebastian Bach: 독일, 1685. 3. 21~1750. 7. 28, 65세)

음악의 구성 원리와 창작기법을 설명해주는 교과서적인 기틀을 마련함으로써 미래음악의 기반조성에 기여한 "근대음악의 창시자"임.

- 주요 작품: 브란덴부르크 협주곡, B단조 미사, 평균율 피아노집

나) 모차르트(Wolfgang Amadeus Mozart: 오스트리아, 1756. 1. 27~1791. 12. 5, 36세)

음악에 천재적 재능을 발휘하여 아름답고 경쾌한 음악을 많이(약 600곡) 작곡하였다. 그의 음악을 들으면 대다수의 곡이 아름다운 꽃밭을 거니는 듯한 쾌적함을 느끼게 한다.

- 주요 작품: 오페라(피가로의 결혼, 돈 조반니, 마술피리), 교향곡(39번, 40번, 41번 주피터), 레퀴엠, 피아노 협주곡, 바이올린 협주곡

다) 베토벤(Ludwig van Beethoven: 독일, 1770. 12. 17~1827. 3. 26, 57세)

음악의 형식, 제약에 속박되지 않고 그가 원하는 최상의 음악을 위해서는 미래지향적인 창작기법을 도입하여 완벽한 작가 정신으로 인간정서를 극치로 승화시킨 "악성(樂聖)"임.

- 주요 작품: 32 피아노 소나타, 9 교향곡, 17 현악4중주곡

라) 바그너(Wilhelm Richard Wagner: 독일, 1813. 5. 22~1883. 2. 13, 70세)

오페라는 종합예술작품으로 무용, 음악, 문학의 결집체인 음악극(music drama)이어야 한다고 주장하며 오페라의 새로운 이정표를 이루어 놓음.

- 주요 작품: 로엔그린, 트리스탄과 이졸데, 니벨룽겐의 반지

마) 드뷔시(Achille Claude Debussy: 프랑스, 1862. 8. 22~1918. 3. 25, 56세)

선율, 화성, 리듬, 음색, 형식상의 원칙을 획기적으로 바꾸어 음량의 대비를 강조하고 화성을 이용한 색채효과를 극대화시킨 인상주의의 음악을 정착시킴.

- 주요 작품: 목신의 오후에의 전주곡, 24 피아노 전주곡집, 펠레아스와 멜리장드

바) 쇤베르크(Arnold Schönberg: 오스트리아, 1874. 9. 13~1951. 7. 13, 77세)

반음계와 해결되지 않은 불협화음을 잘 조화시켜 현대음악의 기틀을 마련함.

- 주요 작품: 구레의 노래, 피아노 조곡, 바르샤바 싸움의 생존자

(참조: 나운영, 대학음악통론, 세광출판사, 1979)

(7) 음악치료의 단계와 단계별 음악 및 음악치료 효과

① 단계별 역할

음악치료는 인체의 중추신경계(central nervous system)인 시상하부(hypothalamus)와 내분비선(endocrine gland)인 뇌하수체호르몬(hormone of hypothalamus)의 분비를 촉진시켜 불안, 초조, 긴장감 등을 완화시켜 마음의 평정(homeostasis)과 심 · 신의 활성화를 통해 건강에 기여하는 것으로서, 제1단계는 이완단계로 생활에서 발생되는 각종 어려운 환경변화에 대응하는 음

악치유로 몸과 마음을 쾌적하고 편안하게 안정시키며, 제2단계는 몰입과 치유단계로 해당상황에 걸맞는 음악을 집중하여 능동적으로 들음으로써 심 · 신의 결합을 보완하고 활성화시키는 데 중점을 두고 있다.

② 이완단계에 도움이 되는 음악

이완단계에서 다룰 수 있는 분야를 유형별로 열거하면 다음과 같다.

가) 최근 복잡다양한 생활상 및 과다한 업무에서 오는 스트레스 해소와 뇌 활력의 증가를 위함.

나) 임산부의 행복한 감정이 태아의 뇌 성장에 영향이 있음을 감안하여 태아의 뇌 성장에 도움을 주기 위함.

다) 청소년 수험생이 안정된 상태에서 정신집중을 함으로써 논리, 수리력, 이해력, 암기력 향상, 건망증 치유, 시험전후 휴식 및 창의력 증강을 위함.

라) 상쾌한 기상을 할 수 있도록 생체리듬을 조절하기 위함.

마) 잠들기 전 안정, 숙면, 번거로운 잡념 등을 해소하여 불면증을 치유하기 위함

바) 식욕증진, 과음과 과식 후 소화촉진, 잠들기 전 변비해소 등을 통한 위장 장애를 치유하기 위함.

사) 화가 날 때, 가슴이 답답할 때 안정을 갖도록 하여 고혈압의 증상을 완화하기 위함.

아) 자기상실감 및 대인관계 공포증 치유, 우울증, 노인성 치매예방, 두려움, 절망, 자기비하를 극복하기 위함 등에 관하여 적절한 음악을 적용시킴으로써 정상적인 생활을 개선하도록 한다. 유형별에 따라 이완단계에서 도움이 되는 음악은 다음과 같다.

(ㄱ) 스트레스 해소와 뇌 활력증가를 위한 음악

- 마스카니의 〈카발레리아 루스티카나〉 중에서 전주곡
- 슈베르트의 〈현악5중주곡 C장조 D956〉 중에서 제2악장 아다지오
- 모차르트의 〈클라리넷 협주곡 A장조 K622〉 중에서 제2악장 아다지에토

- 요한 세바스티안 바흐의 〈두 대의 바이올린을 위한 협주곡 d단조 BWV1043〉 중 라르고
- 쇼팽의 〈즉흥곡 제4번 C#단조 작품 66 '즉흥환상곡'〉
- 그리그의 〈페르귄트 모음곡〉 중 '아침 기분'
- 헨델의 오페라 〈세르세〉 중 라르고
- 마스네의 오페라 〈타이스〉의 명상곡
- 베토벤의 〈피아노 소나타 제8번 C단조 작품 13 '비창'〉 중에서 제2악장 아다지오 칸타빌레

(ㄴ) 산모의 안정에 도움이 되는 음악

- 비발디의 합주협주곡 〈사계〉의 RV269 봄 중에서 제1악장
- 요한 세바스티안 바흐/구노 편곡의 〈아베마리아〉
- 비제의 〈아를르의 여인〉 2모음곡 중에서 미뉴에트
- 모차르트의 〈아! 어머님께 말씀드리지요〉 주제에 의한 12변주곡
- 비제의 〈카르멘〉 중에서 간주곡

③ 몰입단계를 이용한 치유

가) 청소년 수험생을 위한 음악

(ㄱ) 정신집중

- 모차르트의 〈디베르티멘토 K136〉 중에서 제1악장 알레그로
- 레하르의 〈금과 은〉 왈츠
- 하이든의 〈현악4중주곡 D장조 '종달새' 작품 64의5) 제1악장 알레그로 모데라토

(ㄴ) 기억력 및 암기력 증진

- 요한 슈트라우스의 왈츠 〈봄의 소리 작품 410〉
- 요한 세바스티안 바흐의 〈무반주 첼로 모음곡 제1번 G장조 BWV1007〉 중에서 전주곡 알레망드 쿠랑트
- 베토벤의 〈피아노 소나타 제14번 C#단조 '월광' 작품 27-2〉 중에서 제1악장 아다지오 소스테누토

(ㄷ) 자신감을 갖게 함

- 헨델의 〈수상음악 모음곡 F장조〉 중에서 알레그로 알라 혼파이프 코로

- 베토벤의 〈교향곡 제3번 E♭장조 작품 55 '영웅' 중에서 제2악장 아다지오 앗사이, 제4악장 알레그로 몬토비바체

나) 상쾌한 기상을 위한 음악

- 주페의 〈시인과 농부〉 서곡
- 로시니의 〈윌리암 텔〉 서곡
- 멘델스존의 〈한 여름밤의 꿈〉 중에서 '야상곡'

다) 시험전후 휴식을 위한 음악

- 요한 세바스티안 바흐의 〈관현악 모음곡〉 중에서 아리아
- 슈베르트의 〈피아노5중주곡 A장조 D667 '송어'〉 중에서 제4악장 주제와 반주
- 스메타나의 교향시 〈나의 조국〉 중에서 몰다우

라) 불면증 치유를 위한 음악

- 요한 세바스티안 바흐의 〈골드베르그 변주곡 BWV988〉 중에서 아리아와 변주곡
- 쇼팽의 〈전주곡 D♭장조 작품 28-15 '빗방울'〉
- 드뷔시의 〈베르그마스크〉 모음곡 중에서 달빛

마) 위장장애 치유를 위한 음악

- 타레가의 〈알람브라 궁의 추억〉
- 멘델스존의 〈무언가 작품 62-6〉 중에서 '봄노래'

바) 고혈압 치유를 위한 노래

- 베토벤의 〈교향곡 제6번 F장조 작품 68 '전원'〉 중에서 제1악장
- 쇼팽의 〈화려한 대폴로네이즈 E♭장조 작품 22〉
- 하이든의 〈현악4중주곡 제78번 B♭장조 작품 76-4 '일출'〉 중에서 제2악장 아다지오
- 베토벤의 〈교향곡 제6번 F장조 작품 68 '전원'〉 중에서 제2악장(시냇가에서) 안단테 몰토모소
- 모차르트의 〈피아노 소나타 C장조 K545〉 중에서 제2악장 안단테
- 요한 세바스티안 바흐의 〈바이올린 협주곡 C단조 BWV1060〉 중에서 제2악장 아다지오

- 드보르작의 〈피아노 트리오 E단조 작품 90 '둠키'〉 중에서 제1악장 렌토 마에스토소, 제2악장 코아다지오, 제3악장 장 안단티노
- 멘델스존의 〈무언가 작품 109〉
- 베토벤의 〈피아노 소나타 제8번 C단조 작품 13 '비창'〉 중에서 제2악장 라르게토
- 프로코피에프의 〈교향곡 제1번 '고전'〉 중에서 제2악장 라르게토
- 라벨의 피아노 음악 〈물의 희롱〉
- 림스키 코르사코프의 교향적 모음곡 〈세헤라자데 작품 35〉 중에서 제2악장(카렌다 왕자의 이야기)
- 모차르트의 〈피아노 소나타 C단조 K457〉 중에서 제2악장 아다지오

사) 우울증 치유를 위한 음악

- 비제의 〈아를르의 여인 모음곡〉 제1번 중에서 아다지에토
- 리스트의 〈헝가리언 랩소디 제2번〉
- 모차르트의 〈바이올린 협주곡 제3번 G장조 K216〉 중에서 제2악장 아다지오
- 베토벤의 〈교향곡 제5번 C단조 작품 67 '운명'〉 중에서 제1악장 알레그로 콘 브리오, 제2악장 안단테 콘모토, 제3악장 알레그로, 제4악장 알레그로
- 베를리오즈의 〈환상교향곡〉 중에서 제1악장(꿈과 정열), 제2악장(무도회에서)

(8) 음악치료의 분야별 치유와 환경개선

① 척추 및 태교의 환경개선

토마스 박사가 소리와 등뼈의 관계에 대해서 연구를 한 바에 의하면 등뼈는 피아노 건반처럼 나란히 붙어 있다고 한다. 소리의 반응 부위는 음의 높낮이에 따라 달라지는데 목 위의 연수에서 정수리까지는 약 4,000㎐ 이상, 목뼈(경추)는 약 2,000~3,000㎐, 내장기관인 위는 약 1,000㎐, 위 약간 아래의 흉추와 요추 사이는 약 500㎐에 반응하므로 이에 상응하는 주파수의 음악

을 이용하여 음악치료를 행한다.

음악치료는 태교에 최상의 환경을 만들어 준다. 산모의 양수를 통과할 수 있는 소리는 8,000㎐ 이상의 고주파음악이다. 일반적으로 산모의 태아는 5개월이 지나면 산모의 양수 안에서 소리의 진동을 이골에서 반응하여 골도음으로 듣게 된다.

고주파음악을 이용하여 태교법으로 활용할 수 있다.

가) 태아의 뇌성장에 도움이 되는 음악

(ㄱ) 생상스의 〈동물의 사육제〉 중에서 '백조'
(ㄴ) 드보르작의 〈유모레스크〉
(ㄷ) 바흐의 'G선상의 아리아'
(ㄹ) 슈베르트의 '아베마리아'
(ㅁ) 멘델스존의 '노래의 날개 위에'
(ㅂ) 베토벤의 '엘리제를 위하여'
(ㅅ) 엘가의 '사랑의 인사'
(ㅇ) 베토벤의 '로망스 제1번 G장조 작품 40'
(ㅈ) 요한 슈트라우스의 '남국의 장미 작품 388'
(ㅊ) 슈베르트의 가곡집 〈백조의 노래〉 중 세레나데
(ㅋ) 차이코프스키의 〈현을 위한 세레나데 C장조 작품 48〉 중 왈츠
(ㅌ) 보케리니의 〈현악5중주 E^{b}장조 작품 13-5〉 중에서 제3악장 미뉴에트
(ㅍ) 요한 제바스티안 바하/구노 편곡의 〈아베마리아〉
(ㅎ) 볼프 페라리의 〈성모의 보석〉 중 간주곡
(ㅎ-1) 막스 브르흐의 〈아베마리아〉
(ㅎ-2) 카치니의 〈아베마리아〉
(ㅎ-3) 비발디의 〈사계 중 겨울〉의 제2악장 아다지오 '화롯가에서'
(ㅎ-4) 베토벤의 바이올린 소나타 제5번 F장조 작품 24 〈봄〉 중에서 제1악장 알레그로
(ㅎ-5) 요한 시트라우스의 왈츠 〈예술가의 생애 왈츠 작품 316〉
(ㅎ-6) 하이든의 〈교향곡 제101번 D장조 시계〉 중에서 제2악장 안단테
(ㅎ-7) 본 윌리엄스의 〈푸른 옷소매에 의한 환상곡〉
(ㅎ-8) 크라이슬러의 〈아름다운 로즈마린〉
(ㅎ-9) 베토벤의 〈바이올린 협주곡 D장조 작품 61〉 제2악장 라르게토

(ㅎ-10) 들드라의 〈추상〉
(ㅎ-11) 모차르트의 〈피아노 협주곡 제27번 B^b장조 K395〉 제2악장 라르게토 행복한 목가
(ㅎ-12) 하이든의 〈교향곡 제100번 G장조 '군대'〉 중에서 제2악장 알레그레토, 제3악장 미뉴에 트리오 모데라토
(ㅎ-13) 슈베르트의 〈즉흥곡 A^b장조 D899〉
(ㅎ-14) 이바노비치의 〈다뉴브강의 잔물결〉
(ㅎ-15) 멘델스존의 〈무언가 작품 62의6〉
(ㅎ-16) 하이든의 〈교향곡 제92번 G장조 '옥스포드'〉 제3악장 미뉴에트
(ㅎ-17) 루빈스타인의 〈F조의 멜로디〉
(ㅎ-18) 쇼팽의 〈화려한 대왈츠 E^b장조 작품 18〉
(ㅎ-19) 모차르트의 〈피아노 협주곡 제21번 C장조 K467〉 제2악장 안단테
(ㅎ-20) 바흐의 〈브란덴브르크 협주곡 제4번 BWV1049〉 제1악장 알레그로
(ㅎ-21) 모차르트의 〈피아노 소나타 C장조 K545〉 제2악장 안단테

② 뇌신경계 질환의 예방 및 개선

가) 뇌신경계

노인성 치매증은 대뇌피질의 변성과 괴사로 인한 대뇌피질세포의 감소로 기억을 관장하는 해마에서 신경전달물질의 전달이 원활하게 이루어지지 않아 기억력이 저하되는 것이다.

치매의 가장 큰 원인은 노화이지만 스트레스에 의한 노르아드레날린이 뇌 안에서 증가하기 때문이다. 또한 아드레날린이 과도하게 분비되면 노인성 치매증, 알츠하이머성 치매증, 파킨스병과 같은 뇌질환이 발생할 수 있다.

50대의 이명증세 환자가 매일 모차르트 음악치료로 이명증세가 점차 나아졌을 뿐만 아니라 높은 소리도 큰 어려움 없이 들을 수 있을 만큼 좋아졌다는 실례가 보고되고 있다.

음악치료로 아드레날린이나 노드아드레날린, 활성산소가 과도해진 상태를 개선해 줌으로써 뇌신경계와 관련된 불면증 치료, 치매증(또는 알츠하이머성 치매증) 예방과 진행을 억제, 난청과 이명의 예방 및 완화, 시력의 개선, 편두통, 뇌경색, 지각 장해, 파키슨병 등의 예방과 개선에 효과를 기대할 수 있다.

나) 뇌신경계에 참조되는 몰입 및 치유단계 음악

(ㄱ) 마스네의 오페라 "타이스"의 명상곡

(ㄴ) 마스카니의 "카발레리아 루스티카나" 중에서 간주곡

(ㄷ) 막스 브루흐의 "바이올린 협주곡 제1번 G단조 작품 26" 중에서 제1악장 알레그로 모데라토, 제2악장 아다지오

(ㄹ) 멘델스존의 "노래의 날개 위에"

(ㅁ) 모차르트의

(i) 세레나데 13번 G장조 K525〈아이네 클라이네 나흐트 뮤직〉: 2악장 로망스

(ii) 디베르티멘토 1번 D장조 K136: 1악장 알레그로, 2악장 안단테

(iii) 바이올린과 피아노를 위한 소나타 32번 F장조 K376: 1악장 알레그로 등이 있다.

(ㅂ) 베토벤의 "엘리제를 위하여," "바이올린 협주곡 D장조 작품 61" 제2악장 라르게토, "로망스 제1번 G장조 작품 40"

(ㅅ) 브람스의 "헝가리 무곡 1번"

(ㅇ) 사라사테의 "지고이네르바이젠 작품 20"

(ㅈ) 생상스의 "〈오케스트라를 위한 서주와 론도카프리치오소 작품 28〉"

(ㅊ) 쇼팽의

"야상곡 E^b장조 작품 9의 2", "$C^\#$단조 작품 20"

"야상곡 b^b단조 작품 9-1"

(ㅌ) 슈베르트의 "아베마리아"

(ㅍ) 엘가의 "사랑의 인사, 작품 12"

(ㅎ-1) 오펜바흐의 "호프만의 이야기"중에서 '뱃노래'

(ㅎ-2) 요한 슈트라우스의 왈츠 "아름답고 푸른 도나우 작품 314," "예술가의 생애 왈츠 작품 316"

(ㅎ-3) 요한 세바스티안 바흐의 "관현악 모음곡 제3번 BWV106," "G선상의 아리아"

(ㅎ-4) 차이코프스키의 "바이올린 협주곡 D장조 작품 35" 중에서 제1악장 알레그로 모데라토

(ㅎ-5) 카치니의 "아베마리아"

(ㅎ-6) 파가니니의 "바이올린 협주곡 제1번 D장조 작품 6" 중에서 제2악장 아다지오, 제3악장 론도

(ㅎ-7) 막스 브루흐의 〈바이올린 협주곡 G단조 작품 26〉 중에서 제2악장 아다

지오

(ㅎ-8) 생상스의 〈바이올린 협주곡 제3번 B단조 작품 61〉 중에서 제1악장 알레그로

(ㅎ-9) 라흐마니노프의 〈파가니니 주제에 의한 변주곡〉 중에서 제18변주

(ㅎ-10) 말러의 〈교향곡 제5번 C#단조〉 중에서 제4악장 아다지에토

(ㅎ-11) 파헬벨의 〈카논과 지그〉 중에서 '카논'

(ㅎ-12) 비발디의 〈피콜로 협주곡 제4번〉 중에서 제2악장 라르고

(ㅎ-13) 쇼팽의 〈피아노 협주곡 제2번 F단조 작품 21〉 중에서 제2악장 라르게토

(ㅎ-14) 막스 브루흐의 〈콜 니드라이 작품 47〉

(ㅎ-15) 브람스의 〈현악4중주곡 제1번 c단조 작품 51〉 중 로망스

(ㅎ-16) 베토벤의 〈피아노 협주곡 제5번 E♭단조 '황제'〉 중 제1악장

(ㅎ-17) 쇼팽의 〈왈츠 C#단조 작품 64-2〉

(ㅎ-18) 베토벤의 〈피아노 소나타 제17번 D단조 작품 31의 2 '폭풍'〉 중에서 제3악장 알레그로

(ㅎ-19) 브람스의 〈바이올린 협주곡 D장조 작품 77〉 중에서 제1악장 알레그로 논 트로포

(ㅎ-20) 모차르트의 〈교향곡 제40번 G단조 K550〉 중에서 제1악장 몰토 알레그로

(ㅎ-21) 그리그의〈피아노 협주곡 A단조 작품 16〉 중에서 제1악장 알레그로 몰토 모데라토

(ㅎ-22) 무소르그스키의 〈전람회 그림〉 중에서 '옛성'과 '키에프시의 큰 대문'

(ㅎ-23) 하차투리안의 무용 모음곡 〈스파르타쿠스〉 중에서 아다지오

(ㅎ-24) 드보르작의 〈현악4중주곡 제13번 G장조 작품 106〉 중 아다지오

(ㅎ-25) 차이코프스키의 〈사계〉 중 '뱃노래'

(ㅎ-26) 라흐마니노프의 〈피아노 협주곡 제2번 C단조 작품 18〉 중 제2악장 아다지오 소스테누토

(ㅎ-27) 베토벤의 〈현악4중주곡 제13번 B♭장조 작품 130〉 중 '카바티나'

(ㅎ-28) 브루크너의 〈현악4중주곡 F장조〉 중 아다지오

(ㅎ-29) 베토벤의 〈피아노 협주곡 제3번 2악장 라르고 작품 37〉

(ㅎ-30) 드보르작의 〈현악4중주곡 제12번 F장조 작품 96〉 중 렌토

(ㅎ-31) 쇼팽의 피아노곡 〈베르센스 D♭장조 작품 57〉

(ㅎ-32) 모차르트의 〈디베르티멘토 B♭장조 K137〉 제1악장 안단테

(ㅎ-33) 모차르트의 〈피아노 협주곡 제20번 D단조 K466〉 중에서 제2악장 로망스

(ㅎ-34) 사라사테의 〈지고이네르바이젠 작품 20〉

(ㅎ-35) 쇼팽의 〈피아노 협주곡 제1번 E단조 작품 11〉 중에서 제2악장 로망스

(ㅎ-36) 파가니니의 〈바이올린 협주곡 제1번 D장조 작품 6〉 중에서 제2악장 아다지오, 제3악장 론도

③ 통증 완화 및 면역계 개선

가) 통증 및 면역계

음악치료를 실시한 후 면역력의 증가로 암세포의 감소, 무릎 관절통증의 완화 등이 있었다. 또한, 장기 투병환자의 통증완화에 음악치료를 이용함으로써 진통제투여량을 줄이는 효과가 있었다.

고주파음악은 부교감신경의 연수에 작용하여 면역계질환을 개선할 수 있다. 음악치료로 코르티솔의 감소, NK세포나 T임파구 등의 면역세포의 증가, 침이나 소화액 분비의 증가, 눈물 분비가 원활하고 각종 병원체를 격퇴하는 면역물질이 증가함으로써 면역력을 증진시킬 수 있어 암, 아토피, 꽃가루알레르기성질환, 인플루엔자, 만성 류마티스 관절염 등에 관한 면역계의 개선에 효과를 기대할 수 있다.

나) 면역계에 도움이 되는 몰입 및 치유단계의 음악

모차르트의

(ㄱ) 바이올린 협주곡 2번 D장조 K211: 3악장 론도, 알레그로

(ㄴ) 바이올린과 피아노를 위한 소나타 34번 B^{b}장조 K378 : 1악장 알레그로 모데라토

(ㄷ) 세레나데 10번 B^{b}장조 K361 〈그랑 파르티타〉: 5악장 로망스, 아다지오 등

(ㄹ) 바이올린 협주곡 제3번 G장조 K216: 1악장 모데라토, 2악장 아다지오

④ 혈액순환계 질환의 예방 및 개선

가) 혈액순환계

생활습관병은 일반적으로 긴장상태가 지속됨에 따라 교감신경의 과민으로 인한 아드레날린 과다분비로 몸의 생체리듬이 깨지면서 고혈압, 동맥경화, 고지혈증, 당뇨병, 협심증, 심근경색, 뇌졸중 등으로 나타난다.

스트레스를 많이 받는 현대인은 지속적인 스트레스로 코르티솔과 아드레날린이 증가함으로써 혈당값이 상승하여 당뇨병의 유발, 고지혈증의 유발, 냉증증상 등으로 나타난다.

고혈압으로 강압제를 복용하던 70대 여성이 고주파의 음악(예: 모차르트)치료를 적용한 후 한 달 반 만에 150/90mmHg이던 혈압 수치를 130/80mmHg까지 내렸다는 연구사례가 보고되었다. 이 밖에서도 음악치료에 의한 혈압이 정상화된 예는 다수 나타나고 있다.

음악치료는 혈액순환을 개선하여 체내 노폐물의 해독 및 배출로 신진대사를 좋게 할 수 있다.

인슐린분비가 저하될 경우 부교감신경을 자극할 수 있는 음악치료로 코르티솔과 아드레날린을 감소시켜 인슐린 농도를 높여 당 분해를 촉진할 수 있어 혈당값을 안정시켜 당뇨병을 예방할 수 있다.

또한, 음악치료는 수축된 혈관을 확장시키고 혈압을 내려주며 혈소판 상태를 개선하여 심근경색을 예방할 수 있다. 또한 소화기능이 개선되어 뇌의 식욕중추에 제동이 걸림으로 인한 포만감 때문에 과식을 막아줄 수 있다.

음악치료를 적용하면 혈액순환계와 관련되는 질병(고혈압, 고지혈증, 당뇨병, 동맥경화, 협심증, 심근경색, 심장 두근거림, 냉증, 어깨 결림, 요통 등)에 관한 예방과 개선에 효과를 기대할 수 있다.

나) 고혈압 및 혈액순환계에 도움이 되는 몰입 및 치유단계의 음악

(ㄱ) 로시니의 "윌리엄 텔" 서곡

(ㄴ) 모차르트의

(i) 바이올린 협주곡 3번 G장조 K216: 1악장 알레그로

(ii) 바이올린 협주곡 5번 A장조 K219: 3악장 론도

(iii) 피아노 협주곡 21번 C장조 K467: 2악장 안단테

(iv) 피아노 소나타 C단조 K457 중에서 제2악장 아다지오

(ㄷ) 베토벤의 "교향곡 제6번 F장조 작품 68 '전원' 중에서 제1악장, 제2악장 안단테 몰토." "피아노 소나타 제8번 C단조 작품 13 '비창' 중에서 제2악장 라르게토 모소"

(ㄹ) 스메타나의 교향시 "나의 조국" 중에서 '몰다우'

(ㅁ) 쇼팽의 "화려한 대폴로네이즈 E^{b}장조 작품 22"

(ㅂ) 요한 슈트라우스의 "황제 왈츠 작품 439"
(ㅅ) 차이코프스키의 모음곡 "백조의 호수 작품 20" 중에서 제1악장 왈츠, 제2악장 및 제4악장 장면음악, "바이올린 협주곡 D장조 작품 35" 중에서 제1악장 알레그로 마에스토소
(ㅇ) 하이든의 "첼로 협주곡 C장조" 중에서 제1악장 모데라토
(ㅈ) 차이코프스키의 모음곡 〈백조의 호수 작품 20〉 중에서 제2악장 장면음악, 제1악장 장 왈츠, 제2악장 장면음악, 제4악장 장면음악
(ㅊ) 모차르트의 〈피아노 소나타 C장조 K545〉 중에서 제2악장 안단테
(ㅋ) 요한 세바스티안 바흐의 〈바이올린 협주곡 C단조 BWV1060〉 중에서 제2악장 아다지오
(ㅌ) 드보르작의 〈피아노 트리오 E단조 작품 90 '둠키'〉 중에서 제1악장 렌토 마에스토소, 제2악장 코아다지오, 제3악장 안단티노
(ㅍ) 멘델스존의 〈무언가 작품 109〉
(ㅎ-1) 쇼팽의 〈연습곡 E단조 작품 103〉 렌토마논트로포
(ㅎ-2) 프로코피에프의 〈교양곡 제1번 '고전'〉 중에서 제2악장 라르게토
(ㅎ-3) 라벨의 피아노 음악 〈물의 희롱〉
(ㅎ-4) 림스키 코르사코프의 교향적 모음곡 〈세헤라자데 작품 35〉 중에서 제2악장(카렌다 왕자의 이야기)
(ㅎ-5) 모차르트의 〈피아노 소나타 C단조 K457〉 중에서 제2악장 아다지오
(ㅎ-6) 차이코프스키의 〈바이올린 협주곡 D장조 작품 35〉 중에서 제1악장 알레그로 미에스토소

(참조: 와고하루히사 저, 송수영 옮김, 모차르트 테라피, 넥서스북, 2005. / 박경규, 건강과 음악치료, 빛샘, 1995)

(9) 민족음악에 대한 이해

① 개 요

우리는 태어나면서부터 자기 터전의 문화를 배우며 익히는 것이 무엇보다 중요한 몫이 되고 있다. 현대음악의 기틀을 마련하였을 뿐만 아니라 교육자이며 작곡가인 세계적인 음악가인 벨라 바르톡(Bella Bartok: 1881~1945)은 "음악교육은 그 나라의 민요교육부터 시작되어야 한다"고 강조하였다. 20세기의 세계음악의 양식 중 각 나라의 순박(淳朴)한 애환(哀歡)이 그대로 깃들여

진 민족음악들이 세계음악시장에서 그 독특한 가치를 인정받으며 다양하게 변화됨에 따라 21세기 세계음약계의 발전에 또 다른 차원의 음악장르로 자리 잡기에 이르렀다. 이에 우리의 민족음악을 글로벌 지구촌이라는 현대적 상황에서 각 나라의 개성 있는 민족음악을 이해하고 접근함으로써 미래의 세계음악으로 발전시킬 수 있을 것이다. 민족음악 중 판소리를 소개하고자 한다.

② 판소리

가) 정 의

판소리는 여러 가지 놀이가 벌어지는 장소나 놀이판에서 불려지는 '소리' 또는 '창'이라고도 한다. 판소리는 부채를 든 한 사람의 소리꾼이 한 사람의 고수 북 장단에 맞추어 소리, 아니리, 발림을 섞어가며 서사적이고 극적 구성을 긴 이야기로 만들어 노래로 부르는 극음악이다.

나) 구성요소

판소리 구성요소는 소리(창), 아니리, 발림이 있다. 소리(창)는 장단에 맞춰 상황을 전개하며 노래를 하는 것이며, 아니리는 노래를 부르지 않고 말로 설명하는 부분이며, 발림은 소리꾼이 부채를 들고 다양한 몸짓, 표정 등 극적인 상황을 표현하는 것으로 너름새라고도 한다.

다) 판소리의 조(調)

판소리에 기본이 되는 계면조(界面調)는 슬프고 처량한 느낌을 주는 것[예: 춘향가 중에서 이별대목, 심청가 중 심청이 죽으러 가는 대목 등], 전통가곡, 시조와 같은 성악양식을 판소리에 적용시킨 평조(平調)는 우조보다 명랑하고 평탄하며 기쁘거나 흥겨운 장면의 느낌을 주는 것[예: 춘향가 중에서 천자 뒷풀이, 심청가 중에서 화초타령, 흥보가 중에서 제비 날아오는 대목 등], 장엄한 장면과 웅장하고 씩씩한 느낌을 주는 우조(羽調)[예: 춘향가 중에서 사랑가 대목 등]가 있다.

라) 판소리 장단

판소리 장단에는 휘모리(매우 빠른 장단/4박), 잦은모리(보통 빠른 장단/4박), 중중모리(중모리의 두 배 빠른 장단/12박), 중모리(보통빠르기의 장단/12박), 진양(가장느린 장단/6박)이 있다.

마) 소리판의 창자(唱者), 고수(鼓手), 청중(聽衆)의 역할

(ㄱ) 창 자

창자는 등장인의 인물, 사설, 득음(판소리에서 필요로 하는 음색과 여러 가지 발성의 기교를 습득하는 것), 독공(득음을 얻기 위해서 장기간의 수련을 하는 것) 등을 중요시 하고 있다.

(ㄴ) 고 수

고수는 등장인의 자세, 가락, 추임새(추어준다든가 뒷바라지 한다는 뜻으로 소리 도중에 말하는 것: 얼씨구, 좋다, 헐씨구, 그렇지 등의 감탄), 역할(반주의 기능과, 소리의 공간을 메꾸기도 하며 소리꾼을 도와 박자를 조절하는 것) 등을 중요시하고 있다.

(ㄷ) 청 중

청중은 추임새(소리꾼의 흥을 돋기 위하여 바라지하는 소리), 귀명창(판소리를 감상하는 능력이 뛰어나며 소리를 듣고 평가하는 부분에 탁월한 사람을 말함) 등을 중요시 하고 있다.

③ 진도들노래(국가지정 중요무형문화재 제51호)

가) 긴 방애타령(장단: 느린 잦은모리)

후렴: 에헤용 에헤용 어허라 우겨라 방애로구나.
　　나지나 얼싸 좋네 요나리 방애로 논다.

1. 노자 좋다 노들에 강변에 비둘기 한쌍 울콩 하나를 입에다 물고
암놈이 물어서 수놈을 주고 수놈이 물어서 암놈주고
암놈 수놈 어우는 소리 동네 청춘과부가 기둥만 보듬고 논다.
2. 산에 올라 산초다리 들로 내노면 디딜방아 물꼬밑에 황새다리
울똥에 불똥에 관매다리 관매안에 새악시다리 초저녁 갱긴다리
새벽잠에 물길러 간다 아리랑 슬슬 풀린다.

나) 자진방애타령(장단: 잦은모리)

후렴: 어헝 어허엉 어허엉 어허엉 어허야.
　　얼럴럴 허너리고 방애흥애가 논다.

1. 초지녁 방애는 찔만 해도 새벽에 방애는 나는 못찧것네.

2. 일년에 열두달 남의 집에 살아서 청초마 밑에다 다 떨어 넣네.
3. 아서라 놓아라 나는 못놓것네 모토리 상투가 열댓발 빠져도 나는 못놓겄네.

다) 진도아리랑(장단: 세마치)

후렴: 아리아리랑 쓰리쓰리랑 아라리가 났네 헤에에.
아리랑 응흥흥 아라리가 났네.

1. 쓸만한 논밭때기 신작로 되고요 쓸만한 사람은 가막소 간다.
2. 날씨가 좋와서 빨래터를 갔더니 불한당 만나서 돌베게만 베었네.
3. 좋드냐 좋드라 무엇이 좋드냐 불도 안땐 냉방에 진땀이 나도록 좋더라.
4. 함경도라 원산은 살기는 좋아도 쪽발이 등살에 나는 못 살것네.
서울이라 이태원 살기는 좋아도 코쟁이 등살에 나는 못 살것네.
5. 저기 가는 저 아가씨 앞가슴을 보아라 넝쿨 없는 수박이 두통이나 열렸네.
6. 만경창파 두리 둥둥 뜬 배 어여차 허기여차 노를 저어라.

라) 사랑가 중(장단: 중중모리)

이리 오너라 업고 놀자, 이리 오너라 업고 놀자.
사랑 사랑 사랑 내 사랑이야.
이~이이 히히이 내 사랑이로다.
아~매도 내 사랑아.

(참조: 김광복〈전남대학교 예술대학 국악과 교수〉, 흥겨운 우리가락의 이해, 2012)

(10) 음악의 개설

① 음향학

가) 소 리

진동이 규칙적이며 주기적일 때에 음향학에서는 악음(musical tone), 단진동일 때에 순음(pure tone)이라 하며, 불규칙하고 비주기적일 경우에는 소음(noise)이 생긴다.

(ㄱ) 순음: 진동 기록기의 표에 하나의 규칙적인 사인 곡선(sine)으로 나타나며, 전자적인 음 발생기에 의해서도 생성될 수 있다.

(ㄴ) 악음: 음향학에서 단진동에 의한 순음과는 다르게, 들을 수 있는 기초음과 그 배음들을 동반한 일종의 복합음을 악음이라 한다.

(ㄷ) 소음: 비주기적인 진동에서 생기는 시끄러운 소리는 일정한 음높이가 없다. 소음을 이루는 개별음의 높이와 세기는 시간에 따라 달라져서 그 어떤 규칙성도 없다.

(ㄹ) 전자음: 신디사이저나 전자오르간과 같은 전자악기를 통하여 나는 음

나) 진 동

소리(음향)의 감각은 귀에 와닿는 공기압의 변화인 흔들림을 말한다.

다) 파 장

매초마다의 진동수를 주파수(frequence)라고 하며, 헤르츠(Hertz, Hz=1초 동안의 진동수)로 관측된다. 1초 동안 440회의 진동수(440Hz)는 a´음(표준음)을 형성한다.

라) 음의 성질

(ㄱ) 음높이(音高, pitch): 음높이는 본질적으로 1초 동안의 진동수에 따라 달라지는데, 헤르츠를 단위로 쓰고 주파수로 표시된다.

(ㄴ) 음의 길이(長短, duration): 진동시간에 비례한다.

(ㄷ) 음의 세기(强弱, intensity): 진동되는 에너지의 크기, 진동의 방향과 거리 및 주위의 상황에 따라 결정된다.

마) 가청범위

저음 16Hz에서 대략 최고음 20,000Hz까지이다.

바) 표준음

국제회의에서 표준음(a´)이 440Hz로 확정되었다.

사) 음정의 주기

일정한 음정을 반복하여 음을 얻다 보면 마지막에는 그 음이 다시 출발음(다른 옥타브음)으로 돌아온다.

아) 음의 조율

12개의 완전5도 음정의 주기에서도 이와 비슷한 결과가 나온다. 7옥타브를 올라가서 만나는 b♯음은 c음보다 피타고라스 콤마만큼 높다.

자) 공간음향과 메아리

음악이 연주되는 모든 공간은 소리를 반사시키므로 공간의 조성에 따라

서 음색에 영향을 주는 부분음들이 여러 가지로 다르게 반향된다.

차) 전자공학적 음의 처리

(ㄱ) 아날로그식 음악 입력과 음의 처리: 전자공학적 음 처리의 토대는 전자 음향적 변환기이다. 변환기는 공기압의 진동(소리)을 전기의 전압진동으로 전환시켜 주거나(예컨대, 마이크로폰), 반대로 전기 전압전류를 기계적 움직임으로 바꾸어 주는 확성기의 진동판과 같은 기구이다. 음향기에 기재된 신호들의 전압 전류가 실제 소리진행과 일치될 때에 이러한 기술을 아날로그식이라고 한다.

(ㄴ) 디지털식 음악 입력과 음의 생산: 컴퓨터 기술의 발달을 통하여 소리 진행의 디지털화가 가능해졌다. 음신호의 공기압 진동이 매우 빠르게 시간적인 진행으로 전환된다. 예컨대, CD에서는 1초당 44,100번이 관측되며, 각각 숫자에 따라 처리될 수 있는 수치로 분쇄된 샘플링(sampling)과정을 통하여 음향의 생산과 처리 및 입력을 하는 것을 뜻한다.

카) 음악의 기본요소

(ㄱ) 선율(가락, melody): 높고 낮은 음들이 시간을 타고 연결되는 것
(ㄴ) 화성(harmony): 시간적으로 여러 성부들이 서로 어울리는 것
(ㄷ) 리듬(rhythm): 여러 가지 다른 음길이
(ㄹ) 박절(metric): 강세의 관계를 나타냄
(ㅁ) 빠르기(tempo): 시간의 척도
(ㅂ) 다이내믹(dynamic): 음의 세기의 관계
(ㅅ) 음색(tone color, timbre): 다양한 악기와 사람의 목소리에 따라 달라지는 것

② 음악의 분류

가) **순음악**(classic music): 예술적 가치가 높은 음악

나) **경음악**(light music): 오락적 또는 실용적 가치가 높은 음악

다) **종교음악**(sacred music): 천주교, 신교, 성공회, 정교 등의 기독교를 비롯한 유대교와 불교 등의 음악

라) **절대음악**(absolute music): 문학, 극, 무용, 기타의 예술의 힘을 빌리지 않고 순전히 음의 건축적인 배열로써 막연한 감정을 추상적으로 표현하는 기악곡으로서 문학적인 내용이 없는 악곡의 형식미와 구성미만이 감상의 중심이 되는 음악

마) **표제음악**(program music): 자연계의 현상이나 인간의 심리 또는 시, 극, 회화 등의 내용을 음악으로 표현하는 기악곡으로서, 곡에 반드시 표제가 붙어 있고 악곡의 내용이 감상의 중심이 되는 음악

바) **재즈**(jazz) **음악**: 구라파의 멜로디와 화성 또는 악기가 아프리카의 리듬과 혼합되어 미국에서 육성된 음악으로서 리듬을 가장 중요시하는 음악

사) **국민주의**(nationalism) **음악**: 민족적인 소재를 발전시킨 세계성을 띤 민족음악으로서 리듬 · 멜로디를 중요시하는 음악

아) 12음 **음악**(twelvetone music, dodecaphony): 12음으로 된 음열을 사용하여 대위법적 수법으로 작곡된 순정적 무조음악으로, 1924년 쇤베르크가 창시한 음악

자) **구체음악**(musique concrete): 고른 음, 시끄런 음 등 모든 종류의 음향을 테이프에 녹음 · 편집하여 만드는 음악으로, 1948년에 셰페르(scheffer)가 창시한 음악

차) **전자음악**(electronic music): 전자악기에 의한 발진장치로 발생되는 모든 진동음을 테이프에 녹음 · 편집하여 만드는 음악으로 1953년 아이메르트(eimert)와 바이어(beyer)가 창시한 음악

카) **레퀴엠**(requiem): 장례 미사곡으로 대체로 미사곡과 같으나 글로리아, 크레도 대신에 레퀴엠(저들에게 영원한 안식을 주옵소서)과 디에스 이래(분노의 날) 등이 불리워진다.

타) **음악심리학**(psychology of music): 음악이 인간에게 어떻게 반응되는가를 연구하는 심리학의 한 부문

파) **음향심리학**(psychology of sound): 음향이 인간의 의식에 대하여 어떻게 반응되는가, 즉 음감생리를 연구하는 심리학의 한 부문

③ 음악의 장르

가) 서양학

(ㄱ) 모음곡: 서로 다른 여러 개의 춤곡들을 이어서 묶은 다악장의 작품

(ㄴ) 푸가: 주어진 주제에 대한 응답의 형태가 성부를 달리하여 나타나는 독특한 폴리포니적 작곡기법이 사용된 다성부의 기악곡 또는 성악곡이다.

(ㄷ) 소나타(sonata): 화성적 단선음악에 있어서 가장 규모가 큰 형식으로서, 두 개의 주제를 가진 3부 구성의 곡을 소나타 형식이라고 한다.

i) 제시부(exposition): 서로 성격이 다른 2개의 주제가 제시되는 부분

제1주제(1st theme)

연결(transition)

제2주제(2nd theme)

연결

소종결(codetta)

ii) 발전부(development): 서로 성격이 다른 2개의 주제가 부분적으로 발전되는 부분

iii) 재현부(recapitulation): 제시부가 다시 나오는 부분

(ㄹ) 론도 형식: 겹세도막 형식이 여러 개 합쳐진 것을 론도 형식이라고 한다.

i) A B A C A D A ········· A

ii) A B A C A B A

(ㅁ) 변주곡: 이미 주어진 음악을 변화시켜 연주한다는 뜻의 변주는, 연주에서뿐만 아니라 음악을 진행시키는 작곡기법으로서도 중요한 역할을 한다.

(ㅂ) 성격소곡: 짧은 기악곡이며 주로 건반악기를 위한 것이 많다. 음악 외적 제목을 갖고 있는 경우가 흔하며, 쉽게 접근할 수 있는 부드러운 특징 때문에 '서정적 소곡'이라고 부르기도 한다.

(ㅅ) 칸타타: 기악으로 반주되는 성악곡으로서 원래 기악곡인 소나타에 대칭되는 용어로 쓰였다. 소나타가 여러 악장으로 이루어져 있는 것처럼 칸타타는 일반적으로 여러 곡들을 묶은 것이다.

(ㅇ) 오라토리오: 독창, 합창, 오케스트라를 위한 교회음악인데, 무대에서의 연기는 없지만 줄거리를 갖는 경우가 대부분이다. 따라서 음악회 방식으로 공연되며, 한 개의 작품이 하루 저녁의 공연을 채울 수 있도록 대개 큰 규모로 작곡된다.

(ㅈ) 오페라: 연극에 오케스트라와 여러 형태의 성악이 덧붙여진 것이다.

(ㅊ) 협주곡(concerto): 독주 악기나 악기그룹이 다른 악기 그룹과 함께 연주하는 기악곡을 의미하지만, 역사 속에서 협주곡은 여러 가지 형태를 띠고 있어 바로크시대의 초기 협주곡에는 악기를 동반한 성악곡도 있었다(칸타타로 발전).

(ㅋ) 미사: 가톨릭의 중심적 예배의식으로서 음악이 중요하게 쓰인다.

(ㅌ) 서곡: 오페라, 오라토리오, 연극, 모음곡 등의 앞부분에 나오는 기악곡을

서곡이라고 한다.

나) 국 악

(ㄱ) 과거의 분류법

i) 아악(雅樂): 중국 송나라의 정악(正樂)을 일컫는 말이지만, 좁은 의미에서는 고려 예종11년(1116년)에 우리나라에 전해진 중국의 정악을 일컫는다.

ii) 당악(唐樂): 중국 속악(俗樂)의 총칭으로, 통일신라시대 우리나라에 전래된 당나라 음악뿐만 아니라 송나라에서 넘어온 음악까지 포함된다.

iii) 향악(鄕樂): 당악과 대칭되는 용어로 좁은 의미에서의 아악과 당악을 제외한 우리 음악을 의미한다.

iv) 정악(正樂): 조선시대 후기 풍류방을 중심으로 선비나 중인 계층에 의해 형성된 음악으로 가곡과 영산회상으로 대표된다.

(ㄴ) 현재의 분류법

i) 전통국악: 국악의 분류법에는 궁중음악과 민간음악으로 분류하는 법, 장르별로 분류하는 법, 그리고 아악과 민속악으로 분류하는 법 등 다양한 방법들이 이용되고 있는데, 이 가운데 아악과 민속으로 분류하는 방법이 가장 일반적이다.

ii) 현대국악: 현대 감각에 맞게 새로이 작곡된 국악으로 일명 '창작 국악', '신국악', '신작 국악' 등으로 불리운다.

(ㄷ) 국악곡

i) 아악곡: 악(樂)과 애(哀)를 절제한 음악으로서 정대(正大)하고 화평하며 느린 것이 특징이다. 따라서 장단도 주로 느린 장단이 사용되며 흥청거리는 장단은 쓰이지 않는다. 아악곡은 기악곡과 성악곡으로 구분할 수 있다.

ii) 문묘악(文廟樂): '응안지악(凝安之樂)'이라고도 하며, 공자를 비롯하여 그의 제자 안자, 증자, 자사, 맹자와 우리나라의 설총, 최치원 등의 학자를 모신 사당인 문묘에서 제사를 지낼 때 연주되는 음악

iii) 종묘악(宗廟樂): 조선시대 역대 임금의 신위를 모신 사당인 종묘와 영녕전의 제사 때 연주되는 음악

iv) 경모궁 제례악(景慕宮 祭禮樂): 사도세자의 신위를 모신 사당인 경모궁 제례 때 연주되던 음악

v) 여민락(與民樂): 세종이 백성과 더불어 즐기기 위해 작곡한 곡으로, '승평만세지곡(昇平萬歲之曲)'이라고도 한다. 원래는 용비어천가(龍飛御天歌)를 노래하던 성악곡이었으나 현재는 기악곡으로만 연주된다.

vi) 수제천(壽齊天): 일명 '정읍(井邑)'이라고도 부르며, 과거 궁중 연례 및 처용무, 아박무와 같은 궁중 정재의 반주, 그리고 왕세자의 거동 때 쓰였던 음악이다. 원래는 정읍사를 노해하던 성악곡이었으나 현재는 기악곡으로만 전한다.

vii) 대취타(大吹打): 과거 임금의 행차, 군대의 행진, 군대의 개선 등에 쓰이던 행악(行樂)의 하나로 일명 '무령지곡(武寧之曲)'이라고도 부른다. 음악의 시작과 끝이 집사(執事)의 명령에 따라 이루어지는 매우 독특한 형태의 음악이다.

viii) 취타(吹打): 대취타를 관현악곡으로 편곡한 곡으로 일명 '만파정식지곡(萬波停息之曲)'이라고도 부른다.

ix) 영산회상(靈山會相): 줄풍류의 대표적인 곡으로 백악지장(百樂之丈)이라 일컬어지는 거문고가 중심이 되기 때문에 일명 '거문고회상' 혹은 '현악영산회상'이라고도 부르며, '중광지곡(重光之曲)'이라는 아명도 갖고 있다.

x) 자진한잎: 가곡을 노래없이 향피리를 중심으로 대금, 해금, 장구 등으로 편성하여 연주하는 기악곡으로 일명 '사관풍류라' 혹은 '경풍년'이라고도 부른다.

xi) 청성곡(淸聲曲): 자진한잎을 변조시켜 만든 곡으로 일명 '요천순일지곡(堯天舜日之曲)'이라고도 부른다. 주로 고음에서 연주되기 때문에 청성(淸聲)이라는 명칭이 붙은 것으로 생각된다.

xii) 가곡(歌曲): 시조시(時調詩)를 노래하는 성악곡으로 일명 '만년장환지곡(萬年長歡之曲)'이라고도 부른다.

xiii) 가사(歌詞): 가사체(歌詞體)로 된 장가(長歌)를 노래하는 성악곡

xiv) 시조(時調): 가곡과 마찬가지로 시조시를 노래하는 성악곡으로 초장, 중장, 종장 등 3장으로 되어 있고, 장단은 5박장단과 8박장단을 혼합하여 쓴다.

(ㄹ) 민속악곡

i) 시나위: 시나위권의 무의식(무의식)에 반주로 사용되던 기악합주곡으로, '심방곡(心方曲)'이라고도 한다.

ii) 산조(散調): '허튼가락'을 한자로 나타낸 말로 시나위에 바탕을 둔 기악독주곡이다. 산조는 조선시대 고종 무렵 김창조(1865~1920)라는 사람이 가야금산조의 틀을 세워 처음 연주했다고 한다.

iii) 농악(農樂): 일명 '풍물', '매구', '굿' 등으로도 불리워지는데 음악과 무용과 놀이가 함께 어우러진 종합예술이다.

iv) 판소리: 광대(廣大)가 고수(鼓手)의 소리북 장단에 맞춰 춘향가, 심청가와 같은 긴 이야기로 된 사설을 '소리(唱)'와 '말(白)'과 '발림(科)' 등으로 표현하는 극가(劇歌)로서, 과거 '판'이라 불리우는 넓은 마당이나 뜰에서 구경꾼을 상대로

불리워졌다.

v) 단가(短歌): 일명 '영산(靈山)' 이라고도 하는데, 판소리를 부르기에 앞서 목을 풀기 위해 부르는 짧은 노래를 말한다.

vi) 민요(民謠): 일반 서민 대중과 더불어 전승되어 온 전통적이며 소박한 노래로서, 시대를 넘어 작사자와 작곡자를 모른 채 구비전승되는 점이 특징이다.

vii) 잡가(雜歌): '긴잡가' 라고도 하고, 앉아서 부른다고 하여 좌창(坐唱)이라고도 한다.

viii) 병창(竝唱): 악기를 타면서 소리하는 것을 말한다.

④ 음악의 연주 형태

가) 성 악

(ㄱ) 독창(solo)

(ㄴ) 중창(ensemble): 동성, 혼성

(ㄷ) 합창(chorus): 동성 2부 합창, 동성 3부 합창, 동성 4부 합창, 혼성 4부 합창

나) 기 악

(ㄱ) 독주(solo)

(ㄴ) 중주(ensemble)

i) 2중주(duet): 피아노, 바이올린 또는 제1피아노, 제2피아노 또는 제1바이올린, 제2바이올린

ii) 3중주(trio):

현악 3중주(string trio) - 바이올린, 비올라, 첼로

피아노 3중주 - 피아노, 바이올린, 첼로

iii) 4중주(quartet):

현악 4중주(string quartet) - 제1바이올린, 제2바이올린, 비올라, 첼로

피아노 4중주 - 피아노, 바이올린, 비올라. 첼로

iv) 5중주(quintet):

현악 5중주(string quintet) - 제1바이올린, 제2바이올린, 제1비올라, 제2비올라, 첼로 또는 제1바이올린, 제2바이올린, 비올라, 첼로, 더블 베이스 등

피아노 5중주 - 피아노, 제1바이올린, 제2바이올린, 비올라, 첼로 또는 피아노, 바이올린, 비올라, 첼로, 더블 베이스 등

목관 5중주(wood-wind quintet) - 플루트, 오보에, 클라리넷, 호른, 파곳

금관 5중주(brass quintet) – 제1트럼펫, 제2트럼펫, 호른, 트롬본, 튜바

(ㄷ) 합주(orchestra)

i) 현악 합주(string orchestra): 제1바이올린, 제2바이올린, 비올라, 첼로, 더블베이스

ii) 관현악(orchestra): 관악기, 현악기, 타악기

※ 참조 1. 중주에는 6·7·8·9중주 등이 있다.

2. 독주 또는 중주를 실내악(chamber music)이라고 한다.

3. 관현악에는 이 밖에도 교향악(symphony orchestra), 실내 교향악 등이 있다.

4. 관현악의 좌석도는 시대에 따라 또는 악단 지휘자에 따라 각각 다르나 대표적인 것을 소개하면 아래와 같다〈그림 11-1〉.

그림 11-1 관현악의 좌석도

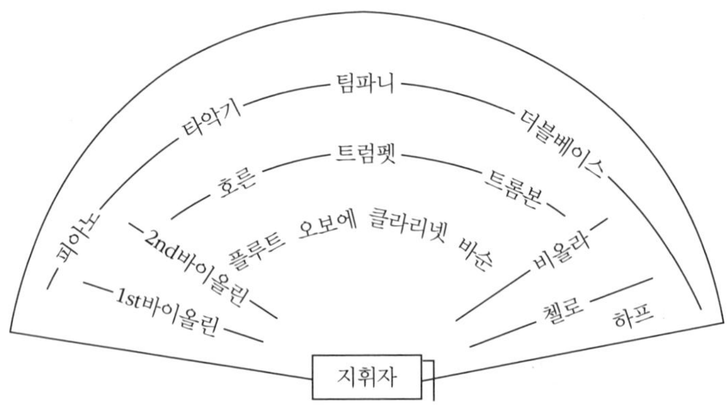

〈출처: 나운영, 대학음악통론, 세광출판사, 1979〉

제3절 정의식(正意識)과 명상관리 및 명상의학

모든 생태계는 지혜는 다 갖추어져 있으나 인간만이 꿈을 더하나 가지고 있으므로 지혜와 꿈, 즉 예지(叡智: 지혜+꿈)를 활용하여 현실을 새롭게 변화

시켜가는 것이 인간이 갖고 있는 고유능력이다.

조화로운 예지와 창조적 열정으로 인간본연의 기본자세를 찾아 살아가는 자는 최고의 값진 가치관을 형성할 뿐만 아니라 이웃을 잘 보살필 수 있고 다양하고 복잡한 사회 환경(세계화, 치열한 경쟁, 폭주하는 정보 등)에서 발생되는 각종 스트레스를 슬기롭게 극복하여 건전한 인간관계를 유지할 수 있으므로 건강하고 참다운 삶을 영위할 수 있게 될 것이다.

(1) 올바르게 삶을 관리하는 자세

우리들이 살아가는 동안 올바르게 삶을 관리하는 자세는 다음과 같이 실행함이 바람직하다.

① 일상생활에서의 자세

일상생활을 잘하기 위해서는 지혜, 용기, 덕을 갖추어야 한다. 지혜가 있으나 용기나 덕이 없으면 뜻을 와전시키거나 기만할 수 있고 용기가 있으나 지혜나 덕이 없으면 남을 위협할 수 있다. 덕은 남을 존경하고 이해하면서 봉사와 인내를 하는 것으로 생활 덕목 중 으뜸인 것이다. 또한 좋은 취미습관을 가져야 격조 높은 품격을 갖추고 신체의 건강까지 돌볼 수 있는 것이다. 심신의 건강을 위한 좋은 취미습관은 고결한 삶의 의미실현을 저감시키는 작은 경쟁(상대를 의식한 경쟁으로 나만의 즐거움을 갖기 위한 노력)이 아닌 큰 경쟁(자신과의 경쟁으로 끝없는 수련에 의해 고결한 삶의 의미를 깨달아 나와 이웃들에게 긍정적인 역량을 줄 뿐만 아니라 더불어 즐거움을 가질 수 있는 노력)에 의해 생산적으로 다스려 가는 것이다. 큰 경쟁을 통해 이루어지는 좋은 취미습관에 쉽게 접근할 수 있는 것으로는 음악, 미술, 서예, 정신수련, 체력단련 등을 들 수 있다.

② 지도자로서의 자세

지도자의 위치에서는 논리적인 사고, 사무적 감각, 혁신적 도약을 겸비해야 한다. 지도자는 매사를 논리정연하게 사고할 수 있고 논리적인 사고를 문장이나 말로 잘 전달할 수 있는 사무적인 감각이 있어야 하며, 논리적인 사고와 사무적인 감각이 잘 이우어져 새롭게 변신할 수 있는 혁신적인 도약이 있어야만 훌륭한 지도자로서의 소임을 달성할 수 있을 것이다.

③ 노년층일 경우의 자세

장수학을 연구하는 영국 옥스퍼드대학 데이비스 박사가 노년층에게 제시한 건강관리는 은퇴 후에도 지속적으로 일할 것, 은퇴 후에도 정신생활을 충분히 지배할 수 있는 취미를 찾아 몰입할 것, 늙어간다는 사실을 대화의 주제로 삼지 말 것, 술과 담배를 절제하고 충분한 수면을 취할 것, 어떠한 스트레스와도 담을 쌓고 자녀들에 대해 걱정하지 않을 것, 적어도 하루에 2~4킬로미터 정도를 빠른 걸음으로 걸을 것, 가중한 육류 섭취를 줄이고 되도록 가공식품을 피하며 자연 식품을 섭취하여야 한다고 주장하였다. 또한 사무엘 울만은 "청춘이란 인생의 어떤 기간이 아니라 마음가짐에 있다"고 하였다.

(참조: ③은 전세일, 알면 행복해지는 제대로 건강법, 양문, 2001)

④ 삶의 위치(또는 터전)에서 떠날 때의 자세

– 온 열정을 기울였던 삶의 위치(또는 터전)에서 아쉬움을 남기고 떠나면서 새로운 환경을 맞이해야 할 때 갖추어야 할 마음의 자세 – (碩谷의 詩에서)

莫 惜 西 山 夕 陽 紅
懷 想 東 海 日 出 紅
(막석서산석양홍, 회상동해일출홍)

붉게 타며 저물어 가는 저녁 햇볕(황혼 또는 세상사)을 아쉬워하지 말고, 어김없이 찬란하게 솟아오르는 아침 햇살(여명 또는 삶의 원초적 진실상-原初的 眞實像)에 걸맞는 모습으로 새로움을 맞이하리라.

(2) 명상(冥想)관리법

① 명상의 의의

명상(冥想, meditation)이란 일차적으로 의식을 어느 한 대상에 모으는 훈련을 통해, 삶 전반에 걸쳐 일어나는 갖가지 일들에 마음을 고요히 모음으로써 궁극적으로는 내적 평온감을 극대화해 진정한 자기를 만날 수 있도록 하는 것이다.

명상은 절대적인 의미와 상대적인 의미로 나누어 생각할 수 있다. 절대적 의미의 명상이란 모든 인간적 제한조건(고통)으로부터 해방되어 해탈을 이루는 것을 목표로 하는 구도로서의 명상이다. 상대적 의미의 명상이란 한 개인의 사고 · 가치 · 감정 등 개인의 존재를 제한하는 주관적 편견과 선입관으로부터 벗어나 더 밝고 건강하고 자유로운 삶의 모습으로 바뀌는 것을 목표로 하는 생활 속의 명상을 뜻한다. 오늘날 심리학이나 의학에서는 주로 명상과 건강의 상관성에 주목하고 있다.

명상에는 최근 많이 수행되고 있는 집중명상, 통찰명상, 참선명상 방법이 있다. 특정한 대상에 의식(시각이나 청각)을 집중하는 집중명상(集中冥想, concentration meditation) 방법으로 이런 명상을 '삼매(三昧, 三摩地, samadhi)' 또는 '사마타(samatha)' 수행방법이라 하며 전체적인 지각세계를 있는 그대로 고요히 관찰함으로써 마치 시각의 전면을 가능한 한 넓게 포착하여 또렷하게 하는 주의집중명상(注意集中冥想, mindfulness meditation) 또는 통찰명상(洞察冥想, insight meditation) 방법으로 이런 유형의 명상을 위빠사나(vipassna) 수행방법이라 하고 선(禪) 지식을 이용하여 오욕삼독을 버림으로써 마음이 깨끗해지면서 공덕총림(功德叢林: 훌륭한 일과 인품이 모임)을 이룰 수 있는 참선명상(參禪冥想: Zen meditation) 방법이라 한다. 명상수행방법은 시대와 지역에 따라 다양한 형태로 전승 발전되어 왔다.

② 명상의 수행 및 효과

인류의 문화와 문명의 발달과정에서 복잡한 여건으로 인하여 오는 번뇌 및 각종 정신적 질환이 많아짐에 따라 명상을 이용하여 마음의 평정을 찾고 정상생활 내지 향상된 삶의 참뜻 실현 및 스트레스 관련 환자의 임상치료 등을 수행하고 있다. 붓다에 의하여 정립된 불교의 교리는 명상수행에 의한 체험에서 싹튼 것이므로 불교 경전 텍스트의 참뜻을 해석하는 데 명상이 큰 몫을 한다고 한다.

가) 집중명상

(ㄱ) 임상에 적용

집중명상법은 하바드(Harvard) 의대의 하버트 벤슨(Herbert Benson) 박사에 의해 보급되어 이완반응(relaxation response)이란 이름으로 임상에 적용되기 시작하였다.

하버트 벤슨 박사 연구에 자원한 집중명상 수련자들의 혈관 속에 생리학적 기록장치를 삽입한 후, 호흡률에서 뇌파에 이르기까지 여러 가지 생리학적 기능을 관측하였다. 관측은 명상에 들어가기 전 20분 동안, 휴식기와 명상을 하는 20분 동안, 그리고 명상이 끝난 후 정상상태로 되돌아가는 20분 동안 세 차례에 걸쳐 이루어졌다.

명상상태에 들어가자마자 산소섭취률이 17%나 감소하고, 이산화탄소의 배출률도 급격하게 줄어들었다. 호흡률도 안정 상태에서는 분당 14~15회로 줄었고, 혈류 속의 유산염 수준도 현저히 낮아졌다. 유산염 수준은 불안이나 긴장도와 관련된 것으로, 유산염 수준이 낮다는 것은 평화감과 이완감이 높다는 것을 의미하고 있는 것이다.

(ㄴ) 정좌집중명상 수행방법

이완반응을 일으키는 데는 몇 가지 단계가 있지만 하버드 의대의 심 · 신의학연구소에서 행하는 표준적인 이완반응법인 정좌명상(靜坐冥想)을 수행할 경우 다음 8가지 단계를 강조하고 있다.

1단계: 당신의 종교적 신념체계에 맞는 특정 단어나 짧은 구(句)와 같은 만트라[주문(呪文)-mantra]를 먼저 선택하라. 기독교도는 '하느님은 나의 목자이시다', 불교 신도라면 '옴마니밧메훔' 같은 만트라를 선택한다. 종교를 믿

그림 11-2 가부좌〈좌〉와 반가부좌〈우〉

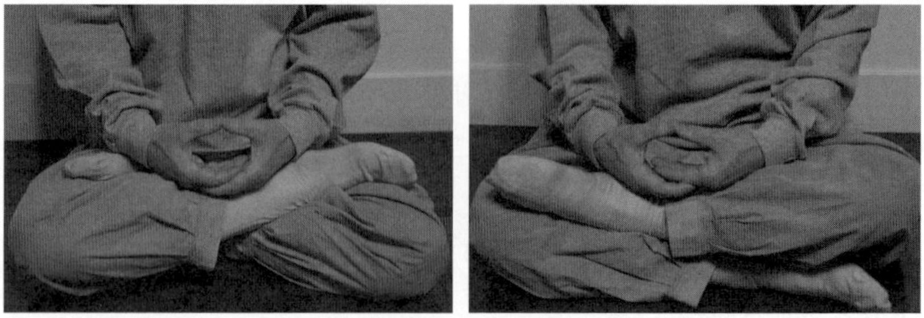

지 않는 사람은 '하나', '평화', '사랑'과 같은 중립적인 단어를 선택한다.

2단계: 편안한 자세를 취하고 조용히 앉는다. 정좌명상은 두 다리를 가부좌, 반가부좌 자세(〈그림 11-2〉 참조)로 곧고 머리 · 목 · 등은 똑바로 세우고 앉는다. 이 자세는 전통적으로 불가에서 전해지는 자세이지만 카벗-진의 스트레스 부속병원(clinic)에서는 등받이가 똑바로 선 의자에 앉아서 한다.

3단계: 눈을 살며시 감는다. 붓다[석가모니(釋迦牟尼)-고타마(Gautama : 瞿曇) 싯다르타(Siddhârtha : 悉達多)]가 권장한 좌선에서는 기본적으로 눈은 긴장하지 않도록 살며시 감고 너무 밝거나 너무 어둡지 않게 하라 하였다. 이는 눈에 힘이 들어가면 알아차림이 인식대상으로 가지 않고 힘주는 머리에 가게 되므로 조용히 눈을 감고 배의 움직임을 관찰하도록 하는 것이다.

4단계: 근육을 이완시킨다.

5단계: 호흡을 천천히 자연스럽게 하면서 숨을 내쉴 때마다 마음속으로 선택한 만트라를 반복한다.

6단계: 이완반응을 하는 동안 계속 수동적 자세를 취하라. 잘하지 못하면 어쩌나 하는 따위의 걱정은 하지 말라. 마음속에 다른 생각이 떠오르더라도 '아, 그래'라고 스스로에게 말하고 조용히 암송하던 만트라로 되돌아가라.

7단계: 10~20분 동안 계속하라. 시간을 알아보기 위해 눈을 뜨거나 자명종 시계를 사용해서는 안 된다. 명상수행이 끝난 후 1분 정도 조용히 그대로 눈을 살며시 반쯤 뜨고 앉아 있다가 눈을 크게 뜬 상태에서 1~2분 후에 일어서라.

8단계: 하루에 1~2회(매회: 30분~60분) 정도 이 방법을 실천하라.

나) 통찰명상

(ㄱ) 임상에 적용

위빠사나 명상법은 미국 매사추세츠(MIT: Massachusetts Insititute of Technalogy) 대학병원의 존 카벗-진(Jon Kabat-Zinn) 박사에 의해 8주간의 스트레스 완화 프로그램 형태로 임상에 채택되었다.

붓다가 깨달음을 얻은 수행법이 위빠사나라는 것이 알려진 이후 위빠사나 수행법에 근거를 둔 통찰명상법이 임상에 처음 도입된 것은 1980년이다. MIT 메디컬센터의 행동의학자 존 카벗-진 박사가 스트레스 감소 부속병원을 설립하면서 이 명상법을 도입하였다. 이 부속병원이 설립된 후 20여 년 동안 1만 명 이상의 암 · 심장병 · AIDS · 불면증 · 두통 · 디스크 · 당뇨병 등 스트레스에 의한 각종 심신증 환자가 이 명상법으로 치료를 받았다.

통찰명상법은 크게 두 가지로 구분된다. 첫째 방법을 공식 명상수련법이라 부르는데, 이것은 하루 중 일정시간을 정해 의식을 집중해나가는 훈련을 하는 것이다. 둘째 방법은 비공식적 명상수련법이라 하는데, 이것은 일상생활을 해나가는 동안 매순간 바깥으로 떠도는 마음을 자기 자신에게로 되돌려 자신의 마음을 또렷이 정리해가는 훈련을 말한다.

(ㄴ) 통찰명상 수행방법

MIT의 카벗-진 박사는 통찰명상법을 실천할 경우 다음의 일곱 가지 태도를 확고하게 가져야 한다고 강조한다. 첫째, 판단하지 말라. 자기의 주관적 판단에 끌려 호오(好惡), 선악(善惡) 등 시비에 말려들지 말고, 자신의 마음이 일으키는 작용을 조용히 지켜보기만 하라. 둘째, 인내심을 갖는다. 사물이 변화하는 데는 시간이 필요하다. 금방 효과가 없다고 짜증을 내거나 초조하게 생각해서는 안 된다. 셋째, 초발심을 유지하라. 처음 시작할 때 갖는 순수한 마음을 끝까지 지속하여야 한다. 넷째, 자신에 대한 믿음을 갖자. 자기 자신이나 자신의 감정 상태에 일어나는 변화를 주목하고 관찰하는 것이 중요하다. 다섯째, 지나치게 애쓰지 말라. 억지로 노력하지 말고 그대로 보고 그대로를 받아들인다. 여섯째, 수용하라. 모든 것을 있는 그대로 보고 그대로를 받아들인다. 일곱째, 내려놓아라. 집착하고 있는 대상을 모두 내려놓는다.

특히 위빠사나는 모든 현상에 좋으면 좋은 대로 싫으면 싫은 대로 관철할 것을 요구한다. 이런 과정(또는 와중)에서 내면의 감정이나 정서를 왜곡 없이 자각하게 되고, 나아가 무상(無常), 고(苦), 무아(無我)의 진리를 깨닫게 된다고 하였다.

이러한 일곱 가지 태도와 더불어 평소 하루 20분 이상, 일주일에 6일 정도 명상을 하는 것도 좋다고 권고하였다. 또한 기름진 음식을 먹지 말고, 야채 · 과일과 같은 식물성 음식을 주로 섭취하고 물을 많이 마실 것을 당부하였다.

다) 참선명상

(ㄱ) 마음의 평정과 삶의 질 향상에 적용

고대 불교에서 선지식(禪知識)의 수행으로 이루어진 명상법이다. 수행(修行)을 통해 자신감을 얻음으로써 자신의 삶을 좀 더 잘 돌아보고 통제함으로써 자신뿐 아니라 이웃까지 인간적인 온화로 배려할 수 있을 뿐만 아니라 각종 스트레스 상황을 위협적인 것이 아니라 개선(또는 도전적)의 기회로 기꺼이 받아들여 삶의 질을 높이고 세상에 대한 바른 인식과 긍정적인 안목을 가질 수 있다.

선지식의 수행을 통하여 오욕[五慾: 재(財: 지나친 재산 욕구), 색(色: 지나친 이성 욕구), 식(識: 지나치게 아는 척 하거나 지식의 욕구), 명(名: 지나친 명예 욕구), 수(睡: 지나친 수면 욕구)]과 삼독[三毒: 탐(貪: 지나친 욕심), 진(瞋: 지나치게 성냄), 치(癡: 지나치게 어리석음)]을 버리면 기악(棄惡: 악을 버림)을 위하여 외식제연(外息諸緣: 오욕의 유혹에 동요가 안 됨)과 내심무천(內心無喘: 삼독이 없으면 마음이 안정됨)이 될 수 있다. 참선은 자아를 향상시키고, 인격을 승화시켜 삶의 질을 높여가며 세상에 대한 바른 인식과 긍정적인 안목으로 진정한 자기를 찾을 수 있다. 불교에서 수행하는 참선명상의 경지에 관하여 하버드대의 벤슨 박사는 '각성-저대사 상태(wakeful-hypometabolic state)', 즉 마음은 별처럼 또렷하면서도 몸은 고요하고 적절한 상태인 이른바 '성성적적(惺惺寂寂)의 경지'라고 하였다. 참선명상에는 앉아서 하는 좌선[坐禪 또는 정좌명상(靜坐冥想)], 걸으면서 하는 행선[行禪, 또는 도보명상(徒步冥想)], 누어서 하는 와선(臥禪) 등이 있으나 여기서는 좌선과 행선에 관해서만 기술한다.

(ㄴ) 참선명상의 수행

i) 좌선(坐禪) 방법

좌선을 하기 위해 선지식에 임할 때(입정시)에는 고요한 곳에서 두꺼운 방석을 깔고 허리띠를 느슨하게 하여 옷을 가지런히 한 후에 가부좌나 반가부좌를 한다. 사람마다 신체가 다 다르기 때문에 방석의 높이는 자신의 신체에 맞게 하는 것이 가장 이상적이다. 자신이 앉아 보아 양 무릎이 땅에 닿고 허리가 펴지며 지나치게 불편하지 않아야 한다. 좌선할 때의 가장 바른 자세는 가부좌가 최우선이지만 가부좌가 잘되지 않는 사람은 반가부좌를 해도 된다. 가부좌인 경우 먼저 오른쪽 발로 왼쪽 무릎 위를 누르고, 왼쪽 발은 오른쪽 무릎 위에 놓는다(〈그림 11-2〉).

반가부좌를 할 때는 왼쪽발로 오른쪽 발을 누르고 앉은 자세가 정삼각형의 모습이 되도록 하는 것이 반가부좌의 정자세라고 할 수 있다. 앉아서 정삼각형이 되게 하려면 앉은 자세의 두 다리가 일자(一字)가 되도록 하면 된다(〈그림 11-2〉).

다음 오른손을 왼발 위에 놓고 왼쪽 손바닥을 오른쪽 손바닥 위에 놓아서 두 손의 엄지 손가락 끝을 서로 맞대고 몸을 천천히 몸의 자세를 바로 잡기 위하여 앞과 뒤, 왼쪽과 오른쪽으로 반복해서 흔들어야 몸을 바르게 하고 단정한 자세를 취할 수 있게 된다.

만약 반가부좌로 왼발이 위에 있을 때에는 오른손을 밑에 놓고 왼손은 그 위에 놓는다. 만일 오른발이 위에 있을 때는 손도 바꾸어서 왼손을 밑에 놓고 오른손을 위로 하여 가지런히 엄지손가락이 서로 맞닿도록 하면 된다. 이렇게 하는 것이 기(氣)의 역리현상을 방지하여 기(氣)가 순행하도록 하는 것이다(〈그림 11-2〉).

왼쪽으로 기울거나 오른쪽으로 치우치거나, 앞으로 구부리거나 뒤로 젖혀서도 안 되며, 허리 · 등 · 머리 · 목 · 골절이 일직선이 되도록 하여 모습은 부도처럼 되어서도 안 된다. 또 몸을 지나치게 곧게 세워서도 안 되며, 호흡조절이 잘 안되어 불안한 상태가 되지 않도록(조식: 調息) 해야 한다.

귀와 어깨는 똑바로 되게 하고, 코와 배꼽이 나란히 되게 하며, 혀는 위턱에 대고 입은 다물어야 한다. 화두수행을 할 경우 좌선에서는 눈을 가늘게(반쯤) 떠서 혼침(昏沈: 어둡고 혼미한 정신상태)이나, 망상, 졸음 등을 극복하고, 한곳 시점(視點)을 정하여 응시해야 한다. 이 경우 명상표를 이용하여 시점을 정한 후 응시하는 것도 한 가지 방법이다. 앉는 자세를 바르게 한 뒤 허리를 굽히고 팔을 쭉 뻗어서 손끝이 닫는 곳을 시점으로 삼고 응시해야 한다. 만약 벽을 향해 앉았을 때는 자기 몸 전체를 숙여서 자기팔 끝이 닿는 거리만큼 띄워 앉아서 벽의 한 점을 응시하는 것이 좋다. 그리고 이때 얼굴은 편안한 자세로 입에는 가볍게 미소를 띠고 표정은 온화한 모습(조신 : 調身)으로 참선을 하도록 해야 한다. 또한 식사와 수면은 적당하게 취하여(조식과 조면: 調食, 調眠)편안한 심신의 자세(조심: 調心)가 되도록 한다.

ii) 좌선의 수행시간

특히 처음 좌선을 하는 초심자는 늘 자신의 자세를 살펴 바른 자세를 익혀야 할 것이다. 바른 자세가 많은 시간 동안 익혀지면 자연히 몸과 마음에도 무리가 없어지고 편안해진다. 좌선 시간은 짧아도 집중적으로 하는 것이 좋다. 양보다 질이 중요하다. 수행 초기는 30분 정도로 하다가 앉는 자세에 적응이 되면 1회에 60분으로 시간을 정하는 게 좋다. 어느 정도 수행에 익숙해지면 수행지도자 지시에 따라 좌선 시간을 늘려 가면 된다. 하지만 특별한 지시가 없는 한 한번에 3시간 이상은 하지 않는 것이 좋다. 수행자의 연령에 따라 좌선 시간을 초등학생은 15분, 중학생은 20분, 고등학생 이상은 60분 정도로 조절하는 것이 요령이다. 수행정도에 따라 수행시간을 조절하는데 초보자는 30분부터 시작해서 한번에 5분씩 늘려서 60분이 될 때까지 시행한다. 또한 중급자는 60분~120분, 고급 수행자는 120분~180분이 적당하다. 좌선이 늘어날수록 행선을 소홀히 해서는 안 된다. 좌선 시간을 늘리거나 좌선과 행선시간을 조절할 때는 먼저 수행지도자와 상의하는 것이 좋다. 좌선 시간이 늘어나도 특별한 지시가 없는 한 행선은 60분 이상 늘리지 않아야 한다.

좌선수행 시 몸과 마음의 자세에 대해서는 음식, 수면, 몸, 호흡 및 마음, 즉 조식(調食), 조면(調眠), 조신(調身), 조식(調息), 조심(調心) 등을 강조하고 있다.

iii) 행선[行禪 또는 도보명상(徒步冥想)] 방법

도보명상은 일정한 주위를 왕복하여 걸으면서 하는 명상이다. 때로는 한 방향으로 걸으면서 도보명상을 하는 경우도 있다.

도보명상은 모든 움직임 속에서도 오로지 자기 근본을 놓치지 않는 수행법이다. 처음 수련을 시작하는 사람은 1단계로 자기 근본을 망각해 버릴 수 있으므로 자기 발끝의 움직임만을 지켜보는 것을 우선 목표로 하고 아주 서서히 걸으면서 자신의 발끝을 마음으로 지켜보아야 한다.

1단계가 무리 없이 이루어지면 2단계의 도보명상을 행한다. 2단계에서는 도보 명상하는 동안 도보명상을 수행하는 사람의 눈의 방향과 거리는 진행방향으로 3m~5m에 시점(응시하는 점)을 정하도록 유지하면서 눈에 힘을 빼고 먼저 발뒤축부터 접지한 후 발 앞축을 접지하며 서서히 걸으면서 수행을 행한다. 이때 명상의 효과가 나타날 때까지 마음을 가다듬기 위해 가는 발이 왼쪽이면 왼발, 오른쪽이면 오른발을 뇌이면서 서서히 도보로 움직인다. 또한 이때 두 발의 간격은 10~15㎝, 발과 지면과의 간격은 2~3㎝ 정도 들고 걸으면서 도보명상을 수행한다. 3단계로 마음이 안정되면 도보명상 수행의 마음가짐으로 진입해야 한다.

도보명상은 정좌명상 중의 피로를 풀고 졸음을 쫓기 위해서뿐만 아니라 행선을 잘하면 좌선보다 행선이 3배 이상 효과가 있다. 붓다 수행 당시에는 수행자들이 일정한 거처도 없이 돌아다니며 걸식했기 때문에 자연스럽게 행선을 효과적으로 활용했다.

산중이나 물가(강, 호수, 바다 등) 등의 한적한 곳에서 도보명상을 하면 명상의 효과를 쉽게 얻을 수 있다.

(3) 명상의학(冥想醫學)

① 명상수행에 의한 의학적 효과

가) 고혈압

전형적인 '흰색-코트 고혈압(의사의 진료실이나 이와 유사한 장면에서 흰색만 보면 특별하게 혈압이 올라간다)' 환자로 추정되는 환자에게 이완반응을 실천한 이후 공포감이 점차 감소했으며 드디어 의사의 진료실에서 혈압을 관측해도 심리적으로 편안함을 느끼게 되었고 혈압도 정상상태를 유지했다. 1년 후에는 투약을 완전히 중지할 정도로 건강을 회복했다.

나) 통 증

스트레스와 불안은 통증의 역치(易置)를 낮춤으로써 통각자극에 더 민감해지는 악순환을 되풀이한다. 즉 통증이 오면 이에 더욱 민감해져서 통증이 악화되어 더욱 심한 아픔을 느끼게 한다.

명상에 의한 이완반응은 이런 악순환의 고리를 끊어주기 때문에 많은 종류의 두통치료에 매우 유용하게 쓰인다.

통증이 아주 심한 경우는 이완반응만으로 완전히 제거할 수 없지만 통증에 대한 내성을 증가시키므로 고통을 잘 견뎌내게 도와준다.

다) 불임증

심리학자 앨리스 도우머(Alice Domor)와 동료들의 연구에 의하면 이완반응에 기초한 스트레스 완화 프로그램은 불임 스트레스(높은 스트레스 때문에 배란이 불규칙해지고 호르몬 분비에도 변화가 생길 수 있으며, 나팔관 기능에도 이상이 생기거나 정자 생성이 감소하는 등)를 상당히 감소시켜 임신 가능성을 높인다고 한다.

라) 불안 · 분노 · 적개심 및 우울감

불안감은 메스꺼움 · 구토 · 설사 · 공황발작(panic attack) 등을 일으키며 적개심이나 분노는 심장병 발병의 위험요인으로 알려져 있다. 규칙적으로 이완반응을 실천하면 불안감, 적개심, 분노 그리고 우울감을 감소시킨다는 사실이 많은 연구들에서 밝혀졌다.

② 명상수행에 의한 명상의학 정립

가) 자기확신을 통하여 삶을 통제

명상을 수행한 사람들은 자신감이 생겨 더욱 당당하게 자기를 주장할 수 있게 되며, 자기 자신을 좀 더 잘 돌아보게 된다. 또한 이들은 자신의 삶을 더 잘 통제할 수 있다는 자신감을 갖고 스트레스 상황을 위협적인 것이 아니라 도전적인 것으로 기꺼이 받아들이며 삶이 매우 의미 있는 것이라는 태도를 갖게 되었다고 한다.

나) 명상의학으로서의 대체의학 정착

미국 국립보건원(NIH: National Institutes of Health) 산하 대체의학연구소의 래리 도시(Larry Dossey) 박사는 현대의학의 발달을 세 단계로 나누고 있다. 1단계는 1860~1950년까지는 서양의학의 근간을 이루는 기계론적 의학의 시기로, 이때는 특정 질병의 원인을 찾아내고 이를 치료하는 약물 개발에 중점을 둔 시기이다. 2단계는 1950년대 이후 고도 산업화가 이루어지면서 스트레스에 의한 각종 신체질병이 극성을 부리는 가운데 등장한 정신-신체의학의 시기이다. 3단계는 '원격치료의학(telesomatic medicine)'이 일반화된 시기로 멀리 떨어진 곳에서 환자의 질병부위를 진단하는 식의 의술이다.

그러나 도시 박사는 21세기의 의학은 명상수련을 통해 자기치유력을 증가시킴으로써 일차적으로 스트레스에 대처하는 심 · 신의학에 더욱 관심을 기울이고 있다. 또한 도시 박사는 명상수련을 통해 기 에너지의 축적을 극대화하고 이를 자기 내부 및 타인과의 관계에 소통시켜 건강을 증진하는 기의학(氣醫學) 또는 기심리학(氣心理學)을 요체로 하는 제3의 명상의학으로 발전하여 대체의학에 대한 중심과제가 될 것으로 예견하고 있다.

(참조: 전세일 · 전홍준 · 오홍근, 새로운 의학 새로운 삶, 창작과비평사, 2000 / 혜거, 참나, 선문, 2004 / 조동현, 위빠사나 명상의 실천 수행에 관한 연구, 2010)

제4절 정음식 및 치아건강관리법(正飮食 및 齒牙健康管理法)

정음식 및 치아건강관리법에서는 미각에 연관된 음식에 의한 건강관리법(정음식관리법)과 치아건강관리법에 의한 체질강화를 다루고 있다.

1. 정음식관리법(正飮食管理法)

(1) 음식과 생체순환

우리 몸이 필요로 하는 음식을 섭취함으로써 열량 공급 및 생체 구성에 필요한 탄수화물, 지방, 단백질과 신체 기능을 원활히 조절할 수 있는 비타민 및 미네랄 등의 제공으로 생체순환이 이루어진다. 생체순환시 약 14.5㎞나 되는 혈관에 약 7ℓ이 피를 공급함으로써 몸의 균형과 체온을 유지하며 피부, 치아, 머리카락 등 모든 기관을 변화시킬 수 있다고 한다.

① 음식물 역할

인류가 생존하는 데 필요한 대상의 중요도는 ① 공기(산소) → ② 빛(光) → ③ 물 → ④ 탄수화물, 지방, 단백질 → ⑤ 무기질 및 비타민 순이고 식품(edible mater) 중 완전식품으로 동물성은 우유와 계란이며, 식물성은 감자와 시금치로 분류되고 있다.

② 적절한 음식물 배합

음식에는 복합음식과 단순음식으로 대별된다. 복합음식은 육류, 생선,

계란, 유제품등인 단백질 성분과 감자, 빵, 많은 곡류 등인 탄수화물 성분으로 세분되며 단순음식은 과일, 채소, 셀러리 등이 있다. 복합음식은 단순음식보다 소화에너지가 더 많이 필요하다. 단백질을 분해하는 소화액은 산성이고 탄수화물을 분해하는 소화액은 알칼리성이다. 만일 서로 다른 소화액을 요구하는 단백질과 탄수화물 음식물을 함께 먹으면 산성과 알칼리가 중화됨으로써 소화속도가 느려지고 소화기간이 연장되어 소화 장애가 발생할 수 있다. 서로 다른 2가지 종류의 복합음식은 같이 먹지 말고 복합음식 중 한 종류(단백질 또는 탄수화물)와 단순음식(야채, 샐러드 등)을 함께 먹는 것이 좋다, 예로써 단백질 음식인 스테이크를 먹을 때 야채요리를 함께 먹는 것이 좋다. 우리 몸에 유익한 식초는 무공해 사과주스(익히지도 여과시키지도 않고 살균처리가 안된 주스)식초이다.

③ 적절한 음식물 처리단계

우리가 삶을 위한 생체순환의 활동이 가장 왕성한 주기성을 8시간 단위로 하루 24시간을 3단계로 나누고 있으나 이 생체리듬은 생활환경(거주지역, 생활습관 및 문화 및 문명수준)에 따라 그 특성이 다를 수 있으므로 그 시간대가 차이가 있으나 다음과 같이 3단계로 대별된다.

1단계는 음식물 섭취 단계(인체가 음식물을 활발하게 섭취하려는 최적의 상태를 준비 하는 시간대: 정오 12:00~20:00)

2단계는 대사주기 단계(신진대사와 영양소 추출이 활발히 일어나는 시간대: 20:00~04:00)

3단계는 노폐물 배출주기 단계(노폐물 제거가 가장 활발히 일어나는 시간대: 04:00~12:00)

④ 음식물 섭취 및 대사

음식물을 섭취하기 전에 물 한 컵이나 차 한 잔을 마시면 “위-대장 반사반응”이 생겨 대장운동이 활발해지므로 변을 보기가 편하다. 아침식사는 반드시 하며 매일 식사는 일정한 간격으로 하는 것이 건강에 좋다. 불규칙적인 식사로 긴 공복시간이 이루어지면 긴 공복으로 인한 기아상태가 계속되어 이를 대비하여 체내 조직의 지방합성 기능이 높아짐으로 살이 더 찔 수 있다. 농경시대의 음식섭취 형태는 "아침은 임금님 수라상, 점심은 양반의 진지상, 저녁은 거지밥상"이라 하였으나 노동집약에서 두뇌집약 및 활동환경이 달라진 현대인의 식사문화가 변화되어 가고 있다. 아침식사는 소화를 하기 위한 에너지가 최소화될 수 있는 신선하고 가공처리되지 않은 과일이나 과일제품 또는 신선한 채소를 곁들인 가벼운 식사 등을 먹는 것이 좋다. 점심은 "도시락 수준", 저녁은 단백질, 함수탄수화물 및 채식을 곁들린 풍요로운 식단에 의한 식사를 하되 취침하기 약 2~3시간 전에는 반드시 위속을 비워두는 것이 건강에 좋다고 권장한다.

과일은 빈속에 먹어야 한다. 또한 다른 음식과 함께 먹거나 다른 음식을 먹은 직후에 먹어서도 안된다. 과일은 알카리성이고 인체의 산성-알카리성의 pH균형을 유지하는 도구이다. 만일 위에서 다른 일반음식과 섞이면 즉시 산성으로 바뀌어 산-알칼리성으로 pH균형을 잃게 될 수 있으므로 위장병의 원인이 될 수 있을 뿐만 아니라, 위장 내의 모든 음식물을 부패시킬 수 있다. 체내 혈류는 약알칼리 상태를 유지하는 것이 건강에 좋으므로 과일은 다른 음식을 먹기 전 20~30분, 다른 음식을 먹은 후 3시간이 지난 후에 먹는 것이 몸에 좋다. 주스는 천천히 마셔야 위에 부담을 주지 않는다.

신선하고 좋은 과일을 먹으면 과일에 있는 당성분은 다른 음식물보다 쉽고 빠르게 글루코스로 변하여 뇌에 이용될 수 있는 에너지로 변하며 피 속에 있게 되며 혈당값을 안정시킬 수 있으나 설탕은 혈당값을 위험하게 할 수 있다. 가공 처리된 주스는 효소가 없으며 체내에서 산성으로 변하여 피를 산화시키고 위궤양 및 여타 위장병 증상을 악화시켜 칼슘과 같은 필수 미네랄을 인체로부터 빼앗아 감으로써 혈장성분이 모세혈관을 통해 체내에 고루 분포되어 모든 기관과 조직에서 노폐물을 제거하는 신진대사와 살균세포들이 체내 유해물질을 파괴시는 면역에 중요한 역할을 하는 임파(lymph)계통에 무리한 부담을 준다.

배출활동이 최고조에 달해 있을 때(04:00~12:00) 음식물 섭취로 인한 소화 활동을 시작할 경우 이제 막 빠져 나가려는 체내의 독한 노폐물이 다시 몸속에 저장되는 상태가 발생하게 되므로 인해 체내에 독한 노폐물이 오래 머물러 있어 건강에 나쁜 영향을 줄 수 있다. 일반적으로 먹는 음식물은 과일을 제외한 모든 음식물은 위에서 소화과정에서 흡수된 영양분을 몸에 에너지로 축적되기 위하여 3시간 동안 머무른 다음 창자로 옮겨가 배출 준비를 한다.

⑤ 금식의 좋은 점과 금식을 해서는 안 되는 경우

금식은 내장이 쉴 수 있게 하며 혈액 내 화학성분들이 균형을 되찾을 수 있고 요산이나 중금속 같은 유독성 성분을 몸 밖으로 배출시키기 때문에 소화기나 순환기 등의 내장계통의 기능을 향상시킬 수 있으며 음식으로 인한 소화기 계통의 집중이 안 되어 마음과 정신이 맑아지고 체중을 조절하는 데 도움을 줄 뿐만 아니라 먹는 욕구를 참아가는 극기의 과정을 통해 '자기 강화'를 할 수 있고, 인체의 자생력을 활성화할 수 있으며, 약물에 대한 의존도가 저하되며, 잠자리도 편안해지는 효과가 있다. 그러나 금식을 장기적으로 해서는 안 되는 경우는 다음과 같다.

악성종양(암), 당뇨병, 활동성 결핵, 임신 중이나 수유기에 있는 산모, 전신 건강 상태가 극도로 쇠약해져 있을 때, 염증을 비롯한 급성 질병이 진행되고 있을 때, 소모성 질환이 진행되고 있을 때, 특정한 약물 치료를 받고 있을 때, 특히 당뇨병 치료제인 인슐린, 심장병 치료제인 디지털리스, 스테로이드, 페니실린 등의 약물 치료를 복용하고 있을 때는 금식을 하면 안 된다.

또한, 금식을 할 때는 자신의 건강 상태를 고려하여 무리하지 말아야 하며 전문가와의 상담이나 감독도 없이 너무 오랜 기간 금식해서도 안 된다. 금식이 끝난 후 다시 식사를 시작할 때는 점진적으로 적응하면서 서서히 진행해야 한다.

⑥ 술과 건강

알코올은 간장에서 나오는 효소에 의하여 알데히드로 변하고 다시 알데히드 분해요소에 의해 초산으로 변하면서 최종적으로 이산화탄소와 물로 변한다. 알데히드 분해 효소에는 두 가지가 있으나 우리나라 사람의 절반 정도가 두 효소 중 한 가지만 가지고 있다.

술을 마시면 1시간 동안 50%의 알코올이 위에서 흡수된 이후에는 속도가 느려져서 1시간 이후에는 30% 가량이 흡수된다. 일단 흡수된 알코올의 양이 1시간에 10㎖ 정도 분해된다.

붉은 포도주는 포도의 껍질을 벗기지 않고 통째로 으깨서 만들었으므로 활성산소를 억제하는 안토시안(폴리페놀의 일종)이 흰 포도주보다 10배 정도 많아 건강에 좋다.

⑦ 노폐물 배출과 세포대치순환

노폐물은 음식물로부터 필요한 것을 추출하고 남은 것이거나 우리 몸을 구성하고 있는 약 60조의 세포 중 매초 1,000만이 넘는 새로운 세포가 오래된 세포를 대치하는 세포대치순환 과정에서 체내 세포가 파괴되거나 죽어서 발생되는 노폐물 등으로서 이 노폐물 배출 활동을 높이기 위해서는 소화과정에서 에너지를 필요로 하는 에너지를 되도록이면 줄이는 것이 좋다.

(참조: 하비다이아몬드 저, 김민숙 역, 내 몸이 아프지 않고 잘 사는 법, 한언, 2005)

(2) 음식과 건강

① 식품의 생성 및 효소

가) 식품의 생성

음식물 생성을 위한 생태계 순환에 따라 식물성식품(植物性食品), 동물성식품(動物性食品), 미생물식품(微生物食品) 등이 있고 생산지에 따라 양성식품(陽性食品), 중성식품(中性食品), 음성식품(陰性食品), 곰팡이 균을 이용하여 만든 발효식품(醱酵食品) 등이 있다. 식물성식품은 식물이 광합성을 통하여 무기질과 유기물로 곡류, 야채, 과일 등이고 동물성식품은 유기물과 무기물을 포식하고 소화함으로써 생성된 것으로 소고기, 돼지고기 등의 육류, 어패류 등이고 미생물식품은 유기물을 분해하여 무기질로 환원시키는 분해함으로써 생성된 것으로 버섯, 곰팡이, 세균 등이 있다.

양성식품은 주로 온대와 한대지방에서 생산되는 수분이 적고 딱딱한 식품으로 색은 붉은색, 주홍색, 검정색이며 맛은 맵고 짠 것들로 고추, 소금, 콩의 발효식품인 된장 등이 있다. 음성식품은 아열대와 열대지방에서 생산되는 수분이 많고 부드러운 식품으로 색은 흰색, 푸른색, 녹색이며 맛은 시큼한 것들로 밀감, 바나나, 수박, 토마토, 배, 감, 버섯, 생무 등이 있다. 중성식품은 온대지방에서 생산되며 색은 황색, 엷은 갈색인 사과, 포도, 벼, 현미, 콩, 감자류 등이 있다. 발효식품으로는 된장, 식초, 술, 젓갈, 요구르트, 치즈 등으로 곰팡이균을 이용하여 만든 식품이다. 이 곰팡이는 포자나 균사로 번식한 미생물의 집단으로 발효나 효소의 생산을 하는 유익한 역할을 한다. 때로는 음식물을 부패시키는 유해한 역할도 할 수 있다.

나) 효 소

효소는 체내에서 발생되는 모든 화학반응 작용에 필수에너지원을 운반하는 작은 단백질화합물이다. 효소는 인간과 동식물은 효소로 생명을 유지할 수 있는 것으로 신진대사 효소, 소화효소, 음식물 효소 등이 있다.

효소는 체내에서 자체적으로 생산할 수 있을 뿐만 아니라 과일, 야채, 견과류, 씨 종류, 주스 등에 살아 있는 음식물에도 있다.

부적절하게 음식을 배합해서 먹으면 효소가 파괴되면서 소화액도 증가되고 효소를 다시 생성하여야 할 뿐만 아니라 한편 산과 알칼리가 중화된 소화액을 새로운 소화액으로 대체하는 데 필요한 시간(과일을 제외한 모든 음식물이 위장에서 3시간 정도 머무르나 음식물배합에 따라 그 체류시간이 2배 내지 3배로 증가함)을 기다리게 되므로 그동안 음식물은 부패하면서 각종 악취 및 소화 장애를 일으킬 수 있다.

익힌 음식(48℃ 이상의 열을 가하면 효소가 파괴되므로 음식물이 위 안에서 오래 머물러 있으므로 많은 에너지가 소모되어 소화 장애가 발생할 수 있음)을 먹을 경우 효소가 살아있는 음식(야채, 과일 등)을 함께 먹으면 소화불량을 예방하는 데 큰 효과가 있을 수 있다.

② 음식에 의한 건강

거의 모든 질병은 음식물과 관련되어 위장에서 출발한다. 건강을 유지하기 위해서는 소화를 증진시킬 수 있는 청결한 음식(음식물의 독소를 제외시킨 것)을 음식의 분량, 체질, 자세, 건강조건에 따라 적절하게 먹는 습관을 정착시켜야 한다.

가) 음식이나 약을 먹을 때 고려사항

(ㄱ) 음식을 먹는 분량

식사시 과식을 피하고 약간 적은 듯 한 소식(小食)으로 하여야 면역력을 높일 수 있어 건강에 좋다. 포식을 하면 소화기의 과중한 에너지 소모 및 임파계통의 역할에 부담을 줌으로써 혈액속의 노폐물 제거, 세포의 돌연변이로 인한 암세포 발생의 억제 및 각종 세균을 없애는 면역력이 떨어질 수 있다.

(ㄴ) 음식물 먹는 자세

조화로운 영양관리를 위해 골고루 음식을 택하여 잘 씹어서(1회 25회 이상 씹음) 먹으면 타액 속에 소화를 돕는 아밀라아제와 세포벽을 녹여 세균을 파괴하는 라이소자임(lysozyme) 효소가 증가되어 건강유지에 좋다. 이 라이소자임은 살균작용 및 발암물질까지 억제하는 것뿐만 아니라 이와 턱관절이 튼튼해지고 청각기능 및 뇌의 기능의 강화에도 도움이 된다. 음식을 먹거나 음료수를 마실 때 소리(음식일 경우 씹을 때 쩝쩝 소리, 음료수일 경우 향기를 음미한 다음 후룩후룩 소리)를 내지 않고 조용히 마시는 것이 식음의 정상적인 예법이다.

(ㄷ) 체질을 고려한 식사

우리나라 및 아시아인 등은 채식체질로서 장이 짧은 미국 및 서구인들과 같은 육류체질과 달리 육류를 줄이고 섬유질이 많은 음식을 먹어야 장운동을 활발하게 할 수 있다. 우리 몸에는 우리에게 꼭 필요한 약 500여 종의 공생세균이 피부, 소화기 내장 등에 살고 있다. 사람의 대장 안에 살고 있는 세균은 약 100여 종으로 그 수는 무려 100조 개 정도이며 이 균들은 소화를 도와주는 이로운 것으로 이런 세균이 없으면 우리가 정상적인 생활을 영위할 수 없다고 한다. 이 공생세균들의 보호를 통한 대장기능을 원활히 수행할 수 있도록 필요한 섬유질 음식을 많이 섭취하는 것이 건강에 좋다. 최근 미역, 김, 다시마, 채소, 물에 녹는 식이섬유로 콩, 팥 등의 섬유질음식을 줄이고 육식만을 주로 섭취하는 채식체질의 사람들에게 장염, 대장암 및 당뇨병 등의 발생률이 증가되고 있는 추세이다.

일반적으로 피부가 붉고 탄탄한 근육질이 많은 뚱뚱한 몸매에 성격이 거세고 고혈압적인 면이 있는 양성체질(몸이 따뜻한 사람)이 음성식품(찬 음식)을 먹고 싶을 때는 식초나 생야채를 많이 곁들여 먹어야 몸을 보호할 수 있다.

피부가 하얗고 살은 무르고 날씬한 몸매에 성격이 조용하고 냉정한 저혈압적인 음성체질(몸이 찬사람)이 음성식품을 먹고 싶을 때는 소금이나 열을 가하여 먹으면 몸을 보호할 수 있다.

(ㄹ) 약을 먹는 경우의 문제점

약은 신체의 역동성을 억제할 수 있고, 정상화될 수 있는 체내 증상의 경고를 막아서 아무런 문제가 없는 것처럼 허위의 안도감을 줄 수 있고, 약으로 인한 독성이 체내에 잔류할 수 있으며, 임파계통(계속해서 혈류를 거르고 순환시켜 모든 기관과 조직에서 노폐물을 걸러내는 한편 규칙적으로 생산되는 살균세포들은 신체 내의 유해한 물질을 파괴시킴)에 더 많은 몫을 주어 순환기 계통의 활동을 가중시킬 수 있어 적절한 약이 아닌 경우 건강을 악화시킬 수도 있다.

(ㅁ) 믿음과 약

좋은 약은 믿음과 확신이다. 의사가 환자들에게 환자의 현황을 상세하게 설명하면서도 환자의 불안요인을 최소화시키고 치료에 대한 확신을 주어 의사와 환자 사이에 믿음이 형성되어야 한다. 두통으로 고생하는 환자들을 상대로 두통약을 먹게 한 후 두통상태를 점검한 결과 100명 중 약 85명이 두통이 완화된 효과를 보였다. 또한 두통환자에게 약성분이 전혀 안 섞인 가짜약을 먹이고 두통완화약이라고 거짓말을 한 결과 100명 중 60명꼴로 통증완화의 효과가 나타났다고 한다. 통증완화의 심각한 질병에서도 그 효과가 30%에 이르고 있다는 위약효과(플라세보 효과: placebo effect)의 연구보고가 있다. 이는 100퍼센트의 순수한 믿음의 확신을 가지면 우리 몸이 그 확신에 반응하여 가장 효율적으로 우리 몸을 지켜줄 수 있다는 것이다. 우리의 마음이 어떻게 변하느냐에 따라, 엔도르핀뿐만 아니라 200여 가지 이상의 호르몬 중 어떤 호르몬은 분비가 촉진되고 또 어떤 호르몬은 분비가 억제된다고 한다. 버니시걸(미 예일대학 외과의사) 학자에 의하면 중병으로부터 회복되는 데 중요한 요소는 "자기에 대한 믿음, 의사에 대한 믿음, 치료에 대한 믿음, 그리고 자기의 영적 믿음"이라 하였다. 만성 통증을 앓고 있는 사람들의 공통된 특징은 설명을 잘 안 해 주고 불친절하며 믿음이 가지 않는 의사들에 대한 불신의 원인과 자기 병에 대해서 잘 모르거나 불필요한 소문이나 말에 의해 적절한 치료를 못 받는 데서 나타나는 결과라고 한다. 현명한 환자가 되기 위해서는 친절하고 믿음직스러운 의사를 주치의로 정하고 그를 믿고 그의 처방과 지시에 충실히 따라야 하는 것이다.

(참조: 전세일, 알면 행복해지는 제대로 건강법, 양문, 2001)

③ 건강보조식품

건강보조식품은 건강의 회복, 유지 및 증진을 위하여 영양소의 결핍, 농약, 방부재 등 각종 환경오염에 대한 해독, 스트레스 해소 등의 문제해결에 기여할 수 있는 것을 택하여 생리활성을 정상화시키려는 데 있다.

건강에 좋은 식품은 의학적 효능이 있을 뿐이지 확실한 치료제가 아닌 건강보조식품이라 할 수 있다. 건강보조식품은 경우에 따라 약리학적효과로 상승작용(좋아지거나 증진현상이 나타남)과 길항작용(나빠지거나 감퇴현상이 나타남)이 나타날 수 있으므로 적절한 사용이 필수적이다. 건강보조식품이 제품일 경우 제품검사 통과여부, 제조일자 및 유통기한(유용성분이 농축되어 있어 제조, 저장, 판매조건이 나쁘면 변질 또는 부패되기 쉬움), 영양소 구성 비율, 함유성분과 함량, 유효한 효과 등을 면밀히 살펴야 된다.

(참조: 하비다이아몬드 저, 김민숙 역, 내 몸이 아프지 않고 잘 사는 법, 한언, 2005)

가) 체질 및 건강상태에 따라 추천되는 효과식품

(ㄱ) 몸을 따뜻하게 하는 양성식품: 계란, 고추, 도미 및 연어, 된장, 미꾸라지, 미나리, 부추, 생강, 쑥갓, 초콜릿, 치즈, 코코아, 홍차, 우롱차

(ㄴ) 몸을 차게 하는 음성식품: 가지, 감, 녹차, 두부, 맥주, 밀, 밀감, 바나나, 배, 버섯, 상추, 생무, 수박, 식초, 오이, 우유, 커피, 토마토

(ㄷ) 위의 정화 및 건위 식품: 무, 미꾸라지, 뱀장어, 생강, 쑥갓, 시금치, 양배추, 연근, 코코아

(ㄹ) 산모의 모유분비 및 불임예방에 좋은 식품

(i) 모유분비 촉진 식품: 날치, 도미, 미꾸라지, 잉어, 전복

(ii) 불임예방에 좋은 식품: 꽁치, 날치, 빙어

(ㅁ) 젊어지게 하는 식품: 날치, 뱀장어, 연어, 오징어

(ㅂ) 치매예방 식품: 계란, 꽁치, 대구, 메밀, 방어, 삼치

(ㅅ) 골다공증 예방 식품: 요구르트, 정어리, 가무락조개, 청새치, 콩

(ㅇ) 암 종별에 따른 항암 식품

(i) 간암(부추, 인삼, 케일)

(ii) 결장암(다시마, 울무, 커큐민)

(iii) 골육암[쌀 잡곡밥(쌀, 수수, 조, 기장)]
(iv) 구강암(딸기)
(v) 난소암[등 푸른 생선(고등어, 꽁치, 다랑어), 미나리, 생강]
(vi) 대장암(가지, 고구마, 김, 김치, 다시마, 딸기, 마늘, 미나리, 배, 브로콜리, 생강, 시금치, 쌀 잡곡밥, 요구르트, 포도)
(vii) 방광암(등 푸른 생선, 미나리)
(viii) 식도암(딸기, 커큐민)
(ix) 위암(고추, 김, 김치, 녹차, 등 푸른 생선, 마늘, 미나리, 부추, 시금치, 쌀 잡곡밥, 쑥, 알로에, 양배추, 인삼, 차가버섯, 현미콩밥, 홍삼)
(x) 유방암(가지, 감초, 녹차, 당근, 된장, 미나리, 배, 부추, 브로콜리, 생강, 아마씨, 올리브 오일, 청국장, 콩, 포도, 현미콩밥)
(xi) 자궁암(아마씨, 차가버섯, 콩)
(xii) 전립선암(감초, 녹차, 된장, 등 푸른 생선, 미나리, 아마씨, 청국장, 콩, 포도)
(xiii) 직장암(양배추)
(xiv) 폐암(고구마, 녹차, 당근, 된장, 미나리, 브로콜리, 차가버섯, 케일, 포도), 피부암(녹차, 브로콜리), 후두암(차가버섯)

(참조: 정종호 저, 허갑범 감수, 건강보조식품 알고 먹읍시다, 종문화사, 2003)

2. 치아건강관리법(齒牙健康管理法)

(1) 치아의 중요성

인류가 생존하기 위한 절대필요 3요소가 공기, 물, 음식물 섭취라는 것을 어느 누구도 부인할 수 없을 것이다. 음식물 섭취에 가장 큰 몫을 담당하고 있는 것이 구강 내의 치아(齒牙)이다. 정제되고 부드러운 음식을 주로 섭취하는 현대인들 중 성년인 경우 옛날같이 단단한 음식을 먹지 않으므로 인하여 치아의 크기, 치아의 수, 턱 뼈의 크기도 작아지며 우유로 키우는 아기의 경우 엄마의 젖꼭지를 빨 때 일어나는 운동(아래턱을 내밀어 유두와 그 주위를 감싼 후 젖을 짜내는 운동)이 없어 고른 치아 배열에 나쁜 영향을 주고 있다. 건강한 치아와 고른 치아 배열이 있어야 음식을 잘 씹을 수 있게 됨으로써 적절한 음식물 섭취, 치아와 밀접하게 연결된 두뇌 기능의 활성화, 반듯한 얼굴모습

유지 및 신체의 각종 건강저해 요인을 방지할 수 있다. 치아의 건강관리를 소홀히 하면 적절한 음식물 섭취도 못 할 뿐만 아니라 각종 질환을 유발시킬 원인을 제공함으로써 건강악화에 이르게 된다. 구강 내에 존재하는 각종 세균이나 미생물들이 구강 내에서는 별 증상을 나타내지 않는 경우(또는 심하지 않은 만성치주질환인 경우)라도 혈액을 타고 각 기관으로 흘러 들어가면 기관에서 염증을 일으키거나, 치매, 시력저하 간염성심내막, 당뇨병, 동맥경화 등 각종 질병에 원인이 되기도 한다. 치주질환이 심해지면 각종 질환에 악영향을 주고 있는데 당노병일 경우 당뇨병의 악화, 당뇨합병증으로 인한 치주질환의 악화, 산모의 경우 산모의 구강 내에 있는 세균이나 박테리아균들이 혈류를 타고 태아에게 전달되며 이로 인해 각종 병을 유발시킬 수 있다고 한다. 최근 심한 스트레스에 시달림(치주질환의 원인 중 스트레스가 57%이상이라 함), 치석의 제거불량, 니코진에 의한 세포잠식, 자각증상이 거의 없는 인공치아(예: 임플란트) 주위의 염증방치, 편측저작에 의하여 치아의 일부분의 세척 및 비대칭 턱 형성, 당류의 과다 섭취 등으로 치주질환이 급증하고 있다. 최근 치아에 대한 현황을 조사한 바에 의하면 치주질환뿐만 아니라 자연치아로 소생시킬 수 있는 치조골에 대해서도 적절한 치료도 받지 않고 많은 치아를 발치함으로써 건강한 자연치아의 수가 급격히 감소하면서 번거로운 인공치아로 대치되어 가고 있는 실정이다. 자연치아를 건강하게 보존할 수 있는 생활습관을 정착시킴으로써 적절한 음식섭취뿐만 아니라 각 기관에 전달될 수 있는 발병 원인을 제거할 수 있어 쾌적하고 질 높은 삶을 영위할 수 있게 될 것이다.

(2) 치아의 생성 및 영구치아의 관리

치아에는 자연치아와 인공치아로 대별된다. 자연치아에는 생후 6개월부터 나오는 유아치아와 만6세가 되어 유아치아를 대치하는 영구치아가 있다. 자연치아가 이상이 생겼을 때 이를 보완하는 인공치아로 틀니, 임플란트 등이 있다.

① 유아치아(0~5세)

사람이 태어난 후 6 내지 7개월부터 36개월까지 아랫니부터 나오는 모든 이를 유아치아(젖니)라 한다. 유아치아는 영구치아가 정확하게 제 위치에 날 수 있도록 도와준다. 또한 유아치아는 음식물을 씹어 소화를 잘 시키게 해줄 뿐만 아니라 씹는 동작으로 턱과 얼굴에 지속적인 자극을 줌으로써 얼굴의 뼈와 근육이 정상적으로 발달할 수 있게끔 한다.

또한 유차이아에 생기는 충치는 영구치아의 발육에 장애가 될 수 있으므로 아이가 잠들기 전에 아이의 입에서 젖병을 제거하지 않으면 우유병충치가 발생할 수 있으므로 많은 치아에 충치가 생기지 않도록 사전예방을 하여야 한다. 또한 노리개 젖꼭지를 젖병 대신 장시간 사용하면 치아발육과 입모양에 나쁜 영향을 줄 수 있다.

설탕의 섭취를 가급적 제한하며 칫솔질이 어려운 어린이의 경우 젖은 수건이나 거즈로 잇몸과 치아를 닦아주면 치아건강에 좋다.

유아치아가 융합치아(두 개의 이가 하나로 붙는 경우)일 때는 영구치아가 없을 수 있는 경우와 유아치아가 잇몸 뼈와 완전히 붙어 버린 경우가 있으므로 치과의사의 치료를 받아야 한다.

② 영구치아

만 6세가 되면 유아치아의 뿌리가 흡수되면서 영구치아가 나오기 시작한다. 이때 아래쪽 가운데 앞니가 가장 먼저 나오고 뒤쪽의 큰 어금니가 나오면서 이갈이를 끝마치게 된다.

또한 앞치아가 벌어져 나오는 것은 뼈 속의 송곳니의 씨앗(배아, 胚芽)을 피하기 위해서 영구치아가 나오는 것으로 이는 시간이 조금 지난 뒤 옆의 치아들이 나오면서 자연스럽게 모든 치아가 고르게 된다.

③ 영구치아의 건강관리

가) 충 치

충치가 생길 가능성이 많은 아이는 불소도포를 하는 것이 좋다. 불소는 입안 충치균들의 성장을 억제하고 치아가 산성에 저항할 수 있게끔 치아를 튼튼하게 해준다. 충치 초기에는 불소도포를 한 후 치아 표면을 깨끗하게 해주되 충치가 안에서 자리를 잡아 진행되었다면 이 부위를 깨끗이 레진으로 메워주는 치료를 하여야 한다.

나) 치아 홈 메우기

치아 홈 메우기는 영구치아가 난 것을 확인한 후 즉시 해주는 것이 치아 건강에 좋다. 영구치아의 어금니에 굴곡이 있는 홈이 있어서 이 홈 안쪽에 낀 음식물은 칫솔질로 제거되지 않아 이 홈을 "실란트(sealant)"로 메우는 것이 치아 홈 메우기이다. 치아 홈 메우기를 한 후에도 칫솔질을 잘하여 실란트 주위로 충치가 생기지 않도록 해야 할 뿐만 아니라 실란트 주위의 충치관리가 잘 되는가를 확인하기 위하여 정기적인 치과 검진을 받아야 한다.

다) 이갈이

이갈이는 치아가 날 때 간지러운 경우, 아랫니와 윗니가 잘못 맞물리거나 맞물림을 맞춰 나가는 과정일 경우, 심한 스트레스를 받았을 경우 등에서 일어나는 일시적인 현상이다. 일반적인 이갈이는 잠자기 전에 아이에게 정서적인 안정(조용한 음악 감상, 재미있는 책을 읽어줌 등)으로 편안한 환경을 만들어 주면 시정할 수 있다. 그러나 이갈이가 심할 경우는 치과의사의 치료를 받아야 한다.

라) 신경치료

치아의 속 안에는 혈관과 신경 등이 들어 있어 충치나 심하게 부딪혀서 치아에 이상이 생기면 통증을 느끼게 된다. 통증이 완화된 후 오랜 시간 치아에 무관심할 경우 골수염까지 진행할 수 있다. 이때 충치를 제거한 뒤 신경을 노출시켜 염증이 생긴 신경을 제거하고 신경이 있던 자리를 세균이 들어가지 못하도록 그 자리를 적절한 재료로 채운다. 이때 금을 이용하면 치아에 잘 적응이 되도록 형틀이 잘 다듬어지나 도자기는 세심하게 다듬어 맞춰주지 않으면 씹을 때 어색하게 느껴질 수 있다. 금은 자연치아의 강도와 거의 같아 변형 없이 오랜 시간 사용할 수 있을 뿐만 아니라 음식이나 침에 의한 변색이나 부식이 일어나지 않는다. 최근 레진 인레이(resin inlay)는 품질이 개선되어 금 인레이와 비슷해짐으로써 보이는 부분은 레진 인레이로 하고 보이지 않는 부분은 금 인레이로 한다.

마) 칫솔과 칫솔질

(ㄱ) 칫 솔

칫솔은 너무 부드럽거나 억세지 않아야 하고 손잡이는 탄력과 유연성이 있는 플라스틱 자루에 고무가 붙어있는 것으로 입 안의 구석진 부분까지 닦을 수 있는 것이 좋다.

(i) 칫솔은 바람이 잘 통하고 햇빛이 잘 드는 곳에서 잘 말리거나 살균보관 장치에 두어야 좋다.

(ii) water pik은 치아가 고르지 않거나 보철로 치아구조에 굴곡이 많을 경우 질긴 채소나 고기를 먹은 후 음식찌꺼기 제거에 효과적이다.

(iii) 음파칫솔은 칫솔모가 위아래로 움직일 때 발생하는 음파를 이용하여 잘 닦이지 않는 부분의 찌꺼기까지 제거해 주므로 전동칫솔(몸이 불편한 사람이 이용하는 칫솔)보다 칫솔모가 가늘고 부드럽게 움직일 수 있을 뿐만 아니라 마사지 효과가 있으므로 잇몸이 약한 사람의 치아건강에 적절하다.

(iv) 임신 중에는 프로게스테론이라는 호르몬이 다량 분배되므로 적은 자극에도 예민하게 잇몸이 붓고 피가 날 수 있을 뿐만 아니라 체온의 상승과 침이 산성화됨으로써 세균번식이 쉬워 칫솔질을 주의 깊게 하고 충치예방에도 각별한 배려를 해야 한다.

(v) 이쑤시개를 오래 쓰면 치아 사이가 더 벌어질 뿐만 아니라 잇몸에 염증이 생길 가능성이 많다.

(ㄴ) 칫솔질

그림 11-3 칫솔 사용법

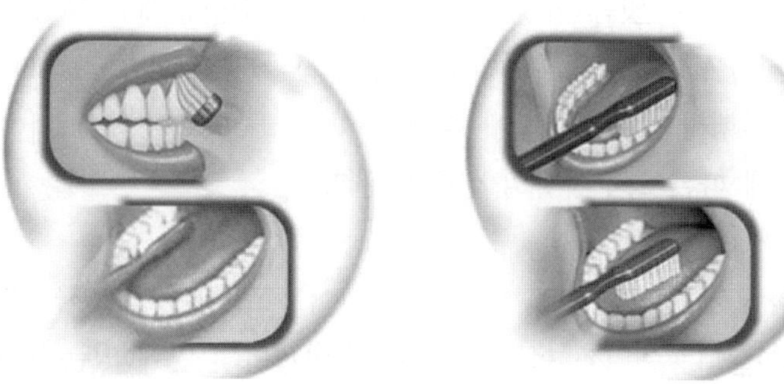

칫솔모를 잇몸을 향하여 45도가 되도록 위치시킨다(좌상). 앞니의 혀 있는 쪽은 치솔 손잡이를 수직으로 세워서 위치시킨다(좌하). 어금니 부위의 씹는 면은 앞뒤로 닦으면 된다(우상). 혀도 잘 닦아 주어 입 냄새를 방지하도록 한다(우하)

〈출처: 치과의사 이남형〉

그림 11-4 치실사용법

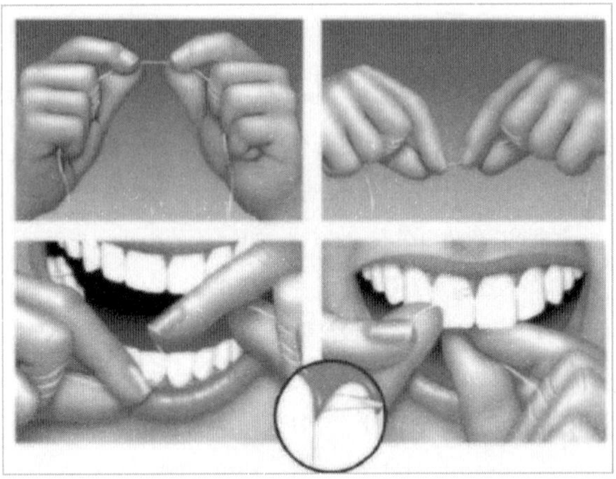

〈출처: 웰라이프99〉

칫솔질은 하루 3번(아침, 점심, 저녁) 식후 3분 이내에 3분 이상, 취침 전에 하며 칫솔질을 하는 대상의 부위는 치아의 위, 아래, 아래안쪽, 위안쪽이다. 칫솔질을 할 경우 마모도가 높은 치약일수록 이가 깨끗하게 닦이지만 마모도가 너무 높으면 나이가 들어 이가 시릴 수 있다. 치실 또는 치간칫솔을 사용하면서 병행하여 잇몸 마사지를 해주면 치아질병에 대한 예방도 되고 치료도 될 수 있다. 칫솔모와 치실의 사용은 〈그림 11-3〉과 〈그림 11-4〉와 같은 요령으로 시행하면 치아건강에 좋다.

바) 연령에 따른 영구치아의 상태와 관리

(ㄱ) 소년기(10~13세)

유아치아에서 영구치아로 바뀌는 시기이므로 치아가 조금 흔들린다고 하여 유아치아를 너무 일찍 뽑으면, 뽑은 유아치아의 앞에 있는 치아가 뒤로 쓰러지게 되어, 그 자리에 날 영구치아가 제 자리에 날 수가 없게 되므로 치열이 부정하게 되어[악골(顎骨: 치아턱뼈)의 발육이 조화되지 못함] 얼굴모양이 비뚤어질 수도 있다. 치열의 불규칙한 지의 여부는 초등학교 5~6학년 무렵에 나타날 수 있다.

영구치아를 유아치아와 혼동하여 이를 뽑는 경우도 있으므로 치과의사 도움을 받는 것이 좋다. 6세 미만 때보다 6세 이후의 치아에 충치의 발생가능성이 크므로 정기적으로 불소도포와 구강검사를 받는 것이 충치예방에 도움이 된다.

간식횟수를 줄이고 끈끈하거나 정제된 음식을 가급적 피하며 칼슘이 풍부한 음식을 섭취하는 것이 치아건강에 좋다.

(ㄴ) 청년기(18~40세)

청년기가 되면 잇몸질환이 많아 치아를 뽑아야 하는 경우(사랑니가 정상적으로 나타나지 않았거나 칫솔질이 정상적으로 되지 않아 염증이 발생하여 인접치아에 손상을 줄 수 있는 경우)가 많아지므로 1년에 한번 이상은 반드시 치과에서 스케일링 및 정기검진을 받는 것이 필요하다.

임산부의 경우 임신으로 몸이 피곤하여 구강관리에 소홀해질 수 있으므로 임신과 출산의 과정에서 발생할 수 있는 치아와 잇몸질환을 예방할 수 있도록 스케일링을 통한 잇몸검사를 받되 치과에 내원할 시기는 4~6개월 이내에만 치료가 가능하다.

(ㄷ) 장년기(41~60세)

치아주위조직에 염증이 생기는 풍치가 중년 이후 나이가 많을수록 발병률이 높아져 40대 이후부터는 80% 이상으로 나타나고 있다.

잇몸에서 피가 나거나 이가 시린 경우 충치나 신경의 염증 등 잇몸질환 증상이 있는 치아 환자들은 적절한 칫솔질(치실, 치간, 칫솔, 워터픽, 음파칫솔, 진동칫솔 등) 중 바른 칫솔질 방법을 잘 지도받아 더 이상 치아 건강이 나빠지지 않게 해야 한다.

당뇨 등 치아질환을 악화시킬 수 있는 성인병 예방에 주의하여야 하며 잘 낫지 않는 염증이 구강 내에 생기면 구강암 검진도 받도록 하여야 한다.

(ㄹ) 노년기(61세 이상)

생체기능이 저하되어 침의 분비량이 적으면 세균이 잘 번식되므로 잇몸질환과 노인성충치가 급속히 진행될 수 있다. 입안이 마를 때는 물을 자주 마시고, 타액분비를 촉진시키는 것(타액분비용 껌이나 치약)을 사용하며 전동칫솔, 워터픽, 가글제재 등으로 입안을 청결하게 하여야 하며 또한 틀니는 정기적으로 손질하여 구강의 변화에 잘 맞도록 하여야 한다. 정기적인 구강검진 및 스케일링을 통해서 건강한 치아를 유지해야 한다.

당뇨병 환자인 경우 당뇨합병증으로 치주질환이 심해진다. 한편 치주질환이 생기면 당뇨병이 더 악화된다고 한다. 당뇨병 치료 후 치과치료를 받는 것이 안정적이다.

조절이 안 되는 고혈압 환자는 일상의 치과치료를 받지 않는 것이 좋으며 심부전 같은 합병증이 없고 적절한 내과치료를 받고 있는 환자는 치과치료를 받아도 되나 합병증이 있는 환자는 먼저 내과치료를 받은 후 치과 치료를 받는 것이 안정적이다.

(3) 치아로 저작할 시 저작능력에 관한 힘의 분포

① 저작능력을 등급으로 평가

치아의 저작 기능이란 음식물을 잘게 씹어 소화 흡수를 돕는 작용을 말하는 것으로, 음식을 저작할 수 있는 능력을 저작능력이라고 하는데, 현대인들(잘 요리되었거나 부드러운 음식 섭취)의 저작능력은 원시인들(자연식품이나 딱딱한 음식을 섭취)보다 많이 치아가 퇴화되면서 현대인의 얼굴모습과 턱이 좁아지는 변화가 일어나고 있다.

저작능력은 아래치아와 위치아의 이상적인 접합이 될 경우 최대의 저작능력을 발휘할 수 있는 것이다. 저작능력의 평가는 종래의 등급별 평가와 힘의 분포에 기본적으로 영향을 줄 수 있는 7가지 요소를 고려한 엄밀수치해석 방법으로 대별할 수 있다.

② 등급에 의한 평가 방법

최근 청소년들은 딱딱하고 질긴 음식을 싫어하는 경향이 있으며, 음식을 제대로 씹지 아니하고 삼키는 경우가 있어 치아 건강뿐만 아니라 소화기관에도 부담을 주고 있다. 치아를 튼튼히 유지하기 위해서는 적당히 단단하고 질긴 음식도 섭취하여야 하며, 음식을 씹을 때는 오래 씹어 소화기관이 부담이 되지 않도록 하는 것이 치아건강에 좋다. 저작능력을 등급별로 평가한 결과는 〈그림 11-5〉와 같다.

그림 11-5 치아 저작의 시험분포 결과도: 우측 제이 소구치를 기준으로 전, 후방 분할 후 T-scan III still cut 단면도

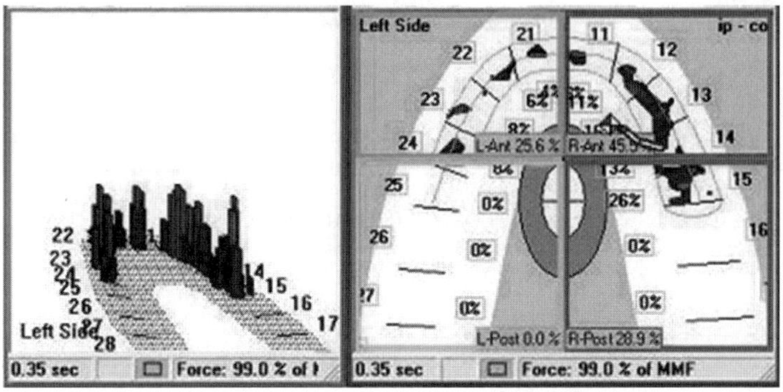

〈출처: 치의신보, 제1792호〉

저작기능 평가는 음식을 씹어 부수는 능력을 관측하는 것으로 100점 기준으로 결손치아수와 종류, 손상 정도를 검사해 감점하는 방식으로 등급을 산정한다. 각 치아의 기능별 점수는 위턱 앞니 4개는 각 1점, 아래턱 앞니 4개 각 1점 송곳니는 각 5점, 작은 어금니는 각 3점, 큰 어금니는 각 6점씩으로 산정되어 병무청의 경우 이 점수가 50점 이하일 경우 병역 면제처분이 내려진다(〈그림 11-5〉).

③ 7가지 요소(7-parameter)를 고려한 엄밀수치해석(digital analysis) 방법

치아로 음식을 저작할 시 치아는 아래치아(Lower tooth : *Lt*)와 위치아(Upper tooth : *Ut*) 사이에 힘의 분포상태는 7가지 매개변수(7-parameter)로 표현되므로 이 조건을 만족하도록 치아 교정이 이루어져야 최적의 저작활동이 이루어질 수 있다. 치아가 정위치에서 3축의 수평 및 고도요소(Translational Elements of 3 axis: T_x, T_y, T_z), 3축의 회전요소(Rotational Elements of 3 axis: R_p, R_r, R_y)와 강도(Scale factor: S)를 고려해야 한다.

치아가 정위치에서 X, Y, Z축 방향으로 이동되어 수평 및 고도에 대한 편위된 값을 T_x, T_y, T_z라 하고 회전으로 편위된 값은 R_p, R_r, R_y이고 아래치아와 위치아 사이에 관한 강도의 차이를 S라 할 때 다음과 같은 행렬

(Matrix)로 힘의 분포식을 표현할 수 있다.

$$\begin{bmatrix} X_{Lt} \\ Y_{Lt} \\ Z_{Lt} \end{bmatrix} = S \cdot (R_p,\ R_r,\ R_r) \begin{bmatrix} X_{Ut} \\ Y_{Ut} \\ Z_{Ut} \end{bmatrix} + \begin{bmatrix} T_x \\ T_y \\ T_z \end{bmatrix}$$

$$= S \begin{bmatrix} 1 & 0 & 0 \\ 0 & \cos\theta_p & \sin\theta_p \\ 0 & -\sin\theta_p & \cos\theta_p \end{bmatrix} \begin{bmatrix} \cos\theta_r & 0 & \sin\theta_r \\ 0 & 1 & 0 \\ -\sin\theta_r & 0 & \cos\theta_p \end{bmatrix} \begin{bmatrix} \cos\theta_y & -\sin\theta_y & 0 \\ \sin\theta_y & \cos\theta_y & 0 \\ 0 & 0 & 1 \end{bmatrix}$$

$$\begin{bmatrix} X_{up} \\ Y_{up} \\ Z_{up} \end{bmatrix} + \begin{bmatrix} T_x \\ T_y \\ T_z \end{bmatrix} \tag{11.1}$$

θ_p : X축에 대한 전후방향 요동인 Pitching에 대한 회전각
θ_r : Y축에 대한 좌우방향 요동인 Rolling에 대한 회전각
θ_y : Z축에 대한 수평방향 요동인 Yowing에 대한 회전각
X_{Lt}, Y_{Lt}, X_{Lt}는 아래치아의 기준면의 상태
X_{Ut}, Y_{Ut}, X_{Ut}는 위치아의 변화된 면의 상태

여기서 X축의 회전은 전후요동(Pitching)으로 쌍곡선 변위가 생기고, Y축의 회전은 좌우요동(Rolling)으로 포물선 변위가 생기며, Z축의 회전은 수평요동(Yowing)으로 타원형 변위가 발생된다. 즉 치아는 아래치아(아랫니)와 위치아(윗니) 사이에 수평이동에 의한 T_x, T_y고도차로 T_z, 전후, 좌우 및 수평축 회전에 의한 R_p, R_r, R_y 및 상하치아의 크기차이인 S를 고려한 값이 최소[식(11.1)의 좌측과 우측의 값이 거의 같을 경우]일 때 최적의 저작활동이 이루어질 수 있다.

(4) 치아의 손상시 영향을 주는 부위

치아는 뇌와 밀접하게 연결되어 있는 구조로 뇌에 미치는 영향이 큰 것으로 연구 성과가 나타났다.

미국켄터키 대학연구진에 의해 아포리포단백질 E4(Apolipoprotein E4: 치매의 일종인 알츠하이머병의 가장 중요한 원인으로 알려져 있음)유전자로 교육수준이

비슷한 75~98세 노인 144명으로 대상으로 10개의 단어를 보여주고 5분 기다렸다가 몇 개를 기억해 내는지를 검사하는 기억검사를 실행하였다. 관측한 결과 치아 개수가 적은 사람들에게서 지연단어기억검사(DWRT: Delayed Word Recall Test) 점수가 가장 낮게 나왔고 시간이 지날수록 기억력도 빨리 감퇴되는 것을 확인했다.

스웨덴 우메아대학의 얀 베리달 교수는 1988년부터 35~90세의 성인 1962명을 대상으로 치아가 있는 사람들과 발치 후 틀니를 낀 사람들을 비교한 결과 치아가 없는 사람들의 기억력이 많이 떨어진다는 사실을 검증하였다.

일본 도호쿠대학 와타나베 마코토박사 연구팀은 70세 이상 1,000여 명을 대상으로 연구한 결과 노인 중 건강한 노인 600명은 치아가 평균 15개였으나 치매로 의심되는 노인 55명은 치아개수가 10개로 나타나 치아수와 치매에 연관성이 많다는 것을 발표한 바 있다. 자연치아의 수가 뇌기능의 역할에 크게 영향을 미치고 있는 사례발표로 치아의 건강과 뇌건강에 중요한 상관성 있다는 것이 검증된 것이다. 한편, 치아로 음식을 씹는 활동 자체가 뇌의 기능을 활성화시킨다는 연구성과 발표도 있었다. 또한 충치 치료 후 충치가 있었던 쪽의 눈의 시력이 개선되었다는 안과의사의 임상시험결과도 발표된 바 있다.

치아의 손상으로 구강 내의 각종 세균이나 미생물들이 혈액을 타고 각 기관으로 흘러들어 가면 각 기관에서 염증, 당뇨, 동맥경화, 치매, 시력저하 등 각종 질병을 유발한다고 한다.

(5) 인공치아

인공치아는 자연치아에 이상이 있을 때 자연치아의 보조적 역할을 하는 치아이다.

인공치아에는 인접치아를 함께 깎아서 빠진 치아 부위에 인공치아를 설치하는 브리지 방법, 이를 다 뽑고 완전틀니로 해 넣는 방법, 치아를 심는 임플란트 방법 등이 있다.

① 브리지 보철

이가 뽑혀서 상실된 경우 기존의 브리지 보철 치료 방법은 앞뒤의 치아를 삭제하고 보철물을 하게 되므로 보철물의 관리 소홀 등으로 기둥이 되는 치아의 수명을 단축시킬 수 있다.

② 틀 니

이가 전혀 없는 경우는 부분 혹은 전체 틀니를 하게 되는 경우 음식 섭취 후 입안에서 빼내어 닦아야 하는 불편함도 있고 잇몸에 올려서 사용하는 보철물로 잇몸에 불편할 뿐만 아니라 이를 뽑은 후 틀니를 할 경우 자연적으로 턱뼈가 서서히 기능저하 현상으로 치근 약화가 진행되는 단점이 있다.

③ 임플란트

덴탈 임플란트(dental implant)는 인공치근(人工齒根) 이식으로서 영구치아가 손상되었을 경우 이를 빼버리고 인공치근을 턱뼈 안에 심고 치관(齒冠)을 고정시켜 치아의 기능을 회복시키는 치료방법이다. 치아의 결손과 치아의 기능을 대용시키는 목적으로 턱뼈에 묻는 인공적인 소재로서는 치근으로 자연치아와 유사하고 기능상 친화성이 가장 좋은 알루미나 하이드록시마파타이트(수산화인회석) 등의 세라믹이나 티타늄이 주로 쓰인다.

임플란트의 인공치아는 턱뼈 속에 들어가는 고정체, 잇몸을 뚫고 나오는

그림 11-6 치아 임플란트의 부분별 기능과 완성된 임플란트의 사례

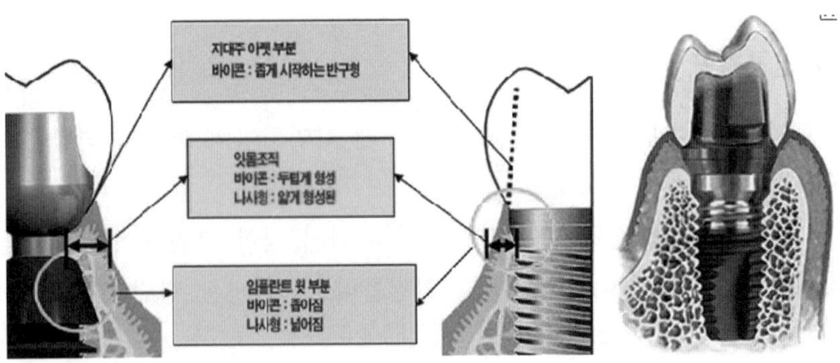

〈출처: 대전 디에르치과〉

연결기둥 및 보철물로 구성되어 있다. 뼛속에 들어가는 고정체는 뼈와 거부 반응이 거의 없는 티타늄의 나사형 임플란트가 이용되고 있다(〈그림 11-6〉).

임플란트는 상실된 치아만 회복시키므로 주위의 치아에 전혀 손상을 안 주며 턱뼈기능약화도 방지할 수 있고 기존의 보철방법에 의한 치아보다 씹는 힘이 훨씬 강하며 안정적이다.

기존의 보철물들은 수명이 수년에 불과하지만 정상적인 관리와 치과의 정기검진을 이행한다면 거의 영구적으로 사용할 수 있는 보철물 방법이 임플란트 방법이다.

(6) 치아의 유지관리

① 구강 및 치아의 일반관리

칫솔질을 잘하여 치아건강을 유지하는 한편 커피, 녹차, 콜라, 포도주 등 짙은 색 음료로 인한 치아 변색을 예방하기 위해서는 이들 음료를 마신 후에는 즉시 칫솔질을 하거나 맹물이라도 입안을 헹구어 내지 않으면 깨끗한 이의 색을 유지할 수 없다. 이는 치아 표면은 보기와 달리 미세한 구멍과 흠집이 많기 때문에 식품의 짙은 색소가 이 구멍으로 스며들어 치아의 색을 누렇게 착색시키기 때문이다. 카레, 자장면 등 색소가 짙은 음식도 치아 착색을 유발시킬 수 있으므로 식사 직후 반드시 올바른 칫솔질을 하는 것이 좋다.

올바른 칫솔질(칫솔, 치실, 치간 칫솔, 워터픽 등)을 자주 거르게 되면 치태가 치아에 쌓이게 되어 치태에서 증식한 세균의 독소가 잇몸 염증을 일으킬 뿐 아니라, 치석이 쌓이고 치아 착색이 될 수 있다. 칫솔질을 열심히 해도 치석은 쌓이게 마련이므로, 예방차원에서 6개월이나 1년에 한 번 치아 정기검진 때마다 스케일링을 통해 치석을 제거하면, 구취와 잇몸 염증을 예방할 수 있으며 치아 색상이 이미 누렇게 변색되었거나 더 하얗게 관리하고 싶다면 치아의 색을 밝고 환하게 만드는 미백치료를 추가로 받는 것이 좋다.

② 사고관리

가) 치아가 부러지거나 빠진 경우

운동을 하거나 물체와 치아가 부딪혀 치아가 부러지거나 빠지는 경우가 있다. 다친 부위에서 피가 날 때는 피가 멈출 때까지 깨끗한 천을 입에 물고 있는 상태에서 치아를 살리기 위한 응급처치가 필요하다. 치아가 빠졌을 때에는 치아의 뿌리가 부러지지 않도록 조심스럽게 다루며 먼저 흐르는 물이나 식염수에 치아를 씻는다.

치아의 뿌리는 치주인대란 얇은 막으로 덮여 있으므로 이 인대가 상하면 나중에 치아를 다시 심기가 어려움으로 세게 문질러 씻지 말고 살짝 헹구는 정도가 좋다. 또 인대가 마르지 않도록 씻은 뒤 바로 찬 우유에 넣어 보관하도록 한다. 우유가 없다면 식염수에 보관해도 좋으나 수돗물은 세포가 다칠 수 있어 좋지 않다. 우유나 식염수가 없다면 입안에 물고 있되 침을 묻히지 않도록 하며 혀 밑에 치아를 두는 것도 좋은 방법의 하나이다. 빠진 치아를 억지로 끼워 넣으려고 해서도 안 되며 응급처치 후 1시간 이내에 병원을 내방하여야 치아를 살릴 수가 있다.

나) 이를 뺀 후 피가 멎지 않을 경우

이를 뺀 공간에 혈액이 가득 차게 되면 거즈를 대고 압박시켜 지혈을 하게 되는데 충분히 지혈되기 전에 거즈를 빼버리거나 마취가 되어 감각이 없어 제대로 물리질 못해 압박이 안 되었을 경우 피가 멎지 않게 된다. 이때는 깨끗하게 소독된 거즈를 한 시간 정도 물고 있으면 좋다.

다) 치아가 외상을 입었을 경우

치아가 외상을 받을 경우 치아주위 조직과 뿌리에 손상을 줘 치아가 더 이상 성장하지 못할 수 있거나, 치아뿌리의 흡수나 치아 뿌리 끝에 고름주머니가 생길 수 있으므로 검진을 받아야 한다. 정기적으로 관찰하여 치아의 색깔이 서서히 어두워지게 변하는 경우에는 신경치료를 받아야 한다.

라) 한밤중이거나 식후 갑자기 치통이 심한 경우

치통의 원인이 되는 음식물 찌꺼기가 치아 사이에 끼어있는지 잘 살펴보고 먼저 깨끗하게 양치질을 해준다. 그래도 계속 치통이 계속되면 통증의 원인 중 하나인 신경과 조직의 자극(단단한 치아 내에서 음식물에 의한 부패된 가스가 팽창하여 주위의 신경과 조직을 자극함)을 방지하기 위해 얼음이나 아이스크림을 이용하여 구강 내를 냉각시키면 부피가 줄어들어 자극이 사라질 수 있게 됨으로써 통증을 없앨 수 있다.

치아의 어느 부분이 아픈 것을 정확히 알 수 없는 경우에는 차가운 얼음물을 입안에 머금고만 있는 것으로도 어느 정도 통증완화에 대한 효과를 얻을 수 있다.

(참조: 치아건강 306, 서울특별시 치과의사회, 2010
청담한치과 이종진 원장 자료제공)

제5절 정시각 및 시력관리법(正視覺 및 視力管理法)

우리는 시각을 통하여 사물을 인식하고 행동할 수 있다.

올바른 시각역할은 대상의 본질(요소, 형상 및 현상)을 물리적(자연과학적) 사실뿐만 아니라, 대상을 보는 인간의 의미적(대상에 대한 미의식 실현인 조형비 관찰, 인문사회적 현상 등) 또는 생리적 사실도 고려하여 살필 수 있어야 한다.

또한 시각활동은 생활공간과 자연환경과 이루는 조화감(調和感), 순화감(順化感), 미의식(美意識)의 상승(上昇)을 통하여 아름다운 생활환경을 조성하는데 기여하고 있다.

(1) 눈의 건강에 관한 일반사항

눈의 건강을 유지하고 관리하기 위해서는 눈의 형태, 건강을 유지하기 위한 준수사항, 잘못된 시력을 고칠 수 있는 기본 훈련, 눈의 질병 및 회복 훈련, 독서나 영상면을 대할 때 눈의 건강 등을 고려해야 된다.

눈의 형태는 3개[공막—외부의 위험에서 눈을 보호해주는 역할을 하는 막으로 강인하고 탄력성이 없는 외층으로 맑고 흰 눈으로 유지하고 있음. 맥락막—혈관이 지나고 있으며 공막에 영양을 공급하고 있는 중층, 망막—눈으로 감지한 상을 맺게 하는 내층으로 가장 섬세한 부분]의 엷은 막과 6개[내직근, 외직근, 상직근, 하직근, 상사근, 하사근으로 전반부는 공막으로 연결되고 후반부는 두개골의 우묵한 곳의 안으로 이어져 있음]의 근육으로 형성되어 움직이고 있다.

(2) 눈의 건강유지를 위한 준수사항

눈의 건강을 위하여 다음 5가지 사항을 준수하면 좋은 시력을 확보할 수 있다.

① 만6세 이전에 안과에서 시력검사를 정기적으로 받아야 한다.

약시치료는 만6세 이전에 하여야 효과가 좋기 때문에 2~3세부터 정기검진을 통해 시력발달에 장애가 되는 요인을 제거할 수 있다.

② 만40세가 넘으면 녹내장에 대한 검사를 정기적으로 받아야 좋다.

조기발견으로 회복이 안 되는 시신경의 손상을 막을 수 있다.

③ 당뇨, 류마티스, 결핵 등의 전신 질환이 있는 경우 정기적인 안과검진이 필요하다.

류마티스, 결핵 등에 복용하는 약이 망막손실을 주기 때문에 조기에 증상을 발견하여 복용을 바꾸면 막망의 손상 회복이 가능하다.

④ 안과검진은 고배율현미경장비(예: 세극등현미경)를 보유한 안과에서 정밀한 검진을 받아야 한다.

고정밀 진단에 의한 적절한 안약(어떤 질환에는 약이 되나 다른 질환에는 독이 됨)을 처방할 수 있기 때문이다.

⑤ 안약처방을 바꿀 경우(진료기관이 변경되는 경우)는 반드시 전에 사용한 약 이름을 제시하고 다시 약처방을 받아야 한다.

약에 대한 알레르기, 약을 바꿔야 할 시점 등을 알 수 있어야만 효과적인 약처방을 할 수 있다.

(3) 시력관리법

① 잘못된 시력을 고칠 수 있는 기본훈련

잘못된 시력(근시, 원시, 난시, 사시, 노안, 백내장, 녹내장 등)을 정상화시키기 위해 자율신경계통에 자극을 줄 수 있는 기본훈련으로 “페퍼드” 박사의 눈을 고치기 위한 5대 기본훈련(눈 깜빡임, 중심보기, 시점이동, 몸체 돌리기, 시시력표 읽기)을 소개한다.

가) 눈 깜박임(방법 Ⅰ)

가벼운 마음자세로 1초 동안 3회~5회(3~5회/1초)로 1분간 수행한다. 눈의 깜빡임은 안구를 단련시키는 운동으로 동공근육의 긴장을 풀어주고 눈 부근에 있는 림프액의 순환을 도와줄 뿐만 아니라 추운 공기 속에서 눈을 따뜻하게 보호하고 강한 바람이나 건조한 공기 속에서 눈을 보호해준다. 또한 눈은 매초 30~40개의 영상을 감지한다.

나) 중심보기(방법 Ⅱ)

편안한 마음자세로 어느 특정한 것을 향해 눈을 1회에 3~5분(3분~5분/1회) 동안 응시한다. 중심보기를 하는 동안 자연스런 깜박임을 하면서 응시한다.

다) 시점이동(방법 Ⅲ)

긴장을 풀고 대상(예: 책의 경우 첫 번째 줄의 글씨)을 연속적으로 본 후 다시 처음으로(예: 책의 경우 첫 번째 줄의 글씨) 되돌아가는 방법을 여러 번 되풀이 하여 보는 훈련방법이다. 시점이동 훈련을 하면 처음으로 본 대상(예: 책의 경우 머리글자)이 다른 대상보다 선명하고 또렷하게 보일 수 있다.

마) 몸체 돌리기(방법 Ⅳ)

다리를 일정간격(15~20cm)으로 유지하고 눈에 비치는 현상들을 의식하지 말고 몸체를 오른쪽으로 돌리는 동안 왼쪽 발꿈치는 뜨게 하며 90° 회전운동을 한다. 같은 요령으로 반대방향(원위치에서 왼쪽으로)으로 회전운동을 되풀이 한다. 1분에 16회(16회/1분)의 회전운동을 되풀이 한다.

바) 시시력표 읽기(방법 Ⅴ)

일정한 거리(1.5~3m)에 시시력표(예: 스넬렌 시시력표, 〈그림 11-7〉 참조)를 설치하고 안정된 마음으로 한쪽 눈을 뜨고 한쪽 눈은 가린 채(눈꺼풀이 닿지 않게 손바닥으로 눈을 가림) 몸체를 좌우로 눈을 바꾸어 가며 5분 동안 수행한다. 이때 눈 깜박임은 정상으로 한다. 좌우의 시력이 같지 않은 경우 시력이 나쁜 쪽의 눈을 중점적으로 하기 위하여 좋은 쪽의 눈을 손바닥으로 가리고 나쁜 쪽의 눈을 이용하여 시시력표 읽기훈련을 하면 좌우의 시력이 같아질 수 있다.

그림 11-7 스넬렌 시시력표

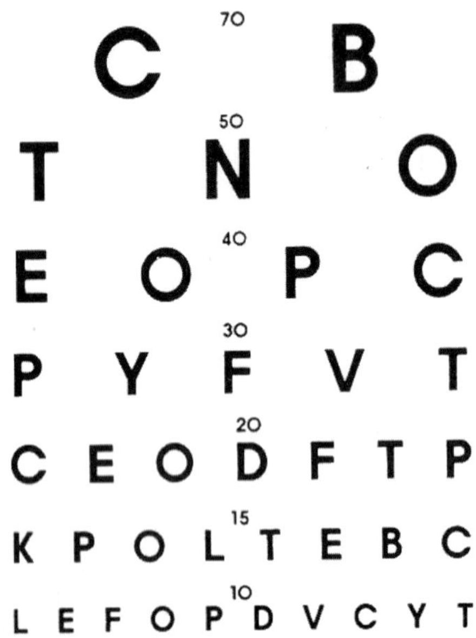

② 눈의 질병 및 회복훈련

눈의 질병은 눈의 긴장상태(강한 빛, 분노, 고민, 장시간 단거리 및 장거리를 집중적인 응시 등)로 인하여 발생할 수 있다. 체내에는 두통을 일으키는 원인이 20가지 이상이라고 한다. 눈의 통증도 눈과 관련된 부위(예: 두통, 치아의 충치, 사랑니 등)로 인하여 나타날 수도 있다는 것이다.

가) 근 시

근시는 가까운 것은 잘 보이는데 먼 곳의 사물이 선명하게 보이지 않는 눈의 상태이다. 근시가 되는 원인으로는 눈의 긴장을 들 수 있으나 위장장애로 담즙이상이나 장내에 많은 가스의 발생, 변비, 홍역, 백일해, 치통, 신경과민 등을 언급하고 있다.

그러나 최근에는 근시진행을 촉진시키는 원인은 다량의 에너지섭취(탄수화물, 콜레스테롤 섭취, 패스트푸드 등)와 과체중 등이므로 균형잡힌 식사가 정상적인 안구발달에 중요하다고 한다.

근거리작업을 많이 해도 밝은 빛에 눈을 충분히 노출시키면(주당 14시간 이상 노출시 근시억제 효과가 70% 이상 있다고 함) 근시진행에 큰 영향을 주지 않는다는 최신연구성과가 발표되고 있다. 근시의 회복훈련은 페퍼드 박사의 5대 기본훈련을 행한다. 특히 방법 Ⅳ는 취침 전에 5분 간격으로 많은 횟수로 실행하면 근시치료에 도움이 된다.

나) 원 시

원시는 먼 곳이 비교적 선명하게 보이고 가까운 곳이 잘 안 보이는 상태이다. 원시는 조절근이 긴장상태가 장기간 지속되어 생기는 증세이다. 원시의 회복훈련은 5대 기본훈련을 하되 방법 Ⅲ에서 작은 대상(예: 작은 문장)을 택하여 하루에 1시간 이상 훈련한다.

다) 난 시

난시는 대상의 위치가 근거리든 원거리든 관계없이 대상이 이중으로 보이거나 기둥(棒)모양으로 보이는 상태이다. 난시는 각막의 일그러짐과 뒤틀림, 빈혈증이 원인이 되어 난시가 심해지면 두통이 크게 나타난다. 부정난시는 각막에 요철(凹凸)이나 상처가 있는 것으로 안과에 가서 치료를 받아야 한다. 난시의 회복훈련은 5대 기본훈련으로 행한다. 또한 근거리 시준훈련 및 방법 Ⅲ을 수직방향으로 수행하는 한편, 근시회복훈련방법 및 원시회복훈련방법을 곁들여 이용하기를 권장하고 있다.

라) 사 시

사시는 한쪽 눈을 정확하게 대상을 향해 시준하고 있는데 다른 한쪽 눈은 대상 이외의 것에 방향을 시준하고 있는 상태이다. 사시는 심한 공포나 신경충격이 원인이 될 수 있다. 사시의 회복훈련은 5대 기본훈련으로 수행한다. 또한 사시가 있는 어린이에게는 사시가 아닌 눈에 안대를 걸고 사시가 있는 눈에 방법 Ⅱ를 훈련시키면 사시교정에 큰 도움이 된다.

마) 노 안

노안은 눈의 초점이 합쳐지는 근접거리(상을 가장 선명하게 감지할 수 있는 최단거리)가 40cm 이상이 되는 상태이다. 노안은 단순히 육체의 쇠약에 의하여 이루어지는 현상으로 자동적인 반사작용의 둔화와 정력 감퇴로 가까운 물체의 초점이 망막 뒤쪽에 맺힘으로써 시력장애가 이루어진 것이다. 노안회복훈련은 5대 기본훈련으로 수행한다. 특히 35㎝ 거리에 대상(예: 시시력표나 책)을 거꾸로 놓고 아래로부터 위로 읽는 훈련을 하면 시점이동과 중심보기의 습관을 개선하는 데 큰 효과가 있다고 한다.

바) 백내장

백내장은 시력감퇴로 눈의 수정체가 흐려지며 망막에 빛이 도달하지 못함으로 안개 속에서 대상을 보는 것처럼 희미하게 원·근거리의 구별이 잘 안 되는 상태이다. 백내장은 슬픔이나 고뇌 등으로 안근 긴장이 장기간 계속되면 발생할 수 있다. 백내장의 회복훈련은 5대 기본훈련으로 수행한다. 특히 방법 Ⅳ가 가장 좋은 회복훈련으로 1시간 이상 수행한다.

사) 녹내장

녹내장은 안압이 높아지면서 눈의 초점 조절이 되지 않아 망막으로 혈액이 유입되지 않는 질병으로 증세가 오래가면 실명될 가능성이 있는 질병상태이다. 녹내장은 밤중이나 수면부족, 심신을 혹사하는 경우에 증세가 크게 악화된다. 녹내장 초기에 회복훈련은 5대 기본훈련으로 수행한다. 또한 뜨거운 물에 담긴 수건을 눈에 대고 방법 Ⅱ를 수행하면 눈의 통증을 완화시켜 편안해지며 림프액의 유출을 막아 증세를 좋게 할 수 있다고 권장하고 있으나 심할 경우 즉시 녹내장 전문의에게 가서 치료를 받아야 한다.

③ 독서나 영상면을 대할 때 눈의 건강

가) 독서 시 눈의 위치

눈과 책과의 간격은 35cm~40cm 정도로 하며 책을 읽을 경우 한 글자씩 낱글자로 읽는 것이 눈의 건강에 좋다. 이는 정상적인 눈은 동시에 많은 범위에 있는 대상을 보는 것이 부담스럽기 때문이다.

나) 독서 시 책상과 의자의 위치

책상의 위치에 관한 경우, 높이는 앉은 몸체 높이의 $\frac{1}{3}$, 폭은 팔꿈치에서 손가락을 쭉 폈을 때 손가락 끝까지의 2배 거리, 길이는 폭의 $\frac{2}{3}$, 의자에 앉아 독서하는 경우, 앉은 면에서 수직면에서 뒤쪽으로 6° 정도 경사지게 제작된 의자가 건강에 좋다.

다) 영상면을 대할 경우 눈의 관리

영상면(image plane 또는 screen)을 활용하는 각종 행위(TV 시청, 컴퓨터 및 각종 영상을 매체로 하는 행위 등) 중 컴퓨터 작업시와 TV 시청시만을 설명한다.

(ㄱ) 컴퓨터 작업

컴퓨터를 이용하여 작업을 할 경우 영상면을 바라보며 실행할 경우 전자기파 공해 및 반사되는 빛을 경감시키기 위해 적절한 필터를 장착시키는 것이 눈의 건강에 좋다. 또한 컴퓨터 작업은 1회에 30분 정도 실행하고 10분 정도 휴식을 취한 다음 다시 작업을 실행하는 것이 눈의 피로 회복에 좋다.

(ㄴ) TV 시청

TV를 시청할 경우 TV와 눈의 거리는 2.5m(13~14인치 TV), 3m(19~20인치 TV), TV의 높이는 눈높이보다 약간 낮게, TV를 볼 때 방안의 밝기는 25~50 룩스(전구인 경우: 3평에 60W, 2평반에 40W, 형광등인 경우: 3평에 20W, 2평반에 15W), TV를 보는 시간은 연속적으로 3시간 이내이며 시청기간 중에도 30분~1시간 간격으로 10분 정도 딴 곳을 바라보아 시력의 긴장을 완화시켜 주는 것이 건강에 좋다고 한다. 특히 컬러 TV나 영상면 속에 나타난 붉은 색조를 장시간 보면 눈의 조절력에 큰 부담이 되어 가성근시가 발생할 수 있다고 한다.

(참조: 연세민안과 민성희 원장 자료제공 2011/
해럴드 페퍼드 저, 최홍규 옮김, 당신의 눈도 1.2가 될 수 있다, 평단문화사, 2008)

연 / 습 / 문 / 제

| 제10장 | 주거환경개선

다음 각 사항에 대하여 설명하시오.

1. 주거환경개선에 관한 주거환경개선 8정법
2. 쾌적하고 문화적인 도시주거 환경조성
3. 인구 저성장과 환경친화적 주택보급 주거환경조성
4. 환경 및 건축디자인을 적용한 품격 있는 삶의 터전경관을 고려한 주거환경조성
5. 거점 도시와 인근지역을 연결하는 도시권 형성
6. 농, 산, 어촌의 녹색성장 기반구축에 의한 주거환경조성
7. 녹색교통 및 정보체계를 구축한 주거환경조성
8. 수변공간의 의의와 도시문화재생
9. 도시공원의 종별에 따른 역할
10. 보행로 공간 및 문화형도시 재생공간
11. 친환경을 고려한 건물공간
12. 다가구 · 다세대 주택 공간 및 친환경을 고려한 건물 공간
13. 범죄예방 환경설계(CPTED)
14. 경관의 의의, 구성요소, 현상적 분류
15. 경관의 정량화, 적용 및 평가
16. 조형미(서양, 삼국시대, 고려시대)의 형태 및 석굴암 보존불과 은진미륵의 특징비교
17. 정원의 의의, 전통정원 및 면적에 의한 활용
18. 고전적 주거환경입지선정(풍수지리론에 의거)에 관한 의의, 지형의 개념도, 명당의 입지 및 도시의 입지선정

| 제11장 | 위생관리

다음 각 사항에 대하여 설명하시오.

1. 사람 몸의 세포대치순환
2. 건강관리 8정법
3. 정청각과 음악의 의의
4. 음악치료에 관한 국 · 내외 현황

5. 음악치료의 특징
6. 단백질음악
7. 음악치료를 위한 음악을 듣는 방법과 시기
8. 음악감상법
9. 서양음악의 변화를 주도한 대표적 작곡가
10. 음악치료에서 이완단계에 도움이 되는 분야
11. 음악치료의 분야별(척추 및 태고, 뇌신경질환, 혈액순환계) 예방 및 개선에 관한 효과와 분야별 대표적인 곡을 5개 이상 열거
12. 국악과 서양음악의 분류
13. 민족음악의 의의
14. 판소리에 관한 의의, 구성요소, 조(調), 장단, 소리판의 창자, 고수 및 청중의 역할
15. 음악의 연주형태
16. 정의식의 의의와 올바르게 삶을 관리하는 자세(일상생활에서, 지도자로서, 노년층일 경우, 삶의 위치에서 떠날 때)
17. 명상의 의의, 종별 및 수행효과
18. 하버드의대 벤슨 박사가 시행하는 집중명상의 의의와 8단계 과정
19. MIT병원의 존 카벗-진 박사가 시행하는 통찰명상 방법
20. 선지식(禪知識)의 수행으로 이루어진 명상(참선)의 의의, 좌선의 방법 및 수행시간
21. 행선(行禪 또는 도보명상)의 방법 및 효과
22. 명상수행에 의한 의학적 효과 및 명상 의학정립
23. 음식물과 생체순환에서 음식물의 적절한 배합, 처리단계, 섭취, 대사 및 노폐물 배출
24. 금식의 장점과 해서는 안 되는 경우
25. 식품의 생성과 효소
26. 음식이나 약을 먹을 때 고려사항
27. 위약효과(플라세보효과; placebo effect)와 상승작용 및 길항작용
28. 치아의 생성 및 영구치아의 건강관리
29. 인공치아 및 치아의 유지관리
30. 눈의 건강유지를 위한 준수사항
31. 페퍼드 박사의 시력고치기 5가지 훈련
32. 눈의 질병 및 회복훈련
33. 독서나 영상면을 대할 때 눈의 건강관리

지 · 공 · 탐 · 측 · 학 · 개 · 관

PART Ⅱ

지공탐측의 기본개념과 관련되는
관측값 해석

Analysis of Observed Values
Concerning by Basic Concept
for Geospacematics

P · A · K · Y · O · U · N · G · S · A

12

지 / 공 / 탐 / 측 / 학 / 개 / 관

특수영상(레이저, 레이더, 수치사진기 영상)에 의한 대상물해석

Analysis of Object by means of Particular Imagery(Laser, Radar & Digital camera)

제1절 레이저 영상

(1) 개 요

레이저(LASER: Light Amplification by Stimulated Emission of Radiation)는 고준위에 있던 물질에 적당한 파장을 가진 빛을 입사시키면 그 원자는 자극을 받아 저준위로 떨어지게 되고, 이 때 발생하는 단일 파장의 빛을 말한다.

레이저는 짧은 주기의 고에너지 펄스를 생성해 낼 수 있다는 점과 작은 개구(aperture)를 통해 고도로 밀집된 파장의 빛을 만들 수 있다는 장점이 있어서 정밀한 거리 관측에 많이 사용되고 있다. 또한 센서 자체에서 레이저를 발사하는 능동센서이므로 일광이나 기상의 영향을 적게 받는다. 관측점의 밀도는 단위시간당 송신할 수 있는 펄스의 수, 촬영 각도, 항공기의 고도, 비행속도 등에 따라 결정되며, 일반적으로 레이저에 의한 측량인 LiDAR(Light Detection And Ranging)는 INS의 우연오차로 인해 수직방향오차보다 수평방향 오차가 약 2~3배 크게 나타난다. 일반적으로 관측결과 값은 수직정확도가 15㎝, 수평정확도는 30㎝로 나타나고 있다.

LiDAR에 이용되는 레이저펄스의 파장대는 1㎛ 이상의 적외선영역이나 항공수심측량(bathymetry)에는 청 · 녹색영역(0.4~0.6㎛)의 빛을 이용한다.

LiDAR는 레이저스캐너와 GPS/INS로 구성되어 있으며 스캐너의 위치(x, y, z)와 자세(k, ψ, ω)는 GPS/INS로부터 제공받고 레이저펄스를 지표면(또는 대상물)에 주사하여 반사된 레이저파의 도달시간을 이용하여 지표면(또는 대상물)까지의 거리(D)를 구한 다음 이 거리값을 이용하여 3차원 위치좌표를 계산할 수 있다.

LiDAR 체계의 장점으로는 첫째, 주야 · 계절에 관계없이 관측이 가능하다(단, 구름이 비행고도보다 위에 있을 경우에만 관측이 가능). 둘째, 지형 · 고도자료를 신속 · 정확하고 저렴하게 취득할 수 있으며 한 번의 측량으로 X, Y, Z 좌표를 취득하게 되고 광범위한 기준점 망 없이 30㎞의 지역에 단지 1개의 지상 기준국으로도 관측값 취득이 가능하다. 셋째, 라이다는 좁고 긴 지역의 지도제작에 이상적이며, 연안선에 대한 정확한 정보를 제공할 수 있고, 넷째, 일정 정도의 밀집한 숲을 투과할 수 있어 LiDAR에 의한 점 자료의 취득값으로 순수한 지상의 지형을 도면화 및 해석을 할 수 있다.

단점으로는 첫째, 라이다 센서는 비, 안개, 연무(smog), 눈보라 등 상황에서는 사용이 불가능하며, 둘째, 수체에 반사된 자료는 신뢰할 수 없다(적외선 파장은 물에 잘 흡수됨). 셋째, LiDAR 자료는 점밀도에 따라 경계선의 관측이 용이하지 못하며, 넷째, 수직오차에 비해 수평오차가 약 2~3배 가량 크다. 다섯째, 과밀한 식생지역에서는 레이저펄스가 지면까지 투과할 수 없다.

LiDAR는 RADAR와 동일한 원리를 이용하는 관측방법으로 목표물을 향하여 발사된 레이저파는 목표점에서 일부는 반사되고 일부는 흡수되고 흩어지는 반사특성을 이용해 목표물의 특성을 알아내고, 레이저파가 돌아오는 시간을 이용해 목표지점까지의 거리를 관측하게 된다. 라이다는 다음과 같이 크게 3가지 종류가 있다.

① range finders

가장 간단한 LiDAR로 거리를 관측할 수 있는 장비이다.

② DIAL(DIfferential Absorption LiDAR)

대기 중의 오존, 증기, 오염물 등의 화학적 특성을 관측할 수 있는 장비이다.

③ Doppler LiDARs

도플러 원리를 이용해 움직이는 물체의 속도를 관측할 수 있는 장비이다.

레이저에 의한 라이다관측은 정밀하고 빠르게 물체의 3차원 형상을 관측할 수 있다. 라이다는 기본적으로 종전의 레이저 관측의 기능을 갖고 있으며, 초당 최대 5,000~500,000점까지 레이저파를 대상체 표면에 발사하여 대상체 표면의 지형공간위치정보(x, y, z)를 갖는 무수한 관측점군(point-cloud)으로서 표현한다.

(2) 라이다의 종류 및 해석

① 항공 LiDAR 체계

항공레이저 측량은 광범위한 지역의 DEM을 적은 비용으로 효율적으로 구축하기 위해서 개발되었다. 항공 LiDAR체계는 레이저 스캐너와 GPS관성항법장치(GPS/INS: GPS/Inertial Navigation System)로 구성되어 있고 레이저 스캐너는 거리관측부와 스캐닝부로 다시 구분되어진다. LiDAR 체계는 움직이는 비행기에 탑재되어 사용되어지는데 정지상태가 아닌 항공기에서 관측을 할 경우 지상좌표를 나타낼 항공기의 정확한 위치를 알기 위하여 항공기의 초기위치 값은 GPS/INS로부터 제공받고, 레이저 스캐너에 의해 레이저 펄스를 지표면에 주사하여 반사된 레이저파의 도달시간을 이용하여 물체의 3차원 위치좌표를 계산할 수 있다.

항공 LiDAR를 이용해 취득되는 자료로 첫 번째는 지표면의 3차원 좌표이다. 좌표계는 UTM WGS84로 국지좌표계로의 변환이 필요하며, 고도는 GPS를 이용하는 다른 방법들과 같이 타원체고도로 지오이드(geoid)를 고려한 정고도로의 전환이 필요하다.

두 번째로, 입사하는 레이저펄스와 반사되는 레이저펄스의 강도비를 나타내는 반사강도(intensity) 자료를 이용하여 토지피복분류와 지표상 건물추출 등에 적용되고 있다.

셋째로, 입사하는 레이저펄스와 반사되는 레이저펄스의 강도비를 나타내는 반사강도(intensity) 자료는 토지피복분류와 지표상 건물추출 등에 이용되고 있다.

넷째, 레이저펄스가 수관층을 투과하는 성질을 이용하여 식물과 지표면

그림 12-1 항공라이다 작업공정

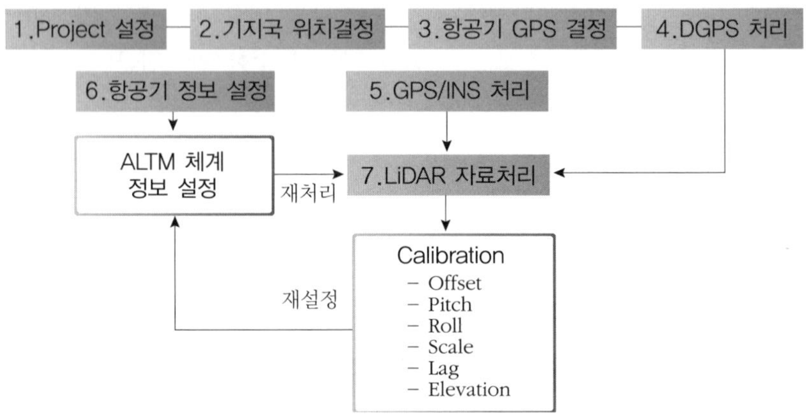

그림 12-2 항공 LiDAR 자료로 제작한 DEM

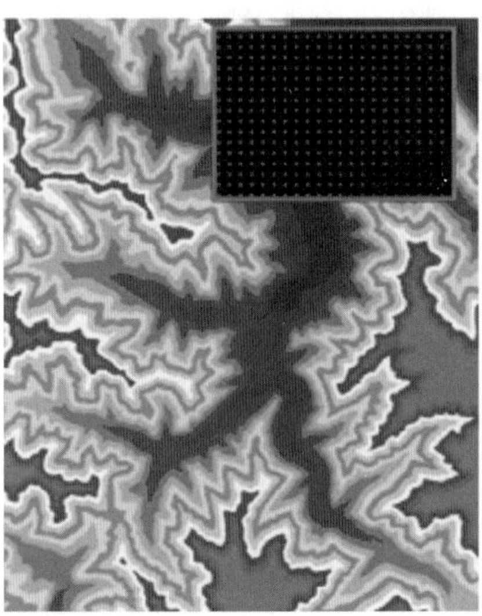

231539.00	331489.00	102.52
231540.00	331489.00	101.91
231541.00	331489.00	101.35
231542.00	331489.00	100.78
231543.00	331489.00	100.21
231544.00	331489.00	99.64
231545.00	331489.00	99.07
231546.00	331489.00	98.49
231547.00	331489.00	97.84
231548.00	331489.00	97.63
231549.00	331489.00	97.20
231550.00	331489.00	96.82
231551.00	331489.00	96.40
231552.00	331489.00	96.00
231553.00	331489.00	95.63
231554.00	331489.00	95.09
231555.00	331489.00	94.53
231556.00	331489.00	94.96
231557.00	331489.00	95.45
231558.00	331489.00	95.92
231559.00	331489.00	96.56
231560.00	331489.00	97.25
231561.00	331489.00	97.99
231562.00	331489.00	98.55
231563.00	331489.00	98.96
231564.00	331489.00	99.35
231565.00	331489.00	99.88
231566.00	331489.00	100.40
231567.00	331489.00	100.87
231568.00	331489.00	101.28
231569.00	331489.00	101.77

의 상태를 모두 기록한 다중반사(multiple return) 자료를 LiDAR로 취득한다. 다중반사 중에서 물체에 도달하는 빔의 일부는 지붕의 끝부분에 부딪히고 나머지는 지상에 도달하므로 지붕에서의 반사와 지상에서의 반사가 다르게 나타남으로써 단일펄스에 의하여 두 개의 다른 고도값이 제공된다. 지붕에서 계산된 고도를 "선 반사(first return)," 지상에서 계산된 고도를 "후 반사(last return)"라고 부른다. 만약 레이저 펄스가 나무에 충돌한다면, 첫 번째 반사는 나무의 고도를 제공할 것이고, 두 번째 또는 세 번째 반사는 중간에 있는 나뭇가지의 고도를, 마지막 반사는 나무 아래 지상의 고도를 제공하게 된다. 이러한 특성으로 LiDAR는 표면 거칠기 정보와 수관층의 두께 및 생체량(biomass) 등을 추정하는 자료로 활용될 수 있다. 또한 지표면의 정보와 지상물의 정보를 동시에 취득할 수 있다.

② 지상 LiDAR 체계

지상레이저측량을 하기 위한 3차원 레이저스캐닝체계(3D laser scanning system)는 정밀하고 빠르게 물체의 3차원 형상을 측량할 수 있는 체계로써 대상체면에 투사한 Laser의 간섭이나 반사를 이용하여 대상체면상의 관측점의 지형공간정보를 취득할 수 있다. 3차원 레이저스캐닝체계로 대상체의 표면으로부터 상대적인 3차원(X, Y, Z) 지형공간좌표를 각각의 점 자료(point data)로 기록하며, 관측방법에 따라 일정량의 굴절각 증분을 주기 위해 하나 또는 두 개의 거울(mirror)을 사용하거나, 장비 전체가 회전하여 3차원 지형공간좌표를 얻을 수 있다.

그림 12-3 지상 LiDAR로 스캔된 영상

③ 해석방법

가) 항공 LiDAR의 해석

(ㄱ) 거리 관측

레이저는 짧은 주기의 고에너지 펄스를 생성해 낼 수 있다는 점과 작은 개구(aperture)를 통해 고도로 밀집된 파장의 빛을 만들 수 있다는 장점이 있어서 정밀한 거리 관측에 많이 사용되고 있다. 레이저 주사 방식에는 펄스 방식과 CW(Continuous Wave)방식이 있다. 펄스방식은 레이저의 왕복시간을 관측하여 이동거리를 직접 구하는 방법이고, CW방식의 경우는 발사광과 반사광의 위상차로부터 시간차를 관측하여 레이저의 이동거리를 구하게 된다. 대부분의 LiDAR 체계에서는 펄스방식을 사용하고 있다.

펄스방식을 사용하는 경우, 거리를 관측하는 가장 직접적인 방법은 레이저 펄스의 왕복시간을 관측하는 것으로 펄스가 주사되고 수신되는 사이의 시간차를 이용한다.

각 방식의 거리관측 방법은 다음과 같다.

$$\text{pulse Range: } R=\frac{1}{2}c\cdot t_L \tag{12.1}$$

$$\text{range resolution: } \Delta R=\frac{1}{2}c\cdot\Delta t_L \tag{12.2}$$

$$\text{max Range: } R_{\max}=\frac{1}{2}c\cdot t_{L\max} \tag{12.3}$$

$$\text{range accuracy: } \sigma_R\approx\frac{c}{2}t_{rise}\cdot\frac{1}{\sqrt{S/N}}$$ (S/N: 신호/잡영비)

그림 12-4 pulse(좌)와 CW(우)의 레이저 관측 원리

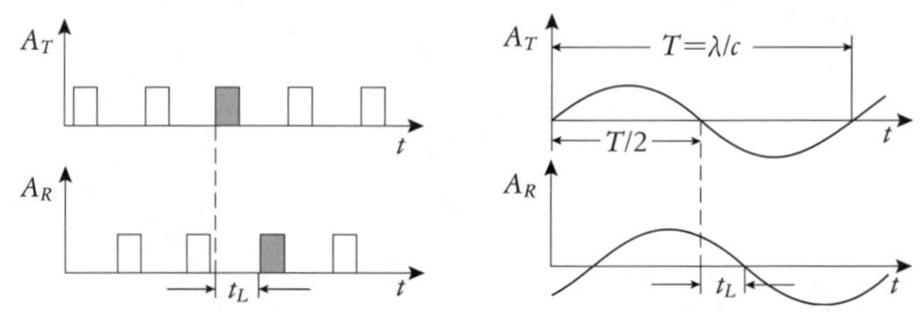

R: 레이저 송수신부(센서)와 지표면 객체 간의 거리
c: 빛의 속도
t_L: 시간
t_{rise}: 펄스 생성시간(generation time)
S: photodiode 전류의 신호강도
N: photodiode와 증폭기의 열잡영 강도

$$\text{CW range: } R=\frac{1}{2}c\cdot t_L=\frac{1}{2}c\cdot\frac{\phi}{2\pi}\cdot T=\frac{\lambda}{4\pi}\cdot\phi, \tag{12.4}$$

$$\left(T\cong 2\pi,\ t_L\cong\phi\ \Rightarrow t_L=\frac{\phi}{2\pi}\cdot T\right)$$

최대는 $\phi=2\pi$일 경우.

$$\text{range resolution: } \Delta R=\frac{1}{4\pi}\cdot\lambda_{short}\cdot\Delta\phi \tag{12.5}$$

$$\text{range accuracy: } \sigma_R\approx\frac{\lambda_{short}}{4\pi}\cdot\frac{1}{\sqrt{S/N}} \tag{12.6}$$

(ㄴ) 스캐닝(scanning)

laser scanner에서 지상으로 레이저펄스를 주사할 때, 비행기는 앞으로 이동하지만 스캐닝거울은 비행방향에 직교하여 레이저펄스를 좌우로 발사하므로 타원 나선형(elliptically spiral)으로 후방산란되는 신호를 얻을 수 있다. 따라서 스캐닝의 체계는 거리 관측용 레이저를 특정 형태(pattern)에 따라 굴절시켜 높은 점밀도로 대상물체의 표면을 표본화(sampling)할 수 있다. 스캔 방향(비행방향에 수직)으로 점 간의 거리는 다음과 같다.

$$dx_{across\ inst}=\frac{h}{\cos^2(\theta_{inst})}\ \frac{\theta_{inst}'}{PRF} \tag{12.7}$$

h: 비행고도
θ_{inst}: 순간스캔각(instantaneous scan angle)
θ_{inst}': 순간스캔각속도(rad/s)
PRF: 펄스의 반복횟수

또한 비행방향으로 점 간의 거리는 다음과 같다.

$$dx_{along}=vt_{sc} \tag{12.8}$$

v: 비행기 속력

그림 12-5 항공 LiDAR의 scan 종류(oscillating mirror, palmer scan, rotating polygon, fiber scanner)

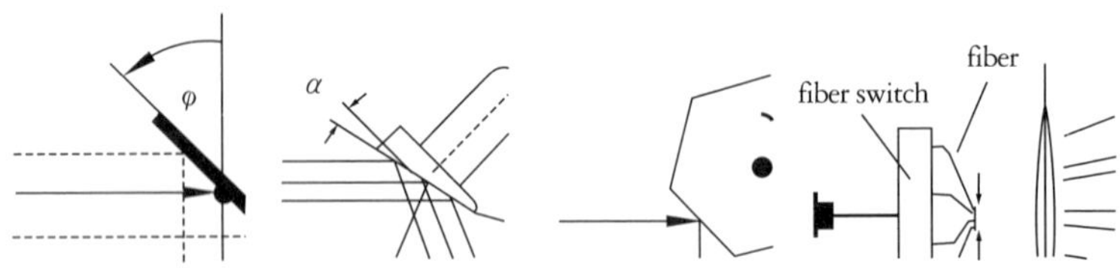

t_{sc}: 한 scan 방향의 관측에 소요되는 시간(진동거울의 왕복주기)

마지막으로 촬영폭(비행방향에 수직인 방향으로 표본화되는 폭)은,

$$SW = 2h\tan\left(\frac{\theta}{2}\right) \qquad (12.9)$$

θ: 스캔각

스캐닝은 한 방향 또는 두 방향으로 이루어지는데 일반적으로 많이 쓰이는 구조는 〈그림 12-5〉와 같다. 진동거울(oscillating mirror)은 지그재그의 선(두 방향)이 이루어지며, Palmer 스캐너는 타원형의 형태(pattern)를 이룬다. 회전다각형(rotating polygon)이나 다중면의 거울을 가진 스캐너는 한 방향으로 지면을 그으면서 지나고, fiber 스캐너는 평행선을 이룬다. 지상에서의 스캔은 이런 형태 외에도 비행방향, 비행속도, 자세 등에 대한 영향을 받게 된다. 따라서 가속도나 경사 등의 영향으로 지상점의 간격이 항상 동일하지는 않게 된다.

(ㄷ) 위치계산

정밀하게 관측된 이동거리와 센서의 위치, 자세 정보를 다음과 같은 과정을 거쳐 지상점의 3차원 좌표를 취득할 수 있다.

ⅰ) 센서모형

항공LiDAR 관측 장비는 GPS, IMU, 레이저 센서로 이루어져 있기 때문에 각 장비에 대한 각자의 좌표계를 가지고 있다. 이 좌표계 간의 변환은 좌표계 기준점 간의 거리와 방향을 위치벡터(p)로, 좌표계 간의 회전을 회전행렬(R)을 이용하여 처리한다. 라이다 자료의 지상좌표는 각 좌표계 간의 회전행렬을 곱한 위치벡터의 합으로 다음과 같이 구할 수 있다.

$$q^G = p_g^G(t) + p_i^g + R_i^G(t) \cdot p_l^i + R_i^G(t) \cdot R_l^i \cdot R_b^l(t) \cdot p^b(t) \tag{12.10}$$

여기서, q^G: 지상좌표계상의 지상물체의 위치벡터
$p_g^G(t)$: t 관측시점의 지상좌표계상의 GPS의 위치벡터
p_i^g: GPS 좌표계상의 IMU의 위치벡터
p_l^i: IMU 좌표계상의 레이저 장비의 위치벡터
$p^b(t)$: t 관측시점의 레이저 빔 좌표계상의 지상물체의 위치벡터
$R_i^G(t)$: t 관측시점의 지상좌표계에서 IMU 좌표계로 회전행렬
R_l^i: IMU좌표계에서 레이저 장비 좌표계로 회전행렬
$R_b^l(t)$: t 관측시점의 레이저 장비 좌표계에서 레이저 빔 좌표계로 회전행렬
(X_G, Y_G, Z_G): 지상좌표계
(X_i, Y_i, Z_i): IMU 좌표계
(X_l, Y_l, Z_l): 레이저 장비 좌표계

그림 12-6 항공라이더 장비의 좌표계와 위치벡터

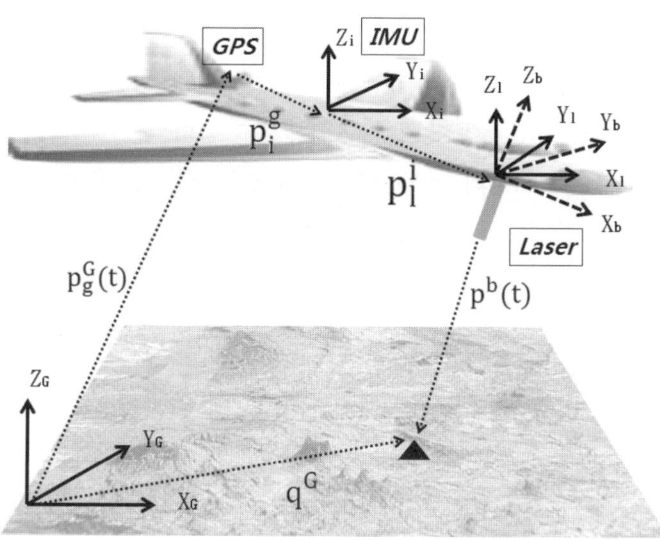

$(X_b,\ Y_b,\ Z_b)$: 레이저 빔 좌표계

레이저 빔 좌표계상에서 지상물체의 위치벡터 $p^b(t)$는 지상물체에서 레이저 장비까지의 거리(ρ)만으로 표현된다.

$$p^b(t)=\begin{bmatrix} 0 \\ 0 \\ -\rho \end{bmatrix} \tag{12.11}$$

레이저 장비 좌표계상의 지상물체의 위치벡터 $p^l(t)$는 레이저 장비에서 지상물체까지의 거리(ρ), Z_l 축의 회전량(α), Y_l 축의 회전량(β)으로 결정된다.

$$p^l(t)=R_b^l(t)\cdot p^b(t)=\begin{bmatrix} \cos\alpha & -\sin\alpha & 0 \\ \sin\alpha & \cos\alpha & 0 \\ 0 & 0 & 1 \end{bmatrix}\cdot\begin{bmatrix} \cos\beta & 0 & \sin\beta \\ 0 & 1 & 0 \\ -\sin\beta & 0 & \cos\beta \end{bmatrix}\cdot\begin{bmatrix} 0 \\ 0 \\ -\rho \end{bmatrix}$$

$$=\begin{bmatrix} -\rho\cdot\cos\alpha\cdot\sin\beta \\ -\rho\cdot\sin\alpha\cdot\sin\beta \\ -\rho\cdot\cos\beta \end{bmatrix} \tag{12.12}$$

3차원 좌표의 계산을 위해서는 LiDAR 장비를 구성하는 각 부분의 상호 위치 및 자세 관계를 규명하여 계통적 변수에 관한 검정(calibration)과정을 거쳐 구할 수 있다. 검정과정은 운동장과 같은 평지나 대형건물과 같은 기준지역의 상공을 여러 방향에서 비행하면서 관측한 자료를 이용하여 수행한다. 그러나 이러한 조정에 대해서는 표준화된 공정이 없으며, 현재까지는 장비제조업체에서 독자적으로 수행한 결과를 이용하고 있다.

취득된 관측값으로부터 스캐너의 위치(X_{LS}, Y_{LS}, Z_{LS})레이저펄스의 순간스캔각을 포함한 자세(ω_L, ϕ_L, κ_L), 목표물까지의 거리(ρ)로 7개의 요소를 이용하여 3차원 좌표를 계산할 수 있다.

$$\begin{bmatrix} X_{LS} \\ Y_{LS} \\ Z_{LS} \end{bmatrix}=p_g^G+p_i^g+R_i^G\cdot p_l^i \tag{12.13}$$

$$\begin{bmatrix} \omega_L \\ \phi_L \\ \kappa_L \end{bmatrix}=R_i^G\cdot R_l^b\cdot R_b^l \tag{12.14}$$

그림 12-7 레이저 장비 좌표계(X_1, Y_1, Z_1)와 레이저 빔 좌표계(X_b, Y_b, Z_b)

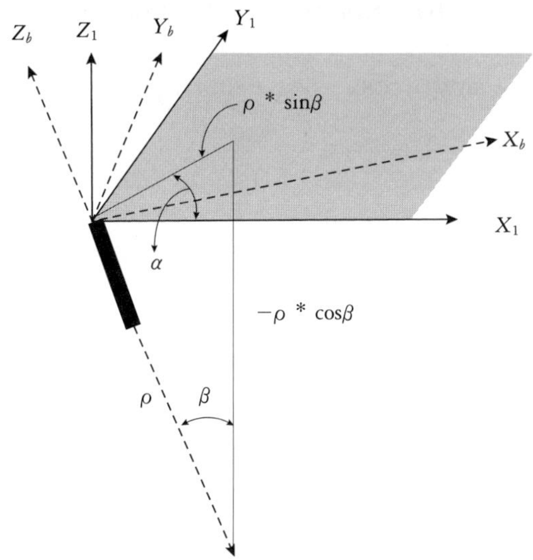

ii) 오 차

레이저 스캐너의 위치와 자세를 알면 지상 고도점의 좌표계산은 비교적 단순한 과정을 통해 이루어질 수 있다. 그러나 고도점 좌표의 오차는 좌표 결정에 영향을 주는 7개 변수로부터 전파되기 때문에 다양한 오차를 지니게 될 것이다. 위의 식으로부터 고도점 좌표에 대한 각 변수들의 영향을 추정하면 다음과 같다(Huising and Gomes, 1998).

X_G의 오차는,

$$\frac{\delta X_G}{\delta X_{LS}} = dX_{LS} \qquad (12.15)$$

$$\frac{\delta X_G}{\delta Y_{LS}} = \frac{\delta X_G}{\delta Z_{LS}} = 0$$

$$\frac{\delta X_G}{\delta \omega_L} = -\rho \cdot \sin\kappa \cdot \cos\omega \cdot d\omega$$

$$\frac{\delta X_G}{\delta \phi_L} = -\rho \cdot \cos\phi \cdot \cos\kappa \cdot d\phi$$

$$\frac{\delta X_G}{\delta \kappa_L} = \rho \cdot (\sin\phi \cdot \sin\kappa - \cos\kappa \cdot \sin\omega) d\kappa$$

$$\frac{\delta X_G}{\delta \rho} = (-\sin\phi \cdot \cos\kappa - \sin\kappa \cdot \sin\omega) d\rho$$

Y_G의 오차는,

$$\frac{\delta Y_G}{\delta X_{LS}} = \frac{\delta Y_G}{\delta Z_{LS}} = 0 \tag{12.16}$$

$$\frac{\delta Y_G}{\delta X_{LS}} = dY_{LS}$$

$$\frac{\delta Y_G}{\delta \omega_L} = \rho \cdot \cos\kappa \cdot \cos\omega \cdot d\omega$$

$$\frac{\delta Y_G}{\delta \phi_L} = -\rho \cdot \cos\phi \cdot \sin\kappa \cdot d\phi$$

$$\frac{\delta Y_G}{\delta \kappa_L} = \rho \cdot (-\sin\phi \cdot \sin\kappa - \sin\kappa \cdot \sin\omega) d\kappa$$

$$\frac{\delta Y_G}{\delta \rho} = (-\sin\phi \cdot \sin\kappa + \cos\kappa \cdot \sin\omega) d\rho$$

Z_G의 오차는,

$$\frac{\delta Z_G}{\delta X_{LS}} = \frac{\delta Z_G}{\delta Z_{LS}} = \frac{\delta Z_G}{\delta \kappa_L} = 0 \tag{12.17}$$

$$\frac{\delta Z_G}{\delta Z_{LS}} = dZ_{LS}$$

$$\frac{\delta Z_G}{\delta \omega_L} = \rho(1 - \cos\phi) \cdot \sin\omega \cdot d\omega$$

$$\frac{\delta Z_G}{\delta \phi_L} = \rho(1 - \cos\omega) \cdot \sin\phi \cdot d\phi$$

$$\frac{\delta Z_G}{\delta \rho} = ((1 - \cos\omega) \cdot (1 - \cos\phi) - 1) \cdot d\rho$$

으로 표현할 수 있다.

예를 들어, GPS의 위치오차를 각 방향으로 10㎝, 센서로부터 지상 고도점까지의 평균거리를 800m, 센서의 자세를 ω, ϕ, κ에 대하여 각각 평균적으로 2.5°, 5°, 5°, 센서의 자세오차를 각각 0.02°라고 가정할 경우, 고도점의

*X*오차는 약 33.0㎝, *Y*오차는 약 69.5㎝, *Z*오차는 약 10㎝임을 알 수 있다. 라이다의 오차(error)는 레이저 장비와 IMU 간의 거리(lever-arm offset), 레이저와 IMU 좌표계의 회전각(boresight angles), 레이저 빔의 거리 및 각, GPS/INS 위치와 각의 오차 등에 의하여 발생한다. 레이저 장비와 IMU 간의 거리 오차는 비행조건에 영향을 받지 않으나 촬영고도를 유지하는 한 지상물체 좌표의 일정량 이동변위를 일으킨다. 각의 오차는 수직좌표보다는 수평위치 좌표에 더욱더 큰 영향을 미치며 비행조건에 따라 많은 영향을 받으며 레이저 빔 거리 오차는 주로 수직 좌표에 영향을 미치고 촬영고도 및 비행방향과 달리 레이저 빔의 각도에 영향을 받는다.

나) 지상 LiDAR의 해석

지상 LiDAR는 대상체면에 투사한 laser의 간섭이나 반사를 이용하여 대상체면상의 관측점의 지형공간정보를 취득하는 관측방식으로서, 3차원 정밀관측은 대상체의 표면으로부터 상대적인 3차원(*X*, *Y*, *Z*) 지형공간좌표를 각각의 점 자료(point data)로 기록한다. 이와 함께 수치 사진기를 이용하여 스캐닝과 동시에 수치 영상을 확보하여 3차원 모형의 구축 자료로 활용이 가능하므로 3차원 지형공간정보 구축에 큰 편리성을 확보할 수 있다.

현재 레이저 스캐닝 체계는 지형 및 일반구조물의 관측, 윤곽 및 용적계산, 구조물의 변형량 계산, 가상공간 및 건축의 모의 관측, 역사적인 건물의 3차원 자료 기록보관, 영화배경세트의 시각효과 등에 활용성이 증대되고 있다. 레이저 스캐닝 체계를 이용하여 대상물의 3차원 위치를 구하는 과정은 다음과 같다.

ㄱ) 대상물의 표면에 레이저를 발진한다.
ㄴ) 대상물의 표면에서 일부의 레이저가 반사되어 스캐너로 되돌아온다.
ㄷ) 반사되어 온 레이저를 스캐너가 감지한다.
ㄹ) 발사된 레이저가 반사되어 되돌아오는 시간을 관측하여 대상물의 거리를 계산한다.

빛의 속도를 알고 발사된 레이저가 되돌아오는 시간을 알면 대상물과의 거리를 구할 수 있으며 발사된 레이저의 각은 매우 정밀하고 빠른 속도의 servo 모터가 달린 거울을 이용하여 구할 수 있다. 이렇게 구해진 거리와 각을 이용하여 대상물의 직교좌표(x, y, z)를 구할 수 있다.

지상 LiDAR 관측을 해석하는 방법으로는 시간차(TOF: Time-Of-Flight) 방식, 위상차(phase shift) 방식, 삼각측량법(triangulation) 방식 등이 있다.

TOF 방식은 레이저를 발사하여 반사되어 오는 시간적인 차이로 거리를 계산하며 레이저 송신부, 수신부, 처리부로 구성되어 있다. 레이저가 반사되어 돌아오는 시간을 계산하여 거리를 결정하고 각도만큼 수평, 수직으로 회전하여 관측한 점 위치를 결정하는 방법이다. 이 방법은 삼각법에 비하여 근거리에는 정밀도가 다소 떨어지나 중·장거리 거리 관측에는 많이 사용하는 방법이다.

최근에는 사용의 편리성 및 정확도가 확보되는 시간차방식이 주로 사용되어지고 있다.

위상차(phase shift) 방식은 주파수가 다른 파를 동시에 발산하여 생성된 두 파의 위상변위는 거리와 시간에 따라 점진적으로 큰 위상변위를 생성한다. 동일한 거리에서 두 신호를 검출하고 두 파의 출발시간을 알면 위상변위를 알 수 있다. 관측된 위상변위를 발생하기 위해 생성된 파일의 수와 일정한 속도가 주어진다면, 관측거리는 계산될 수 있다.

삼각측량법(triangulation) 방식은 일반적으로 근거리에 대한 지형공간자료 취득을 위하여 사용되는 기술이며, 지도 제작법이나 GPS 위치관측에 사용된

그림 12-8 주행시간법(TOF)

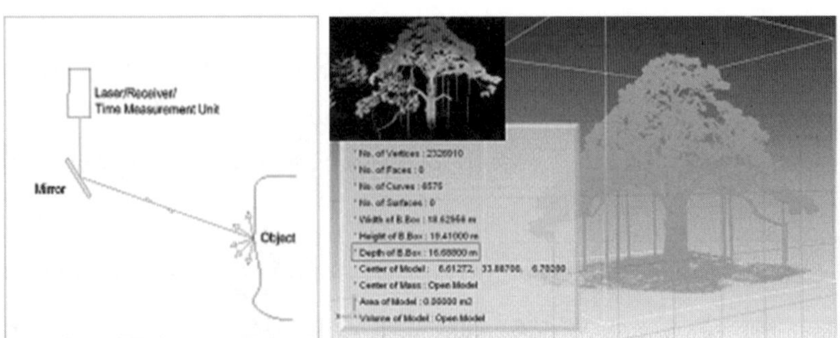

그림 12-9 광삼각법 (triangulation method)

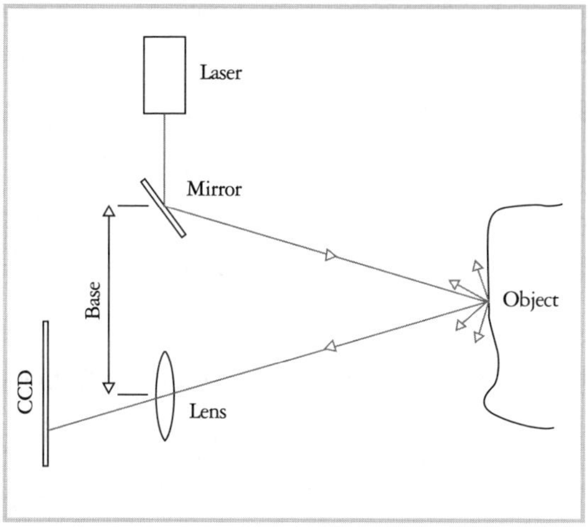

다. 간단한 삼각측량법(triangulation) 원리를 이용하여 레이저가 점이나 선으로 대상 물체 표면에 투영되는 하나 또는 그 이상의 광전소자(CCD: Charge Coupled Device) 사진기를 이용하여 물체의 위치를 기록한다. 레이저 빔의 각도는 스캐너가 내부적으로 기록하고, 고정된 기선(base) 길이로부터 기하학적으로 대상 물체와 장비의 거리가 결정되는 정밀한 측량방법으로서, 특히 가까운 거리에서의 정밀도가 높다.

정확도는 스캐너의 기선길이와 물체와의 거리에 따라 다르게 나타난다. 높은 정확도를 얻으려면 시간이 오래 걸린다는 것과 실물에 주사된 레이저가 CCD 카메라로 구분이 가능해야 하므로 직사광선이 있는 곳에서는 자료의 오류가 많이 발생하므로 보다 좋은 자료를 얻기 위해서는 야간에 관측해야 하는 불편함이 있다. 레이저 스캐너 내부에서의 관측각을 사용하여 기지점을 근거로 미지점의 위치를 개별적으로 구하는 방법으로서, 주로 전방교선법(intersection)이 적용된다. 기지점(레이저 스캐너에 의해 인식된 임의의 기계좌표)에 기기를 설치하여 미지점의 방향을 관측한 후 그들 방향선의 교점으로서 미지점의 위치를 결정하게 된다.

(3) 라이다의 활용

LiDAR 체계의 등장으로 과거에는 할 수 없었던 지형공간정보 분야에 대한 다양한 응용이 가능해졌다. 정확하고 정밀한 수치고도자료를 이용한 3차원 도시모형화(city modeling)가 가능해짐에 따라 도시계획, 조경, 무선통신분야의 기지국설치 및 전파확산모형 분석 등에 응용되고 있다. 또한 홍수피해예측, 해안선관리, 산림관리, 수목량 추출 등 식생상태 도면화(canopy & forest mapping), 송전탑 위치분석, 전선위치의 모형화, 철도 및 도로의 관리, 군사전략사업, 환경분석 및 계획 등 다양한 분야에서 활용되고 있다.

라이다 측량은 종래의 기존 측량보다 시간과 비용면에서 효율적으로 3차원 자료를 얻을 수 있어 다양한 분야에서 활용되고 있다. 산악지역에 대한 항공 라이다측량으로 이루어진 수치고도모형(DEM)은 〈그림 12-10〉과 같다.

레이저는 좁은 지역에서 반사되는 여러 관측값을 이용하여 나무의 높이

그림 12-10 라이다 자료로 생성한 산악지역의 수치고도모델

와 분포상태의 산림자원 정보를 구할 수 있을 뿐만 아니라 전력선, 도로, 파이프, 터널 등의 사회기반시설 추출에도 유용하게 활용할 수 있으며〈그림 12-11, 12, 13〉, 라이다 측량으로 생성된 수치고도모형은 토목공사시 성토량과 절토량 계산에 유용하게 활용되고 있다.

또한 해안선 추출과 관리, 호수나 강의 관리를 위해 얕은 수심을 투과하는 수심측량용(bathymetric LiDAR)도 개발되어 이용되고 있다〈그림 12-14〉.

그림 12-11 라이다 자료로 얻은 산림지역 수목의 높이와 분포

그림 12-12 라이다 자료를 이용한 전력선 추출

그림 12-13 지상 라이다 장비를 사용한 터널의 단면 추출

그림 12-14 라이다 자료를 이용해 해안선을 청색선으로 추출

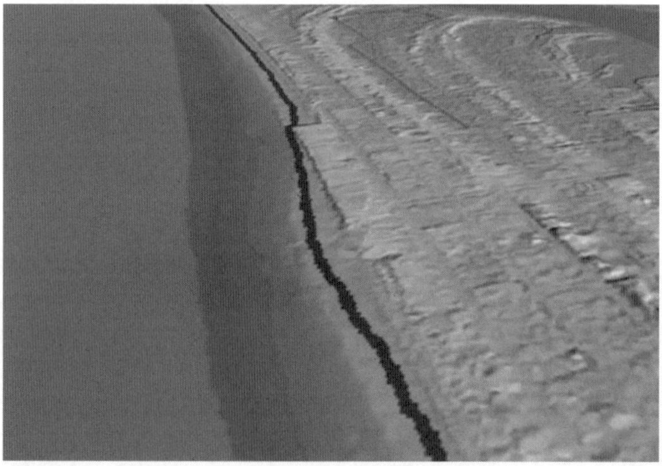

최근 유형문화재에 대한 라이다측량으로 3차원자료를 수집하여 문화재의 실체, 수리 및 복구에 많은 기여를 하고 있다〈그림 12-15〉.

그림 12-15 라이다로 복원된 문화재

제2절 레이더 영상의 관측

(1) 레이더 영상의 특성

1950년 Carl Wiley가 Doppler Beam Sharpening 이론을 제시한 후 이를 발전시킨 기술을 이용하여 1970년대에 항공기에 SLAR(Side Looking Airborne Radar)를 탑재하여 영상을 취득함으로써 민간 및 국방 분야 등에 걸쳐 다양한 응용분야가 개발되었다. 저해상 영상 레이더인 RAR[Real Aperture Radar, 실개구(實開口) 레이더]와 고해상 영상 레이더인 SAR[Synthetic Aperture Radar, 합성개구(合成開口) 레이더]는 극초단파 중 레이더(RADAR: RAdio Detection And Ranging)파를 지표면에 발사하여 돌아오는 반사파를 이용하여 2차원 영상을 취득하는 센서이다. 대부분의 광학영상 체계가 수직(nadir) 영상을 취득하는 반면 레이더영상의 경우 파의 왕복시간으로만 거리(위치)를 파악하는 특성으로 측면촬영(side-looking) 방식을 취하고 있다. 이는 레이더로 수직영상을 얻기 위한 수직촬영(down-looking) 방식을 택할 경우 수직축을 중심으로 좌·우의 레이더파 왕복시간값을 구분할 수 없기 때문이다. RAR의 경우 촬영고도가 고정되어 있을 때 레이더의 특성상 입사각(incidence angle)이 클수록 측면방향 해상도가 증가하지만 센서의 진행방향의 해상도는 감소하게 되는 특성이 있다. 그러나 입사각에 따른 센서 진행방향의 해상도의 문제점을 해소시킨 SAR를 사용함으로써 이 문제점을 해결할 수 있다. RAR는 물리적으로 매우 큰 안테나 배열을 사용하나 SAR는 이러한 RAR의 안테나 배열을 수신파의 특성을 이용함으로써 물리적으로 매우 작은 안테나를 이용하여 고해상의 2차원 (X, Y)영상을 취득할 수 있도록 신호를 합성하여 처리하므로 합성개구 레이더로 명명되었다.

(2) SAR 영상의 왜곡

측면촬영방식으로 인한 SAR 영상면의 왜곡은 크게 음영(陰影, shadow), 단축(短縮, foreshortening), 전도(顚倒, layover)로 나타낼 수 있나. 음영은 지형의 특성으로 인하여 센서에서 발사한 극초단파가 도달하지 못하여 영상면에서 그 지역이 매우 어둡게 나타나는 현상이다. 단축은 레이더 방향으로 기울어진 면이 영상면에 짧게 나타나게 되는 왜곡을 의미하며 전도는 고도가 높

그림 12-16 SAR 영상면의 왜곡

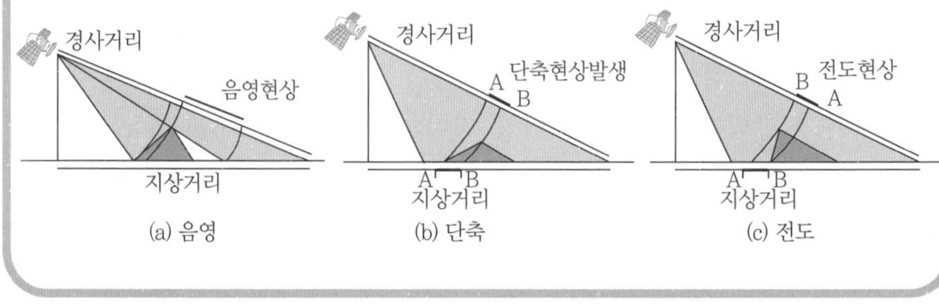

은 대상물의 신호가 먼저 들어옴으로써 수평위치가 뒤바뀌는 현상을 의미한다〈그림 12-16〉.

(3) SAR 영상의 활용

해상의 기름유출시 오염 모니터링, 능동센서(active sensor)의 특징을 이용한 홍수 관측 및 감시, 간섭기법(interferometry)을 이용한 정밀한 수치고도모형(DEM) 생성, 빙하의 이동경로 관측, 지표의 붕괴 및 변이관측, 화산활동의 관측 등에 이용되고 있다.

제3절 수치사진기와 수치영상(digital camera & digital imagery)

(1) 개 요

수치사진기(digital camera)는 필름이 없는 사진기(film-less camera)로서 대신 2차원배열의 CCD가 필름면에 위치하게 되는 것이 일반 사진기와의 주요한 차이점이다. 렌즈는 외부로부터 빛을 감지기 저장소에 모아주며, 감지기의 각 영상소에 비춰지는 빛에너지는 입사되는 방사에너지의 양에 따른 전하를 발생시킨다. 이러한 기계적(analogue) 신호는 일반적으로 전기적으로 추출되며, 8bit(0~255)에서 10bit(0~1,023)범위의 수치적(digital) 밝기값으로 변환된다. 기계적-수치적(AD: Analogue/Digital) 변환에서 얻어지는 밝기값은 사진기 내의 메모리나 플래쉬카드에 저장된다. 일반적으로 CCD(Charge Coupled Device) 사진기를 수치사진기로 간주하며 CCD는 일반 사진기에 비해 보다 민감한 분광반사변화를 나타낼 수 있다.

수치사진기는 70년대 초부터 영상탐측학에서 특수한 목적으로 사용되었으나 그 당시의 vidicon-tube 사진기는 영상 tube가 불안정했기 때문에 정확도면에서 많이 떨어졌다. 이러한 단점은 80년대 초 전자사진기의 등장으로 많이 감소되었다. CCD는 높은 안정성을 제공하였으며 오늘날의 수치사진기에 이 장치가 채택되고 있다.

대부분의 수치사진기들은 렌즈와 입력장치, 즉 사진기의 접속장치인 C-mount를 사용하며 대개 폐쇄회로 TV렌즈(CCTV-lens: Close Circuit TeleVision lens)를 사용한다. C-mount와 영상면 사이의 거리는 17.525mm이다. IR(infrared) 필터의 역할은 0.7 m보다 큰 파장을 제거하기 위한 것이다.

수치사진기는 내부에 청색, 녹색, 적색(RGB: Red, Green, Blue)의 필터휠이 있어 촬영 시 이러한 필터를 이용하여 세 가지 형태의 영상을 기록하며, 그 결과로 지형으로부터 반사된 청색, 녹색, 적색 광에 근거한 각각의 영상을 생성한다. 이러한 세 개의 각 흑백 영상은 가색 이론(additive color theory)을 이용하여 컬러 합성되어 천연색 컬러사진을 생성할 수 있으며, 근적외선 영상을 사용한 위색컬러영상도 생성할 수 있다.

① 장 점

종래의 필름사진기보다 수치사진기가 갖는 가장 큰 장점으로는 촬영 이후의 처리와 해석에 영상이 바로 이용될 수 있다는 점이다. 이것은 실시간으로 처리할 수 있으므로 로봇이나 특수한 산업 등에 적용할 수 있다. 또한 수치사진기는 파장대를 변조하기가 쉽다.

② 단 점

주요 단점으로는 수치적 영상처리기술을 사용하여 세 개의 각 영상을 등록(register)하는 것이 필요하다. 일반적인 지상영상의 경우 고정된 사진기를 통하여 취득되는 데 반하여, 항공영상은 촬영하는 동안 항공기가 빠르게 움직이기 때문에 연속적인 각 영상(예: 청색, 녹색, 적색)이 약간 다른 시점에서 취득되게 되므로 각 영상에 기록된 지리적 영역이 서로 다르게 된다. 또한 해상도와 시계가 한정되어 있다. 공간해상도면에서도 기존의 23×23cm의 항공영상을 대체하기 위해서는 약 20,000×20,000 영상소 감지기의 3개 저장공간이 요구된다(Light, 1996). 현재 최고품질의 수치사진기는 약 2,000×3,000 영상소이며, 가격이 고가이다. 그러나 수치사진기의 가격은 기술발전과 함께 계속적으로 낮아지고 있으며, 요구되는 20,000×20,000영상소의 CCD가 개발되기까지의 문제점과 등록 문제는 사진기를 탑재하는 탑재체(예, 비행선, 동력 글라이더 등)를 저속, 저고도를 유지함으로써 해결 가능할 것이다. 다수의 수치 카메라들은 우주 정거장, 비행기로부터 항공영상탐측법은 지형학의 적용, 토지, 자원 및 환경 등에 관한 자료 수집에 사용되고 있다.

③ 수치자료 취득체계

가) 조명체계(illumination system)

실시간으로 영상을 처리하는 데 중요한 요소이며, 수치사진기 체계 요소 중 가장 핵심이 되는 부분이다.

나) 신호전달(signal transmission)

사진기와 영상취득면(frame grabber) 사이를 연결해주는 것으로, 신호는 기계적(analogue)인 것과 수치적(digital)인 것이 있다.

다) 영상취득면

사진기의 출력을 받아들이는 것으로 필요할 경우 기계적 신호를 수치적 신호로 변환하며, 영상이 영구적으로 저장되기 전까지 영상을 일시적으로 저장한다.

(2) 수치사진기의 분류

① CCD 사진기

CCD 사진기는 반도체(소자)에 빛을 쪼이면 전하를 발생하거나 저항값이 변화하는 소자를 많이 나열하여 대상물의 광학상을 전기신호인 영상신호로 변환시킴으로써 수치영상을 얻을 수 있다. 이러한 방법에는 전기신호로 변환하는 과정에서 진공관식으로 전자빔을 사용하는 촬상관과 전자빔을 사용하지 않고 반도체소자만으로 구성된 전자(solid-state) 촬상소자가 있다. CCD는 최근에 많이 사용되고 있는 것으로 전자 촬상소자 중의 하나로 공간적 위치가 확실하고 영상의 신뢰도가 높으며 가격이 저렴하고 저전압에서 작동하기 때문에 널리 이용되고 있다.

CCD는 sensor의 나열방법에 따라서 1차원 사진기와 2차원 사진기로 나뉜다. 1차원 사진기는 소자를 일렬로 나열한 것으로 이것을 이용하여 2차원인 넓은 영상을 1차원 사진기로 취득할 경우 사진기 또는 피사체를 이동시켜야 한다. 이 1차원 사진기를 사용한 사진기를 라인 스캐너라고 한다. 2차원 사진기는 수많은 작은 소자를 2차원 평면에 나열한 것이다. 렌즈를 통해 사진기에 투영된 광학상을 각 사진기에서 직접 영상소자마다 전기신호로 변환한다.

② CCD 사진기의 해상력

사진기의 해상력은 얼마만큼 세밀한 영상을 표현할 수 있는가를 나타내며 해상도(resolution: 선/mm)는 1개의 영역에 얼마나 많은 소자로 가득 채워져 있는가에 따라 결정된다. 2차원 사진기에서는 수평방향으로 배치된 소자의 개수로서 수평해상도가, 수직방향으로 배치된 소자의 개수로 수직해상도가 결정된다. 1차원 사진기는 1개의 고밀도 집적회로(LSI: Large Scale Integrated circuit) 안에 2차원으로 소자를 나열하지 않기 때문에 그만큼의 많은 소자를 1개의 열(line)에 채워 넣을 수 있으므로 해상도가 높다.

1차원 사진기는 한 열의 해상도를 높일 수 있지만 결점으로 사진기 또는 피사체를 기계적으로 움직일 필요가 있으므로 큰 영상을 입력할 경우에는 그만큼 시간이 걸려 정지영상의 입력에 한정되어 사용하고 있다. 한편 2차원 사진기는 해상도를 높이기는 어렵지만 실시간으로 영상을 다룰 수 있는 장점이 있다.

③ 1차원 CCD 사진기(라인 스캐너)

CCD 라인 스캐너(line scanner)에 의해 2차원의 정지영상을 얻기 위해서는 사진기 자체 내지는 피사체를 움직일 필요가 있다. 예를 들면 고정밀도의 영상입력용 장치는 펄스 모터에 의해 사진기를 이동시키나 휴대 스캐너(handy scanner) 등 간단한 것은 사람 손으로 움직인다.

라인 스캐너는 움직임의 속도가 여러 가지 조건에 따라 다르다. 구체적인 예로 전송 시간 주파수(clock frequency) 사진기의 영상축적시간이 어느 정도로 제한되어 있다.

라인 스캐너(line scanner)는 3열방식(3-line; 전방, 후방, 연직방향) 사진기가 가장 널리 쓰인다. 3열방식 사진기는 영상면에 설치되는 3개의 열을 갖게 된다. 이것으로 인해 3개의 적용범위를 얻을 수 있다. 3열방식 사진기가 적용된 예로는 MOMS가 있다. 이와 달리 변형된 형태가 있는데, 독일에서 개발되어 독일 우주계획에서 사용하였다.

1열방식(1-line) 사진기의 적용으로 가장 잘 알려진 예로는 SPOT이 있다. 6,000개의 탐측요소(sensing element)가 선형으로 배열되어 있으며 인접한 궤도의 중복되는 영상으로 입체시가 가능하여 입체영상을 얻을 수 있다.

먼저 영상축적의 시간을 너무 짧게 할 수는 없다. 그 이유는 광의 조사(irradiation)시간이 짧으면 출력전압이 낮아져 잡영(noise)에 큰 영향을 받은 영상이 되기 때문이다. 이로 인해 사진기의 감도를 제한한다. 감도는 1lx의 광이 1초간 탐측(sensing)될 경우 출력에 몇 V가 나오는가로 표현하고 있다.

전송 시간주파수는 영상소 수에 따라서 결정된다. 영상축적시간의 사이에 영상소 수만큼 전송하지 않으면 안 되며 전송주파수는 축적시간을 1열로 나눈(축적시간÷1열(line)) 값으로 영상소 수를 결정한다.

라인 스캐너에서는 될 수 있는 한 큰 영상을 단시간에 취입시키기 위해 사진기의 고감도화 작동의 고속화가 필요하다.

표 ⑫-1 1차원 CCD 사진기의 적용 종류 및 기능

센서명	활용연도	비고	
		stereo 기능	분리된 창
MEIS	항공기, 1978년 Ⅰ호기, 1983년 Ⅱ호기	○	
MOMS	1983년 우주왕복선 1호, 1993년에 우주왕복선 2호, 1997년 이후 Priroda에서 쏘아올린 우주왕복선	○	○
HRV	1986년부터 SPOT위성		
JERS-1의 OPS	1992년부터 2년간 운영	○	
MEOSS	1993년 실패한 인도의 IRS-1E 계획		○
HRSC	1989, 1997년 실패한 화성계획	○	○
WAOSS	1997년에 실패한 화성계획	○	○
WACC	항공기, WAOSS에서 유래, 1995년부터 시험	○	○
DPA	MOMS-02 시험 이전의 항공기, 1992년 말에 시작	○	○

④ 2차원 CCD 사진기

2차원 CCD 사진기(CCD 센서라고도 함)의 동작기능은 가로와 세로로 바둑눈금과 같이 나열된 사진기에 의해 광은 전기로 변환되어 각각 전하의 덩어리로 되어 순차 텔레비전의 탐측에 맞추어 전송된다.

1차원의 CCD 사진기와 기본적으로는 같지만 다른 점은 신호의 속도이다. 라인 스캐너는 일반적으로 수백KHz ~ 1MHz 정도로 동작하고 있으나, 대부분의 2차원 CCD 사진기는 9~14MHz 정도로 동작하고 있다. 그러므로 신호를 얻어내는 방법이 다르다.

사진기와 기억장치의 접속(interface)장치로 흑백사진기나 RGB(Red, Green, Black) 출력의 3판식 사진기를 사용할 경우 단순히 연결만 한다. 그러나 정밀한 기하학적인 영상처리를 할 경우 사진기와 기계적/수치적[A/D (Analogue/Digital)] 변환 및 기억장치의 시간을 같게 동작시켜야 한다. CCD의 영상소의 수와 기억장치의 수를 맞추면 CCD 영상면상 영상의 X-Y 위치가 그대로 기억장치의 위치에 해당되므로 가하학적인 오차가 적게 처리된다.

표 ⑫-2 2차원 CCD 사진기의 적용 종류 및 기능

센서명	비스캐닝 장치 내역
Kodak DCS420	$14 \times 9mm^2$, 1,536×1,024개의 영상소
Kodak DCS460	$30 \times 20mm^2$, 3,060×2,036개의 영상소
Rollei ChipPack	$31 \times 31mm^2$, 2,048×2,048개의 영상소
Rollei Q16 Metric Camera	$60 \times 60mm^2$, 4,096×4,096개의 영상소

(3) 수치사진기의 영상처리 및 체계

① 수치영상의 처리과정

측량 분야에서 활용하는 수치사진기는 지표면의 사물을 면으로 관측할 수 있기 때문에, 이러한 자료의 처리는 극히 일부를 제외하고는 영상처리의 범주에 속하므로 자료처리의 대부분이 수치영상처리체계로서 수행한다.

가) 관측자료의 입력: 수집 자료에는 기계적 자료와 수치적 자료의 종류 2종류가 있다. 영상과 같은 기계적 자료의 경우, 처리계에 입력하기

위해 필름 스캐너 등으로 A/D변환이 필요하다. 여기서 설명하는 수치적(digital) 자료의 경우, 일반적인 수치 컴퓨터로도 읽어 낼 수 있는 범용적인 미디어 포맷을 사용하여 변환할 필요가 있다.

나) **재생 보정처리**: 처리계에 입력된 관측자료에 대해, 먼저 광학적 왜곡 및 기하학적 왜곡을 보정한 후 처리목적에 따라 변환, 분류 처리를 수행한다.

다) **변환처리**: 변환처리는 어떤 공간으로부터 다른 공간으로의 영상을 표현하는 것으로서 관측자료에 포함되어 있는 정보의 일부를 강조한다. 따라서 변환처리의 결과는 강조된 영상인 경우가 많다.

라) **분류처리**: 분류는 특징공간의 분할을 중심으로 한 처리이지만, 최종

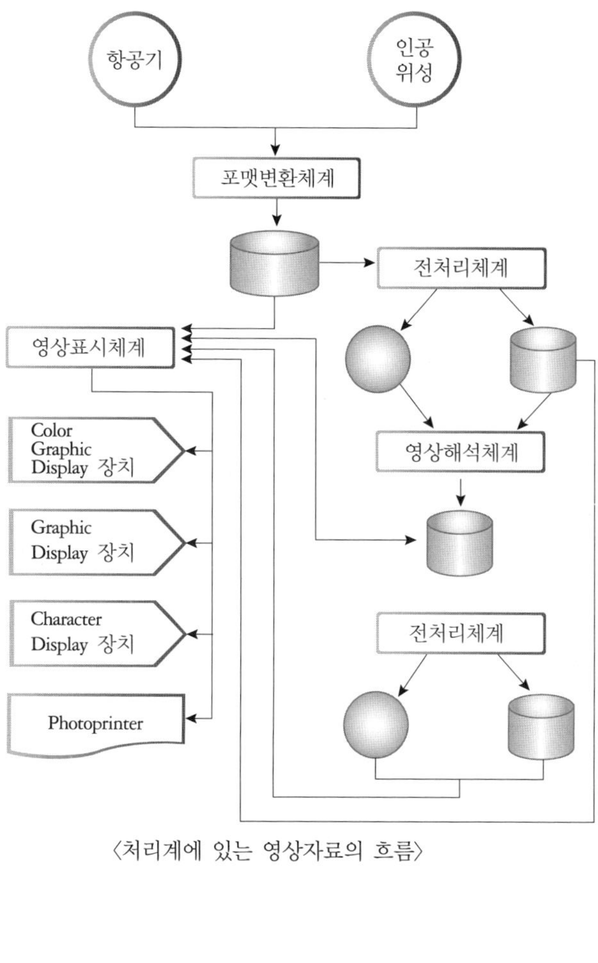

〈처리계에 있는 영상자료의 흐름〉

적으로는 영상자료와 범주(category)와의 대응관계가 결정된다(영상처리 분야에서는 일반적으로 레벨이라고 부른다). 따라서 분류처리의 결과는 주제도의 형태를 취하는 경우가 많다.

마) 처리결과의 출력: 처리결과는 D/A 변환됨으로써 표시장치나 필름에 기계적(analogue) 자료로 출력되는 경우와 지형공간정보체계 등 다른 처리계의 입력자료로 되도록 수치 자료로 출력되는 경우가 있다.

② 영상처리체계

가) 하드웨어 구성

일반적으로 영상처리는 어떠한 컴퓨터 체계를 이용해도 되지만, 영상처리를 쉽게 처리할 수 있는 것이어야 한다. 이들 하드웨어체계에 영상처리용 소프트웨어를 장착한 체계를 영상처리체계라 부른다.

영상처리체계는 하드웨어의 구성을 고려하여 다음과 같이 2종류로 크게 나눈다.

(ㄱ) 전용 처리형

주된(host) 컴퓨터에 영상처리기를 접속한 형식이다. 영상처리기는 몇 영상면 정도의 프레임 버퍼와 연산처리 프로세스를 설치하고, 영상 간의 연산이나, 적분상승(convolution) 등의 기본영상처리가 고속으로 행해지는 장치이다. 접속하는 호스트 컴퓨터는 개인용컴퓨터(PC), 워크스테이션(WS), 미니컴퓨터, 범용기 등 처리목적에 따라 달라진다.

(ㄴ) 범용 계산기형

주된(host) 컴퓨터에 영상표시장치만을 내장, 혹은 접속시킨 형식이다. 전용 프로세스가 아니기 때문에 영상 간 연산들을 모두 소프트웨어로 실현해야 한다. 소프트웨어에 의존하기 때문에 유연성이 높고, 체계의 이식성은 좋으나 소프트웨어 규모는 커진다. 주된 컴퓨터로서는 PC, WS 등이 적합하다. 최근에는 전용 처리형 또는 범용 계산기형을 확장해, 연결망(network)으로 접속한 체계 구성도 많다.

나) 주변장치

영상처리체계는 여러 가지 주변장치가 필요하다. 이러한 주변장치에는 먼저 기술한 영상표시 장치 외에, 기계적(analog) 영상을 수치영상으로 변환, 입력하는 영상입력장치, 수치영상을 종이나 필름에 출력하는 영상출력장치, 대량의 영상자료를 기록해두는 영상자료의 저장장치가 있다.

다) 소프트웨어

영상처리 소프트웨어의 내용은 체계에 의해 다르나, 주요한 기능으로는 다음과 같은 것을 들 수 있다.

자료수입출력(기기로부터 자료를 읽고 입력하는 것 등), 영상면표시, 조작(영상표시, 좌표관측, 색조변경 등), 재생, 보정처리(기하보정, 복사량보정 등), 영상출력(하드카피 출력 등), 해석처리(각종 변화처리, 분류처리 등) 등이 있다.

광의의 영상입력장치에는 센서도 포함되지만, 여기서는 수치사진기에 한정해서 다루기로 한다. 영상입력장치를 이용하면, 농도나 색 등의 정보를 수치정보로 표현해서 컴퓨터 처리가 가능한 자료로 바꿀 수 있다.

라) 영상입력장치의 성능을 비교하는 데 필요한 항목

원고의 크기는 35mm 필름~A0 등 입력가능한 원고의 크기 범위, 공간분해능은 1영상소의 원고상의 크기, 농도분해능은 입력 후 1영상소가 갖는 농도수, 신호대잡음비(SN: Signal Noise)비는 신호와 잡영의 크기비, 색 재현성은 입력된 영상의 색 재현성, 영상등록은 색분해된 영상 간의 위치 어긋남, 입력속도는 입력영상의 수치화에 필요한 시간, 기하학적 정확도 입력된 자료의 기하학적 정확도, 가변적 범위(dynamic range)는 변환될 수 있는 입력화 사이 최소, 최대농도, 입력영상의 종류는 필름(투과형), 인화지(반사형) 등이 있다.

③ 수치사진기(CCD 사진기)의 기계적 기능

CCD 사진기의 기능을 크게 나누면 광을 받는 수광부, 광에 따라서 출력된 전하를 전송하는 전송부, 전하를 전압으로 출력하는 출력부 3개로 나누어진다.

수광부에서는 광의 세기에 비례하여 전하가 발생한다. 수광부는 영상 다이오드, 금속산화물 반도체(MOS: Metal Oxide Semiconductor) 용량에 의한 축적전극 및 이동통로(shift gate)로 구성된다. 입력광은 영상 다이오드로서 광전교환에 의해 광전류로 되며 축적전극에 축적되어 신호전하가 된다. 이 신호전하가 이동통로를 통해 전송부로 옮겨지고 이동통로를 제어하는 이동펄스에 의해 전송부로 옮긴 신호전하는 전송펄스에 의해 순차적으로 전송된다.

전송로를 통한 전하는 출력부에 있는 표현능력장치(plotting capacitor)에 흘러들어간다. 이 신호의 전하 Q는 표현능력장치의 전압을 $\Delta V = Q/C$분(C: 용량계수)만큼 변화시키므로 프리앰프에 의해 전압이 신호로 출력된다.

(4) 활 용

① 일반적 활용

수치사진기를 이용한 측량 성과의 이용은 토지, 자원, 환경 및 기타로 대별된다.

가) 토지: 국가 기본도 및 지형도 작성, 토지이용도 및 도시계획도 작성 및 정비, 해안선 및 해저수심조사, 임야도 및 토양도 작성, 부분적인 지적 재측량 등

나) 자원: 지질(단층 및 구조선) 조사 및 광물자원(광물 및 유맥) 조사, 농작물의 종류별 분포 및 수확량조사, 삼림의 수종 및 치산조사 등 삼림 자원조사, 관개배수조사, 수자원조사(어군의 이동상황 분포) 등

다) 환경: 대기오염조사, 수질오염 및 해양오염조사, 식물의 활력조사, 토양의 함수비 및 효용도 조사, 해양환경(수온, 조류, 파속 등) 조사, 기상(태풍, 구름, 풍향 등)조사 및 일기예보, 홍수피해, 병충해, 적설량, 해수침입, 삼림화재, 연약지반조사 등의 방제대책 및 피해조사, 도시온도조사, 도시발달과 분포상태조사, 인구분포조사, 건축물 단속 및 적정재산세 과세, 경관분석 등

라) 기타: 고고학(고적발견), 문화재 보존의 복원, 토목, 건축의 시설물 위치, 크기 및 변위량 파악, 의상 및 인체공학, 영상처리에 의한 의학에 적용, 교통량 차량 주택 방향 등의 교통조사, 교통사고 및 도로상태조사, 산업생산품설계 및 제품조사, 우주개발, 범죄조사 등의 사회문제 연구 등

② 보전적(保全的) 이용

수치사진기를 이용하여 촬영한 지역에 문제가 발생할 경우, 보유하고 있는 영상을 이용하여 조사한다(홍수피해상황조사, 화재피해상황조사, 산림성장상황조사 등).

③ 영상지도 (image map)

현재까지 영상지도 제작은 항공영상을 모자이크하거나 편위수정(rectification)을 하여 영상지도를 제작하였다. 그러나 최근에는 수치도화기(digital plotter)를 사용하여 확대·축소가 가능한 영상지도를 수치지도제작과 동시에 작성할 수 있다. 따라서 일반지도에서 묘사 및 판독이 곤란한 지형 및 기타 세부사항까지도 판독할 수 있고 3차원(X, Y, Z) 영상지도를 제작할 수 있어 조경, 단지조성, 도시계획 등 여러 분야에 활용할 수 있다.

④ 군사적 이용

수치사진기를 이용하여 얻은 영상은 군용지도 제작에 이용됨은 물론, 영

그림 12-17 항공레이저 측량의 스캐닝 및 위치결정

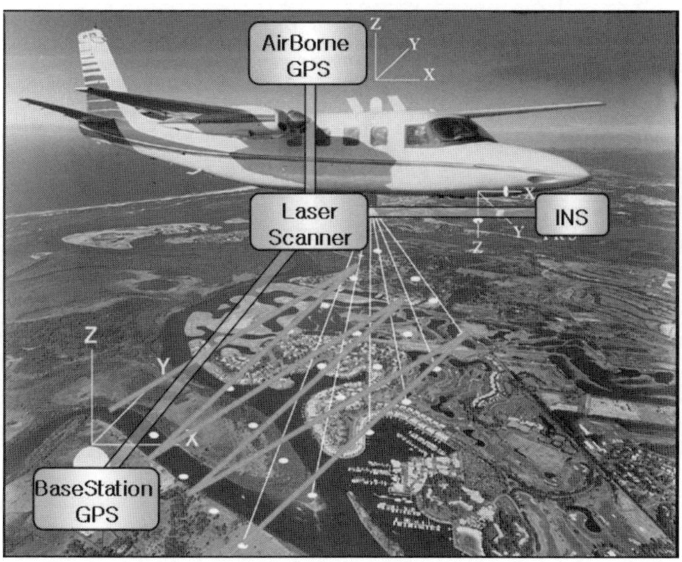

상을 판독 해석하여 적의 상황을 파악하는 데 이용된다.

⑤ 항공기에 의한 이용

가) 항공 RGB 영상

GPS/INS 체계를 이용한 항공 RGB 영상 취득시와 지상 RGB 영상 취득시, 이러한 기술들의 장점과 수치사진기 사용시의 장점이 합쳐져 정확도 향상, 작업 간편화, 비용절감, 시간단축 등의 효과를 볼 수 있다.

나) 근적외선 영상

항공레이저측량을 통해 얻어진 자료는 무수히 많은 점들이 모여 지상의 대상물을 나타내고 있다. 그러나 점밀도가 좋지 않은 곳의 대상물 식별이나 정성적 특성파악을 위해서는 영상의 도움이 필요할 경우 그 자체로만으로도 지형의 표현을 직관적으로 알 수 있는 장점이 있으며, 특히 수치영상은 컬러 영상뿐 아니라 적외선 영상을 제작 가능하여 기존의 항공영상보다 더 많은 정보를 제공할 수 있다. 또한 수치 방식으로 기존의 항공영상보다 더욱 빠르고 간편하게 결과물을 확인할 수 있다.

그림 12-18 RGB 영상(좌)과 근적외선 영상(우)의 비교

지/공/탐/측/학/개/관

13 지구의 형상관측 및 지구좌표체계

Observation for Earth Form and Earth Coordinates System

제1절 지구형상

(1) 지구형상의 일반사항

① 개 요

지구의 형상과 크기를 결정하는 것은 측지학의 중요한 과제 중의 하나이다. 지구의 크기는 이집트의 천문학자 Erathosthenes(BC 276~195)에 의해서 처음으로 결정되었다.[1] 지구의 형상은 남북이 약간 편평한 회전타원체에 가까우며 실제 지표면은 매우 불규칙하게 기복을 이루고 있다. 소지(小地)측량에서는 지구를 평면으로 간주해도 지장이 없지만 대지(大地)측량이나 천문학, 측지학, 지구물리학 등에서는 지오이드나 회전타원체를 지구의 형상으로 사용한다.

지구의 형상, 또는 지표면의 형태는 크게 다음 네 가지로 생각할 수 있다. 우선 육지나 해양 등 자연상태의 지표면인 물리적 지표면(physical surface of the Earth)은 매우 복잡하므로 수학적인 계산의 기준으로 사용하기 곤란하다. 다음에 지구의 중력 퍼텐셜론에 의하여 정의되는 지오이드(geoid)는 물리

1) 그는 하지날 정오의 태양의 고도가 Syene와 Alexandria에서 $7°12'$ 의 차가 있음을 알았다. 지구를 구형으로 가정하고 Alexandria가 Syene의 정북으로 약 5,000 stadia(1 stadium$\approx$0.16km)의 거리에 있다는 것을 고려하여 지구의 둘레를 $\left(\frac{360°}{7.2°}\right)\times 5{,}000=250{,}000$ stadia(약 40,000km)로 계산했다.

적 지표면보다는 훨씬 매끄러운 모양이지만 위치결정 등에 필요한 수학적인 계산을 유효하게 수행하기에는 아직 복잡한 형태이다. 따라서 이러한 관점에서 수학적으로 간단히 정의되는 회전타원체를 도입하여 지구타원체(Earth ellipsoid)를 대지측량계의 기준으로 사용한다. 이 밖에 극히 정확한 위치결정이나 측지학적인 문제를 다룰 때는 중력장에 의한 지표면을 수학적으로 표시하는 텔루로이드(telluroid), 의사지오이드(quasi geoid) 등의 수학적 지표면(mathematical surface)이 논의되는데 여기서는 가장 기본적인 지오이드와 타원체에 대하여 설명한다.

가) 지구타원체

한 타원의 주축을 중심으로 회전하여 생기는 입체를 회전타원체(spheroid, rotation ellipsoid)라 하며, 지구는 단축 주위로 회전하는 타원체에 가까운 모양이다. 따라서 부피와 모양이 실제 지구와 가장 가까운 회전타원체를 지구의 형으로 규정할 수 있는데, 이때의 회전타원체를 지구타원체(Earth ellipsoid)라고 부른다. 지구타원체는 기하학적 타원체이므로 굴곡이 없는 매끈한 면이다. 지구의 부피, 표면적, 반경, 표준중력, 삼각측량, 경위도결정, 지도제작 등은 지구타원체를 기준으로 한다. 지구타원체의 크기는 삼각측량 등의 실측을 바탕으로 하여 결정하거나 중력측량값을 클레로(Clairaut)의 정리에 따라 해석하여 결정할 수 있는데 학자들마다 약간씩 다른 값을 제안하였다.

표 ⑬-1 중요한 지구타원체

발표자 (발표연도)	사용국	장반경(a) (km)	단반경(b) (km)	편평률 $f=(a-b)/a$	비고
Bessel (1841)	한국, 일본, 동남아, 소련 및 동구권	6377.397	6356.079	1/299.15	
Clarke (1866)	북미, 캐나다	6378.206	6356.584	1/294.98	
Hayford (1909)	남미, 영국, 서유럽, 오스트레일리아	6378.388	6356.912	1/297.00	1924년 IUGG추천 국제타원체
IUGG (1980)	앞으로의 대지측량계 통일을 위한 추천값	6378.137	6356.752	1.298.26	1979.12 IUGG국제타원체

그림 13-1 지오이드와 타원체

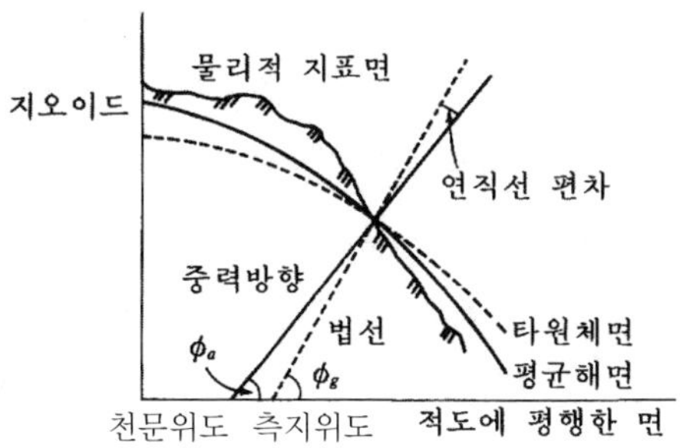

그림 13-2 지오이드와 회전타원체

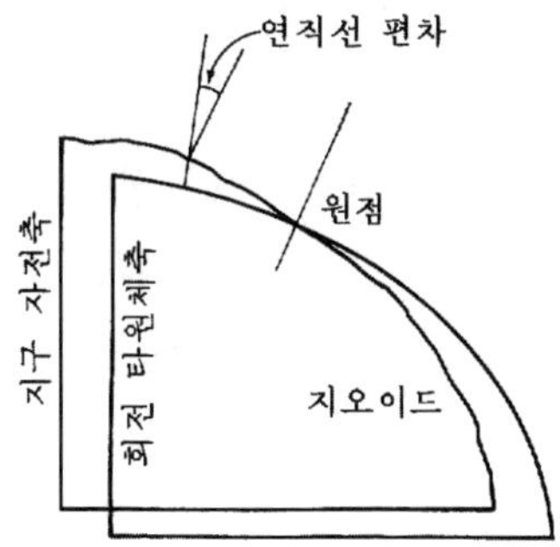

Bessel과 Clarke는 앞의 방법으로, Helmert와 Hayford 등은 뒤의 방법으로 결정하였다.

이제까지는 나라마다 일반적으로 각기 다른 지구타원체를 사용하여 왔는데, 이 때문에 전 세계적으로 일관된 대지측량값을 사용하기 곤란하므로 1924년 국제측지학 · 지구물리학연합(IUGG) 총회에서는 국제적인 측량 및 측지작업에는 하나의 통일된 지구타원체값을 사용하기로 처음 의결하였다. 이것은 국제지구타원체(international ellipsoid)라 부르는데, 1979년 IUGG총회에서 다시 새로운 국제타원체를 추천하였다.

측량의 결과를 가지고 넓은 지역의 지도를 제작할 경우에 얻어진 결과를, 기준이 되는 지구타원체에 투영하여 지도를 만들게 되는데, 이때 측량지역의 지오이드에 가장 가까운 지구타원체를 선정하여야 한다. 이와 같이 어느 지역의 대지측량계의 기준이 되는 지구타원체를 기준타원체(reference ellipsoid)라 한다. 이제까지는 나라마다 기준타원체로서 각기 다른 지구타원체를 사용해 왔기 때문에 각국의 지도를 비교하거나 천문관측값을 비교할 경우에 서로 일치하지 않게 되므로 국제타원체가 제정된 것이다. 그러나 이제까지 사용하던 모든 측량결과를 완전히 새로 수정하는 데는 막대한 시간과 비용이 소모되고 혼란이 따르기 때문에 각국은 잠정적으로 관용적인 기준타원체값을 사용하고 있다.

나) 지오이드(geoid)

지구타원체는 지표의 기복과 지하물질의 밀도차가 없다고 생각한 것이므로 실제 지구와 차가 너무 커서 좀더 지구에 가까운 모양을 정할 필요가 있다. 지구타원체를 기하학적으로 정의한 데 비하여 지오이드는 중력장이론에 따라 물리학적으로 정의한다. 지구표면의 대부분은 바다가 점유하고 있다. 정지된 평균해수면(mean sea level)을 육지까지 연장하여 지구 전체를 둘러쌌다고 가상한 곡면을 지오이드라 한다. 지오이드면은 평균해수면과 일치하는 등퍼텐셜면으로 일종의 수면이라 할 수 있으므로 어느 점에서의 중력방향은 이 면에 수직이며, 주변지형의 영향이나 국부적인 지각밀도의 불균일로 인하여 타원체면에 대하여 다소의 기복이 있는(최대 수십 m) 불규칙한 면으로 간단한 수식으로는 표시할 수 없다. 고저측량은 지오이드면을 표고 0으로 하여 측량한다. 따라서 지오이드면은 높이가 0m이므로 위치에너지($E=mgh$)가 0이다. 일반적으로 지구상 어느 한 점에서 타원체의 법선과 지오이드의 법선은 일치하지 않게 되며 두 법선의 차, 즉 연직선편차가 생긴다. 지오이드면은 대륙에서는 지오이드면 위에 있는 지각의 인력 때문에 지구타원체보다 높으며, 해양에서는 지구타원체보다 낮다.

다) 지오이드와 연직선편차

지구타원체는 지구 내부의 질량분포가 균일하지 않기 때문에 실제의 등퍼텐셜면과는 차이가 생긴다. 지구의 형상에 가장 가까운 등퍼텐셜면인 지오이드는 육지 부분에서 대륙물질에 의한 인력으로 지구타원체보다 상부에 존재하며, 해양에서는 낮은 밀도의 해수에 의한 적은 인력으로 지구타원체보다 하부에 존재한다. 또한, 지표 가까이 질량이 큰 물체가 있는 경우에, 국지적으로 지오이드는 지구타원체보다 상부에 존재하여 등퍼텐셜면은 변화하게 된다(〈그림 13-4〉 참조).

〈그림 13-4〉와 같이 중력방향은 등퍼텐셜면에 직교하는 방향으로 지구의 중심으로 향하지만, 엄밀하게는 중력에 의하여 조금씩 변화하고 있으며, 레벨이나 트랜시트 등의 측량기기의 추가 가리키는 방향을 연직선(plumb line)이라 한다. 그러나, 지구타원체는 지구의 질량과 관계없이 매끈한 곡선을 이루므로 이에 직교하는 방향은 지구중심을 향하며 이를 수직선(vertical line)이

그림 13-3 지구의 기하학적 성질

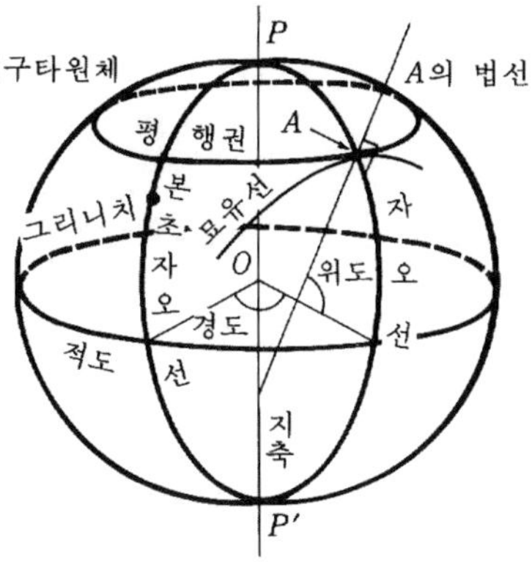

그림 13-4 지오이드와 지구타원체 비교

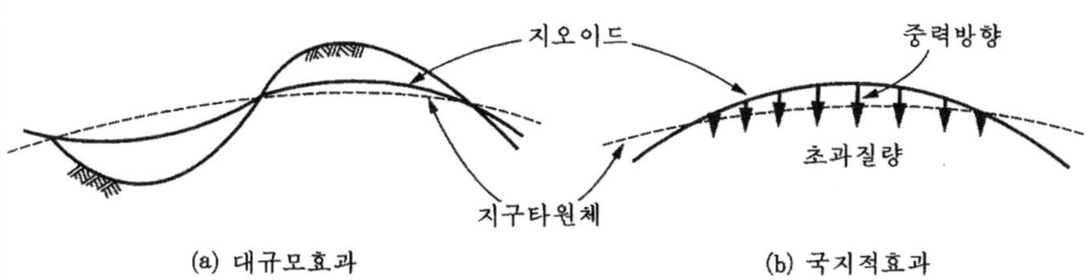

라 한다.

연직선과 수직선은 일반적으로 일치하지 않으며, 〈그림 13-5〉와 같은 편차가 생긴다. (a)의 경우는 지오이드상의 점 P에 대한 연직선과 이를 통과하는 수직선 사이의 각으로 수직선편차(deflection of the vertical)라고 한다. (b)의 경우는 지구타원체상의 점 Q에 대한 수직선과 이를 통과하는 연직선 사이의 각으로 연직선편차(deflection of the plumb line)라고 한다. 그러나, 이 두 편차의 차이는 실용상 무시할 수 있을 만큼 작기 때문에 구별하지 않고 여기서는 연직선편차로 사용한다.

연직선편차는 지오이드를 기준으로 하는 천문경위도 λ^*, φ^*와 지구타원

그림 13-5 연직선편차

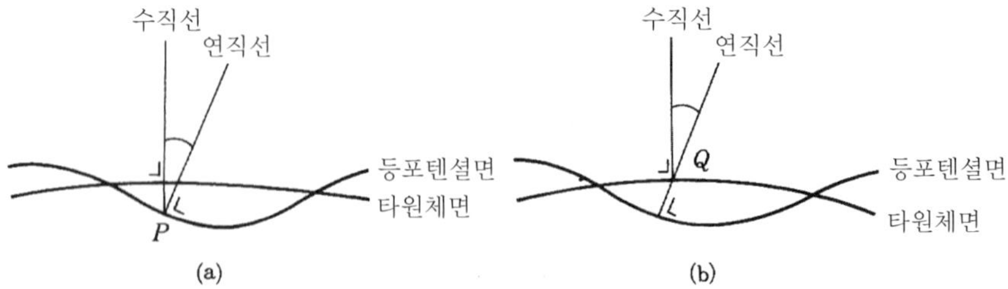

체를 기준으로 하는 측지경위도 λ, φ로 표시하면 다음의 두 성분으로 나타낼 수 있다.

$$\xi = \varphi^* - \varphi$$
$$\eta = (\lambda^* - \lambda)\cos\varphi \tag{13.1}$$

ξ를 연직선편차의 NS 성분 또는 자오선성분(meridian component), η를 EW 성분 또는 앙유선성분(prime vertical component)이라 한다. 또, $\sqrt{\xi^2+\eta^2}$을 전편차(total deflection)라고 하며, 이 방향은 북에서 동으로 잰 각 $\tan^{-1}\left(\frac{\eta}{\xi}\right)$와 같다.

라) 의사(擬似)지오이드

지오이드와 밀접한 관련이 있는 것은 의사지오이드이다. 지오이드를 계

그림 13-6 의사지오이드

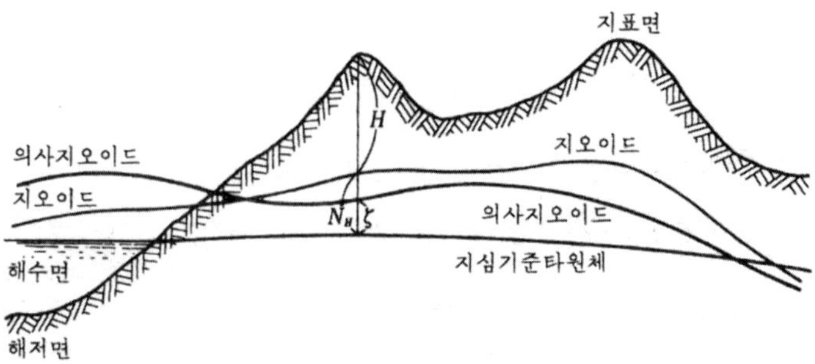

산할 때 지각의 질량 분포를 가정하게 되는데, 의사지오이드(quasi geoid)는 이런 가정을 하지 않고 유도된 것이다.

의사지오이드는 높이 이상(height anomaly)이라 불리고, ζ로 표기한다. 〈그림 13-6〉에는 의사지오이드가 표시되어 있다.

〈그림 13-6〉에서 보면, 해양에서는 의사지오이드고가 지오이드고보다 높고 육지에서는 지오이드고보다 낮다. 또한 〈그림 13-6〉은 육지에서의 지오이드고 N_H와 의사지오이드고 ζ 및 지형고 H에 대한 관계를 나타내고 있다.

마) 텔루로이드(telluroid)

텔루로이드는 지구의 근사적인 물리적 표면으로 고안된 것인데, 지심기준타원체의 높이를 가진 표면으로 정의한다. 텔루로이드, 지표면(terrain), 지오이드, 지심기준타원체(geocentric reference ellipsoid)의 관계는 〈그림 13-7〉에 나타나 있다. 또한 정규중력퍼텐셜이 실제의 중력퍼텐셜과 같은 점으로 연결시킨 면을 텔루로이드라고 한다.

그림 13-7 텔루로이드

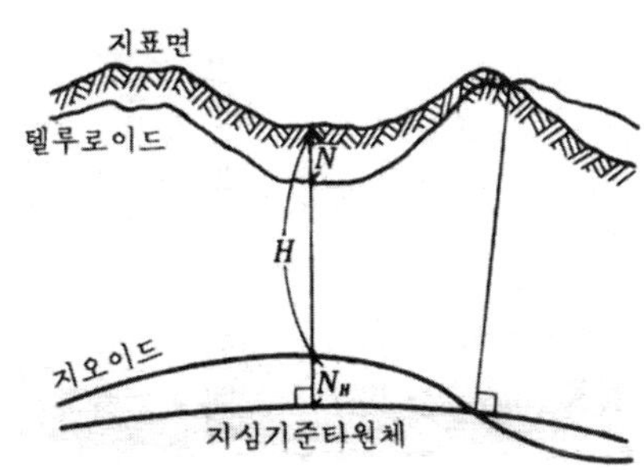

바) 구(sphere)

비교적 간편한 기준으로서 지구형상을 구로 사용할 때 평균반경 R_1을 갖는 등가구(等價球)를 다음과 같이 사용한다.

$$R_1 = \frac{2a+b}{3} = a\left(1 - \frac{f}{3}\right) \tag{13.2}$$

여기서 a는 지구타원체의 장반경, b는 단반경, f는 편평률이다. 또, 지구타원체와 같은 표면적과 체적을 갖는 등가구의 반경 R_2와 R_3는 각각 다음과 같이 정의된다.

$$R_2=c\left[\int_0^{\frac{\pi}{2}}\frac{\cos\ \varphi}{(1+e'^2\cos^2\varphi)^2}d\varphi\right]^{1/2} \tag{13.3}$$

$$R_3=(a^2b)^{1/3} \tag{13.4}$$

단, c는 극곡률반경($c=a^2/b$), e'^2는 제2이심률$\left(e'^2=\frac{a^2-b^2}{b^2}\right)$, φ는 위도이다. 1980년 국제측지학 · 지구물리학연합(IUGG)에서는 R_1=6,371,008.7714m,

표 ⑬-2 주요 지구타원체의 제원

인명	연대	a(m)	1/f
Bouguer, Maupertuis	1738	6,397,300	216.8
Delambre	1800	6,375,653	334.0
Walbeck	1819	6,376,896	302.8
Everest	1830	6,377,276	300.8
Airy	1830	6,377,563	299.3
Bessel	1841	6,377,397	299.2
Clarke	1858	6,378,294	294.3
Pratt	1863	6,378,245	295.3
Clarke	1866	6,378,206	294.9
Clarke(modified)	1880	6,378,249	293.5
Hayford	1906	6,378,283	297.8
Helmert	1907	6,387,200	298.3
Hayford(국제지구타원체 1924)	1910	6,378,388	297.0
Heiskanen	1926	6,378,397	297.0
Krasovsky	1936	6,378,210	298.6
Jeffreys	1948	6,378,099	297.1
Ledersteger	1951	6,378,298	297.0
Hough	1956	6,378,260	297.0
Fischer	1960	6,378,155	298.3
Australian "165"	1962	6,378,165	298.3
Kaula	1964	6,378,160	298.25
Veis	1964	6,378,169	298.25
IUGG(국제지구타원체 1967)	1967	6,378,160	298.25
IUGG(국제지구타원체 1980)	1980	6,378,137	298.26

R_2=6,371,000.7900m로 규정하였고, WGS84에서는 반장축을 6,378,137±2m로 규정하였다.

사) 2축타원체(biaxial ellipsoid)

정확한 지구형상을 설정하기 위해서 극축반경 c, 적도반경 a, b를 갖는 3축부등타원체나 서양배형 입체를 고려할 수 있으나, 수학적인 해석이 매우 복잡하기 때문에 일반적으로 2축타원체를 지구형상의 기준으로 설정하고 있다. 2축타원체는 3축부등타원체에 비하여 지오이드 기복이 더 크게 나타나지만, 수학적 취급이 간편하며 장반경 a와 편평률 f의 두 변수만으로 간단히 취급할 수 있다. 부피와 모양이 실제 지구와 가장 가까운 2축타원체인 지구타원체라는 것을 뉴턴이 주창한 이래 수세기 동안 지구과학자의 관심대상이 되고 있다. 이러한 지구타원체의 제원은 관측방법, 관측지역 및 관측조건에 따라 약간씩 상이한 값을 가지며, 그 중요한 제원은 〈표 13-2〉와 같다.

아) 3축타원체(triaxial ellipsoid)

지오이드에 가장 가까운 수학적 표현이 가능한 입체는 3축타원체이다. 3축타원체는 자오면뿐만 아니라 적도면도 타원을 이루며 서로 직교하는 세 주축을 가지는데, 장축과 중축은 적도면상에 있고 단축은 주관성축과 일치한다. 3축타원체는 장축길이($2a$), 중축길이($2c$), 단축길이($2b$)와 적도면상 장축의 위치에 의하여 다음과 같이 표기한다.

장축반경 a

극편평률 $$f=\frac{a-b}{a} \tag{13.5}$$

적도편평률 $$f_e=\frac{a-c}{a} \tag{13.6}$$

표 13-3 주요 3축타원체의 제원

인명	연대	a(m)	$1/f$	$1/f_e$	$a-c$(m)	λ_a
Clarke	1878	6,378,206	293.2	13,720	465	8°W
Heiskanen	1938	6,378,388	297.8	18,120	352	23°W
Krasovsky	1940	6,378,254	298.3	29,945	213	15°E
Burša	1971	6,378,173	297.8	92,800	681	14.8°W

장축의 경도 λ_a

주요 3축타원체가 〈표 13-3〉과 같다.

② 지구의 기하학적 성질

지구의 기하학적 성질에 관계되는 중요한 용어는 다음과 같다.

가) 대원과 소원(great circle & small circle)

지구중심을 포함하는 임의의 평면과 지표면의 교선은 지구의 대원(또는 대권), 그 밖의 평면과 지표의 교선을 지구의 소원이라 한다.

나) 지축(earth axis)

지구의 자전축을 지축이라 하고, 지축과 지표면의 두 교점을 각각 북극과 남극이라 한다.

다) 적도(equator)

지축과 직교하여 지구중심을 지나는 평면과 지표면의 교선이 적도이다.

라) 평행권(parallels of latitude, parallel lines)

적도와 나란한 평면과 지표면의 교선을 평행권(또는 등위도선, 위도원, 위선)이라 한다. 적도는 대원으로서 지구상 하나뿐이지만 위도가 같은 지점을 연결한 선으로 이루어진 평행권은 소원으로 무수히 많다.

그림 13-8 측지선의 항정선

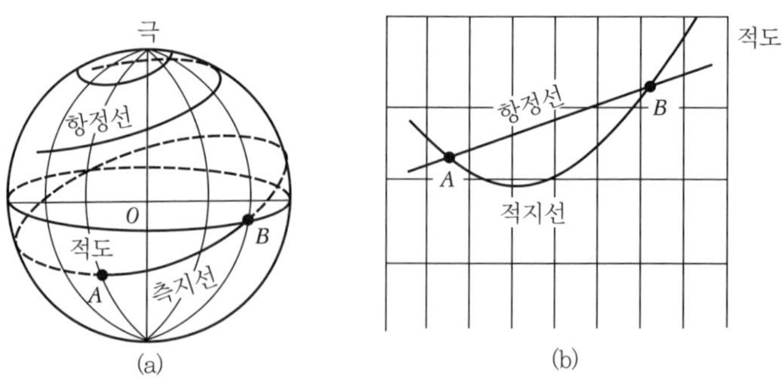

마) 자오선(또는 경선, meridian)

지구상 자오선은 양극을 지나는 대원의 복극과 남극 사이의 절반으로 중심각 180°의 대원호를 말한다. 자오선은 적도와 직교하며 무수히 많다.

바) 측지선(geodetic line, geodesic)

지표상 두 지점 간의 최단거리선으로서 두 지점과 지심을 포함하는 평면과 지표면의 교선, 즉 두 지점을 지나는 대원의 일부이다.

사) 항정선(또는 등방위선, rhumb line, loxodrome)

자오선과 항상 일정한 각도를 유지하는 지표의 선으로서 그 선내 각점에서 방위각이 일정한 곡선이다.[2] 한 점에서 출발 등방위선을 극으로 갈수록 나선모양으로 그 궤적은 등방위선을 이루게 됨으로써 북극 또는 남극에 도달하게 된다.

아) 묘유선(prime vertical)

한 점을 지나는 자오선과 정확하게 직교하는 선은 묘유선이다. 지표상 묘유선은 지구타원체상 한 점에 대한 묘유면과 지표면의 교선이다. 한 점의 묘유면은 그 점의 법선을 포함하며 자오면과 직교하는 평면이다. 터원체면상 1점에서 임의방향의 수직단면의 곡률반경은 자오선 곡률반경과 묘유선 곡률반경의 함수로 표시된다. 모유선은 동서선이라고도 한다.

자) 경도와 위도

경도와 위도는 천문측량이나 대지측량에 의하여 구할 수 있다. 천문측량에 의해서 구하는 것을 천문경위도라 하며 지오이드(또는 수준면)를 기준으로 하여 관측한다. 측지경위도(또는 지리경위도)는 주로 삼각측량 등에 의하여 기준타원체면상에서 계산하여 구하는 것이다. 천문경위도는 관측지점의 연직선에 관한 것이고 측지경위도는 타원체의 법선에 관한 사항이다.

차) 경도(영: longitude, 독: Länge; 기호 λ 또는 L)

Greenwich를 지나는 자오선을 본초자오선(prime meridian)으로 설정하여, 본초자오면과 지표상 한 점을 지나는 자오면이 만드는 적도면상 각거리를 경

2) Mercator투영도(〈그림 13-8(b)〉)에서는 등방위선이 직선으로 표시되므로 항해용 지도로서 Mercator 투영지도가 많이 사용된다. 적도와 자오선은 각각 방위각이 90° 및 0°인 등방위선의 특수한 경우라 할 수 있다.

그림 13-9 측지경위선와 천문경위도

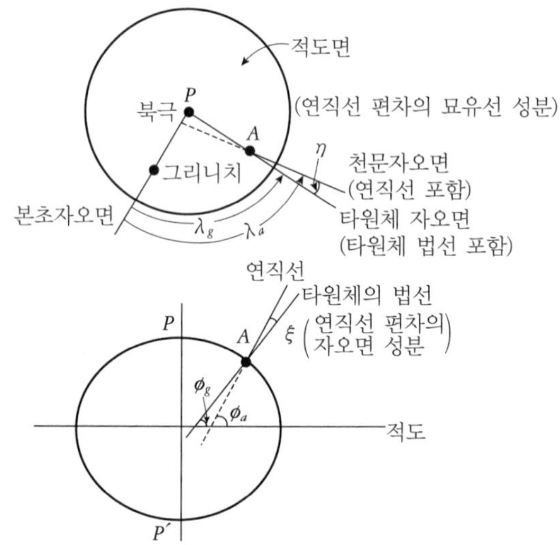

도라 하며 본초자오선을 기준으로 해서 동 · 서로 각각 180°씩 나누어져 있다.

(ㄱ) 측지경도(geodetic longitude): λ_g는 적도면에서 잰 본초자오선과 어느 지점의 타원체상 자오선 사이의 각거리이며 지리경도(geographic longitude)라고도 한다.

(ㄴ) 천문경도(astronomical longitude): λ_a는 적도면에서 잰 본초자오선과 어느 지점의 천문자오선 사이의 각거리이다.

카) 위도(영: latiude, 독: Breite; 기호 φ 또는 B)

지표면상 한 점에 세운 법선이 적도면과 이루는 각을 그 지점의 위도(latitude)라 한다. 위도는 적도를 0°로 하고 남북으로 각각 90°씩 표시된다. 위도는 어떠한 기준을 선택하는가에 따라서 다음과 같은 위도가 있다.

(ㄱ) 측지위도(geodetic latitude): $\varphi_g(\angle AJE)$는 지구상 한 점 A에서 타원체에 대한 법선이 적도면과 이루는 각으로서 지리위도(geographic latitude)라고도 한다. 지도에 표시되는 일반적인 위도는 이것을 뜻한다.

(ㄴ) 천문위도(astronomic latitude): $\varphi_a(\angle ADF)$는 지구상 한 점 A에서의 지

그림 13-10 위 도

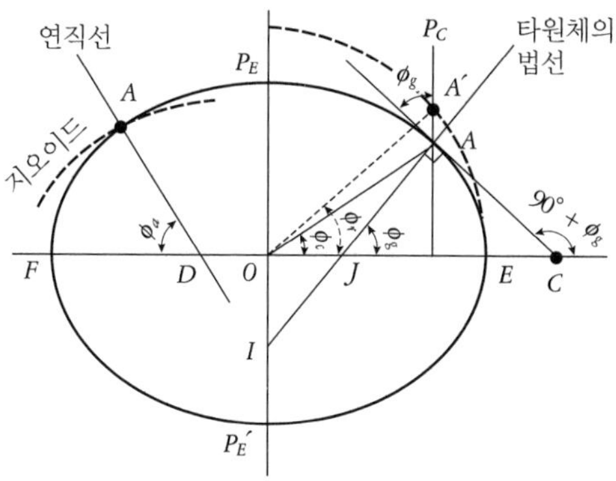

오이드에 대한 연적선이 적도면과 이루는 각으로 지오이드를 기준으로 한 위도이다.

(ㄷ) 지심위도(geocentric latitude): $\varphi_c(\angle AOE)$는 지구상 한 점 A와 지구중심 O를 맺는 직선이 적도면과 이루는 각이다.

(ㄹ) 화성위도(reduced latitude): $\varphi_r(\angle A'OE)$는 지구중심으로부터 타원체의 장반경 OE를 반경으로 한다. 또한, 타원체상의 A점을 지나는 적도면의 법선이 구와 만나는 점 A'와 지구중심 O를 맺는 직선이 적도면과 이루는 각이 된다.

타) 방위각(azimuth)

지표상 한 점 A에서 B점을 향하는 방향의 방위각은 A점에서의 타원체의 법선(또는 연적선)을 포함하는 두 평면인 자오면과 AB면 사이의 각으로 되며 일반적으로 북방으로부터 시계방향으로 잰다.

(ㄱ) 측지방위각(geodetic azimuth): $A_{(AB)g}$는 A점의 타원체법선 AI와 타원체의 북극 P_E를 지나는 AIP_E와 법선 AI와 B점을 지나는 평면AIB가 이루는 각이다.

(ㄴ) 천문방위각(astronomical azimuth): $A_{(AB)a}$는 A점의 연적선 AZ와 천극 P_C를 지나는 AZP_C와 연적선 AZ와 B점을 지나는 평면 AZB가 이루는

그림 13-11 측지방위각과 천문방위각

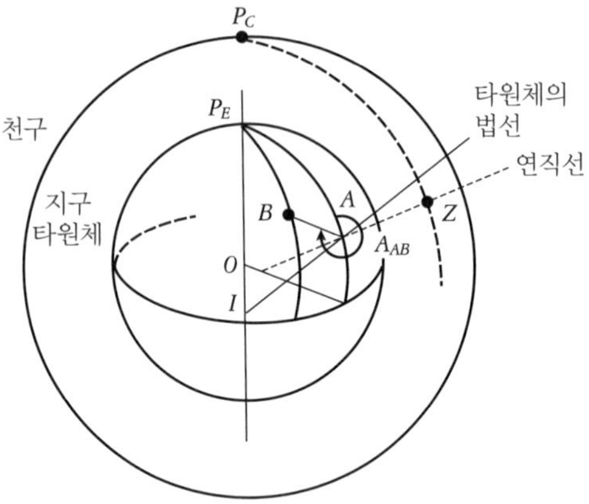

각이다.

(ㄷ) 측지방위각과 천문방위각의 관계(Laplace 방정식): 천문방위각 A_a, 천문경도 λ_a, 측지경도 λ_g, 위도 φ를 알면 타원체면상 계산에 필요한 측지방위각 A_g를 다음과 같은 Laplace 방정식(Laplace's equation)으로 구할 수 있다.

$$A_g = A_a - (\lambda_a - \lambda_g)\sin \varphi \tag{13.7}$$

어느 점에서 삼각측량에 의해 계산된 측지방위각과 천문측량에 의해 관측된 값들은 윗 식에 적용하여 계산한 측지방위각과를 비교하여 삼각망의 비틀림을 조정함으로써 보다 정확한 위치결정이 가능하다. 이와 같은 점을 라플라스점(Laplace station)이라 한다.

파) 구면삼각형과 구과량

지표면상에서 잰 각은 엄밀하게는 접평면상의 각이므로 구면상 위치결정을 위한 삼각함수의 적용을 위해서는 구면삼각형(spherical triangle)과 구과량(spherical excess)의 성질을 고려하여 구면상의 각으로 환산하여야 한다. 구면삼각형은 지표상 세 점을 지나는 세 개의 대원을 세 변으로 하는 삼각형이다.

구면삼각형에서는 내각의 합이 180°가 넘는데 그 차이를 구과량이라 한다.

(2) 지구형상 관측방법

① 개 요

지구의 형상은 기복이 많은 실제 지표면을 뜻하나 일반적으로 회전타원체로 정의하고 있다. 지구형상을 엄밀하게 해석을 할 경우 삼축부등타원체, 지오이드, 의사지오이드(quasi geoid), 텔루로이드(telluroid) 등을 고려하여야 한다. 지구형상 관측은 기하학적 방법과 역학적 방법으로 대별하고 있다.

가) 지구형상의 관측

(ㄱ) 기하학적 방법

기하학적 방법은 장거리 삼각측량에 의한 자오선호장측량, 천문측량, VLBI 및 인공위성측량(GPS, SLR 등) 등에 의하여 지구상 다수의 관측점에서 관측된 자료를 이용하여 적도 반경과 편평률을 결정하고, 천문측지경위도에 의한 연직선 편차를 각 지점에 대하여 적분하여 지오이드 기복을 결정한 후 이들 자료를 처리하여 지구타원체를 결정하는 방식이다.

(ㄴ) 역학적 방법

역학적 방법은 지구중력장해석에 의한 중력관측에 의한 방법과 인공위성궤도해석에 의한 방법이 있다.

• 중력관측에 의한 방법

중력관측에 의한 방법은 세계 각 지점의 중력 관측값으로부터 각 위도 및 경도에 대한 중력분포를 구하고 끌레로정리에 의하여 타원체의 편평률을 계산한 다음, 각 지점의 중력이상을 구면함수로 전개한 후, 스토크스정리에 의하여 지오이드 기복을 결정하는 방법으로 Kaula는 이 기법을 이용하였다.

• 인공위성 궤도해석방법

인공위성 궤도해석방법은 자전축을 대칭으로 가정하고 등중력퍼텐셜면을 이루는 인공위성궤도의 중력장에 의한 변동을 관측하고 이를 해석하여 지구형상을 결정하는 것으로 Guier와 Newton은 이 기법을 이용하였다.

기하학적 방법과 역학적 방법을 병용하면 대양에서의 수준면형상의 기하학적 해석의 문제점과 중력관측만으로 Stokes정수를 직접 구하기 힘든 결점을 보완할 수 있는 것으로, Molodenskij는 이 기법으로 지구형상결정 해석이론을 제시하였다.

② 지구형상관측방법

가) 천문 및 측지측량에 의한 지구형상관측

(ㄱ) 타원체의 결정

자오선의 두 호장 dS_1, dS_2와 위도차 $d\varphi_1$, $d\varphi_2$를 알면 자오선 호장의 식으로부터 타원체의 두 요소, 적도반경 a와 편평률 f를 결정할 수 있다. 〈그림 13-12〉에서와 같이, 한 자오선 호장 $\widehat{AB}=dS_1$, 위도차 $d\varphi_1=\varphi_A-\varphi_B$, $\varphi_1=(\varphi_A+\varphi_B)/2$일 때 중앙점에서의 자오선곡률반경 R_{m1}은

$$R_{m1}=\frac{dS_1}{d\varphi_1}=\frac{a(1-e^2)}{(1-e^2\sin^2\varphi_1)^{3/2}} \tag{13.8}$$

이고, 마찬가지로 $\widehat{CD}=dS_2$, $d\varphi_2=\varphi_C-\varphi_D$, $\varphi_2=(\varphi_C+\varphi_D)/2$일 때

$$R_{m2}=\frac{dS_2}{d\varphi_2}=\frac{a(1-e^2)}{(1-e^2\sin^2\varphi_2)^{3/2}} \tag{13.9}$$

이다. 두 식으로부터 이심률 $e(=\sqrt{a^2-b^2}/a)$에 관한 식을 구하면

$$e^2=\frac{\delta-1}{\delta\sin^2\varphi_1-\sin^2\varphi_2} \tag{13.10}$$

그림 13-12 타원체의 기하학적 결정

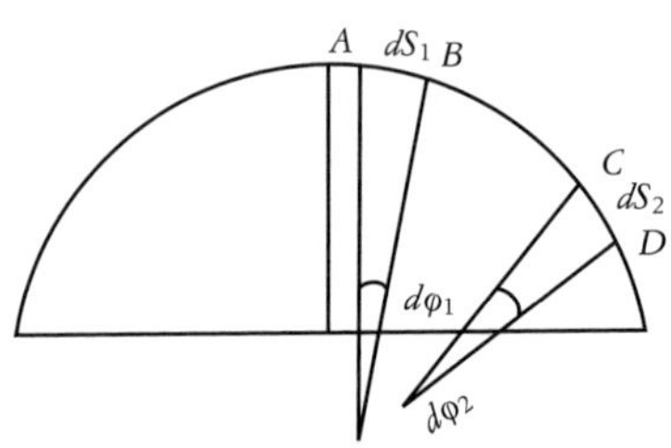

이고, 여기서

$$\delta=\left(\frac{R_{m1}}{R_{m2}}\right)^{\frac{2}{3}}=\left(\frac{dS_1 d\varphi_2}{dS_2 d\varphi_1}\right)^{\frac{2}{3}} \tag{13.11}$$

이다. 윗 식으로부터 e^2을 구하면 dS_1, $d\varphi_1$, dS_2, $d\varphi_2$, φ_1, φ_2는 실측값으로부터 알 수 있으므로 적도반경 a는 식 (13.8) 또는 식 (13.9)로부터 결정할 수 있다.

한편, a과 e^2이 결정되었으면 타원체의 편평률 f는 다음 식 (13.12)로 구해진다.

$$f=\frac{a-b}{a}=\sqrt{1-e^2} \tag{13.12}$$

이와 같이, 타원체요소 a와 f는 최소한 2개소에서의 호장 및 위도관측으로 결정할 수 있지만, 지구 전체에 걸친 평균값을 구하기 위해서는 다수의 호장측량 및 천문측량에 의한 관측값을 최소제곱법 등으로 조정해야 한다.

(ㄴ) 천문측지 지오이드의 결정

한 지점의 천문위도, 경도 Φ 및 Λ와 측지위도, 경도 φ 및 λ를 관측한 경우 연직선편차의 자오성분 ξ와 묘유성분 η는

$$\xi=\Phi-\varphi \tag{13.13}$$

$$\eta=(\Lambda-\lambda)\cos\Phi \tag{13.14}$$

이다. 천문위도 및 경도는 천문측량으로 구한 관측값을 지오이드상의 값으로 보정하고, 측지위도 및 경도는 삼각측량의 관측값은 타원체상의 값으로 보정한다. 방위각 α인 임의 연직선편차 ε은

$$\varepsilon=\xi\cos\alpha+\eta\sin\alpha \tag{13.15}$$

이다. 이 방향을 따라 거리 dS만큼 이동했을 때 타원체와 지오이드 사이의 거리, 즉 지오이드고의 미소차 dN은

$$dN=-\varepsilon dS \tag{13.16}$$

이다. 두 점 A, B 사이에서 윗 식을 적분하면

$$N_B = N_A - \int_A^B \varepsilon dS \tag{13.17}$$

가 된다. A점의 지오이드고가 기지값일 때 B점의 지오이드고는 윗 식으로 구할 수 있으며, N은 그 지점의 고유값이므로 윗 식의 적분은 노선방향에 관계없이 일정값이 되어야 한다. 이와 같이 구해진 지오이드를 천문측지 지오이드(astro geodetic geoid)라 한다.

일반적으로, 측지원점에서

$$\xi = \eta = N = 0$$

으로 가정하여 지오이드를 구한다. 각 지점의 지오이드고 N이 구해지면

$$\iint_S N^2 dS = \text{최소} \tag{13.18}$$

의 조건을 만족하는 지구타원체의 형상과 크기 및 위치를 새로이 구하여 전체적으로 기복이 가장 작은 지오이도를 결정할 수 있다. 근사적으로 윗 식은

$$\iint_S (\xi^2 + \eta^2) dS = \text{최소}$$

로 대체할 수 있다. 따라서, 어떤 지역의 연직선 편차성분 ξ 및 η를 사용하여 새로이 지구타원체를 구하면 그 지역에 가장 적합한 최적타원체를 결정할 수 있다. 또한 이와 같이 구한 타원체를 전 세계로 확장하여 지구타원체 중심을 지구중심에, 타원체 단축을 지구평균자전축에 일치시키면 전 세계에 대한 최적지심지구타원체를 결정할 수 있다.

천문측지 지오이드와 별도로 중력관측값으로부터 구한 중력지오이드를 비교할 때 모든 계산과정이 바르고 정확한 이론에 근거하고 있다면, 양자는 일치하여야 한다. 그러나, 실제로 여러 가지 원인 때문에 일치하지 않는 경우가 많다. 이러한 원인 중 가장 큰 것으로는 중력지오이드가 일반적으로 지

그림 13-13 우리나라 부근의 천문측지 지오이드

구중심과 일치하는 기준타원체에 대한 지오이드기복을 나타내는 데 비하여, 천문측지 지오이드는 대개의 경우 관측지역의 측지원점을 지나는 기초타원체에 대한 기복을 나타내는 것을 들 수 있다. 이러한 근본적 문제점을 해소하기 위하여 중력지오이드와 천문측지 지오이드에 공통으로 사용하여 양자의 차이가 최소가 되는 국제타원체를 정할 필요가 있으며, 이런 목적으로 범세계측지계사업이 시도되고 있다.

(ㄷ) 천문측지 지오이드의 형상과 문제점

이미 발표된 천문측지 지오이드 중 가장 많은 관측점을 사용하여 중력지오이드와의 차이가 최소인 것 중 하나로, 1960년 미육군지도국의 I. Fischer

가 발표한 지오이드를 들 수 있다. 지오이드기복분포를 나타내는 데 사용된 기준타원체는 적도반경 a=6,378,155m, 편평률 f=1/298.3이고 1927년 미국 측지원점 및 기준계에 대한 지오이드기복은 남미 남단에서 +260m, 북미 북단에서 −30m의 차이를 나타내고 있다. 한편, 160개 지점의 지오이드고로부터 결정한 최적타원체는 f=1/296.8, a=6,378.280m이고 지오이드 기복은 최대 +45m로 나타난다.

한편, 천문측지법에 의한 지오이드와 타원체의 결정에는 다음과 같은 문제점이 있다. 지표의 임의점에서 얻은 천문측량성과는 지오이드상의 값으로 환산되어야 하고, 지표와 지오이드 사이의 물질분포를 알아야 한다. 근사적으로 이와 같은 보정량을 계산할 때 지상중력관측값을 이용할 수 있지만 엄밀한 중력관측과 중력의 수평방향 미분값이 필요하다. 또한, 삼각측량성과를 타원체상의 값으로 환산할 때, 이 성과가 지오이드상으로 보정되어 있다고 간주하므로 지오이드를 구하기 위해서 지오이드가 이미 기지인 것으로 보고 해석해야 하는 모순점이 있다. 몰로덴스키의 이론은 이러한 근본적 모순을 해결하기 위하여 지오이드고에 적절한 보정을 가하여 의사지오이드를 구하고 이를 사용하여 측지성과를 바로 타원체상의 값으로 보정하는 방식을 취한다.

나) 중력측지에 의한 지구형상관측

중력의 지구상 분포를 알고 지구의 일반적 형상, 즉 지구타원체의 편평률과 적도반경을 구하는 첫 번째 문제는 지구타원체에 대한 지오이드면의 형상을 결정하는 것이고, 두 번째 문제는 중력퍼텐셜로부터 유도하는 것이다. 전자는 클레로의 정리, 후자는 스토크스 정리로 대표된다. 클레러의 정리는 지구의 기하학적 형상이 순수한 역학적 중력과 간단한 관계를 가짐을 나타내는 원리이며, 하나의 등퍼텐셜면상에서 중력의 분포를 알고 그 등퍼텐셜면 밖에 물질이 존재하지 않는다면 스토크스 정리에 의하여 등퍼텐셜면의 형상을 알 수 있다. 이 등퍼텐셜면으로서 지오이드를 택하면 지구타원체를 기준으로 한 지오이드의 기복을 구할 수 있다.

(ㄱ) 클레로의 정리(Clairaut's theorem)

중력분포를 구하면 클레로의 정리를 이용하여 지구형상을 결정할 수 있

그림 13-14 중력측량과 인공위성궤도해석자료에 의한 지오이드(Kaula)

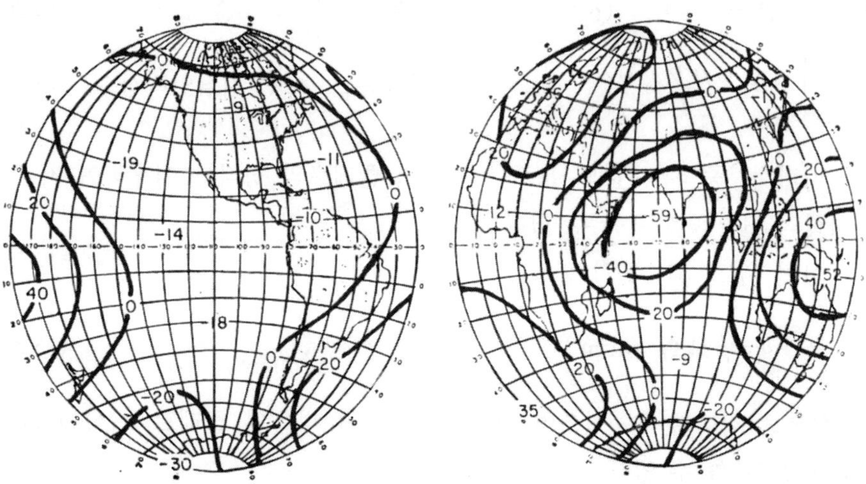

다. 프랑스 학술원에서는 지구타원체설을 입증하기 위하여 1735년 적도 부근 에콰도르에서, 그 다음 해 스칸디나비아 북부 라프랜드에서 자오선호장측량을 실시하였다. 수학자 클레로(A. C. Clairaut)는 라프랜드 측량대에 참여한 경험을 살려 지구형상에 관한 연구를 시행하여 클레로의 정리를 제창하였다. 클레로의 정리는 지구형상과 중력 사이의 수량적 관계를 수립한 데 의미가 있으며 기하학적인 지구형상이 순수한 역학적인 양인 중력과 다음과 같이 간단한 관계가 있음을 밝혀냈다.

"타원체의 기하학적 편평률(f)과 중력편평률(f^*)의 합은 적도상 원심력과 중력의 비(c)의 5/2배와 같다."

이와 같은 관계를 수식으로 나타내면

$$f+f^*=\frac{5}{2}c \tag{13.19}$$

이다. 여기서

$$\begin{cases} f=\dfrac{a-b}{a} \quad (a\text{: 적도반경, } b\text{: 극반경}) \\ f^*=\dfrac{g_p-g_e}{g_e} \quad (g_p\text{: 극중력, } g_e\text{: 적도중력}) & (13.20) \\ c=\dfrac{\omega^2a^2b}{GM}\approx\dfrac{\omega^2a}{g_e} \quad (\omega\text{: 지구자전각속도, } GM\text{: 지심인력정수}) & (13.21) \end{cases}$$

따라서, 중력관측값의 분포를 구하면 클레로의 정리를 이용하여 지구의 기하학적 편평률을 구할 수 있다.

한편, 위도 φ인 곳의 중력값 g_φ는

$$g_\varphi=g_e(1+f^*\sin^2\varphi) \tag{13.22}$$

의 식으로 나타낼 수 있으며, 다시 정리하면 다음의 클레로의 식(Clairaut's formula)으로 쓸 수 있다.

$$g_\varphi=g_e\left\{1+\left(\frac{5}{2}\cdot\frac{\omega^2a}{g_e}-f\right)\sin^2\varphi\right\} \tag{13.23}$$

(ㄴ) 중력이상과 지오이드

밀도가 일정한 기하학적인 회전타원체에 대한 이론적인 중력퍼텐셜은 만유인력퍼텐셜과 원심력퍼텐셜의 합으로 표시된다. 〈그림 13-15〉와 같이

그림 13-15 이론적 중력퍼텐셜

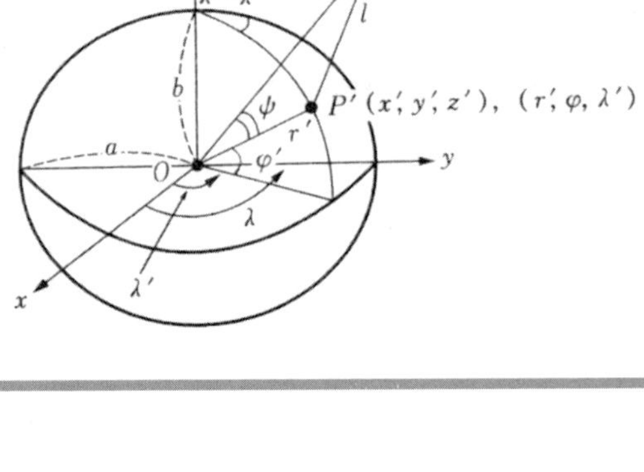

x, y축을 적도면에, z축을 극축에 둔 직교좌표계에서 1점 $P(x, y, z)$의 중력 퍼텐셜 U는 다음과 같다.

$$U=G\iiint_V \frac{\rho}{l}dV+\frac{1}{2}\omega^2(x^2+y^2) \tag{13.24}$$

여기서 G는 만유인력정수, ρ는 밀도, V는 지구의 체적, ω는 자전각속도이다. 또, 원점 O로부터 P 및 P'까지의 거리를 r 및 r', $\angle POP'$를 ψ라 할 때 l은 PP'의 거리로서

$$l^2=r^2+r'^2-2rr'\cos\psi \tag{13.25}$$

$$\cos\varphi=\sin\varphi\sin\varphi'+\cos\varphi\cos\varphi'\cos(\lambda-\lambda') \tag{13.26}$$

이다.

한편, 실제의 중력퍼텐셜 W는 위에서 말한 이론적 퍼텐셜, 즉 정규중력퍼텐셜(normal potential) U와 회전타원체에 대하여 기복을 이루는 지오이드의 질량의 과부족으로 교란퍼텐셜(anomalous potential) T의 합이 된다. 즉,

$$W=U+T \tag{13.27}$$

이고, 따라서 중력의 교란퍼텐셜 T는 실제 중력퍼텐셜과 정규중력퍼텐셜의 차로 주어진다. 즉,

그림 13-16 중력이상과 지오이드

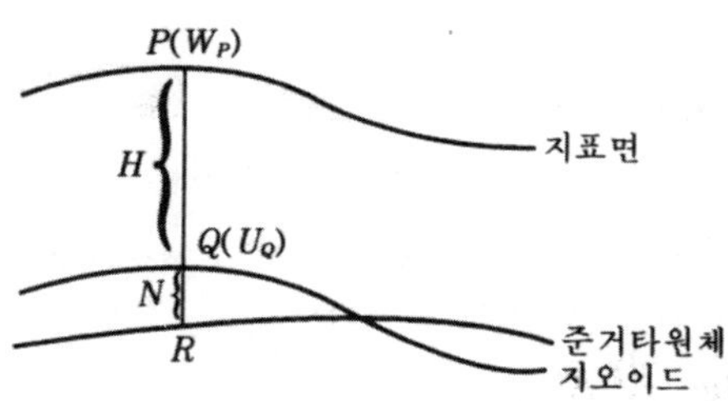

$$T = W - U \tag{13.28}$$

이다. 또한, 대기질량을 무시할 경우 퍼텐셜의 일반적 성질에 따라 고체지구 외측에 대하여 다음과 같은 라플라스 방정식(Laplace's equation)

$$\nabla^2 T = 0 \tag{13.29}$$

을 만족하는 조화함수(harmonic function)이다. 라플라스 방정식은 질량이 없는 영역에서 퍼텐셜이 만족하는 관계식이다.[3)]

일반적으로, 교란퍼텐셜 T는 이것과 어느 영역 v의 경계 S의 법선방향 n에 관한 미계수 $\partial T/\partial n$의 선형종합의 형태(예를 들어, 상수 k일 때 $T+k\partial T/\partial n$)의 값이 주어져 있을 때, 이를 풀어서 T를 구하는 제3경계값문제(the third boundary value problem)로 구할 수 있다.

브런스 공식(Bruns' formula)은 중력교란퍼텐셜과 정규중력 r로부터 지오이드고(geoidal height) N을 구할 수 있는 관계식으로[4)]

$$N = \frac{T}{\gamma} \tag{13.30}$$

의 간단한 형태로 표시된다. 따라서, 브런스 공식을 이용하면 중력의 교란퍼텐셜이 구해졌을 때 정규중력값으로부터 지오이드의 기복을 계산할 수 있다.

중력이상 Δg가 기지값일 때

---

3) 연산자 ∇^2(Laplacian)$=\frac{\partial^2}{\partial x^2}+\frac{\partial^2}{\partial y^2}+\frac{\partial^2}{\partial z^2}$을 사용하여 표시하면 질량이 없는 영역에서 scalar potential ϕ는

$\nabla^2\phi=0$: Laplace's equation

질량이 있는 영역에서

$\nabla^2\phi=-4\pi G\rho$: Poisson's equation

질량이 있고 각속도 ω로 회전할 때

$\nabla^2\phi=-4\pi G\rho=2\omega^2$: Poisson's equation

을 만족한다.

또한, 일반적으로 어느 유한한 영역 v에 있어서 그 제2차도함수까지 연속인 함수 T가 라플라스 방정식을 만족할 때 T는 v 내에서 조화함수라 한다. 지구의 경우, 대기의 질량을 고려하지 영역 v로서 고체지구와 해양의 외측 공간을 잡으면 된다.

4) 엄밀하게는 높이이상(height anomaly)이며 지오이드고와 약간 차이가 있으나 거의 같다고 간주할 수 있다.

$$\Delta g=-\frac{\partial T}{\partial n}-N\frac{\partial \gamma}{\partial n} \tag{13.31}$$

이고 Bruns 공식을 적용하면

$$\Delta g=-\frac{\partial T}{\partial n}-\frac{T}{\gamma}-\frac{\partial \gamma}{\partial n} \tag{13.32}$$

이고, 지구를 반경 R인 구로 간주하고 $\frac{\partial \gamma}{\partial n}\approx-\frac{2\gamma}{R}$로 하면

$$\begin{aligned}\Delta g&=-\frac{\partial T}{\partial n}-\frac{2T}{R}\\ &=-\left[\frac{\partial T}{\partial n}+\frac{2}{\gamma}T\right]_{r=R}\end{aligned} \tag{13.33}$$

의 선형결합형태가 되어 근사적으로 제3경계값 문제로 귀착된다.[5)]

중력퍼텐셜의 경계값문제를 구면조화함수에 의하여 근사적으로 구하기 위하여 점 P를 지나는 연직선이 지오이드와 만나는 점을 Q, 준거타원체와 만나는 점을 R이라고 설정한다. $\overline{PQ}=H$는 점 P의 표고, $\widehat{RQ}=N$은 지오이드고이다. 지표면상 P점의 실제중력퍼텐셜 W_P와 Q점에서의 정규중력퍼텐셜 U_Q를 같게 택하면($W_P=U_Q$) 지오이드고(geoidal height) N을 결정할 수 있다.[6)] 실제중력과 정규중력은 각각

$$\begin{aligned}g&=-\frac{\partial W}{\partial n}\\ \gamma&=\frac{\partial U}{\partial n}\end{aligned} \tag{13.34}$$

이고, P점에서의 중력 g와 Q점에서의 정구중력 γ의 차를 중력이상 Δg로 정

---

5) 이와 같은 측지학적 경계값문제로 교란퍼텐셜을 구하는 것은 지구를 구로 간주한 경우이며, 보다 정확한 해를 구하려면 기복이 있는 지표면을 경계조건으로 하고 지구외부공간에 대하여 $\nabla^2 T=0$의 해를 구하는 Molodenskij문제를 도입하여야 한다.

6) 엄밀한 의미에서 의사지오이드고(quasi geoidal height) 또는 높이이상(height anomaly)을 결정하는 것이다. 지상관측자료로부터 지오이드고와 표고를 계산할 때 지구상측부밀도를 가정해야 하며, 이 때문에 지오이드고의 결과값에 오차가 생기게 된다. 이러한 약점을 보완하기 위하여 Molodenskij는 지오이드에 근사한 의사지오이드(quasi geoid)의 개념을 도입하였다. 의사지오이드는 앞에서의 가정이 필요없이 직접 유도할 수 있는 면이다.

의한다. 즉,

$$\Delta g = g_P - \gamma_Q \tag{13.35}$$

따라서,

$$-\frac{\partial T}{\partial n} = g_P - \gamma_P = \Delta g - \frac{\partial \gamma}{\partial n} N \tag{13.36}$$

이 된다. 한편,

$$W_P = U_P + T_P = U_Q - \gamma N + T$$

이고($T = T_P$), $W_P = U_Q$이므로

$$T = \gamma N \tag{13.37}$$

과 같이 브런스 공식이 유도된다.

식 (13.36)의 N을 식 (13.35)로 소거하면

$$\Delta g = -\frac{\partial T}{\partial n} + \frac{1}{\gamma}\frac{\partial \gamma}{\partial n} T \tag{13.38}$$

가 된다. γ는 근사적으로 $1/\gamma^2$에 비례하므로 식 (13.38)은 근사적으로

$$\Delta g = -\frac{\partial T}{\partial n} - \frac{2}{a} T \tag{13.39}$$

와 같다.

(ㄷ) 그린 정리(Green's theorem)

중력분포와 지구형상의 관계를 나타내는 중요한 원리로, 그린 정리와 스토크스 정리가 이용되고 있다. 그린 정리는 중력퍼텐셜론에서 중요한 몫을 하는 것으로 “등퍼텐셜면의 형이 주어지고 그 내부의 전 질량이 불변이면 내부분포에 관계없이 그 면상에서의 중력분포가 정해진다”라고 설정하였다. 또한 그린 정리는 임의의 형상을 갖는 질량 M과 그 주위의 등퍼텐셜면 S를 고

려하여 다음과 같이 정의하고 있다. S면이 M과 함께 회전한다면 S면은 M의 인력과 원심력에 의한 퍼텐셜면으로 중력퍼텐셜식(13.24)를 만족할 수 있다. S면의 형상을 알고 있고, 또한 S면상이나 그 외부의 1점에서의 퍼텐셜경사, 즉 중력값을 알고 있다면 S면상 및 그 외부 모든 점의 퍼텐셜값을 구할 수 있다고 하였다. 스토크스 정리는 이 S면을 구에 근사시킬 수 있다고 가정한 특별한 경우를 취급한 것이다.

그린 정리는 백터적분에서 가우스(Gauss)의 정리로부터 유도되는 것으로 여러 가지 형태로 쓰이지만, 여기서는 다음과 같이 표시한다.

$$\iiint_V (\psi\nabla^2\varphi-\varphi\nabla^2\psi)dV=\iint_S\left(\frac{\partial\varphi}{\partial n}\psi-\frac{\partial\psi}{\partial n}\varphi\right)dS \tag{13.40}$$

여기서 ψ, φ 및 그 도함수는 폐곡면 S상과 S에 포함되는 체적 V 내의 모든 점에서 일가연속인 임의의 함수이고, n은 S면에 대한 법선이다.

윗 식으로부터 다음과 같은 그린 공식(Green's formula)이 유도된다. 즉, 1점 P가 영역 V외부에 있을 때는 식 (13.41), V내부에 있을 때는 식 (13.42)가 된다.

$$-\iiint_V \frac{\nabla^2\varphi}{l}dV+\iint_S\left\{\frac{1\partial\varphi}{l\partial n}-\varphi\frac{\partial}{\partial n}\left(\frac{1}{l}\right)\right\}dS=0 \tag{13.41}$$

$$-\iiint_V \frac{\nabla^2\varphi}{l}dV+\iint_S\left\{\frac{1}{l}\frac{\partial\varphi}{\partial n}-\varphi\frac{\partial}{\partial n}\left(\frac{1}{l}\right)\right\}dS=4\pi\varphi_P \tag{13.42}$$

그림 13-17 그린 정리

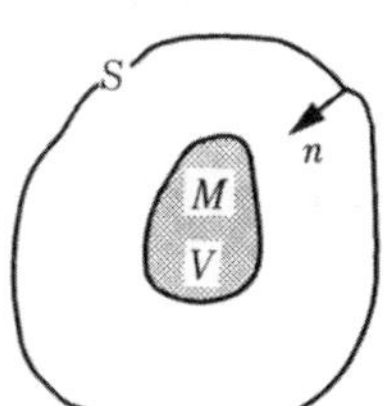

(a) P점이 V외부에 있는 경우

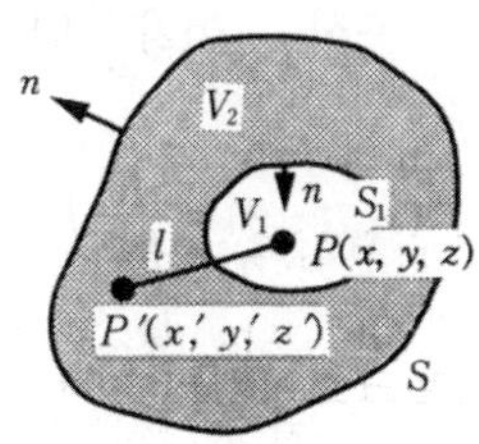

(b) P점이 V내부에 있는 경우

(ㄹ) 스토크스 정리(Stokes' theorem)

반경 R인 구면상에서 중력이상분포 $\Delta g(\varphi, \lambda)$가 위도 φ와 경도 λ의 함수로 기지값일 때, 구면상 경계조건인 식 (13.33)

$$\begin{aligned} \Delta g &= -\frac{\partial T}{\partial n} - \frac{2}{R}T \\ &= -\left[\frac{\partial T}{\partial n} + \frac{2}{r}T\right]_{r=R} \end{aligned}$$

를 만족하고 구의 외측($r \geqq R$)에서 Laplace 방정식

$$\nabla^2 T = 0$$

을 만족하는 해 T는 다음과 같은 수학적 형식으로 쓸 수 있다.

$$T(r, \varphi, \lambda) = \frac{R}{4\pi}\int_0^{2\pi} d\lambda' \int_{-\frac{\pi}{2}}^{\frac{\pi}{2}} S(r, \psi)\,\Delta g(\varphi', \lambda')\cos\varphi'\, d\varphi' \tag{13.43}$$

이것을 스토크스 적분(stokes' integral)이라 하며, 식 중의 $S(r, \psi)$는 스토크스 함수(stokes' function)로

$$\begin{aligned} S(r, \psi) &= \frac{R}{r} + \frac{2R}{l} - \frac{3Rl}{r^2} \\ &\quad - \frac{R^2}{r^2}\cos^2\psi\left(5 + 3\log\frac{r - R\cos\psi + l}{2r}\right) \end{aligned} \tag{13.44}$$

의 형태를 갖는다.

$r=R$인 경우 일반화 스토크스 함수(generalized stokes' function) $S(\psi)=S(R, \psi)$와 브런스 공식을 이용하면 다음과 같이 중력지오이드고 N을 구하는 식을 얻을 수 있다.

$$N = \frac{T}{r} = \frac{R}{4\pi r}\int_0^{2\pi} d\lambda' \int_{-\pi/2}^{\pi/2} S(\psi)\,\Delta g(\varphi', \lambda')\cos\varphi'\, d\varphi' \tag{13.45}$$

또한 중력연직선편차의 두 성분 ξ, η는 다음과 같은 Vening-Meinesz 적분으로 구할 수 있다.

$$\begin{pmatrix} \xi \\ \eta \end{pmatrix} = \frac{1}{4\pi\gamma}\int_0^{2\pi} d\lambda' \int_{-\pi/2}^{\pi/2} \frac{dS(\psi)}{d\psi}\begin{pmatrix} \cos\alpha \\ \sin\alpha \end{pmatrix} \Delta g(\varphi',\ \lambda')\cos\varphi'\, d\varphi' \qquad (13.46)$$

여기서, α는 연직선 편차를 구하는 점 $P(R,\ \varphi,\ \lambda)$에서 본 적분점 $P'(R,\ \varphi',\ \lambda')$의 방위각이다.

(ㅁ) 중력지오이드의 문제점

스토크스 정리에 의하여 지오이드 형상을 구하는 것은 등퍼텐셜면상의 중력분포가 기지값이고, 그 외부에 물질이 존재하지 않는 경우 중력교란퍼텐셜을 스토크스 적분으로 구하여 지오이드의 기복을 구할 수 있다는 원리에 근거한다. 그러나, 실제 중력관측값은 지오이드상의 값이 아니라 지표상의 값이고, 가령 지오이드상에서 중력관측이 가능하다 하더라도 지오이드와 지표상의 물질차가 있으므로 엄밀한 의미로 스토크스 정리를 적용할 수 없다. 만약, 지오이드와 지표 사이의 물질차를 소거한 상태로 물질이 존재하지 않는 상태를 가정하면 스토크스 정리는 적용할 수 있으나, 이 경우 실재하는 물질을 제거함에 따라 지오이드가 변형되는 결과를 도출할 수 있게 된다. 또한, 스토크스 적분을 실행하여 지오이드고를 구하려면 적분범위를 전체 지구표면으로 확장하여야 하지만, 실제로 지표상 중력관측값은 지역에 따라 일정하지 않으므로 중력이상자료를 지구 전 표면에 대하여 구하여 수치적분하는 것은 어려움이 많다. 따라서, 스토크스 적분에 관하여 계산점을 중심으로 한 어느 범위에 대하여 실행하고 그 주변 범위에 대해서는 인공위성의 궤도해석 등을 통하여 얻어진 지구중력장의 교란퍼텐셜계수 등을 보조자료로 활용해야만 한다.

근래에는 등퍼텐셜면인 지오이드의 개념에서 벗어나 지표상 중력관측값으로 지구 내부에 어떠한 가정을 하지 않고 지오이드에 가까운 특정면을 설정하여 지오이드를 구하는 방법이 시도되고 있다.

다) 인공위성에 의한 지구형상관측방법

인공위성을 관측하여 지구형상을 결정하는 방법은 크게 기하학적 방법과 역학적 방법으로 구분하여 생각할 수 있다.

(ㄱ) 기하학적 방법

기하학적 방법은 인공위성을 공간상에 있는 삼각점으로 간주하고 지구상 다수의 관측점에서 동시 관측하여 관측점이 속하는 측지측량망을 결합하여 좌표계를 통일함으로써 지구의 형상과 크기를 구하는 것이다. 인공위성측량에서는 위성의 방향, 위성까지의 거리 또는 위성의 거리변화율 등의 요소를 관측하며, 공간삼각측량의 원리를 이용할 경우에는 위성의 방향을 주로 관측하고, 공간삼변측량의 원리를 이용할 경우에는 위성까지의 거리를 직접 관측한다.

관측방법으로는 대구경의 천체관측용사진기를 사용하여 항성을 배경으로 인공위성을 촬영하여 위성의 방향요소를 결정하는 광학적 방법과, 범세계위치결정체계(GPS)를 이용하는 방법, 레이저 광선의 왕복시간으로 위성까지의 거리를 구하는 방법(SLR)이나 도플러 효과를 이용하여 거리변화율을 구하는 전자식 방법 등이 이용된다.

(ㄴ) 역학적 방법

역학적 방법은 인공위성궤도의 변동양상을 관측하고 이로부터 지구중력장의 변동요소를 구하여 지오이드 기복과 대체적인 지구형상을 결정하는 방법이다. 지구가 일정한 밀도분포로 된 완전한 구체이고 그 밖의 외적인 요소가 가해지지 않는다면 인공위성의 궤도는 지구중심을 한 초점으로 하는 케플러 타원으로, 궤도면이 변화하지 않고 공간상에 고정된다. 실제 인공위성의

그림 13-18 인공위성의 궤도요소

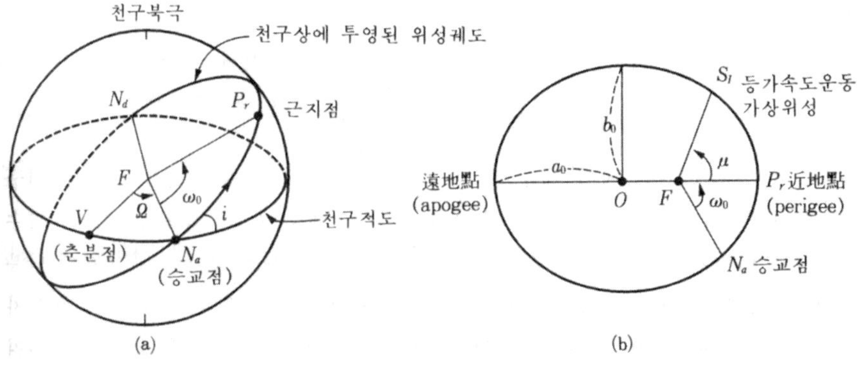

운동은 여러 가지 원인 때문에 대단히 복잡한 형태를 이루며 케플러 운동에 많은 양의 교란을 받아서 인공위성궤도의 섭동(perturbation)이 발생하고 궤도 자체도 일정주기로 변화하게 된다. 이러한 궤도의 변화와 섭동을 일으키는 원인으로는 달이나 태양의 인력, 대기의 저항, 태양의 복사압, 지구자장의 영향 및 완전구체가 아닌 지구타원체의 형상과 지오이드 기복에 의한 지구중력장의 영향 등을 들 수 있는데, 인공위성궤도변동을 정확하게 관측하여 앞에 열거한 제반요소에 의한 영향을 소거하고 지구중력장영향에 의한 섭동퍼텐셜만을 추출하여 해석하면 지구타원체의 형상과 지오이드 기복을 결정할 수 있다. 인공위성의 궤도를 결정하는 데는 다음과 같은 6개의 케플러 궤도요소(Keplerian orbital elements)가 필요하다.[7)]

① 궤도타원의 장반경 a_0 } 궤도형상
② 궤도타원의 이심률 e } 궤도형상
③ 승교점(ascending node)의 적경 Ω } 천구좌표계에서 궤도의 위치
④ 궤도면과 적도면의 경사각 i } 천구좌표계에서 궤도의 위치
⑤ 근지점인수(argument of perigee) ω_0 } 천구좌표계에서 궤도의 위치
⑥ 근점리각[8)](satellite anomaly) E, f 또는 μ} 궤도상 위성의 위치

지구중력퍼텐셜 U는 지심좌표(r, φ, λ)의 함수이며, 지구를 완전한 회전타원체라 할 때 지구는 극궤에 대칭이므로 중력퍼텐셜은 경도 λ에 관한 항에는 관계없이 위도 φ와 지심거리 r만의 함수로 주어진다. 지구형상이 극축에 대칭인 회전타원체이고 원심력퍼텐셜을 생각하지 않을 때 중력퍼텐셜은 다음

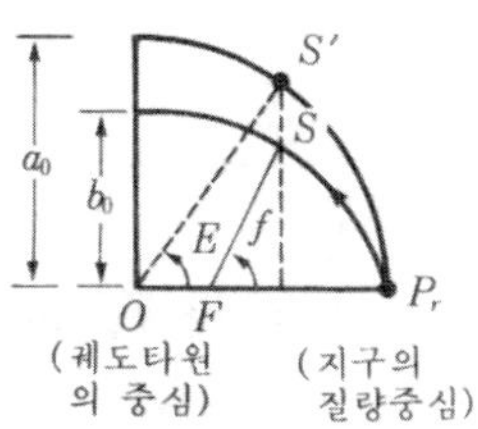

7) · 승교점…위성이 남에서 북으로 갈 때의 천구적도와 천구상 인공위성궤도의 교점
· 근지점인수($\omega_0=\angle N_aFP_r$)…승교점에서 근지점까지 궤도면을 따라 천구북극에서 볼 때 반시계방향으로 잰 각거리
· 근점리각(satellite anomaly)…근지점에서 위선까지의 각거리, 진근점리각, 이심근점리각, 평균근점리각의 세 가지가 있다.
· 진금점리각(true anomaly) $f=\angle P_rFS$…지구의 질량중심 F와 근지점을 잇는 선과 F와 위성을 잇는 선이 이루는 각
· 이심근점리각(eccentric anomaly) $E=\angle P_rOS'$…궤도타원의 기하중심 O와 근지점을 잇는 선과 O와 S'(반경 a_0이고 O를 중심으로 하는 원주상의 S의 투영점)을 잇는 선이 이루는 각
· 평균근점리각(mean anomaly) $\mu=\angle P_rF_sS_I$…등각속도운동$\left(\frac{d\mu}{dt}=\text{const.}\right)$을 하는 가상위성 S_i의 진근점리각, 평균근점리각의 각속도 $\mu=\frac{d\mu}{dt}$는 다음 관계식으로 구할 수 있다. $\mu^2a_0^3=GM$

8) 근지점통과시각으로 대체하기도 한다.

과 같다.

$$U=\frac{GM}{r}\left\{1-\sum_{n=2}^{\infty}J_n\left(\frac{a}{r}\right)^n P_n(\sin\ \varphi)\right\} \tag{13.47}$$

여기서 J_n은 구면조화함수의 계수(spherical harmonic coefficient), a는 지구 적도반경, $P_n(\sin\ \varphi)$는 sin φ에 관한 n차 르장드르 다항식으로

$$P_2(\sin\ \varphi)=\frac{3}{2}\sin^2\varphi-\frac{1}{2}$$

$$P_3(\sin\ \varphi)=\left(\frac{5}{2}\sin^2\varphi-\frac{3}{2}\sin\ \varphi\right)$$

....

와 같다.[9] 식 (13.47)에서 계수 J_n은 타원체 형상에 관계되는 요소로서, 지구가 완전구형이라면 괄호 안 제2항은 소거된다. 계수 J_n의 전개에서 n이 짝수인 항은 타원체 형상의 남복대칭에 관련되고 홀수항은 비대칭에 관계되어 남북대칭인 회전타원체일 경우 J_n 홀수항은 생략된다. $n=2$일 때, J_n값은 10^{-3}자리, $n>2$일 때는 10^{-6}자리이며, 이론적으로 완전한 지구타원체 형상을 구하려면 n값을 무한대까지 확장하여야 하지만, 대체적으로 J_2 또는 J_4까지 사용해도 충분한 값을 구할 수 있다. $GM=3.986032\times10^{20}\text{cm}^3/\text{sec}^2$, $a=6.378165\times10^8\text{cm}$를 사용하고 다수의 인공위성관측값으로 J_n을 구한 값은 다음과 같다.

$J_2=1082.64\times10^{-6}$ $\qquad$ $J_3=-2.55\times10^{-6}$

$J_4=-1.65\times10^{-6}$ $\qquad$ $J_5=-0.21\times10^{-6}$

9) 변수 z에 관한 n차 르장드르 다항식(Legendre Polynomials) $P_n(z)$는 다음 형태를 갖는다.

$$P_n(z)=\frac{1}{2^n n!}\frac{d^n}{dz^n}(z^2-1)^n$$

$$P_0(z)=1$$

$$P_1(z)=z$$

$$P_2(z)=\frac{1}{2}(3z^2-1)$$

$$P_3(z)=\frac{1}{2}(5z^2-3z)$$

$$P_4(z)=\frac{1}{8}(35z^4-30z^2+3)$$

$$P_5(z)=\frac{1}{8}(63z^5-70z^3+15z)$$

....

$J_6 = 0.65 \times 10^{-6}$ $\qquad J_7 = -0.33 \times 10^{-6}$

$J_8 = -0.27 \times 10^{-6}$ $\qquad J_9 = -0.05 \times 10^{-6}$

적도상 원심력과 중력의 비 $c(=\omega^2 a/g_e)$와 J_2로부터 회전타원체의 편평률 f를 구하는 식은 다음과 같으며

$$f = \frac{3}{2}J_2 + \frac{c}{2} + \frac{9}{8}J_2^2 + \frac{15}{28}J_2 - \frac{39}{56}C^2 \tag{13.48}$$

앞의 J_2값을 사용하면 $f=1/298.25$로서 기존의 천문측지법이나 중력관측에 의한 지구타원체보다 구에 가까운 모양임을 알 수 있다.

다음에, 보다 실제 지구에 가까운 모양을 고려하여 지구형상이 극축에 비대칭인 것을 생각하면 중력퍼텐셜식에 경도 λ에 관련되는 항이 도입되며, 다음과 같은 식이 이루어진다.

$$U = \frac{GM}{r}\left\{1 + \sum_{n=2}^{\infty}\sum_{m=0}^{n}\left(\frac{a}{r}\right)^n P_n^m(\sin\varphi)\right.$$
$$\left.(C_n^m \cos m\lambda + S_n^m \sin m\lambda)\right\} \tag{13.49}$$

여기서 P_n^m은 m위(位) n차(次) 르장드르 배함수(associated Legendre's function)로서, 이 식과 같이 cos $m\lambda$ 또는 sin $m\lambda$가 곱해진 형태일 때 구면함수의 가장 일반적인 형태인 방역조화함수(tesseral harmonic function)가 되며,[10] C_n^m과 S_n^m은 구면조화함수의 계수이다.

(ㄷ) 인공위성 지오이드의 형상과 문제점

이와 같이 J_n값을 사용하여 지구타원체의 편평률을 결정하고 이 타원체에

---

10) $P_n^m(z) = (1-z^2)^{\frac{m}{2}} \frac{d^m}{dz^m} P_n(z)$

이며 $m=0$일 때 식 (13.49)에서 sin항은 소거되고 구를 정부교호의 띠(帶)로 구분하므로 대역함수(zonal harmonic)라 하고, $m=n$일 때는 구를 정각교호의 선형대로 구분하므로 선형구함수(sectorial harmonic)라 한다.

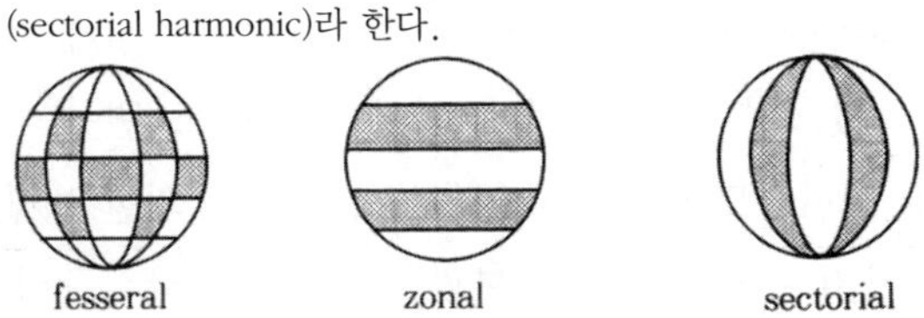

그림 13-19 서양배형 지오이드

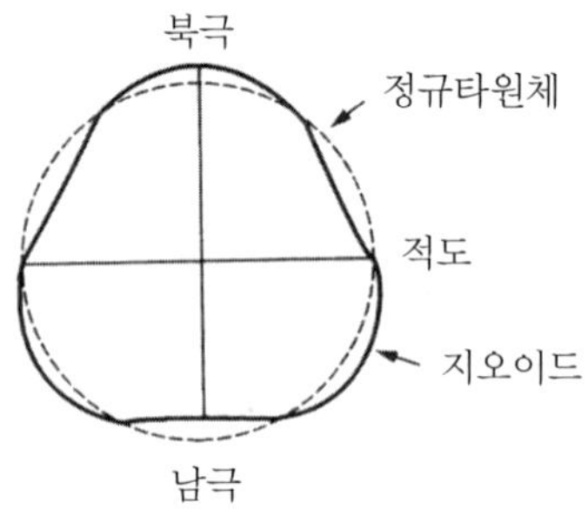

대한 지오이드 기복을 계산해 보면 지오이드 형상이 자오면(子午面) 내에서는 북반구에서 위로 뾰족하고 남반구에서 편평한 서양배 모양이고, 적도면 내에서는 타원에 가까운 모양임을 알 수 있다. f=1/298.25인 타원체를 기준으로 한 지오이드고는 북극에서 +13.5m이고 적도에 가까울수록 낮아져서 45° 부근에서 0m, 북위 20° 부근에서 −8m 정도가 되며, 이 부근에서 다시 높아져서 남위 25°에서 +8m로 볼록하고, 남극에서는 −24.1m로 오목하게 된다.

인공위성 지오이드의 분포를 천문측지 지오이드와 비교해 보면 전반적인 절대값은 다르지만 그 분포양상은 시베리아, 한반도, 일본 등 동북아시아 일대와 인도 남부, 북구, 북미태평양지역, 남미 북부지역 등에서는 잘 일치하고, 기타 지역에서는 차이가 있으며 북미대서양지역에서는 가장 큰 차이를 보인다. 이러한 차이는 근본적으로 양자의 해석방법과 자료수집방법의 차이에 기인하는 것이며, 천문측지 지오이드가 근본적으로 불완전한 대륙간 결합에 의한 약점이 있는 점을 고려하면 범세계적인 지오이드형상은 인공 지오이드 쪽이 보다 큰 신빙성을 갖는 것으로 생각할 수 있다.

한편, 엄밀하게 생각할 때 인공위성 궤도변동해석에 의한 지오이드 형상은 인공위성 궤도높이에서 등퍼텐셜면의 형상으로 지표 가까이의 실제 지오이드형상과는 차이가 있을 수 있으며, 지구조석에 의한 지오이드 변동의 영향도 위성궤도에 영향을 주게 된다. 또한, 현재까지 인공위성에 의한 방법으로는 지오이드의 미세한 기복까지 구하기 곤란하므로 이에 대해서는 중력 또

그림 13-20 인공위성궤도해석에 의한 지오이드(Guier, W. H. & Newton, R. R.)

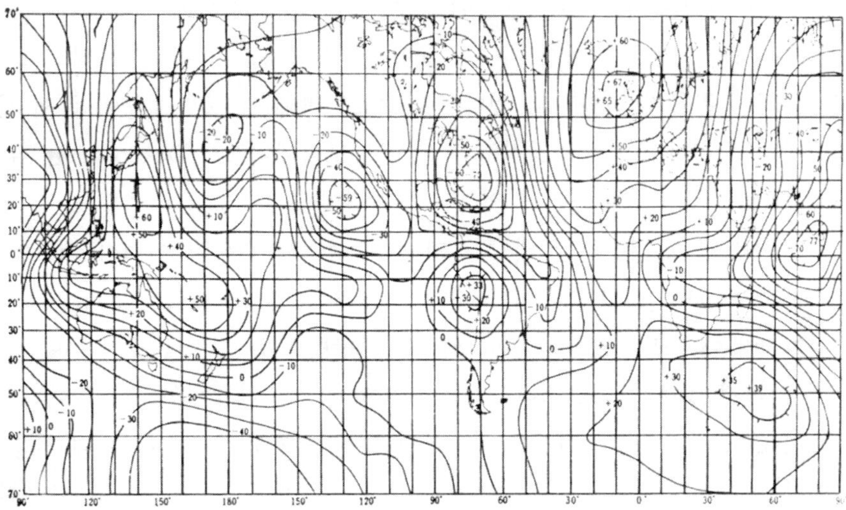

는 천문측지법에 의하여 결정할 필요가 있다. 현재 이제까지 열거한 세 가지 방법에 의한 지오이드, 즉 인공위성궤도해석에 의한 물리적 지오이드, 국제측지측량망결합에 의한 기하학적 천문측지지오이드, 국제중력관측망결합에 의한 물리적 지오이드를 통합하여 지구의 정확한 형상을 결정하기 위한 노력이 시도되고 있다.

라) 최근이론에 의한 지구형상관측방법

앞에서 부분적으로 언급한 바와 같이 지구형상결정의 두 가지 큰 방법인 기하학적 방법과 역학적 방법은 각기 장단점을 갖고 있다. 예를 들어서, 대양에서의 수준면을 기하학적으로 결정하는 것은 제한을 받으며, 역학적 방법은 이런 제약은 없으나 지구의 스토크스 정수를 알 수 없기 때문에 지구의 절대적 크기와 형상을 나타내기 힘들다. 다만 이 방법은 기하학적 방법을 적용할 수 없는 곳에 사용할 수 있다. 오늘날에는 두 가지 방법을 병용하여 지구형상을 종합적으로 연구하는 것이 가장 유효한 방법이라고 생각된다. 이러한 연구방법은 1930년에 이후 몰로덴스키(M. S. Molodenskij)를 비롯한 소련

학자들에 의하여 활발히 진행되어 왔다.

스토크스의 이론은 지구질량 외측의 하나의 수준면, 즉 지오이드의 외부의 중력장이 단순화된 지오이드상에서 관측된다는 가정하에서 성립한다. 따라서, 스토크스 이론을 실제 지구에 적용할 때 관측값을 지오이드상으로 보정해야 하는 문제가 나타나고 있다. 지오이드 밖에 대륙의 질량이 존재하는 실제 상태에서 지오이드를 결정하는 문제는 모이세예프(N. D. Moiseev), 말킨(N. R. Malkin) 및 몰로덴스키에 의하여 해결되었다.

지외이드를 결정하기 위해서는 지오이드상의 중력뿐만 아니라 지오이드 외측 물질의 밀도분포를 알아야 하지만, 지표면상 관측결과로는 양쪽 모두 알 수 없기 때문에 스토크스 이론만에 의한 접근방법은 큰 진전을 보지 못했다.

기하학적 방법은 지표면형상만을 엄밀하게 결정할 수 있으나 역학적 방법은 지표면과 그 외부중력장을 동시에 필요한 정확도로 결정하는 데 사용될 수 있다.

최근까지 모든 측지학적 관측량은 우선 지오이드상 값으로 보정하고 그 값을 그대로 수학적 취급이 용이한 회전타원체상에서 계산을 행하였다. 이때, 지표점은 실제 중력선을 따라 지오이드상의 점에 대응되며, 특히 고전적 투영법에서는 지오이드로부터 타원체로 한 번 더 보정을 행한다. 그러나, 여기에는 여러 가지 모순점이 포함되어 있다. 보정의 전제조건으로 지상점의 지오이드로부터의 높이(표고)와 지오이드의 타원체에 대한 높이(지오이드고)를 이미 알고 있어야 하는데, 지표점의 표고를 결정하는 문제에는 지표점 자체의 표고를 알아야 하는 Prey보정[11]이 필요하며, 연직방향을 지오이드면으로 보정하는 문제는 역선상 중력의 수평경사를 알아야 하므로 밀도분포를 알지 않고는 불가능하다.

이와 같이, 전통적인 방법에서는 지오이드 자체와 지오이드로의 보정이 불확실한 데 비하여 몰로덴스키는 그 경제조건을 지표면상에 두고 근사측지 좌표 또는 천문좌표의 함수로서 지표면상 점의 중력퍼텐셜 W와 그 경사인

11) Prey보정: 지표상 1점 P에서의 중력값 g_P를 그 직하의 지각 내의 1점 Q에서의 중력값 g_Q로 보정하는 것으로서 P점, Q점의 지오이드고를 h_P, h_Q라 할 때 다음 값을 갖는다.

$+0.0848(h_P-h_Q)$ mgal

중력 g를 직접 구하는 새로운 방식을 시도하였다. 몰로덴스키 이론의 전개과정은 다음과 같다.

측지좌표계 B, L, H를 사용할 때 지표면상 점의 정확한 좌표(B^*, L^*, H)는 미지값으므로 그 참위치로부터의 편차와 근사좌표(B, L, h)를 택하여 기지값으로 하고, 그 차이(ΔB, ΔL, ζ)를 다음과 같이 정한다.

$$\left.\begin{aligned}\Delta B &= B^* - B \\ \Delta L &= L^* - L \\ \zeta &= H - h\end{aligned}\right\} \tag{13.50}$$

실제퍼텐셜 W와 정규퍼텐셜 U의 차인 교란퍼텐셜 T를 도입하면

$$T(B^*,\ L^*,\ H) = W(B^*,\ L^*,\ H) - U(B^*,\ H) \tag{13.51}$$

으로 쓸 수 있다. 여기서 W를 해면상 퍼텐셜값 W_0와 변화에 따른 증분 $-\int g dh_W$의 합으로 나타내고, 정규퍼텐셜 $U(B^*,\ H) = U(B + \Delta B,\ H + \zeta)$를 테일러 급수전개하여 고차의 미소항을 생략하면 정규고 h를 정의하는 식은

$$-\int g dh_W = U(B,\ h) - U_0 \tag{13.52}$$

와 같고 일반화된 브런스 공식

$$T(B^*,\ L^*,\ H) = \gamma(B,\ h)\zeta + W_0 - U_0 \tag{13.53}$$

가 유도된다. 단, g는 수준노선(水準路線)에 따른 중력값, dh_W는 기하학적 방법인 수준측량으로 구하는 높이의 증분, U_0는 수준타원체면상의 정규퍼텐셜, $\gamma(B,\ h)$는 점(B, h)에서의 정규중력값이다. 식 (13.52)에서 $U_0 \sim U(B,\ h) =$ $r$mh라 하면 다음과 같이 정규고에 관한 식을 쓸 수 있다.

$$h = \frac{1}{\gamma_m}\int g dh_W \tag{13.54}$$

여기서 γ_m은 정규타원체면에서 $U(B,\ h)$인 수준면까지의 정규중력의 평균값

이다. 따라서, 정규고는 지구퍼텐셜 고도로부터 정확한 값을 간단하게 결정할 수 있다. 물리지표면상 2점 사이의 정규고의 차이는 직접 수준측량으로 구한다.

제2절 지구좌표체계

(1) 개 요

지구상 위치를 표시하기 위한 좌표계에는 평면좌표, 곡면좌표, 3차원좌표 등이 이용된다.

지표면의 위치결정을 위해서는 우선 원점을 정하고, 원점의 좌표값을 천문측량, 위성측량, 고저(또는 수준)측량 등을 통하여 수평위치(X · Y)에는 경도, 위도값을, 수직위치(H)에는 평균해수면이나 지구타원체면 또는 임의의 기준면으로부터의 높이인 표고의 값을 이용한다.

지구상 3차원 위치를 표시하는데 주로 경도, 위도, 표고(λ, ϕ, h)가 이용되어 왔지만 최근 위성측량이나 3차원 측량에서는 타원체와 관계없이 독립적으로 좌표값을 구할 수 있는 3차원 직교좌표(X, Y, Z)가 이용되고 있다.

좌표값 표현을 위해 다음과 같은 지구좌표체계를 활용하고 있다.

(2) 좌표체계

지구상에 좌표값을 표현하기 위하여 다음과 같은 지구좌표체계(earth coordinate system)를 이용하고 있다.

① 경위도 및 표고좌표(經緯度 · 標高座標)

경위도는 지구상에서 절대적 수평 위치를 표시하는데 일반적으로 가장 널리 쓰이는 곡면상의 좌표계이다. 어느 지점의 경도는 본초자오선으로부터 적도를 따라 그 지점의 자오선까지 잰 최소각거리로 동 · 서쪽으로 0°에서 180°까지 관측한 좌표값이고, 위도는 자오선을 따라 적도에서 어느 지점까지

관측한 최소각거리로서 남 · 북쪽으로 0°에서 90°까지 관측한 좌표값이다. 표고는 한 지점의 수직위치를 기준면으로부터 관측한 좌표값이다. 표고의 기준점을 수준원점(水準原點-BM: Bench Mark)이라 하며, 이 수준원점은 평균해수면을 기준으로 하여 관측한 좌표값을 택하고 있다.

기본측량과 공공측량에 있어서 기준타원체(또는 준거타원체)에 대한 지점위치를 경도, 위도 및 평균해수면에서부터의 높이로 표시한 표고가 측지측량좌표이며 일반적으로는 지리좌표라고도 한다.

② 평면직교좌표

측량범위가 크지 않은 일반적인 측량에는 평면직교좌표가 많이 이용된다. 평면직교좌표(plane cartesian coordinate)는 측량 지역에 대해 적당한 1점을 좌표의 원점으로 정하고, 그 평면상에서 원점을 지나는 자오선을 X축(N: 북을 +), 동서방향을 Y축(E: 동을 +)이라 하고(수학에서의 좌표축과 취하는 방법이 다른 데 주의), 각 지점의 위치는 직교좌표값 x, y로 표시된다. 〈그림 13-21〉에서 P_1, P_2의 좌표값은 다음 식으로 표시된다.

$$\left.\begin{aligned} x_1 &= S_1 \cos T_1 \\ y_1 &= S_1 \sin T_1 \\ x_2 &= x_1 + S_2 \cos T_2 \\ y_2 &= y_1 + S_2 \sin T_2 \end{aligned}\right\} \quad (13.55)$$

그림 13-21

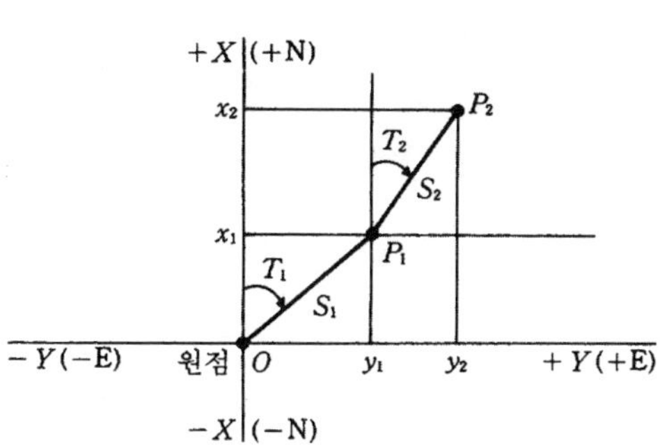

그림 13-22

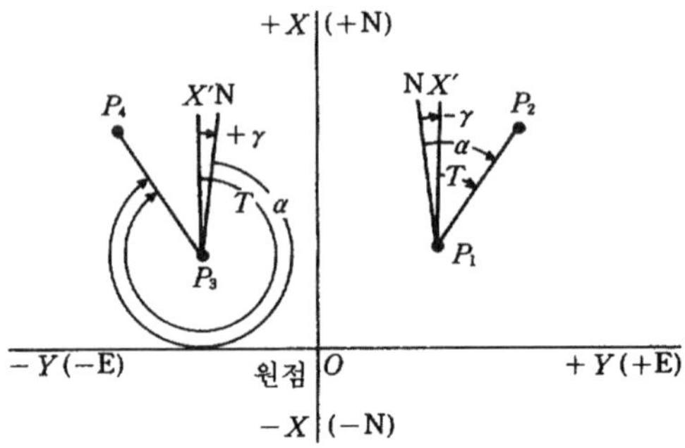

평면직교좌표에서, 어떤 지점에서 다른 지점을 표시하는 방향은 그 지점에서 X축에 평행한 축의 북방을 기준으로 해서 오른쪽으로(시계방향) 잰 각을 표시한다. 이것을 방향각이라 한다. 이것에 대해 자오선의 북방을 기준으로 한 것을 방위각이라고 한다.

좌표원점에서 양자는 일치하지만 원점에서 동서로 멀어질수록 이 차이는 커진다. 〈그림 13-22〉에서 P_1과 P_3점에서 자오선방향 N과 좌표축 방향 X'의 차이고, 이 차이를 자오선수차라고 한다. 이 차이를 좌표축방향을 기준으로 나타낼 때 이것을 진북방향각이라고 한다. 즉, 자오선수차와 진북방향각은 그 절대값은 똑같고 부호는 반대이다.

방위각(α), 방향각(T), 진북방향각(γ)의 관계는 다음과 같다.

$$\text{방위각} = \text{방향각} - \text{진북방향각} \tag{13.56}$$

$$\alpha = T - (\pm\gamma)$$

진북방향각은 좌표 원점의 동쪽이 +, 서쪽이 − 부호를 갖는 데 주의

지구표면을 평면으로 투영할 경우, 곡면상의 길이, 각도, 면적을 동시에 모두 변위가 없도록 투영하는 것은 불가능하다. 이 때문에 여러 목적에 대응하는 투영법이 있다. 기준점 측량에는 각도가 중요한 것으로 등각투영법이 많이 이용된다.

우리나라에서는 1910년경부터 Gauss의 등각(等角, 相似)이중투영법에 의해 세 평면직교좌원표점(서 · 중 · 동부)이 이용되고 있으나 1980년대부터 Gauss-Krüger 도법인 횡메르카토르(TM: Transverse Mercator)도법을 이용하고 있다. 각 평면직교좌표계에서 모든 지역의 좌표가 양수(+)로 되게 하기 위해 종축(*X*축)에는 500,000(단, 제주도 지역은 550,000m), 횡축(*Y*축)에는 200,000m를 더한다.

③ 극좌표

극좌표는 거리 *S*와 방향 *T*로 지점의 위치를 표시하는 방법이다. 방향은 어떤 특정한 방향을 기준으로 하여 오른쪽으로 관측한 각도로 표시한다. 기준으로 하는 방향은 자침의 북, 자오선의 북, 혹은 직교좌표축의 북 어느 것이나 좋다.

일반적으로 국지적인 측량에는, 자북을 기준으로 할 경우가 많이 있지만 자침은 측량하는 장소에 따라서 가리키는 방향이 다른[국소이상] 데 주의하지 않으면 안 된다. 지자기의 극은 지구의 극과 일치하지 않기 때문에 자침이 가리키는 방향은 자오선의 방향과 일치하지 않는다. 자침이 가리킨 방향이 진북으로부터 편위한 수평각을 그 지점에서의 자침편차 혹은 편각이라 하고, 진북의 방향(자오선의 북)을 기준으로 하여 서(西)로 기운 것을 서편(−), 동으로 기운 것을 동편(+)이라 한다.

④ UTM좌표(Universal Transverse Mercator Coordinates)

UTM(국제 횡Mercator)투영법에 의하여 표현되는 좌표계로서 적도를 횡축, 자오선을 종축으로 한다. 이 방법은 지구를 회전타원체로 보고 지구 전체를 경도 6° 씩 60개의 구역(종, column)으로 나누고 그 각 종대(縱帶)의 중앙자오선과 적도의 교점을 원점으로 하여 원통도법인 횡Mercator(TM)투영법으로 등각투영한다. 각 종대에는 180°W 자오선에서 동쪽으로 6° 간격으로 1부터 60까지 번호를 붙인다. 종대에서 위도는 남북위 80°까지만 포함시키며 다시 8° 간격으로 20구역(횡, row)으로 나누어 C(80°S~72°S)에서 X(72°N~80°N)까지(단 I와 O는 제외) 20개의 알파벳문자로 표시한다. 따라서 종대 및 횡대는 결국 경도 6° × 위도 8° 의 직사각형 구역으로 구분된다.

UTM좌표에서 거리단위는 m 단위로 표시하며 종좌표에서는 N을, 횡좌표에는 E를 붙인다.

처음 UTM좌표는 세계 제2차 대전 말기 연합군의 군용거리좌표로 고안된 것으로 주로 군용좌표로 사용되어 왔으나 지도제작과 사용상 편리한 점이 많으므로 근래에는 세계적으로 대축척 지도좌표로 널리 사용되어 왔으며 우리나라에서도 1/50,000 지형도에 적용한 바 있다. UTN좌표구역에서 우리나라는 51, 52종대 및 ST횡대에 속한다.

⑤ UPS좌표계(Universal Polar Stereographic coordinate)

UPS좌표는 위도 80° 이상의 양극지역의 좌표를 표시하는 데 사용한다. UPS좌표는 극심입체투영법에 의한 것이며 UPM좌표의 상이투영법과 같은 특징을 가진다. 이 좌표계는 양극을 원점으로 하는 평면직교좌표계를 사용하며, 거리좌표는 m 단위로 나타낸다.

⑥ 3차원 직교좌표계(three-dimensional or space cartesian coordinate)

3차원 직교좌표의 원점은 지구중심이고 적도면상에 X 및 Y축을 잡고, 지구의 극축을 Z축으로 한다. 인공위성이나 관측용 장비에 의한 천체를 관측할 경우 측량망 결합에 이용되며 세계좌표계 확립에 기여하고 있다.

⑦ 세계측지측량기준계

나라마다 다른 국가기준계로부터 얻은 위치정보는 대규모지역에 대해서

표 ⑬-4 WGS 타원체상수

타원체상수	기호	WGS 1972	WGS 1984	편차
반장축	a	6,378,135m	6,378,137m	2m
편평률	f	1/297.26	1/298.25223563	0.3121057×10^{-7}
구면조화함수 전개계수	C_2, o	-484.1605×10^{-6}	-484.16685×10^{-6}	-0.00635×10^{-6}
지구인력상수 (대기질 포함)	GM	$3{,}986{,}008\times10^8\text{m}^3\text{s}^{-2}$	$3{,}986{,}005\times10^8\text{m}^3\text{s}^{-2}$	$-3\times10^8\text{m}^3\text{s}^{-2}$
지구인력상수 (대기질 제외)	GM'	$3{,}986{,}005\times10^8\text{m}^3\text{s}^{-2}$	$3{,}986{,}001.5\times10^8\text{m}^3\text{s}^{-2}$	$-3.5\times10^8\text{m}^3\text{s}^{-2}$

는 요구를 충족시킬 수 없으므로 하나의 통합된 측지측량기준계가 필요하게 되어 세계측지측량기준계(WGS: World Geodetic System)가 제안되었다.

WGS(1960)는 미 국방성에서 전 세계에 대하여 하나의 통일된 좌표계를 사용할 수 있도록 만든 지심좌표계로서. 당시에 이용할 수 있었던 모든 중력, 천문자료를 종합하여 결정된 좌표체계이다.

WGS(1966)는 확장된 삼각망과 삼변망 도플러 및 광학위성자료를 적용하여 정하였으며 WGS(1972)는 도플러 및 광학위성자료, 표면중력측량, 삼각 및 삼변측량, 고정밀 트래버스와 천문측량으로부터 얻은 새로운 자료와 발달된 전산기와 정보처리기법을 이용하여 결정하였고 WGS(1984)는 WGS72를 개량하여 지구질량중심을 원점으로 하는 좌표체계로, GRS80(Geodetic Reference System, 1980)값인 장반경 $a=6,378,137\pm2$m를 택하고 있다.

⑧ 국제지구기준좌표계(ITRF)

국제지구회전관측연구부(IERS)에서 설정한 국제지구기준좌표계(ITRF)는 IERS[12] Terrestrial Reference Frame의 약자로 국제지구회전관측연구부라는 국제기관이 제정한 3차원국제지심직교좌표계이다. 세계 각국의 VLBI, GPS, SLR 등의 관측 자료를 종합해서 해석한 결과에 의거하고 있다.

IERS는 국제시보국(BIH: Bureau International De L'heuve)의 지구회전부문과 국제극운동연구부(IPMS)를 종합해서 1988년에 설립되었다.

ITRF는 좌표원점을 지구중심(대기를 포함)으로 한 지구중심계이며, ITRF에서 위도와 경도가 필요할 때는 GRS80을 이용할 수 있다. 1996년에 WGS84가 ITRF의 구축을 위하여 지구동력학에 대한 국제 GPS사업(IGS)의 관측자료를 이용하여 조정한 후부터 ITRF와 WGS84의 차이는 cm단위로 접근하게 되었다.

⑨ GRS80 측지좌표기준계

GRS80(Geodetic Reference System 1980, 측지좌표기준계1980)은 1967년에 정해진 GRS67을 개정한 것으로서 국제적으로 승인된 최신의 지구타원체이며, 1980년 국제측지학 및 지구물리학연합(IUGG)에서 정한 것이다.

---

12) IERS: International Earth Rotation Servace

그림 13-23 좌표계와 타원체

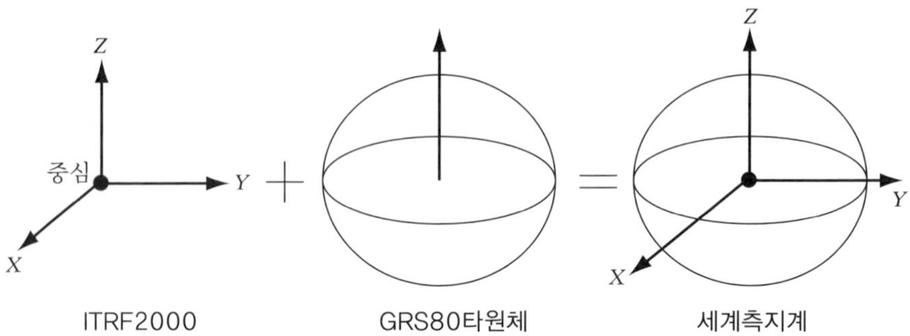

GRS80 타원체에서는 지구를 기하학 및 물리학적으로 통일하여 표현하였으므로 기하학적인 장반경(a)와 편평률(f) 2개의 기하정수 외 지구의 자전각속도(ω) 및 지구의 지심 인력정수(GM) 2개의 물리정수를 추가하여 4개의 정수를 사용하고 있다. 여기서 G는 만유인력의 정수, M은 대기를 포함한 지

표 ⑬-5 한국에서 주로 사용하는 타원체의 제원

구 분	벳 셀	GRS80	WGS84
장반경(a)	6,377,397.155m	6,378,137m	6,378,137m
편평률(f)	1/299.152813	1/298.257222	1/298.257223

표 ⑬-6 우리나라 부근의 타원체별 호장거리 비교

	GRS80(m)		벳셀타원체(m)		GRS-벳셀(㎜)	
위경도	위도1초 호장거리	경도1초 호장거리	위도1초 호장거리	경도1초 호장거리	위도1초 호장거리	경도1초 호장거리
25도	30.77025	28.04169	30.76713	28.03839	3.12	3.30
30도	30.79235	26.80174	30.78916	26.79857	3.19	3.17
35도	30.81683	25.35783	30.81357	25.35480	3.26	3.03
40도	30.84925	23.72052	30.83961	23.71767	3.34	2.85

구의 전 질량이다.

이 타원체의 중심(中心)은 지구중심(重心)과 일치하고 그 단축은 지구자전축에 평행하다.

우리나라는 국제측지학회(IAG), 국제지구회전 관측사업(IERS)에서의 사용 권고에 의하여 GRS80을 이용하고 있다. 또한 지구중심좌표계를 사용하는 국가에서는 국제화추세에 맞춰 GRS80타원체를 채택하고 있다.

(3) 우리나라의 측량원점과 기준점

우리나라는 3개의 측량원점(경위도원점, 수준원점, 중력원점)과 위성기준점, 수준점, 중력점, 통합기준점, 삼각점, 지자기점, 수로기준점, 영해기준점 등과 같은 국가기준점 및 지적기준점 등이 있다.

① 측량원점

가) 경위도원점

경위도원점은 한 나라의 모든 위치의 기준으로서 측량의 출발점이 되는 점이다. 우리나라의 측지측량은 1910년대에 일본의 동경원점으로부터 삼각측량방법으로 대마도를 건너 거제도, 절영도를 연결하여 우리나라 전역에 국

그림 13-24 대한민국 경위도원점

〈출처: 좌(국토지리정보원), 우(인하공전 박경식 교수)〉

가기준점을 설치 국가기간산업의 근간으로 활용하였으며, 1960년대 이후 정밀측지망 설정사업으로 서울의 남산에 한국원점이라고 설치되었으나 시통장애 및 주변 여건의 변화 및 독자적인 경위도원점의 설치가 요구됨에 따라 새로이 현재의 국토지리정보원 구내에 대한민국 경위도원점이 설치 운영되고 있다.

우리나라 경위도좌표계의 원점으로서 국토지리정보원에서는 정밀측지망 측량의 기초를 확립하기 위해 1981부터 1985년까지 5년간에 걸쳐 정밀천문측량을 실시하였다. 또한 세계측지계에 따른 우리나라 모든 측량 및 위치결정의 기준을 규정하여 새로운 측지계의 효율적 구현을 도모하고자 국제 측지 VLBI(Very Long Baseline Interferometry) 관측을 실시하여 2002년 경위도원점(국토지리정보원에 있는 대한민국 경위도원점 금속표의 십자선 교점)의 세계측지계좌표로 설정하였다.

- 설치: 1985. 12. 27
- 위치: 국토지리정보원내(수원)
- 좌표: 동경 127° 03′ 14.8913″
  북위 37° 16′ 33.3659″
- 원방위각: 3° 17′ 32.195″[원점으로부터 진북을 기준으로 오른쪽 방향으로 관측한 서울과학기술대학교(공릉동) 내 위성기준점 금속표 십자선 교점의 방위각]

경위도원점을 기준으로 한 삼각점은 토지의 형상, 경계, 면적 등을 정확하게 결정하거나 각종 시설물의 설계와 시공에 관련된 위치결정을 하기 위하여 측량을 실시할 때에 그 기준이 되는 점이다. 삼각점은 전국에 일정한 분포로 등급별 삼각망을 형성하고, 그 지점에 삼각점을 매설하여 경도와 위도, 높이, 직각좌표(또는 직교좌표), 진북방향과 거리를 관측하고 그 결과를 성과표로 작성하여, 각종 GIS 사업, 시설물 관리, 수치지형도 제작, 공공측량, 일반측량, 지적측량 등 각종 국토건설계획 및 시공, 유지 관리시 이용할 수 있도록 그 성과표를 제공한다. 현재 전국에 16,410여 개의 삼각점이 설치·관리되고 있다.

나) 수준원점(고저기준원점)

우리나라의 육지표고(標高: 평균해수면을 기준으로 한 높이)의 기준은 전국의 검조장에서 다년간 조석 관측한 결과를 평균 조정한 평균해수면(중등 조위면, Mean Sea Level: MSL)을 사용한다. 평균해수면은 일종의 가상면으로서 수준측량(또는 고저측량)에 직접 사용할 수 없으므로 그 위치를 지상에 연결하여 영구표석을 설치하여 수준원점(OBM: Original Bench Mark)으로 삼고 이것으로부터 전국에 걸쳐 주요 국도를 따라 수준망(또는 고저측량망)을 형성하였다. 수준원점(또는 고저측량원점)의 형태는 원점을 보호하는 원형 보호각 안의 화강석 설치대에 부착된 자수정에 음각으로 십자(+) 표식을 하였다. 측량 · 수로조사 및 지적에 관한 법률에 의하여 우리나라의 높이의 기준은 대한민국 수준원점을 기준하도록 되어 있다. 대한민국 수준원점(인하공업전문대학 교정 내에 있는 원점표석 수정판의 영 눈금선 중앙점)은 1963년에 1910년대에 설치된 인천수준기점으로부터의 연결관측에 의하여 설정되었고 인천만의 평균 해면상으로부터 26.6871m이다.

현재 전국에 수준원점을 기준으로 약 7,220여 개의 수준점(고저기준점)을 설치 · 운영하고 있으며, 이를 이용하여 일상생활에 필요한 상 · 하수도를 비롯하여 하천 제방공사 및 교량높이에 대한 기준설정 등의 치수사업과 도로경사나 구조물 등 각종 토목공사시 높이를 결정하고 있다.

그림 13-25 우리나라 수준점 개요도

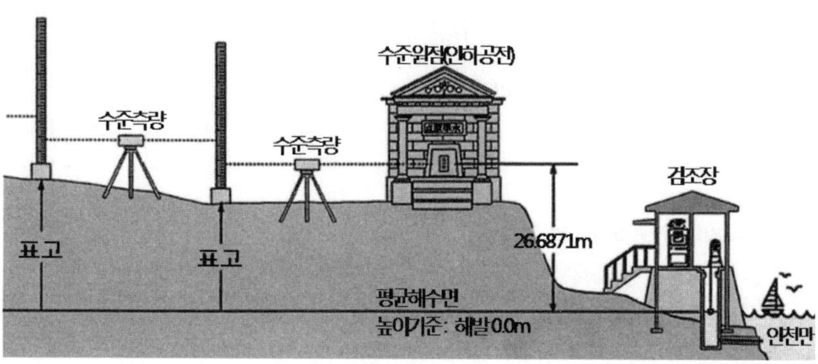

그림 13-26 수준원점 전경과 원점표석의 수정판(영눈금)

수준원점은 이 원통형 시설물(높이 3.46m, 넓이 2.2평) 안에 설치되어 있다.

〈출처: 좌(국토지리정보원), 우(인하공전 박경식 교수)〉

다) 중력원점

중력원점은 2000년 한일 측지협력사업으로 국토지리정보원과 일본의 국토지리원이 공동으로 절대중력관측을 실시하여 그 값을 아래와 같이 국토지리정보원 고시 제2001-82호(2001.3.6)로 고시하였다.

- 관측목적: 국제중력망과의 결합 및 높은 정확도의 대한민국 중력관측망 구축을 위하여 대한민국 중력원점 설치
- 관측기간: 1999.12.10~12.16(7일간)
- 관측장비: 절대중력계 FG5
- 관측결과

표 ⑬-7 우리나라 중력원점의 관측값

경위도좌표	중력값(mgal)	표고(m)	표준편차
경도 127° 3′ 21.979″E 위도 37° 16′ 21.576″N	979,918.775±0.0001	56.5273	0.0115 mgal

그림 13-27 중력원점(좌)과 중력기준점(우)

〈출처: 국토지리정보원〉

중력원점을 설치하는 이유는 크게 두 가지로 구분할 수 있는데, 첫째는 중력망을 안정적으로 관리함으로써 상대중력 관측값의 망조정으로 중력망의 뒤틀림이나 편이 등을 제거할 수 있다. 두 번째로 중력의 변화를 정기적으로 모니터링하여 지구 동역학적인 문제를 연구한다. 지하에 광물이 있거나 지각 운동이 일어나면 중력이 변하기 때문이다. 전 세계적인 절대중력망의 연결망(network)은 이러한 지구 동역학을 규명하는 데 중점을 두어 노력하고 있으며, 지각, 지하수, 맨틀 상부의 밀도변화 등 다양한 문제에 응용된다.

현재 중력원점으로부터 전국 주요 지점의 상대중력을 관측한 중력기준점이 12점이고 중력보조점이 약 6,970여 개가 설치 · 관리되고 있다.

② 국가기준점 및 지적기준점

가) 위성기준점(GPS상시관측소)

위성기준점은 지리학적 경위도, 지구중심 직교좌표의 관측 기준으로 사용하기 위하여 대한민국 경위도원점을 기초로 정한 기준점이다.

국가기준 좌표계로서의 활용, 자동항법체계의 활용, 지도제작, 지각변동 등의 목적으로 1995년 3월 수원 GPS상시관측소 운영을 시작으로 1997년 GPS 무인 원격관측소를 4곳 설치하였고, 1998년 GPS 무인원격관측소 중앙국을 설치하였으며, 2012년 현재 국토지리정보원은 72개의 GPS상시관측소

그림 13-28 위성기준점(GPS상시관측소) 현황과 위성기준점(국토지리정보원 내)

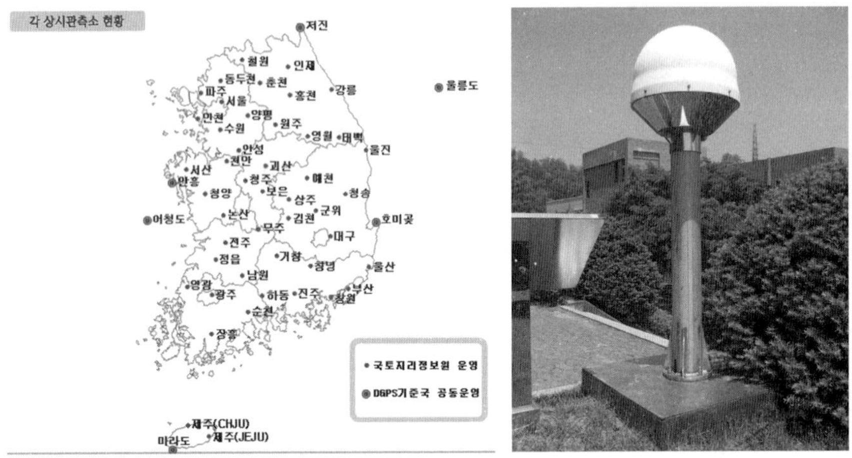

〈출처: 국토지리정보원〉

를 운영하고 있다.

위성기준점은 지상 약 20,200km에서 지구 주위를 하루에 2회 회전하는 31개의 위성 중 최소 4개, 최대 9개의 위성을 이용하는 GPS 관측 자료를 국토지리정보원 GPS 중앙처리센터로 전송하고 정밀 기선 해석을 통하여 위성기준점 위치를 높은 정확도로 결정한다. 이러한 GPS수신자료를 사용자가 우리나라 어느 곳에서든지 손쉽게 이용할 수 있도록 전국에 등분포로 위성기준점을 설치하고, 이에 대한 측량성과는 국토지리정보원 고시 제2001-153(2001. 6. 4)호로 공표하였으며, 그 측량성과 및 GPS관측자료는 국토지리정보원 홈페이지 등을 통하여 일반에게 제공하고 있다.

나) 통합기준점

2008년부터 국토지리정보원에서는 위치, 높이 및 중력값의 정보를 담고 있는 통합기준점을 설치하여 왔다. 통합기준점이란 평탄지에 설치 · 운용하여 측지, 지적, 수준, 중력 등 다양한 측량분야에 통합 활용할 수 있는 다차원 · 다기능 기준점을 말한다. 경위도(수평위치), 높이(수직위치), 중력 등을 통합 관리 및 제공, 영상기준점 역할을 한다. 현재 약 1,200여 개의 통합기준

그림 13-29 통합기준점(수원)

점이 설치 · 관리되고 있다.

다) 지자기점(地磁氣點)

지구가 가지는 자석의 성질 즉, 지자기 3요소인 편각, 복각, 수평분력을 관측하여 관측지역에 대한 지구자기장의 지리적 분포와 시간변화에 따른 자

그림 13-30 지자기점(국토지리정보원 내)

〈출처: 국토지리정보원〉

기장 변화를 조사, 분석하는 것이 지자기측량으로 이를 위하여 설치한 점이 지자기점이다. 전국의 지자기도, 지형도, 항로 및 항공도 작성과 위성측지측량, 수준측량, 중력측량 등의 관측자료와 함께 이를 이용한 지구내부 구조해석에 활용하고 국가 기본도의 지침편차자료와 지하자원의 무굴삭 탐사, 지각내부 구조연구 및 지구 물리학의 기초자료로 활용된다. 지자기점은 현재 약 30여 개가 설치 · 관리되고 있다.

라) 수로기준점

수로조사시 해양에서의 수평위치와 높이, 수심관측 및 해안선 결정 기준으로 사용하기 위하여 위성기준점과 기본수준면을 기초로 정한 기준점으로서 수로측량기준점, 기본수준점, 해안선기준점으로 구분한다.

(ㄱ) 수로측량기준점

수로조사시 해양에서의 수평위치 측량의 기준으로 사용하기 위하여 위

그림 13-31 인천 기본수준원점(국립해양조사원 내)

〈출처: 국립해양조사원〉

성기준점, 통합기준점 및 삼각점을 기초로 정한 국가기준점을 말한다.

(ㄴ) 기본수준점

수로조사시 높은 관측의 기준으로 사용하기 위하여 조석관측을 기초로 정한 국가기준점을 말한다. 〈그림 13-31〉의 기본수준원점은 인천지역의 수심기준인 약최저저조면과 우리나라 해발고도의 기준인 평균해수면으로부터의 높이를 정한 점이다.

(ㄷ) 해안선기준점

수로조사시 해안선의 위치측량을 위하여 위성기준점, 통합기준점 및 삼각점을 기초로 정한 국가기준점을 말한다.

마) 영해기준점

영해기준점은 우리나라의 영해를 획정(劃定)하기 위하여 정한 기준점이다.

바) 지적기준점

지적측량시 수평위치측량의 기준으로 특별시장 · 광역시장 · 도지사 또는 특별자치도지사나 지적소관청이 지적측량을 정확하고 효율적으로 시행하기 위하여 국가기준점을 기준으로 하여 따로 정하는 측량기준점이다. 우리나라의 지적기준점은 구소삼각원점, 특별소삼각원점, 특별도근측량원점 및 통일원점 등 다양한 원점체계를 기준으로 하고 있다. 지적기준점에는 지적삼각점, 지적삼각보조점, 지적도근점 등이 있다.

그림 3-32 지적삼각점

i) 지적삼각점(地籍三角點)

지적측량시 수평위치측량의 기준으로 사용하기 위하여 국가기준점을 기준으로 하여 정한 기준점이다.

ii) 지적삼각보조점

지적측량시 수평위치측량의 기준으로 사용하기 위하여 국가기준점과 지적삼각점을 기준으로 하여 정한 기준점이다.

iii) 지적도근점(地籍圖根點)

지적측량시 필지에 대한 수평위치측량 기준으로 사용하기 위하여 국가기준점, 지적삼각점, 지적삼각보조점 및 다른 지적도근점을 기초로 하여 정한 기준점이다.

지 / 공 / 탐 / 측 / 학 / 개 / 관

14 천문관측
Astronomical Observation

제1절 개 요

본장에서는 천체를 이용한 위치관측(기하학적 천문학)에 관하여 기술하기로 한다.

지구자전축과 연직선을 기준으로 천체, 즉 태양, 별 등을 관측함으로써 시 및 경위도와 방위각을 결정하는 것을 천문측량이라 한다. 천문측량의 기본이론은 구면삼각형(spherical triangle)의 공식인 sine법칙, cosine법칙, 그리고 두 각과 세 변의 관계를 확장한 천문삼각형(astronomical triangle)을 해석하여 경위도 및 방위각을 결정하는 것으로 정확도를 높이기 위한 시계와 계산에 이용되는 역표(almanac)가 있어야 한다.

관측상 주의할 점은 정밀한 기계로 관측하여도 대기의 굴절에 의한 대기차(refraction), 지구중심이 아닌 지표면에서 관측하므로 생기는 시차(parallax) 특히 바다에서 관측할 때 지평복각(dip of horizon)을 보정하여야 하며 지구가 회전함에 따라 생기는 광행차(aberration)인 연주광행차, 일주광행차를 보정하여야 한다. 또한 태양관측시는 시반경을 보정하여야 한다.

관측대상은 주간에는 태양을, 야간에는 별을 관측하지만, 태양관측은 별관측에 의한 것보다 정확도가 떨어진다.

태양이나 별의 위치는 천측력에 그리니치시로 나와 있으므로 지방시로 바꾸어 사용한다.

관측장비로는 애스트로레이브(astrolabe), 데오돌라이트, 크로노미터와 보정을 위한 온도계, 기압계 등이 필요하며, 간이법으로는 트랜시트와 일반 손목시계를 이용한다. 육분의는 정밀을 요하지 않는 항해에서 사용된다. 시각을 알기 위해서는 라디오 시보를 이용한다. 태양을 관측할 때는 눈을 보호하기 위해 검은 색 필터를 꼭 사용해야만 한다.

천문측량을 하기 위해서는 첫째, 천체 및 시간에 관한 기본지식과, 둘째, 구면삼각법을 포함한 제반 수학적 개념을 알고 있어야 하며, 마지막으로 관측자의 경험과 숙련도가 요구된다.

천문측량의 목적을 대별하면 다음의 네 가지를 들 수 있다.

① 경위도원점(측지측량원점)의 결정

국가의 측량좌표계를 동일한 경위도원점으로부터 출발하기 위해, 지오이드면의 연직선상에서 항성을 이용한 천문측량에 의하여 측지측량원점의 위치관측 및 진북방향으로부터 방위각을 관측한다.

② 도서 및 측지측량망과 독립된 지역의 위치결정

한 국가의 국토는 동일한 경위도원점을 이용하여 측지측량망을 연결하는 것이 가장 이상적이지만, 육지에서 멀리 떨어진 도서 등과 같이 독립된 지역에서는 천문측량에 의해 위치를 결정하게 된다.

③ 측지측량망의 방위각조정

삼각망이 확대 연결됨에 오차가 누적되어 변의 방위각은 진방위각과 차이가 발생하게 된다. 따라서, 정밀삼각망(1, 2등 삼각점) 중의 $\frac{2}{3}$ 또는 점간 50km마다 라플라스점(Laplace station)을 설치하고 천문관측에 의해 이를 조정한다.

④ 연직선편차의 결정

측지측량위치는 준거타원체를 기준으로 하는 반면, 천문관측은 지오이드면을 기준으로 하므로 양자는 연직선편차만큼의 차이가 발생한다. 각 지점에서의 연직선편차를 이용하여 지오이드면과 거의 일치하는 새로운 기준타원체를 구할 수 있다. 현재, 우리나라의 연직선편차의 벡타방향은 태백산맥을 경계로 하여 동해안부분을 제외하고는 북서방향으로 거의 일정하게 기울어져 있다.

또한, 다각측량 등에서 천문방위각과 측지측량방위각과의 차이가 각오차의 허용범위 내에 들어오므로 천문방위각을 그대로 사용할 경우가 있으며, 또한 점들 간의 시통이 어려운 경우, 천문방위각을 관측함으로써 능률적이고 경제적인 측량을 할 수 있다.

제2절 천체의 위치좌표와 시(Time and Coordinate for Celestial Position)

(1) 구면좌표(spherical coordinate)

천체의 위치를 알기 위하여서는 구면좌표계를 이용한다. 구면좌표계의 중요 용어내용은 다음과 같다.

① 천구(celestial sphere)

모든 천체는 지구를 중심으로 하고 반경이 무한대인 구면상에 고정되어 있다고 생각하는데 이러한 가상구면을 천구라 한다. 천체를 포함하는 천구는

그림 14-1 천 구

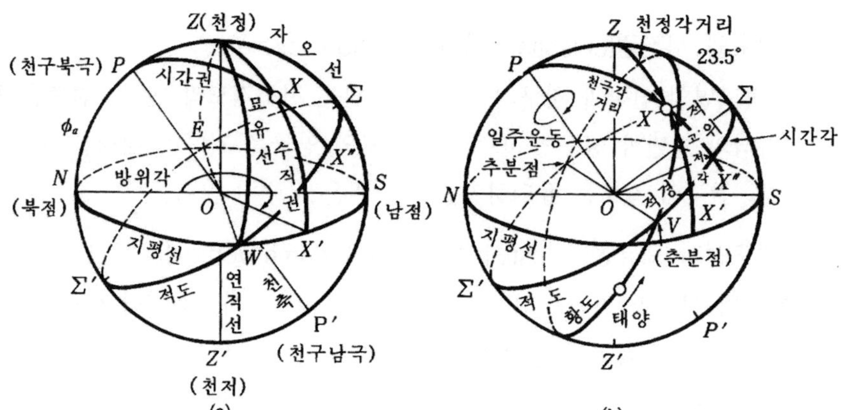

지구의 자전 때문에 하루에 한번씩 동쪽에서 서쪽으로 회전하는 것처럼 보이는데 이것을 천구의 일주운동(diurnal motion)이라 한다.

② 천정과 천저(zenith & nadir)

관측자의 연직선이 위쪽에서 천구와 만나는 점을 천정(〈그림 14-1〉에서 Z), 아래쪽에서 만나는 점을 천저(Z')라 한다.

③ 대원과 소원(great circle & small circle)

천구의 중심을 지나는 임의의 평면과 천구의 교선을 천구의 대원, 그 밖의 평면과 천구의 교선을 천구의 소원이라 한다.

④ 지평선과 수직권(horizontal & vertical circle)

관측자(또는 지구중심)를 지나며 관측자의 연직선과 직교하는 평면과 천구의 교선인 대원을 천구지평선이라 하며[1] 관측자의 연직선을 포함하는 임의의 평면과 천구의 교선을 수직권이라 한다. 따라서 수직권은 천정과 천저를 지나는 대원이다. 지평선과 수직권은 직교하며 한 지점에서 지평선은 유일하지만 수직권은 무수히 많다. 자오선은 천구의 극을 지나는 수직권이다.

⑤ 천축과 천극(celestial axis & celestial pole)

지구의 회전축을 천구에까지 연장한 것을 천축이라 하고, 천축과 천구의 교점을 천극이라 한다. 천극에는 천구북극(north celestial pole)과 천구남극(south celestial pole)이 있다.

⑥ 적도와 시간권(celestial equator & hour circle)

지구적도면의 연장과 천구의 교선인 대원을 천구적도라 한다. 천축을 포함하는 임의의 평면과 천구의 교선, 즉 천구의 양극을 지나는 대원을 시간권이라 한다. 천구의 적도는 유일하지만 시간권은 무수히 많다.

⑦ 자오선과 묘유선(celestial meridian & prime vertical)

관측자의 천정과 천극을 지나는 대원을 천구(천문)자오선이라 한다. 따라서 지구자오선은 수직권인 동시에 시간권이다. 천구자오선은 한 지점에서는

---

1) 천구의 지평선은 어디나 천정과 천저로부터 90° 떨어져 있다. 자연 또는 실제의 지평선이 천구지평선이 되는 경우는 거의 없으며, 가장 비슷한 경우는 잔잔한 바다 한가운데에서 관측할 때이다.

유일하게 정해지며 관측자의 위치에 따라 달라진다. 천구자오선과 지평선의 교점은 남점(S)과 북점(N)을 결정하고 이것을 연결한 직선이 일반측량에서 쓰이는 자오선이다.

지평선상에서 남점과 북점의 이등분점은 동점(E)과 서점(W)이며 동점, 서점과 천정을 지나는 수직권을 묘유선이라 한다.

⑧ 황도(ecliptic)

1년 중 하늘에서 태양이 움직이는 겉보기궤도를 황도라 하며 지구궤도면이 천구와 만나서 이루는 대원이다. 적도면과 황도면은 황도경사각(obliquity of the ecliptic) 23°26.5′만큼 기울어져 있어서 오직 두 분점에서만 만난다.

⑨ 춘분점과 추분점(vernal equinox & autumnal equinox)

황도와 적도의 교점을 분점(equinox)이라 하는데 태양이 적도를 남에서 북으로 자르며 갈 때의 분점을 춘분점, 그 반대의 것을 추분점이라 한다. 춘분점은 천구상에 고정된 점으로 양자리(aries)의 첫째점으로 알려져 있으며 적도좌표계와 황도좌표계의 원점이다. 황도상에서의 두 분점의 중앙점을 지점(solstice)이라 한다.

⑩ 천구좌표(celestial coordinates)

천구상 천체의 위치를 표시하는 데는 지구상 각 지점을 위도와 경도로 표시하는 것과 같은 구면좌표를 사용하는데 지평좌표, 적도좌표, 황도좌표가 주로 쓰인다.

⑪ 고저각과 천정각거리(또는 고도와 천정거리: altitude & zenith distance)

어느 천체를 포함하는 수직권을 따라 그 천체까지 지평선으로부터 잰 각거리(angular distance) $\widehat{X'X}=h$를 고저각, 천정으로부터 잰 각거리 $\widehat{ZX}=z$를 천정각거리라 한다. 고저각 h와 천정각거리 z는 여각($z=90°-h$)인 관계가 있다(〈그림 14-1〉 참조).

⑫ 방위각(azimuth)

관측자의 자오선과 어느 천체의 수직권 사이의 지평선상 각거리 $\widehat{NX'}=$

A를 방위각이라 하는데, 지평선을 따라 북점(N)으로부터(삼점으로부터 재는 경우도 있다) 수직권의 발(X')까지 동쪽(천구 북극에서 보았을 때 시계방향)으로 재며 0°~360° 범위로 나타낸다.

⑬ 적위와 천극각거리(declination & polar distance or angle)

어느 천체를 포함하는 시간권을 따라 적도로부터 그 천체까지 잰 각거리 $\widehat{X''X}=\delta$를 적위, 천극으로부터 잰 각거리 $\widehat{PX}=p$를 천극각거리라 한다. 적위는 적도상에서 0°이고 적도로부터 북극쪽으로 +90°, 남극쪽으로 −90°까지 표시하며 적위 δ와 천극각거리 p은 여각이다($p=90°-\delta$).

⑭ 적경(right ascension)

춘분점으로부터 어느 천체의 시간권의 발까지 적도를 따라 동쪽(천구의 북쪽에서 보았을 때 반시계 방향, 또는 일주운동의 반대방향)으로 잰 각거리 $\widehat{VX''}=\alpha$를 말하며 360°를 24^h로 표시한다.

⑮ 시간각(hour angle)

천체가 천구자오선의 서쪽으로 얼마나 떨어져 있는지를 시의 단위로 나타낸 것으로 시각과 관측자의 위치에 좌우된다. 즉, 적도상에서 자오선과 적도의 교점(Σ점)으로부터 천체를 통하는 시간권의 발(X'')까지 서쪽(일주운동 방향)으로 잰 각거리 $\widehat{\Sigma X''}=H$를 말하며 360°를 24^h로 표시한다.

(2) 천문좌표(celestial coordinates)

천구상에서의 천체의 위치는 마치 지구상에서 한 지점의 위치를 경도와 위도로 나타내듯이 2개의 좌표요소로 표시할 수 있다. 천문좌표에는 관측자의 연직선과 지평면을 기준으로 하는 지평좌표, 좌표축과 수직인 적도면을 기준으로 하는 적도좌표, 지구공전궤도면을 기준으로 하는 황도좌표, 은하계의 적도면을 기준으로 하는 은하좌표 등이 있다.

① 지평좌표(horizontal coordinate)

관측자를 중심으로 천체의 위치를 간략하게 표시하는 좌표계로서 방위각-고저각(azimuth-altitude) 좌표계라고도 한다. 지평좌표계에서는 시각과 장

그림 14-2 지평좌표계

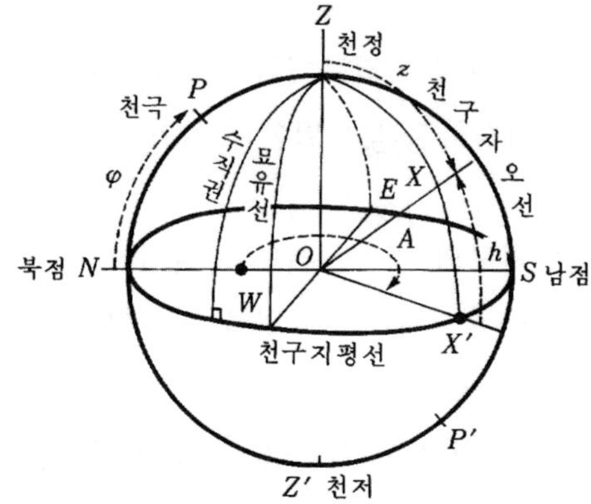

소만 주어지면 고저각과 방위각으로 천체의 위치를 쉽게 찾아낼 수 있으나, 천체의 일주운동으로 시간에 따라 방위각과 고도가 모두 변하기도 하고, 또 같은 천체라도 관측자의 지구상 위치에 따라 달라지는 결점이 있다.

앞 절의 천구에서 알아본 바와 같이 관측지점의 천구자오선은 천정 Z와 천극 P를 지나는 대원으로 지평선과 북점 N 및 남점 S에서 교차한다. 또한 어떤 천체 X의 수직권은 Z와 X를 지나는 대원이다. 천체 X의 위치는 $\angle NOX'$와 $\angle X'OX$로 나타낼 수 있는데, 자오선의 북점으로부터 지평선을 따라 천체를 지나는 수직권의 발 X'까지 잰 각거리 $A(\angle NOX')$를 방위각, 지평선으로부터 천체까지 수직권을 따라 잰 각거리 $h(\angle X'OX)$를 고저각이라 한다. 방위각은 $0° \sim 360°$의 값을 가지며 경우에 따라서는 남점을 기준으로 하기도 한다. 고저각은 $0° \sim \pm 90°$까지 나타내며 고저각의 여각인 천정각거리 $z(\angle ZOX)$를 쓰기도 한다.

천구북극의 고저각($\angle NOP$)은 그 지점의 천문위도와 같은데, 북극성의 고저각을 관측함으로써 그 지점의 위도를 알 수 있으므로 항해에 이용되기도 했다.

② 적도좌표(equatorial coordinate)

어떤 천체의 위치를 지평좌표로 나타내면 그 값이 시간과 장소에 따라 변하므로 불편하다. 천구상 위치를 천구적도면을 기준으로 해서 적경과 적위 또는 시간각과 적위로 나타내는 좌표계를 적도좌표계라 하는데 시간과 장소에 관계없이 좌표값이 일정하지만 특별한 시설이 없으면 천체를 바로 찾기는 어렵다.

천구적도좌표계는 지구의 경도, 위도와 완전히 비슷한 관계에 있다. 정지한 천구에 대하여 지구의 경위도좌표망을 투영했다고 가정하면 다음과 같이 정의할 수 있다. 지구의 적도면은 천구의 적도면, 지구자전축은 천구의 북극 P와 남극 P'와 만날 것이고 지구의 경도자오선은 천구의 시간권, 지구의 평행권(등위도선)은 천구의 극을 중심으로 하는 동심소원으로 나타난다.

천체 X의 위치는 적경 $\alpha(\angle\gamma OX'')$와 적위 $\delta(\angle X''OX)$로 천구상에 확정될 수 있다. 적경은 본초시간권(춘분점 γ를 지나는 시간권)으로부터 적도면을 따라 동쪽으로(천구의 북극에서 보았을 때 반시계방향) 잰 각거리로서 0^h~24^h의 값을 갖는다(시-분-초, $^{h\text{-}m\text{-}s}$로 잰다). 적위는 적도면에서 천체까지 시간권을 따라 잰 각거리로서 $0°\sim\pm90°$의 값을 가지며 천구의 북반구에서는 양(+)의 값을, 남

그림 14-3 적도좌표계

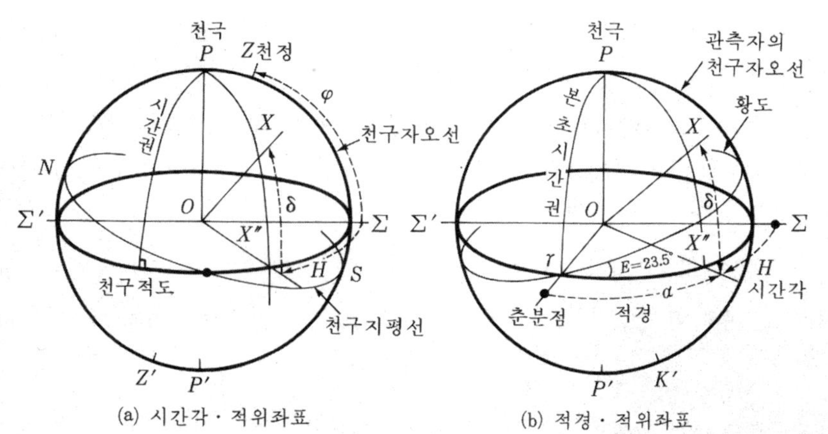

(a) 시간각 · 적위좌표 (b) 적경 · 적위좌표

반구에서는 음(−)의 값을 갖는다. 예를 들면, 춘분점의 적도좌표는 $(\alpha, \delta)=(0^h, 0°)$, 하지점은 $(6^n, +23.5°)$, 북극성은 $\alpha=27°12'=1^h48^m48^s$, $\delta=+89°2'$이다. 천문측량에서 천문삼각형 PZX의 계산에서는 적위 대신에 천극각거리($\angle POX$)가 중요하게 이용된다.

항성과 춘분점과 적도는 천구상에 고정되어 있으므로 어느 천체의 적도좌표(α, δ)는 불변이지만 지구의 자전 때문에 지상관측자에게는 천구에 고정된 좌표망 전체가 하루 한번씩 서쪽으로 도는 것처럼 보일 것이다. 시간각 $H(\angle \Sigma OX'')$은 관측자의 자오선 $PZ\Sigma$에서 천체의 시간권까지 적도를 따라 서쪽으로 잰 각거리로서 적경과는 달리 일주운동에 따라 0^h에서 24^h까지 증가한다. 즉, 어떤 천체의 시간각은 시각과 관측자의 위치에 좌우되며, 남중 또는 상자오선통과$(H=0^h0^m0^s)$ 후 지난 시간과 같다. 천체의 어떤 시각의 위치를 (δ, H)로 표시하기도 한다.

③ 황도좌표(ecliptic coordinate)

태양계 내의 천체의 운동을 설명하는 데는 황도좌표계가 대단히 편리하다. 이것은 태양계의 모든 천체의 궤도면이 지구의 궤도면과 거의 일치하며 천구상에서 황도 가까운 곳에 나타나기 때문이다(명왕성 제외).

그림 14-4 황도좌표계

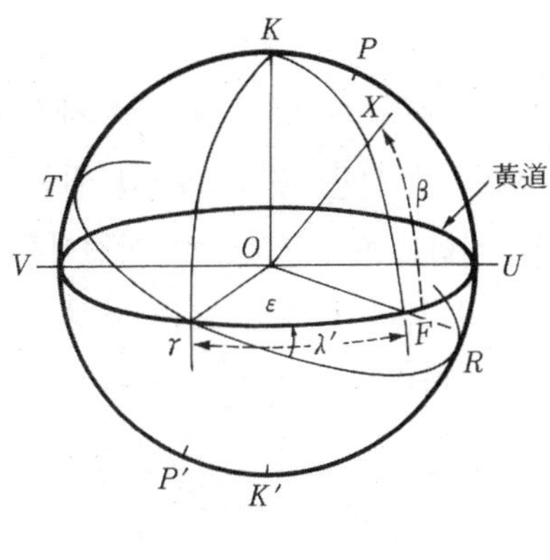

황도를 기준으로 북황극(north ecliptic pole)과 남황극(south ecliptic pole)으로 설정한다. 황경(ecliptic longitude; λ')은 춘분점을 원점으로 하여 황도를 따라 동쪽으로 잰 각거리로 0°~360°의 값으로 나타낸다. 황위(ecliptic latitude; β)는 황도에서 떨어진 각거리로서 0°~±90° 사이의 값을 가진다(북황극쪽을 +, 남황극쪽을 −). 예를 들어서 추분점의 황도좌표 (λ', β)=(180°, 0°)이다.

④ 은하좌표계(galactic coordinates)

은하계 내의 천체의 위치나 은하계와 연관있는 현상을 설명할 때는 은하좌표계를 쓰는 것이 편리하다. 은하의 중간평면을 기준평면으로 잡고 은하적도(galactic equator)라 한다. 은하적도를 나타낸 대원은 천구적도에 대하여 63° 만큼 기울어져 있다. 은하적도에 대한 두 극을 북은극(north galactic pole), 남은극(south galactic pole)이라 한다.

지구좌표의 경도에 해당하는 은경(galactic longitude; l)은 은하중심방향으로부터 은하적도를 따라 동쪽(북은극에서 보았을 때 시계방향)으로 잰 것으로 0°~360°의 값을 가진다. 지구좌표의 위도에 해당하는 은위(galactic latitude; b)는 은하적도로부터 잰 각거리로서 0°~±90°의 값을 가진다(북은극쪽을 +, 남은극쪽을 −로 한다). 현재 사용되고 있는 은하좌표 (l, b)는 1958년 8월 새로 제정된 것이다.

(2) 천체의 운동과 시

① 일주운동(diurnal motion)

지구는 천구의 축을 중심으로 서에서 동으로 자전하므로 지구상 한 점에서 항성을 보면 상대적으로 한 점을 중심으로 한 원을 그리며 동에서 서로(북반구 지표상에서 천구북극을 바라볼 때 반시계방향) 회전하는 것처럼 보인다. 시운동의 중심은 당연히 천구의 북극이 되며 모든 항성은 똑같이 시운동을 하므로 마치 천구 전체가 하루 한번씩 회전하는 것과 같이 보이게 된다. 이러한 운동을 항성의 시운동 또는 천구의 일주운동이라 한다. 이렇게 항성이 천구의 북극 주위를 1회전하는 데 걸리는 시간은 항성일과 같다.

관측자가 북반구에 있을 경우, 천구 북극으로부터의 천정거리가 관측자

그림 14-5 항성의 시운동

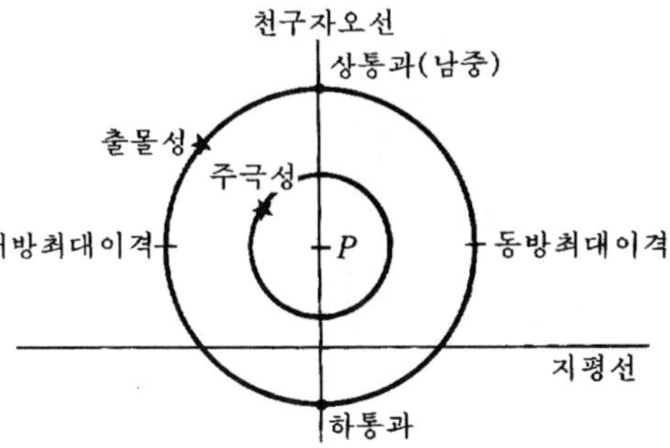

의 위도보다 작은 곳에 있는 별은 하루 종일 지평선 위에 머물게 되는데 이러한 별을 주극성(circum polar star)이라 한다. 반대로 남반구에 있을 경우 천구 남극 거리가 관측자 위도보다 작은 곳에 있는 별은 지평선 위로 나타나지 못하며 이런 별을 전몰성이라 한다. 그 이외의 별은 지평선상에 출몰하게 되고 이러한 별들을 출몰성이라 한다.

시운동하는 천체는 하루 두 번 자오선을 지나는데 위쪽으로 자오선을 지날 때는 상통과(upper culmination; 일반적으로 남중, upper transit이라 함), 아래쪽으로 지날 때는 하통과(lower culmination)라 한다. 또 천체가 자오선에서 최동방에 있을 때를 동방최대이격(greatest east elongation), 최서방에 있을 때를 서방최대이격(greatest west elongation)이라 한다.

② 시(time)

가) 항성시[(local) sidereal time; LST 또는 ST]

1항성일(sidereal day)은 춘분점이 연속해서 같은 자오선을 두 번 통과하는데 걸리는 시간이다(23시간 56분 4초). 이 항성일은 24등분하면 항성시가 된다. 즉 춘분점을 기준으로 관측된 시간을 항성시라고 한다.

$$항성시=춘분점의\ 시간각(LST=H_v) \quad (14.1)$$

따라서 춘분점이 남중할 때 항성시는 $0^h0^m0^s$이고 다시 남중할 때 $24^h0^m0^s$가

그림 14-6 항성시

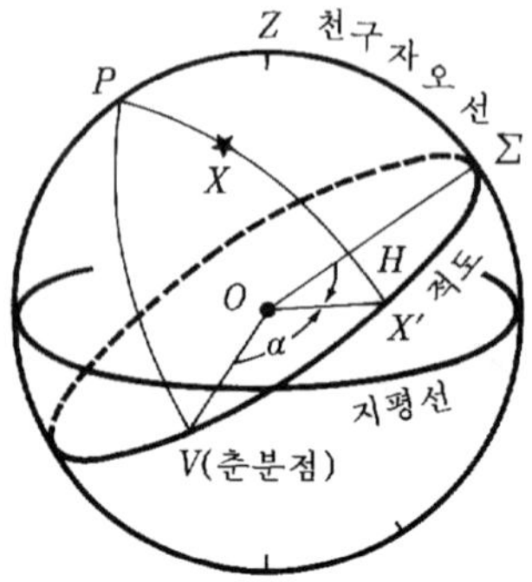

항성시=적경+시간각
∠ΣOV = ∠VOX' + ∠ΣOX'
(H_v)　　(α)　　(H)

예제 14-1

적경이 $3^h30^m20^s$인 천체의 시간각이 35° 20′30″일 때 이 천체의 항성시는 얼마인가?

풀이 $35°/15° = 2^h20^m$, $20'/15' = 1^m20^s$, $30''/15'' = 2^s$,

$\therefore\ H = 2^h20^m + 1^m20^s + 2^s = 2^h21^m22^s$

$\therefore\ ST = \alpha + H = 3^h30^m20^s + 2^h21^m22^s = 5^h51^m42^s$

되어 1항성일이 경과한다. 적경 α인 천체의 시간각이 H일 때 춘분점의 시간각(H_v)은 $\alpha + H$이므로(〈그림 14-4〉)

$$LST = H_v = \alpha + H \tag{14.2}$$

이다. 특히 천체가 남중할 때는 $H=0$이므로 남중하는 천체의 적경을 알면 바로 항성시를 알 수 있다.

이 항성시의 관측에는 그 지점의 자오선이 관계되므로 같은 순간이라도 지방의 경도에 따라 다르므로 지방시(local time)라고도 부른다.

나) 태양시(solar time)

지구에서의 시간법은 태양의 위치를 기준으로 한다.

(ㄱ) 시태양시(apparent solar time)

춘분점 대신 시태양(apparent sun)을 사용한 항성시이며 태양의 시간각(hour angle)에 12시간을 더한 것으로 하루의 기점은 자정이 된다.

$$\text{시태양시} = \text{태양의 시간각} + 12^h \tag{14.3}$$

태양의 연주운동은 그 각속도가 고르지 않기 때문에 태양의 시간각은 정확하게 시간에 비례하지 않으므로 시태양시는 고르지 못하고 시태양일(apparent solar day)의 길이도 연중 일정하지 않다.[2)]

(ㄴ) 평균태양시[mean solar time; (local) civil time, local mean time, LMT]

시태양시의 불편을 없애기 위하여 천구 적도상을 1년간 일정한 평균각속도로 동쪽으로 운행하는 가상적인 태양, 즉 평균태양(mean sun)의 시간각으로 평균태양시를 정의하며 이것이 우리가 이용하고 있는 상용시(civil time)이다. 평균태양일(mean solar day)은 항상 1/365.2564년이다. 평균태양시=평균태양의 시간각($H_{m \cdot s}$)+12^h인 관계가 있다. 즉

$$LMT = H_{m \cdot s} + 12^h \tag{14.4}$$

(ㄷ) 균시차(equation of time)

시태양시와 평균태양시 사이의 차를 균시차라 한다. 균시차의 효과는 누적되어 나타나므로 평균태양은 진태양(true sun)을 앞지르거나 뒤로 처지게 된다.

$$\text{균시차} = \text{시태양시} - \text{평균태양시} \tag{14.5}$$

균시차는 지구궤도의 이심률과 황도경사 때문에 계절에 따라 달라지며 $-14^m 19^s$와 $+16^m 24^s$ 사이를 변한다.

(ㄹ) 항성시와 평균태양시

〈그림 14-7〉에서 지구자전에 의하여 1항성일이 경과하는 동안 지구는

2) 이러한 변화는 지구궤도의 이심률과 지구적도면과 황도면과의 경사 때문에 일어난다. Kepler의 제2법칙에 의하면 지구공전속도는 근일점(1월 2일경)에서 최대, 원일점(7월 3일경)에서 최소이다. 따라서 시태양은 천구의 황도상을 근일점일 때 더 빨리 움직이므로 태양이 다시 남중하려면 지구는 그만큼 더 큰 각을 돌아야 하므로 시태양일은 최근점에서 더 길다.

그림 14-7 항성일과 평균태양일

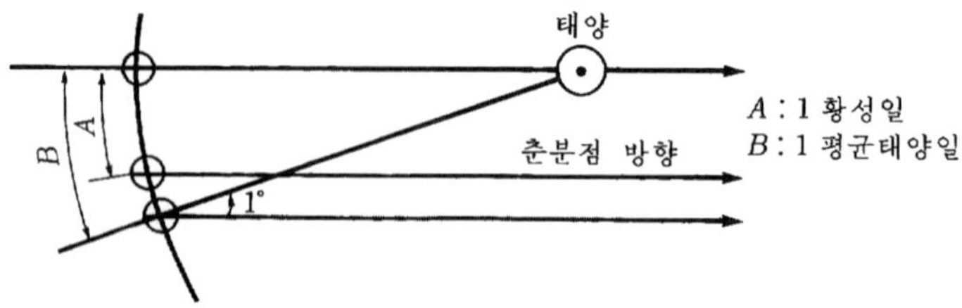

공전궤도상을 따라 각거리 $\frac{360°}{365} \approx 1°$ 만큼을 움직이고 춘분점은 1항성일 전의 자오선과 평행한 방향에 오게 된다. 그러므로 태양이 지방자오선에 돌아오려면 이 각도만큼 더 자전해야 하며, 이때 비로소 1평균태양일이 경과된다. 각거리 1°는 시간 4분에 해당하므로 1평균태양일은 1항성일보다 약 4분이 길어진다. 우리가 일상적으로 사용하는 평균태양시의 단위로 1항성시는 23시간 56분 4.09초이다.

다) 세계시(Universal Time; UT, GCT, GMT)[3)]

(ㄱ) 지방시와 표준시[local sidereal time(LST) and standard time]

천체를 관측해서 결정되는 시(항성시, 평균태양시)는 그 지점의 자오선마다 다르므로 이를 지방시라 한다. 식 (14.2)의 천체를 평균태양으로 하고 $\alpha_{m \cdot s}$를 평균태양의 적경, $H_{m \cdot s}$를 평균태양의 시간각으로 하며 〈그림 14-5〉로부터 다음 관계가 있다.

$$LST = \alpha_{m \cdot s} + H_{m \cdot s} \tag{14.6}$$

지방시를 직접 사용하면 불편하므로 이러한 곤란을 해결하기 위하여 경도 15° 간격으로 전 세계에 24개의 시간대(time zone)를 정하고, 각 경도대 내의 모든 지점을 동일한 시간을 사용하도록 하는데 이를 표준시라 한다. 우리나라 표준시는 동경 135°를 기준으로 하고 있다.

3) GCT=Greenwich Civil Time, GMT=Greenwich Mean Time

그림 14-8 지방시(LST)와 평균태양시(LMT)

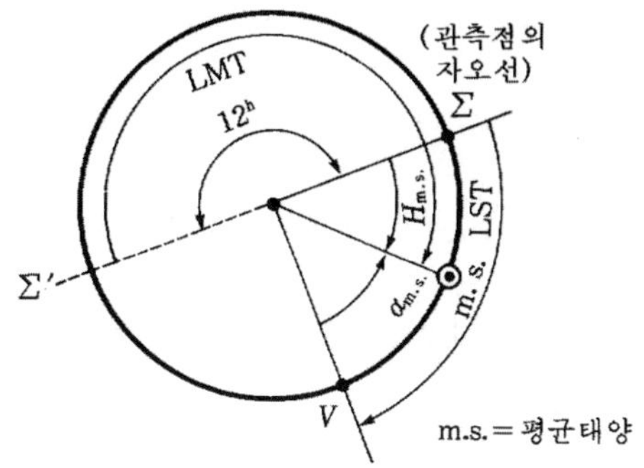

(ㄴ) 세계시

표준시의 세계적인 표준시간대는 경도 0° 인 영국의 Greenwich를 중심으로 하며, Greenwich 자오선에 대한 평균태양시(Greenwich 표준시)를 세계시라 한다.

〈그림 14-9〉에서 UT -12^b = GST $-\alpha_{m \cdot s}$이므로

$$\mathrm{UT} = \mathrm{GST} - \alpha_{m \cdot s} + 12^b \tag{14.7}$$

그림 14-9 세계시와 지방시

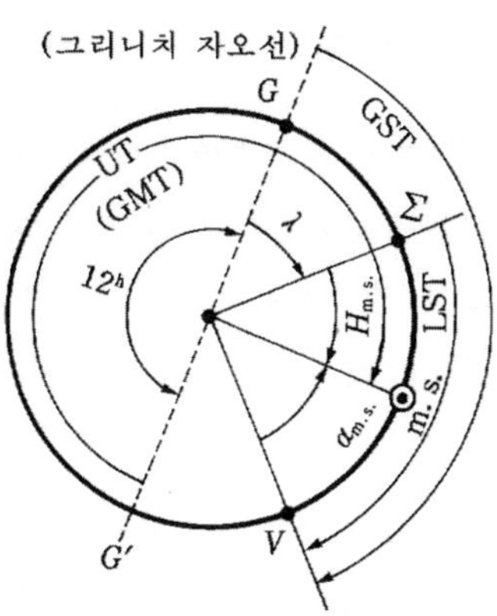

이다. 여기서는 그리니치항성시(GST: Greenwich Sidereal Time)로서 관측지점의 경도를 서경 λ라 하면

$$\mathrm{GST}=\mathrm{LST}+\lambda \tag{14.8}$$

이다.

역시 〈그림 14-9〉로부터 $\mathrm{UT}-12^b=H_{m\cdot s}+\lambda=\mathrm{LST}-\alpha_{m\cdot s}+\lambda$이므로

$$\mathrm{UT}=\mathrm{LST}-\alpha_{m\cdot s}+\lambda+12^b \tag{14.9}$$

이다.

예제 14-2

동경 127° 00′0″인 곳에서 지방시가 $4^b10^m30^s$일 때 세계시는 얼마인가? 단 이 때의 평균태양의 적경은 $1^b15^m20^s$이다.

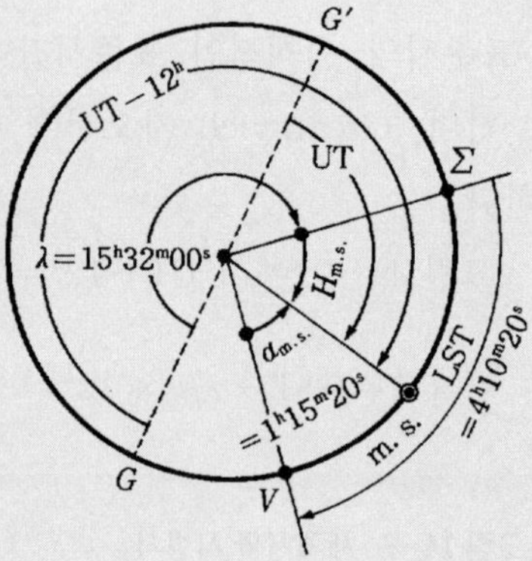

풀이 서경 $\lambda=360°-127°=233°$
$=15^b32^m00^s$

식(1.11)로부터

$$\mathrm{UT}=\mathrm{LST}-\alpha_{\mathrm{m\cdot s}}+\lambda+12^{\mathrm{h}}$$
$$=4^b10^m30^s-1^b15^m20^s+15^b32^m00^s+12^b$$
$$=30^b27^m10^s=6^b27^m10^s$$

한편 지구의 자전운동은 극운동(자전축이 하루 중에도 순간적으로 변화하는 것)과 계절적 변화(연주변화와 반연주변화)[4]의 영향으로 항상 균일한 것은 아니다. 이러한 영향을 고려하지 않은 세계시를 $UT0$,[5] 극운동으로 생기는 천구에 대한 각각의 경도값의 변화량 $\Delta\lambda$를 고려한 것을 $UT1$,[6] 계절적 변화의 수정값

---

4) 연주변화는 편서풍의 상대적 운동량을 연주적 증감에 의한 것이고, 반연주변화는 태양과 달의 인력으로 생기는 지구조석에 의한 것으로 지구의 관성능률이 변화하는 것이 주원인이다.

5) 관측지점의 경 · 위도(λ, φ)에 따라 달라진다.

6) 관측지점에 관계없는 균일한 세계시

Δs를 $UT1$에 고려한 것을 $UT2$라 한다. 이들 사이의 관계는 다음과 같다.

$$UT2 = UT1 + \Delta s = UT0 + \Delta\lambda + \Delta s \tag{14.10}$$

라) 역표시(ET: Ephemeris Time)

태양계에 있는 천체의 위치를 예측하기 위한 천체역학에서는 일정한 속도로 꾸준히 계속되는 시간의 기준이 필요하여 역표시를 사용한다. 지구는 달·태양과 행성의 운동과 관련하여 섭동을 받기 때문에 자전속도가 일정하지 않으므로 이러한 영향 ΔT를 고려하여 지구의 자전에 기초를 둔 세계시나 항성시보다 더 정확한 시간을 얻기 위하여 균일하게 만들어 사용하는 시간을 역표시라 한다.

$$ET = UT2 + \Delta T \tag{4.11}$$

역표시에서는 1900년 초(1899년 12월 31일 정오)에 태양의 기하학적 평균황경(ecliptic longitude)이 279° 41′48.04″인 순간을 1900년 1월 0일 12^h ET로 하였다.

마) 원자시(IAT: International Atomic Time)

원자시는 세계 각지에 분포된 세슘원자시계로 관측되는 시간으로 1958년 1월 1일 0시 0초 세계시와 IAT를 같게 하였다. 이때 역표시와의 차이는 32.184초이었다. 그 후 역표시와 원자시 간의 차이는 항상 ET−IAT=32.184초로 설정하고 있다. 현재 직접 관측할 수 있는 가장 이상적인 시간체계이다.

바) 시간체계의 활용

시간체계에서 ET는 달, 태양, 행성의 위치 계산에, IAT는 위성의 궤도와 추적자료의 계산에, UT는 일상생활의 시간계산에 활용하고 있다.

제3절 천문좌표체계와 천문삼각형

(1) 천문좌표체계

천문좌표계는 지평좌표, 적도좌표, 황도좌표 및 은하좌표가 있으나, 천문측량에서는 이 중 지평좌표체계와 적도좌표체계가 이용된다.

천문관측에서의 좌표체계는 지평좌표계를 이용한 고도 · 방위각체계 및 적도좌표계를 이용한 적위 · 적경체계와 적위 · 시간각체계의 세 가지 주된 체계가 이용된다. 첫 번째와 세 번째 체계는 좌표계가 지구에 고정된 것이며, 두 번째 체계는 천구에 고정된 것이다.

① 지평좌표체계(고도 · 방위각체계)

이 체계는 지상관측자의 위치를 기준으로, 즉 천구지평선과 북점을 기준으로 하여 천체의 위치를 고도 h와 방위각 A로 정의한다.

방위각은 천체를 지나는 수직권과 관측점의 자오선이 이루는 각거리를 북에서 시계방향으로 관측한다. 고도는 수직권을 따라 지평면으로부터 천체까지의 각거리를 말하며, 고도의 여각, 즉 천정에서 천체까지의 각거리를 천정각거리라고 한다. 따라서, 천체의 위치를 방위각 A와 천정각거리 z_d로 표시하기도 한다.

관측점에서 r거리에 있는 천체의 직교좌표는 다음과 같이 변환된다.

$$\begin{bmatrix} x^N \\ y^E \\ z \end{bmatrix} = r \begin{bmatrix} \cos h \cos A \\ \cos h \sin A \\ \sin h \end{bmatrix} = \begin{bmatrix} \sin z_d \cos A \\ \sin z_d \sin A \\ \cos z_d \end{bmatrix} \tag{14.12}$$

여기에서 x축은 NS방향, y축은 EW방향, z축은 천정방향이다.

천체는 극축을 따라 회전하는 천구에 고정되어 있으므로, 방향각과 고도는 시간에 따라 계속 변화하며, 또한 지표면상의 모든 점에 대해 각각 다르다.

따라서, 이 체계는 지표면상의 관측자 위치에 고정된 좌표계로 천체의 위치를 결정하는 데만 적합하지만, 좌표값을 직접 관측할 수 있기 때문에 중요하다. 천극의 고도는 관측지점의 천문위도와 같으며, 천문경도는 관측지점의 자오선과 그리니치자오선이 이루는 각이다.

② 적도좌표체계

시간과 장소에 관계없이 좌표값이 일정하지만 특별한 관측기기를 필요로 한다.

가) 적위 · 적경체계

이 체계는 가장 대표적인 천문좌표체계로서, 좌표계가 천구상에 고정되고 천구를 따라 회전하는 체계이며, 천구의 위치는 천구적도와 춘분점을 기준으로 하여 적위 δ와 적경 α로 나타낸다.

적위는 천구의 중심에서 천체를 통과하는 시간권을 따라 관측된 천체와 천구적도와의 사이각으로, 천극각거리와는 여각관계가 있다.

적경은 지구에서의 경도와 유사하며, 춘분점으로부터 시간권까지를 천구적도면을 따라 동쪽으로 잰 각거리로서 각도단위 대신에 시간단위로 표시한다. 관측점에서 r거리에 있는 천체의 직교좌표는 다음과 같이 변환된다.

$$\begin{bmatrix} x^N \\ y^E \\ z \end{bmatrix} = r \begin{bmatrix} \cos\delta\cos\alpha \\ \cos\delta\sin\alpha \\ \sin\delta \end{bmatrix} \tag{14.13}$$

여기에서 x축은 자오선방향이며, z축은 천극방향이다.

나) 적위 · 시간각체계

이 좌표계는 지구의 극축에 고정된 것으로서, 천체의 위치를 적위 δ와 시간각 H로 나타낸다.

천체의 시간각은 천구자오선에서 천체를 포함하는 시간권까지 천구적도면을 따라 서쪽으로 관측한 각거리로서, 적경과는 다음과 같은 관계가 성립한다.

$$\theta = H + \alpha \tag{14.14}$$

여기에서 θ는 춘분점의 시간각으로서 그 관측점의 항성시라고 한다.

관측점에서 r거리에 있는 천체의 직교좌표는 다음과 같이 변환된다.

$$\begin{bmatrix} x^N \\ y^E \\ z \end{bmatrix} = r \begin{bmatrix} \cos\delta \cos H \\ -\cos\delta \sin H \\ \sin\delta \end{bmatrix} \tag{14.15}$$

여기서 x축은 자오선방향, z축은 천극방향이다.

(2) 국심좌표와 지심좌표와의 관계

관측자를 중심으로 한 천구좌표는, 근거리에 있는 천체에 대해서는 지심시차의 영향이 크므로 관측자중심을 지심으로 환산하여 취급해야 한다.

① 지평좌표 경우

〈그림 14-10〉과 같이, 관측지점 O의 천문 및 지심위도를 각각 φ 및 φ', 지심반경을 ρ라 하자.

천체의 방위각, 천정각거리, 거리를 관측자 중심 O 및 지심 C에 대해 각각 A, z_d, r 및 A', z_d', r'라 하면, 식 (14.12)를 이용하여

$$r' \begin{bmatrix} \sin z_d' \cos A' \\ \sin z_d' \sin A' \\ \cos z_d' \end{bmatrix} = r \begin{bmatrix} \sin z_d \cos A \\ \sin z_d \sin A \\ \cos z_d \end{bmatrix} + \begin{bmatrix} \rho\sin(\varphi-\varphi') \\ 0 \\ \rho\cos(\varphi-\varphi') \end{bmatrix} \tag{14.16}$$

의 관계식이 성립되며, 다음과 같은 근사식이 이루어진다.

그림 14-10 국심 및 지심지평좌표의 관계

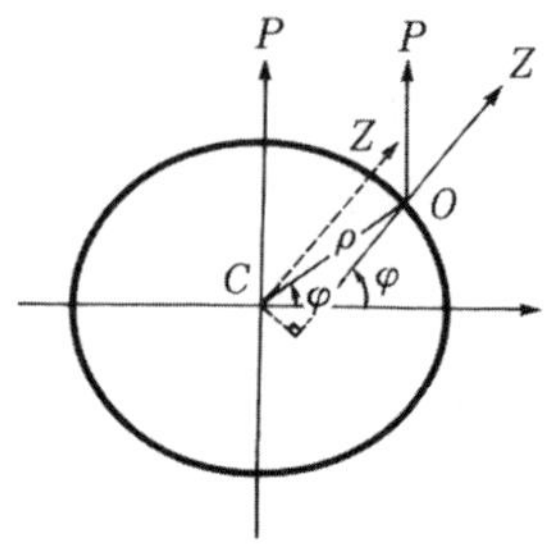

$$A-A' = \frac{\rho}{r}\sin(\varphi-\varphi')\frac{\sin A}{\sin z_d} \tag{14.17}$$

$$z_d-z_d' = \frac{\rho}{r}\{\cos(\varphi-\varphi')\sin z_d-\sin(\varphi-\varphi')\cos A\cos z_d\}$$

② 적도좌표 경우

〈그림 14-11〉과 같이, 관측지점의 항성시, 지심위도 및 지심반경을 각각 θ, φ', ρ로 설정한다.

천체의 적경, 적위, 거리 및 시간각을 관측자 중심 O 및 지심 C에 대해 각각 α, δ, r, H 및 α', δ', r', H'라 하면, 식 (14.15)를 이용하여

$$r'\begin{bmatrix}\cos\delta'\cos\alpha'\\ \cos\delta'\sin\alpha'\\ \sin\delta'\end{bmatrix}=r\begin{bmatrix}\cos\delta\cos\alpha\\ \cos\delta\sin\alpha\\ \sin\delta\end{bmatrix}+\rho\begin{bmatrix}\cos\delta'\cos\theta\\ \cos\varphi'\sin\theta\\ \sin\delta'\end{bmatrix} \tag{14.18}$$

의 관계식이 성립되며, 다음과 같은 근사식이 이루어진다.

$$\alpha'-\alpha=\frac{\rho}{r}\cos\varphi'\frac{\sin H}{\cos\varphi} \tag{14.19}$$

$$\delta'-\delta=\frac{\rho}{r}\{\cos\varphi\sin\varphi'-\sin\delta\cos\varphi'\cos H\}$$

그림 14-11 국심 및 지심적도좌표의 관계

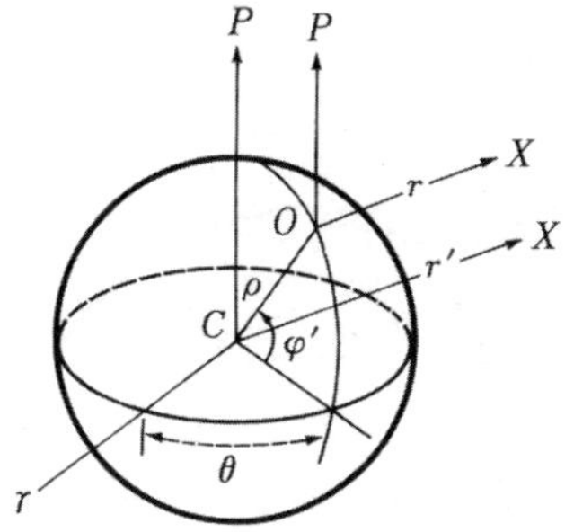

(3) 천문삼각형(astronomical triangle)

천구상에 있어서 천극, 천정, 천체를 정점으로 하는 구면삼각법을 천문삼각형이라 한다. 천문삼각형으로 이루어지는 공식들은 구면삼각법을 적용하여 구할 수 있다.

천극 P의 고도의 관측지점의 위도와 같기 때문에 $\widehat{ZP}$는 $(90° - \varphi)$이다. $\widehat{ZX}$는 천체 X의 천정각거리 $z_d(=90° - h)$이며, $\widehat{PX}$는 $(90° - \delta)$이다. 또한, $\angle PZX(=t)$는 천체가 자오선의 서쪽에 있을 때는 시간각 H와 같으며, 자오선의 동쪽에 있을 때는 $(24^h - H)$이다. $\angle PZX(=z)$는 천체가 자오선의 동쪽에 있을 때는 방위각 A와 같으며, 서쪽에 있을 때는 $(360° - A)$이다. $\angle PXZ$는 극정대각(極頂對角: parallactic angle)이라 한다. 따라서, 천문삼각형 PXZ에 있어서 구면삼각법의 정현법칙으로부터

$$\sin t \cos \delta = \cos h \sin A = \sin z_d \sin A \tag{14.20}$$

이 되며, 여현법칙으로부터

$$\sin h = \cos z_d = \sin \varphi \sin \delta + \cos \varphi \cos \delta \cos H \tag{14.21}$$

또한,

그림 14-12 천문삼각형

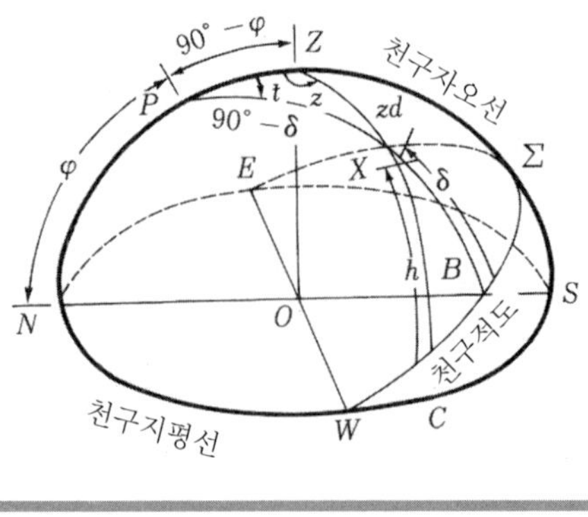

$$\sin\delta = \sin\varphi\sin h + \cos\varphi\cos h\cos A$$
$$= \sin\varphi\cos z_d + \cos\varphi\sin z_d\cos A \tag{14.22}$$

이다.

그리고, 구면삼각법의 2각과 3변공식으로부터

$$\cos h\cos A = \sin z_d\cos A$$
$$= \cos\varphi\sin\delta - \sin\delta\cos\delta\cos H \tag{14.23}$$

또한,

$$\cos\delta\cos H = \cos\varphi\sin h - \sin\varphi\cos h\cos A$$
$$= \cos\varphi\cos z_d - \sin\varphi\sin z_d\cos A \tag{14.24}$$

이다.

시간각 H를 계산하기 위해서는 다음 2개의 공식이 이용된다.

$$\sin\frac{H}{2} = \sqrt{\frac{\cos(s+\varphi)\cos(s+\delta)}{\cos\varphi\cos\delta}} \tag{14.25}$$

단, $s = \frac{1}{2}\{270° - (\varphi + \delta + h)\}$

또는, 식 (14.20)으로부터

$$\cos H = \frac{\sin h - \sin\varphi\sin\delta}{\cos\varphi\cos\delta} \tag{14.26}$$

이 이루어진다.

방위각 A를 계산하기 위해서는 다음 두 식이 이용된다.

$$\sin\frac{A}{2} = \sqrt{\frac{\cos(s+\varphi)\cos(s+h)}{\cos\varphi\cos h}} \tag{14.27}$$

여기서 s는 식 (14.25)와 같다. 또한, 식 (14.22)로부터

$$\cos A = \frac{\sin\delta - \sin\varphi\sin h}{\cos\varphi\cos h} \tag{14.28}$$

이 이루어진다.

제4절 천체의 위치변화와 그 위치결정

(1) 항성의 위치변화

천문측량에서는 적경과 적위로 표시된 천문력 및 성표를 이용한다. 일반적으로 항성은 천구상에 고정되어 있는 것으로 고려하고 있으나, 적경과 적위는 다음과 같은 여러 원인에 의해 약간씩 변하고 있다.

① 세차(precession)

달과 태양의 인력에 의해 지구의 자전축은 약 26,000년을 주기로 운동하고 있다. 이 때문에 천구적도는 천구상을 〈그림 14-13〉과 같이 변환한다.

또한, 혹성의 인력에 의해 지구의 공전궤도면도 변하므로, 황도도 〈그림 14-13〉과 같이 변화한다. 따라서, 어떤 시점에서의 춘분점 γ는 1년 후에는 약50″ 서쪽으로 이동한 γ_2로 움직인다. 이 현상을 세차운동이라 한다. 이 경우, 춘분점의 황경상의 변화($\gamma \to \gamma_1$)를 ψ로 표시하며 일월세차라 한다. 또한, 적경상의 변화($\gamma_1 \to \gamma_2$)를 λ'로 표시하며 혹성세차라 한다. 황도를 따라 춘분

그림 14-13 세차에 의한 춘분점의 움직임

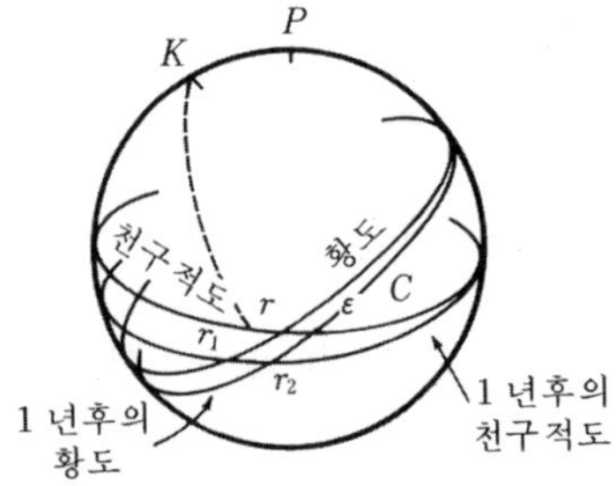

점이 움직이는 연(年)총변화량 x를 일반세차라 하며, 일반식은

$$x=\gamma\gamma_1-\gamma_1 W=\psi-\lambda' \cos \varepsilon \tag{14.29}$$

이다.

춘분점의 세차의 적경 및 적위방향으로의 성분 m 및 n은,

$$\left.\begin{aligned} m&=\gamma\gamma_1 \cos \varepsilon-\gamma_1\gamma_2=\psi \cos \varepsilon-\lambda' \\ n&=\gamma\gamma_1 \sin \varepsilon=\psi \sin \varepsilon \end{aligned}\right\} \tag{14.30}$$

이며, 각각 적경 및 적위의 세차라 부르고 있다.

세차에 의한 항성의 적경 및 적위의 영향은 다음 식과 같다.

$$\left.\begin{aligned} \Delta\alpha&=m+n \sin \alpha \tan \delta \\ \Delta\delta&=n \cos \alpha \end{aligned}\right\} \tag{14.31}$$

② 장동(nutation)

황도경사의 영향으로 달과 태양이 적도면의 위와 아래로 움직이므로, 달과 태양의 인력은 황경 및 황도경사각에 진폭은 작으나 주기적인 변화를 일으킨다. 이와 같은 현상을 장동이라 하며, 전자를 황경의 장동 $\Delta\varphi$, 후자를 황도경사각의 장동 $\Delta\varepsilon$라고 한다. $\Delta\varphi$와 $\Delta\varepsilon$은 다음 식으로 표시된다.

$$\left.\begin{aligned} \Delta\varphi&=b_1 \sin \Omega+c_1 \sin 2\Omega+l_1 \sin 2L+m_1 \sin 2\beta_m \\ \Delta\varphi&=b_2 \cos \Omega+c_2 \cos 2\Omega+l_2 \cos 2L+m_2 \cos 2\beta_m \end{aligned}\right\} \tag{14.32}$$

여기서 b_i, c_i, l_i. m_i는 계수, Ω, L, β_m는 각각 달의 승교점, 태양 및 달의 평균황경이다. b_2는 9″.21로서 장동상수라고 한다, $\Delta\varphi$ 및 $\Delta\varepsilon$에 의한 항성의 적경 및 적위의 주기적 변화 $\Delta\alpha$와 $\Delta\varepsilon$는 다음 식과 같다.

$$\left.\begin{aligned} \Delta\alpha&=\Delta\varphi(\cos \varepsilon+\sin \varepsilon \sin \alpha \tan \delta)-\Delta\varepsilon \cos \alpha \tan \delta \\ \Delta\delta&=\delta\psi \sin \varepsilon \cos \alpha+\Delta\varepsilon \sin \alpha \end{aligned}\right\} \tag{14.33}$$

③ 광행차(aberration)

지구는 약 30km/초의 선속도로 태양의 주위를 공전하므로, 지구에서 본 천체의 시선방향은 천체와 관측자의 속도벡터들의 합성에 의해 외견상 천구상에서 그 위치가 변화하는 현상이 나타난다. 이 현상을 연주광행차라고 한다.

〈그림 14-14〉에서, v를 관측자의 속도라 할 때, 참방향 CE_1의 천체 X는 외견상 C_1E_1의 방향으로 관측된다.

광행차 C_a는

$$C_a=\theta-\theta' =\left(\frac{1}{\sin 1''} \cdot \frac{v}{c}\right)\sin \theta=k \sin \theta \tag{14.34}$$

이며, 여기에서 c는 광속도, θ는 초로 표시한 각도, k는 광행차상수이다. 연주기광행차상수 k는 20″.493이며 지구의 자전에 의한 일주광행차는 0″.320cos φ로서 적도상에서 최대이고 양극에서 0이다.

〈그림 14-15〉에서 X는 천체의 진위치일 때, 광행차의 영향으로 X_1에 있는 것처럼 보인다면, $XX_1=k \sin \theta$이다. ⊙를 태양의 진황경이라 하면, $\gamma F=$ ⊙$-90°$가 된다.

삼각형 XX_1Y에 있어서, $\angle YXX_1=\phi$라 하면

$$\left.\begin{aligned} \Delta\alpha &= k \sin \theta \cos \phi \sec \delta \\ \Delta\delta &= -k \sin \theta \sin \phi \end{aligned}\right\} \tag{14.35}$$

그림 14-14 광행차

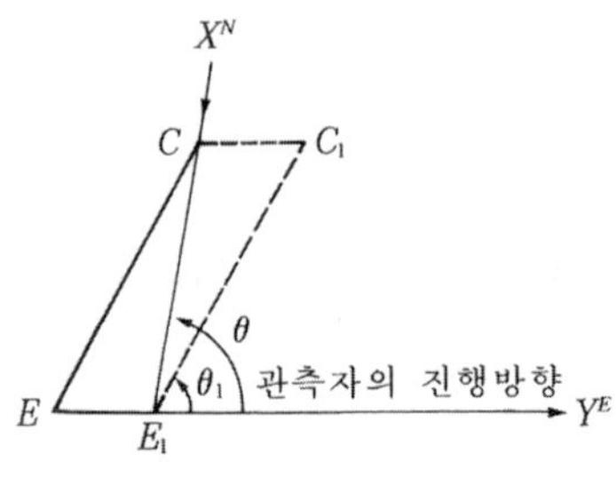

그림 14-15 광행차의 적경 및 적위에의 영향

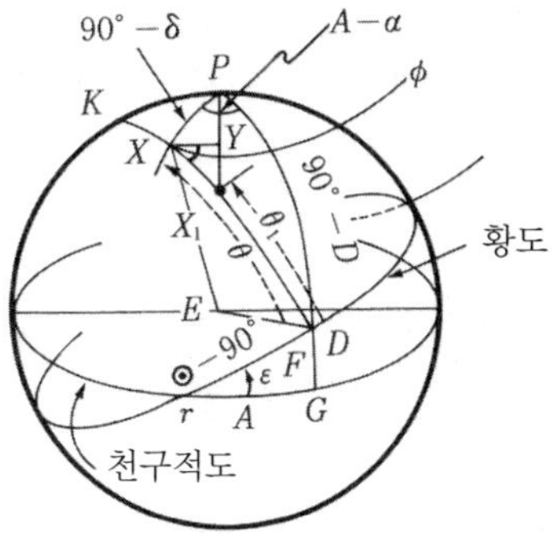

가 되며, 위 식에 구면삼각형 *PXF*와 *FγG*를 고려하면

$$\left.\begin{aligned} \Delta\alpha &= -k \sec\delta\,(\cos\alpha\cos\varepsilon\cos\odot + \sin\alpha\sin\odot) \\ \Delta\delta &= -k \sec\varepsilon\cos\odot(\tan\varepsilon\cos\delta - \sin\alpha\sin\delta) \\ &\quad -k\cos\alpha\sin\delta\sin\odot \end{aligned}\right\} \qquad (14.36)$$

와 같은 식으로 광행차의 적경과 적위에의 영향이 얻어진다.

④ 기차(refraction)

대기의 굴절에 의해 항성의 고도가 실제보다 높게 보인다. 대기가 일정

그림 14-16 기 차

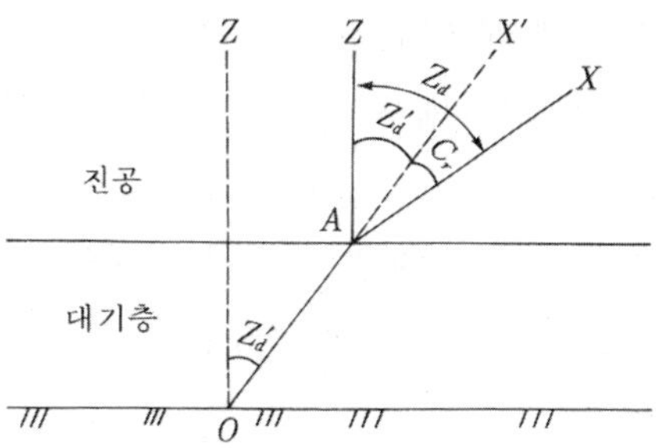

한 밀도로 분포되어 있다면 대기굴절에 의한 기차의 영향으로, 〈그림 14-16〉과 같이 별빛 XA는 관측자에게 AO로 보이게 되어 항성이 X' 의 위치에 있는 것처럼 느끼게 된다.

천체의 천정각거리를 Z_d' 라 하면 굴절법칙에 의해

$$\sin(Z_d' + C_r) = \mu \sin Z_d' \tag{14.37}$$

이다. 여기에서 μ는 굴절계수이다.

기차 C_r은 보통 $35'$ 보다 크지 않은 작은 값이므로 위의 식은

$$\begin{aligned} C_r &= (\mu-1)\tan Z_d' \\ &= 60''.64 \tan Z_d' \end{aligned} \tag{14.38}$$

가 된다. 천정간거리 대신에 고도로 표시하면 다음과 같다.

$$C_r = 60''.64 \cot h' \tag{14.39}$$

그러나 굴절계수 μ는 대기온도와 압력에 따라 변화하므로 이를 고려해야 한다. 수증기분압을 고려한 기압을 P(mbar), 절대온도를 T라 하면,

$$C_r = 16''.17 \frac{P}{T} \tan Z_d' \tag{14.40}$$

가 성립된다.

⑤ **시차**(parallax)

지구는 태양을 공전하고 있으므로, 근거리의 위성에서는 지구의 위치에 따라 천구상의 위치가 다르게 보인다. 이것은 1년주기의 변화로서 연주시차라고 한다. 극히 작은 양이므로, 매우 가까운 항성 이외에서는 고려하지 않아도 된다.

또한 관측자의 위치에 따라 천체의 시위치는 차이가 나게 되는데 이를 지심시차라고 한다. 지심시차는 천체와 지구중심을 잇는 선과 천체와 관측자를 잇는 선과의 사이각이다.

시차 C_p는 $(Z_d' - Z_d)$와 같으므로 천체가 지평선상에 있을 때 제일 크게

그림 14-17 시 차

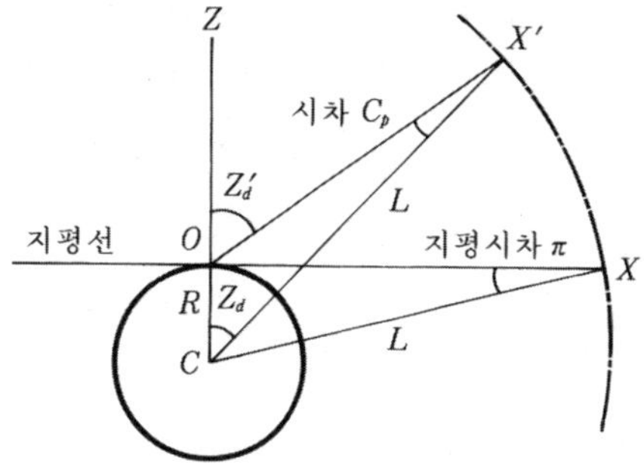

되는데 이를 지평시차라 한다. 〈그림 14-17〉에서의 삼각형 OCX'에서 정현법칙을 적용하고, C_p는 미소하므로

$$C_p = \frac{R}{\sin 1'' \cdot L} \sin Z_d' = \frac{R}{\sin 1'' \cdot L} \cos h' \tag{14.41}$$

이 얻어진다. 전체 X가 태양인 경우 $R/\sin 1'' \cdot L$은 8″.88이다.

⑥ 고유운동(proper motion)

항성은 정지상태에 있는 것이 아니고 공간상에서 조금씩 움직이고 있다. 〈그림 14-18〉에서 어느 항성 X의 태양 S에 대한 상대운동을 고려할 경우, 1년 후에 항성이 X로부터 X_1으로 움직이면, 관측자를 기준으로 한 항성의 위치는 μ만큼 변화된다.

그림 14-18 항성의 고유운동

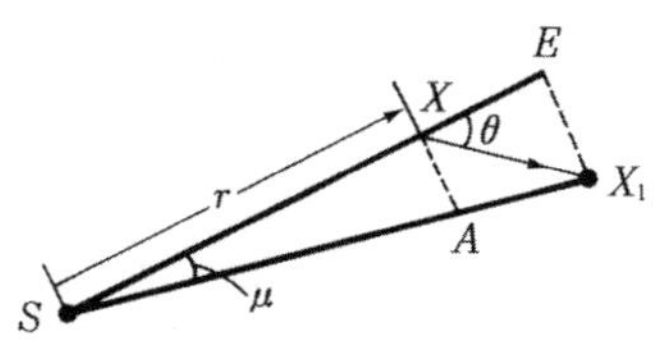

⑦ 안고차(또는, 지평복각, dip of horizon)

천체의 고도를 바다 위에서 관측할 때, 지구는 둥글기 때문에 눈에 보이는 지평선은 실제 지평선보다 아래에 있게 된다. 이와 같이, 눈에 보이는 지평선과 실제지평선의 사이각을 지평복각이라 하며 안고차라고도 한다.

〈그림 14-19〉에서 지평복각 D는 지심각 $\angle OCV$와 같으므로, 삼각형 OCV에서

$$\cos D = \left(1 + \frac{d}{R}\right)^{-1} \tag{14.42}$$

이 되며, d는 R에 비해 극히 작으므로 양변을 차수전개하여 고차항을 생략하면

$$D = \sqrt{\frac{2d}{R}} \tag{14.43}$$

가 된다. 단, d와 R의 단위는 m이다.

그러나 실제의 지평복각 D는 기차의 영향으로 식 (14.43)보다 작으며, 우리나라 근해에서는

$$D = 106.6'' \sqrt{d} \tag{14.44}$$

이다.

그림 14-19 지평복각

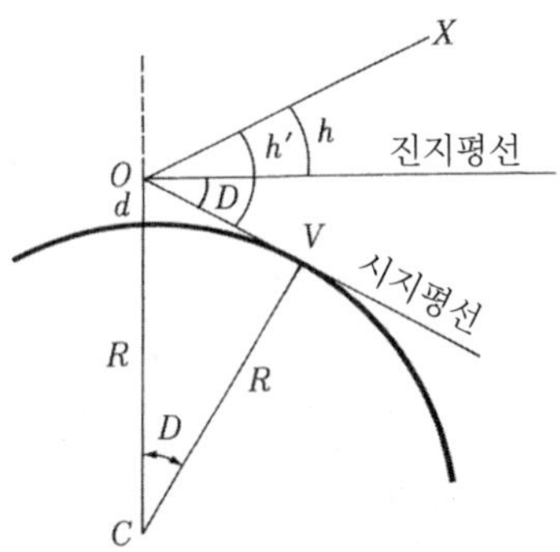

(2) 항성의 위치관측

① 평균위치(平均位置)

천구적도 및 춘분점은 세차와 장동에 의해 계속 움직인다. 장동의 영향을 제외한 평균의 적도 및 춘분점에 기준한 항성의 위치를 평균위치라고 한다. 지금 어떤 원기 t_0에서의 항성의 평균위치를 $(\alpha_0,\ \delta_0)$라 하면, 몇 년 후 t에서의 위치 $(\alpha,\ \delta)$는

$$\alpha=\alpha_0+AV_\alpha(t-t_0)+\frac{SV_\alpha}{200}(t-t_0)^2+\cdots$$

$$\delta=\delta_0+AV_\delta(t-t_0)+\frac{SV_\delta}{200}(t-t_0)^2+\cdots \tag{14.45}$$

이 된다. 이때, $AV_\alpha=\frac{d_{\alpha0}}{dt}$, $SV_\alpha=100\frac{d^2\delta_0}{dt^2}$ 및 $AV_\delta=\frac{d_{\delta0}}{dt}$, $SV_\delta=100\frac{d^2\delta_0}{dt^2}$을 각각 적경 및 적위의 연주차 및 영년변화라고 한다. 단, AV에는 그 항성의 고유운동을 더한다. 이런 관계로부터 t_0에서의 평균위치 $(\alpha_0,\ \delta_0)$로부터 $(t-t_0)$년 후의 평균위치 $(\alpha,\ \delta)$가 계산된다.

② 진위치(眞位置)

천구적도와 춘분점은 세차 및 장동을 고려하여 진적도(眞赤道)와 진춘분점(眞春分點)에 기준한 항성의 적경과 적위를 진위치라고 정의한다. 어떤 순간 t_1에 있어서 항성의 진위치 $(\alpha_1,\ \delta_1)$는, 그 연초 t의 평균위치 $(\alpha,\ \delta)$에서 $(t-1)$에 상당하는 세차와 t에 있어서의 장동을 고려하여 계산된다. 세차와 장동의 영향을 종합하여 나타내면 식 (14.31)과 (14.32)에 의해

$$\left.\begin{aligned}\alpha_1-\alpha&=(n(t-t_0)+\Delta\psi\ \sin\varepsilon)\left(\frac{m}{n}+\sin\alpha\ \tan\theta\right)\\&\quad-\Delta\varepsilon\ \cos\alpha\ \tan\delta+\frac{\lambda'}{\psi'}\Delta\psi\\\delta_1-\delta&=(n(t-t_0)+\Delta\psi\ \sin\varepsilon)\cos\alpha+\Delta\varepsilon\ \sin\alpha\end{aligned}\right\} \tag{14.46}$$

로 표시된다.

③ 시위치(視位置)

항성의 진위치는 태양중심의 천구좌표에 있어서 각각 천구적도와 춘분점을 기준으로 한 기하학적인 위치이므로, 광행차와 연주시차와는 관련이 없다. 그러나, 실제 지상에서 관측된 항성의 위치의 광행차와 연주시차의 영향 때문에 외견상 다르게 나타난다. 항상의 시위치는 진위치를 지심천구좌표로 설정한 것이므로, 광행차와 연주시차의 영향을 진위치에 더해 주어 시위치를 계산한다.

제5절 천문경위도 및 방위각관측

(1) 천문경도의 결정

경도는 시간과 밀접한 관계가 있다. 즉, 어느 두 지점 사이의 경도차는 그들의 지방시차와 같다.

천문경도는 〈그림 14-20〉과 같이, 다음 식으로 나타낼 수 있다.

$$\lambda_a = LST - GST$$
$$= LHA - GHT$$

그림 14-20 경도와 시의 관계

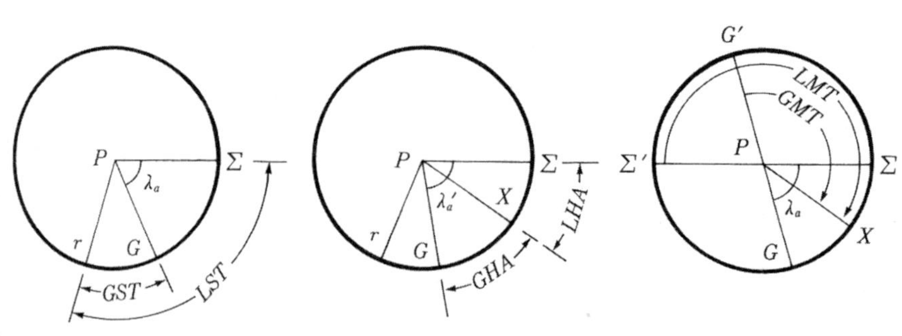

$$=LMT-GMT \tag{14.47}$$

여기에서 *LST*는 지방시(또는 지방항성시), *GST*는 그리니치항성시, *LHA*는 지방시각, *GHT*는 그리니치시각, *LMT*는 평균태양시(또는, 지방평시), *GMT*는 그리니치표준시이다.

자오선상에 있는 별의 적경은 지방항성시와 같으므로 별이 자오선을 통과하는 순간의 그리니치항성시를 결정함으로써 천문경도를 얻을 수 있다. 별의 적경은 역표에 나와 있다. 또한, 관측지점의 위도와 별의 적위를 알고 있으면 별의 고도를 관측하여 천문삼각형에 의해 관측순간의 지방시각 및 지방평시를 구할 있으며, 관측순간의 그리니치시는 라디오 시보를 이용하여 얻을 수 있으므로 천문경도를 결정할 수 있다.

경도결정에서 오차의 주요인은 시각관측으로서, 시각 1초가 경도 15초에 해당된다는 것으로부터 그 중요성을 알 수 있다.

관측시는 일주광행차(diurnal aberration)에 대해 보정해야 한다.

① **자오선법**(method by meridian transits)

항성이 자오선을 통과하는 순간을 크로노미터로 읽으면, 지방항성시 또는 지방평시로 구할 수 있다. 이 방법의 원리는

$$\text{지평항성시}(LST)=\text{적경}(\alpha)+\text{시간각}(H) \tag{14.48}$$

의 관계에서, 천체가 남중할 때는 시간각이 0이 되므로 지방항성시는 항성의 적경과 같게 되는 것을 이용한다.

관측에 있어서 속도가 빠른 항성이 좋으므로 천적도(天赤道) 부근의 오리온사자, 작은 개, 큰 개 등의 별이 좋다. 이로부터 여러 개의 별에 대해서 구한 것을 평균한다. 특히, 관측에 있어서는 트랜시트의 수평축 및 이것에 평행된 기포관을 정확히 수평으로 유지하여 두어야 한다.

별을 관측할 경우에는 미리 근사적인 고도를 계산하여 두고, 이것을 수직분도원으로 삼고 별을 기다린다. 시각을 관측하는 데는 stopwatch가 편리하다.

태양을 관측할 경우에는 시태양이 자오선을 통과하는 시각 즉, 일남중의

순간에 시계의 눈금을 보면 지방시정오(LAN: Local Apparent Noon)가 얻어지므로 지방평시나 표준시와 관계를 연관시킬 수가 있다. 태양의 관측에서는 종우선(縱又線)이 단면접촉을 하는 경우, 시반경에 대한 보정이 필요하므로 실제로는 양면접촉의 시각을 관측하고 이것을 평균하여 시계를 읽는다.

② 등고도법(method by equal altitudes)

자오선을 사이에 두고 동서에 있어서 동일량의 동일고도에 달한 순간의 시계의 눈금을 읽어서 이것을 평균하면 적위의 변화는 무시되므로 그 천체의 자오선통과시각을 알 수 있다.

가) 항성의 경우

동서 1쌍의 별은 모두 묘유선 부근에 있는 것을 선택하여야 하며, 고도의 값은 필요하지 않으나 동일하다고 설정해야 한다. 이와 같이 별이 이미 선택되어 있으므로 관측하기에 적당한 것을 택하면 된다. 자오선에 대해 동쪽 별과 서쪽 별의 관측시간을 각각 θ_e 및 θ_w라 하면,

$$\Delta\theta=\frac{1}{2}(\alpha_e-\alpha_w)-\frac{1}{2}(\theta_e+\theta_w)+\varepsilon^s\left(\frac{\tan\delta}{\tan H}-\frac{\tan\varphi}{\sin H}\right)+0^s.012\cos Z \quad (14.49)$$

이다. 여기에서 $H=\frac{1}{2}\{(\alpha_e-\alpha_w)-(\theta_e-\theta_w)\}$, $\delta=\frac{1}{2}(\delta_e+\delta_w)$ 및 $\varepsilon^S=\frac{1}{30}(\delta_e-\delta_w)$이며, 식 (14.49)의 마지막 항은 일주광행차의 보정항이다.

이 방법의 장점은 관측자의 위도나 별의 적위에 관계없이 경도를 결정할 수 있고, 기계오차가 경도 결정에 큰 양향을 주지 않는다는 점이며, 또한 단점은 관측 사이의 시간이 길고, 관측시 구름으로 방해받을 수 있는 점이다.

나) 태양의 경우

태양의 경우는 적위의 변화가 있으므로 오전과 오후와의 등고도시각의 평균이 일남중의 시각을 나타내지 않기 때문에 이를 보정하여 시정오의 시각을 구하지 않으면 안 된다.

지금 오전, 오후의 시계읽음값을 각각 T_1, T_2라 하면 시계읽음값들의 평균값 $T_0\left(=\frac{T_1+T_2}{2}\right)$이 계산되며, 또한 시정오를 표시한 시계읽음값을 T', 시계차를 ΔT_0라 하면 $T'=T_0+\Delta T_0$이 된다.

$\Delta\delta$를 적위의 1시간 변화량, t를 시각(오전 오후 시계읽음차의 $\frac{1}{2}$)이라 하면, 등고도일 때 오정의 적위는 $(\delta-t\cdot\Delta\delta)$, 오후의 적위는 $(\delta+t\cdot\Delta\delta)$이며, 또한 오전의 시간각은 $(T+\Delta T_0)$, 오후의 시간각은 $(T-T_0)$이다. 천문삼각형의 공식 (14.21)을 적용하면

$$\sin h=\sin(\delta-t\cdot\Delta\delta)\sin\varphi+\cos(\delta-t\cdot\Delta\delta)\cos\varphi\cos(T+\Delta T_0)$$
$$\sin h=\sin(\delta+t\cdot\Delta\delta)\sin\varphi+\cos(\delta+t\cdot\Delta\delta)\cos\varphi\cos(T-\Delta T_0) \quad (14.50)$$

가 된다.

위의 두 식으로부터

$$\Delta T_0(\text{시})=\frac{t\cdot\Delta\delta}{15}(\tan\delta\cot T-\tan\varphi\operatorname{cosec}T) \quad (14.51)$$

이 이루어지게 된다.

③ **단고도법**(method by single altitude)

임의의 위치에 있는 별 또는 태양의 고도를 관측하고 천문력에서 얻은 천체의 적위와 관측점의 위도를 가정하여 천문삼각형으로부터 해를 구할 수 있다.

가) 항성의 경우

가정위도 φ의 오차영향을 최소로 하기 위해 적위 δ가 90°에 가깝고 자오선에 가까운 북극성이 이용된다. 지방시각 t는

$$\cos t=\frac{\sin h-\sin\varphi\sin\delta}{\cos\varphi\cos\delta} \quad (14.52)$$

로 구하여진다.

나) 태양의 경우

태양의 관측도 별의 관측과 같지만, 태양의 고도를 관측할 때는 직접 태양의 중심을 관측할 수 없다(Roelots Solar Prism 사용시는 제외). 또한, 태양위치표(Solar Ephemeris)에는 태양중심에 대한 값들로 나와 있으므로 모든 태양관측은 시반경만큼 보정해 주어야 한다.

그림 14-21 태양의 고도관측요령

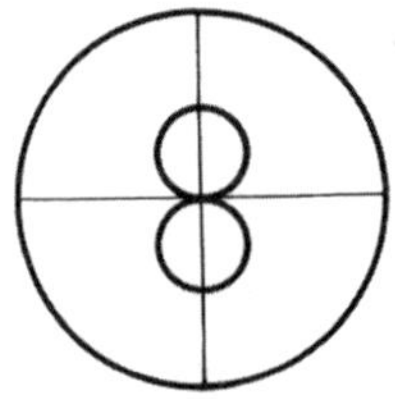

태양을 관측하는 방법은 두 번의 연속적인 관측, 즉 〈그림 14-21〉과 같이 상단부와 하단부를 관측하여 그 평균을 구해 고도값을 구할 수 있다.

(2) 천문위도의 결정

천문위도는 관측지점에서의 연직선방향과 적도면 사이의 각을 말하며, 천극의 고도와 일치한다.

따라서, 천문위도는 북극성에 의해 단순하게 결정할 수도 있으나, 정확성을 요하는 경우 별의 자오선고도 또는 자오선천정각거리를 관측하고 별의 적위를 이용하여 결정한다.

천문위도를 구하는 식은 〈그림 14-22〉와 같이, 별의 위치에 따라 달라진다. 별이 자오선상에 있을 때 적위를 δ, 고도를 h, 위도를 ϕ라 하면 다음 관계식이 성립한다.

그림 14-22 자오선상 별관측에 의한 위도결정

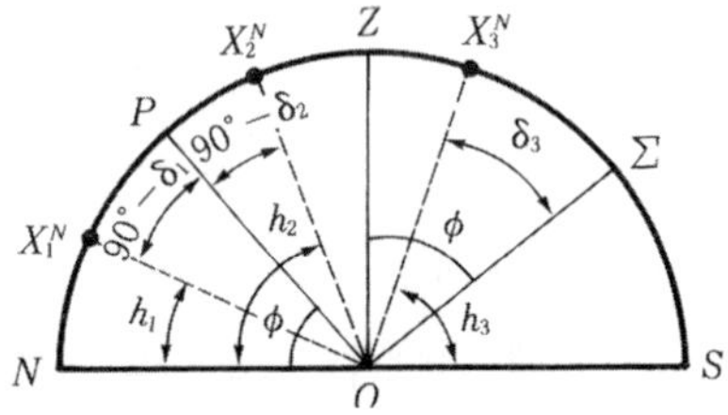

$$\left.\begin{array}{ll} X_1^N\text{의 경우(별이 천북극 아래에 있을 때)} & \phi = h_1 + (90^\circ - \delta_1) \\ X_2^N\text{의 경우(별이 천북극과 천정 사이에 있을 때)} & \phi = h_2 - (90^\circ - \delta_2) \\ X_3^N\text{의 경우(별이 천정의 남쪽에 있을 때)} & \phi = (90^\circ - h_3) + \delta_3 \end{array}\right\} \quad (14.53)$$

이를 천정각거리 z_d로 나타내면 다음과 같다.

$$\left.\begin{array}{l} X_1^N\text{의 경우 } \phi = 180^\circ - (z_d + \delta) \\ X_2^N\text{의 경우 } \phi = \delta - z_d \\ X_3^N\text{의 경우 } \phi = z_d + \delta \end{array}\right\} \quad (14.54)$$

시각이 기지일 때 자오선상에 있지 않은 한 별의 고도를 관측하는 방법과 주자오선고도들을 이용하는 방법들도 유용하지만 기차에 의한 보정이 필요하다.

따라서, 개략적으로 동일한 천정각거리를 갖는 천정의 남과 북에 있는 일련의 별을 관측하여

$$\phi = \frac{1}{2}\{(\delta_N + \delta_S) + (z_{dN} + z_{ds})\} \quad (14.55)$$

에 의해 천문위도를 결정하면 기차의 영향을 소거할 수 있다. 이 방법을 탈코트법(Horrebow-Talcott method)이라 한다.

① **자오선고도법**(method by meridian altitude)

천체의 적위는 알 수 있으므로 고도 또는 천정각거리를 관측하면 식 (14.52) 또는 (14.53)으로부터 위도를 구할 수 있다.

자오선고도법은 북극성(polaris)의 관측과 자오선상의 별을 관측하는 것으로 구분한다.

가) 북극성의 관측

북극성은 하루에 두 번 정확하게 관측자의 자오선상에 오게 되므로, 이를 이용하여 상통과와 하통과(upper and lower culmination) 때에 고도 또는 천정각거리를 관측한다. 북극성은 극을 중심으로 1° 이내의 작은 원을 그리며 움직이므로 고도의 변화가 매우 작다. 따라서, 육분의, 트랜시트 등으로도

위도를 관측하기에 적당하다. 또한 북극성을 주위에 밝은 별이 없는 2등성이므로 쉽게 발견할 수 있는 장점이 있다.

북극성의 적위 및 자오선을 통과하는 지방평시는 성표(nautical almanac)에서 구할 수 있다.

나) Sterneck법

자오선의 천정각거리를 관측하고, 위도(ϕ)=적위(δ)±천정각거리(z)를 이용하여 위도를 관측하는 방법으로서 중위도나 저위도에서 Horrebow-Talcott법과 함께 많이 사용된다. 이 방법의 특징은 관측기록의 작성이 쉽고, 번거로운 계산이 적으며, 경위도 동시관측도 가능하다. 따라서 위도관측에서는 탈코트법보다 더 많이 쓰이고 있다.

우리나라에서는 중위도지역이며, T-4의 관측기기 및 SPFS(FK-4)의 항성표를 사용하고 있기 때문에 Sterneck법을 채택하고 있다.

다) 자오선상의 관측

항성은 상자오선(upper meridian)을 통과할 때 최대고도를 가지므로, 계속 관측하여 최대고도를 갖는 대략의 자오선고도를 구해 위도를 계산한다. 이때, 여러 항성을 관측함으로써 정확도를 높인다.

관측한 별의 고도와 시를 방안지에 그리면 포물선이 된다. 관측요령은 별의 자오선 통과 시각을 미리 구하여 그 시각의 전후 약 15분씩 연속 관측하면 되며, 이때 포물선은 대칭이 되어야 한다.

② 주자오선법(method by circummeridian altitude)

이 방법은 별이 자오선을 통과하는 전후 수분 동안 각각의 별에 대해 천정각거리를 여러 번 관측하는 것이다. 그러나 기계를 반드시 자오선상에 정확하게 설치하여 천정각거리를 관측할 필요는 없다. 고위도지방에서는 관측하기 좋은 밤이 짧아 이 방법이 많이 사용된다. 주자오선법에 대한 천정각거리를 구하는 식은 다음과 같다.

북반구의 경우, 자오선천정각거리는 (-)이므로 $\phi=\delta+z_m$이며, $\cos t=1-2\sin^2\frac{1}{2}t$이므로 이것을 식 (14.21)에 대입하면

$$\cos z_d=\sin\phi\sin\delta+\cos\phi\cos\delta-2\cos\phi\cos\delta\sin^2\frac{1}{2}t \tag{14.56}$$

이므로

$$\cos z_m - \cos z_d = 2 \cos \phi \cos \delta \sin^2 \frac{1}{2} t \tag{14.57}$$

이 구하여진다. 또한,

$$\cos z_m - \cos z_d = -2 \sin \frac{1}{2}(z_m + z_d) \sin \frac{1}{2}(z_m - z_d) \tag{14.58}$$

이므로, 식 (14.56)와 (14.57)에서

$$\sin \frac{1}{2}(z_m + z_d) \sin \frac{1}{2}(z_m - z_d) = -\cos \phi \cos \delta \sin^2 \frac{1}{2} t \tag{14.59}$$

이 이루어진다.

그러나 관측은 15분 이내에 하므로 z_m은 z_d와 거의 같다. 즉, $\sin \frac{1}{2}(z_m + z_d) = \sin z_d$, $\sin \frac{1}{2}(z_m - z_d) = \frac{1}{2}(z_m - z_d) \sin 1''$이므로

$$z_m = z_d - \cos \phi \cos \delta \operatorname{cosec} z_d \frac{\frac{1}{2} \sin^2 \frac{1}{2} t}{\sin 1''} \tag{14.60}$$

이 된다.

관측의 정확도를 높이기 위해서는,

첫째, 별을 시준한 뒤 반전하여 관측함으로써 기계오차를 제거하고, 둘째, 관측한 별의 수만큼 남북으로 동일한 수로 천정각거리를 관측하여 기차에 대한 오차를 제거할 수 있다.

③ 자오선상에 있지 않은 별의 고도에 의한 방법

이 방법은 별이 자오선상에 있지 않을 때 시각(t), 적위(δ), 고도(h)로 위도를 구하는 것이다. 관측의 기본은 고도관측이며, 시를 알고 있으므로 시각(t)을 구할 수 있다. 적위(δ)는 역표에서 구한다.

계산방법은 천문삼각형에서 $90° - h$, $90° - \delta$와 t로써 다른 변 $90° - \phi$를 구하여 위도 ϕ를 계산하면 된다.

천문삼각형 PZX에서 $\widehat{ZP}$에 직각이 되는 원호 $\widehat{XX'}$를 그리고 $\widehat{XX'} = f$,

그림 14-23 자오선상에 있지 않은 별에 의한 위도결정

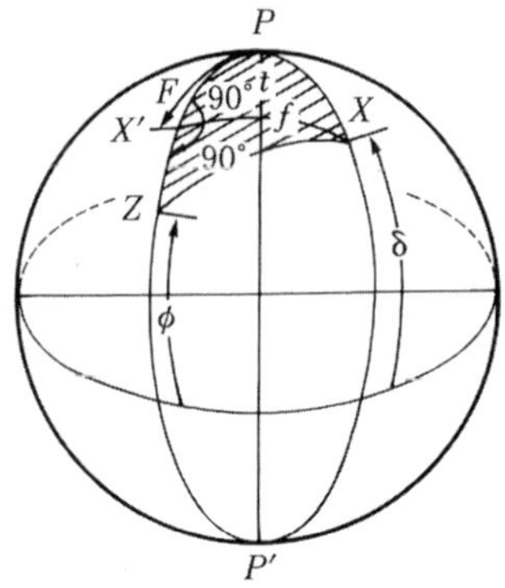

$\widehat{PX'}=F$라 하면, 구면삼각형 $XX'P$에서 $\sin\delta=\cos f\ \cos F$가 되며, $\cos\delta\ \cos t=\cos f\sin F$가 된다.

따라서, $\tan F=\cot\delta\ \cos t$의 관계가 얻어지며 F를 구할 수 있다. 또한, 천문삼각형의 공식 (14.21)을 이용하면,

$$\sin h=\cos f\sin(F+\phi) \tag{14.61}$$

이 된다. 식 (14.61)에서 $\cos f$를 소거하면

$$\sin(F+\phi)=\cos F\sin h\ \operatorname{cosec}\delta \tag{14.62}$$

이 얻어진다. 따라서, ϕ를 구할 수 있다.

④ 단고도법(또는, 북극성고도법)

관측시각의 오차영향을 최소로 하기 위해서는 적위가 90°에 가깝고 자오선에 가까운 북극성을 관측하게 된다.

북극성의 임의위치의 고도를 관측하여 다음 식으로 위도를 구할 수 있다.

$$\phi=h_0-P\cos t+\frac{1}{2}P^2\sin 1''\cdot\sin^2 t\cdot\tan h_0 \tag{14.63}$$

여기에서 h_0는 보정된 관측고도, P는 $(90°-\delta)$, t는 시간각이다.

그림 14-24 탈코트법에 의한 위도결정

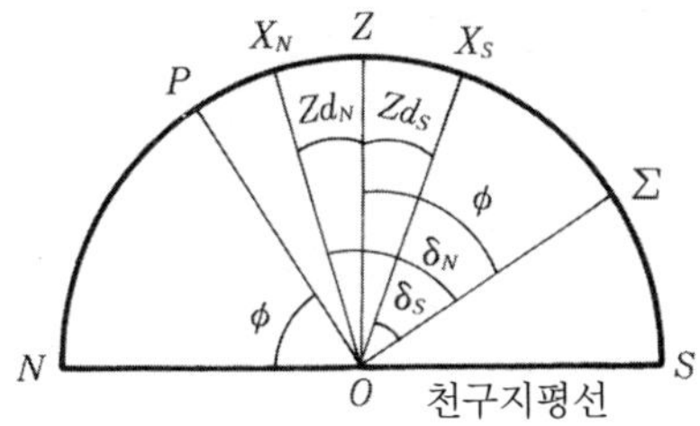

⑤ 탈코트법(horrebow-talcott method)

위도관측을 위한 1등천문관측으로서 가장 많이 사용되는 방법으로서 1732년 Horrebow가 발표하였고, 1834년에 Tacott에 의해 이용하게 되었다.

이 관측의 기본은 자오선상의 두 별 즉, 남쪽과 북쪽 별이 거의 같은 천정각거리에 있을 때 관측자의 위도는 두 별의 적위를 더하여 1/2을 곱한 것과 같은 원리이다.

〈그림 14-24〉에서

$$\phi=\delta_S+Z_{dS}=\delta_N-Z_{dN} \tag{14.64}$$

이므로

$$\phi=\frac{1}{2}\{(\delta_N+\delta_S)+(Z_{dN}+Z_{dS})\} \tag{14.65}$$

의 관계식으로부터 위도를 결정할 수 있다.

이 식에서 필요로 하는 관측값은 1쌍의 별들의 자오선상의 천정각거리 차만이며, 두 별의 적위는 천문력으로부터 구할 수 있다.

(3) 천문경도와 위도의 동시결정

천문경위도를 동시에 관측하는 방법에는 사진천정통(PZT: Photographic Zenith Tube) 또는 애스트로레이브(astrolabe)의 관측장비가 이용된다. 여기에서

그림 14-25 GST와 LST의 관계

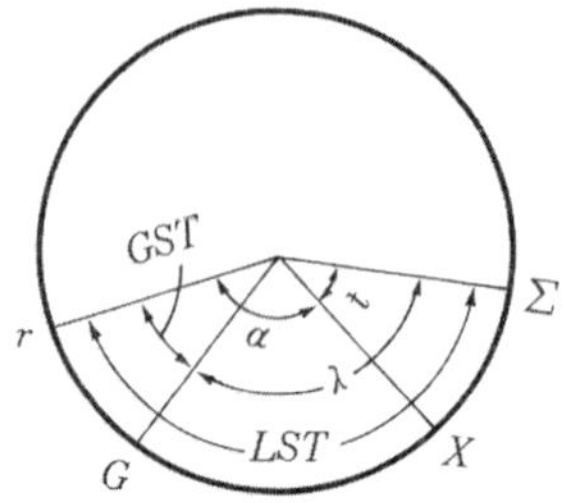

는 애스트로레이브를 이용한 관측원리를 설명한다.

항성의 적경을 α라 하면 시간각 t는 〈그림 14-25〉에서

$$t = GTS + \lambda - \alpha \tag{14.66}$$

이다. 따라서 천문삼각형의 공식 (14.21)에 대입하면

$$\cos Z_d = \sin\delta \sin\varphi + \cos\delta \cos\varphi \cos(GST + \lambda - \alpha) \tag{14.67}$$

이 얻어진다. 어느 항성의 적위 δ와 적경 α는 알 수 있으며, GST는 항성의 관측시각으로부터 환산된다. 따라서, 미지수는 Z_d, φ, λ의 세 개이므로, 세 개 이상의 항성을 관측하면 미지수를 구할 수 있다.

그림 14-26 프리즘식 애스트로레이브의 원리

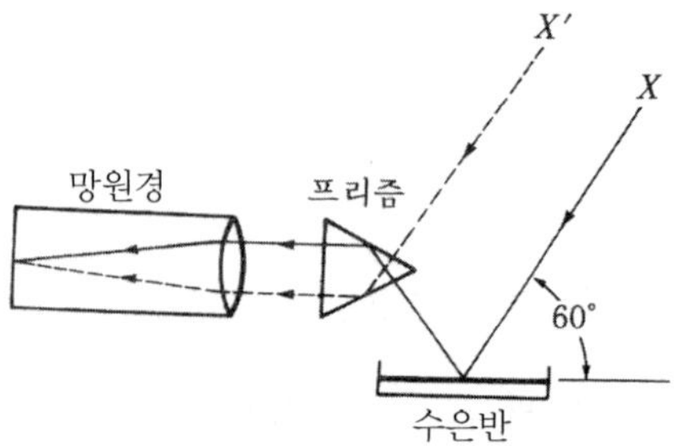

애스트로레이브는 항성이 일정고도, 즉 60°의 고도에 달하는 시각을 관측한다. 〈그림 14-26〉에서 정각이 60°인 삼각프리즘을 사용하고, 항성으로부터의 평행광 X와 X'가 고도 60°로 입사하면, X와 X'의 항성의 상은 망원경의 시야 내에서 합치한다. 그러나 합치하는 순간의 천정각거리는 기차의 영향으로 30°로 고정되지 않으므로 ΔZ_d를 고려한다. 또한 관측지점의 위도 φ와 경도 λ로 미지이지만, 일반적으로 개략값 φ_0와 λ_0를 알 수 있으므로

$$\left.\begin{aligned} Z_d &= Z_{d0} + \Delta Z_d \\ \varphi &= \varphi_0 + \Delta\varphi \\ \lambda &= \lambda_0 = \Delta\lambda \end{aligned}\right\} \tag{14.68}$$

로 나타낼 수 있다. 따라서, ΔZ_d, $\Delta\varphi$, $\Delta\lambda$가 정해지면 개략값을 보정하여 참값에 도달할 수 있다.

식 (14.67)의 우변을 좌변으로 이동하면,

$$F = \cos Z_d - \sin\delta \sin\varphi - \cos\delta \cos\varphi \cos(GST + \lambda - \alpha) \tag{14.69}$$

이 되며, 식 (14.58)에 $Z_d = Z_{d0} = 30°$ 및 $\varphi = \varphi_0$, $\lambda = \lambda_0$를 대입하면 일반적으로 $F \fallingdotseq 0$이다. 따라서, ΔZ_d, $\Delta\varphi$, $\Delta\lambda$에 대해 F를 미분하면,

$$\Delta F = \left[\frac{\partial F}{\partial Z_d}\right]_0 \Delta Z_d + \left[\frac{\partial F}{\partial \varphi}\right]_0 \Delta\varphi + \left[\frac{\partial F}{\partial \lambda}\right]_0 \Delta\lambda \tag{14.70}$$

$$\begin{aligned} &= -\Delta Z_d \cdot \sin Z_{d0} - \Delta\varphi\{\sin\delta \cos\varphi_0 - \cos\delta \sin\varphi_0 \cos(GST + \lambda_0 - \alpha)\} \\ &\quad + \Delta\lambda \cos\delta \cos\varphi_0 \sin(GTS + \lambda_0 - \alpha) \end{aligned} \tag{14.71}$$

으로, 3개의 미지수 ΔZ_d, $\Delta\varphi$, $\Delta\lambda$에 관한 방정식이 된다.

따라서, 다수의 항성에 대한 관측값으로부터 ΔZ_d, $\Delta\varphi$, $\Delta\lambda$를 최소제곱법을 구해 정확도가 높은 Z_d, φ, λ를 결정할 수 있다.

(4) 천문방위각의 결정

일반적으로 방위각의 관측은

첫째, 지상에 설정된 방위표에 이르는 방위선과 천체 사이의 수평각관측

그림 14-27 천문방위각의 결정

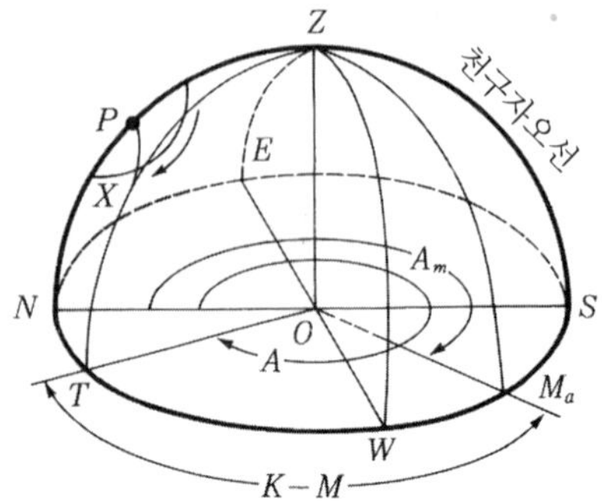

과 둘째, 천체의 방위각을 관측하는 것으로 이루어진다. 〈그림 14-27〉에서 방위선 OM_a의 방위각을 구하는 경우,

천체 X의 방위각 A는 다음 식으로 얻어진다.

$$A = A_m + (K - M) \tag{14.72}$$

즉, 방위각은 방위표(M_a)의 방위각(A_m)에 방위표와 천체 사이에 수평각 $(K-M)$을 더함으로써 얻어진다.

정밀한 천문방위각의 관측은 주극성을 여러 번 관측하여 결정한다. 주극성으로는 북극성을 선택하는 경우가 많다.

① 시각관측에 의한 방법

방위각 A를 계산하는 실용식은 식 (14.20)을 식 (14.23)으로 나누고 Z 대신에 $360° - A$를 대입함으로써

$$\tan A = \frac{\sin t}{\sin\varphi\cos t - \cos\varphi\tan\delta} \tag{14.73}$$

를 얻을 수 있다. 또한,

$$\tan A = \sin t \cdot \cot\delta \cdot \sec\varphi \cdot \frac{1}{1-a} \tag{14.74}$$

단, $a = \tan\varphi \cdot \cot\Delta \cdot \cos t$

로 표시할 수 있으며, 성표에 $\dfrac{1}{1-a}$의 표가 들어 있으므로 식 (14.73)보다 더 편리하게 이용할 수 있다.

② 고도관측에 의한 방법

임의 시각의 천체의 고도와 시각을 관측하고, 관측지점의 위도를 안다면, 다음 식으로 방위각을 계산하여 진북을 결정할 수 있다.

$$\left.\begin{aligned} \sin\frac{A}{2} &= \frac{\sqrt{\sin\frac{1}{2}(90^\circ-\delta-h+\varphi)\cdot\sin\frac{1}{2}(90^\circ-\delta+h-\varphi)}}{\cos\varphi\cos h} \\ \cos\frac{A}{2} &= \frac{\sqrt{\cos\frac{1}{2}(90^\circ-\delta-h-\varphi)\cdot\cos\frac{1}{2}(90^\circ-\delta+h+\varphi)}}{\cos\varphi\cos h} \\ \tan\frac{A}{2} &= \sqrt{\frac{\sin\frac{1}{2}(90^\circ-\delta-h+\varphi)\cdot\sin\frac{1}{2}(90^\circ-\delta+h-\varphi)}{\cos\frac{1}{2}(90^\circ-\delta-h-\varphi)\cdot\cos\frac{1}{2}(90^\circ-\delta+h+\varphi)}} \end{aligned}\right\} \qquad (14.75)$$

방위각의 관측은 천체의 운행이 시간에 대한 방위각의 변화가 가장 적을 때 행하는 것이 좋다. 천체가 관측지점의 자오선을 통과하는 순간 및 그 이후는 방위각의 변화가 심할 때이며, 동방 또는 서방 최대간격일 때는 변화가 적다. 따라서, 북극성과 같은 주극성일 경우는 이때 관측하는 것이 제일 좋다.

태양을 관측할 경우는 〈그림 14-28〉과 같이, 망원경을 정위에 놓고 ①

그림 14-28 태양관측

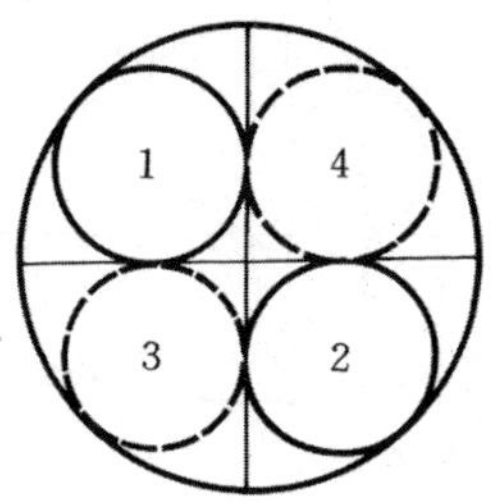

②의 대회관측을 행하고 망원경을 반전위에 놓은 다음, ③④의 대회관측을 하여 각 단계의 고도 또는 관측시각 및 기선으로 하는 각을 관측해서 평균하면 기계의 조정의 불완전, 시반경, 기차 등에 의한 오차를 적게 할 수가 있다. 단, 이것들의 네 가지 관측은 정밀하게 행하는 것이 중요하다. 태양관측에 의해 고도를 관측할 경우 기차, 시차의 보정을 하여 진고도를 구하는데, 별을 관측했을 경우는 고도에 대하여 광선의 굴절차만 보정하면 된다.

③ 최대이격에 있는 주극성 관측에 의한 방법

주극성은 자오선상통과 및 하통과를 같이 관측할 수 있는 별이므로, 이러한 별의 자오선 통과의 시각을 미리 구하여 두고, 그 시각에 별을 관측하면 진북을 쉽게 결정할 수 있으나, 앞에서 기술한 바와 같이 이때는 방위각의 변화가 가장 심하므로, 진북측량으로서는 동방 혹은 서방의 최대이격에 있을 때에 관측하는 것이 좋다.

최대이격시에 있어서 별의 시각을 t_e, 적도를 δ, 고도를 h라 하고, 관측점의 위도를 h라 하면 2각과 3변의 공식을 사용하여 $X=X'=90°$로 하면,

$$\cos t_e = \cot s \cdot \tan \varphi \tag{14.76}$$

이므로, 최대이격에 이르는 시각을 구할 수 있다. 최대이격점의 방위각을 A_e라 하면 정현공식을 사용하여

그림 14-29 최대이격

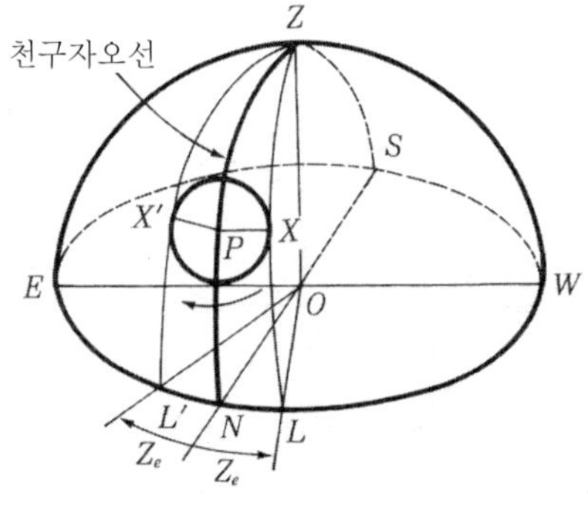

$$\sin A_e = \cos\delta \cdot \sec\varphi \tag{14.77}$$

이 되며. 2각과 3변의 공식에 의해

$$\cos A_e = \sin\delta \cdot \sin t_e \tag{14.78}$$

가 얻어진다. 이 위치에서는 별의 방위각의 시간적 변화가 0이므로 방위각의 관측에서는 가장 적합하다. 그러나, 관측정확도를 향상시키기 위해서는 최대 이격전후에서도 관측을 반복하고 관측횟수를 증가시킬 필요가 있다. 이를 위해서는 최대이격점에서 방위각 A_e의 수값은 최대이므로 관측시각에 있어서 방위각 A를 구하기 위해서는 A_e에 더하는 보정값을 구하여 두는 것이 좋다.

제 6 절 라플라스조건

측량 및 측지학적 목적으로 이용되는 좌표계는 좌표축 중 1개는 지구의 극축에 평행하다는 것을 전제로 한다. 천문천정 지구중력 퍼텐셜면에 대한 법선, 즉 연직선 방향이 천구와 교차하는 점인 데 대해, 측지천정은 기준타원체면에 대한 법선과 천구와의 교점이므로 이들 두 천정은 천구면상에서 일반적으로 일치하지 않는다.

〈그림 14-30〉에서 측지측량 및 천문측량좌표 공통의 북극을 P, 측지천정을 Z_g, 천문천정을 Z_a라 하면 $\widehat{Z_g Z_a} = \theta$가 연직선편차이다. 이 연직선편차의 자오선성분은 ξ이며 Z_g로 P를 향하는 것을 (+)로 한다. 또한, 묘유선성분을 η라 하며 Z_g로부터 동쪽으로 향하는 것을 (+)로 한다.

측지 및 천문경위도를 각각 λ_g, φ_g 및 λ_a, φ_a라 표기한다. Z_a에 의해 $Z_g P$에 직교하는 대원 $Z_a T$의 교점을 T라 하면, $\xi = Z_g T$, $\eta = Z_a T$이다. $Z_g \cdot Z_a$의 방위각을 β라 하면 구면삼각형 $Z_g T Z_a$에 있어서 ξ, η, θ는 매우 작은 양이므로 정현 및 2각과 3변 공식을 사용하여 다음 식이 얻어진다.

$$\left.\begin{aligned} \xi &= \theta \cdot \cos\beta \\ \eta &= \theta \cdot \sin\beta \end{aligned}\right\} \tag{14.79}$$

그림 14-30 라플라스조건

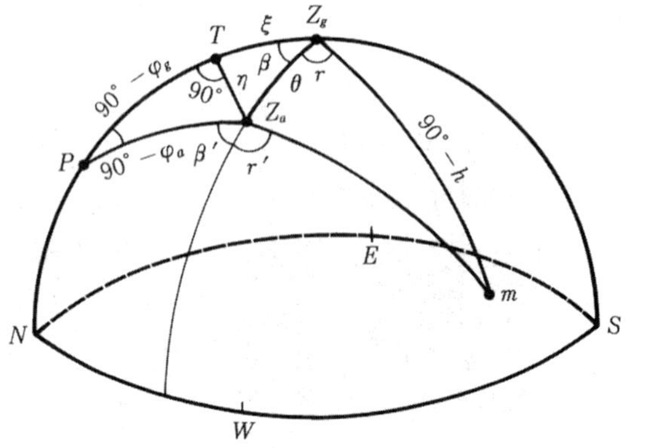

$\angle Z_gPZ_a$는 $(\lambda_a-\lambda_g)$이며, 일반적으로 적은 양이므로 TZ_aP에서 $PT=Z_aP$라고 할 수 있다. 따라서,

$$\xi=\varphi_a-\phi_g \tag{14.80}$$

이 된다.

또한, 같은 구면삼각형에서 정현공식을 적용하면

$$\eta=(\lambda_a-\lambda_g)\cos\varphi_a \tag{14.81}$$

가 얻어진다.

식 (14.80)과 식 (14.81)의 연직선편차의 성분 ξ, η로부터 채택된 회전타원체의 형상과 크기 및 그 지역 전체에 대한 지오이드의 凹凸을 알 수 있다.

방위각도 경위도와 같이 천문측량과 측지측량에서 다르며, 각각 천문방위각 A_a와 측지방위각 A_g라 하고, 방위표 m의 고도를 h라 할 때, 천문방위각과 측지방위각과의 차는 〈그림 14-30〉에서

$$A_a-A_g=(\beta'-\beta)+(r'-r) \tag{14.82}$$

이다.

구면삼각형 PZ_aZ_g와 mZ_gZ_a에 정현공식을 적용하고, θ는 미소각이므로

$$\left.\begin{aligned}\theta\cdot\tan\varphi_g&=\frac{\sin(\beta'-\beta)}{\sin\beta}\\ \theta\cdot\tan h&=\frac{\sin(r'-r)}{\sin r}\end{aligned}\right\}\tag{14.83}$$

이 되며, 따라서, 식 (14.79)와 $r=A_g-\beta$인 관계를 적용하면 $(\beta'-\beta)$와 $(r'-r)$는 미소각이므로

$$\left.\begin{aligned}&\beta'-\beta=\eta\cdot\tan\varphi_g\\ &r'-r=\tan h(\xi\sin A_g-\eta\cdot\cos A_g)\end{aligned}\right\}\tag{14.84}$$

이 얻어진다. 식 (14.84)를 식 (14.82)에 대입하면

$$A_a-A_g=\eta\tan\varphi_g+\tan h(\xi\sin A_g-\eta\cos A_g)\tag{14.85}$$

이 되며, 식 (14.81)을 적용하고 $\varphi_a\fallingdotseq\varphi_g$라 하면

$$A_a-A_g=(\lambda_a-\lambda_g)\sin\varphi_g+\tan h(\xi\sin A_g-\eta\cos A_g)\tag{14.86}$$

이 얻어진다. 일반적으로 h는 지평선 부근에 있으므로 낮으며, ξ, η도 10초를 크게 넘는 경우가 매우 적으므로 식 (14.86)은

$$A_a-A_g=(\lambda_a-\lambda_g)\sin\varphi_g\tag{14.87}$$

으로 고쳐 쓸 수 있으며, 이 식을 라플라스조건(Laplace condition)이라 한다.

측지측량망이 광범위하게 설치된 경우에 측량오차가 누적되는 것을 피해야 한다. 따라서, 200~300 km마다 1점의 비율로 삼각점을 선정하여 천문관측에 의해 얻어진 천문경위도와 측지경위도를 비교하여 라플라스 조건이 만족되도록 측지측량망의 방위를 규정한다. 즉, 라플라스잔차(Laplace residual) δ

$$\delta=A_a-A_g-(\lambda_a-\lambda_g)\sin\varphi_g\tag{14.88}$$

가 0이 되도록 측지방위각의 오차를 배분하고 측지측량좌표를 수정한다. 이와 같이, 삼각측량과 천문측량이 함께 실시되는 기준점을 라플라스점(Laplace station)이라 한다.

지/공/탐/측/학/개/관

15 건설관리의 체계분석

Analysis of System for Construction Management

제1절 개 요

건설계획 및 관리를 위하여 경제적 측면, 계획대체안의 작성과 평가, 공정관리, 건설계획에 관한 최적화기법 등을 이용한다. 건설계획에 관한 최적화 이론에는 수리계획법[mathematical programming: 어떤 제약조건하에서 다수의 변수들이 상호작용을 수학적으로 해석하는 최적화 해법으로 선형계획법(linear programming), 비선형계획법(non linear programming), 동적계획법(dynamic programming) 등이 있다], 게임이론, 연결조직망(network)이론 등이 있다.

제2절 건설계획의 체계분석

(1) 경제적 측면분석

① 돈의 시간적 가치

현금의 유통(cash flow)은 사업(project)에 있어서 일정기간 동안의 수입과 지출의 합으로서 일반적으로 화폐의 단위로 표시되고 있으며 이는 활동경로인 물리적 가치를 나타낸다.

그림 15-1 현금유통도와 위치도

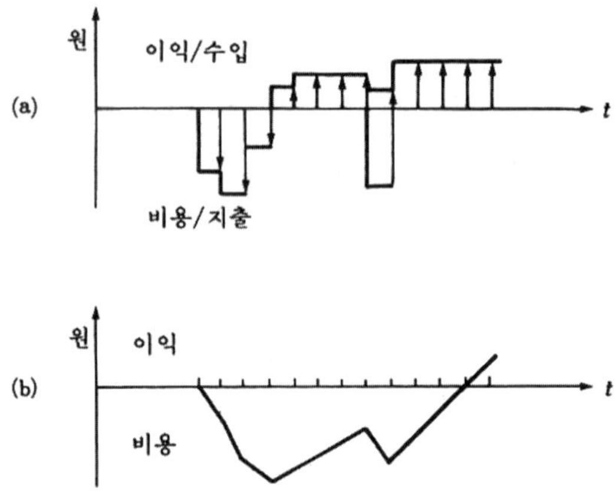

현금유통의 과정은 일반적으로 현금유통도를 이용하여 도시적으로 표시하며, 그 전형적인 예가 〈그림 15-1〉에 표시되어 있다.

그림에서 수평축은 시간이며 종축은 상향은 수입, 하향은 지출을 표시한다. 〈그림 15-1(b)〉는 같은 정도에 대한 다른 표현으로서 현금위치도이며, 이것은 어떤 시간에 대한 재정상태를 보여 주고, 현금유통도의 시간에 대한 적분으로 나타난다.

현금이 일정기간에 그 유용도를 보상받는 것으로 이자가 생기며, 이자의 비율은 현재의 경제상태, 인플레이션, 위험률 등의 여러 요소에 영향을 받으며, 현금에 대한 시간의 비율인 백분율로서 8%/년, 1.5%/월 등으로 나타난다.

따라서, 미래의 현금에 대한 가치는 현재에 맞는 가치로 줄여서 환산하는 것이 경제분석에서는 기본적이다. 투자결정을 하기 위해서는 각 금전적 가치가 시간과 양에 대해 동일하게 표현되어야 하며 다른 시간대의 양이 그대로 조합되거나 비교되어서는 안 된다.

가) 미래의 가치

기간 n동안 이자율 i에 대한 현재의 현금 p의 투자금으로부터 발생하는 미래의 가치 F_N은 다음과 같이 표시된다.

$$F_1 = p + ip = (1+i)p$$
$$F_2 = p + ip + i(p + pi) = (1+i)^2 p$$
$$\vdots$$
$$F_N = (1+i)^n p \tag{15.1}$$

나) 현재의 가치

일정한 이자율을 가정하는 어떤 기간의 미래의 가치에 해당하는 현재의 균형값을 찾기 위하여 필요한 요소로서의 현재의 가치는 미래의 가치에 대한 역수로 표현된다.

$$p = F_N \frac{1}{(1+i)^n} = F_n (1+i)^{-n} \tag{15.2}$$

다) 일정분할지불의 미래가치

이것은 기간 n 동안 일정한 지불 A의 원료가치 F_n을 결정하는 데에 사용된다.

1회 지불 $A(1+i)^{n-1}$

2회 지불 $A(1+i)^{n-2}$

$\vdots$

마지막회 지불 A

$$F_n = A + A(1+i) + \cdots + A(1+i)^{n-2} + A(1+i)^{n-1} \tag{15.3}$$

식 (15.3)의 양변에 $(1+i)$를 곱한 식과 식 (15.3)을 빼면

$$F_n i = -A + A(1+i)^n$$

따라서, 미래의 가치는 다음과 같다.

$$F_n = A[(1+i)^n - 1]/i \tag{15.4}$$

예를 들어, 1,000원을 15년 동안 연 6%의 이자율로 매년 나누어 갚을

때에 최종가격은 $1,000\times(1.06^{15}-1)/0.06=23,276$원이 된다.

라) 미래가치에 대한 일정분할지불가

이것은 특정한 양의 최종가치를 축척하기 위하여 필요한 매회지불가치로서 식 (15.4)의 역계산이 된다.

$$A=F_n[i/(1+i)^n-1] \tag{15.5}$$

예를 들어 어떤 장비를 교환하는 데 드는 비용으로 이 장비가 15년 후에 마모된다고 가정하고, 그때의 가격이 2천만원이라고 예상하면, 이자율 연 6%로서 매년 지불요구액은 2천만$\times[0.06/(1.06^{15}-1)]=$2천만$\times 0.04296=$ 859,200원이 된다.

마) 일정분할지불의 현재가치

일정분할지불에 대한 계산은 계산되는 기간이 시작될 때의 가치와 관련되어야 하며, 〈그림 15-2〉의 현금유통도에 의하면 일정분할지불 A는 현재가치 p로서 n기간 동안의 최종 미래가치 F_N이 될 것이다.

식 (15.5)에서

$$\frac{F_n}{A}=[i/(1+i)^n-1]/i$$

이며, 식 (15.3)에서

$$\frac{p}{F_n}=(1+i)^{-n}$$

그림 15-2 일정분할지불 현재가치의 현금유통도

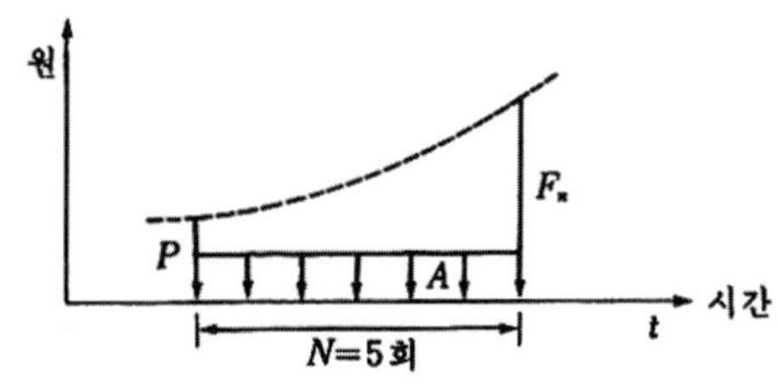

이므로 일정분할지불의 현재가치는

$$\frac{p}{A}=\frac{p}{F_n}\times\frac{F_n}{A}=\frac{(1+i)^n-1}{i(1+i)^n} \tag{15.6}$$

로서

$$p=A\left[\frac{(1+i)^n-1}{i(1+i)^n}\right] \tag{15.7}$$

가 된다. 여기서 n이 무한대로 가서 $\frac{p}{A}$가 $\frac{1}{i}$이 되는 것은 가치가 없게 된다.

예를 들어, 이자율 10%로 20년 동안 매년 백만원씩 내고 집을 사기 위한 투자자본의 현재가치는 백만$\times(1.1^{20}-1)/0.1(1.1)^{20}=$백만$\times 8.514=$ 8,514,000원이 된다.

바) 투자회수금(현재 가치에 대한 일정분할지불가)

이것은 현재의 투자자본에 대해 일정한 이율로 매회 분할하여 빚을 갚는 형식으로 지불하게 될 때의 계산으로 식 (15.6)의 역계산이다.

$$A=p\left[\frac{1(1+i)^n}{(1+i)^n-1}\right] \tag{15.8}$$

여기서 $n\rightarrow\infty$이면 $A=pi$가 된다.

예를 들어, 새로운 하수도공사에서 4억원의 비용이 드는데 30년 동안 연 4%의 이자율로 매년 갚아 나간다면 연지불액은 4억$\times\{0.04(1.04)^{30}/(1.04^{30}-1)\}=$4억$\times 0.05783=$23,132,000원이 된다.

② 투자의 효과

자본투자에 따른 영향, 효과 등을 적절하게 파악하여 투자계획안의 평가에 적용시키기 위해서는 투자효과를 분류, 정리할 필요가 있다.

가) 직접효과와 간접효과

직접효과와 간접효과는 시설을 설치하는 경우 이용자가 있는 경우에 적용된다. 직접효과는 시설을 직접 이용함으로써 얻어지는 효과이며, 간접효과는 직접 이용하지 않거나, 이용, 비이용에 관계없이 얻어지는 효과가 포함된다.

예를 들면, 도로의 경우 직접효과는 수송시간, 수송비의 절감 등이 포함되며, 간접효과에는 연도개발효과, 수송개선에 따른 생산의 합리화 등이 포함된다.

나) 즉시효과와 파급효과

시설의 공급시작과 동시에 나타나는 효과를 즉시효과, 장기적인 구조변화에 따라서 나타날 것으로 생각되는 효과를 파급효과라고 한다. 앞의 직접효과는 대부분 즉시효과이며, 간접효과는 대부분 파급효과가 되며 도로의 예에서 즉시효과에는 안전성, 쾌적성의 개선 등이, 파급효과에는 자원개발, 시장권의 변화, 기존 도로의 혼잡 완화 등이 포함된다.

다) 내부효과와 외부효과

시설의 경영 또는 관리를 담당하는 관리자의 내부경제에 대한 내부효과와 외부에 대한 일반적인 효과로서의 외부효과로 나누어진다.

예를 들어, 유료도로의 경우 내부효과는 요금수입에 의한 건설비의 상환, 외부효과는 도로가 지역사회에 미친 위의 여러 가지 효과가 포함된다. 외부효과가 클수록 요금을 올릴 수 있다고 생각하면 내부효과의 크기와 외부효과의 크기는 서로 관련이 있다고 볼 수 있다.

라) 양의 효과와 음의 효과

양의 효과와 음의 효과의 구분은 엄밀한 기준을 두기 어렵고, 어느 특정한 효과가 어떤 입장을 취하는가에 따라서 양의 효과가 될 수도 있고 음의 효과가 될 수도 있다. 이것은 계획의 주체가 판단할 수 있도록 평가구분을 하여야 한다.

도로의 예에서 양의 효과로는 수송, 생산의 합리화 등 앞에서 열거한 여러 효과가 포함될 수 있으며, 음의 효과는 교통공해, 문화재의 파괴 등이 포함될 수 있다.

마) 흐름효과와 축적효과

흐름(flow)효과는 공공투자가 반복적으로 이루어짐으로써 각 산업에 수요효과를 창출하게 되어 산업활동을 자극하는 효과로서 사회 · 경제정책적인 면에 큰 역할을 한다.

축적(stock)효과는 건설된 시설은 사회적으로 축적되어서 사회자본이 되며, 사회기반장비의 수준을 향상시키는 효과이다.

도로건설의 예에서 건설관련업계 등의 추진에 의한 사회불안, 사회적 문제의 해결 등이 흐름효과가 되며, 축적효과는 도로정비의 향상에 의한 지역의 개선, 생활수준의 향상 등이 포함된다.

(2) 비용유효도분석

비용유효도분석은 어떤 목적을 달성하기 위한 대체안 중에서 여러 가지 대체안의 비용과 유효도를 평가대비하는 일에 의하여 가장 양질의 대체안을 선택하는 분석방법이다.

여기에서 유효도는 일정의 수량적 척도로 표현되지만, 반드시 금액으로 환산되지 않는 목적달성도를 의미한다. 따라서, 비용 · 유효도 분석은 그 목적 달성도가 공통의 수량적 척도로 관측되는 체계간의 비교에는 적용되지만 그렇지 않은 체계간의 비교에는 적용되지 않는다. 이것에 대하여 금액으로 환산한 효과를 편익이라 하고, 편익을 대상으로 하는 분석을 비용편익분석이라 한다. 비용편익분석은 금액으로 환산가능한 효과가 있는 대상이 아니라는 점에서 비용유효도분석보다 적용범위는 좁지만, 일반적으로 효과가 금액으로 환산되는 체계는 설령 목적을 달리하는 일이 있더라도 비교라고 하는 의미에서 비용유효도분석보다 긍정적인 면이 있다.

비용유효도분석에 의하여 만들어 둔 평가기준으로는 다음에 세 가지가 일반적이다. (ⅰ) 비용(단, 유효도일정), (ⅱ) 유효도(단, 비용일정), (ⅲ) 유효도 비용비

평가기준으로는 (ⅰ)에서는 최소화(비용 최소화할 생각), (ⅱ) · (ⅲ)에서는 최대화〔(ⅱ)에 관에서는 유효도최대화 (ⅲ)에 관해서는 (유효도/비용) 최대화〕가 사용된다. 평가기준으로 특히 잘 사용되는 것이 (ⅰ) 또는 (ⅱ)이다. 그리고, 평가기준 (ⅰ)을 사용한 분석을 등유효도분석(equal-effectiveness analysis), 평가기준 (ⅱ)를 사용한 분석을 등비용분석(equal-cost analysis)이라 한다.

〈그림 15-3〉은 대체안 1과 대체안 Ⅱ의 비용과 유효도와의 관계를 나타낸 것이다. 만일, 이 2개의 대체안의 우제를 등유효도분석을 사용하여 판정한다면, 이것은 어떤 정해진 유효도 E_0에 대한 두 대체안의 여러 비용의 대

그림 15-3 비용과 유효도의 관계

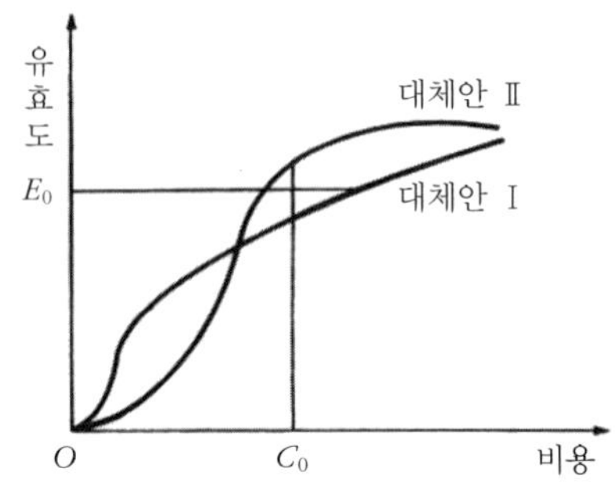

소를 비교하는 것이다.

〈그림 15-3〉에서 E_0를 달성함에 따른 비용은 대체안 Ⅱ의 방법이 대체안 Ⅰ보다 작고 그리하여 대체안 Ⅱ가 보다 바람직한 것으로 판정된다. 만일, 등비용분석이 사용된다면 다음은 어떤 정해진 비용 C_0에 대한 대체안의 유효도가 비교되는 것으로 된다. 〈그림 15-3〉에서는 C_0에 의하여 달성되는 유효도는 대체안 Ⅱ의 방법이 대체안 Ⅰ보다 커서 대체안 Ⅱ가 보다 바람직한 것으로 판정된다.

(3) 비용편익분석

비용편익분석은 각종 대체안의 비교평가에 있어서 사용되는 하나의 분석 방법이다. 비용편익분석에 있어서 비용으로는 어떤 사업을 실행함으로써 없어지는 자원(자본, 노동력, 원재료 등)에는 비용의 계획방법으로부터 얻는 실제비용과 기회비용(opportunity cost)의 두 가지가 있다. 편익은 어떤 사업을 실시한 것으로부터 발생한 결과를 소비자가 지불한 대가로 가치를 평가한 것이다. 일반적으로 사업실시에 반하여 발생하는 재화와 용역의 등가를 시장가격(market price)과 그와 다른 평가방법으로 가격을 정하여 금액을 표시하는 것이다. 편익은 그 사업의 목적과 관련되어 있어서 주요 편익과 부차편익으로 나누어진다. 주요편익은 사업실시의 본래 목적에 관한 편익이고 부차편익은 그 사업의 실시결과 부수적으로 달성되는 목적에 관한 편익이다.

비용편익분석은 사업이 실시된 경우에 비용을 넘는 편익이 발생할 것인지에 관한 사업의 자격심사를 하는 역할을 수행한다. 또한 자본(재원)에 있어 제약이 있는 경우에는 비용 · 편익비율의 높은 쪽에서 실시한다는 의미로서 각 사업의 선택심사의 역할을 갖는다.

비용편익분석은 비용편익비가 큰 사업을 선택하는 기준이고 매년의 편익을 B, 매년의 비용을 C, 처음의 투자액을 K, 유지관리비를 O, 이자율을 i, 경제적 내용연수를 T라고 하면, T기간에 드는 총 비용의 현재가치는 식 (15.2)로부터

$$\sum_{n=1}^{T}\frac{O}{(1+i)^n}+K \tag{15.9}$$

이고, 총 편익의 현재가치는

$$\sum_{n=1}^{T}\frac{B}{(1+i)^n} \tag{15.10}$$

이다. 그리하여, 현재가치로 환원된 T 시간의 비용 편익비(cost benefit ratio)는 다음 식으로 표시된다.

$$\frac{B}{C}=\sum_{n=1}^{T}\frac{B}{(1+i)^n}\left[\sum_{n=1}^{T}\frac{O}{(1+i)^n}+K\right]^{-1} \tag{15.11}$$

이 비율을 매해의 비율로 확산하면 식 (15.11)의 분자와 분모를 $\sum_{n=1}^{T}[1/(1+i)^n]$으로 나누어

$$\frac{B}{C}=\frac{B}{O+\alpha_{iT}K} \tag{15.12}$$

를 얻으며, 여기서 α_{iT}는

$$\alpha_{iT}=\left[\sum_{n=1}^{T}\frac{1}{(1+i)^n}\right]^{-1}$$

으로서 처음 고정자본 1단위당의 연간자본 부담체계를 의미한다. 식 (15.12)

이 일반적으로 비용 편익비를 나타낸 것이다. 이 모형(model)으로 매년 발생하는 비용과 편익 중 큰 것을 T기간을 통하여 일정하도록 판정한다. 그러나, 비용 및 편익이 시간의 경과에 따라 변한다는 것을 고려하면 매년 발생하는 비용 및 편익이 다르게 되므로 $B_nC_n(n=1, 2, \cdots, T)$으로 표시하고 T 시간의 총편익의 현재가치 V_B는

$$V_B=\frac{B_1}{(1+i)}+\frac{B_2}{(1+i)^2}+\cdots+\frac{B_T}{(1+i)^T}=\sum_{n=1}^{T}\frac{B_n}{(1+i)^n} \tag{15.13}$$

로 되고, 또 총 비용의 현재가치 V_C는

$$V_C=\frac{O_1}{(1+i)}+\frac{O_2}{(1+i)^2}+\cdots+\frac{O_T}{(1+i)^T}+K=\sum_{n=1}^{T}\frac{O_n}{(1+i)^n}+K \tag{15.14}$$

로 된다. 그리고 비용 편익비는

$$\frac{V_B}{V_C}=\sum_{n=1}^{T}\frac{B_n}{(1+i)^n}\left[\sum_{n=1}^{T}\frac{O_n}{(1+i)^n}+K\right]^{-1} \tag{15.15}$$

로 표시된다.

이상에서 밝혀진 비용 · 편익비 기준과 병행하여 비용 · 편익차 기준도 잘 이용된다. 이 경우 첫 해에 발생한 편익 및 유지관리비가 T시간에 걸쳐 매년 변화하지 않는 경우 다음과 같은 방법으로 수행한다.

$$\sum_{n=1}^{T}\frac{B}{(1+i)^n}=\sum_{n=1}^{T}\frac{O}{(1+i)^n}-K \tag{15.16}$$

매년의 비용 · 편익차를 구함으로써 식 (15.16)을 $\sum_{n=1}^{T}[1/(1+i)^n]$로 나누면

$$B-C=B-O-K\left[\sum_{n=1}^{T}\frac{1}{(1+i)^n}\right]^{-1} \tag{15.17}$$

로 된다.

$$\left[\sum_{n=1}^{T}\frac{1}{(1+i)^n}\right]^{-1}=\alpha_{iT} \tag{15.18}$$

라고 두면

$$B-C=B-O-\alpha_{iT}K \tag{15.19}$$

를 얻는다.

즉, 식 (15.19)가 비용 · 편익기준점을 결정하는 식이다. 그러나, 실제로 비용 및 편익이 시간의 경과에 따라 변화하는 것으로 고려되지만, 매년 발생하는 비용과 편익은 다르게 되는 것으로서 B_n과 C_n($n=1, 2, \cdots, T$)으로 표시하고, T년간의 비용과 편익과의 차이로서 나타나는 현재가치는

$$B-C=\sum_{n=1}^{T}\frac{B_n}{(1+i)^n}-\sum_{n=1}^{T}\frac{O_n}{(1+i)^n}-K \tag{15.20}$$

로 된다.

(4) 복수기준에 의한 평가

건설계획에서 취급하는 복잡한 문제에 대하여 체계분석(system analysis)을 적용하는 경우, 평가기준을 하나만을 적용하면 적절한 값을 얻기에는 불충분한 경우가 많다. 특히, 하나의 대체안에 대하여 다른 대체안보다 우위성을 확보하려고 할 때는 몇 가지 평가기준을 필요로 하는 경우가 나타난다. 이와 같이, 평가기준을 2개 이상 사용하려고 할 때는 대체안을 몇 개의 평가기준으로 평가하여 그 결과를 나란히 제시하는 방법이 사용된다. 이와 같이, 제시된 경우 평가결과의 총합은 주관적 판단에 따라 이루어진다. 이 방법에 의하면 대체안을 하나하나의 평가기준에 관해서 비교하는 것이 가능하고 대체안의 크기와 우위성을 검토하는 데 편리하다.

다목적 계획의 문제에 따른 종합평가방법으로는 각 목적의 평가값을 단순히 합계하는 것으로 충분하지 않고 각 목적에 대하여 경중률(weight)을 고려하여 중요성에 따른 평가값의 합으로 대체안의 평가가 이루어져야 한다. 즉, 종합평가기준 C는 각 평가기준을 C_i, 경중률을 w_i라고 하면

$$C=\sum_{i}w_iC_i \tag{15.21}$$

표 ⑮-1 지점배분법에 의한 경중률

	(대평가항목)	(경중률) A안	B안	C안	(소평가항목)	(경중률) A안	B안	C안
위험물부두의 최적배치	경제성	0.45	0.2	0.1	수송비용의 감소(0.6)	0.27	0.12	0.06
					방화의 촉진(0.4)	0.18	0.08	0.04
	안전성	0.2	0.4	0.3	화재사고의 감소(0.7)	0.14	0.28	0.21
					교통사고의 감소(0.3)	0.06	0.12	0.09
	편리성	0.25	0.15	0.2	수송시간의 단축(0.8)	0.20	0.12	0.16
					자유주행(0.2)	0.05	0.03	0.01
	쾌적성	0.1	0.25	0.4	경관(0.5)	0.05	0.125	0.20
					쾌적성(0.5)	0.05	0.125	0.20
합 계		1.0	1.0	1.0		1.0	1.0	1.0

로 되고, 결정기준으로는 C를 최대로 하는 것을 채택하는 방법이다. 이러한 종합평가에 따른 중요성의 방법으로는 지점배분법과 일대비교법이 개발되어 있다. 지점배분법은 의사결정자에게 일정한 점수를 주고 각 평가항목에 점수 배분을 하게 함으로써 각 항목에 대한 경중률을 적용시키는 방법이다. 〈표 15-1〉에 표시된 각 항목의 경중률로부터 배점된 점수를 알 수 있다.

일대비교법은 먼저 평가항목의 순서를 정하고 위의 평가항목으로부터 아래의 평가항목으로 순차비교하는 방법이다. 이때, 위의 평가항목을 기준으로 하여 위 항목을 1로 하였을 때 아래 항목에 대한 평가점수를 설정한다. 이 순서로 평가한 점수를 최하위의 평가항목에 대한 중요성으로 환산한 후에 전체의 중요도를 1로 하여 기준을 정한다. 위의 대평가항목에 대한 예가 〈표 15-2〉에 표시되어 있으며, 소평가항목에 대해서도 마찬가지 방법을 이용한다.

표 ⑮-2 일대비교법에 의한 경중률

순차	평가항목	일대비교				경중률
1	안전성	1.0			1.0	0.35
2	경제성	0.7	1.0		0.7	0.25
3	쾌적성		0.9	1.0	0.63	0.22
4	편리성			0.8	0.50	0.18
합계					2.83	1.00

제3절 공정관리

공사계획 · 관리에 주로 사용되는 방법은 막대공정표(bar chart), 기성고 공정곡선 또는 연결조식망공정표(network chart) 등을 이용하는 방법이다.

(1) 막대그래프 공정표를 이용하는 방법

이 방법은 1차대전 때 H. Gantt에 의해 개발된 것으로 횡축은 날짜를 표기하고, 종축은 공사내용을 기입하여 계획일정과 현재 진행상태를 막대그래프로 나타난 것이다. 이 막대그래프 공정표는 간단하게 작성할 수 있고 개요를 쉽게 파악할 수 있는 특징이 있으나, 여러 과정이 분업화되고 고도의 관리방법이 요구됨에 따라 다음과 같은 결점이 있다. 작업의 상호관계가 불명확하여 작업변경변화에 있어 다른 작업에 어떠한 영향을 미치는지를 알 수 없다. 또한, 합리성이 적고 대형공사에는 세부적인 사항까지 알 수 없어 이 방법은 간단하고 개략적인 공정표에 쓰이거나 시급을 요할 경우에 많이 사용되는 방법이다.

(2) 기성고 공정곡선을 이용하는 방법

일반적인 공사에 있어 착공 당시는 가설단계나 준비공사에 시간이 소비되고 또한 준공이 될 무렵은 끝 손질공이나 수리공에 시간이 걸려 일반적인 평균기성고보다 공업진도실적이 낮기 때문에 공정계획시 이를 고려하여야 한다.

이러한 기성고 공정곡선으로는 바나나 곡선이라고 알려진 미국 캘리포니아도로공사 실적에서 구한 곡선이 유명하다. 〈그림 15-4〉와 같은 상한계곡선과 하한계곡선을 가진 바나나 곡선으로부터 공사진척상황을 점검할 수 있다. 예로서 A는 예정보다 빠르게 진행되었고, B는 적당히 진행되고 있는 공사이며, C는 대단히 늦어졌고, D는 공기가 시급하여 빠른 진행이 요구됨을 알 수 있다.

이러한 기성고 공정곡선에 의한 방법은 전체적인 작업경향을 알 수 있다.

그림 15-4 바나나곡선

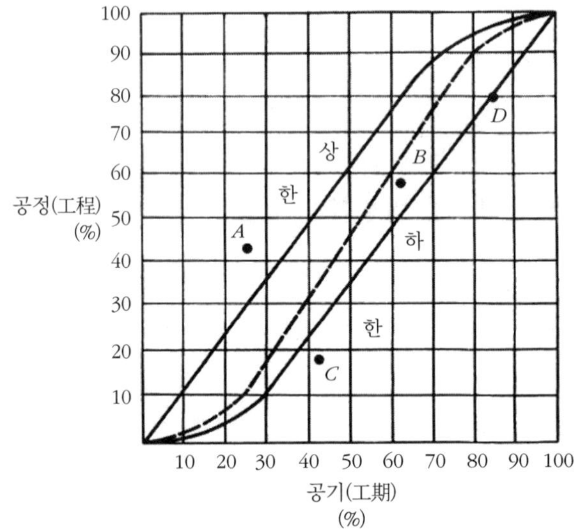

예정과 실적의 차이를 파악할 수 있으며, 바나나 곡선에 의하여 관리목표가 얻어진다. 그러나, 이 방법은 날짜별로 표현할 수 없고 일정한 기준으로 사용할 수 없는 단점이 있어 다른 방법과 병용하여 사용하거나 공정의 흐름 경향 등을 점검하는 데 이용된다.

(3) 연결조직망공정표

연결조직망공정표를 이용하는 공정관리법은 1958년 미국에서 개발된 공정관리법으로 PERT(Program Evaluation and Review Technique)와 CPM(Critical Path Method)이 있다. PERT는 계획의 평가와 검토의 의미가 있으며, CPM은 공사의 작업경로에 따라 공사비를 고려하여 검토하는 기법이다.

① PERT

가) 기본원칙

일반적으로, 연결조직망은 ○표와 화살표로서 구성되며, 〈그림 15-5〉

와 같이 각 결합점(event)은 작업활동(activity)의 화살표로 연결해 간다.

화살표 위에 작업명, 밑에 작업소요시간을 기입하고 결합점(○) 속에는 선행되는 작업순서로 번호를 기입하여 번호의 조합에 따라 작업이 지시되고 수행된다. 따라서, 결합점에 들어가는 작업활동과 나가는 작업활동에는 선행과 후속의 관계가 있어서 선행작업활동이 끝나야만 후속작업활동이 개시된다. 즉,

그림 15-5 연결조직망

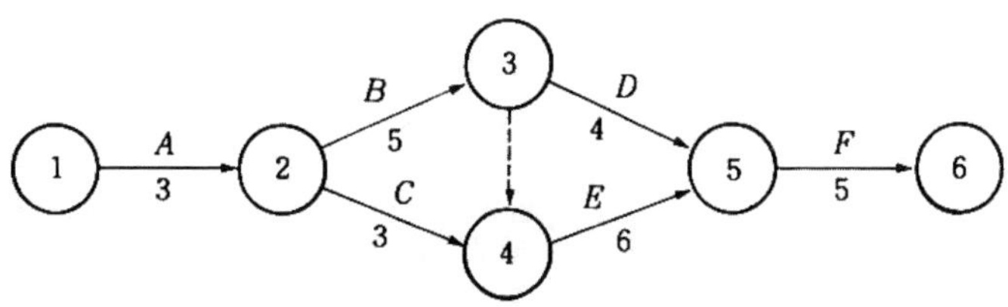

위의 연결조직망에서 ②의 작업은 A의 작업활동이 끝나고 나서 B, C의 작업활동을 시작해야 한다. 그리고, 결합점 ⑤와 같이, D, E의 작업활동이 병행될 때도 선행과 후속의 관계를 유지하여 D, E의 작업활동이 모두 완료된 후 F의 작업활동을 시작할 수 있다.

〈그림 15-5〉의 결합점 ③과 결합점 ④의 사이에 점선으로 표시한 것을 의사작업활동(dummy)이라 하는데, 시간이 전혀 걸리지 않는 가공작업을 나타낸다. 화살표 방향의 의미는 E의 작업활동은 B, C의 작업활동이 끝나야만 시작할 수 있으나, D의 작업활동은 C의 작업활동에 전혀 영향을 받지 않음을 나타낸다.

나) 결합점 시각의 계산

기본원칙에 따라 작성된 연결조직망상에서 각 작업활동의 표준상태를 수행하는 데 요하는 시간을 구하고 각 결합점간의 소요시간은 다음과 같이 구한다.

(ㄱ) 결합점의 최조개시시각(EST; Earliest Start Time)

각 결합점의 최조개시시각이란 개시결합점으로부터 해당 결합점에 이르는 경로 중 시간적으로 가장 긴 경로를 뜻하며, 작업활동 화살표의 꼬리에 있는 결합점 (i)의 최조개시시각에 그 작업활동의 소요시간을 더하면 화살표 머리쪽 결합점 (j)의 최조개시시각이 된다. 만일, 결합점 (j)에 여러 개의 작업활동으로 나누어져 있으면, 각 작업활동에 대해 같은 방법의 계산을 행하고 그 값 중 최대값을 취한다. 임의의 결합점 (i)의 최조개시시각을 t_i^E라 하면 다음과 같이 나타낼 수 있다.

$$t_0^E=0, \qquad t_i^E=\max(t_b^E+T_{bi}) \tag{15.22}$$

여기서 $i=1,\ 2,\ \cdots,\ n$

T_{bi}=작업활동 (b, i)의 소요시간

(ㄴ) 결합점의 최지완료시각(LFT; Latest Finish Time)

각 결합점의 최지완료시각은 조직망에 표시된 계획공정에서 최종 결합점의 완료시각까지 그 결합점에 들어오는 작업활동이 완료되어야 하는 시각을 나타낸다.

계산방법은 최조완료시각과는 역으로 결합점 (j)의 최지완료시각으로부터 그 작업활동의 소요시간을 빼서 결합점 (t)의 최지완료시각으로 한다.

임의의 결합점 (j)의 최지완료시각을 t_j^L, 최종결합점의 완료시각을 λ라 하면

$$t_n^L=\lambda, \qquad t_j^L=\min(t_k^L-T_{jk}) \tag{15.23}$$

여기서 $j=n-1,\ n-2,\ \cdots,\ 0$

(ㄷ) 작업활동의 시각

각 작업활동의 시각에는 최조개시시각(EST), 최조완료시각(EFT), 최지개시시각(LST), 최지완료시각(LFT)을 생각할 수 있다.

최조개시시각은 한 작업을 가장 빨리 시작할 수 있는 시간이며, 최조완료시각은 한 작업을 가장 빨리 완료할 수 있는 시간을 말한다. 또한, 최지개시시각은 한 작업을 그 후속작업 일정이 감안된 공사완료예정일을 초과시키

지 않는 한도 내에서 최대로 늦게 시작할 수 있는 시간이며, 최지완료시각은 한 작업을 공사완료예정일을 초과시키지 않는 한도 내에서 최대로 늦게 끝낼 수 있는 시간이다.

다) 여유시간(float)의 계산

여유시간이란 공사일정에 영향이 없는 지연 또는 대기시간을 말하며, 총여유(total float), 자유여유(free float), 간섭여유(interfering float)가 있다.

(ㄱ) 총 여유

임의의 작업활동에서 최조개시시각(t_i^E)에 시작하여 최지완료시각(t_j^L)까지 완료되면 전체적인 공기에 영향을 미치지 않으며 ($t_j^L - t_i^E$)만큼의 시간이 작업활동시간이 된다.

따라서, 이 작업활동의 총여유시간(TF_{ij})은 작업활동 수행시간(T_{ij})과 ($t_j^L - t_i^E$)의 차로서 다음과 같이 구할 수 있다.

$$TF_{ij} = (t_j^L - t_i^E) - T_{ij} = t_j^L - (t_i^E + T_{ij}) \tag{15.24}$$

(ㄴ) 자유여유

후속하는 작업활동의 최조개시시각에 영향을 미치지 않는 범위에서 작업활동에 사용될 수 있는 여유시간을 자유여유라 하며, 다음 식으로 정의된다.

$$FF_{ij} = (t_j^E - t_i^E) - T_{ij} = t_j^E - (t_i^E + T_{ij}) \tag{15.25}$$

(ㄷ) 간섭여유

후속하는 작업활동의 개시일에 영향을 주지만 공기에는 영향을 미치지 않는 여유시간을 간섭여유라 하며, 총 여유에서 자유여유를 뺀 여유시간이다.

라) 한계공정경로(critical path)

조직망 내에서 총 여유가 0인 작업활동을 연결하는 이 경로상에 올려진 각 작업활동의 소요시간을 더하면 이 경로는 가장 긴 경로가 되며, 이 경로는 전체 공기를 규정하는 한계공정경로이다. 이 경로상에는 여유시간이 0이므로 작업이 늦어지면 전체공정이 늦어진다. 예를 들면, 〈그림 15-5〉에서 한계공정경로는 ①-②-③-④-⑤-⑥으로 작업기일은 19일이 된다.

마) 3점견적법에 의한 소요시간계산

작업활동의 소요시간을 계산하는 방법으로 경험이 없는 처음 작업소요 시간을 구할 경우와 같은 시간, 일수를 추정하기 곤란한 경우, 다음과 같은 3개의 추정값을 이용하여 이들에 대한 확률계산을 하여 공기를 산출하는 방법을 3점견적법이라 한다.

이 계산에 이용되는 3개의 추정값은 그 작업활동의 작업이 예정대로 원활히 진행되는 경우, 소요시간이 낙관값(T_a)과 동일조건에서 해당 작업활동을 여러 번 반복하여 가장 빈도가 높은 소요시간인 최가능값(T_m) 그리고 가장 나쁜 조건하에서 전체가 목적한 대로 되지 않는 경우의 소요시간인 비관값(T_b)이다.

이상의 3값은 반드시 다음 관계가 성립한다.

$$T_a \leq T_m \leq T_b \tag{15.26}$$

하나의 작업활동이 여러 번 시행되었을 때 소요시간의 확률분포곡선으로 일반적으로 β-분포가 사용되며 그 기대값(T_E)과 분산 σ_t^2은 다음 식에 의해 구한다.

$$T_E = \frac{T_a + 4T_m + t_b}{6} \tag{15.27}$$

$$\sigma_t^2 = \left(\frac{T_b - T_a}{6}\right)^2 \tag{15.28}$$

② CPM

CPM은 경제적으로 가장 비용이 들지 않는 최적공기를 알아내는 공정관리법이다.

가) 공비증가율

CPM에서 비용관계의 자료로서 표준비용, 표준소요시간, 특급소요시간 및 특급비용 등을 이용한다.

특급소요시간은 작업활동의 수행시간을 표준상태로부터 줄여 더 이상 단축이 불가능할 때까지 줄인 경우의 작업시간이며, 이 작업시간에 대응하는

그림 15-6

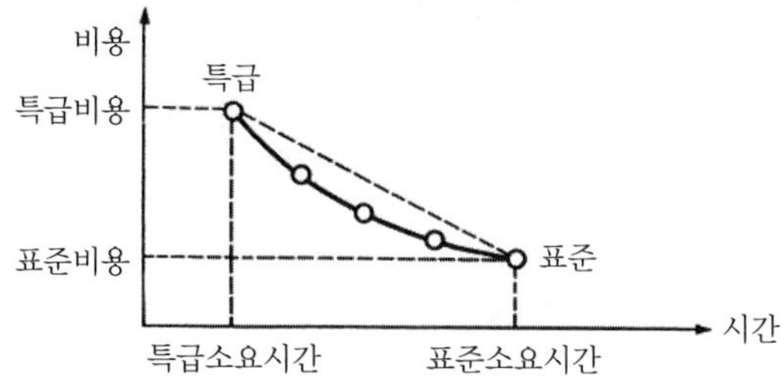

비용을 특급시간이라 한다.

이 비용은 일반적으로 시간을 단축할수록 표준비용보다 증가하며 이 관계를 도시하면 〈그림 15-6〉과 같다.

비용이 표준상태에서 특급상태로 되기까지 그림과 같이 곡선이라 할 수 있지만, 직선에 가깝다고 할 수 있으며, 특급과 표준을 연결한 이 직선을 공비증가율(cost slope)이라 한다. 이 경우, 표준소요시간보다 긴 시간이 걸려도 표준비용보다 줄지 않으며, 특급소요시간보다 짧은 시간일 경우에는 무한히 커진다고 가정한다.

이 공비증가율은 식 (15.29)와 같으며, 단위시간을 일수로 잡으면 1일 작업활동을 단축하는 데 필요한 공비증가를 나타낸다.

$$\text{공비증가율} = \left| \frac{\text{특급비용} - \text{표준비용}}{\text{특급소요시간} - \text{표준소요시간}} \right| \tag{15.29}$$

나) 일정단축

한계공정경로를 조사하여 그 경로상의 모든 작업에서 가장 공비증가율이 낮은 작업공정을 선택하여 일정을 단축한다.

그 예로서 〈그림 15-5〉의 연락망과 〈표 15-3〉과 같은 자료에서 한계공정경로 ①-②-③-④-⑤상에서 공비증가율이 최소인 작업공정 (4.5)를 선택한다.

이것은 1일 단축하면 증가비용은 5만원이며 공기는 19일에서 18일로 단

표 ⑮-3 일정단축에 필요한 자료

작업활동	표준소요시간 (일)	표준비용 (만원)	특급소요시간 (일)	특급비용 (만원)	공비증가율 (만원/일)
(1. 2)	3	21	2	27	6
(2. 3)	5	50	4	60	10
(2. 4)	3	18	3	18	∞
(3. 4)	0	0	0	0	–
(3. 5)	4	36	3	44	8
(4. 5)	6	15	4	25	5
(5. 6)	5	60	4	75	15

표 ⑮-4 일정단축

작업활동	표준소요 시간(일)	단축일					특급소요 시간(일)
		1일	2일	3일	4일	5일	
(1. 2)	3	3	3	②	2	2	2
(2. 3)	5	5	5	5	5	④	4
(2. 4)	3	3	3	3	3	3	3
(3. 4)	0	0	0	0	0	0	0
(3. 5)	4	4	4	4	③	3	3
(4. 5)	6	⑤	④	4	4	4	4
(5. 6)	5	5	5	5	5	5	④
공기	19	18	17	16	15	14	13
비용(원)	200	205	210	216	224	234	249

축된다. 같은 방식으로 계산을 진행하면 공기와 비용의 관계는 〈표 15-4〉와 같다.

다) 최적공기

CPM에서 공사비는 직접비와 간접비로 분류되며 공기를 짧게 하기 위해 야간설비를 하든지 기계설비를 증가시키는 비용은 직접비이며, 일반관리비, 가설을 위한 토지건물의 임대료 등은 간접비에 속한다.

직접비는 공기가 길어지면 감소하며 간접비는 반대로 공기가 짧아지면 그에 따라 비용이 감소하는 성질이 있다.

이러한 성질에 의해 직접비와 간접비의 관계와 직접비와 간접비를 합한 총공사비의 관계는 〈그림 15-7〉과 같다.

그림 15-7

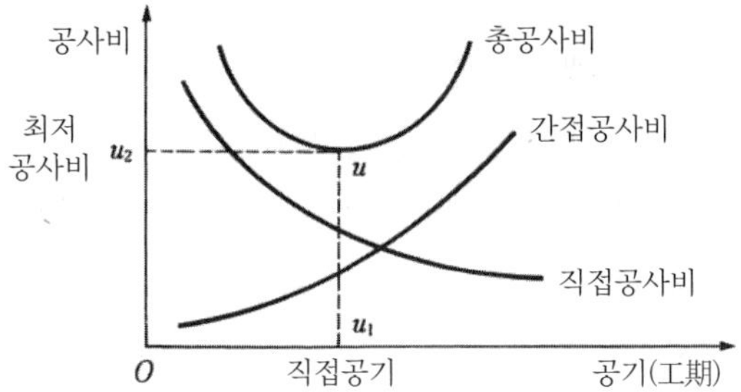

〈그림 15-7〉에서 총공사비곡선의 최소값 u에 해당하는 공사비가 최저 공사비($\overline{Ou_2}$)이며, 이에 대응하는 $\overline{Ou_1}$이 최적공기(optimum duration)이다.

납기일까지 $\overline{Ou_1}$ 이상의 일수가 있어도 간접비 문제를 고려하면 적정공기로 공기를 줄이는 편이 좋으며 최적공기보다 짧은 기일이 납기일로 주어지면 공사비용이 증가하게 된다.

라) 자원배당 및 평준화

자원(인원, 자재, 기계, 장비, 작업량)의 배당을 소요시간이나 공기 내에 합리적, 효과적으로 분배 · 조정함으로써 적정한 자원투입으로 인한 자원의 효율화를 기하고 궁극적으로 공사비용을 절감하는 데 그 목적이 있고 고려사항으로는 전 공기에 걸친 개별 활동(activity)의 소요시간 구성에 필요한 자원수를 결정하여 적절하고 능률적인 자원투입이 되도록 예정표를 작성(scheduling)하고 필요한 자원소요 윤곽(profile: 자원소요 histogram)상의 최고점(peak: 산꼭대기)과 최저점(valley: 산골짝) 등의 불균형을 감소시켜 자원 소요를 평준화하기 위하여 공사의 자원이용 수준과 계획공기 제한간의 평준화(trade-off)를 결정해야 한다. 즉, 자원이용수준을 증가하거나 공법변경에 따른 논리(logic)의 변경이나, 공사 성격상 최악의 경우 완공일을 지연시키는 것 중 어느 것이 비용절감이 더 되는 것인가를 반드시 고려하여야 한다. 기본 필요조건은

(ㄱ) 각 요소작업(activity)에 소요되는 자원을 결정한다.

(ㄴ) 우선사항(priority)의 결정: 논리적 순서(logic), 공기의 제한성(time

limited), 자원 사용한계(resource limited)들의 우선순위를 결정한다.

(ㄷ) 각 요소작업의 통제순위를 결정한다. 즉, 여유시간(float)의 유무, 자원동원 곤란, 비용증대, 기후 영향 등

(ㄹ) 자원 사용에 한계가 있을 경우 선행 활동(Activity)이 자원배당이 된 후에 후속 활동(activity)의 배당이 가능하다.

(ㅁ) 마지막으로, 각 요소작업의 여유시간(float)을 이용한 자원배당을 한다. 우선, CP, Semi-CP, Non-CP 순으로 자원을 배당하고, TF가 적은 요소작업부터 배정하고 TF가 같을 때는 FF가 적은 요소작업부터 배당하며 소요기간(duration)이 짧은 활동(activity)부터 배당한다.

제 4 절 최적화이론

(1) 수리계획법

수리계획법(mathematical programming)은 어떤 제약조건하에서 다수의 변수들의 상호작용을 수학적으로 해결하는 최적화해법으로서 선형계획법(linear programming), 비선형계획법(nonlinear programming), 동적계획법(dynamic programming) 등이 포함된다.

① 선형계획법

선형계획법은 선형부등식의 제약조건과 변수의 비부제약(非負制約)을 기준으로 하여 목적으로 하는 함수를 최적화하는 수학적 방법이다. 이 방법은 선형이기 때문에 대수적으로 취급되므로 문제의 규모가 커져도 전자계산기를 이용하면 해를 얻기가 쉬우므로 각 분야에서 널리 응용되고 있다.

가) 정식화

선형계획법에 의한 접근에 있어서는 처음에 문제가 되는 대상체계를 기초적인 기능으로 분해하고 정식화할 필요가 있다. 예를 들어 설명하면, 지금 〈표 15-5〉에 표시한 두 종류의 제품 M_1, M_2를 만들기 위해서는 두 가지 모

표 ⑮-5

공정	제 품		시간제한 S
	M_1	M_2	
P_1	3	5	15
P_2	5	2	10
이익	5	3	

두 두 공정 P_1, P_2를 거친다. 이때, 각 공정에는 S의 제한시간이 있으며, 각 제품 1개당 소요시간, 이익이 주어져 있다. 이때, 가장 이익이 많이 생기는 생산계획을 구하는 문제를 고려한다. 지금, 제품을 각각 x_1, x_2개씩 만든다고 하면, 총이익은

$$f=5x_1+3x_2 \tag{15.30}$$

이때, 다음의 제약이 있다.

$$\left.\begin{aligned}3x_1+5x_2\leq 15\\5x_1+2x_2\leq 10\end{aligned}\right\} \tag{15.31}$$

$$x_1,\ x_2\geq 0 \tag{15.32}$$

그러므로 이 정식화에 문제는 선형부등식군의 제약조건하에서 목적함수를 최대로 하는 것이 된다. 여기서 식 (15.30)을 목적함수(objective function), 식 (15.31)을 제약조건식(constraints) 및 식 (15.32)를 비부조건(non-negativity constraints)이라 한다.

즉 선형계획법은 다음과 같이 정식화된다. 선형변수 $x_j(j=1,\ 2,\ \cdots,\ n)$에 대하여 m개의 선형부등식으로 표시되는 제약조건

$$\left.\begin{aligned}\sum_{j=1}^{n}a_{ij}x_j\leq S_i \quad (i=1,\ 2,\ \cdots,\ m)\\x_j\geq 0\end{aligned}\right\} \tag{15.33}$$

을 기초로 목적함수

$$f=\sum_{j=1}^{n} v_j x_j \tag{15.34}$$

을 최대, 최소로 하는 문제를 선형계획법이라 한다.

나) 도식해법

일반적으로, 선형계획문제에서 변수의 수가 두 개인 경우에는 도식해법이 편리하다. 식 (15.30)~(15.32)에 관하여 고려한다.

$$f=5x_1+3x_2 \longrightarrow \max \tag{15.35}$$

제약조건의 부등호를 제외하고 x_1, x_2좌표로 나타내면 〈그림 15-8〉이 된다.

이 그림에서 제약조건을 전부 만족하는 영역은 사변형 $OABC$이다. 이와 같이, 제약조건식을 만족하도록 영역을 나타내는 것에 대한 계획은 실행가능하므로 실행가능해(feasible solution)라 한다. 또한, 그 중에서 목적함수 f를 최대로 하는 좌표를 최적해(optimal solution)라 한다. 〈그림 15-8〉인 경우에는 점 B를 지날 때가 최적해가 되므로 $x_1=20/19$, $x_2=45/19$이며 $f=235/19$가 최적이다. 그 밖에 도식해법은 제약조건식 또는 변수의 수가 3개일 때에도 해답을 찾을 수 있으나 복잡하게 된다.

그림 15-8 도식해법

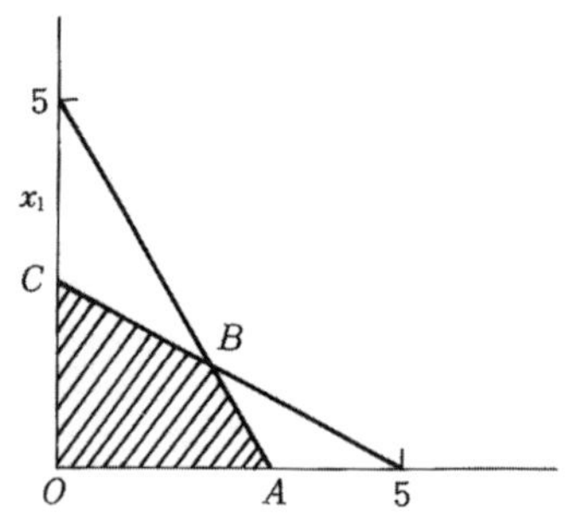

다) Simplex법

선형계획법의 해법 중에서 simplex법이 가장 일반적인 것이다. 이 해법은 연립방정식의 소거계산법이 그 기본이 되며, 변수의 수가 많아져도 전자계산기를 사용하면 용이하게 계산할 수 있다.

이 방법의 계산순서는 다음과 같다.

첫째, 최초의 실행가능해를 찾아낸다.

둘째, 그 해가 최적인가 아닌가를 판정한다.

셋째, 최적이 아닐 때는 달리 개량할 수 있는 실행가능성을 계산한다.

넷째, 이 과정을 되풀이한다.

(ㄱ) Slack 변수

simplex법에서 제일 중요한 것을 제약부등식을 등식화하는 것이다. 이것을 Slack변수(Slack variable)라 한다. 예를 들면, 식 (15.31)에 관하여 Slack 변수 λ_1, λ_2를 이용하는 것으로 다음과 같다.

$$\left.\begin{aligned} 3x_1+5x_2+\lambda_1&=15 \\ 5x_1+2x_2+\lambda_2&=10 \end{aligned}\right\} \tag{15.36}$$

$$x_1,\ x_2,\ \lambda_1,\ \lambda_2 \ge 0 \tag{15.37}$$

또한, 연립방정식 (15.36)의 해 중에서 식 (15.37)을 만족하는 것이 실행가능한 해법이다. 이 경우 변수의 수는 4개이며, 방정식의 수는 2개이지만 선형계획문제에서는 Slack 변수를 포함하므로 변수의 수가 많게 된다. 따라서, 이 경우 4개의 변수 중에서 $4-2=2$개가 0이 되어 있는 해를 기저해(basic solution)라 한다. 〈그림 15-8〉의 각 정점, O, A, B, C는 모두 기저해이다.

(ㄴ) Simplex 기준

실행가능해가 최적해인가 아닌가를 판정하기 위해서는 Simplex 기준(criterion)을 사용한다. Slack 변수를 도입하여 선형계획법의 일반형을 생각하면 다음과 같다.

$$f=v_1x_1+v_2x_2+\cdots+v_nx_n \tag{15.38}$$

$$a_{11}x_1+a_{12}x_2+\cdots+a_{1n}x_n=S_1 \tag{15.39a}$$

$$a_{21}x_1+a_{22}x_2+\cdots+a_{2n}x_n=S_2 \tag{15.39b}$$

표 ⑮-6

기저	S	x_1 x_2, ········ x_m	x_{m+1}, ········ x_1
x_1 x_2 ⋮ x_m	t_1 t_2 ⋮ t_m	$\begin{matrix} 1 & 0 \cdots\cdots 0 \\ 0 & 1 \quad \vdots \\ \vdots & \ddots \quad \vdots \\ 0 & \cdots\cdots 1 \end{matrix}$	$b_{1,\, m+1}$ $b_{1,\, n}$ $b_{m,\, m+1}$ $b_{m,\, n}$

$$a_{31}x_1 + a_{32}x_2 + \cdots + a_{3n}x_n = S_3 \tag{15.39c}$$

$$x_1,\ x_2,\ \cdots,\ x_n \geq 0 \tag{15.40}$$

식 (15.39a)~(15.39c)를 소거계산하면 〈표 15-6〉이 얻어진다.

만약, x_1, x_2, ⋯, x_m이 실행가능해라면

$$x_{m+1},\ \cdots,\ x_n = 0$$

$$t_1,\ t_2,\ \cdots,\ t_m > 0$$

그러므로, $x_1 = t_1$, $x_2 = t_2$, ⋯, $x_m = t_m$이 1개의 해법이다, 〈표 15-6〉에서

$$\begin{aligned} x_1 &= t_1 - (b_{1,\, m+1}x_{m+1} + \cdots + b_{1,\, n}x_n) \\ x_2 &= t_2 - (b_{2,\, m+1}x_{m+1} + \cdots + b_{2,\, n}x_n) \\ &\vdots \\ x_m &= t_m - (b_{m,\, m+1}x_{m+1} + \cdots + b_{m,\, n}x_n) \end{aligned} \tag{15.41}$$

식 (15.41)을 식 (15.38)에 대입하면

$$w_0 = v_1t_1 + v_2t_2 + \cdots + v_mt_m$$

$$-w_j = v_j - (v_1b_{1j} + v_2b_{2j} + \cdots + v_mb_{mj})$$

라고 하면

$$f = w_0 - (w_{m+1}x_{m+1} + \cdots + w_nx_n) \tag{15.42}$$

가 된다. 여기서

$$z_j = v_1b_{1j} + v_2b_{2j} + \cdots + v_mb_{mj}$$

이며

$$w_j=z_j-v_j \tag{15.43}$$

식 (15.43)을 Simplex 기준이라 한다. x_{m+1}, ⋯, $x_n=0$, t_1, t_2, ⋯, $t_m>0$이므로 $f=w_0$이다. 이 실행가능해를 출발점으로 하여, 예를 들면 $x_j(m+1\leq j\leq n)$을 0으로부터 정의 방향으로 이동하면 f는 식 (15.42)로부터 $-w_j$의 비율로 증가($w_j<0$) 또는 감소($w_j>0$)한다. 만약, $w_j<0$일 때, x_1, x_2, ⋯, x_m의 어느 하나가 0이 될 때까지 x_j를 증가하면 w_0보다 큰 실행가능해가 얻어진다. 이것을 $j=m+1$, ⋯, n의 전부에 관하여 실행하면 최적해가 얻어진다.

② 동적계획법

동적계획법(dynamic programming)은 1957년에 R. Bellman이 발전시킨 방법이다. 이 방법은 일정량의 자원(인원, 기계, 자본 등)을 N개의 경제활동에 가장 효과적으로 배분하도록 한 방법으로 배분문제를 대상으로 하고 있다.

배분문제의 관해서는 Lagrange의 승수법(乘數法)이나 Gibbs의 방법이 있지만, 이들의 방법은 연속변수로 미분가능한 경우에는 유효하다. 이것에 대하여 이산변수(예를 들어 기계의 배치와 같이 0 또는 자연수만을 고려할 경우)에도 적용할 수 있는 것이 동적계획법이며, Bellman은 기본원리로서 최적성의 원리(principle of optimality)를 제시하고 있다.

가) 최적성의 원리

최적성의 원리는 시발의 상태와 최초의 결정이 있다 하고, 이 최초의 결정의 결과로 야기된 상태에 관하여 이후의 결정계열은 최적정책(optimal policy)을 주는 것이어야 한다는 것이다. 이 원리에 대한 예를 들어 설명하기로 한다.

지금, 어떤 시의 연간예산이 c원에 한정되어 있고 그것을 N개의 지구로 배분하고자 한다. 각 지구에 각각 x_1, x_2, ⋯, x_N의 예산을 배분하였을 때, 각 지구에서 받게 되는 이득은 $g_1(x_1)$, $g_2(x_2)$, ⋯, $g_N(x_N)$이다. 이 경우 c원을 어떻게 배분하여야 시 전체의 이득이 최대로 되는가? 2지구의 경우를 생각해 보자. $N=2$이므로 시 전체의 이득은

$$R(x_1,\ x_2) = g_1(x_1) + g_2(c - x_1) \tag{15.44}$$

윗 식이 $x_1 \geq 0$, $c - x_1 \geq 0$의 조건하에서 최대로 되면 된다. 그리고, 이것이 구하여졌다고 하면, 이것은 c만의 함수이므로,

$$f_2(c) = \max R(x_1,\ x_2) \max_{0 \leqq x_1 \leqq C} \{g_1(x_1) + g_2(c - x_1)\} \tag{15.45}$$

또, $N=3$일 경우는

$$f_3(c) = \max_{0 \leqq x_3 \leqq C} \{g_3(x_3) + f_3(c - x_3)\} \tag{15.46}$$

$N=N$일 때는

$$f_N(c) = \max_{0 \leqq x_N \leqq C} \{g_N(x_N) + f_N(c - x_N)\} \tag{15.47}$$

그러므로, 식 (15.45)로부터 식 (15.47)까지 반복하면 이득 $F(x_1,\ x_2,\ \cdots,\ x_N)$의 최대값 $f_N(c)$가 구하여진다. 즉 식 (15.47)에서 x_N의 최적값을 구하는 데는 x_N이 무엇일 것이라는 것(시발의 상태 c, 최초의 결정 x_N), 최초의 결정의 결과로 야기된 상태 $c - x_N$을 $N-1$의 지구에 최적으로 배분한 것이 전체적으로 최적정책이다.

이와 같이, 최적성의 원리에 따라 식 (15.47)과 같은 함수방정식으로서 문제를 표시한 최적해를 구할 뿐이지만, 실제로는 이 함수방정식을 푸는 경우는 드물며, 대부분의 경우는 $f_1(c)$, $f_2(c)$와 순차해를 구하는 방법으로 수행한다.

그림 15-9 Network

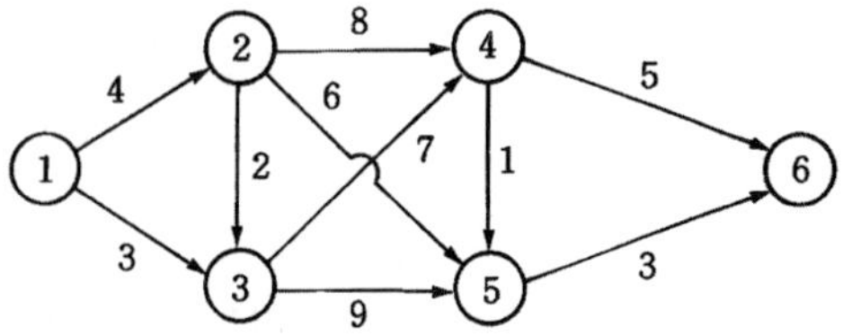

예제 15-1

〈그림 15-12〉에서처럼 6개의 절점(node)을 연결한 경로가 있다. 절점 ①로부터 ⑥까지의 소요시간이 주어져 있을 때 최소시간으로 갈 수 있는 경로를 구하시오.

풀이 ➡ 먼저, 다음과 같이 문제를 정식화한다.

$g_i^{(k)}$: 정점 i에서 k개 이내의 절점을 지나는 종점에 이르는 최소간

t_{ij}: 절점 $i \rightarrow j$간의 소요시간

$$g_i^{(k)} = \min_{j=i} [t_{ij} + g_i^{(k-1)}] \tag{15.48}$$

$g_2^{(1)} = \min[t_{2,4} + g_4^{(0)},\ t_{2,5} + g_5^{(0)}] = \min[8+5,\ 6+3] = 9$

$g_3^{(1)} = \min[t_{3,4} + g_4^{(0)},\ t_{3,5} + g_5^{(9)}] = \min[7+5,\ 9+3] = 12$

$g_1^{(2)} = \min[t_{1,2} + g_2^{(1)},\ t_{1,3} + g_3^{(1)}] = \min[4+9,\ 3+12] = 13$

i	$g_i^{(0)}$	$g_i^{(1)}$	$g_i^{(2)}$
1	∞	∞	13
2	∞	9	9
3	∞	12	11
4	5	4	4
5	3	3	3

그러므로, 최소시간 경로는 1→2→5→6으로 소요시간은 13이 된다.

(2) 게임이론

계획을 입안하기 위한 의사결정에서 서로 다른 주체의 반응이나 행동에 관한 정보를 무시할 수 없으며, 주체의 반응 사이에 협조적 관계와 경합적 관계가 있게 된다. 게임이론(theory of games)은 경합적 조건하에서 각 주체의 성과를 추구할 경우의 최적행동에 대한 이론으로서 1920년대에 J. von Neumann에 의해 연구되었다.

① 영합 2인게임법

게임이론에서는 결과가 우연하게 정해지는 우연게임으로서가 아닌 참가자의 전략에 의해 결과가 정해지는 전략게임을 대상으로 한다. 참가자의 수에 따라 2인게임 또는 3인게임이라 하며, 참가자의 득점의 합이 반드시 영이

되도록 하는 영합(zero sum)게임과 영이 되지 않는 정수합게임으로 나누어진다.

여기서는 설명의 간편화를 위하여 2인게임의 영합게임에 관해 기술한다. 여기에서 게임은 2인게임으로 실시하며, 참가자 갑은 m종의 전력을 갖고, 참가자 을은 n종의 전략을 가지고 각각 하나의 전략씩 선택한다. 그리고, 선택은 비밀로 하여 참가자 1이 i번째 전략을 택하고, 참가자 2가 j번째 전략을 택했을 때 참가자 갑은 a_{ij}의 이득을 얻고 참가자 을은 $-a_{ij}$의 이득을 얻는다.

이와 같이, 2인의 참가자가 유한한 전략 m, n을 가지고 영합 2인게임을 하는 것을 사각형게임(rectangular game)이라 한다. 참가자 갑의 이득을 기준으로 하면 그 이득행렬은 다음과 같이 된다(식 (15.48)은 예제 15-1을 참조).

$$A=\begin{bmatrix} a_{11}\cdots\cdots & a_{1j} & \cdots\cdots a_{1n} \\ \vdots & \vdots & \vdots \\ a_{i1}\cdots\cdots & a_{ij} & \cdots\cdots a_{in} \\ \vdots & \vdots & \vdots \\ a_{m1}\cdots\cdots & a_{mj} & \cdots\cdots a_{mn} \end{bmatrix} \tag{15.49}$$

참가자 을이 j번째의 전략을 선택하면 갑의 이득은 갑이 선택하는 전략에 따라서 $\min_i a_{ij}$ 와 $\max_i a_{ij}$ 사이에 있게 되고, 갑은 당연히

$$\max_i a_{ij}=a_{k(j)j} \tag{15.50}$$

인 전략 $k_{(j)}$를 선택하게 된다.

그러나, 참가자 을의 입장에서 생각하면 전략 j의 선택에서 $a_{k(j)j}$는 자신의 지불이므로 이것을 최소로 하도록 할 것이다. 즉,

$$\min_j \max_i a_{ij}=a_{i^*j^*} \tag{15.51}$$

가 되도록 정략 j^*를 택하고 갑은 i^*를 선택한다.

식 (15.51)에 따라 정해진 전략을 참가자 을에 대한 minimax 전략이라 한다. 반대로 갑의 입장에서

$$\max_i \min_j a_{ij}=a_{i^*j^*} \tag{15.52}$$

의 경우를 참가자 을에 대한 maxmin 전략이라 하며, 이때의 i^*, j^*를 각각 참가자 갑, 을의 최적전략이라 한다. 즉, 식 (15.49)의 이득행렬에 대해

$$\max_i \min_j a_{ij} = \min_j \max_i a_{ij} = a_{i^* j^*} \tag{15.53}$$

가 성립하는 게임을 순수전략이라고 하며, 일반적으로 1회로 승부가 결정된다. 이때, 전략의 조합($i^* j^*$)을 게임의 안점(鞍點)이라 하며, 참가자 갑의 이득 $a_{i^* j^*}$를 게임값이라 한다.

② 혼합전략법

게임에서 안점이 존재하지 않는 경우는 순수전략과는 달리 참가자 둘 모두 매회 결정된 전략이 존재하지 않는다. 이때는 경기를 몇 회 계속한다고 가정하여 양쪽의 선택에 확률을 도입함으로써 장기간의 평균적인 의미로서의 최적해를 구하게 되는데, 이와 전략을 혼합전략법이라 한다.

혼합전략법에서 이득행렬이 $2\times m$ 또는 $m\times 2$일 때는 그래프에 의한 해법이 가능하므로 여기서는 2×4인 이득행렬에 대해서 설명한다.

$$A = \begin{bmatrix} a_{11} & a_{12} & a_{13} & a_{14} \\ a_{21} & a_{22} & a_{23} & a_{24} \end{bmatrix} \tag{15.54}$$

여기서 참가자 갑의 이득의 기댓값 $M(X,\ Y)$는

$$\begin{aligned} M(X,\ Y) = &(a_{11}x_1 + a_{21}x_2)y_1 + (a_{12}x_1 + a_{22}x_2)y_2 \\ &+ (a_{13}x_1 + a_{23}x_2)y_3 + (a_{14}x_1 + a_{24}x_2)y_4 \end{aligned} \tag{15.55}$$

가 되며, 여기서 x_i, y_i는 각각 경기자 갑·을이 선택하는 전략의 확률로서 다음 조건을 만족한다.

$$\left.\begin{array}{ll} x_1 + x_2 = 1, & 0 \le x_1,\ x_2 \le 1 \\ y_1 + y_2 + y_3 + y_4 = 1, & 0 \leqq y_1,\ y_2,\ y_3,\ y_4 \leqq 1 \end{array}\right\} \tag{15.56}$$

간단한 예로서 식 (15.54)의 이득행렬이

그림 15-10

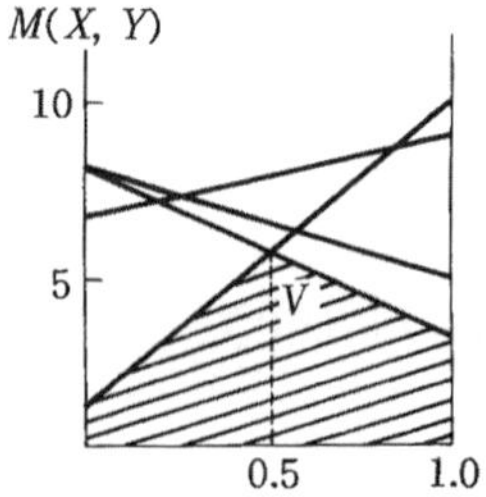

$$A=\begin{bmatrix} 10 & 5 & 9 & 4 \\ 2 & 8 & 7 & 8 \end{bmatrix}$$

일 때, 참가자 갑의 이득기댓값 $M(X,\ Y_i)$를 을의 전략 y_1, y_2, y_3, y_4에 대하여 각각 구하면 다음과 같다.

$$\left.\begin{aligned} M(X,\ Y_1)&=8x_1+2 \\ M(X,\ Y_2)&=8-3x_1 \\ M(X,\ Y_3)&=2x_1+7 \\ M(X,\ Y_4)&=8-4x_1 \end{aligned}\right] \tag{15.57}$$

이 식들로부터 〈그림 15-10〉의 그래프를 작성할 수 있으며, 그래프의 직선에서 공통으로 포함되는 부분이 갑의 이득기댓값의 범위가 된다.

참가자 갑의 $\max_X \min_Y M(X,\ Y)$인 maxmin 전략은 그림에서 점 V로 표시되므로 $x_1=x_2=0.5$에서 갑의 이득은 6.0이 된다.

참가자 갑 · 을이 각각 x_i, y_j의 혼합전략을 채용한 경우는 을이 갑에게 지불할 기댓값은

$$\sum_{i=1}^{m}\sum_{j=1}^{n} x_i a_{ij} y_j \tag{15.58}$$

이 되고, 을에 있어서 minmax 전략을 주었을 때, 그 값은

$$\max_{(y_j)\in N}\ \min_{(x_i)\in M}\sum_{i=1}^{m}\sum_{j=1}^{n}x_i a_{ij} y_j \tag{15.59}$$

가 되며 M, N은 각각 확률 x_i, y_i의 전체집합이다. 또한, 갑에 있어서 maxmin 전략은 다음과 같다.

$$\max_{(x_i)\in M}\ \min_{(y_i)\in N}\sum_{i=1}^{m}\sum_{j=1}^{n}x_i a_{ij} y_j \tag{15.60}$$

여기서 혼합전략은 다음과 같이 선형계획법의 문제로서 정식화될 수 있다. 우선,

$$\max_{(x_i)}\sum_{i}\sum_{j}x_i a_{ij} y_j = z \tag{15.61}$$

라 놓으면

$$\sum_{i}\sum_{j}x_i a_{ij} y_j \leqq z,\ (x_i)\in M \tag{15.62}$$

에 대하여 $(y_j)\in N$의 조건하에서 z를 최소화하는 (y_j)를 구하면 된다.

임의의 $(x_i)=M$을 취하는 하나의 방법으로서 $x_i=1$ 다른 모든 X는 0이라 하면, 식 (15.62)는

$$\sum_{j=1}^{n}a_{ij} y_j \leqq z \quad (i=1,\ \cdots,\ m)$$

로 되고 을에 있어서의 minmax 전략을 다음의 선형계획문제가 된다.

$$\left.\begin{aligned} & z \rightarrow \min \\ & \sum_{j=1}^{n}a_{ij} y_j - z \leqq 0 \quad (i=1,\ \cdots,\ m) \\ & \sum_{j=1}^{n} y_j = 1,\ y_j \geqq 0 \quad (j=1,\ \cdots,\ n) \end{aligned}\right\} \tag{15.63}$$

(3) 연결망법

연결망(network)법은 대규모적인 체계를 효율적으로 전산기에 의해 처리할 수 있기 때문에 여러 OR(Operation Research)이론 중에서도 중시되고 있다.

① 도형이론

연결조직망법은 대부분 도형이론에 기초를 두고 있다. 도형은 〈그림 15-11〉과 같이, 정점(vertex)과 정점을 잇는 변(edge)으로 구성되는 도형으로서, 변의 방향이 정해져 있는 경우를 유향도형(b), 그렇지 않으면 무향도형(a)이라고 한다.

유향도형에서 변의 끝점에 존재하는 두 정점에서 시작점을 시점, 끝점을 종점이라 하며, 앞의 변의 종점이 다른 변의 종점이 될 때, 이 변들을 연결한 것을 노(路, path)라고 한다. 〈그림 15-11(b)〉에서 ①→②→④→⑥은 점 ①에서 ⑥까지의 노이다.

그래프에서 정점과 정점, 정점과 변 사이의 접속관계를 성분, 0, 1, −1로 표시하는 행렬로 표시할 수 있다.

정점 N_i, $N_j(i,\ j=1,\ \cdots,\ m)$의 관계에 따라 $n \times n$형의 정방행렬로 표시한 것을 정점간 접속행렬이라 하며, 〈그림 15-11(a)〉 도형의 정점간 접속행렬은 다음과 같다.

$$(\gamma_{ij}) = \begin{bmatrix} 0 & 1 & 1 & 1 & 1 \\ 1 & 0 & 1 & 0 & 1 \\ 1 & 1 & 0 & 1 & 0 \\ 1 & 0 & 1 & 0 & 1 \\ 1 & 1 & 0 & 1 & 0 \end{bmatrix} \tag{15.64}$$

그림 15-11 도 형

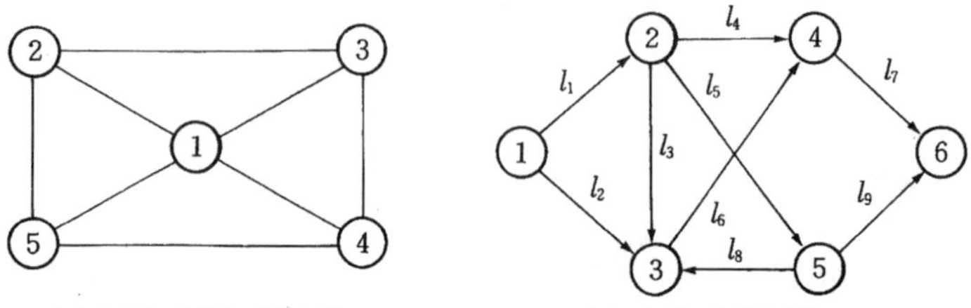

(a) 무향도형(無向圖型) (b) 유향도형(有向圖型)

정점 $N_i(i=1, \cdots, n)$와 변 $l_j(j=1, \cdots, n)$의 관계에 따라 $m\times n$행렬로 표시한 것을 정점대변접속행렬이라 하며, 무향도형일 때는

$$(\delta_{ij})=\begin{cases}1 & N_i\text{가 } l_j\text{의 하나의 단점일 때}\\ 0 & \text{기타}\end{cases}$$

의 성분으로 표시되며, 유향도형일 때는 다음의 성분으로 표시된다.

$$(\delta_{ij})=\begin{cases}1 & N_i\text{가 } l_j\text{의 시점일 때}\\ -1 & N_i\text{가 } l_j\text{의 종점일 때}\\ 0 & \text{기타}\end{cases}$$

예를 들어, 〈그림 15-10(b)〉의 정점대변접속행렬은 다음과 같다.

$$(\delta_{tb})=\begin{bmatrix}1 & 1 & 0 & 0 & 0 & 0 & 0 & 0 & 0\\ -1 & 0 & 1 & 1 & 1 & 0 & 0 & 0 & 0\\ 0 & -1 & -1 & 0 & 0 & 1 & 0 & -1 & 0\\ 0 & 0 & 0 & -1 & 0 & -1 & 1 & 0 & 0\\ 0 & 0 & 0 & 0 & -1 & 0 & 0 & 1 & 1\\ 0 & 0 & 0 & 0 & 0 & 0 & -1 & 0 & -1\end{bmatrix}$$

② 최단경로문제

최단경로문제는 한 정점에서 다른 정점에 이르는 모든 노 중에서 그 길이가 최소인 노를 구하는 문제이다. 두 정점 i, j 사이의 거리를 d_{ij}라 하면, 점을 지나는 경로 $p=(i_0, i_1, \cdots, i_r)$에서 그 전체거리는 $i_{i_0i_1}+d_{i_1i_2}+\cdots+d_{i_{r-1}i_r}$이 되며, 문제에 따라서 거리는 소요시간, 수송비용 등으로 생각하여도 좋다.

정점 i로부터 j로 향하는 변 d_{ij}를 변이 없는 경우는 ∞, $i=j$인 경우는 0으로 하고 $n\times n$거리행렬로 표시할 수 있는데, 예를 들어 〈그림 15-12〉의 도형에서 거리행렬은 다음과 같다.

그림 15-12 조직망

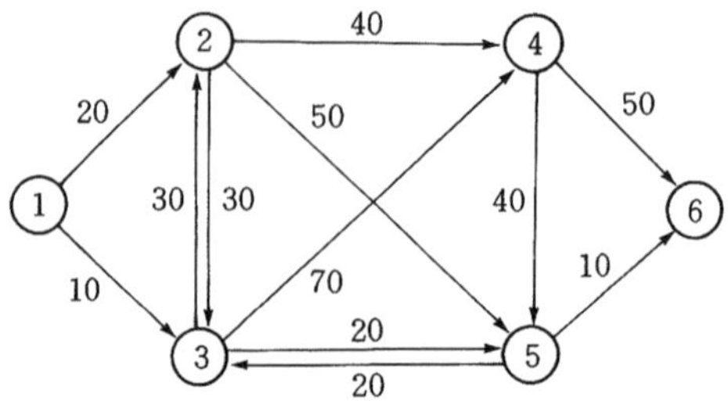

$$(d_{ij})=\begin{bmatrix} 0 & 20 & 10 & \infty & \infty & \infty \\ \infty & 0 & 30 & 40 & 50 & \infty \\ \infty & 30 & 0 & 70 & 20 & \infty \\ \infty & \infty & \infty & 0 & 40 & 50 \\ \infty & \infty & 20 & \infty & 0 & 10 \\ \infty & \infty & \infty & \infty & \infty & 0 \end{bmatrix} \tag{15.65}$$

조직망이론에는 이 외에도 여러 문제들이 다루어지며, 최단경로문제는 각 변의 용량을 생각하지 않았으나 철도 · 도로 등과 같이 변에 용량의 한계가 있는 경우는 거리는 고려하지 않고 가능한 한 많은 용량을 해결하는 문제를 최대흐름문제(MFP: Maximum Flow Problem)이라고 한다. 또한, 최소비용류문제(minimum)는 주어진 연결망의 어떤 점으로부터 다른 1점으로의 총유량이 지정되어 있으며, 각 변에는 용량이 정해져 있는 외에 유량의 함수로서 비용이 정해져 있는 경우에 총비용을 최소가 되도록 하는 문제를 다루는 것이다.

제 5 절 최적화이론 및 공정관리에 관한 예제

예제 15-2

다음 연결망(network)의 최조시간(最早時間) T_E와 최지시간(最遲時間) T_L을 계산하고 주공정선(CP)은 굵은 선으로 나타내시오.

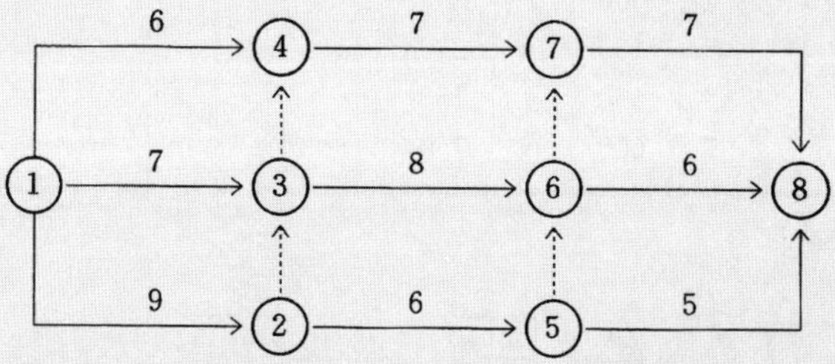

풀이 T_E는 절점도달 최대시간, T_L은 절점도달 최소시간에 근거하여 CP를 찾는다.

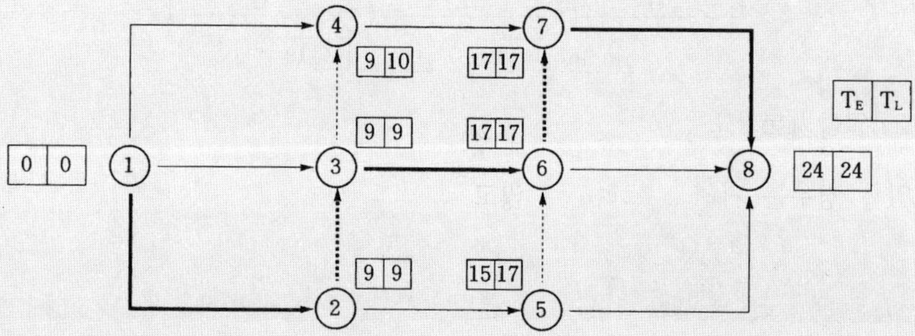

예제 15-3

다음 작업 List를 가지고 화설선도를 그리고 표준일수에 대한 최단 경로(critical path)를 그리고 공비증가율 EST, EFT, LST, LFT, TF, FF, DF의 빈칸을 채우고 총공사비가 가장 적게 들기 위한 최적공기를 구하시오. (단, 1일당 간접비는 60만원)

(단위: 만원)

작업명	선행작업	후속작업	표준		특급		공비증가율	개시		개시		Float		
			일수	직접비	일수	직접비		EST	LST	EFT	LFT	TF	FF	DF
A	–	C,D	4	210	3	280								
B	–	E,F	8	400	6	560								
C	A	E,F	6	500	4	600								
D	A	H	9	540	7	600								
E	B,C	G	4	500	1	1100								
F	B,C	H	5	150	4	240								
G	E	–	3	150	3	150								
H	D,F	–	7	600	6	750								

1. 공정표 작성

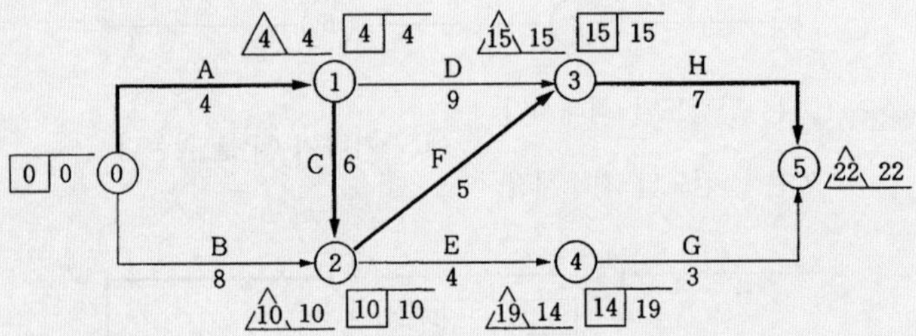

2. 일정 세분화표

(단위: 만원)

작업명	선행작업	후속작업	표준		특급		공비증가율	개시		개시		Float		
			일수	직접비	일수	직접비		EST	LST	EFT	LFT	TF	FF	DF
A	–	C,D	4	210	3	280	70	0	0	4	4	0	0	0
B	–	E,F	8	400	6	560	80	0	2	8	10	2	2	0
C	A	E,F	6	500	4	600	50	4	4	10	10	0	0	0
D	A	H	9	540	7	600	30	4	6	13	15	2	2	0
E	B,C	G	4	500	1	1100	200	10	15	14	19	5	0	5
F	B,C	H	5	150	4	240	90	10	10	15	15	0	0	0
G	E	–	3	150	3	150	0	14	19	17	22	5	5	0
H	D,F	–	7	600	6	750	150	15	15	22	22	0	0	0

3. 공기단축(최적공기 계산)

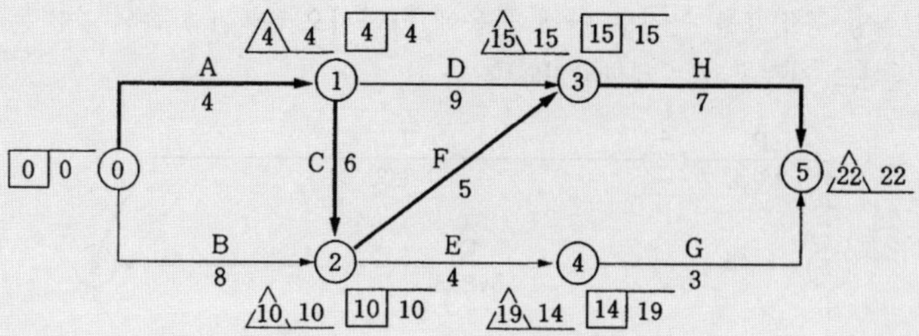

(1) 주공정선: A → C → F → H

(2) 단축가능일: 1일 2일 1일 1일

(3) 비용구배: 70만/일 50만/일 90만/일 150만/일

조정순서	소요 공기	직접공사비	간접공사비	총 공사비	비고
정상	22일	3,050	22×60=1,320	4,370	
1회 단축(C=2일)	20일	3,050+(50×2)=3,150	20×60=1,200	4,350	
2회 단축	19일	3,050+120=3,270	19×60=1,140	4,410	

(4) 최적공기: 20일

4. 산출근거

(1) 1단축: C=2일

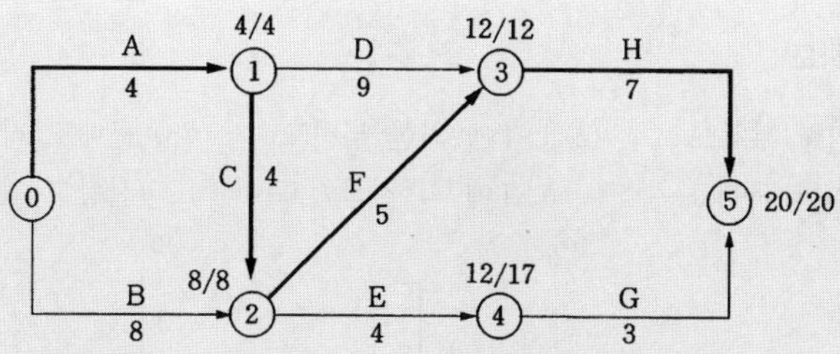

(2) 2단축: F+D=1일

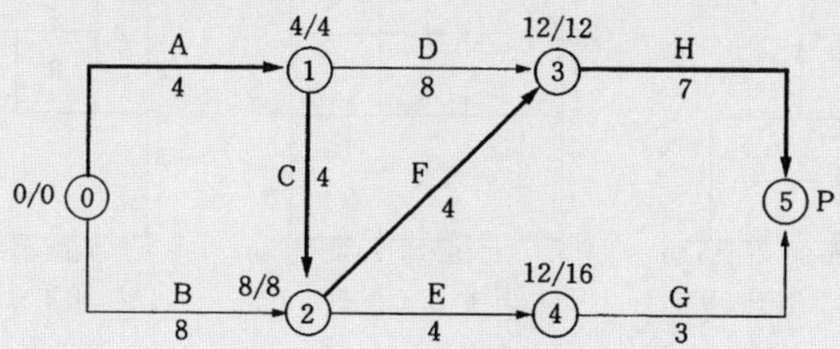

예제 15-4

다음 연결망 공정표를 근거로 아래 물음에 답하시오.(단, ( ) 속의 숫자는 1일당 소요인원이고 지정공기는 계산공기와 같다.)

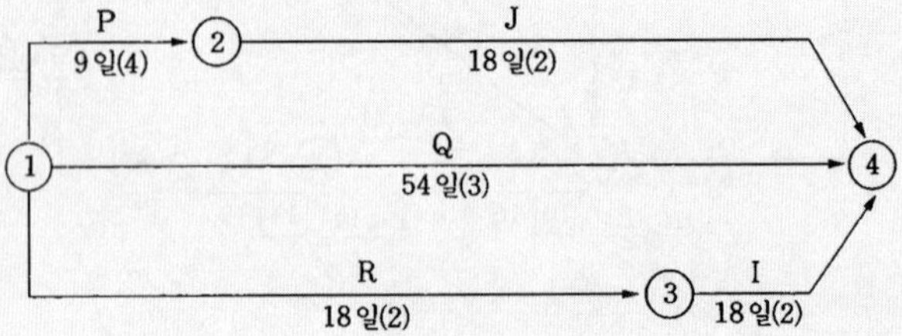

(1) 각 작업을 EST에 따라 실시할 경우의 1일 최대 소요인원은 몇 명이겠는가?
(2) 각 작업을 LST에 따라 실시할 경우의 1일 최대 소요인원은 몇 명이겠는가?
(3) 가장 적합한 계획에 의해 인원 배당을 행할 경우의 1일 최대 소요인원은 몇 명이겠는가?

1. 공정표 작성

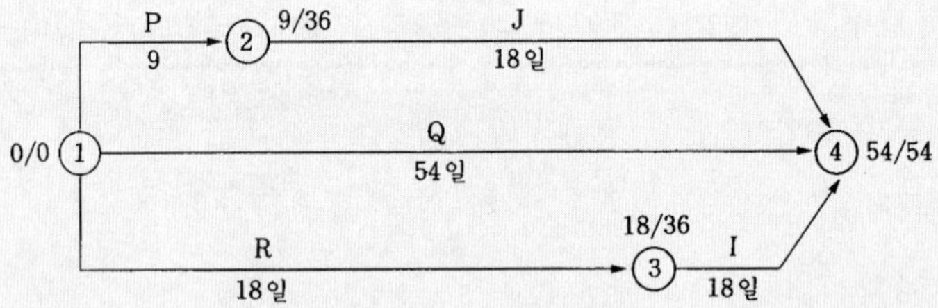

2. 인력 부하도

(1) EST에 의한 부하도 (EST에 의한 산적표)
(2) LST에 의한 부하도 (LST에 의한 산적표)
(3) 균배도 작성 (산봉도 작성)

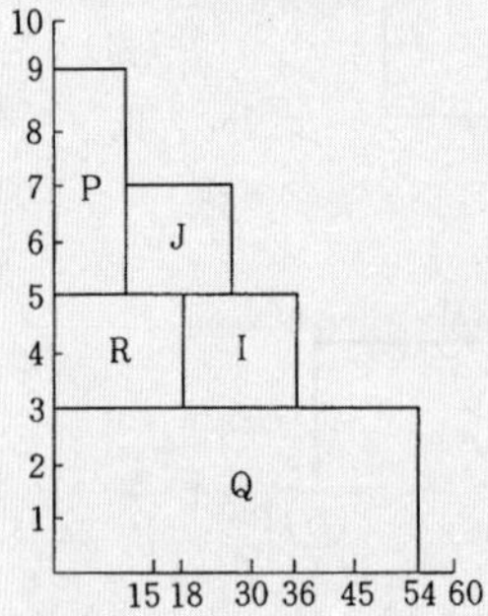

1일 최대 소요인원 : 9명

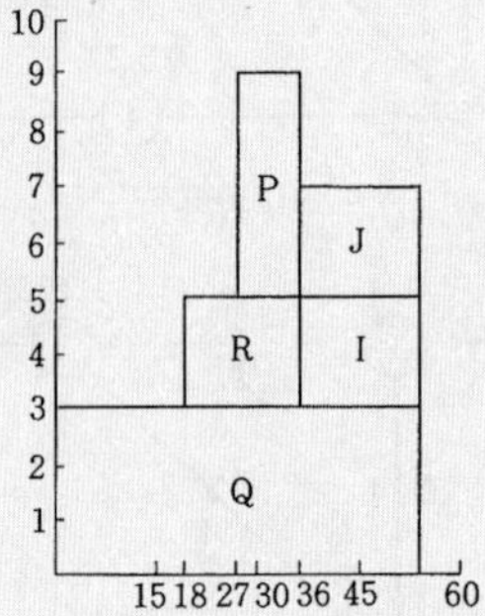

1일 최대 소요인원 : 9명

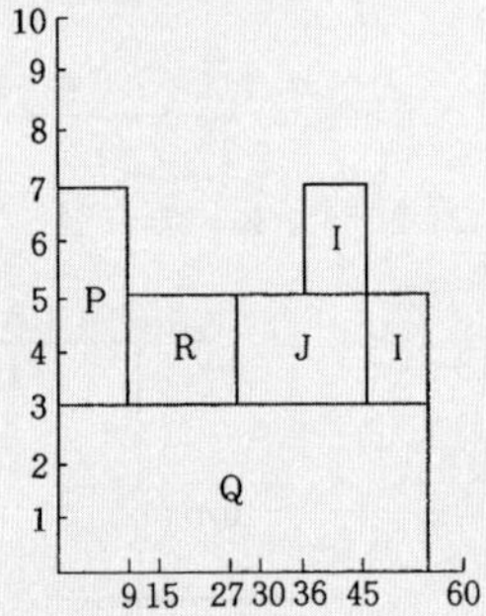

1일 최대 소요인원 : 7명

지/공/탐/측/학/개/관

16 국외 위성현황과 전망

Present Situation for Foreign Satellites and Prospect

제1절 현재 운영 중인 국외위성현황

(1) TerraSAR-X 위성

독일의 첫 번째 레이더 위성으로서 2007년 6월 15일 발사에 성공하였으며, 독일항공우주연구원(DLR: Deutsches Zentrum für Luft-und Raumfahrt)과 유럽 최고의 위성전문가 Astrium이 공동조합을 구성하여 수행하였다.

그림 16-1 TerraSAR-X 위성

〈출처: http://earth.esa.int〉

제원으로서 궤도고도는 512~530km, 재방문주기는 11일(관측폭 중복주기) 또는 2.5일(지구상 임의점 관측주기, 재방문주기 95% 확률일 경우 2일)이다.

영상관측방식(mode)은,

○ 고해상도 Spotlight: 1m 해상도, 5 to 10km×5km(width×length)

○ SpotLight: 2m 해상도, 10km×10km(width×length)

○ StripMap: 3m 해상도, 30km×50km(width×length)

○ ScanSAR: 18m 해상도, 100km×15km(width×length)

그림 16-2 TerraSAR-X 위성의 관측방식

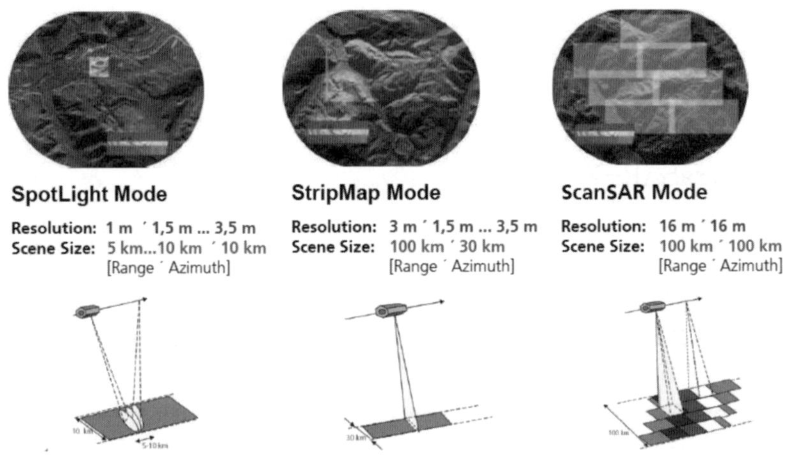

〈출처: http://earth.esa.int〉

표 ⑯-1 TerraSAR-X 위성의 관측방식별 제원

구 분	SpotLight Mode I	SpotLight Mode II	Experimental SpotLight	StripMap Mode	ScanSAR Mode
Ground Resolution -Across Track -Along Track	 2m 1m	 2m 2m	 1m 1m	 3m 3m	 16m 16m
Product Coverage (Along Across)	5km×10km 2×463km	10km×10km 2×463km	5km×10km 2×463km	1,500km×30km 2×287km	1,500km×100km 2×287km

Access Range (Full Perf)	20°~55° 2×463km	20°~55° 2×463km	20°~55° 2×463km	20°~45° 2×287km	20°~45° 2×287km
Access Range (Data Collection)	15°~60° 2×622km	15°~60° 2×622km	15°~60° 2×622km	15°~60° 2×622km	20°~60° 2×577km
Sensitivity(NESZ) -typical -worst case	-23dB -19dB	-23dB -19dB	-20dB -16dB	-22dB -19dB	-21dB -19dB
Data Rate.mean (8/4BAQ)	340Mbps	340Mbps	680Mbps	580Mbps	580Mbps

〈출처: http://earth.esa.int〉

(2) TanDEM-X 위성

수치고도모형을 얻기 위하여 TerraSAR-X로부터 약 200m 낮게 그리고 수km 떨어져서 거의 동일한 궤도운동을 하고 있으며, StripMap 모드(3m 해상도)로 자료가 기록되고 있고 3년 이내에 전 세계에 대해 동일한 정확도의 DEM(상대수직정확도: 2m, 절대수직정확도: 10m)을 제공할 수 있을 것으로 예측되며 수명은 5년으로 예상하고 있다.

Astrium GEO-Information Services는 EADS Astrium과 DLR과 함께 TerraSAR-X2 위성개발을 준비하고 있으며, 거의 실시간적인 자료제공과 더불어 0.5m 지상해상력을 갖게 되어 새로운 레이더 위성기술이 될 것으로 예

그림 16-3 TanDEM-X 위성

〈출처: http://earth.esa.int〉

그림 16-4 TanDEM-X와 TerraSAR-X를 이용한 수치고도지도(DEM)

상하고 있다.

독일항공우주센터(DLR)는 1m급의 고해상도 레이더 영상을 촬영할 수 있는 TerraSAR-X 위성을 운영하고 있다. 그리고 2010년 6월에 TerraSAR-X와 짝을 이루는 TanDEM-X(TerraSAR-X add-on for Digital Elevation Measurement) 위성을 쏘아 올려 시범운전 단계에 있다. 이 두 위성은 몇 백 m의 거리로 동일 지역의 영상을 촬영하고, NASA에서 제공하는 전 세계 수치고도모형은 약 30m 해상도를 지니고 있는데, TerraSAR-X와 TanDEM-X를 이용한 고도 관측은 더욱 정밀한 수치고도모형 제작이 가능하게 한다. 이를 통해 독일항공우주센터는 2014년까지 전 세계 고해상도 수치고도모형을 제공할 것을 목표로 하고 있다.

(3) ENVIsat

ENVIsat(Environmental Satellite)는 지구관측위성으로서 지구환경과 기후변화에 대한 연구, 육상표면, 얼음, 눈, 대기권의 화학, 대기권의 에너지 순환에 대한 감시와 모니터링을 위한 목적으로 2002년 3월 1일 프랑스에서 발사되었으며 궤도고도는 790㎞며 2~3일 주기를 갖고 있다.

9개의 관측센서, 즉 MERIS(MEdium Resolution Imaging Spectrometer),

그림 16-5 ENVIsat과 ASAR 안테나

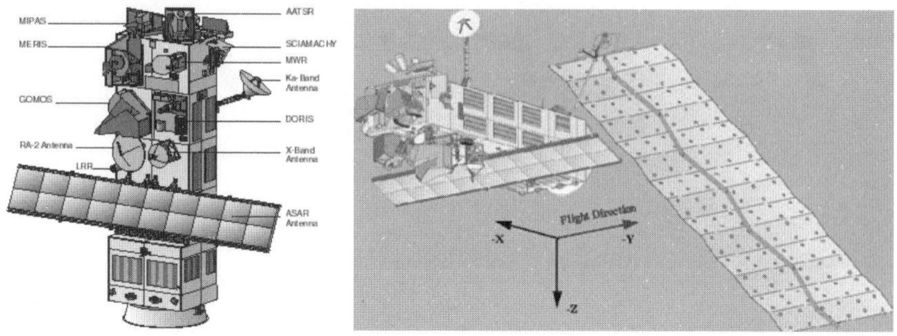

〈출처: http://earth.esa.int〉

AATSR(Advanced Along Track Scanning Radiometer), GOMOS(Global Ozone Monitoring by Occultation of Stars), SCIAMACHY(SCanning Imaging Absorption spectroMeter for Atmospheric CHartographY), RA−2(Radar Altimeter−2), MWR(Microwave Radiometer), DORIS(Doppler Orbitography and Radiopositioning Integrated by Satellite), GOMOS(Global Ozone Monitoring by Occultation of Stars), MIPAS(Michelson Interferometer for Passive Atmospheric Sounding), ASAR(Advanced Synthetic Aperture Radar)을 갖고 있다.

주요 센서는 ASAR로서 C밴드를 사용하며 편광, 입사각, 해상도는 다음 〈표 16−2〉와 같다.

표 ⑯−2 ENVIsat/ASAR 특성

모드	Id	편광	입사각	해상도	관측폭
Alternating polarisation	AP	HH/VV, HH/HV, VV/VH	15~45°	30~150m	58~110㎞
Image	IM	HH, VV	15~45°	30~150m	58~110㎞
Wave	WV	HH, VV		400m	5×5㎞
Suivi global (ScanSAR)	GM	HH, VV		1km	405㎞
Wavescan (ScanSAR)	WS	HH, VV		150m	405㎞

그림 16-6 ENVIsat/ASAR의 방식(mode) 종류

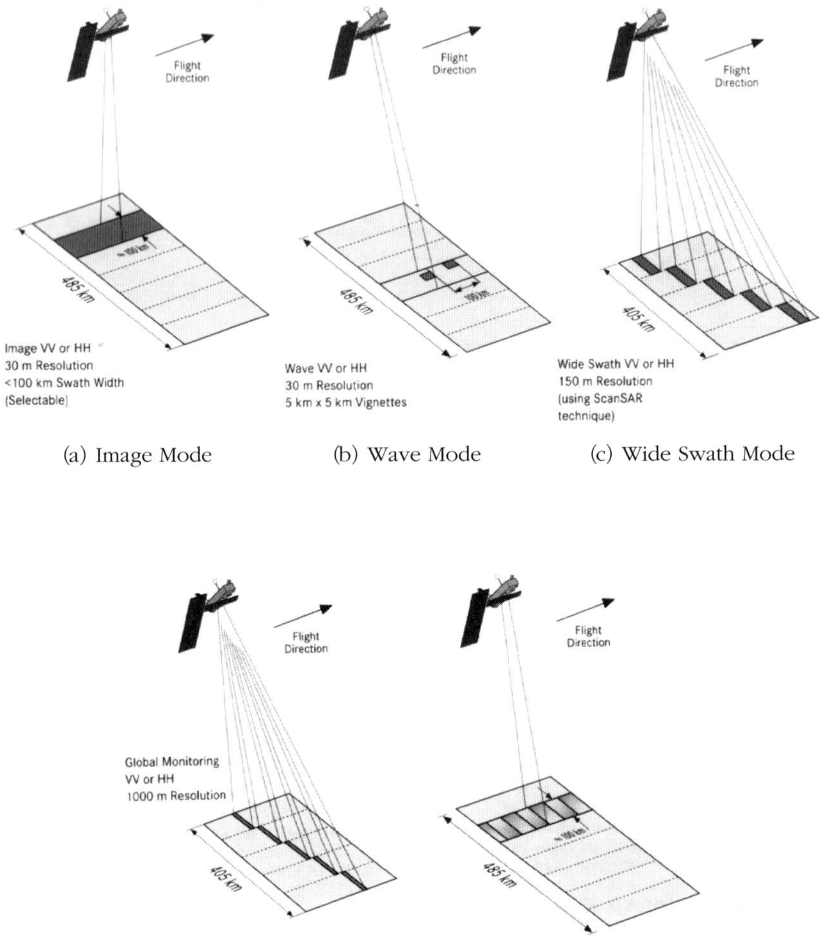

(a) Image Mode (b) Wave Mode (c) Wide Swath Mode

(d) Global Monitoring Mode (e) Alternating Polarisation Mode

〈출처: http://earth.esa.int〉

표 ⑯-3 RADARSAT과 ENVIsat/ASAR 비교

구 분	RADASAT-1 (1995-) SAR	ENVISAT (2002-) ASAR	RADARSAT-2 (2003-)SAR
해상도	10~100m	30~1,000m	3~100m
편광	HH	HH,VV,HV or VH	HH,HV,VV and VH
Look direction	Right-looking (Left-looking for Antarctic missions)	Routine left-and right-looking operation	Routine left- and right-looking operation
Onboard recording device	Analogue recorders	Solid-state recorders	Solid-state recorders
Location Accuracy Device	없음	정밀궤도보정을 위해 3개 탑재(MWR, DORIS, LRR)	GPS 수신기 탑재
Yaw-steering	없음	있음	있음
Polarimetry	No	No	Yes

또한 ENVIsat/ASAR와 RADARSAT을 비교하면 다음 〈표 16-3〉과 같다.

RADARSAT-1은 single polarization data[horizontal(HH) polarization state antenna로 송수신을 함]인 데 반하여, ENVISAT의 ASAR센서는 multi-polarization 기능이 있어서 2 layers 정보를 갖는 영상을 취득한다.

ASAR는 dual-channel 데이터를 제공하고 있는데 Alternating Polarisation 모드는 3가지 다른 채널조합 중 한 가지를 제공하고 있으며, 채널조합은 VV와 HH, HH와 HV, VV와 VH가 있다.

VV 편광은 물결과 같은 작은 규모의 거칠음도 감지할 수 있어서 HH 편광보다 더 효과적이다.

HH 편광은 식물의 분포밀도에 영향을 적게 받으며 토양습도를 조사하는 데 효과적이고 물결에 대한 영향이 적어 해양에서 얼음과 물을 구분하는 데 매우 적합하다. 따라서 바다에서 선박을 검출하는 데도 유용하다.

그림 16-7 VV 편광

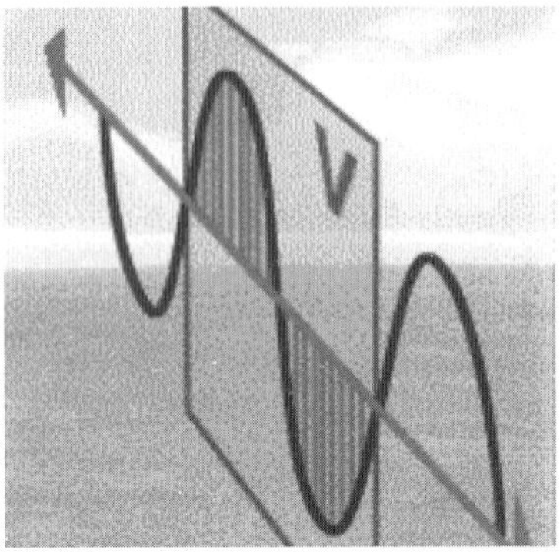

그림 16-8 HH 편광

그림 16-9 VH 편광

그림 16-10 HV 편광

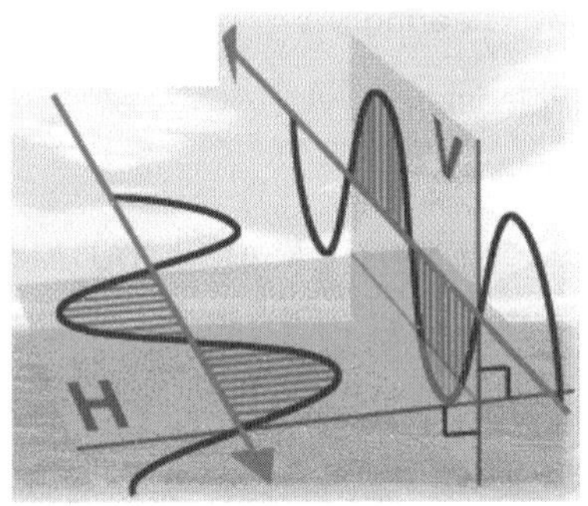

HV 또는 VH 모드는 물 표면에서의 산란을 잘 감소시키므로 해상에 있는 다양한 목표물을 찾아내는 데 유용하다. 즉, 선박의 상부구조, 다양한 유빙형태 등을 검출하는 데 적합하다.

(4) RADARSAT-1/2

캐나다의 첫 번째 지구관측 위성인 RADARSAT-1은 CSA(Canadian Space Agency)에 의해 개발되어 1995년 11월에 발사되었다. RADARSAT-1 위성은 C-band(5.3㎓, 5.66㎝ 파장), HH 편광방식을 사용하며, 다양한 범위의 입사각과 관측폭을 가진 여섯 개의 촬영방식을 지원한다. 관측시간은 각 궤도에서 최대 28분이며, 자료 저장을 위해서 2개의 자료 저장장치를 갖추고 있다. 지상해상도는 8~100m 정도이며, 입사각은 10~59°, 관측폭은 50~500㎞로서 다른 위성에 비해 해상도나 입사각에서 매우 유동적이다. RADARSAT-1의 고도는 약 800㎞이고 궤도경사각은 98°이며 주기는 98분이다. 위성은 매 궤도마다 서쪽으로 26°(적도에서 약 2,830㎞의 거리에 해당함)씩 이동한다. RADARSAT-2호는 2007년 12월에 발사되었으며 상업 SAR 위성으로서 최고 해상도인 3m ultra fine 해상도를 지원하고, 좌우측 관측이 가능하고 사용자가 편광방식을 선택적으로 운영할 수 있다. GPS 안테나를 탑재함으로써 20m 이내의 오차를 지닌 위치정보를 제공한다.

그림 16-11 RADARSAT-1 위성

〈출처: http://www.asc-csa.gc.ca〉

표 ⑯-4 RADARSAT-1, 2 및 Constellation 제원

구 분	RADARSAT-1	RADARSAT-2	RADARSAT Constellation
해상도	8m×8m (stripmap mode)	1m×3m (spotlight mode)	1m×3m (spotlight mode)
총무게	2,750kg	2,220kg	1,300kg
수명	5년	7년	7년
SAR antenna 크기	15m×1.5m	15m×1.5m	6.75m×1.38m
Solar arrays(each)	2.21m×1.32m	3.73m×1.8m	2.2m×1.7m 0.5m×1.6m
Bus	3.55m×2.46m	3.7m×1.36m	Canadian SmallSat Bus
Look Direction	Right looking	left-and right-looking	다중위성으로 없어짐

표 ⑯-5 RADARSAT-1, 2 및 Constellation 제원(Radar)

구 분	RADARSAT-1	RADARSAT-2	Constellation RADARSAT
사용밴드	C-Band	C-Band	C-Band
주파수	5.3㎓	5.405㎓	5.405㎓
밴드폭	30㎒	100㎒	100㎒
편광	HH	HH, VV, HV, VH	HH, VV, HV, VH Compact Polarimetry
Polarization Isolation	>20dB	>25dB	>28dB (as of latest specs)
Aperture 길이	15m	15m	6.75m
Aperture 폭	1.5m	1.37m	1.38m
무게	679kg	750kg	400kg approximate

표 ⑯-6 RADARSAT-1, 2 및 Constellation 제원(Orbit)

	RADARSAT-1	RADARSAT-2	Constellation RADARSAT
고도	793~821km	798km	592.7km
경사각	98.6도	98.6도	97.74도
Duration of one orbit	100.7분	100.7분	96.4분
Descending node	6:00시	6:00시	6:00시 ±15분
Ascending node	18:00시	18:00시	18:00시
Sun-synchronous	14 orbits/일	14 orbits/일	14.92 orbits/일

그림 16-12 RADARSAT-1 관측방식

RADARSAT-1

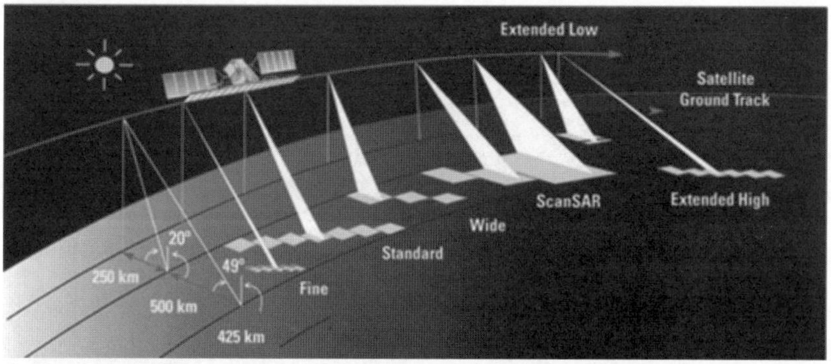

〈출처: http://www.asc-csa.gc.ca〉

표 ⑯-7 RADARSAT-1의 관측방식 제원

빔모드	관측폭(㎞)	해상도(m)
Fine	45	8
Standard	100	30
Wide	150	30
ScanSAR narrow	300	50
ScanSAR wide	500	100
Extended high incidence	75	18~27
Extended low incidence	170	30

〈출처: http://www.asc-csa.gc.ca〉

그림 16-13 RADARSAT-2 위성 관측방식

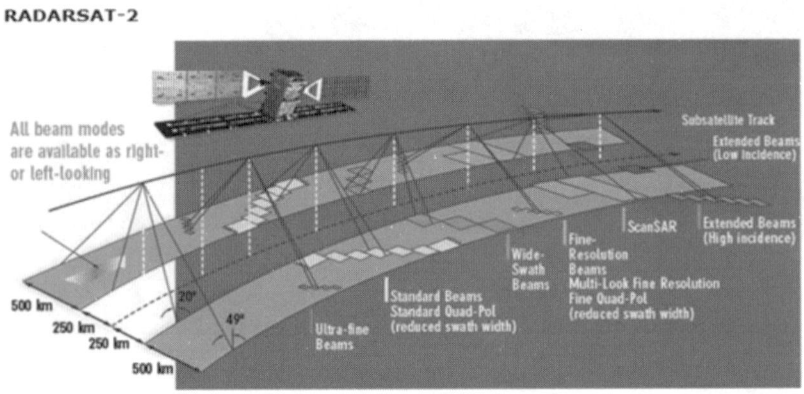

〈출처: http://earth.esa.int〉

표 ⑯-8 RADARSAT-2 위성 관측방식 제원

빔모드	센서	관측폭(km)	해상도(m)*
Selective Polarization Transmit H or V receive H and.or V	Fine	50	10×9
	Standard	100	25×28
	Low incidence	170	40×28
	High incidence	75	20×28
	Wide	150	25×28
	ScanSAR narrow	300	50×50
	ScanSAR wide	500	100×100
Polarimetric Transmit H and B on alternate pulses/receive H and V on any pulse	Fine Quad-pol	25	11×9
	Standard Quad-pol	25	25×28
Selective Single Polarization Transmit H or V receive H or V	Ultra-Fine	20	3×3
	Spotlight	18	3×1
	Multi-Look Fine	50	11×9

*: Ground range by azimuth

그림 16-14 RADARSAT Constellation 관측방식

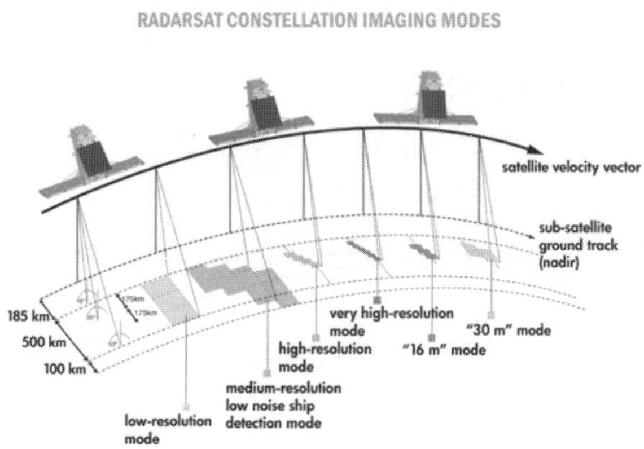

〈출처: http://earth.esa.int〉

표 ⑯-9 RADARSAT Constellation 관측방식 제원

빔모드	관측폭(㎞)	해상도(m)
Low Resolution	500	100×100
Medium Resolution(maritime)	350	50×50
Medium Resolution(Land)	30	16×16
Medium Resolution(Land)	125	30×30
High Resolution	30	5×5
Very High Resolution	20	3×3
Ice/Oil Low Noise	350	100×100
25m ship mode	350	유동적
Spotlight mode	5	1×3

〈출처: http://earth.esa.int〉

(5) COSMO-SkyMed

X-밴드(9.6㎓)의 SAR센서를 탑재하고 있으며 2007년 6월에 발사되어 2010년까지 4개의 위성을 발사하여 위성체계를 완성하며, 기상조건에 관계없이 신속하게 재방문하여 산사태, 가뭄, 홍수, 오염, 지진, 농작물 작황 등을 관측 및 감시할 수 있도록 계획하였다.

첫 번째 위성은 2007년 6월 7일, 두 번째 위성은 2007년 12월 8일, 세 번째 위성은 2008년 10월 24일, 네 번째 위성은 2010년 11월 5일에 발사했으며, 네 개의 위성은 미국 Vandenberg Air Force 기지에서 Boeing Delta II 발사체에 탑재되어 발사되었다.

COSMO-SkyMed 위성은 프랑스 광학위성인 Pleïades-HR 위성과 통합체계를 운영하고 있다.

그림 16-15 COSMO-SkyMed 위성

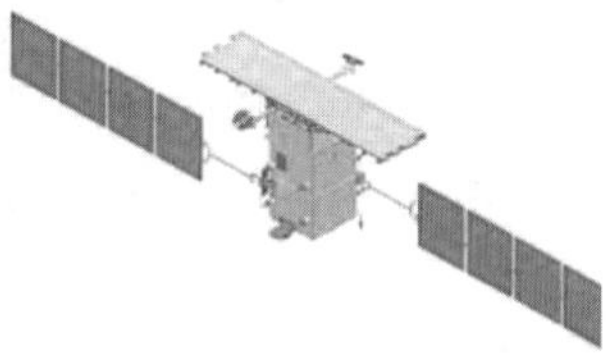

〈출처: http://earth.esa.int〉

표 ⑯-10 COSMO-SkyMed 위성 제원

항 목	내 용
센 서	X-밴드(9.6GHz) SAR
탑재체	Prima Bus
수 명	5년
무 게	1,900kg
궤 도	619km × 619km, 97.86°

〈출처: http://earth.esa.int〉

표 ⑯-11 COSMO-SkyMed 위성 구성

위 성	발사일	LS	발사체	비고
COSMO 1	2007년 06월 7일	Va SLC-2W	Delta-7420-10C	
COSMO 2	2007년 12월 8일	Va SLC-2W	Delta-7420-10C	
COSMO 3	2008년 10월 24일	Va SLC-2W	Delta-7420-10C	
COSMO 4	2010년 11월 5일	Va SLC-2W	Delta-7420-10C	

〈출처: http://earth.esa.int〉

자료취득모드는,

○ Spotlight/Frame: 관측면적(10×10㎞), 해상력(1m)

○ HIMAGE/Stripmap: 관측폭(40㎞), 해상도(3~15m)

○ WideRegion/ScanSAR: 관측폭(100㎞), 해상도(30m)

○ HugeRegion ScanSAR: 관측폭(200㎞), 해상도(100m)

○ Ping Pong/Stripma p: 관측폭(30㎞), 해상도(15m)

표 ⑯-12 COSMO-SkyMed 위성 관측모드 제원

상대정확도	Spot	Strip	ScanSAR Wideregion	ScanSAR Hugeregion
	B⊥=100÷3500(extimed with an accuracy better of 20%)Coherence≥0.8			
상대고도정확도[m]	≤5	≤12	≤24	≤53
상대수평정확도[m]	≤5	≤12	≤22	≤45

〈출처: http://earth.esa.int〉

표 ⑯-13 COSMO-SkyMed 위성 관측모드별 정확도

절대정확도	Spotlight	Stripmap	ScanSAR Wideregion	ScanSAR Hugeregion
Normal Baseline Incidence angle Terrain slope @95% points	B⊥=300÷600 $40^\circ < v^\circ < 50^\circ$ $\alpha \le 30^\circ$	B⊥=150÷250 $45^\circ < v^\circ < 50^\circ$ $\alpha \le 25^\circ$	B⊥=80÷130 $39^\circ < v^\circ < 46^\circ$ $\alpha \le 20^\circ$	B⊥=80÷130 $37^\circ < v^\circ < 46^\circ$ $\alpha \le 15^\circ$
절대고도정확도[m]	8	17	28	58
절대수평정확도[m]	18	22	30	52
Posting[m×m]	3×3	10×10	30×30	100×100

(6) WorldView-1/2 위성

WorldView-1 위성은 2007년 9월 18일 발사되어 50㎝(Pan.)의 해상도를 지원하고 있으며 정밀지도 제작이나 토지이용변화분석 등에 효과적으로 사용되며 DigitalGlobe에서 영상을 공급하고 있다.

WorldView-2는 DigitalGlobe사의 2세대 위성으로서 Ball Aerospace사에 의해 제작되었다. 고도는 770㎞로서 고해상도 영상취득 능력은 100만㎢/일이다. 또한 지구상 어느 지역도 1.1일이면 재방문할 수 있는 방문주기를 갖고 있으며, Pan.(0.46㎝), 8밴드 Multi.영상(1.84m)을 지원하여 자동차, 그림자지역, 각각의 나무객체를 구분할 수 있는 고해상도의 선명한 영상자료를 제공하고 있다.

그림 16-16 WorldView-1, 2 위성

(a) WorldView-1 (b) WorldView-2

〈출처: http://en.wikipedia.org/wiki/WorldView-1〉

표 ⑯-14 WorldView-1 위성 특성

구 분	내 용
발사일	2007년 9월 18일
발사체	Boeing Delta 7920(9-strap-ons)
발사장소	미국 Vandenberg Air Force 기지
궤도고도	496㎞
궤도경사	태양동주기
위성체 크기 및 전력	3.6×2.5m solar arrays: 7.1m, 2500㎏, 3.2㎾, 100Ahr battery
적도통과시간	10:30 AM(descending node)
방문주기	1.7일(1m GSD 이하) 5.9일(20° off-nadir 이하[0.51m GSD)]
관측폭	17.6㎞ at nadir
전체영상크기	17.6×14㎞ or 246.4㎞ 2 at nadir

궤도시간	94.6분
Dynamic Range	11 bits/pixel
해상력	0.50m GSD at nadir0.55m GSD at 20° off-nadir
영상밴드	Panchromatic
Geolocation 정확도 (CE 90%)	2.0m(GCP 사용)
자세제어장치	3-axis stabilized Actuators: Control Moment Gyros(CMGs) Sensors: Star trackers, solid state IRU, GPS
저장능력	2,199 gigabits solid state with EDAC
최대관측크기	60×110km mono 30×110km stereo

〈출처: http://en.wikipedia.org/wiki/WorldView-1〉

표 ⑯-15 WorldView-2 위성 특성

구 분	내 용
발사일	2009년 10월 8일
발사체	Delta 7920(9 strap-ons)
발사장소	미국 Vandenberg Air Force 기지
궤도고도	770km
궤도	태양동주기, 10:30AM(LT) descending Node
궤도주기	100분, 7.25년 수명
발사체 크기 및 전력	4.3×2.5m, solar arrays: 7.1m, 2800kg, 3.2kW, 100 Ahr battery
영상밴드	Panchromatic8 Multispectral(4 standard colors: red, blue, green, near-IR), 4 new colors: Red Edge Band(705~745nm), Coastal Band(400~450nm), Yellow Band(585~625nm), Near Infrared(IR) 2 Band(860~1040nm)
해상력	Panchromatic: 0.46m GSD at Nadir, 0.52m GSD at 20° Off-Nadir Multispectral: 1.8m GSD at Nadir, 2.4m GSD at 20° Off-Nadir
Dynamic Range	11-bits per pixel
관측폭	16.4 km at nadir
자세제어장치	3-axis stabilized

저장능력	2,199 gigabits solid state with EDAC CommunicationsImage and Ancillary Data: 800 Mbps X-band
최대관측각	±40° off-nadir
방문주기	1.1 일(1m GSD), 3.7일(20° off-nadir 또는 0.52m GSD 이하)
Geolocation 정확도	2.0m(GCP 사용)

〈출처: http://en.wikipedia.org/wiki/WorldView-2〉

QuickBird, WorldView-1, 2의 특성을 비교하면 다음과 같다.

표 ⑯-16 QuickBird, WorldView-1, 2 특성 비교

DigitalGlobe Satellites	QuickBird	WorldView-1	WorldView-2(Q3-09)
해상도	60㎝	50㎝	50㎝
관측폭	16.5㎞	17.6㎞	16.4㎞
방문주기	2.4일	1.7일	1.1일
Slew Time	62초	9초	9초
Spectral Bands	Pan+4MS	Pan	Pan+8MS
Accuracy Spec.	24M CE90	6.5M CE90	6.5M CE90
Collection	210,000㎢/일	750,000㎢/일	975,000㎢/일

그림 16-17 QuickBird, WorldView-1, 2 밴드특성

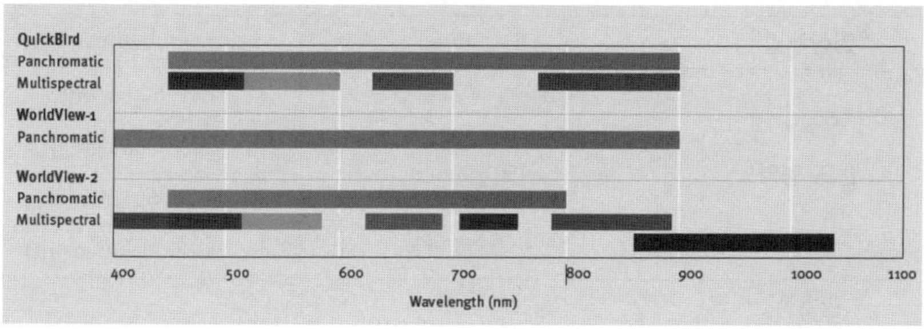

(7) OrbView-3, 4

OrbView-4는 2001년 09월 21일, OrbView-3 위성은 2003년 6월 26일에 발사되었으며, OrbView-3은 1m(pan.)과 4m(multi.) 영상을 8㎞ 관측폭으로 제공되고 있다. 영상포맷은 GeoTIFF, TIFF, NITF 등으로 공급되며 RPCs(Rational Functions Project 계수)가 함께 포함되어 있다. OrbView-4호는 1m(pan.)와 8m(200-channel hyperspectral)의 해상도를 갖는 영상을 공급하며 재방문주기도 3일 이내로 계획되었으나 운영에 실패하였다.

그림 16-18 OrbView 위성

표 ⑯-17 OrbView-3호 위성 제원

OrbView-3 Specifications		
영상모드	Panchromatic	Multispectral
공간해상도	1m	4m
영상채널	1 channel	4 channels
밴드 영역	450~900㎚	450~520㎚(blue)
		520~600㎚(green)
		625~695㎚(red)
		760~900㎚(near IR)
관측폭	8㎞	
Dynamic Range	11 bits/pixel	

발사일	2003년 6월 26일
수명	5년
영상범위	사용자 정의
방문주기	3일
고도	470㎞
Nodal Crossing	10:30 AM

(8) GeoEye-1(OrbView-5)

GeoEye-1위성은 GeoEye사에 의해 개발된 상업용 위성으로서 0.41m(pan.)와 1.65m(multi.) 영상을 제공하고, 최소 3일 이내 재방문주기를 갖도록 제작되었다. 하루에 350,000㎢ 이상 지역의 pan-sharpened multispectral 위성영상과 700,000㎢ 이상의 pan. 영상을 취득할 수 있다.

그림 16-19 GeoEye-1 위성

〈출처: http://www.multilingualarchive.com/ma/enwiki/ko/GeoEye〉

표 ⑯-18 GeoEye-1 위성 제원

구 분	내 용
발사일	2008년 9월 6일 11:50:57~11:52:21 AM PST
고도	684㎞
카메라모드	· panchromatic and multispectral(pan-sharpened) 동시관측

<table>
<tr><td></td><td>· Panchromatic만 관측
· Multispectral만 관측</td></tr>
<tr><td>해상력</td><td>0.41m panchromatic(nominal at Nadir)
1.65m multispectral(nominal at Nadir)</td></tr>
<tr><td>해상력</td><td>CE 입체: 2m
LE 입체: 3m
CE 모노: 2.5m
– 지상기준점이 없을 경우 90% 수평위치오차 CE (circular error), 수치위치 오차 LE (linear error)</td></tr>
<tr><td>관측폭</td><td>· 공칭관측폭: 15.2㎞
· Single–point scene: 225㎢ (15×15㎞)
· Contiguous large area: 15,000㎢ (300×50㎞)
· Contiguous 1°cell size areas: 10,000㎢ (100×100㎞)
· Contiguous stereo area: 6,270㎢ (224×28㎞)</td></tr>
<tr><td>관측방향</td><td>모든 방향 관측 가능</td></tr>
<tr><td>고도 684 ㎞에서 방문주기 (40° 위도 목표)</td><td><table>
<tr><th>Max Pan GSD(m)</th><th>Off Nadir Look Angle(deg)</th><th>Average Revisit(days)</th></tr>
<tr><td>0.42</td><td>10</td><td>8.3</td></tr>
<tr><td>0.50</td><td>28</td><td>2.8</td></tr>
<tr><td>0.59</td><td>35</td><td>2.1</td></tr>
</table></td></tr>
<tr><td>모자이크 영상 생성</td><td>700,000㎢/일 이상(pan 영상)
350,000㎢/일 이상(pan–sharpened multispectral 영상)</td></tr>
</table>

(9) IKONOS 위성

IKONOS 위성은 5m 이내의 해상도를 갖는 DEM을 생성할 수 있는 입체영상촬영이 가능하며 near nadir scene으로부터는 1m 이내의 집성(mosaic) 위성영상을 생성할 수 있다.

그림 16-20 IKONOS 위성

〈출처: http://earth.esa.int〉

표 ⑯-19 IKONOS 위성 제원

특성	내 용
발사일	1999년 9월 24일(미국 Vandenberg Air Force에서 발사)
수명	7년
궤도	98.1°(태양동주기)
궤도속도	7.5㎞/초
지상에 대한 속도	6.8㎞/초
지구주위 회전	14.7, 매 24시간
고도	681㎞
해상도(Nadir)	0.82m(panchromatic), 3.2m(multispectral)
해상도(26° Off-Nadir)	1.0m(panchromatic), 4.0m(multispectral)
관측폭	11.3㎞(at nadir), 13.8㎞(at 26° off-nadir)
적도통과시간	10:30 AM(solar time)
방문주기	3일(at 40° 위도)
Dynamic Range	11-bits/pixel
영상밴드	Panchromatic, blue, green, red, near IR

〈출처: http://earth.esa.int〉

(10) QuickBird 위성

DigitalGlobe는 2001년 10월 미국 캘리포니아에서 보잉사의 델타로켓으로 Quickbird-2 위성을 성공적으로 발사하였다. 이에 앞서 2000년 11월 Quickbird-1을 발사하였으나 궤도진입에 실패하였다. Quickbird-2는 궤도고도 450㎞에서 0.61m(pan.)과 2.4m(multi.) 해상도의 영상을 제공하고 있다.

그림 16-21 QuickBird 위성

〈출처: http://earth.esa.int〉

표 ⑯-20 QuickBird 위성 제원

구 분	내 용
발사일	2001년 10월 18일
발사체	Boeing Delta II
발사장소	미국 Vandenberg Air Force 기지
궤도고도	450㎞
궤도경사	97.2°(태양동주기)
궤도속도	7.1㎞/sec(25,560㎞/hour)
적도통과시간	10:30 AM(descending node)
궤도시간	93.5분
방문주기	1~3.5일, 고도에 따라 다름(30° off-nadir)

관측폭	16.5×16.5km(at nadir)
정확도	23m(수평위치, CE90%)
Digitization	11 bits
해상력	Pan: 61cm(nadir)~72cm(25° off-nadir) MS: 2.44m(nadir)~2.88m(25° off-nadir)
영상밴드	Pan: 450~900nm Blue: 450~520nm Green: 520~600nm Red: 630~690nm Near IR: 760~900nm

(11) RapidEye

RapidEye 위성계획은 1996년에 시작되어 2008년에 국제표준인 ISO 9001:2000 인증을 받았으며, 대규모 지역을 지속적으로 관측 및 감시할 수 있는 위성체계를 갖기 위해서 5개의 위성을 동일궤도에 위치시켰다.

그림 16-22 RapidEye 위성

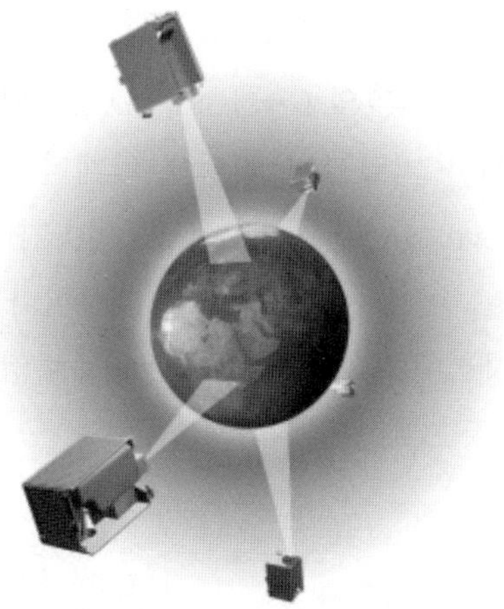

〈출처: http://earth.esa.int〉

표 ⑯-21 RapidEye 위성 제원

구 분	내 용
발사일	2008년 8월 29일
위성수	5개
수명	7년
궤도고도	630㎞
적도통과시간	11:00 AM
센서 유형	Multi-spectral push broom imager
밴드	Blue: 440~510㎚ Green: 520~590㎚ Red: 630~685㎚ Red Edge: 690~730㎚ NIR: 760~850㎚
지상해상도	6.5m
영상소 크기(정사투영)	5m
관측폭	77㎞
재방문시간	매일(off-nadir)/5.5일(at nadir)
영상관측 저장능력	4백만 ㎢/day
Dynamic Range	12 bit까지

제공되는 영상의 처리수준은 Level 1B, 3A로 구분되는데 Level 1B는 방사 및 센서보정을 실시한 자료로서 위성에 탑재된 자세 및 궤도이력정보를 사용하여 보정된다. Level 3A는 방사, 센서보정, 기하보정을 실시한 자료로서 6m 정확도의 DEM을 이용한 정사영상을 제공한다.

자료공급에서 영상포맷은 GeoTIFF, NITF, 투영기준계는 UTM WGS84로서 FTP, DVD, CD 등으로 공급된다.

(12) DubaiSat

DubaiSat-1은 UAE에서 첫 번째 지구관측위성으로 발사한 것으로서 위성의 디자인과 개발은 한국의 ㈜쎄트렉아이에 의해 이뤄졌다. 2009년 7월

29일 발사되었으며 국내 ㈜쎄트렉아이에서 상용 판매하고 있다.

그림 16-23 DubaiSat-1 위성

〈출처: http://www.satreci.com〉

표 ⑯-22 DubaiSat-1 위성 제원

구 분	내 용
궤도	태양동주기
고도	680㎞
궤도경사각	98.13°
무게	- 200kg(Bus: 150kg)
크기	Φ 1,200×1,200(㎜)
자세 정확도	0.2° (Full 3-axis stabilized)
수명	5년
밴 드	Pan: 420~720㎚ MS1: 420~510㎚(Blue) MS2: 510~580㎚(Green) MS3: 600~720㎚(Red) MS4: 760~890㎚(Near Infrared)
해상력	2.5m(Pan), 5m(MS)
관측폭	20㎞
FOR(Field Of Regard)	720㎞(this provides an event monitoring capability)
Quantization	8bits

(13) Pleïades HR 위성

프랑스국립우주연구센터(CNES: Centre National d'Etudes Spatiales)에 의해 계획된 다목적 저궤도 SPOT 시리즈 위성으로서 프랑스-이탈리아 합작위성체계(French-Italian Orfeo system)의 고해상도 광학위성으로서 COSMO-SkyMed SAR 위성을 지원하기 위해 2008년에 첫 번째 발사가 이뤄졌다.

그림 16-24 Pleïades HR 위성

〈출처: http://space.skyrocket.de〉

관측폭은 20km, 해상도는 70cm, 다양한 관측방향에서 자료취득이 가능하며, 수명은 5년이고, SPOT-6호 위성(2012년 예정), SPOT-7호 위성(2014년 예정)과 연계할 계획이며, 관측폭은 60×60km, 해상도는 2m, 수명은 기존 SPOT 위성의 두 배로 계획하고 있다.

(14) CARTOSAT-1 위성

같은 궤도에서 입체영상을 취득할 수 있도록 디자인된 인도의 최초위성으로서 지도제작을 목적으로 사용되며 위성사진기의 해상도는 2.5m이다. 즉 CARTOSAT-1은 DEM, 정사영상생성, GIS의 응용에 필요한 자료를 제공한다.

전방사진기는 2.452m의 해상도로서 29.42㎞의 관측폭을 갖고 있고 ±23° 까지 경사촬영이 가능하며 방문주기는 5일이다. 후방사진기는 2.187m의 해상도로서 26.24㎞의 관측폭을 갖고 있고 ±23°까지 경사촬영이 가능하며 방문주기는 5일이다. 두 사진기의 분광밴드는 0.5~0.85㎛이고 자료 압축은 3.2:1 JPEG을 사용한다.

그림 16-25 CARTOSAT-1 위성

〈출처: http://earth.esa.int〉

표 ⑯-23 CARTOSAT-1 위성 제원

구 분	내 용
발사일	2005년 5월 5일
발사장소	Sriharikota, India
해상력	2.5m
관측폭	30㎞
관측방식	두 개의 다른 각도로 장착된 카메라로 같은 지역을 촬영할 수 있도록 제작(3차원정보취득 가능)
고도	617.99㎞
Orbits Per Day	15
Orbital Repeat Cycle	116일
Nominal Wait Time to Acquire Adj.Path	11일

Max. Wait Time for Revisit	5일
Node for P/L Operations	Descending Node
적도통과시간	10:30 AM
궤도계수	
Semi-major axis	6,996.128㎞
Eccentricity	0.001
Inclination	97.87°

(15) CBERS-2 위성

CBERS-2 위성은 중국(70%), 브라질(30%)이 공동으로 개발한 위성으로서 3가지 다른 특성의 사진기를 탑재하고 있다. 즉 WFI(Wide Field Imager), IRMSS (Infrared MSS), CCD(Charge Coupled Device) 사진기로서 그 중 고해상도 CCD 사진기는 이 위성의 주요 임무를 맡고 있다. 가시광선에서 근적외선까지 4개의 밴드(B1: 0.45~0.52㎛, B2: 0.52~0.59㎛, B3: 0.63~0.69㎛, B4: 0.77~0.89㎛)와 한 개의 pan. 밴드(B5: 0.51~0.73㎛)를 이용하고 있다. 궤도는 태양동주기로서 고도는 778㎞, 스트립폭은 113㎞, multi. 밴드 해상도는 20m이다.

그림 16-26 CBERS-2 위성

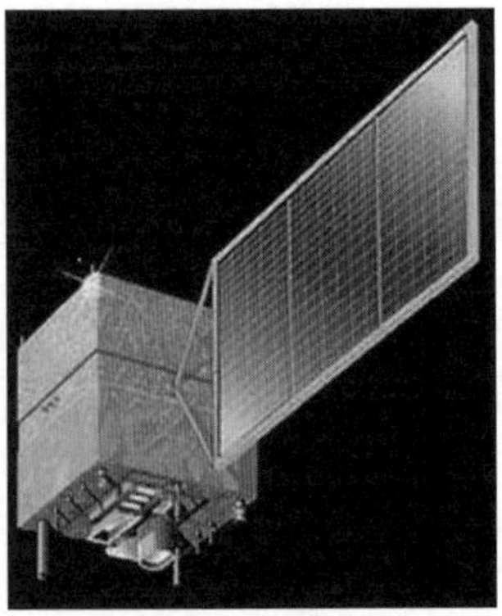

〈출처: http://earth.esa.int〉

표 ⑯-24 CBERS-2 위성 제원

구 분	내 용
Resolution	20~260m
Launch Date	2003년 10월 21일
Launch Location	Taiyuan Satellite Launch Center in China
Total Mass	1,450kg
Power Generation	1,100W
Sun-Synchronous Orbit	778㎞ 14 revolutions per day
Equator Crossing Time	10:30 AM
Lifetime Orbit	2년

① WFI(Wide Field Imager): 광대한 지형조사(890㎞ wide) — 5일 간격

구 분	내 용
밴드	0.63~0.69㎛(red), 0.77~0.89㎛(infrared)
Field of view	60°
공간해상력	260×260m
관측폭	890㎞
Temporal resolution	5일
RF carrier frequency	8,203.35㎒
Image data bit rate	1.1Mbit/s EIRP 31.8dBm

② HRC(High Resolution Camera): 도시 및 지역조사

구 분	내 용
밴드(5개)	pan: 0.51~0.73㎛ blue: 0.45~0.52㎛ green: 0.52~0.59㎛ red: 0.63~0.69㎛ near infrared: 0.77~0.89㎛
Field of view	8.3°

공간해상력	20×20m
관측폭	113㎞
Mirror pointing capability	±32°
Temporal resolution	26 days nadir view(3 days revisit)
RF carrier frequency	8,103~8,321㎒
Image data bit rate	2×53Mbit/s EIRP 43dBm

③ IRMSS(InfraRed MultiSpectral Scanner): 특수 촬영(120㎞ wide) — 26일 간격

구 분	내 용
밴드	0.50~0.80㎛(panchromatic)
Field of view	2.1°
공간해상력	2.7×2.7m
관측폭	27㎞(nadir)
Temporal resolution	130일
Quantization	8bits

(16) FORMOSAT-2 위성

FORMOSAT-2는 2004년 5월 21일 발사되었으며 2m(pan.)와 8m(multi.) 해상도 영상을 제공하고 있다. FORMOSAT-2의 주 임무는 대만과 지구전체의 지형에 대한 위성영상을 공급하는 것이며 토지분포조사, 자원조사, 산림, 환경오염, 자연재해조사 등에 사용될 수 있다.

영상자료 공급수준은 3가지가 있으며, Level 1A는 센서의 방사보정영상이고, Level 2A는 방사보정과 지도투영에 의한 기하보정을 실시한 영상이며, Ortho는 방사보정, 기하보정, 기복변위보정에 의한 정사투영보정이 이뤄진 영상이며, 영상포맷은 GeoTiff이고, 자료설명서(meta data)는 XML이다.

그림 16-27 FORMOSAT-2 위성

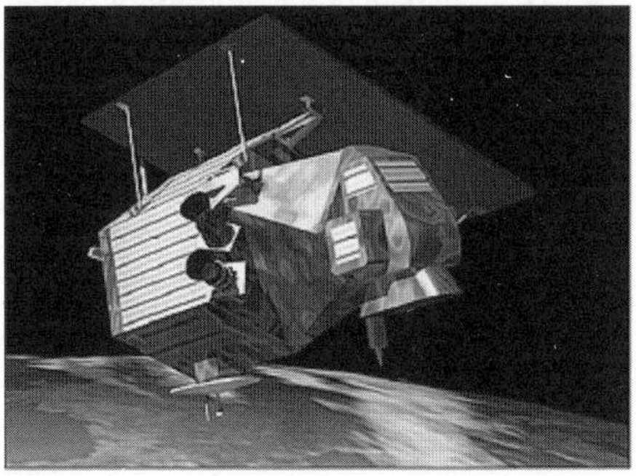

〈출처: http://earth.esa.int〉

표 ⑯-25 FORMOSAT-2 위성 제원

구 분	내 용
발사일	2004년 5월 21일
영상종류	· B&W: 2m · Multispectral(R, G, B, NIR): 8m · Bundle(separate Pan and MS images)
밴드	· P: 0.45~0.90㎛(Panchromatic) · B1: 0.45~0.52㎛(Blue) · B2: 0.52~0.60㎛(Green) · B3: 0.63~0.69㎛(Red) · B4: 0.76~0.89㎛(Near-infrared)
관측폭	24×24㎞
재방문주기	매일
관측각	Cross-track and along-track(forward/aft): ±45°
영상관측형태	Panchromatic과 multispectral images를 동시에 관측 가능
Image Dynamics	8 bits/pixel
파일크기 (level 1A without metadata)	· MS: 35Mb · Pan: 137Mb

(17) LANDSAT-7 ETM+

LANDSAT-7는 ETM+(Enhanced Thematic Mapper Plus)을 장착하고 있으며, 기존 TM센서와 같은 7밴드에 panchromatic(밴드 8, 15m 해상도)을 추가하였다.

2003년 5월 31일 고장이 발생하여 2003년 7월 14일 이후의 영상은 'SLC-off' mode에서 취득되고 있다.

그림 16-28 LANDSAT-7 위성

〈출처: http://www.ldcm.nasa.gov〉

표 ⑯-26 LANDSAT-7 위성 제원

구 분	내 용
발사일	1999년 4월 15일(미국 Vandenberg Air Force 기지)
공간해상도	30m
궤도	705±5㎞(at the equator) 태양동주기
궤도경사	98.2±0.15°
궤도주기	98.9분
방문주기	16일(233 orbits)
해상도	15~90m

표 ⑯-27 LANDSAT 위성 제원(1)

system	Launch (End of service)	I(ϑ)	Resolution (m)	Communications	Alt. (㎞)	R Days	D Mbps
Landsat1	7/23/72 (1/6/78)	RBV MSS	80 80	Direct downlink with recorders	917	18	15
Landsat2	1/22/75 (2/25/82)	RBV MSS	80 80	Direct downlink with recorders	917	18	15
Landsat3	3/5/78 (3/31/83)	RBV MSS	40 80	Direct downlink with recorders	917	18	15
Landsat4*	7/16/82	MSS TM	80 30	Direct downlink TDRSS	705	16	85
Landsat5	3/1/84	MSS TM	80 30	Direct downlink TDRSS**	705	16	85
Landsat6	10/5/93 (10/5/93)	ETM	15(pan) 30(ms)	Direct downlink with recorders	705	16	85
Landsat7	4/99	ETM^{+}	15(pan) 30(ms)	Direct downlink with recorders (solid state)	705	16	150

I(ϑ)=Instrument(ϑ)

R=Revisit internal

D=Data rate

* TM data transmission failed in August, 1993.

** Current data transmission by direct downlink only. No recording capability.

표 ⑯-28 LANDSAT 위성 제원(2)

위성	센서	밴드(㎛)	해상도(m)	위성	센서	밴드(㎛)	해상도(m)
LANDSAT1,2	RBN	(1)0.48~0.57	80	LANDSAT4,5	MSS	(4)0.5~0.6	82
		(2)0.58~0.68	80			(5)0.6~0.7	82
		(3)0.70~0.83	80			(6)0.7~0.8	82
						(7)0.8~1.1	82
	MSS	(4)0.5~0.6	79		TM	(1)0.45~0.52	30
		(5)0.6~0.7	79			(2)0.52~0.60	30
		(6)0.7~0.8	79			(3)0.63~0.69	30
		(7)0.8~1.1	79			(4)0.76~0.90	30
						(5)1.55~1.75	30
LANDSAT3	RBV	(1)0.505~0.75	40			(6)10.4~12.5	120
	MSS	(4)0.5~0.6	79			(7)2.08~2.35	30
		(5)0.6~0.7	79				
		(6)0.7~0.8	79	LANDSAT7	ETM+	(1)0.45~0.52	30
		(7)0.8~1.1	79			(2)0.52~0.60	30
		(8)10.4~12.6	240			(3)0.63~0.69	30
						(4)0.76~0.90	30
						(5)1.55~1.75	30
						(6)10.4~12.5	60
						(7)2.08~2.35	30
						PAN 0.5~0.9	15

(18) SPOT-5 위성

SPOT-5는 2002년 5월 3일 밤에 Kourou에 있는 Guiana Space 센터에서 Ariane-4 발사체에 의해 궤도에 진입하였다. SPOT-5의 VEGETATION-2는 지구의 환경관측 및 감시를 하는 데 주 임무가 있다. SPOT-5는 5m,

2.5m로 해상도가 향상되었으며, 60×60km 또는 60×120km의 넓은 관측폭을 갖고 있어서 해상도와 관측폭의 이상적인 조합을 갖고 있다. 또한 도시 및 시외지역의 1:25,000과 1:10,000 축척의 지도제작을 할 수 있고, 입체쌍의 영상자료는 3차원 지형모형을 생성하는 데 사용된다.

SPOT-6호(2012년 예정)와 SPOT-7호(2014년 예정) 위성은 관측폭 60×60km, 해상도 2m, 수명은 기존 SPOT 위성의 두 배로 계획하고 있다.

그림 16-29 SPOT-5 위성

〈출처: http://spot5.cnes.fr〉

표 ⑯-29 SPOT-5 위성 제원

구 분	내 용
발사일	2002년 5월 3일
발사체	Ariane 4
발사장소	프랑스 Guiana Space Centre
궤도고도	822km
궤도경사	98.7°(태양동주기)
궤도속도	7.4 km/초(26,640 km/hour)
적도통과시간	10:30 AM(descending node)
궤도시간	101.4분

방문주기	2~3일
관측폭	60×60~80㎞(at nadir)
정확도	50m 이하(수평위치, CE90%)
Digitization	8 bits
해상도	Pan: 2.5m~2×5m scenes Pan: 5m(nadir) MS: 10m(nadir) SWI: 20m(nadir)
영상밴드	Pan: 480~710㎚ Green: 500~590㎚ Red: 610~680㎚ Near IR: 780~890㎚ Shortwave IR: 1,580~1,750㎚

(19) ALOS 위성

일본 JAXA(Japan Aerospace Exploration Agency)에서 운영하고 있는 ALOS(Advanced Land Observing Satellite) 위성은 지도제작(1/25,000), 토지피복조사, 재해관리, 자원조사 등에 사용하기 위해 개발되었으며, JERS-1(the Japanese Earth Resource Satellite-1)와 ADEOS(Advanced Earth Observing Satellite) 위성의 처리 및 운영체계 개발기술을 토대로 완성되었다. ALOS는 2006년 1월 24일 발사되었으며, 2006년 10월 24일부터 'ALOS data'로 호칭되어 관측영상이 공급되기 시작하였으며, 2011년 5월 운영이 중단되었다.

ALOS 위성은 3가지 센서를 탑재하고 있다.

첫째, 정확한 표고정보를 취득하여 입체지도제작이 가능한 PRISM (Panchromatic Remote-sensing Instrument for Stereo Mapping)센서,

둘째, 토지피복조사를 하기 위한 광학 및 근적외센서인 AVNIR-2(Advanced Visible and Near Infrared Radiometer type 2)센서,

셋째, 밤과 낮 그리고 기상조건에 관계없이 관측이 가능한 L밴드 레이더 센서인 PALSAR(Phased Array type L-band Synthetic Aperture Radar)센서 등을 탑재하고 있다.

그림 16-30 ALOS 위성

〈출처: http://www.jaxa.jp〉

표 ⑯-30 ALOS 위성 주요 특징

구 분	내 용
국제코드명	2006-002A
발사일	2006년 1월 24일 10:33
발사체	H-IIA Launch Vehicle No.8
발사장소	Tanegashima Space Center
몸체규격	· 몸체크기: 6.2×3.5×4.0m · data relay satellite communication antenna · Solar Array Paddle: Approx. 3.1×22.2m · PALSAR Antenna: Approx. 8.9×3.1m
무게	약 4,000kg
궤도	태양동주기/주기(JAXA 조정)
고도	약 700㎞
궤도경사각	약 98°
궤도주기	약 99분

표 ⑯-31 ALOS 위성 주요 특징(AVNIR-2)

밴드	파장대 (μm)	해상력(m)
1	0.42~0.50(blue)	10
2	0.52~0.60(green)	10
3	0.61~0.69(red)	10
4	0.76~0.89(near-IR)	10

* AVNIR-2: 관측폭(70km), pointing angle(+44 and −44 degrees).

표 ⑯-32 ALOS 위성 주요 특징(PALSAR)

밴드	주파수(GHz)	해상력(m)
SAR-L	1.3	10 and 100

표 ⑯-33 ALOS 위성 주요 특징(PRISM)

밴드	파장대(μm)	해상력(m)
PAN	0.52~0.77	2.5

(20) ASTER 위성

ASTER는 일본정부, 기업, 연구단이 컨소시엄을 구성하여 제작되었으며, 구름, 해빙, 지표온도, 토지이용, 자연재해, 눈, 식생조사를 목적으로 하고 있고, 공간해상도는 15~90m이다.

multi. 밴드영상은 14밴드로 취득되며 사람의 눈으로 판독이 어려운 근적외선, 단파장 적외선, 열적외선 등에 대한 정보도 제공하고 있다.

그림 16-31 ASTER 위성

〈출처: http://www.satimagingcorp.com〉

표 ⑯-34 ASTER 위성 제원

구 분	내 용
발사일	1999년 12월 18일[미국 Vandenberg Air Force Base]
적도통과시간	10:30 AM(north to south)
궤도	705km, 태양 동주기
궤도경사각	98.3°
궤도주기	98.88분
재방문주기	16일
해상력	15~90m

표 ⑯-35 ASTER 위성 제원(센서)

구 분	내 용		
센서	VNIR (Visible Near Infrared)	SWIR (ShortWave Infrared)	TIR (Thermal Infrared)
밴드	1~3	4~9	10~14
해상력	15m	30m	90m
관측폭	60km	60km	60km
Cross Track Pointing	±318km(±24deg)	±116km(±8.55deg)	±116km(±8.55deg)
Quantisation(bits)	8	8	12

(21) TERRA/MODIS 위성

Terra 위성은 1999년 12월 미국에서 발사되었고, 705km 고도에서 일 2회 한반도 상공을 통과하는 극궤도 위성이며, 관측범위는 남북방향으로 5,000km, 동서방향으로 2,300km이다.

고분해능 기상센서인 MODIS(MODerate resolution Imaging Spectro-radiometer)는 미국 NASA의 지구관측체계(EOS: Earth Observing System)에 의해 발사된 지구관측위성 TERRA 위성에 탑제된 센서이며, 36개의 채널과 해상

그림 16-32 TERRA/MODIS 위성

〈출처: http://earth.esa.int〉

표 ⑯-36 TERRA/MODIS 위성 밴드

밴드번호	해상도(m)	밴드폭
1	250	620~670nm
2	250	841~876nm
3	500	459~479nm
4	500	545~565nm
5	500	1,230~1,250nm
6	500	1,628~1,652nm
7	500	2,105~2,155nm
8	1,000	405~420nm
9	1,000	438~448nm
10	1,000	483~493nm
11	1,000	526~536nm
12	1,000	546~556nm
13	1,000	662~672nm
14	1,000	673~683nm
15	1,000	743~753nm
16	1,000	862~877nm
17	1,000	890~920nm
18	1,000	931~941nm
19	1,000	915~965nm
20	1,000	3.660~3.840㎛
21	1,000	3.929~3.989㎛
22	1,000	3.929~3.989㎛
23	1,000	4.020~4.080㎛
24	1,000	4.433~4.498㎛
25	1,000	4.482~4.549㎛
26	1,000	1.360~1.390㎛
27	1,000	6.535~6.895㎛
28	1,000	7.175~7.475㎛
29	1,000	8.400~8.700㎛
30	1,000	9.580~9.880㎛
31	1,000	10.780~11.280㎛
32	1,000	11.770~12.270㎛
33	1,000	13.185~13.485㎛
34	1,000	13.485~13.785㎛
35	1,000	13.785~14.085㎛
36	1,000	14.085~14.385㎛

도 250m, 500m, 1km를 가지고 있다.

(22) NOAA / AVHRR 위성

NOAA 위성에 탑재된 주요 센서로서 AVHRR(Advanced Very High Resolution Radiometer)은 지구표면에서 반사 및 방사되는 가시광선과 적외선을 기록하는 센서배열로 구성되어 있다. AVHRR에서 얻어지는 가장 좋은 지상 해상도는 1.1km로서 1981년부터 지속적으로 자료를 수집해오고 있다. 평균궤도고도는 830km로서 관측폭은 2,800km, 매일 두 번씩 지구를 관측하며 5개의

그림 16-33 NOAA / AVHRR 위성

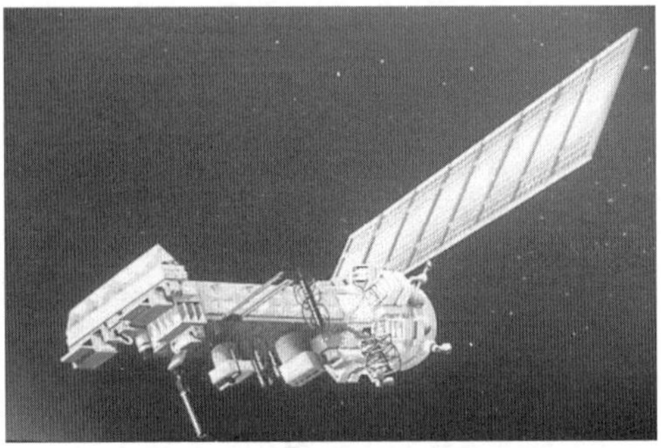

〈출처: http://earth.esa.int〉

표 ⑯-37 NOAA / AVHRR 위성 제원

채널	파장(㎛)	사용분야
1	0.58~0.68	낮의 구름/지표면 매핑
2	0.725~1.10	수면조사, 얼음과 눈의 용해
3A	1.58~1.64	눈/ 얼음 식별(NOAA K, L, M)
3(3B)	3.55~3.93	해수면 온도, 야간 구름 매핑
4	10.30~11.30	해수면 온도, 야간/낮 구름 매핑
5	11.50~12.50	해수면 온도, 야간/낮 구름 매핑

관측밴드를 가지고 있다.

제2절 발사예정인 국외위성현황 분석

(1) TerraSAR-X2/TanDEM-X 위성

2015년 발사 예정이며, SpotLight 방식의 해상력은 0.5m이고, 4개의 TerraSAR-X2와 2개의 TanDEM-X2로 위성체계를 구성하여 실시간에 가까운 신속하게 자료를 취득할 예정이고 다양한 해상력과 관측폭을 지원할 예정이다. 또한 추가적인 센서 탑재를 위해 고해상도 열적외센서(10m)를 탑재할 예정이다.

- ○ 고해상도 Spot Light: 10×10km(0.5m)
- ○ Strip Map: 10km(1m), 20km(2m), 30km(3m), 40km(4m)
- ○ Top SAR/Scan SAR: 50km(5m), 100km(10m), 160km(16m), 300km(30m), 500km(50m)

그림 16-34 TerraSAR-X2/TanDEM-X 발사계획

〈출처: http://earth.esa.int〉

그림 16-35 TerraSAR-X2 영상자료(0.5m 해상도)

그림 16-36 TerraSAR-X2 열적외영상자료(7.6m 해상도)

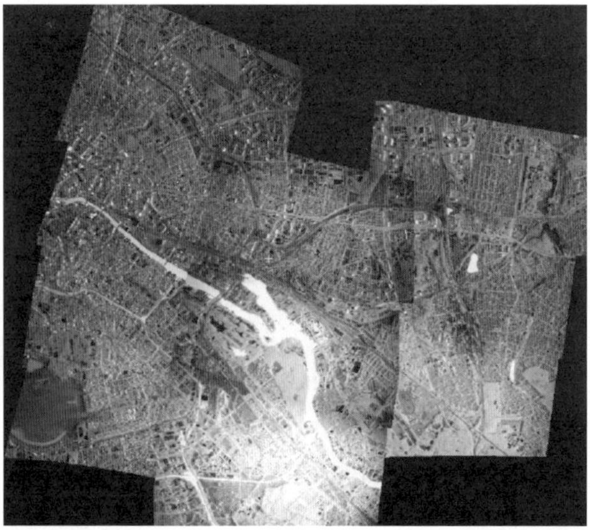

〈출처: http://earth.esa.int〉

그림 16-37 TanDEM-X DEM 구축계획

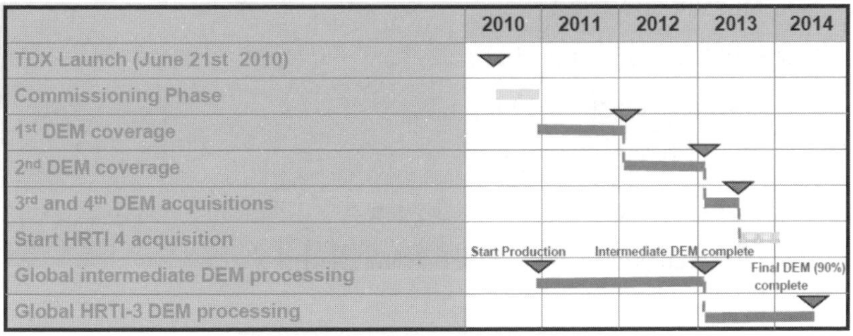

※ DEM 해상도: HRTI-3(12×12m), HRTI-4(6×6m)

(2) GeoEye-2 위성

GeoEye의 차세대 위성으로 2012년 미국 Vandenberg Air Force 기지에서 발사될 예정이며, 궤도고도는 500㎞로서, panchromatic mode에서는 0.36m 지상해상도로 하루에 700,000㎞^{2} 면적을 촬영할 수 있고, multispectral mode에서는 공간해상도 0.25m로 하루에 350,000㎞^{2} 지역을 촬영할 수 있다. 위성 수명은 7년으로 예상하고 있다.

(3) WorldView-3 위성

2014년 발사 예정이며, 4세대 위성으로 8밴드(multispectral) 영상과 고해상도 panchromatic 밴드를 제공할 예정이다.

(4) SPOT-6, 7호(Pleïades 위성) 위성

SPOT-6(2012년 예정), 7호(2014년 예정)는 고해상도의 광역 관측이 가능한 위성체계를 구축하기 위해 추진 중에 있으며, 10m(CE90) 정확도를 갖는 자동 정사영상을 제공할 예정이다. 고도는 694㎞이며, 각각의 위성이 300만㎢ 관측이 가능하고 지구상의 모든 곳을 매일 방문할 수 있도록 계획하고 있다.

또한 panchromatic과 multispectral 영상을 동시에 취득할 예정이다.

- ○ 1.5m panchromatic: 0.455~0.745㎛
- ○ 6m multispectral(4밴드)
  - blue: 0.455~0.525㎛
  - green: 0.530~0.590㎛
  - red: 0.625~0.695㎛
  - near-infrared: 0.760~0.890㎛
- ○ Pan-sharpened 영상 제공: 1.5m 컬러영상
- ○ 관측폭: 60㎞
- ○ 포맷: JPEG 2000

그림 16-38 SPOT-6, 7과 Pleïades 위성

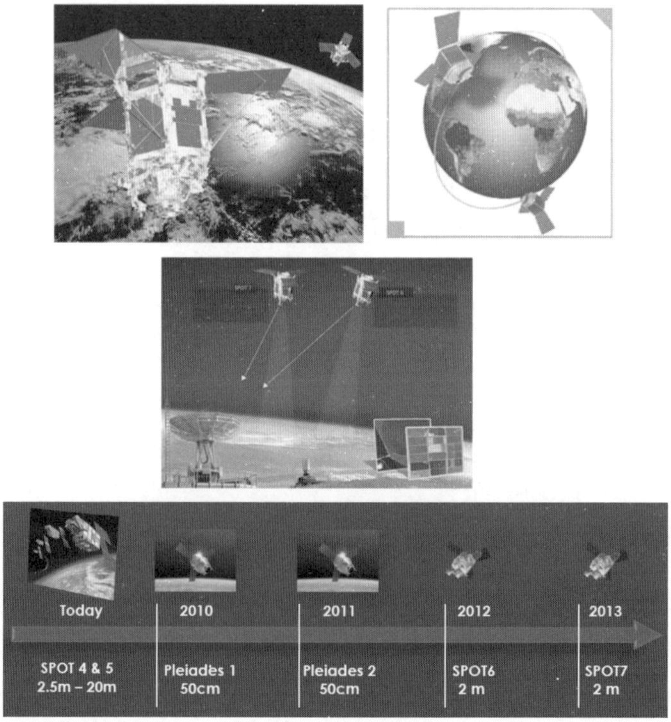

그림 16-39 POT-6, 7호 위성과 Pleïades위성의 통합구성

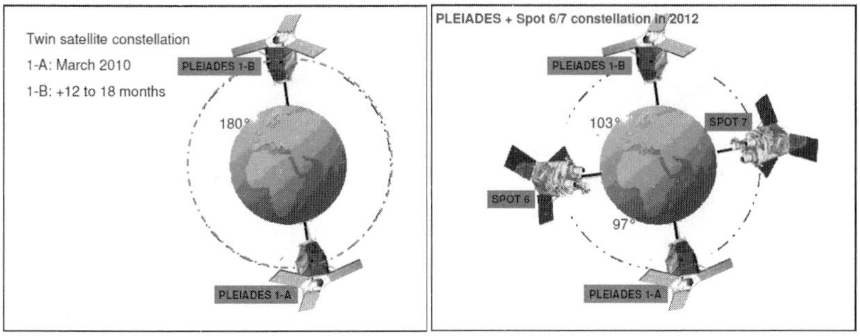

〈출처: http://events.eoportal.org〉

단일 궤도에서 120×120㎞ bi-strip이나 60×180㎞ tri-strip 도면화(mapping)가 가능하며, DEM 생성을 위해 Stereo 및 tri-stereo(60×60㎞) 취득이 가능하도록 계획하고 있다.

(5) RADARSAT Constellation 위성

CSA(Canadian Space Agency)에서는 C밴드의 저가형의 SAR 위성을 이용하여 RCM(RADARSAT Constellation Mission)을 구성하고 이를 이용하여 선박검출,

그림 16-40 3개의 위성으로 구성된 RADARSAT Constellation Mission(좌)과 InSAR를 위한 interferometric baseline(우)

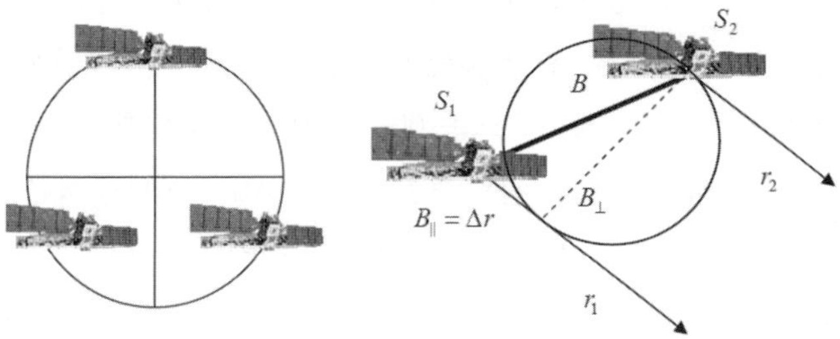

〈출처: http://www.asc-csa.gc.ca/eng/satellites/radarsat/〉

그림 16-41 SunSAR 방식(좌측)와 Stripmap 방식(우측)

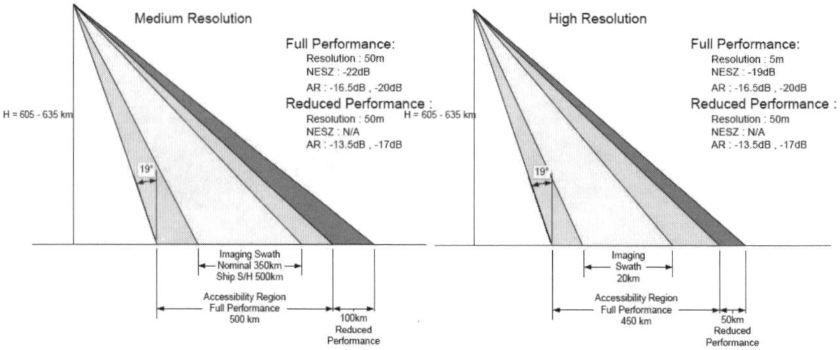

오일유출관측 및 감시(monitoring), 해빙감시, 환경 및 재해감시에 사용하고자 계획하고 있다. 현재 3개의 위성으로 구성하는 계획을 준비하고 있으며 향후 6개 위성까지 고려하고 있다.

RADARSAT Constellation 완성은 2014~2015년으로 계획하고 있으며, RADARSAT Constellation은 두 가지 빔 방식을 지원하는데 ScanSAR mode는 관측폭이 350×500㎞이고 해상도는 50m이다.

고해상도 Stripmap 방식은 관측폭이 20㎞이고 해상도는 5m이며, 3개의 위성은 같은 궤도에 동일한 간격으로 배치될 예정이다(약 32분 간격).

(6) MapSAR 위성

브라질과 독일이 공동으로 L밴드 SAR 위성을 개발할 예정이고, MapSAR 위성을 개발하기 위한 A단계 연구는 2006년 중순에 마쳤으며, 2015년 발사할 예정이다. 궤도고도는 600~620㎞로 계획하고 있다.

해상도는 4, 10, 20m, 관측폭은 20~55㎞, 편광방식은 SPM(Single Polarization Mode), DPM(Dual Polarization Mode), QPM(Quad Polarization Mode)을 지원할 예정이다.

그림 16-42 MapSAR 위성

표 ⑯-38 MapSAR 위성 제원(1)

구 분	내 용
밴드	L-band
편광	Single, dual and quad
Incidence Interval	20~45°
해상도	3~20m
관측폭	20~55km
Orbit Inclination	Sun-synchronous
Coverage	Global
Look Direction	Ascending/descending
방문주기	매주
Data Access	Near real time
Additional Requirement	Stereoscopy and Interferometry

표 ⑯-39 MapSAR 위성 제원(2)

Parameter	HR Mode High Resolution SPM		MR Mode Medium Resolution DPM		LR Mode Low Resolution QPM	
Access region	near	far	near	far	near	far
Resolution Range/m	4.7	3.1	10	10	20	20
Resolution Azimuth/m	3.1	3.1	10	10	20	20
Incidence angle/°	20.3	47.6	20.0	48.1	20.0	36.8
Ground swath width/㎞	38.3	20.5	45.1	35	43.4	28
PRF/㎐	2,650	2,718	2,660	2,680	5,320	5,320
Pulse bandwidth/㎒	85	85	42.5	21.25	21.25	21.25
Sampling freq./㎒	96	96	2×48	2×24	2×24	2×24
Pulse length/㎲	25	25	10	10	10	10
Data rate/Mbit/s	262	300	267	300	247	249
RF peak power/W	1,000	1,000	1,000	1,000	1,000	1,000
Average DC power/W	−490	−500	−440	−440	−440	−440
NESZ/db						
Image center	−23.6	−19	−28.29	−25.4	−34.6	−33.3
Image edge	−17.0	−18.3	−19.9	−23.3	−26.6	−30.9

〈참조: 국립방재연구원, 2011, 선제적 재난대응을 위한 위성영상정보 활용체계 구축〉

연 / 습 / 문 / 제

| 제12장 | 특수영상(레이저, 레이더, 수치사진기 영상)에 의한 대상물해석

다음 각 사항에 대하여 설명하시오.

1. LiDAR의 종별
2. 항공 및 지상 LiDAR의 차이점 및 해석
3. LiDAR의 활용
4. 수치사진기(digital camera)의 장 · 단점 및 자료취득체계
5. CCD 사진기의 종별 및 특징
6. 수치사진기의 영상 처리체계
7. 수치사진기의 활용

| 제13장 | 지구의 형상관측 및 지구좌표체계

다음 각 사항에 대하여 설명하시오.

1. 지구의 형상(또는 지표면의 형태)에 있어서 지오이드, 구(sphere), 지구타원체(earth ellipsoid), 연직선편차(plumb line), 텔루로이드
2. 지구형상 관측을 위한 관측에서 천문, 중력, 인공위성 및 최근 이론에 관한 방법, 특성과 문제점
3. 지구형상에서 구, 2축 타원체(biaxial ellipsoid), 3축 타원체(triaxial ellipsoid)
4. 측지선, 평행권, 묘유선, 항정선, 경도와 위도, 구면삼각형과 구과량
5. 지구좌표계에서 경위도 및 표고, 평면직교좌표, 극좌표
6. UTM, UPS, WGS, ITRF, GRS80
7. 우리나라 측량원점(경위도, 표고, 중력)
8. 우리나라의 국가기준점(위성, 통합, 지자기, 수로해안선, 지적)

| 제14장 | 천문관측

다음 각 사항에 대하여 설명하시오.

1. 황도 및 춘분점과 추분점

2. 천문좌표계(지평, 적도, 황도, 은하)
3. 일주운동
4. 항성시, 태양시, 세계시, 역표시
5. 천문좌표계와 천문삼각형
6. 항선의 위치관측에서 평균위치, 진위치 및 시위치
7. 천문경위도와 방위각 결정방법

| 제15장 | 건설관리의 체계해석

다음 각 사항에 대하여 설명하시오.

1. 건설계획의 체계분석에서 경제적 측면에서 시기 및 고려사항
2. 건설계획의 체계분석에서 비용유효도, 비용편익, 복수기준에 의한 평가
3. 공정관리에서 이용되는 막대공정표, PERT, CPM의 의의 및 고려사항
4. 선형계획법과 동적계획법의 해석 및 활용성
5. 게임이론에서 영합 2인 게임법, 혼합전략법, 연결망법

| 제16장 | 국외 위성현황과 전망

다음 각 사항에 대하여 설명하시오.

1. TerraSAR-X와 TanDEM-X 위성
2. RADARSAT-1, 2 위성
3. IKONOS 위성
4. LANDSAT-7 ETM^{+} 위성
5. SPOT-5 위성
6. NOAA/AVHRR의 현황
7. TerraSAR-X2/TanDEM-X 위성
8. WorldView-1, 2 위성
9. QuickBird 위성
10. GeoEye-1 위성
11. RapidEye 위성
12. SPOT-6, 7
13. RADARSAT Constellation

지 · 공 · 탐 · 측 · 학 · 개 · 관

PART Ⅲ

부 록

Appendix

P · A · K · Y · O · U · N · G · S · A

지 / 공 / 탐 / 측 / 학 / 개 / 관

17 국제단위계(SI 단위계) 및 그리스문자
International Standard Unit and Greek Character

SI 단위는 1971년 국제도량형 총회(國際度量衡總會)의 결의에 따라 7개의 기본단위, 2개의 보조단위, 그리고 이들로부터 유도되는 19개의 조합단위를 요소로 하는 일관성 있는 단위의 집합과 이들 단위에 SI접두어(20개)를 붙여서 구성되는 10의 정수배(整數倍)로 활용된다.

(1) 기본단위

관측량	길이	질량	시간	전류	열역학적 온도	물량	광도
관측단위	meter	kilogram	second	ampere	kelvin	mol	candela
기호	m	kg	s	A	K	mol	cd

① 길이: 1m = 무한히 확산되는 평면전자기파(平面電磁氣波, plane electromagnetic wave)가 1/299, 792, 458초 동안 진공 중을 진행하는 길이

② 질량: 국제 kg원기(原器)를 기준으로 한다. 1879년에 백금 90%, 이리듐 10%의 합금으로 만들어서 국제도량형국(國際度量衡局, Berea Internationale des Poids et Measures, BIPM)에서 보관중이다.

③ 시간: 원자시(原子時) 1초 = CS^{133}의 바닥상태에 있는 두 개의 초미세준위(超微細準位) 사이의 천이(遷移)에 대응하는 방사선의 9,192,631,770주기의 지속시간

④ 전류: 1A=무시할 정도로 작은 단면적과 무한대의 길이를 가진 두 개의 서로 평행한 직선도체가 진공 중에서 1미터 떨어져 있고 여기에 일정한 전류가 흐를 때 상호작용하는 힘이 1미터마다 2×10^{-7}뉴턴(N)이 될 때의 전류

⑤ 열역학적 온도: 1K=물의 삼중점(三重點)에서 열역학적 온도의 1/273.16

⑥ 물량: 1mol=C^{12}의 0.012킬로그램에 포함되어 있는 원자 수만큼 많은 기본 구성체를 포함하는 어떤 체계의 물량

⑦ 광도: 1cd=주파수 540×10^{12}헤르츠의 단색광(單色光)을 방출하는 광원(光源)의 복사체(輻射體)가 매 스테라디안당 1/683와트일 때의 광도(光度)

(2) 보조단위

① 라디안(평면각의 SI 단위)

$$1\text{rad}=\frac{1(\text{호의 길이})}{1\text{m}(\text{반경})}=1\text{m/m}$$

② 스테라디안(입체각의 SI 단위)

$$1\text{sr}=\frac{1\text{m}^2(\text{구의 일부 표면적})}{1\text{m}^2(\text{구의 반경의 제곱})}=1\text{m}^2/\text{m}^2$$

(3) 조합단위(組合單位)

양	명칭	기호	정의
주파수	헤르츠	H_Z	s^{-1}
힘	뉴턴	N	$m \cdot kg \cdot s^{-2}$
압력, 응력	파스칼	Pa	N/m^2
에너지, 일량, 열량	줄	J	N · m
공률(工率), 방사속(放射束)	와트	W	J/s
전기량, 전하	쿨롱	C	A · s
전압, 전위	볼트	V	W/A

양	명칭	기호	정의
정전용량	패럿	F	C/V
전기저항	옴	Ω	V/A
컨덕턴스	지멘스	S	A/V
자속(磁束)	웨버	Wb	V · s
자속밀도	테슬라	T	Wb · m^2
인덕턴스	헨리	H	Wb/A
섭씨온도	섭씨온도	℃	t℃=(t−273.15)K
광속(光束)	루멘	lm	cd · sr
조도	룩스	lx	lm/m^2
방사능	베크렐	Bq	s^{-1}
흡수선량	그레이	Gy	j/kg
선량(線量), 당량(當量)	시버트	Sv	J/kg

(4) 접두어(接頭語)

배수	접두어	기호	배수	접두어	기호
10^{24}	요타(yotta)	Y	10^{-1}	데시(deci)	d
10^{21}	제타(zetta)	Z	10^{-2}	센티(centi)	c
10^{18}	엑사(exa)	E	10^{-3}	밀리(milli)	m
10^{15}	페타(peta)	P	10^{-6}	마이크로(micro)	μ
10^{12}	테라(tera)	T	10^{-9}	나노(nano)	n
10^{9}	기가(giga)	G	10^{-12}	피코(pico)	p
10^{6}	메가(mega)	M	10^{-15}	펨토(femto)	f
10^{3}	킬로(kilo)	k	10^{-18}	아토(atto)	a
10^{2}	헥토(hecto)	h	10^{-21}	젭토(zepto)	z
10^{1}	데카(deca)	da	10^{-24}	욕토(yocto)	y

(5) 도량형 환산표(度量衡 換算表)

① 길 이

단위	cm	m	인치	피트	야드	마일	자	간	정	리
1cm	1	0.01	0.3937	0.0328	0.0109	…	0.033	0.0055	0.0009	…
1m	10.0	1	39.37	3.2808	1.0006	0.0006	3.3	0.55	0.00997	0.00025
1인치	2.54	0.0254	1	0.0823	0.0278	…	0.0838	0.0140	0.0002	…
1피트	30.48	0.3048	12	1	0.3333	0.00019	1.0058	0.1676	0.0028	…
1야드	91.438	0.9144	36	3	1	0.0006	3.0175	0.5029	0.0083	0.0002
1마일	160930	1609.3	63360	5280	1760	1	5310.8	885.12	14.752	0.4098
1자(尺)	30.303	0.303	11.93	0.9942	0.3314	0.0002	1	0.1667	0.0028	0.00008
1간(間)	181.818	1.818	71.582	5.965	1.9884	0.0011	6	1	0.0167	0.0005
1정(町)	10909	109.091	4294.9	357.91	119.304	0.0678	360	60	1	0.0278
1리(里)	392727	2927.27	154619	12885	4295	2.4403	12960	2160	36	1

* 1해리(海里, nautical mile)=1,852m
1길(丈)=10자(尺)=100치

② 넓 이

단위	평방자	평	단보	정보	m^2	아르(a)	ft^2	yd^2	acre
1평방자	1	0.02778	0.00009	0.000009	0.09182	0.00091	0.98841	0.10982	…
1평	36	1	0.00333	0.000033	3.3058	0.03305	35.583	3.9537	0.00081
1단보	1080	300	1	0.1	991.74	9.9174	10674.9	1186.1	0.24506
1정보	10800	3000	10	1	9917.4	99.174	106749	11861	2.4506
$1m^2$	10.89	3025	0.001008	0.0001	1	0.01	10.764	1.1958	0.00024
1a	1089	30.25	0.10083	0.01008	100	1	1076.4	119.58	0.02471
$1ft^2$	1.0117	0.0281	0.00009	0.000009	0.062903	0.000929	1	0.1111	0.000022
$1yd^2$	9.1055	0.25293	0.00084	0.00008	0.83613	0.00836	9	1	0.000207
1acre	44071.2	1224.2	4.0806	0.40806	4046.8	40.468	43560	4840	1

③ 부 피

단위	홉	되	말	cm^3	m^3	리터(ℓ)	in^3	ft^3	yd^3	gal(미)
1홉	1	0.1	0.01	180.39	0.00018	0.18039	11.0041	0.0066	0.00023	0.04765
1되	10	1	0.1	1.8039	0.00180	1803.9	110.041	0.0637	0.00234	0.47656
1말	100	10	1	18039	0.01803	18.039	1100.41	0.63707	0.02359	4.76563
$1cm^3$	0.00554	0.00055	0.00005	1	0.00001	0.001	0.06102	0.00003	0.00001	0.00026
$1m^3$	5543.52	554.325	55.4352	1000000	1	1000	611027	35.3165	1.30802	264.186
1ℓ	5.54352	0.55435	0.05543	1000	0.001	1	611.027	0.03531	0.00130	0.26418
$1in^3$	0.09083	0.00908	0.00091	16.386	0.00001	0.01638	1	0.00057	0.00002	0.00432
$1ft^3$	156.966	15.6666	1.56966	28316.8	0.02931	28.3169	1728	1	0.03703	7.48051
$1yd^3$	4238.09	423.809	42.3809	764511	0.76561	764.511	46656	27	1	301.974
1gal	20.9833	2.0983	0.20983	3875.43	0.00378	3.78543	231	0.163368	0.00495	1

④ 무 게

단위	g	kg	t	그레인	온스(oz)	파운드(lb)	돈(匁)	근(斤)	관(貫)
1g	1	0.001	0.0000001	15.432	0.03527	0.0022	0.26666	0.00166	0.000265
1kg	1000	1	0.001	15432	35.273	2.20459	266.666	1.6666	0.26666
1t	1000000	1000	1	…	25273	2204.59	266666	1666.6	266.666
1그레인	0.06479	0.00006	…	1	0.00228	0.00014	0.01728	0.00108	0.000017
1온스	28.3459	0.02835	0.000028	437.4	1	0.0625	7.56	0.0473	0.00756
1파운드	453.592	0.45359	0.00045	7000	16	1	120.96	0.756	0.12096
1돈	3.75	0.00375	0.000004	47.872	0.1323	0.00827	1	0.00625	0.001
1근	600	0.6	0.006	9259.556	21.1647	0.32279	160	1	0.16
1관	3750	3.75	0.00375	57872	132.28	8.2672	1000	6.25	1

(6) 그리스 문자표

문자		명칭		문자		명칭	
A	α	alpha	(알파)	N	ν	nu	(뉴)
B	β	beta	(베타)	Ξ	ξ	xi	(크싸이[크시])
Γ	γ	gamma	(감마)	O	o	omicron	(오미크론)
Δ	δ	delta	(델타)	Π	π	pi	(파이[pail])
E	ε	epsilon	(입실론)	P	ρ	rho	(오우)
Z	ζ	zeta	(제타)	Σ	σ	sigma	(시그마)
H	η	eta	(에타)	T	τ	tau	(타우)
Θ	θ	theta	(쎄타)	Υ	υ	upsilon	(웁실론)
I	ι	iota	(아이오타)	Φ	ϕ	phi	(피, 파이[fai])
K	κ	kappa	(카파)	X	χ	chi	(카이)
Λ	λ	lambda	(람다)	Ψ	ψ	psi	(사이)
M	μ	mu	(뮤우)	Ω	ω	omega	(오메가)

(7) 명상표

그림 17-1 명상표

|참|고|문|헌|

2013 대구세계에너지총회조직위원회, [에너지 자원조사 2010], 2011

국가생명공학정책연구센터, [바이오에너지 기술-산업 프론티어 분석], 2010

국가생명공학정책연구센터, [바이오에너지 연구 및 기술개발동향], 2010

국립방재연구원, [선제적 재난대응을 위한 위성영상정보 활용체계 구축], 2011

국토해양부 대한주택공사, [친인간 · 친환경 주거도시 계획평가 모델 개발연구], 2008

국토해양부, [제4차 국토종합계획 수정계획], 2011

기상청 기상연구소, [한국의 기후], 2004

김계현, [환경 GIS], 문운당, 2007

김영환, [수변공간 문화재생의 계획적 특징에 관한 연구], 대한건축학회지, 제27권 제8호, pp. 207~306, 2008

김자경, [국내 초고층주거의 친환경적 실내공간계획 및 개선방안연구], 한국실내디자인학회지, 제17권 제3호, pp. 23~33, 2008

나운영, [대학음악 통론], 세광출판사, 1979

대외경제정책연구원, [해외자원개발의 전략적 추진방안], 2009

대한주택공사 한국도시설계학회, [친환경주거도시모델개발연구], 2007

대한토목학회, [최근 10년 한국토목사], 2010

마츠무라 슈이치 저, 박병순 · 이재석 · 김용선 · 안국진 · 백정훈 · 박상훈 역, [단지재생], 2011

미쓰토미 도시로 저, 이상술 역, [음악은 왜 인간을 행복하게 하는가], 해나무, 2005

박경규, [건강과 음악치료], 빛샘, 1994

산림청, [2011년 여름철 산림재해(풍수해) 예방 종합대책], 2011

산림청, [목재펠릿의 에너지 활용대책], 2009

산림청, [산림병해충 예찰 · 방제계획 2011~2020], 2010

산림청, [전국 산불방지 장기대책 2012~2016], 2011

아사노 츠구요시 저, 차경숙 역, [당뇨병을 치료하는 식품과 생활습관], 동도원, 2005

에너지경제연구원, [해외자원개발 전략연구], 2010

에너지관리공단, [신 · 재생에너지의 이해], 2008

염기대, [해양에너지 실용화], 물리학과 첨단기술, 2004

오덕길 · 신민수 · 이병선 · 강준석 · 주인권 · 주인원, [훤히 보이는 위성세계], 전자신문사, 2010

와고 하루히사 저, 송수영 역, [모차르트 테라피], 넥서스북, 2005

외교통상부 에너지경제연구원, [에너지 · 자원 개발의 이해], 2008

유복모, [건조물측량], 대가, 2007

유복모, [경관공학 제3판], 동명사, 2003

유복모, [최신토목공학강좌6 측지학 5판], 동명사, 2006

유복모, [측량학원론(Ⅰ) 중판], 박영사, 1999

유복모, [측량학원론(Ⅱ) 제3판], 박영사, 2004

유복모 · 유연, [영상탐측학개관], 동명사, 2012

유복모 · 유연, [지형공간정보학개관], 동명사, 2011

유복모 · 유연, [측량학개관], 박영사, 2012

유준위 · 김경훈, [연료전지 시장 동향 및 전망], 한국기업평가, 2008

윤정숙 · 남규현 · 유복희, [친환경 주거], 신광출판사, 2005

이효창 · 이제화 · 김대진 · 하미경, ['상업지역' 보행로의 범죄안전 환경을 위한 조명계획 방향에 관한 연구], 서울도시연구, 제12권 제1호, pp. 73~89, 2011

장영근 · 최규홍, [인공위성과 우주], 1010, 2000

전세일, [알면 행복해지는 제대로 건강법], 양문, 2001

전세일 · 전홍준 · 오홍근, [새로운 의학 새로운 삶], 창작과비평사, 2000

전중환, [풍력발전기술 소개], 물리학과 첨단기술, 2006

정종호, [건강보조식품 알고 먹읍시다], 종문화사, 2003.

조동현, [위빠사나 명상의 실천 수행에 관한 연구], 2010.

중소기업청, [풍력 에너지의 시장 기술 보고서], 2009

지식경제부, [자원개발정책 편람], 2010

지식경제부, [제3차 신 · 재생에너지 기술개발 및 이용 · 보급 기본계획 (2009~2030)], 2008

지식경제부, 에너지관리공단, [신 · 재생에너지 백서 2010], 2010

최창조, [한국의 풍수사상], 민음사, 1984

토지주택연구원, [공동주택 보급에 따른 주거문화 진단 및 발전방향 연구], 2009

하비 다이아몬드 저, 김민숙 역, [내 몸이 아프지 않고 잘사는 법], 한언, 2005

헤럴드 페퍼드 저, 최홍규 옮김, [당신의 눈도 1.2가 될 수 있다], 평단문화사, 2008

혜거, [참나], 선문, 2004

홍용식, [인공위성과 우주발사체], 청문각, 1989

Hannu Karttunen, Pekka Köger, Heikki Oja, Markku Poutanen, & Karl J. Donner, [Fundamental Astronomy, 5th Edition], Springer, 2008

Lillesand, Kifer & Chipman, Wiley, [Remote Sensing and Image Interpretation 6th], 2008

Petr VANiček, & Edward J. Drakiwsky, [GEODESY], North-Holland, 1982

YEU, BOCK-MO, & TONI SCHENK, [Modern Digital photogrammetry], Prentice Hall, 2002

|국|문|색|인|

ㄴ

ㄷ

ㄹ

ㅁ

ㅂ

ㅋ

ㅌ

ㅍ

기타

| 영 | 문 | 색 | 인 |

L

M

N

O

P

공저자약력

유복모(柳福模 : Yeu, Bock-Mo)

서울대학교 공과대학 토목공학과 학사 졸
네덜란드 ITC에서 사진측량학 수학
1975년 6월 19일 일본, 동경대학에서 공학박사 학위수여
연세대학교 공과대학 토목공학과 교수역임(1976.3~2001.2)
서울대학교 공과대학 토목공학과, 환경대학원 강사역임
(1978~1980, 1980~1984, 1986~1992)
1982년 토목분야 측량 및 지형공간정보기술사 취득
IUGG의 IAG 한국분과위원장 역임(1987~1993)
한국지형공간정보학회 회장 역임(1993~1997)
한국전통조경학회 회장 역임(1995~1996)
대한토목학회 회장 역임(1997~1998)
한국측량학회 회장 역임(1998~2000)
서울시 문화상 수상(1999.10.28 건설 부문)
홍조근정훈장 수여(2000.3.30 제5609호)
현 재단법인 석곡관측과학기술연구원 이사장
연세대학교 명예교수
미국, 사진측량 및 원격탐측학회 명예회원
[Emeritus Member of ASPRS(American Society of Photogrammetry & Remote Sensing)

주요저서

측량공학(박영사 간) 1977초판 2006 6판 911쪽
도시계획(문교부 간) 1979초판 227쪽
측량학원론(I)(박영사 간) 1984초판 1995개정판 692쪽
측량학원론(Ⅱ)(박영사 간) 1989초판 2004 3판 863쪽
사진측량학 (문운당 간) 1991초판 2007 5판 512쪽
지형공간정보학(동명사 간) 1994초판 2001 3판 491쪽
경관공학(동명사 간) 1996초판 2003 3판 305쪽
현대 디지털 사진측량학(Toni F. Schenk 공저, Prentice Hall 간) 2003초판 444쪽
건조물측량학(대가 간) 2007초판 270쪽
지형공간정보학개관, 유연 공저(동명사 간) 2011초판 650쪽
측량학개관, 유연 공저(박영사 간) 2012초판 947쪽
영상탐측학개관, 유연 공저(동명사 간) 2012초판 562쪽
외 6권 출간

유 연(柳 然 : Yeu, Yeon)

서울대학교 공과대학 토목공학과 학사 졸
2011년 6월 12일 미국 OSU (The Ohio State University)에서
Geodetic Science 전공으로 공학석사 및 공학박사 학위수여
(재단법인) 석곡관측과학기술연구원 선임연구위원

주요저서

지형공간정보학개관, 유복모 공저(동명사 간) 2011초판 650쪽
측량학개관, 유복모 공저(박영사 간) 2012초판 947쪽
영상탐측학개관, 유복모 공저(동명사 간) 2012초판 562쪽

지공탐측학개관

2013년 1월 11일 초판인쇄
2013년 1월 17일 초판발행

공저자 유복모 · 유 연
발행인 안 종 만
발행처 (주) 박영사
서울특별시 종로구 평동 13-31번지
전화 (733)6771 FAX (736)4818
등록 1959. 3. 11. 제300-1959-1호(倫)

www.pybook.co.kr e-mail: pys@pybook.co.kr

파본은 바꿔드립니다. 본서의 무단복제행위를 금합니다.

정 가 30,000원 ISBN 978-89-6454-267-5